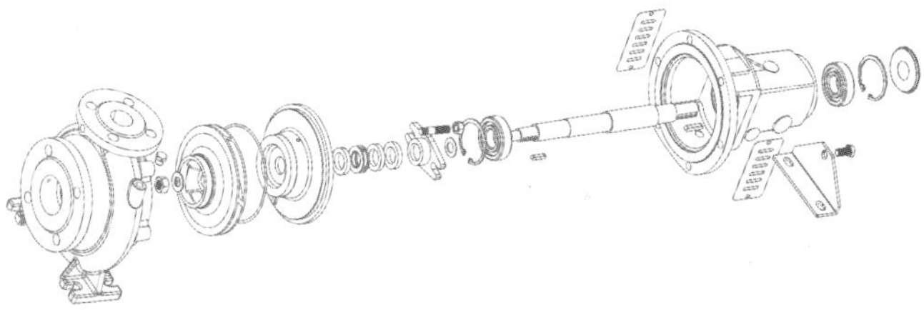

工业泵选用手册

第三版

全国化工设备设计技术中心站机泵技术委员会 编

Industrial Pump Selection Handbook

化学工业出版社
·北京·

内容简介

本书较全面地介绍了泵与原动机的特点、结构、基本性能和选用步骤，特殊介质（黏性、含气、低温、含颗粒、高危介质等）输送时应注意的问题和对应泵的选型、选材方法，泵的监测与维护。结合原油开采和储运、炼油、化工、石化、医药、公用工程装置的特点，介绍了各类装置用泵。此外，还介绍了泵的检验与试验，泵的安装、验收和试运行等内容。

附录提供了法兰标准和公称压力对照、配管材料对照、泵常用材料牌号对照，以及国内部分泵制造厂主要产品种类。

本书由经验丰富的工程技术人员编写，内容简明实用，资料准确可靠。

本书可供原油开采、炼油、石化、化工、医药、食品、纺织、冶金、电子等行业的有关技术人员进行泵选型设计时使用，也可供从事泵设计、研究、制造、使用的工程技术人员，以及高等院校相关专业的师生参考。

图书在版编目（CIP）数据

工业泵选用手册 / 全国化工设备设计技术中心站机泵技术委员会编. -- 3 版. -- 北京 : 化学工业出版社, 2025. 6. -- ISBN 978-7-122-47068-3

Ⅰ. TH3-62

中国国家版本馆 CIP 数据核字第 2024JV8010 号

责任编辑：贾　娜　　　文字编辑：孙月蓉
责任校对：宋　玮　　　装帧设计：张　辉

出版发行：化学工业出版社
（北京市东城区青年湖南街 13 号　邮政编码 100011）
印　　装：三河市航远印刷有限公司
787mm×1092mm　1/16　印张 40¾　字数 1055 千字
2026 年 1 月北京第 3 版第 1 次印刷

购书咨询：010-64518888　　　售后服务：010-64518899
网　　址：http://www.cip.com.cn
凡购买本书，如有缺损质量问题，本社销售中心负责调换。

定　　价：298.00 元　

《工业泵选用手册》（第三版）编写委员会

主 任 委 员：陈　伟　中石化上海工程有限公司
全国化工设备设计技术中心站

副主任委员：王存智　中国石化工程建设有限公司
漆明贵　中国成达工程有限公司
杨成炯　中石化广州工程有限公司
曹永军　中石化上海工程有限公司
全国化工设备设计技术中心站
邢桂坤　原中国寰球工程有限公司
岳　平　原中国石化工程建设有限公司

委　　员：蒋　国　中石化上海工程有限公司
谷　峰　中石化上海工程有限公司
宋黎明　中石化上海工程有限公司
张宇鹏　中国石化工程建设有限公司
任　智　中国石化工程建设有限公司
邵　晨　中国寰球工程有限公司北京分公司
孟令平　中国寰球工程有限公司北京分公司
陈晓松　东华工程科技股份有限公司
杨立民　中石化广州工程有限公司
吴广宇　中石化广州工程有限公司
黄水龙　中石化宁波工程有限公司
孙道林　中石化宁波工程有限公司
莫申玉　中石化宁波工程有限公司
汪春茂　中石化南京工程有限公司
马　璨　中石化南京工程有限公司
冯　伟　中国天辰工程有限公司
黄汉华　中国五环工程有限公司
孙景伟　中国五环工程有限公司
谢福海　华陆工程科技有限责任公司
徐　纵　华陆工程科技有限责任公司
肖　红　上海寰球工程有限公司

衡井武　无锡创明传动工程有限公司
何　方　中密控股股份有限公司
慈元新　大耐泵业有限公司
薛宽荣　杭州大路实业有限公司
张建峰　苏州苏尔寿泵业有限公司
曲景田　嘉利特荏原泵业有限公司
李明东　北京航天石化技术装备工程有限公司
何备荒　湖南天一奥星泵业有限公司
李永阳　佶缔纳士机械有限公司
陈　迪　广东肯富来泵业股份有限公司
乔贵楠　大连海密梯克泵业有限公司
梁超国　合肥新沪屏蔽泵有限公司
李士雄　上海日机装屏蔽泵有限公司
周　良　德帕姆（杭州）泵业科技有限公司
柴立平　合肥华升泵阀股份有限公司
叶　钟　杭州汽轮机股份有限公司
胥文杰　大连海特泵业有限公司
谢小青　上海凯士比泵业有限公司

编写及审校人名单

<table>
<tr><th colspan="3">篇章节</th><th>编写人</th><th>审校人</th></tr>
<tr><td rowspan="23">第一篇</td><td rowspan="3">第一章</td><td>第一节</td><td>陈伟、孙道林</td><td>宋黎明、谷峰、黄水龙</td></tr>
<tr><td>第二节</td><td>陈伟、衡井武、范百韬、郑昂、戴侃</td><td>宋黎明、谷峰、陈永祥、马光辉、吴玉珍</td></tr>
<tr><td>第三节</td><td>孙道林</td><td>宋黎明、陈伟</td></tr>
<tr><td rowspan="3">第二章</td><td>第一节</td><td>张宝君、白亮</td><td>张有华、岳平</td></tr>
<tr><td>第二节</td><td>张有华、佘跃刚、贾红云、任俊明、彭敏、应建伟、任智</td><td>何方、王泽平、张有华、张车宁、王存智、陈亚林</td></tr>
<tr><td>第三节</td><td>张车宁、尹晓</td><td>王泽平</td></tr>
<tr><td rowspan="3">第三章</td><td>第一节</td><td>肖红、王小鹏</td><td>邢桂坤、陈伟</td></tr>
<tr><td>第二节</td><td>肖红、王德静</td><td>邢桂坤、陈伟</td></tr>
<tr><td>第三节</td><td>肖红、谢小青、王德静</td><td>邢桂坤、陈伟</td></tr>
<tr><td rowspan="6">第四章</td><td>第一节</td><td>李维忠</td><td>杨成炯、曹永军</td></tr>
<tr><td>第二节</td><td>李维忠</td><td>杨成炯、曹永军</td></tr>
<tr><td>第三节</td><td>贾先权、韩子云、缪宏江</td><td>漆明贵、曹永军</td></tr>
<tr><td>第四节</td><td>贾先权、柴立平、曲景田、杨顺银、李明东</td><td>漆明贵、曹永军</td></tr>
<tr><td>第五节</td><td>李维忠</td><td>杨成炯、曹永军</td></tr>
<tr><td>第六节</td><td>邢桂坤、姜良</td><td>马汗伟、曹永军</td></tr>
<tr><td rowspan="3">第五章</td><td>第一节</td><td>曹永军、许金鹏、张丽荣、王德静、陈欣坡、罗志、杨顺银</td><td>陈伟、何备荒、曲景田</td></tr>
<tr><td>第二节</td><td>冯伟、曹永军</td><td>任海燕、陈伟</td></tr>
<tr><td>第三节</td><td>曹永军、冯少生、何固根</td><td>陈伟</td></tr>
<tr><td rowspan="6">第六章</td><td>第一节</td><td>赵钰</td><td>杨成炯</td></tr>
<tr><td>第二节</td><td>赵钰</td><td>杨成炯</td></tr>
<tr><td>第三节</td><td>赵钰</td><td>杨成炯</td></tr>
<tr><td>第四节</td><td>赵钰、柴立平</td><td>杨成炯</td></tr>
<tr><td>第五节</td><td>赵钰、柴立平</td><td>杨成炯</td></tr>
<tr><td>第六节</td><td>杨立民、柴立平、何健、谢小青</td><td>杨成炯</td></tr>
</table>

篇章节			编写人	审校人
第二篇	第一章	第一节	宋黎明、谷峰、邹道玉、谢小青	陈伟、蒋国
		第二节	宋黎明、谷峰、邹道玉	陈伟、蒋国
		第三节	宋黎明、谷峰、邹道玉、杨顺银、柴立平	陈伟、蒋国
		第四节	宋黎明、谷峰、马光辉、陈军、孟庆涛	陈伟、蒋国
		第五节	曹永军、邹立莉、曹香山、梁超国、李士雄、赵春晖、缪宏江、郑红海、吴建军	陈伟、谷峰、宋黎明
		第六节	陈玉婷、王常鸿、柴立平	陈伟、蒋国
		第七节	陈玉婷、王常鸿、柴立平	陈伟、蒋国
		第八节	陈玉婷、王常鸿、王国全	陈伟、蒋国
	第二章	第一节	曹永军、周良	陈伟
		第二节	曹永军、徐卫华	陈伟
		第三节	曹永军、熊启川、何健	陈伟
		第四节	曹永军、周财华	陈伟
		第五节	曹永军、关勇	陈伟
		第六节	周良	陈伟
	第三章	第一节	黄水龙、陈首挺	莫宇石、曹永军
		第二节	吴泰忠、莫宇石、刘金德	黄水龙、葛兆强、曹永军
		第三节	黄水龙、易亚军	莫宇石、葛兆强、曹永军
	第四章	第一节	宋黎明、谷峰、刘志军、王德静、谢小青	陈伟、蒋国
		第二节	宋黎明、谷峰	陈伟、蒋国
		第三节	宋黎明、谷峰、莫宇石、葛兆强	陈伟、蒋国
	第五章	第一节	孙景伟、王国全	黄汉华、陈伟
		第二节	孙景伟、王国全	黄汉华、陈伟
		第三节	孙景伟、王国全	黄汉华、陈伟
		第四节	孙景伟、王国全	黄汉华、陈伟
		第五节	孙景伟、王国全	黄汉华、陈伟
		第六节	郑永康、王国全	漆明贵、陈伟
		第七节	郑永康	漆明贵、陈伟
		第八节	郑永康	漆明贵、陈伟

<table>
<tr><th colspan="3">篇章节</th><th>编写人</th><th>审校人</th></tr>
<tr><td rowspan="5">第二篇</td><td rowspan="5">第六章</td><td>第一节</td><td>陈玉婷</td><td>陈伟、谷峰</td></tr>
<tr><td>第二节</td><td>陈玉婷</td><td>陈伟、谷峰</td></tr>
<tr><td>第三节</td><td>李金波</td><td>张宇鹏、陈伟</td></tr>
<tr><td>第四节</td><td>何文秀</td><td>汪春茂、陈伟</td></tr>
<tr><td>第五节</td><td>曹永军、宋黎明、邹立莉、缪宏江、梁超国、赵春晖、何方</td><td>陈伟、谷峰</td></tr>
<tr><td rowspan="28">第三篇</td><td rowspan="2">第一章</td><td>第一节</td><td>冯少生、韩萍、谷峰、李帅亮</td><td>陈伟、蒋国、邢桂坤</td></tr>
<tr><td>第二节</td><td>李宁</td><td>张宇鹏、李志权</td></tr>
<tr><td rowspan="7">第二章</td><td>第一节</td><td>吴广宇、魏宗新</td><td>杨成炯</td></tr>
<tr><td>第二节</td><td>王晏、徐平义</td><td>杨成炯</td></tr>
<tr><td>第三节</td><td>赵钰</td><td>杨成炯</td></tr>
<tr><td>第四节</td><td>杨立民</td><td>杨成炯</td></tr>
<tr><td>第五节</td><td>李立</td><td>杨成炯</td></tr>
<tr><td>第六节</td><td>李立</td><td>杨成炯</td></tr>
<tr><td>第七节</td><td>杨立民</td><td>杨成炯</td></tr>
<tr><td rowspan="14">第三章</td><td>第一节</td><td>杨思思、姚德群</td><td>邵晨</td></tr>
<tr><td>第二节</td><td>付大春、杨其文</td><td>范吉全</td></tr>
<tr><td>第三节</td><td>谷峰</td><td>陈伟、蒋国</td></tr>
<tr><td>第四节</td><td>邱婷</td><td>岳平</td></tr>
<tr><td>第五节</td><td>黄水龙</td><td>孙道林</td></tr>
<tr><td>第六节</td><td>宋黎明、陈玉婷</td><td>陈伟、谷峰</td></tr>
<tr><td>第七节</td><td>肖红</td><td>陈昌</td></tr>
<tr><td>第八节</td><td>宋郁、邱建伟</td><td>王存智、温晓涛</td></tr>
<tr><td>第九节</td><td>李桂兰</td><td>漆明贵</td></tr>
<tr><td>第十节</td><td>宋黎明、王常鸿</td><td>陈伟、谷峰</td></tr>
<tr><td>第十一节</td><td>姚常亮、李为东</td><td>王存智</td></tr>
<tr><td>第十二节</td><td>孙道林</td><td>黄水龙</td></tr>
<tr><td>第十三节</td><td>孙道林</td><td>黄水龙</td></tr>
<tr><td>第十四节</td><td>孟令平、张文国</td><td>张一兵</td></tr>
<tr><td rowspan="5">第四章</td><td>第一节</td><td>郭轩、王小鹏</td><td>谢福海、陈晓松</td></tr>
<tr><td>第二节</td><td>谢福海</td><td>徐纵</td></tr>
<tr><td>第三节</td><td>郭轩、张雨霏</td><td>陈晓松</td></tr>
<tr><td>第四节</td><td>杨其文</td><td>杨成炯</td></tr>
<tr><td>第五节</td><td>叶林、沈叶辉</td><td>肖峰</td></tr>
</table>

<table>
<tr><th colspan="3">篇章节</th><th>编写人</th><th>审校人</th></tr>
<tr><td rowspan="10">第三篇</td><td rowspan="8">第五章</td><td>第一节</td><td>贾先权</td><td>漆明贵</td></tr>
<tr><td>第二节</td><td>贾先权</td><td>漆明贵</td></tr>
<tr><td>第三节</td><td>郑永康</td><td>漆明贵</td></tr>
<tr><td>第四节</td><td>郑永康</td><td>漆明贵</td></tr>
<tr><td>第五节</td><td>袁圣娟</td><td>孙国超</td></tr>
<tr><td>第六节</td><td>胡佳</td><td>孙国超</td></tr>
<tr><td>第七节</td><td>赵子辉、王银冰</td><td>陈晓松</td></tr>
<tr><td>第八节</td><td>徐纵</td><td>谢福海</td></tr>
<tr><td>第六章</td><td></td><td>宋黎明、曹永军</td><td>陈伟、谷峰</td></tr>
<tr><td>第七章</td><td></td><td>王常鸿</td><td>陈伟、谷峰</td></tr>
<tr><td rowspan="6">第四篇</td><td rowspan="3">第一章</td><td>第一节</td><td>梁华、张丽荣、贺立新</td><td>王德静、岳平、曹永军</td></tr>
<tr><td>第二节</td><td>贺立新、郑学鹏</td><td>岳平、王存智、曹永军</td></tr>
<tr><td>第三节</td><td>贺立新、陈宇朕</td><td>王存智、岳平、曹永军</td></tr>
<tr><td rowspan="3">第二章</td><td>第一节</td><td>唐辰</td><td>陈晓松、曹永军</td></tr>
<tr><td>第二节</td><td>汪东</td><td>陈晓松、曹永军</td></tr>
<tr><td>第三节</td><td>杨恒</td><td>陈晓松、曹永军</td></tr>
<tr><td>附录</td><td></td><td></td><td>曹永军</td><td>陈伟</td></tr>
</table>

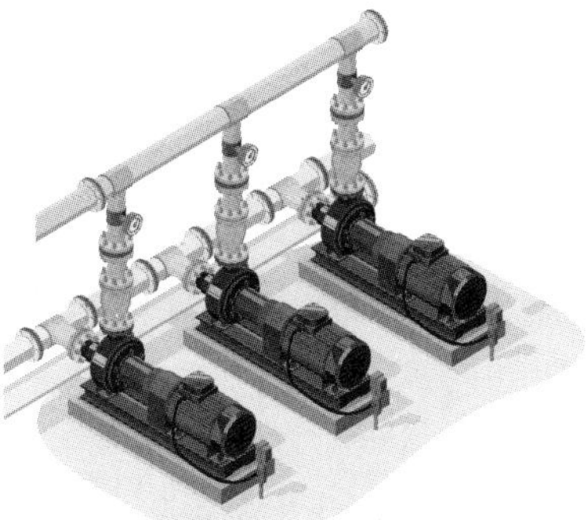

前言

工业泵主要指石油、化工、电子、医药、食品、公用工程等装置中使用的泵。根据泵选用的理论和相关装置的泵选用经验，合理选用不同工艺条件下操作的泵，满足长周期、安全运行和节能的要求，对从事机泵工作的有关人员是十分重要的。

《工业泵选用手册》(后简称《手册》) 由全国化工设备设计技术中心站机泵技术委员会组织编写。

全国化工设备设计技术中心站机泵技术委员会成立于 1991 年，其宗旨是密切设计单位与制造、研究单位的联系，为设计系统机泵工作的正规化、系统化服务，为机泵的新技术、新产品开发、推广、应用服务，为机泵标准的国际化、专业化服务。1992 年，为配合“机泵技术委员会”的工作，成立了“全国石油和化工工程建设机泵联络网”，目前机泵联络网内的设计和制造单位有 180 余家。

《手册》(第二版) 自 2010 年出版以来，深受广大读者的欢迎，成为机泵行业很有影响的专业工具书。十多年来，随着工业泵技术的提高，“双碳”理念的提出，数字化场景的应用，安全要求的提升，标准的换代更新以及大量新工业装置的投用，《手册》(第二版) 已经不能适应时代的要求。2022 年，全国化工设备设计技术中心站机泵技术委员会研究决定进行修订再版，成立了由设计、制造单位机泵专家组成的编委会和编写团队 50 余人，对所有章节进行了修订、补充和完善，并由陈伟、王存智、邢桂坤、杨成炯、漆明贵、曹永军等进行了统稿。

《手册》(第三版) 分为四篇。第一篇介绍各类泵选型、密封和润滑、材料、仪表和控制的选择、状态监测，以及原动机 (如电动机、汽轮机、液力回收透平、柴油机) 的选择。其中，密封章节进行了重新编写，新增了泵的能效等级标准及其选用，泵的本质安全和选用，燃气轮机的选择，泵的轴承、轴承箱密封及其润滑，泵的监测、保护系统及预测性维护等内容。

第二篇介绍泵的原理、结构和性能，泵系统的特性曲线，以及特殊介质 (黏性、含气、低温含固体颗粒、高危介质等) 输送时应注意的问题和对应泵的选型、选材方法。新增了离心泵的可靠性设计、离心泵振动分析等内容。

第三篇内容来源于工程公司设计或总包的工业装置，对工业装置用泵的最新发展和新工艺及用泵的特点进行介绍，包括乙烯、合成氨、尿素、烧碱和纯碱、聚氯乙烯、丙烯腈、环氧乙烷/乙二醇、PTA、煤制甲醇、磷酸磷铵、硫酸、钛白粉、多晶硅等装置用泵，以及 LNG 接收站用泵、公用工程用泵、医药工业用泵等。新增原油开采、储存、输送装置用泵，烯烃分离、聚丙烯、苯酚丙酮、BDO、PBST/PBAT、ABS、SBS、POSM等石油化工装置用泵，常减压、催化裂化、催化加氢、催化重整、延迟焦化、烷基化、芳烃等炼油装置用泵，新增煤制乙二醇、甲醇制烯烃、煤制油等煤化工装置用泵等内容。

第四篇介绍了泵的检验与试验，泵的安装、验收和试运行等。

附录部分更新了法兰标准和公称压力等级对照、配管材料对照、泵常用材料牌号对照，以及国内部分泵制造厂主要产品种类范围等。

《手册》对工程公司（设计院）、制造和使用单位的机泵有关人员进行泵的选用工作具有较大的指导意义，也可供从事泵设计、研究、制造、使用的工程技术人员及高等院校相关专业的师生参考。

感谢嘉利特荏原泵业有限公司、苏州苏尔寿泵业有限公司、湖南天一奥星泵业有限公司、大耐泵业有限公司、广东肯富来泵业股份有限公司、杭州大路实业有限公司、佶缔纳士机械有限公司、北京航天石化技术装备工程有限公司、大连海密梯克泵业有限公司、合肥新沪屏蔽泵有限公司、上海日机装屏蔽泵有限公司、中密控股股份有限公司、无锡创明传动工程有限公司、德帕姆（杭州）泵业科技有限公司、合肥华升泵阀股份有限公司、上海凯士比泵有限公司、杭州汽轮机股份有限公司、大连海特泵业有限公司等制造单位及专家积极参与相关章节的编制工作。

深切希望读者对《手册》提出宝贵意见，以便再版时修正。

陈　伟
2025年3月

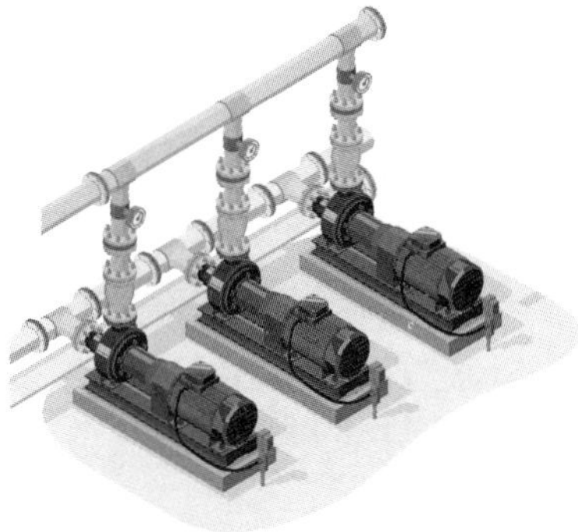

目录

第一篇　泵的选用

第二篇　泵及泵系统

第三篇 工业装置用泵

第四篇 泵的检验、试验安装和试运行

附录

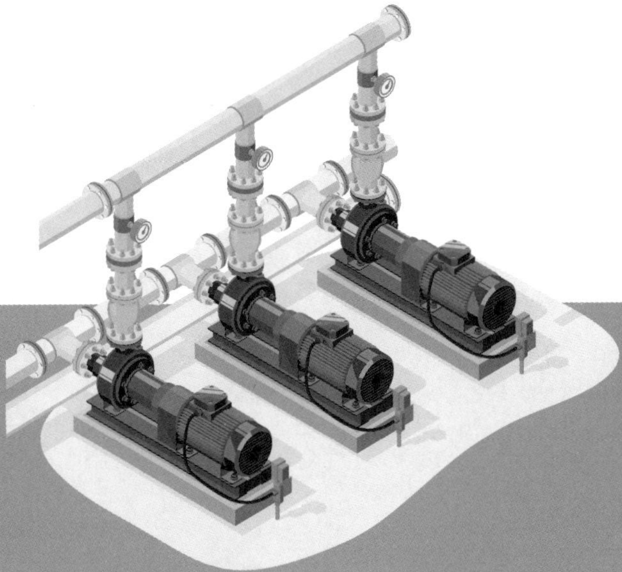

第一篇
泵的选用

·第一章·

泵的选型

第一节 概 述

一、泵的分类和适用范围

根据工作原理和结构，泵可分类如下：

- 泵
  - 叶片式泵
    - 离心泵
      - 单吸泵、双吸泵
      - 单级泵、多级泵
      - 蜗壳式泵、分段式泵
      - 立式泵、卧式泵
      - 屏蔽泵、磁力泵
      - 高速离心泵（高速泵）、旋喷泵
    - 旋涡泵
      - 单级泵、多级泵
      - 离心旋涡泵
    - 混流泵
    - 轴流泵
  - 容积式泵
    - 往复泵
      - 电动泵
        - 柱塞（活塞）泵
        - 隔膜泵
        - 计量泵
      - 蒸汽直接作用式泵
    - 转子泵——齿轮泵、螺杆泵、罗茨泵、滑片泵
  - 其他类型泵——喷射泵、空气升液泵、电磁泵

泵的适用范围和特性见图 1-1、表 1-1。

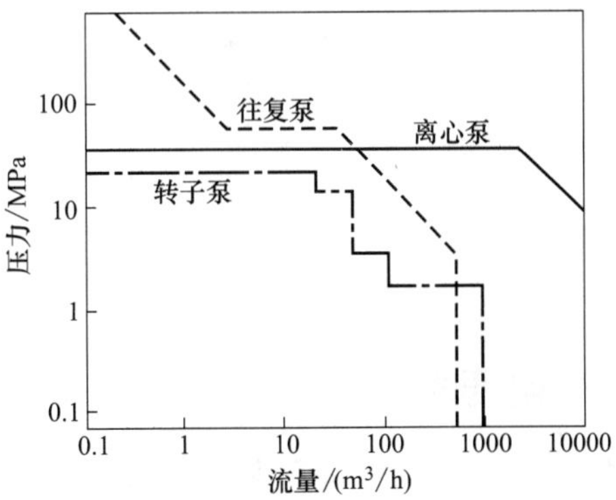

图 1-1 泵的适用范围

表 1-1 泵的特性

指标		叶片式泵			容积式泵	
		离心泵	轴流泵	旋涡泵	往复泵	转子泵
比转速		$30<n_s<300$	$500<n_s<1500$	$10<n_s<30$	$0<n_s<10$	
流量	均匀性	均匀			不均匀	比较均匀
	稳定性	不恒定，随管路情况变化而变化			恒定	
	范围/(m^3/h)	1.6～30000	150～245000	0.4～10	0～600	1～600
扬程	特点	对应一定流量，只能达到一定的扬程			对应一定流量可达到不同扬程，由管路系统确定	
	范围/m	10～2600	2～25	8～150	(0.2～100MPa)	(0.2～60MPa)
效率	特点	在设计点最高，偏离愈远，效率愈低			扬程高时，效率降低较小	扬程高时，效率降低较大
	范围(最高点)	0.5～0.8	0.7～0.9	0.25～0.5	0.7～0.85	0.6～0.8
结构特点		结构简单，造价低，体积小，重量轻，安装检修方便			结构复杂，振动大，体积大，造价高	同离心泵
操作与维修	流量调节方法	出口节流或改变转速	出口节流或改变叶片安装角度	不能用出口阀调节，只能用旁路调节	同旋涡泵，还可调节转速和行程	同旋涡泵，还可调节转速
	自吸作用	一般没有	没有	部分型号有	有	有
	启动	出口阀关闭	出口阀全开		出口阀全开	
	维修	简便			麻烦	简便
适用范围		黏度较低的各种介质	特别适用于大流量、低扬程、黏度较低的介质	特别适用于小流量、较高压力的低黏度清洁介质	适用于高压力、小流量的清洁介质(含悬浮液或要求完全无泄漏可用隔膜泵)	适用于中低压力、中小流量的介质，尤其适用于黏性高的介质
性能曲线(H—扬程；Q—流量；η—效率；N—轴功率)		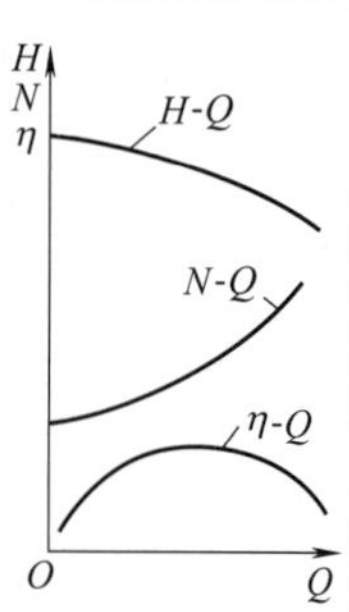	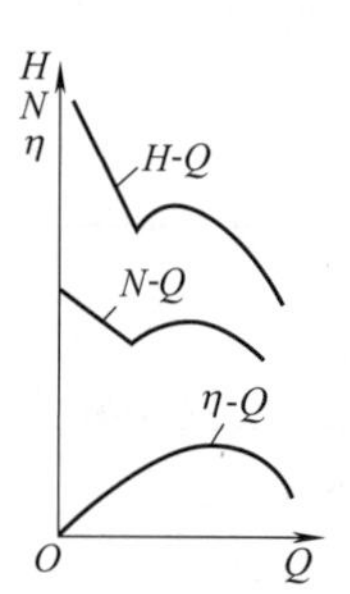	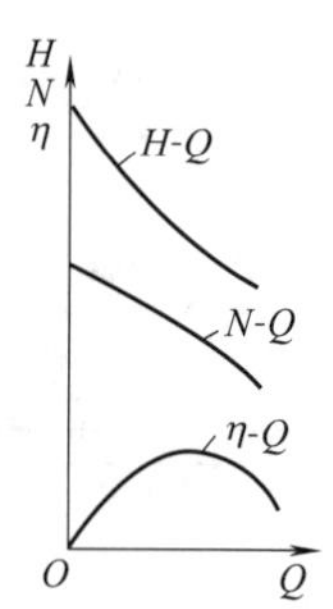	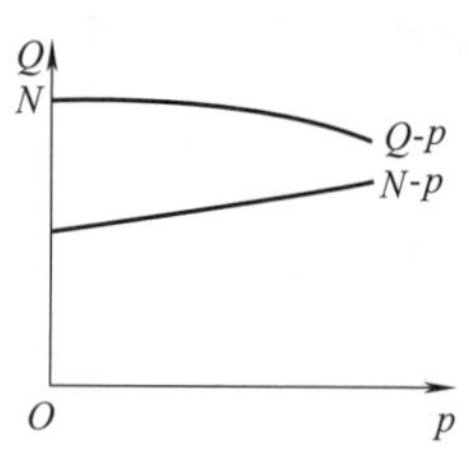	

二、工业用泵的特点和选用要求

以石油、化工装置为例，典型工业用泵有进料泵、回流泵、塔底泵、循环泵、产品泵、注入泵（加药泵）、排污泵、燃料油泵、润滑油泵和封液泵等，其特点和选用要求见表 1-2。

表 1-2 石油、化工装置用泵的特点和选用要求

泵名称	特点	选用要求
进料泵(包括原料泵和中间给料泵)	(1)流量稳定 (2)一般扬程较高 (3)有些原料黏度较大或含固体颗粒 (4)泵入口温度一般为常温,但某些中间给料泵的入口温度也可大于100℃ (5)工作时不能停车	(1)一般选用离心泵 (2)扬程很高时,可考虑用容积式泵或高速泵 (3)泵的备用率为100%
回流泵(包括塔顶、中段及塔底回流泵)	(1)流量变动范围大,扬程较低 (2)泵入口温度不高,一般为30～60℃ (3)工作可靠性要求高	(1)一般选用离心泵 (2)泵的备用率为50%～100%
塔底泵	(1)流量变动范围大(一般用液位控制流量) (2)流量较大 (3)泵入口温度较高,常大于100℃ (4)液体一般处于气液两相态,$NPSH_a$ 小 (5)工作可靠性要求高 (6)工作条件苛刻,一般有污垢沉淀	(1)一般选用离心泵 (2)选用低汽蚀余量泵,并采用必要的灌注头 (3)泵的备用率为100%
循环泵	(1)流量稳定,扬程较低 (2)介质种类繁多	(1)选用离心泵 (2)按介质选用泵的型号和材料 (3)泵的备用率为50%～100%
产品泵	(1)流量较小 (2)扬程较低 (3)泵入口温度低(塔顶产品一般为常温,中间抽出和塔底产品温度稍高) (4)某些产品泵间歇操作	(1)宜选用离心泵 (2)对纯度高或贵重产品,要求密封可靠,泵的备用率为100%;对连续操作的产品泵,备用率为50%～100%;对间歇操作的产品泵,一般不设备用泵
注入泵	(1)流量很小,计量要求严格 (2)常温下工作 (3)排压较高 (4)注入介质为化学药品、催化剂等,往往有腐蚀性	(1)选用柱塞或隔膜计量泵 (2)对有腐蚀性介质,泵的过流元件通常采用耐腐蚀材料 (3)一般间歇操作,可不设备用泵
排污泵	(1)流量较小,扬程较低 (2)污水中往往有腐蚀性介质和磨蚀性颗粒 (3)连续输送时要求控制流量	(1)选用污水泵、渣浆泵 (2)常需采用耐腐蚀材料 (3)一般间歇操作,可不设备用泵
燃料油泵	(1)流量较小,泵出口压力稳定(一般为1.0～1.2MPa) (2)黏度较高 (3)泵入口温度一般不高	(1)根据不同的黏度,选用转子泵或离心泵 (2)泵的备用率为100%
润滑油泵和封液泵	(1)润滑油压力一般为0.1～0.2MPa (2)机械密封封液压力一般比密封腔压力高0.05～0.15MPa	(1)一般随主机配套供应 (2)一般为螺杆泵和齿轮泵,但离心压缩机组的集中供油有时使用离心泵

三、工业装置对泵的要求

(1) 需满足流量、扬程、压力、温度、汽蚀余量等工艺参数的要求。

(2) 需满足介质特性的要求。

① 对输送易燃、易爆、有毒或贵重介质的泵，应选用无泄漏泵，如屏蔽泵、磁力泵、双隔膜泵等，或选用双机械密封。

② 对输送腐蚀性介质的泵，要求过流部件采用耐腐蚀材料。

③ 对输送含固体颗粒介质的泵，要求过流部件采用耐磨材料。机械密封必要时轴封应采用清洁液体冲洗。

（3）需满足现场的安装要求。

① 对安装在有腐蚀性气体存在场合的泵，要求采取防大气腐蚀措施；

② 对安装在室外环境温度低于－20℃以下的泵，要求考虑泵的冷脆现象，采用耐低温材料；

③ 对安装在爆炸危险区域的泵，应根据爆炸危险区域等级，采用相应的防爆电动机；

④ 对于要求 3 年或更长年限一次大检修的工厂，泵的连续运转周期一般应大于 25000h；

⑤ 工业装置用泵的设计寿命一般至少为 20 年；

⑥ 泵的设计、制造、检验应符合有关标准、规范的要求，常用的标准和规范见表 1-3；

⑦ 泵厂应保证泵在电源电压、频率变化范围内的性能；

⑧ 确定泵的型号和制造厂时，应综合考虑泵的性能、能耗、可靠性、价格和制造规范等因素。

四、泵的常用标准

1. 泵的常用标准（见表 1-3）

表 1-3　泵的常用标准

类型	标准
石油化工用泵	GB/T 51007 石油化工用机泵工程设计规范
离心泵	SH/T 3139 石油化工重载荷离心泵工程技术规范
	SH/T 3140 石油化工中、轻载荷离心泵工程技术规范
	API 610 Centrifugal Pumps for Petroleum, Petrochemical and Natural Gas Industries（石油、石化和天然气工业用离心泵）
	ISO 5199 Technical specifications for centrifugal pumps —Class Ⅱ（离心泵的技术规范——Ⅱ类）
	ISO 2858 End-suction centrifugal pumps（rating 16 bar）-Designation, nominal duty point and dimensions［端吸离心泵（额定压强 16 bar）标记、性能和尺寸］
	ASME B73.1M Specification for Horizontal End Suction Centrifugal Pumps for Chemical Process（化工用卧式端吸离心泵技术规范）
	ASME B73.2M Specification for Vertical In-line Centrifugal Pumps for Chemical Process（化工用立式直列离心泵技术规范）
	GB/T 3215 石油、石化和天然气工业用离心泵
	GB/T 5656 离心泵 技术条件（Ⅱ类）
	GB/T 5657 离心泵技术条件（Ⅲ类）
	GB/T 5662 轴向吸入离心泵（16bar）标记、性能和尺寸
无密封离心泵	SH/T 3148 石油化工无密封离心泵工程技术规范
	API 685 Sealless Centrifugal Pumps for Petroleum, Heavy Duty Chemical, and Gas Industry Services（石油、石化和天然气工业过程服务用无密封离心泵）
	ISO 15783 Seal-less Rotodynamic Pumps-Class Ⅱ-Specification（无密封旋转动力泵Ⅱ级规范）
	ASME B73.3M Specification for Sealless Horizontal End Suction Centrifugal Pumps for Chemical Process（化工用卧式端吸无密封泵技术规范）
消防泵	GB 6245 消防泵
	NFPA 20 Edition Standard for the Installation Stationary Pumps for Fire Protection（消防固定泵安装标准）

续表

类型	标准
计量泵和往复泵	SH/T 3141 石油化工用往复泵工程技术规范
	SH/T 3142 石油化工计量泵工程技术规范
	API 674 Positive Displacement Pumps—Reciprocating(往复式正排量泵)
	API 675 Positive Displacement Pumps—Controlled Volume for Petroleum,Chemical,and Gas Industry Services(石油、化工和天然气工业用计量式正排量泵)
	GB/T 7782 计量泵
	GB/T 9234 机动往复泵
转子泵	SH/T 3151 石油化工转子泵工程技术规范
	API 676 Positive Displacement Pumps—Rotary(转子式正排量泵)
液环真空泵	SH/T 3162 石油化工液环真空泵和压缩机工程技术规范
	API 681 Liquid Ring Vacuum Pumps and Compressors for Petroleum,Chemical,and Gas Industry Services(石油、化工和天然气工业服务用液环式真空泵和压缩机)
泵用密封	SH/T 3156 石油化工离心泵和转子泵用轴封系统工程技术规范
	API 682 Pumps-Shaft Sealing Systems for Centrifugal and Rotary Pumps(离心泵和转子泵用轴封系统)

注：表中 GB 是国家标准，SH 是石化行业标准，API 是美国石油学会标准，ISO 是国际标准化组织标准，ASME 是美国机械工程师学会标准，NFPA 是美国国家消防协会标准。

2. 石油化工离心泵标准介绍

石油、石化、天然气装置中，离心泵的使用量占泵总量的 70%～80%，为了做到既经济实用，又满足装置和工况要求，把石油化工离心泵分为中、轻载荷离心泵和重载荷离心泵。

(1) 石油化工中、轻载荷离心泵　石油化工中、轻载荷离心泵指同时符合以下条件的离心泵。

① 参数范围应同时满足：

额定排出压力小于或等于 1.9 MPa (G[1])；

操作温度（介质温度）小于 225 ℃；

额定转速小于 3000r/min；

额定扬程小于 120m；

最高吸入压力小于 0.5 MPa (G)；

悬臂泵的最大叶轮直径小于 330mm。

② 输送非易燃和无危险的介质。

中、轻载荷离心泵主要是指符合 ISO 5199，或 GB/T 5662 和 GB/T 5656，或 ASME B73.1M、ASME B73.2M 标准制造的端吸式单级悬臂式化工离心泵。

中、轻载荷离心泵采用 SH/T 3140 标准，其在材料、设计压力、辅助设备配置、检验和试验方面的要求比重载荷离心泵要低，因此可靠性相对要差，当然价格也便宜。这类泵能满足一般化工用途的需要。

(2) 石油化工重载荷离心泵　石油化工重载荷离心泵是指符合以下任一条件的离心泵。

[1] G 表示表压。

① 除另有规定外，输送易燃或危险的介质。

② 输送非易燃的和无危险的介质，但符合以下任一操作条件：

额定排出压力大于 1.9 MPa（G）；

操作温度（介质温度）大于或等于 225 ℃；

额定转速大于 3000r/min；

额定扬程大于 120m；

最高吸入压力大于 0.5 MPa（G）；

悬臂泵的最大叶轮直径大于 330mm。

③ 泵反转运行，用作液力透平。

不同标准制造的泵，其价格和可靠性有较大的差别。除业主或专利商特别指定外，应根据装置特点和工况条件来选用合理的标准。表 1-4 给出了工业用离心泵标准的选用依据，供参考。

表 1-4 工业用离心泵标准的选用依据

条件 1	超出以下参数范围的场合： 吸入压力≤0.5MPa(G)，排出压力≤1.9MPa(G)，介质温度<225℃，额定扬程≤120m，悬臂泵的最大叶轮直径≤330mm
条件 2	泵送爆炸危险性介质的场合
条件 3	泵送毒性极度或高度危害介质的场合
条件 4	不设备用泵，且对泵的可靠性要求较高的场合
条件 5	业主或专利商特别指定需采用重载荷离心泵的场合
判据	(1)符合条件 1，或条件 2，或条件 3，或条件 4，或条件 5 时，宜选用重载荷离心泵标准，即“SH/T 3139+API 610” (2)除此，为降低设备采购费用，宜选用中、轻载荷离心泵标准，即“SH/T 3140+ISO 5199”，或“SH/T 3140+GB/T 5656”

五、泵的能效等级标准及其选用

选取高效率的泵是达到节能效果最直接的手段，国家制定了一系列设备能效限定值及能效等级，为国家节能减排目标的实现发挥了重要作用。

1. 泵的能效等级标准

(1) 欧盟泵能效规定简介　为了提高泵的能效水平和保护生态环境，欧盟在很早就开始了对泵能效等级标准的研究，并在欧盟官方刊物先后发布了以下相关法规和文件：

① 欧盟（EU）NO. 547/2012 法规，以执行第 2009/125/EC 号指令——关于水泵的生态化设计的规定。

② 欧盟（EU）NO. 547/2021 法规，以执行第 2021/125/EC 号指令——关于水泵的生态化设计的规定。

③ CEN/TC197 WI 077：2011（E）回转动力泵的最低效率要求及资格认证方法。

在泵能效评价上，欧盟采用的是最佳工作点最低效率的指标。其计算公式如下：

$$(\eta_{BEP})_{min,req}=88.59x+13.46y-11.48x^2-0.85y^2-0.38xy-C \quad (1\text{-}1)$$

$$(\eta_{PL})_{min,req}=0.947(\eta_{BEP})_{min,req} \quad (1\text{-}2)$$

$$(\eta_{OL})_{min,req}=0.985(\eta_{BEP})_{min,req} \quad (1\text{-}3)$$

式中 η_{BEP}——最佳效率点（BEP）效率，%；

η_{PL}——75%的最佳效率点流量（小流量）下的效率，%；

η_{OL}——110%的最佳效率点流量（大流量）下的效率，%；

x——比转速的自然对数，$x=\ln(n_s)$；

y——最佳效率点流量的自然对数，$y=\ln(Q_{BEP})$，Q_{BEP} 的单位为 m^3/h；

C——常数，与 MEI 以及泵类型相关，见表 1-5。

表 1-5 最低效率指数 MEI（minimum efficiency index）对应的 *C* 值

效率指标 [泵型,转速(r/min)]	MEI=0.1	MEI=0.2	MEI=0.3	MEI=0.4	MEI=0.5	MEI=0.6	MEI=0.7
C(ESOB,1450)	132.58	130.68	129.35	128.07	126.97	126.10	124.85
C(ESOB,2900)	135.60	133.43	131.61	130.27	129.18	128.12	127.06
C(ESCC,1450)	132.74	131.20	129.77	128.46	127.38	126.57	125.46
C(ESCC,2900)	135.93	133.82	132.23	130.77	129.86	128.80	127.75
C(ESCCI,1450)	136.67	134.60	133.44	132.30	131.00	130.32	128.98
C(ESCCI,2900)	139.45	136.53	134.91	133.69	132.65	131.34	129.83
C(MS-V,2900)	138.19	135.41	134.89	133.95	133.43	131.87	130.37
C(MSS,2900)	134.31	132.43	130.94	128.79	127.27	125.22	123.84

泵类型（图 1-2）含义：

ESOB（end suction own bearing）——带有轴承的端吸泵；

ESCC（end suction close coupled）——直连式端吸泵；

ESCCI（end suction close coupled inline）——直连式端吸管道泵；

MS-V（vertical multistage）——立式多级泵；

MSS（submersible multistage）——多级潜水泵。

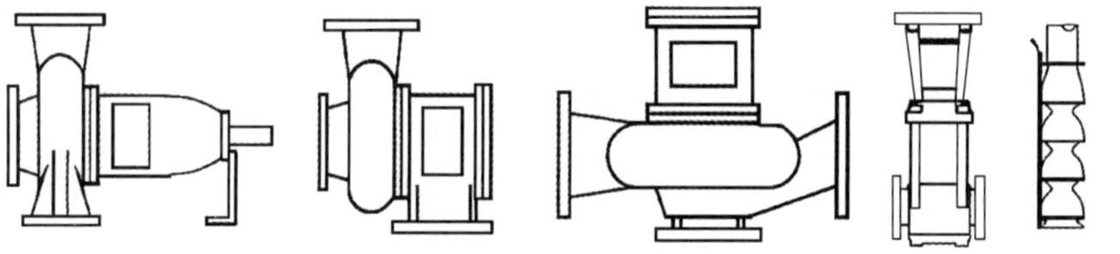

(a) ESOB (b) ESCC (c) ESCCI (d) MS-V (e) MSS

图 1-2 欧盟泵类型

第 2009/125/EC 号指令中规定了实施时间：从 2013 年 1 月 1 日起，需满足附件Ⅱ第 1（a）规定的最低效率要求，即要达到 MEI 大于等于 0.1 的要求；从 2015 年 1 月 1 日起，需满足附件Ⅱ第 1（b）规定的最低效率要求，即要达到 MEI 大于等于 0.4 的要求。

（2）国内相关能效规定简介 国内相关能效等级标准主要见表 1-6。

表 1-6 泵用能效等级相关标准

类型	标准
离心泵	GB 19762—2007 清水离心泵能效限定值及节能评价值
	GB 32284—2015 石油化工离心泵能效限定值及能效等级
	GB/T 13469—2021 离心泵、混流泵与轴流泵系统经济运行
	GB 32030—2022 潜水电泵能效限定值及能效等级
	T/CGDF 00006—2021 泵组运行能效限定值及能效等级

续表

类型	标准
真空泵	JB/T 14164—2022 水环真空泵和水环压缩机能效限定值及能效等级
电动机	GB 18613—2020 电动机能效限定值及能效等级
	GB 30254—2024 高压三相笼型异步电动机能效限定值及能效等级
	GB 30253—2024 永磁同步电动机能效限定值及能效等级
调速设备	NB/T 10463—2020 变频调速设备的能效限定值及能效等级

2. 泵的能效限定值

离心泵的能效等级分为 3 级，其中，1 级能效最高，限定值为 3 级能效，详见表 1-6 中的相关标准。

水环真空泵和水环压缩机能效等级分为 2 级，其中，1 级能效最高，限定值为 2 级能效，详见 JB/T 14164—2022。

3. 电动机的能效限定值及能效等级

电动机能效等级分为 3 级，其中，1 级能效最高（见 GB 18613—2020）。电动机在额定输出功率下的实测效率不低于 GB 18613—2020 标准中 3 级能效。

4. 工程设计中泵的高效选用

（1）在安全可靠的前提下，选择能效高的泵型和驱动机。

（2）按 API 610 要求，选型工作区域应位于最佳效率点（A 点）流量的 70%～120%的优先工作区间内，即图 1-3 的 E—D 区域；额定流量点应位于最佳效率点流量的 80%～110%区间内，即图 1-3 的 B—C 区域，且额定工况点最好落在最佳效率点的右侧。

由于泵的系列和规格数量有限，实际应用时，常通过切割叶轮的方式扩展泵的工作区。一般认为泵在比最高效率低 5%～8%区域内长期工作是非常合适的选型。

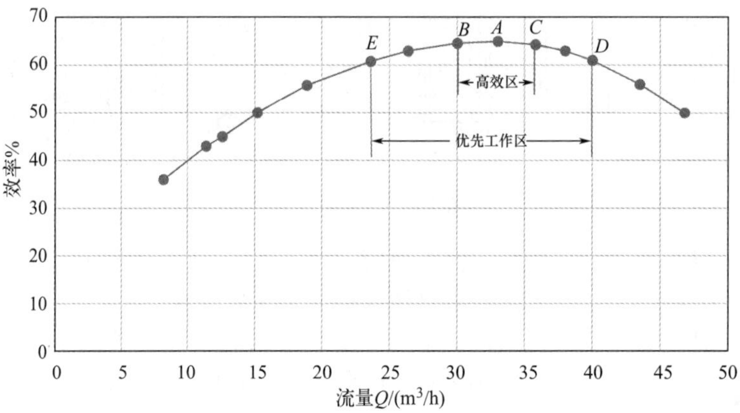

图 1-3 泵选型工况点示意图

（3）应选择制造商生产的高于或等于能效限定值的高能效等级的泵型，不得选择国家淘汰的低能效产品。

（4）应选择符合能效限定值的高能效等级的电动机和/或变频调速设备。

（5）选型时应选择泵组全寿命周期成本低的泵组。

5. 离心泵、混流泵与轴流泵系统经济运行

交流电驱动的离心泵、混流泵与轴流泵系统经济运行的基本要求、判别与评价方法、测

试方法和节能管理措施参见 GB/T 13469—2021《离心泵、混流泵与轴流泵系统经济运行》。

6. 泵组运行能效限定值及能效等级

符合 GB 19762 标准的水泵组成的并联泵组，其运行能效等级、能效限定值、试验方法和计算方法参见 T/CGDF 00006—2021《泵组运行能效限定值及能效等级》。

第二节　泵的类型、系列和型号的选择

一、选型参数的确定

1. 输送介质的物理化学性能

输送介质的物理化学性能直接影响泵的性能、材料和结构，是选型时需要考虑的重要因素。介质的物理化学性能包括：介质名称、介质特性（如腐蚀性、磨蚀性、毒性等）、固体颗粒含量及颗粒大小、密度、黏度等。必要时还应列出介质中的气体含量，说明介质是否易结晶等。

2. 工艺参数

工艺参数是泵选型的最重要依据，应根据工艺流程和操作变化范围慎重确定。

（1）流量 Q　是指工艺装置生产中，要求泵输送的介质量，工艺人员一般应给出正常流量、最小流量和最大流量。泵数据表上往往只给出正常流量和额定流量。选泵时，泵的额定流量通常为装置的最大流量，或取正常流量的 1.1～1.15 倍。

（2）扬程 H　指工艺装置所需的扬程值，也称计算扬程。一般要求泵的额定扬程为计算扬程的 1.05 倍。

（3）进口压力 p_s 和出口压力 p_d　是指泵进出口接管和法兰处的压力，进出口压力的大小影响到壳体的承压和轴封的要求。

（4）温度 T　指泵的进口介质温度，一般应给出工艺过程中泵进口介质的正常温度、最低温度和最高温度。

（5）装置汽蚀余量 $NPSH_a$　也称有效汽蚀余量，是指额定流量和正常温度下装置的汽蚀余量，其计算方法见第二篇第四章。

（6）操作状态　分为连续操作和间歇操作两种。

3. 现场条件

现场条件包括泵的安装位置（室内、室外），环境温度，相对湿度，大气压力，大气腐蚀状况及爆炸危险区域的等级划分等条件。

二、泵类型的确定

泵的类型应根据装置的工艺参数、输送介质的物理和化学性质、操作周期和泵的结构特性等因素合理选择，也可根据相似工况成功应用实例来确定。图 1-4 为泵类型选择框图，可供选型时参考。根据该框图可以初步确定符合装置参数和介质特性要求的泵类型。

（1）离心泵结构简单，输液无脉动，流量调节简单。选择泵类型时，宜优先选用离心泵（参见第二篇第一章）。当介质黏度大于或等于 100mPa·s 时，宜选用容积式泵（参见第二篇第二章）。

（2）当操作参数为小流量、高扬程时，宜按下列顺序选择泵型：

① 高速泵、旋喷泵（参见第二篇第一章第四节）；

② 转子泵、往复泵（参见第二篇第二章第三节、第二节）；

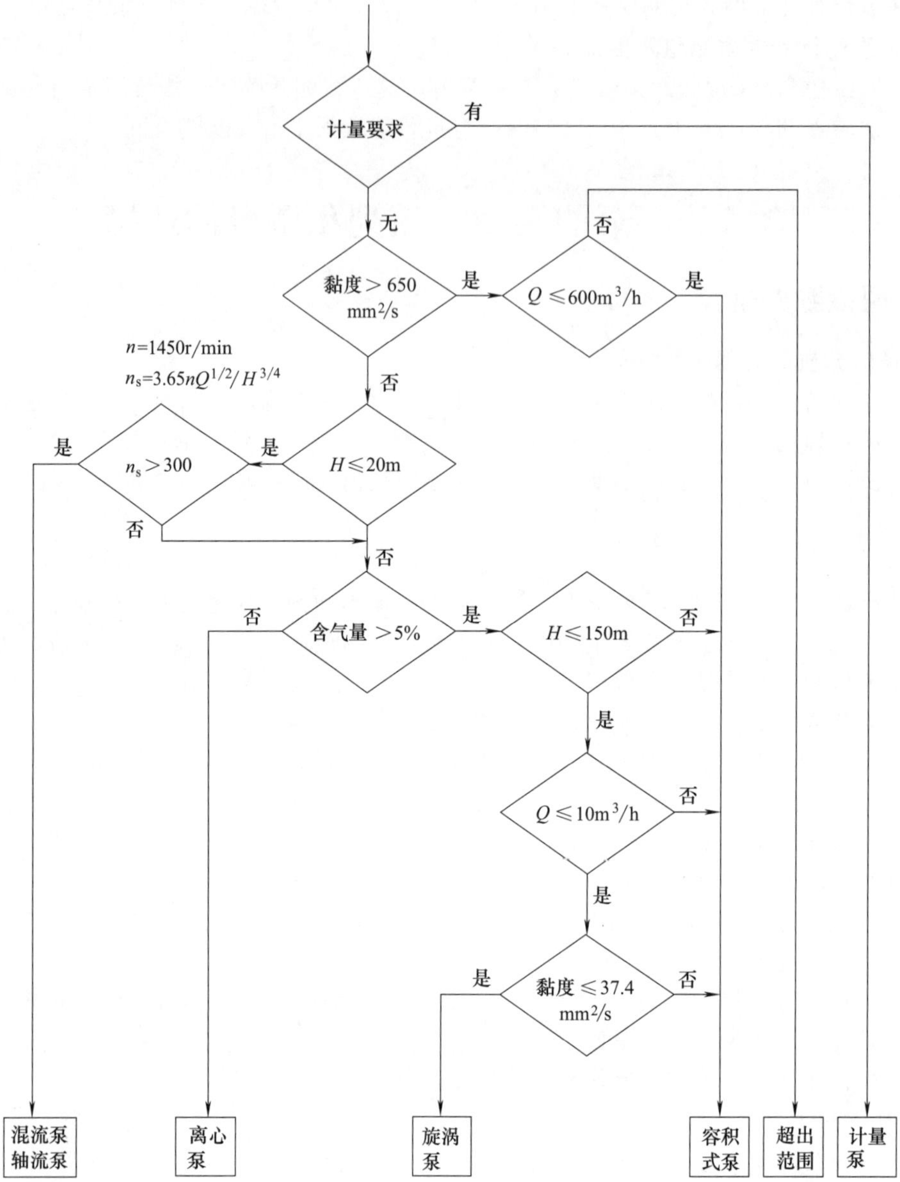

图 1-4 泵类型选择框图

（本框图仅供一般情况时参考）

③ 多级离心泵；

④ 汽蚀要求不高时也可选用旋涡泵（参见第二篇第一章第八节）。

（3）有计量要求时，选用计量泵（参见第二篇第二章第四节）。

（4）扬程很低、流量很大时，可选用轴流泵和混流泵（参见第二篇第一章第七节）。

（5）对启动频繁或灌泵不便的场合，应选用具有自吸性能的泵，如自吸离心泵，自吸旋涡泵、容积式泵等。

三、泵系列的确定

泵系列是指泵厂生产的同一类结构和用途的泵，如 IS 型清水泵、AY 型油泵、CZ 型化工流程泵、GSG 型卧式筒形泵等。当泵的类型确定后，就可以根据工艺参数和介质特性来选择泵的系列和材料。

（1）如确定选用离心泵后，可进一步考虑如下：

根据介质和装置特性决定选用哪种特性泵，如清水泵、耐腐蚀泵、石油化工流程泵或杂质泵等。介质为剧毒、贵重或有放射性等不允许泄漏物质时，应考虑选用无泄漏泵，如屏蔽泵、磁力泵或带有泄漏液收集和泄漏报警装置的双机械密封。介质为液化烃等易挥发液体时应选择低汽蚀余量泵，如立式筒袋泵。

根据现场安装条件选择卧式泵、立式泵（含液下泵、管道泵）。

根据流量大小选用单吸泵、双吸泵或小流量离心泵。

根据扬程高低选用单级泵、多级泵或高速泵、旋喷泵等。

以上各项确定后即可根据各类泵中不同系列泵的特点及生产厂的条件，选择合适的泵系列及生产厂。

最后根据装置的特点及泵的工艺参数，按表 1-4 决定选用哪一类制造、检验标准。

（2）如确定选用计量泵后，可进一步考虑如下：

当介质为易燃、易爆、剧毒及贵重液体时，常选用隔膜计量泵。为防止隔膜破裂时介质与液压油混合引起事故，可选用双隔膜计量泵并带隔膜破裂报警装置。

流量调节一般为手动行程调节，需自动调节时可选用电动或气动行程调节方式。

四、泵型号的确定

泵的类型、系列选定后就可以根据泵厂提供的样本及有关资料确定泵的型号（即规格）。

1. 离心泵型号的确定

（1）额定流量和扬程的确定　额定流量一般直接采用最大流量，如缺少最大流量值，常取正常流量的 1.1～1.15 倍。额定扬程一般取装置所需扬程的 1.05 倍。对黏度大于 $20mm^2/s$ 或含固体颗粒的介质，需换算成输送清水时的额定流量和扬程，再进行以下工作。

（2）查系列型图谱　按额定流量和扬程查出初步选择的泵型号，可能为 1 种，也可能为 2 种以上。

（3）校核　按性能曲线校核泵的额定工作点是否在泵的高效工作区，最高效率点最好能落在额定点的左侧。

（4）校核装置汽蚀余量与必需汽蚀余量的差值是否满足 NPSH 安全裕量（$NPSH_a-NPSH_r \geqslant S$）。当不能满足时，应采取有效措施加以实现（参见第二篇第四章）。

2. 容积式泵型号的确定

（1）工艺要求的额定流量 Q 和额定出口压力 p_d 的确定。额定流量 Q 一般直接采用最大流量，如缺少最大流量时，取正常流量的 1.1～1.15 倍。额定出口压力 p_d 指泵出口处可能出现的最大压力值，通常为出口管道安全阀的设定压力。

（2）查容积式泵样本或技术资料给出的泵的额定流量 $[Q]$ 和压力 $[p]$。流量 $[Q]$ 指容积式泵输出的最大流量。可通过旁路调节和改变行程等方法达到工艺要求的流量。压力 $[p]$ 指容积式泵允许的最大出口压力。

（3）选型判据：符合以下条件者即为初步确定的泵型号。流量 $Q \leqslant [Q]$，且 Q 越接近 $[Q]$ 越合理；压力 $p_d \leqslant [p]$，且 p 越接近 $[p]$ 越合理。

（4）校核装置汽蚀余量与必需汽蚀余量的差值是否与 NPSH 安全裕量满足（$NPSH_a-NPSH_r \geqslant S$）。当不能满足时，应采取有效措施加以实现（参见第二篇第四章）。

五、原动机功率的确定

泵的原动机类型应根据动力来源、工厂或装置能量平衡、环境条件、调节控制以及经济效益而定。泵常用的原动机有电动机和汽轮机，此外还有能量回收透平和柴油机等（参见第一篇第四章）。

1. 泵的轴功率 P_a 计算

（1）叶片式泵：

$$P_a=\frac{HQ\rho}{102\eta} \tag{1-4}$$

式中 H——泵的额定扬程，m；

Q——泵的流量，m^3/s；

ρ——介质密度，kg/m^3；

η——泵额定工况下的效率，$\eta=\eta_m\eta_h\eta_v$，η_m 为机械效率，η_h 为水力效率，η_v 为容积效率；

P_a——泵额定工况下的轴功率，kW。

（2）容积式泵：

$$P_a=\frac{10^5(p_d-p_s)Q}{102\eta} \tag{1-5}$$

式中 Q——泵的流量（样本上标注的流量），m^3/s；

p_d——泵出口管道安全阀设定压力，MPa；

p_s——泵入口压力，MPa；

η——泵的效率（样本上标注的效率）。

2. 原动机的配用功率 P 计算

原动机的配用功率 P 一般按下式计算：

$$P=K\frac{P_a}{\eta_t} \tag{1-6}$$

式中 η_t——泵传动装置效率，见表 1-7；

K——原动机功率裕量系数，对于离心泵和转子泵，电动机的 K 值不应小于表 1-8 的值，对于往复泵、计量泵，其 K 值不应小于 1.1，汽轮机 K 值不应小于 1.1。

表 1-7 泵传动装置效率 η_t

传动方式	直连传动	平带传动	V 带传动	齿轮传动	蜗杆传动
η_t	1.0	0.95	0.92	0.90～0.97	0.70～0.90

表 1-8 离心泵、转子泵电动机功率裕量系数 K

泵的额定轴功率 P_a/kW	功率裕量系数 K	泵的额定轴功率 P_a/kW	功率裕量系数 K
<22	125%	>55	110%
$22\leqslant P_a\leqslant 55$	115%		

并联操作且泵有自启动要求时，为确保安全，一般采用全流量方式确定离心泵电动机功率，即在全流量范围（0～Q_{max}）内计算出离心泵最大轴功率 P_{max}，比较 $\frac{P_{max}}{\eta_t}$ 与

$P\left(P=K\dfrac{P_a}{\eta_t}\right)$，取两者的大值为电动机配用功率。

六、轴封型式的确定

轴封是防止泵轴与壳体处泄漏而设置的密封装置。离心泵和转子泵轴封型式有填料密封、机械密封（详见本篇第二章）和动力密封，当然也可以采用无动密封结构的屏蔽泵或磁力泵。

往复泵的轴封通常是填料密封。当输送不允许泄漏的介质时，可采用隔膜式往复泵。

1. 填料密封

填料密封结构简单、价格便宜、维修方便，但泄漏量大、功耗损失大，一般可应用于清水类的介质输送。填料密封有普通式和机械松紧式两种。普通式填料密封要求轴封处保持微正压，以避免填料的干摩擦。机械松紧式填料停车密封采用配重，使泵在运行时填料松开，停车时填料压紧。

2. 机械密封

机械密封（也称端面密封）的密封效果好，泄漏量很小，寿命长，但价格较贵，加工安装维修保养比填料密封要求高。

机械密封适用于输送石油及化工介质，可用于各种不同黏度、强腐蚀性和含颗粒的介质。石油化工行业除用户有规定外，基本采用机械密封。

3. 动力密封

动力密封可分为背叶片密封和副叶轮密封两类。泵工作时靠背叶片（或副叶轮）的离心力作用使轴封处的介质压力下降至常压或负压状态，使泵在使用过程中不泄漏。停车时离心力消失，背叶片（或副叶轮）的密封作用失效，这时靠停车密封装置起到密封作用。

与背叶片（或副叶轮）配套的停车密封装置中较多地采用填料密封。

为保证停车密封装置的寿命，减少泵的泄漏量，对采用动力密封的泵，泵进口压力应有限制，即：

$$p_s \leqslant 10\% p_d \tag{1-7}$$

式中 p_s——泵进口压力，MPa；

p_d——泵出口压力，MPa。

动力密封性能可靠，价格便宜，维修方便，适用于输送含有固体颗粒较多的介质，如磷酸工业中的矿浆泵、料浆泵等。缺点是功率损失较机械密封大，且其停车密封装置的寿命较短。

七、联轴器及其选用

泵用联轴器一般选用挠性联轴器，目的是传递功率与运动，补偿泵轴与电动机轴之间的径向、周向和轴向等三项位移，有降低泵与电动机安装对中精度要求、缓和冲击、改变轴系的自振频率和避免发生危害性振动等作用。

泵常用联轴器有星形弹性联轴器、弹性套柱销联轴器和金属叠片挠性联轴器三种。近年来也会看到永磁联轴器的应用。

1. 星形弹性联轴器

星形弹性联轴器是一种扭转弹性联轴器，两半联轴器的齿形在圆周上相互错开半个齿距，在其间隙中嵌入一个梅花型弹性体，通过嵌入两半联轴器爪形间的弹性体来实现驱动机与从动机的连接，其结构见图 1-5，符合标准 JB/T 10466—2021。具有结构尺寸小、重量轻、传递扭矩大的特点。能有效改善机械设备的运转平稳性。可使传动时的振动得到缓冲，并吸收由于驱动机不均匀运转产生的冲击。额定扭矩可达 12800N·m，轴径可达 160mm。国内有许多厂家生产，如无锡创明传动工程有限公司、山西大新传动技术有限公司等。

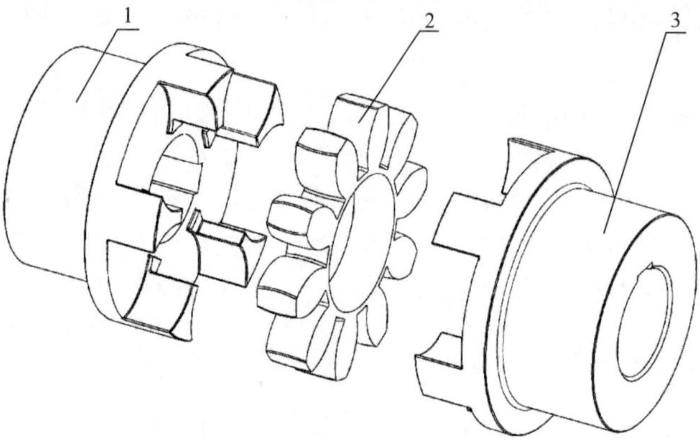

图 1-5 星形弹性联轴器

1—电动机侧半联轴器；2—弹性体；3—泵侧半联轴器

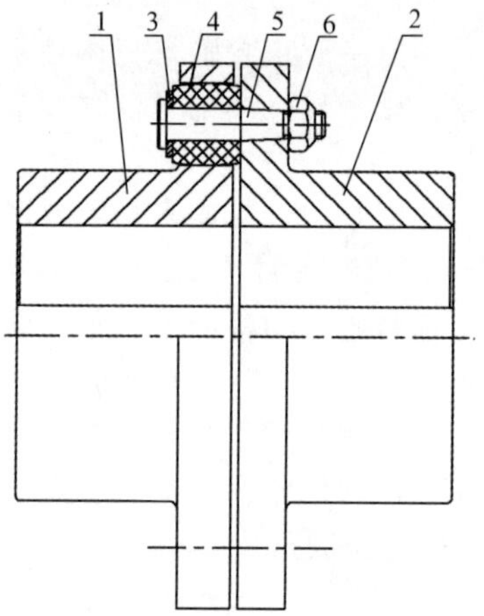

图 1-6 弹性套柱销联轴器

1—泵侧半联轴器；2—电动机侧半联轴器；3—挡圈；4—弹性套；5—柱销；6—自锁螺母

2. 弹性套柱销联轴器

弹性套柱销联轴器由半联轴器、螺栓与弹性套组成，以柱销与两半联轴器凸缘连接，柱销的一端以圆锥面和螺母与半联轴器凸缘上的锥形销孔形成固定配合，另一端带有弹性套，装在另一半联轴器凸缘的柱销孔中。其结构见图 1-6。

弹性套柱销联轴器属非金属弹性元件联轴器，符合标准 GB/T 4323—2017，其结构简单，无润滑，安装方便，更换容易，而且不要求很高的对中精度，常用于功率较小的泵组中。图 1-7 为加长型弹性柱销联轴器。国内有许多厂家生产，如无锡创明传动工程有限公司等。

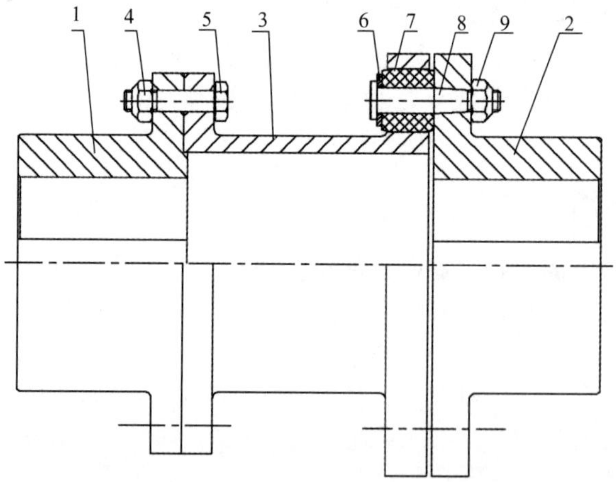

图 1-7 加长型弹性套柱销联轴器

1—泵侧半联轴器；2—电动机侧半联轴器；3—加长段；4—自锁螺母；5—螺栓；6—挡圈；7—弹性套；8—柱销

3. 金属叠片挠性联轴器

金属叠片挠性联轴器，也有称膜片联轴器（JB/T 9147—1999），采用一组厚度很薄的金属弹簧片制成各种形状，用螺栓分别与主从动轴上的两半联轴器连接，如图 1-8 所示。按 API 671 定义，应属于"disc coupling"（碟片联轴器）范畴。其特点是结构简单，无润滑，抗高温，使用寿命长、抗老化、安装方便，更换容易，可靠性高，传递扭矩大。

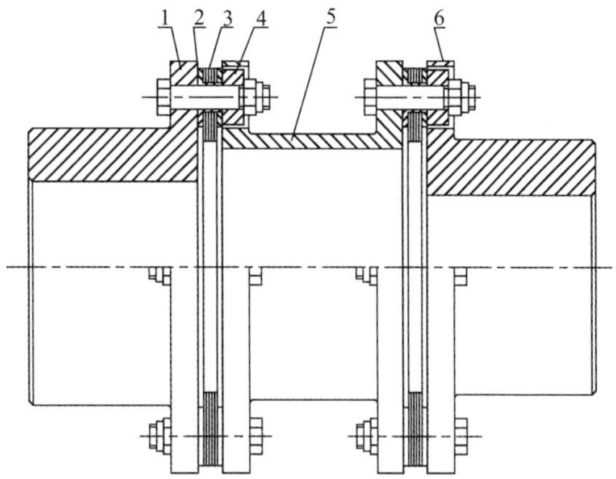

图 1-8 膜片联轴器

1,6—半联轴器；2—衬套；3—膜片；4—垫圈；5—中间轴

国内生产厂家有：无锡创明传动工程有限公司、丹东克隆集团有限责任公司等。

4. 永磁联轴器

永磁联轴器（图 1-9、图 1-10）主要由无机械连接的永磁转子和导体转子组成，连接在主动端与从动端之间，通过永磁磁场和感应磁场相互作用，实现柔性传递扭矩的机械装置。

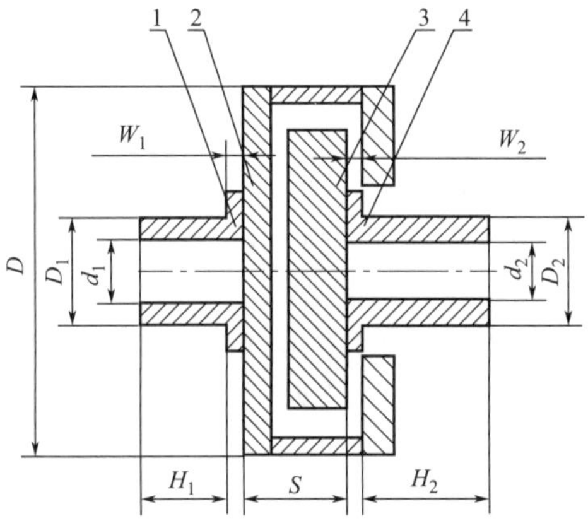

图 1-9 YLBD/FGC 标准型（单磁盘）永磁联轴器

1—主动端轮毂；2—导体盘；3—永磁盘；4—从动端轮毂

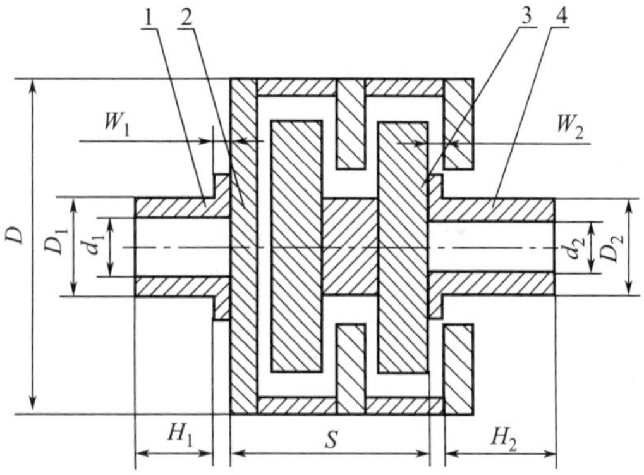

图 1-10 YLBS/FGC 标准型（双磁盘）永磁联轴器

1—主动端轮毂；2—导体盘；3—永磁盘；4—从动端轮毂

永磁联轴器也称磁力联轴器、磁力耦合器等，依据不同应用工况，分为标准型、延迟型、限矩型、离合型、带轮型、同步型等。具有一定缓冲、减振性能；具有良好的轴向、径向、周向补偿性能；可限定转矩传动，实现过载保护，起到安全保护的作用；具有结构简单，不用润滑，装拆方便，维护简便等特点。

5. 泵用联轴器的要求、标准和工况系数

API 泵标准对联轴器的要求见表 1-9，推荐的联轴器形式、标准及工况系数见表 1-10。危险区域使用的泵的联轴器，其护罩应使用不产生火花的材料，如铝、铝合金、铜等。

表 1-9 API有关泵标准对联轴器的要求

类型	API标准对联轴器的要求
计量泵	API 675要求：联轴器、联轴器和轴的连接按制造厂标准
往复泵	API 674要求：应采用挠性联轴器； 如果指定，联轴器、联轴器和轴的连接应按API 671
转子泵	API 676要求：应采用挠性联轴器； 带机械密封的泵应采用带中间轴(加长段)的联轴器
离心泵	API 610要求： 泵转速≥3800r/min应采用ISO 10441； 如果指定，联轴器、联轴器和轴的连接应按API 671、ISO 10441或ISO 14691； 带机械密封的泵应采用带中间轴(加长段)的联轴器； 联轴器、联轴器和轴的连接至少应按电动机的最大功率(包括电动机的工况系数)来计算

表 1-10 泵用联轴器形式、标准和工况系数

类型	推荐形式和标准	工况系数 K
计量泵	按制造厂标准	2.5
往复泵	采用金属叠片挠性联轴器，如果制造厂有经验，也可采用刚性联轴器，但需买方批准。一般采用ISO 14691标准	4缸及以上1.75 4缸以下2.5
	特别要求时，可采用ISO 10441标准①	以上系数再乘以1.25
转子泵	轴功率<50kW时，可采用星形弹性联轴器、弹性套柱销联轴器或金属叠片挠性联轴器，采用ISO 14691标准	1.5
	轴功率≥ 50kW时，采用金属叠片挠性联轴器，采用ISO 14691标准	
离心泵	轴功率<50kW时，可采用星形弹性联轴器、弹性套柱销联轴器或金属叠片挠性联轴器，可采用ISO 14691标准	1.2
	轴功率≥ 50kW，但<1000kW时，采用金属叠片挠性联轴器，采用ISO 14691标准	1.2
	泵转速≥3800r/min或轴功率≥1000kW时，采用金属叠片挠性联轴器，采用API 671或ISO 10441标准	1.5

① API 671适用于旋转机械，并不适用于往复式机械，因此推荐采用ISO 10441标准。

6. 联轴器规格的确定

联轴器的计算扭矩 T_c 按下式计算：

$$T_c=\frac{9550P_aK}{n}\ (\mathrm{N\cdot m}) \tag{1-8}$$

式中 P_a——额定工况下的轴功率，kW；

K——工况系数，按表1-10选取；

n——联轴器转速，r/min。

查联轴器制造厂样本或技术资料上给出的联轴器具体规格的公称扭矩 $[T_n]$、许用转速 $[n]$ 应满足 $T_c \leqslant [T_n]$，$n < [n]$。

此外还应校核联轴器的补偿量、峰值扭矩、瞬时扭矩等，它们应满足泵的要求；主、从动端的轴径应小于该规格的最大孔径尺寸 $[D]$，联轴器的脱扣转速（跳闸转速）应小于该规格的许用转速［n］，轴向尺寸［L_0］应满足泵布置的要求。当转矩、转速相同，主、从动端轴径不相同时，应按大轴径选择联轴器型号。

八、液力耦合器

液力耦合器通过工作液在泵轮与涡轮间的能量转化起到传递功率（扭矩）的作用。液力耦合器的启动平稳，有过载保护和无级调速等功能；缺点是存在一定的功率损耗，传动效率一般为 96%～97%，且价格较贵。

液力耦合器可分为恒充式液力耦合器和调速型液力耦合器两种。恒充式液力耦合器充液量不可调节，启动平稳，能隔离振动和减缓冲击，能防止驱动机和工作机的过载。调速型液力耦合器，可通过改变工作腔中的充液量来调节转速，调速范围一般为 4∶1，最大可达 5∶1。调速型液力耦合器与恒充式液力耦合器不同，它必须有工作液的外部循环系统和冷却系统，使工作液体不断地进出工作腔，以调节工作腔的充液量和散逸热量，其结构见图 1-11。

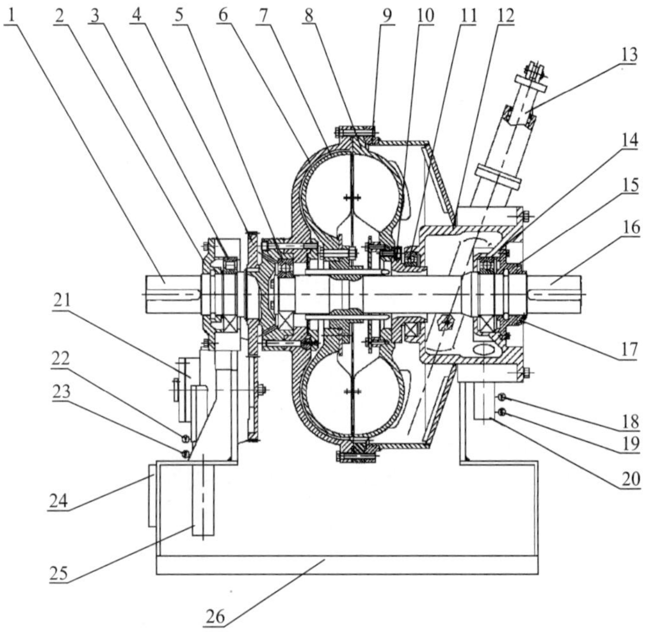

图 1-11　调速型液力耦合器结构

1—输入轴；2—输入端盖；3,5,11,14—轴承；4—齿轮；6—背壳；7—涡轮；8—泵轮；9—外壳；10—轴承座；12—勺管壳体；13—勺管；15—输出端盖；16—输出轴；17—测速齿盘；18—进油压力表；19—进油温度表；20—进油管；21—供油泵；22—出油压力表；23—出油温度表；24—油标；25—出油管；26—箱体

使用调速型液力耦合器的泵一般为大功率或工况需经常改变的大泵，如供水泵、锅炉给水泵、石油管线的输油泵、炼厂的减压泵和增压泵等。

九、齿轮箱及其选用

1. 齿轮箱原理、结构分类和应用

(1) 齿轮箱原理　齿轮箱是通过输入端齿轮（主动轴齿轮）与输出端齿轮（从动轴齿轮）的啮合传动，实现输出转速和输出方向变化的传动装置。在泵用齿轮箱中，输入轴和输出轴多为平行安装，主要以改变输出转速或输出轴的旋转方向为目的。

（2）齿轮箱的结构分类和应用 石油化工和天然气装置用泵多以 API 610《石油、石化和天然气工业用离心泵》、SH/T 3139—2019《石油化工重载荷离心泵工程技术规范》等标准规范作为设计、制造和安装使用的指导性文件。在 API 610 的规范性引用文件中，将 API 677《石油化学和气体工业一般用途齿轮箱》作为泵用齿轮箱一般要求的基础性文件；API 677 标准规定的一般用途泵齿轮箱，其应用场景为有备泵或不太重要的场合。API 613《石油化学和气体工业特殊用途齿轮箱》规定了用于连续不间断运行，且没有备泵（或其他设备）的场合。

API 677 和 API 613 两项标准中所规定的齿轮箱，均为分体式齿轮箱，不区分增减速，可以作为泵传动的单元设备独立采购。

图 1-12 罗茨真空泵用同步齿轮箱

泵用整体式齿轮箱，其输出轴与泵转子共轴，齿轮箱输出轴的设计和应用必须考虑过流转动部件的复杂工作条件，因此需要将泵与齿轮箱作为整体进行设计。在整体式齿轮箱的应用中，同步齿轮箱一般用于双螺杆泵、罗茨泵、齿轮泵等容积式转子泵的传动，转子泵的轴上零部件相对较少，转速不高，齿轮精度要求较低，同步齿轮箱技术和应用比较成熟，见图 1-12。高速离心泵用整体式齿轮箱，输出轴转速高，转子工作条件苛刻，齿轮精度要求高，因此对整体式齿轮箱的相关要求应参考高速泵用增速齿轮箱。

增速齿轮箱多用于电机驱动的高扬程离心泵，包括整体式和分体式齿轮箱。由于整体式齿轮箱的输出轴与泵转子一体，结构紧凑，输出轴的受力条件复杂，因此整体式齿轮箱高速泵的功率一般在 2000kW 以下；分体式齿轮箱功率不受此限制。

减速齿轮箱多用于电机驱动的容积式泵；汽轮机、燃气轮机、液力透平驱动的泵，或用减速齿轮箱以满足驱动设备与被驱动设备转速匹配和高效率运行的需要。

2. 泵用齿轮箱的要求

齿轮箱的应用场景不同，对齿轮箱的要求不同。本节将针对一般用途齿轮箱、特殊用途齿轮箱、整体式齿轮箱，从齿轮箱的设计、制造、检验和试验等方面提出要求。

（1）一般用途齿轮箱 当应用现场有备份泵或者为不太重要的场合时，选择一般用途齿轮箱。一般用途齿轮箱的齿轮节圆线速度应不超过 60m/s。

① 一般用途齿轮箱额定功率的确定 齿轮箱应满足泵在运行过程中所有工况条件下对功率的需求。

对于驱动机直接驱动齿轮箱的配置方式，齿轮箱额定功率的最小值应为驱动机的最大输出功率；如驱动机为电机（电动机），齿轮箱的设计功率应大于或等于电机额定功率×电机的服务系数（二者数值一般在电机的铭牌上都有体现）。

在确定齿轮箱功率时，还应注意到当泵的最大扭矩出现在正常运行转速，而不是最高连续运行转速的工况；考虑泵升级改造需要，齿轮箱功率可根据预期选择。

② 一般用途齿轮箱的服务系数 齿轮箱的服务系数或称为工况系数，由用户根据驱动机类型和泵的类型及具体应用场合选取，并填写在数据表上，推荐值见表 1-11。

③ 齿轮与齿轮轴 在传递扭矩（功率）过程中，齿轮承受外部载荷，其承载能力与齿轮结构、材料特性、热处理等加工工艺密不可分。

表 1-11 齿轮箱服务系数 SF 推荐值

泵类型	驱动机类型			
	感应电机	同步电机或变速电机	汽轮机、燃气轮机或液力透平	内燃机
离心泵(除以下所列)	1.3	1.5	1.5	1.7
离心式,锅炉给水	1.7	1.8	2.0	—
离心式,热油	1.7	1.8	2.0	—
离心式,高转速(3600r/min 以上)	1.7	—	2.0	—
离心式,供水	1.5	1,6	1.7	2.0
回转式,轴流	1.5	1.6	1.5	1.8
回转式,齿轮	1.5	1.6	1.5	1.8
往复式	2.0	2.1	2.0	2.3

注：数据来源于 API 677、API 613 标准。

齿轮整体淬火，齿面硬度较低，可用于低转速、轻载荷、冲击小的工况；齿轮齿面渗氮或渗碳，齿面硬度高、芯部硬度低、韧性好，具有较好的耐磨和抗冲击性能；齿面渗氮齿轮有一定的耐腐蚀能力，但由于渗氮层较薄，不适合用在冲击较大的工作条件下。

典型齿轮材料及其热处理和硬度值见表 1-12。

表 1-12 典型齿轮材料及其热处理

齿轮热处理	典型材料	硬度最小要求值
整体淬火	45、25CrMo、35CrMo、42CrMo、30Cr2Ni2Mo、34Cr2Ni2Mo、40CrNi2Mo、45CrMnMo	300HB
表面渗氮	42CrMo、30Cr2Ni2Mo、34Cr2Ni2Mo	46HRC
表面渗碳	15NiCr13、20CrNi2Mo、10CrNi3Mo、18CrNiMo7-6、12Cr2Ni420、2Cr2Ni4、20CrMnTi	55HRC

齿轮的齿宽与节圆直径比值（B/D_j）不宜过大，单斜齿的齿轮 B/D_j 应不大于 1.6，人字齿的齿轮 B/D_j 应不大于 2.2。齿轮副齿向啮合偏差应不大于 0.018mm，否则应进行齿向修形。

齿轮节圆的线速度不同，要求的加工精度也不同。线速度低，齿轮加工精度要求相对较低，随着齿轮线速度的提高，对齿轮加工精度的要求也越来越高。齿轮节圆线速度与加工精度关系见表 1-13。

表 1-13 齿轮节圆线速度与加工精度关系

齿轮节圆线速度/(m/s)	加工精度	齿轮节圆线速度/(m/s)	加工精度
≤15	8	>30～45	6 或更高
>15～30	7 或更高	>45	5 或更高

齿轮加工精度要求高，或小齿轮轴节圆直径较小时，应采用齿轮与轴一体的结构；大齿轮一般采用齿轮与轴分体的过盈装配。齿轮应采用热处理锻件、齿轮轴应为热处理锻钢或热轧钢；轴与轴承的配合表面应具有较高的耐磨性和较高的加工精度。

④ 齿轮箱壳体　泵用齿轮箱壳体一般采用铸造或焊接结构，如为焊接结构，焊后应进行消除应力处理。

齿轮箱壳体上应设置观察孔，观察孔尺寸至少为齿宽的一半，以便直接观察大小齿轮整个齿宽的情况。当齿轮的节圆线速度>15m/s 时，在运行和停机时均不允许大齿轮浸入润滑油中。齿轮箱应配套独立的润滑系统（飞溅润滑除外），齿轮箱上设置一个排油孔和一个进油口孔，推荐的排油管尺寸见表 1-14。

表 1-14 排油管尺寸

额定进油量		排油管尺寸		额定进油量		排油管尺寸	
L/min	gal/min	mm	in	L/min	gal/min	mm	in
26	7	75	3	380	100	200	8
56	15	100	4	585	155	250	10
170	45	150	6	830	220	300	12

⑤ 转子动力学 转子动力学是研究旋转机械转子及其部件和结构有关的动力学特性的学科，研究范围包括转子临界转速、稳定性及不平衡响应等。对齿轮箱来说，转子包括了齿轮及其安装轴和轴上零件构成的轴组件。

a. 转子不平衡响应。齿轮箱的临界转速与工作转速应有足够的安全裕度，从而保证转子的平稳运行。根据工作条件不同，安全裕度可在 10%～30%之间选取，一般大于 20%。

b. 振动要求。齿轮箱的振动测量有两种形式，一种是测量箱体的振动，另一种是测量轴的振动。对滚动轴承支承的齿轮箱，应优先选用壳体振动测量；对滑动轴承支承的齿轮箱，采用轴振动测量和壳体振动测量均可。轴振动测量可用转子自带传感器，壳体振动测量可根据相应标准选择合适的测量仪表。齿轮箱壳体振动值，一般不超过表 1-15 规定的上限值；轴的振动测量，应在径向轴承附近进行振动位移测量，在最高连续转速范围内未经滤波过滤的振幅峰-峰值，一般要求为式（1-9）中 A 的计算值或 50μm，两者中取小者。

表 1-15 齿轮箱壳体振动上限值

振动测量方式	振动速度	振动加速度
频率范围	10Hz～2.5kHz	2.5～10kHz
未过滤(峰-峰值)	5mm/s	$8g(g=9.81\text{m/s}^2)$
过滤(峰-峰值)	4mm/s	—

$$A=25.4\left(\frac{12000}{n}\right)^{0.5} \tag{1-9}$$

其中 A 为未滤波振幅实际峰-峰值 μm；n 为最高连续转速，r/min。

⑥ 轴承 轴承选择原则：当轴承平均轴径 d_m 与转速 n 的乘积小于表 1-16 给定的数值时，可选用油润滑的滚动轴承；超过时径向轴承和推力轴承一般应为流体动压轴承或流体动静压混合轴承。

滚动轴承要求：通常要求滚动轴承在额定转速、最大轴向和径向载荷下不间断运行时，额定寿命应达到 50000h（ISO 281 L_{10h}）。

表 1-16 不同类型及润滑方式的滚动轴承最大 d_m 值

轴承类型	润滑方式	
	飞溅或循环润滑	压力润滑
球轴承或滚子轴承	450000	500000
圆锥轴承或球面轴承	300000	350000

注：d_m 为轴承平均直径（内外径的算术平均值）。

流体动压轴承要求：径向轴承应采用方便装配的剖分式结构，承载面可以是圆柱面、带有楔形油槽的整体瓦或可倾瓦，最大承载比压应不超过 3.4MPa；止推轴承采用平板止推面时，其最大设计承压比压应不超过 0.517MPa，斜面推力轴承的最大设计承载比压应不超过 1.034MPa。

⑦ 润滑系统和联轴器 齿轮箱应有润滑系统，可以自带，也可以与泵或驱动设备共用润滑系统，共用润滑系统时应给出润滑油量、油压和分别点位；各润滑点位的润滑油量和油压需经计算确定。齿轮和轴承的润滑方式，应根据转速、齿轮节圆线速度、载荷等综合情况确定，润滑方式有内部循环润滑即飞溅润滑，外部循环润滑即强制润滑。采用强制润滑时，齿轮处应设置喷油嘴。内部循环润滑齿轮箱应有充分的空间，保证运行条件下温度达到平衡时润滑油在规定的温度范围内，油温一般不超过 80℃；强制润滑的齿轮箱排油温度一般控制在 80℃，进油温度不超过 50℃。

⑧ 试验 齿轮箱的试验内容包括所有油路系统的压力试验、齿轮箱机械运行试验和其他选择性试验。

齿轮箱油路系统试验为液压试验，试验压力为 1.5 倍最大允许工作压力，且不小于 1.4bar❶，保持压力 30min 无可见渗漏。

齿轮箱的机械运转试验前应“饱和预热”，对轴承和润滑油温度连续 3 次、每隔 5min 进行一次测量，当温度稳定后，在最大连续转速下空载运行至少 1h。特殊情况下，可按以下顺序进行扩展性机械运转试验：轴承温度和润滑油温度稳定后，在最高连续运行转速下运行 4h；转速提高到最高连续运行转速的 110%后运行 15min；根据用户要求进行其他转速和该转速下规定运行时间的机械运转试验。机械运转试验过程中润滑系统、状态监测、轴承、联轴器等均与实际工作状态相同，齿轮箱振动和轴位移满足有关要求；必要时还可选择全载荷或部分载荷试验，测量振动、位移、噪声等。

(2) 特殊用途齿轮箱 如果用户有要求，或者应用于特别重要的场合，可考虑采用符合 API 613 标准的特殊用途齿轮箱。

特殊用途齿轮箱的服务系数 SF 与一般用途齿轮箱的服务系数相同，如表 1-11。

齿轮精度要求达到 ISO 1328 的 4 级精度或更高；齿轮副齿向啮合偏差不得大于 0.015mm，否则齿轮应进行齿向修型。

齿轮箱壳体及零部件应能拆装且方便定位，便于快速检修。

振动指标要求更严格，在齿轮箱机械运转试验期间，特殊用途齿轮箱壳体振动指标不得超过表 1-17 给出的值。

表 1-17 特殊用途齿轮箱壳体振动

振动类型	振动速度	振动加速度
频率范围	10Hz～2.5kHz	2.5～10kHz
未过滤(峰-峰值)	2.9mm/s	$4g(g=9.81\mathrm{m/s^2})$
过滤(峰-峰值)	1.8mm/s	

应采用流体动压轴承。径向流体动压轴承的油膜比压应不超过 3.4MPa，最小油膜厚度应不小于 25μm；流体动压止推轴承一般采用可倾瓦，当低速轴的转速低于 2000r/min 时，可采用斜面止推轴承；为了留有足够的安全裕度，轴向流体动压轴承的最大承载能力应至少

❶ $1\mathrm{bar}=10^5\mathrm{Pa}$。

为额定工况的 2 倍。

对于特殊用途齿轮箱，当转子为刚性设计或运行转速高于临界转速 20%以上时，试验项目与一般用途齿轮箱的试验内容基本相同，但机械运转时间应为 4h；对驱动设备有超速可能的情况，齿轮箱应在脱扣转速下运行 15min。

对可能接近临界转速的情况，应在机械运转试验结束后立即进行临界转速验证试验。快速提速运行转速至脱扣转速的 110%，然后减速至最高连续转速的 10%，测量转子振动，并在 400r/min 至驱动机脱扣转速范围内，画出振动相位-振幅曲线图，以判断转子运行稳定性。

(3) 整体式齿轮箱　本处所述整体式齿轮箱主要是高速离心泵用齿轮箱，其特殊之处在于泵叶轮、介质和油端密封动环等零件安装在齿轮箱的输出轴上。高速离心泵用齿轮箱有一级增速或两级增速，立式或卧式安装，单轴单侧输出、单轴双侧输出、双轴单侧输出和双轴双侧输出等形式。高速离心泵用齿轮箱通常与电动机和泵头部分作整套现场备用，可实现在线切换使用。

在石油化工和天然气领域，泵输送介质通常易燃易爆、有毒有害或有腐蚀性，对介质端和齿轮箱润滑油端的密封性要求很高，因此齿轮箱输出轴上需安装润滑油密封、介质密封、叶轮和诱导轮（有时）等零部件，输出轴悬臂较长，输出轴（高速轴）的设计除应考虑齿轮传动的力和扭矩外，还需充分考虑过流部件对强度、刚度和转子稳定性的影响。

齿轮箱壳体应设置方便泵壳体等静止部件安装拆卸的连接配合装置（螺纹孔和连接盘等），保证泵整体的加工精度和对中需求。

整体式齿轮箱的服务系数 SF 与一般用途齿轮箱的服务系数相同，如表 1-11；考虑到高速转子的结构特殊性，在过流部件设计阶段应单独对输出轴进行校核，整个齿轮箱有充分的服务系数。

齿轮精度一般按 ISO 1328 的 5 级精度要求或更高。

高速轴转子横向振动临界转速与泵叶轮和诱导轮尺寸相关，在设计阶段需要做充分的转子动力学计算。

高速轴径向轴承可采用圆柱或可倾瓦式流体动压轴承，止推轴承可采用止推片或可倾瓦流体动压轴承。

高速离心泵用齿轮箱，在研制阶段可按一般用途齿轮箱要求进行相关试验，定型后可与泵的性能试验和机械运转试验同时进行。

第三节　泵的本质安全和选用

“本质安全”最早出自美国化学工程师协会（AIChE）建立的化工工艺安全中心（CCPS）在 1985 年提出的“本质上较为安全的装置”这个概念，认为想要达到工艺安全要在一开始的设计中把安全设计摆在首位，宗旨是设计出具有高度完善性和可靠性的安全生产装置。随着技术发展和安全设计理念的深入，“本质安全”涵盖面日益完善，延伸到各个方面，如工艺、设备、仪表和电气等。其核心目的是避免、减少或减轻可能对工业装置或周围区域内的人员和设施有巨大影响的特大恶性事故发生。

石油化工装置多涉及易燃、易爆、有毒泵送介质的装置，在泵的最初选型直至最终设计过程中，研究泵的选型和设计对事故的发生因素和影响尤为重要。本节讨论泵选型和设计的本质安全，不涉及操作、维修、运输、储存等环节造成的设备安全性降低甚至破坏。

需要明确的是，本质安全不是绝对的安全，而是本质上较为安全。

一、本质安全简介

本质安全可分为四个风险处理策略类别，分别是内在、被动、主动和程序。“内在”和“被动”属于战略手段，在设计选型早期要得到良好贯彻；“主动”和“程序”属于战术手段，包括安全联锁、操作规程、保护设备和规程方法。其目的都是降低事故发生的可能性（事故频率）或者在万一发生事故时降低损伤和死亡幅度（事故结果），或是二者兼而有之。“内在”和“被动”更为可靠和有力，因为这两点是依靠系统物理和化学性质而不是依靠仪表、操作、方法和规程的“主动”和“程序”手段。

例如输送水和液态烃的泵其内在因素差异巨大；不同材料耐腐蚀性能各不相同。“内在”和“被动”在石油化工装置中工艺过程是要考虑的最主要的因素，这也是本质安全最早应用领域，在石油化工装置泵选型设计时理解工艺过程、参数、物料特性以及设备结构、材料和运行机理至关重要。

“主动”是需要将安全措施“设计进去”，如采用报警联锁系统、安全泄压系统等安全保护措施等设计手段。“程序”是利用操作规程、方法和管理等其他处理方法来防止事故或减小事故影响。

本质安全的核心是加强“内在”和“被动”因素的安全性，通过合理的设计来实现，而不是完全靠增加外部的安全保护设施来提高安全性，这个出发点无论是工艺设计还是泵选型设计，不能与“主动”和“程序”混淆。

在不同类型装置中，使用的工艺物料特性不尽相同，选取安全的工艺物料、降低操作压力和操作温度和优化流程等属于是工艺本质安全设计范畴，这里不再讨论。本节讨论泵本质安全选型相关失去保护的原因、工艺参数和操作条件、泵的类型和系列、材料的选用、监测与控制、电气系统、安全泄放和相关程序及评价等。

二、泵设备失去保护的常见原因

设备发生事故失效的原因很多，表1-18总结了常见泵类设备失去保护的原因。

表1-18 常见泵失去保护的原因

类型	常见原因
过压及欠压损坏	无泄放装置 泄放装置尺寸或设定不正确 制造材料不对 操作错误（阀门切断） 外界物质阻塞
脆性断裂、破裂	材料规格不对 未考虑的低温 超出极限的外力
法兰垫片	垫片规格不对 安装不对（尺寸、紧固程度） 遗漏垫片
焊接、铸造	不正确的焊接、铸造程序 设计规范说明不对 需要而未进行去应力 不适当的检查和试验

续表

类型	常见原因
外壳过应力	设计规格说明不对 吊架及管道支承固定不对 未进行试验 预冷、升温及暖泵错误 应力分析计算错误
振动	支承不足 未能正确找正 安装、维修后开车前未进行试验 未进行管道振动分析，谐振 平衡检查不正确 振动超出极限未及时停车 部件松动 超速、临界转速下运行
腐蚀、磨蚀	异常工艺条件造成的腐蚀 来自大气的外部腐蚀 颗粒、碎屑造成的磨蚀 物料循环浓缩
外部负载、冲击	基础设计中的错误(未考虑水压头) 基础塌陷 底座吊装变形 维修期间的外部冲击 真空(设计未考虑) 液击
内部爆炸	引入可燃物前系统不恰当的空气吹扫 失去保护易燃物进入(隔离气、吹扫气中断) 维修期间未进行系统有效隔离、置换

三、工艺参数和操作条件

充分了解石油化工生产过程泵送物料的物理、化学性质和操作参数是泵选型过程中的重要环节。物料的典型理化特性见表 1-19。

表 1-19 物料的典型理化特性表

性质	理化特性
一般性质	沸点、蒸气压力、冰点 物料组分和组成 流体的黏度和密度 温度和压力 热性质焓、比热、混合热
反应性	与水或空气的反应性 聚合、分解、结晶 与材料或其他工艺物料的相容性 机械或热冲击的敏感性

续表

性质	理化特性
易燃性	闪点 自燃温度 自热 最小点火能及易燃等级
毒性	阈限值 危害等级 毒性指标 LD0、LD01、LD10、LD50
稳定性	热稳定性 化学稳定性 分解产物

物质的一般性质数据在大部分常用化学物理手册中可以查到；反应性、易燃性和稳定性性质在工艺手册和工艺特性描述中也会提及；我国在《化学品毒性鉴定管理规范》《职业性接触毒物危害程度分级》等相关标准中有对于毒性详细划分和要求，毒性分类并没有统一，甚至某些地方存在冲突，而且随着研究的日益深入和防范等级的逐步提高也在逐步更新。

危险物料的泄漏造成的事故和危害性更大。易燃易爆和有毒有害物料输送用泵对泄漏防范的要求要远高于一般介质的输送。物料组成对泵的选型也很关键，单一组分相对多组分混合物的腐蚀性相对简单，也更好控制，相关腐蚀手册中大多为单组分腐蚀数据，对于复杂组分的腐蚀大多依靠长期摸索的经验和腐蚀试验（如挂片试验）进行验证。泵形式和结构要适应物料反应性和稳定性的特性，如含有溶于水的酸性气体在使用液环真空泵时考虑溶解后的酸性腐蚀；输送的介质中脱除了阻聚剂丁二烯的泵要求具有避免形成内涡流和聚集死区的结构，这与输送介质中添加了阻聚剂丁二烯的泵的结构要求也是不一样的，其原因是丁二烯会产生自聚，生成的自聚物非常不稳定。

石油化工泵选型人员了解工艺过程和物料特性是非常重要的，泵有无在不同类型装置下的使用经验也是考虑适合与否的重要因素，在选型时要求泵具有一定的成功使用业绩。

操作条件的偏差归因于大部分的辅助设施故障，在泵选型中对工艺条件和操作条件理解的偏差会影响设备的安全性，如温度和压力的高低及变化会带来问题和危险，设备的频繁启停、泵并联运行、开停车条件等等均需要进行考虑。温度和压力的偏离也会导致因设备设计时未被考虑而影响其安全性。在维持设备的一体性中，无论是设计还是操作都是非常重要的。在失去保护之后，高压、高温或热冲击常常加速危害物物料的扩散释放，因此在泵的选型时需要分析操作条件，以维持设备的一体性。

四、泵的类型和系列

不同泵的类型和系列具有其自有的特点功能，泵选型人员应对设备的类型和系列有充足的了解，根据其特点及适用范围进行选取。

在工艺过程设计中需要确定泵的类型，泵的选型设计人员参与工艺过程设计有助于更好地选型。为完成同一种工艺过程，经常会有不同的泵可供选择，例如为获得工艺所需的真空有多种类型的真空泵可供选择，如液环式真空泵、往复式真空泵、滑片式真空泵等，各真空泵的结构特点和适用范围均有差别，与工艺结合进行选择能够有效地提高安全性。例如如果采用真空喷射泵代替由电动机驱动的动设备泵，则可以降低电动机、轴承、密封等相关部件的故障概率，获得真空的装置安全性将大幅提高。

目前国内外已有不少针对性的标准，这些标准有其各自的适用范围。如离心泵的 SH/T 3140 和 ISO 5199 适用于中、轻载荷离心泵，SH/T 3139 和 API 610 标准适用于重载荷离心泵，其结构差异和可靠性有较大区别。中心支承的离心泵能够更好地耐受热冲击和提高稳定性。为完成同一工艺过程可供选择的泵型也比较多，如大流量、高扬程的离心泵，有水平剖分的 BB3、节段式的 BB4 和双层壳体的 BB5 三种结构，其中 BB5 内件又分为节段式和水平剖分结构，其结构特点确定了泵的安全程度，应根据不同温度、压力、介质工艺性质和工艺等级进行选取。输送易燃易爆有毒有害物料时，显然 BB4 节段式多级泵型结构有易泄漏特性，在避免泄漏安全性方面不如水平剖分的 BB3 结构的离心泵，高温高压工况采用双壳体 BB5 结构的泵，其耐热冲击和承压能力使得安全性大大提高。

配有密封结构的离心泵适用于多种介质和工况；采用冷却的流体轴承和适当的密封冲洗可以延长使用寿命和减少泄漏；双端面机械密封采用了双重密封，在第一道密封失效时能够避免有毒有害和易燃易爆物料外漏造成污染、火灾事故的发生；干气非接触密封大大提高了密封使用周期。这些都为降低失效概率和避免失效提供了最佳的使用效果。无密封结构的磁力泵和屏蔽泵驱动轴无动密封结构，因而避免了密封泄漏问题，但轴承故障可引起隔离套的破裂，同时必须注意保证流体的闪蒸不能在轴承上造成汽蚀。

泵的类型和结构纷繁复杂，各有特点，本节无法一一对比分析，泵选型人员需充分了解其结构特点并进行对比研究才能有效提高泵设备的安全性。有幸的是目前有很多标准对泵的结构和技术要求提出了明确的要求，包括石油化工相关的 SH、API 系列标准，这些标准的内容是经过长期的经验积累和总结而来，执行相对应合适的标准是安全性的有效保证。

需要注意的是，泵本质安全选型应避免过度设计，过度提高设备安全性将使设备的经济性较差。

五、材料的选用

设备的使用寿命受多种因素的影响，例如材料、设计细节、制造技术、操作条件及检验和维护程序等。材料出现故障，即使相对而言不是太频繁，也可能是相当严重的甚至导致重大恶性事故。要减小材料故障风险的最佳途径，需要充分了解内部过程、外部环境及故障方式。

1. 材料的性能

选用材料的基础是了解材料在设计条件下的性能，即在工艺操作参数中，包括标准的操作参数、启停车和扰动的条件下，了解材料是如何起作用的。材料的表现是由其物理、化学和力学性能所决定的，这些性能决定了材料在泵运行过程中的表现和影响。材料的化学性能和物理性能及其影响表现在以下方面：

（1）热膨胀（特别是泵不同材料的部件配合间隙热膨胀差别）；

（2）熔点（温度对材料的耐受影响，可焊性，热加工性能）；

（3）耐酸碱及溶剂的腐蚀性（包括对于各种类型腐蚀的敏感度）；

（4）对腐蚀控制技术的影响（添加合金元素、表面处理等措施的适应性）；

（5）与工艺流体介质的反应（浸滤去合金元素、变脆）；

（6）力学性能（抗拉强度、屈服强度、韧性和抗冲击强度、硬度、抗疲劳强度等）；

（7）延展性、切口敏感度等加工特性。

在泵材料选择中这些都是需要考虑的因素，必须对全部的工艺条件和潜在的因素进行准确的界定，通常情况下，由动设备工程师与材料工程师、工艺工程师一起来确认。

金属和合金经常要进行热处理和热加工（锻造）以改善力学性能，提高材料性能、耐腐蚀性或消除热应力。机械故障比起腐蚀造成的故障来说，一般更具有可预见性，在压力、温度和交变应力作用下，主要故障包括如下方面：

（1）脆性破裂；

（2）机械疲劳；

（3）蠕变；

（4）热疲劳；

（5）设计温度和压力之外的失控；

（6）应力破裂；

（7）恶性氧化；

（8）碳化。

常规情况下，材料的各项性能在材料数据手册中有详细的研究结果和数据。对于泵的制造商而言，保证材料给予准确的溯源是比较关键的，可要求制造商提供符合规格的原材料书面证明。若材料需进一步加工，制造商还要提供合格的材料试验报告，证实焊接质量或其他处理质量，主要包括焊接程序的评定、材料批号、热处理记录和材料无损检测、复验报告等。

2. 腐蚀的影响

在石油化工装置中，处理的腐蚀性物料较多，由于腐蚀引起材料失效产生的事故多有发生。腐蚀是对金属的化学侵蚀，腐蚀可以均匀的可预计的速率发生，或集中于材料局部的表面，或发生在内部。主要分为一般性的腐蚀及金相改变和与应力有关的腐蚀。一般性的腐蚀及金相改变是指由于化学或电化学反应的侵蚀，使部件表面均匀地失去金属；材料与工艺介质的反应，会造成严重的氧化、硫化，与卤素和盐类反应，以及其他类型的腐蚀。基于经验和材料研究，腐蚀速率是可以预计的，常常采用增加材料的壁厚（增加腐蚀裕度）进行补偿。这部分的数据，在相关的材料选用手册上一般都可以查到。应力有关的腐蚀主要包括应力腐蚀开裂、腐蚀疲劳、点蚀、晶间腐蚀、电化学腐蚀、氢腐蚀等等。在石油化工装置中一般性腐蚀和应力性腐蚀开裂发生率占比约六成，点蚀和晶间腐蚀发生率占比约二成，其他腐蚀失效占比约二成，了解工艺特点和腐蚀机理并合理选材是石油化工泵选用本质安全重要因素。

六、监测与控制

监测及控制仪表日趋完备，随着技术的进步，智能化控制系统取得了长足的进步。从单点单项监测逐步发展到可编程控制器和分散采集集中控制系统，进一步到状态监视诊断系统，应用大数据和物联网的智能化集成专家故障诊断系统得到了良好的应用。良好的状态监视系统能提升泵的安全性，详见本篇第六章。

七、电气系统

在石化装置中，电器的主要危险是火花和电弧。火花和电弧可点燃易燃混合物，引起火灾或爆炸。泵选型工程师需特别注意电器的安全与可靠性，考虑静电有关的危险、接地方法和雷电防护。

处理易燃气体、液体和灰尘装置内的区域划分分类是正确选择电气和电器元件的基础。选择要根据易燃物的特性和逸散情况确定，应符合相关标准规范，泵选型工程师需严格执行。

除此之外，对泵装置配套的电气设施采取适当的措施可以有效地提高安全性。如润滑油加热器采用导热油自动恒温间接加热，避免局部温度过高，避免操作失误；泵装置撬块内布线敷设在危险性较小的区域或距离释放源较远的位置，避开机械振动、机械损伤、腐蚀和危险物聚集区域；采用钢管布线和导管连接可以有效避免机械损害；采用铠装电缆、屏蔽线和绝缘护套电缆等。

此外减少露天环境下现场电气仪表控制箱，改善电气设备的运行环境，采用远程控制等均可以改善设备的安全性。

八、安全泄放

对于泵内超压或真空引起的事故，采用压力安全释放是最后的手段，可以防止事故大规模、不可控地发展，安全释放的启动将使由于装置故障引起的事故可能性降至最低。由于一旦启动，装置将不再可靠，安全泄压装置的维修维护是不定时的，采取一定的冗余提供了进一步的安全保护。无论泵系统前端提供了多少保护措施，采取保护的程度有多高或降压系统调节能力有多强，工艺系统专业必须考虑安全泄放。安全泄放作为泵装置最后的安全防护手段不可或缺。

九、相关程序及评价

石油化工装置在设计各个阶段，从初步设计到详细设计应进行一系列安全评估和检查，危险评估的目的是清查、评价和控制过程中涉及的危险。危险评估和安全审查是同步的，泵选型工程师参与内容详见表 1-20 安全设计任务表。

表 1-20 泵选型工程师安全设计任务表

项目	泵选型工程师任务
安全设计章节	关键参与
安全设计专篇	关键参与
危险源辨识(HAZID)	关键参与
危险与可操作性分析(HAZOP)	关键参与、配合参与
安全完整性等级定级(SIL 定级)	关键参与、配合参与
安全完整性等级验证(SIL 验证)	关键参与、配合参与
连锁逻辑图	关键参与
危险场所 HVAC(供热、通风与空调)安全设计	配合参与
消防灭火系统设计	关键参与
总平面图和布置图	配合参与
装置设备布置图	配合参与
爆炸危险区域划分图	配合参与
管道和仪表流程图(P&ID)	关键参与、配合参与
安全联锁系统、紧急停车系统及安全仪表系统设计	配合参与
可燃及有毒物料泄漏检测系统设计	配合参与
安全泄放和火炬系统设计	配合参与
应急系统和设施设计	配合参与
健康风险评估(HRA)	关键参与
报警管理系统(AMS)	配合参与
噪声分析	关键参与

表 1-20 是泵工程师在工程设计阶段配合项目设计过程进行的相关安全设计工作内容，这是泵选型工程师工作的一部分。泵本体和泵装置选型和配置应结合安全评估结果进行。

·第二章·
轴封及轴封系统

第一节　常用轴封类型、特点及应用

轴封是用以防止流体输送设备的旋转轴与其机体之间的流体泄漏而设置的密封装置，常用轴封有机械密封、填料密封、浮环密封、迷宫密封、螺旋密封、磁流体密封等形式。同时，对于某些透平设备为无轴封型，如隔膜式、屏蔽式、磁力传动式。其特点及应用见表 1-21。

表 1-21　常用轴封类型、特点及应用

轴封类型		简图	使用场合		特点与应用
			往复	旋转	
接触式密封	机械密封①	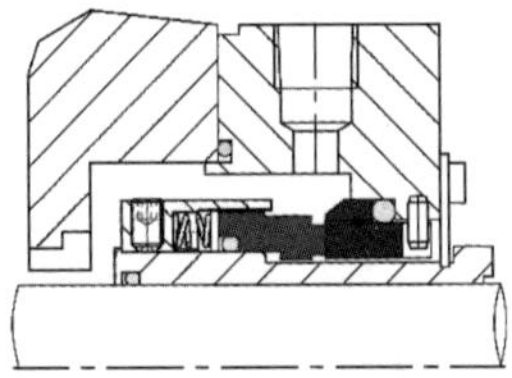		●	泄漏量少，工作可靠，寿命长，应用广泛。用于密封各种不同黏度、强腐蚀性和含磨蚀性固体颗粒的介质。寿命可达 25000h，一般不低于 8000h，使用条件较差时为 4000h 目前已达到如下技术指标： 轴径：ϕ5～1000mm 压力：－0.1～45.0MPa(G) 温度：－200～1200℃ 线速度：0～150m/s(n＝60000r/min)
	填料密封	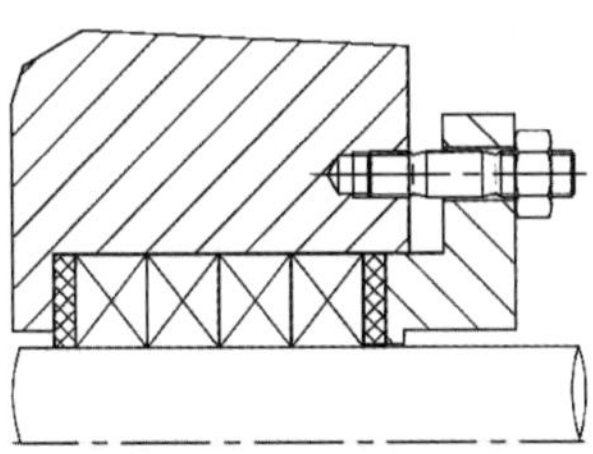	●	●	软填料密封是一种压紧式填料密封，俗称盘根。利用柔软材料做成压缩填料来填塞运动轴和腔体间隙的动密封装置。结构简单，消耗功率大。压紧力沿轴向分布不均匀，靠近压盖处填料磨损最快 硬填料密封是用金属、石墨、填充四氟乙烯等制成的密封填料。它比软填料密封具有更高的耐热、耐压和高速性能，广泛用于活塞(柱塞)泵等设备的往复密封，也用作旋转泵的辅助密封。为了能补偿磨损和适应轴的跳动，硬填料密封一般采用分瓣式、开口式的结构
		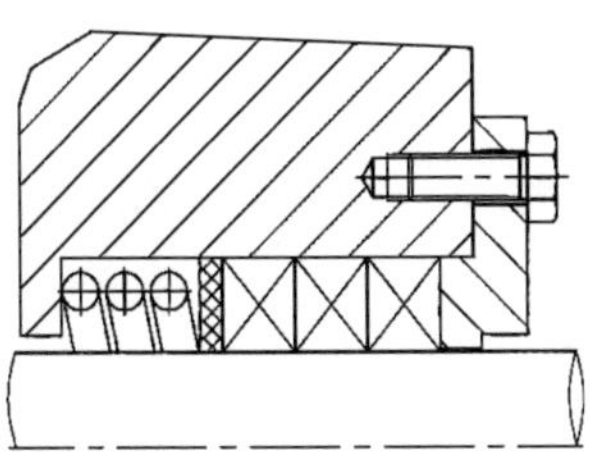	●	●	

续表

轴封类型		简图	使用场合		特点与应用
			往复	旋转	
接触式密封	填料密封	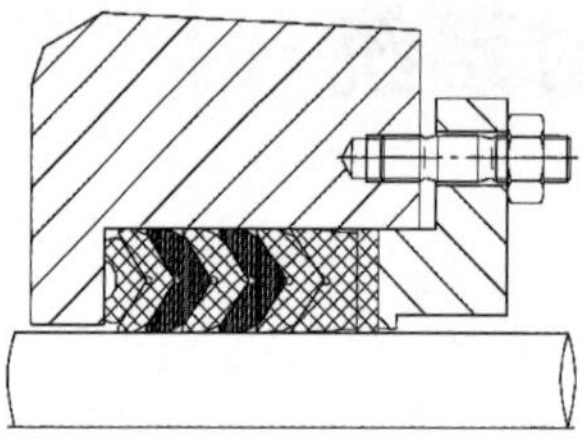	●	●	成型填料密封泛指用橡胶、塑料、皮革及金属材料经模压或车削加工成型的环状密封圈。成型填料按工作特性分为挤压型密封圈和唇形密封圈两类 适用于密封一般介质，其范围广泛：介质压力－0.1～35.0MPa(G)，工作温度－50～600℃，线速度达20m/s
非接触式密封	干气密封	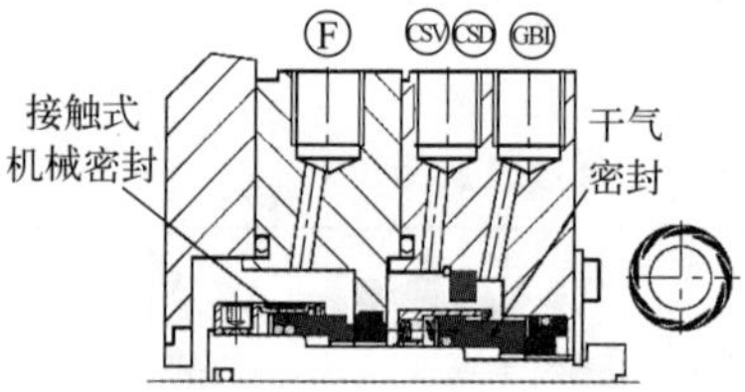		●	干气密封属于气体润滑机械密封，通过在密封端面上开设动压槽而实现密封端面的非接触运行，使两相对转动表面被一层极薄的气膜隔开，因此密封摩擦副不受材料PV值❶的限制，特别适合作为高速、高压设备的轴端密封 其优点为：使用寿命长、运行稳定可靠；密封功率消耗小 目前已达到的技术指标： 轴径：ϕ10～400mm 压力：－0.1～40.0MPa(G) 温度：－196～600℃ 线速度：0～150m/s
	浮环密封	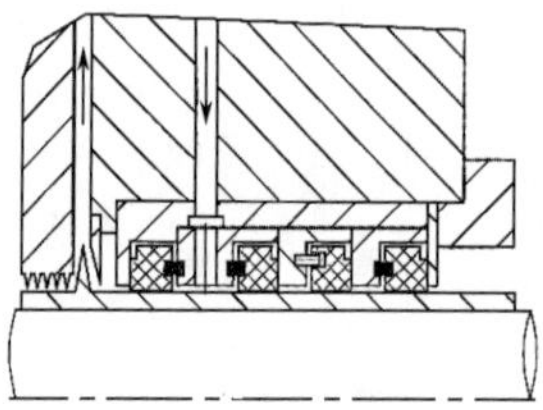		●	在转动轴和腔体之间安装一组浮动环(浮环)，浮动环内孔与轴外圆间隙很小，浮动环通过销子防转，径向可以浮动。当轴旋转时，通过油膜浮力使浮环与轴自动对中，依靠圆周间隙中的液膜刚度实现密封 结构简单，可以多级串联使用。适用于压力－0.1～10.0MPa(G)、转速3000～20000r/min
	迷宫密封	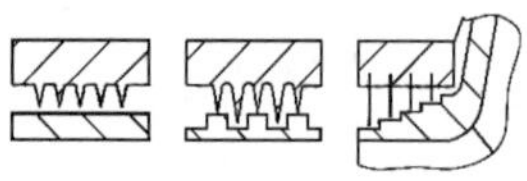 平滑形　整体曲折形　台阶形		●	迷宫密封是指转动零件和固定零件之间设置有多个小腔室，对流经的流体进行节流减压，从而减小流体的泄漏流量。其典型的结构形式是在转轴周围设若干个依次排列的环形密封齿，齿与齿之间形成一系列节流间隙与膨胀空腔，被密封介质在通过曲折迷宫的间隙时产生节流效应而达到阻漏目的

❶ PV值为密封流体压力 p 与密封端面平均滑动速度 v 的乘积，是密封端面材料的一种性能指标。

续表

轴封类型		简图	使用场合		特点与应用
			往复	旋转	
非接触式密封	螺旋密封	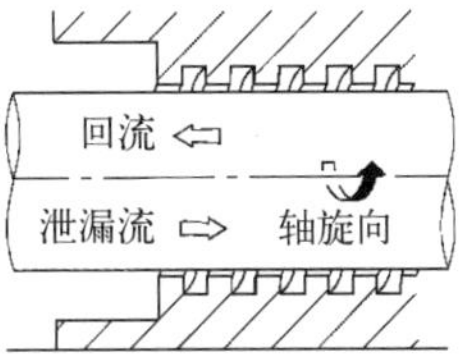		●	螺旋密封是用螺纹阻止液体泄漏的非接触式动密封，又称螺纹密封。在转动件或静止件对应位置开设螺旋槽，工作时泄漏的液体充满螺纹和壳体所包含的空间，形成“液体螺母”。轴上螺纹的方向使“液体螺母”在轴旋转时产生轴向运动，促使液体不断地返回高压端。螺旋密封适用于液体黏度较大、压差较小和中等转速的场合。基本不受液体的温度限制 结构简单，制造、安装精度要求不高，维护方便，使用寿命长，但需使螺旋方向与轴的旋转方向相反 适用于压力 0～2.0MPa(G)的低压、线速度小于 30m/s 条件下的高黏度介质，但必须设置停车密封
	磁流体密封	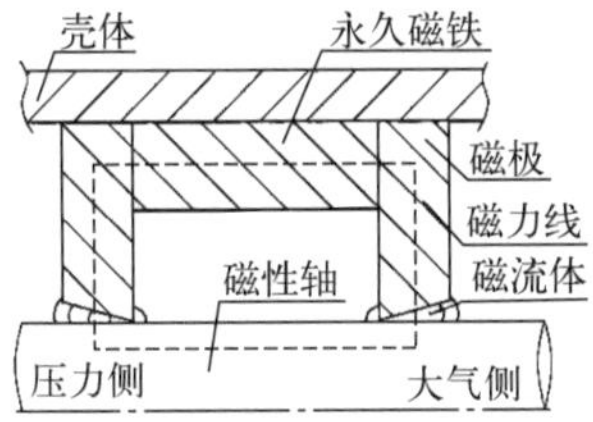		●	微小磁性颗粒如 Fe_3O_4 悬浮在载流体上，如甘油，得到的磁流体填充在密封腔内。壳体采用非磁性材料，转轴用磁性材料制成。磁铁两侧的磁极和转轴构成磁路。磁极尖端磁通密度大，磁场强度高，磁流体集中而形成磁流体圆形环，起到密封作用，能达到无泄漏、无磨损，不需要外部润滑系统，对轴的精度要求不高 应用于低压低线速度、真空、温度不高的搅拌器密封，泵上应用不常见
无轴封	隔膜式	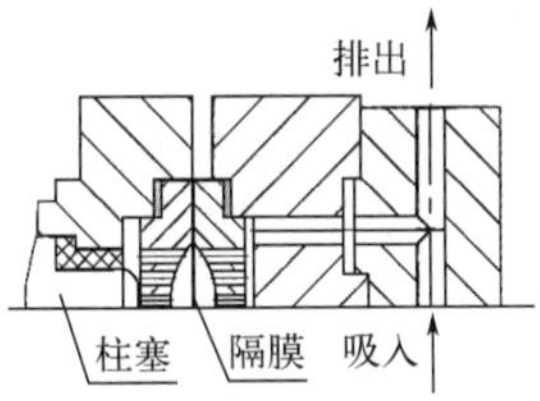	●		在柱塞泵缸前加一隔膜，柱塞在缸内做往复运动，使缸内油产生压力，推动隔膜在隔膜腔内前后鼓动，达到吸排目的，也使输送介质与泵缸隔开，防止输送介质在动密封处泄漏 多用于输送小流量高压力，或有毒、易燃、易爆等介质
	屏蔽式	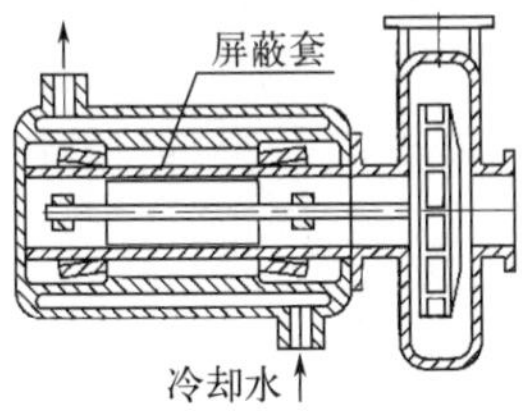		●	叶轮装在电动机伸出轴上，组成一个整体。电动机定子内腔和转子表面各有一层金属薄套保护，称屏蔽套，以防止输送介质进入定子和转子，轴承靠输送介质润滑 属于无轴封型泵，适用于输送毒性、易燃、易爆等介质
	磁力传动式	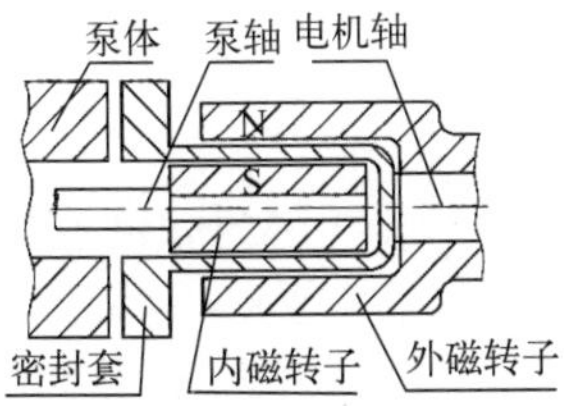		●	内转子装在泵轴端，并用隔离套(密封套)封闭在泵体内部，形成静密封。外转子装在电动机轴端，套入隔离套外侧，内外转子间的磁场力透过隔离套相互作用，进行力矩的传递 完全封闭，不泄漏，适用于输送有毒、易燃、易爆介质

① 此处机械密封无限定词时指接触式液膜机械密封，参见本章第二节机械密封的分类。

第二节 机械密封

一、术语和定义

1. **型式试验**（qualification test）

为了验证产品设计能否满足技术规范的全部要求所进行的试验，它是一个设计确认过程，只有通过型式试验合格的产品设计，才能进行生产，投入市场。

2. **出厂试验**（predelivery test）

对经过型式试验已经合格的产品设计，投入生产后产品在出厂前进行的试验，它属于产品检验的范畴，是产品合格放行的重要依据。

3. **集装式密封**（cartridge seal）

动静密封环、辅助密封圈、弹性元件、密封座与轴套、压盖、传动件预装在一起，并调整好弹性元件工作高度而成的整体机械密封。

4. **非集装式密封**（core seal component）

动静密封环、辅助密封圈、弹性元件、密封座组成的机械密封单元。

5. **产品密封**（job seal）

用于现场实际工况的密封产品。

6. **试验密封**（shop seal）

仅用于做泵性能试验的密封。

7. **无压双密封**（unpressurized dual seals）

串联式机械密封或串联式干气密封，两套密封之间的缓冲流体压力低于密封腔压力，且低于0.28MPa。

8. **带压双密封**（pressurized dual seals）

双端面机械密封或串联式机械密封，两套密封之间的隔离流体压力高于密封腔压力至少0.14MPa。

9. **泵用干气密封**（dry gas seal for pump）

用于泵上的一种组合密封，其中至少包含一套非接触式干气密封。

10. **串联式机械密封**（tandem mechanical seals）

两套密封面对背布置的集装式机械密封，两套密封之间的缓冲/隔离流体压力可以低于或高于密封腔压力。

11. **双端面机械密封**（double mechanical seals）

两套密封面对面或背对背布置的集装式机械密封，两套密封之间的缓冲/隔离流体压力高于密封腔压力。

12. **串联式干气密封**（tandem dry gas seals for pump）

内侧为接触式或非接触式湿密封，外侧为非接触式干气密封，两套密封组合的集装式密封。

13. **双端面干气密封**（double dry gas seals for pump）

内侧和外侧均为非接触式干气密封，两套密封组合的集装式密封。

14. **非接触式干气密封**（noncontacting dry gas seal）

简称干气密封，一种密封端面能产生气体动压效应从而使密封端面脱开接触的非接触式密封。

15. **接触式湿密封**（contacting wet seal）

密封端面采用液体润滑的接触式密封。

16. **易汽化介质**（flashing fluid）

在泵送温度下，饱和蒸气压高于 0.1MPa 的流体，即泄漏至大气环境呈气态的流体。

二、机械密封的分类

机械密封的分类方法很多，常用的分类方式可参照 JB/T 4127.2—2013《机械密封　第 2 部分：分类方法》或 API 682《离心泵和转子泵用轴封系统》进行分类。

1. 按密封端面润滑状态分类

根据密封端面流体润滑状态，机械密封可以分为液体润滑的机械密封和气体润滑的机械密封。

液体润滑的机械密封根据工作时端面接触状态分为：接触式机械密封和非接触式机械密封。接触式机械密封称为接触式液膜机械密封，这是机械密封最基本的型式，一般不加定语的“机械密封”均指这种结构；非接触式机械密封包括流体动压机械密封、流体静压机械密封。气体润滑的机械密封同样根据工作时端面接触状态分为：接触式气膜机械密封和非接触式气膜机械密封。接触式气膜机械密封习惯上叫干式密封，非接触式气膜机械密封习惯上叫干气密封。机械密封的基本类型及其应用如表 1-22 所示。

表 1-22　机械密封按密封端面流体润滑状态分类表

类型	图例	定义或特点	主要应用场合
机械密封（无说明时特指接触式液膜机械密封）	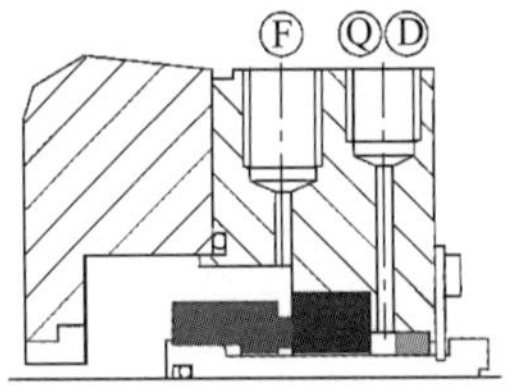	指密封端面紧密贴合，密封面微凸体接触，通过端面间液膜进行润滑的机械密封。是最为常见的机械密封型式。泄漏量小，可实现零泄漏	适用于几乎所有的旋转泵，可多级组合使用
流体动压机械密封	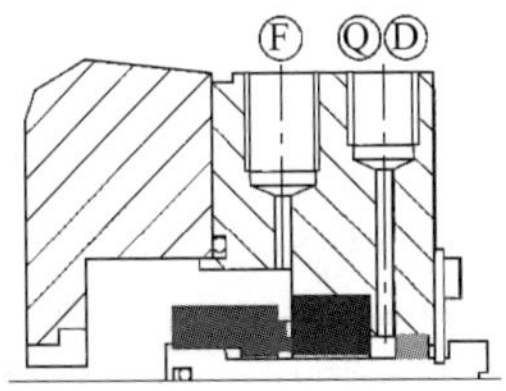	指密封端面设计成特殊的几何形状，利用相对旋转自行产生流体动压效应的机械密封。密封在端面间有一层完整的流体膜，具有足够大的流体膜压，并能保持良好的刚性，从而依靠流体动压效应将密封端面脱开，靠端面间液膜刚度实现密封。具有功耗小、扭矩小、端面产生热量小，无磨损、密封使用寿命长的特点	适用于高饱和蒸气压或气液混合介质，泄漏量高于接触式密封

续表

类型	图例	定义或特点	主要应用场合
流体静压机械密封	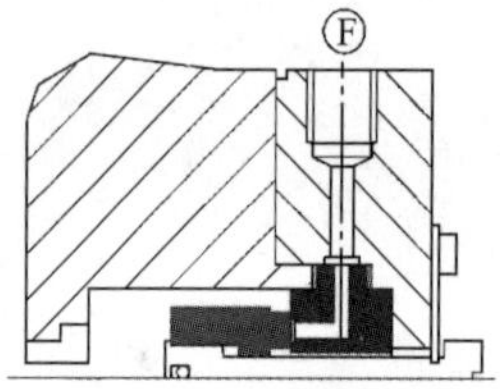	指密封端面设计成特殊的几何形状，利用外部引入的压力流体或者被密封流体本身通过密封端面间的压力降产生流体静压效应将密封端面脱开，靠端面间液膜刚度实现密封。具有功耗小、扭矩小、端面产生热量小，无磨损、密封使用寿命长的特点	适用于高饱和蒸气压或气液混合介质，泄漏量高于接触式密封
干气密封	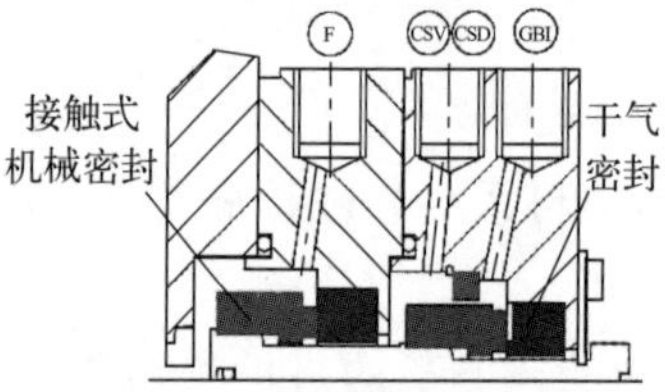	气体润滑端面密封，属于非接触式气体润滑机械密封，简称干气密封；由于密封非接触式运行，因此密封摩擦副材料基本不受 PV 值的限制	通常两级组合，之间通入气体，可在大部分泵上应用，实现介质零泄漏
干式密封	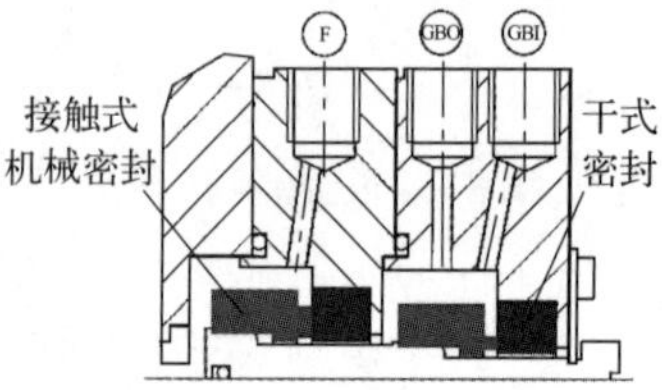	干式密封也叫干磨密封，密封端面通常没有润滑，是一种通用的简易型接触式机械密封。其主要特点是密封结构相对简单，可不配控制系统或仅需要简易控制系统即可	适用于 PV 值低的场合，以及多级密封外侧的安全密封

2. 按密封布置方式分类

按照 API 682 标准，机械密封分为三种布置方式：布置方式 1、布置方式 2、布置方式 3。其分类及其应用见表 1-23。

表 1-23 机械密封按密封布置方式分类

布置方式	密封大类	密封小类（代号）	图例	定义或特点	主要应用场合
布置方式 1	单端面机械密封	机械密封（1CW-FX）	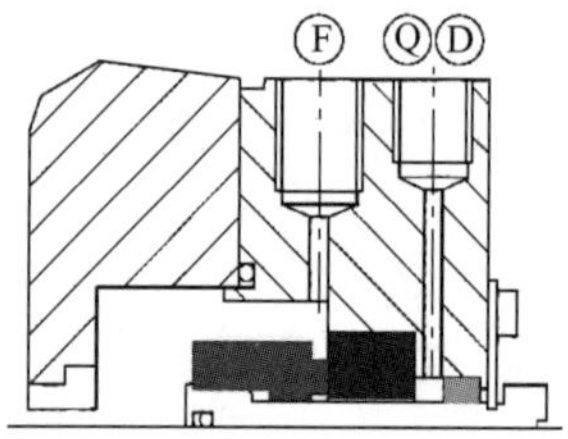	由一对密封端面组成的机械密封，带固定节流装置；密封结构简单，制造和装拆比较容易，因而使用普遍	用于介质本身润滑性好和允许有微量泄漏的情况。由于介质泄漏后即进入大气环境，对环保要求较高的场合不适用
		机械密封（1CW-FL）	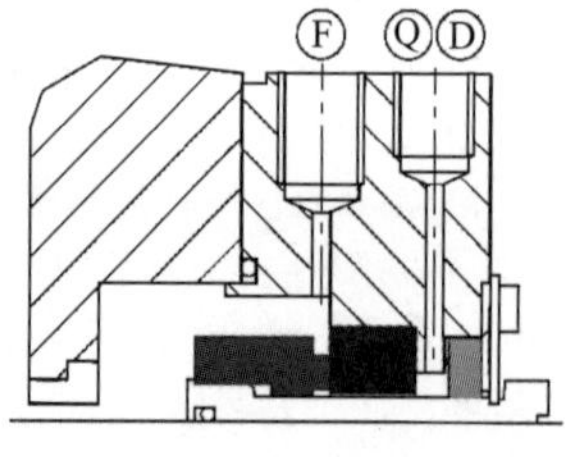	由一对密封端面组成的机械密封，带浮动节流装置，节流效果更好；密封结构简单，制造和装拆比较容易，因而使用普遍	用于介质本身润滑性好和允许有微量泄漏的情况，是最常用的机械密封型式，由于介质泄漏后即进入大气环境，对环保要求较高的场合不适用

续表

布置方式	密封大类	密封小类(代号)	图例	定义或特点	主要应用场合
布置方式2	无压双密封	机械密封+机械密封(2CW-CW)	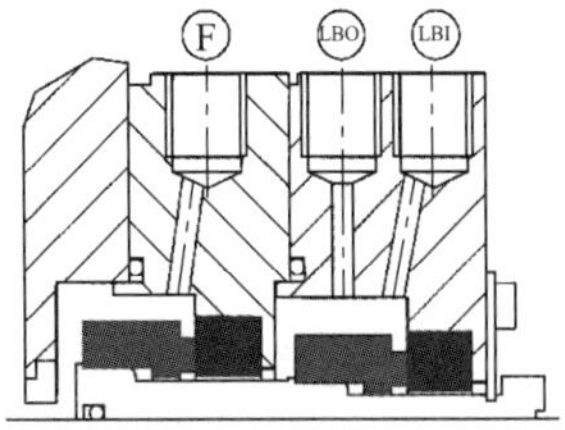	由两对密封端面组成,且缓冲流体由外部引入到两对密封端面间,两补偿端面是轴向串联安装的机械密封。缓冲流体不带压,用以冷却密封端面和改善端面润滑条件,内侧微量泄漏的介质进入缓冲液中,可引出固定排放而不会漏入大气,从而实现工艺介质零泄漏	适用于易燃、易爆、有害介质,如轻烃、芳烃、酸性水等
		接触式机械密封+干气密封(2CW-CS)	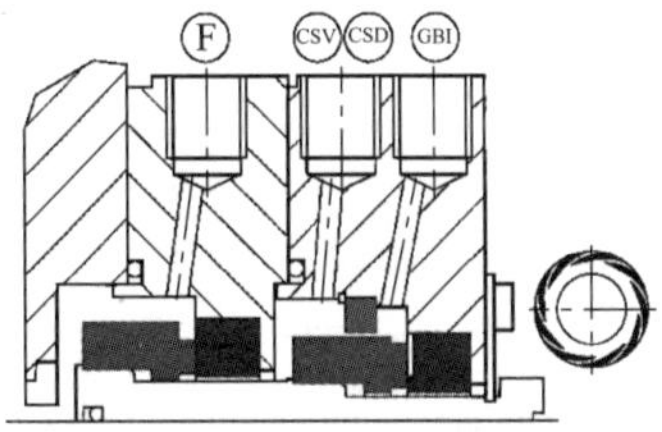	由两对密封端面组成,一级密封为接触式机械密封,二级密封采用干气密封;缓冲气由外部引入到两对密封端面间。内侧微量泄漏的介质被缓冲气吹扫固定排放而不会漏入大气,从而实现工艺介质零泄漏,安全环保	适用于易燃、易爆、有害介质,如轻烃、芳烃、酸性水等
		非接触式机械密封+干气密封(2NC-CS)	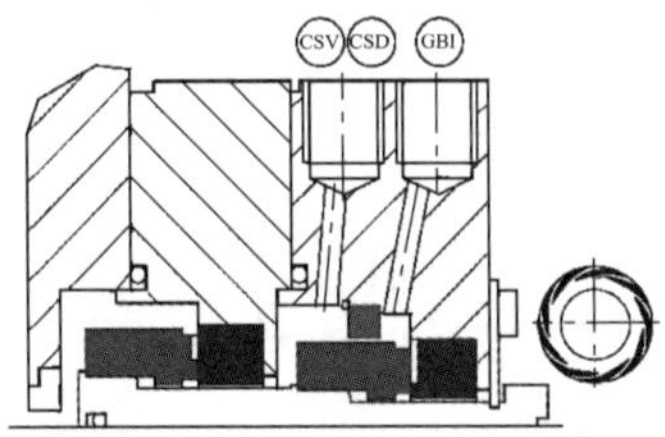	由两对密封端面组成,一级采用非接触式液体润滑机械密封,二级采用干气密封。缓冲气由外部引入到两对密封端面间。内侧微量泄漏的介质被缓冲气吹扫固定排放而不会漏入大气,从而实现工艺介质零泄漏,安全环保	适用于高饱和蒸气压或气液混合介质,泄漏量高于接触式密封,但泄漏介质定向收集,不会排放至大气环境
布置方式3	带压双密封	面对背带压双密封(3CW-FB)	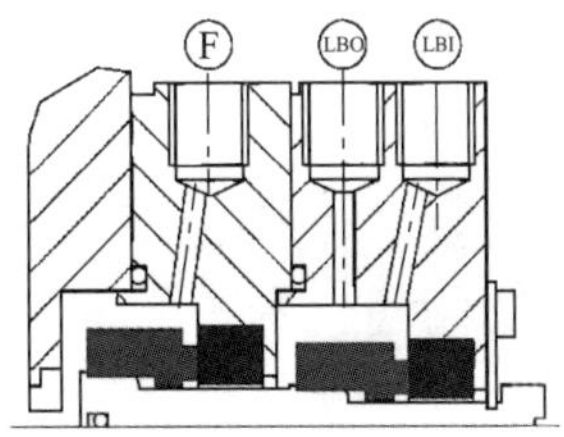	由两对密封端面串联布置,中间引入高于介质压力0.14~0.41MPa的隔离液,用以改善端面间的润滑及冷却条件,并阻隔介质泄漏通道,实现工艺介质零泄漏	适用于安全性要求高的易燃易爆或有毒介质

续表

布置方式	密封大类	密封小类（代号）	图例	定义或特点	主要应用场合
布置方式3	带压双密封	背对背双端面机械密封（3CW-BB）	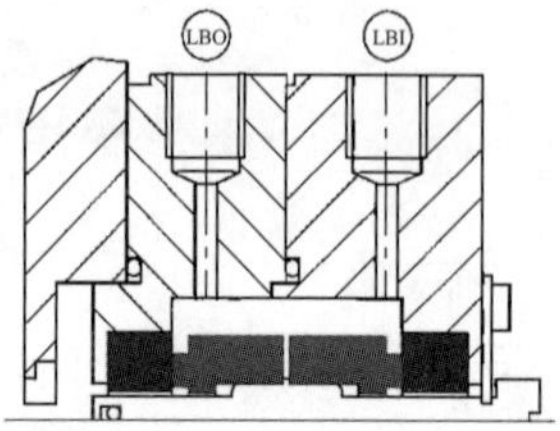	由两对密封端面组成，且隔离流体由外部引入到两对密封端面间的机械密封，根据两补偿环端面是相背安装或相对安装分为背对背和面对面两种结构。这种密封的隔离流体压力一般高于介质压力0.14～0.41MPa，以改善端面间的润滑及冷却条件，使介质与外界隔离，改变介质泄漏方向，实现工艺介质零泄漏	适用于有毒、有害、含颗粒杂质或高黏度介质工况，为常用结构
		面对面双端面机械密封（3CW-FF）	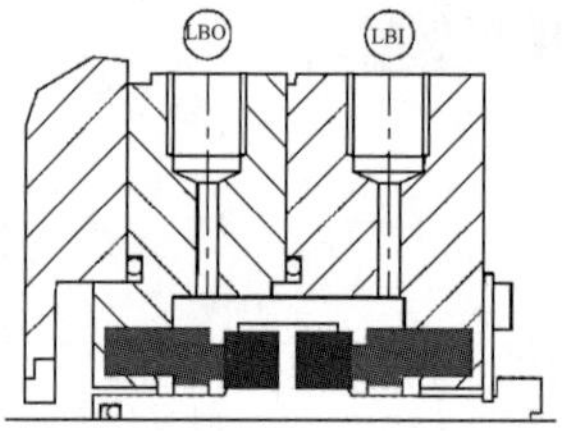		适用于有毒、有害、含颗粒杂质或高黏度介质工况，为大轴径或高转速设备推荐结构
		背对背双端面干气密封（3NC-BB）	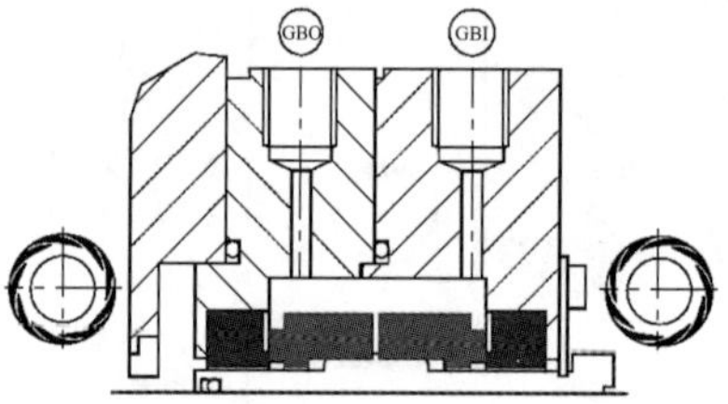	由两对干气密封端面组成，两补偿环端面背对背布置，隔离气体（氮气）由外部引入到两对密封端面间，气体压力至少高于介质压力0.17MPa。工作时，隔离气阻挡工艺介质泄漏，从而实现工艺介质零泄漏	适用于有毒、有害且不允许介质泄漏到大气环境的清洁介质。推荐用于介质温度≤120℃的工况，小流量泵不宜采用
		面对面双端面干气密封（3NC-FF）	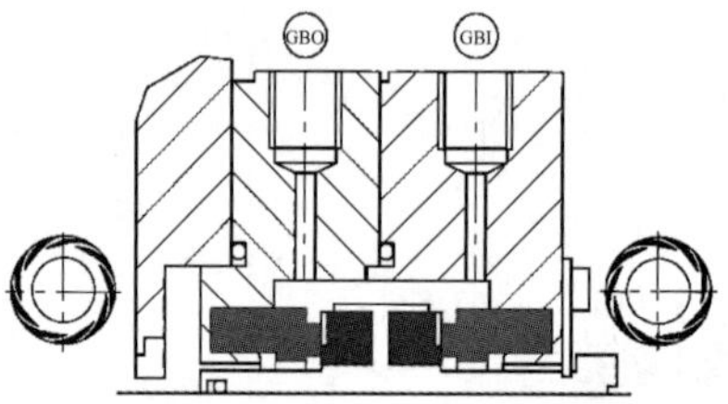	由两对干气密封端面组成，两补偿环端面面对面布置，隔离气体（氮气）由外部引入到两对密封端面间，气体压力至少高于介质压力0.17MPa。工作时，隔离气阻挡工艺介质泄漏，从而实现工艺介质零泄漏	适用于有毒、有害且不允许介质泄漏到大气环境的清洁介质。推荐用于介质温度≤120℃的工况，小流量泵不宜采用。为大轴径或高转速设备推荐结构
		面对背双端面干气密封（3NC-FB）	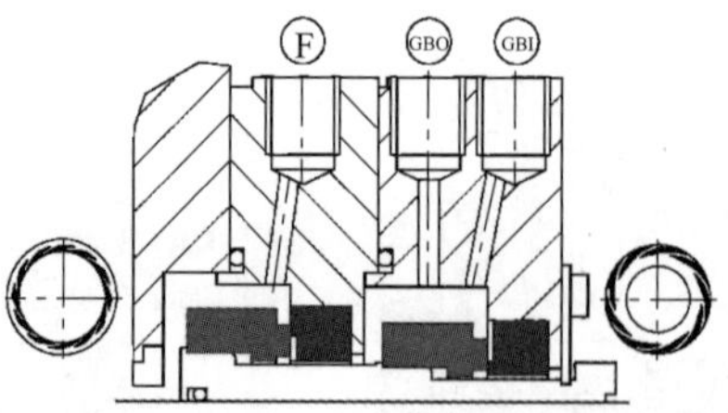	由两对干气密封端面组成，两补偿环端面面对背布置，隔离气体（氮气）由外部引入到两对密封端面间，气体压力至少高于介质压力0.17MPa。工作时，隔离气阻挡工艺介质泄漏，从而实现工艺介质零泄漏	适用于轻微含颗粒、易结晶的有毒、有害介质的工况，推荐用于介质温度≤120℃的工况，小流量泵不宜采用

续表

布置方式	密封大类	密封小类（代号）	图例	定义或特点	主要应用场合
其他布置方式	—	径向双端面机械密封	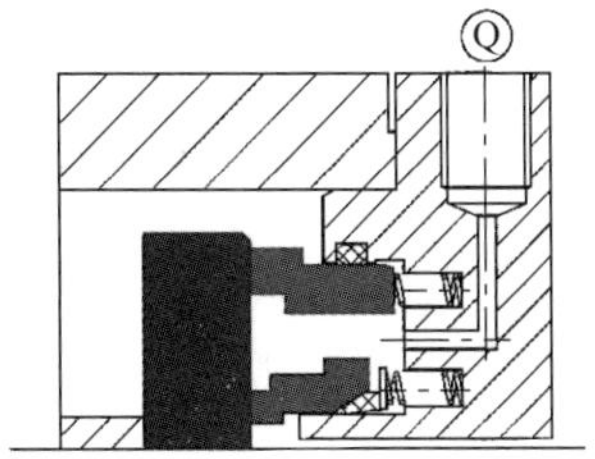	由两个径向布置的端面组成的双端面密封	用途与轴向双端面机械密封或串联式机械密封一致，在径向空间大而轴向空间小的场合选用

3. 按密封内部结构分类

按机械密封的内部结构特征，机械密封分为多种类型，见表 1-24。

表 1-24　机械密封按密封内部结构分类表

分类方式	类型		图例	定义或特点	主要应用场合
按密封流体作用在密封端面上的压力分类	非平衡式		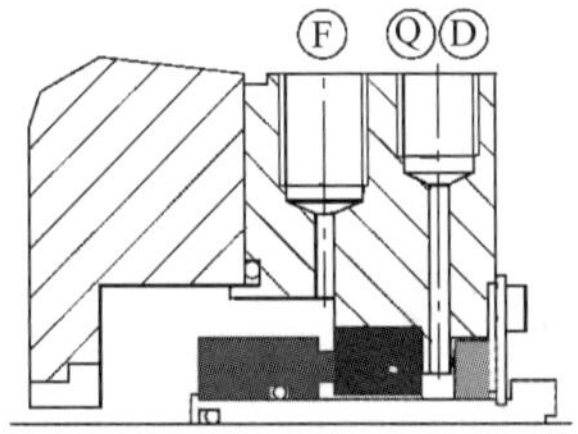	密封流体作用在密封端面上的压力不卸荷（载荷系数 $K \geqslant 1$）的机械密封。其端面比压随密封流体压力的变化而变化较大	用于压力较低或真空的场合
	平衡式	部分平衡式	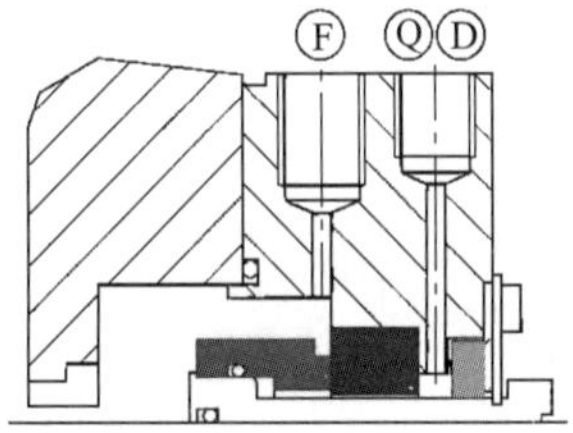	密封流体作用在密封端面上的压力部分卸荷（载荷系数 $0<K<1$）的机械密封。其端面比压随密封流体压力的变化而变化较小	用于压力较大的场合
		双向平衡式	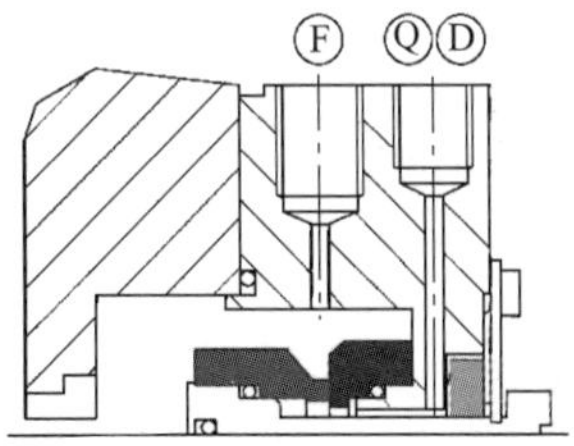	在承受正向和反向压力时均为平衡式的密封	一般作双密封的内侧密封使用，既可承受正向压差，也可承受反向压差，该种密封受介质压力波动或隔离/缓冲液压力波动的影响较小
按静止环安装位置分类	内装式		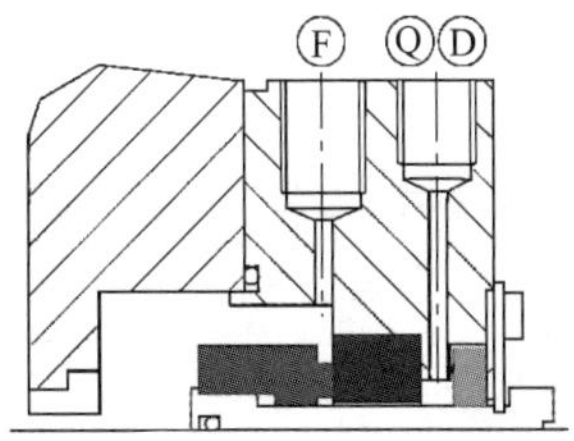	静止环安装于密封端盖（或相当于密封端盖的零件）的内侧（即面向主机工作腔的一侧）的机械密封	由于摩擦副受力状态好、冷却和润滑效果好而较多采用，用于安装精度高的场合

续表

分类方式	类型	图例	定义或特点	主要应用场合
按静止环安装位置分类	外装式	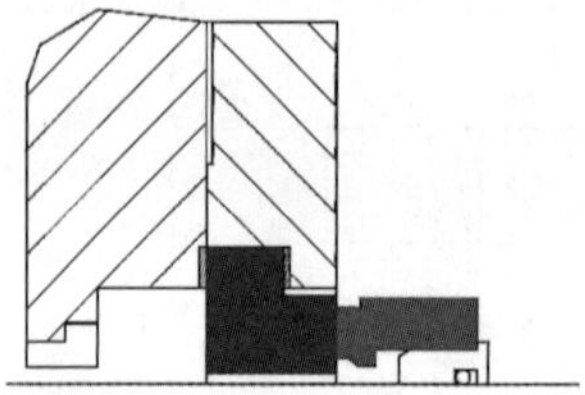	静止环安装于密封端盖(或相当于密封端盖的零件)的外侧(即背向主机工作腔的一侧)的机械密封	可直接观察密封端面的工作及磨损情况,用于强腐蚀、易结晶、低压介质及需要安装调试方便的场合
按弹簧是否置于密封流体之内分类	弹簧内置式	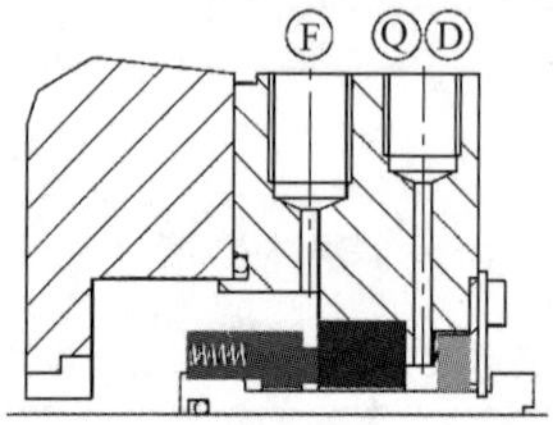	弹簧置于密封流体之内的机械密封	布置方便,结构简单,各种工况优先选用
	弹簧外置式	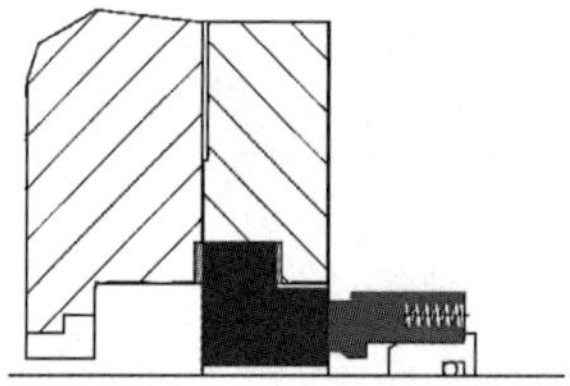	弹簧置于密封流体之外的机械密封	适用于含颗粒、易结晶的介质
按补偿机构中弹簧的个数分类	单弹簧	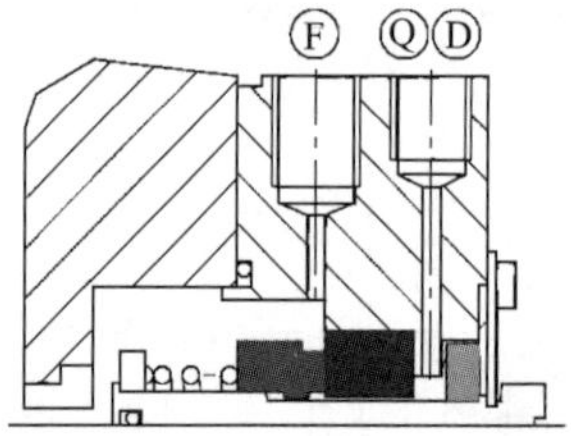	补偿机构中只含一个弹簧的机械密封,亦称大弹簧式。与轴同心安装,轴向尺寸大,径向尺寸小,安装简单。由于弹簧丝径大,腐蚀性和易结晶介质对其影响不大	适用于低速、含少量颗粒的介质
	多弹簧	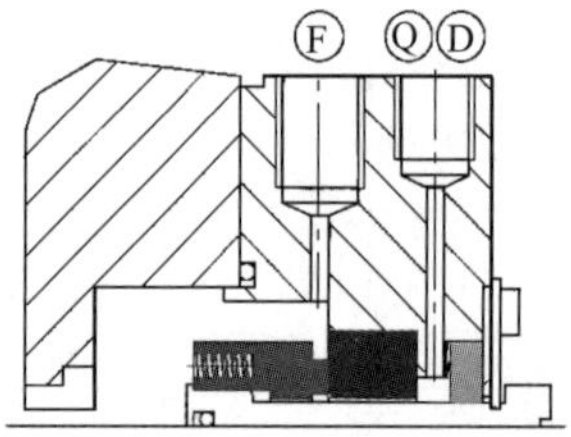	补偿机构中含有多个弹簧的机械密封,亦称小弹簧式。多弹簧沿圆周均匀分布,可方便地通过增减弹簧数量来调节弹簧力。端面比压分布均匀,密封端面变形小,密封性能可靠	各种工况优先选用的密封型式
按补偿环是否随轴旋转分类	旋转式	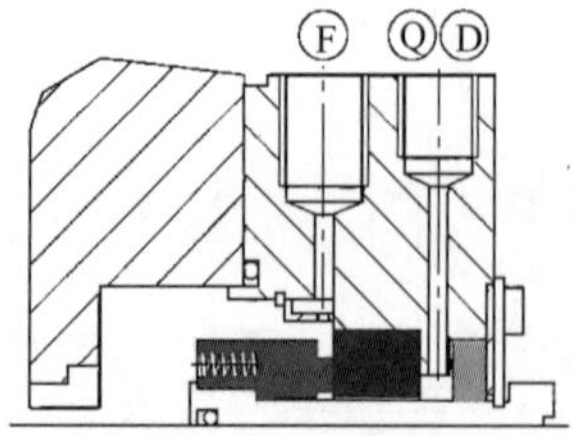	补偿环随轴旋转的机械密封,弹性元件装置结构简单,径向尺寸小,是常用结构	一般工况首选

续表

分类方式	类型			图例	定义或特点	主要应用场合
按补偿环是否随轴旋转分类	静止式			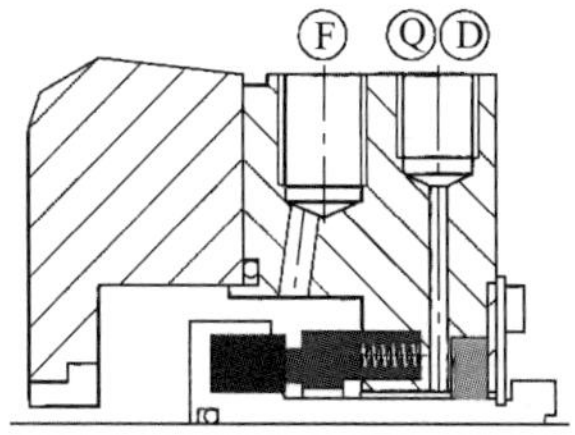	补偿环不随轴旋转的机械密封，其弹性元件装置结构较复杂，但不受离心力的影响	适用于高线速度、大轴径的场合
按密封流体在密封面间的泄漏方向分类	内流式			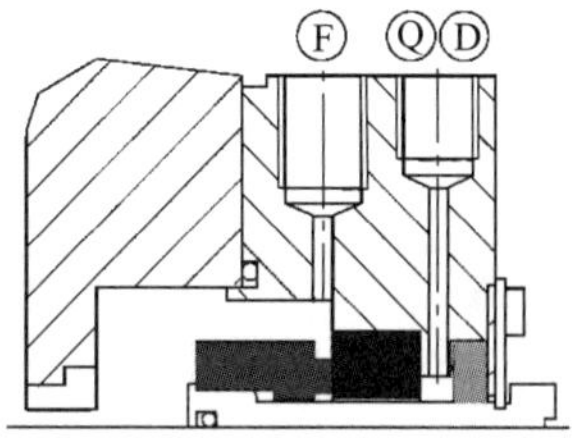	密封端面泄漏朝向轴心方向，离心力起着阻碍流体泄漏的作用，故泄漏量少，密封可靠	由于摩擦副受力状态好、冷却和润滑效果好而较多采用，用于安装精度高的场合
	外流式			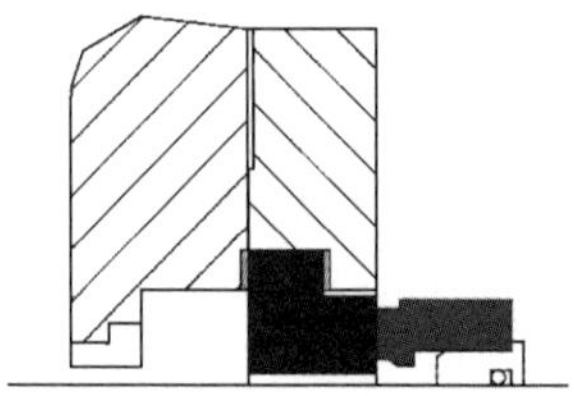	密封端面泄漏背向轴心方向，离心力有助于泄漏增加，密封泄漏量偏大	可直接观察密封端面的工作及磨损情况，用于强腐蚀、易结晶、低速低压介质及需要安装调试方便的场合
按补偿弹性元件的特性分类	波纹管	金属波纹管	液压金属波纹管	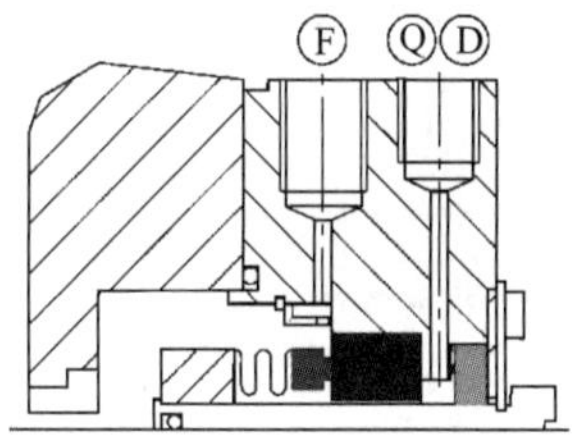	弹性元件采用液压成型的金属波纹管，在轴上无相对滑动，对轴无磨损，浮动性好，使用范围广	可在高、低温下使用，液压金属波纹管更适用于高黏度的场合
			焊接金属波纹管	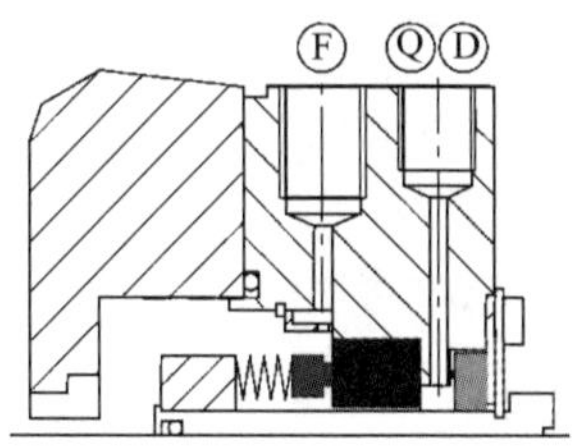	弹性元件采用焊接组合而成的金属波纹管，对轴无磨损，浮动性好，使用范围广	
		聚四氟乙烯波纹管		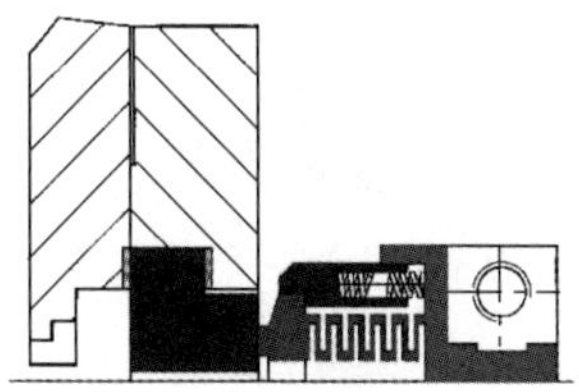	波纹管采用聚四氟乙烯制造，辅以弹簧提供密封弹力，其浮动性好，材料耐腐蚀性强，但耐磨性、导热性稍差	用于各种强腐蚀性的低速低压工况

续表

分类方式	类型		图例	定义或特点	主要应用场合
按补偿弹性元件的特性分类	波纹管	橡胶波纹管	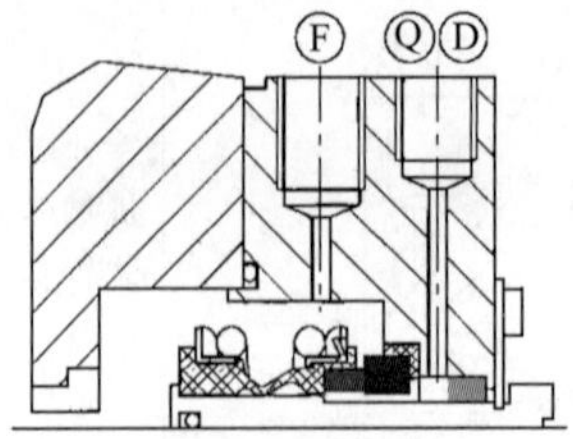	采用橡胶制成的波纹管型机械密封，其结构简单，价格低廉，常称为简易密封	用于参数较低的轻型机械密封
	磁力密封		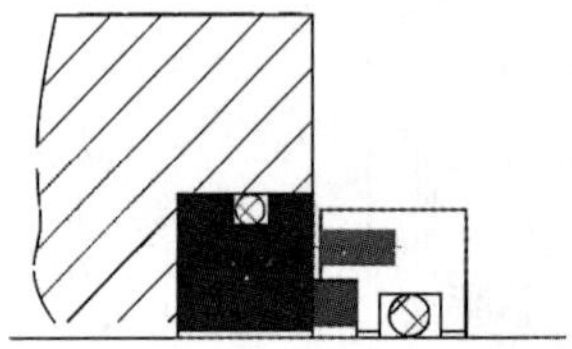	利用磁性材料的磁场作用，使补偿环组件与非补偿环组件相互吸引，实现补偿环与非补偿环摩擦面紧密贴合，达到密封作用，结构简单、轴向尺寸紧凑，易于装拆，消耗功率低，使用寿命长	适用于齿轮箱、轴承箱、通风机、汽轮机、电动机等低参数工况

4. 按密封使用工况和参数分类

机械密封的使用工况和参数主要有密封腔温度和密封腔压力、密封端面平均线速度、密封轴径、介质特性等。

根据机械密封的使用工况和参数，常用的分类方法见表 1-25；按综合参数和密封轴径进行分类，见表 1-26。

表 1-25 机械密封按使用参数分类

分类方式	名称	工况参数
按密封腔温度 t/℃	高温机械密封	＞150
	中温机械密封	＞80～150
	普温机械密封	－20～80
	低温机械密封	＜－20
按密封腔压力 p/MPa	超高压机械密封	＞15
	高压机械密封	＞3～15
	中压机械密封	＞1～3
	低压机械密封	常压～1
	真空机械密封	负压
按密封端面平均线速度 v/(m/s)	超高速机械密封	＞100
	高速机械密封	25～100
	一般速度机械密封	＜25
按密封轴径 d/mm	大轴径机械密封	＞120
	一般轴径机械密封	25～120
	小轴径机械密封	＜25

表 1-26 机械密封按综合参数和密封轴径分类

类别	综合参数			密封轴径 d /mm	备注
	密封腔压力 p/MPa	密封腔温度 t/℃	密封端面平均线速度 v/(m/s)		
重型机械密封	＞3	＜−20 或＞150	＞25	＞120	满足轴径条件且满足其余三个参数之一
中型机械密封	0.5～3	−20～0 或 80～150	10～25	40～120	同时满足参数和轴径
轻型机械密封	＜0.5	0～80	＜10	＜40	同时满足参数和轴径

三、机械密封选用及材料

1. 机械密封的选用

机械密封在选用时，通常根据介质特性、压力、温度、线速度、轴径、腔体等参数以及寿命和泄漏要求来选择，见表 1-27。

表 1-27 机械密封的选用

介质及参数		示例	特点	对密封的要求	密封选择
闪蒸烃	常温	乙烯	1. 易汽化 2. 易燃易爆	1. 要用摩擦系数低、导热性好的摩擦副材料，如浸金属石墨与碳化硅组对； 2. 需加强摩擦副端面的冷却和冲洗，防止端面干摩擦； 3. 为了确保密封可靠运行，通常需使密封腔介质压力具有高于饱和蒸气压 30%的压力裕量	1. 推荐无压双密封； 2. 通常选用接触式多弹簧机械密封或机械密封＋干气密封； 3. 摩擦副首选浸金属石墨与碳化硅组对； 4. 采用窄端面或开流体动压槽等方式减少端面发热
	低温	丙烯	1. 易汽化 2. 易燃易爆 3. 低于 0℃，易结冰	1. 要用摩擦系数低、导热性好的摩擦副材料，如浸金属石墨与碳化硅组对； 2. 需加强摩擦副端面的冷却和冲洗，防止端面干摩擦； 3. 要求辅助密封圈材料耐低温； 4. 为了确保密封的使用，通常需使密封腔介质压力具有高于饱和蒸气压 30%的压力裕量； 5. 大气侧密封背部需采用氮气吹扫，防止结冰	1. 推荐无压双密封； 2. 通常选用接触式多弹簧机械密封或机械密封＋干气密封； 3. 摩擦副首选浸金属石墨与碳化硅组对； 4. 采用窄端面或开流体动压槽等方式减少端面发热； 5. 采用耐低温的辅助密封圈如弹性蓄能圈等； 6. 密封采用背部氮气吹扫
非闪蒸烃	芳烃	苯	1. 有较强的毒性 2. 对环境有污染	1. 不允许介质泄漏到大气； 2. 要求辅助密封圈材料耐介质腐蚀	1. 推荐有压双密封； 2. 温度不高时选用弹簧式机械密封； 3. 温度在 176℃ 以上时采用波纹管密封； 4. 与介质接触的密封圈采用全氟醚橡胶、柔性石墨或 PTFE(聚四氟乙烯)材料

续表

<table>
<tr><th colspan="2">介质及参数</th><th>示例</th><th>特点</th><th>对密封的要求</th><th>密封选择</th></tr>
<tr><td rowspan="3">非闪蒸烃</td><td rowspan="3">高温热油</td><td>柴油</td><td>1. 温度高
2. 易燃</td><td>1. 要求材料耐高温；
2. 为了防止液膜汽化，导致摩擦副发生干摩擦，需对密封端面进行充分冷却和冲洗；
3. 要求各密封零件膨胀系数相近；
4. 泵腔需采用冷却夹套辅助降温</td><td>1. 推荐采用有压双密封，也可采用无压双密封；
2. 需采用波纹管密封；
3. 与介质接触的密封圈采用柔性石墨或耐高温的全氟醚橡胶；
4. 需加强密封端面热量的交换</td></tr>
<tr><td>油浆</td><td>1. 温度高
2. 黏度较高
3. 含催化剂颗粒</td><td>1. 要求材料耐高温；
2. 由于有固体颗粒，为了防止介质侧摩擦副端面发生异常磨损，需采用干净的外冲洗液将含固体颗粒的介质与摩擦副端面隔离开；
3. 为了防止液膜汽化，导致摩擦副发生干摩擦，需对密封端面进行充分冷却和冲洗；
4. 要求各密封零件膨胀系数相近；
5. 泵腔需采用冷却夹套辅助降温</td><td>1. 采用有压双密封；
2. 需采用波纹管密封；
3. 与介质接触的摩擦副建议采用硬对硬组对；
4. 与介质接触的密封圈采用柔性石墨或耐高温的全氟醚橡胶；
5. 需加强密封端面热量的交换</td></tr>
<tr><td>沥青</td><td>1. 温度高
2. 黏度高，温度降低时易凝固</td><td>1. 要求材料耐高温；
2. 由于介质黏度高，温度降低时易凝固，但温度太高，密封端面易发生干摩擦，因此密封腔温度不能太低也不能过高，需采用冷却夹套辅助控温；
3. 为了防止液膜汽化，导致摩擦副发生干摩擦，需对密封端面进行充分冷却和冲洗；
4. 要求各密封零件膨胀系数相近</td><td>1. 采用面对面或背对背结构有压双密封；
2. 需采用波纹管密封；
3. 与介质接触的摩擦副建议采用硬对硬组对；
4. 与介质接触的密封圈采用柔性石墨或耐高温的全氟醚橡胶；
5. 需加强密封端面热量的交换</td></tr>
<tr><td rowspan="2">非烃类</td><td>过热水</td><td>汽包水</td><td>1. 温度高
2. 压力高
3. 易汽化</td><td>1. 要求材料耐高温；
2. 摩擦副要求有足够强度和刚度，结构上要考虑防高压变形；同时要求摩擦系数低，导热性好的摩擦副材料组对；
3. 为了防止摩擦副产生干摩擦，需对机械密封进行冷却冲洗，以保证密封面间隙中温度保持在汽化温度以下；
4. 要求各密封零件膨胀系数相近；
5. 泵腔需采用冷却夹套辅助降温</td><td>1. 采用单端面平衡型弹簧密封；
2. 摩擦副材料宜用碳化硅对浸金属石墨；
3. 辅助密封圈推荐全氟醚橡胶；
4. 浮动密封圈前需采用挡圈以防止密封圈因高压被挤出；
5. 需加强冷却和冲洗</td></tr>
<tr><td>有机物</td><td>乙醚</td><td>1. 有较强的毒性
2. 对橡胶件有腐蚀</td><td>1. 不允许介质泄漏到大气；
2. 要求辅助密封圈材料耐介质腐蚀</td><td>1. 推荐采用有压双密封；
2. 通常选用弹簧机械密封；
3. 辅助密封圈通常采用 PTFE 或全氟醚材料</td></tr>
</table>

续表

介质及参数		示例	特点	对密封的要求	密封选择
非烃类	有机物	胶液	1. 黏度高 2. 与氧气接触易固化 3. 对橡胶件有腐蚀	1. 介质黏度高，温度降低时易凝固，但温度太高时，密封端面易发生干摩擦，因此密封腔温度不能太低也不能过高，需采用冷却夹套辅助控温； 2. 不允许介质与大气接触； 3. 要求辅助密封圈材料耐介质腐蚀	1. 推荐采用有压双密封背对背结构； 2. 温度较高时可以采用波纹管密封； 3. 采用弹簧密封时，浮动密封圈需限位； 4. 介质侧采用硬对硬摩擦副材料，首选镍基硬质合金对镍基硬质合金； 5. 辅助密封圈采用柔性石墨、PTFE或全氟醚橡胶
	酸	乙酸	1. 属于有机酸，酸性较弱 2. 对普通橡胶有腐蚀	1. 要求摩擦副材料耐介质腐蚀； 2. 要求辅助密封圈材料耐介质腐蚀	1. 推荐采用有压双密封； 2. 也可采用单端面密封，首选单弹簧或弹簧保护型结构； 3. 温度较高时可以采用波纹管密封，波纹管材料Hastelloy（哈氏合金，简称Hast.）C-276； 4. 摩擦副材料为碳化硅与浸树脂石墨组对； 5. 辅助密封圈采用PTFE、全氟醚橡胶或柔性石墨
		硫酸	1. 属于氧化性酸，浓酸在常温下易钝化 2. 腐蚀性强	1. 要求摩擦副材料耐介质腐蚀； 2. 浓酸在常温下与之接触的金属件易钝化，但需注意高温时对金属件腐蚀性强； 3. 需对密封及端面进行充分冷却和冲洗	1. 采用单端面内装式机械密封，摩擦副采用浸树脂石墨与碳化硅组对或碳化硅与碳化硅组对； 2. 也可采用外装式四氟波纹管密封，摩擦副采用填充聚四氟乙烯与氧化铝陶瓷组对； 3. 需加强端面及密封的冲洗和冷却，防止因温度升高而使介质的腐蚀性增强
		盐酸	1. 属于非氧化性酸 2. 腐蚀性强	1. 要求摩擦副材料耐介质腐蚀； 2. 要求金属件耐介质腐蚀； 3. 需对密封及端面进行充分冷却和冲洗	1. 采用单端面内装式机械密封时，弹簧需保护，金属件需采用耐介质腐蚀的材料，摩擦副采用浸树脂石墨与碳化硅组对或碳化硅与碳化硅组对； 2. 采用单端面四氟波纹管密封时，摩擦副采用填充聚四氟乙烯与氧化铝陶瓷组对，因腐蚀性介质被四氟波纹管隔离，弹簧可用普通材料； 3. 需加强端面及密封的冲洗和冷却，防止因温度升高而使介质的腐蚀性增强

续表

介质及参数		示例	特点	对密封的要求	密封选择
非烃类	碱	氢氧化钠	易结晶,有腐蚀性	1. 要求摩擦副耐磨且耐腐蚀; 2. 加强密封端面冲洗,防止结晶颗粒黏在密封端面上; 3. 增加背部冲洗,防止少量泄漏后的介质结晶损坏密封	1. 选择单端面机械密封时,需采用单弹簧或弹簧保护型结构,密封背部需用 Plan 62(方案 62)冲洗; 2. 含颗粒较少时,可选择无压双密封,含颗粒较多时,也可选择有压双密封;采用双密封时,与介质接触端密封均需采用弹簧保护型结构; 3. 与介质接触的摩擦副不得采用反应烧结碳化硅
		碳酸钾	1. 温度较高 2. 易结晶,有腐蚀性	1. 要求摩擦副耐磨且耐腐蚀; 2. 密封需采用 Plan 32 冲洗; 3. 增加背部冲洗,防止少量泄漏后的介质结晶损坏密封	1. 选择单端面机械密封时,密封背部需用 Plan 62 冲洗; 2. 也可采用有压双密封; 3. 密封需采用常温、洁净的流体冲洗冷却密封端面; 4. 与介质接触的摩擦副不得采用反应烧结碳化硅
	盐	氯化钠	1. 易结晶 2. 含氯离子	1. 要求摩擦副耐磨且耐腐蚀; 2. 加强密封端面冲洗,防止结晶颗粒黏在密封端面上; 3. 增加背部冲洗,防止少量泄漏后的介质结晶损坏密封	1. 选择单端面机械密封时,需采用单弹簧或弹簧保护型结构,密封背部需用 Plan 62 冲洗; 2. 含颗粒较少时,可选择无压双密封,含颗粒较多时,也可选择有压双密封;采用双密封时,与介质接触端密封均需采用弹簧保护型结构; 3. 与介质接触的摩擦副常采用碳化硅与碳化硅组对; 4. 金属件需耐氯离子腐蚀
		硫酸钠	易结晶	1. 要求摩擦副耐磨且耐腐蚀; 2. 加强密封端面冲洗,防止结晶颗粒黏在密封端面上; 3. 增加背部冲洗,防止少量泄漏后的介质结晶损坏密封	1. 选择单端面机械密封时,需采用单弹簧或弹簧保护型结构,密封背部需用 Plan 62 冲洗; 2. 含颗粒较少时,可选择无压双密封,含颗粒较多时,也可选择有压双密封;采用双密封时,与介质接触端密封均需采用弹簧保护型结构; 3. 与介质接触的摩擦副常采用硬对硬组对
	胺	甲基二乙醇胺	1. 有毒 2. 对环境有污染	1. 不允许介质泄漏到大气; 2. 要求辅助密封圈材料耐介质腐蚀	1. 推荐采用有压双密封; 2. 温度不高时选用多弹簧机械密封; 3. 温度在 176℃ 以上时采用波纹管密封; 4. 与介质接触的辅助密封圈需采用 PTFE、柔性石墨或全氟醚橡胶

续表

介质及参数		示例	特点	对密封的要求	密封选择
非烃类	氨	热氨	1. 常温为液氨 2. 有毒 3. 压力较高 4. 对环境有污染	1. 要用摩擦系数低、导热性好的摩擦副材料； 2. 要求辅助密封圈材料需耐氨； 3. 介质不得泄漏到大气； 4. 需加强密封的冷却和冲洗	1. 通常采用有压多弹簧双密封； 2. 也可选用无压双密封，采用接触式多弹簧机械密封或机械密封＋干气密封； 3. 与介质接触的摩擦副需采用浸金属石墨与碳化硅组对； 4. 密封圈须耐氨； 5. 需加强摩擦副端面的冷却和冲洗
		冷氨	1. 0℃以下的液氨 2. 有毒 3. 对环境有污染	1. 要用摩擦系数低、导热性好的摩擦副材料； 2. 要求辅助密封圈材料需耐氨且耐低温； 3. 介质不得泄漏到大气； 4. 大气侧密封背部需采用氮气吹扫，防止结冰	1. 通常采用有压波纹管双密封； 2. 也可选用无压双密封，采用接触式多弹簧机械密封或机械密封＋干气密封； 3. 大气侧密封背部需采用氮气吹扫，防止结冰； 4. 与介质接触的摩擦副需采用浸金属石墨与碳化硅组对； 5. 密封圈须耐氨且耐低温； 6. 需加强摩擦副端面的冲洗和热交换
	污水	含硫污水	1. 有毒 2. 对环境有污染	1. 不允许介质泄漏到大气； 2. 要求辅助密封圈材料耐介质腐蚀	1. 推荐采用有压双密封； 2. 常采选用背靠背多弹簧双端面机械密封； 3. 含有固体颗粒时与介质接触的摩擦副需采用硬对硬组对； 4. 含硫化氢时，与介质接触的辅助密封圈需采用 PTFE 或全氟醚橡胶，且摩擦副及金属件需耐介质腐蚀
		渣水	含固体颗粒	1. 要求摩擦副耐磨； 2. 加强密封端面冲洗，防止固体颗粒进入密封端面	1. 选择单端面机械密封时，首选单弹簧或弹簧保护型结构，同时密封需采用 Plan 32 冲洗； 2. 也可选择有压双密封； 3. 与介质接触的摩擦副需采用硬对硬组对； 4. 金属件需选用耐磨蚀的材料

续表

介质及参数		示例	特点	对密封的要求	密封选择
非烃类	熔融类	熔融尿素	1. 介质呈熔融状态 2. 介质易凝固	1. 设备及管路系统需伴热并注意保温，使介质温度高于凝固温度； 2. 密封背部需采用蒸汽吹扫； 3. 摩擦副及辅助密封圈需要耐一定温度	1. 采用单端面密封； 2. 采用弹簧密封时，需采用弹簧保护型或单弹簧结构； 3. 有时也可考虑采用金属波纹管密封； 4. 摩擦副需采用硬对硬组对； 5. 密封背部需采用蒸汽吹扫(蒸汽温度＞150℃)； 6. 密封压盖有时也可考虑增加夹套保温
易汽化		闪蒸烃(甲烷、乙烷、乙烯、丙烷、丙烯等)	1. 易汽化 2. 易燃易爆	1. 要用摩擦系数低、导热性好的摩擦副材料，如浸金属石墨与碳化硅组对； 2. 需加强摩擦副端面的冷却和冲洗，防止端面干摩擦； 3. 为了确保密封的使用，通常需使密封腔介质具有压力高于饱和蒸气压30%的裕量	1. 推荐无压双密封； 2. 通常选用接触式多弹簧机械密封或机械密封＋干气密封； 3. 温度较低时也常用有压双密封； 4. 摩擦副首选浸金属石墨与碳化硅组对； 5. 采用窄端面或开流体动压槽等方式减少端面发热
易聚合		糖醛、甲醛、氯乙烯单体、丙烯醛等	因摩擦和搅拌使介质温度升高，而引起聚合	1. 注意介质温度不能超过聚合温度； 2. 需加强摩擦副端面的冷却和冲洗； 3. 要求摩擦副耐磨	1. 采用有压双密封； 2. 采用窄的密封端面； 3. 加强冲洗和冷却，防止聚合； 4. 摩擦副采用硬对硬材料
易结晶		硫铵、磷铵、氢氧化钠、氢氧化钙、氯化钠等	由于温度变化而使溶质析出，沉淀在密封端面上，造成剧烈磨损或阻塞。另外，介质还具有一定的腐蚀性	1. 要求摩擦副耐磨，耐腐； 2. 加强冲洗，防止结晶颗粒黏在密封摩擦副端面上； 3. 增加背部冲洗，防止少量泄漏后的介质结晶损坏密封	1. 选择单端面机械密封时，需采用单弹簧或弹簧保护型结构，密封背部需用 Plan 62 冲洗； 2. 含颗粒较少时，可选择无压双密封，含颗粒较多时，也可选择有压双密封；采用双密封时，与介质接触端密封均需采用弹簧保护型结构； 3. 与介质接触的摩擦副常采用硬对硬组对； 4. 与碱液接触的摩擦副不得采用反应烧结碳化硅
高黏度		润滑脂、齿轮油、渣油、汽缸油、硅油、苯乙烯等	1. 介质黏度高，会影响动环的浮动性，弹簧易受阻塞 2. 密封材料易损坏	1. 摩擦副材料要求耐磨； 2. 弹簧要能克服阻力； 3. 由于介质黏度高，温度降低时易凝固，但温度太高，密封端面易发生干摩擦，因此密封腔温度不能太低也不能过高，则需采用冷却夹套辅助控温	1. 采用有压双端面密封； 2. 温度较高时，推荐波纹管密封； 3. 与介质接触的摩擦副常采用硬对硬组对； 4. 需加强密封端面热量的交换

续表

<table>
<tr><th colspan="2">介质及参数</th><th>示例</th><th>特点</th><th>对密封的要求</th><th>密封选择</th></tr>
<tr><td colspan="2">含颗粒</td><td>塔底残油、油浆、原油等</td><td>1. 固体颗粒进入摩擦副端面，会引起剧烈磨损
2. 介质颗粒沉积在动环处，动环会失去浮动
3. 颗粒沉积在弹簧上会影响弹簧弹性</td><td>1. 要求摩擦副耐磨；
2. 加强密封端面冲洗，防止固体颗粒进入密封端面；
3. 结构上要能排除杂质或防止杂质沉淀</td><td>1. 选择单端面机械密封时，首选单弹簧或弹簧保护型结构，同时密封需采用 Plan 32 冲洗；
2. 也可选择有压双密封；
3. 与介质接触的摩擦副需采用硬对硬组对；
4. 金属件需选用耐磨蚀的材料</td></tr>
<tr><td rowspan="4">温度</td><td rowspan="2">高温</td><td>水</td><td>1. 高温
2. 高压</td><td>1. 要求材料耐高温；
2. 摩擦副要求有足够强度和刚度，结构上要考虑防高压变形；同时要用摩擦系数低、导热性好的摩擦副材料组对；
3. 为了防止摩擦副产生干摩，需对机械密封进行高效的冷却冲洗，以确保密封液膜不被汽化；
4. 要求各密封零件膨胀系数相近；
5. 泵腔需采用冷却夹套辅助降温</td><td>1. 采用单端面平衡型弹簧密封；
2. 摩擦副材料宜用碳化硅对浸金属石墨；
3. 辅助密封圈推荐全氟醚橡胶；
4. 浮动密封圈前需采用挡圈以防止密封圈因高压被挤出；
5. 需加强摩擦副端面的冲洗和热交换</td></tr>
<tr><td>油</td><td>温度高，易燃，现场安全性要求高</td><td>1. 要求材料耐高温；
2. 为了防止液膜汽化，导致摩擦副发生干摩擦，需对密封端面进行充分冷却和冲洗；
3. 要求各密封零件膨胀系数相近；
4. 泵腔需采用冷却夹套辅助降温</td><td>1. 推荐采用有压双密封，也可采用无压双密封；
2. 首选波纹管密封；
3. 辅助密封圈首选耐高温的柔性石墨，有些情况下也可采用全氟醚橡胶</td></tr>
<tr><td rowspan="2">低温</td><td>甲醇</td><td>材料冷缩，冷脆</td><td>1. 要求辅助密封圈材料耐低温并耐介质腐蚀；
2. 大气侧密封背部需采用氮气吹扫，防止结冰</td><td>1. 推荐采用无压双密封；
2. 压力低于 3MPa 时，常选用波纹管密封或波纹管密封＋干气密封；
3. 采用波纹管密封时，辅助密封圈首选耐低温的柔性石墨；
4. 压力高于 3MPa 时，常选用弹簧密封，辅助密封圈推荐弹性蓄能圈；
5. 大气侧密封需采用背部氮气吹扫</td></tr>
<tr><td>烃类</td><td>低温，易汽化，易燃易爆</td><td>1. 要用摩擦系数低、导热性好的摩擦副材料，如浸金属石墨与碳化硅组对；
2. 需加强摩擦副端面的冷却和冲洗，防止端面干摩擦；
3. 要求辅助密封圈材料耐低温；
4. 为了确保密封的使用，通常需使密封腔介质具有压力高于饱和蒸气压 30% 的裕量；
5. 大气侧密封背部需采用氮气吹扫，防止结冰</td><td>1. 推荐无压双密封；
2. 通常选用接触式多弹簧机械密封或机械密封＋干气密封；
3. 摩擦副首选浸金属石墨与碳化硅组对；
4. 采用窄端面或开流体动压槽等方式减少端面发热；
5. 采用耐低温且耐介质腐蚀的辅助密封圈；
6. 密封采用背部氮气吹扫</td></tr>
</table>

续表

介质及参数		示例	特点	对密封的要求	密封选择
压力	高压	—	＞3MPa	摩擦副要求有足够的强度和刚度，摩擦副及密封零件结构上要考虑防高压变形，同时要求摩擦系数低、导热性好的摩擦副材料组对	1. 采用平衡型密封； 2. 浮动密封圈需采用防挤出措施； 3. 传动需可靠，如采用拨叉、圆柱销等方式传动，不得采用弹簧传动； 4. 不建议采用波纹管
	真空	—	低于常压	与正常密封的不同点在于密封介质压力的方向差异：应避免在真空时密封面分开，端面干摩擦，密封环被吸出，辅助密封圈脱离O形圈槽等	1. 一般真空，可采用内装单端面密封，但零件需采用防抽空结构； 2. 高真空时，需采用有压双密封； 3. 石墨在真空条件下耐磨性较差，高真空时慎用
转速	高速	—	线速度≥23m/s	1. 对补偿环组件的浮动性要求较高； 2. 要求摩擦副材料密封端面比压 p_c 与密封端面平均滑动速度 v 的乘积较高； 3. 大轴径或较高转速时需考虑离心力和搅拌的影响，且旋转组件需经过动平衡校正，防止振动	1. 采用静止式密封； 2. 摩擦副应采用具有较小摩擦系数的材料，且端面宽度应尽量减小； 3. 针对大轴径或较高转速时，其转动零件几何形状须对称，定位需可靠，且传动方式不推荐用销子、键等，以减少不平衡力的影响； 4. 补偿环与浮动O形圈接触处应采用精磨抛光处理； 5. 需加强密封端面的冷却与润滑
旋向	正反旋向	液力透平或液力透平作为驱动的设备	设备运行时会出现正反旋向	1. 采用干气密封时，槽型方向有要求； 2. 不得采用单弹簧传动的密封； 3. 采用螺纹压紧或传动时需采用防松装置	1. 采用干气密封时需开双向槽，否则将损坏密封摩擦副； 2. 不得采用螺旋槽式的泵效环； 3. 不得采用单弹簧传动的密封
腔体	非API腔体	ASME B73.1M/ASME B73.2M ISO 3069C	腔体窄小	—	采用系列1密封
	API腔体	API 610/ISO 13709	标准腔体尺寸	—	采用系列2或系列3密封

注：本表根据介质类型、介质特性、介质参数、设备参数多维度提供密封选型指导，会出现交叉重叠，但其选型指导意见是一致的，不影响本表的参考意义。

2. 常用密封材料

（1）摩擦副材料　为保证密封摩擦副具有长久的使用寿命和良好的密封性能，在选择摩擦副组对材料时，应注意以下事项：

① 具有较好的耐磨性。

② 应耐介质的腐蚀。

③ 机械强度高。

④ 良好的耐热性和热传导性能。

⑤ 摩擦系数小且有一定的自润滑性。

⑥ 气密性好。

⑦ 摩擦副组对的相容性好。

⑧ 易成型和加工。

(2) 辅助密封圈材料

① 通用要求 机械密封的辅助密封圈包括浮动辅助密封圈和静止辅助密封圈。根据其作用，辅助密封圈需耐介质的腐蚀、溶胀，耐老化。在压缩之后及长期工作中具有较小的永久变形率、良好的耐温性；在高温下使用不黏着，低温下不硬脆而失去弹性；在高压时具有抗爆性。尽可能做到材料来源方便，成本低廉。但针对浮动辅助密封的材料还须具有良好的弹性和较低的摩擦系数。

② 常用辅助密封材料特性 常用辅助密封材料特性见表 1-28。

表 1-28 常用辅助密封材料特性

名称		代号	特点	应用
天然橡胶		NR	弹性和低温性能好，但高温性能差，耐油性差，在空气中易老化	用于水、醇介质，不宜在燃料油中使用
丁苯橡胶		SBR	耐磨性、耐老化性优良，价格低，回弹性良好，耐动植物油，但不耐矿物油的侵蚀	用于水、动植物油、酒精类介质，不能用于矿物油中
丁腈橡胶	中丙烯腈（丁腈-26）	NBR	耐油、耐磨、耐老化性优良，但耐挠曲、抗撕裂较差。丙烯腈含量高，耐油性好，强度、硬度、耐磨性、耐水性增加，但耐蚀性、弹性和低温性会变差	应用广泛，适用于耐油性高的场合，如用于燃料油、汽油和矿物油的介质中，但不适用于磷酸酯系液压油中
	高丙烯腈（丁腈-40）			
氢化丁腈橡胶		HNBR	耐热性、耐油性、耐低温性优良并均优于NBR；耐臭氧老化性能及耐多种介质性能突出；其力学性能也优于普通 NBR；具有较佳的抗蚀、抗张、抗撕裂和压缩形变特性	广泛应用于汽车与制冷工业中，可用于新型冷媒介质 R134A、R410A 和 R407C 中，由于耐辐射，也可用于核电密封中
硅橡胶		PVMQ VMQ Q	高耐热、耐寒性和耐压缩永久变形，但机械强度差，扯断强度仅为丁腈橡胶的 1/3，易在酸、碱作用下发生离子型裂解，耐腐蚀性差	用于高、低温介质及高速旋转的场合，不适用于苯、甲苯、丙酮等介质
氟硅橡胶		FVMQ	耐热性、耐寒性、耐高电压性、耐气候老化性能优良，同时还具有耐烃类溶剂、耐油、耐酸碱性和更低的表面能等性能	用于低温工况，常应用于燃油与芳烃矿物油
氟橡胶		FKM	最高耐热性、耐腐蚀性（酸、碱油），几乎耐所有润滑油、燃料油，耐真空性好，耐寒性和耐压缩永久变形差，膨胀系数大，价格高	用于耐高温、耐腐蚀的场合，可广泛用于汽油、石油制品和溶剂，但不适用于酮类溶剂
全氟醚橡胶		FFKM	抗老化性能优良，在 288℃ 下可长期使用，在 310℃ 下可短时使用。耐油性、耐磨性和耐混合有机物腐蚀性能良好，膨胀系数大，但价格昂贵	具有多种品牌，常用于 200～300℃ 高温或各类有机溶剂或腐蚀性流体

续表

名称	代号	特点	应用
氯丁橡胶	CR	耐老化性、耐臭氧性、耐热性、耐腐蚀性优良，耐油性次于丁腈橡胶而优于其他橡胶，耐酸、碱、溶剂较好	用于临界温度低的矿物油、酸、碱、溶剂等介质，但不能用于芳香烃及氯化烃油介质
聚四氟乙烯	PTFE	有优异的化学稳定性，耐油、耐溶剂、耐老化、耐热、耐寒，摩擦系数低、透气性低，有一定的强度和不黏着性，弹性差、膨胀系数大，有冷流现象	用于高温或低温条件下的酸、碱、盐、溶剂等强腐蚀性介质
乙丙橡胶	EPDM	耐热、耐寒、耐老化、耐臭氧、耐酸碱，耐磨性好，不耐一般矿物油系润滑油及液压油	适用于耐碱、耐热的场合，可用于过热蒸汽，但不可用于矿物油
聚硫橡胶	T	耐油、耐溶剂性能极好，在汽油中几乎不膨胀，强度、抗撕裂性、耐磨性能差，使用温度范围小	多用于在溶解性强的介质中不允许膨胀的静止密封
柔性石墨	—	耐温性、耐腐蚀性优良，耐一般的化学溶剂(如石油产品、酯、蒸汽等)，有良好的柔性、回弹性、气密性和机械强度	是用于辅助密封圈的新型材料，高温油泵中，压制成矩形、楔形和V形密封圈

辅助密封圈使用温度范围见表1-29。

表1-29 辅助密封圈使用温度范围（摘自API 682—2014）

材料		ISO 1629与ASTM D1418	最低温度/℃	最高温度/℃
氟橡胶	烃介质工况	FKM	−7	175
	水基介质工况		−7	121
全氟醚橡胶	耐高温	FFKM	0	290
	耐化学介质		−7	260
丁腈橡胶		NBR	−40	121
乙丙橡胶		EPDM	−50	150
四丙氟橡胶		FEPM/TFE	−7	210
聚四氟乙烯		PTFE	−270	315
柔性石墨		—	−240	480

注：1. 表中所列的最高温度范围可能受所处液体环境影响。

2. 表中一些全氟醚橡胶FFKM不适用于20℃以下的工况。

(3) 金属波纹管材料　常用金属波纹管材料性能参数见表1-30。

表1-30 常用金属波纹管材料性能参数

材料	密度/(g/cm³)	线胀系数/10^{-6}℃$^{-1}$	杨氏模量E/GPa	屈服强度$R_{p0.2}$≥/MPa	抗拉强度R_m≥/MPa	特点与应用
06Cr19Ni10	7.93	17.5(20～300℃)	194	205	520	力学性能、耐腐蚀性能好，应用广泛，常用厚度为0.05～0.45mm
022Cr17Ni12Mo2	7.98	16.7(20～300℃)	195	175	480	具有良好的耐敏化态晶间腐蚀性能
07Cr17Ni7Al	7.65	15.3(0～100℃)	203	960～1030	1140～1230	有很高的强度，耐腐蚀，耐高温，加工性能好

续表

材料	密度/(g/cm^3)	线胀系数/10^{-6}℃$^{-1}$	杨氏模量 E/GPa	屈服强度 $R_{p0.2}$ ≥/MPa	抗拉强度 R_m ≥/MPa	特点与应用
AM-350	7.9	17.3 (0～100℃)	203	585	1035	有很高的强度，耐腐蚀，耐高温，加工性能好
Hast. C-276	8.89	11.2 (24～100℃)	205 (20℃)	283	690	耐腐蚀性、抗氧化性能好，能耐多种酸(包括盐酸)及碱的腐蚀
GH4169 (Inconel 718)	8.24	12.6 (20～200℃)	205 (20℃)	980 (20℃)	1100 (20℃)	在−253～700℃温度范围内具有良好的综合性能，650℃以下的屈服强度居变形高温合金的首位，并具有良好的抗疲劳、抗辐射、抗氧化、耐腐蚀性能以及良好的加工性能、焊接性能和长期组织稳定性

(4) 常用介质推荐的密封材料 常用介质推荐的密封材料组合见表1-31。

表 1-31 常用介质推荐的密封材料组合

介质			密封端面材料组对		密封圈	弹簧	金属基体材料
名称	质量分数或体积分数/%	温度/℃					
清水	—	常温	碳化硅	浸渍石墨	丁腈橡胶 乙丙橡胶 氟橡胶	06Cr19Ni10 06Cr17Ni12Mo2 07Cr17Ni7Al	06Cr19Ni10 06Cr17Ni12Mo2 022Cr17Ni12Mo2
河水	含泥沙		碳化硅 碳化钨	碳化硅 碳化钨			
海水	—		碳化硅	碳化硅		022Cr22Ni5Mo3N 022Cr25Ni7Mo4N Hast. C	022Cr22Ni5Mo3N 022Cr25Ni7Mo4N Hast. C TA2
过热水	—	>100	碳化硅 碳化钨	浸渍石墨	氟橡胶 乙丙橡胶 全氟醚橡胶	06Cr19Ni10 06Cr17Ni12Mo2 Hast. C	12Cr13 20Cr13 06Cr19Ni10 06Cr17Ni12Mo2 022Cr17Ni12Mo2
	含固体杂质		碳化硅 碳化钨	碳化硅 碳化钨 碳化硅+C			
闪蒸烃	—	<−10	碳化硅 氮化硅 碳化钨	浸渍巴氏合金石墨 浸渍锑石墨	氢化丁腈橡胶 聚四氟乙烯		06Cr19Ni10 06Cr17Ni12Mo2 022Cr17Ni12Mo2
	—	常温	碳化硅 碳化钨 氮化硅	浸渍巴氏合金石墨 浸渍锑石墨	丁腈橡胶 氟橡胶		
	含硫化氢	常温	碳化硅 碳化钨 氮化硅	浸渍巴氏合金石墨 浸渍锑石墨	全氟醚橡胶 聚四氟乙烯		06Cr17Ni12Mo2 022Cr17Ni12Mo2

续表

<table>
<tr><th colspan="3">介质</th><th colspan="2" rowspan="2">密封端面材料组对</th><th rowspan="2">密封圈</th><th rowspan="2">弹簧</th><th rowspan="2">金属基体材料</th></tr>
<tr><th>名称</th><th>质量分数或体积分数/%</th><th>温度/℃</th></tr>
<tr><td rowspan="5">非闪蒸烃</td><td rowspan="2">—</td><td>常温</td><td>碳化硅
碳化钨
氮化硅</td><td>浸渍石墨</td><td>丁腈橡胶
氟橡胶</td><td rowspan="5">06Cr19Ni10
06Cr17Ni12Mo2
07Cr17Ni7Al
Hast. C</td><td>06Cr19Ni10
06Cr17Ni12Mo2
022Cr17Ni12Mo2</td></tr>
<tr><td>高温(>150)</td><td>碳化硅
碳化钨
氮化硅</td><td>浸渍巴氏合金石墨
浸渍锑石墨</td><td>氟橡胶
全氟醚橡胶
聚四氟乙烯
柔性石墨</td><td>12Cr13
20Cr13
06Cr19Ni10
06Cr17Ni12Mo2
022Cr17Ni12Mo2</td></tr>
<tr><td>含硫化氢</td><td>—</td><td>碳化硅
碳化钨
氮化硅</td><td>浸渍巴氏合金石墨
浸渍锑石墨</td><td>全氟醚橡胶
聚四氟乙烯
柔性石墨</td><td>06Cr17Ni12Mo2
022Cr17Ni12Mo2</td></tr>
<tr><td>含有悬浮颗粒</td><td>—</td><td>碳化硅
碳化钨
氮化硅</td><td>碳化硅
碳化硅+C
碳化钨
氮化硅</td><td>丁腈橡胶
氟橡胶
全氟醚橡胶
柔性石墨</td><td>06Cr19Ni10
06Cr17Ni12Mo2
022Cr17Ni12Mo2</td></tr>
<tr><td>重油</td><td>—</td><td>陶瓷
铸铁
碳钢
碳化钨</td><td>浸渍金属石墨
碳化钨
碳化硅</td><td>丁腈橡胶
氟橡胶
全氟醚橡胶
柔性石墨</td><td>12Cr13
20Cr13
06Cr19Ni10
06Cr17Ni12Mo2
022Cr17Ni12Mo2</td></tr>
<tr><td>石油染色液</td><td>—</td><td>—</td><td>碳化硅
碳化钨
氮化硅</td><td>浸渍石墨
碳化钨
碳化硅</td><td>丁腈橡胶
氟橡胶
全氟醚橡胶</td><td>06Cr19Ni10
06Cr17Ni12Mo2
07Cr17Ni7Al
Hast. C</td><td>12Cr13
20Cr13
06Cr19Ni10
06Cr17Ni12Mo2
022Cr17Ni12Mo2</td></tr>
<tr><td>液氧</td><td>—</td><td>—</td><td>金属表面堆焊
碳化钨</td><td>浸渍石墨
高分子材料</td><td>丁腈橡胶
聚四氟乙烯</td><td>06Cr19Ni10
06Cr17Ni12Mo2
07Cr17Ni7Al
Hast. C</td><td>06Cr19Ni10
06Cr17Ni12Mo2
022Cr17Ni12Mo2</td></tr>
<tr><td rowspan="3">硫酸</td><td>1～75</td><td>常温</td><td>碳化硅
氮化硅</td><td>浸渍酚醛树脂石墨</td><td>氟橡胶</td><td rowspan="2">N08020
Hast. C</td><td>N08020</td></tr>
<tr><td>>75</td><td>>60</td><td>碳化硅
氮化硅</td><td>碳化硅
碳化硅+C
氮化硅</td><td>氟橡胶</td><td>N08904</td></tr>
<tr><td>>75</td><td>常温</td><td>碳化硅
氮化硅</td><td>浸渍酚醛树脂石墨</td><td>氟橡胶</td><td>06Cr19Ni10
06Cr17Ni12Mo2
N08020</td><td>06Cr19Ni10
06Cr17Ni12Mo2
N08020</td></tr>
<tr><td rowspan="2">硝酸</td><td>50～60</td><td>20～沸点</td><td>碳化硅
氮化硅
氧化铝陶瓷</td><td rowspan="2">碳化硅
填充聚四氟乙烯</td><td rowspan="2">氟橡胶
聚四氟乙烯</td><td rowspan="2">06Cr19Ni10
022Cr19Ni10</td><td>022Cr19Ni10</td></tr>
<tr><td>60～99</td><td>20～沸点</td><td>碳化硅
氧化铝陶瓷</td><td>06Cr19Ni10</td></tr>
</table>

续表

介质			密封端面材料组对		密封圈	弹簧	金属基体材料
名称	质量分数或体积分数/%	温度/℃					
盐酸	2～37	20～70	无压烧结碳化硅 氮化硅 氧化铝陶瓷	浸渍酚醛树脂石墨 浸渍呋喃树脂石墨 填充聚四氟乙烯	氟橡胶 聚四氟乙烯 全氟醚橡胶	Hast. B Hast. C	Hast. B Hast. C
乙酸	任意	沸点以下	碳化硅 氮化硅 氧化铝陶瓷	浸渍树脂石墨 碳化硅 氮化硅	聚四氟乙烯 全氟醚橡胶	06Cr17Ni12Mo2 Hast. C	06Cr17Ni12Mo2 022Cr17Ni12Mo2
磷酸	10～99	沸点以下	碳化硅 氮化硅 氧化铝陶瓷	碳化硅 氮化硅	氟橡胶 聚四氟乙烯	06Cr17Ni12Mo2 Hast. C	06Cr17Ni12Mo2 022Cr17Ni12Mo2
氨	10～25	20～沸点	无压烧结碳化硅 钢结硬质合金(R5)	浸渍环氧树脂石墨	乙丙橡胶 丁腈橡胶	06Cr17Ni12Mo2 Hast. C	06Cr19Ni10 06Cr17Ni12Mo2 022Cr17Ni12Mo2
	100	—	无压烧结碳化硅	浸渍环氧树脂石墨	乙丙橡胶 全氟醚橡胶		
氢氧化钾 氢氧化钠	10～40	20～90	无压烧结碳化硅 镍基硬质合金 氧化铝陶瓷	无压烧结碳化硅 镍基硬质合金 氧化铝陶瓷	乙丙橡胶 聚四氟乙烯	06Cr17Ni12Mo2 Hast. C	06Cr19Ni10 06Cr17Ni12Mo2 022Cr17Ni12Mo2
		90～120	无压烧结碳化硅 氧化铝陶瓷	无压烧结碳化硅 氧化铝陶瓷	乙丙橡胶 聚四氟乙烯 全氟醚橡胶		
碳酸钾 碳酸氢钾	—	90～120	无压烧结碳化硅 镍基硬质合金 氧化铝陶瓷	浸渍环氧树脂石墨 无压烧结碳化硅 镍基硬质合金	乙丙橡胶 全氟醚橡胶 聚四氟乙烯	06Cr17Ni12Mo2 Hast. C	06Cr19Ni10 06Cr17Ni12Mo2 022Cr17Ni12Mo2
	含有悬浮颗粒	90～120	无压烧结碳化硅 镍基硬质合金 氧化铝陶瓷	无压烧结碳化硅 镍基硬质合金			
氯化钠	5～20	20～沸点	碳化硅	浸渍环氧树脂石墨 浸渍酚醛树脂石墨 碳化硅 碳化硅＋C	丁腈橡胶 乙丙橡胶 氟橡胶	022Cr23Ni5Mo3N 022Cr25Ni7Mo4N Hast. C	022Cr23Ni5Mo3N 022Cr25Ni7Mo4N Hast. C TA2
硝酸铵	10～75	20～90	碳化硅	浸渍环氧树脂石墨	丁腈橡胶 乙丙橡胶	06Cr19Ni10 022Cr19Ni10	06Cr19Ni10 022Cr19Ni10
氯化铵	10	20～沸点	碳化硅	浸渍环氧树脂石墨	丁腈橡胶 乙丙橡胶	022Cr23Ni5Mo3N 022Cr25Ni7Mo4N Hast. C	022Cr23Ni5Mo3N 022Cr25Ni7Mo4N Hast. C TA2

续表

<table>
<tr><th colspan="4">介质</th><th colspan="2" rowspan="2">密封端面材料组对</th><th rowspan="2">密封圈</th><th rowspan="2">弹簧</th><th rowspan="2">金属基体材料</th></tr>
<tr><th colspan="2">名称</th><th>质量分数或体积分数/%</th><th>温度/℃</th></tr>
<tr><td rowspan="6">有机物</td><td>尿素</td><td>98.7</td><td>140</td><td>碳化硅
碳化钨</td><td>碳化钨
碳化硅
氮化硅</td><td>氟橡胶
全氟醚橡胶</td><td>06Cr17Ni12Mo2
07Cr17Ni7Al</td><td>06Cr17Ni12Mo2
022Cr19Ni10</td></tr>
<tr><td>苯</td><td rowspan="5">—</td><td rowspan="5">沸点以下</td><td rowspan="5">碳化硅
碳化钨</td><td rowspan="5">浸渍石墨</td><td>聚四氟乙烯
全氟醚橡胶</td><td rowspan="5">06Cr19Ni10
06Cr17Ni12Mo2
07Cr17Ni7Al
Hast. C</td><td rowspan="5">06Cr19Ni10
06Cr17Ni12Mo2
022Cr17Ni12Mo2</td></tr>
<tr><td>丙酮</td><td>乙丙橡胶
聚四氟乙烯
全氟醚橡胶</td></tr>
<tr><td>醇</td><td>丁腈橡胶
聚四氟乙烯
全氟醚橡胶</td></tr>
<tr><td>醛</td><td>乙丙橡胶
聚四氟乙烯
全氟醚橡胶</td></tr>
<tr><td>醚</td><td>聚四氟乙烯
全氟醚橡胶</td></tr>
</table>

注：本表仅供参考。设计人员可根据具体的工况条件选择合适的密封材料。

四、机械密封试验

机械密封的试验包括型式试验、出厂试验和验收试验。型式试验的目的是证明产品设计满足规定的要求；出厂试验的目的是证明产品合格，准予出厂。型式试验和出厂试验由密封设计制造单位完成。验收试验是买方进行的试验，是对供方提供的产品进行的复验，属于买方的入厂检验内容之一。

1. 型式试验

型式试验通常按产品标准规定执行。对于泵用密封，目前普遍采用的标准是 API 682 和 GB/T 14211。

(1) API 682—2014 的规定　API 682—2014 规定的认证试验（qualification test）等同于国内产品标准中的型式试验。型式试验包括标准流程试验、延伸试验、抗干扰试验：

① 标准流程试验包括 100h 运转试验、4h 静压试验和 5 个周期的循环试验。

② 延伸试验是针对某种型式的集装式密封补充做的运转试验。

③ 抗干扰试验是模拟缓冲/隔离系统出现异常时测试密封抗干扰能力的试验。

API 682—2014 规定的型式试验见表 1-32。

(2) GB/T 14211—2019 的规定　基本上参照了 API 682—2014 的要求，其与 API 682—2014 的主要区别如下：

表 1-32 机械密封型式试验项目（摘自 API 682—2014）

试验类型	试验项目	单端面机械密封	无压双密封		带压双密封		
		1CW-FX 1CW-FL	2CW-CW	2CW-CS 2NC-CS	3CW-FB	3CW-BB 3CW-FF	3NC-BB 3NC-FF 3NC-FB
标准流程试验	内侧单密封试验（104h+5 周期）		☑	☑	☑		
	集装式整体试验（104h+5 周期）	☑	☑	☑不带缓冲气	☑	☑	☑
延伸试验	集装式整体运转试验(100h)			☑带缓冲气		☑只有隔离液无介质	
抗干扰试验	缓冲腔充液试验（104h+5min）			☑			
	隔离腔失压试验（CW：1min+4h；NC：1h+11min）					☑	☑

注：☑表示需要，空格表示不需要。

① 非烃类密封的变参数循环试验改成了启停试验；

② 2CW-CS 缺少不通缓冲气的集装式标准流程试验，而且延伸试验和抗干扰试验时间大幅缩短；

③ 串联式干气密封 2NC-CS 缺少内侧密封的标准流程试验，而且延伸试验和抗干扰试验时间大幅缩短；

④ 双端面机械密封 3CW-BB、3CW-FF 缺少隔离腔失压试验；

⑤ 双端面干气密封 3NC-BB、3NC-FF、3NC-FB 缺少型式试验的规定。

GB/T 14211—2019 规定的型式试验见表 1-33。

表 1-33 机械密封型式试验项目（摘自 GB/T 14211—2019）①

试验类型	试验明细	单端面机械密封	无压双密封			带压双密封		
		1CW-FX 1CW-FL	2CW-CW	2CW-CS	2NC-CS	3CW-FB	3CW-BB 3CW-FF	3NC-BB 3NC-FF 3NC-FB
标准流程试验	内侧单密封试验（104h+5 周期）		☑	☑(表示方式改成“需要”)		☑		
	集装式整体试验（104h+5 周期）	☑	☑		☑不带缓冲气	☑	☑	
延伸试验	集装式整体运转试验			☑10min+1h①	☑2h			☑10min+1h①
抗干扰试验	缓冲腔充液试验			☑9h②	☑9h②			

注：☑表示需要，空格表示不需要。

① 引用的 JB/T 11289—2012 的规定，静压试验 10min，运转试验 1h。

② 运转 8h，静压 1h。

2. 型式试验合格标准判定

型式试验合格的判定依据应根据相应的产品标准。

(1) API 682—2014 规定　API 682—2014 适用范围为轴径 20～110mm 的集装式密封，介质温度－40～400℃，密封腔压力≤4MPa (G)，其泄漏量规定为：

① 密封每对端面平均液体泄漏量应小于 5.6g/h。

② 串联式干气密封外侧气体泄漏量：采用 EPA❶ 21 方法，蒸气体积分数应小于 1000mL/m^3。

③ 干气密封阻挡液体介质时，50mm 轴径、密封水介质、压力为 0.275MPa (G) 的参考泄漏量为 2.7L/h。

(2) JB/T 4127.1—2013 规定　JB/T 4127.1—2013 适用的范围为：轴径 10～120mm，压力 0～10.0MPa (G)，介质温度－20～150℃，线速度不大于 30m/s，介质为清水、油类及一般腐蚀性液体。其对密封的泄漏量要求见表 1-34。

表 1-34　机械密封允许泄漏量 (JB/T 4127.1—2013)　　单位：mL/h

工作压力 p/MPa(G)	轴或轴套外径 d/mm	
	d≤50	50<d≤120
0<p≤5.0	≤3.0	≤5.0
5.0<p≤10.0	≤15.0	≤20.0

注：对于特殊条件及被密封介质为气体时不受此限。

以清水为介质，运转 100h 软质材料的密封环磨损量不大于 0.02mm。

(3) GB/T 33509—2017 规定　接触式湿密封泄漏量同表 1-34。泵用干气密封泄漏量见表 1-35、表 1-36。

表 1-35　干气密封静态泄漏量 (GB/T 33509—2017)　　单位：Nm^3/h❷

密封气压力 p/MPa(G)	轴径 d/mm		
	25≤d≤50	50<d≤80	80<d≤100
0<p≤0.5	≤0.005	≤0.01	≤0.015
0.5<p≤1.0	≤0.02	≤0.04	≤0.06
1.0<p≤1.5	≤0.03	≤0.06	≤0.09
1.5<p≤2.5	≤0.04	≤0.08	≤0.12

表 1-36　干气密封动态泄漏量 (GB/T 33509—2017)　　单位：Nm^3/h❷

密封气压力 p /MPa(G)	转速 /(r/min)	轴径 d/mm		
		25≤d≤50	50<d≤80	80<d≤100
0<p≤0.5	0～1500	≤0.03	≤0.05	≤0.08
	>1500～3000	≤0.05	≤0.08	≤0.13
0.5<p≤1.0	0～1500	≤0.07	≤0.11	≤0.15
	>1500～3000	≤0.11	≤0.20	≤0.30

❶ EPA 为美国环境保护署。

❷ Nm^3/h 为标准立方米每小时。

续表

密封气压力 p /MPa(G)	转速 /(r/min)	轴径 d/mm		
		25≤d≤50	50<d≤80	80<d≤100
1.0<p≤1.5	0～1500	≤0.10	≤0.18	≤0.25
	>1500～3000	≤0.16	≤0.32	≤0.45
1.5<p≤2.5	0～1500	≤0.15	≤0.31	≤0.40
	>1500～3000	≤0.25	≤0.60	≤0.80

（4）超出现有标准的机械密封泄漏量标准　对于使用参数超出 API 682—2014 和 JB/T 4127.1 适用范围的机械密封，参照国内某大型机械密封制造企业数据，推荐机械密封泄漏量标准见表 1-37。

表 1-37　推荐的机械密封泄漏量标准　　单位：mL/h

转速 n /(r/min)	轴或轴套外径 d/mm							
	d≤50			50<d≤120			120<d≤180	
	工作压力 p/MPa(G)							
	0<p≤5	5<p≤10	10<p≤15	0<p≤5	5<p≤10	10<p≤15	0<p≤5	5<p≤10
0<n≤3600	≤3	≤15	≤40	≤5	≤20	≤100	≤40	≤120
3600<n≤9000	≤3	≤15	≤50	n≤4500r/min：≤5；n>4500r/min：≤30	n≤4500r/min：≤20	—	—	—
9000<n≤15000	≤10	≤50	—	—	—	—	—	—
15000<n≤30000	≤20	—	—	—	—	—	—	—
30000<n≤40000	≤40	—	—	—	—	—	—	—

转速 n /(r/min)	轴或轴套外径 d/mm					
	180<d≤250		250<d≤320		320<d≤400	
	工作压力 p/MPa(G)					
	0<p≤5	5<p≤10	0<p≤5	5<p≤10	0<p≤5	5<p≤10
0<n≤1800	≤40	≤200	≤60	≤300	≤100	—

注：对于特殊条件及被密封介质为气体时不受此限。

3. 出厂试验

（1）气密性试验　GB/T 14211—2019 和 API 682—2014 具有相同的规定：每套密封都应进行气密性试验，试验气体采用氮气或空气，试验最大体积 28L，试验压力为 0.17MPa（G），试验持续时间 5min，压力降不超过 0.014MPa。

无压双密封应先测试内侧密封，合格后不泄压测试外侧密封。

带压双密封直接向隔离腔通入气体进行测试。

（2）静压试验

① API 682—2014 规定　对密封承压元件和密封辅助系统承压腔进行水压试验，对整套密封未作要求，用整体锻件或棒料制造的密封压盖除外。试验压力为泵腔最高许用工作压力的 1.5 倍，但不低于 0.14MPa（G）。试验介质为清水，其氯化物含量不超过 50mg/kg（50ppm[1]

[1] ppm 为百万分之一。

质量分数)。试验时间至少保持 30min，不应有泄漏或渗漏。

② GB/T 14211—2019 规定　对整套密封的静压试验为可选项目，根据介质类型，用水或油作试验介质，压力为最高许用工作压力的 1.25 倍，保压 15min。

(3) 运转试验

① API 682—2014 规定　对密封制造厂无运转试验要求。

② GB/T 14211—2019 规定　对整套密封的运转试验为可选项目，根据介质类型，用水或油作试验介质，试验参数按产品的设计参数。2CW-CS 试验时间为 1h，3NC-FF、3NC-BB、3NC-FB 未作规定，其余密封试验时间为 5h。

(4) 出厂试验合格判定标准

① 静压试验，泄漏量为 0。

② 运转试验，前 1h 泄漏量可以不计，后段时间平均泄漏量同前文型式试验的要求。

③ 运转试验时间若低于 1h，不通过平均泄漏量判断，合格标准为最终泄漏量不超过 2 滴/min，且泄漏呈下降趋势。

五、机械密封安装对泵腔体要求

1. 泵密封腔安装尺寸

泵的密封空腔尺寸在国际上主要对应 3 个系列：API 泵、ISO 泵和 ANSI 泵。GB/T 5661—2013《轴向吸入离心泵 机械密封和软填料用空腔尺寸》规定了三种密封腔体的尺寸，包括 H 型、S 型、C 型。密封腔与泵系列对应关系见表 1-38。

表 1-38　密封腔与泵系列对应关系

泵系列	中国标准	美国标准	ISO 标准
API 泵	GB/T 5661(H 型) GB/T 3215 SH/T 3156	API 610	ISO 13709
ISO 泵	GB/T 5661(C 型)	—	ISO 3069
ANSI 泵	GB/T 5661(S 型)	ANSI/ASME B73.1M ANSI/ASME B73.2M	—

(1) 重载工况应用的密封腔和密封端盖附件尺寸（密封腔代号-H）　重载工况密封腔适合装一般用途和重载工况用的机械密封，包括集装式机械密封，密封腔体极限承压为 4.0MPa（表压）。重载工况密封腔及其安装尺寸见图 1-13～图 1-15、表 1-39。

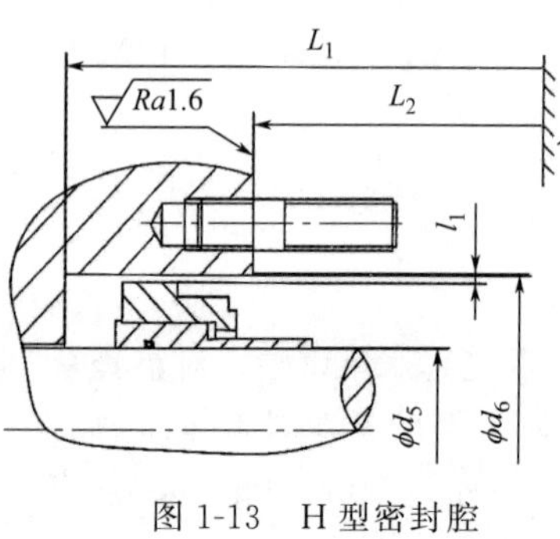

图 1-13　H 型密封腔
(1 为最近障碍物)

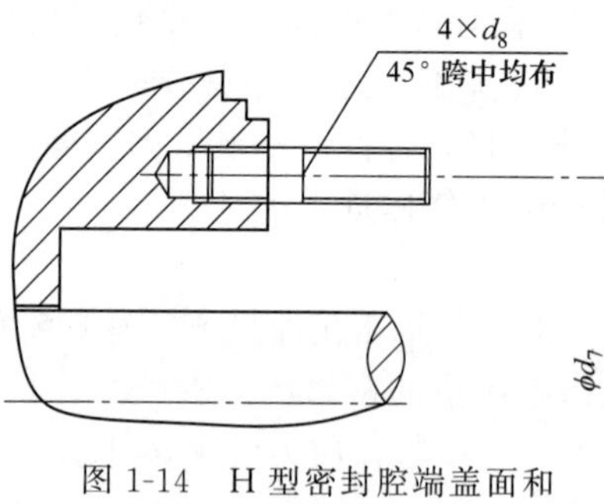

图 1-14　H 型密封腔端盖面和螺柱

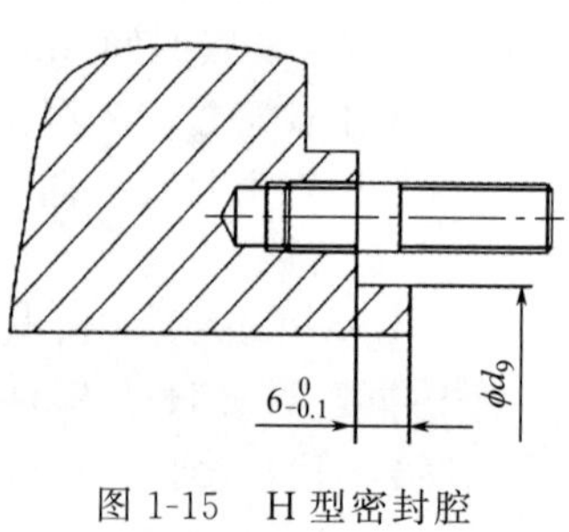

图 1-15　H 型密封腔可选外止口

表 1-39　密封腔和密封端盖附件尺寸　　单位：mm

d_5 最大值(h6)	d_6(H7)	d_7(±0.5)	d_8	d_9(H7/f7)	L_1 最小值	L_2 最小值
20	70	105	M12	85	150	100
30	80	115	M12	95	155	100
40	90	125	M12	105	160	100
50	100	140	M16	115	165	110
60	120	160	M16	135	170	110
70	130	170	M16	145	175	110
80	140	180	M16	155	180	110
90	160	205	M20	175	185	120
100	170	215	M20	185	190	120
110	180	225	M20	195	195	120
120	190	235	M20	205	200	130
130	200	250	M24	215	205	130
140	210	260	M24	225	210	130
150	220	270	M24	235	215	130

注：端盖应用孔直径为 d_6 的内止口径向定位。

（2）一般用途填料函和密封腔尺寸（密封腔代号-S）一般用途密封腔适合装一般用途的软填料或机械密封，密封腔体极限承压为 1.6MPa（表压）。一般用途密封腔及其安装尺寸见图 1-16 和表 1-40。

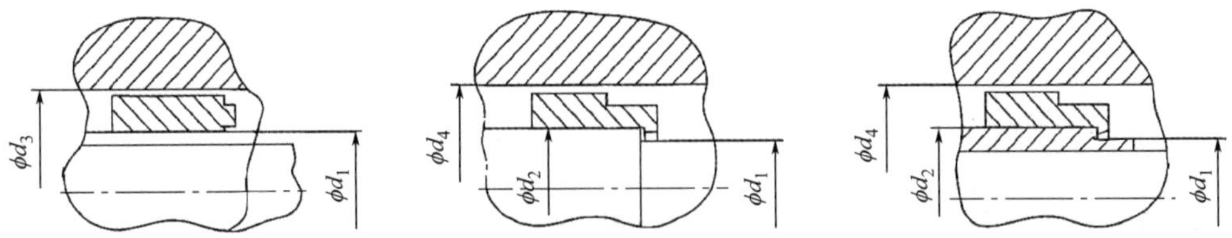

(a) 有轴套或无轴套的机械密封或软填料　(b) 有短轴套或无短轴套的阶梯轴平衡型机械密封　(c) 有加长轴套的阶梯轴平衡型机械密封

图 1-16　S 型密封腔

表 1-40　填料函和密封腔尺寸　　单位：mm

d_1(h6)①	d_2(h6)	$d_3$② 最小值③	d_4 最小值③
18	22	34	38
20	24	36	40
22	26	38	42
24	28	40	44
25	30	41	46
28	33	44	49
30	35	46	51
32④	38	48	58
33	38	49	58
35	40	51	60
38	43	58	63
40	45	60	65
43	48	64	68
45	50	65	70
48	53	68	73
50	55	70	75

续表

d_1(h6)①	d_2(h6)	$d_3$② 最小值③	d_4 最小值③
53	58	73	83
55	60	75	85
58④	63	83	88
60	65	85	90
63④	68	88	93
65	70	90	95
68④	—	93	—
70	75	95	104
75	80	104	109
78	85	109	14
85	90	114	119
90	95	119	124
95	100	124	129
100	105	129	134
105	110	139	144
110	115	144	149
115	120	149	154
120	125	154	159
125	130	159	165
130	135	164	170
135	140	169	175
140	145	174	180
145	150	179	185
150	155	184	190

① h6 公差不适用于图 1-26(b) 和 (c) 中的 d_1。

② 使用软填料时用 H11。

③ 机械密封的旋转零件与密封腔体之间的径向间隙会影响密封的可靠性。使用条件恶劣，诸如固体含量高或可能导致密封面温度过高时，应有至少为 3mm 的径向间隙。这一点对无冲洗的机械密封尤为重要。另外，采用锥形孔也有助于改善密封性能。

④ 非优选尺寸，新设计不宜采用。

(3) 一般用途集装式机械密封用空腔尺寸（密封腔代号-C） 一般用途集装式机械密封密封腔适合安装一般用途的集装式机械密封，密封腔体极限承压为 1.6MPa（表压）。一般用途集装式机械密封密封腔及其安装尺寸见图 1-17、图 1-18、表 1-41。

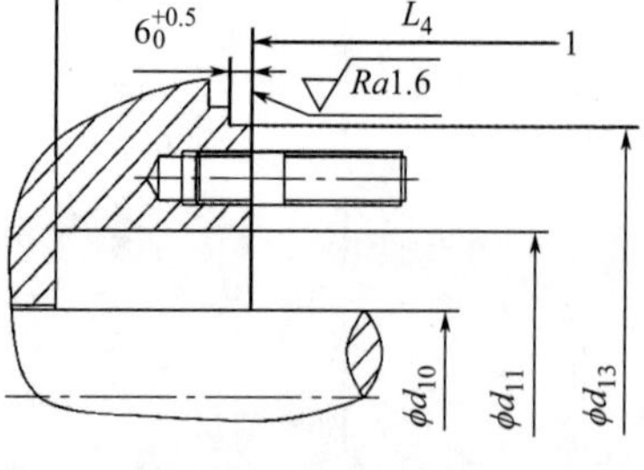

图 1-17 C 型密封腔（1 为最近障碍物）

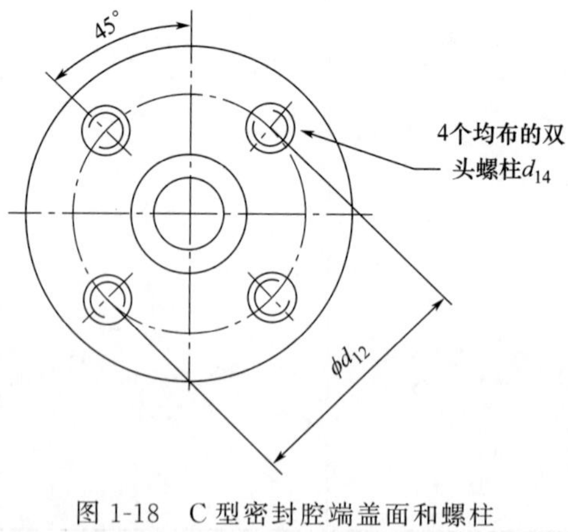

图 1-18 C 型密封腔端盖面和螺柱

表 1-41 密封腔和密封端盖附件尺寸 单位：mm

d_{10} 最大值(h6)	d_{11}	d_{12}(±0.5)	d_{13}[1](H7/f7)	d_{14}	L_3 最小值	L_4 最小值
22	44	85	105	M10[2]	110	60
25	46	85	105	M10[2]	110	60
30	51	90	110	M10[2]	110	60
35	60	100	120	M10[2]	115	60
40	65	110	130	M12	115	60
45	70	115	135	M12	125	65
50	75	115	135	M12	125	65
55	85	125	145	M12	135	70
60	90	145	170	M16	135	70
65	95	145	170	M16	150	75
75	109	155	180	M16	150	75
85	119	165	190	M16	160	75
95	129	175	205	M16	160	75
105	139	185	215	M20	170	80
115	154	195	225	M20	170	80
125	164	205	235	M20	170	80
135	175	215	245	M20	180	85
145	185	225	255	M20	180	85

① 设置尺寸 d13 是为了可以用外止口来径向定位密封端盖。

② 如果空间允许，GB/T 16907 和 GB/T 5656 推荐的螺柱最小尺寸为 M12。

2. 对泵腔安装精度的要求

(1) JB/T 4127.1 对泵腔安装精度的要求　安装机械密封部位的轴或轴套的径向圆跳动公差应符合表 1-42 的规定。

安装机械密封的泵或其他类似的旋转式机械在工作时，转子轴向窜动量不超过 0.3mm。

表 1-42 安装机械密封部位的轴或轴套的径向圆跳动公差 单位：mm

轴或轴套外径 d	径向圆跳动公差
$10 \leqslant d \leqslant 50$	0.04
$50 < d \leqslant 120$	0.06

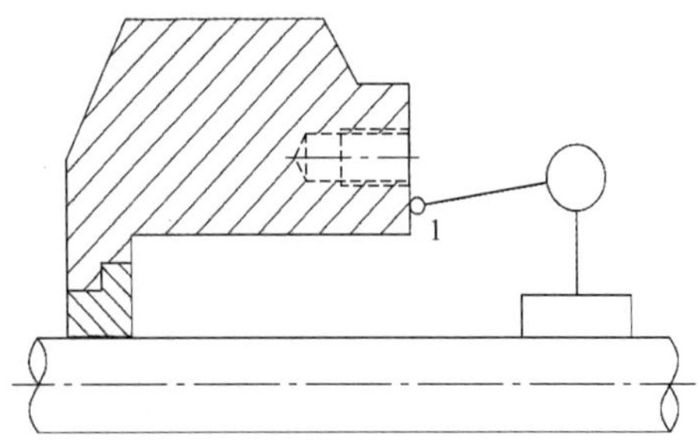

图 1-19 密封腔的端面跳动

1—端面测量位置

(2) API 682 对泵腔安装精度的要求　密封腔端面相对密封腔中心线（泵轴中心线）的端面跳动量不应超过 0.5μm/mm，如图 1-19 所示。止口表面应与轴同心且总的径向圆跳动量不应超过 125μm，如图 1-20 所示。

六、机械密封辅助系统

1. 定义

为改善密封工作环境，采用许多元件和仪器仪表组成的一个系统，通过冲洗、冷却、过滤、分离等方式，实现对密封的润滑、冷却或者调温、冲洗、净化，稀释和冲走泄漏介质，改善密封

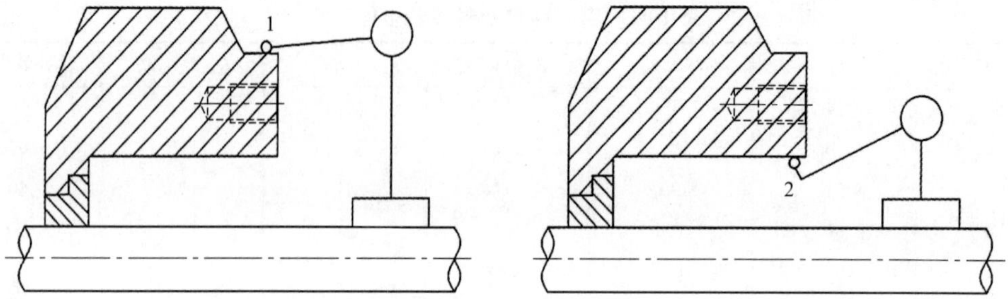

图 1-20 密封腔同心度

1—外径测量位置；2—内径测量位置

的工作环境。这种用来改善机械密封工作条件的辅助元件和设施被称为机械密封辅助系统。

注：在 API 682 中，该命名为“密封辅助系统”，在 SH/T 3156 中，该命名为“辅助系统”，在 JB/T 6629 中，该命名为“机械密封循环保护系统”，本章节中均统一命名为“机械密封辅助系统”。

广义的机械密封辅助系统还包括密封腔、端盖、轴套、密封腔喉部节流衬套、端盖密封件、泵效环、管件、阀门、仪表等。

常用机械密封辅助系统类型见表 1-43。

表 1-43 常用机械密封辅助系统类型

冲洗方案	图例	说明
Plan 01	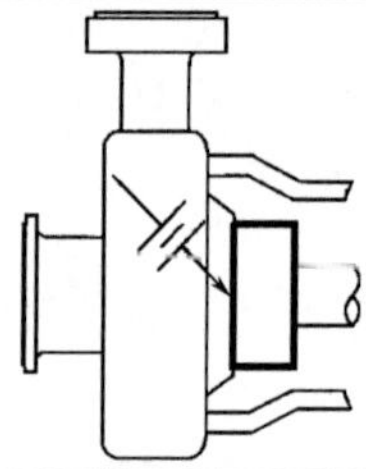	通过泵内的冲洗通道将流体从叶轮附近直接引到密封腔中。 不推荐用于立式泵
Plan 02	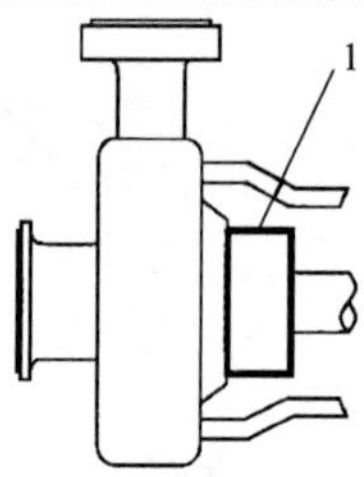	密封腔是封闭的死腔，没有冲洗液循环。 不推荐用于立式泵。 1—冲洗口(F)，用螺塞堵住
Plan 03	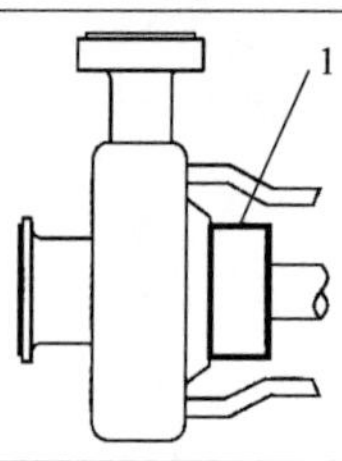	密封腔内孔为圆锥形，无喉口衬套，实现冲洗液在泵和密封腔间的循环。 不推荐用于立式泵。 1—冲洗口(F)，用螺塞堵住
Plan 11	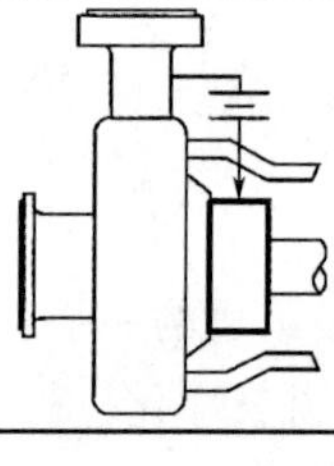	冲洗液从泵的高压区(通常为泵出口或出口管线)引出，通过限流孔板流到密封腔中。 不推荐用于立式泵

续表

冲洗方案	图例	说明
Plan 12	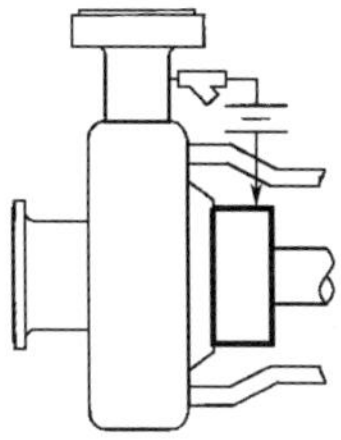	冲洗液从泵的高压区(通常为泵出口或出口管线)引出，通过过滤器和限流孔板流到密封腔中。 不推荐用于立式泵
Plan 13	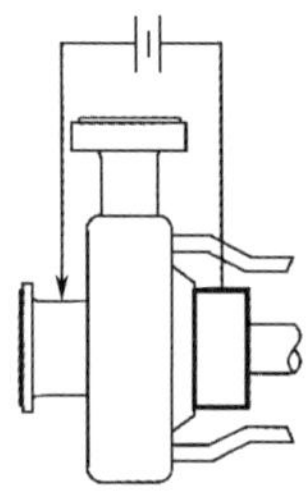	冲洗液从密封腔流出，通过限流孔板，返回到泵的进口或者进口管路。 不推荐采用分布式进液方法
Plan 14	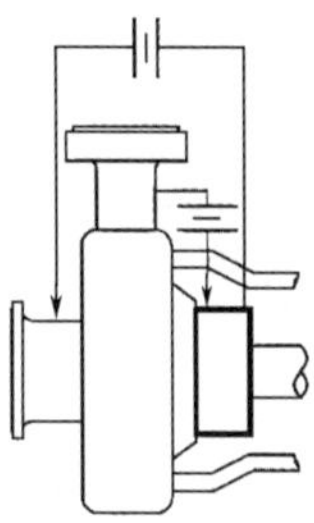	冲洗液从泵的出口引出，通过限流孔板流入密封腔，再从密封腔流出，通过限流孔板(如果需要)流到泵的进口。 冲洗方案 14 是冲洗方案 11 和冲洗方案 13 的组合。 通常用于立式泵。不推荐采用分布式进液方法
Plan 21	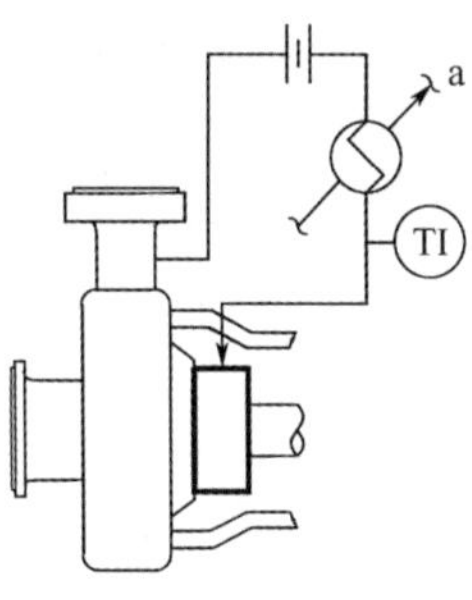	冲洗流体从泵的高压区(通常是泵出口或者排出管路)流出，经过限流孔板和冷却器，进入到密封腔。 a—冷却器
Plan 22	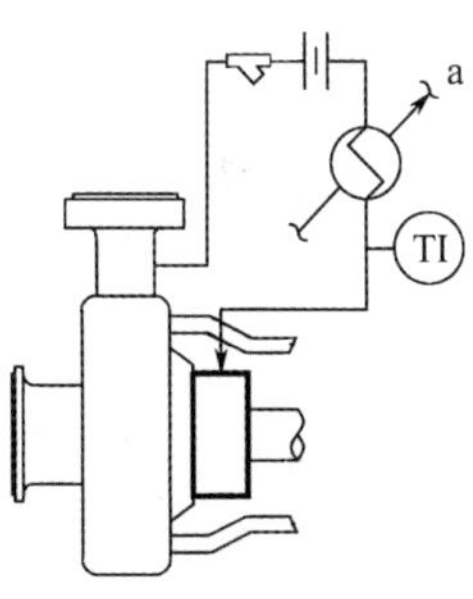	冲洗流体从泵的高压区(通常是泵出口或者排出管路)流出，经过过滤器、限流孔板和冷却器，进入到密封腔。 a—冷却器

续表

冲洗方案	图例	说明
Plan 23	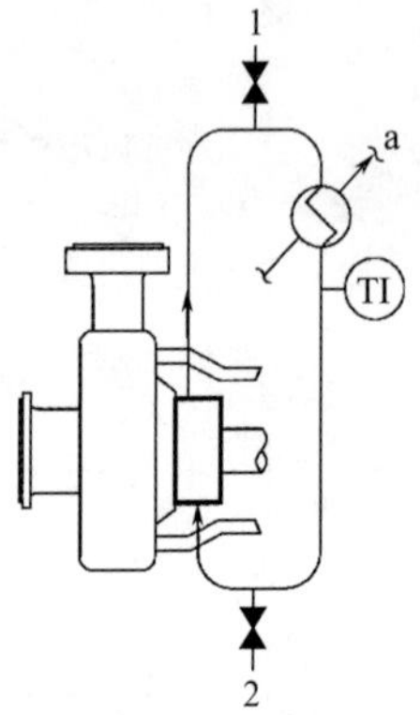	冲洗液通过密封腔内的泵效环或螺旋套流出密封腔，经过冷却器，再流回到密封腔。 1—排气口(通常关闭)； 2—排液口(常闭)； a—冷却器，也可采用一个立式翅片式冷却器代替
Plan 31	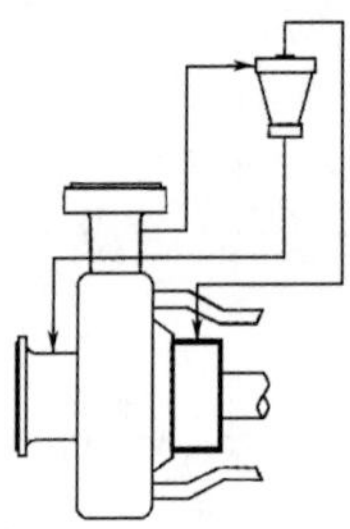	冲洗液从泵的高压区(通常是泵的出口或出口管路)流出，经过旋液分离器之后，清洁的冲洗液体流入到密封腔，固体颗粒被输送到泵进口
Plan 32	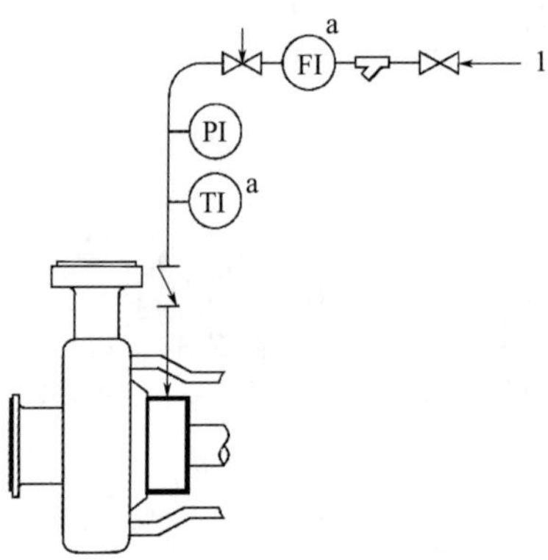	冲洗液从外部注入到密封腔中。必须注意选用的冲洗液注入后不会发生汽化，也不会污染泵送介质。 1—来自外部冲洗液体； a—流量计、温度计(选配)
Plan 41	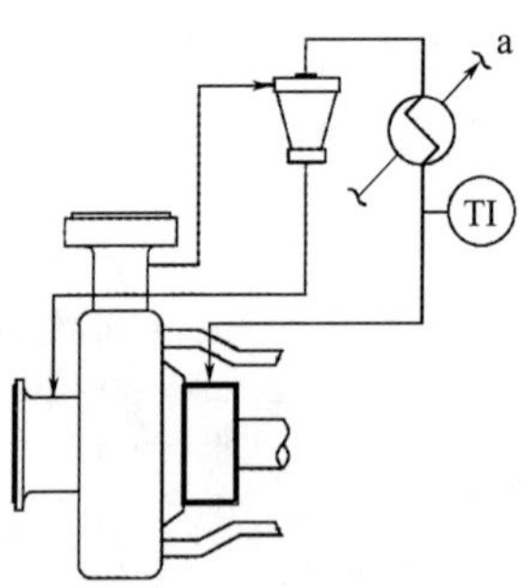	冲洗液从泵的高压区(通常是泵的出口或出口管路)流出，进入旋液分离器，再经过一个冷却器，清洁的流体被输送到密封腔中，固体颗粒被输送到泵进口。 a—冷却器，也可采用一个立式翅片式冷却器

续表

冲洗方案	图例	说明
Plan 51	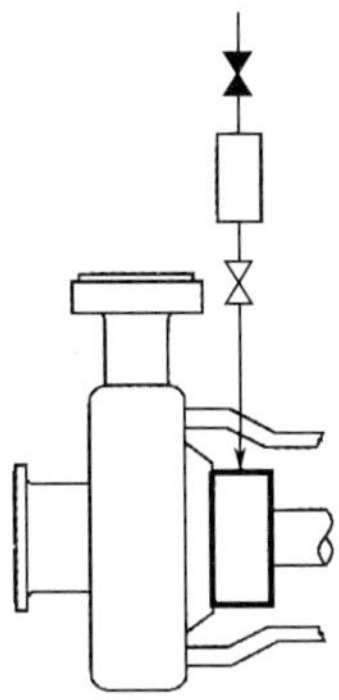	采用一个外部储罐向大气侧的密封端盖提供流体并对密封进行急冷(吹扫)
Plan 52	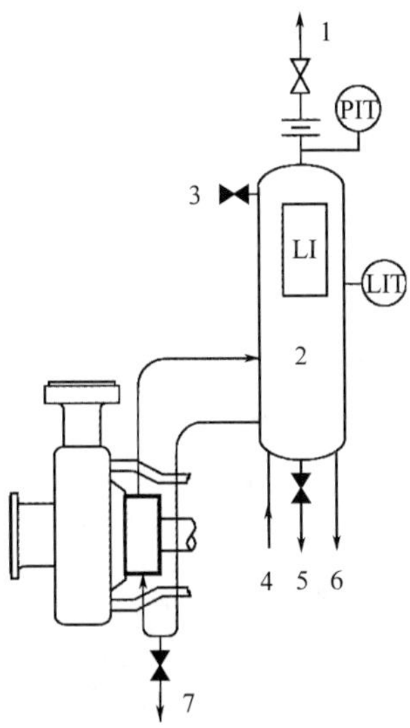	采用外部储罐对布置方式2(无压双密封)的外侧密封提供缓冲液。缓冲液的压力要保持比密封腔压力低，且不超过0.28MPa。 缓冲液采用内部的泵送环或者螺旋套进行循环，从储罐流出，最后再返回到储罐。泄漏到缓冲系统中的较高饱和蒸气压的流体将会在储罐中闪蒸，然后排放到泄漏收集系统。不容易汽化的组分储存在储罐内，通过排液口定期排放。 1—到收集系统； 2—储罐； 3—缓冲液加注口； 4—冷却水进口； 5—缓冲液储罐排液口； 6—冷却水出口； 7—缓冲液排液口
Plan 53A	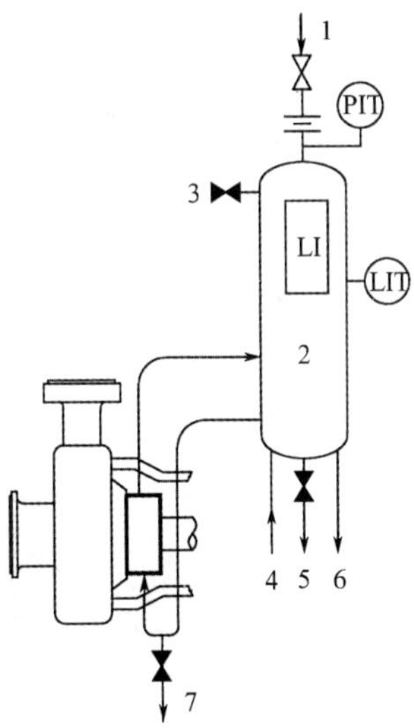	采用外部气体加压隔离液储罐，为隔离流体密封腔提供清洁的隔离液。隔离液的压力保持高于密封腔的压力0.14～0.41MPa。隔离液流体采用内部的泵效环或螺旋套来进行循环。用于带压双密封。 1—来自外部压力气源； 2—储罐； 3—隔离液加注口； 4—冷却水进口； 5—隔离液储罐排液口； 6—冷却水出口； 7—隔离液排液口

续表

<table>
<tr><th>冲洗方案</th><th>图例</th><th>说明</th></tr>
<tr><td>Plan 53B</td><td>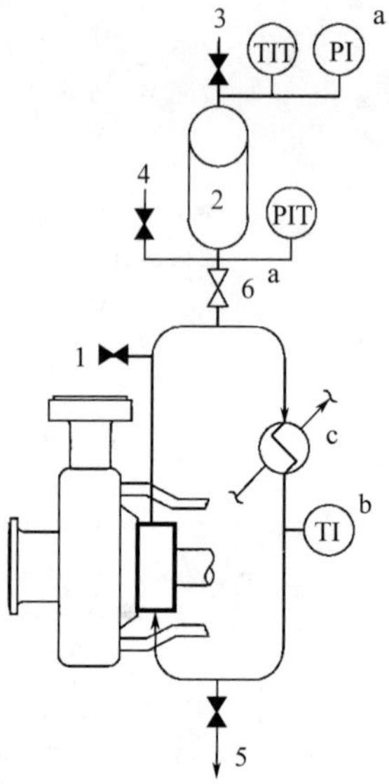
</td><td>由囊式蓄能器加压的隔离液系统为隔离腔提供清洁的隔离液。隔离液的压力应高于密封腔的压力 0.14～0.41MPa。隔离液流体采用泵效环或螺旋套来进行循环，热量由水冷换热器（或者风冷换热器）带走。用于带压双密封。
1—隔离液加注口；
2—囊式蓄能器；
3—囊式蓄能器充气口；
4—排气口；
5—隔离液排液口；
6—阀（用于检查囊式蓄能器的气囊）；
a—选配，蓄能器顶部安装压力表和阀 6 来检查囊式蓄能器是否完好；
b—选配；
c—冷却器，也可采用一个立式翅片式冷却器</td></tr>
<tr><td>Plan 53C</td><td>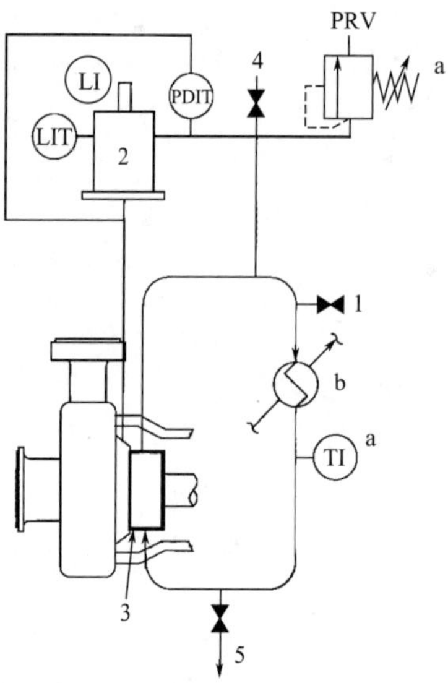
</td><td>由增压罐加压的隔离液系统为隔离腔提供清洁的隔离液。隔离液的压力要高于密封腔的压力。隔离液流体采用泵效环或螺旋套来进行循环，热量由水冷换热器（或者风冷换热器）带走。用于带压双密封。
1—隔离液加注口；
2—增压罐（活塞式蓄能器）；
3—参考压力口；
4—排气口；
5—隔离液排液口；
a—选配；
b—冷却器，也可采用一个立式翅片式冷却器</td></tr>
<tr><td>Plan 54</td><td>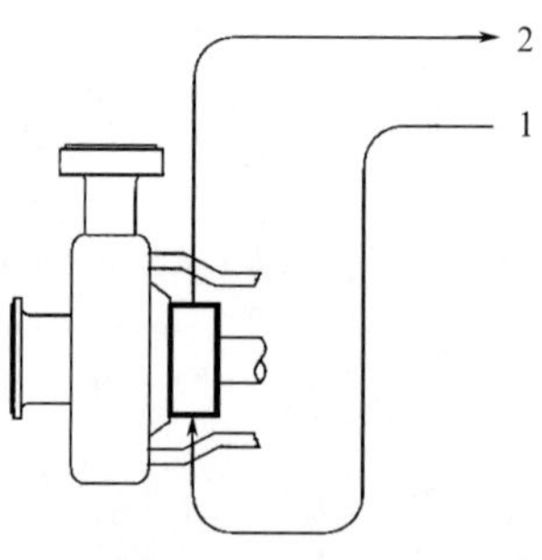
</td><td>由一个外部加压、循环系统向隔离腔提供清洁隔离液。隔离液的压力要高于密封腔的压力 0.14MPa 以上。用于带压双密封。
1—来自外部液源；
2—流向外部液源</td></tr>
</table>

续表

冲洗方案	图例	说明
Plan 55	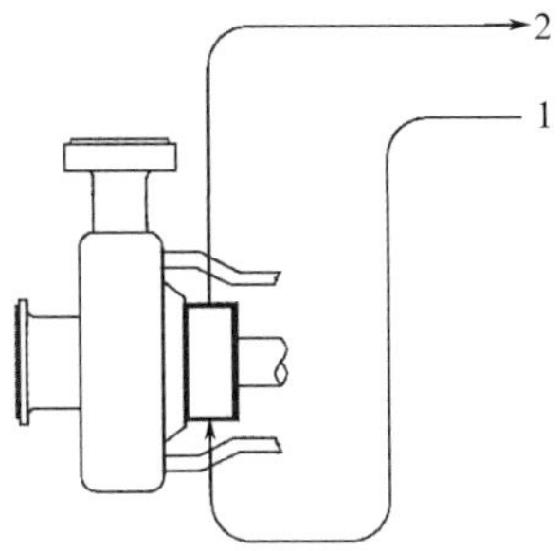	由一个外部加压、循环系统向缓冲腔提供清洁缓冲液。缓冲液的压力要低于密封腔的压力，且不超过0.28MPa。用于串联式机械密封。 1—来自外部液源； 2—流向外部液源
Plan 61	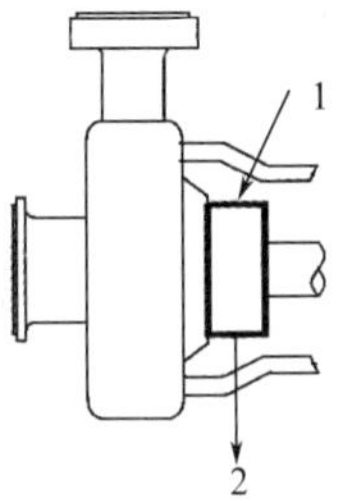	急冷(吹扫)口(Q)，配有金属螺塞，作为备用接口。 1—急冷(吹扫)口(Q)，配有金属螺塞； 2—排液口(D)，与开放接口的金属接管连接
Plan 62	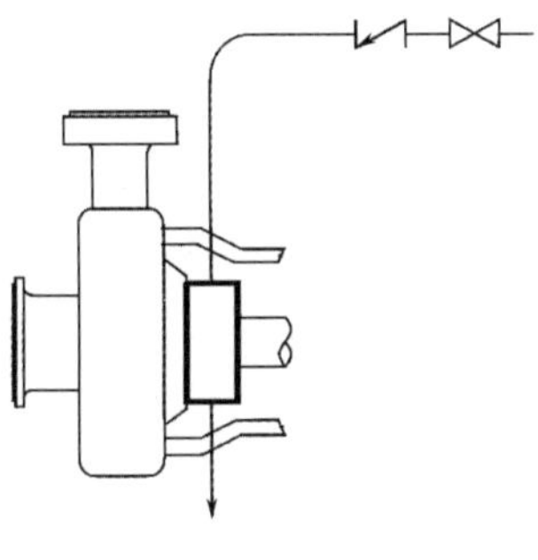	急冷(吹扫)流体从外部流体源输送到密封的大气侧。一般情况下，与密封端盖中的小间隙节流套一起使用
Plan 65A	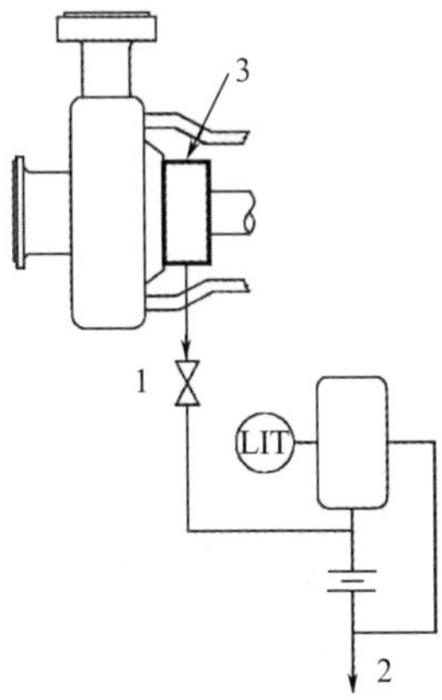	采用一套泄漏收集和检测系统处理泄漏液。泄漏管道上的限流孔板直径通常为5mm。 1—阀(保持打开)； 2—流向液体收集系统； 3—急冷(吹扫)口(Q)

续表

冲洗方案	图例	说明
Plan 65B	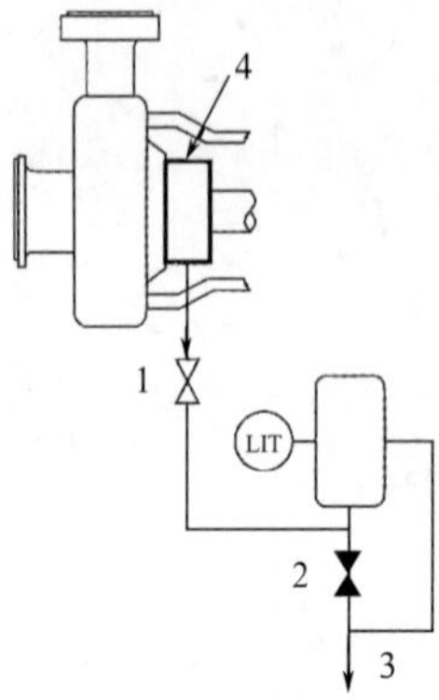	采用一套泄漏收集和检测系统来处理泄漏液。泄漏管道的阀门为常闭状态，间隙的开启来排放储罐中的泄漏液。 1—阀(保持打开)； 2—排液阀(保持常闭)； 3—流向液体收集系统； 4—急冷(吹扫)口(Q)
Plan 66A	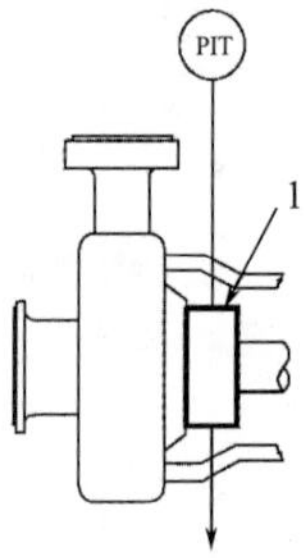	密封端盖节流套前再设置节流套，分隔成两个空间：1 级空间设置压力变送器，用于检测密封的工作状态；2 级空间设置 Q/D 孔。 1—急冷(吹扫)口(Q)
Plan 66B	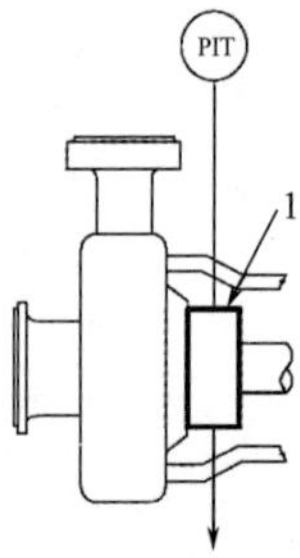	类似 Plan 62 方案，在密封端盖的排液孔增加带小孔的螺塞，在静环和节流套中间设置压力变送器，用于检测密封的工作状态。 1—急冷(吹扫)口(Q)
Plan 71	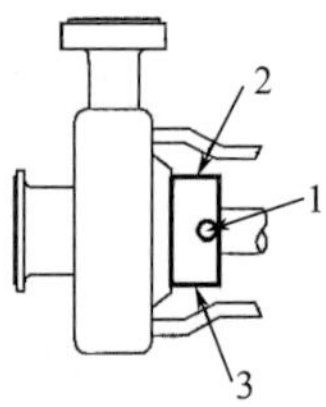	密封端盖上设置进气口、排气口、排液口，用螺塞堵住，作为备用口。用于串联式干气密封现场无缓冲气的场合。 1—缓冲气进口(GBI)，螺塞塞住； 2—抑制密封排气口(CSV)，螺塞塞住； 3—抑制密封排液口(CSD)，螺塞塞住
Plan 72	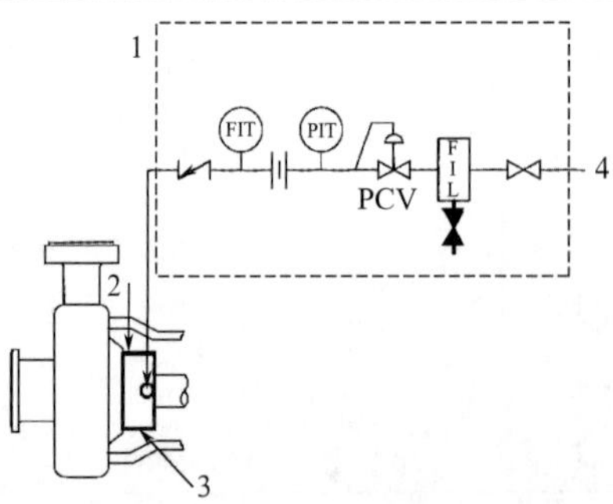	由外部气源向布置方式 2 的密封(串联式干气密封)提供缓冲气体。缓冲气的压力要保持低于密封腔的压力。在正常操作中，缓冲气压力不超过 0.07 MPa。 通常与 Plan 75 或 Plan 76 结合使用。 1—控制面板； 2—抑制密封排气口(CSV)； 3—抑制密封排液口(CSD)； 4—来自缓冲气压力源。 可用针形阀替代图中的孔板

续表

冲洗方案	图例	说明
Plan 74	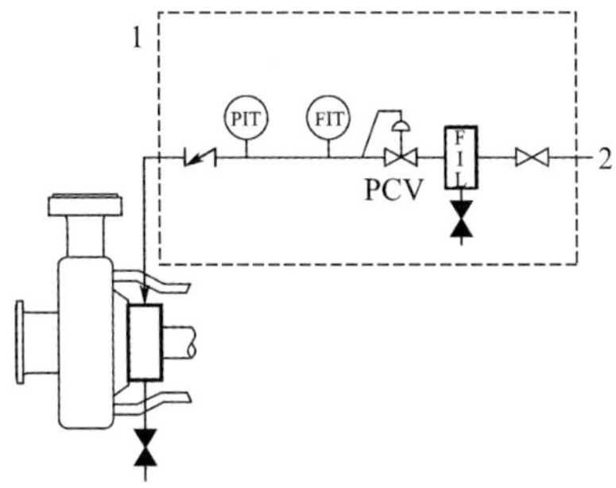	由外部气源向布置方式 3 的密封(双端面干气密封或带压串联式干气密封)提供隔离气体。隔离气的压力要保持高于密封腔的压力。隔离气压力通常高于密封腔压力至少 0.17MPa。 1—控制面板； 2—来自隔离气压力源
Plan 75	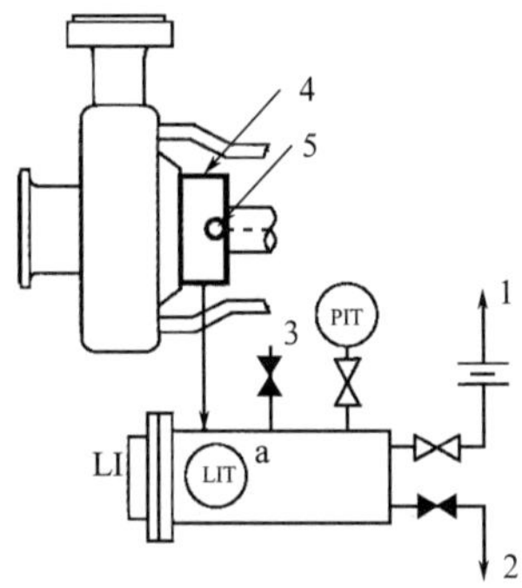	串联式干气密封泄漏收集系统，采用一个泄漏收集罐对冷凝液或气液混合流体泄漏液进行收集，液态部分存储在收集罐中，气态部分从泄漏管道中进行排放。收集罐出口管线上的限流孔板用于限制流量。当内侧密封泄漏率增大时，会引起收集罐内的压力增加，并触发报警，压力变送器的报警压力设置为 0.07MPa。 通常与 Plan 72 结合使用。 1—去气体收集系统； 2—去液体收集系统； 3—试验接口(如果指定)； 4—抑制密封排气口(CSV)，螺塞塞住； 5—缓冲气进口(GBI)，不用 Plan 72 时螺塞塞住
Plan 76	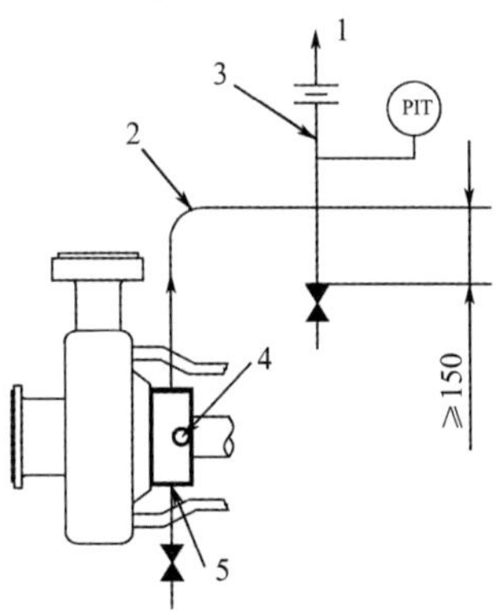	串联干气密封排放系统，将泄漏出的不会冷凝的介质排放至指定地点。在出口管线上的限流孔板用于限制流量，当内侧密封泄漏量增大时，会引起管路内的压力增加，并触发报警，压力变送器的报警压力设置为 0.07MPa。 通常与 Plan 72 结合使用。 1—去气体收集系统； 2—Tube 管； 3—Pipe 管； 4—缓冲气进口(GBI)，不用 Plan72 时螺塞塞住； 5—抑制密封排液口(CSD)，关闭状态
Plan 99		非标设计方案

续表

符号含义如下。

名称	符号	名称	符号
限流孔板	FO	囊式蓄能器	
液位计	LI	旋液分离器	
带现场显示的液位变送器	LIT	凝液过滤器	
带现场显示的差压变送器	PDIT	限流孔板	
压力表	PI	密封冷却器	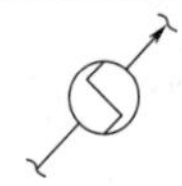
带现场显示的压力变送器	PIT	Y形过滤器	
温度计	TI	常开阀	
流量计	FI	常闭阀	
带现场显示的温度变送器	TIT	止回阀	
高液位报警点	HLA	针形阀	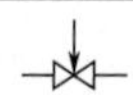
低液位报警点	LLA	调压阀	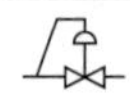
标准液位	NLL	泄压阀(PRV)	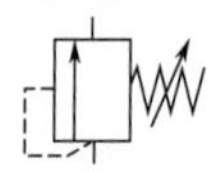

2. 机械密封辅助系统主要元器件

机械密封辅助系统由储罐、蓄能器、增压罐、冷却器、旋液分离器、限流孔板、过滤器等附件以及仪器仪表组成。

(1) 旋液分离器　旋液分离器又称水力旋流器，是利用离心沉降原理从悬浮液中分离固体颗粒的设备，它的结构与操作原理和旋风分离器类似。

旋液分离器应根据泵的进出口压差选择，以便有效地清除固体颗粒。如果泵压差超过旋液分离器的设计压差，可以使用限流孔板。旋液分离器的使用压差不得小于0.17MPa。

(2) 限流孔板　限流孔板设置在管道中用于限制流体的流量或降低流体的压力。所有的限流孔直径至少为3mm。如果单个3mm孔板提供的压降不够，可以采用串联安装的多个孔板。

(3) 过滤器　Y型过滤器用于Plan 12、Plan 22和Plan 32中，用于去除液体里的大颗粒。过滤器的滤网应采用不锈钢材料，最小网孔尺寸为125μm。

凝液过滤器用于Plan 72和Plan 74中，主要用于去除气体中的可能出现的液体以及固体颗粒，Plan 72过滤精度一般为4μm，Plan 74过滤精度一般为2～3μm。

(4) 冷却器 冷却器(换热器)是换热设备的一类，用以冷却流体，通常用水或空气为冷却剂以除去热量。密封冷却器应根据密封制造商推荐的密封冲洗流量来确定规格尺寸，每个机械密封的冲洗量应不低于 8L/min。按照冷却剂的类型，冷却器分为水冷却器和空气冷却器两种。

水冷却器一般采用螺旋管式，管子的材料应采用奥氏体不锈钢，最小外径为 12mm，最小壁厚为 1.5mm。不允许在冷却器内设计连接接头、焊缝。安装在 Plan 23/53B/53C 中的单独的冷却器和隔离液或缓冲系统的外部冷却器安装时应严格遵守制造厂提出的安装高度要求。

空气冷却器应该采用翅片管结构，换热管内侧通入密封冲洗液，管材应采用奥氏体不锈钢，翅片材料应该是铝或不锈钢，并且采用合适的压焊方法进行固定。冷却器一般为自然式空气冷却器。

(5) 储罐 储罐一般指用于 Plan 52 和 Plan 53A 中的缓冲液/隔离液储罐，可以为密封提供密封润滑用的缓冲液/隔离液。

缓冲液/隔离液储罐须设置冷却盘管，冷却盘管安装在储罐内部，盘管顶部低于回流口(储罐进口)，冷却流体走管内。

缓冲液/隔离液储罐的正常液位(NLL)一般高于泵中心线 1m 以上。储罐内正常液位(NLL)的液体体积最少应为：轴径小于等于 60mm 时，为 12L；轴径大于 60mm 时，为 20L。

一般情况下，储罐筒体部分采用不锈钢无缝钢管制作，12L 的储罐须使用 DN150 钢管制作；20L 的储罐须使用 DN200 钢管制作。

(6) 囊式蓄能器 通过气囊的压缩，将系统中的能量转变为压缩能或位能储存起来，当系统需要时，又将压缩能或位能转变为液压或气压能而释放出来，重新补供给系统。

囊式蓄能器主要用于 Plan 53B 系统中，系统使用前先给蓄能器预充一定压力的气体，再通过补液装置对密封系统进行补液，直到达到工作压力。随着密封的泄漏，隔离液压力降低，蓄能器中的气囊舒张，补充泄漏掉的隔离液。

蓄能器气囊的选择可不考虑泵送介质的高温情况，但必须考虑与封液的兼容性，蓄能器壳体应为碳钢。囊式蓄能器选型应该保证流体加注周期大于 28 天。蓄能器容积一般为：轴径小于等于 60mm 时，最小容积为 20L；轴径大于 60mm 时，最小容积为 35L。

(7) 增压罐 增压罐也叫活塞式蓄能器，主要用于 Plan 53C 系统中，是利用活塞上下面的面积差形成压差，为隔离液进行增压的装置。增压罐的容积为：轴径小于等于 60mm 时，隔离液的最小体积为 0.2L，最大体积至少 2.8L；轴径大于 60mm 时，隔离液的最小体积为 0.35L，最大体积至少 5.1L。

(8) 泄漏收集罐 泄漏收集罐分别用于 Plan 65A、Plan 65B 和 Plan 75。

Plan 65A 和方案 65B 的泄漏收集罐容积至少为 3L，Plan 65A 的节流孔板直径至少 5mm。泄漏收集罐安装时，靠上的排液接口应低于密封端盖排液接口位置。

Plan 75 的泄漏收集罐容积至少为 12L，排液接口至少 DN20，排气接口至少 DN15，节流孔板直径至少 3mm。Plan 75 的泄漏收集罐安装时，排气限流孔板应低于密封端盖排液口位置。

七、机械密封相关标准介绍

机械密封技术在国内日趋成熟，形成了一系列相关技术标准，并获得广泛应用。

机械密封常用产品标准概况见表 1-44。

表 1-44 机械密封常用产品标准概况

标准号	主要内容	适用范围	性能要求	材料	试验要求
API 682《离心泵和转子泵用轴封系统》	标准对应用于石油、天然气及化工行业中的离心泵和转子泵的机械密封及辅助系统提出了具体要求； 标准规定了机械密封结构、密封的总体设计要求、性能要求、材料、检验试验要求等；同时对密封选型、辅助系统等也作了相应的规定	(1)温度：−40～400℃； (2)压力：≤4MPa(G)； (3)转速：3600r/min (4)轴径：20～110mm	(1)寿命： ①所有密封应能够连续运转 25000h，而不必更换； ②对于布置方式 2 密封，当缓冲液压力小于等于密封泄漏压力报警值的情况下，外侧密封需能够连续运行 25000h 而不需要更换；当缓冲液压力等于泵送流体压力时，抑制密封需至少能够运行 8h。 (2)泄漏量： ①采用 EPA 21 方法时，蒸气体积分数应小于 1000mL/m^3； ②每对端面的平均液体泄漏量应小于 5.6g/h	(1)摩擦副：石墨/SiC/硬质合金； (2)弹簧：哈氏合金 C-276/哈氏合金 C-4，316(单弹簧)； (3)金属波纹管：Inconel 718/哈氏合金 C-276； (4)辅助密封圈：氟橡胶/全氟醚橡胶/丁腈橡胶、柔性石墨等； (5)金属件：316/316L/316Ti 或更好的材料	(1)认证(型式)试验； (2)承压件的耐压试验； (3)气密性试验； (4)随泵运行试验
SH/T 3156《石油化工离心泵和转子泵用轴封系统工程技术规范》	规范主要内容包括密封的分类、性能设计、结构设计、材料选用以及重要零部件的合理设计及配置等多个方面应遵循的原则；提出了作为密封重要组成部分的辅助系统的附件和仪表等方面应遵守的准则；对密封的检验和试验、包装、运输及资料方面提出了要求	(1)温度：−40～400℃； (2)压力：0.04～4.0MPa(G)； (3)转速：3000r/min (4)轴径：20～110mm	(1)寿命： ①所有密封产品应能连续使用 25000h 而不需要更换； ②对布置方式 2 的密封，当一级密封失效后，二级密封至少能运行 8h。 (2)泄漏量： ①湿式机械密封每个端面泄漏量≤5.6g/h(2 滴/min)； ②干运转密封泄漏量应符合 JB/T 11289 的规定	(1)摩擦副：石墨/SiC/硬质合金； (2)弹簧：哈氏合金 C-276/哈氏合金 C-4，316(单弹簧)； (3)金属波纹管：Inconel 718/哈氏合金 C-276； (4)辅助密封圈：氟橡胶/全氟醚橡胶/丁腈橡胶、柔性石墨等； (5)金属件：316/316L/316Ti 或更好的材料	(1)认证(型式)试验； (2)承压件的耐压试验； (3)气密性试验； (4)随泵运行试验

续表

标准号	主要内容	适用范围	性能要求	材料	试验要求
JB/T 4127.1《机械密封 第1部分:技术条件》	标准规定了机械密封产品结构,主要零件技术要求,性能要求,试验、安装与使用要求,标志与包装等; 该标准适用于离心泵及其他类似旋转式机械的机械密封	(1)介质:清水、油类和一般腐蚀性液体; (2)温度:-20～150℃; (3)压力:0～10.0MPa; (4)轴径:10～120mm; (5)线速度:≤30m/s	(1)寿命: ①在选型合理、安装使用正确的情况下,被密封介质为清水、油类及类似介质时,机械密封的使用期一般不少于8000h; ②被密封介质为腐蚀性介质时,机械密封的使用期一般为4000～8000h; ③使用条件苛刻时不受上两条的限制。 (2)泄漏量: ①当0<工作压力≤5.0MPa时: 轴径≤50mm,泄漏量≤3mL/h; 50mm<轴径≤120mm,泄漏量≤5mL/h; ②当5.0MPa<工作压力≤10.0MPa时: 轴径≤50mm,泄漏量≤15mL/h; 50mm<轴径≤120mm,泄漏量≤20mL/h	橡胶O形圈应符合JB/T 7757的规定	试验按GB/T 14211执行: (1)型式试验。 (2)出厂试验: ①气密性试验; ②静压试验; ③动态试验
GB/T 33509《机械密封通用规范》	标准规定了机械密封术语和定义、密封结构、设计要求、材料要求、性能要求、循环保护(支持)系统、试验方法和包装、标志及贮存等; 该标准适用于泵用、釜用及类似旋转轴用机械密封	(1)温度:-40～400℃; (2)压力:0～10.0MPa; (3)轴径:10～120mm; (4)线速度:≤50m/s	(1)寿命: ①在选型合理、安装使用正确的情况下,被密封介质为清水、油类及类似介质时,机械密封的使用期不少于8000h; ②被密封介质为腐蚀性介质时,机械密封的使用期不少于4000h; ③使用条件苛刻时不受此限; ④泵用干气密封使用期不少于16000h。 (2)泄漏量: ①密封流体为液体时,泄漏量同JB/T 4127.1; ②密封流体为气体(干气密封)时,泄漏量同JB/T 11289,或采用EPA 21方法测量挥发性介质蒸气体积分数应小于1000mL/m^3	(1)摩擦副:石墨/SiC/硬质合金/氧化铝陶瓷/氮化硅; (2)弹簧:铬钢/铬镍钢/铬镍钼钢/哈氏合金等; (3)金属波纹管:哈氏合金/高镍合金/沉淀硬化不锈钢等; (4)辅助密封圈:氟橡胶/全氟醚橡胶/丁腈橡胶/聚四氟乙烯、柔性石墨等; (5)金属件:铬钢/铬镍钢/铬镍钼钢/哈氏合金等	试验按GB/T 14211执行: (1)型式试验。 (2)出厂试验: ①气密性试验; ②静压试验; ③动态试验

续表

标准号	主要内容	适用范围	性能要求	材料	试验要求
JB/T 6614《锅炉给水泵用机械密封技术条件》	标准规定了锅炉给水泵用机械密封的型式、技术要求、试验和检验方法、检验规则、安装与使用要求，以及标志、包装与贮存等要求； 标准适用于锅炉水温度不高于260℃的锅炉给水泵用机械密封	(1)介质：锅炉水； (2)密封腔温度：0～70℃； (3)压力：≤5MPa； (4)轴径：≤250mm； (5)线速度：≤70m/s	(1)寿命：在正确执行安装与使用要求的情况下，使用期限不低于8000h。 (2)泄漏量： ①在稳定运行工况下，流体动压型机械密封泄漏量不大于500mL/h，其他型式机械密封泄漏量不大于100mL/h； ②初始阶段的跑合运转时，泄漏量允许超过规定值，但泄漏量趋势必须为逐渐减少	(1)碳石墨密封环材料应符合JB/T 8872的规定； (2)碳化硅密封环材料应符合JB/T 6374的规定； (3)其他材料应符合有关标准或技术文件的规定	试验按GB/T 14211执行： (1)型式试验。 (2)出厂试验： ①气密性试验； ②静压试验； ③动态试验
JB/T 8723《焊接金属波纹管机械密封》	标准规定了离心泵及类似机械旋转轴用焊接金属波纹管机械密封的术语和定义、要求、基本型式、参数、材料代号及布置方式、检验与试验方法、安装与使用要求、标志与包装	(1)温度：−40～400℃； (2)压力： ①单层波纹管：≤2.2MPa； ②双层波纹管：≤4.2MPa； (3)轴径：20～120mm； (4)线速度： ①旋转型端面平均线速度≤25m/s； ②静止型端面平均线速度≤50m/s	(1)寿命：在选型合理、安装使用正确、系统工作良好、设备运行稳定的情况下，使用期不少于8000h，特殊工况例外。 (2)泄漏量： 本标准范围的焊接金属波纹管机械密封运转试验的平均泄漏量不大于12mL/h，具体根据轴径、转速、压力的不同有一定差异	—	试验按GB/T 14211执行： (1)型式试验。 (2)出厂试验： ①气密性试验； ②静压试验； ③动态试验
JB/T 11289《干气密封技术条件》	标准规定了干气密封的术语和定义、基本型式、参数、技术要求、试验方法与检验规则、安装和使用要求，以及标志、包装、运输和贮存； 标准适用于离心压缩机、螺杆压缩机与离心泵等旋转机械用干气密封	(1)介质：各种液体； (2)温度：−100～230℃； (3)轴径：25～110mm； (4)线速度：≤25m/s	(1)寿命：在泵正常运行和工艺稳定的条件下，正常使用期不少于2年。 (2)泄漏量： ①一个密封端面静态泄漏量不大于$0.12m^3/h$，具体根据压力、密封直径不同有一定差异； ②一个密封端面动态泄漏量不大于$0.8m^3/h$，具体根据压力、转速、密封轴径不同有一定差异	—	泵用干气密封产品试验包括： (1)静态试验； (2)动态试验； (3)目测检查

第三节 填料密封

填料密封是指在轴和壳体之间用弹性、塑性材料或具有弹性结构的元件堵塞泄漏通道的密封装置，通过预紧或介质压力的自紧作用实现密封。主要包括软填料密封、硬填料密封、成型填料密封、油封等。

填料密封使用寿命短、磨损大、维护频繁，在工业领域大部分泵的密封都使用机械密封，但由于填料密封结构简单、价格低廉、安装方便，在往复式泵以及要求不高的旋转泵中仍有使用。

一、软填料密封

填料由软质材料组成，通过压盖轴向压紧可以变形产生径向压紧力，这类填料密封称为软填料密封。常用软填料密封有盘根密封和柔性石墨填料密封。

1. 盘根密封结构

常用盘根密封的结构见表 1-45。

表 1-45 盘根密封结构

简图	应用	说明
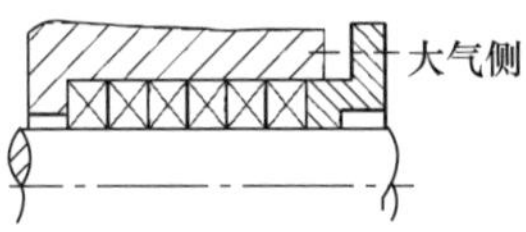盘根密封基本结构	一般不推荐使用。通常仅用于小型泵，单级扬程很低、泵轴向力很小的场合，或用于叶轮无后密封环及无平衡孔的情况	输送烃类、油品的离心泵的填料箱应装入不少于 6 圈填料和一个封液环。填料最小截面尺寸不小于 10mm（方形），最好选用 12mm 的方形截面填料。 填料箱压力大于 517kPa 时应考虑装设喉部衬套；小型轴向剖分泵的喉部衬套应是整体式，固定在壳体上，以防转动。 为便于装配，封液环通常为轴向剖分式。 当输送温度超过 93℃的油品或输送液体汽化压力超过 0.096MPa 时，填料压盖应为水封中开式。 当输送介质温度超过 150℃或液体汽化压力超过 0.069MPa 时，填料箱周围应采用夹套冷却。 用于高温介质密封时，密封液可以采用蒸汽
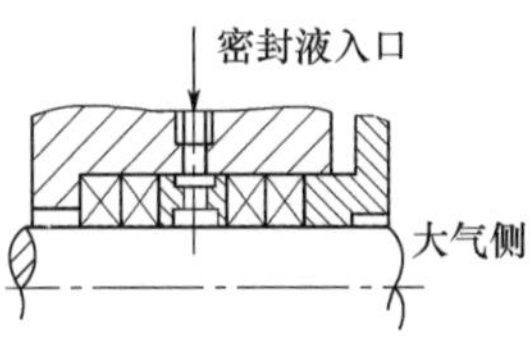带封液环的盘根密封，注入液体或循环液体供密封、隔离及冷却使用	密封液在压力下引到封液环处，密封液在轴向上沿着两个方向流动。 这种结构通常用于泵在负压下操作，如泵的吸入高度很大，填料箱底部处于真空状态，通过填料可以避免空气进入泵内，这种结构也可以用于正压操作，通过填料可以阻止泵送介质向外泄漏。 当吸入为负压时，密封液的作用为“封堵”、冷却和润滑，以“封堵”为主；当吸入压力为正压、输送温度较高时，以冷却为主	
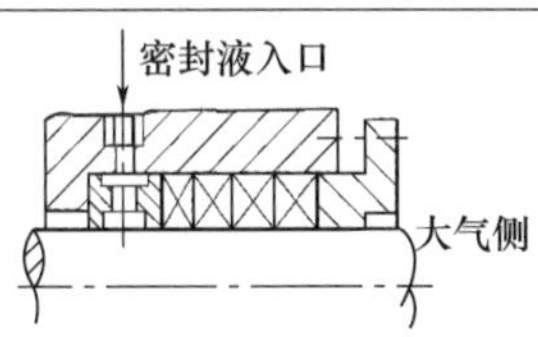带封液环的盘根密封，通常还有喉部衬套，注入液体或冷却循环液体用以清洗沉积物等	用于输送含有不干净或有颗粒介质的密封。封液环在填料箱的底部，通入比输送介质压力高 0.05～0.1MPa 的密封液进行冲洗，避免不干净或有颗粒介质进入填料，加速轴套的磨损	

注：1. 本表系指离心泵，实际上填料密封亦可用于转子泵和往复泵。

2. 转子泵的填料箱应装入不少于 4 圈填料和一个封液环，推荐采用 5 圈填料和一个封液环。最小填料截面尺寸为 6mm（方形），最好选用 10mm 方形截面填料。封液环宽度推荐采用 1.5 倍填料截面尺寸。

3. 当填料箱处的压力大于 517kPa 时，应在填料箱底侧设置节流衬套，采用与轴套和密封箱内孔尺寸相一致的软、硬组合填料，硬环位于填料箱内侧和封液环内侧，以防软填料被挤出。

2. 柔性石墨填料密封结构

常用柔性石墨填料密封结构见表 1-46。

表 1-46 柔性石墨填料密封结构

<table>
<tr><th>简图</th><th>应用</th><th>技术要求</th><th>安装要求</th></tr>
<tr><td>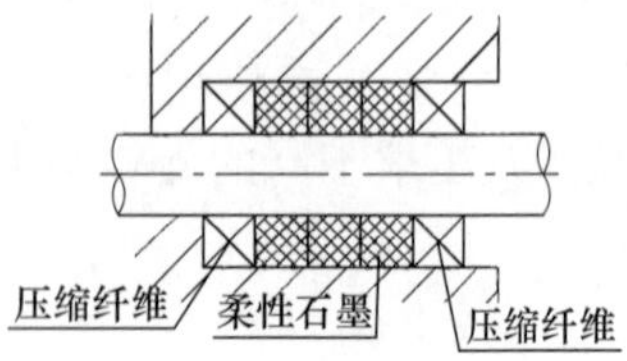

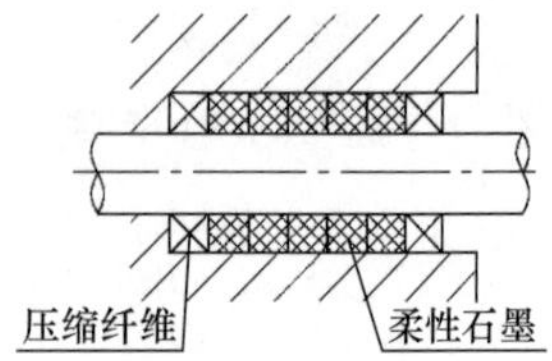
</td><td>常温
低压</td><td>轴粗糙度：$\sqrt{Ra\,1.6}$
轴表面硬度：40～60HRC
轴与填料箱内孔同心度公差：≤0.1mm
轴径向圆跳动：$\leqslant\frac{\sqrt{D}}{100}$，一般≤0.05mm（$D$为直径）
轴尺寸公差：h8 或 h9</td><td>填料箱端面内孔应有倒角，以便容易压入填料。
柔性石墨虽有一定的柔性和弹性，但与一般填料不同，不能任意变形。在装入填料箱前，填料环用刀片切一道口，然后只能有一定的轴向扭转，套在轴上，压入到填料箱内。每圈切口应错开 90°或 120°</td></tr>
<tr><td>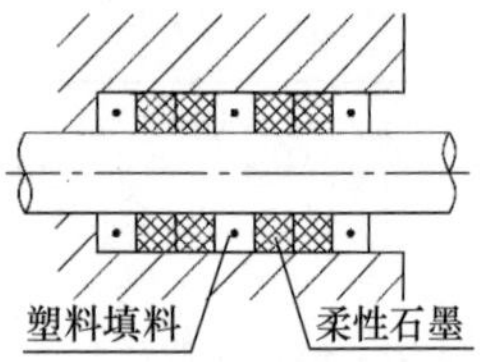
</td><td>常温
高压</td><td>填料公差：
（1）外径为 d11
（2）内径为 H8 或 H9
填料箱内径：H8 或 H9</td><td rowspan="3">填料箱端面内孔应有倒角，以便容易压入填料。
柔性石墨虽有一定的柔性和弹性，但与一般填料不同，不能任意变形。在装入填料箱前，填料环用刀片切一道口，然后只能有一定的轴向扭转，套在轴上，压入到填料箱内。每圈切口应错开 90°或 120°</td></tr>
<tr><td>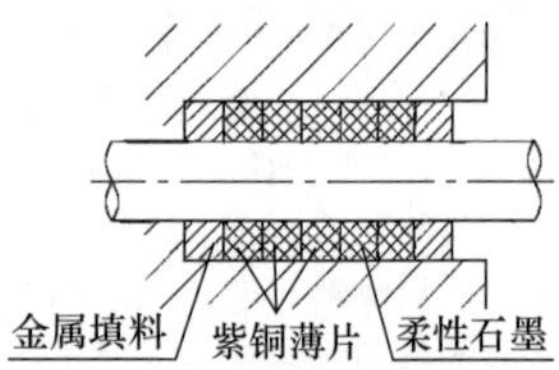
</td><td>高温
高压</td><td rowspan="2"><table><tr><td>p/MPa</td><td>0～5.0</td><td>>5.0～10.0</td><td>>10.0～15.0</td><td>>15.0～20.0</td><td>>20.0</td></tr><tr><td>$\frac{H}{D}$</td><td>1.1</td><td>1.2</td><td>1.3</td><td>1.4</td><td>1.5</td></tr></table>p——工作压力，MPa；
D——轴直径，mm；
H——填料高度，mm</td></tr>
<tr><td>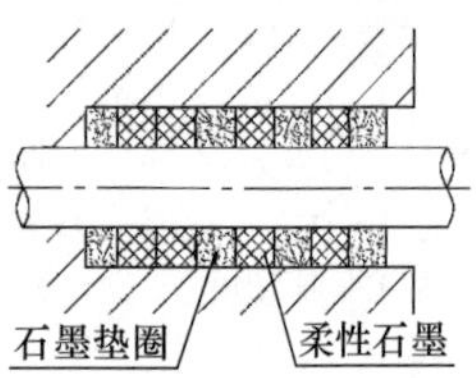

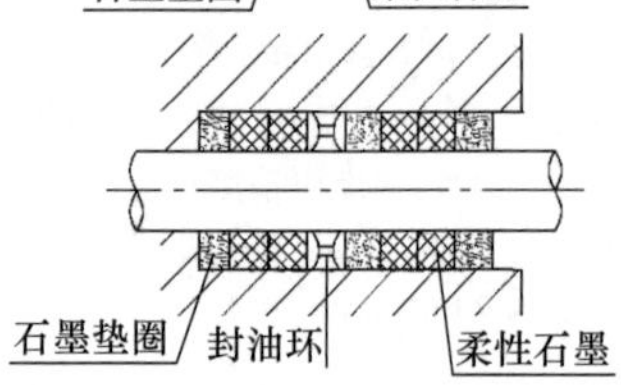
</td><td>高温
高压</td></tr>
</table>

注：1. 柔性石墨环断面尺寸一般同盘根密封。

2. 柔性石墨使用温度：低温－240℃，高温 480℃。

3. 密封液系统

（1）填料密封的密封液系统详见表 1-43。

（2）泵输送清洁液体时，密封液由泵排出口引出，多级泵可由中间级引出，通过连接管与封液环处的密封液入口连通。

（3）如果符合下列任一条件，应配备外供密封液系统。

① 泵的吸入高度超过4.5m。此时，大量没有进行过滤的空气会通过填料箱进入泵内，给泵的正常运转造成很大影响，密封液压力为70～172kPa。

② 排出压力低于0.07MPa。由于排出压力过低，泵的排出口不可能提供足够的密封液压力。

③ 输送热水超过120℃，又没有足够冷却（锅炉给水泵除外，因为它不能采用封液环）。

④ 输送含有固体磨蚀介质，如砂浆水、污水时，为了提高填料、轴或轴套的使用寿命，减少磨蚀，需在封液环处通入清洁液体。清洁液可从外部供给，外部密封液压力应大于填料室内侧压力70～172kPa，但为了减少被密封介质的稀释，在封液环与填料室里端之间需设置两圈填料；也可以从泵的排出口引出液体，经过过滤器或离心分离器后通入封液环。封液环与泵体之间有橡胶垫，以防清洁液和泥浆水流动，详见图1-21。橡胶垫需与填料箱内径、轴或轴套外径相配合。

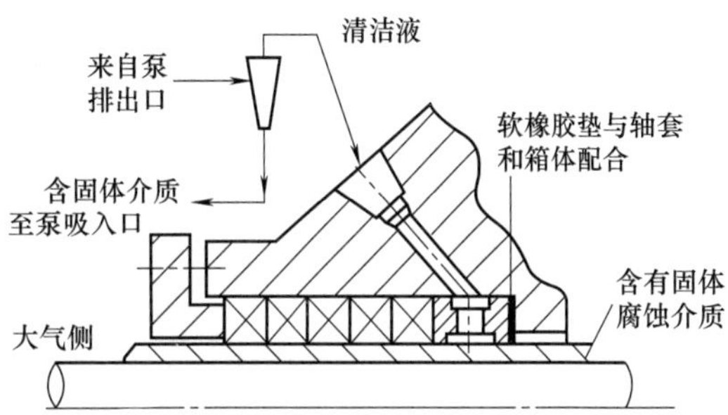

图1-21　带有离心分离器的密封液系统

⑤ 井泵和冷凝液泵操作在710mmHg[❶]真空度时。

⑥ 输送非水的介质，如酸、汽油、蜜糖或黏性液时，而密封室的设计又没有针对这些液体的特性进行特殊考虑。

（4）当泵的吸入压力低于大气压，如冷凝液泵，需在密封液返回吸入口管线上增设节流孔板，即密封液从泵排出口引出通入填料箱内，从填料箱出来的密封液经过孔板后再流入泵的吸入口，以防止空气漏入泵内并控制密封液流量。

（5）密封室内介质压力低于103kPa、温度低于90℃时，若填料密封处有足够量的泄漏液通过，则不需要采取冷却措施。

（6）密封室内介质压力低于345kPa、温度低于118℃时，在封液环处需通入冷却液。冷却液流量为3.78L/min，压力比介质压力低34kPa。

（7）密封室内介质压力低于690kPa、温度低于131℃时，在封液环处需通入冷却液。冷却液流量为3.78L/min，压力比介质压力低34kPa。同时还需要在填料处采用夹套式冷却。

（8）如果被密封的是易凝固介质，泵在启动前，需事先对密封室处进行加热。在密封室处可用蒸汽或电阻伴热。

（9）如果被密封的是已溶解的固体，也可能会产生磨损问题，因此有必要提高或降低密封室的温度，以保证固体全部溶解。

4. **填料密封材料**

填料密封对材料的要求如下：

（1）有一定的塑性，以保证填料均匀接触，起填缝作用。

（2）有一定的弹性，当受轴向压紧力时能产生较大的径向压紧力，以获得密封；当机器和轴有振动或轴有跳动及偏心时，能有一定的补偿能力。

（3）有一定的强度，不至于在未磨损前先损坏，为此可采用组合材料。

❶ 1mmHg＝133.322Pa。

（4）有足够的化学稳定性，不易分解、不污染、不溶胀、不软化，与轴接触不产生电化作用。

（5）不渗透，要求材料组织致密，为此填料往往需要浸渍，填充各种润滑剂和填充剂。

（6）自润滑性好，摩擦系数小且耐磨。

（7）耐温性好，当摩擦发热后能承受一定的高温，且要求材料导热性好，易散热。

（8）制造简单，价格便宜，装拆方便。

编织填料形式、特点及应用见表 1-47。

表 1-47 编织填料形式、特点及应用

编织填料的形式	简图	特点及应用
发辫编织		用 8 个锭子，沿两个轨道编织，在四角和中间没有芯绒，产品断面呈方形。特点是松散，对轴振动和偏心有一定的补偿能力，一般只用小断面填料，大断面填料会出现外表面花纹粗糙、结构松弛、致密性差等缺点
套层编织		锭子数有 12、16、24、36、48、60，均在两个轨道上编织，断面呈圆形，根据填料规格决定套层的层数，如需要呈方形，可在整形机上压成方形。特点是填料致密性好，但由于套层结构，层间没有纤维连接，易脱层，故多用于低速密封
穿心编织	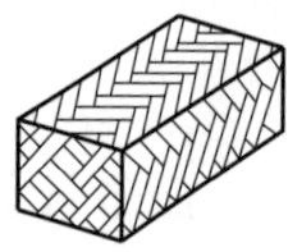	锭子数有 12、16、18、24、30 五种，在三个或四个轨道上编织而成，断面呈方形，表面平整。特点是填料弹性、耐磨性好，强度高，致密性好，纤维间空隙小，与轴接触面比发辫式大且均匀，使用寿命长，磨损后填料不会松散，常用于较重要的密封
夹心编织		以橡胶或金属为芯子，纤维在外，一层一层编织，层数按需要而定，断面呈圆形。特点是致密性较好，强度高，弯曲性能好，但表面磨损后容易脱层，一般用于回转密封，极少用于往复密封

二、硬填料密封

硬填料密封是采用金属、石墨、陶瓷等硬质材料作填料，不是依靠填料变形来密封，而是依靠弹性机构的补偿作用和流体压力作用，保持填料密封环与轴或腔体端面紧密贴合，以达到节流阻漏的密封装置（见图 1-22）。其具有比软填料密封更高的耐热、高压和高速性能，广泛应用于压缩机泵上的往复密封和旋转密封。硬填料密封可做成能补偿磨损和追随轴的跳动的分瓣环、开口环或唇形环的结构形式。

分瓣环密封是最常用的硬填料密封，环浮装于轴上，轴向和外圆径向均有间隙，为减少泄漏，往往将多个环组成一组，切口错开，互相遮盖，环的外圆周有弹簧将环与轴箍紧，产生径向预紧力，流体压力起自紧作用。当环内圆周磨损，各片可以沿切口滑移，使内孔缩小，环与轴始终保持紧密贴合。典型应用于中压的三、六瓣密封（见图 1-23）和低压三瓣斜口密封（图 1-24）。

三、成型填料密封

成型填料密封是指用橡胶、塑料、皮革及金属材料经模压或车削加工形成环状密封圈，依靠填料本身在压紧力作用下产生弹塑性变形而堵塞流体泄漏通道的密封装置。成型填料按工作特性分为挤压型密封圈和唇形密封圈两类；按材料可分为橡胶类、塑料类、皮革类和金属类。

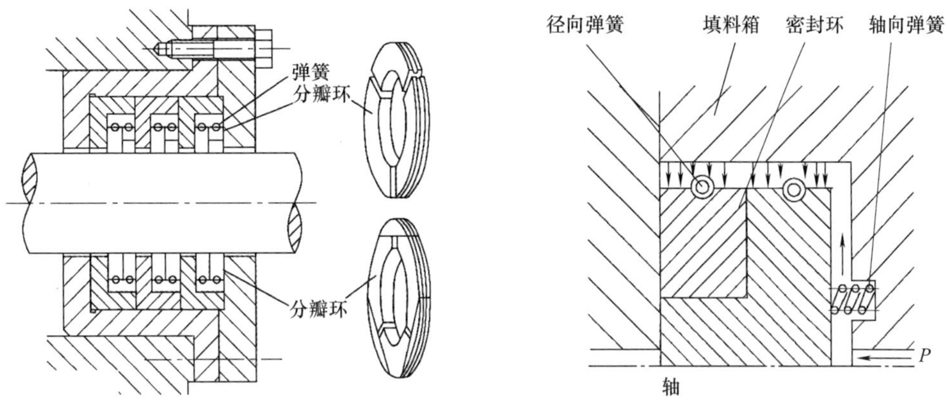

图 1-22　硬填料密封典型结构

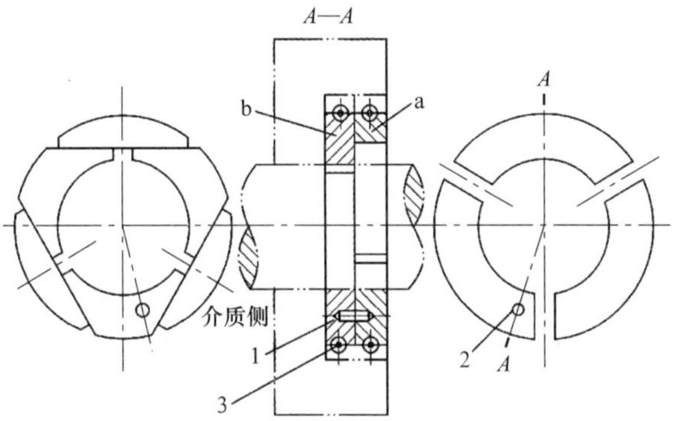

图 1-23　中压三、六瓣密封装置

1—圆柱销；2—圆柱销孔；3—弹簧

a，b—填料环

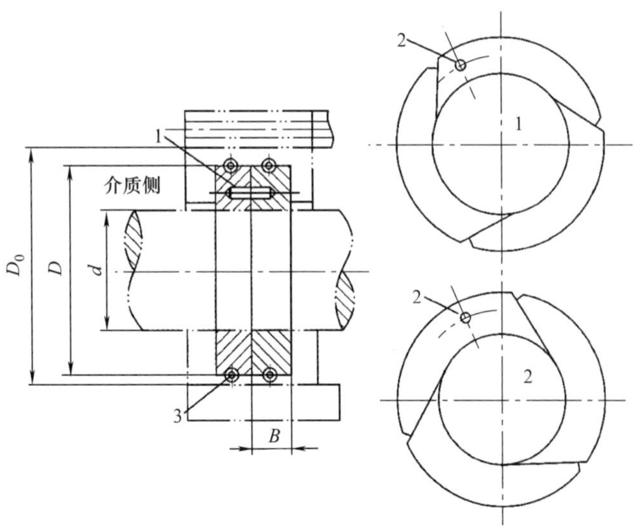

图 1-24　低压三瓣斜口密封圈

1—圆柱销；2—圆柱销孔；3—弹簧

挤压型密封圈包括 O 形圈、矩形圈等，其中 O 形圈历史最悠久，最典型。唇形密封圈又叫碗式密封圈，其类型很多，有 V 形、U 形、L 形、J 形和 Y 形等型式。

唇形密封利用不同的密封圈的圈数来达到密封不同压力，如图 1-25 所示。它可以根据操作条件不同采用封油或不用封油。唇形密封应用广泛，多数用作往复泵的密封。

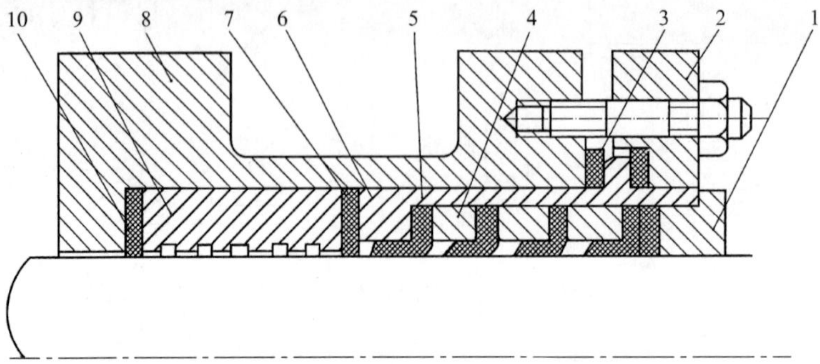

图 1-25 唇形密封结构

1—填料压盖；2—压盖；3—金属垫；4—金属隔环；5—唇形密封圈；
6—密封料盒；7,10—压缩纤维垫；8—泵体；9—减压环

唇形密封的材料有橡胶、聚氯乙烯、聚氨酯、聚四氟乙烯等。密封圈类型较多，通常按断面形状分类，其中 V 形圈最为常用，密封圈的圈数与被密封介质压力有关，表 1-48 为密封压力与 V 形圈的圈数关系。常用密封圈类型及使用范围见表 1-49。

表 1-48 介质压力与密封圈圈数的关系

介质压力/MPa	≤4	>4～8	>8～16	>16～30	>30～50
V 形圈圈数	3	4	4	5	6

表 1-49 常用密封圈类型及使用范围

名称	标准号	图形	材料	使用范围			特点
				温度/℃	压力/MPa	介质	
L 形橡胶密封圈	HG 4—331—1966	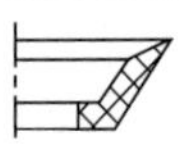	橡胶Ⅰ	−20～80	<1	油类	抗挤出破坏能力较强，唇部能作润滑沟槽，改善摩擦工况。L 形圈仅用于密封孔；J 形圈仅用于密封轴
			橡胶Ⅱ	−35～60		水	
J 形橡胶密封圈	HG 4—332—1966	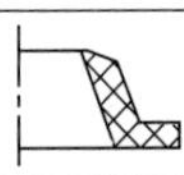	橡胶Ⅰ	−20～80	<1	油类	
			橡胶Ⅱ	−35～60		水	
Y 形橡胶密封圈	HG 4—335—1966	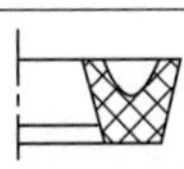	橡胶Ⅰ	−20～80	≤20	油类	根部抗磨损力强，装填时抗翻滚扭曲
			橡胶Ⅱ	−35～60		水	
U 形夹织物橡胶密封圈	HG 4—336—1966	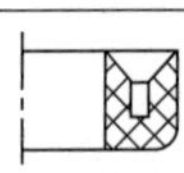	橡胶Ⅰ	−20～80	≤32	油类	可单个使用，不用压环、撑环
V 形夹织物橡胶密封圈	GB/T 10708.1—2000	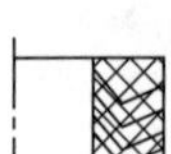	橡胶Ⅰ	−20～60	≤50	油类	密封压力高，但摩擦阻力大，承受径向载荷能力低，需与压环、撑环成套装填，只能密封单向介质压力
			橡胶Ⅱ	−35～60		水	

·第三章·
泵的轴承、轴承箱密封和润滑

第一节　泵用轴承的选型

一、泵用轴承的分类及特点

轴承在泵类机械中主要起到支承、减少摩擦和平衡轴向力的作用，轴承的好坏及精度直接影响到机械设备的正常运转及使用寿命。

泵用轴承通常有滚动轴承、滑动轴承、水导轴承，主要承担对转子的支承作用，以减少摩擦，延长寿命，有的也可用于平衡轴向力。它们的主要特点如表 1-50。

表 1-50　泵用轴承的型式及特点

序号	名称	特点	备注
1	滚动轴承	滚动轴承可用脂或稀油润滑。因其摩擦系数小，转动灵活轻快，润滑损耗小，购买方便，易于拆装，工作可靠，在泵中广泛应用。当承受径向力时，用深沟球轴承和圆柱滚子轴承；当承受轴向力时，一般采取背靠背成对安装的角接触球轴承或圆锥滚子轴承；如轴向力过大，则采用推力球轴承	轴承应使用轴肩、轴环或其他可靠的定位装置定位在轴上。不允许使用开口环和弹性垫圈
2	滑动轴承	滑动轴承有承受径向力的径向轴承(向心轴承)和承受轴向力的推力轴承。滑动轴承可用稀油润滑。其主要特点是转动平稳、噪声低、寿命长、径向尺寸较小、构造简单、制造方便。另外，润滑油具有吸振能力，滑动轴承能承受较大的冲击载荷。滑动轴承常用材料是巴氏合金和青铜。缺点是制作(轴瓦油楔)时要求操作人员有较高的技术水平。根据轴颈大小，轴承间隙一般控制在 0.10～0.25mm	
3	水导轴承	水导轴承类似于滑动轴承，但它间隙较滑动轴承大。根据轴颈大小，轴承间隙一般控制在 0.15～0.35mm。水导轴承用泵送的介质润滑，其内壁制有一定大小和形状的导流沟槽，排走固体颗粒性杂物(如泥沙)，改善润滑条件。水导轴承有吸振性。屏蔽泵、磁力泵、立式湿坑泵(液下泵、筒袋泵等)、某些多级泵等需要使用水导轴承。水导轴承常用材质有青铜、石墨、聚四氟乙烯、聚醚醚酮(PEEK)、橡胶、硬质合金、碳化硅、氧化铝陶瓷等。聚四氟乙烯、聚醚醚酮(FEEK)、橡胶等塑性材质的缺点是导热性差，允许的工作温度较低，且需要有连续不断的循环液体润滑冷却	

二、泵用轴承的正确选型

为保证泵能安全长周期运行、延长检维修周期，减少维修费用，需正确地选用轴承。

要正确选用轴承首先要了解泵的操作状态（泵送介质情况、操作温度、流量、扬程、进出口压力等），然后分析泵轴的受力情况（轴向力、径向力），并对泵轴的受力情况进行分析计算。

对工作温度 $t \leqslant 70℃$ 的短轴（跨距 $L \leqslant 400mm$），常采用双支点单向固定的型式，即两端支点中的每个支点分别承受一个方向的轴向力，限制轴承一个方向的运动，两个支点合起来就限制了轴的双向移动。轴向力不大时，可采用深沟球轴承；轴向力较大时，可选用一对角接触球轴承或一对圆锥滚子轴承。考虑到轴工作时因受热而伸长，在轴承盖与外圈端面之间应留出 0.25～0.4mm 热补偿间隙（间隙很小，结构图上不必画出），间隙或游隙的大小，常用垫片或调整螺钉调节。

当工作温度较高或轴承跨度较长时，轴有较大的热膨胀伸缩量，这时应采用单支点双向固定的轴承组合结构。即两个方向的轴向力由同一支点上的轴承承受，这个支点上的轴承应是可以承受双向轴向载荷的轴承或轴承组合，这一端称为固定端。固定端上的轴承（或轴承组合）相对于轴或箱体孔应双向固定，当轴受热伸长时，另一端上的轴承应能够沿轴向自由移动，不产生附加载荷，不使轴系卡死，称为游动端。轴向力不是很大时，固定端采用内外圈均带挡边的圆柱滚子轴承，游动端采用外圈双向无挡边的圆柱滚子轴承；轴向载荷较大时，固定支点可采用两个圆锥滚子轴承（或角接触球轴承）背对背或面对面组合在一起的结构，也可采用推力轴承和向心轴承组合在一起的结构。具体可按照泵结构形式的不同，选择不同的轴系组合方式。

（1）悬臂支承轴系　对应的泵型式为 API 标准 OH 泵型，这是单级悬臂泵，轴承负荷不能太大。通常每根轴应由两个径向轴承和一个双向推力轴承支承，此双向推力轴承可以与径向轴承组合。

（2）两端支承轴系　这类泵对应于 API 标准的 BB 泵型，负荷可以较大，通常每根轴应由两个径向轴承和一个双向推力轴承支承，此双向推力轴承可以与径向轴承组合。

（3）立式悬吊支承轴系　这类泵对应于 API 标准的 VS 泵型，通常每根轴由上部一组既能承担径向力又能承担双向推力的滚动轴承与下部一组或多组水导轴承组合共同支承。

（4）其他轴系。

第二节　轴承箱的密封

为防止润滑剂泄漏和尘埃、颗粒以及其他杂物、水分进入，轴承箱必须具有适当的密封装置，以保持良好的润滑条件和正常的工作环境。在选择密封型式时，通常应考虑以下几个因素：

（1）轴承的外部工作环境；

（2）轴承的转速和工作温度；

（3）轴承的支承结构特点；

（4）润滑剂的种类和性能。

轴承箱的密封按密封的结构可以分为接触式密封和非接触式密封两大类。

一、接触式密封

1. 径向密封

化工泵中轴承箱常用的径向接触式密封为骨架油封，骨架油封也叫旋转轴唇形密封圈。骨架油封在油封与轴之间存在着油封刃口控制的油膜，此油膜具有流体润滑特性。在液体表面张力的作用下，油膜的刚度恰好使油膜与空气接触端形成一个新月面，防止了工作介质的泄漏，从而实现旋转轴的密封。

骨架油封分类方式很多，按结构形式可分单唇骨架油封和双唇骨架油封；按工作条件可分为旋转骨架油封和往返式骨架油封；按骨架形式可分为内包骨架油封、外露骨架油封和装配式油封，这三种形式均包含有副唇形和无副唇形两种。

典型的骨架油封如图 1-26 所示。

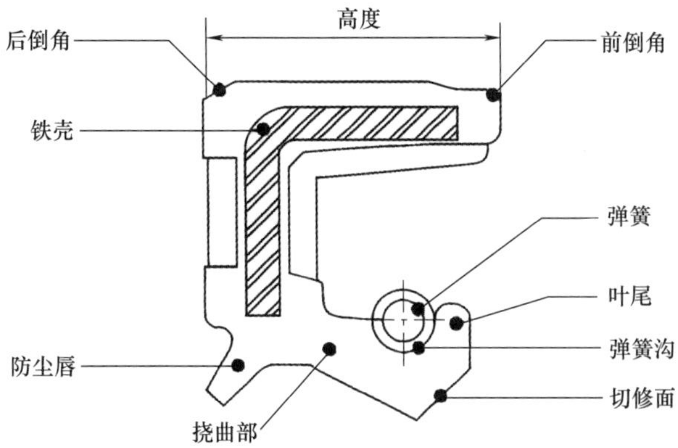

图 1-26　典型的骨架油封图

骨架油封在发生磨损前具有较出色的密封性能，但其有效寿命较短，一般运行 3000h 后唇形完全磨损，轴面出现凹痕；8000h 后间隙处于 100～500μm 之间，破坏弹性动力油膜的颗粒物会在磨损过程中逐渐进入轴承箱，润滑剂会发生泄漏，很快就会导致轴承失效。骨架油封的密封能力取决于密封面油膜的厚度。厚度过大，油封泄漏；厚度过小，可能发生干摩擦，引起油封和轴磨损；密封唇与轴之间没有油膜，则易引起发热、磨损。

泵常用骨架油封执行标准为 JB/T 6639《滚动轴承 骨架式橡胶密封圈 技术条件》、GB/T 13871.1～13871.6《密封件为弹性体材料的旋转轴唇形密封圈》、GB/T 21283.1～21283.6《密封件为热塑性材料的旋转轴唇形密封圈》。

重要说明：API 610、API 681、API 685 标准不允许使用唇形密封。

2. **端面密封**

端面密封主要有金属垫圈端面密封、浮动油密封和自润滑材料端面密封。

二、非接触式密封

化工泵中轴承箱常用的非接触式密封有迷宫式轴承隔离器、磁力式轴承隔离器。

1. **迷宫式轴承隔离器**

迷宫式轴承隔离器是在转轴周围设若干个依次排列的环形密封齿，齿与齿之间形成一系列截流间隙与膨胀空腔，被密封介质在通过曲折迷宫的间隙时产生节流效应而达到阻漏的目的，组成示意图见图 1-27，一般运行寿命可达 30000h。

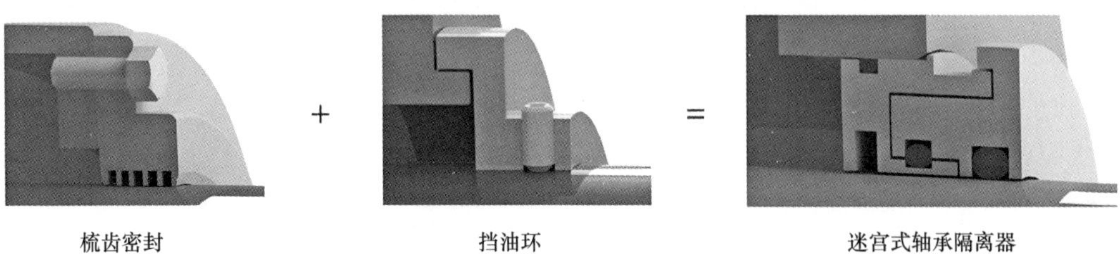

图 1-27　迷宫式轴承隔离器组成示意图

典型的迷宫式轴承隔离器如图 1-28 所示。

迷宫式轴承隔离器通常会被认为属于非接触式密封，因为转子和静环之间有一个小的间隙，通常约为 250μm。当前的迷宫式轴承隔离器在设计的时候都会包含一个楔入转子和定子之间的内部组件，这实际是一个橡胶材料和金属材料的接触面，通常是 O 形圈、复合环

图 1-28 典型的迷宫式轴承隔离器

甚至是微型唇形密封件。

摩擦前后的隔离器动静环和楔形材料的间隙尺寸介于 30～100μm 之间，动静环之间的间隙在 250μm 左右。相对骨架油封，复合迷宫轴承隔离器对于小于 25μm 的污染物颗粒没有实际的防护能力。

迷宫式轴承隔离器常见的材料有：铜合金、不锈钢、铝合金、哈氏合金或 PTFE 等，PTFE 的材料由于膨胀系数较大，通常在温差大的工况下不推荐使用。O 形圈常见的材料有：氟橡胶（FKM）、丁腈橡胶（NBR）、全氟醚橡胶（FFKM）等。

虽然迷宫式轴承隔离器有效地分离了在运转时水分及其他杂物对于润滑油的污染，但是这一类产品其实严格意义上并不能被称为密封，因为他们主要通过限制通路路径来达到限制可通过颗粒物进入轴承箱的目的，而且一些实际应用当中已经证实了迷宫式轴承隔离器尚无法解决，诸如停机漏油或者轴承箱负压倒吸、隔离器温度过高、拆装麻烦等一系列的问题；无法满足油雾润滑下的润滑条件；无法实现 IP67 的轴保护模式。

2. **磁力式轴承隔离器**

磁力式轴承隔离器，是在迷宫式密封的基础上发展起来的一种非接触密封型式，由静环和动环组合而成，通过磁力作用使动静环紧密贴合一起，联合其他辅助密封共同防止工作流体泄漏，达到密封效果。动环与轴之间实现相对移动，并可轴向和周向浮动，自动补偿密封面的磨损。

典型的磁力式轴承隔离器如图 1-29 所示。

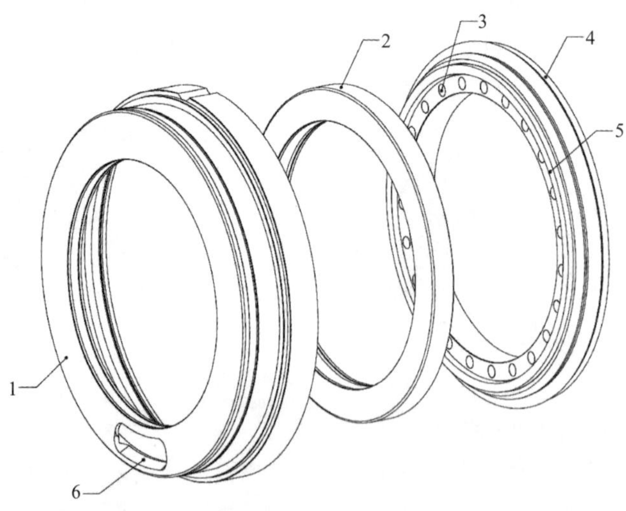

图 1-29 典型的磁力式轴承隔离器图

1—静环；2—不锈钢动环；3—永磁体；4—静环压盖；5—摩擦副；6—回油槽

静环非接触面采用锡青铜材料或者奥氏体不锈钢制成，具有优良的散热性能，在保证同端盖过盈配合的同时，能够避免在极端情况下划伤轴的风险。动环采用沉淀硬化马氏体不锈钢材料（具有磁吸附性），具有优越的耐腐性能和抗机械冲击能力，降低因外力作用导致的轴承隔离变形失效。

磁力式轴承隔离器的优点：

（1）整体式结构使得安装方便快捷，降低了动环的整体体积和重量的比例，减少了转动部分的负载，不会磨损主轴；

（2）马氏体不锈钢动环和复合材料静环接触面，形成主动的、整体的摩擦副密封面，摩擦系数低；

（3）永磁体的分布式阵列设计，保证稳定的轴向主动作用力、大小适合的轴向作用力，既满足了长久工作的需求，也保证了摩擦副的使用寿命（一般运行寿命可达 75000～100000h）；

（4）静环外置的设计，沿用了机械密封的在满足径向跳动或者轴扰动的状态下，密封面和轴中心线保持垂直；

（5）磁力端面密封装置工作能力（耐受温度、可承受压差）较迷宫式轴承隔离器更高，工作性能可靠；在轻微磨损情况下，磁体将旋转的不锈钢表面拉近到间隙小于 1μm 的密封状态，延长轴承使用寿命。

第三节 泵的润滑

泵和电动机的轴承需要润滑，齿轮箱（如有）也需要润滑。常用润滑方式有脂润滑、油润滑、油雾润滑、油气润滑和压力油润滑。

一、离心泵和转子泵的润滑

离心泵和转子泵一般采用滚动轴承。滚动轴承润滑剂的选择与轴承的工作温度、转速、工作载荷、工作环境、安装状态有关。对于中/轻载荷离心泵和转子泵，可采用油润滑或脂润滑；对于重载荷离心泵，应采用油润滑。如有条件，为改善润滑，可考虑采用集中的油雾润滑系统或油气润滑系统。

当泵轴功率较大（如 1400kW 以上），应考虑是否需要采用流体动压滑动轴承及压力油润滑系统。

对于齿轮增速一体式离心泵（高速离心泵），一般采用压力油润滑系统。

二、往复泵的润滑

1. 机动往复泵动力端的润滑

采用油润滑，并配齐视镜（或液位计）等，当采用压力油润滑系统时，应符合本节“六、压力油润滑系统”的要求，且润滑油泵应为转子泵。

2. 机动往复泵液力端和直接作用式往复泵气缸的润滑

应采用单点单柱塞、油量可调的强制注入式注油器。注油器的每个润滑点均应有一个可视流动指示器。

当泵的额定功率大于等于 200kW 时，其注油器应配置低油位及驱动失败的报警开关或变送器。

不同的润滑油应配不同的注油器，每一注油器应有满足 30h 正常流量的储油量。

三、电动机轴承的润滑

（1）低压（380V、400V、660V）电动机 一般采用脂润滑。

（2）2 极中、高压（3kV、6kV、10kV）电动机 ＜800kW 时，一般采用脂润滑或油润滑；≥800kW 时，一般采用压力油润滑。

（3）4 极中、高压（3kV、6kV、10kV）电动机 ＜1000kW 时，一般采用脂润滑或油润滑；≥1000kW 时，一般采用压力油润滑。

（4）6 极及以上的中、高压（3kV、6kV、10kV）电动机 ＜1400kW 时，一般采用脂润滑或油润滑；≥1400kW 时，一般采用压力油润滑。

电动机的润滑，有时会根据泵的润滑来确定或泵型结构/使用工况来确定，如某 VS6 型凝结水泵，配用 4 极 2100kW 高压电动机，采用脂润滑；泵配瓦块式推力轴承，采用稀油自润滑（盘管冷却）。

四、油雾润滑系统

1. 油雾润滑原理

油雾润滑系统是一种低成本、环保、安全的集中润滑系统，使用压缩空气将系统内油箱中的润滑油雾化，润滑油被雾化成 1～2μm 的粒子，这种油雾化粒子不会凝结、黏结在管壁上，微小的油粒子被空气通过管道带到需要润滑的位置上，在需要润滑的位置均装有凝聚喷嘴，油雾在凝聚喷嘴处凝缩，使小颗粒油变成较大颗粒油，变成具有润滑效果的湿油雾，对轴承进行润滑，油雾在轴承表面形成良好的油膜；压缩空气会在油雾润滑的同时带走轴承的热量。油雾不断润滑设备轴承，使轴承腔保持一种微正压，以减少来自外界的污染。

2. 油雾润滑系统分类

油雾润滑方式分纯油雾润滑（pure oil-mist lubrication）和吹扫型油雾润滑（purge oil-mist lubrication）两种。

（1）纯油雾润滑 也称干箱式油雾润滑。轴承箱中没有油位，只有雾化油提供润滑，同时提高轴承箱体内的压力，相对外部气压形成正压力，从而保证外部含有湿气或杂质的空气不会进入轴承箱体内部，进而污染润滑油。

纯油雾润滑适用于滚动轴承，优点在于：

① 由清洁而新鲜的润滑油冲洗润滑轴承；

② 排除污染杂质和磨损微粒返回轴承的可能性；

③ 不需要检查和维持恒定的油位；

④ 不存在敞口使润滑介质几乎不存在污染，不需人工换油；

⑤ 无须排放或更换润滑油，降低工人的劳动强度；

⑥ 消除了因轴承和甩油环搅拌润滑油而产生的热量，使轴承运转温度更低；

⑦ 润滑油不需要冷却，可以取消轴承箱的冷却水设施。

对于纯油雾润滑，轴承和轴承箱应满足下列要求：

① 滚动轴承或轴承座与轴承箱端密封间每个空间的轴承箱或者端盖上都应提供 6mm（NPT 1/4）的螺纹油雾入口接口；

② 纯油雾管接头应当固定，以便于油雾流经滚动轴承；

③ 不应提供油盘或甩油环和恒油位油杯，也不需要指示油位的标记。对于采用油浴润滑的泵，切换到纯油雾润滑时，如前期已预留好了油雾润滑接口并选择了合适的轴承隔离

器，则在下一个检修期前不应拆除甩油环，避免拆卸过程中损坏轴承隔离器；

④ 轴承箱上的回油孔和任何其他油通道口（如注油孔）应使用螺塞堵上，以防止油雾从旁路绕过轴承；

⑤ 不应提供水冷却系统。

注： 在抽送温度超过300℃时，采用纯油雾润滑的轴承箱需要采取特殊措施以降低由于热传递对轴承座的热传导。典型措施如下：

——使用散热型甩油环；

——使用具有低导热性的不锈钢轴；

——使用热障涂层；

——使用风扇冷却；

——使用带油（池）冷却的吹扫型油雾润滑（代替纯油雾润滑）。

典型的纯油雾润滑见图1-30。

（2）吹扫型油雾润滑　也称湿箱式油雾润滑。油箱内必须保持一定的油位，雾化油应充满并流过油位以上的空间，仍用传统的内设溅喷润滑装置的油腔来提供润滑油以润滑轴承表面，同时提高轴承箱体内的压力，相对外部气压形成正压力，从而保证外部含有湿气或杂质的空气不会进入轴承箱体内部，进而污染润滑油。

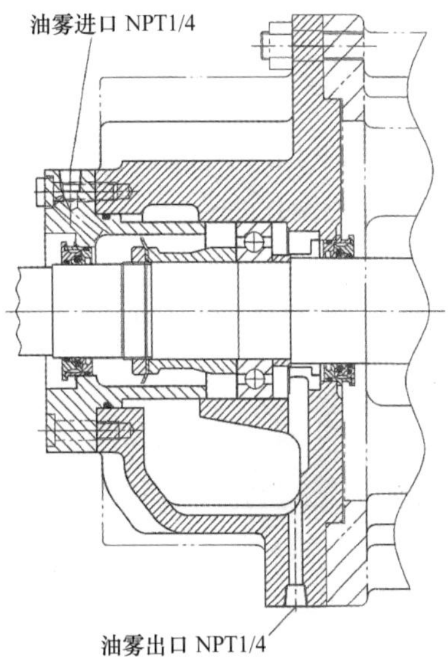

图1-30　纯油雾润滑示意图

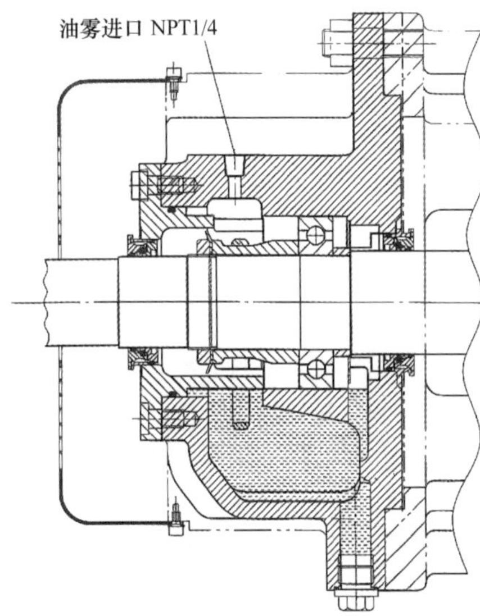

图1-31　吹扫型油雾润滑示意图

对于吹扫型油雾润滑，轴承和轴承箱应满足下列要求：

① 6mm或者12mm（NPT 1/4或1/2）的螺纹油雾接口应位于轴承箱的上半部，同时也是排出-注入接口。

② 应提供恒油位油杯，在轴承箱上需要有指示油位的标记。轴承润滑采用通常的油浴、甩油环或者油盘系统。

③ 可视恒油位注油器应配置溢流控制，以允许过量的来自油雾系统的合并的油从轴承箱排出，使得油池中的油位维持正常水平。润滑油应收集起来，防止排放到底座上。

④ 可视恒油位的给油油标应采用公称管连接，以使其能在轴承箱的内压条件下工作时，在轴承箱处不会排出过量的油雾，或不使油雾滴到底座上。

典型的吹扫型油雾润滑见图1-31。

3. **油雾润滑系统配置**

油雾润滑系统一般包括一套油雾润滑主机、一套油雾回收主机、油雾输送主管、油雾下落管、油雾分配器、凝聚喷嘴、油雾供应管、卡套接头等。特殊情况下还有吹扫型油雾排放总成、吹扫型油位观察总成。

油雾润滑主机应至少包括油雾发生器、气源处理系统、油箱、滤油器、监测控制仪表、控制面板；油雾回收主机应包括控制系统、油箱等。油雾润滑主机和油雾回收主机各自集成在一个密闭柜体中。

(1) 气源处理系统　气源在进入油雾发生器之前，要经过几个关键步骤：过滤除杂，保证油雾的洁净，空气过滤器精度一般为 5μm；干燥除湿，以防止压缩空气中的浮悬油粒污染环境，如果油雾中含水，会加快轴承的损坏；加热，使压缩空气保持适当的温度范围内，从而能够使润滑油雾化效果达到最佳。

空气管路应设置调节阀，以提供恒定的空气。

(2) 油雾发生系统　油雾发生系统借助压缩空气，在雾化单元内将润滑油雾化成悬浮在高速空气喷射流中的微细油颗粒，它具有高效性和抗阻塞性，雾化效果好，易于输送。在这一系统中带有油雾恒温电加热器，对要雾化的油进行加热，避免油的温度过低导致流动性差而影响雾化效果。电加热器不能直接与润滑油接触。

(3) 油雾输送及分配系统　从油雾发生系统至各润滑点的连接为油雾输送管道和分配器。油雾从主管道进入支管之后，在进入喷嘴之前，可以根据实际情况选择安装油雾分配器，确定一个支管道可以同时给多少润滑点提供油雾。

(4) 凝聚喷嘴　每台润滑系统可带多个喷嘴。油雾润滑的效果取决于喷嘴，喷嘴的选择主要依据轴承型号、连接管件、排油口直径、油雾压力、被润滑体的运转速度来确定。凝聚喷嘴主要有两大类：普通凝聚喷嘴、高效凝聚喷嘴。

(5) 油箱　油雾润滑系统内设置三个油箱，分别为储油箱、主油箱、辅油箱。主油箱油位低于设定值时可通过主机内部气动泵进行自动加油，将储油箱的油加到主油箱。各油箱的容积大小应明确。

油路设置滤油器，精度 10μm。

(6) 凝结油收集箱　此装置用于收集从轴承箱和分配器排出的凝结油，可以把这些收集起来的油统一处理。一般不建议将回收油用于油雾润滑。

油雾排放不得超过国家或地方相关规范中对油雾排放量的要求（如上海市地方标准 DB31/933—2015《大气污染物综合排放标准》中规定油雾最高允许排放浓度为 5mg/m^3），并提供国家认可的独立的第三方出具的油雾排放合格检测报告。

(7) 监测报警信号　油雾润滑主机的监测报警信号应至少包含主/辅油箱液位、主/辅油箱温度、供气压力、油雾压力、油雾浓度、空气温度、供油压力等。监测报警信号可由通信电缆通过通信接口远传至 DCS（分布式控制系统）。

此外，油雾主机带有两个低点排油阀，以保证油液完全排放。

油雾润滑系统的油雾发生器与润滑点间的管道宜短，凝聚喷嘴安装后与润滑点的距离和角度应符合设计规定。油雾分配管道不得加装任何形式的阀门。

典型油雾润滑系统原理见图 1-32（摘自 GB/T 38275—2019《润滑系统 检验规范》）。

4. **油品选择**

油品选择通常依据主机润滑要求。允许使用工作黏度为 ISO VG1000 甚至更高黏度牌号的油品，大多数油雾润滑系统使用矿物质齿轮油，黏度等级在 ISO VG68 到 ISO VG460 范围，允许添加防腐剂、挤压添加剂、抗磨剂。油雾润滑系统推荐使用包含特别添加剂的专用

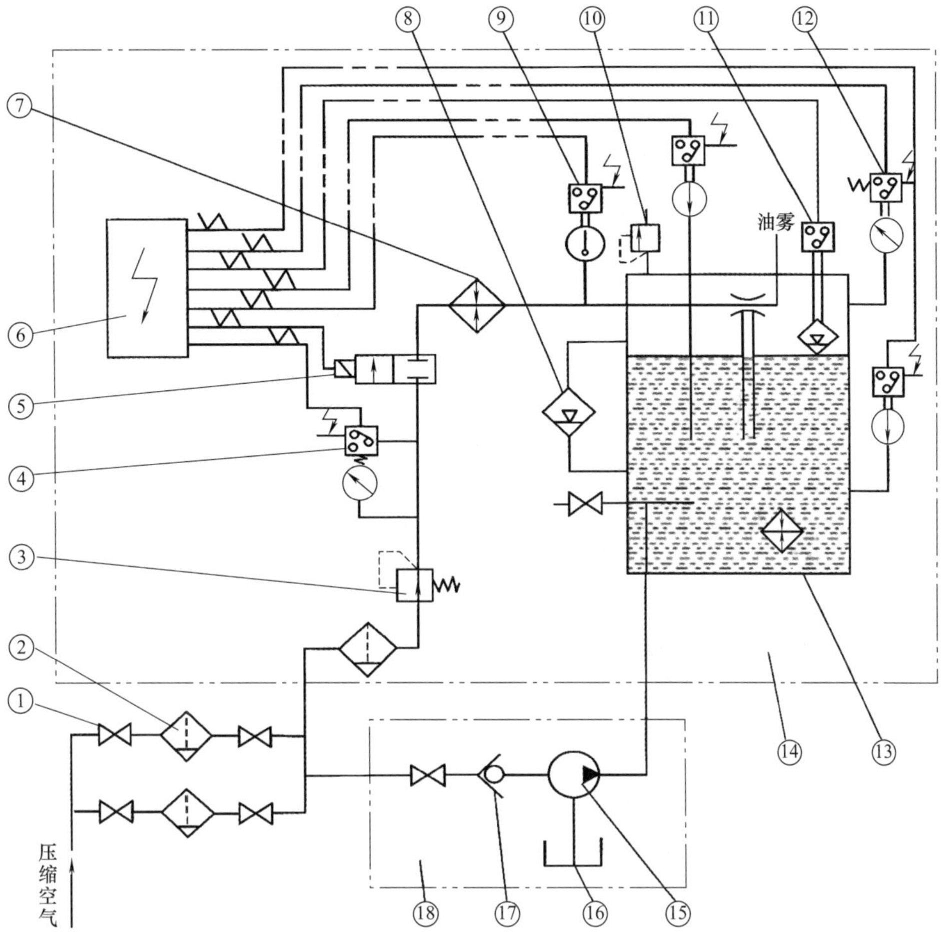

说明：

①——截止阀；
②——分水滤气器；
③——调压阀；
④——压力控制器（气压）；
⑤——电磁阀；
⑥——电控柜；
⑦——加热器；
⑧——液位计；
⑨——温度控制器；
⑩——安全阀；
⑪——液位控制器；
⑫——压力控制器（雾压）；
⑬——加热器；
⑭——油雾润滑装置；
⑮——泵；
⑯——油箱；
⑰——单向阀；
⑱——加油系统

图 1-32　典型油雾润滑系统原理图

油以改进雾化效果，并且促进在工作表面的凝缩性能，同时减少扩散在周围空气中的油雾；这种专用润滑油的实际利用率比普通的矿物质润滑油增加 20%～30%。切忌使用汽车润滑油。

五、油气润滑系统

1. 油气润滑原理

油气润滑系统是通过油气混合器将独立供送的润滑油和压缩空气进行混合，润滑油在压缩空气的作用下沿着管壁波浪形地向前移动，并以与压缩空气分离的连续精细的油流（膜）喷射到润滑点。它不同于一般加油式润滑，也不同于油雾润滑，而是将精细的油膜喷在摩擦副的表面上，具有润滑油利用率高、耗油量少、供油精确、不污染周围环境、不受润滑油黏度限制及空气冷却效果好等优点，并能在润滑部位形成正压密封腔，防止外界灰尘等有害物质进入。

2. **油气润滑系统的设计和配置**

(1) 接入系统的压缩空气必须清洁干燥，应在气源入口前配置精度不低于 10μm 气路过滤器和吸附式（或冷冻式）干燥器；接入油气混合器的润滑油需配置不低于 10μm 过滤器。

(2) 油气混合器至润滑点之间的距离不应小于 0.5m。应在润滑点处盘绕管路若干圈，盘绕的轴线呈水平方向，以便在停机时润滑油可以积聚在盘管处，重新开机时可及早得到润滑。要避免油管管径的变化，不宜使用中间接头，以免破坏油膜的连续性。

(3) 在油箱最低点应配置排油阀，以保证油液排净。

(4) 轴承箱的设计要求（见图 1-33）：油气必须通过轴承腔内的中间体上喷油孔，对准轴承内圈喷射，使其在离心作用下向外圈扩展。喷油孔不能朝向滚动体或保持架，更不能随意喷向轴承间的空间；对于角接触球轴承，喷油方向要与载荷方向一致，即向负重大的运动方向喷射；每一个轴承均需要设置独立的喷油孔，在轻载和低速条件下，也可以用一个喷油孔向两列轴承供油。

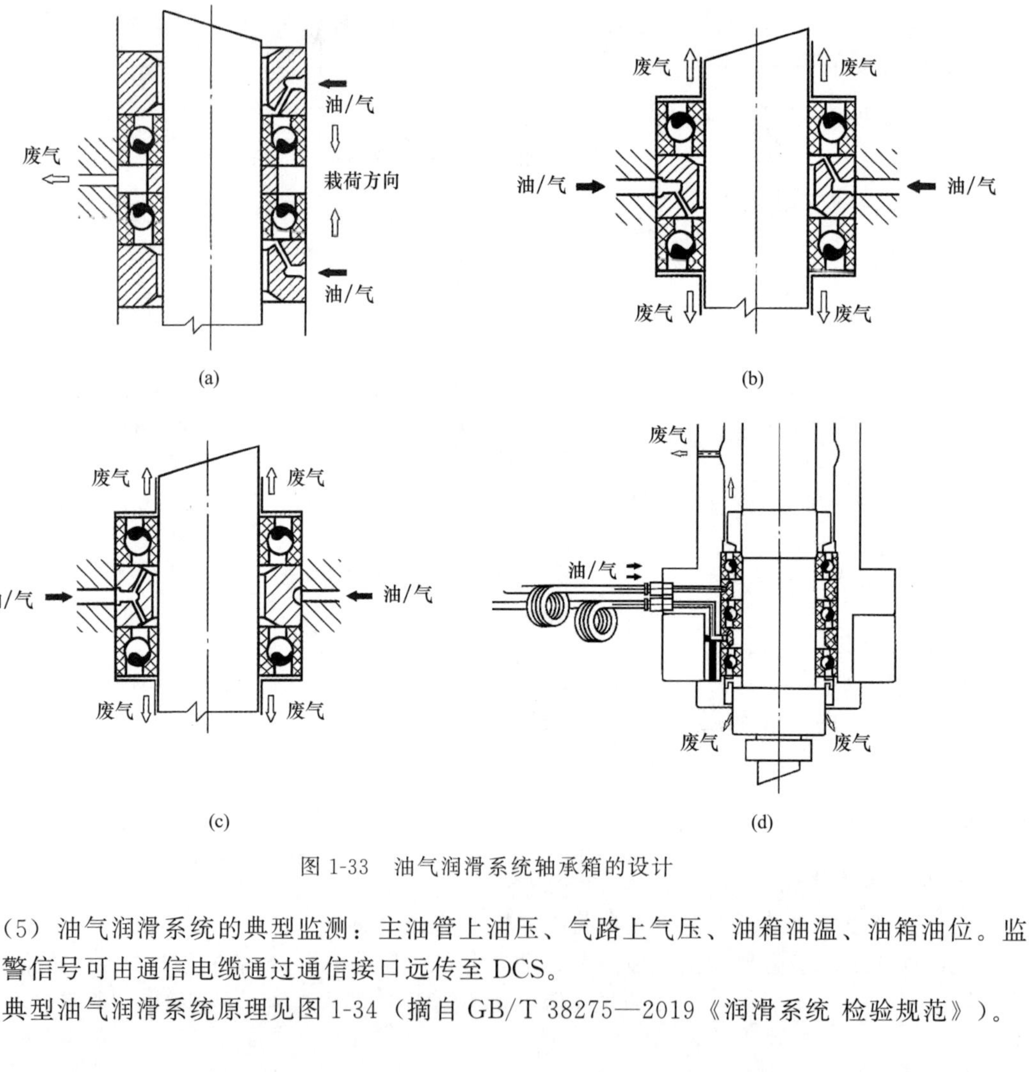

图 1-33 油气润滑系统轴承箱的设计

(5) 油气润滑系统的典型监测：主油管上油压、气路上气压、油箱油温、油箱油位。监测报警信号可由通信电缆通过通信接口远传至 DCS。

典型油气润滑系统原理见图 1-34（摘自 GB/T 38275—2019《润滑系统 检验规范》）。

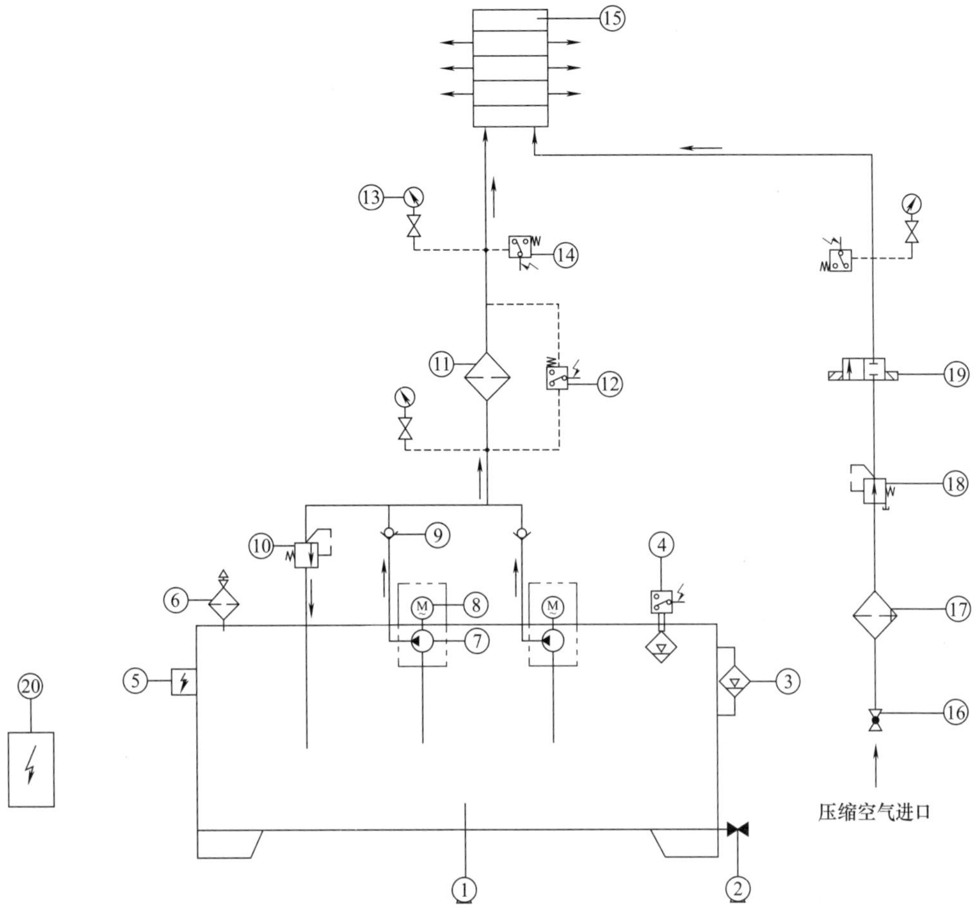

说明：

①——油箱；
②——球阀；
③——液位计；
④——液位控制器；
⑤——接线盒；
⑥——空气滤清器；
⑦——润滑泵；
⑧——电动机；
⑨——单向阀；
⑩——溢流阀；
⑪——过滤器；
⑫——压差控制器；
⑬——压力表；
⑭——压力控制器；
⑮——油气混合器；
⑯——球阀；
⑰——分水滤气器；
⑱——减压阀；
⑲——电磁阀；
⑳——电控柜

图 1-34 典型油气润滑系统原理图

3. 油雾润滑与油气润滑的简易对比（见表 1-51）

表 1-51 油雾润滑与油气润滑对比表

比较项目	油雾润滑	油气润滑
流体形式	一般型气液两相流体	典型气液两相流体
输送润滑油的气压	0.04～0.06bar	2～10bar
气流速	2～5m/s(润滑油和空气紧密融合成油雾气，气流速＝润滑油流速)	30～80m/s(润滑油没有被雾化，气流速远远大于润滑油流速)，特殊情况下可高达 150～200m/s

续表

比较项目	油雾润滑	油气润滑
润滑油流速	2～5m/s(润滑油和空气紧密融合成油雾气,气流速=润滑油流速)	2～5m/s(润滑油没有被雾化,气流速远远大于润滑油流速)
加热与凝缩	对润滑油进行加热与凝缩	不对润滑油进行加热与凝缩
对润滑油黏度的适应性	对高黏度的润滑油雾化率相应降低,需严格控制油温	适应于几乎任何黏度的油品
在恶劣工况下的适用性	在高速、高温和轴承座受脏物、水及有化学危害性的流体侵蚀的场合适用性相对较差;一般不适用于重载场合	适用于高速(或极低速)、重载、高温和轴承座受脏物、水及有化学危害性的流体侵蚀的场合
对润滑油的利用率	因润滑油黏度大小的不同而雾化率不同,对润滑油的利用率只有约60%或更低	润滑油100%被利用
耗油量	是油气润滑的10～12倍	是油雾润滑的1/10～1/12
管道布置	管道必须布置成向下倾斜的坡度以使油雾顺利输送;油雾管的长度一般不大于20m	对管道的布置没有限制,油气可向下或克服重力向上输送,中间管道有弯折或呈盘状及中间连接接头的应用均不会影响油气正常输送;油气管可长达100m
用于轴承时轴承座内的正压	≤0.02bar	0.3～0.8bar
轴承使用寿命	较长	较长,是使用油雾润滑的2～4倍
环保要求	对油雾排放浓度有相应要求。对于大量采用油雾润滑的场所,还应增设通风设施	油不被雾化,也不和空气真正融合,对人体健康无害,也不污染环境

注:1 bar=10^5Pa。

六、压力油润滑系统

对于重要的使用场合，其润滑油系统应符合 API 614 的规定，对于不符合 API 614 标准的压力润滑油系统（润滑油站），其配置至少应包括下列内容：

（1）带吸入滤网的轴头驱动、交流电动机驱动或者蒸汽透平驱动的主油泵。

（2）如果买方有要求，卖方还应提供一台电动机驱动的辅助油泵，且当系统油压低时，辅助油泵应能自动启动。主油泵、辅助油泵的额定流量应为所需正常流量的 120%。

（3）带在线清洗功能和配压差计的全流量双联滤油器，并带恒流切断阀。过滤精度至少应为 10μm。

（4）一台油冷器。

（5）一台满足正常运行至少 3min 的奥氏体不锈钢油箱，带一个清洗孔。如有必要，还应带加热装置。

（6）必要的控制和仪器仪表，包括：

① 低油压报警和低低联锁停机压力开关或压力变送器；

② 每个轴承排放管道中设置一个流量视镜；如买方有要求，排放总管也设置一个流量视镜；

③ 一个供油总管压力表和过滤器差压指示器。

（7）压力油润滑系统设备独立安装在一个底座上，如有可能，可以同泵和驱动机安装在同一底座内。

选用压力油润滑系统时，需考虑突然断电时如何保证泵组安全停机（而不会损坏轴承）。

常用的解决方案有以下几种：

① 使用轴头油泵 轴头油泵作为主油泵由设备的旋转轴驱动，可以安装于泵非驱动端轴头，也可以安装于齿轮箱或带齿轮的液力耦合器输入轴端。轴头油泵通过润滑油系统中的自力式调压阀和孔板来调节油压，可以是齿轮泵（仅用于低速工况），也可以是螺杆泵。

轴头油泵的主要优点是在断电情况下、设备惰转期间，确保轴承仍能得到一定的润滑而不被干磨损坏；缺点是一旦轴头油泵出现故障，只能将设备停机才能对其进行维修/更换。

② 使用高位油箱 高位油箱的主要优点是结构相对简单，不需要外部动力，润滑可靠；缺点是现场占用空间相对较大、管路布置较复杂且三阀组必须垂直安装；同时，油箱要求具有足够的安装高度（通常要求高于泵组中心线 6～8m）。

③ 使用活塞式蓄能器 活塞式蓄能器相对囊式蓄能器的优点是寿命长，单只容积较大，功能稳定性高，耐腐蚀性好，可加装传感器随时监测蓄能器的状态，且其进油口即为断电/油系统失压时的供油口；其缺点是需要占用现场空间，同时还需配备专用的高压氮气充气工具。

④ 使用直流不间断电源 直流不间断电源（UPS）方案的优点是可靠性高，能不间断地给设备提供稳定的后备电源，保证设备能正常工作一段时间；缺点是需单独引用一路直流电源来驱动备用润滑油泵（直流电动机驱动），且直流电动机的功率受到现场蓄电池容量的限制。

⑤ 应急发电机供电 应急发电机供电方案的优点是无须改变润滑油系统和泵组轴承结构，油系统也无须配备外部附属设备；最大的缺点是笨重、不够经济，也不可靠和环保。

·第四章·
原动机的选用

第一节　原动机的类型

泵的原动机类型广泛，可根据工厂或装置的公用工程条件、能量平衡、环境条件、调节控制要求以及经济效益综合确定。

一、三相交流电动机

三相交流电动机的同步转速由下式确定：

$$n_1=\frac{f\times 60\times 2}{p} \tag{1-10}$$

式中　n_1——同步转速，r/min；

f——电网频率，Hz；

p——定子绕组的极对数。

1. 三相交流笼型感应电动机

三相交流笼型感应电动机是石油化工及其他工业装置用泵中最常用的驱动机，具有结构简单、运行可靠、维修方便、价格便宜、体积紧凑、易于更换和启动操作简单等一系列优点。

感应电动机的额定转速与同步转速之间存在着一个转差率：

$$s=\frac{n_1-n}{n_1} \tag{1-11}$$

式中　s——转差率；

n_1——同步转速，r/min；

n——额定转速，r/min。

感应电动机的实际转速由其自身的转矩特性及负载功率决定，典型的转矩特性如图 1-35 所示。曲线的形状依据于转子槽的形状、笼型绕组的材料等。

2. 三相交流绕线感应电动机

三相交流绕线感应电动机与笼型感应电动机区别在于其转子由绝缘线绕制而成，通过集电环和电刷，在转子回路中串入外加电阻，以调节转矩-转速特性。但由于其需要电刷、滑环等部件，其安全性、可维修性、价格等方面不如笼型电动机，特别是在变频调速广泛用于泵组的驱动以后，绕线型异步电动机已很少使用。典型的转矩特性曲线如图 1-35 所示。曲线的形状依据于转子绕组的阻值及外串电阻的阻值。

3. 三相交流同步电动机

三相交流同步电动机可用于驱动低速运转且额定功率较大的泵，如图 1-36 所示，以及要求功率因数较高或要求提高电网功率因数等场合。同步电动机需要专门的励磁系统、滑环或整流器，铜铁材料消耗量大、价格高、维修量大，所以采用不多。无刷励磁同步电动机大大提高了运行的可靠性。

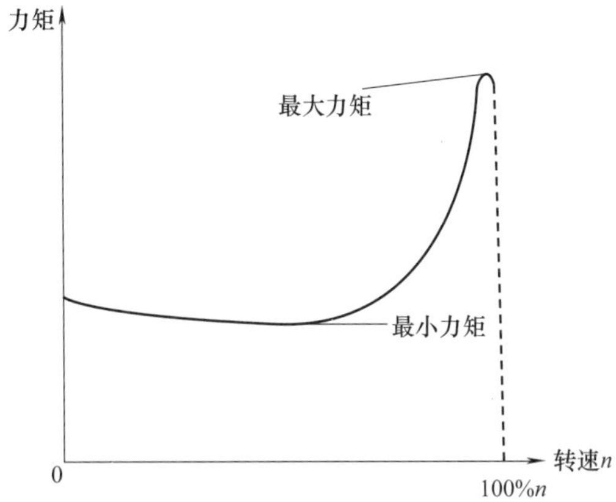

图 1-35 感应电动机转矩特性曲线

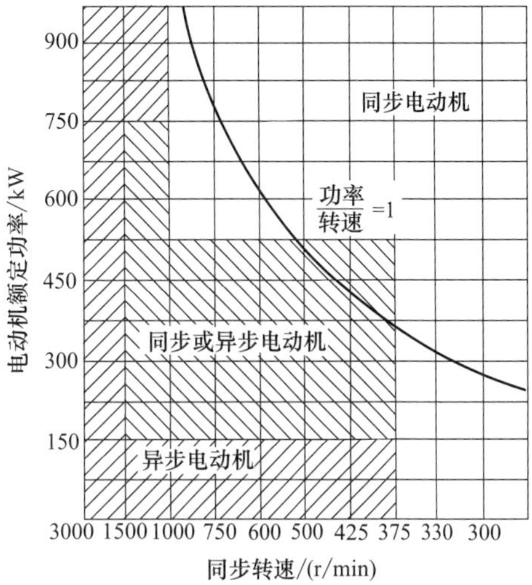

图 1-36 电动机的使用范围

二、直流电动机

直流电动机用在需要无级调速，或仅有直流电源的场合，或在设备依靠事故备用电池组供电时才被采用。它有易产生火花和易磨损的换向片，需配置直流电源以及与同步电动机类似的若干缺点，在工业装置中应用很少。

三、汽轮机

汽轮机作为泵的原动机可以改善工厂的蒸汽平衡。对中、大型泵和需要调速的泵，以及在易燃易爆场合使用的泵均可用汽轮机作为驱动机。采用汽轮机驱动泵还有助于解决关键泵因突然停电而造成损失的问题。

随着石化装置技术水平及经济性的提高，也有采用反转离心泵（又称液力透平）作为泵的辅助或主要驱动机的实例。它适用于工艺流程中有较稳定的工艺参数和流量、有较高的压力能和速度能可以利用的场合。

此外在特定的条件下，也可以用蒸汽机、内燃机、燃气轮机作为泵的原动机。

第二节 电动机的选用

一、选用电动机的主要依据

根据泵的形式、轴功率、转速以及生产工艺对电动机的启动（是否带负荷）、制动、运转、调速等要求，选择电动机的类型。

根据泵组的轴功率、转矩、转速变化范围和启动频繁程度等要求，考虑电动机的温升限制、过载能力和启动转矩，合理选择电动机的容量，并确定冷却通风方式。

根据使用场合的环境条件，如温度、湿度、安装位置、灰尘、雨水及存在的易燃易爆气体等，考虑必要的保护方式和电动机的结构形式，确定电动机的防爆等级和防护等级。

根据企业电网电压标准和对功率因数的要求，确定电动机的电压等级。

根据泵组最高转速和传动调速系统过渡过程的性能要求，选择电动机的额定转速。

除此之外，选择电动机还必须符合节能要求，考虑运行可靠性、供货情况、备品备件的通用性、安装检修的难易、产品价格、建设费用、运行和维修费用等。

二、电动机类型的选择

1. 电动机类型的选择的一般原则

电动机类型的选择要从负载特性和节能两个角度来考虑。

容积式泵（如往复泵）的转速-水力转矩特性属恒转矩（平均转矩）特性，每转内的平均转矩随转速的增加基本不变；离心泵等叶片泵属平方转矩特性，其转矩随转速的提高以平方或立方的关系增加，如图 1-37 所示。

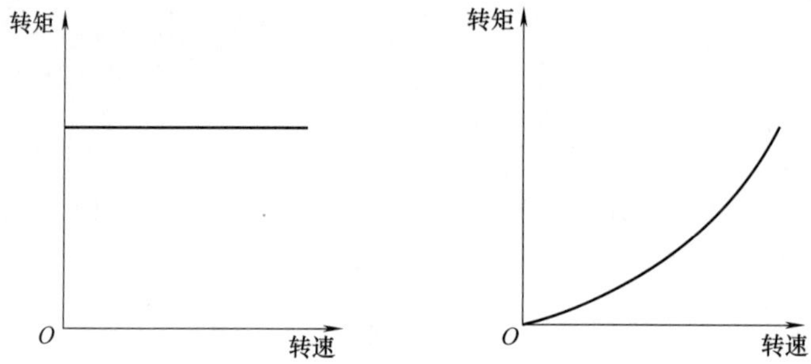

(a) 容积式泵　　(b) 叶片式泵

图 1-37　泵的水力转矩特性

泵的总转矩主要是摩擦阻力矩与水力转矩的总和。泵启动转矩与泵的水力设计、结构设计以及启动方式有关，为减少启动过程中的阻力矩，往复泵最好采用旁路方式启动；低比转速的离心泵应关阀启动（在许多情况下，采用打开最小流量阀启动泵，避免泵内液体过热蒸发）；轴流泵应开阀启动。

三相交流笼型感应电动机具有结构简单紧凑、运行可靠、价格便宜、易于维修、更换，在无特殊要求的场合，是首选的电动机类型。

恒转矩特性的泵宜选用笼型、具有硬机械特性的电动机。无调速要求的平方转矩特性的泵则可选用普通笼型电动机，其中功率较大、转速较低的可选用同步电动机。有调速要求的泵，可视其调速范围、调速平滑程度等要求选用变极对数、变频笼型电动机或串级调速的绕线型电动机等。

对大型往复泵、离心泵，如启动条件苛刻，可考虑绕线型、双笼型或深槽式电动机。

根据泵所需功率和转速的范围可参考图 1-36 初步确定采用同步或异步电动机。转速低于 375r/min 或功率（kW）与转速（r/min）的比值略大于 1 时，选择同步电动机比笼型感应电动机为好，因为同步电动机的成本虽高一些，但通常可以从其较高的功率因数和效率中得到补偿。

2. 泵组的启动问题

（1）对于小功率的容积泵，驱动机容量选择时都留有较大的储备系数，无论采用旁路连通无负荷启动或带负荷启动，一般不存在启动问题。对大型往复泵，推荐采用旁路连通方式启动，此时电动机主要克服泵传动机构产生动静摩擦力矩及流体通过泵组及旁路系统时压降产生的水力力矩，在这种情况下一般也不存在启动问题；如果工艺要求带负荷启动，应仔细核算启动工况。

（2）离心泵的启动：一般的离心泵需要的启动力矩很小，采用电动机作为驱动机时，只要功率足够，一般不存在启动问题。对于功率很大的离心泵，需要校核泵的启动问题。

图 1-38 是离心泵轴流泵启动过程中阻力矩及流量变化的示意图。图中：

A 点是启动开始点，D、E、F 为转速达到 100％转速时的阻力矩，G 点为正常操作点。

$ABCDG$ 是离心泵在出口切断阀关闭状态下启动时的过渡过程曲线；在 D 点打开出口切断阀，泵至 G 点稳定运行。

$ABCF$（CG）是离心泵在出口切断阀打开状态下的启动曲线；在 C 点，切断阀后的单向阀打开，此时泵开始向系统输送流体，至 F 点（G 点）泵达到额定阻力矩（额定流量）。C 点可根据泵的特性及管网特性确定。

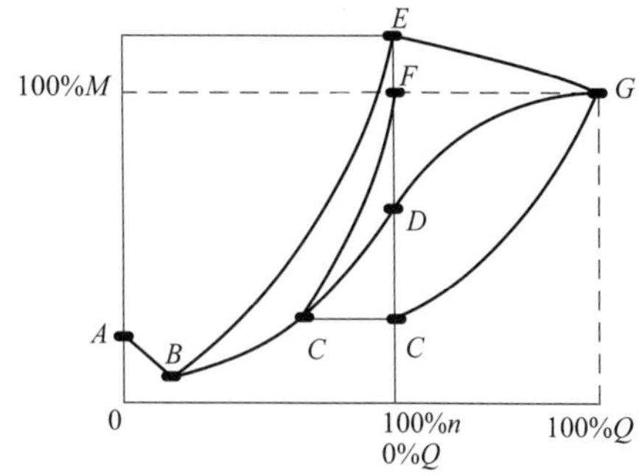

图 1-38　叶片泵的启动阻力矩特性

$ABEG$ 是轴流泵在出口切断阀关闭状态下启动时的过渡过程曲线；在 E 点打开出口切断阀，泵至 G 点稳定运行。

A 点是泵机械系统静摩擦阻力矩，对于带滑动轴承的卧式泵，阻力矩 M_A 约为额定阻力矩 M_G 的 15％；对于带滚动轴承的卧式泵，阻力矩 M_A 约为额定阻力矩 M_G 的 10％。

在 B 点，约为额定转速的 15％～20％，阻力矩达到最小值。

D、E 点为泵的关死点，转速达到 100％的额定转速，阻力矩 M_D 可以通过关死点的轴功率求得：

$$M_D=\frac{N_{关死点}\times 30}{\pi\times n} \tag{1-12}$$

式中　M_D——D 点的阻力矩，N·m；

n——100％额定转速，r/min；

$N_{关死点}$——泵关死点的轴功率，kW。

M_D 与 M_G 比值与泵的比转速有关，比转速越高，M_D/M_G 比值越大；对于轴流泵 M_F 大于 M_G，这也是轴流泵要求开阀启动的原因。

BCD 曲线上任一点的阻力矩根据相似定律，可由下式确定：

$$M_x=M_D\times\left(\frac{n_x}{n}\right)^2 \tag{1-13}$$

式中　M_x——BCD 曲线上某点 x 的阻力矩，N·m；

M_D——D 点的阻力矩，N·m；

n_x——BCD 曲线上某点 x 的转速，r/min；

n——100％额定转速，r/min。

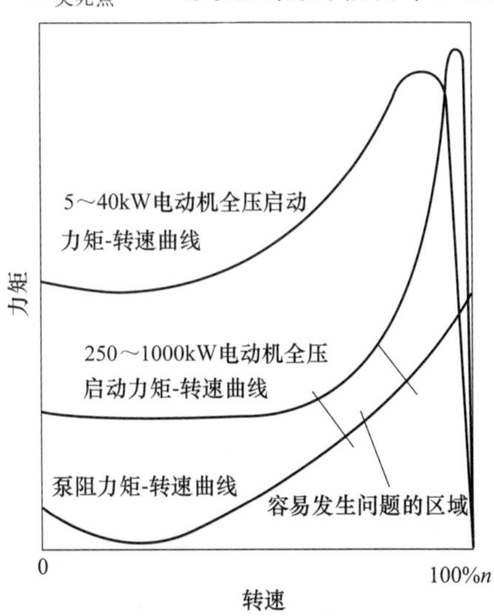

图 1-39　电动机启动力矩曲线和泵阻力矩曲线

图 1-39 是电动机启动力矩曲线和泵阻力矩曲线的比较，从图中可以看出，对于大型电动机，在大约 80％额定转速附近，电动机的启动力矩和泵的阻力矩差值最小，这是需要校核的一个区域。

为了克服静摩擦，电动机的启动力矩通常需要达到泵在最佳效率点力矩的10%～25%。对于立式长轴泵，由于轴承较多，启动力矩应仔细校核。

三、电动机的功率确定

电动机功率确定参见第一篇第一章第二节，同时应考虑电动机使用条件对电动机的影响。

电动机用于海拔高度超过1000m（如新疆、甘肃、宁夏、云南、贵州的部分地区）或环境温度超过40℃、相对湿度超过95%时，应在订货时注明，并计算电动机功率的降低程度，以满足使用要求。

1. 环境温度的影响

电动机额定功率 N_e 按下式修正：

$$N'_e = K_t N_e \tag{1-14}$$

式中 N'_e——校正温度影响后的电动机功率，kW；

N_e——电动机的额定功率，kW；

K_t——温度校正系数，见表1-52。

表 1-52 温度校正系数 K_t

环境温度或冷却空气进口温度/℃	25	30	35	40	45	50
K_t	1.1	1.08	1.05	1.0	0.95	0.875

2. 海拔高度的影响

海拔高度在1000m以上时，每升高100m所需的环境温度降低补偿值规定按电动机温升极限的1%折算。若最高环境温度的降低值不足以补偿由于海拔高度提高所造成的冷却效果的降低，应对电动机的额定输出功率进行修正。

电动机额定输出功率不变时，需满足：

$$(h-1000)\Delta i \leqslant 40 - t_{at} \tag{1-15}$$

式中 h——海拔高度，m；

Δi——海拔高度在1000～4000m之间时，每提高100m所需要的最高环境温度降低补偿值，取 $\Delta i = 0.01\times$电动机温升极限/100，℃/m；

t_{at}——使用地点的最高环境温度，℃。

可按每次补偿1℃，额定输出功率降低1%计算（或与电动机厂协商确定），则额定输出功率降低值的计算式如下（已包括环境温度的影响）：

$$\Delta N_e = [(h-1000)\Delta i - (40 - t_{at})]\frac{N_e}{100} \tag{1-16}$$

四、电动机转速的选择

驱动恒定转速泵的电动机，电动机的最高转速应与泵的最高转速相适应。

直接驱动离心泵、转子泵的电动机，一般常用同步转速为3000r/min、1500r/min的电动机（电网频率为60Hz时，同步转速为3600r/min、1800r/min的电动机）。

五、电源的选择

1. 电压的选择

电压的选择与电力系统对企业的供电电压有关（我国高压电源通常为10000V、6000V

或3000V，低压电源为380V，电源的偏差一般不应超过5%），一般是从低压配电元件的保护考虑出发，按功率界限选择电动机的电压等级。

（1）当电源电压为10000V、6000V和380V时：

泵轴功率≥185kW时，采用高压10000V、6000V电源；

泵轴功率<185kW时，采用低压380V电源。

（2）当电源电压为3000V和380V时：

泵轴功率≥100kW时，采用高压3000V电源；

泵轴功率<100kW时，采用低压380V电源。

2. 频率的选择

频率与电动机的转速有关，电动机的额定频率应与电网的频率相一致，电网频率的波动对电动机的性能有影响，一般实际电源频率与额定频率的偏差不应超过±1%。

六、电动机防护型式的选择

按照GB/T 4208（等同采用IEC 60529）标准，电动机外壳的防护等级代号由特征字母（IP）与防护特征数字组成，见表1-53。

表1-53 防护等级代号中特征数字含义

防护等级第一位数字	含义（防止固体物进入内部的等级）	防护等级第二位数字	含义（防止水进入内部的等级）
0	无防护	0	无防护
1	防护直径≥50mm的固体进入内部	1	防滴
2	防护直径≥12.5mm的固体进入内部	2	15°防滴
3	防护直径≥2.5mm的固体进入内部	3	防淋水
4	防护直径≥1mm的固体进入内部	4	防溅
5	防尘进入内部	5	防喷水
6	尘密进入内部	6	防强力喷水
		7	临时浸水
		8	潜水

化工和石化装置用泵多数是露天、室外布置，因此不能采用开启式防护（IP11）。在无防腐或防爆等特殊要求的情况下，应符合防护固体（异物或粉尘等）、风雨、冲洗飞溅的要求，考虑到装置中化学介质和油气浓度较高（尚未达到须专门防腐或防爆的危险程度），采用全封闭式防护（IP44或IP54）。电动机外壳常用的防护型式见表1-54。

表1-54 电动机外壳常用防护型式

防护型式	含义
开启式(IP11)	不防水、汽、油、尘、杂物，用于干燥而清洁的场所
防护式(IP22、IP23)	防滴、防雨、防溅、防异物进入，但不防湿气和尘土的侵入，用于干燥、少尘土、无腐蚀性、无爆炸性气体的环境
封闭式(IP44、IP54)	防尘、防风雨、防潮湿，及有爆炸性、腐蚀性气体或粉尘的环境中使用

在高温、高湿度和腐蚀性等特殊环境下，电动机的防护能力应根据特殊环境要求，在基本系列的结构设计、材料及涂层选择上进行一些改动，使产品具有某种特殊的防护能力，电动

机的基本系列的防护等级属于IP55、IP54或IP44。选用时需综合考虑，必要时应与制造厂协商，决定最经济、实用的特殊防护型式。电动机的特殊环境代号见表1-55。

表1-55　特殊环境代号

代号	G	H	W	F	T	TH	TA
含义	高原用	海上用	户外用	防腐用	热带用	湿热带用	干热带用

特殊环境代号加在电动机系列规格的后面，如YB132S2-2W。

七、爆炸性和火灾危险性环境的电动机选择

1. 爆炸性气体和爆炸性粉尘环境的分区

按照《爆炸危险环境电力装置设计规范》GB 50058，爆炸性气体环境的分区如表1-56所示。

表1-56　区域划分和爆炸性混合物出现频率的典型关系

区域	爆炸性混合物出现频率	区域	爆炸性混合物出现频率
0区	1000h/a及以上：10%	2区	大于1h/a，且小于10h/a：0.01%～0.1%
1区	大于10h/a，且小于1000h/a：0.1%～10%	非危险区	小于1h/a：0.01%

注：表中的百分数为爆炸性混合物出现时间的近似占比（一年8760h，按10000h计算）。

爆炸性气体环境和爆炸性粉尘环境危险区域划分介绍见表1-57。

表1-57　爆炸性气体环境和粉尘环境分区介绍

项目	爆炸性气体环境			爆炸性粉尘环境		
	0区	1区	2区	20区	21区	22区
区域情况	连续出现或长期出现爆炸性气体混合物的环境	在正常运行时可能出现爆炸性气体混合物的环境	在正常运行①时不太可能出现爆炸性气体混合物的环境，或即使出现也仅是短时存在的爆炸性气体混合物的环境	具有闪点高于环境温度的可燃液体在数量和配置上能引起火灾危险的环境	具有悬浮状、堆积状的可燃粉尘或可燃纤维，虽不可能形成爆炸混合物，但在数量和配置上能引起火灾危险的环境	具有固体状可燃物质，在数量和配置上能引起火灾危险的环境
举例	装易燃液体的密闭容器，或未充惰性气体的内部气体空间等极个别情况	自然通风条件下的第一级释放源情况，如泵密封处轻微泄漏易燃物质	自然通风条件下的第二级释放源，如泵正常情况下不会或仅偶尔短暂释放易燃物质			

① 正常运行是指正常的开车、运转、停车，易燃物质产品的装卸，密闭容器盖的开、闭，安全阀、排放阀以及所有工厂设备都在其设计参数范围内工作的状态。

2. 爆炸性气体混合物分级和分组

按照《爆炸危险环境电力装置设计规范》GB 50058，爆炸性气体混合物应按其最大试验安全间隙或最小点燃电流比分级如表1-58所示（最小点燃电流比为各种可燃物质的最小点燃电流值与实验室甲烷的最小点燃电流值之比），按照引燃温度分组如表1-59所示。

表 1-58 爆炸性气体混合物分级

级别	最大试验安全间隙(MESG)/mm	最小点燃电流比(MICR)
ⅡA	⩾0.9	>0.8
ⅡB	0.5<MESG<0.9	0.45⩽MICR⩽0.8
ⅡC	⩽0.5	<0.45

表 1-59 爆炸性气体混合物分组

组别	引燃温度 t/℃	组别	引燃温度 t/℃
T1	>450	T4	$135<t\leqslant 200$
T2	$300<t\leqslant 450$	T5	$100<t\leqslant 135$
T3	$200<t\leqslant 300$	T6	$85<t\leqslant 100$

3. 爆炸性粉尘按引燃温度分组

爆炸性粉尘按引燃温度分组如表 1-60 所示。确定粉尘引燃温度时，取粉尘云的引燃温度与粉尘层的引燃温度两者之中的低值。

表 1-60 爆炸性粉尘引燃温度分组

组别	T11	T12	T13
引燃温度 t /℃	>270	$200<t\leqslant 270$	$150<t\leqslant 200$

4. 火灾危险性物质

火灾性危险性物质包括：闪点高于环境温度的可燃液体；在物料操作温度高于可燃液体闪点的情况下有可能泄漏但不能形成爆炸性气体混合物的可燃液体；不可能形成爆炸性粉尘混合物的悬浮状、堆积状可燃粉尘或可燃纤维以及其他固体状可燃物质。

火灾危险性物质不分级、不分组。

5. 防爆、防燃电动机的选择

(1) 防爆电气设备分类　根据 GB/T 3836.1《爆炸性环境 第 1 部分：设备 通用要求》，爆炸性环境电气设备分为三类：Ⅰ类设备用于煤矿瓦斯气体环境；Ⅱ类设备用于除煤矿瓦斯气体环境之外的其他爆炸性气体环境；Ⅲ类设备用于除煤矿之外的爆炸性粉尘环境。由于其使用场所不同，对电气设备的技术要求也不同。如Ⅰ类场所中爆炸性介质是甲烷，场所是煤矿井下，工作空间狭窄、经常移动，易发生碰撞和重物冲击，且有煤粉漂浮和积于设备表面易引起燃烧；而Ⅱ类场所则涉及所有可燃性气体和蒸汽。Ⅰ、Ⅱ类电气设备不能简单代用。

(2) 防爆电动机的基本结构　按 GB/T 3836.1《爆炸性环境 第 1 部分：设备 通用要求》防爆型式主要有以下几种：隔爆型 d；增安型 e；本质安全型 i；正压型 p；无火花型 n 等。其特点和基本要求见表 1-61。

表 1-61 电气设备的防爆结构、标志及基本要求

结构类型	标志	特点及基本要求
隔爆型	d	将能够点燃爆炸性气体混合物的部件安装在一种外壳中，该外壳能承受通过外壳任何接合面或结构间隙渗透到外壳内部的可燃性混合物在内部爆炸而不损坏，并且不会引起外部由一种或多种气体形成的爆炸性环境的点燃
增安型	e	采取措施以便运用较高的防护等级防止电气设备内部和外部的部件产生过高温度的电弧、电火花出现，而在正常运行条件下该设备不会出现这些现象

续表

结构类型	标志	特点及基本要求
正压型	p	在电气设备的外壳内，通过供给比环境空气压力高的保护性气体，以阻止周围的爆炸性气体混合物进入外壳内，即保护型气体使外壳内保持正压。保护性气体可连续或不连续供给
无火花型	n	无火花型电气设备可以用在正常条件下没有危险或只短时间存在爆炸性气体混合物的情况下，爆炸性气体混合物和点燃源同时出现的可能性低到可接受程度 应保证在以预定方法的操作时有足够的可靠性。这种防爆型式主要用于那些要求在正常运行中不产生电弧、电火花或表面不过热的电气设备
本质安全型	i	包括正常工作和规定的故障条件下产生的任何电火花或任何热效应均不能点燃规定的爆炸性气体环境的电路。 本质安全设备和关联设备的本质安全部分原则上不需要外壳，因为电路自身已保证了本质安全性能

(3) 爆炸性气体环境对电动机选择的要求　爆炸性气体环境电气设备的选择应符合下列规定：

① 电动机的防爆型式（结构）应符合 GB 50058 的要求，见表 1-62；

② 电动机的防爆级别和组别，不应低于安装场所中存在爆炸性气体混合物的级别和组别；

③ 电动机应符合周围环境内化学的、机械的、热的、霉菌以及风沙等不同环境条件对电气设备的要求。电气设备的结构应满足电气设备在规定的运行条件下不降低防爆性能的要求。

表 1-62　电动机防爆结构的选择

电气设备	1 区			2 区			
	隔爆型 d	正压型 p	增安型 e	隔爆型 d	正压型 p	增安型 e	无火花型 n
笼型感应电动机	○	○	△	○	○	○	○
绕线型感应电动机	△	△		○	○	○	×
同步电动机	○	○	×	○	○	○	
直流电动机	△	△		○	○		
电磁滑差离合器(无电刷)	○	△	×	○	○	○	△

注：1. 表中符号含义：○——适用；△——慎用；×——不适用。

2. 绕线型感应电动机及同步电动机采用增安型时，其主体是增安型防爆结构，会发生电火花的部分是隔爆型或正压型防爆结构。

3. 无火花型电动机在通风不良时及户内具有比空气重的易燃物质区域内慎用。

(4) 爆炸性粉尘环境对电动机选择的要求

① 电动机应符合周围环境内化学的、机械的、热的、霉菌以及风沙等不同环境条件对电气设备的要求。

② 电气设备最高允许表面温度应符合 GB 50058 的要求，见表 1-63。

表 1-63　电气设备最高允许表面温度

引燃温度组别	无超负荷设备	超负荷设备
T11	215℃	196℃
T12	160℃	145℃
T13	120℃	110℃

③ 防爆电气设备选型：除可燃性非导电粉尘和可燃纤维的 11 区环境采用防尘结构（标志为 DP）的粉尘防爆电气设备外，爆炸性粉尘环境区 10 及其他爆炸性粉尘环境 11 区均采用尘密结构（标志为 DT）的粉尘防爆电气设备，并按照粉尘的不同选择不同引燃温度组别的电气设备。

（5）火灾危险环境对电动机选择的要求

电动机应符合周围环境内化学的、机械的、热的、霉菌以及风沙等不同环境条件对电气设备的要求。根据区域等级和使用条件，按表 1-64 选择电动机的防护等级。

表 1-64 火灾危险环境电动机防护结构选择

火灾危险区域	20 区	21 区	22 区
固定安装的电动机	IP44	IP54	IP21
移动式电动机	IP54	IP54	IP54

注：1. 在火灾危险环境 21 区内固定安装的正常运行时有滑环等火花部件的电动机，不宜采用 IP44 结构，而应采用 IP54 型。

2. 在火灾危险环境 23 区内固定安装的正常运行时有滑环等火花部件的电机，不应采用 IP21 型结构而应采用 IP44 型。

按照美国 NFPA 70 国家电气法规，危险区域的划分有传统的“Class … divisoin …”方式，及与 IEC 标准相同的“Class … zone …”方式。其中，以“Class … zone …”方式的划分与中国相同。中国、美国（传统的“Class … divisoin …”方式）、日本标准对危险区域划分及爆炸性气体分组对照见表 1-65、图 1-40、表 1-66。

表 1-65 中国、美国、日本标准对危险区域划分对照

类别	爆炸性气体环境			爆炸性粉尘环境	
中国标准 GB	0 区	1 区	2 区	10 区	11 区
美国标准 NFPA	Class Ⅰ division 1		Class Ⅰ division 2	Class Ⅱ division 1	Class Ⅱ division 2
日本标准 JIS	0 种	1 种	2 种		

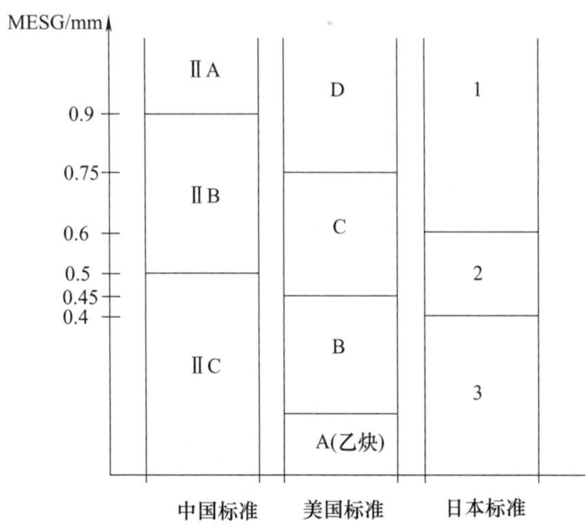

图 1-40 中国、美国、日本标准对爆炸性气体分级（组）对照

表 1-66 中国、美国、日本标准对爆炸性气体分组对照

电气设备最高表面温度/℃	美国标准	气体引燃温度/℃	中国标准	日本标准
450	T1	>450	T1	G1
300	T2	$300<t\leqslant 450$	T2	G2
280	T2A	$200<t\leqslant 300$	T3	G3
260	T2B			
230	T2C			
215	T2D			
200	T3			
180	T3A	$135<t\leqslant 200$	T4	G3
165	T3B			
160	T3C			
135	T4			
120	T4A	$100<t\leqslant 135$	T5	G5
100	T5			
85	T6	$85<t\leqslant 100$	T6	G6

八、防爆电动机的选用

石油、化工行业的生产环境多数是爆炸性气体环境

所谓爆炸性气体环境，是指在大气条件下，气体、蒸汽或薄雾状的可燃物质与空气形成的混合物，点燃后，燃烧传至全部未燃烧混合物的环境。在这种环境使用的电气设备，一旦产生火花或危险温度就会点燃爆炸性气体混合物，即产生所谓“爆炸”。因此在这种环境中使用的电气设备必须是符合标准规定的防爆电气设备。

1. 按照 GB/T 3836.1《爆炸性环境 第 1 部分：设备 通用要求》爆炸性气体环境用电气设备的分类、分级、分组

(1) 分类

Ⅰ类：煤矿用电气设备。

Ⅱ类：除煤矿外的其他爆炸性环境用电气设备。石油、化工行业所用均属此类。

Ⅲ类：Ⅲ类设备用于除煤矿之外的爆炸性粉尘环境。

(2) 分级、分组：爆炸性气体、蒸汽是指一定条件下能燃烧引起爆炸的气体、蒸汽。按照它们的特点，对其给予分级、分组进行管理。

对隔爆型电气设备而言，气体和蒸汽的分级是以最大试验安全间隙为基础，在一个间隙长度为 25mm 的标准试验容器，在间隙附近点火进行测定的，所谓分级，即指气体和蒸汽的传爆能力。根据试验结果，气体和蒸汽分为 A、B、C 级。其中后者传爆能力最强，如ⅡC 级的氢气、乙炔等。

Ⅱ类（工厂用）电气设备的最高表面温度是以爆炸性气体和蒸汽的引燃温度来确定的，按其引燃温度分为 6 组，见表 1-67。

我们所看到的防爆标志如 dⅡBT4，即为这样的隔爆型电气设备能够适用于Ⅱ类中 A、B 级 T1～T4 组爆炸性气体混合物的场所。

2. **防爆型电动机分类**

在规定条件下不会引起周围爆炸性环境点燃的电气设备称为防爆电气设备。

表 1-67　电气设备不同引燃温度及组别的可燃物质

类与级	引燃温度 t/℃及组别					
	T1	T2	T3	T4	T5	T6
	$t>450$	$300<t\leqslant 450$	$200<t\leqslant 300$	$135<t\leqslant 200$	$100<t\leqslant 135$	$85<t\leqslant 100$
Ⅰ	甲烷					
ⅡA	乙烷、丙烷、丙酮、苯乙烯、氯苯、甲苯、苯、氨、苯胺、一氧化碳、乙酸乙酯、乙酸	丁烷、乙醇、丙烯、丁醇、乙酸、乙酸丁酯、乙酸戊酯、乙酸酐、氯乙烯、甲醇	戊烷、乙烷、己烷、庚烷、癸烷、辛烷、汽油、硫化氢、环己烷	乙醚、乙醛		亚硝酸乙酯
ⅡB	二甲醚、民用煤气、环丙烷、丙烯腈、焦炉煤气	环氧乙烷、环氧丙烷、丁二烯、乙烯	异戊二烯			
ⅡC	水煤气、氢	乙炔			二硫化碳	硝酸乙酯

（1）隔爆型电动机　防爆标志为“d”，电动机型号用“B”表示。所谓隔爆型，是指它具有隔爆外壳，能够承受已进入外壳内部的可燃性混合物内部爆炸而不损坏，并且通过外壳上的任何接合面或结构孔不会引燃由一种或多种气体蒸气所形成的外部爆炸性环境的电气设备。

简单地说，隔爆型外壳必须具备两种功能：一是足够的强度，能够承担内部爆炸而不损坏；二是具备符合标准规定的隔爆接合面，当内部的爆炸性火焰通过这些路径后而不会引燃外部爆炸性气体混合物。

隔爆外壳应能承受 1.5 倍的参考压力。参考压力则是按外壳爆炸时内部产生的最大压力确定的，因此外壳的设计绝对要避免产生压力重叠现象。

隔爆型电动机所用的内部相通的部分均为隔爆接合面。如机座与端盖的止口接合面，轴承内盖与端盖的接合面、与轴的转动接合面，接线盒内部出现的接合面等。

隔爆型电动机的可制成 dⅠ、dⅡAT4、dⅡBT4 和 dⅡCT4，根据使用场所的条件选用。

我国的隔爆型电动机以 YB 系列为代表，目前佳木斯电机股份公司的隔爆型电动机最大功率为 3800kW（4 极），卧龙电气南阳防爆集团的隔爆型电动机最大功率为 4300kW（4 极）。

（2）增安型电动机　防爆标志为“e”，电动机型号用“A”表示。它是一种在正常运行条件下不会产生电弧、火花，并通过一些措施提高其安全程度，防止其内部和外部部件可能出现危险温度、电弧和火花的电气设备。这种电动机采取的措施主要是对电动机内外部温度的控制，提高绝缘绕组可靠程度，尤其是控制电动机堵转时产生的危险温度，起到在规定的 t_E 时间内保护电器的作用。这种电动机多应用于 2 区。

增安型电动机的主要制造特点是：

① 电动机定子绕组温升要比其绝缘等级规定限定值低 10K。

② 防护等级不低于 IP54。

③ t_E 时间不得小于 5s（按起动电流倍数大小具体确定）。

由于上述原因，相同体积的电动机、增安型电动机的功率要小于普通型（包括隔爆型）1～2 个功率等级，尤其是高速电动机，因此增安型电动机的材料成本要相对高一些。

（3）正压型电动机　防爆型标志为“p”，电动机型号用“ZY”表示。其原理是通过保持内部保护气体的压力高于爆炸环境压力的措施来达到安全的目的。

(4) 无火花型电动机 防爆标志为"n",电动机型号用"W"表示。这是一种正常运行时不产生火花、电弧和危险高温,也不能引起引爆故障的电气设备,与增安型相比没有规定再增加措施来提高设备的安全可靠性,所以其安全程度比增安型低,只能用在2区中接近安全的场所。

(5) 粉尘防爆电动机 其防爆标志为"DIP",电动机型号用"F"表示。这是一种用外壳和通过限制表面温度保护的电气设备。

3. 爆炸性环境的分区及所用防爆电动机类型

(1) 按爆炸性气体现场环境的危险程度划分为3个区域,每个区域应按规定选择不同类型的防爆电机。

0区:在正常情况下,爆炸性气体混合物连续地短时间频繁出现,或长时间存在的场所。

1区:在正常情况下,爆炸性气体混合物有可能出现的场所。

2区:在正常情况下,爆炸性气体混合物不太可能出现,仅在不正常情况下,偶尔短时出现的场所。

(2) 0区只能选用本安型电气设备。1区用隔爆型、增安型、正压型,但高压增安型不允许用在1区。2区用隔爆型、增安型、正压型、无火花型。

粉尘环境的分区:

粉尘环境根据可燃性粉尘与空气混合物出现的频率和持续时间及粉尘厚度进行分类,分为20、21和22区。

20区:在正常运行过程中可燃性粉尘连续出现,其数量足以形成可燃性粉尘与空气混合物或可能形成无法控制和极厚粉尘的场所。

21区:在正常运行过程中,可能出现粉尘数量足以形成可燃性粉尘与空气混合物的场所。

22区:在异常情况下,可燃性粉尘偶尔出现并只在短时间存在,或可燃性粉尘偶尔出现堆积,或可能存在粉尘层并且产生可燃性粉尘空气混合物的场所。

粉尘防爆电气设备的主要特点为:

① 提高防护等级。22区不低于IP54,21、22区则不低于IP65,用以防止粉尘进入电器内部。

② 限制外壳表面最高温度。

③ 其完整标志举例:DIPA21。DIP表示防粉尘点燃,A为产品类型,分区为21区。

4. 防爆电动机的选用

要根据使用场所的防爆分区,正确地选择防爆类型,要求不仅能确保使用安全,还具有合理的经济性。

九、高效节能电动机的选用

高效节能电动机的开发,符合当今世界减排、节能的发展方向,选用高效节能电动机具有较大的经济效益和社会效益。

(1) 中小型三相异步电动机效率指标符合GB 18613《电动机能效限定值及能效等级》中的规定;

(2) 高压三相交流电动机效率指标符合GB 30254《高压三相笼型异步电动机能效限定值及能效等级》中的规定。

十、永磁同步电动机的选用

近年来，在电动机及系统节能领域存在两大趋势，即变频化和永磁化。变频调速能实现无级调速，并保持良好的动态特性，同时电动机采用变频启动更能显著改善其启动性能。随着电力电子技术和控制技术的高速发展，变频调速已经能获得高精度的转速转矩控制，达到直流调速系统的调节精度。而随着永磁材料制造工艺的提高及永磁电动机设计制造技术的发展，永磁电动机的关键技术及工艺问题也基本解决。因此将永磁电动机技术、电力电子技术和电动机控制技术三项技术相结合，永磁电动机在节能领域将迎来前所未有的大发展。

永磁电动机相对于异步电动机、直流电动机来说，其特点优势明显，具体综合特性比较详见表 1-68。永磁电动机的性能优势随着永磁材料的革新与发展逐渐提高，永磁电动机与异步电动机、直流电动机的差距愈发明显。我国稀土资源丰富，稀土永磁材料和稀土永磁电动机的科研水平都达到了国际先进水平。我国在稀土资源方面有巨大优势，选用稀土永磁电动机促进节能减排是十分符合我国国情的，对我国早日实现“碳中和，碳达峰”目标具有重要意义。

表 1-68 永磁电动机特合特性比较表

电动机类型	机械能力	过载内里	可控性	平稳性	噪声	电磁干扰	维护性	寿命	体积	效率	成本
异步电动机	软	小	难	较差	较大	小	易	长	大	低	低
直流电动机	软	大	易	较好	大	严重	难	短	较小	高	较高
永磁电动机	硬	大	易	好	小	小	易	长	小	高	较高

永磁电动机的效率指标在行业内一般按如下标准执行：

低压永磁同步电动机效率指标符合 GB 30253《永磁同步电动机能效限定值及能效等级》中的规定。

由于永磁电动机能效尚不完善，高压永磁同步电动机未有相应效率标准规定，其效率指标一般按照 GB 30254《高压三相笼型异步电动机能效限定值及能效等级》中的规定执行。

1. 工业用永磁电动机类型

第一类是低速型电动机（转速＜300r/min），该类型电动机不需要减速结构，用变频器直接驱动，通过联轴器直连负载运行，有效缩短了传动链。其中，针对输送带负载时可以使用外转子电动机，可直接替换输送带的辊子，结构尺寸空间更小，系统更加高效便捷。该系列电动机特点显著，具有效率高、功率因数高、启动能力强、控制性能优良、大转矩直驱、个性化定制等诸多优点。

第二类是用通用型电动机（300r/min＜转速＜3000r/min），主要用于驱动风机、水泵、压缩机等负载，基本可实现对异步电动机领域的全覆盖，其特征选型参考异步电动机（如：冷却方式、防护等级等）。该类电动机根据启动方式可分为直接启动和变频启动，直接启动须根据负载情况进行起动性能计算，且起动电流倍数较大，一般为 9.5 左右，所以，对于电网容量小、负载转动惯量及起动阻力矩大的负载，推荐使用变频启动永磁同步电动机。

第三类是高速型电动机（转速＜3000r/min）该类型电动机不需要增速机结构，减少了关键故障点，机械增速装置由于变比高、转速快，设计生产周期长、制造分散、成本价格高、重要性较高的产品往往需要进口，时间和价格成本均较高。高速型电动机可根据转速、应用场合、使用工况，选择合适的轴承型式，其中包括：滚动轴承、滑动轴承、气悬浮轴承、磁悬浮轴承。

2. 变频调速永磁电动机控制方法的选择

对于永磁电动机，搭配变频器使用，可应用的行业和领域会更加广泛。常规的 V/F 控制方式不能更好地发挥永磁电动机的优势和特点。专用的矢量控制方式可使永磁电动机进行良好的驱动运行，针对不同电动机自身参数、结构的不同和要达到的控制效果的差异，矢量控制方式在种类的选择上各有千秋。以下通过对当下流行的矢量控制方式进行表述，以便设计师选择合适的控制方法。

（1）“id＝0”控制方法　该方式变频器计算工作量小，调速范围宽，转矩性能好，电枢旋转磁动势和励磁旋转磁动势保持正交，相当于一台他励直流电动机。缺点也很明显，这种方法只对表贴式转子结构电动机奏效，对于内嵌式转子结构电动机来说，没有充分利用电磁转矩构成里的磁阻转矩部分，输出转矩能力受限。

（2）最大转矩电流比控制方法　最大转矩电流比方法的出发点就是在输出转矩恒定的条件下，保证供给电流最小或者说在单位电流作用下保证输出转矩达到最大。这种方法能够保证在同样大小的转矩条件下对定子电流的需求最小，延长电动机使用寿命，但是随着转矩逐渐增大，电动机功率因数下降也会很快。

（3）恒磁链控制方法　该方法就是在已知永磁体产生的磁链大小的前提下，通过控制定子电流的大小，保证定子绕组产生的磁链与永磁体磁链相等，且磁链值保持不变。在这种控制下，电动机电磁转矩能够明显增大，但是会受到最大转矩输出限制的影响。

（4）功率因数等于 1 控制方法　电动机总功率＝有功功率＋无功功率，而有功功率和总功率之比就是功率因数。功率因数等于 1 的控制方法就是让电动机输出功率全部转为有用功率，这样逆变器容量能够得到充分利用。但缺点是当电动机负载有变化的时候，定子绕组的磁链大小也跟着发生变化。

3. 永磁电动机的优势

（1）效率高、功率因数高、节能回报高　永磁电动机由永磁体进行励磁，不存在转子损耗，可有效提高电动机效率，效率等级可达相关能效标准中的一级能效要求。功率因数较异步电动机相比，有较大的提升，可达 0.95 以上，不再需要无功补偿，从而减少设备的投入成本。投资少，节能回报高，主机视负载情况而定（如调速类的风机、水泵类负载），可替代异步电动机，系统节能率可达 10%～20%。

电动机功率因数、效率随负载率变化曲线见图 1-41。对于机械装备大部分负载率在 20%～80%，平均负载率低于 50%，电动机低负荷运行是能耗过大的主因之一，要解决此问题，永磁电动机无疑是正确的选择。因其固有特点，与异步电动机相比，永磁电动机在轻载时仍然保持较高的运行效率和功率因数，助力机械装备应用企业降低综合耗能。

（2）启动能力强，控制性能优良　可根据用户要求，将永磁电动机设计成高启动转矩，高过载能力，可实现重载启动。同时电动机转速严格同步，动态响应性能好，适合变频控制，以便满足用户实际生产的需要。

（3）可直接驱动负载，免去冗杂的传动环节　永磁电动机可实现直接对低速、高速负载进行转矩的输出，从而减少了机械传动部件（如：减速机、齿轮箱），极大地缩小了设备体积，简化了生产工序，降低设备的投入成本，提高了整个设备系统的可靠性和稳定性，有效降低了设备的故障率和维修费用。整个系统效率平均水平提高了 15% 以上，同时，设备系统的安装调试、维修维护都快捷无比，极大地节省了人力、物力、财力。

（4）结构紧凑，功率密度大　永磁电动机所使用的永磁材料为高磁能积、高矫顽力的钕铁硼稀土永磁材料，可以提升电动机的磁负荷，有效减小电动机的尺寸和体积，使电动机的结构紧凑、外形美观。

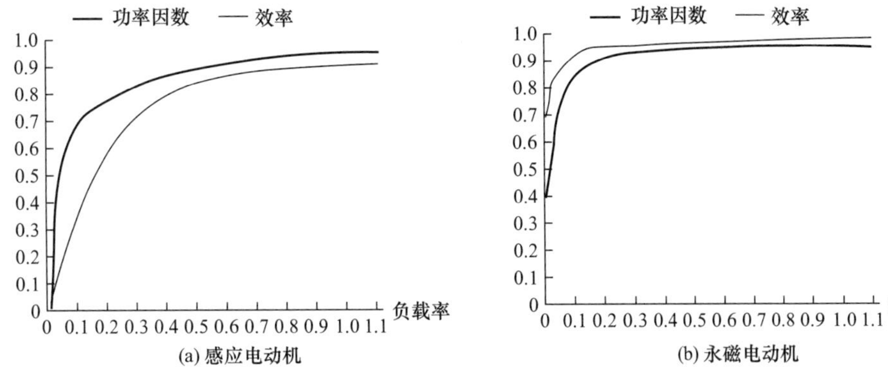

图 1-41　电动机功率因数、效率随负载率变化曲线

4. **永磁电动机的应用领域**

永磁电动机由于其电动机特性，应用领域十分广泛，针对其特性，永磁电动机适用于航空航天、国防、工农业生产、日常生活等各个领域。

（1）永磁电动机不需要励磁绕组和直流励磁电源，取消了电刷和集电环，结构简单，运行可靠，采用稀土永磁材料后可增大磁密，提高电动机转速，可以缩小电动机体积，减轻质量。比功率可达到 20kW/kg。适用于航空、航天领域，现代航空、航天用电动机全部采用永磁电动机。

（2）永磁同步电动机与感应电动机相比，不需要无功励磁电流，可显著提高功率因数，减少损耗，永磁电动机比同规格感应电动机效率高，广泛应用于纺织化纤工业、陶瓷玻璃工业等年运行时间长的风机、水泵等行业。

（3）永磁电动机可有效提高单机功率密度，德国设计的稀土永磁同步电动机用于舰船的推进，相比于原来使用的直流电动机，体积减小了 60%，损耗降低了 20%，而且省去了电刷与换向器，减少了安全隐患。

（4）变频供电的永磁同步电动机加上转子位置闭环控制系统构成自同步永磁电动机，既有电励磁直流电动机的优异调速性能，又实现了无刷化，在高控制精度和高可靠性的场合，数控机床、加工中心、机器人、电动汽车、计算机外围设备和家用电器等方面有广泛应用。

（5）永磁电动机由转子上的永磁体励磁，相比较于异步电动机，在极数较大时，永磁电动机的性能会远高于异步电动机，永磁电动机可以做到 20 极以上，电动机可以做到较低转速，适用于医药、水泥、矿井等行业。

（6）永磁电动机由于励磁由转子上的永磁体提供，电动机电流与负载基本成线性变化，在 25%～120%额定负载范围内均可保证较高的效率，适用于石油化工等负载率变化较大的行业。

5. **永磁电动机的发展前景**

我国稀土资源丰富，稀土矿的储藏量居世界首位，稀土永磁材料和稀土永磁电动机的科研水平都达到了国际先进水平，充分发挥了我国稀土资源丰富的优势，近年来，永磁电动机行业不断吸收科研新成果，逐步演变成机电一体化产品，朝着以电磁与电力电子技术为核心，集计算机技术、新型半导体材料技术和精密加工应用技术为一体的方向发展，其高新技术集成的产业特征越来越明显。

第三节 汽轮机的选择

一、汽轮机型式的选择

大型合成氨、甲醇或乙烯等石化装置自身能副产大量蒸汽，如日产1500吨合成氨装置副产的蒸汽可驱动大约5万千瓦的机泵，日产5400吨甲醇装置副产的蒸汽可驱动大约9万千瓦的机泵。正确地确定整个装置蒸汽系统的参数，合理选择汽轮机的型式，对降低装置的能耗、提高经济效益有重要意义。这些蒸汽除主要供驱动压缩机、风机和工艺用以外，还有较多的中压或低压蒸汽可用来驱动泵。由于泵的数量多，位置分散，对大多数小功率泵，宜选用背压式汽轮机，只需进汽和排汽管线，便可以省去一套凝汽器及真空系统。但对大功率泵，如合成氨装置的高压锅炉给水泵、半贫液泵和循环水泵，因蒸汽平衡的需要，有时也采用凝汽式汽轮机。

1. 选择汽轮机的主要因素

(1) 生产装置蒸汽平衡确定的初蒸汽压力和温度。

(2) 泵的功率和转速。

(3) 蒸汽的价格、汽轮机的效率和价格。以便确定选用单级还是多级、单阀还是多阀汽轮机。

(4) 控制系统、转速调节、压力调节以及工艺控制的要求。

(5) 安全保护系统的要求（超速、低油压、振动、轴位移、轴承温度的监测等）。

前三条与泵和汽轮机的选择有关，动设备专业应与工艺、热工专业密切配合，做不同方案的比较，以求得泵和汽轮机的一次投资与运行费用的最佳化。后两条是对调节保安系统的要求，关系到机组的可靠性。

2. 初蒸汽参数的选择

初蒸汽参数通常由生产装置的蒸汽平衡确定，进汽压力一定时，汽轮机的汽耗随过热蒸汽温度的提高而降低。应注意进汽压力和温度的合理匹配，可参考表1-69。

表1-69 进汽压力和温度的推荐值

进汽压力/bar	8～13	11～15	16～20	22～26	32～37	42～47	62～68	75～85	105～116
进汽温度/℃	230～320	280～360	320～400	340～420	380～460	400～470	420～500	450～510	510～520

3. 排汽压力的选择

背压式汽轮机的排汽压力由生产装置蒸汽系统的管网压力等级而定。常用的排汽压力及调节范围见表1-70。

表1-70 背压式汽轮机的排汽压力及调节范围

额定压力/bar	3	5	10	13	25	37
调节范围/bar	2～4	4～7	8～13	10～16	22～26	35～39

凝汽式汽轮机的排汽压力取决于凝汽器冷却水的温度，排汽压力越低，汽耗率就越低，凝汽压力通常为8～15kPa (A)，尽量取下限。个别公司将凝汽式汽轮机的排汽压力取为23kPa (A)，汽轮机制造厂的成本大幅降低，但由于蒸汽的热焓未充分利用，耗汽量大增。另外，由于要多冷凝蒸汽，排汽温度又高，冷却水耗量增加。上述两项使用户每年运行费用大幅度增加。

对于凝汽器采用空冷器型式的，排汽压力通常为 18～25kPa（A），而空冷器的占地面积较大，目前也有部分采用空冷器与水冷器结合冷却。

4. 汽轮机的额定功率

按 API 610（第 12 版）标准的规定，在正常的蒸汽条件下，汽轮机的额定功率应为泵额定功率的 1.1 倍。注意，取消了从前的“至少为 1.1 倍”中“至少”二字，将 API 610 第 8 版的“最大功率”改为“额定功率”，并规定是在“正常的蒸汽条件下”，其目的是减少汽轮机选型过大的普遍现象，避免投资增加，并且防止正常工况偏离汽轮机最佳工况太远，汽耗率上升。因为泵的额定流量通常已是正常流量的 1.1 倍，按新标准，汽轮机的额定功率已为泵正常功率的 1.21 倍，富裕度已足够了，避免了层层加码造成的浪费。

汽轮机的报价文件中，按 API 611 的规定，汽轮机制造厂应提交汽轮机在泵的正常功率、正常转速和正常蒸汽条件下的进汽流量。应力求在泵的正常工况下，汽轮机的效率最高。

5. 蒸汽用量的计算

以下介绍科研或初设阶段汽耗量的估算方法，准确的汽耗量应通过预询价及最终计算来得到。

（1）从水蒸气焓熵图上找出进汽压力和进汽温度的 A 点，查出进汽的比焓值 I_i，从 A 点作竖线（等熵线）与排汽压力线交于 B 点，查出排汽的等熵比焓值 I_o。

（2）理想比焓降 $H_t=I_i-I_o$（kJ/kg）。

（3）按下文第 7 条的方法，查出汽轮机的相对内效率 η_i 和机械效率 η_m，则有效汽耗率为：

$$d=1/(H_t\eta_i\eta_m)[\mathrm{kg/(kW\cdot s)}]$$

（4）如泵的轴功率为 P（kW），则汽耗量为：

$$G=Pd=P/(H_t\times\eta_i\times\eta_m)(\mathrm{kg/s})$$

6. 汽轮机的效率

汽轮机的效率取决于功率大小、汽轮机的型式、蒸汽的参数、转速等因素。影响最大的是功率大小，100kW 以下的单级汽轮机的效率很低，通常在 32%～45%范围内，价格又远高于电动机，因此应与工艺、热工专业协调，在 100kW 以下时尽量不采用汽轮机驱动的形式，将装置的蒸汽集中用于大、中型机泵上。大功率多级汽轮机的效率通常可达 73%～82%。

7. 汽轮机的选型及汽耗量的估算举例

（1）凝汽式汽轮机

已知条件：被驱动循环水泵，泵轴功率 $P=1200$kW，循环水泵转速 $n=740$r/min，进汽压力 $p_i=1.0$MPa，进汽温度 $t_i=250$℃，排汽压力 $p_o=10$kPa。

计算步骤：

① 确定进汽的比焓值　查水蒸气焓熵图，$I_i=2943$kJ/kg。

② 确定排汽的等熵比焓值　查水蒸气焓熵图，$I_o=2194$kJ/kg，对应的排汽温度为 45.83℃（一般冷却水温度 32℃）端差温度大于 10℃。

③ 确定理想比焓降　$H_t=I_i-I_o=2943-2194=749$（kJ/kg）。

④ 预选机型及内效率 η　汽轮机的总效率与机型及转速等相关，转速与选型过程中的节圆直径相关，也跟级数相关，级数选择的过程，主要根据级的结构及能消耗的比焓降为基础条件。级的结构分为双列复数级及单列级。

根据以上特征，本次选择了较为经济的机型，参数如下：

设定转速：$n=5600$r/min。

机组节圆直径：平均直径 660mm。

机组级数：三级（采用两个复数级叶轮＋一个压力级叶轮的组合模式）可选择齿轮箱功率 1400kW，速比为 5600/740＝7.56，根据齿轮箱选择特性，可选择二级减速。

本机组在此蒸汽条件下，机组内效率达到约 70％（一般效率在 60％～75％之间）。

⑤ 确定汽轮机额定配套功率　汽轮机轴功率 $N=1.1P/0.98=1.1\times1200\div0.98=1347$（kW）。齿轮箱的效率取 0.98，本机组选择的汽轮机功率取整后按 1350kW 进行配套。

⑥ 确定汽耗量

$$G=N/(H_t\eta)=1347/(749\times0.7)=2.57(\text{kg/s})$$

⑦ 确定汽耗率

$$d=G/N=2.57/1347=1.9\times10^{-3}[\text{kg/(kW}\cdot\text{s)}]$$

⑧ 热力计算

选定机型后，用热力计算软件对通流进行针对性调整，得出汽耗量和相对内效率等参数，最终机组的效率根据最终选择的叶片型线及最终热力计算为准。

（2）背压式汽轮机（背压小于 2MPa）

已知条件：进汽压力 $p_i=2.5$MPa（A），进汽温度 $t_i=334$℃，排汽压力 $p_o=0.85$MPa（A），泵轴功率 $P=1400$kW，转速 $n=4750$r/min。

计算步骤：

① 估算蒸汽用量（按上文第 5 条方法）

a. 从水蒸气焓熵图上找出进汽压力和进汽温度的 A 点，查出进汽比焓 $I_i=3090.12$kJ/kg 和进汽熵 $S_i=6.7824$kJ/(kg・℃)，再找出排汽压力和排汽熵（排汽熵＝进汽熵）的 B 点，查出排汽比焓 $I_o=2835.74$kJ/kg。

b. 理想比焓降 $H_t=I_i-I_o=3090.12-2835.74=254.38$（kJ/kg）。

c. 查出预估的汽轮机相对内效率 $\eta_i=0.75$ 和机械效率 $\eta_m=0.94$。

d. 汽耗率 $d=1/(H_t\times\eta_i\times\eta_m)=1/(254.38\times0.75\times0.94)=5.576\times10^{-3}$ [kg/(kW・s)]。

e. 汽耗量 $G=Pd=P/(H_t\times\eta_i\times\eta_m)=1400/(254.38\times0.75\times0.94)=7.8$（kg/s）。

② 选择排汽段

a. 实际排汽比焓 $I'_o=I_i-(H_t\times\eta_i)=3090.12-(254.38\times0.75)=2899.335$（kJ/kg）。

b. 从水蒸气焓熵图上找出排汽压力和实际排汽比焓 B' 点，查出实际排汽比容 $v'_o=0.2618\text{m}^3/\text{kg}$。

c. 实际排汽容积流量 $V'_o=Gv'_o=7.8\times0.2618=2.042$（$\text{m}^3/\text{s}$）。

d. 根据排汽压力等级、实际排汽容积流量 $V'_o=2.042\text{m}^3/\text{s}$ 和转速 $n=4750$r/min 选择合适型号的排汽段。

③ 选择进汽段

a. 从水蒸气焓熵图上找出 A 点，查出进汽比容 $v'_i=0.1064\text{m}^3/\text{kg}$。

b. 进汽容积流量 $V'_i=Gv'_i=7.8\times0.1064=0.83$（$\text{m}^3/\text{s}$）。

c. 根据进汽压力、温度等级、进汽容积流量 $V'_i=0.83\text{m}^3/\text{s}$ 和转速 $n=4750$r/min 选择合适型号的进汽段。

④ 选择机型　根据选取的进汽段和排汽段组合出可用机型，如有不止一种机型可用，择优选择。

⑤ 热力计算　选定机型后，用热力计算软件对通流进行针对性调整，得出汽耗量和相对内效率等参数，最终机组的效率以最终选择的叶片型线及最终热力计算为准。

二、汽轮机的调节系统

调节系统的主要作用是通过调节阀的开度控制蒸汽的流量，以适应泵的负荷、转速或蒸汽条件等变化。泵通常有备用，功率相对较小，按 API 610 标准的规定，汽轮机执行 API 611《石油、化工和气体工业一般用途汽轮机》标准。调速器一般配置 NEMA SM 23《机械驱动用汽轮机》标准中最低挡的 A 级调速器，大功率泵可用 B 级调速器（油动式或电子式）。调速器的技术特性列于表 1-71。

表 1-71 汽轮机调速器的技术特性

特性指标	NEMA 标准等级			
	A 级	B 级	C 级	D 级
最大转速不等率/%	10	6	4	0.5
不灵敏度/%	±0.75	±0.5	±0.25	±0.25
最大动态升速/%	13	7	7	7
跳闸转速/%	115	110	110	110

注：1. 跳闸转速（%）是以最高连续转速为基准。

2. 最大转速不等率$=\dfrac{\text{空载转速}-\text{满载转速}}{\text{额定转速}}\times 100\%$。

3. 不灵敏度即为最大转速变化率。且最大转速变化率$=\dfrac{\text{输出整定转速的转速变化值}-\text{低于整定转速的转速变化值}}{\text{额定转速}}\times 100\%$。

4. 最大动态升速$=\dfrac{\text{输出功率为零时的转速}-\text{额定转速}}{\text{额定转速}}\times 100\%$。

5. 一般用途汽轮机常配置 A、B 级，特殊用途汽轮机常配置 D 级。（目前机组的调节状态，一般都是根据 D 级标准进行配置，很少采用 A.B 级。）

三、凝汽器及真空系统

凝汽式汽轮机还应配置凝汽器及真空系统，通常由汽轮机主机供应商成套供货。执行中国的 JB/T 10085—2020《汽轮机表面式凝汽器》标准或美国换热器协会（HEI）《蒸汽表面冷凝器标准》。

对于凝汽器采用空冷器型式的凝汽式汽轮机，执行 API 661《石油、石化和天然气工业用空冷式热交换器》和 NB/T 47007—2018《空冷式热交换器》。

下面仅对常用的典型水冷式表面凝汽器进行介绍。

1. 凝汽器的压力

凝汽器的压力取决于冷却水的温度，总是大于冷却水出口温度所对应的饱和蒸气压。凝汽器蒸汽冷凝温度与冷却水出口温度之差称为终端温差，JB/T 10085—2020 标准推荐终端温差宜大于或等于 2.8℃，通常取为 5℃左右。端差小于 2.8℃时，不能给出明确的热力性能，不予推荐。

冷却水进出口温升通常取 8～10℃。

化工、石化行业的冷却水进口温度通常为 32℃，出口温度通常为 42℃，则凝汽器的压力通常为 8～15kPa（A）。要防止凝汽器的冷凝压力定得过高造成的耗汽量增加。

2. 冷却水量的计算

冷却水量用以下热平衡式计算：

$$Q=G(I_o-I_C)=W_t(t_{w2}-t_{w1})c_w$$

式中 Q——凝汽器的热负荷，kJ/h；

G——进入凝汽器的蒸汽流量，kg/h；

I_o——进入凝汽器的蒸汽的比焓值，kJ/kg；

I_C——凝汽器冷凝水的比焓值，kJ/kg；

W_t——进入凝汽器的冷却水流量，kg/h；

t_{w2}——冷却水出口温度，℃；

t_{w1}——冷却水进口温度，℃；

c_w——冷却水的比热容，kJ/(kg・℃)。

3. 换热面积的计算

根据JB/T 10085—2020和HEI标准推荐的计算方法，凝汽器的换热面积用以下公式计算：

$$A=Q/(K\Delta t_m)$$

式中 A——凝汽器的换热面积，m^2；

Q——凝汽器的热负荷，kJ/h；

K——总体传热系数，W/(m^2・℃)，$K=K_0\beta_t\beta_m\beta_c$；式中，$K_0$为换热管基本传热系数，W/($m^2$・℃)，查JB/T 10085—2020表4，根据换热管内冷却水流速，用内插法得出；β_t为冷却水进口温度修正系数，查JB/T 10085—2020表5，用内插法得出；β_m为换热管材料壁厚修正系数，查JB/T 10085—2020表6，用内插法得出；β_c为换热管清洁系数，根据冷却水水质条件对换热管材料的影响，推荐选取0.80～0.85（铜管），0.85～0.90（不锈钢管），0.85～0.90（钛管）；

Δt_m——传热对数平均温差，℃，$\Delta t_m=(t_{w2}-t_{w1})/\ln[(t_s-t_{w1})/(t_s-t_{w2})]$；式中，$t_{w1}$为冷却水进口冷却水温度，℃；$t_{w2}$为冷却水出口冷却水温度，℃；$t_s$为凝汽器背压下的蒸汽饱和温度，℃。

4. 凝汽器的型式

工业汽轮机的凝汽器通常为表面冷凝式，很少用混合式，以便冷凝水作为锅炉给水回收利用。凝汽器为卧式管壳式换热器，水走管程，蒸汽走壳程，两端有管箱，便于清洗管内。因泵通常有备用，凝汽器不必设计成双室式。

壳程的抽气口（不凝气）应设在蒸汽流程的尾部。凝汽器的下部设有热井，热井应设高、低液位报警，防止冷凝水占据换热面积或冷凝水泵汽蚀。

5. 真空系统

凝汽式汽轮机的尾部、凝汽器以及连接管路都在负压下工作，尽管在设计、制造和安装方面对真空系统都采取了密封措施，但不可避免微量空气从法兰、管接头等处漏入。此外，锅炉给水虽经脱气处理，但也会溶有微量不凝气，随蒸汽进入凝汽器。这些微量空气和不凝气在凝汽器中逐渐积累后如不排走，将形成很大的分压，严重降低凝汽器的真空度，恶化汽轮机的性能，因此应设抽气器。

抽气器可以采用真空泵和蒸汽喷射器，通常采用蒸汽喷射器，经常工作的抽气器称为主抽气器，一般采用两级抽气器，两者之间设中间冷凝器。常用主凝汽器中的冷凝水来作为冷却水，因为这样既可回收抽气器中蒸汽的部分热量，又简化了系统。由于采用了中间冷却，两级抽气器工作蒸汽的消耗量较单级抽气器为少，经济性较好。

另外，在汽轮机启动前，系统中有大量空气需抽走，通常还设置启动抽气器，以便尽快建立起真空系统。启动抽气器一般都是结构简单的单级抽气器，它的工作蒸汽不回收，和被抽出的气体一起排到大气。

第四节　液力透平的选择

透平机械的工质可以是液体、蒸汽、燃气、空气和其他气体或混合气体，以液体为工质的透平称为液力透平。液力透平是一种能量回收装置，是利用工业生产装置中液体的压力下降，通过液力透平回收的能量（有时也同时利用了降压期间蒸汽或气体的逸出所释放的能量）来驱动泵、发电机等转动设备。

液力透平可分为液力涡轮、反转离心泵和专用液力透平。因反转离心泵更加经济且运行工况符合工业流程要求，目前国内外工业生产中采用的液力透平主要为倒流运行的离心泵，即以常规离心泵的出口作为进口，进口作为出口的反转离心泵，并执行 API 610 标准；也有针对工业装置流体条件进行个性化设计的专门的液力透平，不受过流部件已有模型的限制，针对性强，可以适应工业装置对运行工况宽范围流量调节的实际需要。

液力透平的主要应用场合有：合成氨厂脱碳工序（脱除 CO_2）、天然气净化厂脱硫装置（脱除 H_2S、CO_2）、炼油厂渣油加氢脱硫装置、炼油厂高压加氢裂化装置、海水淡化装置、反渗透淡化系统余压能量回收装置、煤化工的低温甲醇洗装置、循环水系统回水余压能量回收装置、输油管线余压回收利用装置等。

随着能源费用的不断上涨，如何更有效地利用工艺流程中有压力下降的液体中的能量，是节能工作的课题之一。

以日产 1500t 合成氨装置脱碳工序为例，液力透平可利用的压差为 23.14bar，正常流量为 $2513m^3/h$，水力透平的效率为 83%，一台液力透平回收的功率高达 1337kW。以年运行 0.8×10^4h 计，每年可回收 $1070\times10^4kW\cdot h$，按今后 10 年内预计电价 0.48 元/kWh 计，年节能费用约为 513 万元人民币，经济效益十分显著。

在进行液力透平的选型及配置时，应注意以下问题。

一、液体的特性

工艺专业提交的条件中，应指出液力透平进口处的工艺流体中是否含有蒸汽或气体，如有，应给出其组分、密度和体积分数。或者在流体降压期间才有蒸汽或气体逸出时，应给出液力透平出口处蒸汽或/和气体的体积分数，以及闪发蒸汽的压力和温度。

至于在液力透平的叶轮流道中，不同压力下蒸汽或/和气体的体积分数以及密度，通常在泵制造厂的试验装置上测定，或根据泵制造厂的工程经验来确定。因此，对于有蒸汽或气体析出的工艺流体，液力透平中的流体为气液两相流，不同于普通的液力透平或水轮机。在液力透平的询价技术文件中应规定：投标者应有输送相同介质、相近或更苛刻的流量、进出口压力的机组三年以上成功运行经验，并提供符合上述条件的机组的业绩表（用户名称、装置名称、设备位号、液力透平的型号、输送介质名称、流量、进出口压力、转速、投产年月），以确保机组运行的可靠性。

二、参数确定

液力透平流量应按照实际可能操作时间最长的量考虑，否则将来开车流量不足，液力透平扬程将远远偏离设计值，不仅不能起到能量回收的效果，还使透平出口压力高于设计数值，既容易损坏透平机械密封，又容易损坏低压分离器。

三、超速脱扣设施

液力透平在失去负载的情况下运转会达到飞逸转速，飞逸转速一般为1.4～1.7倍的正常转速。如果液力透平及其驱动的其他设备无法承受短时间内在飞逸转速下的运行要求，则液力透平需要配置超速脱扣设施。通常在转子上安装3个磁电式转速传感器，通过三取二的冗余设置，可以在超速状态下触发报警或联锁停机以保护液力透平机组。按API 610标准C.3.3条款的要求，脱扣转速通常设置为额定转速的115%～120%。

如果液力透平的进口液体中富含吸收的气体，或液体流经水力透平时会部分闪蒸时，出现的超速可能会比使用水时的超速高出几倍。

四、液力透平的布置

API 610标准上，用于驱动泵或驱动发电机的液力透平典型布置见图1-42。

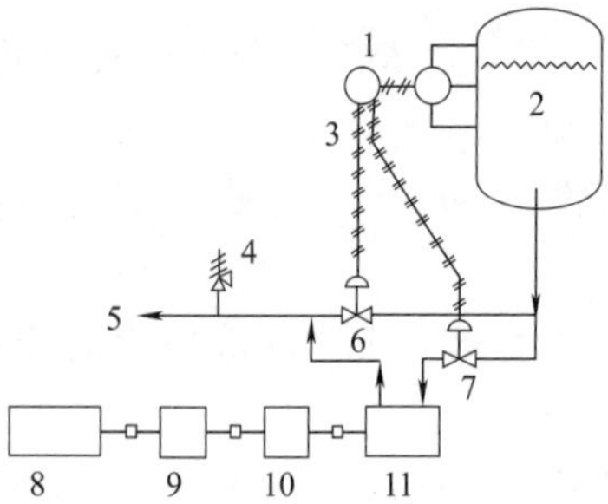

(a) 驱动泵（液力透平与电动机转速相同）

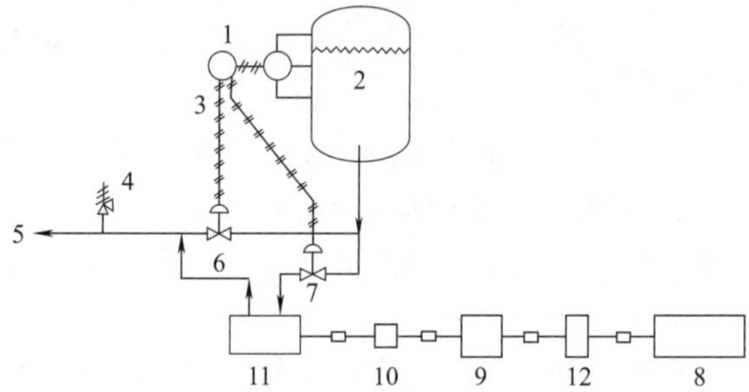

(b) 驱动泵（液力透平和电动机低于泵转速）

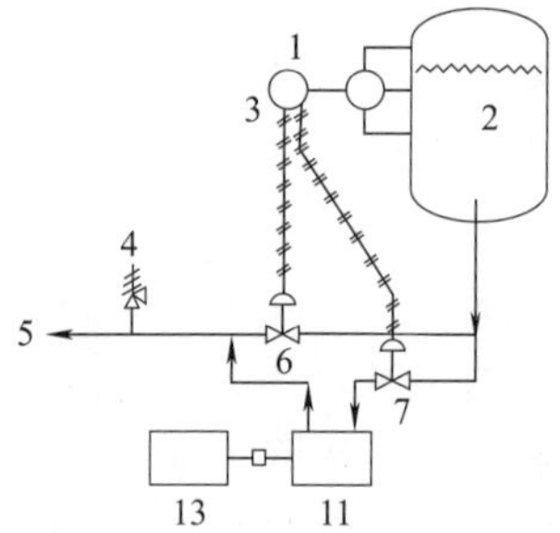

(c) 驱动发电机

图1-42 液力透平的典型布置图

1—液位指示器、控制器；2—高压容器；3—分配控制；4—安全阀；5—至低压容器；6—旁通阀；7—进口流量调节阀；8—泵；9—电动机；10—超越离合器；11—液力透平；12—增速齿轮箱；13—发电机

1. 液力透平和电动机联合驱动泵

对双驱动的要求，当液力透平回收的功率不足以驱动泵时，需增设辅助驱动机。

① 主驱动机的额定功率应在无液力透平的协助下能驱动机组，即主驱动机（电动机或汽轮机）应按全功率选取。

② 液力透平应布置在机组的端头，绝不可布置在被驱动泵和电动机之间，否则在液力透平的流量或压差不足时无法从机组中脱开。

③ 在液力透平和被驱动设备之间应配置超越离合器，以便在液力透平维修或液力透平的工艺流体管路接通之前，被驱动设备可正常运转。如果流往液力透平的流量大幅度或频繁

变化，当流量降到最佳效率点流量的大约40%时，液力透平将停止输出功率，且对主驱动机产生阻尼。对此，也应设置超越离合器。

④ 如果被驱动设备为离心泵，被驱动离心泵应布置在机组的端头，不宜布置在中间，避免泵拆装维护困难或在热工况下造成泵和透平的轴不对中；如果被驱动设备为两端支承双吸离心风机，被驱动离心风机可以布置在中间。

双驱动的缺陷：

① 液力透平回收的功率仅部分被利用。由于主驱动机是按全功率选取，主驱动机将长期在低负荷下运行，效率低，其效率降低程序取决于透平回收的功率占总功率的比例。当电动机在远小于额定功率的工况下运行时，电动机效率和功率因数都很低，实际消耗的功率将很大。

② 一旦离合器失效，将导致透平转速无法控制，严重时将发生超速。

③ 与液力透平单驱动相比，需增加全功率电动机或汽轮机及其配套设施、一台超越离合器、两套膜片联轴器，附加费用增加较多，维护工作量也增多，机组长度成倍增加。此外，双驱动的四个转子串联，与单驱动的两个转子串联相比，机组的运行稳定性降低。

2. 液力透平驱动发电机

对于液力透平驱动的发电机组，可以利用普通的异步电动机在液力透平的驱动下在高于电动机同步转速下运行，从而进入发电模式。这种发电机组简单并且成本低。

液力透平入口有流量进入时，透平转子带动发电机转子转动，当转速达到设计转速时，发电机并入电网开始发电。

如果驱动发电机的液力透平的工作介质为富含气体的工艺流体，发电机的配套功率应该按照透平水试（用水做性能试验）功率的1.3倍选择。

3. 液力透平单独驱动泵

只要工艺、系统和动设备密切配合，就可以实现液力透平单独驱动泵，取消主驱动机，使液力透平回收的功率能全部被利用，并节省投资。

液力透平单独驱动泵时，机组可以在设备机械设计允许范围内的任意转速下运行，但最大转速取决于被驱动泵的必需汽蚀余量的限制。不利的方面是泵的输出流量、扬程性能会随透平的工作条件变化而波动。

液力透平单独驱动泵时，透平的输出功率应该达到泵的额定轴功率的1.1倍。

五、液力透平的机封冲洗方案

为了避免缩短机械密封（机封）的寿命，应考虑密封冲洗流体中气体的逸出和汽化问题。如果这种可能性存在，应避免用自冲洗液，一般推荐采用外来带压液体作为密封冲洗液。

六、液力透平阀门的设置

（1）流量调节阀　为避免液力透平的机械密封承受过高的压力，以延长其使用寿命，通常将流量调节阀布置在液力透平的进口管线上，应使机械密封在液力透平的出口低压力下工作。对于富含气体的工艺流体来源，这样布置流量调节阀可使气体充分释放，而气体释放可提高透平的输出功率。

（2）旁通阀　无论液力透平机组如何布置，应安装一个具有调节功能的全流量旁通阀。可调节的旁通阀和液力透平的进口流量调节阀共同控制流量。为避免机组超载，液力透平只按正常流量运行，额定流量与正常流量之差走旁路。

(3) 安全阀　为保护液力透平的泵体和机械密封免受可能出现的下游背压升高的影响，应在液力透平的出口管路上安装安全阀。

七、液力透平的试验

1. 液力透平的试验系统

液力透平应在制造厂的试验装置上进行机械运转试验和水力性能试验。通常用水做试验，当实际介质与水有差别时，须进行扬程、功率等参数的转换修正；对工艺流体中含有蒸汽或气体，或者在降压时有蒸汽或气体逸出的流体，性能试验误差可能很大，需要在水试基础上通过数值仿真对结果进行适当修正，这也是 API 610 标准尚未解决的难题。

用于液力透平试验回路的一种典型布置见图 1-43，液力透平性能测试时，需要一台合适的前置泵给透平提供所需要的流量和压头，以驱动透平在其运行范围内进行性能的验证。液力透平驱动一台异步电动机在高于其同步转速下运行时，电动机工作在发电模式，并吸收来自透平的输出功率。

试验过程中，通过流量计测量进入液力透平的流量，通过液力透平进/出口上的压力传感器测量压力降（扬程）；通过压力表测量发电机的输出功率并考虑发电机的效率从而获得透平的输出功率，也可以通过液力透平输出轴上的转速传感器测量出的转速和扭矩仪测量出的扭矩进行计算，来获得透平的输出功率；通过液力透平进口流量调节阀，可以调节进入透平的流量，从而得到液力透平扬程-流量、效率-流量、功率-流量等试验参数和试验特性曲线。

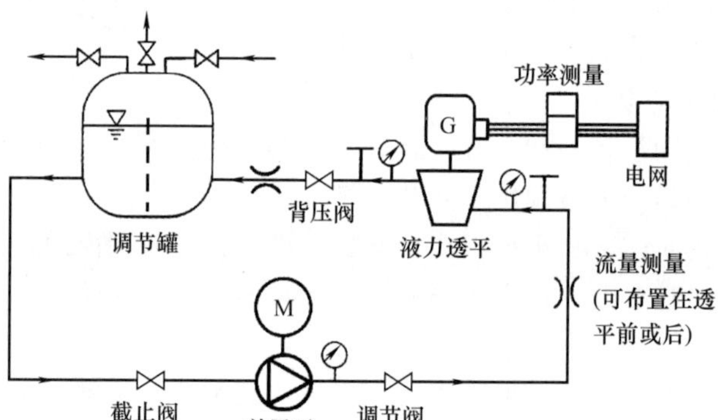

图 1-43　典型的液力透平试验回路布置图

2. 液力透平的性能试验允差

API 610 标准中对离心泵的性能试验偏差（额定流量点的扬程、功率、$NPSH_r$）规定，对液力透平不适用。API 610 标准推荐的液力透平的性能试验允差是：当液力透平在额定转速运转时，应在额定流量的 95％～105％范围内达到额定的扬程和功率，要求见 API 610 标准图 C.2，如图 1-44。

液力透平的振动限制应符合 API 610 标准对于离心泵的要求。

由于受试验系统的能力（如工厂前置泵流量、扬程的限制）和透平运行介质的条件等因素的限制，透平需要在降速情况下进行全性能试验，然后通过相似定律将透平的测试结果换算到额定转速下。

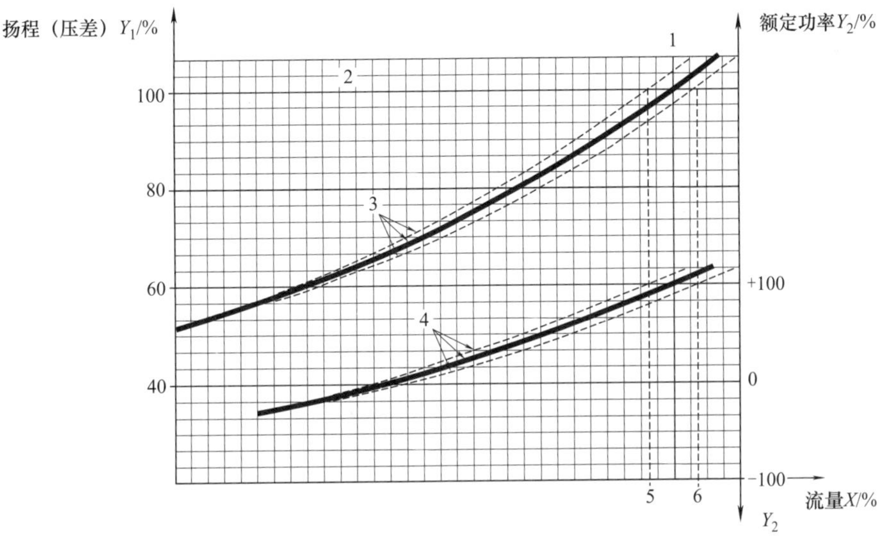

图 1-44　液力透平的性能试验允差图

X—相对设计流量比例，用百分率表示；Y_1—相对设计扬程（压差）比例，用百分率表示；Y_2—额定功率，用百分率表示；1—额定流量；2—额定扬程；3—典型的扬程-流量曲线；4—典型的功率-流量曲线；5—允差下端（95%）；6—允差上端（105%）

在制造厂的试验装置上验证液力透平的超速脱扣装置是有益的。可以考虑在水试验期间确定飞逸转速，但是对富含气体的流体，飞逸转速无法通过水试验确定。

第五节　柴油机的选择

在不能得到足够的电能或者泵作为应急状态使用的备用泵的情况下，可采用柴油机作为泵的驱动机。柴油机由柴油机本体、吸气系统、排气系统、喷油系统、冷却系统、润滑系统、控制系统组成。

柴油机的基本工作原理是采用压缩发火方式使燃油在缸内燃烧，用高温高压的燃气做工质，在气缸中膨胀推动活塞往复运动，并通过活塞—连杆—曲柄机构将往复运动转变为曲轴的旋转运动。通过进气、压缩、燃烧、膨胀与排气过程，燃油在气缸中做功，四冲程柴油机的曲轴每转两圈完成一个循环，二冲程柴油机的曲轴每转一圈完成一个循环，通过控制喷油量可以控制输出力矩。柴油机的热效率较高，一般为 35%～40%。

一、操作数据和特性

1. 转速

柴油机的转速可分为高速、中速和低速。

高速：>1500r/min；

中速：750～1500r/min；

低速：<750r/min。

当驱动离心泵时，选择中速柴油机；对于连续操作的泵，可选用较低的转速；对于间断或短期操作的泵，可选用较高的转速。

采用柴油机驱动往复泵时，选择低速柴油机。

2. 输出功率

柴油机的输出功率和大气条件有关，同一台柴油机在不同的环境条件下输出的功率是不同的，常用的几个功率术语有：

(1) 额定功率 (rated power) 制造厂标明的，柴油机在某一套环境条件下的输出功率。

(2) ISO 功率 (ISO power) 是 ISO 15550《内燃机 发动机功率测量的测定与方法 一般要求》给出的标准参考条件下柴油机的输出功率。标准参考条件为：

大气压：p_r=100kPa；

大气温度：T_r=298K (25℃)；

相对湿度：ϕ_r=30%；

冷却液（进气冷却用）温度：T_{cr}=298K (25℃)。

(3) 服务功率 (service power) 柴油机在使用地点最苛刻的环境条件下的输出功率。柴油机的服务功率一般要求比泵需要的功率大10%。

(4) 连续功率 (continuous power) 柴油机在规定的转速及环境条件下，能够连续消耗的功率。

(5) 超载功率 (overload power) 柴油机在规定的环境条件及使用条件下，允许输出的最大功率，时间为每12h允许1h。

图1-45为柴油机典型转速-功率操作区域示意图，1区为连续操作区，2区为间断操作区，3区为短时过负荷操作区。

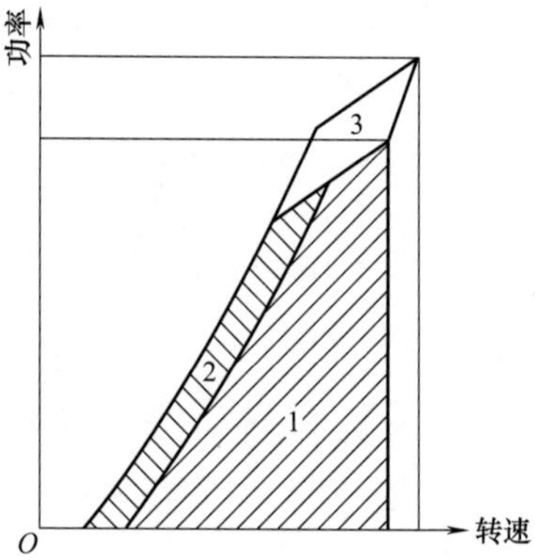

图 1-45 典型转速-功率操作区域示意图

图1-46是柴油机典型的功率-转速、扭矩-转速特性曲线。图中，曲线 A 为最大功率、扭矩曲线（过负荷曲线），曲线 B 为柴油机间断操作时的曲线，曲线 C 为柴油机连续操作时的曲线。

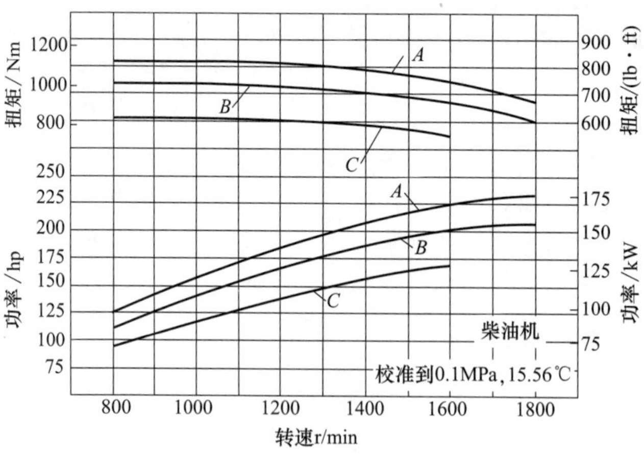

图 1-46 典型的功率-转速、扭矩-转速特性曲线

不同环境条件下柴油机的输出功率和燃料消耗可以根据 ISO 3046-1 进行换算。作为一般性的估算，可按下述原则：

柴油机的安装地点的海拔高度≥500m时，每升高100m，功率减少1%；

柴油机的安装地点的环境温度≥25℃时，每升高5.6℃，功率减少1%。

二、柴油机的附属系统

柴油机附属系统包括吸气系统、排气系统、喷油系统、冷却系统、润滑系统、控制系统等。

1. 吸气系统

吸气系统为柴油燃烧提供充足的空气，需要空气量可按下式计算：

$$Q=\frac{B^2 SnN}{CK} \tag{1-17}$$

式中 Q——空气量，m^3/s；

B——缸径，cm；

S——活塞冲程，cm；

n——转速，r/min；

N——柴油机的缸数；

C——系数，76.39×10^6；

K——系数，二冲程柴油机时为1，四冲程柴油机时为2。

容积效率可按80%计算，对于二冲程柴油机，所需的空气量约为上式计算值的140%；对于带有涡轮增压的柴油机应取得制造厂的推荐值，且应在其空气冷却器后除水。

在缺少柴油机结构参数时，可按6～7（m^3/h）/kW估算空气流量。

空气过滤器流量按上述原则确定，过滤精度为10μ。如果噪声超过要求，应加装消声器。

如果柴油机安装于室内，应考虑15～20（m^3/h）/kW的通风空气量，以免柴油机周围环境温度过高。

2. 排气系统

排气系统要求排放顺畅，无过大背压，否则将会导致柴油机功率下降、燃油消耗量增大、燃烧温度高、机身夹套冷却水温高、曲轴轴承磨损等，如果废气需排至危险区域（如2区）时，应加装阻火器。

柴油机噪声较大，通常在100～125dB（A），加装排气消声器可降低30～35dB。

柴油机排气温度较高，大约有30%的热量通过排放系统排放掉，大功率的柴油机可以考虑加装废热回收系统，可回收60%～70%的排放热量。

随着环保要求的提高，对柴油机排放的CO、NO_x、未燃烧的HC等污染物的要求也越来越高，可考虑在排气系统中设置带有催化剂的转换器以及特殊纤维来减少污染物的排放。

3. 燃料供给系统

柴油机所用燃油由燃油泵从油箱吸入，通过喷嘴雾化喷入气缸内与高温空气混合燃烧做功。普通柴油机的燃油泵是由发动机凸轮轴驱动，将柴油输送到各缸燃油室，供油随发动机转速的变化而变化，不易达到各种转速下的最佳供油量。现在已经愈来愈普遍采用电控柴油机的共轨喷射式系统，它由高压油泵、公共供油管、喷油器、电控单元（ECU）和一些管道压力传感器组成，系统中的每一个喷油器通过各自的高压油管与公共供油管相连。工作时，高压油泵以高压将燃油输送到公共供油管，高压油泵、压力传感器和ECU组成闭环工作，对公共供油管内的油压实现精确控制。

除了上述柴油机本身的喷油系统外，固定式柴油机一般外接有一个供油系统向柴油机供油，它包括储油器、过滤器、管道、阀门及控制仪表等。储油器的容量一般要求至少满足柴油机连续工作 6h 的用油量。当环境温度较低时，储油器应装有加热措施，将油温加热到比浊点温度高 20℃。

泵用柴油机的燃油消耗率约为 200～220g/kWh。

4. 润滑系统

润滑系统为柴油机的运动部件提供润滑，柴油机制造厂有其各自的标准润滑系统。

5. 冷却系统

喷入柴油机的燃油约有 40%的热量转化为机械能，其他的热量通过排气、气缸冷却液、润滑油及热辐射带走。柴油机的冷却系统的作用是：

(1) 冷却发动机本体，使得柴油机的零件在允许的工作温度之内；

(2) 冷却润滑油，控制润滑油的温度和黏度在要求的范围内，使其能够提供有效的润滑，同时也冷却活塞；

(3) 冷却增压发动机的进气温度，提高进入气缸空气的密度，使活塞每个燃烧行程可燃烧更多的燃油，从而提高柴油机的功率。

发动机本体的冷却通过循环流过夹套的冷却液来实现，大多数制造厂希望冷却液的进出口温差在 5.6～6.7℃，温度最好为 77℃。过低的温度会造成活塞环和气缸磨损加快。如果环境温度低于 5℃，考虑加装冷却液加热器，同时冷却液应加乙二醇作为防冻剂。

作为消防泵驱动机时，NFPA 20 标准要求所有的柴油机装设夹套冷却液冷却器。

柴油机的冷却可分为水冷和风冷两大类，图 1-47 是典型的水冷流程示意图，夹套冷却液冷却器、润滑油冷却器、增压发动机进气冷却器均采用外部循环水冷却。

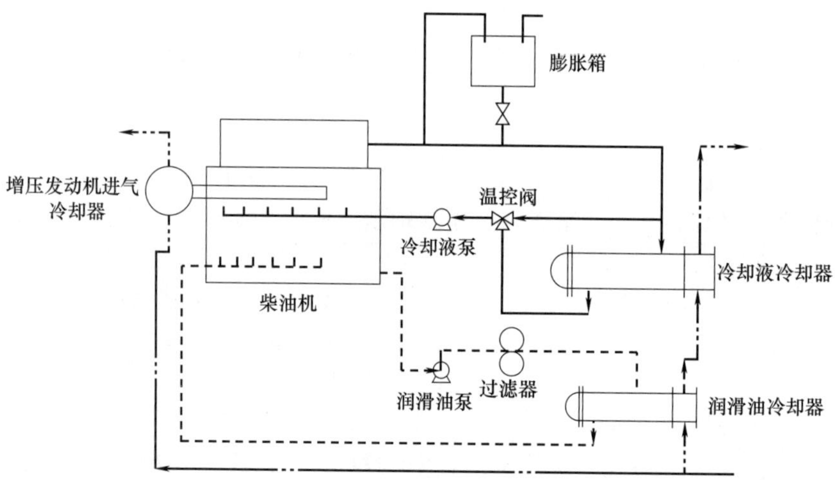

图 1-47 水冷流程示意图

图 1-48 是典型的风冷示意图，润滑油冷却器、增压发动机进气冷却器用风冷后的冷却液冷却。

润滑油、增压发动机进气冷却器也可采用空气冷却。

6. 启动系统

柴油机启动方法分为直接启动和辅助系统启动。直接启动主要适用于大型柴油机，如将高压空气直接引入气缸，在曲轴上产生一个旋转力矩；对于小型或水冷式柴油机，绳索或手摇的直接启动方式已经被逐渐淘汰，而今多采用辅助系统启动。

辅助系统启动是通过与柴油机飞轮上的大齿轮相啮合的小齿轮来实现的，小齿轮由下述几种方法来驱动：

- 电机启动；
- 气动；
- 液压马达启动；
- 辅助发动机启动。

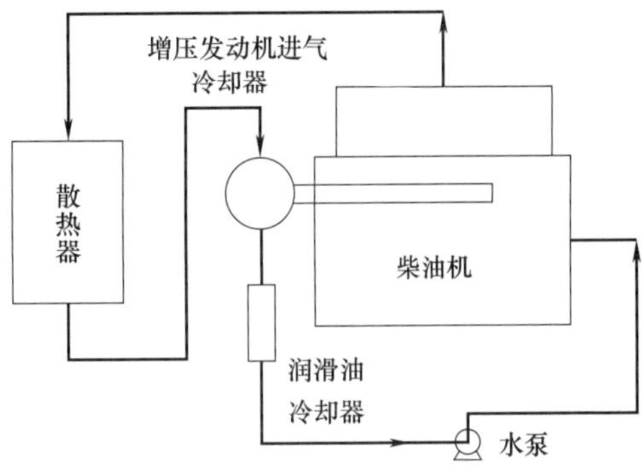

图 1-48 典型风冷示意图

（1）电机启动 起动电动机可采用直流或交流电机，直流电动机通常采用 6V、12V、24V、32V 的电压，电压的高低与柴油机的规格、环境条件及曲轴的转速有关。直流电动机通常由镍-镉或铅酸蓄电池供电。对于消防泵，要求有两组蓄电池供电。蓄电池的充电方式有：外接交流充电器充电、柴油机带动的发电机充电、单独的交流发电机或直流发电机充电。

在有条件的情况下，可以采用交流电动机作为起动电动机，交流起动机的电压可为 110V、220V、380V。这种方式的优点是启动快、启动力矩大。缺点是投资高、高压易产生危险。

（2）气动 气动一般采用气动马达启动和压缩空气（或烃类气体）直接引入气缸启动两种方式。前者利用压力为 0.34～1.03MPa 的压缩空气驱动旋转叶片或滑片型气动马达，通过气动马达带动柴油机的飞轮转动来驱动柴油机。气动方式需要有一个储气罐来稳定提供所需要的气体，气体可来自工厂管网或单独的空气压缩机。

（3）液压马达启动 液压马达需要单独的液压系统来驱动，液压系统一般集装在柴油机上，液压系统包括油箱、液压油泵（由柴油机驱动或电机驱动）、手摇泵、蓄能器等。在柴油机驱动的液压油泵或电机驱动的液压油泵失效时，可采用手摇泵为系统充压。蓄能器的容量可按启动 6 次考虑，根据需要可设置一个或多个蓄能器。

（4）辅助发动机启动 通过一个空冷或水冷的小发动机来启动柴油机，可采用和上述启动方法类似的方式并通过传动带启动主柴油机。这种方法的优点是不需要外部动力源，缺点是成本高，且需要周期性的维护。这种启动方法不常用。

7. 控制系统

柴油机的转速由调速器控制，调速器可分为机械式、机械液压式、电子式三大类型。依据 ISO 3046-4，调速器按其调节精度分为 M1、M2、M3、M4 四个等级，其中 M1、M2、M3 分别表示低调节精度、正常调节精度、高调节精度，在无负荷与满负荷下最大转速差（速度的降低率）为 15%、10%、5%。M4 表示由用户和制造厂协商确定。

对于柴油机驱动的消防泵，按照 NFPA 20 标准的规定，设有变速压力限制控制系统，通过降低转速限制消防泵的扬程。

柴油机设有超速停车装置，以防发生超速损害，造成人员伤亡。超速设定值一般为额定转速的 120%。

其他温度、振动、压力控制的检测和保护可根据使用要求设定。

第六节 燃气轮机的选择

燃气轮机是一种以连续流动的气体作为工质，将燃料的化学能转换为热能，然后转换为机械功的旋转机械设备（热力原动机）。燃气轮机体积小、功率大、启动快，适合作为压缩机、风机、泵等设备的驱动机，特别是在电能供应条件受限且有合适的燃料供应情况下，如油气田、长输管线等项目中有广泛的应用。国内大庆油田第二采油厂，利用燃气轮机驱动注水泵，并通过余热锅炉回收燃气轮机尾气作为冷水输送的热源，燃气轮机采用油气田伴生天然气作为燃料，既有效利用了油田的剩余天然气资源，避免了燃烧浪费，又减少了环境污染，既节能又环保。根据泵运行特点和实际需求，选择合适的燃气轮机，对于降低装置能耗、提高运行经济效益都具有重要意义。

相对于被驱动设备而言，燃气轮机结构复杂、辅助设备较多，因此按照 API 616 规定，当选择由燃气轮机驱动机械设备时，通常应由燃气轮机设备制造商对整个成套设备的性能负责。

一、燃气轮机工作原理、分类及操作特性

1. 燃气轮机的工作原理

燃气轮机一般由压气机、燃烧室、透平及配套辅助系统组成，其中压气机、燃烧室、透平是燃气轮机的三大主要部件。燃气轮机的基本工作过程是：压气机从大气中吸入空气并将其压缩，压缩空气进入燃烧室后与喷入的燃料混合并点火燃烧，产生的高温、高压燃气随即进入透平，在透平中膨胀做功，产生的能量一部分用于驱动自身的压气机，其余作为燃气轮机的输出功。图 1-49 所示为简单循环燃气轮机工作流程图。

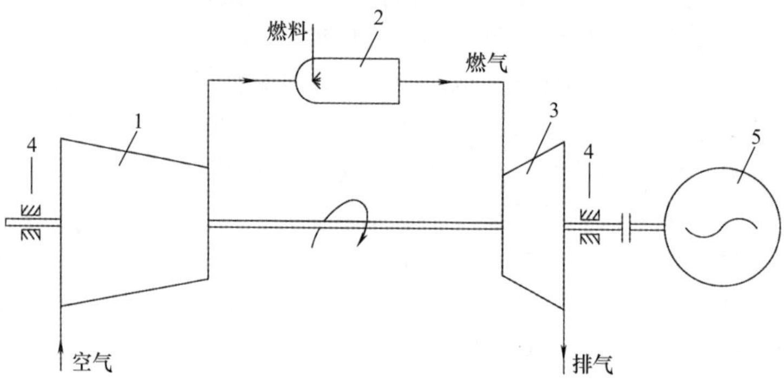

图 1-49 简单循环燃气轮机

1—压气机；2—燃烧室；3—透平；4—轴承；5—被驱动设备（泵）

2. 燃气轮机的分类

根据不同分类原则，燃气轮机有多种分类方法。

（1）根据负荷等级划分　燃气轮机可以分为重型和轻型燃气轮机。重型燃气轮机从蒸汽轮机发展起来，整体比较厚重，体积、功率较大，功率通常可达 20～100MW；轻型燃气轮机由航空燃气轮机改型而来，体积和功率较小，功率通常为几十到几千千瓦。

（2）根据工质的热力循环划分　燃气轮机可以分为简单循环、复杂循环和联合循环。仅由上述压气机、燃烧室和透平三大部件组成的循环称为简单循环；在简单循环的基础上，为了充分利用能源，增加回热、再热、中间冷却等装置的循环称为复杂循环；而联合循环是指燃气轮机循环结合其他动力装置循环而组成的热力循环，如燃气-蒸汽联合循环。

（3）根据燃气轮机用途划分　燃气轮机可以分为发电燃气轮机、机械驱动燃气轮机、航空燃气轮机、舰船燃气轮机等。

（4）根据燃气轮机结构划分　燃气轮机可以分为单轴、多轴燃气轮机。

现代燃气轮机制造厂通过建立产品系列来尽可能降低制造成本，因此在设计标准形式的产品时，就会考虑部件的标准化，通过更换少量部件就能适应多种用途，例如单轴机组可以改为分轴机组，简单循环也可加装回热器、多燃料适应型燃烧室等。

作为泵的驱动设备时，通常选用开式循环、机械驱动型、轻型燃气轮机结构。

3. 燃气轮机的操作特性

(1) ISO 工况额定功率　在标准参考条件下，燃气轮机处于 ISO 额定点火温度和转速下所输出的功率。

标准参考条件（ISO 2314《燃气轮机 验收试验》）为：

入口温度：15℃；

入口压力：1.0133bar；

入口相对湿度：60%；

透平排气静压：1.0133bar。

ISO 额定点火温度是指燃气轮机厂家标称的透平第一级喷嘴上游的入口总温。

(GB/T 15135 中定义 ISO 工况额定功率：燃气轮机在透平温度、转速、燃料、进气温度、压力和相对湿度、排气压力为标准参考条件下，且处于新的和清洁的状态下运行时标称或保证的输出功率；新的和清洁的状态：燃气轮机中所有影响性能的零部件符合设计规范时的燃气轮机的状态。)

(2) 现场额定功率　燃气轮机在规定的现场运行条件下的输出功率。

燃气轮机的性能受现场条件影响，如燃料特性、大气气压、压气机进气温度和湿度、进气压损和排气压损等都会对燃气轮机输出功率产生影响。选择燃气轮机作为驱动设备时，应按照现场额定功率选择。现场额定功率和 ISO 工况额定功率之间的换算，需要结合现场环境条件，通过燃气轮机性能曲线进行换算。

(3) 最大连续功率　燃气轮机在规定的条件下，动力装置输出端能够连续输出的最大功率。

(4) 极限功率　由强度和结构条件所限定的动力装置输出端最大功率。

(5) 额定转速　在额定条件下，燃气轮机功率输出轴的转速。

(6) 热耗率　燃气轮机每单位时间消耗的净燃料能量与输出的净功率的比值，单位是千焦耳每千瓦时 [kJ/(kW·h)]。

(7) 热效率　燃气轮机净输出功率与按燃料的净比能以及显热计算的燃料能量输入之比。燃气轮机热效率越高，热耗率就越低，发出同样的功率所需消耗的燃料就越少。热效率表征燃气轮机的经济性，是衡量燃气轮机装置能源利用率高低的热力性能指标。

(8) 比功率　燃气轮机的净输出功率与压气机进气质量流量的比值，单位是千瓦秒每千克 (kW·s/kg)。燃气轮机比功率越大，发出相同功率所需工质流量越少，装置尺寸越小，比功率是从热力性能方面衡量燃气轮机尺寸的一个指标。

图 1-50 所示为典型单轴燃气轮机性能曲线，燃气轮机可以在其性能曲线覆盖的有效区域内运行。

二、燃气轮机的选用

燃气轮机系统独立，不需要依赖外部电源、蒸汽等条件，操作灵活；但是，由于系统复杂、机组变工况性能影响大，目前各燃气轮机制造厂都只有一些特定系列的燃气轮机产品，表 1-72 为典型机械驱动用燃气轮机参数。

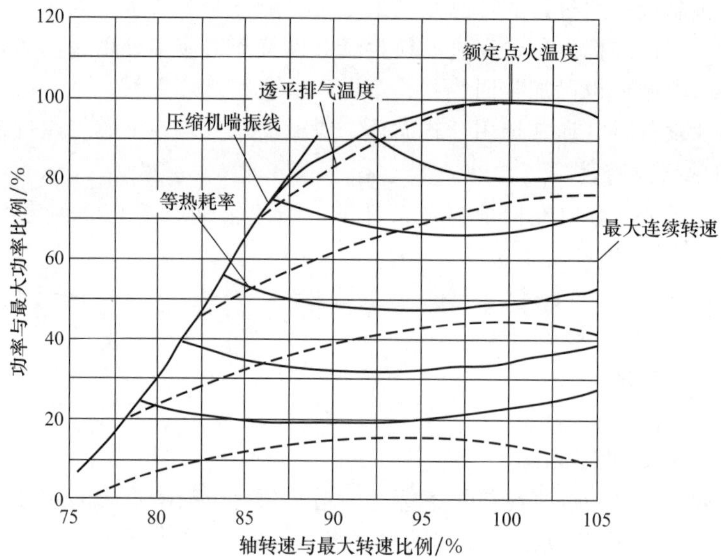

图 1-50 典型单轴燃气轮机性能曲线

表 1-72 典型机械驱动用燃气轮机参数

型号	燃料	ISO 工况额定功率/MW	热效率	热耗率/(kJ/kWh)	透平转速/(r/min)	压比	排气流量/(kg/s)	排气温度/℃
SGT-100	天然气	5.7	32.9%	10948	13000	14.9	19.7	543
SGT-200	天然气	7.68	33.4%	10776	10950	12.3	29.5	493
GE10-1	天然气	11.25	31.4%	11489	11000	15.5	47.5	482
PGT16	天然气	13.72	35%	10295	7900	20.2	47.3	491

选择燃气轮机作为驱动机时，应根据不同动力装置的需求，综合考虑燃气轮机的功率、热效率和部分负荷性能、投资、燃料品质、用水量、寿命、控制方式、转速、转矩、启动时间、结构、质量、尺寸以及维护检维修方式等。

燃气轮机驱动泵类设备时，需要重点考虑如下因素：

(1) 泵的功率、转速和力矩特性；

(2) 燃气轮机的功率、转速和燃料供应情况；

(3) 现场环境和环保要求；

(4) 控制系统、转速调节、压力调节及工艺控制的需求；

(5) 安全保护系统的要求。

应根据被驱动泵的功率和转速需求选择合适的燃气轮机型号。作为泵的驱动机时，燃气轮机的现场额定功率应满足泵设备最大的规定工况功率，包括轴承、机械密封、外部齿轮箱、联轴器等损失；由于燃气轮机转速通常高于泵类设备，可以配套采用外部齿轮箱设备匹配转速；燃气轮机启动需要依靠外界动力，设计时也应综合考虑泵的力矩特性。

燃料对燃气轮机长期安全稳定运行有着重要的影响，不同型号的燃气轮机通常可以使用气体燃料、液体燃料或双燃料，现代燃气轮机都可以适用一定范围的燃料。燃料品质也直接影响到机组的尾气排放，如果燃料不合适，容易导致燃烧不充分、不稳定等问题，燃烧后会产生过多 NOx、CO 等污染物气体。因此在选择燃气轮机时，需要根据现场条件供应符合品质需求的燃料，考虑现场的环保要求。如使用气体燃料时，燃料品质通常包括：燃料的热值、沃泊指数（WI）、供气压力、供气温度、着火浓度范围及极限比值、水露点、组分等。目前，由于氢能可以有效减少燃烧反应的碳排放，各燃气轮机制造商都在开展氢燃料相关技术研究。常用气体燃料性质见表 1-73。

注：沃泊指数（WI）是衡量气体燃料可互换性的指标，定义为气体燃料低热值（LHW）除以相对密度的平方根：

$$WI=LHW/\rho^{0.5}$$

表 1-73　常用气体燃料性质

项目		天然气	焦炉煤气	煤气（中发热量）	煤气（低发热量）	高炉煤气
单位体积发热量/(MJ/m^3)		36～43	20～32	18～26	4～6①	3～4
相对密度		0.58～0.72	0.40～0.45	0.41～0.48	0.80～0.92	0.95～1.05
组分（体积分数）	甲烷	95～97	28～32	20～35	0.5～4.5	—
	其他碳氢化合物	2～20	2～4	2～4	—	—
	氢	—	50～55	40～55	12～16	1～4
	一氧化碳	—	5～7	5～15	2～32	25～30
	氮	1～16	1～6	4～11	30～55	55～60
	二氧化碳	0.1	2～3	2～4	0.5～10	8～16

① 指以空气为气化剂时得到的气化煤气，若是以氧气为气化剂，其单位体积发热量是前者的 3 倍左右。

三、燃气轮机附属系统

为了保证燃气轮机能够可靠地驱动泵设备连续运行，需要配置一套完备的辅助系统，包括吸气系统、排气系统、压气机冲洗水系统、燃料系统、润滑系统和液压系统、起动系统、控制系统等。

1. 吸气系统

燃气轮机从环境中吸入充足的空气用于燃烧室燃烧，空气品质对于压气机和燃烧室运行都具有重要影响，需要配置机组吸气系统。吸气系统主要由吸气导管、消声器和空气过滤器组成，其中过滤器可以过滤掉空气中的灰尘、沙子、雨、雪等杂质，使得机组可以适应不同现场环境。

夏季当现场环境温度升高时，燃气轮机的出力和效率都会降低，此时可以配置入口增湿系统，通过向吸气系统中加入雾化水，降低压气机吸入温度进而增加机组出力。对于一些湿度大、冬季气温较低的情况，可以配置入口防结冰设施，利用燃气轮机尾气余热或其他加热措施除冰。

2. 排气系统

燃气轮机的排气系统用于将机组燃烧、做功后的尾气排放至大气中。简单循环燃气轮机的排气系统比较简单，通常由消声器、排气管和挠性接头等部件组成。挠性接头用于吸收排气过程热膨胀负荷，消声器用于消减排气过程产生的噪声。由于机组排放尾气通常温度较高，可以增加余热回收系统进行热能二次利用。

3. 压气机冲洗水系统

燃气轮机的压气机经过一段时间的工作后，会在其转子和定子叶片上沉积一些污染物质，达到一定程度后，会造成燃气轮机的加速不足，甚至无法升速或达到额定负荷，因此通常会设置一套压气机冲洗水系统。冲洗水系统通常由一个带压力的储水罐、阀门、管路及其附件组成，冲洗水可以使用软水或蒸馏水。

4. 燃料系统（气体或油）

燃料系统是向燃气轮机供给燃料的系统，通常由燃料的前置泵、日用油箱、主燃料泵、燃料分配器、隔离阀等组成。由于现场条件受限，供给燃料不满足使用品质需求，经常需要配置燃料处理设备，用于处理和/或清除燃料中的固体粒子、钒、钠、铅、油漆等有害成分。

对于使用双燃料的系统，要求可以根据运行工况实现自动或手动快速切换。燃料系统设计还应特别考虑安全因素，防止各种形式的泄漏。可以利用合理的通风，并配合采用气体探测装置来保证机组的安全性。

5. 润滑系统和液压系统

燃气轮机需要可靠的润滑系统和液压系统，前者是给燃气轮机系统调节并供应润滑油的系统，用于燃气轮机、齿轮箱轴承和其他使用润滑油的设备，包括油泵、过滤器、压力控制器、流量控制器、温度控制器等设备；后者是向燃气轮机的调节装置、控制系统、盘车装置等的液压执行机构提供液压油，包括油泵、过滤器、阀门和管道等。润滑系统和液压系统可以用同一来源的润滑油。不同型号的燃气轮机对润滑油品质有着不同的需求。

6. 起动系统

燃气轮机启动的时候，首先需要外界动力，通过外界起动机带动压气机，直至燃气透平发出的机械功大于压气机消耗的机械功时，外界起动机脱扣，燃气轮机才能自身独立工作。根据 API 616 要求，起动系统提供的力矩应当至少是燃气轮机及其被驱动设备需要启动力矩的 110%。起动系统可以是电子起动系统、电-液起动系统或其他形式，通过辅助齿轮和离合装置加速机组。

7. 控制系统

在所有运行方式下，用来控制、保护、监视及报告燃气轮机状态的总系统称为燃气轮机的控制系统，一般包括启动控制系统、调节器和燃料控制系统、转速显示器、仪表、电源控制及其他如顺序起动、稳定运行、停机、遮断及异常工况下的停机和备用运行所必需的控制系统。

·第五章·
泵材料的选用

泵输送介质的腐蚀性各不相同，同一介质对不同材料的腐蚀性也不尽相同。因此，根据介质的性质、使用温度，选用合适的金属、非金属材料，关系到泵的耐腐蚀特性、结构强度和使用寿命。

尽管腐蚀损坏发生在使用阶段，但腐蚀的原因却蕴藏于研发、设计、制造、安装、调试、运行、维修等各个阶段，而防腐设计是腐蚀控制的基础，需从泵设计之初给予关注。

第一节　金属泵

一、金属腐蚀和防护

金属腐蚀按腐蚀机理分类分为化学腐蚀、电化学腐蚀、物理腐蚀和生物腐蚀。化学腐蚀是指金属与腐蚀介质直接发生反应，在反应过程中没有电流产生。电化学腐蚀是指金属与电解质发生了电化学反应而产生的腐蚀，其特点是在腐蚀过程中，同时存在两个相对独立的反应过程——阳极反应和阴极反应，在反应过程中伴有电流产生。

金属腐蚀按腐蚀的形态分类，则分为电偶腐蚀、均匀腐蚀、晶间腐蚀、点腐蚀（点蚀）、缝隙腐蚀、应力腐蚀（如硫化物应力开裂）、磨损腐蚀（如汽蚀）等腐蚀形态。以下主要按金属的腐蚀形态分类进行说明。

1. 电偶腐蚀（galvanic corrosion）

电偶腐蚀是两种电极电位不同的金属（或合金）在电解质溶液中接触，电位较低的金属腐蚀加速，而电位较高的金属腐蚀减缓（得到了保护），这种在一定条件下产生的电化学腐蚀，即一种金属（或合金）由于同电位较高的另一种金属接触而引起腐蚀速率增大的现象，称为电偶腐蚀或双金属腐蚀，也叫接触腐蚀。影响电偶腐蚀速率的主要因素：两种金属电位差越大，电偶电流越大，阳极金属腐蚀速率越大；阴极面积加大会导致阳极金属（电位较低的金属）的腐蚀加剧；电解质溶液的电阻越小，阳极金属腐蚀面积越大，但腐蚀程度较轻且比较均匀。

预防措施：选用两种金属的电位尽量接近（电位差$<50\mathrm{mV}$）；考虑不同金属面积比的影响，尽量避免大阴极、小阳极的结构件；不同金属之间应可靠绝缘。防止电偶腐蚀的措施，一是泵的流道最好采用相同的金属材料。二是采用牺牲阳极，对阴极金属进行保护。例如将小件的易损件用低电位金属制成，作为阳极；将大件的重要零件用高电位金属制成，作为阴极。阳极金属将先腐蚀，保护了阴极金属。三是在异种金属材料连接表面使用绝缘片使之彼此绝缘，垫片应不吸湿，防止造成缝隙腐蚀，结构设计示例如图 1-51 所示。

电偶腐蚀反应式如下：

$$\mathrm{Me} \rightleftharpoons \mathrm{Me}^{n+} + n\mathrm{e}^{-}$$

2. 均匀腐蚀（uniform corrosion）

均匀腐蚀指腐蚀性液体接触金属表面时，整个金属表面发生均匀的化学腐蚀。这是腐蚀

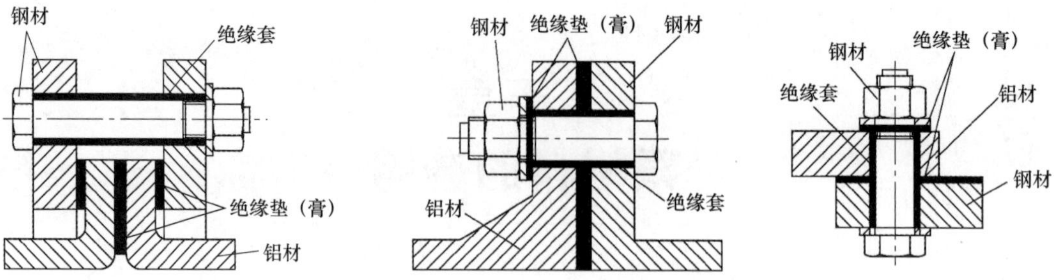

图 1-51 避免电偶腐蚀的结构设计示例

形式中最常见的形式，同时也是危害性最小的一种腐蚀形式。试验证明：在外力作用下大多数金属材料的电极电位都会发生不同程度的变化。在拉应力作用下，材料的电极电位降低，腐蚀电流增加；而在压力作用下，材料的电极电位增高，腐蚀电流减小，相应的腐蚀速率降低。防止均匀腐蚀的措施是：采取合适的材料（包括非金属），在泵设计时考虑足够的腐蚀裕量。

在均匀腐蚀环境下，设备结构设计应注意如下问题：一是应尽可能避免结构尺寸突变和尖锐过渡，以避免应力集中和局部加速腐蚀；二是应根据设备不同的受力状态，分别进行强度设计，确定不同的设计厚度，以防止设备局部发生塑性变形；三是选择压力设备腐蚀裕量时，应适当考虑增加应变时引发的腐蚀速率的增加；四是设备内件支承架腐蚀强度设计，应考虑内件重量引发的拉应力影响。

3. **晶间腐蚀**（intergranular corrosion）

晶间腐蚀是一种局部腐蚀，主要是指奥氏体不锈钢晶粒之间析出碳化铬，导致晶间贫铬。在可能引起晶间腐蚀的介质中，腐蚀破坏沿着金属晶粒边界发展，使晶粒之间失去结合力的现象。晶间腐蚀对奥氏体不锈钢材料的腐蚀性极大。发生晶间腐蚀的材料，其强度及弹性、塑性等力学性能几乎完全丧失。

防止晶间腐蚀的措施是：一是采用超低碳不锈钢（碳质量分数 $w_C<0.03\%$）或含钛或铌的稳定化不锈钢；二是对奥氏体和双相不锈钢进行固溶处理，控制在危险温度区的停留时间，防止过热、快焊快冷使碳化物来不及析出；三是采用合适的焊接材料，由于焊缝都在焊后状态使用，因而焊缝往往更容易遭到晶间腐蚀。所采用的金属材料及焊缝均应经相关晶间腐蚀试验合格。

4. **点腐蚀**（spot corrosion）

点腐蚀（即点蚀，pitting）是一种局部腐蚀。由于金属钝态膜的局部破坏会引起金属表面某局部区域迅速形成半球形的凹坑，这一现象称为点腐蚀。点腐蚀主要由氯离子、溴离子、次氯酸盐粒子等阴离子破坏金属钝态膜引起。

防止点腐蚀应降低金属材料中夹杂物含量，同时增加不锈钢中的 Cr、Mo、Ni、N 等元素含量，如可采用含 Mo 钢（通常为 2.5%Mo，均指质量分数），并且随着 Cl^- 含量和温度的上升，Mo 含量也应相应增加。

5. **缝隙腐蚀**（crevice corrosion）

缝隙腐蚀是一种局部腐蚀，指缝隙中充满腐蚀性液体后，由于缝隙内外溶液之间的物质迁移困难，导致缝隙中含氧量下降和（或）pH 值降低导致金属钝态膜的局部破坏而引起的腐蚀。容易发生缝隙腐蚀的尺寸一般在 0.025～0.1mm 之间。不锈钢在 Cl^- 溶液中经常发生缝隙腐蚀。

缝隙腐蚀和点腐蚀在形成机理上很相似。两者均是由 Cl^- 的作用及钝态膜的局部破坏而引起的。随着 Cl^- 含量的增加及温度的上升，缝隙腐蚀发生的可能性增大。

采用 Cr、Mo、N 含量高的金属可防止或降低缝隙腐蚀的发生。

耐缝隙腐蚀材料性能由差至好的顺序如下：12%Cr 钢<17%Cr 钢<304 不锈钢（SS）<316 不锈钢（SS）。

避免形成缝隙腐蚀的根本措施在于消除缝隙，因此需在结构设计和加工制造中避免连接件间密合缝隙的形成或加大缝隙宽度（如缝隙宽度>1mm）以避开容易发生缝隙腐蚀的尺寸范围。

焊缝结构是形成缝隙腐蚀的典型结构，焊缝设计时应要求将焊缝加工适当的焊接坡口和焊接外形，并在介质侧实施满焊，坚决避免间断焊，以避免缝隙形成。

如图 1-52 为板材间的焊接结构设计示例。

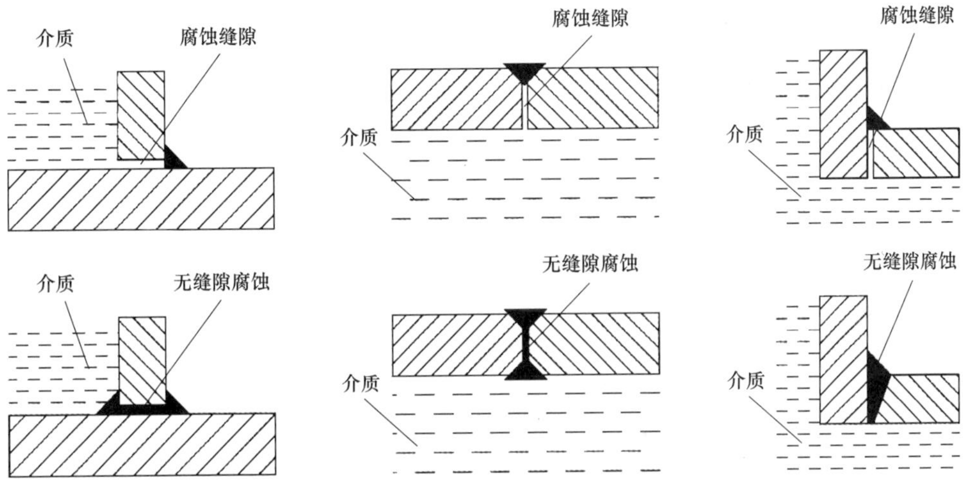

图 1-52　板材间的焊接结构

如图 1-53 为管板间的焊接结构设计示例。

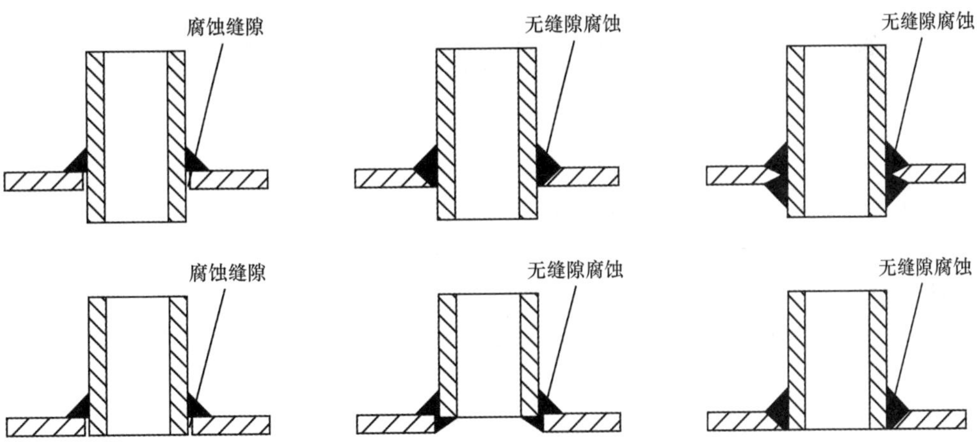

图 1-53　管板间的焊接结构

6. 应力腐蚀（stress corrosion）

应力腐蚀是指拉应力和腐蚀环境共同作用下引起的一种局部腐蚀开裂。常见的应力腐蚀包括氯离子应力腐蚀、硫化物应力腐蚀（即硫化物应力开裂）、液氨应力腐蚀等。

奥氏体 Cr-Ni 钢在 Cl^- 介质中较易发生应力腐蚀。随着 Cl^- 含量、温度和应力的上升，越易发生应力腐蚀。一般 70～80℃以下不发生应力腐蚀。

防止氯离子应力腐蚀的常用措施是采用高 Ni 含量（Ni 质量分数>25%～30%）的奥氏体 Cr-Ni 钢、6Mo 不锈钢或双相不锈钢等。

焊接残余应力是设备应力腐蚀的主要应力源，因此焊缝残余应力的消除尤为重要，必须对焊缝采取合理的焊后热处理。

7. **硫化物应力开裂**（sulfide stress cracking，SSC）

硫化物应力开裂是指存在水和 H_2S 时，在拉应力和腐蚀环境共同作用下造成金属开裂。在湿 H_2S 应力腐蚀环境中，极容易产生硫化物应力开裂，需给予高度关注。当酸性气体中硫化氢分压等于或大于 0.0003MPa 时，应选择抗硫化物应力开裂材料，材料标准参见 NACE MR0175/ISO 15156-1、ANSI/NACE MR0103/ISO 17945。碳钢和低合金钢 SSC 的环境严重程度区域见图 1-54。

一般认为：符合以下条件时处于湿硫化氢应力腐蚀工况：

① 介质温度小于等于（60+2p）℃，p 为设计压力，单位为 MPa；

② 硫化氢分压大于等于 0.35kPa（相当于常温下硫化氢在水中质量浓度大于等于 10mg/L)；

③ 介质中含水或介质温度低于水的露点；

④ 介质 pH 值小于 9 或有氰化物存在。

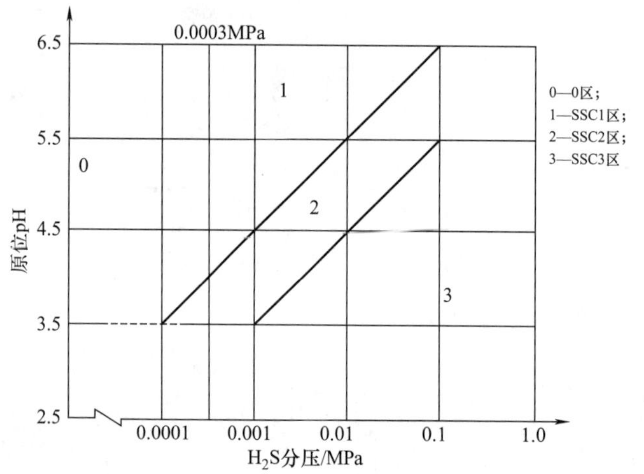

图 1-54　碳钢和低合金钢 SSC 的环境严重程度区域（引自 GB/T 20972.2）

材料对 SSC 的敏感性主要与强度（用硬度表示）有关，强度受化学成分、热处理和显微组织的影响。一般来说，硬度高的材料具有高的 SSC 敏感性。SSC 敏感性也与钢中氢渗透流量相关，氢渗透流量主要与 pH 和水中 H_2S 浓度两个环境参数关联。典型的情况是，在近中性 pH 溶液中，钢中的氢渗透流量最低，pH 值在高或低时，其渗透流量均增加。pH 值低时，腐蚀是由 H_2S 引起的；pH 值高时，腐蚀是由高浓度二硫化物离子引起的。硫化氢水溶液中发生 SSCC（硫化物应力腐蚀开裂）和硬度的关系见图 1-55。

随着温度的升高，只要液相中的游离水并未因此而除去，则会使充氢电位升高。温度提高会促进 H_2S 的离解（因此会产生更多的单原子氢），并加快单原子氢在金属中的扩散速度，因此促进充氢。

防止硫化物应力开裂的方式主要有：选择合适的材料、按标准进行适当的热处理等。

裸露于酸性环境或湿 H_2S 中的材料，应符合现行标准《石油天然气工业 油气开采中用于含硫化氢环境的材料 第 1 部分：选择抗裂纹材料的一般原则》GB/T 20972.1（等同采用 ISO 15156-1）的有关规定，而 GB/T 20972.2 规定了最高硬度为 22HRC。NACE MR0175

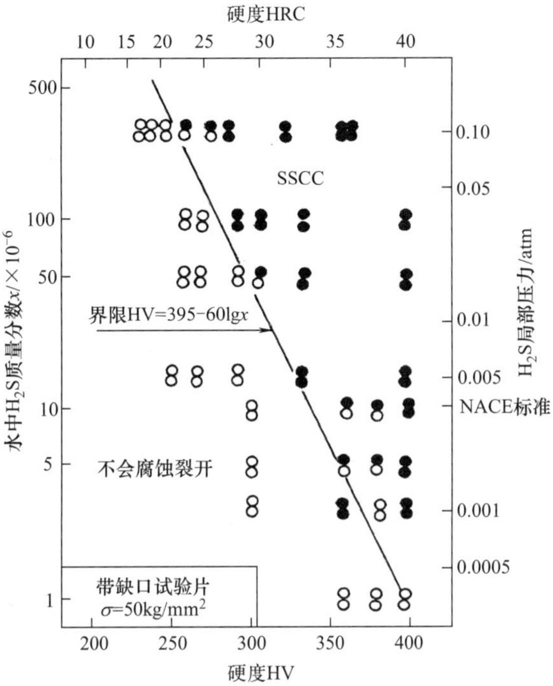

图 1-55 硫化氢水溶液中发生 SSCC 和硬度的关系（来源：嘉利特荏原泵业有限公司）

当中就规定焊接处的最高硬度为 22HRC（235HB）。NACE RP0472 中，对于石油精炼装置，为了防止焊缝因腐蚀介质在使用过程中开裂，限制了焊缝的最高硬度为 200HB。同样，API RP 945 中对更严峻的腐蚀环境规定最大 200HB。API 610 采用 NACE MR0175/ISO 15156-1 的最大硬度为 22HRC 的规定。

8. **磨损腐蚀**（erosion corrosion）

广义的磨损腐蚀又称冲刷腐蚀（erosion corrosion），包括冲击腐蚀（impingement corrosion）、汽蚀（cavitation）、摩振腐蚀（fretting corrosion）等，指介质与金属间发生较高速度相对运动时产生的高速流体对金属表面的一种腐蚀损伤，它由磨损和腐蚀共同引起，比磨损和腐蚀单独存在时所造成的损伤之和大得多。流体磨损腐蚀不同于介质中含有固体颗粒时引起的腐蚀。泵等动设备发生汽蚀的概率较大，后文单独进行说明。

不同材料耐磨损腐蚀性能也不同。耐磨损腐蚀性能由差至好依次是：铁素体 Cr 钢＜奥氏体-铁素体钢＜奥氏体钢。对于严重腐蚀工况的应用，可以考虑通过对材料表面渗氮处理，堆焊硬质合金或者喷涂硬化层的方法延长零部件的使用寿命。

（1）流动速度对腐蚀速率的影响　流速本身会改变腐蚀速率，如在静止状态下碳钢是可以耐浓硫酸腐蚀的；但在流动状态下，随着流动速度的增加，碳钢的腐蚀速率明显增加，因此在设计时要根据流速来选择合适的材料，并确定设备的壁厚，或增大直径、减缓流速来降低腐蚀速率。

（2）流动状态对腐蚀的影响　流动状态的改变会引发局部腐蚀，减少局部腐蚀的办法是在结构设计时，尽可能使介质在过流管道和设备中的流动均匀、稳定化，避免局部产生涡流。

图 1-56 为几何形状急剧变化引起涡流的结构示意图。

图 1-57 是合理的管路结构设计。

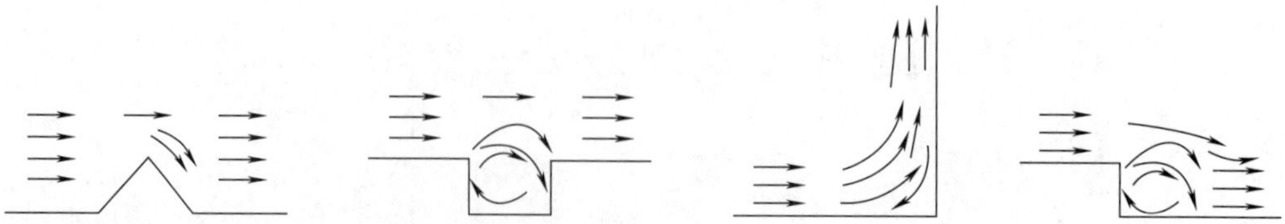

图 1-56 几何形状的急剧变化引起涡流的结构示意图

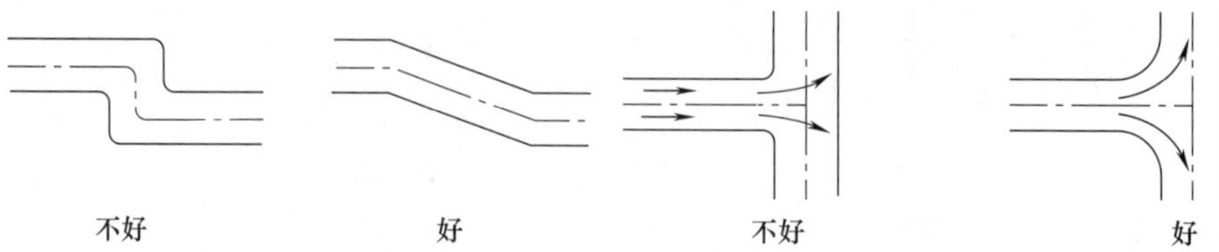

图 1-57 合理设计管路以保证合适流动状态实例

9. **汽蚀**（cavitation）

由于叶片表面的流体压力不均匀，当液体压力降到饱和压力以下时，就沸腾产生气泡，气泡流动后在压力高的地方破灭，产生较高压力的冲击波，冲击波可使金属表面发生变形或崩落，损坏金属表面保护膜，促进腐蚀的发生。减少汽蚀的最实用、简便的方法是设计时从水力学考虑，尽量降低叶片表面压力差异，减少空泡的形成。对于操作时经常发生汽蚀的泵，可使用耐汽蚀材料，如硬质合金、磷青铜、奥氏体不锈钢等。

实际上，腐蚀破坏往往是上述多种腐蚀类型共同作用的结果，选材及防腐设计时要综合考虑诸多因素。

二、金属泵的材料和选择方法

1. **材料**

泵的材料有很多种。常见的金属材料有铸铁、铸钢、Cr12 钢、奥氏体不锈钢、双相不锈钢、高性能不锈钢等。此外用于强腐蚀性介质的材料还有高硅铸铁、Ni-Resist、蒙乃尔(Monel) 合金、哈氏（Hastelloy）合金 B、哈氏合金 C、904 合金、20 号合金、钛、钛合金等。常见铸造耐腐蚀合金材料的化学成分见表 1-74。

常见的泵用非金属辅助材料有聚四氟乙烯、丁腈橡胶、氯丁橡胶、氟橡胶等。此外还有 FFKM 合成橡胶、石墨、玻璃纤维充填聚四氟乙烯、PEEK（聚醚醚酮）等。

表 1-74 铸造耐腐蚀合金化学成分（参考标准 ASTM） 单位：%

材料	Cr	Ni	C	Mn	Si	P	S	Mo	Cu	Co	Fe	其他	对应中国牌号
ASTM A351 CF8	18～21	8～11	0.08	1.5	2	0.04	0.04				余		GB/T 2100 ZG07Cr19Ni9
ASTM A351 CF3	17～21	8～12	0.03	1.5	2	0.04	0.04				余		GB/T 2100 ZF03Cr18Ni10
ASTM A351 CF8M	18～21	9～12	0.08	1.5	2	0.04	0.04	2～3			余		GB/T 2100 ZG07Cr19Ni11Mo2
ASTM A351 CF3M	17～21	9～13	0.03	1.5	1.5	0.04	0.04	2～3			余		GB/T 2100 ZG03Cr19Ni11Mo2
ASTM A351 CN7M	19～22	27.5-30.5	0.07	1.5	1.5	0.04	0.04	2～3	3～4		余		0Cr20Ni35Mo3Cu4Nb

续表

材料	Cr	Ni	C	Mn	Si	P	S	Mo	Cu	Co	Fe	其他	对应中国牌号
ASTM A494 M35-2		余	0.35	1.5	2	0.03	0.03		26～33		3.5		按 ASTM 牌号
ASTM A494 N12MV	1	余	0.12	1	1	0.04	0.03	26～30		2.5	6	V 含量≤0.6	按 ASTM 牌号
ASTM A494 CW12MW	15.5-17.5	余	0.12	1	1	0.04	0.03	16～18		2.5	7.5	V 含量≤0.6，W 含量≤5.25	按 ASTM 牌号
ASTM A217 CA15	11.5～14.0	1	0.15	1	1.5	0.04	0.040	0.5					GB/T 2100 ZG15Cr12
ASTM A487 CA6NM	11.5～14.0	3.5～4.5	0.06	1	1	0.04		0.40～1.00					GB/T 2100 ZG06Cr12Ni4
ASTM A890 5A(CE3MN)	24～26	6～8	0.03		1	1.5	0.04	0.04	4～5			N 含量：0.1～0.3	GB/T 2100 ZG03Cr26 Ni7Mo4CuN
ASTM A995 1B	24.5～26.5	4.7～6	0.04	1.	1	0.04	0.04	1.7～2.3	2.7～3.3			N 含量：0.1～0.25	JB/T 12380 ZG04Cr26 Ni5Mo2Cu3N

2. 材料选择方法

① 根据使用经验（直接或间接地）确定腐蚀类型。

② 根据腐蚀类型，选择合适的材料和防护措施。要求所选材料的力学性能、加工性能好；用户有使用该种材料用于类似介质中的经验；泵制造厂应该有加工该种材料的经验。如有多种材料可满足腐蚀要求时，应选择价格相对便宜、加工性能好的材料。

③ 考虑温度。由于各类材料的热膨胀系数差异，应考虑温度对热膨胀的影响，及对腐蚀速率的影响。

④ 考虑材料力学性能。高压力环境需考虑高强度材质。

⑤ 具体选择材料时，可参见表 1-75～表 1-77。

表 1-75 常用金属材料耐腐蚀性能

材料	天然水（普通水）	处理水（软水矿化水）	不含氧的水、锅炉给水	盐水			海水	有机介质（油、烃等）
				中性	酸性	碱性		
铸铁	A	×	A	B	D	A	×	A
球墨铸铁	A	×	A	B	D	A	×	A
铸钢	A	×	A	B	D	A	×	A
Ni-Resist	A	A	A	A	B	A	A	A
高硅铸铁	A	A	A	A	A	A	A	A
Cr12 钢	A	A	A	A①	B	A①	×	A
奥氏体不锈钢 304、316	A	A	A	A①	B	A	×	A
奥氏体不锈钢 316L	A	A	A	A	B	A	A	A
哈氏合金	A	A	A	A	B	A	A	A

续表

材料	天然水（普通水）	处理水（软水矿化水）	不含氧的水、锅炉给水	盐水			海水	有机介质（油、烃等）
				中性	酸性	碱性		
GA-20 不锈钢	A	A	A	A	B	A	A	A
青铜	A	A	B	A②	×	×	B	A
双相不锈钢	A	A	A	A	B	A	A	A

注：A——满意；B——适用；C——限制使用；D——不适用；×——无有关数据。

① Cl^- 含量（质量分数）小于 1000mg/kg 且温度小于 150℃时。

② 无 NH_4^+。

表 1-76 常用非金属辅助材料耐腐蚀性能

材料	使用温度/℃	耐腐蚀性能
丁腈橡胶	−40～121	耐油性能好，耐水性能较差，不适用于芳香烃
氯丁橡胶	−18～93	耐油性能仅次于丁腈橡胶，常用于冷冻剂，如氟利昂、氨等
氟橡胶(FKM)	−18～204	适用于水、油、多种酸，但不适用于酮、无水氨、胺和热氢氟酸、氯磺酸
FFKM 合成橡胶	−12.2～260	适用于无机和有机酸、碱，强氧化剂、热汞、氯、燃料油以及导热油等
石墨	−240～400	除氧化性强的硝酸、次氯酸、铬酸、95% H_2SO_4 等外，适用于其他各类介质
聚四氟乙烯	−73～204	除氟利昂、黑液（浆料）等外，适用于其他各类介质，常应用于各类不适合合成橡胶的场合
玻璃纤维充填聚四氟乙烯	−212～232	基本同聚四氟乙烯一致
聚醚醚酮(PEEK)	−60～300	除浓硫酸外，不溶于任何强酸、强碱和溶剂，而且耐水解，有很高的化学稳定性

表 1-77 金属泵用材料选择参考

介质	材料										
	Steel C. I. D. I.	Brz.	316SS	20 合金	CD4MCu	Mon	Ni	H-B	H-C	Ti	Zi
乙醛，70℉❶	B	A	A	A	A	A	A		A	A	A
乙酸，70℉	×	A	A	A	A	B	B	A	A	A	A
乙酸，<50%，沸点	×	B	A	A	B	B	B	C	A	A	A
乙酸，>50%，沸点	×	×	B	A	C	B	B	×	A	A	A
丙酮，沸点	A	A	A	A	A	A	A	A	A	A	A
三氯化铝，<10%，70℉	×	B	C	B	C	B	C	A		B	A
三氯化铝，>10%，70℉	×	×	C	B	C	C	×	A		B	A
三氯化铝，<10%，沸点	×	×	×	C	×	×	×	A		×	A
三氯化铝，>10%，沸点	×	×	×	×	×	×	×	A	×	×	A
硫酸铝，70℉	×	B	A	A	A	B	B	B	B	A	A

❶ ℉为华氏度单位符号。n 华氏度＝[(n−32)÷1.8]摄氏度。

续表

介质	材料										
	Steel C. I. D. I.	Brz.	316SS	20 合金	CD4MCu	Mon	Ni	H-B	H-C	Ti	Zi
硫酸铝,<10%,沸点	×	B	B	A	B	×	×	A	A	A	A
硫酸铝,>10%,沸点	×	C	C	B	C	×	×	B	B	C	B
氯化铵,70°F	×	×	B	B	B	B	B		A	A	A
氯化铵,<10%,沸点	×	×	B	B	C	B	B	B	A	A	A
氯化铵,>10%,沸点	×	×	×	C	×	C	C		C	C	C
氟硅酸铵,70°F	×	×	C	B	C	×	×		C	×	×
硫酸铵,<40%,沸点	×	×	B	B	C	B	B	×	B	A	A
砷酸 225°F	×	×	C	B	C	×	×				
氯化钡,<30%,70°F	×	B	C	B	C	B	B	B	B	B	B
氯化钡,<5%,沸点	×	B	C	B	C	B	B	B	B	A	A
氯化钡,>5%,沸点	×	C	×	C	×	C	C	C	C	C	C
氢氧化钡,70°F	B	×	A	A	A	B	A	B	B	A	A
硝酸钡,沸点	C	×	B	B	B		B	B		B	B
硫酸钡,70°F	C	×	B	B	B	×	×			A	A
苯(甲)酸	×	C	B	B	B	B	B	A	A	A	A
硼酸,沸点	×	C	B	B	B	C	C	A	A	B	B
三氯化硼,70°F(干)	B	B	B	B	B	B	B	B	B		
三氟化硼,70°F,10%(干)	B	B	B	A	B	A	A		A		
盐水,70°F	×	×	×	×	×				B	B	
溴(干),70°F	×	×	×	×	×	×	C	B	B	×	×
溴(湿),70°F	×	×	×	×	×	×	C		B	×	×
硫酸氢钙,70°F	×	×	B	B	B	×	×		B	A	A
硫酸氢钙,沸点	×	×	C	B	C	×	×		C	A	A
氯化钙,70°F	B	C	B	B	B	B	B	A	A	A	A
氯化钙,<5%,沸点	C	C	B	B	B	A	A	A	A	A	A
氯化钙,>5%,沸点	×	C	C	B	C	C	C	A	A	B	B
氢氧化钙,70°F	B	B	B	B	B	B	B		A	A	
氢氧化钙,<30%,沸点	C	B	B	B	B	B	B		A	A	
氢氧化钙,>30%,沸点	×	×	C	C	C	C	C		B	A	
氯酸钙,<2%,70°F	×	×	×	C	×	×	×		A	A	A
氯酸钙,>2%,70°F	×	×	×	C	×	×	×		B	A	B
苯酚,70°F	C	B	A	A	A	A	A	A	A	A	A
二硫化碳,70°F	B	B	A	A	A	B	B			A	
碳酸,70°F	B	C	A	A	A	C	B	A	A	A	A
四氯化碳,100%,沸点	B	B	A	A	A	A	A	B	B	A	A
氯酸,70°F	×	×	×	B	C	×	×	×	C		
次氯酸,70°F	C	C	B	B	B				A	A	A

续表

介质	材料										
	Steel C. I. D. I.	Brz.	316SS	20合金	CD4MCu	Mon	Ni	H-B	H-C	Ti	Zi
氯乙酸,70℉	×		×	×						A	B
氯磺酸,70℉	×	×	×	C	×	×	×	A	A	B	×
铬酸,<30%	×	×	C	B	C	×	×		B	A	A
柠檬酸	×	C	A	A	A	C	C	A	A	A	A
硝酸铜,75℉	C	×	B	B	B	×	×	×	×	B	
硫酸铜,沸点	×	C	C	C	C	×	×		A	A	A
甲苯基酸	×	C	B	B	B	C	C	B	B		
氯化铜	×	C	×	×	×	C	×		C	B	×
氰醇,70℉	C		B	B	B						
二氯乙烷	C	B	B	B	B	C	B	B	B	A	B
二甘醇,70℉	A	B	A	A	A	B	B	B	B	A	A
二硝基氯苯,70℉(干)	C	B	A	A	A	A	A	A	A	A	A
乙醇胺,70℉	B	×	B	B	B	C	×			A	A
乙醚,70℉	B	B	B	A	A	B	B	B	B	A	A
乙醇,沸点	A	A	A	A	A	A	A	A	A	A	A
氯乙烷,70℉	A	B	B	B	B	B	B	B	B	A	A
乙硫醇,70℉	C	B	B	A	B	B	B	B	B	A	A
硫酸乙酯,70℉	C	×	B	A	B			B	B		
二氯乙醇,70℉	C	B	B	A	B	B					
二氯乙烯,70℉	C	B	B	B	B	B	B	B	B	A	A
乙二醇,70℉	C	B	B	B	B	B	B	B	C	A	A
环氧乙烷,70℉	B	B	B	B	B	B	B	A	A	A	A
	C	×	B	B	B	B	B	A	A	A	A
三氯化铁,<5%,70℉	×	×	×	×	×	×	×	×	A	A	B
三氯化铁,>5%,70℉	×	×	×	×	×	×	×	×	B	B	×
硝酸铁,70℉	×	×	B	×	B	×	×		B		
硫酸铁,70℉	×	×	C	B	C	C	C		B	B	B
硫酸亚铁,70℉	×	C	C	B	C	C	C	B	B	A	A
甲醛,沸点	B	B	A	A	A	B	B	B	B	A	A
甲酸,212℉	×	C	×	A	B	C	C	A	A	C	A
氟利昂,70℉	A	A	A	A	A	A	A	A	A	A	A
盐酸,<1%,70℉	×	×	C	B	C	B	B	B	A	B	A
盐酸,1%~20%,70℉	×	×	×	×	×	×	×	B	C	×	A
盐酸,>20%,70℉	×	×	×	×		×	×	B	C	×	B
盐酸,<0.5%,175℉	×	×	C	C	C	×	×	A	C	×	A
盐酸,0.5%~2%,175℉	×	×	×		×	×	×	B	C	×	A
氢氰酸,70℉	×	×	C	B	C	C	C	C	C		

续表

介质	材料										
	Steel C. I. D. I.	Brz.	316SS	20 合金	CD4MCu	Mon	Ni	H-B	H-C	Ti	Zi
双氧水，<30%，<150℉	C	×	B	B	B	B	B	B	B	A	A
氢氟酸，<20%，70℉	×	B	×	B	C	C	C	C	B	×	×
氢氟酸，>20%，50℉	×	C	×	C	×	C	C	C	B	×	×
氢氟酸，沸点	×	×	×	×	×	C	×		C	×	×
氟硅酸，70℉	×		C	B	C				B		
乳酸，<50%，70℉	×	B	A	A	A	×	C	B	B	A	A
乳酸，>50%，70℉	×	B	B	B	B	C	C	B	B	A	A
乳酸，<5%，沸点	×	×	C	B	C	×	×	B	B	A	A
石灰乳，70℉	B	B	B	B	A	B	B	B	B	B	B
氯化镁，70℉	C	C	B	A	B	C	C	A	A	A	A
氯化镁，<5%，沸点	×	C	C	B	C	C	C	A	A	A	A
氯化镁，>5%，沸点	×	C	×	C	×	C	C	B	B	B	B
氢氧化镁，70℉	B	A	B	B	A	B	A	B	B	A	
硫酸镁	C	C	B	A	B	B	B	C	C	B	B
马来酸	C	C	B	B	B	C	C	B	B	A	
硫醇	A	×	A	A	A	×	×				
氯化银，<2%，70℉	×	×	×	×	×	×	C		B	A	A
硝酸银，70℉	C	×	B	B	B	C			C		
甲醇，70℉	A	A	A	A	A	A	A	A	A	A	A
萘磺酸，70℉	×	C	B	B	B	C	C	B	B		
环烷酸，沸点	C	C	B	B	B	C	C	B	B		
氯化镍，70℉	×	×	C	B	C	C	×	A		B	B
硫酸镍	×	C	B	B	B	C	C		B		A
硝酸	×	×	B	B	B	×	×			B	B
硝基苯，70℉	A	C	A	A	A	B	B	B	B	A	
硝基甲烷，70℉	A	A	A	A	A	A	A	A	A	A	A
硝基丙烷，70℉	A	A	A	A	A	A	A	A	A	A	A
亚硝酸，70℉	×	×	×	C	×	×	×				
氧化亚氮，70℉	C	C	C	C	C	×	×		C		
油酸	C	C	B	B	B	C	C	C	C	C	C
发烟硫酸，70℉	B	×	B	B	B	×	×	B	B	B	
草酸	×	C	C	B	C	C	C	B	B	×	A
棕榈酸	B	B	B	A	B	B	B				
光气，70℉	C	C	B	B	B	C	C	B	B		
磷酸，<10%，70℉	×	C	A	A	A	C	C	A	A	A	A
磷酸，>10%～70%，70℉	×	C	A	A	A	C	C	B	C	B	B
磷酸，<20%，175℉	×	C	B	B	B	C	C	A	A	C	B

续表

介质	材料										
	Steel C. I. D. I.	Brz.	316SS	20 合金	CD4MCu	Mon	Ni	H-B	H-C	Ti	Zi
磷酸,>20%,175℉<85%	×	C	C	B	C	C	C	B	C	C	C
磷酸,<10%,沸点,<85%	×	C	×	C	C	C	C	C	C	C	C
酞酸,70℉	C	B	B	A	B	B	B	B	B	A	A
酞酐,70℉	B	C	A	A	A	A	A	A	A		
苦味酸,70℉	×	×	C	B	C	C	×		B		
碳酸钾	B	B	A	A	A	B	B	B	B	A	A
氯酸钾	B	C	A	A	A	C	C		B	A	A
氯化钾,70℉	C	C	B	A	B	B	B	B	B	A	A
氰化钾,70℉	B	×	B	B	B	C	C	B	B		
重铬酸钾	B	B	A	A	A	B	B		B	A	A
赤血盐	C	B	B	B	B	B	B	B	B	A	A
亚赤血盐,70℉	×	B	B	B	B	B	B	B	B		B
氢氧化钾,70℉	C	C	B	A	B	A	A	B	C	B	A
次氯酸钾	×	C	C	B	C	×	×		B	A	
碘化钾,70℉	C	B	B	B	B	B	B	B	B	A	A
锰酸钾	B	B	B	B	B	C	B		B		
磷酸钾	C	C	B	B	B					B	B
海水,70℉	C	B	B	A	B	A	A	A	A	A	A
硫酸氢钠,70℉	×	C	C	B	C	C	C	B	B	B	A
溴化钠,70℉	B	C	B	B	B	B	B	B	B		
碳酸钠	B	B	B	A	B	B	B	B	B	A	A
氯化钠,70℉	C	B	B	B	B	A	A	B	B	A	A
氰化钠	B	×	B	B	B	×	×			B	
重铬酸钠	B	×	B	B	B					B	
乙醇钠	B	A	A	A	A	A	A				
氟化钠	C	C	B	B	B	B	B	C	C	B	B
氢氧化钠,70℉	B	B	B	A	B	A	A	A	A	A	A
次氯酸钠	×	×	C	C	C	×	×		B	A	B
乳酸钠,70℉	B	C	C	C	C	C		C	C		
氯化锡,<5%,70℉	×	C	×	C	×	C	C	B	B	A	A
氯化锡,>5%,70℉	×	×	×	×	×	×	×	B	C	B	B
熔融硫磺,175℉	×	C	B	B	B	C	C		B	A	
二氧化硫,70℉	B	×	A	A	A	C	C	C	A	A	
硫酸,<2%,70℉	C	C	B	B	B	C	C		B	C	
硫酸,2%~40%,70℉	×	C	B	A	B	C	C	A	A	B	A
	×	C	C	B	C	C	C	A	A	×	A
硫酸,40%~90%,70℉	×	×	×	B	×	×	×	A	A	×	C

续表

介质	材料										
	Steel C. I. D. I.	Brz.	316SS	20 合金	CD4MCu	Mon	Ni	H-B	H-C	Ti	Zi
硫酸,93%～98%,70℉	B	×	B	B	B	×	×	B	B	×	C
硫酸,<10%,175℉	×	C	×	B	×	×	×	A	C	×	B
硫酸,10%～60%;及>80%,175℉	×	×	×	B	×	×	×	B	C	×	C
硫酸,60%～80%,175℉	×	×	×	×	×	×	×	B	C	×	C
硫酸,<3/4%,沸点	×	×	C	B	C	×	×	B	B	×	B
硫酸,3/4%～40%,沸点	×	×	×	C	×	×	×	B	C	×	B
硫酸,40%～65%;及>85%,沸点	×	×	×	×	×	×	×	×	×	×	×
硫酸,65%～85%,沸点	×	×	×	×	×	×	×	×	×	×	×
亚硫酸,70℉	×	C	C	B	C	×	×	B	B	A	B
四氯化钛,70℉	C		C	B	C	C			C		
二氯乙烯,沸点	B	C	B	B	B	B	B	B	B	A	A
尿素,70℉	C	C	B	B	B	C	C	C	C	B	B
乙酸乙烯酯	B	B	B	B	B				B		
氯乙烯	B	C	B	B	B	C	C	C	B	A	
水,沸点	B	A	A	A	A	A	A	A	A	A	A
氯化锌	C	C	B	A	B	B	B	B		A	A
氰化锌	×	B	B	B	B	B	B	B	B	B	B
硫酸锌	×	C	A	A	A	C	C	C	C	A	

注：1. 表中材料代号含义如下：

Steel——铸钢，ASTM A216-WCA（或 WCB）；

C. I. ——铸铁，ASTM A48；

D. I. ——球墨铸铁，ASTM A536；

Brz. ——耐酸青铜，ASTM B143 A2；

316SS——316 不锈钢，ASTM A744 CF8M（AISI316）；

CD4MCu——不锈钢（双相钢），ACI CD-4MCu；

Mon——蒙乃尔合金，ASTM A744 M-35；

Ni——镍钢，ASTM A744 Gz-100；

H-B——哈氏合金 B，ASTM A494；

H-C——哈氏合金 C，ASTM A494；

Ti——纯钛，ASTM B367 C-1；

Zi——锆。

2. 表中符号含义如下：

A——满意；B——适用；C——限制使用；×——不适用。

三、泵用低温钢

近代科学技术的发展促进了液化气体的生产和应用，特别是石油化工工业的广泛应用，随着液化天然气（LNG）、氢能等洁净能源的发展和需求，对于低温条件下工作的设备的需求日益增加。低温钢主要用于制作储存和运输各类液化气体的设备，这类钢必须具备的重要特性是抗低温脆化。

低温状态下，钢的力学性能与常温下不同，一般来说强度指标会有所增加，而塑性降低，尤其韧性会显著降低。当温度降至某一临界值（韧性-脆性转变温度）以下时，钢材失去韧性，发生脆性断裂，构件在总体应力水平远低于材料的屈服强度时，发生突然断裂。工程中对材料的韧性-脆性转变温度常用缺口冲击韧性作为评判的依据。对于泵类的铸锻件，而非板、管之类的焊接件，压力设备用的碳素钢、低合金钢铸锻件用于不低于－29℃（ASME，API）或－20℃（GB/T 150.1～GB/T 150.4，简称 GB/T 150）时，具有足够的断裂韧性，且有长期安全使用的经验，故一般不使用低温钢。但对于－29℃（ASME，API）或－20℃（GB/T 150）以下的应用场合，应选用低温钢。泵用低温钢一般分为铸件和锻件两种。

1. **低温钢铸件**

美国低温铸钢件标准为 ASTM A352/A352M《低温承压用铁素体和马氏体铸钢件标准规范》。该标准共有 LCA、LCB、LCC、LC1、LC2、LC2-1、LC3、LC4、LC9 和 CA6NM 十种低温铸件牌号，适用范围－196℃（LC9）～－32℃（LCA），参见表 1-78。国内标准为 GB/T 32238—2015《低温承压通用铸钢件》，适用范围－196℃（ZG07NI9）～－30℃（ZG300-500），与 ASTM A352 对照见表 1-79。

表 1-78 适用于低温条件下的钢铁牌号

级别		力学性能		夏比冲击试验(标准试样)	
		抗拉强度≥/MPa	屈服强度≥/MPa	试验温度/℃	A_{KV}≥/J
LCA	碳钢	415～585	205	－32	18
LCB	碳钢	450～620	240	－46	20
LCC	碳锰钢	485～655	275	－46	18
LC1	碳钼钢	450～620	240	－59	20
LC2	2.5%❶镍钢	485～655	275	－73	41
LC2-1	镍铬钼钢	725～895	550	－73	20
LC3	3.5%❶镍钢	485～655	275	－101	20
LC4	4.5%❶镍钢	485～655	275	－115	20
LC9	9%❶镍钢	585	515	－196	27
CA6NM	2.5%❶铬镍钼钢	760～930	550	－73	27

表 1-79 低温铸钢牌号对照表（摘自 GB/T 32238—2015 低温承压通用铸钢件）

序号	本标准牌号	BS EN 10213:2007 铸钢牌号	ASTM A352—2012 铸钢牌号
1	ZG240-450	G17Mn5	LCC
2	ZG300-500	G20Mn5	
3	ZG18Mo	G18Mo5	LC1
4	ZG17Ni3Cr2Mo	G17NiCrMo13-6	LC2-1
5	ZG09Ni3	G9Ni10	LC2
6	ZG09Ni4	G9Ni14	LC3
7	ZG09Ni5		LC4
8	ZG07Ni9		LC9
9	ZG05Cr13Ni4Mo	GX3CrNi13-4	CA6NM

❶ 均指含镍量，即镍质量分数。

美国低温钢锻件最新标准为 ASTM A350/A350M《要求缺口韧性试验的管道零部件用碳钢和低合金钢锻件》。该标准列出了 7 种牌号的碳钢和低合金钢低温材料，分别为 LF1、LF2、LF3、LF5、LF6、LF9、LF787，适用温度−101℃（LF3）～−29℃（LF1）。

NB/T 47009 为我国《低温承压设备用合金钢锻件》标准，泵用材料可以参照采用。9Ni 钢在超低温环境中仍可表现出较高强度、塑性及韧性，且热膨胀系数及经济性方面均优于奥氏体不锈钢，该系列钢使用温度可低至−196℃，主要用于制造大型 LNG 储罐。

2. **不锈钢**

奥氏体不锈钢是很好的低温材料，其锻件的韧性-脆性转变温度通常不会高于−196℃，因此在−196～−101℃的低温工况中，常使用一般奥氏体不锈钢。美国奥氏体不锈钢铸钢的材料标准是 ASTM A351/A351M《承压件用奥氏体铸钢件标准规范》，常用的牌号为 CF8、CF8M、CF3、CF3M。锻钢的材料标准是 ASTM A182/A182M《高温用锻制或轧制合金钢和不锈钢管法兰、锻制配件、阀门与部件》。常用的牌号是 F304、F316、F304L、F316L。国内有 GB/T 2100《通用耐蚀钢铸件》，常用牌号 ZF03Cr18Ni10、ZG07Cr19Ni11Mo2、ZG03Cr19Ni11Mo2。锻件有 NB/T 47010《承压设备用不锈钢和耐热钢锻件》，常用牌号 06Cr19Ni10、022Cr19Ni10、06Cr17Ni12Mo2。

3. **API 610 对低温材料的规定**

API 610 第 12 版表 G.1 对低温工况的选材做了规定（表 1-80）：选择用于低温环境的材料应符合 6.12.4 的要求。所示铸造合金等级 LCB、LC2 和 LC3 仅供参考。LCB、LC2 和 LC3 级参考 ISO 4991。ISO 4991 里的 C23-45BL、C43E2aL 和 C43L 等同于 ASTM A352/A352M 的 LCB、LC2 和 LC3。锻造合金使用同等材料。

基于铝、青铜、铝青铜和镍的材料合金也可用于低至−196℃，提供了铝、铜的材料选择。

表 1-80　API 610 对低温材料的指南（部分摘自 API 610 第 12 版表 G.1）

使用条件	温度范围/℃	压力范围	材料等级
丙烷、丁烷、液化石油气、氨、乙烯及低温工况(最低金属温度)	230	不限	S-4
	>−46	不限	S-4 LCB
	>−73	不限	S-4 LC2
	>−100	不限	S-4 LC3
	>−196	不限	A-7 或 A-8

4. **低温材料的选择（表 1-81）**

表 1-81　低温金属材料选择（参考标准 ASTM，苏尔寿提供）

材料	形式	最低操作温度				
		−29℃	−46℃	−73℃	−101℃	−196℃
碳钢及合金钢	铸件	A216 WCB	A352 LCB	A352 LC2	A352 LC3	A352 LC9
	锻件	A266 CL 2/4	A350 LF2	A350 LF9	A350 LF3	
	管子	A106 A/B	A333 1/6	A333 7/9	A333 3/4	A333 8/11
	管件	A105	A420 WPL6	A420 WPL9	A420 WPL3	A420 WPL8

续表

材料	形式	最低操作温度				
		−29℃	−46℃	−73℃	−101℃	−196℃
碳钢及合金钢	螺栓/棒料	A193 B7	A320 L7(直径 2.5in[1]以下)；A320 L43(直径 4in 以下)			
	螺母	A194 2H	A194 4/7			
马氏体不锈钢	铸件	A743 CA6NM	A487 CA6NM	A352 CA6NM		
	锻件	A182 F6NM				
	棒料	A276 Type 410	A276 Type S41500			
奥氏体不锈钢	铸件	A351 CF3,CF8,CF3M,CF8M				
	锻件/管件	A182 AISI 304,304L,316,316L				
	棒料	A276 Type 304,316,XM-19				
	螺栓	A193 B8/B8M				
	螺母	A194 8/8M				
铜	所有	参照各制造厂经验				
铝合金	所有	参照各制造厂经验				

注：1. 用于承压部件（包括承压紧固件）时，如规定的最小金属设计温度低于−29℃（国内一般要求是−20℃），材料需要进行低温冲击试验。

2. 除非用户规定，材料用于非承压部件时不需要进行低温冲击试验。

第二节 非金属泵

一、概述

非金属材料，尤其是新型塑料，具有良好的耐腐蚀性能，价格比常规金属材料低廉。其他非金属泵还包括橡胶、石墨和陶瓷等非金属材料泵。随着泵送物料及操作工况愈加复杂，凭借非金属材料耐腐蚀、耐磨蚀、造价低的综合优势，非金属泵获得了迅猛的发展，越来越多地应用于石油、化工、医药等领域。非金属泵常用的塑料包括热固性塑料如玻璃纤维增强塑料（FRP）和热塑性塑料，如聚氯乙烯（PVC）、聚丙烯（PP）和氟塑料等。氟塑料种类较多，如聚四氟乙烯（PTFE）、可溶性聚四氟乙烯（PFA）、乙烯-四氟乙烯共聚物（ETFE）、乙烯-三氟氯乙烯共聚物（ECTFE）、聚全氟乙丙烯（FEP）、聚偏二氟乙烯（PVDF）等。

由于非金属泵理化性能、结构与金属泵相比差异很大，因此在工程设计中主要考虑以下几个因素。

1. 力学性能

泵承压部件必须能承受运行工况下的载荷或应力，如果把金属泵的设计简单地应用到非金属泵设计中，则部件很可能失效。非金属泵在短接管区或轴承箱处的过大应力可能使得泵壳的非金属发生蠕变，结果引起部件变形或弯曲以及不良对中。解决这个问题的办法是计算

[1] 1 英寸（in）＝25.4 毫米（mm）。

非金属部件上的应力水平，并在许用应力范围内进行设计。

2. 耐腐蚀和耐磨性能

非金属材料的耐腐蚀性能一般优于同价位的金属材料。

非金属材料可以较好地抵抗不太严重的磨损。非金属材料中耐磨性好的材料有工业陶瓷、耐磨橡胶和超高分子量聚乙烯等。

3. 温度

非金属材料的耐高温性能远低于金属材料。和金属一样，非金属随着温度的升高，力学性能随之下降。同时非金属材料也应考虑低温韧性降低导致的低温开裂。

4. 重量和隔热性能

与金属泵相比，非金属泵的重量轻，便于安装和维修。此外，非金属材料是一种天然的绝热体，无须在泵体上包覆保温材料。

5. 耐燃性

在剧烈燃烧的火中，热塑性塑料会熔化、燃烧，热固性非金属会变成碳和灰。为防止非金属材料燃烧，可以考虑添加阻燃剂。泵厂在提供产品时应告知用户在材料遇火燃烧时，是否会出现毒性烟雾。

二、非金属叶片式泵

工程中常用的非金属叶片式泵主要包含离心泵和磁力泵，下面按部件对两种泵型的特点进行介绍。

1. 结构特点

（1）泵体　一般为单级、蜗壳式、径向剖分结构，分为整体和衬里两种结构。整体指整个蜗壳均为非金属，整体蜗壳可以选用热固性材料、热塑性材料。衬里指泵的基体材料为铸铁或铸钢，衬里层为非金属。衬里层又分为弹性衬里、喷涂衬里以及刚性衬里。

对于整体泵体可以加入筋骨进行加强，为了减少非金属泵接口受力的脆弱性，也可在非金属泵体两边增加前后盖板并用螺栓进行连接加固。典型结构如图 1-58 所示。

对于衬里泵可以通过在金属泵壳内开设合适的槽、孔进行固定，还可考虑在泵壳内焊接龟甲丝网加强。典型的衬塑非金属离心泵结构如图 1-59 所示。

（2）叶轮　非金属泵的叶轮也可分为开式、半开式和闭式三种。闭式叶轮由热塑性塑料制成，前后盖板可以超声波或振动焊接在一起。半开式、开式叶轮可以用热塑性或热固性塑料制成。

叶轮分整体非金属结构和内埋金属件结构两种。整体非金属结构叶轮强度低，适用于小型泵；内埋金属件结构采用模压方式成型，叶轮强度高。

对于磁力泵，也有采用叶轮和内磁钢组件一体式的结构。这样确保了传递扭矩最大化，以及简化维修。典型非金属磁力泵结构如图 1-60 所示。

（3）密封环（口环）　非金属泵一般不设密封环。

（4）轴　泵轴一般不与介质接触，采用金属材料，一端用于固定叶轮，另一端用于安装联轴器。非金属泵的泵轴与叶轮常采用螺纹连接，也有采用金属毂嵌入塑料叶轮的结构。

此外，在一些磁力泵的设计中，叶轮与内磁钢组成转动部件，叶轮与轴之间采用滑动轴承连接，轴采用双支承结构固定在泵进口的支承件和隔离套上，用以承受叶轮和内磁钢的重量。这样，轴即由常规的传动部件变为静止部件，简化了传动结构。

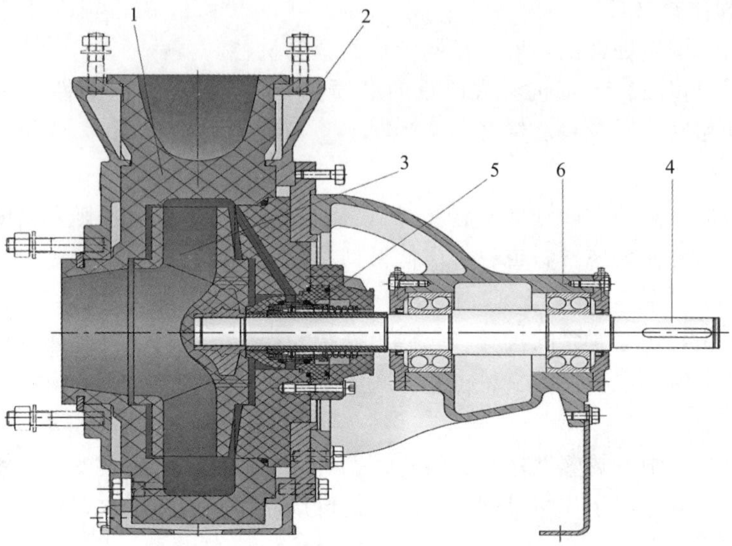

图 1-58　前后盖板加强的整体非金属泵

1—整体蜗壳；2—螺栓固定的盖板；3—闭式叶轮；4—轴；5—轴封；6—轴承座

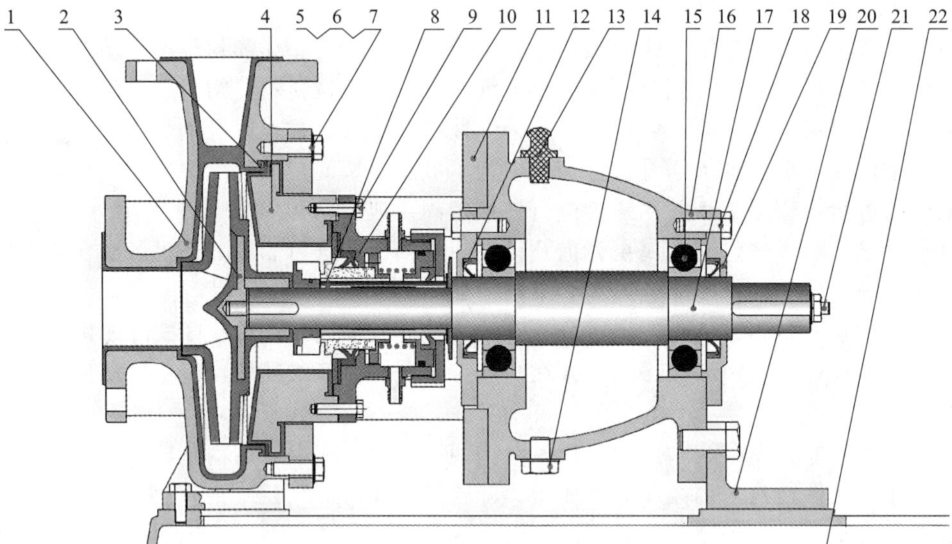

图 1-59　典型衬塑非金属离心泵结构图

1—泵壳；2—叶轮；3—泵盖垫；4—泵盖；5—螺栓；6—垫片；7—弹簧垫圈；8—螺钉；9—轴套；10—密封件；11—支架；12—油封；13—油塞；14—排油孔；15—轴承；16—轴承座；17—主轴；18—螺栓；19—端盖；20—支脚；21—拉杆；22—底座

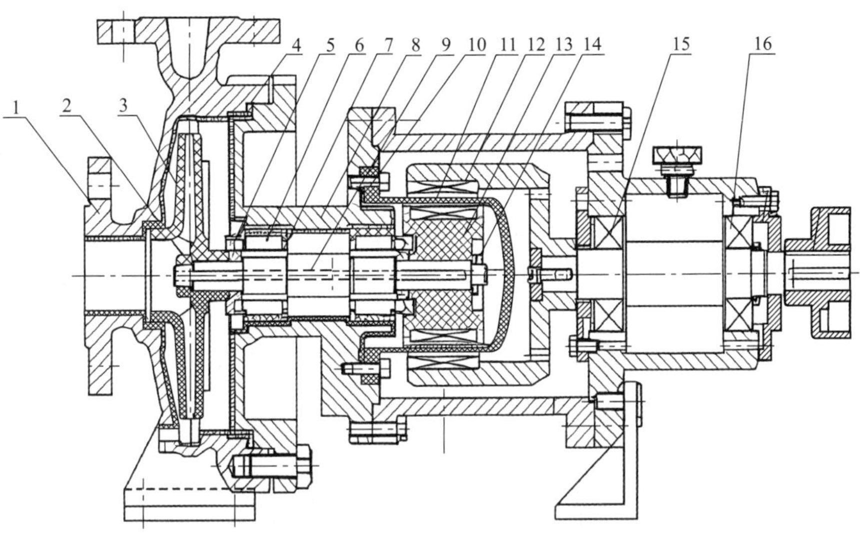

图 1-60 典型非金属磁力泵结构图

1—泵体；2—叶轮螺母；3—叶轮；4—密封垫；5—止推轴承；6—滑动轴承；7—轴套；8—中体；9—泵轴；10—密封圈；11—隔离套；12—外磁钢；13—内联磁钢；14—螺母；15，16—滚动轴承

(5) 轴封 非金属泵的轴封型式有机械密封（详见第一篇第二章）、动力密封和无轴封三种结构。

① 机械密封 国内许多非金属泵通常采用外装式波纹管单端面机械密封。该密封的动环材料可为四氟填充的碳化硅、石墨；静环材料可为碳化硅、氧化铝陶瓷等。机械密封的设计寿命应不低于所采用的泵标准中的要求，一般至少为 4000h。对于危险的泵送介质，需考虑双端面机械密封。机械密封的型式和材料选择应根据具体的泵送介质和操作工况，具体内容详见第一篇第二章。

② 动力密封 包括副叶轮（或副叶片）密封和停车密封。该密封型式常用于输送含固体颗粒的介质，一般适用于含固量（固相含量，指固相体积分数）大于 15%的介质。动力密封泵需要注明最大允许入口压力，以避免用户在较高入口压力下使用时产生大量泄漏。

③ 无轴封结构 主要指非金属磁力泵，可用于输送各种不允许泄漏的液体，该类泵型的结构详见第二篇第一章第五节。但与之不同，非金属磁力泵的隔离套和内磁钢的设计、加工有区别于金属泵的特征。

首先，隔离套通常分为单层和多层结构两种。单层结构的隔离套需要同时承受泵送介质的腐蚀性，以及运行和开停泵时的内压力。一般材料可为碳纤维增强的 ETFE、玻璃纤维增强的 PVDF、碳纤维增强的 PEEK、陶瓷等。多层结构分内层和外层。内层材料用以承受泵送介质的腐蚀性，可为 PTFE、PFA、ETFE 等耐腐蚀材料，外层材料用以承受泵内压力，如碳纤维增强塑料（CFRP）、碳纤维增强聚醚醚酮等。多层材料隔离套的制造方法通常是在外层材料中加内衬，当然也有制造商采用内、外两个隔离套的结构。

其次，内磁钢为磁性材料，需使用包套与泵送介质隔离以免腐蚀。包套的材质一般与壳体的过流部件相同或相近。包套的制造方法通常与壳体的内衬方法相同，如注塑、喷塑等。也有制造商会将磁性材料先包裹在奥氏体不锈钢中，再用耐腐蚀氟塑料包裹以便增强耐渗透腐蚀性。

2. 非金属离心泵与金属离心泵的结构差异

由于非金属与金属材料性能上的差异，非金属离心泵的结构设计有以下特殊性。

（1）叶轮密封处和背叶片与泵体的运转间隙 因塑料和玻璃钢的热膨胀系数比钢大 2～6 倍，沿用金属泵的运转间隙易发生咬合，使泵损坏，间隙过大又会使泵的效率降低，并造成泵轴向力的不平衡。由于径向间隙不可调节，也可考虑采用轴向间隙，这样无须拆泵，即可检查并调节运转间隙。

（2）叶轮与轴的连接型式 叶轮分为整体结构和内埋金属件两种。按叶轮结构的不同，其与轴的连接主要有以下三种方式：

① 叶轮内预埋金属件，通过金属件与轴用键连接，或非金属的整体叶轮与轴直接用键连接，叶轮端部用叶轮螺母保护。此结构来源于金属泵，由于密封面多、可靠性差，长时间使用后易被介质腐蚀。

② 叶轮内预埋金属件，与轴采用螺纹连接，不使用叶轮螺母。此结构可使轴完全受到保护，避免轴被介质腐蚀的可能。缺点是螺纹加工精度要求较高，并严禁叶轮反转。

③ 叶轮为整体非金属件，轴的液力端设计了轮毂，轮毂内嵌于叶轮中并通过圆周内若干个螺栓固定。

（3）泵体衬里层厚度及其固定 按国外泵企业标准，衬里层厚度一般为 3～5mm，如果衬里过薄（如 1.5～2mm），压制过程易出现局部衬里缺陷，导致泵的允许使用温度和使用寿命有所下降，衬里层从泵体和后盖基体金属脱落的可能性也增大。部分国内泵企业标准会根据转速的不同而调整衬层厚度。比如，泵转速为 2950r/min 时厚度 6～8mm；泵转速为 1450r/min 时厚度 12～16mm。

衬里层固定方式可采用在基体金属上布置环形燕尾槽方法，使衬里层固定牢靠，同时机加工量较小。特别是在真空条件下模塑的方法，使衬层固定效果更佳。另外，也可用在基体金属上布置较密小孔（或螺纹孔）的方法，但该方法衬里层固定不如燕尾槽牢靠，且机加工量较大。

为了防止温度变化或泵进口负压引起的非金属材料从泵壳上的脱落或开裂，可考虑在泵壳上焊接龟甲丝网以及涂抹黏合剂的方式增加抗剥离强度，带龟甲网的非金属衬里层应保证有效厚度，黏合剂的选用应根据使用温度、负压大小进行选择，从而使得衬塑泵可以做到较大规格型号，泵进口最大口径可达 DN400。

（4）轴向力平衡 塑料泵的叶轮内大多埋有金属件，一般不宜用平衡孔的方法平衡轴向力，而普遍采用背叶片平衡轴向力。一些国外厂商也采用叶轮与轴间可变孔径的方法，以达到轴向力的完全平衡。

（5）接口 非金属泵进出口接管的受力目前并未有相关的标准加以限定，一般由设计单位提出要求，并根据制造厂自身的制造情况而定。泵进出口与管道采用法兰连接，通常有平焊法兰、对焊法兰、松套法兰等。法兰的密封面采用突面或全平面。

三、非金属容积式泵

除离心泵、磁力泵外，工程中常见的非金属泵还包括齿轮泵、计量泵、单螺杆泵。

1. 非金属齿轮泵

与金属齿轮泵不同，非金属齿轮泵的结构通常为外啮合的正齿轮型式，接触泵送介质的部件可选择的材料如表 1-82 所示。由于受到流量方面的限制，总体上尺寸小，结构紧凑，在工程应用中无联轴器的情况较多。常规的轴封型式为机械密封，但对于高度危险的泵送介质也可选择磁力驱动的无轴封式。

表 1-82 非金属齿轮泵的可选非金属材料

部件名称	材料
泵壳	PVC、金属衬 ETFE
主动轮	聚醚醚酮(PEEK)、碳纤维增强 PTFE、氟橡胶包覆、碳化硅
从动轮	聚醚醚酮(PEEK)、碳纤维增强 PTFE、氟橡胶包覆、石墨
轴	陶瓷
滑动轴承	石墨、碳化硅、PTFE、PEEK、陶瓷

2. 非金属计量泵

这里的计量泵指泵壳内过流部件中使用了聚偏二氟乙烯、聚四氟乙烯、聚丙烯、聚氯乙烯等非金属材料。由于动力端的材料与金属泵无异，此处不再赘述，具体内容详见第二篇第二章第四节。

非金属计量泵的壳体结构也分为整体非金属和衬非金属两种。泵内进出口单向阀的阀芯、阀座材质也相应使用了非金属材料，如聚丙烯、聚四氟乙烯、陶瓷等。

3. 单螺杆泵

单螺杆泵中的非金属材料主要是固定在壳体中的定子，为天然橡胶和各种合成橡胶材料。JB/T 8644《单螺杆泵》标准对典型的定子、转子推荐使用材料进行了汇总，具体如表 1-83 所示。工程应用中，泵制造商也会根据自有技术、使用业绩对定子、转子的材料做出调整。

表 1-83 定子、转子推荐使用材料

输送介质或工作条件	定子材料	转子材料	备注
清水、污水、泥浆、有机涂料、水煤浆、酒精等	天然橡胶(NR)	40Cr 镀铬 45 钢镀铬 38CrMoAl 氮化 022Cr19Ni10 06Cr17Ni12Mo2 Cr12MoV 淬火 42CrMo 淬火 30Cr13 淬火	不耐油，弹性好，强度高，低温性能好，动态性优
水稀释的介质、废水、氨水、液体肥料、有限的有机酸等	丁苯橡胶(SBR)		耐磨，耐热，耐老化
矿物油脂及烃油类、弱酸和碱等	丁腈橡胶(NBR)		耐热
高耐磨、高硬度和耐油、耐苯等	聚氨酯橡胶(UR)		不抗水
医药、食品、化妆品等	食品用丁腈橡胶(NBR)		不含对人体有毒的配合剂
酸、碱及水蒸气等	乙丙橡胶(EPDM)		不耐油，耐老化，耐高温
烃、苯、烷溶剂等	氟橡胶(FKM)		耐高温
酸、碱、油、化纤浆液等	氯磺化聚乙烯橡胶(CSM)		耐老化，耐臭氧，耐化学药品

四、非金属泵的性能特点

非金属泵的结构、材料与金属泵差异甚大。因此，其性能特点也有较大区别，主要体现在以下几个方面。

1. 泵体耐压性能低

由于非金属泵的力学性能，如拉伸强度、弯曲强度、冲击韧性和硬度等指标远低于金属材料。因此，非金属泵的耐压性能较差（见表 1-84）。

表 1-84　非金属泵常用材料性能

材料性能		氟塑料合金（F50）	聚全氟乙丙烯（FEP）	聚偏二氟乙烯（PVDF）	超高分子量聚乙烯（UHMWPE）	聚丙烯（PP）	玻璃纤维增强塑料（FRP）	刚玉陶瓷	增强聚丙烯（FRPP）
密度 $/(10^3 kg/m^3)$		2.14	2.14～2.17	1.75～1.78	0.94～0.96	0.9～0.91	1.7～1.85	3.73	1.12
拉伸强度/MPa		27.4	18～21	38～51	39.6	30～38	105～394	180	＞60～80
弯曲强度/MPa				60		38～55	220～460	280～350	＞80～100
线胀系数 $/10^{-6}℃^{-1}$		与氟塑料合金配比相关	8～11	47	33	12.2～17.1（共聚）	11.8	5.5～7.5	27～51
允许工作温度范围/℃		－20～约 150	－20～约 150	－20～约 120	－10～约 80	－10～约 90	－20～约 100	－15～约 100	－10～约 100
耐腐蚀性	弱酸	耐	耐	耐	耐	耐	耐	耐	耐
	强酸	耐	耐	耐，除热浓硫酸	耐，除氧化性酸	耐，除氧化性酸	耐，除氧化性酸	耐	耐，除氧化性酸
	弱碱	耐	耐	耐	耐	耐	高耐	耐	耐
	强碱	耐	耐	耐	耐	耐	不耐	不耐	耐
	有机溶剂	耐	耐	耐大多数溶剂	耐大多数溶剂	耐大多数溶剂（＜80℃）	耐大多数溶剂	耐	耐大多数溶剂
	典型不耐腐蚀介质	氢氟酸、氟元素	氢氟酸、氟元素、发烟硝酸	铬酸、发烟硫酸、强碱	浓硝酸、浓硫酸、含氯有机溶剂	浓硝酸、铬酸	浓硝酸、浓碱、浓硫酸、热碱	氢氟酸、热碱	浓硝酸、铬酸
磨蚀性能		不好	不好	较好	好	不好	较差	很好	较差
抗汽蚀性能		较好	较好	较好	较好	较好	较差	好	较好

一般非金属泵壳体耐压≤1.6MPa（G）。非金属可加入玻璃纤维或碳纤维增强，改善其机械强度，如聚丙烯的拉伸强度为 30～38MPa，弯曲强度为 38～55MPa，经玻璃纤维增强后，拉伸强度可达 60～80MPa，弯曲强度可达 80～100MPa。

2. 允许工作温度

非金属泵的允许最高工作温度远比金属泵低。其耐温范围受到很多因素限制，一是温度升高，非金属的强度下降（某些塑料低温下出现脆性）；二是塑料的热膨胀系数是铸铁的 2～6 倍，工作温度较高时，泵的运转间隙变小，使得泵无法安全运转，或衬里层与铸铁外壳不能很好贴合；三是在较高温度下连续运转时，某些塑料易发生蠕变，零部件尺寸发生变化。因此非金属泵的允许工作温度与材料性能、结构设计和制造工艺等因素密切相关。

需要说明，不能按照材料的耐热性来设计泵的允许工作温度，如聚全氟乙丙烯的最高工作温度约为 237℃，国外某公司用此材料作衬里的塑料泵壳，在 204℃下连续运转，但为安全，该公司的样本中将此泵的允许工作温度限制在≤150℃。泵制造厂应根据材料品种和结构设计、制造工艺，并考虑泵的长期连续运行及可靠性，正确规定非金属泵的允许工作温度。表 1-84 中列出的允许工作温度范围取自国外非金属泵资料，设计人员在具体选用时应以相应泵制造厂的样本为准。

3. 最小连续流量

为避免非金属泵在小流量下工作诱发振动或引起介质温度升高而导致泵的破坏，通常非金属泵的最小连续流量为额定流量的 30%，即不允许泵在小于 30%的额定流量下工作。

4. 耐腐蚀性

非金属与金属相比具有优良的耐腐蚀性，不存在金属中出现的缝隙腐蚀、点蚀等腐蚀形式。非金属材料一般为非导电体，少数能导电的非金属材料在溶液中也不会离子化，所以腐蚀形式不涉及电化学腐蚀，这是与金属类材料腐蚀形式的主要区别。非金属材料的耐腐蚀问题一般是纯粹的化学作用或物质扩散等物理作用。塑料在某些腐蚀介质中受拉应力时，易产生应力开裂，这类似于金属的应力腐蚀。塑料和橡胶在某些有机溶剂中会发生溶胀或溶解，使用时应予以重视。表 1-85 列出了常用非金属的耐腐蚀性能。

5. 耐磨性

非金属中耐磨性好的材料有工业陶瓷、耐磨橡胶和高性能工程塑料（超高分子量聚乙烯、聚偏二氟乙烯等）。工业陶瓷（刚玉陶瓷、氮化硅陶瓷等）耐磨性最佳（其莫氏硬度为 9Mohs），但缺点是易碎易裂。橡胶的耐磨性很好，衬胶泵在输送含颗粒介质中应用最广泛，缺点是易老化且使用温度较低，一般为 100℃以下。超高分子量聚乙烯（UHMWPE）和聚偏二氟乙烯（PVDF）的耐磨性也较好（动摩擦系数为 0.1～0.22），尤其是超高分子量聚乙烯被称为工程塑料中的耐磨之王，均可作为有耐磨要求的耐磨泵材料，但加工制造要求高。一般认为热塑性塑料的耐磨性好，热固性塑料（如酚醛玻璃钢）的耐磨性较差。但应注意随着温度的升高，塑料的耐磨性将会降低。

6. 流量、扬程、电机功率的放大

非金属泵一般无法调节运转间隙，泵使用一段时间后，其运转间隙会变大，泵效率下降。因此在选用非金属泵时可适当放大提高泵的扬程、流量和电机功率，以免发生扬程、流量不足或电机超载等现象。

五、常用非金属（塑料）泵

与钢相比，通常非金属的物理性能要差得多，甚至不如铝合金和铜合金。但是，通过增加元件的断面模量（即增加壁厚）及加入筋骨，非金属则可以承受一定的工作压力。随着塑料工业的高速发展，塑料泵的品种不断增加，正愈来愈多地取代其他种类的非金属泵。常用塑料泵的品种如下。

1. 氟塑料泵（热塑性）

（1）聚全氟乙丙烯（FEP，F46）聚四氟乙烯的改性品种，为四氟乙烯与六氟丙烯在 55～60℃内用悬浮法共聚而成，俗称 F46。FEP 具有优良的力学性能、化学稳定性、耐候性、电绝缘性和阻燃性，表面张力小，熔融态时与金属黏结性好，材料本身在－85～205℃下可长期使用。该材料制得的泵使用温度可达 150℃。FEP 的力学性能见表 1-84，其耐腐蚀性能可参考表 1-85PTFE 材料。

F46 泵壳采用模压和注塑两种工艺生产，目前国内泵制造厂基本上采用模压工艺。

表 1-85 常用非金属的耐腐蚀性能

介质	聚四氟乙烯(PTFE)	超高分子量聚乙烯(UHMWPE)	聚丙烯(PP)	聚偏二氟乙烯(PVDF)
乙酸	A	B	A/20℃[①]	A
砷酸	A	A	A	A
苯酸	A	—	B	A
硼酸	A	A	A	A
碳酸	A	D	A	A/20℃
氟乙酸	A	C	—	—
次氯酸	A	C	A	A
湿氯气	A	C	D	A
铬酸	A	B	A/20℃	A/50℃
柠檬酸	A	A	A	A/120℃
甲苯基酸	A	—	C	A/65℃
甲酸	A	A	A	A
乙醇酸	—	—	A/20℃	A/20℃
盐酸	A/65℃	A/65℃	A/20%[②]	A/20%,B/37%
氢氟酸	A	A	D	A
氟硅酸	A	A	A	A
双氧水	A	C	A/20℃	A/20℃
乳酸	A	A	A	A/20℃
马来酸	A	A	A	A
苹果酸	A	A	B	A
油酸	A	D	B	A
草酸	A	B	A/20℃	A/50℃
苦味酸	A	A	B/20℃	A/20℃
硬脂酸	A	B	A	B/20℃
酒石酸	A	A	A	A
鞣酸	A	A	A	A
硝酸 5%～10%	A	×	A/50℃	A/50℃
硝酸 <20%	A	×	B/20℃	A
硝酸 <50%	A	×	B/20℃	A
浓硝酸	A	×	×	×
硝酸+3.5%氢氟酸	A	×	—	—
磷酸	A	A	A/50℃	A
磷酸+2%硫酸+1%氢氟酸	A	A	—	—
硫酸 <5%	A	B	C	A
硫酸 <10%	A	—	C	A
硫酸 10%～75%	A	—	×	A/65℃

续表

介质	聚四氟乙烯(PTFE)	超高分子量聚乙烯(UHMWPE)	聚丙烯(PP)	聚偏二氟乙烯(PVDF)
硫酸 75%～98%	A/80℃	×	×	A/50℃
硫酸+20%发烟硫酸	A/80℃	×	×	—
发烟硫酸	A	×	×	×
亚硫酸	A	A	A	A
氢氧化铵	A	A	A	A
氢氧化钾	A	A	A	A
氢氧化钠 <20%	A	A	A	A
氢氧化钠 <50%	A	A	A	C
氢氧化钠 <80%	A	A	A	C
氢氧化钙	B	A	A	A
醋酸盐溶液	A	B	B/20℃	A
硝酸铵	A	A	A	A
硝酸钡	A	A	A	A
硝酸钠	A	A	A	A
硝酸铜	A	A	A	A
硝酸铁	A	—	A	A
硝酸铅	A	A	—	—
硝酸银	A	A	—	—
硫酸铝	A	A	A	A
硫酸铵	A	A	A	A
硫酸铵+硫酸	A	B	—	A
硫酸钡	A	A	A	A
硫酸钠	A	A	A	A
硫酸铜	A	A	A	A
硫酸铜+10%硫酸	A	A	—	—
硫酸铁+10%硫酸	A	A	—	—
硫酸镁	A	A	B	A
硫酸锌	A	A	A	A
磷酸铵	A	A	A	A
磷酸钠	A	A	A	A
氯化铵	A	A	A	A
氯化钡	A	A	A	A
氯化钙	A	A	A	A
三氯化铝	A	A	A/20%	A/20%

续表

介质	聚四氟乙烯(PTFE)	超高分子量聚乙烯(UHMWPE)	聚丙烯(PP)	聚偏二氟乙烯(PVDF)
氯化钾	A	A	A	A/65℃
氯化钠	A	A	A	A
氯化锡	A	A	A	A
氯化银	A	A	A	A
氯化镁	A	A	A	A
氯化镍	A	A	A	A
二氯化硫	A	—	C	A/20℃
四氯化钛	A	—	×	A
氯化锌	A	A	A	A
三氯化铁	A	A	A	A
四氯化碳	A	A	×	A
海水	A	A	A	A
明矾(浆料)	C	A	A	—
黑液(浆料)	D	A	—	—
蓝矾	A	A	A	A
亚硫酸氢钠	A	A	A/60℃	A
碳酸氢钠	A	A	A	A
次氯酸钠	A	C	B/20℃ 20%	A/20%
氯酸钠	A	A	A	A
氯酸钙	A	B	A	A
铬酸钠	A	B	—	—
乙酸铝	A	A	A	A
溴	A	C	×	B/20℃
甘油	A	—	A	A
吡啶	A	A	C	×
乙(酸)酐	A	B	C	B/20℃
苯胺染料	A	B	—	—
盐酸苯胺	A	—	—	—
甲烷	A	—	×	A
乙烷	A	—	C/80℃	A
丙烷	A	—	C/80℃	A
硝基苯	A	×	A	A/20℃
焦油和氨水	A	A	—	—
甲苯	A	×	×	A

续表

介质	聚四氟乙烯 (PTFE)	超高分子量聚乙烯 (UHMWPE)	聚丙烯 (PP)	聚偏二氟乙烯 (PVDF)
三氧化硫	A	A	A/20℃	A
乙二醇	A	—	A/50℃	A
环氧乙烷	A	—	×	A
双丙酮	A	—	×	A/20℃
二氯乙醇	A	—	×	A/20℃
甲醛	A	A	—	A/50℃
氟利昂	D	A	—	—
二硫化碳	A	×	×	A/20℃
熔融硫磺	A	—	A	A

注：A 表示满意，B 表示适用，C 表示限制使用，D 表示不适用，×表示无相关数据，—表示不详。

① A/20℃表示该材料在使用温度≤20℃的介质中，使用情况为 A（满意）。

② A/20%表示该材料在 20%的介质中，使用情况为 A（满意）。

（2）氟合金　由上海有机化学研究所研制的氟塑料合金是采用国内现有的超高分子量聚全氟乙丙烯为主要原料，与四氟乙烯加填料直接混合，用物理方法制得的。其具有氟塑料的优良性能，耐高温、耐腐蚀，电绝缘性好和表面不黏等。氟塑料合金的特性如下：F50-1，耐高温性比 FEP 好，成本比 FEP 便宜；F50-2，具有聚四氟乙烯的优良性能（250℃下可长期使用，耐各种酸、碱、强氧化剂和有机溶剂，电绝缘性好等），又克服了 PTFE 的易冷流性和加工性差的缺点，能热压和冷压烧结成型，成本介于聚四氟乙烯悬浮粉和分散粉之间，在许多应用上可取代 F4，用此材料制的泵使用温度可达 150℃。

（3）可溶性聚四氟乙烯（PFA）　由全氟烷基乙烯醚改性的聚四氟乙烯。其耐温范围、力学性能、耐腐蚀性与 FEP 相当。此材料是可熔融加工的热塑性塑料，其可加工性、抗蠕变性和压缩强度均比聚四氟乙烯好。

（4）聚偏二氟乙烯（PVDF）　具有优良的耐腐蚀性和耐磨蚀性，但价格相对较高。PVDF 由偏二氟乙烯经自由基聚合反应制得，分子量高达 10^4。具有优良的力学性能，是目前氟塑料中机械强度最高的产品，有极好的化学稳定性及耐候性。其最大特点是耐腐蚀性、抗冲击性、耐老化性、抗蠕变性等性能突出，可用一般热塑性塑料加工方法成型，其方便的加工性能是其他塑料所远不及的。除浓硫酸、浓硝酸和少数有机溶剂外，能耐较多的腐蚀性介质。耐磨性仅次于超高分子量聚乙烯（UHMWPE），优于其他塑料。耐温性能较高，以此材料制造的泵使用温度可达 120℃。PVDF 塑料的综合性能好，其力学性能和耐腐蚀性见表 1-84 和表 1-85。

（5）其他氟塑料

① 聚四氟乙烯（PTFE）　俗称 F4，具有极强的耐腐蚀性能，但是其物理性能很差，此时要用金属加强筋来承受泵的高压。因此其制造工艺差，成本高又具有冷流性，一般不用此材料制造泵。

② 聚三氟氯乙烯（PCTFE）　俗称 F3，其加工工艺性和耐腐蚀性均较好，但耐温较低。

③ ETFE　俗称 F40，是乙烯-四氟乙烯的共聚物。在保持了 PTFE 良好的耐热、耐化学腐蚀和电绝缘性能的同时，耐辐射性和力学性能有了很大改善，拉伸强度相比聚四氟乙烯有大幅度的提高。

2. 超高分子量聚乙烯泵（热塑性）

超高分子量聚乙烯是常用的泵用工程塑料，美国材料与试验协会（ASTM）规定分子量为 300 万～600 万的线型聚乙烯称为超高分子量聚乙烯。由于其分子链特别长，具有许多独特的物理力学性能，耐磨蚀性比现有其他热塑性塑料好很多，且表面摩擦系数低，低温耐冲击性好，耐环境应力开裂性优良，耐寒性好，无毒性，特别适用于输送含细颗粒的腐蚀性介质。缺点是该材料的耐温性不高，泵允许使用温度为 80℃。

3. 玻璃钢泵（热固性）

玻璃钢是玻璃纤维增强塑料（FRP）的俗称，常见的泵用玻璃钢是酚醛玻璃钢。

酚醛玻璃钢是以改性酚醛树脂浸渍玻璃纤维加工制成的热固性塑料。酚醛玻璃钢价格低，强度高（如表 1-84），工艺性好，尺寸稳定性好，在受力受压条件下不易变形，能耐温度不大于 100℃的大多数化学品腐蚀，但不耐强碱和酚类物质的腐蚀。酚醛玻璃钢的耐磨性较差，适用于输送不含固体颗粒的介质。由于配方不同，酚醛玻璃钢有多种牌号，不同牌号的材料其物理和力学性能各有差异，耐磨蚀性能也有差异。玻璃钢耐腐蚀性能及使用温度见表 1-86。

表 1-86 玻璃钢耐腐蚀性能及使用温度

介质名称	质量分数/%	使用温度/℃	介质名称	质量分数/%	使用温度/℃
盐酸	任意	120	异丙醚	99	常温
盐酸(气体)		40～60	乙酸酐	65	90～130
硫酸	35 左右	80～110	三氧化硫		80
	4～5	80～100	三氯甲烷	95	−10～120
硝酸	5～10	常温	苯	90	−10～120
乙酸	98～99	常温	甲苯		−20～110
	30	100	乙酸含氯离子混合物		80
	≤30	120	溴化氢、盐酸、三氯氧磷混合液		80
氯乙酸	70	−10～120	光气甲苯溶液		−20～110
磺酸	30	80～100	偶氮二异丁腈原液		110
乳酸	80	100	维纶醛化液	(硫酸钠 200g/L)	68～72
苯酚磺酸液	(质量浓度 70～80g/L)	60±2		(硫酸 315g/L)	
芒硝	硫酸钠(粒径 $d=1.3\mu m$)	90～95		(甲醛 32g/L)	
硫氰酸钠	51	120	纺丝凝固液	(硫酸钠 416g/L，pH=3.2)	45
含氯化铵水蒸气		100	烃化液含盐酸苯等	(pH=2)	105
氯化铵饱和溶液	(pH=7～9)	110～150	苯乙酸、盐酸、三氯化铝混合液		95
盐水	(饱和)	−10～120	含 10%～15%氯化氢的氯化铵溶液		100～105
甲醇	>98	−10～120	污水	(pH=5.4～9.5)	常温
氯醛	40～98	−10～20			
硫酸酯		55			

注：数据仅供参考，不作为产品验收标准。

4. **增强聚丙烯泵（热固性）**

玻璃纤维增强聚丙烯（FRPP）是聚丙烯树脂与短切玻璃纤维（玻璃纤维含量为10%～40%）混合后，经挤出、切粒制得。主要采用注射成型工艺，除具有聚丙烯的优良性能和相对密度增加10%外，还改善了聚丙烯的耐热性、抗蠕变性和尺寸稳定性。同时，力学性能也显著提高，如拉伸强度、弯曲强度均增大1～2倍，冲击强度则提高1～3倍。

采用增强聚丙烯作为材料的泵耐温可达100℃，除氧化性酸、浓硝酸、铬酸外，能耐大部分酸、碱、溶剂介质。增强聚丙烯泵可采用注射模塑的方法整体成型，生产效率高，成本低，适用于输送介质条件不苛刻的场合。

各种增强聚丙烯的性能差异很大，设计选用时应予以注意。

六、其他类型非金属泵简介

其他类型的非金属泵主要是指衬胶泵、陶瓷泵、石墨泵等。

1. **衬胶泵**

衬胶泵过流部件采用优质橡胶，经过炼胶、硫化等工艺模压一次成型，具有良好的耐磨、耐腐蚀、耐温性能。如图1-61，该泵整体结构简单，具有体积小、重量轻、运行平稳、噪声低、维修方便、节能等优点。该泵可采用副叶轮动力密封和45型胶圈停车密封、新型机械密封、新型副叶轮K型无骨架油封或新型副叶轮K型水冷却密封四种密封型式以满足各种工况的要求。

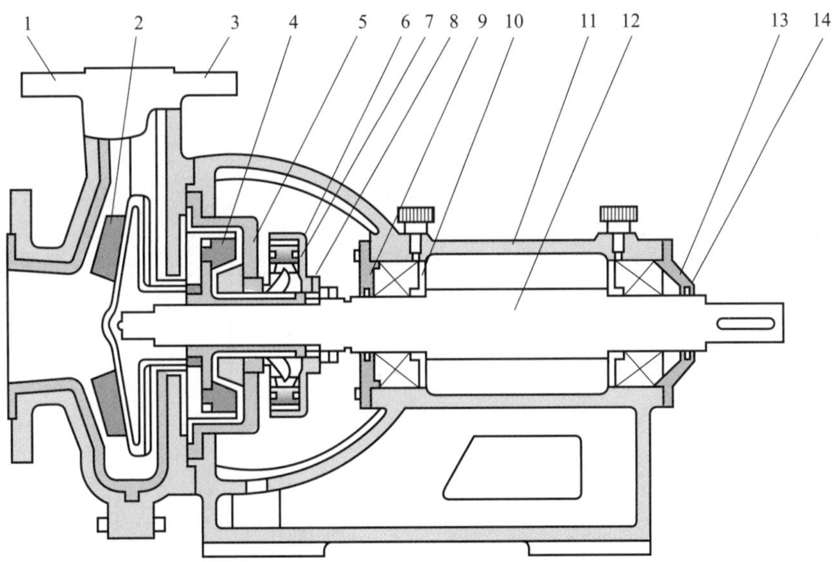

图1-61　衬胶泵结构图

1—泵盖；2—叶轮；3—泵体；4—副叶轮；5—腔体；6—控制器；7—停车密封；8—轴套；9—前轴承端盖；10—挡油环；11—轴承座；12—主轴；13—后轴承端盖；14—密封毡

该泵可广泛应用于输送腐蚀性清液或含有颗粒的无机酸、碱、盐类石油化工介质和冶金矿山浆液，以及介质浓度（质量分数）在70%以内、温度在100℃以内的各类腐蚀性混合液体。如有特殊要求可配特殊耐高温耐磨衬胶泵，使用于150℃以下既受腐蚀又有颗粒工况。橡胶的耐腐蚀性能可见表1-87。

表 1-87 橡胶的耐腐蚀性能

介质	天然橡胶				合成橡胶			
	硬橡胶		软橡胶		氯丁橡胶		异丁橡胶	
	温度/℃	浓度/%	温度/℃	浓度/%	温度/℃	浓度/%	温度/℃	浓度/%
硫酸	常温	50	常温	40	常温	40	常温	75
	100	30	70	20	90	20	90	50
盐酸	100	各种浓度	70	各种浓度	65	20	50	各种浓度
硝酸	常温	20	常温	10	常温	10	常温	30
磷酸	90	85	70	85	90	85	70	85
铬酸	—	—	常温	5	常温	5	50	50
氢氟酸	常温	各种浓度	常温	50	常温	20	常温	50
氟硅酸	70	各种浓度	常温	50	40	10	常温	50
乙酸	70	各种浓度	常温	10	常温	50	常温	50
蚁酸	70	各种浓度	常温	50	常温	各种浓度	常 温	各种浓度
硼酸	100	各种浓度	70	各种浓度	90	各种浓度	90	各种浓度
苛性钾	100	各种浓度	70	各种浓度	90	各种浓度	90	各种浓度
食盐	100	各种浓度	70	各种浓度	90	各种浓度	90	各种浓度
氯化钙	100	各种浓度	70	各种浓度	90	各种浓度	90	各种浓度
氯化锌	100	各种浓度	70	各种浓度	90	各种浓度	90	各种浓度
氯化铜	70	各种浓度	70	各种浓度	90	各种浓度	90	各种浓度
氯化铵	100	各种浓度	70	各种浓度	90	各种浓度	90	各种浓度
氯酸钾	100	各种浓度	70	各种浓度	90	各种浓度	90	各种浓度
重硫酸钾	100	各种浓度	70	各种浓度	90	各种浓度	90	各种浓度
硫酸亚铅	100	各种浓度	70	各种浓度	90	各种浓度	90	各种浓度
硫酸铵	100	各种浓度	70	各种浓度	90	各种浓度	90	各种浓度
硫酸铁	100	各种浓度	70	各种浓度	90	各种浓度	90	各种浓度
硫酸铜	100	各种浓度	70	各种浓度	90	各种浓度	90	各种浓度
氰化钾	100	各种浓度	70	各种浓度	90	各种浓度	90	各种浓度
明矾	100	各种浓度	70	各种浓度	90	各种浓度	90	各种浓度
氯水	70	—	40	—	常温	—	常温	—
甘油	100	各种浓度	70	各种浓度	70	各种浓度	70	各种浓度
乙二醇	100	—	70	—	70	—	70	—

2. 陶瓷泵

陶瓷泵的结构如图 1-62。泵体和泵盖均用高强度工业用陶瓷制成，外设铸铁铠装，中间填充黏结剂，如水泥、环氧树脂。叶轮多为半开式，用工业陶瓷（铬刚玉）制成。泵体与泵盖结合面垫有软垫片，轴封有机械密封和动力密封两种。

陶瓷泵具有独特的耐腐蚀性能，除含氟的酸液和热碱外，几乎适用于各种清洁或含有细微颗粒的有机或无机溶液，能在−15～100℃范围内可靠工作。

工业用陶瓷的拉伸强度和抗冲击强度比常规陶瓷高，但对机械冲击和热冲击仍较敏感，因此要尽量减小外界管道作用在泵进出口的力和力矩，并避免温差大于 50℃的冷热骤变。

3. 石墨泵

石墨泵的结构如图 1-63，泵体及泵盖由前后铁盖板用螺栓夹紧，并通过螺栓固定在底座上。叶轮为半开式（或闭式），与泵轴或轴套用耐酸胶泥黏结在一起。凡与液体接触的部

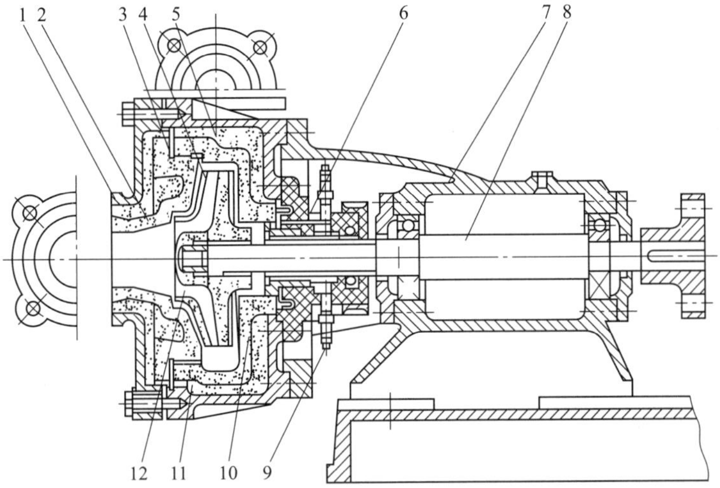

图 1-62 陶瓷泵结构图

1—泵盖；2—陶瓷层；3—氟橡胶垫；4—叶轮；5—泵壳；6—密封；7—轴承座；
8—轴；9—密封接管；10—泵体；11—黏结剂；12—陶瓷帽

件均采用不透性浸渍石墨（石墨内浸渍热固性树脂）和压型石墨（石墨粉以树脂为黏结剂压制成型）制造。石墨膨胀系数小，耐热冲击，但机械强度差。轴封采用外装式单端面机械密封，动环后面装工字形橡皮圈代替弹簧的作用，用冷却水冷却。

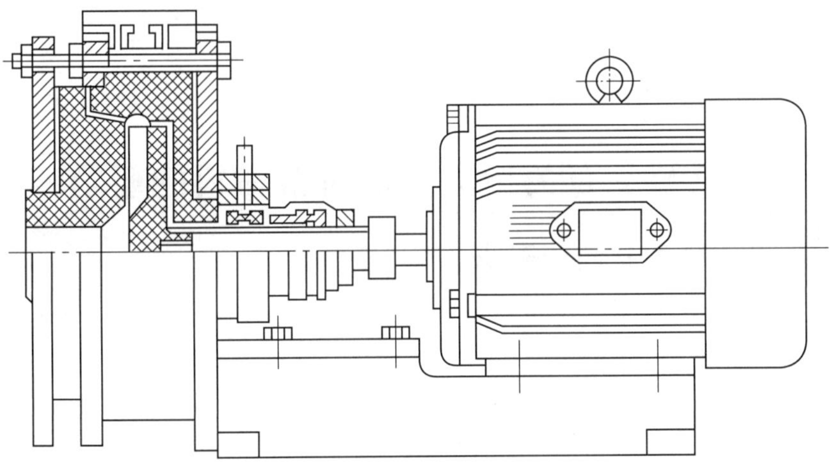

图 1-63 石墨泵结构图

石墨耐腐蚀性能很强，适用于多种腐蚀性液体，对盐酸和氢氟酸具有特别好的耐腐蚀性，为其他材料所不及。但其不适用于氧化性很强的酸，如硝酸、次氯酸、铬酸、95%质量分数以上硫酸等。

七、非金属泵标准

非金属材料在泵中的应用越来越广，使得更多的标准规范纳入了非金属材料。下面对常用的非金属泵的标准中，涉及材料的内容加以介绍。

1. HG/T 2730《**磁力驱动离心式化工流程泵**》

适用于输送易燃、易爆、易挥发、有毒、有腐蚀性及贵重介质的化工流程泵，该标准明确规定不适用于泵送含有磁性物质或含固体颗粒的液体。本标准认可金属作为基体，衬非金属的泵壳加工方式，且对基体材料的要求与 HG/T 3183 标准一致。

2. HG/T 3183《氟塑料衬里单级单吸化工离心泵技术条件》

适用于金属为基体，过流部分衬氟塑料的单级单吸化工离心泵。本标准中列举了常用的塑料材料，如聚全氟乙丙烯、聚三氟氯乙烯等。特别的，对基体材料与衬层间的加工、检验方法有明确要求。

3. JB/T 8688《塑料离心泵》

适用于不含固体颗粒的泵送介质。标准中规定，全塑料泵的工作压力≤1MPa（G），塑料衬里泵的工作压力≤1.6MPa（G）。

4. ASME B73.1《化工用卧式端吸离心泵技术规范》

增加了对非金属泵技术要求的章节。该标准已整编了 ASME B73.5《化工用热塑性和热固性聚合材料卧式端吸离心泵规范》中的相关内容，含热固性材料/热塑性材料的整体部件，也包含衬含氟聚合物的部件。非金属泵各章节的标题与金属泵基本对应，技术要求相同的内容均指向该标准中的金属泵部分，而不再重复。设计上与金属泵的不同之处，在各条款中均有明确要求，如压力和温度极限、泵体紧固件、轴封、腐蚀裕量等。

5. ASME B73.3《化工用卧式端吸无密封泵技术规范》

涵盖屏蔽泵、金属磁力泵和非金属磁力泵三种泵型。其中，对非金属磁力泵的泵壳要求为衬塑料型式，常用的塑料有 PTFE、PFA、ETFE 和 PVDF。

除以上标准规范外，实际应用中也偶尔采用制造厂自己的标准。这样在满足泵的性能要求的前提下，可以为工程装置提供更加成熟的泵产品，降低采购成本。由于金属材料的泵标准发展得更加完善，因此非金属离心泵除自身的特点外，其他相应的尺寸、结构、性能等也会参考金属泵标准，如 GB/T 5656、ISO 5199、API 610 等。

第三节 有关标准规范对泵材料的要求

一、GB/T 51007 对材料的要求

依据 GB/T 51007—2014《石油化工用机泵工程设计规范》对机泵材料的要求如下：

（1）对机泵类设备的通用要求：

① 机泵承压件及其他主要零部件的材料要求应在询价书或数据表中规定，最终的材料选择应在制造厂报价资料中规定，并应在数据表上标明具体牌号。

② 焊接结构的承压件应进行焊后热处理，并应进行无损探伤检验。

③ 除铸钢件外，所有承压铸件不得进行补焊。当铸钢件有补焊时，应符合以下要求：

a. 检查发现的一般表面缺陷应予以清除，重要缺陷应修补，并应重新检测以证明该缺陷已经完全排除。

b. 重要缺陷修补前应绘制修补简图，简图应清楚地说明需要修补的缺陷和位置，及缺陷的详细修补程序。

c. 缺陷修补后，所有补焊焊缝经加工后的表面应进行磁粉检测或渗漏试验；对承压铸件的重要缺陷焊接修补部位应进行应力释放、焊后热处理和射线检测。

④ 当规定的最低设计金属温度低于−20℃时，除奥氏体不锈钢外，所有承受内压的钢材应对母体金属和焊缝做低温冲击试验。

⑤ 当介质中存在氯化物超过一定浓度时，与介质接触的部件材料不宜采用铝或奥氏体

不锈钢。

⑥ 当介质与铜接触会形成爆炸性铜化合物时，与输送介质接触的机泵部件或辅助设备部件不得采用铜或者铜合金制造。

⑦ 裸露于酸性环境或湿 H_2S 中的材料，应符合现行国家标准《石油天然气工业 油气开采中用于含硫化氢环境的材料 第 1 部分：选择抗裂纹材料的一般原则》GB/T 20972.1 的有关规定。

⑧ 垫片、密封圈不得采用含石棉的材料。

⑨ 吸湿性材料不得用于隔声材料和防电偶腐蚀的绝缘材料。

⑩ 材料的耐腐蚀性能不宜采用表面电镀、喷涂等处理方法来提高。

⑪ 润滑油、密封油、密封冲洗和干气密封管线及附件应采用 304 或 316 不锈钢材料。

⑫ 对于制造过程中或制造完成后无法检测的焊缝，应经焊接工艺评定合格，并另行制定质量控制办法。

（2）对泵的通用要求：

① 输送有毒、易燃和爆炸性危险液体泵的承压件不得采用铸铁材料。用于输送有毒、易燃和爆炸性危险液体的离心泵和转子泵，包括无密封离心泵，其轴承座不得采用铸铁材料；

② 除另有规定外，泵壳的腐蚀裕量应大于或等于 3.0mm；

③ 屏蔽泵屏蔽套应选用耐腐蚀性好、强度高的非导磁材料，定子屏蔽套宜选用哈氏合金，最小厚度应为 0.4mm，腐蚀裕量应为 0.15mm；磁力泵的隔离套应选用高电阻率的材料，宜选用哈氏合金、钛合金，最小厚度应为 1mm，腐蚀裕量应为 0.4mm。对于介质温度小于 120℃的中、轻载荷磁力泵，隔离套也可采用塑料或陶瓷等非金属材料；

④ 对于非金属泵，其允许工作温度除应满足材料的耐热温度限定要求外，还应满足材料的热膨胀系数、塑性材料高温蠕变及低温开裂等特殊性能的限定要求。非金属泵的最高允许工作温度应为材料耐热温度的 60%～70%；

⑤ 气动隔膜泵隔膜材料应具有可靠的化学稳定性，同时，工作温度应小于隔膜材料的极限耐热温度。

二、 API 610 对材料的要求

API 610（第 12 版）标准对泵材料选用见表 1-88，离心泵零件材料见表 1-89，非金属耐磨部件材料见表 1-90，API 674、API 676、API 681、API 685 参照执行；离心泵部件的材料规范参见 API 610 12 版表 H.2，管道材料参见 API 610 12 版表 H.4。

表 1-88 离心泵用材料选用指南（摘自 API 610 12 版表 G.1）

使用条件	温度范围/℃	压力范围	材料等级	备注
淡水、冷凝水和冷却水塔(pH＞6)	＜93	不限	S-5	—
工业流程用水(pH＞6)	＜93	不限	S-5 或 S-6	①
沸水和锅炉供水(pH＞6)	＞93	不限	S-6 或 C-6	①
锅炉水循环器(pH＞6)	＞93	不限	C-6	—
污水、回流储罐水、排泄水以及含有水的烃类，包括回流液	＜175 ＞175	不限 不限	S-8 或 S-6 C-6	②
丙烷、丁烷、液化石油气、氨、乙烯及低温工况(最低金属温度)	230 ＞－46 ＞－73 ＞－100 ＞－196	不限 不限 不限 不限 不限	S-4 S-4 LCB S-4 LC2 S-4 LC3 A-7 或 A-8	— ⑧ ⑧ ⑧⑨ ⑧⑨

续表

使用条件	温度范围/℃	压力范围	材料等级	备注
柴油；汽油、石脑油；煤油；粗柴油；轻、中和重润滑油	＜230 230～370 ＞370	不限 不限 不限	S-4 S-6 C-6	— ②③ ②
无腐蚀性烃类，例如催化重整油、加氢裂化油、脱硫油等	230～370	不限	S-4	③
二甲苯、甲苯、丙酮、糖醛、甲乙基铜(MEK)，异丙基苯	＜230	不限	S-4	—
碳酸钠	＜175	不限	C-6	—
质量分数＜20%的苛性钠(氢氧化钠)	＜100 ＞100	不限 不限	S-4 —	④ ⑤
海水	＜95	不限	A-8，D-1，或 D-2	⑥
酸性水	＜260	不限	D-1	—
生产用后的水、地层水及盐水	不限	不限	A-8，D-1，或 D-2	⑥
硫磺(液态)	不限	不限	S-4	—
硫化催化裂化(FCC)浆	＜370	不限	C-6	⑩
碳酸钾	＜175 ＜370	不限 不限	C-6 A-8	— —
乙醇胺(MEA)、二乙醇胺(DEA)、醇胺(TEA)、原料溶液	＜120	不限	S-4	—
二乙醇胺(DEA)、醇胺(TEA)-贫溶液	＜120	不限	S-4 或 S-8	④⑦
乙醇胺(MEA)-贫溶液(只有 CO_2)	80～150	不限	S-9	④
乙醇胺(MEA)-贫溶液(CO_2 和 H_2S)	80～150	不限	S-8	④⑦
乙醇胺(MEA)、二乙醇胺(DEA)、醇胺(TEA)-富溶液	＜80	不限	S-4 或 S-8	④
硫酸 质量分数＞85% 质量分数 1%～85%	＜38 ＜230	不限 不限	S-4 A-8	② ②
质量分数＞96%的氢氟酸	＜38	不限	S-9	②

注：1. 泵零部件材料等级及标准参见 API 610（12 版）附录 H。

2. 对于不在本表内的特殊应用，应获得具体的推荐材料建议。

① 最终材料选择应考虑水的 pH 值、电导率和溶解氧含量。高纯水需要一些铬合金钢，以避免高速区的侵蚀腐蚀。

② 污水、超过 450 ℉（230℃）的碳氢化合物、酸和酸性污泥的腐蚀性可能有很大差异。应获得每种应用的推荐材料。上述材料等级适用于许多此类应用，但应进行验证。工作温度低于 150 ℉（66℃）时，也可考虑使用 S-8 材料。

③ 如果介质的腐蚀性低，S-4 级材料可用于 451～700 ℉（231～370℃）的工况。应当取得各种工作条件下的推荐材料。

④ 所有焊缝都应当消除应力。

⑤ 应当使用 UNS N08007 或 Ni-Cu 合金泵材料。

⑥ 对于海水、生产用后的水、地层水及盐水工况，买方和卖方应该共同商定最适合预定使用条件的结构材料。

⑦ 如果工况温度超过 200 ℉（95℃），卖方应当考虑泵壳与转子之间不同材料膨胀的影响，并且应证实材料的适用性。

⑧ 选择用于低温环境的材料应符合 API 610（第 12 版）6.12.4 的要求。所示铸造合金等级 LCB、LC2 和 LC3 仅供参考。LCB、LC2 和 LC3 级参考 ISO 4991。ISO 4991 的 C23-45BL、C43E2aL 和 C43L 等同于 ASTM A352/A352M，LCB、LC2 和 LC3 锻造合金使用同等材料。

⑨ 基于铝、青铜、铝青铜和镍的材料合金也可用于低至－320 ℉（－196℃）。

⑩ 由于 FCC 泥浆服务的耐磨性，可以考虑在磨损表面上额外涂覆硬质涂层，以延长零件的使用寿命。也可考虑使用衬里泵来延长零件的寿命。

表 1-89 离心泵零件材料（摘自 API 610 12 版表 H. 1）

零件	材料等级和缩写									
	材料等级	S-4①	S-5①	S-6⑥①	S-8①	S-9①	C-6	A-7	A-8	D-1⑫	D-2⑫
	完全一致材料①②	钢	钢	钢	钢	钢	12%铬钢	奥氏体不锈钢	316 奥氏体不锈钢	双相不锈钢	优质双相不锈钢
	微调材料①②	钢	钢、12%铬钢	12%铬钢	316 奥氏体不锈钢	镍铜合金	12%铬钢	奥氏体不锈钢③④	316 奥氏体不锈钢④	双相不锈钢	优质双相不锈钢
压力泵壳	是	碳钢	碳钢	碳钢	碳钢	碳钢	12%铬钢	奥氏体不锈钢	316 奥氏体不锈钢	双相不锈钢	优质双相不锈钢
内壳部件（碗形导流壳、导流体、隔板）	否	碳钢	碳钢	12%铬钢	316 奥氏体不锈钢	镍铜合金	12%铬钢	奥氏体不锈钢	316 奥氏体不锈钢	双相不锈钢	优质双相不锈钢
叶轮	是	碳钢	碳钢	12%铬钢	316 奥氏体不锈钢	镍铜合金	12%铬钢	奥氏体不锈钢	316 奥氏体不锈钢	双相不锈钢	优质双相不锈钢
泵壳耐磨环⑩	否	铸铁	12%铬钢淬火钢	12%铬钢淬火钢	硬面处理的 316 奥氏体不锈钢⑤	镍铜合金	12%铬钢淬火钢	硬面处理的奥氏体不锈钢⑤	硬面处理的 316 奥氏体不锈钢⑤	硬面处理双相不锈钢⑤	硬面处理优质双相不锈钢⑤
叶轮耐磨环⑩	否	铸铁	12%铬钢淬火钢	12%铬钢淬火钢	硬面处理的 316 奥氏体不锈钢⑤	镍铜合金	12%铬钢淬火钢	硬面处理的奥氏体不锈钢⑤	硬面处理的 316 奥氏体不锈钢⑤	硬面处理双相不锈钢⑤	硬面处理优质双相不锈钢⑤
轴④	是	碳钢	AISI 4140 合金钢	AISI 4140 合金钢	316 奥氏体不锈钢	镍铜合金	12%铬钢	奥氏体不锈钢	316 奥氏体不锈钢	双相不锈钢	优质双相不锈钢
喉部衬套⑩	否	铸铁	12%铬钢淬火钢	12%铬钢淬火钢	316 奥氏体不锈钢	镍铜合金	12%铬钢淬火钢	奥氏体不锈钢	316 奥氏体不锈钢	双相不锈钢	优质双相不锈钢
级间轴套⑩	否	铸铁	12%铬钢淬火钢	12%铬钢淬火钢	硬面处理的 316 奥氏体不锈钢⑤	镍铜合金	12%铬钢淬火钢	硬面处理的奥氏体不锈钢⑤	硬面处理的 316 奥氏体不锈钢⑤	硬面处理双相不锈钢⑤	硬面处理优质双相不锈钢⑤
级间衬套⑩	否	铸铁	12%铬钢淬火钢	12%铬钢淬火钢	硬面处理的 316 奥氏体不锈钢⑤	镍铜合金	12%铬钢淬火钢	硬面处理的奥氏体不锈钢⑤	硬面处理的 316 奥氏体不锈钢⑤	硬面处理双相不锈钢⑤	硬面处理优质双相不锈钢⑤
泵壳和密封压盖的双头螺栓	是	AISI 4140 合金钢	AISI 4140 合金钢	AISI 4140 合金钢	AISI 4140 合金钢	镍铜合金淬火钢⑧	AISI 4140 合金钢	AISI 4140 合金钢	AISI 4140 合金钢	双相不锈钢⑧	优质双相不锈钢⑧

续表

零件	材料等级和缩写										
	材料等级	S-4[⑪]	S-5[⑪]	S-6[⑥⑪]	S-8[⑪]	S-9[⑪]	C-6	A-7	A-8	D-1[⑫]	D-2[⑫]
	完全一致材料[①②]	钢	钢	钢	钢	钢	12%铬钢	奥氏体不锈钢	316奥氏体不锈钢	双相不锈钢	优质双相不锈钢
	微调材料[①②]	钢	钢、12%铬钢	12%铬钢	316奥氏体不锈钢	镍铜合金	12%铬钢	奥氏体不锈钢[③④]	316奥氏体不锈钢[④]	双相不锈钢	优质双相不锈钢
泵壳垫片	否	奥氏体不锈钢螺旋缠绕垫[⑦]	奥氏体不锈钢螺旋缠绕垫[⑦]	奥氏体不锈钢螺旋缠绕垫[⑦]	316奥氏体不锈钢螺旋缠绕垫[⑦]	镍铜合金，螺旋缠绕垫，聚四氟乙烯[⑦]	奥氏体不锈钢螺旋缠绕垫[⑦]	奥氏体不锈钢螺旋缠绕垫[⑦]	316奥氏体不锈钢螺旋缠绕垫[⑦]	双相不锈钢螺旋缠绕垫[⑦]	优质双相不锈钢螺旋缠绕垫[⑦]
出料头/外层吸入圆筒	是	碳钢	碳钢	碳钢	碳钢	碳钢	奥氏体不锈钢	奥氏体不锈钢	316奥氏体不锈钢	双相不锈钢	优质双相不锈钢
排液管/碗形导流壳衬套	否	充填碳	充填碳	充填碳	充填碳	充填碳	充填碳	充填碳	充填碳	充填碳	充填碳
过流的紧固件（螺栓）	是	碳钢	316奥氏体不锈钢[⑫]	316奥氏体不锈钢[⑫]	316奥氏体不锈钢	镍铜合金	316奥氏体不锈钢[⑫]	316奥氏体不锈钢	316奥氏体不锈钢	双相不锈钢	优质双相不锈钢

① 参见 API 610（12 版）6.12.1.5。

② 第二行上部表示壳体材料；第二行下部表示微调材料。表中材料含义如下：12%铬钢——铬质量分数 12%的钢；316 奥氏体不锈钢——含至少 2.0%（质量分数）钼；AISI 4140 合金钢——高强度钢，约含 0.40%碳、1%铬和 0.2%钼。

③ 奥氏体不锈钢包括 ISO 683-13-10/19 型（AISI 标准 302、303、304、316、321 和 347 型）。

④ 对于轴裸露在液体中和衬套中运转的立式悬吊泵（VS1、VS2、VS3、VS4、VS6 和 VS7 型），标准的 S-4、S-5 级轴材料为 12%铬钢。如果使用条件允许，悬臂式（VS5 型）泵可以采用 AISI 4140 合金钢（见 API 610 表 G.1，即本书表 1-88）。

⑤ 除另有规定外，对每种具体应用条件是否需要采取硬面处理和特殊的硬面覆盖材料，应当由卖方决定并且在报价单中给以说明。硬面处理的替代办法可以包括采用宽松的运转间隙（API 610 6.7.5）或采用无咬合倾向的材料，这应取决于抽送液体的腐蚀性。

⑥ 对于应用于管道的 VS6 和 VS7 型泵，最高工作温度为 130 ℉（55℃）的工况下，买方可考虑在 S-6 材料栏中选择碳钢碗形导流壳。买方应在数据表中标明（API 610 附录 N）

⑦ 对于轴向剖分泵，应选择适用于该场合的密封垫片。缠绕式垫片应包含合适的填充材料。如果证明适合使用并经买方批准，可建议和提供螺旋缠绕以外的垫圈。参见 API 610 6.3.12。

⑧ 除另有规定外，AISI 4140 合金钢可以用于非过流部件（即流动介质不接触的）的泵壳和密封压盖的双头螺柱。

⑨ 某些应用场合可能需要高于 API 610 表 H.2 中所列双相不锈钢等级的合金。

“优质双相不锈钢”材料级别与耐点蚀当量值（PRE）大于 40 是必要的。

当 PRE 值以化学成分分析为依据时，PRE≥40。

PRE$=w_{Cr}+3.3w_{Mo}+16w_N$，其中 w 是下标所示元素的质量分数。

注意：也可以考虑采用诸如“优质双相不锈钢”的替代材料。

⑩ 非金属磨损件材料如果被证实适合于规定的工艺流程液体，则 API 610 表 H.3（API 610 6.7.5.c）中所列的应用场合限定范围可以予以推荐。

⑪ 如果工作温度超过 95℃，卖方应当考虑在泵壳和转子之间不同材料膨胀的影响并应证实材料的适用性。

⑫ 对于可产生巨大热膨胀差异的场合，如果使用的是奥氏体不锈钢紧固件，也可使用具有适当耐腐蚀性的替代性紧固件，如含 12%或 17%铬的马氏体不锈钢。

表 1-90　非金属耐磨部件材料（摘自 API 610 12 版表 H. 3）

材料		温度限定值		应用
		最低	最高	
聚醚醚酮(PEEK)填充短碳纤维		−30℃(−20℉)	135℃(275℉)	静止件
聚醚醚酮(PEEK)用连续碳纤维缠绕		−30℃(−20℉)	230℃(450℉)	静止件或转动件
可溶性聚四氟乙烯/碳纤维(PFA/CF)填充碳纤维		−50℃(−46℉)	230℃(450℉)	静止件
碳石墨	浸渍树脂	−50℃(−55℉)	285℃(550℉)	静止件
	浸渍巴氏合金	−240℃(−400℉)	150℃(300℉)	
	浸渍镍	−240℃(−400℉)	400℃(750℉)	
	浸渍铜	−240℃(−400℉)	400℃(750℉)	

注：1. 已被证实与规定的流程流体相容的非金属耐磨零件材料可以在上述限定值所限定的范围内使用。参见 API 610 6.7.5c。

2. 可以选取这些材料制成耐磨零件，与适当的金属材料制成的耐磨零件配对使用。例如，淬火的 12%铬钢或表面硬化奥氏体不锈钢。

3. 如果能提供经证明的使用经验，并且如果买方批准，可以使用超出以上限定的材料。

三、 API 675 对材料的要求

计量泵主体材料选用指南见表 1-91，其他材料规范参见 API 675—2012 表 B. 1。

表 1-91　计量泵材料选用指南

输送液体	阀		柱塞泵		隔膜泵		
	密封面及阀座	球	缸体	柱塞	泵头	过流端隔膜	动力端隔膜
液氨(无水)	316SS	440SS	碳钢	440SS	碳钢	TFE	TFE
二硫化碳	316SS	陶瓷	316SS	陶瓷	316SS	TFE	TFE
四氯化氮	316SS	陶瓷	316SS	陶瓷	316SS	TFE	TFE
柠檬酸	316SS	陶瓷	316SS	陶瓷	316SS	TFE	TFE
氯化铜	哈氏合金 C	陶瓷	哈氏合金 C	陶瓷	哈氏合金 C	TFE	TFE
甲氧甲酚	316SS	陶瓷	316SS	440SS	316SS	TFE	TFE
碱类	316SS	440SS	碳钢	440SS	碳钢	TFE	TFE
二乙醇胺	316SS	陶瓷	碳钢	440SS	碳钢	TFE	TFE
二甘醇	316SS	440SS	碳钢	440SS	碳钢	TFE	TFE
二甲胺	316SS	440SS	碳钢	440SS	碳钢	TFE	TFE
乙二醇	316SS	440SS	碳钢	440SS	碳钢	TFE	TFE
助滤剂浆料	316SS	陶瓷	316SS	陶瓷	316SS	海帕伦①	TFE
氟利昂(27℃)	316SS	陶瓷	碳钢	陶瓷	碳钢	TFE	TFE
五倍子酸(5%)	316SS	陶瓷	316SS	陶瓷	316SS	TFE	TFE
氟化氢	蒙乃尔合金	K 蒙乃尔	蒙乃尔	K 蒙乃尔	蒙乃尔	TFE	TFE
异丙醇	316SS	陶瓷	碳钢	陶瓷	碳钢	TFE	TFE
四乙基铅	316SS	陶瓷	316SS	陶瓷	316SS	TFE	TFE
甲醇	316SS	陶瓷	碳钢	陶瓷	碳钢	TFE	TFE

续表

输送液体	阀		柱塞泵		隔膜泵		
	密封面及阀座	球	缸体	柱塞	泵头	过流端隔膜	动力端隔膜
吗啉	316SS	陶瓷	316SS	陶瓷	316SS	TFE	TFE
铬酸钾	316SS	陶瓷	316SS	陶瓷	316SS	TFE	TFE
氢氧化钠(50%)	316SS	440SS	碳钢	440SS	碳钢	TFE	TFE
硫化钠	316SS	陶瓷	碳钢	440SS	碳钢	TFE	TFE
熔融硫	316SS	陶瓷	316SS	440SS	316SS	TFE	TFE
硫酸(<93%)	20合金	陶瓷	20合金	陶瓷	20合金	TFE	TFE
硫酸(一般浓度)	20合金	陶瓷	20合金	陶瓷	20合金	TFE	TFE
磷酸三钠溶液	316SS	440SS	碳钢	440SS	碳钢	TFE	TFE

注：1. 填料材料为PTFE（聚四氟乙烯）。

2. 对于各种碳氢化合物可参照制造厂商产品样本选取。

① 指Hypalon，氯磺化聚乙烯。

·第六章·
监测、保护系统及预测性维护

泵种类繁多且广泛应用于各类工业装置中，泵组配置仪表监测、控制和保护系统的目的是监测泵组的运行状态、确定泵组及其附属系统工作是否正常、早期发现泵组零部件的故障、做出预测性维护计划、减少非计划性停机、避免灾难性事故的发生。监测仪表、控制和保护系统设置一般要满足：

（1）不同类型工业装置工艺操作的要求及保护工艺装置（或装置内其他设备）的要求；

（2）泵本身安全高效运行的要求以及运行状态监测的要求；

（3）附属系统，如润滑油站，控制保护要求；

（4）驱动系统的控制保护要求。

涉及工艺装置的要求与具体的工艺有关，不在本章讨论的范畴，同时对于需配置润滑油站的大型泵组，API 614 已对润滑油站提出了较为详细的要求，对润滑油站本身的控制保护及监测本章也不予讨论。本章仅讨论泵本体及其驱动系统的监测、控制和保护要求。

第一节　仪表和控制的总体要求

泵的监测可分为在线实时监测和离线周期性监测两大类，在线实时监测又分为有线传输和无线传输两种模式，对于装置内大多数工艺流程泵（范围），应采用在线实时监测并配置状态分析系统；其他泵可以考虑离线周期性监测（如采用便携式监测仪）。

（1）在线监测仪表、控制和保护系统的设置要考虑泵的用途、在装置中的重要程度（停泵造成的生产损失）、泵失效概率、失效模式、事故造成的二次危害、进行维修所花费的成本及时间、操作条件、操作方式、操作经验等。作为一般性的原则可以考虑下述两个因素：

① 可靠性原则　可靠性原理的第一条是简单就是可靠，因此在配置监测、控制及保护系统时，要避免配置过多的、没有太大必要的仪表，如果设置过多没有必要的仪表及控制、保护系统，不仅不能增加泵组的可靠性而且还会成为事故源。

② 经济性原则　监测、控制及保护系统的配置要考虑到经济性，如一次投资和以后的维护费用等。

同时泵的监测、控制和保护也要考虑到环境保护的需要，如泵泄漏时对环境的影响。

（2）根据泵的类型、结构特点、零部件失效模式，确定要监测的物理参数。常用的监测参数有电流监测、温度监测（如轴承温度、润滑油温度、壳体温度、电机定子绕组温度）、腐蚀监测、泄漏监测（如往复泵进出口阀门泄漏、机械密封泄漏）、压力监测（进出口压力）、流量监测、转速监测、相位监测、轴承座振动监测、轴振动监测、轴位移监测、轴向推力监测、扭矩监测、无密封泵轴承磨损监测、润滑油分析等。

（3）根据监测的物理参数选择监测方法、监测仪表及安装位置。通过监测、记录，分析泵的某些部件的物理参数，来判断泵的运行状态，进行控制和保护，并根据记录的监测数据的变化趋势做出停泵检修计划。

第二节 泵的监测、保护系统

一、离心泵的监测、保护系统

工业装置内离心泵的监测和保护，根据泵型和最终选型结果，可以简单地分为两类：一类是对于一些关键位置的泵（装置进料泵、锅炉给水泵、循环水泵等）、大型泵组（BB5、BB3 型泵）、能量回收透平等，这一类泵往往配备了比较完善的轴系监测仪表（例如轴承温度、轴振动、轴位移、键相位、转速监测探头），通过在线获取泵的运转指标参数，传输至用户 DCS 或专用状态分析系统中进行状态监测、报警和保护；另一类约 90%数量以上的绝大部分工艺流程泵（OH2、BB2、VS6 型泵），是通过在泵体上安装振动-温度一体化探头，组建局域网的方法，将数据传输至专用服务器进行泵群的状态监测，从而实现其预测性维护。

1. 大型离心泵组的监测及保护

大型离心泵组，例如装置进料泵、锅炉给水泵、循环水泵等，根据其在工艺流程中的重要性，往往配置了较为齐全的轴系监测仪表，如表 1-92 所示。

表 1-92 大型离心泵监测控制项目（X 表示选择项）

监测项目	就地指示	报警	停机	备注
润滑油温度(包括电机、齿轮箱)	X			配备油站
轴承温度(包括电机、齿轮箱)		X		
壳体温度①		X		
泵出口介质温度		X		
电机定子绕组温度		X	X	
主电机电流			X	
主电机内部吹扫风压力		X	X	对于增安型/正压型电机
主电机漏水保护		X		对于水冷电机
泵轴振动(X,Y 方向)		X		对于滑动轴承
泵轴位移		X	X	
泵轴相位				
齿轮箱高速轴振动(X,Y 方向)		X		配备齿轮箱
机械密封液压力②	X	X		
机械密封液液位②	X	X		
泵入口压力	X	X		
泵出口压力	X	X		

① 高温泵壳体温度的监测主要用于在中大型泵启动前暖泵时，控制泵壳体的升温速度以及泵壳体不同位置的温差，以免产生过大的内部变形。

② 机械密封系统压力监测要求，参阅本篇第二章。

表 1-92 是大型离心泵组常用的监测控制项目及配置的一般原则，可根据泵实际用途及操作经验进行增减。

(1) 轴功率监测 泵的轴功率监测可以通过测量电机的电流、电机的功率以及测量联轴器传递的扭矩来实现。通过测量电机电流、功率的方法来推算泵的轴功率，这种方法虽然不直接，但是一次投资较低，被广泛采用。

(2) 轴承温度监测 轴承温度可以通过两种监测方式，一种是监测润滑油温度，另一种是监测轴承的金属温度。

对于滚动轴承，可采用监测轴承外圈的温度方式监测金属温度，一般来说滚动轴承金属的温度极限为 150℃，泵的滚动轴承一般不会达到这么高的温度，但是温度高可能会导致润滑失效，由此而引发损坏；API 610 规定，采用甩油环、飞溅润滑时，油池润滑油温度应低于 82℃，泵在车间试验时，油池润滑油温升应低于 40℃，滚动轴承外圈金属温度应低于 90℃。

对于滑动轴承，可采用插入式热电阻或埋入式热电阻监测轴瓦金属温度，安装方式如图 1-64 所示。埋入式热电阻距巴士合金层更近（约 0.8mm），测量的温度比插入式更准确。

API 610 规定，采用压力润滑时，出口油温应低于 70℃；轴承金属温度低于 93℃；泵在车间试验时，轴承油温升高不应超过 28℃。

滑动轴承的温度高报警、高高报警（停车）值，与轴承的巴氏合金材料有关，应取得轴承制造厂的详细资料。

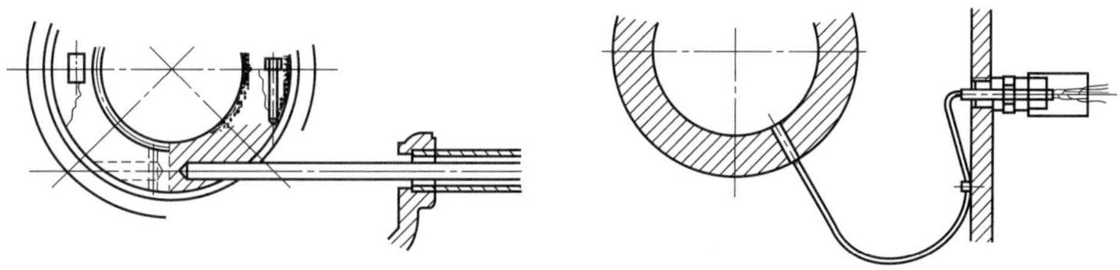

(a) 插入式热电阻　　　(b) 埋入式热电阻

图 1-64　滑动轴承金属测温安装示意图

（3）振动监测　振动监测是回转设备故障诊断的重要手段，通过测量采集振动信号进行频谱分析，确定事故源。

滚动轴承刚性大、阻尼低，轴的振动可以较完全地传到轴承箱上，因此测量轴承箱的振动就足够了，通常采用速度探头监测振动；而滑动轴承具有较低的刚性和较大的阻尼，因而存在轴振动大而轴承箱测得的振动并不大的可能，所以最好直接测量轴的振动，采用安装两个相差 90°非接触式电涡流振动探头进行监测，典型安装方式如图 1-65 所示。

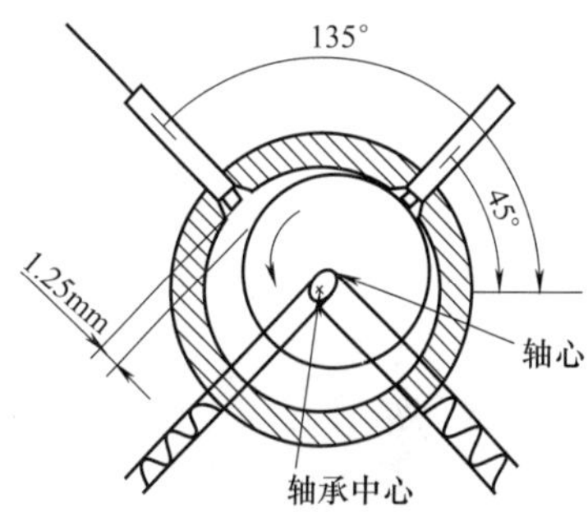

图 1-65　非接触式振动探头安装示意图

不同行业使用的不同标准的泵，振动限制值也不同，具体详见各相关标准。

（4）轴位移监测　装置内关键多级离心泵还可以通过安装非接触探头的型式进行轴位移监测，设置三取二或二取二联锁保护。轴位移探头安装在泵非驱动端轴伸处。

（5）电机定子绕组监测　对于大中型电机，在其电子绕组中每相一般都埋入两个热电阻，以监测定子绕组的温度，防止温度过高损坏绝缘或影响电机的寿命。定子温度的允许值和电机的绝缘等级有关，绝缘材料按耐热能力分为 Y、A、E、B、F、H、C 共 7 个等级，其极限工作温度分别为 90℃、105℃、120℃、130℃、155℃、180℃及 180℃以上。监测的电机定子温度应低于所用电机绝缘等级对应的温度。

（6）电机冷却器漏水监测　对于设置上水冷的电机应设置冷却器漏水报警。

（7）电机吹扫压力监测　根据 GB/T 3836.3—2021、GB/T 3836.5—2021 的规定，当主电机采用增安型或正压型电机时，应当对吹扫风压进行监测，尤其对于正压型电机，当吹扫风压、泄漏补偿风压不满足要求时，需要立刻停机。

2. 小型离心泵的监测及保护

对于装置内绝大多数的离心泵，采用在轴承箱处安装监测传感器，集中设置网关，将数据通过网关无线或有线传输至监测机柜的方式进行状态监测，主要监测项目如表 1-93 所示。

表 1-93 小型离心泵监测控制项目（X 表示选择项）

监测项目	就地指示	报警	停机	备注
泵轴承箱温度、振动		X		采用集成测温功能的单轴向或三轴向的加速度传感器
电机定子绕组温度		X	X	
主电机电流			X	
主电机内部吹扫风压力		X	X	对于增安型/正压型电机
主电机漏水保护		X		对于水冷电机
机械密封液压力	X	X		
机械密封液液位	X	X		

(1) 泵的轴承箱温度、振动监测　对于装置内绝大多数单级悬臂、两端支承、立式筒袋型离心泵，监测其轴承箱处的振动、温度（主要是监测润滑油温度变化的趋势）对于监控泵的运转状态具有很重要的意义。早些年，装置内此类泵的巡检还是采用手持式测振仪和测温枪的方式人工进行定时监测，现场工作量较大，近些年，随着监测手段和技术的发展，可以通过在轴承箱处设置集成测温功能的单轴向或三轴向的加速度传感器来实现对泵的在线监测，并将数据通过局域网有线或无线传输至监测机柜。

泵的在线监测按数据通信路由可分别采用有线模式、无线模式及半无线模式。

有线模式：传感器（有线或电池供电）数据通过信号线连接到数据采集器（有线供电），数据采集器通过网线/光纤连接到服务器。

无线模式：无线传感器（电池供电）数据通过无线将数据传递到网关（宜有线供电），网关通过无线方式连接到服务器。

半无线模式：传感器（有线或电池供电）数据通过信号线将信号传递到数据采集器（有线供电），数据采集器通过无线连接到服务器，或传感器（电池供电）数据通过无线将数据传递到网关（宜有线供电），网关通过光纤、网线将其传输到服务器。

传感器是数据采集单元的核心部件，它采用振动和温度采集一体化设计，与数据传输模块集成在一起，采用电池供电。它能够实时监测（每 5min 上传一次指标数据、每 2h 上传一次波形数据给数据监测通信站计算）、感知和采集网络覆盖区域内监测对象的振动温度信息，并对其进行处理，处理后的信息通过有线或无线方式发送，并以自组多跳的网络方式传送给装置操作人员。一体化传感器原理图如图 1-66 所示。

有线传输方式的一体化传感器和整体电缆组件的总体物理长度约为 1000mm，从探头源（传感器安装面）端到连接器进线口端最大总体物理长度小于 800mm，不锈钢铠装管连接到传感器上，其延伸到连接器内部的长度约为 100mm。示意图见图 1-67。

无线传输方式的传感器宜采用内置天线，在最高 80℃使用，环境温度下防爆等级不低于 Ex ia ⅡC T4 Ga，防护等级不低于 IP67。

现场网关预留网络接口、4G/5G（第四代或第五代移动通信技术）接口等其他通信接口，能够接入工厂无线网络。

振动-温度一体化传感器安装简单、方便，机泵设计时应事先预留传感器的安装位置。在厂家推荐使用单轴传感器的地方，在中心位置处预留 M6mm×8mm 的安装孔标准；在推荐使用三轴传感器的位置上，还要在周围直径为 100mm 的圆周上均匀间隔预留四个 M6mm×5mm 的螺栓孔，便于确定 X 和 Y 轴的方向。平台尺寸应不小于 100mm×100mm。

① 卧式泵振动测量的典型传感器位置示意图见图 1-68。

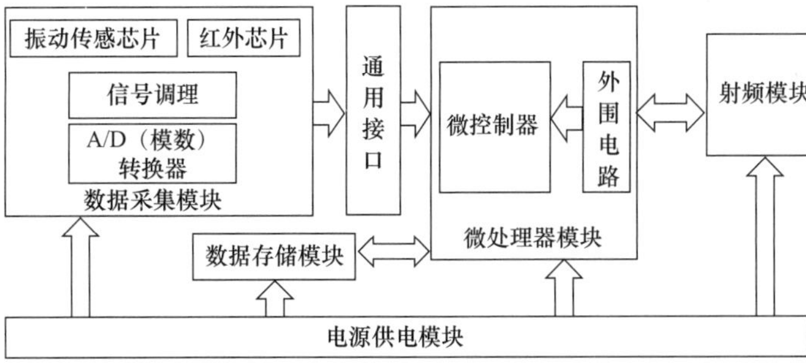

图 1-66　一体化传感器原理图

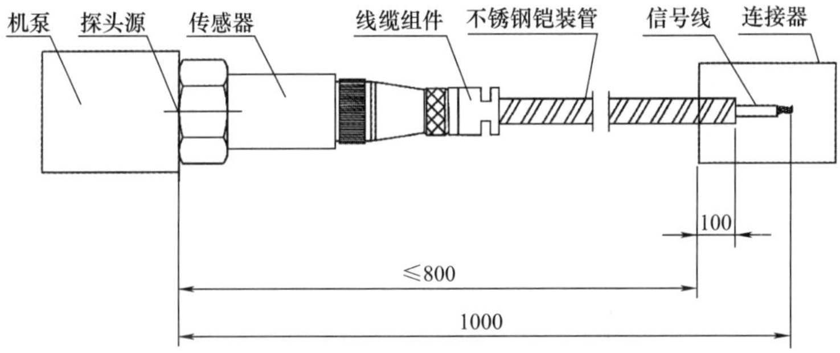

图 1-67　有线传输一体化传感器连接尺寸示意图

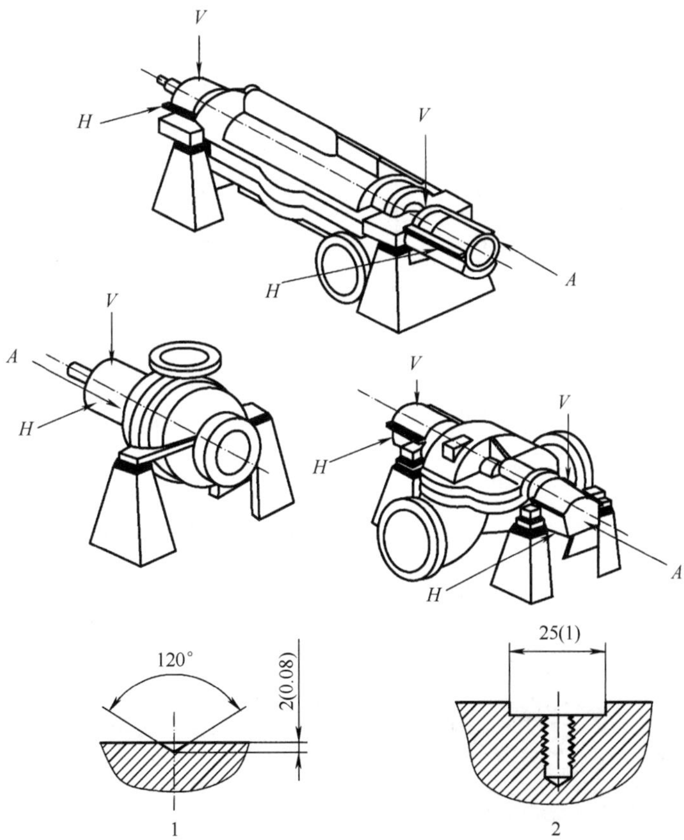

图 1-68　卧式泵振动测量的典型传感器位置示意图

A—轴向；*H*—水平方向；*V*—垂直方向；1—凹坑；2—安装振动测量设备的可选布置形式

② 立式悬吊泵振动测量的典型传感器位置示意图见图 1-69。

③ 立式泵振动测量的典型传感器位置示意图见图 1-70。

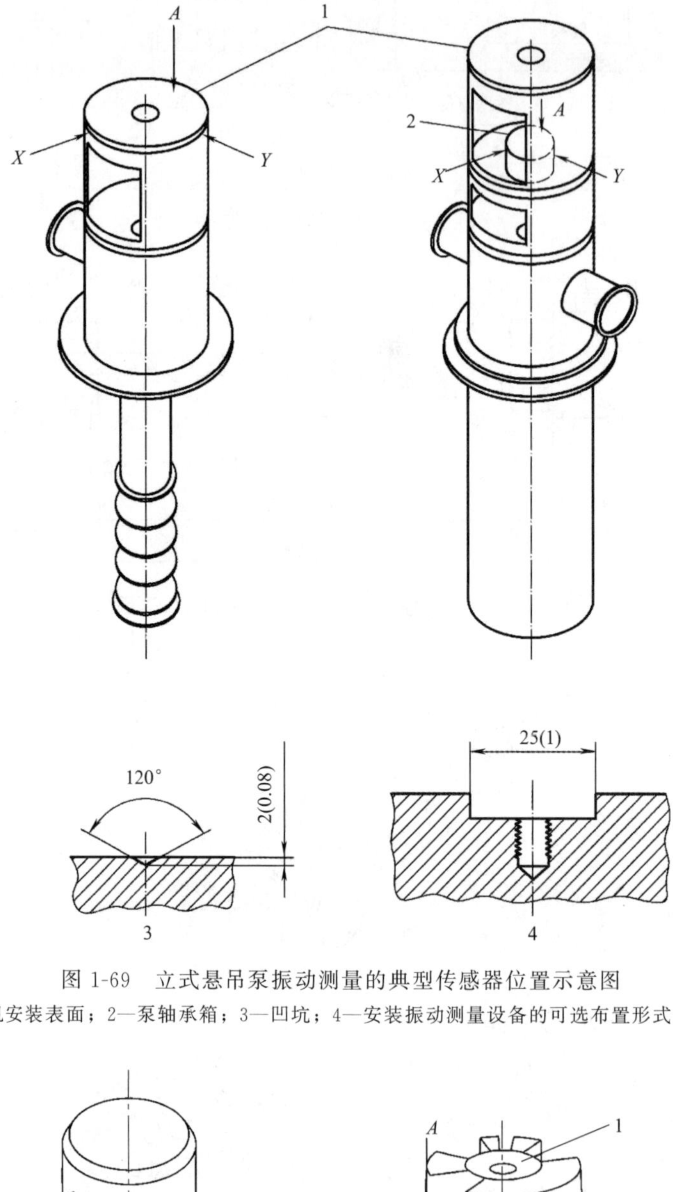

图 1-69 立式悬吊泵振动测量的典型传感器位置示意图

1—驱动机安装表面；2—泵轴承箱；3—凹坑；4—安装振动测量设备的可选布置形式；A—轴向

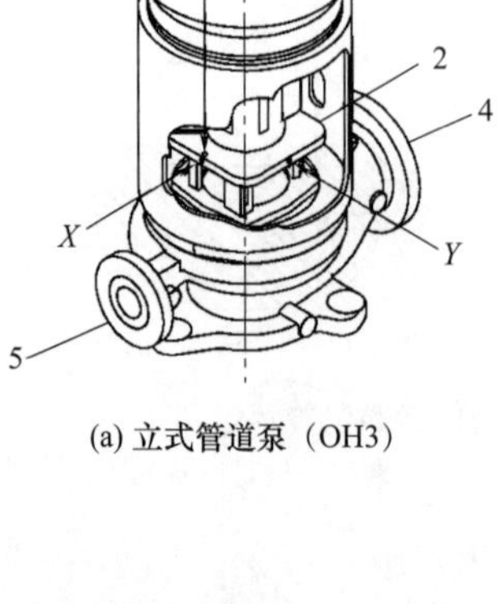

(a) 立式管道泵（OH3）

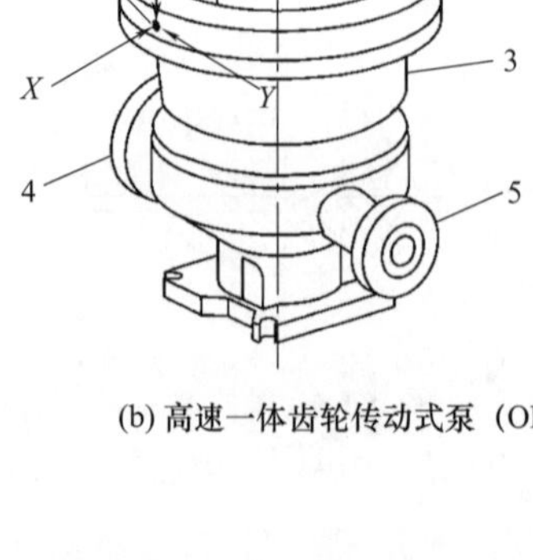

(b) 高速一体齿轮传动式泵（OH6）

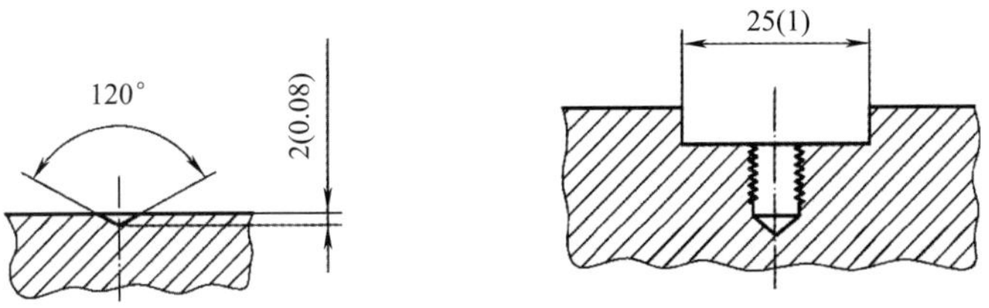

(c) 凹坑　　　　(d) 安装振动测量设备的可选布置形式

图 1-70　立式泵振动测量的典型传感器位置示意图

1—驱动机安装表面；2—泵轴承箱；3—齿轮箱；4—吸入法兰；5—排出法兰；
6—用螺柱安装振动传感器的螺纹接口；A—轴向

（2）泵群的状态监测系统　装配有一体化监测传感器的离心泵，自动将采集到的数据通过专用网络传输至泵群状态监测系统进行数据处理，从而监测泵的运行状态，并及时做出故障预判。

泵的状态监测系统主要是采用在线实时监测与离线周期性监测相结合的模式，在足够宽的频率范围内测量泵运行过程中的振动（有效值）、温度（有效值）及其每路振动变量在内的数字信号，其中包括不平衡、不对中、轴承损坏、齿轮损坏等有关的频率成分，频率范围一般为 10～10000Hz，甚至更高一些。往往在泵内部损伤还未影响到泵实际工作前，与故障相关的频率成分已经在频谱信息上反映出来。描述振动相应的三个参数是位移、振动和加速度。一般情况下，低频时振动强度由位移值度量；中频时振动强度由速度值度量；高频时的振动强度由加速度值度量。

① 泵的状态监测系统架构　泵的状态监测系统一般由数据采集层、数据传输层、数据应用层应用软件系统等组成。其监测系统架构见图 1-71。

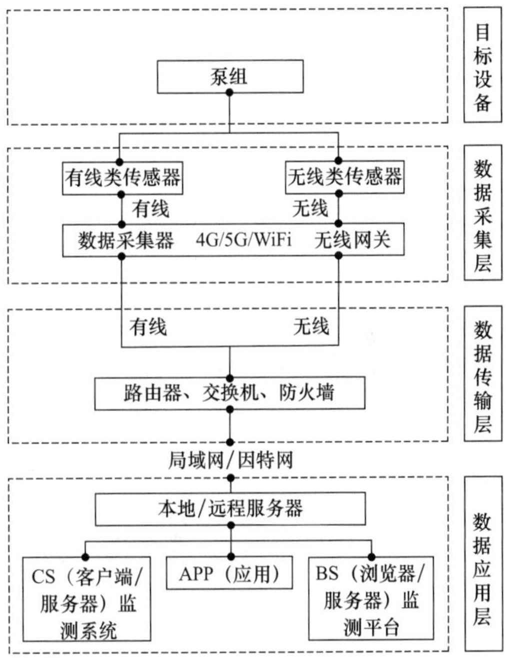

图 1-71　泵监测系统组成架构图

②泵运行状态的故障分析诊断　泵状态监测系统提供设备故障智能分析模块，为状态监测工程师做出正确的判断提供参考依据。实现振动时域分析与频域分析方法的结合，给出辅助诊断结果。直接给出各项故障征兆的量化指标，实现早期故障的预警。依据故障征兆分析的结果，实现对设备运行状态的可视化分类显示。

泵状态监测系统应根据预先设定的报警策略，对各种异常状态发出报警信号，并且报警信号可远传，报警功能限值可修改。报警功能限值设置参照 GB/T 6075.3—2011。采用组合式（包括趋势和阈值）报警策略防止误报和漏报，振动和温度在标准阈值范围内，要设置瞬间波动报警，波动量在 10%～30%时，应主动报警提示管理人员。

泵状态监测系统配备 RS485 接口，支持 Modbus 等协议，可接入用户 DCS，实现数据共享，服务器端能保存≥3 年的运行数据。系统能够建立和修改报表，并可以对报表的各个字段进行组态，生成 Excel 格式报表，并可进行打印。在客户端操作站上可以完成复杂运算的报表生成功能。所有的超标参数均以不同的颜色显示，并可生成各种统计图形。

3. **机械密封状态监测**

对于安装机械密封的离心泵，其运行状态对于整个泵组至关重要，现有的机械密封监测技术主要有基于密封冲洗系统的状态监测和基于密封本体的监测技术。

（1）工业大数据在密封监测系统上的应用

① 工业大数据监测原理　工业大数据监测原理主要是通过多种传感设备获取密封机械运行状态的各种数据，对监测数据进行收集、分类、存储，结合物理模型和数据驱动双重方式，提取挖掘出信号中蕴藏的密封设备状态变化特征信息，计算分析出设备的健康状况指数及剩余有效使用寿命，从而指导密封设备的维护维修。

② 机械密封状态监测简介　密封监测系统是将传感技术、边缘计算技术、通信技术、计算机技术、现代信号分析技术等集成应用于工业领域的典型产品。基于机械密封设计、加工、安装、试验、运行、维护、检修的整个过程，调研工业泵用机械密封装置的具体使用状况，建立密封监测系统通用结构。

密封监测系统通过对密封设备进行实时状态数据采集，将密封相关监控点信号数据传输到数据中心，由密封监测系统对其运行状态进行实时监测。具体过程为监测系统平台将密封相关监测信号进行实时数据分析，对监测信号进行分析处理，主要借助现代信号处理方法及人工智能算法。之后结合专家知识对监测数据进行综合分析，并对系统分析结果进行审核，定期给出泵用机械密封运行状态监测报告，用于指导现场设备的维护维修及设备管理。

（2）基于机械密封典型冲洗系统的机械密封状态监测　通常的旋转泵用机械密封结构并不复杂，其主要部件就是动静环配对的端面，其中动环与泵轴保持同样的转速。配对的动静环端面用来实现泵运行时对泵送介质的密封。机械密封运行时密封端面的性能及密封效果很难通过直接监测的方法来监控，也很难提前预防密封的失效。因此，对机械密封传统上最好的监测方法是间接监测，利用机械密封外围辅助系统配置的仪表，如压力计、温度计、流量计、液位计等来间接监测机械密封的工作状况。将与机械密封失效有关联的相关介质或封液的压力、温度、流量、液位等密封辅助系统上监测到的参数作为分析判断密封运行状态的主要手段。

根据 API 682 标准，常用的配置监测仪表的密封冲洗方案见表 1-94，通过这些仪表反映出的密封冲洗系统的关键运行数据，即可监测密封的运转状态和判断密封是否发生泄漏。

表 1-94　密封冲洗方案仪表测点

密封冲洗方案	就地压力	就地温度	就地流量	远传流量	远传压力	就地液位	远传液位
Plan 21		●					
Plan 23		●					
Plan 32	●	●	●				
Plan 52					●	●	●
Plan 53A					●	●	●
Plan 53B	●	●			●		
Plan 53C		●			●(压差)		●
Plan 65A							●
Plan 65B							●
Plan 72				●	●		
Plan 74				●	●		
Plan 75					●		●
Plan 76					●		

下面对几种常用的密封冲洗系统如何通过仪表监测判断密封是否发生泄漏，进行简要介绍。

① Plan 52 系统 如图 1-72 所示，该冲洗系统的密封主要用于泵送的是易挥发介质，串联式密封间的密封缓冲液通过外侧密封的泵送环提供动力输出到外部的储罐内进行换热，冷却后的液体再进入密封腔体。正常工作时，储罐内液体容积维持基本的恒定。储罐上配置有液位视镜，可观察储罐内液位的高低，如果密封工作在一个较好的状态，储罐内液位经过很长的时间才会缓慢降低，这时需要对储罐补液以补充外侧密封正常少量泄漏造成的密封缓冲液消耗。

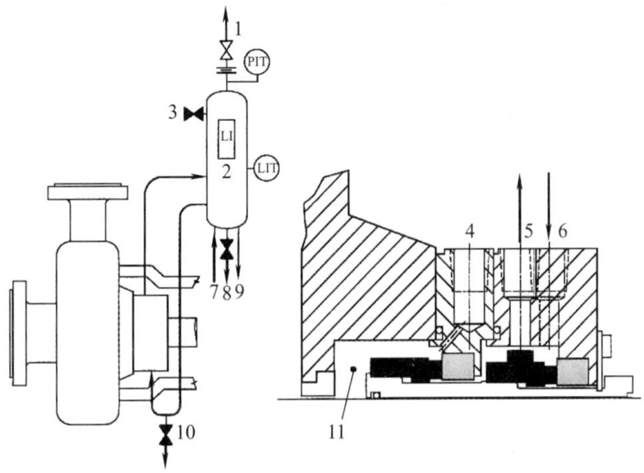

图 1-72 Plan 52 系统

1—到收集系统；2—储罐；3—缓冲液加注口；4—冲洗口；5—缓冲液入口；6—缓冲液出口；
7—冷却水进口；8—缓冲液储罐排液口；9—冷却水出口；10—缓冲液排液口；11—密封腔

正常时，压力变送器测量的压力略高于火炬背压，如果压力变送器测量压力变高，可以判断串联双密封的泵介质侧的密封发生泄漏失效，因泄漏的易挥发介质在储罐内汽化，造成压力的升高。

如果监测到储罐内液位很快升高，则可能是泵介质侧密封严重失效发生大漏，以致泄漏介质来不及完全汽化就从排火炬管路排走，从而造成储罐内液位迅速升高。

如果监测到储罐内液位下降较快，则可以判断大气侧密封失效泄漏。

② Plan 53A 系统 如图 1-73 所示，该冲洗系统的双密封间充满的是高于泵送介质压力的隔离液，隔离液通过外侧密封的泵送环提供动力输出到外部的储罐内进行换热，冷却后的液体再进入密封腔体。正常工作时，储罐内液体容积维持基本的恒定，储罐上配置有液位视镜可观察储罐内液位的高低。如果密封工作在一个较好的状态，储罐内液位经过很长的时间才会缓慢降低，一旦降低到设定值时，这时需要对储罐补液以补充内外侧密封正常少量泄漏造成的密封隔离液消耗。

密封工作状况可以通过监测储罐内液位的高低来判断，如果储罐内液位显著下降，而在泵的轴端又无可见泄漏，则可以判断内侧密封失效。如果储罐内液位显著下降，在泵轴端有可见的隔离液泄漏，则可以判断外侧密封发生失效泄漏或内外侧密封均发生失效泄漏，需要立即停泵检修。

③ Plan 53B 系统 如图 1-74 所示，该冲洗系统的双密封间充满的是高于泵送介质压力的隔离液，隔离液通过外侧密封的泵送环提供动力输出到外部的换热器内进行换热，冷却后的液体再进入密封腔体。外部管路接有蓄能器，蓄能器能储存隔离液以补偿双密封的正常泄漏造成的隔离液减少，同时维持相对恒定并高于泵送介质的封液压力。

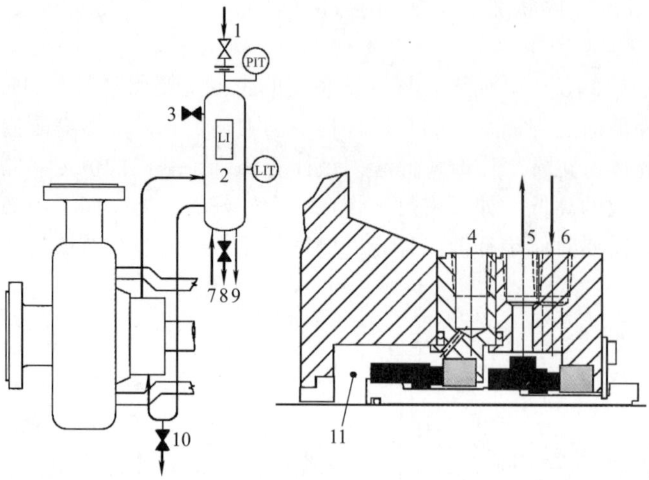

图 1-73 Plan 53A 系统

1—来自外部压力气源；2—储罐；3—隔离液加注口；4—冲洗口；5—隔离液出口；6—隔离液出口；
7—冷却水进口；8—隔离液储罐排液口；9—冷却水出口；10—隔离液排液口；11—密封腔

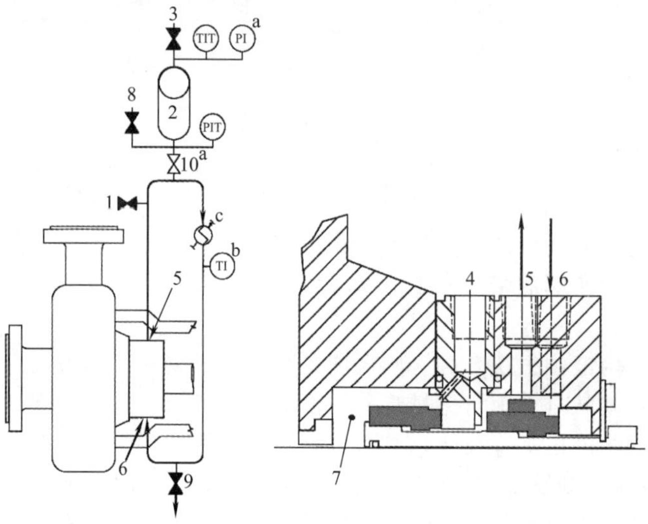

图 1-74 Plan 53B 系统

1—隔离液加注口；2—囊式蓄能器；3—囊式蓄能器充气口；4—冲洗口；5—隔离液出口；6—隔离液出口；
7—密封腔；8—排气口；9—隔离液排液口；10—阀（用于检查囊式蓄能器的气囊）；
a—选配，蓄能器顶部安装压力表和阀 6 来检查囊式蓄能器是否完好；b—选配；
c—冷却器（也可采用一个立式翅片式冷却器）

密封工作状况可以通过监测气囊侧压力变送器压力变化来判断，如果压力下降很快，而在泵的轴端又无可见泄漏，则可以判断内侧密封失效。如果压力下降很快，在泵轴端有可见泄漏，则可以判断外侧密封发生失效泄漏或内外侧密封均发生失效泄漏，需要立即停泵检修。

密封隔离液通过系统上配置的换热器进行冷却，换热器出口接有温度表，监测密封液温度的变化。如果温度升高，监测系统冷却水与压力变送器压力指示无异常的情况下，可能密封发生干磨，需要停机检查维护。

④ Plan 53C系统　如图1-75所示，该冲洗系统的双密封间充满高于泵送介质压力的隔离液，隔离液通过外侧密封的泵送环提供动力输出到外部的换热器内进行换热，冷却后的液体再进入密封腔体。外部管路接有增压装置，增压装置一方面能保证密封隔离液始终高于泵送介质的压力，同时还储存隔离液以补偿双密封的正常泄漏造成的隔离液减少。

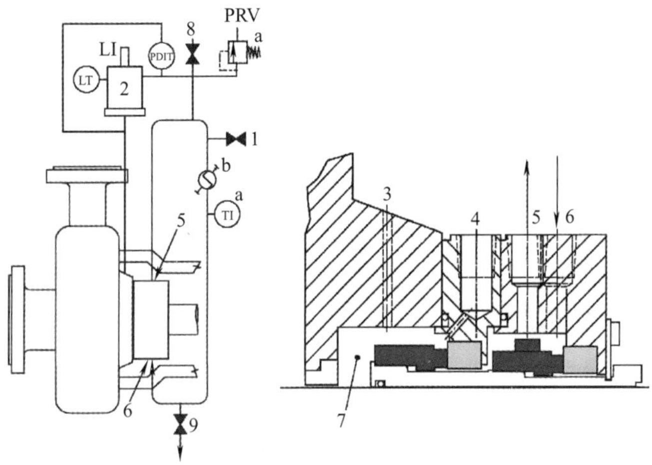

图1-75　Plan 53C系统

1—隔离液加注口；2—增压罐（活塞式蓄能器）；3—参考压力口；4—冲洗口；5—隔离液出口；6—隔离液出口；7—密封腔；8—排气口；9—隔离液排液口；a—选配；b—冷却器（也可采用一个立式翅片式冷却器）

增压装置接有差压变送器，以监测密封隔离液与泵送介质间是否有相对恒定的压差。如果增压装置内液位显著下降，而在泵的轴端又无可见泄漏，则可以判断内侧密封失效。如果增压装置内液位显著下降，在泵轴端有可见泄漏，则可以判断外侧密封发生失效泄漏或内外侧密封均发生失效泄漏，需要立即停泵检修。

密封隔离液通过系统上配置的换热器进行冷却，换热器出口接有温度表，监测密封液温度的变化。如果温度升高，监测系统冷却水与压力变送器压力指示无异常的情况下，可能密封发生干磨，需要停机检查维护。

(3) 基于机械密封本体的密封端面监测技术　长期以来，已有不少学者致力于密封监测技术的研究，其中尤其针对端面信息的监测。目前已取得了一系列的成果，并陆续开发出一些监测系统。关于机械密封监测技术的分类方式很多，在此按测量参数与密封工作状态的相关性进行分类，可以分为直接参数测量和间接参数测量。其中直接参数测量是指所测信号能够直接反映机械密封的状态信息，如端面温度、压力、扭矩和间隙等；而间接参数测量所测信号则不能直接反映密封的工作状态，通常需先对其进行特征分析，如超声波和声发射监测等。下面为目前采用的主要监测方法：

① 端面温度监测技术；②端面压力监测技术；③端面扭矩监测技术；④端面间隙监测技术；⑤超声波监测技术；⑥声发射监测技术。

二、往复泵及计量泵的仪表和控制

往复泵及计量泵常见的仪表监测控制项目见表1-95，可根据泵的大小、实际结构形式进行增减。

表 1-95　往复泵及计量泵常见的仪表监测控制项目（X 表示选择项）

监测控制项目	报警	停机	监测控制项目	报警	停机
超速	X	X	润滑油温度(高低)	X	
备有润滑油泵启动	X		润滑油箱液位(高低)	X	
液体缸润滑失效	X		润滑油压力	X	X
电机定子绕组温度	X	X	机架润滑系统压力	X	X
轴承温度	X	X	阀门泄漏	X	
填料温度	X	X	隔膜破裂	X	
润滑油过滤器差压高	X				

当计量泵采用双隔膜结构时，可设置隔膜破裂监测装置（压力开关）。

对于往复泵和计量泵的进出口阀门可以进行声学监测，监测阀门的工作状况，确定是否失效。其工作原理是利用安装在阀附近的压电换能器接收阀门运动过程中产生的超声波来判断阀门的工作状况。

第三节　汽轮机的仪表、控制和保护

按照美国石油学会（API）标准，汽轮机分为一般用途汽轮机（API 611 标准）和特殊用途汽轮机（API 612 标准）。一般用途汽轮机（进汽压力不超过 4.8MPaG，进汽温度不超过 400℃，转速不超过 6000r/min）用于驱动有备用、功率较小的设备或用于非关键场合。大多数驱动泵的汽轮机满足一般用途即可。

汽轮机常配的监测控制保护项目见表 1-96。可根据汽轮机的大小、驱动设备的重要程度进行增减。

表 1-96　汽轮机监测控制项目

监测控制项目	指示	报警	联锁停机	监测控制项目	指示	报警	联锁停机
转速	X	H	HH	抽汽压力(如有)	X	(H)(L)	(HH)(LL)
轴振动	X	H	HH	油过滤器压差	X	H	
轴位移	X	H	HH	油冷器进口温度	X		
扭矩	X			油冷器出口温度	X	H	
润滑油压力	X	L	LL	轴承(金属)温度	X	H	(HH)
控制油压力	X	L		蒸汽入口、排出温度	X		
蒸汽入口压力	X			抽气及背压温度(如有)	X		
蒸汽排出压力	X	(H)(L)	(HH)(LL)	油箱液位	X	L	
第一级蒸汽压力	X			表面冷凝器液位(如有)	X	H、L	

注：X 指要求项目，H 指该指标为高值，L 指该指标为低值，HH 指该指标为高高值，LL 指该指标为低低值。

1. 转速

转速监测控制及保护是汽轮机最重要的保护项目，如果发生超速将对汽轮机及其被驱动的设备造成灾难性的损坏。因此汽轮机都设置机械式或（和）电子式超速保护系统。汽轮机的转速由汽轮机调速器控制。

离线的转速监测设备常见有：接触/光电转速表、频闪仪等。

在线转速监测设备常见有：离心机械转速表、磁电转速表等。

转速传感器可分为电涡流传感器、无源磁电传感器和有源磁电传感器。为了提高测速精度及响应时间，测速表面通常加工有多齿孔（如 30 或 60 个齿孔）。无源磁电传感器的原理是利用测速齿轮旋转引起的磁隙变化，在探头线圈中产生感生电动势，其幅度随转速增加而增加。对于要监测转速较低的设备（低于 250r/min），宜采用有源磁电传感器。

功率较大的汽轮机一般都设置单独的电子式超速保护系统，采用三个单独的磁电式传感器监测转速的变化，通常当转速达到跳闸转速（额定转速的 115.5%）时，发出停机信号，联锁停机采用“三取二”逻辑。

2. 轴承温度

轴承温度的监测与泵的轴承温度监测类似。API 611 及 API 612 规定，对于采用压力润滑的轴承，回油温度应低于 80℃，润滑油温升不应大于 30℃；油环或飞溅润滑的轴承，油池油温低于 80℃。当轴承采用非压力润滑的轴承时，通常需对轴承座进行冷却。

3. 轴振动

美国石油学会标准 API 611、API 612（ISO 10437），分别对一般用途汽轮机和特殊用途汽轮机在进行车间试验时的轴振动作出了规定，见表 1-97。

表 1-97 汽轮机轴振动限制值

项目	API 611		API 612
	振动速度均方根值/(mm/s)	轴振幅/μm	轴振幅/μm
总振动	3	$25.4\times(12000/n)^{0.5}$ 或 50,取小者	$25.4\times(12000/n)^{0.5}$ 或 25,取小者
操作转速下分频	2		

4. 轴位移

轴位移通常也需要重点监测（除推力轴承采用滚动轴承的卧式小功率汽轮机和立式汽轮机以外），API 611 以及 API 612 标准未对轴位移的数值进行规定，除因不同汽轮机配置的推力轴承的推力间隙要求不太一样以外，还和轴位移探头零点位置的设定位置有关，通常当轴位移探头零点设置在推力间隙的中间位置时，规定汽轮机的轴位移在（－0.5，＋0.5）mm 的区间范围内，超过该数值后需报警以及联锁停机。

5. 其他

除了上述的这些特别重要的监控项目以外，API 611 以及 API 612 标准里面还规定需要监测一些项目，例如汽轮机的进排汽压力、汽轮机的进排汽温度、润滑油的压力、控制油的压力以及过滤器前后的压差等。需要特别指出的是，背压式汽轮机以及冷凝式汽轮机的排汽压力都需要重点监控。当背压式汽轮机的背压数值远低于设定值时，对汽轮机的长周期运行是有重大影响的。冷凝式汽轮机的排汽真空值也是这样，不管过低还是过高，都对汽轮机的长周期运行有重大影响。

第四节 预测性维护

预测性维护（predictive maintenance，简称 PdM）是以状态为依据的维护，在机器运行时，对它的主要（或需要）部位进行定期（或连续）的状态监测和故障诊断，判定装备所处的状态，预测装备状态未来的发展趋势，依据装备的状态发展趋势和可能的故障模式，预先制定预测性维护计划，确定机器应该修理的时间、内容、方式和必需的技术和物资支持。预测性维护集装备状态监测、故障诊断、故障（状态）预测、维修决策支持和维修活动于一体，是一种新兴的维修方式。

预测性维护的实施，根据需求和目的的差异，可分为以下三类。

第一类：实现基于状态的维护（CBM），即通过设备运行状态关键数据的采集，完成状态识别和基本的故障诊断等功能，并提供基本的维修与维护策略，如报警、停机等。该类预测性维护可基于 MES（制造执行系统）或其他信息系统开展。

第二类：实现基于预测的维护，即通过设备运行状态相关数据的采集，完成状态识别、故障诊断、寿命预测等功能，并预先提供维修和维护方案，支持设备的维修维护管理。该类预测性维护宜基于独立的系统开展，可与 MES 或其他信息系统互联互通。

第三类：实现基于全生命周期管理的维护，即通过设备运行状态数据的全面采集，完成状态识别、故障诊断、寿命预测等功能，并能判断寿命预测结果的置信度，预先提供完整可信的维修和维护方案，指导设备的维修维护管理。执行该任务的系统能够在数字孪生、人工智能、系统集成等技术的辅助下，不断优化预测结果，提升预测的置信度与可行性。

由于本文件的对象是预测性维护系统，因此主要针对第二类预测性维护的实施。

通常可采用基于数据驱动的方法、基于机理模型的方法和基于定性经验知识的方法等，实现上述功能，设备的预测性维护应针对设备异常参数进行分析判断，即使并未出现故障，仍需要故障诊断技术的支持，如故障类型的判断、故障定位等。针对具备在线监测数据功能，并已通过运行管理与预警采集的泵，可以建立基于机理的故障诊断模型、基于案例的故障诊断模型、基于大数据的故障诊断模型三类故障诊断模型，互为补充，对设备的故障和潜在故障进行自动化的诊断，并结合人工故障诊断给出故障类别、原因、部位和处理措施等信息，并对其故障发展趋势进行预测，实现大量问题自动诊断，少量问题人工辅助诊断，并为寿命预测提供决策依据。部分严重程度较高的异常可由故障诊断直接提供维护或维修策略。

（1）基于机理的故障诊断模型　将目前已经应用离心泵的诊断模型现有工艺动态模型、监控系统进行有机结合，把原有基于振动机理的故障诊断模型与工艺操作相耦合。

（2）基于案例的故障诊断模型　将历史发生的故障案例和现场检维修人员的经验数据化，提取故障特征，形成诊断模型，新产生的故障与故障模式库按照相似度进行匹配，得出诊断结果。系统满足故障案例和模型的实时更新。

（3）基于大数据的故障诊断模型　通过一系列数学模型，对泵群相关的参数进行相关性分析，找出关键影响因素，建立故障诊断模型。

预测性维护系统的功能模型如图 1-76 所示，其中仅包含了系统必备的功能，可根据实际情况增加其他功能模块。

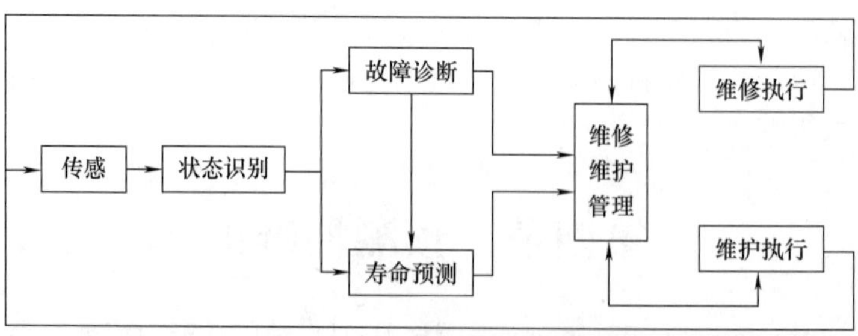

图 1-76　预测性维护系统功能模型

第五节 离心泵汽蚀监测

一、离心泵汽蚀发生的机理

离心泵运转时，流体的压力随着从泵入口到叶轮入口而下降，在叶片入口附近处，液体压力最低。此后，由于叶轮对液体做功，压力很快上升。当叶轮叶片入口附近的压力小于液体输送温度下的饱和蒸气压时，液体就汽化。同时，还可能有溶解在液体内的气体逸出，形成许多气泡，当气泡随液体流到叶道内压力较高处时，外面的液体压力高于气泡内的汽化压力，则气泡会凝结溃灭形成空穴。瞬间内周围的液体以极高的速度向空穴冲来，造成液体互相撞击，使局部的压力骤然剧增。这不仅阻碍流体的正常流动，尤为严重的是，如果这些气泡在叶轮壁面附近溃灭，则液体就像无数小弹头一样，连续地打击金属表面，其撞击频率很高（可达 2000～3000Hz），金属表面会因冲击疲劳而剥裂。若气泡内夹杂某些活性气体（如氧气等），它们借助气泡凝结时放出的热量（局部温度可达 200～300℃），还会形成热电偶并产生电解，对金属起电化学腐蚀作用，更加速了金属剥蚀的破坏速度。上述这种液体汽化、凝结、冲击，形成高压、高温、高频冲击载荷，造成金属材料的机械剥裂与电化学腐蚀破坏的综合现象称为汽蚀。

二、离心泵汽蚀余量及汽蚀的判别

离心泵汽蚀余量（NPSH）分为有效汽蚀余量（$NPSH_a$）和必需汽蚀余量（$NPSH_r$）。有效汽蚀余量是指由泵安装条件所确定的汽蚀余量，又称为装置汽蚀余量，是由吸入装置提供的在泵进口处单位重量液体具有的超过汽化压力水头的富余能量。

$$NPSH_a=\frac{p_s}{\gamma}+\frac{u_s^2}{2g}-\frac{p_V}{\gamma}\ (m) \tag{1-18}$$

式中，p_s、u_s 分别是液流在泵入口处的压力和平均流速，$NPSH_a$ 越大，泵越不会发生汽蚀。有效汽蚀余量数值的大小与泵吸入装置的条件，如吸液罐表面的压力、吸入管路的长度和阻力损失、液体的物性等因素有关，与泵本身的结构尺寸无关。p_V 表示液体在该温度下的汽化压力，Pa；γ 表示液体的重度，等于密度 ρ 和重力加速度 g 的乘积，N/m^3。

泵必需汽蚀余量是表示泵入口到叶轮内最低压力点处的静压能量头降低值，用 $NPSH_r$ 表示。泵必需汽蚀余量与装置参数、液体性质无关，只与泵进口部分的流体的运动参数有关，这些运动参数在一定转速和流量下是由吸水室和叶轮几何参数决定的。这就是说 $NPSH_r$ 是由泵本身决定的。$NPSH_r$ 越小，表示泵入口处压力损失越小，要求装置提供的 $NPSH_a$ 小，因而泵的抗汽蚀性能越好。

当 $NPSH_a$ 小于 $NPSH_r$ 时，离心泵会发生汽蚀现象，产生压力波动，出现噪声，性能下降，振动加大，进而对泵造成损坏。为保证不发生汽蚀现象，$NPSH_a$ 与 $NPSH_r$ 的差值至少应为 0.6m 或 15%的 $NPSH_a$，两者取大值，其基准面为轴中心线。

三、离心泵汽蚀的监测

离心泵是否在运行过程中发生汽蚀与 $NPSH_a$ 的降低有关，加强对泵有效汽蚀余量的监测，对于离心泵的安全运行有着重要的意义。

当一台离心泵安装条件确定后，管道布置、沿程水力摩阻已确定，持续监测其入口压力

p_s 的变化是监测泵汽蚀的有效手段。从式（1-14）可以看出，当入口压力 p_s 降低时，$NPSH_a$ 随之减小，当相对 $NPSH_r$ 的裕量不足时，会导致汽蚀的发生。现场实施时，可以采取以下方法：

（1）泵入口管线增加压力监测仪表　监测入口压力的变化，可以结合给定的介质物性数据和管道阻力损失值，给出压力监测的报警值；

（2）泵入口管线增加温度监测仪表　监测液体温度，间接监测液体的饱和蒸气压的变化；

（3）泵轴承箱处设置振动监测仪表　由于汽蚀的发生大多伴随泵体振动的加大，可以在泵轴承箱处设置振动监测仪表监测泵振动变化趋势；

（4）泵出口管线处设置流量计　监测泵的出口流量；

（5）监测泵体噪声　泵汽蚀发生时，液体内部会产生微小的气泡，气泡撞击在叶轮上会发生破裂产生较大噪声，噪声监测也是有效手段。

以上五种方法结合起来，综合判断，可以有效监测泵的汽蚀发生趋势，利于离心泵的安全、平稳运行。

第六节　泵组的变频自动控制及保护

设备的智能化是随着智能工厂的发展而发展的，我国在2019年提出了“智能+”，启示人们进一步开拓思路，在数字化的基础上加快智能化转型。智能工厂是在数字工厂的基础上发展起来的，利用物联网、大数据、云计算、人工智能等信息技术，加强信息管理和服务，减少生产线上的人工干预，提高生产过程的可控性，及时、准确地采集和分析生产数据，保证在炼化工艺过程中实现本质安全、本质环保，提高生产效率。

泵组的变频自动化控制及保护是设备智能化、数字化建设的条件之一，随着变频驱动技术、计算机技术和信息技术的迅速发展，传统的泵制造业已向着信息化、数字化和智能化方向发展。

泵组的变频自动化控制及保护是指具有一定的微处理能力，在泵的应用、控制、保护、维护、通信方面可以部分替代人工的功能，其硬件一般包括变频器（柜）、嵌入式工控系统（如PLC，即可编程逻辑控制器）、泵保护单元、通信单元等。

泵组的变频自动化控制及保护有助于泵组满足工艺要求，使泵组安全、高效运行，有助于预测性维护、优化系统运行、节省停机时间和能源消耗。同时，基于数字孪生的仿真模型更主动地进行预测及维护，增加设备寿命和操作安全性。

一、泵组变频自动控制及保护的理论依据

泵的运行工作点是泵性能曲线和系统曲线（又称管路或装置特性曲线）的交点。

泵在可操作工况区的运行效率因运行工作点的不同而变化。例如：从图1-77同一台泵实际运行效率的差异可见，一台离心泵的运行效率可因工作点的不同而存在40%的差异，这个效率差异就是泵系统节能和提高其工作性能的潜力所在。

传统的泵性能曲线是泵在某固定转速下，扬程、效率、功率、泵的汽蚀余量（$NPSH_3$）等分别随流量变化的轨迹，如最常用的流量-扬程曲线，流量-$NPSH_3$ 曲线等。

泵转速发生变化时，泵的性能曲线会随泵转速的变化而变化，其变化符合相似定律，如图1-77同一台泵实际运行效率，其轨迹形成多个性能扇面。各扇面可由连接最高转速时的

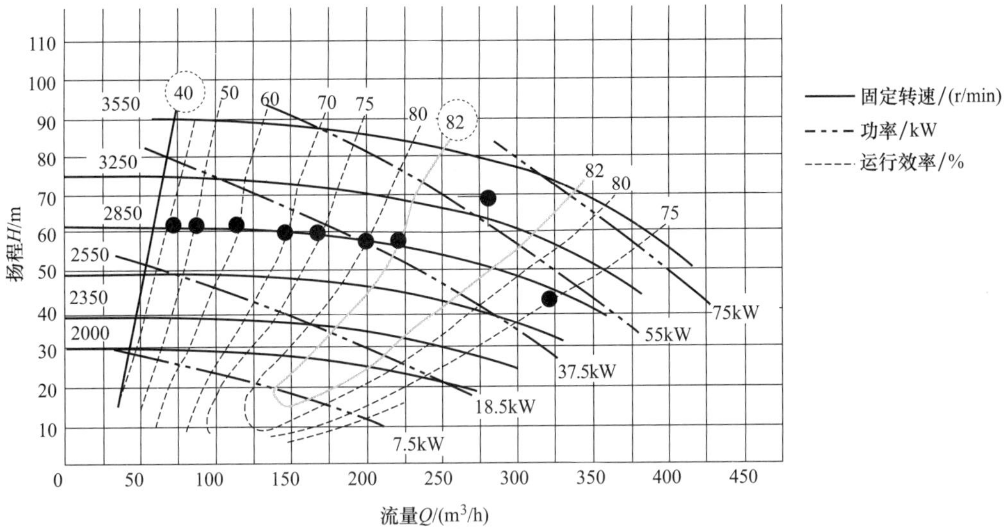

图 1-77　同一台泵实际运行效率的差异

性能曲线和最小转速时的性能曲线组汇集而成，如流量-扬程扇面、流量-$NPSH_3$ 扇面、流量-效率扇面等。

泵组变频控制下，泵的性能扇面与系统管阻曲线具有更多的交会点，可使泵组满足工艺要求的前提下泵组效率处于高效区。

二、泵组变频自动控制

泵的变频自动控制是指以变频技术为基础，以泵性能扇面与系统管阻曲线具有更多的交汇点的理论为依据的变转速控制。

1. 可优化管道系统的设计和控制，提高系统效率

（1）泵设计选型时，通常按最大负荷并考虑安全余量来选型。额定流量一般直接采用最大流量或取正常流量的 1.1～1.15 倍。即泵只有在达到最大负荷时才工作在最佳效率区域。

（2）在实际应用中，泵出口流量调节阀也会带来附加管路损失。

为解决上述问题，可采用以下方法：

① 合理选择流量调节阀，采用变频驱动和控制设备降低管路阻力，优化管路系统曲线。

② 采用大小泵同步运行，替代单泵在流量波动较大（最小流量和最大流量间）工况运行。

2. 可取消最小连续流量保护旁路

泵有可能在低于最小连续流量情况下运行，需设置最小连续流量保护旁路。对于小型泵，一般在旁路上设孔板和截止阀；对于中、大型泵，考虑节能，可将孔板改成压力调节阀。

为解决上述问题，可采用以下方法：

采用变频控制，泵的最小连续流量要求会随着泵转速的下降而下降，因此在泵的主管路流量或压力下降时，可以通过下调泵的转速来降低泵的最小连续流量要求，使泵在该转速下的主管路流量大于该转速下泵的最小连续流量要求。

3. 平缓型流量-扬程曲线的转矩控制

流量-扬程性能曲线相对平缓的泵，如果采用调速方法来控制泵的流量将会很困难，泵

微小的转速调整会导致流量的巨大变化。

为解决上述问题，可采用以下方法：

采用智能转矩控制来实现平缓型流量-扬程性能曲线的泵流量控制并稳定操作。

4. 自动清除潜污泵叶轮的阻塞

输送污水的潜水离心泵的叶轮常会因为污水中的各种杂物而被阻塞。将大型的潜污泵吊出水面并进行叶轮阻塞物的清除，是一件费时费力的事情。

为解决上述问题，可采用以下方法：

将叶轮阻塞自动清除功能程序植入其泵专用变频控制器中，监测潜水泵的转矩来判断阻塞的发生，并通过程序设定泵的正转和反转运行来清除阻塞物，在清除后自动恢复正常运行。

三、变频自动控制对泵的保护

泵的变频系统可识别泵运行在性能曲线上的位置并根据工艺需求进行干预，以避免灾难性后果的发生，保护轴系（如叶轮、轴承和机械密封）的安全。

（1）避免泵在最小连续流量以下、额定流量以上、关死点情况下运行。

泵在小于最小连续流量的条件下运行，会造成泵的径向负载和振动增加，泵内部回流加剧，缩短轴承和机械密封的寿命。

泵在大于最大允许流量的条件下运行时，随着流量的增加，泵的 $NPSH_3$ 增大，泵出现汽蚀的可能性也随即加大，同时因轴功率上升很快，泵存在过载的可能。

（2）对自吸泵的保护可预设定一个自吸延迟时间和应用逻辑，以保证对泵的干运行、低于最小连续流量下运行的泵保护逻辑，在其激活之前保证自吸泵有足够的时间完成自吸灌泵。

（3）变频自动控制可降低泵的必需汽蚀余量。

泵的变频自动控制可降低泵的输出参数（流量、压力、转速、转矩），$NPSH_3$ 随泵的转速降低而降低，使泵的 $NPSH_3$ 小于 $NPSH_a$，确保泵的可靠运行。

四、泵的自动控制及保护实例

泵的自动控制及保护技术应用在工业泵中成熟可靠，效果明显，以螺杆泵为例，对螺杆泵设置以智能采集为核心的测控系统，从而实现温度、压力、流量、振动等信号实时采集并进行转换计算，通过人机工控软件实现对整个螺杆泵系统的动态监控管理。

1. 结合变频技术的嵌入式工控系统

采取模块化、一体化设计理念，将泵进口压力、进口温度、出口压力、出口温度、出口流量、轴承温度和振动等传感器集成到泵的壳体中，融入机电一体化的设计模式，同时把所采集的信号经变送器转换成 4～20mA 电流模拟量信号，通过智能采集模块进行信号数字化，输入到嵌入式工控机中。同时，嵌入式工控机采集智能变频电机的数据信息以及智能远程模块的信息，进行信息交互实现实时监测、保护功能。

可对系统的进出口压力、油温、过滤器差压、轴承振动、轴承温度、机封冲洗压力、泄漏等参数进行实时监测；对超出设定上限参数进行报警，同时引入电子安全阀的安全理念，引入超出设定上限参数后进行停机保护等功能，通过监测进口压力数据或流量数据，根据交互式人机界面控制，对泵电机转速进行调节，其他信号作为控制系统运行条件，参见图 1-78 控制系统框架图。

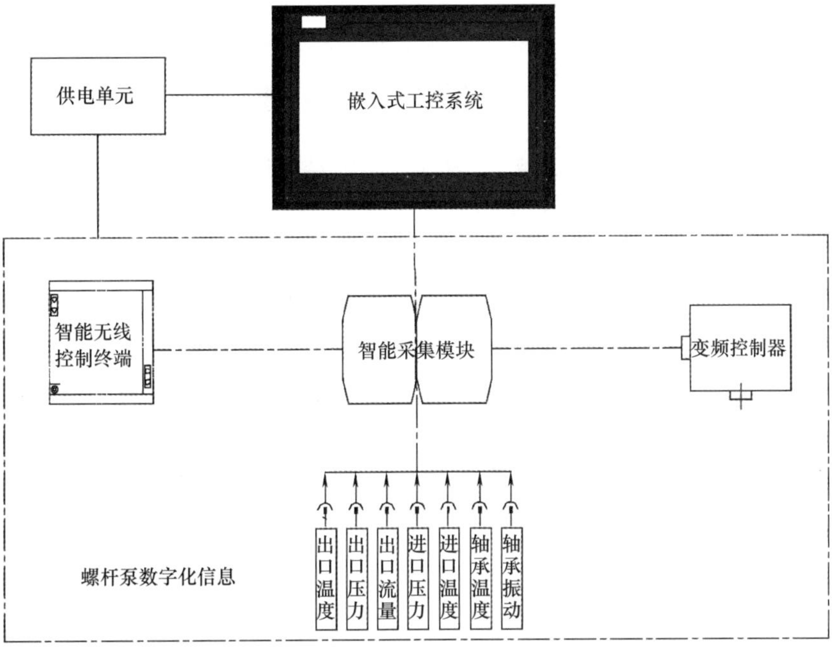

图 1-78　控制系统框架图

2. 自动化频率调节技术

（1）恒压模式时，频率调节　嵌入式系统选择恒压模式（如图 1-79 自动调节原理图）时，设定需求压力，变频器和嵌入工控系统联合启用采集到压力值与设定压力偏差，通过其 PID（比例-积分-微分）闭环控制系统功能，自动调节输出频率信号，进行全闭环负反馈调节。此时，系统按照控制程序自动完成控制过程，无须人员值守，实现系统自动根据出口压力对泵电机转速调节运行。

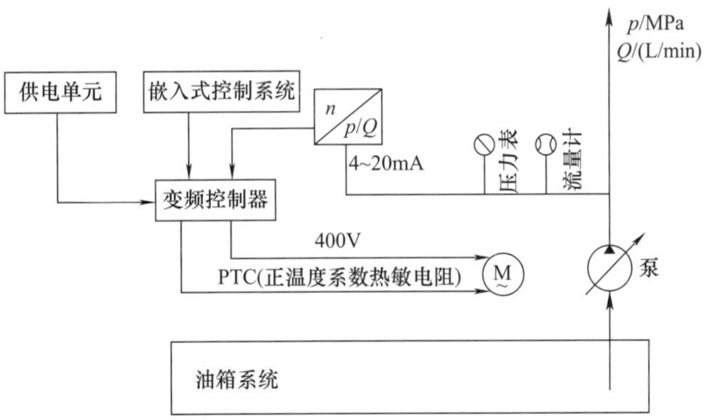

图 1-79　自动调节原理图

（2）恒流模式时，频率调节　嵌入式系统选择恒流模式（如图 1-79 自动调节原理图）时，设定需求流量，变频器和嵌入工控系统联合启用采集到流量值与设定流量偏差，通过其 PID 闭环控制系统功能，自动调节输出频率信号，进行全闭环负反馈调节。此时，系统按照控制程序自动完成控制过程，无须人员值守，实现系统自动根据出口流量对泵电机转速调节运行。

（3）恒压/恒流时，双模式调节　选择当前所需模式（恒压或恒流调节，如图 1-79 自动调节原理图），在选择所需的压力或流量的预设值，同时观察人机交互（HMI）界面的关键信息，再启动泵机组，同时 HMI 界面中会展现当前预设值和当前值之间的差异，最终会达到一致性；中途如果更改模式时，嵌入式控制系统会根据后台脚本程序进行自动触发，把泵进行安全停机后，再进行设定所需参数，同时作为命令采集源进行相应模式的切换。

3. 手动模式频率调节技术

当切换至另外模式运行时，电机输出频率可选择为 0Hz。手动输入运行设定值，即通过人机交互界面手动设置电机运行值，电机频率允许设定范围 30～60Hz，参见图 1-80 模式切换流程图。

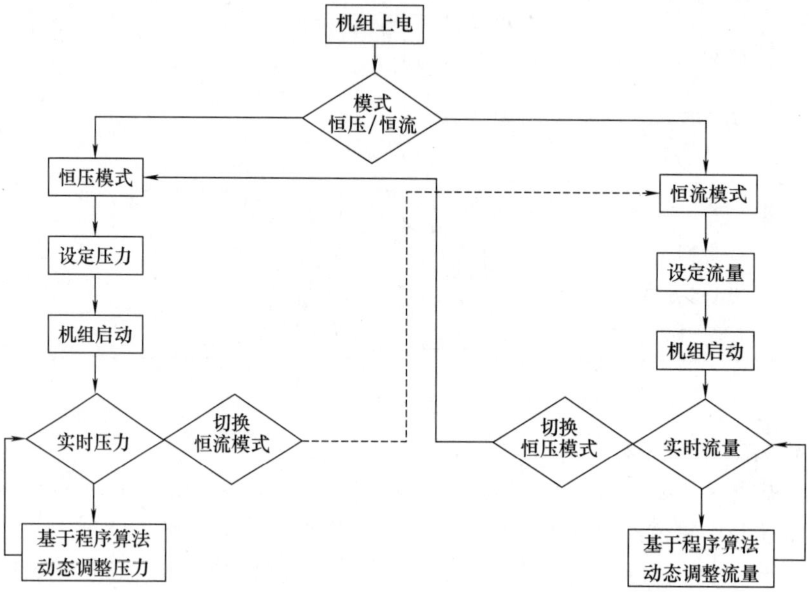

图 1-80 模式切换流程图

4. 泵故障报警和远程控制技术

通过对泵运行过程中各类参数的设定，实现泵故障报警和远程监控功能，参见图 1-81 过程及故障控制图，主要模块功能如下：

① 泄漏监测功能；

② 超压保护功能；

③ 超温报警功能；

④ 振动监测功能。

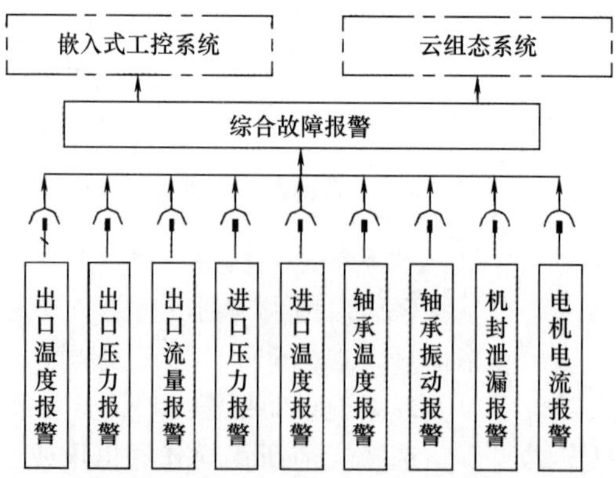

图 1-81 过程及故障控制图

参考文献

[1] 全国化工设备设计技术中心站机泵技术委员会．工业泵选用手册［M］．2版．北京：化学工业出版社，2011.

[2] 成大先．机械设计手册［M］．6版．北京：化学工业出版社，2016.

[3] 孙玉霞，李双喜，李继和，等．机械密封技术［M］．北京：化学工业出版社，2014.

[4] 顾永泉．机械密封实用技术［M］．北京：机械工业出版社，2001.

[5] 王珏，吴玉珍．液力透平设计［M］．北京：中国宇航出版社，2021.

[6] 莫伦豪尔．柴油机手册［M］．北京：机械工业出版社，2017.

[7] 李孝堂．现代燃气轮机技术［M］．北京：航空工业出版社，2006.

[8] 关醒凡．现代泵技术手册［M］．北京：宇航出版社，1995.

[9] Karassik，Messina，Cooper，et al. Pump handbook［M］．3rd edition. New York：McGraw-Hill Professional，2001.

[10] Sulzer Sulzer Pumps. Sulzer centrifugal pump handbook［M］．2nd edition. Elsevier Science，1998.

[11] 邢桂坤，燃气轮机在石油化工领域的应用［J］．化工设备与管道，2004（06）：50-52，4.

[12] 邱正华，张桂红，吴忠宪．低温钢及其应用［J］．石油化工设备技术，2004（2）：43-46，6.

[13] 王晨光，邵万钦．石油化工行业的智能化转型趋势研究［J］．中国管理信息化，2019，22（17）：74-76.

[14] GB/T 14211—2019. 机械密封试验方法．

[15] JB/T 4127.3—2011. 机械密封产品验收技术条件．

[16] GB/T 33509—2017. 机械密封通用规范．

[17] JB/T 6629—2015. 机械密封循环保护系统及辅助装置．

[18] SH/T 3156—2019. 石油化工离心泵和转子泵用轴封系统工程技术规范．

[19] ISO 15550：2016. Internal combustion engines—Determination and method for the measurement of engine power—General requirements.

[20] ISO 3046-1：2002. Reciprocating internal combustion engines—Performance—Part 1：Declarations of power，fuel and lubricating oil consumptions，and test methods—Additional requirements for engines for general use.

[21] ISO 3046-4：2009. Reciprocating internal combustion engines—Performance—Part 4：Speed governing.

[22] ISO 3046-5：2001. Reciprocating internal combustion engines—Performance—Part 5：Torsional vibrations.

[23] ISO 3046-6：2020. Reciprocating internal combustion engines—Performance—Part 6：Overspeed protection.

[24] NFPA 20—2016. Standard for the Installation of Stationary Pumps for Fire Protection.

[25] GB/T 15135—2018. 燃气轮机　词汇．

[26] JB/T 5886—2015. 燃气轮机气体燃料的使用导则．

[27] GB/T 18345.1—2001. 燃气轮机　烟气排放　第1部分：测量与评估．

[28] GB/T 14100—2016. 燃气轮机　验收试验．

[29] GB/T 20972.1—2007. 石油天然气工业　油气开采中用于含硫化氢环境的材料　第1部分：选择抗裂纹材料的一般原则．

[30] GB/T 20972.2—2008. 石油天然气工业　油气开采中用于含硫化氢环境的材料　第2部分：抗开裂碳钢、低合金钢和铸铁．

[31] GB/T 20972.3—2008. 石油天然气工业　油气开采中用于含硫化氢环境的材料　第3部分：抗开裂耐蚀合金和其他合金．

[32] NACE MR0103/ISO 17945—2015. Petroleum, petrochemical and natural gas industries—Metallic materials resistant to sulfide stress cracking in corrosive petroleum refining environments.

[33] NACE AMPP MR0175/ISO 15156—2021. Petroleum and natural gas industries—Materials for use in H_2S-containing environments in Oil and gas production.

[34] API Std 610—2021. Centrifugal pumps for petroleum, petrochemical and natural gas industries.

[35] API Std 611—2022. General—purpose steam turbines for petroleum, chemical, and gas industry serv-ices.

[36] API Std 612—2020. Petroleum, petrochemical and natural gas industries—Steam turbines—Special-purpose applications.

[37] API Std 616—2022. Gas turbines for the petroleum, chemical, and gas industry services.

[38] API Std 670—2014. Machinery protection systems.

[39] API Std 682—2014. Pumps—Shaft sealing systems for centrifugal and rotary pumps.

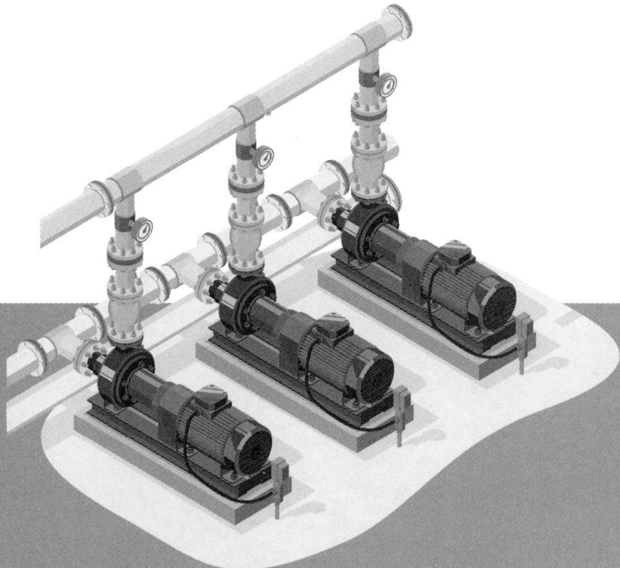

第二篇

泵及泵系统

·第一章·
叶片式泵

第一节　离心泵的工作原理、结构和性能参数

离心泵具有性能范围广泛、流量均匀、结构简单、运转可靠和维修方便等诸多优点，因此离心泵在工业生产中应用最为广泛。除了在高压小流量或计量时常用往复式泵，液体含气时常用旋涡泵和容积式泵，高黏度介质常用转子泵外，其余场合，绝大多数使用离心泵。

据统计，在化工生产（包括石油化工）装置中，离心泵的使用量占泵总量的70%～80%。

一、离心泵的工作原理

离心泵主要由叶轮、轴、泵壳、轴封及密封环等组成。一般离心泵启动前泵壳内要灌满液体，当原动机带动泵轴和叶轮旋转时，液体一方面随叶轮做圆周运动，一方面在离心力的作用下自叶轮中心向外周抛出，液体从叶轮获得了压力能和速度能。当液体流经蜗壳（压水室）到排液口时，部分速度能将转变为静压力能。在液体自叶轮抛出时，叶轮中心部分造成低压区，与吸入液面的压力形成压力差，于是液体不断地被吸入，并以一定的压力排出。离心泵工作原理简图见图2-1。

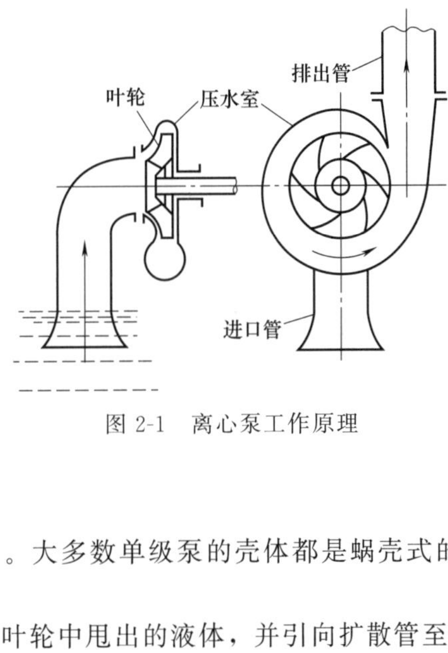

图2-1　离心泵工作原理

二、离心泵的主要零部件

图2-2为离心泵结构剖面图。

(1) 泵壳　泵壳有轴向剖分式和径向剖分式两种。大多数单级泵的壳体都是蜗壳式的，多级泵径向剖分壳体一般为环形壳体或圆形壳体。

一般蜗壳式泵壳内腔呈螺旋形液道，用以收集从叶轮中甩出的液体，并引向扩散管至泵出口。泵壳承受全部的工作压力和液体的热负荷。

(2) 叶轮　叶轮是主要的做功部件[1]，泵通过叶轮对液体做功。叶轮型式有闭式、开式、半开式三种。闭式叶轮由叶片、前盖板、后盖板组成。半开式叶轮由叶片和后盖板组成。开式叶轮只有叶片，无前后盖板。闭式叶轮效率较高，开式叶轮效率较低。

(3) 密封环　密封环也称口环。密封环的作用是防止泵的内泄漏，由耐磨材料制成的密封环，镶于叶轮前后盖板和泵壳上，磨损到规定的量后需要更换。

(4) 轴和轴承　泵轴一端固定叶轮，一端装联轴器。根据泵的负载大小，轴承可选用滚

[1] 一般结构上，叶轮是唯一的做功部件，当叶轮入口有诱导轮或者破碎轮结构时，诱导轮和破碎轮也做功。

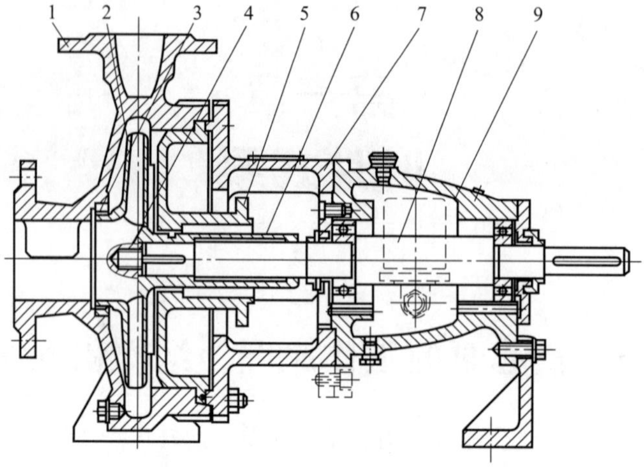

图 2-2 离心泵结构剖面图

1—泵壳；2—叶轮；3—密封环；4—叶轮螺母；5—泵盖；6—密封部件；7—中间支承；8—轴；9—悬架部件

动轴承和滑动轴承。

（5）轴封 轴封一般有机械密封和填料密封两种。

三、离心泵的性能参数

（1）流量 Q 泵的流量是指泵在单位时间内由泵出口排出液体的体积量，以 Q 表示，单位是 m^3/h 或 m^3/s。

（2）扬程 H 泵的扬程指单位重量的液体通过泵后获得的能量，以 H 表示，单位是 m，即排出液体的液柱高度。

（3）转速 n 泵的转速指泵轴单位时间内的转数，以 n 表示，单位是 r/min。

（4）功率和效率

① 有效功率 P_u 泵的有效功率是指单位时间内泵输送出的液体获得的有效能量，也称输出功率。

$$P_u=\frac{\rho gQH}{1000}(\text{kW}) \tag{2-1}$$

式中 Q——泵的流量，m^3/s；

H——泵的扬程，m；

ρ——介质密度，kg/m^3；

g——重力加速度，$g=9.81m/s^2$。

② 轴功率 P_a 泵的轴功率是指单位时间内由原动机传到泵轴上的功，也称输入功率，单位是 W 或 kW。

③ 效率 η 泵效率 η 是泵的有效功率与轴功率之比，即：

$$\eta=\frac{P_u}{P_a} \tag{2-2}$$

四、离心泵的特性曲线

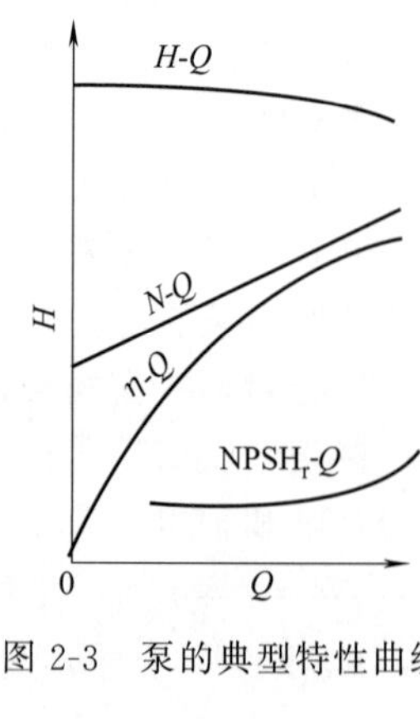

图 2-3 泵的典型特性曲线

泵的特性曲线反映泵在恒定转速下的各项性能参数。国内泵厂提供的典型的特性曲线如图 2-3 所示，一般包括 H-Q 线、

N-Q 线（N 为轴功率）、η-Q 线和 $NPSH_r$-Q 线。

国外很多泵厂及国内引进技术生产的一些泵，往往提供全特性曲线，如图 2-4 所示，该曲线包括不同叶轮直径下的 H-Q 线、等效率线、等轴功率线及 $NPSH_r$-Q 线。

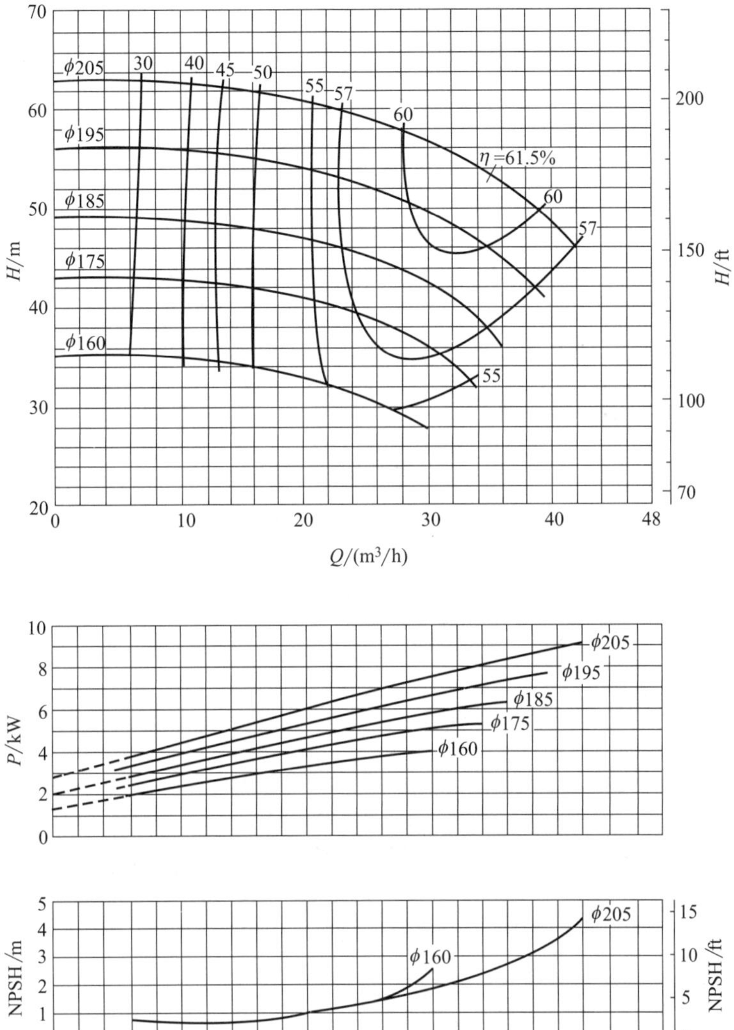

图 2-4 CZ40-200 型离心泵性能曲线（n＝2900r/min）（1ft＝0.3048m）

五、离心泵的水力学基本方程式

1. 速度三角形

离心泵工作时，液体一方面随着叶轮一起旋转，同时又从转动着的叶轮里向外流。离心泵叶轮中任意一点 i 的液流绝对速度 $\boldsymbol{c}_i$ 等于圆周速度 $\boldsymbol{u}_i$ 和相对速度 $\boldsymbol{w}_i$ 的向量和，即：

$$\boldsymbol{c}_i = \boldsymbol{u}_i + \boldsymbol{w}_i \tag{2-3}$$

式中 $\boldsymbol{c}_i$——i 点液流的绝对速度，m/s；

$\boldsymbol{u}_i$——i 点处液流随叶轮旋转的速度，即圆周速度，m/s；

$\boldsymbol{w}_i$——i 点液流的相对于旋转叶轮的速度，m/s；

β_i——$\boldsymbol{w}_i$ 与 $\boldsymbol{u}_i$ 反方向的夹角，称相对液流角。

该三个速度构成一个封闭的三角形，称为速度三角形，见图2-5。速度三角形反映了液体在叶轮内的流动状态。

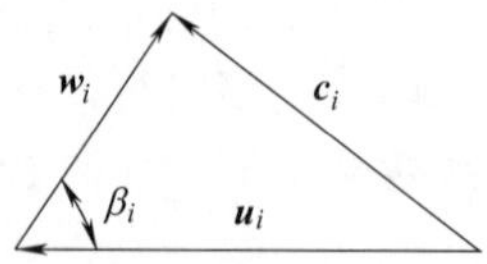

图 2-5 速度三角形

2. 欧拉方程——离心泵水力学基本方程式

液体进入叶轮受到叶片推动而增加能量，建立叶轮对液体做功与液体运动状态之间关系的能量方程，即离心泵的基本方程式——欧拉方程式。它可以由动量矩定理导出。

$$H_T=\frac{1}{g}(c_{2u}u_2-c_{1u}u_1) \tag{2-4}$$

式中 H_T——离心泵的理论扬程，m；

c_{2u}——叶轮出口处液流绝对速度在圆周方向的分速度，m/s；

c_{1u}——叶轮进口处液流绝对速度在圆周方向的分速度，m/s；

u_2——叶轮出口处的圆周速度（$u_2=R_2\omega$），m/s；

u_1——叶轮进口处的圆周速度（$u_1=R_1\omega$），m/s。

当液流无预旋进入叶轮时，$c_{1u}=0$；欧拉方程也可简写成：

$$H_T=\frac{1}{g}c_{2u}u_2 \tag{2-5}$$

从欧拉方程可以看出，离心泵的理论扬程 H_T 取决于泵的叶轮的几何尺寸、工作转速，而与输送介质的特性与密度无关。因此同一台泵在同样转速和流量下工作，无论输送何种液体（如水和水银），叶轮给出的理论扬程均是相同的。

利用余弦定理也可将欧拉方程导出以下形式：

$$H_T=\frac{u_2^2-u_1^2}{2g}+\frac{w_1^2-w_2^2}{2g}+\frac{c_2^2-c_1^2}{2g} \tag{2-6}$$

式中 $\frac{u_2^2-u_1^2}{2g}$——叶轮中离心力对单位质量液体做的功；

$\frac{w_1^2-w_2^2}{2g}$——单位质量流体流经叶轮时相对速度降低而获得的功；

$\frac{c_2^2-c_1^2}{2g}$——单位质量流体流经叶轮前后动能的增量。

3. 有限叶片数和无限叶片数理论扬程的差别

离心泵叶轮的叶片数一般为5～8片，理论研究时引入了无限叶片数的假定。

无限叶片数下，液体受到叶片的约束，液体相对运动的流线和叶片形状完全一致。有限叶片数下，由于液流的惯性存在轴向旋涡运动，因此液体相对运动的流线和叶片形状并不一致（见图2-6），$c_2<c_{2\infty}$，$\beta_2<\beta_{2\infty}$，所以 $H_T<H_{T\infty}$。

有限叶片数和无限叶片数叶轮产生的理论扬程的差别称为叶轮中的流动滑移。滑移并不意味着能量损失，只说明同一工况下实际叶轮由于叶片数有限，而不能像无限叶片一样控制液体的流动，也就是液流的惯性影响了速度的变化。

六、离心泵可靠性设计和分析

1. 离心泵可靠性设计

随着社会的发展、科技的进步，人们对健康、环保、安全等方面的要求越来越高。作为通用机械的离心泵，特别是重要工况离心泵的各项指标也越来越受到人们的关注，其中最关键的一个指标是产品的可靠性。

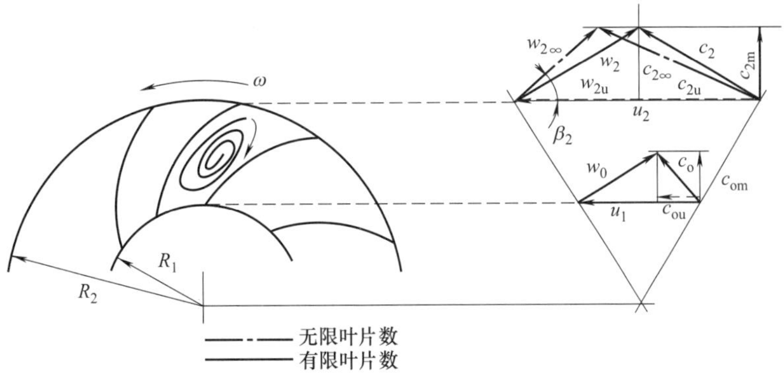

图 2-6 液体在叶轮中的流动

在规定的条件下和规定的时间区间内，完成规定功能的能力，称为产品的可靠性。可靠性是与时间相关的质量指标，离心泵只能在一定的时间范围内达到可靠性目标值。

离心泵可靠性设计包括水力设计和结构设计。

（1）水力设计　优秀的水力设计除了满足所需要的性能（流量、扬程、汽蚀）以外，还应满足高效、高可靠性要求。为此，水力设计应满足以下条件：

① 对于所有应用条件，泵应具有稳定的流量-扬程曲线，即扬程曲线呈连续上升状直到关死点为止。

② 应该具有足够的汽蚀安全裕量，详见第二篇第四章。

③ 如果定速离心泵的运行区间波动较大且未带旁路系统，泵设计时则应确保其吸入比转速不能太高，通常不高于 14400（m^3/h，m，r/min）。

注： 除非制造厂有足够的数据证明其可靠性，工程公司和业主一般要求吸入比转速小于或等于 12780（m^3/h，m，r/min）。

④ 为了避免叶轮叶片叶尖通过蜗舌或导叶时产生的压力脉动而引起的振动，蜗舌或导叶处必须具有适当的间隙。根据泵的类型和应用，对于蜗壳式泵，蜗舌处的间隙可低至 4% 或高达 12%。而对于高能泵，导叶或蜗舌与叶轮叶片外圆周之间的径向间隙至少为最大叶轮叶尖半径的 3%（对于导叶式泵）或 6%（对于蜗壳式泵）。

（2）结构设计　如何从设计入手来解决产品的可靠性问题？这里有一些指导性原则。

① 尽量采用经过验证的成熟的技术。

② 尽可能简化结构，减少零件数量。

③ 尽可能采用标准化、模块化结构。

④ 设置故障监测和诊断装置。

⑤ 保证零部件设计裕度（安全系数）。

⑥ 必要时采用冗余设计。

⑦ 失效安全设计。

⑧ 安全寿命设计。保证使用中不发生破坏而充分安全的设计。

⑨ 加强重要零部件的可靠性分析，如 FMEA（失效模式和影响分析）和 FTA（故障树分析）。

⑩ 可靠性确认试验，在没有现成数据和可用的经验时，这是唯一的手段。

结构设计具体体现在：

① 压力泵壳建议按照 ASME 锅炉及压力容器规范进行设计，并结合所承受的内压、现场接管载荷等进行强度校核。同时，应对壳体的壁厚预留足够的腐蚀裕量。并建议针对某一

具体运行工况，对压力泵壳进行最优化的设计，优化的蜗壳轮廓（几何形状），有效改善其内部的压力分布（避免引起压力突降），使壳体的抗蚀性和泵的效率达到最佳。

② 对于较大的双吸叶轮，建议叶片采取保持动态平衡的交错布置设计，以避免出现低压脉动。同时，应尽可能降低叶轮出口边流速，以提高叶轮的使用寿命。

③ 对于重要工况用泵，建议采用刚性轴设计，并进行强度（应力和疲劳）分析。在确保高效的情况下，尽可能缩小轴承之间的跨距，以提高运行可靠性。通过最优化的设计（综合考虑可靠性及能效），使转子的一阶湿临界转速至少高出泵额定转速 20%。对于细长轴泵（如 VS6），可以通过增加支承的方式来提高转子的刚性和临界转速。

④ 建议离心泵耐磨环尽可能使用耐磨且具有低热肿胀、低液胀和低咬合倾向的非金属材料。对于一些较大型卧式双吸离心泵，为了确保运行过程中泵轴始终处于拉伸状态（从而避免运行过程中转子发生轴向窜动、动/静零部件之间发生摩擦，有利于提高泵的运行可靠性），建议叶轮两侧的耐磨环采用不等径设计。

⑤ 应沿泵轴的全长进行机械加工并抛光，其跳动值应控制在 25μm 以内。为达到良好的密封效果，在最严重的动态条件下，在泵的允许工作范围内（最大叶轮直径和在规定转速、规定的介质条件下），在主密封面处，轴的刚度应当限定轴的总挠度小于 50μm。对于蜗壳式泵，可通过采用双蜗壳结构来平衡径向力，以避免主要密封面处轴的挠度超标。

⑥ 对于 OH2 和 OH3 型悬臂式泵（悬臂泵转子见图 2-7），应控制轴挠性系数 $I_{SF}=L^3/D^4$ 值，尽可能使其落在刚性线之下，见图 2-8。

图 2-7 中，D 等于机械密封轴套处的轴径（mm），L 为叶轮出口中心线与径向轴承中心之间的跨距（mm）。

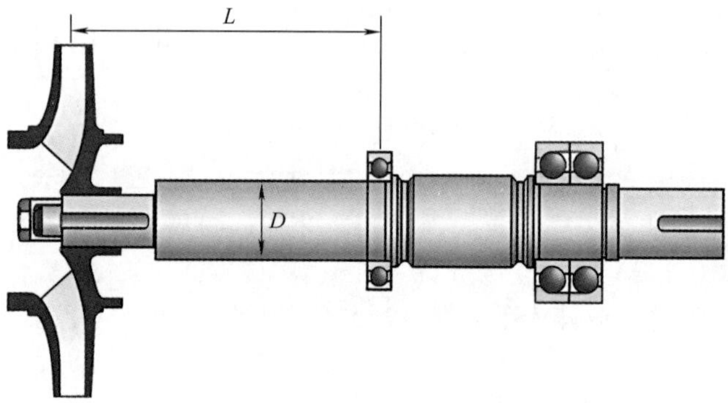

图 2-7 悬臂泵转子

图 2-8 中给出了一条用于判别轴刚性的限制线即刚性线（采用国际单位制时，其由公式 $I_{SF,SI}=32K_t^{-0.76}$ 来定义）。图中 K_t 为泵的“尺寸”因子，等于泵最大叶轮直径、最高效率点流量 Q×总扬程 H /比转速 N（m^3/h，m，r/min），与扭矩有关。L^3/D^4越小，转子挠度越小，这有利于提高机械密封的可靠性。如果 L^3/D^4太大，特别是在接近泵关死点位置运行、水力径向负荷过大的地方，泵轴可能会折断。

⑦ 叶轮应当进行静平衡试验，然后与转子一起进行动平衡试验。静平衡精度不低于 GB/T 9239.1—2006 中的 G 6.3 级，动平衡精度不低于 G 2.5 级。如果有规定，叶轮、平衡鼓及类似的主要旋转零部件应当动平衡到 ISO 21940-11 G1 级。动平衡之前，应检查泵转子叶轮口环处的跳动，不应超过设计要求。

⑧ 每根轴均应由两个径向轴承和一个双作用的轴向（推力）轴承支承，应根据负荷（大小和方向）、转速、润滑和轴向位移来选择适当的轴承组合。轴承应该采用下列组合中的一种：

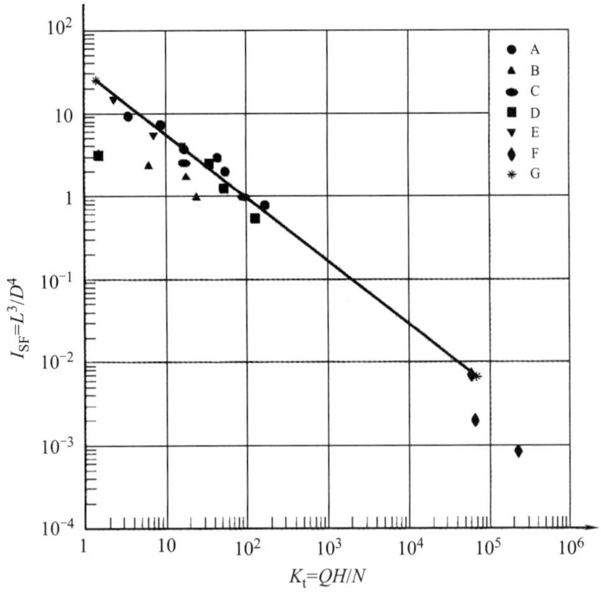

图 2-8 悬臂泵轴挠性系数与尺寸因子的关系图（SI 单位制）

a. 滚动径向轴承和滚动推力轴承；

b. 流体动压径向轴承和滚动推力轴承；

c. 流体动压径向轴承和推力轴承。

除非另有规定，如果能量强度（即泵额定功率 kW 和额定转速 r/min 的乘积）为 400×10^4 kW·r/min 或更大，则建议使用流体动压径向轴承和推力轴承。

⑨ 动/静零部件之间应预留恰当的间隙，以保证在所有规定的运行工况下能够可靠运转并避免发生咬合。在确定动/静零部件之间的运转间隙时，应考虑泵送介质温度、材料的热膨胀性、材料的咬合特性及泵的能效要求。

⑩ 还需要配备必要的状态监测仪表，以对离心泵进行预防或预测性维护。例如轴承温度、润滑油压力及温度、轴承座振动、轴向位移等监测。

2. 离心泵可靠性分析

可靠性分析是指利用逻辑、归纳、演绎的方法对可能会发生的故障进行分析，研究失效（故障）的原因、后果及影响、严重程度，从而为产品设计提供改进建议。

（1）离心泵可靠性指标的选择 JB/T 6881—2006《泵可靠性测定试验》规定：

① 可以修复的泵产品可靠性指标应选用平均无故障工作时间（MTBF）和平均检修寿命（MOL）。

② 某些原则上虽然可修复但是进行处理很不方便或很困难甚至是不可能修复的泵，可以当成不可修复产品处理（如深井泵和某些船用泵等），其可靠性指标选用失效前平均工作时间（MTTF）。

③ 当有条件收集到泵维修数据的情况的，除上述①和②外，指标可同时选用平均修复时间（MTTR）和有效度 $A(t)$（工程上习惯称为可用率）。

当故障间隔时间和维修间隔时间均服从指数分布时，有：

$$A(t)=\frac{\text{MTBF}}{\text{MTBF}+\text{MTTR}} \tag{2-7}$$

④ 当考核泵的零部件时（如叶轮、机械密封等），除了选用以上的指标外，可靠性指

标还可选用可靠度 $R(t)$。

（2）组件可靠性分析　组件可靠性分析，就是分析泵与零部件之间的逻辑关系，将泵的可靠性指标分解到各个零部件，或根据零部件的可靠性来估算组件的可靠性。

离心泵（泵头）可以看成一个组件，一般由泵壳体零部件、转子部件（包括泵轴、叶轮、轴套及平衡机构等）、密封部件和轴承部件等数十个至数百个零部件组成，其中任何一个零部件失效，离心泵就失效。因此，离心泵（泵头）属于一个串联系统，即属于串联故障模式。

离心泵的可靠度为所有零部件可靠度的乘积。可表示为：

$$R(t)=R_1\times R_2\times\cdots\times R_n=\prod_{i=1}^{n}R_i \tag{2-8}$$

组件可靠性分析的方法，其实就是统计分析。根据同种/同类泵型在相同或相近的工况运行的业绩或者经过大量可靠性试验，统计不同零部件的失效情况来分析（估算）其可靠度。

注：可靠度是“产品在规定的条件下和规定的时间区间内，完成规定功能”的概率（有些国外文献将其称为“可靠性系数”），它是时间的函数，记为 $R(t)$。即：

$$R(t)=P(T>t)=1-F(t)$$

式中，T 为产品的寿命；t 为规定的时间；$F(t)$ 为产品在规定时间 t 时的不可靠度，即失效率或失效概率。

产品可靠度 0.00 表示无可靠性，可靠度 1.00 表示完全可靠性。可接受的可靠度一般不得小于 0.90，因为小于该值表明泵的可靠性不足。而对于一些重要用泵，其可靠度通常要求在 0.95 以上。

【例 2-1】 某型号轴承 100 只，在恒定载荷下，工作 100h 后失效了 16 只；工作 400h 后失效了 28 只，则工作 100h 和工作 400h 后的轴承可靠度分别为：

$$R(100)=(100-16)/100=0.84;R(400)=(100-28)/100=0.72$$

（3）系统可靠性分析　对于系统可靠性分析，常用的方法有两种：故障模式、影响及危害分析（FMECA）和故障树分析（FTA）。

FMECA 包括失效模式分析（FMA）、失效影响分析（FEA）和失效危害分析（FCA），它是一种系统化的故障预想技术，运用归纳的方法系统地分析产品设计可能存在的每一种故障模式及其产生的后果和危害的程度。

FTA 是指在系统设计过程中通过对可能造成系统失效的各种因素、系统失效原因的各种可能组合方式或其发生的概率进行分析，以计算系统失效概率，然后采取相应的纠正措施，以提高系统可靠性的一种设计方法。

两种分析方法各有所长，相辅相成，常常综合两种方法进行可靠性分析。

离心泵系统可靠度相对比较复杂，特别是对于新设计的产品，变量太多，很多系统中同时包含串联故障模式和并联故障模式。可根据设计和实际工程应用经验（包括他人经验），对系统中各组件的失效概率给出预测和/或统计值。

（4）可靠性数据　进行可靠性分析，需要可靠性数据。

① 可靠性主数据　用户/设计院应提供以下信息：

a. 设计运行方式；

b. 设备服务系数；

c. 设备大修周期；

d. 项目设计寿命；

e. 装置大小、泵运行参数等。

② 可靠性支持数据　可靠性支持数据包括：

a. 失效率（1/MTBF）；

b. 平均修复时间（MTTR，h）；

c. 不良零部件清单；

d. 可靠性、运行、维护和调试/启动经验教训。

③ 数据收集　可靠性数据应从以下主要来源获取：

a. 用户；

b. 原始设备制造商；

c. 相关组织机构的研究或调研报告；

d. 国家/国际标准。

在可靠性数据不完整或不可用的情况下，即使系统和/或应用领域不同，也可以借鉴使用来自类似泵的可靠性数据。

（5）离心泵可靠度估算示例

尽管影响离心泵运行可靠性/可靠度的因素很多，但对于一个成熟产品来说，其可靠性/可靠度影响的因素基本可以确定，其主要体现在机械密封、轴承、耐磨环、密封圈及垫、泵轴、叶轮、轴套等零部件上。而这些零部件的可靠度的估算应基于实际应用经验，即对相同泵型在相同或相似工况应用中这些零部件的实际使用情况进行收集、汇总，在统计出各个零部件的可靠度后，则可以估算出离心泵泵头（不包括驱动设备及联轴器）的可靠度。

【例 2-2】 某系统中 BB2 型离心泵，具体要求如下：

机械密封寿命不低于 16000 小时（不到 2 年）；

轴承寿命不低于 40000 小时（不到 5 年）；

耐磨环寿命不低于 40000 小时（不到 5 年）；

密封圈及垫寿命不低于一个大修周期（3 年）；

泵轴、叶轮及轴套的寿命不低于 80000 小时（不到 10 年）。

除了上述易损件及正常磨损件以外，要求泵整体设计使用寿命不低于 20 年。

该泵为成熟产品，可以修复。

通过查询该型泵以往的维修记录后，可以得出各零部件的平均无故障工作时间（MTBF）。则可换算出其在规定的时间内各故障的类别、发生失效的概率及可靠度，汇总如表 2-1。

表 2-1　故障的类别、失效概率及可靠度汇总表

故障类别	失效概率/%	可靠度	故障类别	失效概率/%	可靠度
机械密封失效	2.20	0.978	耐磨环过度磨损	1.10	0.989
轴承失效	0.50	0.995	其他（泵轴、叶轮等损坏）	0.00	1.000
密封圈及垫失效	1.00	0.990			

由此，根据组件的可靠度计算公式，可以估算出该泵的可靠度为：

$$R(t)=0.978\times0.995\times0.990\times0.989\times1.000\approx0.953$$

七、离心泵的振动及动力学分析

振动是指物体或物体的一部分在某一位置所做的周期性往复运动（振荡）。振动理论主要是研究物体的振动规律与作用在其上的力的关系。机器的振动会使机械零部件产生周期性应力，从而导致疲劳失效。

无论离心泵的质量有多么好，在运行中都会存在一定的振动。在处理旋转机械振动时，了解其严重程度（或幅度）及其频率很重要。严重程度是衡量振动水平的指标，而频率是分析振动原因的重要依据。

对于离心泵来说，工程实践中通常有两种监测（测量）振动的方式：一种为采用加速度振动传感器测量轴承箱的绝对振动，为振动速度；另一种为采用趋近式（涡流）振动传感器测量轴的相对振动，为峰-峰值位移。

1. 引起离心泵振动偏大的基本原因

离心泵的振动随着流量而变化，通常在最佳效率点流量附近振动最小，然后随着流量的增加或减少，振动增加。从最佳效率点流量起，振动随流量的变化取决于泵的能量密度、比转速以及吸入比转速。通常，振动的变化随着能量密度的增加、比转速和吸入比转速的提高而增加。

引起离心泵振动偏大的原因有很多，包括三大基本诱因：机械诱发、系统诱发和运行诱发。

振动偏大有的可能是由单一原因引起的，有些可能是由多种原因引起的。

（1）机械诱发　机械诱发的具体影响因素详见表 2-2。

表 2-2　可能引起离心泵振动偏大的原因——机械诱发

序号	影响因素
1	轴承不良，例如轴承本身质量问题、磨损、松动及配合问题等
2	滚动轴承选型过大，出现打滑
3	轴变形弯曲或轴系刚性不足
4	转子不平衡
5	转子不对中
6	泵壳体（包括泵体、泵盖及泵脚）强度不足
7	耐磨环磨损或动/静件之间的间隙过大，Lomakin 效应减小或消失，导致临界转速发生变化
8	叶轮叶片数与导叶叶片数或蜗壳蜗舌数不匹配，引起共振
9	零部件松动
10	基座松动（包括泵脚松动、轴承箱松动）
11	软脚，例如底座刚性不足
12	叶轮入口面积过大（导致吸入比转速严重超标，内部回流引起振动）
13	OH2 和 OH3 型泵轴挠性系数 L^3/D^4 值超出 API 610 标准规定的刚性线 20%以上
14	使用了最大直径叶轮，致使叶轮叶片叶尖与蜗舌或导叶之间的径向间隙太小，从而引起叶轮叶片通过频率振动和小流量时的低频振动
15	止回阀安装方向错误
16	高温工况下，叶轮耐磨环与叶轮配合（因材料差异、热膨胀不同）出现松动
17	热膨胀间隙设计不合理，导致高温泵过流零部件发生变形扭曲
18	立式泵（如 VS6 型泵），吸入口设计不合理，导致运行中泵入口流态不稳定

（2）系统诱发　指泵驱动设备、基础及与泵组连接的现场管路等。系统诱发的具体影响因素详见表 2-3。

（3）运行诱发　运行诱发的具体影响因素详见表 2-4。

表 2-3　可能引起离心泵振动偏大的原因——系统诱发

序号	影响因素
1	堵塞(过滤器、叶轮或吸入管路)
2	软脚,例如基础设计或浇注不良
3	管路等系统设计和/或布置不当/不良,例如泵吸入侧法兰前直管段不足而导致进口流态不稳、吸入管路中存在气囊等
4	泵内进入空气(介质中夹带、低入口压力下吸入管路或密封腔泄漏)
5	管路等系统安装不当/不良,例如管路支承不当或不足、未考虑热膨胀补偿而施加了过大的载荷到泵的管口上等
6	驱动设备振动过大
7	与相邻设备距离太近而受到干扰,如并联运行的泵
8	联轴器平衡质量不佳,尤其是大型联轴器
9	系统装置汽蚀余量过低导致泵发生汽蚀,如入口液位过低
10	机组的扭转固有频率与规定转速范围内任何可能的激励频率之间避开不足,引起共振
11	高温工况的泵组,在环境温度下安装时未考虑对热膨胀引起的位移进行补偿
12	高压工况的泵组,最小再循环管线出现压力突降、介质汽化

表 2-4　可能引起离心泵振动偏大的原因——运行诱发

序号	影响因素
1	汽蚀(包括汽化汽蚀和内部回流汽蚀)
2	远离最佳效率点运行,转子径向力的增加导致挠度过大、动/静零部件之间发生刮擦
3	泵的工作转速接近一阶或二阶湿横向临界转速运行
4	泵吸入管/喇叭口浸没不足、入口流态不稳定
5	高温泵启动前未进行充分的暖泵

需要特别说明的是，在许多立式泵（特别是大型立式泵）中，动态性能和振动水平对泵运行的变化非常敏感，运行过程中更容易产生共振和高振动，而且几乎所有立式泵的振动问题（潜水泵除外）都被报道为电机或泵上部的振动。对于这类泵，应特别关注对中及平衡情况、基础及安装细节、维护工作、液位及负载等因素。

2. 振动频率与对应的激励源

引起泵本体振动的因素较多，存在许多潜在的振动激励源。振动频率与振动激励源之间存在着一定的关系，可以据此简单识别引起泵本体振动的初步原因。见表 2-5。

表 2-5　不同的振动频率所对应的可能的激励源

主要振动频率	可能的振动激励源	诱发因素
0.1 倍运行转速	导叶脱流(内部回流)	运行诱发
0.5 倍运行转速	滚动轴承约束间隙不当或滑动轴承因间隙过大而引起油膜涡动和油膜振荡(油漩)	机械诱发
0.8 倍运行转速	叶轮脱流(内部回流)	运行诱发
1.0 倍运行转速	转子不平衡、轴弯曲或基座松动	机械或系统诱发
2.0 倍运行转速	不对中	系统诱发
叶片数×运行转速	叶片/壳体间隙或汽蚀	运行诱发

振动读数的存在意味着设备已经开始遭到损坏，大多数公司正试图收集足够的数据来预测设备在完全损坏之前的剩余寿命，目前来说还是一个难题。最好的解决办法是对设备进行的良好维护，以消除大部分的振动。只有在设备得到良好的维护以后，振动监测才有意义。

3. **振动故障处理**

振动是激振力与动力学刚度的比值（即振动＝激振力/动力学刚度），测量振动实际上就是测量该比值。因此，激振力的变化、动力学刚度的变化或者两者同时变化都会引起振动变化。只有充分理解并在分析振动问题时予以应用，才能帮助人们从简单的角度去分析复杂的振动问题。

激振力可能是内在的也可能是外部的。为此，首先要确认激振力的来源。找到激振力的来源后，可以通过各种方法来减小激振力。例如，不平衡力就是一个最常见的激振力，虽然可以对转子进行静平衡和/或动平衡来降低不平衡力，但无论如何都不可能完全消除这个不平衡力，也就是不可能完全消除振动，这也是 ISO 对振动进行评级分类的目的。当振动达到一定的烈度时，就会对设备造成损坏或降低零部件的使用寿命，这时需要对振动进行干预，将振动烈度对设备零部件使用寿命的影响控制在可以接受的程度范围之内。

正如上面所述无法完全消除不平衡力，激振力同样不能完全消除，或者消除激振力的成本太高，这时就需要从动力学刚度方面考虑来减小振动。动力学刚度是转子质量、弹簧刚度、阻尼及转子转速的函数，只要想办法改变这些参数，振动响应也就会随之变化。但影响动力学刚度的参数中转子质量一般很难改变，实际应用中可以通过改变结构件，如增加加强筋、增加结构材料的厚度、增加支承点等来改变刚度。有时也通过增加阻尼或隔离振动来降低振动的响应和减小振动的危害，如增加减振垫、隔振座、使用如铸铁和复合材料等阻尼相对较大的材料做结构件等。

要想搞清楚激振力的来源及如何改变动力学刚度，除了需要对振动的基本知识有深入的了解外，还需要对发生振动故障的设备结构、性能、系统甚至检测数据等全面掌握，如振动的部位及该部位的刚度参数、泵转速和振动频率的关系、轴承的结构及受力、叶轮及导叶叶片的数量、不同结构泵的各向异性刚度等。

通过振动基本原理及故障设备属性关系来分析查找振动原因，是处理振动问题的关键一步。通过这个方法，可以处理大部分泵系统遇到的振动问题。但是如果遇到一些复杂的振动故障，则需要使用专业的硬件设备如频谱仪、频闪仪、压力脉动仪、噪声仪等来获取和振动相关的参数，同时还要借助一些振动分析的方法，如轴心轨迹、极坐标和伯德图、频谱级联图和瀑布图、模态分析方法等。

4. **动力学分析**

动力学是理论力学的一个分支学科，主要研究物体的力与物体运动的关系。而转子动力学主要研究的是转子支承系统在旋转状态下的振动、平衡和稳定性问题，尤其是研究接近或超过临界运转状态下转子的横向振动问题。

实际工程应用中，离心泵的转子动力学特性主要受泵转子本身质量、刚度分布及其支承刚度的影响。离心泵的转子动力学分析主要包括：横向临界转速分析和扭转临界转速分析，以确保泵转子的横向临界转速和扭转临界转速均偏离泵的工作转速一定的范围，避免发生共振而导致泵组零部件的损坏。

（1）横向分析　临界转速的定义：转子-轴承-支承系统处于共振状态时的轴转速。

在临界转速下，转子对于不平衡比任何其他转速时更加敏感。泵的临界转速取决于轴的横向刚度系数和圆盘的质量，而与偏心距无关。更具体地说，临界转速的大小与轴的材料、结构、粗细、叶轮质量及位置、耐磨环的间隙及表面型式、轴的支承方式等因素有关。临界转速还与轴所受到的轴向力的大小和方向有关，当轴向力为拉力时，临界转速提高，而当轴向力为压力时，临界转速则降低。

由于转子在各种振型下有一系列的固有频率，因而也有相应的一系列的临界转速，由低及高依次称为一阶临界转速、二阶临界转速……。不过，通常只有一阶临界转速和二阶临界转速与离心泵的实际应用相关。离心泵的额定工作转速或者低于转子的一阶临界转速，或者介于一阶临界转速与二阶临界转速之间。在传统意义上，将前者称作刚性轴，后者称作柔性轴。

随着泵设计的不同，多级泵（如 BB 型）和高转速泵的一阶或二阶湿横向临界转速可能会与工作转速相重合，特别是当内部间隙随着磨损而增大时。横向分析能够预测出何时可能发生这种重合，以及由此引起的振动是否可以接受。

除非另有规定，一台泵的转子是否需要做横向分析应该用表 2-6 中规定的流程来判断。

表 2-6　转子横向分析的判断逻辑

步骤	操作
1	所设计的泵
2	是否现有相同的泵或相似的泵？ 如果“是”，转到第 5 步 如果“否”，转到第 3 步
3	是否是传统的刚性转子？ 如果“是”，转到第 5 步 如果“否”，转到第 4 步
4	需要分析
5	建议不做横向临界转速分析

对于刚性转子，通常要求泵的一阶湿临界转速高于其额定转速 20%以上。

（2）扭转分析　离心泵通常有三种类型的扭转分析：

① 无阻尼固有频率分析　确定机组扭转固有频率和相应振型，形成坎贝尔图，以确定潜在的共振点。

② 稳态阻尼响应分析　通过采用代表性的激励幅值来进行受迫响应分析，评价无阻尼分析中未发现的共振点；得到模型中所有轴元件上的循环扭矩和应力值，以此来评价机械结构的适用性。

③ 瞬态扭转分析　该分析的过程与稳态阻尼响应分析类似，但它是在瞬态条件下进行的分析，分析得到的循环扭矩和应力的结果均为时间的函数。到目前为止，该分析模式主要应用于对同步电机启动过程的分析。

除非另有规定，如果驱动机属于下列情况之一时，应当由负有机组责任的制造商进行无阻尼固有频率分析：

a. 由 3 个或 3 个以上的设备连接起来的机组，其额定功率为 1500kW 或者更大。

b. 通过齿轮的异步电动机或汽轮机（机组），其额定功率为 1500kW 或者更大。

c. 内燃机，额定功率为 250kW 或者更大。

d. 同步电动机，其额定功率为 500kW 或者更大。

e. 带变频调速传动装置的电动机，其额定功率为 1000kW 或者更大。

f. 立式泵，驱动机额定功率为 750kW 或者更大。

当有要求时，对于带变频调速传动装置的电动机应进行稳态阻尼响应分析。

当有要求时，或如果驱动设备是一台同步电动机，其额定功率为 500kW 或更大，应进行瞬态扭转分析。

整个机组的扭转固有频率应比规定的转速范围内（从最低到最高连续转速）任何可能的激励频率至少高出 10%或低于 10%。

第二节 离心泵的相似理论与工作范围

一、离心泵的相似理论

1. 相似条件

① 几何相似 两台泵在结构上完全相仿，对应尺寸的比值相同，叶片数、对应角相等。

② 运动相似 两台泵内对应点的液体流动相仿，速度大小的比值相同、方向一致（即速度三角形相似）。

③ 动力相似 两台泵内对应点的液体惯性力、黏性力等的比值相同。

满足以上 3 条，两台泵即为相似。通常两台泵只要满足几何相似和运动相似，就认为满足相似条件。

2. 相似定律

符合相似条件的两台泵，可以近似地认为两相似泵的容积效率、水力效率、机械效率相等，这种有以下各式成立，称为相似定律：

$$\frac{Q_2}{Q_1}=\frac{n_2}{n_1}\left(\frac{D_2}{D_1}\right)^3 \tag{2-9}$$

$$\frac{H_2}{H_1}=\left(\frac{n_2}{n_1}\right)^2\left(\frac{D_2}{D_1}\right)^2 \tag{2-10}$$

$$\frac{P_2}{P_1}=\left(\frac{n_2}{n_1}\right)^3\left(\frac{D_2}{D_1}\right)^5\left(\frac{\rho_2}{\rho_1}\right) \tag{2-11}$$

式中 Q_1，Q_2——泵 1、泵 2 的流量；

n_1，n_2——泵 1、泵 2 的泵轴转速；

D_1，D_2——泵 1、泵 2 叶轮外径；

P_1，P_2——泵 1、泵 2 的轴功率；

ρ_1，ρ_2——泵 1、泵 2 输送介质的密度。

二、比转速 n_s

1. 定义

比转速 n_s 是从相似理论中引出的相似准数，它说明了相似泵的流量 Q、扬程 H、转速 n 间的关系。相似泵在相似工况下，比转速相等，但同一台泵在不同工况下的比转速 n_s 并不相等。通常只用最佳工况点的 n_s 来代表一系列几何相似泵。比转速 n_s 的表达式如下：

$$n_s=\frac{3.65n\sqrt{Q}}{H^{3/4}} \tag{2-12}$$

式中 n——泵轴的转速，r/min；

Q——泵额定流量，m^3/s $\left(双吸泵取\frac{Q}{2}\right)$；

H——泵的额定扬程（多级泵取单级扬程，即 H/i，i 为级数），m。

2. 型式数 K

比转速 n_s 是一个有因次量$\left(\frac{m^{3/4}}{S^{2/3}}\right)$。GB/T 3216 和 ISO 9906 中用无因次比转速，即型式数 K 表示：

$$K=\frac{2\pi n\sqrt{Q}}{60(gH)^{3/4}} \tag{2-13}$$

式中各量的单位与式（2-12）相同。型式数 K 与比转速 n_s 的关系可用式（2-14）表示：

$$K=0.0051759n_s \tag{2-14}$$

3. 比转速与泵的叶轮形状及性能的关系

比转速 n_s 相同的泵，一般符合几何相似和运动相似。n_s 不同，泵的叶轮形状和性能也不同。由表 2-7 可以说明以下关系。

表 2-7　比转速与泵的叶轮形状及性能的关系

泵的类型	离心泵			混流泵	轴流泵
	低比转速	中比转速	高比转速		
比转速 n_s	$30\leqslant n_s<80$	$80\leqslant n_s<150$	$150\leqslant n_s<300$	$300\leqslant n_s<500$	$500\leqslant n_s<1000$
尺寸比$\frac{D_2}{D_0}$	≈3	≈2.3	≈1.8～1.4	≈1.2～1.1	≈1
叶片形状	圆柱形叶片	入口处扭曲 出口处圆柱形	扭曲叶片	扭曲叶片	轴流泵翼型
流量-扬程曲线特点	关死扬程为设计工况的 1.1～1.3 倍，扬程随流量减少而增加，变化比较缓慢			关死扬程为设计工况的 1.5～1.8 倍，扬程随流量减少而增加，变化较急	关死扬程为设计工况的 2 倍左右，在小流量处出现马鞍形
流量-功率曲线特点	关死功率较小，轴功率随流量增加而上升			流量变化时轴功率变化较小	关死点功率最大，设计工况附近变化比较少，以后轴功率随流量增大而下降
流量-效率曲线特点	比较平坦			比轴流泵平坦	急速上升后又急速下降

注：尺寸比为叶轮外径（D_2）与叶轮入口直径（D_0）的比值。

① 离心泵、混流泵和轴流泵的比转速依次从小到大变化。低比转速泵的相对扬程较高，相对流量较小，高比转速泵的相对扬程较低，相对流量较大。

② 低比转速泵的叶轮窄而长，通常采用圆柱形叶片，高比转速泵的叶轮宽而短。通常采用扭曲叶片。

③ 低比转速泵的 Q-H 性能曲线上易出现驼峰，在运转中会发生不稳定现象。高比转速泵（混流泵和轴流泵）的关死扬程高，且在曲线上出现拐点。比转速越高，扬程特性越陡。

④ 离心泵比转速较低，零流量时轴功率小，混流泵和轴流泵比转速高，零流量时轴功率大。因此离心泵应关闭出口阀启动，混流泵和轴流泵应开启出口阀启动。

三、比例定律和切割定律

1. 比例定律

同一台泵，当叶轮直径不变时，改变转速，其性能可按下述各式换算。

$$\begin{cases}\dfrac{Q_1}{Q_2}=\dfrac{n_1}{n_2} & (2\text{-}15)\\[2ex] \dfrac{H_1}{H_2}=\left(\dfrac{n_1}{n_2}\right)^2 & (2\text{-}16)\\[2ex] \dfrac{P_{a1}}{P_{a2}}=\left(\dfrac{n_1}{n_2}\right)^3 & (2\text{-}17)\end{cases}$$

式中 Q_1，H_1，P_{a1}——转速为 n_1 时的流量、扬程、轴功率；

Q_2，H_2，P_{a2}——转速为 n_2 时的流量、扬程、轴功率。

但当转速变化较大时，泵效率下降较大。如转速从 $n=2900$r/min 降到 $n=1450$r/min 时，小泵效率下降 6%～10%，大泵效率下降 3%～5%。因此上述换算是近似换算。

2. **切割定律**

同一台泵，当转速不变时，将叶轮外径稍加切割，其出口宽度有变化，但出口面积基本不变，可以认为泵的效率几乎不变。叶轮外圆最大切割量见表 2-8。其性能参数可按下述各式进行换算：

$$\begin{cases}\dfrac{Q_1}{Q_2}=\dfrac{D_1}{D_2} & (2\text{-}18)\\[2ex] \dfrac{H_1}{H_2}=\left(\dfrac{D_1}{D_2}\right)^2 & (2\text{-}19)\\[2ex] \dfrac{P_{a1}}{P_{a2}}=\left(\dfrac{D_1}{D_2}\right)^3 & (2\text{-}20)\end{cases}$$

式中 Q_1，H_1，P_{a1}——叶轮直径为 D_1 时的流量、扬程、轴功率；

Q_2，H_2，P_{a2}——叶轮直径为 D_2 时的流量、扬程、轴功率。

表 2-8 叶轮外圆最大切割量

比转速 n_s	≤60	>60～120	>120～200	>200～300
允许切割量 $\dfrac{D_1-D_2}{D_1}$	20%	15%	11%	9%
效率下降	每车小 10% 下降 1%		每车小 4% 下降 1%	

注：1. 旋涡泵和轴流泵叶轮不允许切割。

2. 叶轮外圆的切割量一般不允许超过本表规定的数值，以免泵的效率下降过多。

3. 比转速超过 300 时效率下降过大，因此不建议切割。

四、泵的工作范围和型谱

1. **泵的极限工作范围**

泵的极限工作范围如图 2-9 所示，曲线 1 表示标准叶轮直径 D_2 下的 H-Q 曲线；曲线 2 表示最小叶轮直径 $D_{2\min}$ 下的 H-Q 曲线；曲线 3 表示最小连续流量 $[Q_{\min}]$ 的相似抛物线；曲线 6 表示由最大极限流量 $[Q_{\max}]$ 确定的相似抛物线。四条曲线所包围的区域 $EFGH$ 称为泵的极限工作范围。泵可以在极限工作范围内连续运行。

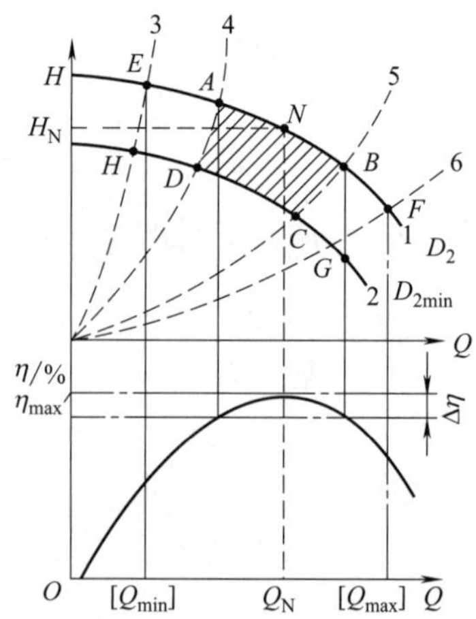

图 2-9 离心泵的极限工作范围和优先工作范围

① 最小连续稳定流量 $[Q_{1\min}]$ 最小连续稳定流量指泵在不超过标准规定的噪声和振动限度下能够正常工作的最小流量，一般应由泵厂通过试验测定并提供给用户。

② 最小连续热控流量 $[Q_{2\min}]$ 最小连续热控流量是指泵能够连续运行而不致被泵运液体的温升所损害的最小流量。最小连续热控流量 $[Q_{2\min}]$ 按下式确定：

$$[Q_{2\min}]=\frac{1000P_{\text{amin}}}{(1000c[\Delta t]+H_{\min}g)\rho}(\text{m}^3/\text{s}) \tag{2-21}$$

式中 P_{amin}——$[Q_{2\min}]$ 下泵的轴功率，kW；

$H_{\min}$——$[Q_{2\min}]$ 下泵的扬程，m；

c——比热容，kJ/(kg・℃)，清水的 $c=4.18$kJ/(kg・℃)；

g——9.81m²/s；

$[\Delta t]$——允许温升，K；

ρ——介质密度，kg/m³。

显然 $[Q_{2\min}]$ 需通过试算才能确定。为方便估算，$[Q_{2\min}]$ 可近似按下式确定：

$$[Q_{2\min}]=\frac{1000P_{\text{a}}}{(1000c[\Delta t]+H_{\text{s}}g)\rho} \tag{2-22}$$

式中 P_{a}——泵额定点的轴功率，kW；

H_{s}——泵关死点的扬程，m。

显然，按式（2-22）计算的 $[Q_{2\min}]$ 偏安全。

③ 最小连续流量 $[Q_{\min}]$ 最小连续流量 $[Q_{\min}]$ 取最小连续稳定流量 $[Q_{1\min}]$ 与最小连续热控流量 $[Q_{2\min}]$ 中的大值。当轴功率≤100kW 时，最小连续流量可按泵最佳效率点流量 Q_{N} 的 25%～35%估算。当轴功率>100kW 时，可按图 2-10 估算。

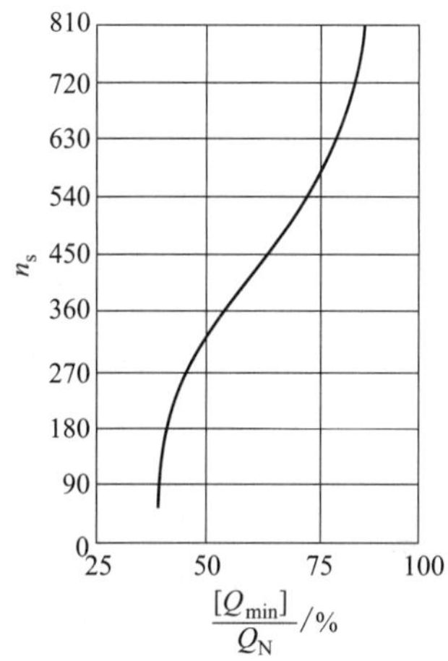

图 2-10 最小连续流量（最佳效率点流量）

④ 泵的许用温升 $[\Delta t]$ 当 NPSH_{a} 远大于 NPSH_{r} 时，泵的许用温升 $[\Delta t]$ 由泵的材料、介质特性及密封情况等综合确定。

当 NPSH_{a} 和 NPSH_{r} 较接近或当输送易汽化介质（如液态烃）时，泵的许用温升 $[\Delta t]$ 由汽蚀条件确定。小流量汽蚀条件下的饱和蒸气压 p'_{v} 按式（2-23）确定：

$$p'_{\text{v}}=p_{\text{v}}+\text{NPSH}_{\text{a}}\rho g(\text{Pa}) \tag{2-23}$$

式中 p_{v}——吸入温度 T_{s} 下的饱和蒸气压，Pa；

NPSH_{a}——装置汽蚀余量，m；

ρ——液体密度，kg/m³；

g——9.81m²/s。

按 p'_{v} 值，查有关图表，得出 p'_{v} 压力下该液体对应的饱和温度 T'_{v}。

泵的许用温升 $[\Delta t]$ 按下式确定：

$$[\Delta t]=T'_{\text{v}}-T_{\text{s}}(℃) \tag{2-24}$$

式中 T_{s}——泵的吸入温度，℃。

在一般估算中，泵的许用温升 $[\Delta t]$ 可按以下经验值确定：清水泵（如 IS、S、Sh 泵）$[\Delta t]$≤15～20℃；锅炉给水泵 $[\Delta t]$≤8～10℃；液态烃泵 $[\Delta t]$≤1℃；塑料泵 $[\Delta t]$≤10℃。

⑤ 最大极限流量 $[Q_{\max}]$ 随着泵的流量增加，泵的 NPSH_{r} 增加，出现汽蚀现象的可能性也随即增加，同时因轴功率上升很快，泵还有过载的可能。因此一般不允许泵在最佳效率点流量的 125%～135%以上操作，要求泵的最大极限流量为：

$$[Q_{max}] \leqslant (125\% \sim 135\%) Q_N \tag{2-25}$$

2. 泵的优先工作范围

图 2-9 中 A、B 两点为最大叶轮直径 D_{2max} 下，H-Q 曲线 1 上比最佳效率点 N 效率 η_{max} 低 $\Delta\eta$（我国通常取 $\Delta\eta=5\%\sim8\%$）的等效率工况点。过 A、B 两点可以作出两条等效率切割抛物线 4、5，并交最小叶轮直径 D_{2min} 下 H-Q 曲线于 D、C 两点。泵的优先工作范围为图 2-9 中 $ABCD$ 所围成的扇形阴影区域。泵在 $ABCD$ 区域内的任意一点工作均认为是合适的。依据 API 610，泵的最佳效率点最好落在正常流量点和额定流量点之间。

3. 系列型谱

将每种系列泵的最佳工作范围绘于一张坐标图上称为型谱。为了使图形协调，高扬程和大流量时的工作范围不致过大，通常采用对数坐标表示，一般每种系列泵都有一个型谱。

系列型谱既便于用户选泵又便于计划部门向泵制造厂提出开发新产品的方向。图 2-11 为标准化工泵型谱图。

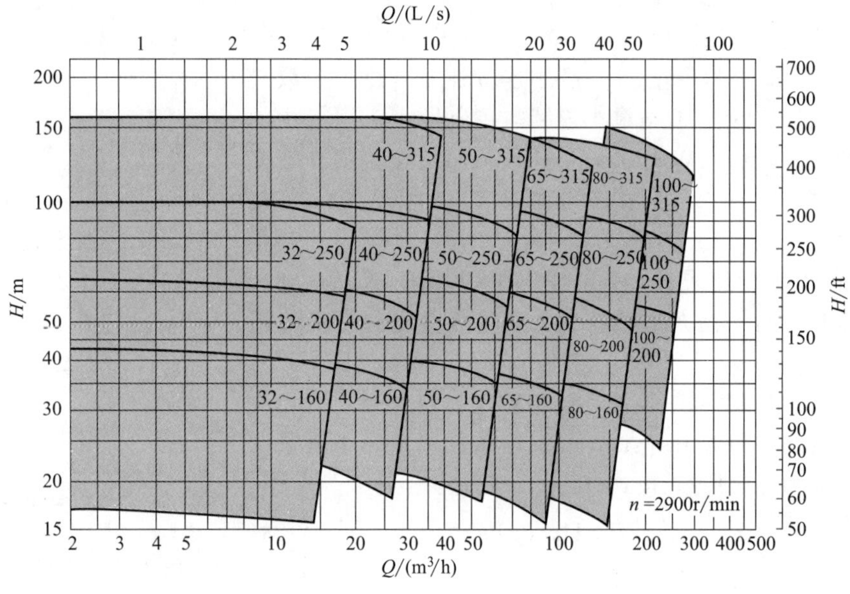

图 2-11 标准化工泵型谱图（1ft=0.3048m）

第三节 离心泵的分类

一、按离心泵的结构分类

离心泵种类繁多，按吸入方式不同可以分为单吸泵和双吸泵；按级数不同可以分为单级泵和多级泵；按叶轮转子布置位置可分为悬臂泵和两端支承泵；按泵轴方位不同可分为卧式泵和立式泵；按壳体剖分型式不同可分为径向剖分式泵和轴向剖分式泵，此外还有特殊结构的离心泵，如潜水泵、磁力泵、屏蔽泵、自吸泵等。

实际上离心泵是由多项结构特点组合而成的。如果仅根据某一单项特点进行分类，则过于笼统。为使得泵的分类简明准确，依据 API 610（第 12 版）《石油、石化和天然气工业用离心泵》，综合考虑多项结构特点，将离心泵分成不同的类型，详见表 2-9。

表 2-9 离心泵的结构类型

分类代码	结构特点	图例
OH1	单级，单吸，径向剖分，悬臂型，卧式结构，泵体由底脚支承	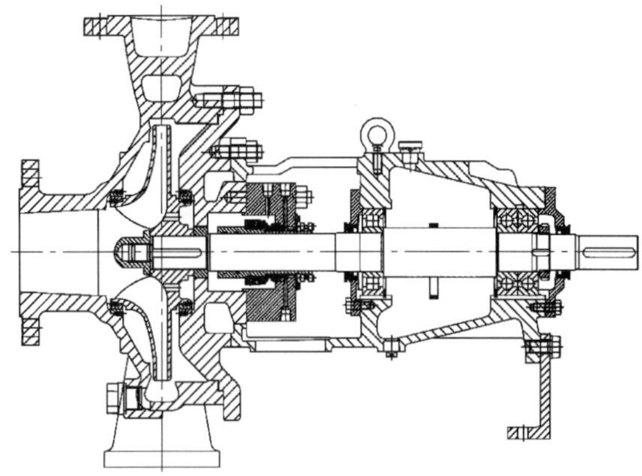
OH2	单级，单吸，径向剖分，悬臂型，卧式结构，泵体在中心线位置由底座支承，后轴承座不设支承	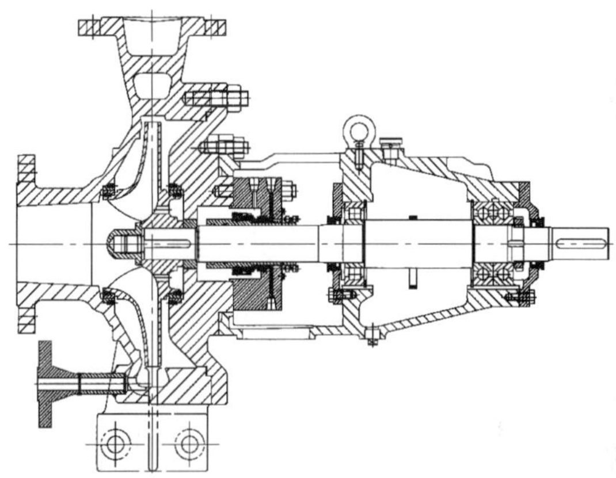
OH3	立式管道泵，泵入口和出口中心线重合，单级，单吸，径向剖分，悬臂型，泵设有独立轴承座，泵与驱动机采用挠性联轴器连接	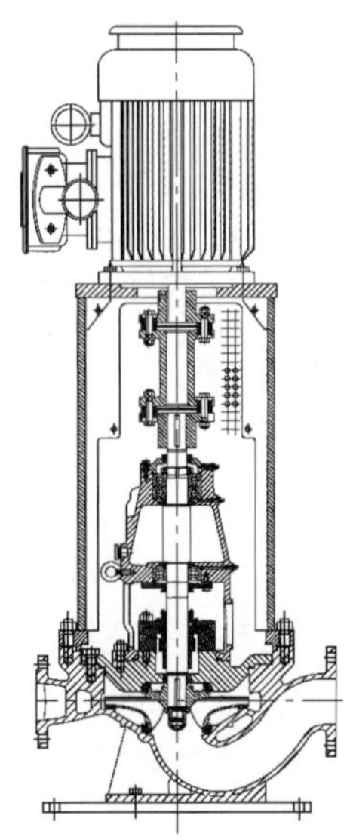

续表

分类代码	结构特点	图例
OH4	立式管道泵，泵入口和出口中心线重合，单级，单吸，径向剖分，悬臂型，泵与驱动机采用刚性联轴器连接	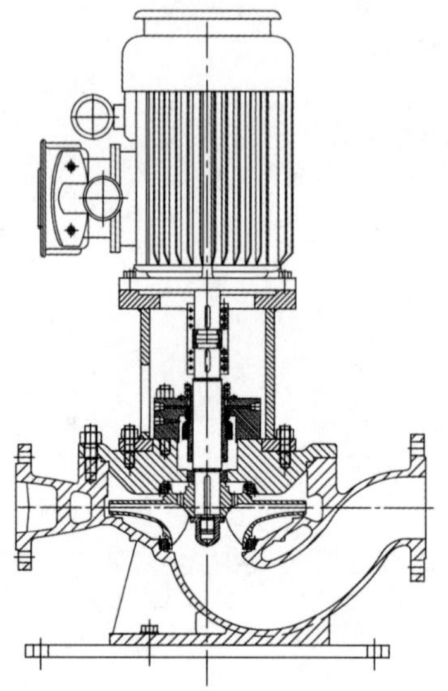
OH5	立式管道泵，泵入口和出口中心线重合，单级，单吸，径向剖分，悬臂型，叶轮直接安装在驱动机轴伸端	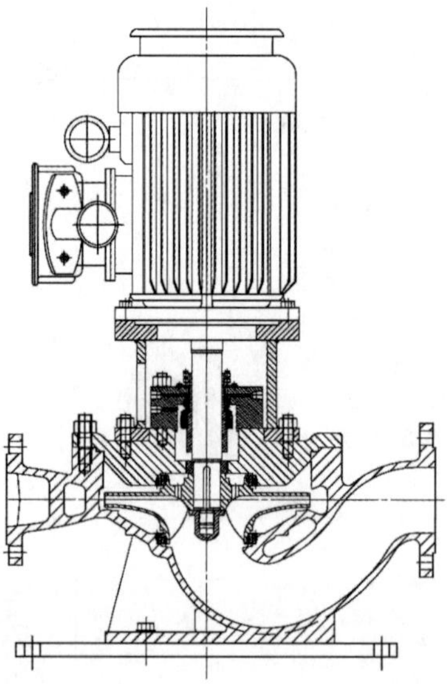

续表

分类代码	结构特点	图例
OH6	高速泵，单级，悬臂型，泵与齿轮箱集成一体，叶轮直接安装在齿轮箱输出轴上，齿轮箱输入轴采用挠性联轴器与驱动机连接，立式或卧式结构。驱动机经由齿轮箱增速后驱动泵转子高速运转，一般转速在10000r/min以上	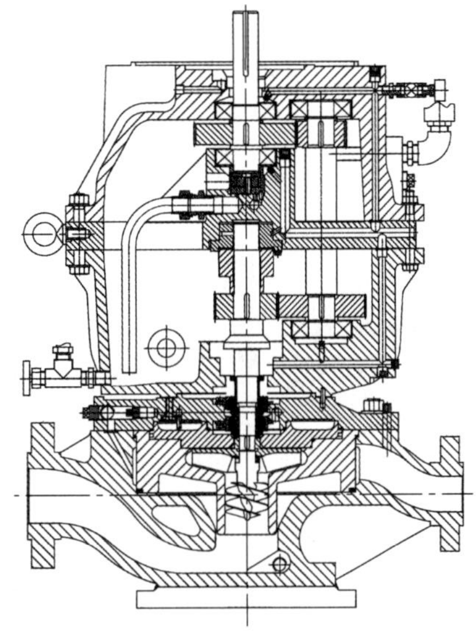
BB1	单级或两级，轴向剖分，两端支承，卧式结构。泵进出口应位于下泵体。 API 610(第12版)中，将BB1分为： (1)BB1-A:底脚支承 (2)BB1-B:近中心线支承	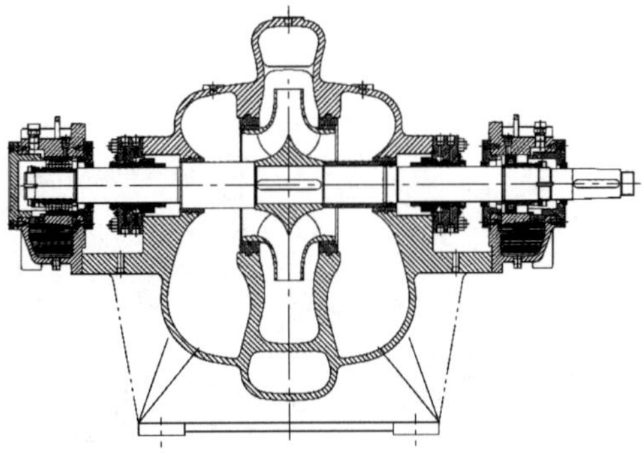 BB1-A 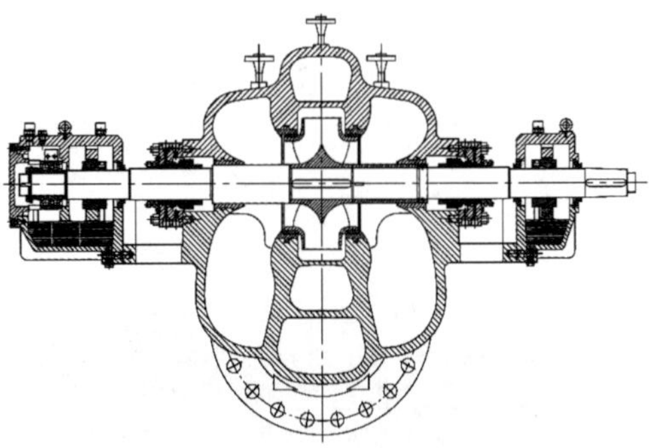 BB1-B

续表

<table>
<tr><th>分类代码</th><th>结构特点</th><th>图例</th></tr>
<tr><td>BB2</td><td>单级或两级，径向剖分，两端支承，卧式结构</td><td>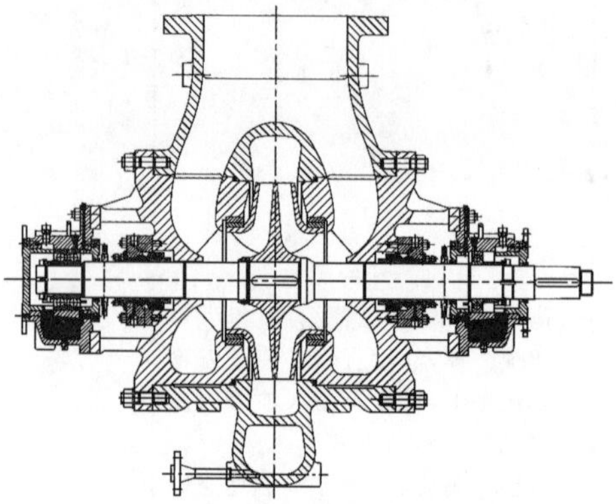
BB2-单级
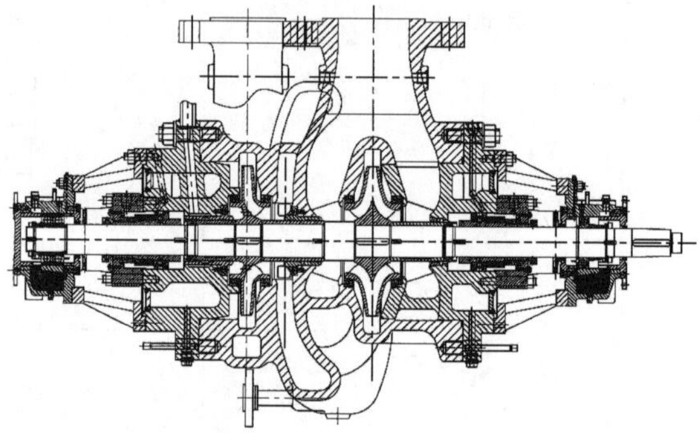
BB2-两级</td></tr>
<tr><td>BB3</td><td colspan="2">多级，轴向剖分，两端支承，卧式结构，泵进出口位于下方泵体上，维修泵不需要拆除进出口连接管道</td></tr>
<tr><td colspan="3">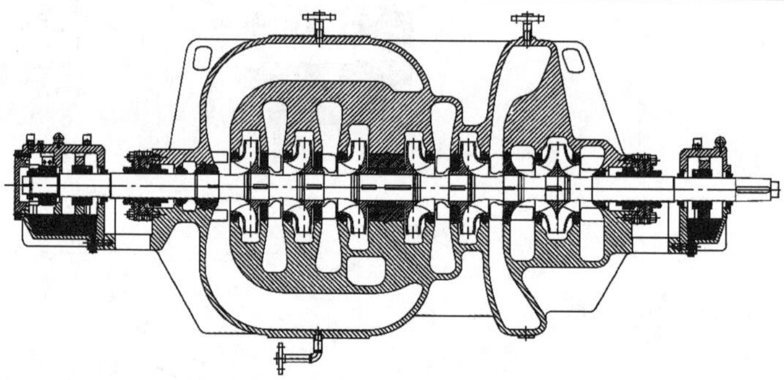</td></tr>
<tr><td>BB4</td><td colspan="2">单壳体径向剖分节段式多级泵，节段与节段之间用长螺栓连接紧固</td></tr>
<tr><td colspan="3">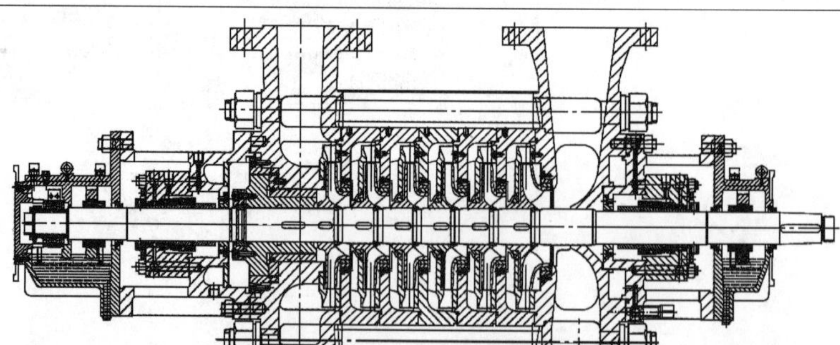</td></tr>
</table>

续表

<table>
<tr><th>分类代码</th><th>结构特点</th><th>图例</th></tr>
<tr><td>BB5</td><td colspan="2">双壳体径向剖分多级泵。外壳体径向剖分承受泵出口压力;内壳体可以是轴向剖分或径向剖分节段式,承受泵出口与进口的压差</td></tr>
<tr><td colspan="3">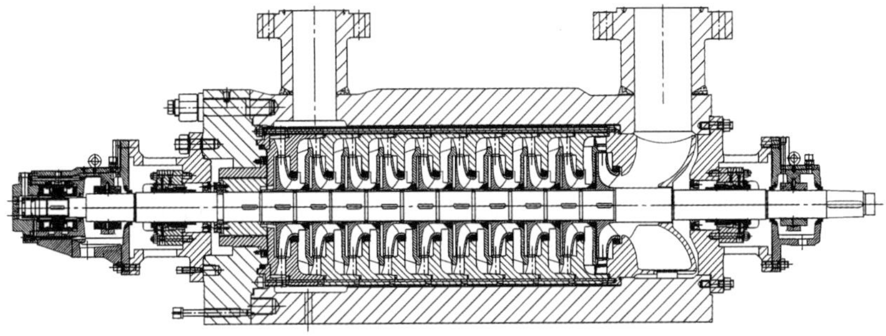
BB5-(BB4 芯包)
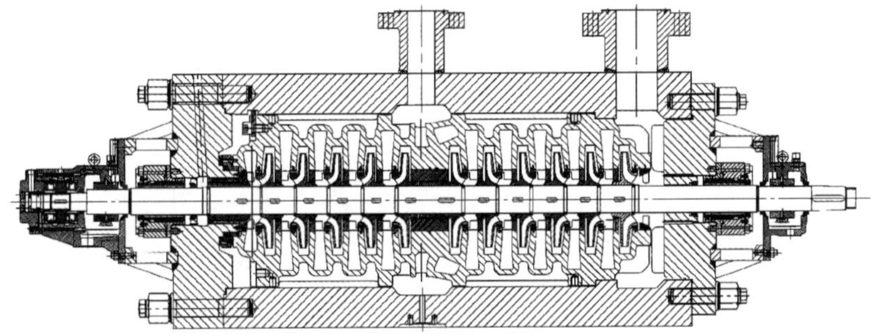
BB5-(BB3 芯包)</td></tr>
<tr><td>VS1</td><td>立式泵,单壳体,悬吊式,导叶式压水室,介质沿泵轴向排出</td><td>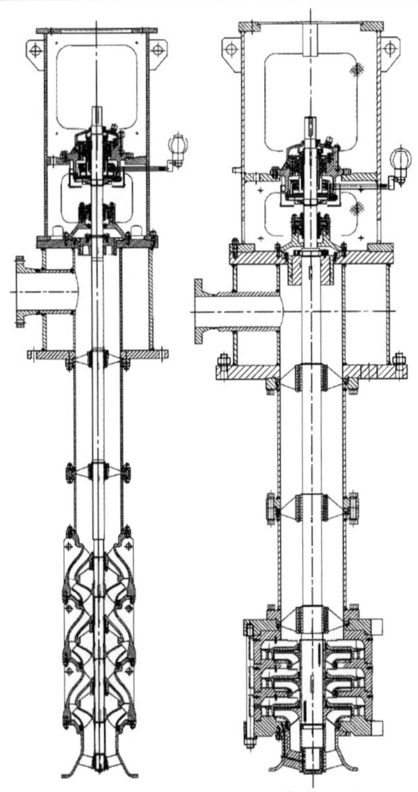</td></tr>
</table>

续表

分类代码	结构特点	图例
VS2	立式泵,单壳体,悬吊式,蜗壳式压水室,介质沿泵轴向排出	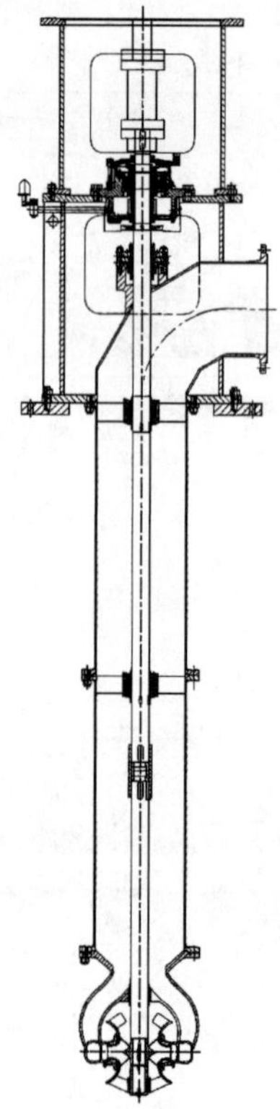
VS3	立式轴流泵,单壳体,悬吊式,介质沿泵轴向排出	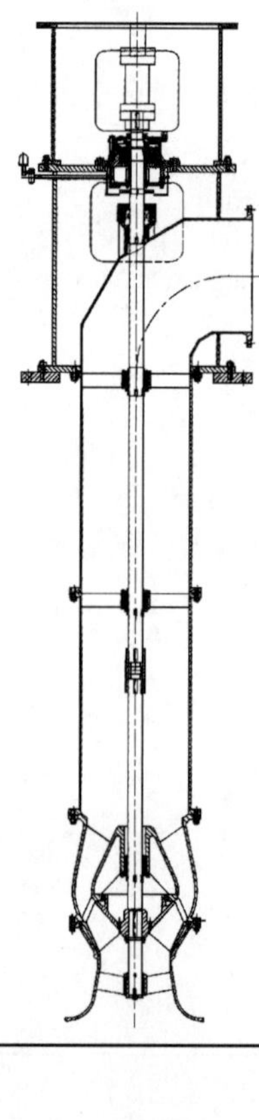

续表

分类代码	结构特点	图例
VS4	立式泵，单壳体，悬吊式，蜗壳式压水室，组合轴结构，设有导轴承，介质沿泵径向排入独立的出液管	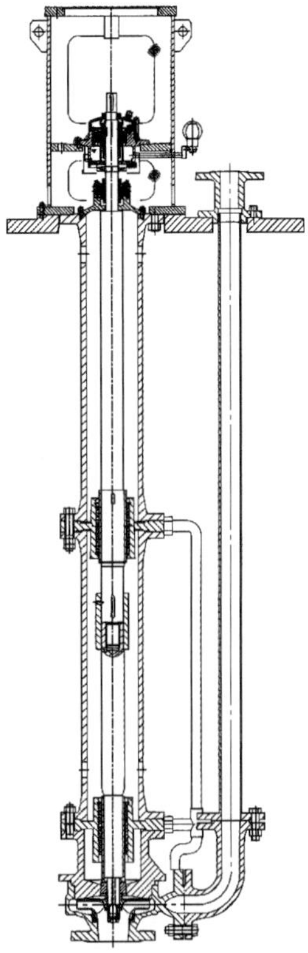
VS5	立式泵，单壳体，单轴悬臂式结构，蜗壳式压水室，介质沿泵径向排入独立的出液管	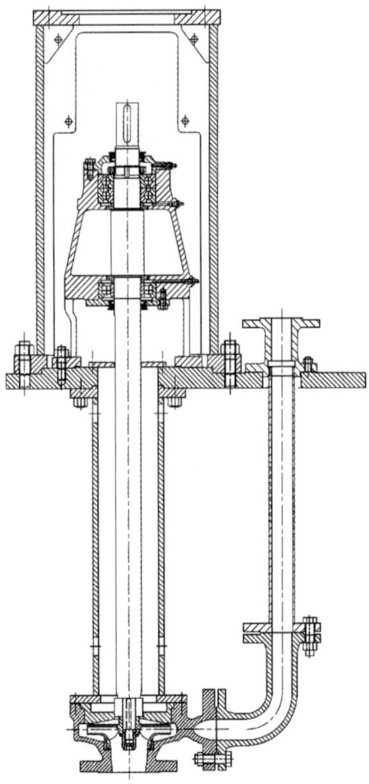

续表

分类代码	结构特点	图例
VS6	立式泵，双壳体，悬吊式，导叶式压水室，介质沿泵轴向排出	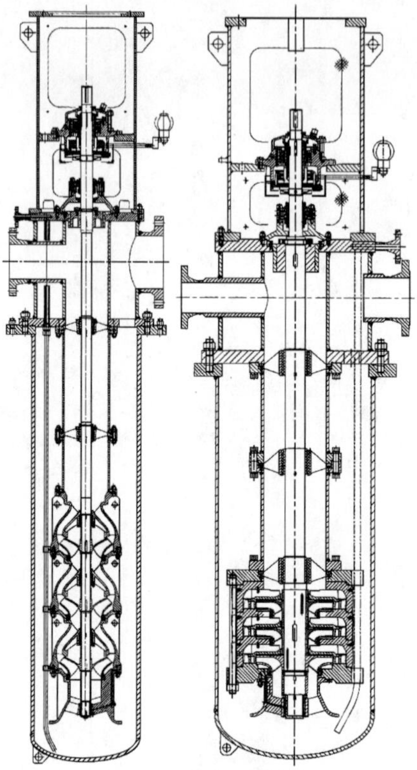
VS7	立式泵，双壳体，悬吊式，蜗壳式压水室，介质沿泵轴向排出	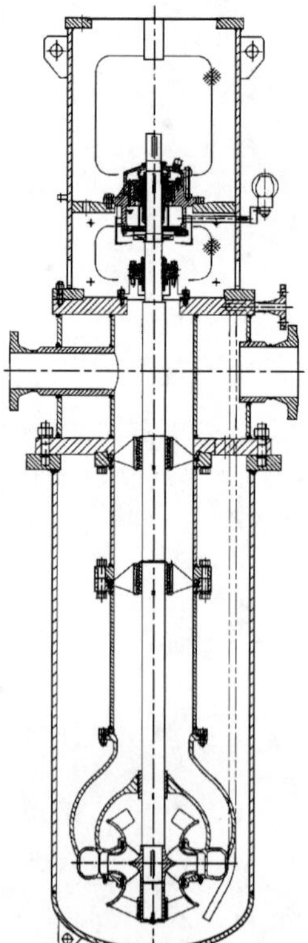

二、按离心泵的输送介质分类（见表 2-10）

表 2-10　按输送介质分类的离心泵类型

<table>
<tr><th colspan="2">类型</th><th>特点</th></tr>
<tr><td rowspan="4">水泵</td><td>清水泵</td><td>最常用的离心泵，通常采用铸铁材质，填料密封</td></tr>
<tr><td>锅炉给水泵</td><td>(1)泵的压力较高，要求保证法兰连接的紧密性
(2)应防止泵进口处产生汽蚀，过流部件应采用耐腐蚀性和耐电化学腐蚀的材料
(3)防止温度变化引起不均匀变形</td></tr>
<tr><td>热水循环泵</td><td>(1)吸入压力高，温度高，要求泵的强度可靠
(2)填料函处于高压、高温下，应考虑减压和降温
(3)如采用端吸式悬臂泵时，由于轴向推力大，要求轴承可靠</td></tr>
<tr><td>凝结水泵</td><td>(1)对泵的抗汽蚀性能要求高，常采用加诱导轮或加大叶轮入口直径和宽度的方法改善泵的抗汽蚀性能
(2)泵运转易发生汽蚀，过流部件有时采用耐汽蚀的材料（如硬质合金、磷青铜等）
(3)填料函处于负压下工作，应防止空气侵入</td></tr>
<tr><td rowspan="5">油泵</td><td>通用油泵</td><td>(1)油品往往易燃易爆，要求泵密封性能好，常采用机械密封，采用防爆电动机
(2)泵的材质和结构上应考虑耐腐和耐磨
(3)为保证泵的连续可靠运转，应采取专门的冷却、密封、冲洗和润滑等措施</td></tr>
<tr><td>冷油泵</td><td>当黏度＞$20mm^2/s$(20cSt)时，应考虑黏度对泵性能的影响</td></tr>
<tr><td>热油泵</td><td>(1)应考虑各零部件的热膨胀，必要时采取保温措施
(2)过流部件采用耐高温材料
(3)要求第一级叶轮的吸入性能好
(4)轴承和轴封处要冷却
(5)开泵前应预热（常用热油循环升温来加热泵，一般泵体温度不应低于入口温度40℃）</td></tr>
<tr><td>液态烃泵</td><td>(1)泵吸入压力高，应保证泵体的强度和密封性
(2)要求第一级叶轮的吸入性能好
(3)因液态烃易泄漏引起结冰，因此对轴封要求高，不允许泄漏
(4)泵内应防止液态烃汽化，并保证能分离出气体
(5)选配电动机时应考虑装置开工试运转时的功耗，或采取限制泵试运转流量的措施，以免产生电机过载</td></tr>
<tr><td>油浆泵</td><td>(1)由于介质中含有固体颗粒，过流部件应采用耐磨蚀的材料和结构
(2)为防止固体颗粒进入轴封，含颗粒较少时，可采用注入比密封腔压力高的清洁液冲洗轴封；含颗粒较多时一般采用副叶轮（或背叶片）加填料密封的轴封结构</td></tr>
<tr><td rowspan="2">耐腐蚀泵</td><td colspan="2">通用特点：
(1)用于输送酸、碱及其他腐蚀性化学药品，过流部件应采用耐腐蚀材料
(2)结构上应考虑到不耐腐蚀零部件（如托架）的防腐
(3)密封环间隙比水泵应大些
(4)应避免在小流量下工作，以免液体温度升高加剧腐蚀
(5)停车时应及时关闭吸入阀，或采用停车密封，以免介质漏出泵体</td></tr>
<tr><td>耐蚀金属泵</td><td>(1)常用的耐蚀金属泵，其过流部件的材质有：普通铸铁、高硅铸铁、不锈钢、高镍合金钢、钛及其合金等，应根据介质特性和温度范围选用不同的材质
(2)高镍合金钢、钛及其合金的价格高，一般应避免选用
(3)耐蚀金属泵的耐温、耐压及工作稳定性一般优于非金属泵</td></tr>
</table>

续表

类型		特点
耐腐蚀泵	非金属泵	(1)非金属泵过流部件的材料有:聚氯乙烯、玻璃钢、聚丙烯、FEP、氟合金、PVDF、超高分子量聚乙烯、石墨、陶瓷、搪玻璃、玻璃等。应根据介质的特性和温度范围选用不同材质 (2)一般非金属泵的耐腐蚀性能优于金属,但非金属泵的耐温、耐压性一般比金属泵差。常用于流量不大且温度较低、使用压力较低的场合
	杂质泵	(1)输送含有固体颗粒的料浆、污水等的泵总称为杂质泵。其过流部件应采用耐磨蚀的材料和结构 (2)为防止堵塞,采用较宽的过流通道,叶轮的叶片数少,采用开式或半开式叶轮 (3)轴封处应防止固体颗粒侵入,含颗粒较少时,可采用注入比密封腔压力高的清洗液冲洗轴封。含颗粒较多时,可采用副叶轮(或背叶片)加填料密封(或带冲洗机械密封)的轴封结构

第四节 高速泵和旋喷泵

一、高速泵

高速泵,又称为高速部分流泵,是一种高扬程、小流量的高速离心泵,主要由泵壳、叶轮、诱导轮、扩散管、高速轴、齿轮箱、机械密封、润滑油系统等组成,如图 2-12。

泵壳采用同心圆结构,内部为环形空间。叶轮大多为全开式,无前后盖板,叶片为直线辐射状,液体阻力损失小。液体经吸入管由轴向进入叶轮,并不全部排出,只有少量液体输出,其余仍在环形通道内高速旋转,且与叶轮的相对速度很低,水力损失小。

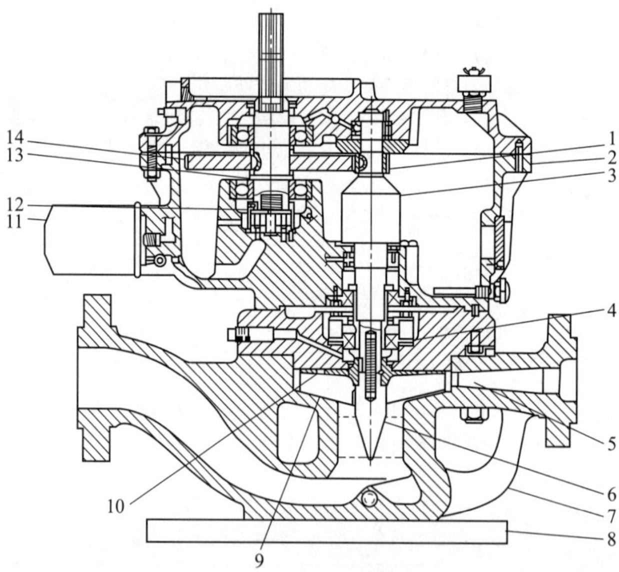

图 2-12 立式高速泵结构

1—从动齿轮;2—齿轮箱;3—高速轴;4—机械密封;5—扩散管;6—诱导轮;7—泵壳;8—底座;9—叶轮;10—平衡孔;11—滤油器;12—润滑油泵;13—低速轴;14—主动齿轮

高速泵是由美国胜达因（Sundyne）公司于1957年发明的，现被广泛用于石油炼制、化工、造纸、食品、采矿等行业。胜达因高速泵的适用范围：流量＜410m^3/h；扬程＜4420m；转速＜25000r/min。近年来国内产品的研制也有了较大突破，其产品参数也接近或达到了同等水平。主要厂家有北京航天动力研究所、北京巡航高科技有限公司、浙江天德、合肥华升、温州嘉利特荏原等。

高速泵的性能和结构特点如下：

（1）高速泵的性能曲线　高速泵扩散管的喉径对性能影响很大。当通过喉部的液体速度等于或略大于叶轮圆周速度时，就会破坏液流的连续性，造成扬程突然下降到零的现象。这就是高速泵的扬程切断特性，对于扬程切断时的流量称为切断流量值。高速泵的流量曲线见图2-13。当叶轮圆周速度不变时，扩散管喉径越大，切断流量值也越大，曲线的过渡也就越和缓。高速泵的这一特性使得当发生过流量时对电机有保护作用。另外其最高效率点往往就在中断流量附近，因此尽管设计工况取在最高效率点，但实际使用时必须在略低于设计流量的条件下运转，以免发生扬程的不稳定现象。

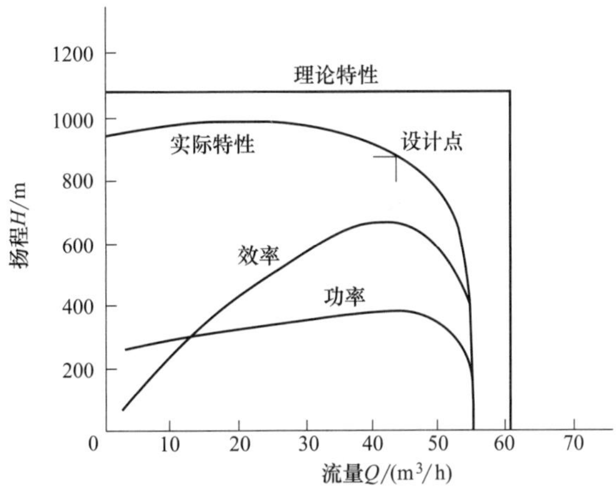

图2-13　高速泵的特性曲线

（2）特殊的叶轮形式　高速泵的开式径向直叶片叶轮大大降低了叶轮产生的轴向推力。有时为进一步降低轴向推力，在靠近轮毂的后盖板上还开有平衡孔，从而使推力轴承的工作条件大大改善，即使在很高的转速下连续运行，轴承也能长期正常运行。

（3）无需耐磨密封环　高速泵的开式径向叶轮结构使得叶轮和泵壳间不必装耐磨环，而且可以保持较大间隙（约1～2mm），这使高速泵可以输送黏度小于5000mPa·s的石油制品、化学腐蚀液、悬浮液以及含有少量颗粒的液体。

（4）轴封的设计与冷却　高速泵采用特殊设计的机械密封，其轴向尺寸特别紧凑，以减小轴悬臂长度；轴套上固定极易平衡的动环，而其他带有弹簧、密封圈和浮动环的不易平衡部分作为密封的静止部分，以适应高转速的需要。同时由于转速高，对轴封的冷却是必不可少的。高速泵可根据介质的特殊性选择配置单端面、串联或双端面机械密封以及符合API 682标准的冲洗、冷却方案及泄漏处理方式。

（5）吸入性能　高速下泵的抗汽蚀性能差，因此高速泵的入口会根据需要配置诱导轮，诱导轮可和叶轮连为一体。

（6）高精度增速箱　高速泵的增速箱有一级增速和二级增速两种，每一种都有许多挡不同的输出速度，使高速泵仅用几个型号就能覆盖广泛的扬程和流量范围，使用模块化设计，零部件的通用性非常好。啮合的齿轮加工精度高（5级以上），齿轮啮合噪声不超过配套电机。

二、旋喷泵

旋喷泵，也称旋转喷射泵、皮托管泵、旋壳泵，由转子部件、集流管、轴承箱部件、泵壳（不同于离心泵泵壳，旋喷泵泵壳不接触介质）、机械密封和进出水体等部分组成，如图 2-14（通常为卧式结构，立式结构目前还处于科研阶段，已有少量的应用业绩）。旋喷泵的轴承箱部件 1 与常规的离心泵相同。过流件叶轮 5 和转子腔 2 连成一体，用螺栓固定在主轴 10 上构成转子部件。转子腔 2 的外围有泵壳 4 起保护罩作用，用螺栓固定在轴承箱部件 1 上。泵壳 4 与泵端盖 8 用螺栓连接，泵端盖 8 上固定机械密封 7、包含进液端和出液端的进出水体 6。核心件集流管 3 固定在进出水体 6 上，穿过叶轮中心延伸到接近转子腔 2 的圆筒内壁处。

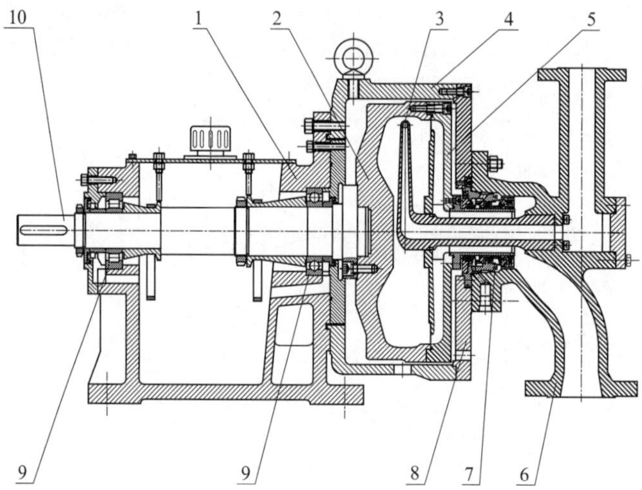

图 2-14 旋喷泵剖面图

1—轴承箱部件；2—转子腔；3—集流管；4—泵壳；5—叶轮；6—进出水体；
7—机械密封；8—泵端盖；9—轴承；10—轴

20 世纪 70 年代，美国 Kobe 公司生产出了第一台商用旋转喷射泵。现旋喷泵被广泛应用于石油化工、天然气化工、煤化工、军工等行业。国外旋喷泵样本参数范围为：流量 1～160m^3/h，扬程≤1600m；国内旋喷泵主要生产厂家有中密控股股份有限公司、重庆伊尔流体设备制造有限公司和江苏海狮泵业制造有限公司。

1. 旋喷泵工作原理

液体从进出水体 6 进液端进入叶轮 5，因叶轮高速旋转而获得动能，液体从叶轮外围沿轴向进入转子腔 2，高速液体从位于转子腔最外围处的集流管 3 的入口进入。因集流管的内流道横截面积逐步扩大，液体流速逐步降低，从而将液体的动能转化为压力能。最后从进出水体 6 出液端排出高压液体。由于液体几乎是随着叶轮 5 与转子腔 2 一起同步旋转，因此液体在获得动能的过程中，无圆盘摩擦损失。这是旋喷泵比相同超低比转速的高速泵和多级离心泵效率高的根源所在。集流管内流道设计以及尺寸精度和光洁度也是决定泵效率高低的关键因素。集流管的外部形状为翼形断面，以使绕流阻力最小。

2. 旋喷泵的性能和结构特点

（1）旋喷泵性能 旋喷泵与高速泵一样，也属于部分流泵，但与高速泵不同的是旋喷泵流出叶轮的介质在转子腔中有稳定的过程，因此旋喷泵在极小流量（0.5～5m^3/h）时性能曲线依然平稳，没有驼峰，理论上可以在从零流量到设计流量范围内任一流量点稳定运行。

当流量<60m^3/h时，旋喷泵的效率优于相同流量、扬程的其他类型的低比转速离心泵。泵的比转速越低，旋喷泵效率优势越明显。

(2) 结构简单，可靠性高　旋喷泵只有一级叶轮，也不需要内置增速齿轮箱，相对于其他低比转速泵，旋喷泵结构更简单。旋喷泵的易损件只有机械密封，而且机械密封安装在泵入口，承受入口低压，且泵转速比相同参数的高速泵要低，因此，机封的 pV 值比高速泵低，寿命较长。

(3) 泵轴不接触介质　旋喷泵泵轴不会接触输送的介质，轴材料选择时，不需要考虑其耐腐蚀性，可以选择强度高、刚性好的材料做泵轴，因而轴的使用寿命更长。

(4) 旋喷泵模块化设计　同一台泵，通过改变集流管入口直径、集流管根数或泵转速，就能大幅度改变泵的性能参数，从而满足不同流量和扬程的要求，并保证泵在高效区运行。

(5) 汽蚀余量高　在旋喷泵运行时，叶轮既会承受高速离心力，还会承受压力。为保证叶轮的强度，一般都采用锻造后焊接的工艺，故旋喷泵叶轮设计时只能通过降低流体在叶轮入口处流速（加大叶轮入口直径）和增加流道光洁度这两种手段来改善叶轮的抗汽蚀性能，特别是超过工频转速时旋喷泵的必需汽蚀余量会比离心泵略高，在大流量情况下会更加明显。

(6) 输送含有颗粒较多的介质　当输送介质含颗粒较多时，集流管入口会很快磨损，引起泵性能急剧下降，因此针对此种工况集流管应选用耐磨材质，保证在一定的安全周期内正常使用运行。

(7) 旋喷泵输送介质的温度范围　旋喷泵转动的转子腔外面，有一个起保护罩作用且固定不动的泵壳，当输送的介质温度低于0℃时，空气中的水分会在转子腔外表面结冰，造成转子动不平衡，当温度更低、结冰更多时，甚至会造成转子腔与泵壳冻结在一起，所以旋喷泵不能输送低温介质。旋喷泵非驱动端轴承紧挨着转子腔，当输送介质温度过高时，热辐射会造成此端轴承温度过高，因而旋喷泵也不适合输送高温介质。旋喷泵输送介质的温度范围在−10～200℃。

第五节　无密封离心泵

无密封离心泵，也称无泄漏离心泵，可分为磁力驱动离心泵（以下简称磁力泵）和屏蔽泵，它们在结构上只有静密封而无动密封，输送液体时能保证一滴不漏。随着环境保护要求的不断提高，无密封离心泵的应用也越来越广泛。

一、磁力泵

1. 磁力泵的工作原理

磁力传动是利用磁体能吸引铁磁物质以及磁体或磁场之间有磁力作用，而非铁磁物质不影响或很少影响磁力的大小的原理，无接触地透过非磁导体（隔离套）进行动力传输。

磁力传动可分为同步或异步设计。大多数磁力泵采用同步设计，如图2-15。电动机通过外部联轴器和外磁缸连在一起，叶轮和内磁缸连在一起。在外磁缸和内磁缸之间设有全密封的隔离套，将内、外磁缸完全隔开，使内磁缸处于介质之中，电机的转轴通过磁缸间磁极的吸力直接带动叶轮同步转动。

异步设计磁性传动，也称扭矩环磁性传动，用笼型结构的扭矩环来取代内磁缸，扭矩环类似于异步电动机的转子，在外磁缸产生的旋转磁场中产生感生电动势和感生磁场，从而以略低的速度转动。由于内磁缸中无永磁铁，因此其使用温度要高于同步驱动的磁力传动。

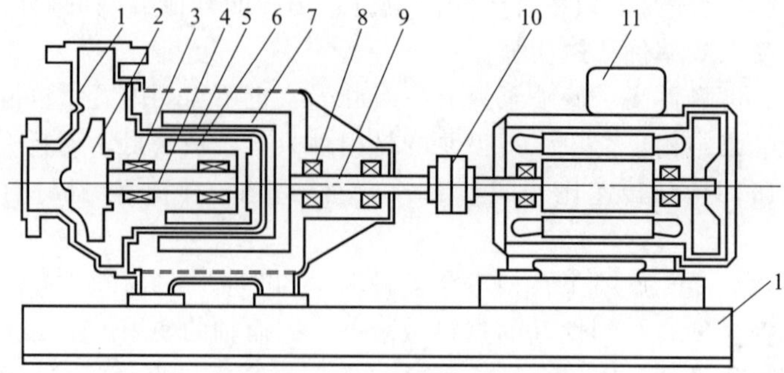

图 2-15　磁力泵结构示意图

1—泵体；2—叶轮；3—滑动轴承；4—泵内轴；5—隔离套；6—内磁钢；7—外磁钢；8—滚动轴承；9—泵外轴；10—联轴器；11—电动机；12—底座

2. 磁力泵的结构

（1）磁力耦合器　磁力传动由磁力耦合器来完成。磁力耦合器主要包括内磁缸、外磁缸及隔离套等零部件，是磁力泵的核心部件。磁力耦合器的结构、磁路设计及其各零部件的材料关系到磁力泵的可靠性、磁传动效率及寿命。磁力耦合器应在规定的环境条件下适用于户外启动和连续操作，不应出现脱耦和退磁现象。

（2）内、外磁缸　内磁缸应用黏合剂牢固地固定在导环上，并用隔离套将内磁缸和介质隔离。隔离套最小厚度应为 0.4mm，其材料应选用非磁性的材料，并适用于输送的介质。

外磁缸也应用黏合剂牢固地固定在外磁缸导环上。为防止大气腐蚀、事故工况下外磁缸对隔离套的破坏和可能产生的碰撞火花，以及防止装配时外磁缸的损坏，外磁缸内表面最好也应覆以隔离套，且隔离套应为不产生火花的材料。

同步磁力耦合器应选用钐钴、钕铁硼等稀土型磁性材料；扭矩环传动器可选用钐钴、钕铁硼等稀土型磁性材料，为适应高温应用，也可以采用铝镍钴磁性材料。钕铁硼的磁能积高于钐钴，缺点是使用温度仅为 120℃，且磁稳定性相对较差。钐钴的磁传动效率和磁能积高，并具有极强的抗退磁能力。用于磁力泵的钐钴通常有两种：1∶5 型 Sm_1Co_5 和 2∶17 型 Sm_2Co_{17}。钐钴 1∶5 型含钐 35%、钴 65%，最高使用温度 250℃，居里温度 523℃；钐钴 2∶17 型含钐 25%，钴 50%，钛、铁等 25%，其最高使用温度达 350℃，居里温度 750℃。温度对磁性材料磁扭矩强度的影响见图 2-16。

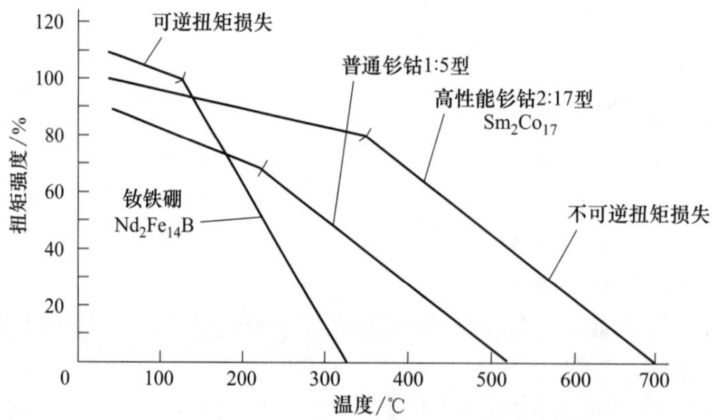

图 2-16　温度对磁性材料磁扭矩强度的影响

（3）隔离套　隔离套也称隔离罩或密封套，位于内、外磁缸之间，将内、外磁缸完全隔开，介质封闭在隔离套内。隔离套的厚度与工作压力和使用温度有关。太厚，则增加了内、外磁缸的间隙尺寸，降低了磁传动扭矩，并增大了隔离套内的涡流损失，从而影响磁传动效率；太薄，则影响强度和刚度。

隔离套有金属和非金属两种，金属隔离套存在涡流损失，非金属隔离套无涡流损失。金属隔离套应选用高电阻率的材料，如用哈氏合金、钛合金等，也可选用奥氏体不锈钢，其厚度一般为1.0～1.2mm。对于小功率的磁力泵，且使用温度较低时，其隔离套也可考虑采用非金属材料，如塑料或陶瓷等。

（4）滑动轴承

① 碳化硅陶瓷材料　磁力泵一般采用碳化硅陶瓷轴承。为防止碳化硅中含游离硅，从而降低其耐腐蚀性能，一般要求采用无压烧结的 α 相碳化硅。碳化硅滑动轴承，承载能力高，且具有极强的耐冲蚀、耐化学腐蚀、耐磨损性能和良好的耐热性，使用温度可达500℃以上。碳化硅滑动轴承的使用寿命一般可达3年以上。

碳化硅轴承通常镶装在金属零件上。由于碳化硅热膨胀系数远小于一般金属材料，因此在输送高温或低温介质时，应采用特殊的镶装结构（如金属波纹垫）或采用特殊的金属材料（如钛合金）等。

② 石墨材料　石墨具有较好的自润滑性能，可经受短时间的干运行，使用温度可达450℃，缺点是耐磨性能较差。石墨滑动轴承的使用寿命一般可达1年以上。

3. 泵保护系统

为提高使用寿命和运转的安全性，磁力泵可以提供以下一种或数种安全保护装置。

（1）轴承状态监测器　如果用户需要，一些国际知名厂商可配置非接触式的轴承状态监测器，用于防止轴承磨损失效、联轴器的脱耦、内磁缸卡住及功率系统故障等。

（2）电机功率监控器　电机功率监控器通过监测电机功率，来避免发生低流量或干运转。

（3）温度探头　用温度探头（如电阻温度探头RTD）来监测隔离套的温度，以反映泵在操作中状态的变化。可防止泵的干运转、内外轴承磨损、严重汽蚀、闷泵、泵卡住，以及系统过热等。

（4）差压开关　用差压开关来监测泵出口的压力变化，可防止泵的干运转、严重汽蚀、闷泵、泵卡住等。尤其适用于容器卸空/槽车卸载等。

（5）第二层保护

① 承压密闭的磁耦合箱体　隔离套外为磁耦合箱体。对于高系统压力下输送某些剧毒或易燃化学品时，该箱体应为承压密闭容器，其设计和试验压力值和泵的液力端相同；且泵外轴和磁耦合箱体之间应设节流衬套和机械密封（俗称二次密封），见图2-17。

② 双隔离套结构　当采用双隔离套结构时，其外隔离套的设计和试验压力值也应和泵的液力端相同，见图2-18。

（6）液体泄漏探头　对于采用第二层保护的磁力泵，应设置液体泄漏探头。对于承压密闭的磁耦合箱体结构的磁力泵，当隔离套破裂，或由于其他原因有液体进入磁耦合箱体时，探头就会报警；对于双隔离套结构的磁力泵，当内隔离套破裂，或由于其他原因有液体进入内外隔离套之间的腔体时，探头就会报警。

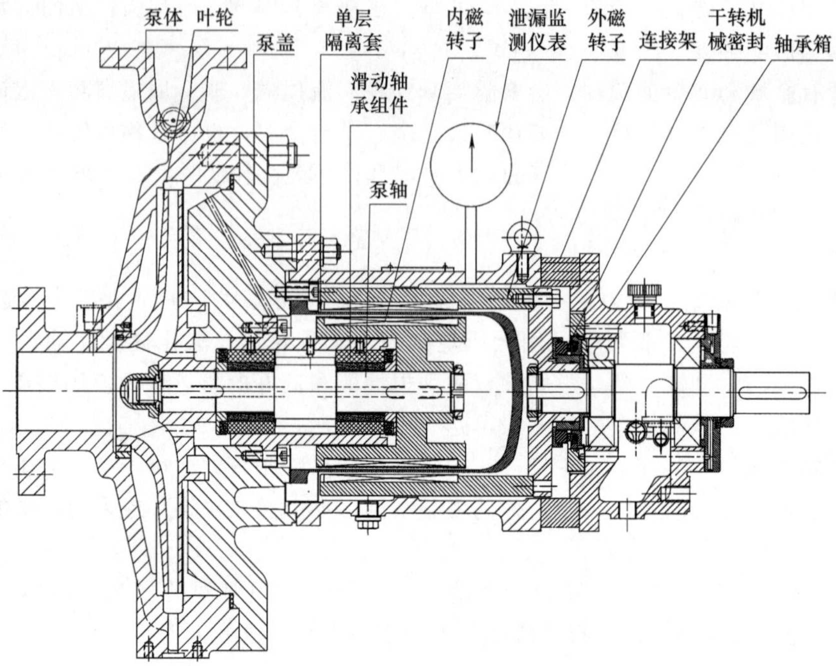

图 2-17 机械密封结构剖面图（杭州大路提供）

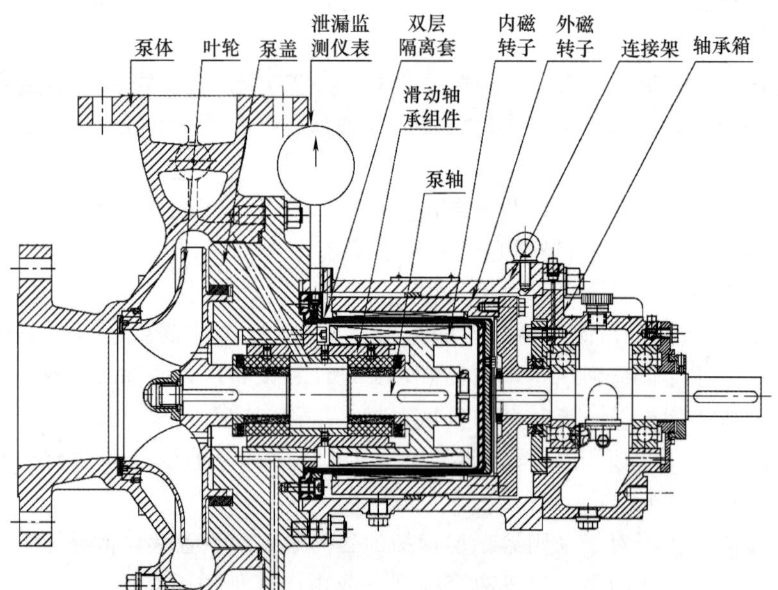

图 2-18 双隔离套结构剖面图（杭州大路提供）

二、屏蔽泵

1. 屏蔽泵的工作原理

屏蔽泵的泵体与电动机直接连接，都被封闭在一个充满介质的压力容器内，此压力容器只有静密封。屏蔽泵的叶轮和电动机的转子固定在同一根轴上，定子的内表面和转子的外表面封焊屏蔽套，屏蔽套将电动机定转子与输送液体完全隔开，转子通过定子磁场在被输送的介质中旋转，动力通过定子磁场传递，从而将电能转化成机械能，详见图 2-19。

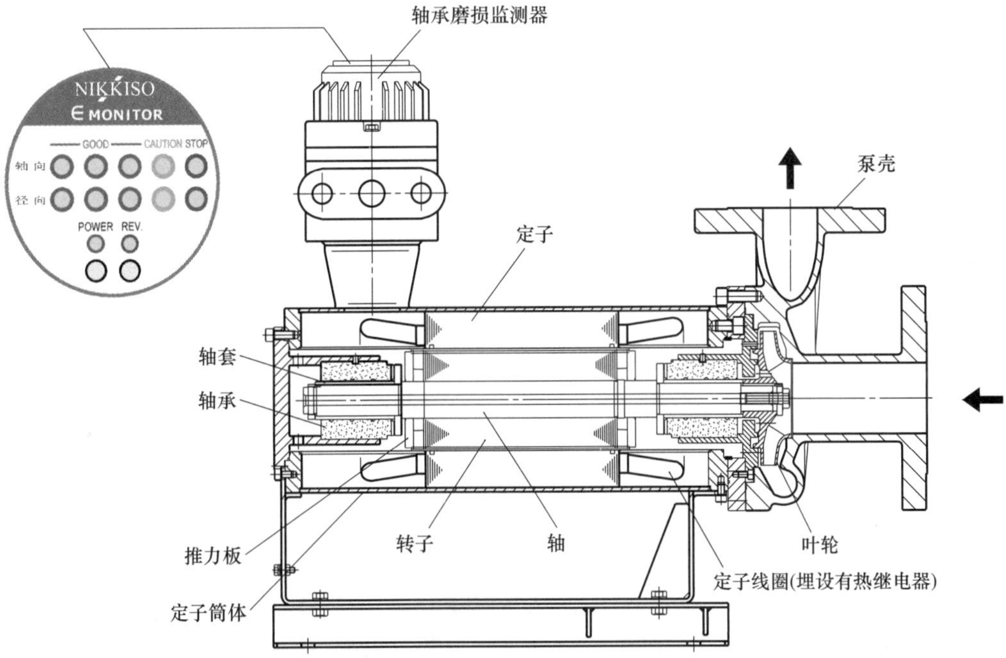

图 2-19 普通型屏蔽泵结构示意图

被输送的介质从泵进口流入泵壳腔体内部，通过叶轮的旋转升压，大部分介质由泵的出口排出。另一部分介质被分流到电动机侧，首先经过前轴承，然后流经定子屏蔽套与转子屏蔽套的间隙到达后轴承，最后从尾部进入转子中空轴回流到泵的入口。介质内部循环是利用泵的出口和入口的差压来实现的。此分流介质不仅冷却电动机而且润滑轴承。

2. 屏蔽泵的类型

根据被输送液体的温度、压力、汽化特性、熔点、有无颗粒和黏度高低等不同要求，屏蔽泵一般可分为普通型（基本型）、反向环流型（逆循环型）、高温型（超耐热型）、高熔点型、自吸型、泥浆分离型（机械密封型），以及船舶、轨道交通、核电站和吸收制冷装置使用的各种类型屏蔽泵。

(1) 普通型（基本型） 适用于输送汽化压力不高、温度不高、不含颗粒的一般介质。一般来说，输送介质温度不超过 150℃，扬程能达到 220m；如图 2-19。

(2) 反向环流型（逆循环型） 这种型式的屏蔽泵采用的是带副叶轮增压或泵头高压侧液体分流引入电动机侧结构，电动机循环路径与普通型相反，因此又称为逆循环型。适合于输送易汽化的液体，有时也称为易汽化型，如图 2-20。

介质从泵进口流入泵腔体内部，通过叶轮的旋转升压，大部分介质由泵排出口排出，而一部分介质被导入电动机内部，首先通过前轴承，然后流经定子屏蔽套与转子屏蔽套的间隙

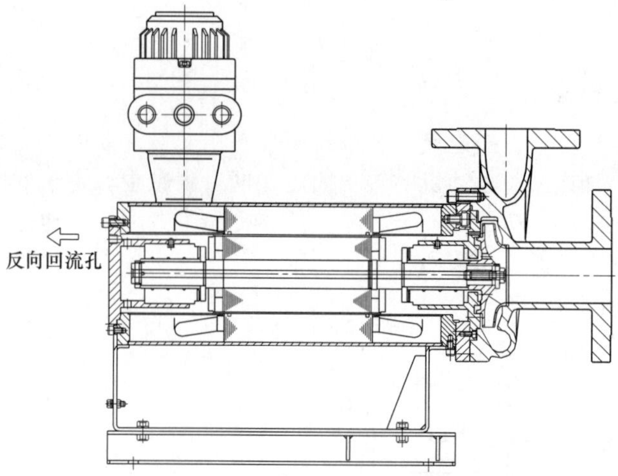

图 2-20　反向环流型屏蔽泵外形图

到达后轴承，这个过程中对电动机进行冷却并润滑前后轴承。与普通型屏蔽泵不同的是这部分介质不回到泵进口，而是从尾部的反向回流孔流到进口储罐的气相区。

（3）加压循环型　电动机转子轴上安装副叶轮，由副叶轮对电动机循环液加压，避免液体的升温汽化，因此适合于输送易汽化的液体，如图 2-21。

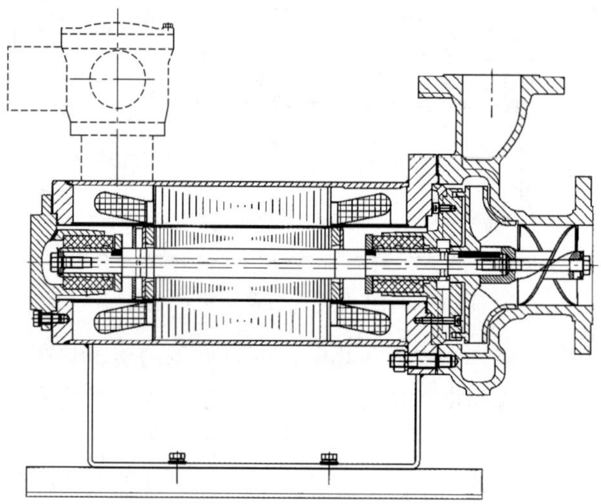

图 2-21　加压循环型屏蔽泵外形图

叶轮出口的一部分液体通过前端盖导流孔导入中空的转子芯轴，由后端的副叶轮对循环液进行加压，然后通过定转子屏蔽套气隙、前端盖另一路通道导出到叶轮出口，实现对电动机的冷却和轴承的润滑。循环液经过电动机吸收一部分热量，会导致汽化压力的上升，但是由于副叶轮的加压（并且液体是由高压区域引入和排出），因此避免了液体的汽化。另外，可以通过配置诱导轮提高泵的抗汽蚀性能。与逆向循环型相比，其省去了尾部逆向循环配管。

（4）高温型（超耐热型）　输送介质温度可高达 450℃。高温型屏蔽泵一般应配有强制循环的副叶轮和外冷却系统，同时采用热屏将电动机部分与泵头部分隔开，如图 2-22 所示。即使被输送的介质温度高达 450℃，在电动机内部循环的介质温度也只有 100℃左右，采用普通的 H 或 C 级绝缘等级电动机就可以了。

注：当外部无法提供冷却液时，为了减少热损耗，可考虑采用特殊的超高温绝缘材料来解决电动机的耐热问题，其使用介质温度一般在 400℃以下。

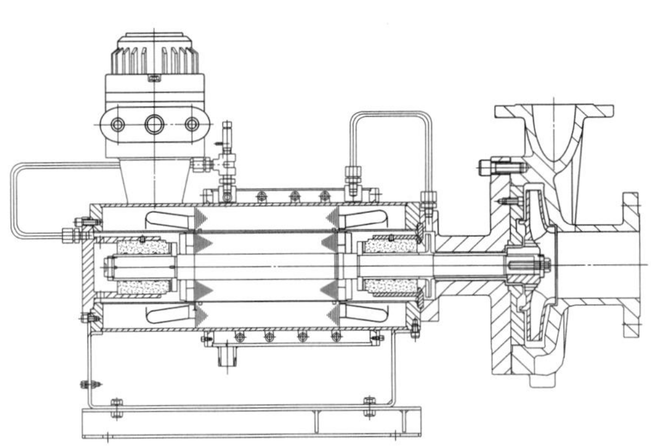

图 2-22　高温型屏蔽泵外形图

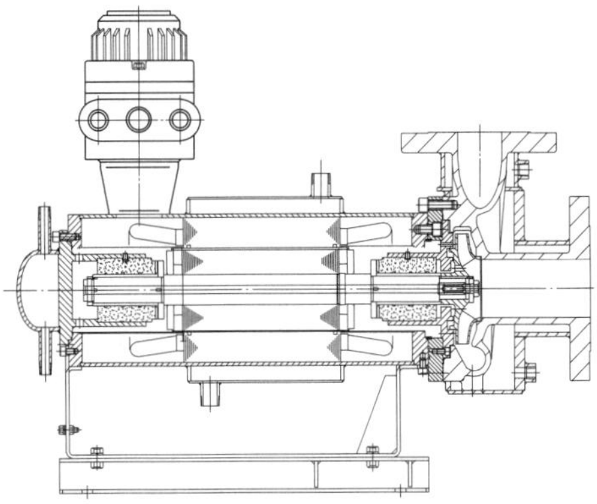

图 2-23　高熔点型屏蔽泵外形图

(5) 高熔点型　在屏蔽泵的液力端和电动机侧均带有夹套，夹套中可通入蒸汽或一定温度的液体防止冷态下高熔点液体产生结晶，如图 2-23 所示。如果屏蔽泵采用外部循环管，则外部循环管也应采用蒸汽或电伴热；适用于熔点高达 150℃的介质。所有夹套充冷媒即可输送低达－60℃的介质。

(6) 自吸型　自吸型屏蔽泵适用于从低于泵进口中心线以下的容器中抽取液体。在屏蔽泵停泵后再次启动时，不必灌泵，泵就可以工作，如图 2-24 所示。通常吸入的提升高度，即从液面至泵吸入口中心线的距离，最大可达 6～7m。

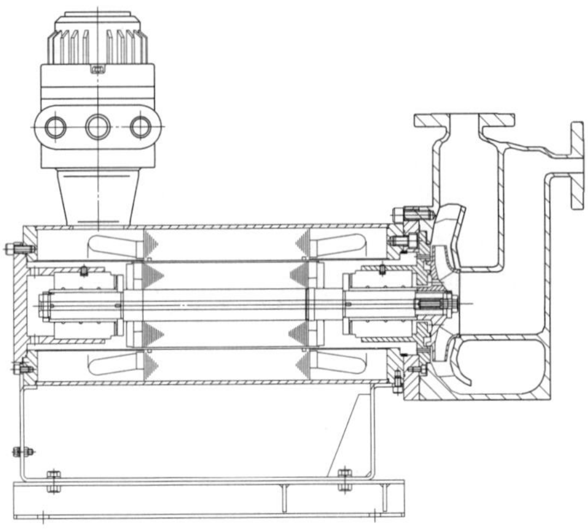

图 2-24　自吸型屏蔽泵外形图

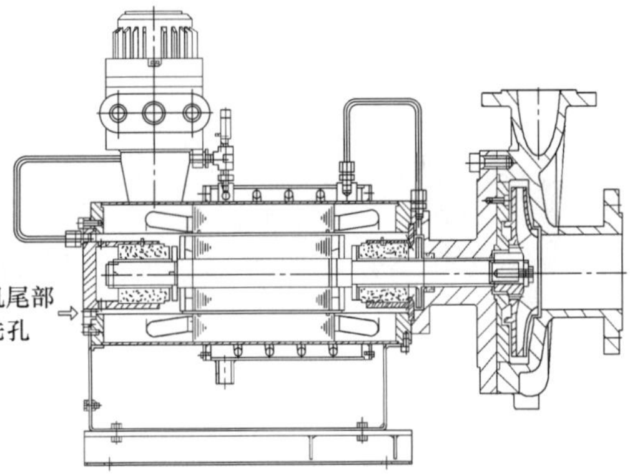

图 2-25　泥浆型屏蔽泵外形图

(7) 泥浆分离型（机械密封型）　用于含有悬浮颗粒的介质输送。泥浆型屏蔽泵在电动机侧设置了外部冲洗孔，利用清洁的、适当的冲洗液，从冲洗孔注入电动机，以达到冷却电动机、润滑轴承的目的，同时防止颗粒进入电动机，如图 2-25 所示。一般在电动机和泵之间设置隔离环或机械密封。

(8) 带二次承压壳体的本质安全型屏蔽泵　屏蔽泵二次承压壳体最早由美国石油学会提出，结构原理如图 2-26 所示。电动机屏蔽套为第一壳体，电动机的机壳、接线盒和端子板形成第二壳体，第二壳体的设计压力等同于第一壳体。普通屏蔽泵第二壳体一般采用非承压设计，一旦屏蔽套泄漏，则液体会泄漏到定子内腔，端子板只能短时间密封液体，一旦处理不及时，液体仍然会通过接线盒泄漏到环境中。具有二次承压壳体结构的屏蔽泵，要求其二

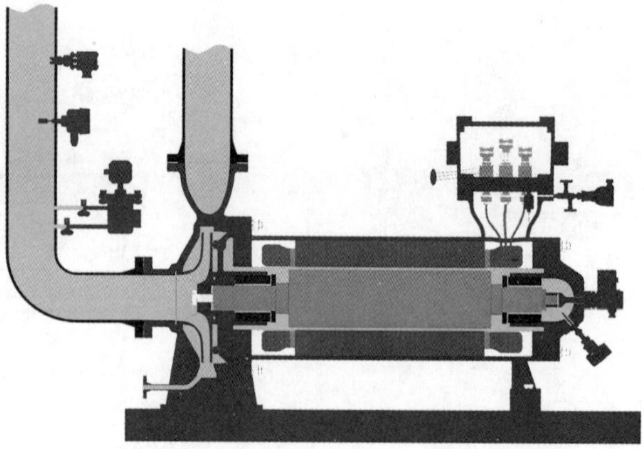

图 2-26 二次承压壳体结构外形图

次承压能力与一次承压相同：当危险液体由于屏蔽套损坏泄漏到定子内腔时，液体仍然可以得到可靠的密封，不会泄漏到环境中。

二次承压壳体结构早期主要用于石油、石化等高温、高压、高危液体，核工业含放射性液体等等，随着现在工业流程对安全环保要求的加强，二次承压壳体结构得到越来越广泛的应用。

具有二次承压设计的屏蔽泵，一般还要求采用泵体中心支承结构，具有集液功能的重型底座，轴承具有较高的运转寿命，设计压力裕量较大，等等；同时具有完善的监测保护系统，如屏蔽套漏液监测、轴承磨损检测、电动机温度监测、振动监测等。循环回路设计与普通屏蔽泵结构类似。

3. 屏蔽泵的结构

（1）液力部件　屏蔽泵的液力部件可以采用与轴封泵相同的型式。即可用普通轴封泵的液力端与屏蔽电动机组合构成屏蔽泵，但设计时需要考虑电动机循环等额外增加的流量。

（2）轴承　由于转子较长，屏蔽泵需设前后两个滑动轴承座。这两个轴承要求精确对中。如果对中不佳，轴承（如采用 SiC 材料的轴承）很容易碎裂。

屏蔽泵的轴承完全封闭在介质中，因此选用的是滑动轴承。为便于轴承润滑，滑动轴承内壁以及与推力盘接触的端面一般开有导流槽，根据导流槽的分布形状，有直槽、螺旋槽或同时开直槽和螺旋槽三种。

常见的滑动轴承的材料有如下几种：

① 石墨　具有非常好的自润滑性，但相对较软。为了提高其耐磨性能，通常将石墨做浸渍处理，常见的有浸渍树脂和浸渍金属等形式。石墨轴承与轴套和推力盘组成摩擦副，轴套和推力盘表面一般堆焊钴铬钨硬质合金，喷涂碳化钨或镀硬铬等，普通石墨的寿命约10000h，特殊超硬石墨寿命可达 25000h 以上。

② 碳化硅　碳化硅材料硬度高、耐磨性好、承载能力强，但耐冲击性不如石墨，也常用作屏蔽泵的轴承材料。碳化硅轴承的结构设计需要增设膨胀环，以吸收金属和碳化硅线胀系数不同情况下温升对间隙的影响。碳化硅一般采用纯烧结 α 级碳化硅，大规格一般选用耐冲击较好的碳-碳化硅复合材料，其寿命可达 25000h 以上。

③ 填充聚四氟乙烯　在输送某些强腐蚀性的介质时，滑动轴承也可以选用聚四氟乙烯充碳纤维、玻璃纤维等非金属材料，该类材料的运转寿命远低于石墨和碳化硅。

④ 超硬石墨　它是一种以石墨为基底，采用特殊工艺在表面喷涂一定厚度碳化硅的复

合材料，因此兼顾了石墨的自润滑性和碳化硅的高硬度和重承载的特点，通常与之配对的轴套和推力板采用不锈钢表面喷涂硬质合金，有效地降低了机械冲击和剪切应力，使用寿命长，同时具有一定的耐干摩擦的能力。

⑤ 其他　在某些特殊场合，也可以选择陶瓷、金属或 PEEK 等作为屏蔽泵的轴承材料。

屏蔽泵采用滑动轴承，为了提高轴承的寿命，结构设计中需要考虑减少径向载荷和轴向载荷。减小径向力的方法通常有以下几种：

① 采用双涡壳壳体　将泵的涡壳做成带有 2 个错开的 180°的隔舌，将流体分成 2 个相等的部分，由于对称，产生 2 个方向相反的径向推力，因而可以减小轴承所受的径向力。但是双涡壳的结构给铸造、清砂带来很多困难，主要用于较大流量的屏蔽泵。

② 采用圆形泵体　圆形泵体产生的径向力在泵的关闭点（指泵的出口阀全关，流量为零时），与最高效率点之间的范围要比涡壳型泵体小，特别是在最高效率点时，用来减小径向力的效果最好。但这种泵体水力效率较低，主要用于小流量部分流泵。

③ 采用多流道泵体　从理论上讲，多流道泵体可使径向合力为零，使轴承不受径向力，实际上，由于制造误差、流道不完全对称等原因，径向力不容易做到完全消除。

④ 采用导叶　导叶可使径向合力几乎为零，使轴承不受额外径向力。导叶主要用于扬程较高的多级泵，或者安装在锻造结构的环形泵体内。

减小轴向力的方法如下：

① 采用自动推力平衡装置　通过叶轮轮盘背部固定的和可变的两种节流环在流体力的作用下，使叶轮前部和背部压力形成动相平衡状态，消除轴向力。在正常情况下，推力轴承不受力，只有在启动和意外情况下，止推盘才会与轴承止推面相接触。

② 采用背叶轮推力平衡机构　在叶轮背面配有径向布置的叶片，也可减小轴向力。

③ 用平衡盘结构，或平衡鼓-平衡盘结构。

④ 对于多级泵，采用叶轮对称分布结构。

以上各种办法，各有优缺点，需要根据实践经验和泵的总体设计进行综合考虑和选择。

(3) 屏蔽套　屏蔽泵定子和转子通常封焊有屏蔽套，用来防止工作介质浸入定子绕组和转子铁芯。屏蔽套的存在，使电动机定子和转子之间的间隙加大，同时在屏蔽套中还会产生涡流，增加了功率损耗，造成屏蔽电动机的性能下降。一般来说屏蔽电动机和传统离心泵所用电动机相比，效率会降低。

为了减少因屏蔽套的存在所引起的损耗，在设计时必须注意屏蔽电动机的内径要小，屏蔽套的厚度要薄，屏蔽套的材料应为非导磁材料。所以屏蔽电动机一般都采用细长的结构，即铁芯长度和内径的比值比较大。屏蔽套材料选用耐腐蚀性好、强度高的非导磁材料，如奥氏体不锈钢、哈氏合金 B、哈氏合金 C、钛合金等。哈氏合金材料产生的涡流损失较小，定子屏蔽套优先选用哈氏合金，转子屏蔽套可选用哈氏合金或奥氏体不锈钢。

屏蔽套的厚度，一般为 0.4～0.7mm，厚的屏蔽套可以提供较坚固的结构，但引起的能量损失也大。实际设计时，往往选用既有足够安全性又不致造成太大损失的折中方案。

4. 屏蔽泵的安全监测和保护装置

为提高使用寿命和运转的安全性，屏蔽泵通常都设有下列保护装置。

① 轴承磨损监测器　轴承磨损监测器根据其检测原理通常分为机械式、机械电气式、电气式、电子式等型式。当屏蔽泵运转时，可以通过轴承磨损监测器随时监视轴承的运转情况。当轴承磨损较大时，就要停机检修或更换轴承，在运转时若发生轴承损坏则立即停泵。

机械式监测轴承磨损最为直接，可靠性高，但不可调、没有预警功能。其他形式的轴承监测可实现现场显示，且可输出 4～20mA 信号或报警开关信号。图 2-19 普通型屏蔽泵所带的轴承磨损监测器即为电子式。

② 电流保护器　屏蔽泵在缺液情况下空运转时，会造成泵的损坏。当流量大幅度下降时，电流也会大幅降低，此时电流保护器可以发出控制信号，通过用户的保护装置将泵停止运行，防止事故发生。同样，在负载过大时，电流增加较多，电流保护器也会动作，自动切断电流，使电动机停止运转，防止事故发生。

③ 电动机过热保护　即事先将温度传感器埋在定子绕组内，实现超温报警，避免电动机绕组的工作温度超出其绝缘等级的要求，同时是对满足防爆性能中温度组别项的一个补充。

传感器主要分三种：热敏电阻（PTC）、热敏开关和热电阻（如 PT100）。前两种价格低，使用比较广泛，均为开关式信号；热电阻传感器通过配备相应的显示仪表，可以实时监控电动机绕组的温度变化，它通常用在重要泵位以及特殊绕组形式上。

④ 屏蔽套漏液监测　在定子腔内安装压力变送器、压力开关或湿敏传感器，一旦屏蔽套破损泄漏而导致液体进入电动机腔，漏液监测装置可迅速监测并实施保护。

⑤ 电动机循环液/轴承温度监测　在后端盖安装温度保护仪表，对循环液/轴承温度进行监测或保护。

⑥ 振动监测　采用防爆一体化振动变送器，安装在屏蔽电动机前后侧，可对屏蔽泵进行振动监测。

⑦ 便携式转向监测仪　在开车调试以及维护保养时，可以从外部直观地监测到电动机的转向。

除以上几种保护装置外，屏蔽泵还可以配置热交换能力监测器、液面监测器、空转保护器等等，以满足不同用途屏蔽泵安全保护的需要。

三、多级无密封泵

早期的无密封泵完全是单级的悬臂离心泵，但随着技术的进步，有些厂商开发了多级悬臂的屏蔽泵和磁力泵，并在石化工业中得到应用。API 685（第 3 版）引入了多级无密封离心泵，参见表 2-11。多级悬臂无密封离心泵指两级或多级的屏蔽泵或磁力泵，泵型如下：

表 2-11　多级无密封离心泵型式（摘自 API 685 附录 Q）

序号	型式	示意图
1	M4OH-MAG 多级节段式磁力泵（API 610 BB4 型）	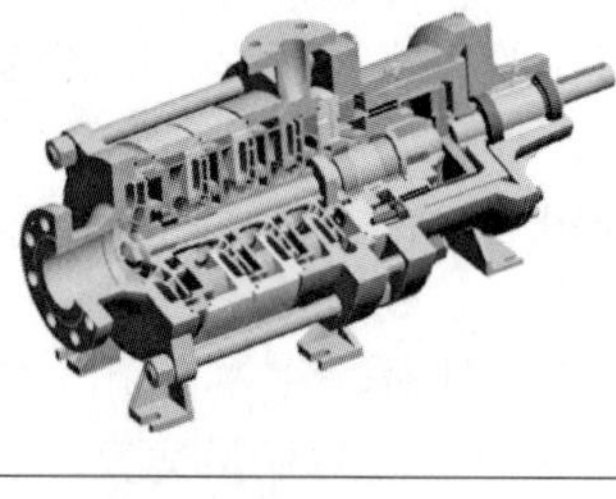
2	M5OH-MAG 多级筒形磁力泵（API 610 BB5 型）	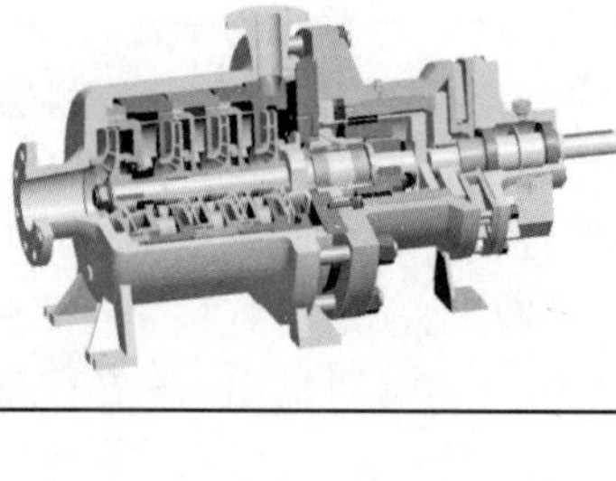

续表

序号	型式	示意图
3	M4OH-CAN 多级节段式屏蔽泵（API 610 BB4 型）	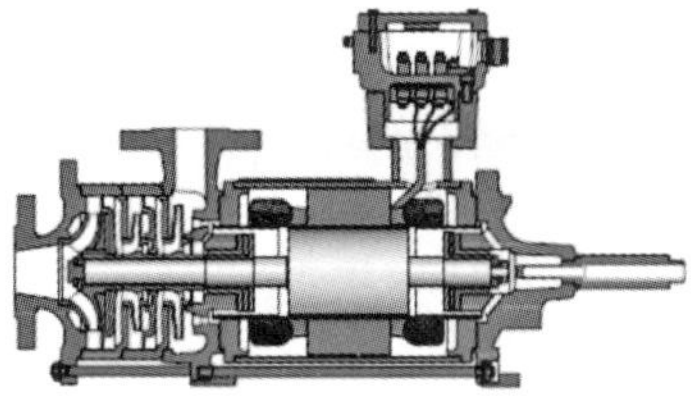
4	M5OH-CAN 多级筒形屏蔽泵（API 610 BB5 型）	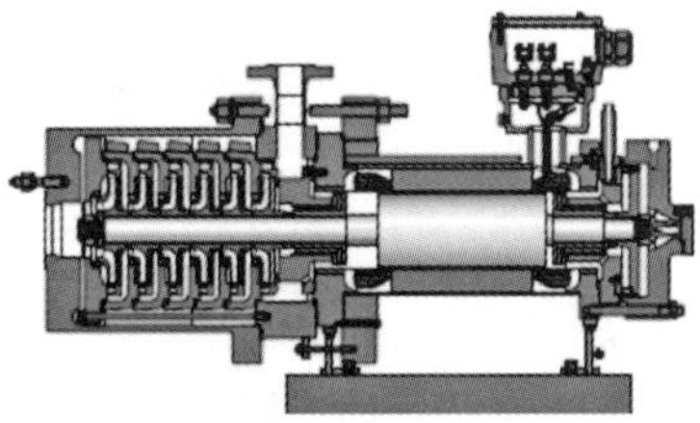
5	M4OH-DE-CAN 多级两端伸出式屏蔽泵	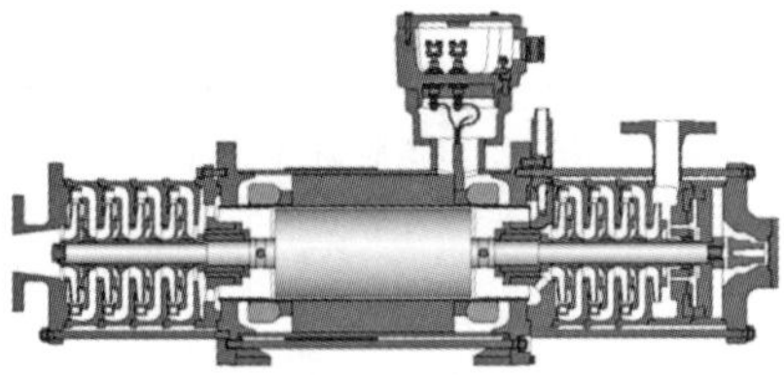
6	M5VS-CAN 多级立式屏蔽泵	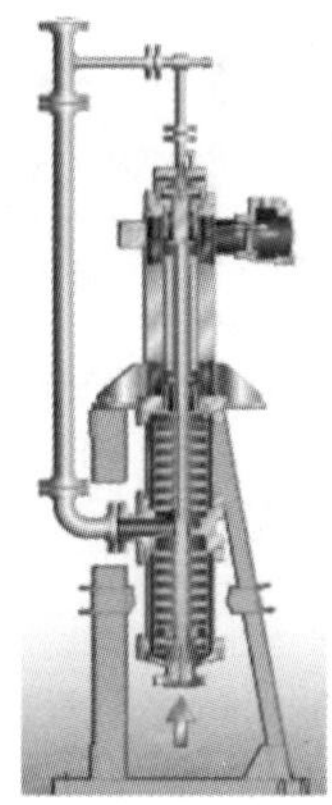

多级悬臂无密封离心泵已经在石化工业中成功地应用了。尤其对于一些关键的场合，且需要的扬程超过单级泵的能力时。多级泵比单级泵具有更好的效率和更低的能耗。多级泵具有更高的比转速，且采用扩散器壳体代替传统单级泵的蜗形壳体，从而具有更高的效率，且可以减小径向推力，具有更广泛的使用范围。

四、磁力泵和屏蔽泵的特性比较

磁力泵和屏蔽泵的特性比较见表 2-12。

表 2-12 磁力泵和屏蔽泵的特性比较

项目	磁力泵	屏蔽泵
过流部件材质	金属、非金属	金属
安全性	磁力泵的隔离套厚度约1.0～1.2mm，厚度较厚，不易破坏。但普通型磁力泵介质仅由隔离套密封，一旦隔离套破坏后，介质会漏向环境；为提高其安全性，可考虑采用第二层保护结构	屏蔽套的厚度约0.4～0.7mm，由屏蔽套和电动机外壳形成双层密封，一旦屏蔽套破损，电动机外壳可以起到密封作用，可阻止介质进一步漏向环境。因此一般而言，其安全性优于普通结构的磁力泵
效率	屏蔽泵和磁力泵由于有涡流或磁力损失所以效率相比轴封泵一般要低8%～10%	
滑动轴承数量	由于转子较短，一般情况，小型磁力泵只设1个滑动轴承座（在泵外需要一对滚动轴承及联轴器），大型磁力泵设置两个轴承。前后轴承安装相对容易。磁力泵一般采用碳化硅轴承，耐磨性能相对较好	屏蔽泵转子较磁力泵轴更长，由前后2个轴承支承。轴承材料既可采用自润滑性非常好的石墨，也可采用耐磨性较好的碳化硅，少数采用增强聚四氟乙烯或PEEK材料
滑动轴承材料	磁力泵和屏蔽泵既可以采用自润滑性非常好的石墨轴承，也可采用耐磨性较好的碳化硅作为轴承材质	
驱动机	标准电动机或汽轮机	屏蔽电动机
安装尺寸	由电动机、联轴器、轴承架、泵等组成，安装尺寸较大，与普通机械密封泵接近。相同标准的磁力泵与普通机械密封泵容易实现互换	仅有屏蔽电动机与泵直连，一体化结构，安装尺寸较小，节省空间。不容易与普通机械密封泵实现互换
振动	磁力泵有电动机轴、泵外轴和内轴等3根轴，因此对中较困难，振动较屏蔽泵大	单轴设计，不存在对中问题，振动很小
噪声	磁力泵的噪声主要来自电动机风扇，而屏蔽泵没有电动机风扇，因此屏蔽泵的噪声一般比磁力泵小	
泵安全保护装置	为提高使用寿命和运转的安全性，如果需要，应考虑设下列保护装置	
	① 轴承状态监测器； ② 电动机功率监控器； ③ 温度探头； ④ 差压开关； ⑤ 承压密闭的磁耦合箱体； ⑥ 液体泄漏探头	① 轴承轴向、径向磨损监测器； ② 电流或功率保护器； ③ 电动机绕组温度监测； ④ 循环液温度监测； ⑤ 液位监测器； ⑥ 屏蔽套漏液监测； ⑦ 干运转保护
维护	磁力泵主要的维护方法是为滚动轴承注入润滑油。 维修主要是更换轴承、磁力耦合器等，用户一般可以自行维修，但应注意： ① 泵内轴（和内磁缸相连）和泵外轴（和外磁缸相连）通过连接定位止口精确定位，泵外轴和电动机轴应精确对中； ② 磁体间存在较大的引力，装拆时应小心，防止受伤	屏蔽泵属于免维护产品。维修主要是更换轴承，拆装比较方便，用户一般可以自行维修。由于备件具有积木块特性，互换性比较强，可以减少易损件储备。但是屏蔽电动机归属于特种电动机，一旦屏蔽套泄漏，则只能返厂维修

续表

项目		磁力泵	屏蔽泵
适用范围	功率/kW	450	680
	温度范围/℃	−150～450	−200～480
	最大工作压力/MPa	磁力泵耐压的提高只能通过增加隔离套的厚度来实现，但隔离套加厚将导致磁力的传导能力下降，耐压能力受到限制。磁力泵最大工作压力可达 40MPa	屏蔽电动机的屏蔽套虽然很薄（一般 0.4～0.8mm），但屏蔽套不直接承压，在定子及加强套的辅助下，屏蔽泵的最大压力可达 120MPa
	颗粒介质	普通型一般可耐 3%含量（质量分数）以下的颗粒；内部带自清洗过滤器时，颗粒含量可达 25%；带外冲洗结构时，颗粒含量可达 40%	利用反冲洗结构，可输送含颗粒介质，含量（质量分数）可达 35%。介质颗粒 1.2mm 以下
其他		无密封泵与机械密封泵相比，价格略贵。但屏蔽泵维护保养成本低，因此长期运行的综合成本比机械密封泵低。 中小规格，磁力泵比屏蔽泵略贵	

注：资料来自大连海密梯克泵业有限公司、合肥新沪屏蔽泵有限公司，上海日机装屏蔽泵有限公司和杭州大路实业有限公司等。

第六节 自吸泵

普通离心泵，若吸入液面在叶轮之下，启动时需要预先灌液，很不方便。为了不用每次都预先灌液，保证在泵内和吸入管中一直保存液体，吸入管进口就需要装底阀，泵工作时，底阀造成很大的水力损失。所谓自吸泵，就是在启动前无须灌液，经过短时间运转，即可以把液体吸上来，投入正常工作。自吸泵广义上包括各种真空设备与离心泵的组合装置，如水环轮式自吸泵（水环轮与离心泵组合）和射流式自吸泵（喷射器与离心泵组合）以及其他型式真空设备与离心泵的组合；狭义上专指通过改变结构使得泵本身具有抽真空能力的离心泵（如气液混合式自吸泵）。本节主要介绍气液混合式自吸泵。

离心泵具有一定的气液混输能力，气液混合式自吸泵利用离心泵的该能力通过特殊结构使得液体与气体混合后排出，实现利用抽真空将入口管中液体吸上的目的。通常根据液体与气体在泵中混合位置的不同，气液混合式自吸泵主要分为内混式和外混式两种。气液分离室中液体回流到叶轮入口，气体和液体在叶轮入口处混合的称为内混式自吸泵。气液分离室中液体回流到叶轮出口，气体和液体在叶轮外缘处混合的称为外混式自吸泵。

一、内混式自吸泵

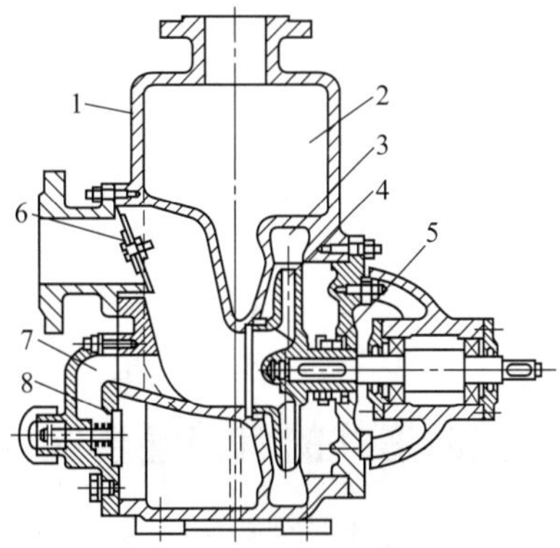

图 2-27 内混式自吸泵典型结构
1—泵壳；2—储液室；3—蜗室；4—叶轮；5—轴封；6—止回阀；7—回流孔；8—回流阀

内混式自吸泵典型结构如图 2-27 所示，由泵壳、储液室、蜗室、叶轮、轴封、止回阀、回流阀、回流孔构成。第一次启泵前，需往储液室中灌水。泵启动后，叶轮入口的液体被甩入蜗室，进到储液室中，从而在叶轮入口形成真空，在压差作用下储液室中的水经过打开的回流阀由回流孔射向叶轮入口，与来自入口管道的气体充分混合后被叶轮甩出，进入储液室，气液混合物在密度差作用下分离，气体上升到储液室上方排入出水管，液体沉到储液室下方经由回流孔循环回到叶轮入口，如此循环直到将泵入口管道中的气体排净后泵进入正常操作状态，泵正常操作后回流阀在压差作用下自动关闭（或手动关闭）。

二、外混式自吸泵

1. 卧式外混式自吸泵

卧式外混式自吸泵与内混式自吸泵结构基本相同，不同之处在于回流孔开在泵壳上，自吸过程中储液室中的液体通过回流孔回流进蜗室中，经由叶轮的强烈扰动在叶轮外缘与空气混合形成气液混合物，气液混合物沿着蜗室流动，进入储液室进行气液分离，如此循环完成吸排气过程，如图 2-28、图 2-29。由于卧式外混式自吸泵要求的泵内液位可以低于叶轮入口，因此可不设置入口止回阀。

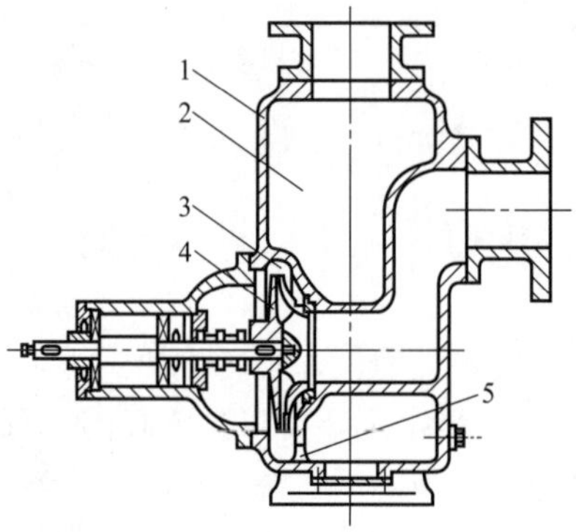

图 2-28　卧式外混式自吸泵典型结构
1—泵壳；2—储液室；3—蜗室；4—叶轮；5—回流孔

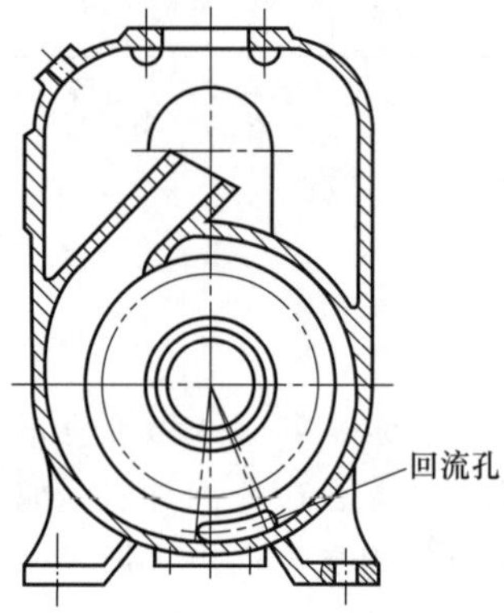

图 2-29　卧式外混式自吸泵回流孔位置

2. 立式外混式自吸泵

立式外混式自吸泵有多种结构，图 2-30 所示为一种立式结构的两级外混式自吸泵。与卧式外混式自吸泵结构不同之处在于立式外混式自吸泵蜗室上不开回流孔，液体在重力作用下沿蜗室流道回流到叶轮外缘与气体反复混合。该泵型采用副叶轮作为轴封，泵体中液体与大气连通，为防止停泵后泵中液体虹吸回入口管道中，泵入口设有与大气相通的电磁通气阀，停泵时电磁通气阀开启与大气连通。入口管道高点应设计低于副叶轮高度，防止停泵后液体由副叶轮处溢出。

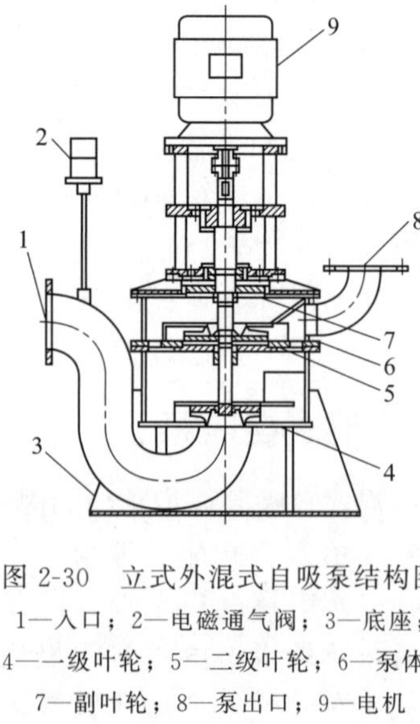

图 2-30　立式外混式自吸泵结构图
1—入口；2—电磁通气阀；3—底座；4——级叶轮；5—二级叶轮；6—泵体；7—副叶轮；8—泵出口；9—电机

三、其他形式的气液混合式自吸泵

通常的气液混合式自吸泵（包括内混式和外混式），气液混合均在离心泵内部完成，且需设有气液分离装置和液体回流结构。这里介绍一种气液混合在泵外部完成，无气液分离和液体回流结构的自吸泵。该自吸泵实质是一个储液罐和普通离心泵的组合，图 2-31 所示为一个储液罐，储液罐液体入口 1 与管道连接，液体出口 2 与离心泵入口连接。第一次启泵前向储液罐中加液到最大液位，泵启动后将储液罐中液体排出，储液罐连同入口管道中气相空间容积扩大，压力降低，将入口管道液体吸入储液罐，入口管道液流向上冲击到储液罐上封头反弹后像瀑布一样朝下射入罐中液体中，通过液流与液面的撞击形成气液混合物，气液混合物由离心泵吸入加压后排往下游管道。在这里气液混合过程在储液罐中进行，自吸过程中液体不循环利用，来自入口管道中的连续液流取代了内混式和外混式自吸泵中的回流液流，气液混合物经泵出口排出，不另设气液分离装置。该自吸泵自吸性能的关键取决于储液罐容积的设计，储液罐容积需根据自吸高度和入口管道中的气体容积确定，应设计使得气体充分膨胀产生足够的真空度将液体吸上且入口管液流具有一定的速度头。储液罐过小，气体膨胀不够充分，产生的真空度不足以吸上液体或吸上液体但液流速度头过小均会导致自吸泵断流，无法完成吸排气过程转入正常操作状态。表 2-13 总结了上述几种气液混合自吸泵结构特点。

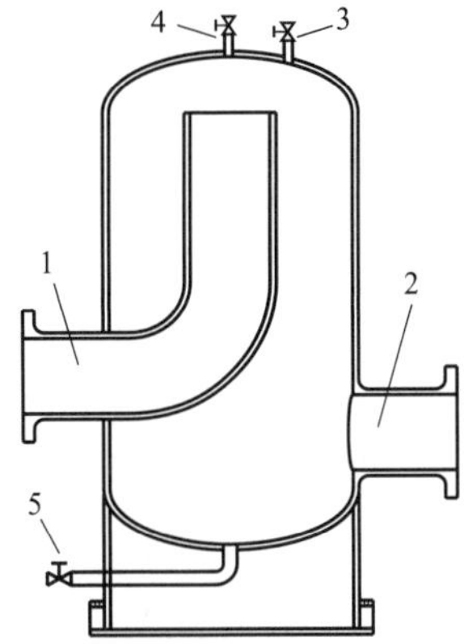

图 2-31　储液罐
1—液体入口；2—液体出口；3—加液口；4—排气口；5—排液口

表 2-13　气液混合式自吸泵的结构特点

序号	名称	内混式自吸泵	卧式外混式自吸泵	立式外混式自吸泵	其他形式气液混合自吸泵
1	回流孔	有	有	无	无
2	轴封	有	有	无	有
3	气液混合区域	叶轮入口处	叶轮外缘处	叶轮外缘处	泵外
4	泵体阀门	入口止回阀	无需阀门	入口电磁阀 出口止回阀	无需阀门

四、影响自吸泵自吸性能的因素

（1）储液室容积　对于气液混合式自吸泵，加大储液室容积增加储液容量，均可使自吸时间不同程度地缩短。

（2）叶轮与隔舌的间隙　隔舌起到将气液混合物隔离叶轮外缘、防止气液混合物在蜗室中就地循环的作用，隔舌与叶轮间隙越小，排出蜗室的气液混合物越多，自吸时间越短，但间隙太小会使泵产生较大的液流噪声。

（3）叶轮出口宽度和蜗室截面面积　对于外混式自吸泵，较宽的叶轮出口宽度和蜗室截面有利于气液充分混合，减少自吸时间。

（4）回流孔面积　试验表明，回流孔的面积有一个最佳值。回流孔面积在达到这个最佳值时，自吸时间最短。回流孔面积小于该最佳值，自吸时间延长；回流孔面积大于该最佳值，回流的液体就会增加，一部分液体从泵出口排出，导致泵的排气能力减弱，自吸高度和泵效率均会下降。

（5）回流孔位置　外混式自吸泵回流孔位置不同，自吸效果不同，通常布置在靠近泵蜗壳最低处位置。

五、真空设备与离心泵组合装置

常见的真空设备与离心泵组合装置有水环轮式自吸泵和射流式自吸泵。水环轮式自吸泵是将水环轮和水泵叶轮组合在一个壳体内，借助水环轮将气体排出，实现自吸。当泵正常工作后，可通过阀截断水环轮和水泵叶轮的通道，并且放掉水环轮内的液体。射流式自吸泵，由离心泵和喷射器（喷水或喷气）组合而成，依靠喷射装置，在喷嘴处造成真空实现抽吸，完成抽吸后离心泵进入正常操作，喷射器停止操作。也有将射流式自吸泵用于深井抽水，此时离心泵布置于地面，喷射器布置在井下，喷射器采用离心泵出口引出的一股水流作为动力源与离心泵一同连续操作，可用于从深度超过 10 米的深井中抽水。

六、工程设计阶段应注意的事项

在工程设计过程中，了解自吸泵本身的工作原理和特点可以选到适合的泵型，但除了自吸泵本体，其他方面的影响因素也要充分考虑。

(1) 管路布置　每台自吸泵进口管线需配置单独的吸液管，吸液管的管径要合理，一般入口管径与泵的吸入口口径相同。气液分离室的容积是按照吸入口口径设计的，当入口管径增大时，入口管线内的空气量增大，气液分离室较难形成真空，会影响吸液速度，甚至无法上液。反之，当入口管径变小时，阻力降会变大，使得装置汽蚀余量值变小，不利于泵的选择。

(2) 底部滤网　吸液管下方必须设有吸液口底部滤网，防止超标颗粒或者金属缠绕物吸入，并且应定期清理过滤网，以保证过滤部件的畅通，避免损坏泵或影响其自吸性能。

(3) 当地大气压力　大气压力是影响自吸高度的一个重要参数。不同的地区，单是大气压力的差别就能使一台泵的自吸高度相差 1m 多。如在项目中遇到的广西某地区的大气压力为 101kPa (A)，陕西某地区的大气压力为 89.3kPa (A)。故而在讨论泵的自吸高度时，一定要注意不同项目大气压力的影响。

第七节　轴流泵和混流泵

一、轴流泵

(1) 轴流泵的工作原理与结构　轴流泵流量大、扬程低、其比转速高达 500～1000。轴流泵的液流沿转轴方向流动，但其设计的基本原理与离心泵基本相同。

轴流泵主要零部件有进水管、叶轮、导叶、出水管、泵轴、轴承、轴封、泵壳等。轴流泵按主轴的安装方式分为立式、卧式和斜式三种。

① 进水管　喇叭管为中小型立式轴流泵的吸水室，它的作用是把水以最小的损失均匀地引向叶轮。喇叭管的进口部分呈圆弧形，进口直径约为叶轮直径的 1.5 倍。在大型轴流泵中，吸水室一般做成流道的形式。

② 叶轮　叶轮是最主要的工作部件，由叶片、轮毂、导水锥等组成，如图 2-32 所示。

轴流泵的叶片呈扭曲形装在轮毂上。叶片根据调节的可能性不同分为固定式、半调节式和全调节式三种。固定式的叶片和轮毂做成一体，叶片的安装角度是不能调节的。半调节式的叶片通过螺栓连接紧固在轮毂上，在叶片的根部上刻有基准线，而在轮毂上刻有几个相应安装角度的位置线。叶片不同的安装角度，其性能曲线不同，使用时可根据需要调节叶片安装角度。半调节式叶轮叶片需要停机并拆卸叶轮之后，才能进行调节。全调节式的叶片是通过机械或液压的一套调节机构来改变叶片的安装角。它可以在不停机或只停机而不拆卸叶轮的情况下，改变叶片的安装角。

③ 导叶 导叶位于叶轮上方的导叶管中，并固定在导叶管上。它的主要作用是消除流体的旋转运动，减少水头损失，同时可将流体的部分动能转变为压能。

④ 轴和轴承 中小型轴流泵泵轴是实心的。对于大型轴流泵，为了布置叶片调节机构，泵轴往往采用空心轴，轴腔内安置有操作油管或操作杆。

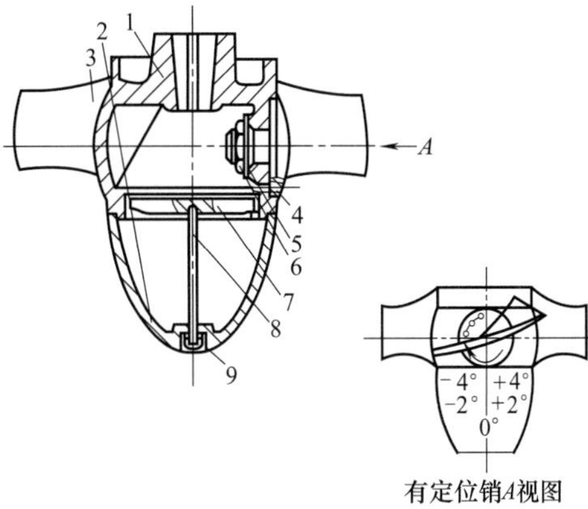

图 2-32 半调节叶片轴流泵的叶轮

1—轮毂；2—导水锥；3—叶片；4—定位销；5—垫圈；6—紧叶片螺母；7—横销；8—螺柱；9—六角螺母

轴流泵的轴承按其功能可以分为三类：推力轴承、径向轴承和导轴承。推力轴承用于承受泵运行过程中产生的轴向力。径向轴承、导轴承主要用来承受转动部件的径向力，起径向定位作用。导轴承装在导叶锥体中，用于减小轴的摆动，导轴承常用介质润滑或外冲洗液润滑。

⑤ 轴封 轴流泵可根据应用场合的要求配置填料或机械密封，与离心泵轴封相似。

⑥ 泵壳 轴流泵的泵壳呈圆筒形，由于其中有固定导叶，故称导叶式泵壳。导叶装在叶轮后面，呈圆锥形，内有多片导叶。轴流泵的出水道是一弯管。中小型轴流泵的进水道多采用喇叭形短管，而大型轴流泵则多采用肘弯形或钟形进水道。

(2) 轴流泵的性能特点

① 轴流泵适用于大流量、低扬程。

② 轴流泵的 H-Q 特性曲线很陡，关死扬程（流量 $Q=0$ 时）是额定值的 1.5～2 倍。

③ 与离心泵不同，轴流泵流量愈小，轴功率愈大，因此应开阀启动。

④ 高效操作区范围很小，在额定点两侧效率急剧下降。

⑤ 轴流泵的叶轮一般浸没在液体中，因此无须考虑汽蚀，启动时也无须灌泵。

(3) 轴流泵的操作与流量调节 轴流泵一般不采用出口阀调节流量，常用改变叶轮转速、调节泵入口导叶或改变叶片安装角度的方法调节流量。

① 变转速调节 与离心泵相似，轴流泵通过改变转速可获得多条性能曲线，使得工作点保持在高效区。由于其调节的便捷性，已经在大型轴流泵上得到越来越多的应用。

② 入口导叶调节 轴流泵可在入口设导叶，通过导叶改变入口液流的预旋强度来实现泵特性曲线的改变。导叶调节适用于流量小范围变化而扬程大范围变化的场合。

③ 叶片安装角度调节 叶片安装角度调节相当于改变了泵的比转速，适用于要求流量大范围变化而扬程变化范围较小的场合。叶片半调节式：由于每次调节需对泵进行拆卸，因此适用场合较少。叶片全调节式：轴流泵设有液压式或机械调节机构。液压式调节机构源自水轮机叶片调节结构，具有输出力矩大的优点，但油系统复杂，一般用于功率 2500kW 以上的大型轴流泵。机械式调节机构一般用于功率 2500kW 以下的轴流泵。叶片安装角度调节由于调节机构复杂，可靠性相对较差，正逐步被变转速调节所取代。

二、混流泵

混流泵是介于离心泵与轴流泵之间的一种泵，其比转速 300 至 500。低比转速的混流泵叶轮结构接近离心泵叶轮，高比转速混流泵叶轮结构接近轴流泵叶轮。当叶轮旋转时，流体同时承受着离心力和推力的作用，经过叶轮的流体流向介于径流和轴流之间。混流泵的特点介于离心泵与轴流泵之间，泵的高效区范围比轴流泵宽广，抗汽蚀性能也较好，使用维修较为方便。混流泵按构造型式分为蜗壳式和导叶式两种。一般中小型泵多为蜗壳式，大型泵为导叶式或蜗壳式。

（1）蜗壳式混流泵　图 2-33 所示为卧式蜗壳式混流泵，其结构近似单级单吸卧式离心泵，区别在于叶轮形状有所不同，如图 2-34 所示。

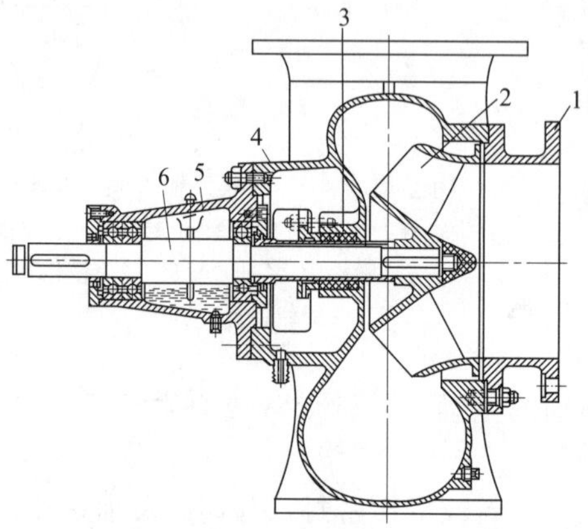

图 2-33　卧式蜗壳式混流泵结构图

1—泵盖；2—叶轮；3—轴封；4—泵体；5—轴承座；6—泵轴

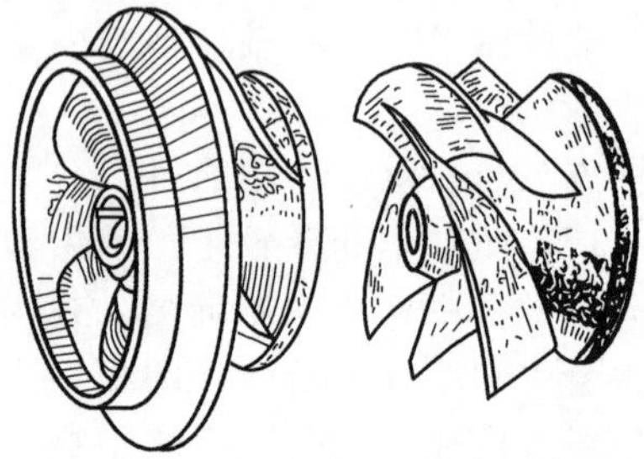

(a) 低比速叶轮　(b) 高比速叶轮

图 2-34　混流泵叶轮

（2）导叶式混流泵　导叶式混流泵结构如图 2-35、图 2-36 所示，其结构与轴流泵相似，但导叶体部分向外凸出，而轴流泵导叶体部分是等直径。

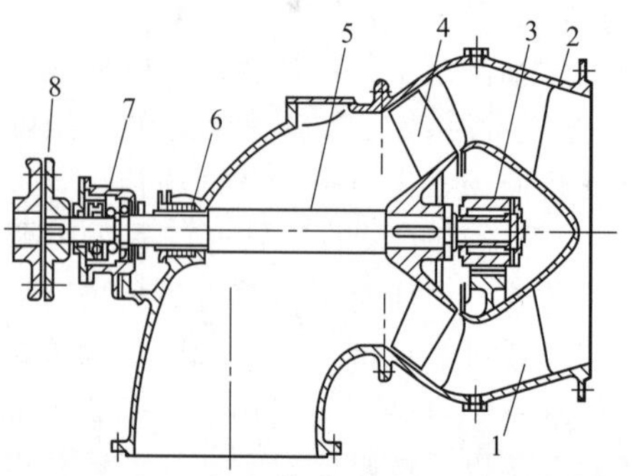

图 2-35　卧式导叶式混流泵结构图

1—导叶；2—泵壳；3—导轴承；4—叶轮；5—泵轴；6—轴封；7—轴承；8—联轴器

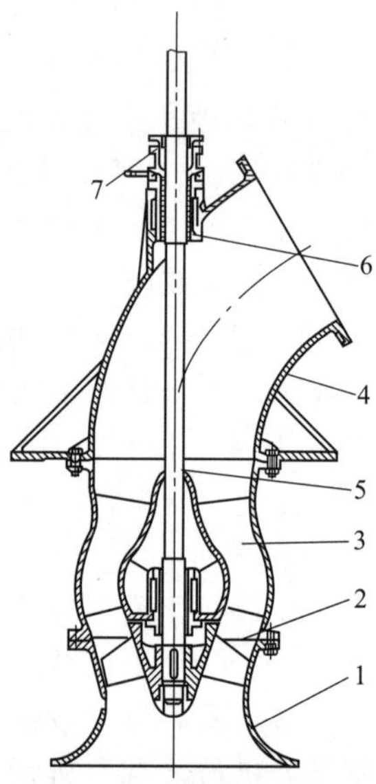

图 2-36　立式导叶式混流泵结构图

1—进水喇叭；2—叶轮；3—导叶；4—出水弯管；5—泵轴；6—橡胶轴承；7—轴封

第八节　旋涡泵

一、旋涡泵的工作原理

旋涡泵（也称涡流泵）属于叶片式泵。

旋涡泵通过旋转的叶轮叶片对流道内液体进行三维流动的动量交换而输送液体。

泵内的液体可分为两部分：叶轮叶片间的液体和泵与叶轮间流道内的液体。当叶轮旋转时，流道内液体圆周速度小于叶轮圆周速度，叶轮内的液体在离心力作用下从叶轮叶片甩到流道中，然后在液体间剪切力作用下减速，将能量传递给流道中的液体。叶轮叶片在甩出原有液体的同时，内部压力降低从而将流道内的液体吸入到叶片低压区。这样使得液体产生与叶轮转向相同的“纵向旋涡”（如图 2-37）。此纵向旋涡使流道中的液体多次返回叶轮内，再度受到离心力作用，而每经过一次离心力的作用，扬程就增加一次，因此旋涡泵具有其他叶片泵所不能达到的高扬程。需要注意的是，同一个液体质点并不是在纵向旋涡作用下通过每个叶片，也不是所有液体质点都通过叶轮。随着流量的增加，液体产生纵向旋涡的次数减少，扬程降低。当流量为零时，液体产生纵向旋涡的次数最多，扬程最高。

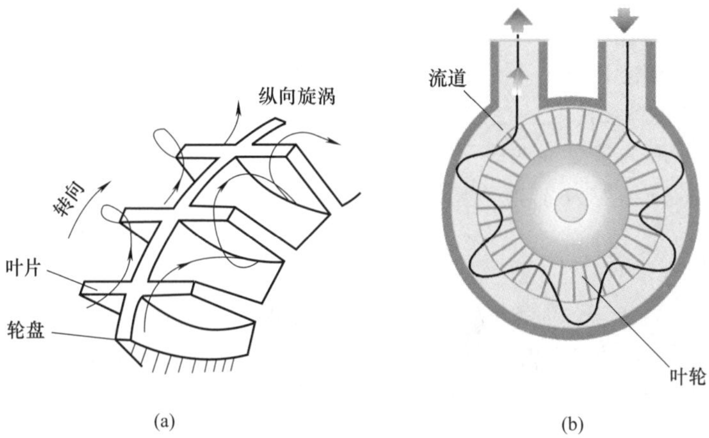

图 2-37　旋涡泵工作原理图

旋涡泵叶轮型式具有开式和闭式两种。闭式叶轮叶片之间设有中间间隔板，液体由叶轮外缘进入叶片，如图 2-38(a) 所示。开式叶轮叶片之间无中间隔板，液体由侧面进入叶片间，如图 2-38(b) 所示。

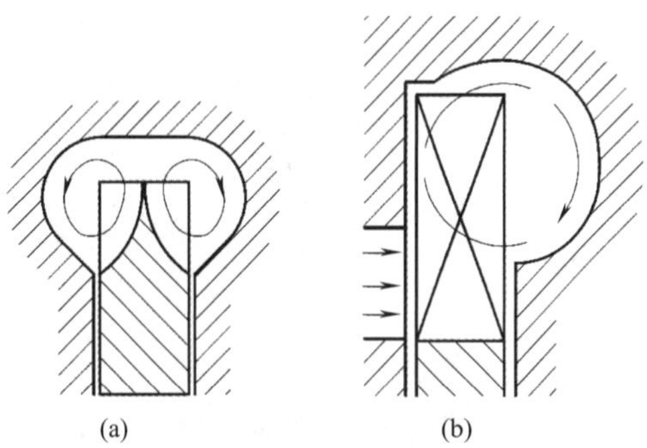

图 2-38　旋涡泵叶轮型式

二、闭式旋涡泵

（1）闭式旋涡泵结构　闭式旋涡泵结构如图 2-39 所示，主要由叶轮、泵壳、隔舌组成。图中，流道两端（或一端）与进口或出口相通，称为开式流道。叶轮上开有平衡孔，用于平衡轴向力。液流由入口进入，在叶轮带动下做纵向旋涡运动获得能量，由出口排出，靠近出口侧叶片间液体随叶轮回到泵入口。

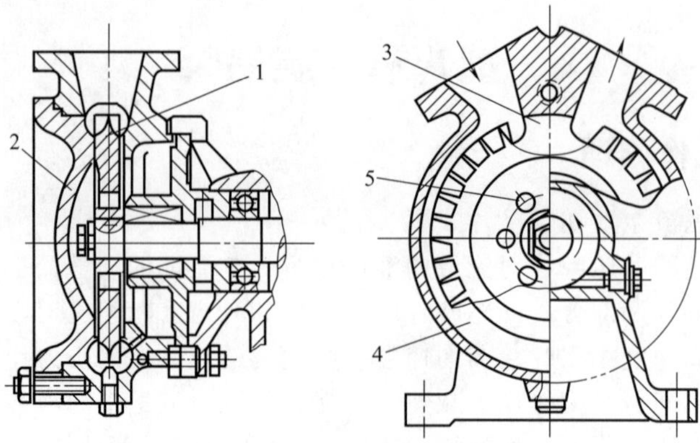

图 2-39 闭式旋涡泵

1—叶轮；2—泵壳；3—隔舌；4—流道；5—平衡孔

(2) 闭式旋涡泵特点

① 闭式旋涡泵没有自吸能力，不适用于气液混输。入口气体和液体混入叶片间，由于液体和气体密度不同，密度大的液体在离心力作用下甩到叶片外侧和流道中，气体留在叶片根部，在出口侧液体由出口流出，叶片根部的气体随叶轮回到入口，无法实现排气。闭式旋涡泵如要具备自吸能力，需在出口侧设辅助装置，使得液流流向叶片根部将气体排出，并有气液分离和液体回流结构。

② 闭式旋涡泵抗汽蚀性能较差。入口液流由叶轮外缘流向叶片根部，流速分布不均，冲击较大，因此闭式旋涡泵抗汽蚀性能不如开式旋涡泵。

③ 闭式旋涡泵一般为单级或两级。

④ 闭式旋涡泵效率一般为 35％～45％，高于开式旋涡泵。

三、开式旋涡泵

(1) 开式旋涡泵结构　开式旋涡泵结构如图 2-40 所示。与闭式旋涡泵采用开式流道不同，开式旋涡泵通常采用闭式流道［图 2-40(a)］，吸入口和排出口开在叶片根部，与流道互不相通。除闭式流道结构外，开式旋涡泵还有一种采用向心开式流道的结构［图 2-40(b)］。两种结构均有自吸能力。

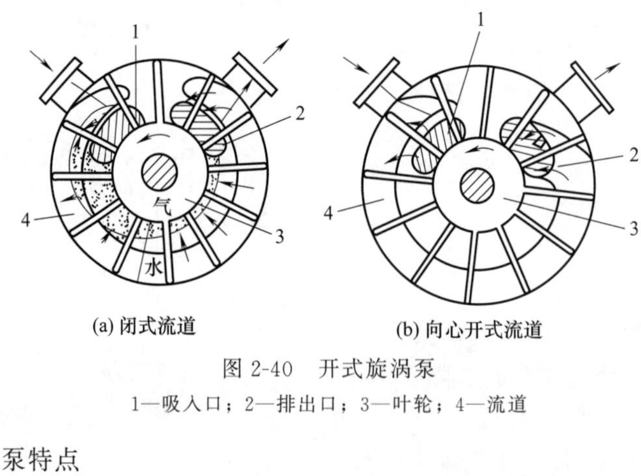

图 2-40 开式旋涡泵

1—吸入口；2—排出口；3—叶轮；4—流道

(2) 开式旋涡泵特点

① 开式旋涡泵配闭式流道或向心开式流道，具有自吸能力，可用于输送含气液体。开式旋涡泵自吸过程由吸气、压缩、排气组成，与水环真空泵相似。当泵启动时，吸入口的叶

片凹槽内的液体被甩入流道，叶片凹槽形成真空，将气体由吸入口吸入；随着叶轮回转，流体压力逐渐增大，气体密度小，被压缩在叶片根部，体积不断缩小；排出口开在流道尽头并靠近叶片的根部，当液体到流道尽头时，会急剧变为向心方向流入叶片根部，将气体从排出口挤出，液体则留在叶片间随叶轮旋转回到入口；如此循环实现吸排气。

② 开式旋涡泵抗汽蚀性能较闭式旋涡泵好。开式旋涡泵吸入口开在叶片根部侧面，液体侧向流入叶片根部，然后在离心力作用下甩向流道中，液流速度较均匀，冲击损失较少。

③ 开式旋涡泵效率较低，一般为20%～35%。其中采用闭式流道的开式旋涡泵由于液流在排出口一侧由流道中急剧转向流入排出口，冲击损失较大，效率一般只有20%～27%。采用向心开式流道可以改善液流在排出口一侧的流动情况，效率提高到27%～35%。

④ 开式旋涡泵一般为单级或多级。

四、旋涡泵的性能特点和调节方式

旋涡泵的扬程-流量曲线与轴流泵相似，是一条陡降的近似直线（见图2-41）。旋涡泵轴

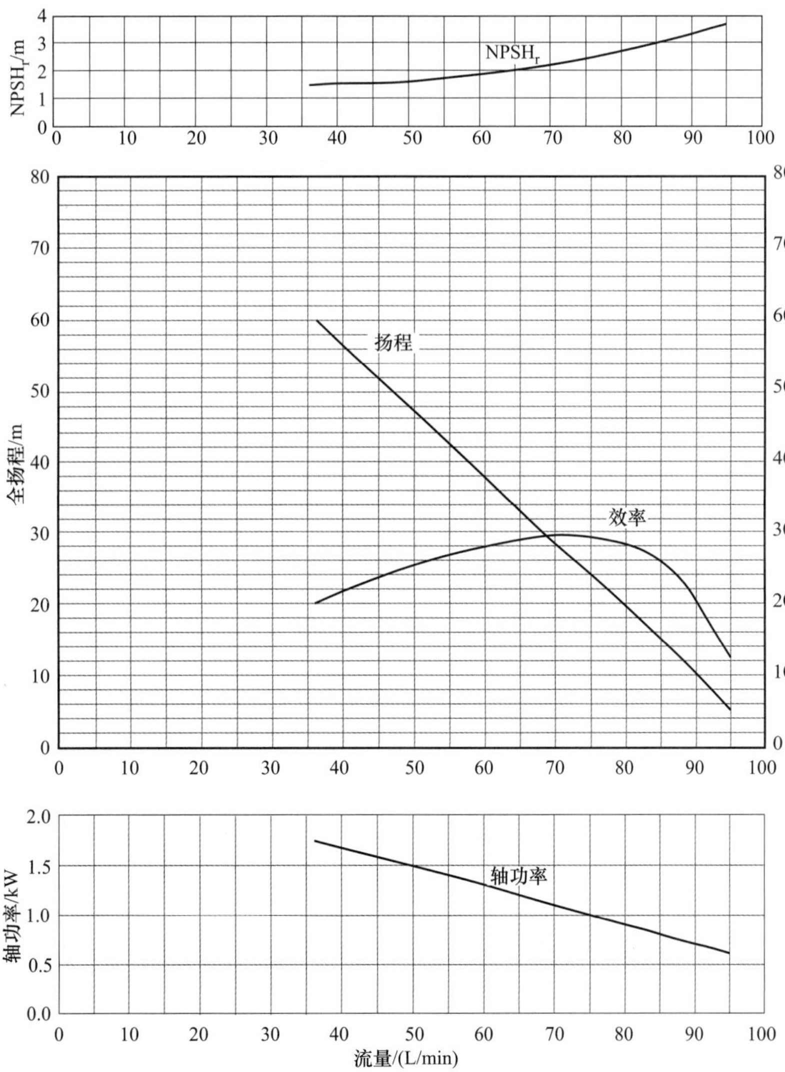

图2-41　旋涡泵特性曲线

功率随着流量增大而减小，在关死点轴功率最大。通过改变流道过流面积或改变流道径向/轴向间隙会改变泵的流量、扬程和曲线形状，但曲线变化趋势不变，因此旋涡泵应开阀启动，采用旁路调节流量。

五、应用范围

旋涡泵常用于输送易挥发的介质（如汽油、酒精等）以及流量小、扬程要求高，但对抗汽蚀性能要求不高或要求工作可靠和有自吸能力的场合（如移动式消防泵）等，但不适用于输送黏度大于115mPa·s的介质，否则泵的扬程和效率大幅下降。也不能输送含固体颗粒的介质，否则会因磨损导致轴向间隙快速增大而不能工作。

·第二章·
容积式泵

第一节　概　　述

一、容积式泵的性能参数

(1) 流量 Q　容积式泵的流量指泵输出的最大流量，即样本和铭牌上标记的泵流量，也称额定流量。往复泵、螺杆泵和齿轮泵的流量可分别按下述各式计算。

① 往复泵

单作用泵
$$Q=\frac{FSn\eta_{V}i}{60}\quad (m^3/s) \tag{2-26}$$

双作用泵
$$Q=\frac{(2F-f)Sn\eta_{V}i}{60}\quad (m^3/s) \tag{2-27}$$

式中　F——活塞或柱塞作用面积，m^2；
f——活塞杆截面面积，m^2；
S——活塞或柱塞行程，m；
n——泵轴转速，r/min；
η_V——泵的容积效率；
i——缸数。

② 螺杆泵（近似计算式）

$$Q=\frac{(F-f)tn\eta_{V}}{60}\quad (m^3/s) \tag{2-28}$$

式中　F——泵缸的横截面积，m^2；
f——螺杆的横截面积，m^2；
t——螺距，m；
n——泵轴转速，r/min；
η_V——泵的容积效率。

③ 齿轮泵（近似计算式）

$$Q=\frac{\pi(D^2-d^2)bn\eta_{V}}{120}\quad (m^3/s) \tag{2-29}$$

或
$$Q=\frac{\pi m^2 Zbn\eta_{V}}{30}\quad (m^3/s) \tag{2-30}$$

式中　D——齿轮顶圆直径，m；
d——齿轮节圆直径，m；
m——齿轮模数，m；

Z——齿数；

b——齿宽，m；

n——泵轴转速，r/min；

η_V——泵的容积效率。

(2) 出口压力 容积式泵的出口压力是指泵允许的最大出口压力（通常为出口管道安全阀的设定压力），以此来决定泵体的强度、密封和原动机功率。

泵实际操作时的出口压力取决于出口管路的背压，要求应小于泵允许的最大出口压力。

(3) 轴功率和效率

① 轴功率 P_a

$$P_a=\frac{(P_d-P_s)\times 10^5 Q}{102\eta} \quad (kW) \tag{2-31}$$

式中 P_d——泵出口管道安全阀的设定压力，MPa；

P_s——泵入口压力，MPa；

Q——泵流量，m^3/s；

η——泵效率。

② 效率 η 常见的容积式泵的效率范围见表 2-14，一般可查阅制造厂的产品样本。

表 2-14 容积式泵的效率 η

泵型式	电动往复泵	蒸汽往复泵	齿轮泵	三螺杆泵
效率 η	0.77～0.87	0.8～0.9	0.6～0.75	0.55～0.8

③ 容积效率 η_V

$$\eta_V=\frac{Q}{Q+\Delta Q} \tag{2-32}$$

对往复泵 $\Delta Q=\Delta Q_1+\Delta Q_2+\Delta Q_3$

对转子泵 $\Delta Q=\Delta Q_1+\Delta Q_3$

式中 ΔQ_1——液体压缩膨胀引起的容积损失量；

ΔQ_2——阀关闭滞后引起的容积损失量；

ΔQ_3——泄漏量。

常见容积式泵的容积效率 η_V 见表 2-15。

表 2-15 容积式泵的容积效率 η_V

泵类型		容积效率 η_V/%	泵类型		容积效率 η_V/%
往复泵	大型泵($Q>200m^3/h$)	0.97～0.99	齿轮泵	一般	0.70～0.90
	中型泵($Q=20～200m^3/h$)	0.90～0.95		制造良好	0.90～0.95
	小型泵($Q<20m^3/h$)	0.85～0.90	螺杆泵	一般	0.7～0.95

二、容积式泵的性能曲线

容积式泵的性能曲线包括：排出压力-实际流量曲线（p-Q）、排出压力-轴功率曲线（p-N），详见图 2-42。

三、容积式泵的工作特点

(1) 容积式泵的理论流量 Q_T 与管路特性无关，只取决于泵本身，而提供的压力只取决于管路特性，与泵本身无关。容积式泵也称正位移泵。容积式泵的排出压力升高时，泵内泄漏损失加大，因此泵的实际流量随压力的升高而略有下降。

（2）泵的轴功率随排出压力的升高而增大。泵的效率也随之而提高，但压力超过额定值后，由于内泄漏量的增大，效率会有下降。

（3）随着液体黏度增大和含气量的增加，泵的流量下降，效率下降。

（4）容积式泵必须配置安全阀。

（5）容积式泵的流量不能采用出口调节阀来调节。常用旁路调节、转速调节和行程调节的方法调节流量。

（6）容积式泵启动前不用灌泵，但启动前务必打开进、出口阀。

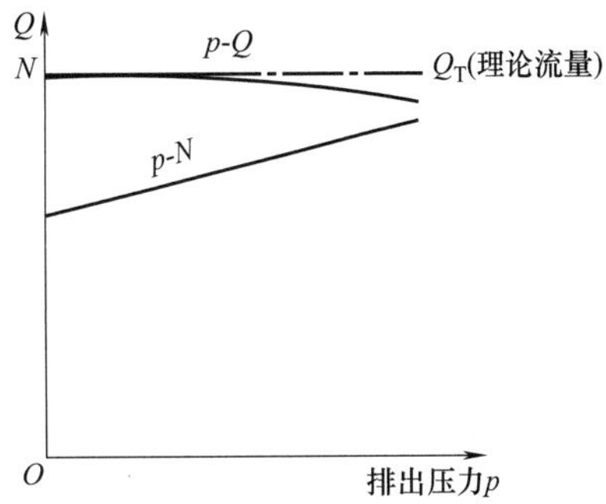

图 2-42 容积式泵的性能曲线

第二节 往复泵

往复泵包括活塞泵和柱塞泵，适用于输送流量较小、压力较大的各种介质。当流量小于 $100m^3/h$、排出压力大于 10MPa 时，有较高的效率和良好的运行性能。

一、往复泵的工作原理和结构

（1）往复泵的结构 往复泵由液力端和动力端组成。液力端直接输送液体，把机械能转换成液体的压力能；动力端将原动机的能量传给液力端。

动力端由曲轴、连杆、十字头、轴承和机架等组成。液力端由液缸、活塞（或柱塞）、吸入阀和排出阀、填料函等组成。

（2）往复泵的工作原理 如图 2-43 所示，当曲柄以角速度 ω 逆时针旋转时，活塞向右移动时，液缸的容积增大，压力降低，被输送的液体在压力差的作用下克服吸入管路和吸入阀等的阻力损失进入到液缸。当曲柄转过 180°以后活塞向左移动，液体被挤压，液缸内液体压力急剧增加，在这一压力作用下吸入阀关闭而排出阀被打开，液缸内液体在压力差的作用下被排送到排出管路中去。当往复泵的曲柄以角速度 ω 不停地旋转时，往复泵就不断地吸入和排出液体。

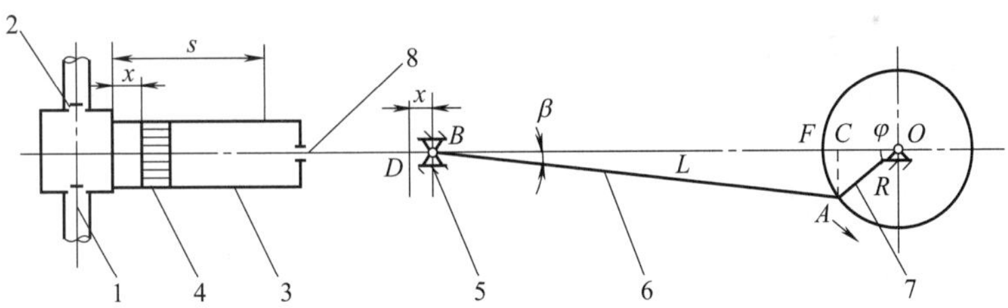

图 2-43 单作用往复泵工作原理示意图

1—吸入阀；2—排出阀；3—液缸；4—活塞；5—十字头；6—连杆；7—曲轴；8—填料函

二、往复泵的分类

（1）根据液力端特点分类。

按工作机构可分为活塞泵和柱塞泵；按作用特点可分为单作用泵、双作用泵和差动泵；按缸数可分为单缸泵、双缸泵和多缸泵。

（2）根据动力端特点可分为曲柄连杆机构、直轴偏心轮机构等。

（3）根据驱动特点可分为机动往复泵（电动往复泵、内燃机往复泵等）、气动往复泵、蒸汽直接作用式往复泵和手动泵等。

（4）根据排出压力 p_d 大小可分为低压泵（$p_d \leqslant 4$MPa）、中压泵（4MPa$<p_d<$32MPa）、高压泵（32MPa$\leqslant p_d<$100MPa）和超高压泵（$p_d \geqslant$100MPa）。

（5）根据活塞（或柱塞）每分钟往复次数 n 可分为低速泵（$n \leqslant$80r/min）、中速泵（80r/min$<n<$250r/min）、高速泵（250r/min$\leqslant n<$550r/min）和超高速泵（$n \geqslant$550r/min）。

三、往复泵的瞬时流量和流量不均匀系数

（1）往复泵的瞬时流量　在不考虑任何容积损失的前提下，往复泵在每一瞬间排出的流量称为理论瞬时流量，简称瞬时流量。多缸往复泵的瞬时流量指所有液缸在同一瞬时排出的流量之和。

往复泵的流量曲线见图 2-44。从图中可看出，液缸数越多，合成的瞬时流量 Q 越均匀，但液缸数太多，往复泵的结构复杂，制造和维护困难。因此通常采用双缸单作用、三缸单作用、单缸单作用和单缸双作用泵。

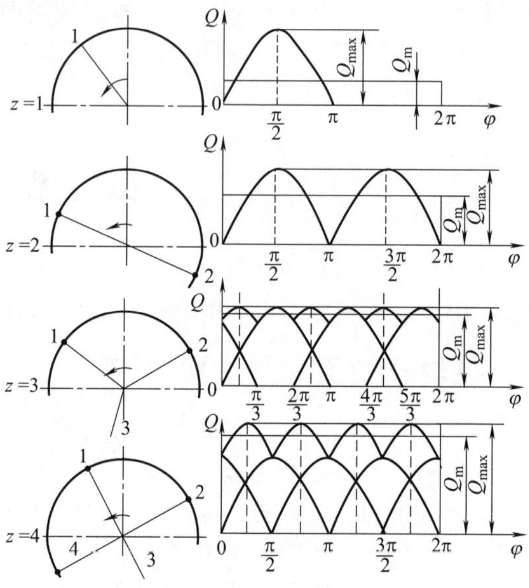

图 2-44　往复泵的流量曲线

φ—曲柄转角；z—液缸数；Q—瞬时流量；Q_{max}—最大瞬时流量；Q_m—平均流量

（2）流量不均匀系数　流量不均匀系数是衡量流量脉动程度的指标，通常用 δ_{Q_1} 和 δ_{Q_2} 两个量表示。

$$\delta_{Q_1}=\frac{Q_{max}-Q_m}{Q_m}\times 100\% \qquad (2\text{-}33)$$

$$\delta_{Q_2}=\frac{Q_m-Q_{min}}{Q_m}\times 100\% \qquad (2\text{-}34)$$

往复泵瞬时流量不均匀系数 δ_{Q_1}、δ_{Q_2} 与缸数、作用数、$\frac{A_r}{A}$［A_r 为活塞杆截面积；A 为柱塞（或活塞）截面积］及 λ 有关，见表 2-16、表 2-17。

表 2-16　1～6 缸单作用往复泵的流量不均匀系数

λ	不均匀系数/%	缸数					
		1	2	3	4	5	6
0.00	δ_{Q_1}	214	57.1	4.72	11.1	1.61	4.72
	δ_{Q_2}	100	100	9.07	21.5	3.31	9.31
0.10	δ_{Q_1}	216	57.9	5.24	11.1	1.74	4.72
	δ_{Q_2}	100	100	13.8	21.5	4.45	9.31
0.15	δ_{Q_1}	218	58.8	5.87	11.1	1.83	4.72
	δ_{Q_2}	100	100	16.1	21.5	5.02	9.31
0.20	δ_{Q_1}	220	60.1	6.72	11.1	1.96	4.72
	δ_{Q_2}	100	100	18.4	21.5	5.59	9.31
0.25	δ_{Q_1}	223	61.7	7.77	11.1	2.12	4.72
	δ_{Q_2}	100	100	20.7	21.5	6.17	9.31

注：λ—连杆比$\left(=\frac{r}{l}\right)$；$r$—曲柄半径；$l$—连杆长度。

表 2-17　双缸双作用往复泵的流量不均匀系数

不均匀系数/%	A_r/A										
	0	0.05	0.10	0.15	0.20	0.25	0.30	0.35	0.40	0.45	0.50
δ_{Q_1}	11.1	13.9	16.9	20.0	23.4	26.9	30.7	34.6	38.8	43.3	48.1
δ_{Q_2}	21.0	23.5	25.6	27.8	30.2	32.7	35.3	38.1	41.1	44.3	47.6

(3) 减少往复泵流量脉动的方法　往复泵因流量不均匀会造成排出压力的脉动，当排出压力的变化频率与排出管路的自振频率相等或成整数倍时，将会引起共振。同时会使原动机的负载不均匀，缩短往复泵和管路的使用寿命，也使泵的吸入条件变坏。减少往复泵流量脉动的方法有以下两种：

① 选用多缸泵。

② 在往复泵进出口安装气室，使进口的流量不均匀系数（δ_Q）控制在 0.0025～0.0125；出口的流量不均匀系数（δ_Q）控制在 0.005～0.04。

如根据使用要求，要求往复泵流量脉动的控制指标为压力不均匀系数 δ_p（$\delta_p=\frac{p_{\text{kmax}}-p_{\text{kmin}}}{p_{\text{km}}}$，$p_{\text{kmax}}$、$p_{\text{kmin}}$、$p_{\text{km}}$ 分别为气室气体的最大、最小、平均压力）时，则 δ_p 与 δ_Q 的换算关系可近似按 $\delta_p=4\delta_Q$ 计算。

第三节　转子泵

通过转子与泵体间的相对运动来改变工作容积，进而使液体的能量增加的泵称为转子泵。转子泵是一种旋转的容积式泵，具有正排量性质，其流量不随背压变化而变化。

一、转子泵的原理

转子泵由静止的泵体和旋转的转子组成。与往复泵不同，它没有吸入阀和排出阀，靠泵体内的转子与液体接触的一侧将能量以静压力的形式直接作用于液体，并借旋转转子的挤压作用排出液体，同时在另一侧留出空间，形成低压，使液体连续地吸入。

转子泵的工作可分为三个连续的过程。①吸入过程：泵腔与进口通，与出口断。②做功过程：泵腔与进口断，与出口断。③排出过程：泵腔与进口断，与出口通。

为保证平稳地输送液体，在任何时候，转子泵腔内都不能出现液体同时与进口和出口相通的现象。

二、转子泵的结构

(1) 泵腔　泵腔指泵内容纳输送液体的全部空间。液体由一个或几个进口进入泵腔，经过泵腔获得能量后，由一个或几个出口离开泵腔。

(2) 泵体　泵体是指包围泵腔的泵零件，有时也称泵壳或泵室。

(3) 泵盖　泵盖是指将泵体的端部封死以形成泵腔的部件。

(4) 转子　转子是转子泵的重要零件，它在泵腔中旋转。在不同的转子泵中，转子有不同的名称，如齿轮泵中称为齿轮，螺杆泵中称为螺杆，等等。

(5) 夹套　当温度变化，输送介质的黏度变化较大时，可考虑设置保温夹套，可在泵体或泵盖的内部或外围装设管路或夹套。根据需要，在夹套中通蒸汽或冷却水来加热或冷却介质。

(6) 泵轴封 泵轴封是防止泵轴与泵体相邻处泄漏而设置的密封装置，常用的泵轴封型式有机械密封和填料密封。

(7) 安全阀 对所有容积式泵，泵运行时，如果出口管道被堵塞或出口阀未打开，泵出口及其附近的泵腔部分的压力会快速升高，因而需设置一个限制该处压力的安全阀。

三、转子泵的类型

转子泵的主要类型有齿轮泵、螺杆泵、凸轮泵、挠性叶轮泵、滑片泵、旋转活塞泵、软管泵等。常见转子泵的性能参数和使用范围见表 2-18。

表 2-18 常见转子泵的性能参数和使用范围

类型	参数范围	使用范围
齿轮泵(分内啮合齿轮泵和外啮合齿轮泵两种)	流量 0.04～340m^3/h；出口压力≤25MPa；温度－85～425℃；运动黏度 1～1×10^6 mm^2/s	聚合物、合成树脂、橡胶浆料、胶、黏合剂、乳化液、乙二醇，燃料油、润滑油、润滑脂、原油、轻油、重油、煤焦油、沥青，黏土、石蜡、陶土、搪瓷、糖蜜、葡萄糖、食油、脂肪、鱼肝油、巧克力浆、油漆、清漆、油墨、染料、酒精、洗发露、洗洁精、化妆品等
单螺杆泵	流量≤250m^3/h；压力≤6.4MPa；运动黏度≤2×10^5 mm^2/s；温度≤150℃(受定子材料限制)	糖蜜、果肉、巧克力浆、油漆、沥青、石蜡、润滑脂、黏土、陶土、污水、污泥等
双螺杆泵	流量≤1500m^3/h；压力≤10MPa；运动黏度≤1×10^6 mm^2/s；温度≤400℃	润滑油、润滑脂、原油、沥青、燃料油、沥青、焦油、渣油、柴油、石脑油、蜡油、硫磺、棕榈油、食用油、树脂、胶液、聚合物、聚酯、己内酰胺、尼龙、糖蜜、牛奶、酒糟、果酱、油墨、油漆等
三螺杆泵	流量≤1500m^3/h；压力≤16MPa；运动黏度≤5000mm^2/s；温度≤350℃	润滑油、原油、重油、轻油、甘油、乳化液、液压油、水乙二醇、沥青等
凸轮泵	流量≤2000m^3/h；压力≤1.2MPa；运动黏度≤11×10^4 mm^2/s；温度－30～170℃	糖蜜、食油、巧克力浆、油漆、油墨、沥青、石蜡、润滑脂、黏土等介质
挠性叶轮泵	流量≤12m^3/h；压力≤0.3MPa；输送介质的温度≤100℃	酸性液体、碱性液体、墨水、酒精、洗涤剂、海水、砂糖液等较低黏度的液体
滑片泵	流量≤100m^3/h；压力≤1.2MPa；运动黏度≤1×10^4 mm^2/s	糖蜜、食油、巧克力浆、油漆、油墨、沥青、石蜡、润滑剂、燃料油等介质
软管泵	流量≤50m^3/h；压力≤1.5MPa；输送介质的温度≤100℃；运动黏度≤1×10^4 mm^2/s	糖蜜、食油、巧克力浆、油漆、油墨、沥青、石蜡、润滑剂、燃料油等介质

资料来源：德帕姆、黄山工业泵等。

1. 齿轮泵

齿轮泵的结构示意见图 2-45。泵壳中有一对啮合的齿轮，其中一个是主动齿轮，另一个是从动齿轮，由主动齿轮啮合，带动旋转。齿轮与泵壳之间留有较小的间隙。当齿轮沿图示箭头所指方向旋转时，在轮齿逐渐脱离啮合的左侧吸液腔中，齿间密闭容积增大，形成局部真空。液体在压差作用下吸入吸液室，随着齿轮旋转，液体分两路在齿轮与泵壳之间被齿轮推动前进，送到右侧排液腔，在排液腔中两齿轮逐渐啮合，容积减小，齿轮间的液体被挤至排液口。

齿轮泵的齿轮型式有正齿轮、人字齿轮和螺旋齿轮。齿轮泵分为外啮合齿轮泵（简称外齿轮泵）和内啮合齿轮泵（简称内齿轮泵）两种（见图 2-46、图 2-47），其性能比较见表 2-19。

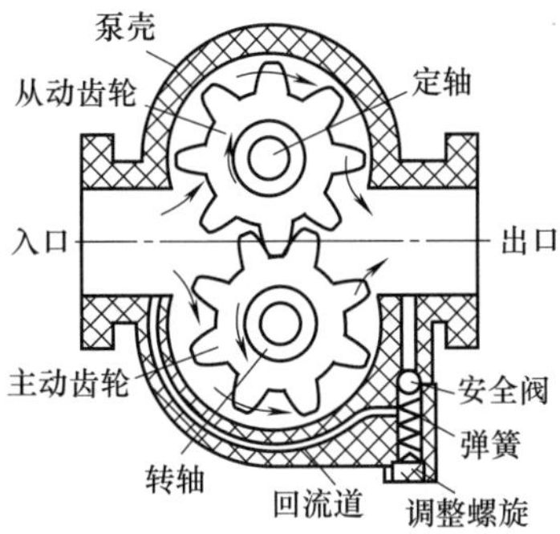

图 2-45 齿轮泵结构示意图

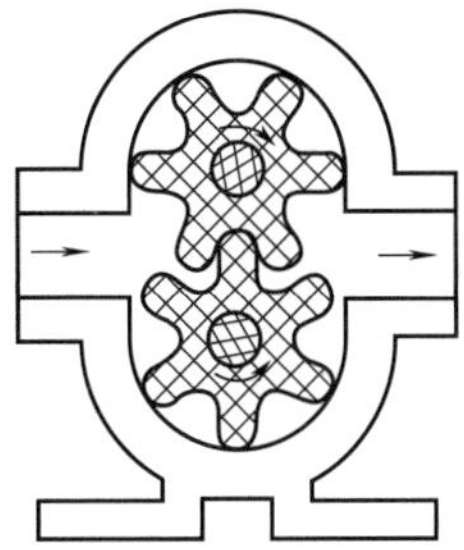

图 2-46 外啮合齿轮泵

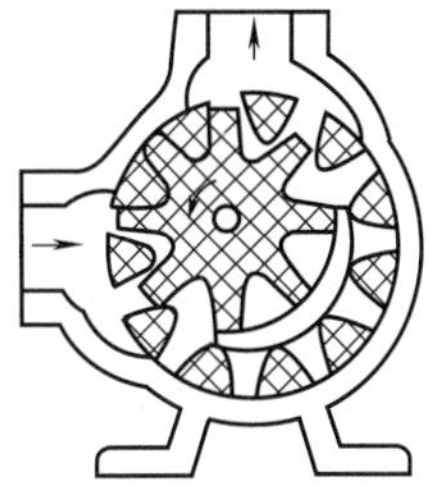

图 2-47 内啮合齿轮泵

表 2-19 内齿轮泵和外齿轮泵的性能比较

性能	外啮合齿轮泵	内啮合齿轮泵
出口压力/MPa	<25	非润滑性介质<0.7 润滑性介质<2
流量/(m^3/h)	<7	<340
特点	运动件多,维修费用高	运动件少,维修费用低
价格	低	相对外啮合齿轮泵高

2. 螺杆泵

螺杆泵运转时，螺杆一边旋转一边啮合，液体便被一个或几个螺杆上的螺旋槽带动，沿轴向排出。

螺杆泵的主要优点是结构紧凑、流量及压力基本无脉动。运转平稳、寿命长、效率高，适用的液体种类和黏度范围广，缺点是制造加工要求高，工作特性对黏度变化比较敏感。

螺杆泵可分为单螺杆泵、双螺杆泵、三螺杆泵和五螺杆泵。

(1) 单螺杆泵　是一种内啮合偏心回转泵，主要由具有双头螺旋空腔的定子和与其啮合的转子组成，当转子在定子腔内绕定子的轴线做行星回转时，转子和定子之间形成的密封腔就沿转子轴向位移，将液体均匀、连续、恒定地由吸入口输送到排出口（如图 2-48 所示）。定子一般为橡胶与四氟材料，转子常用材质有 40Cr、45、304、316、316L、陶瓷、钨钢等。典型厂家有德帕姆（杭州）泵业有限公司、黄山工业泵公司和德国 MONO 公司。

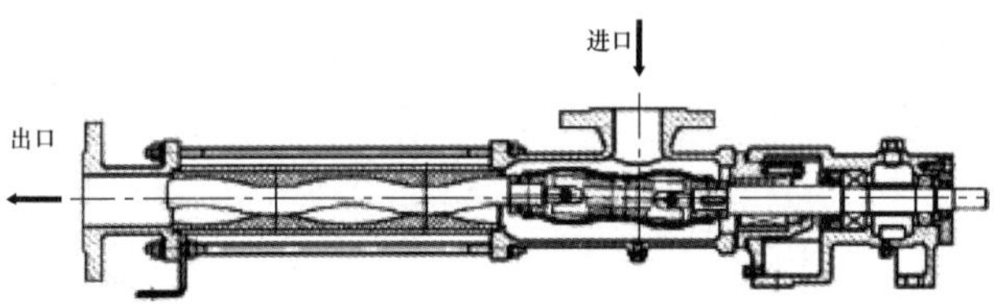

图 2-48 单螺杆泵

(2) 双螺杆泵　是由具有 8 字形内孔的泵体（定子）和装在泵体孔内相互啮合的主、从动螺杆（转子）组成。两根转子与定子三者之间的共同啮合、配合，形成一系列等容积的密封腔。当原动机通过主动螺杆上同步齿轮带动从动螺杆按一定的方向旋转，主、从动螺杆的螺旋部分形成一个个密封腔，把被输送的介质沿轴向由低压腔输送至高压腔，完成液体输送过程（如图 2-49、图 2-50 所示）。

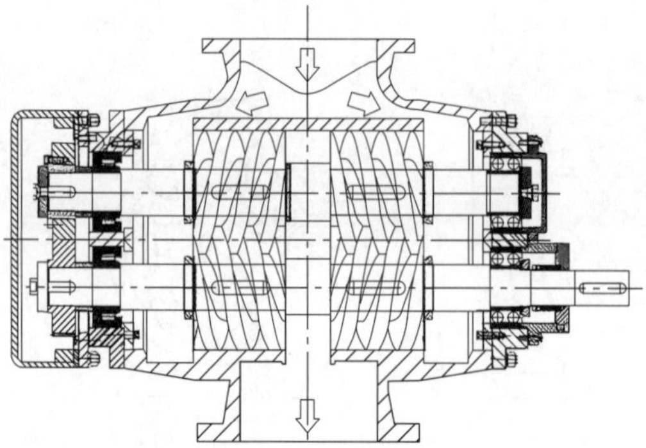

图 2-49 内装式双螺杆泵

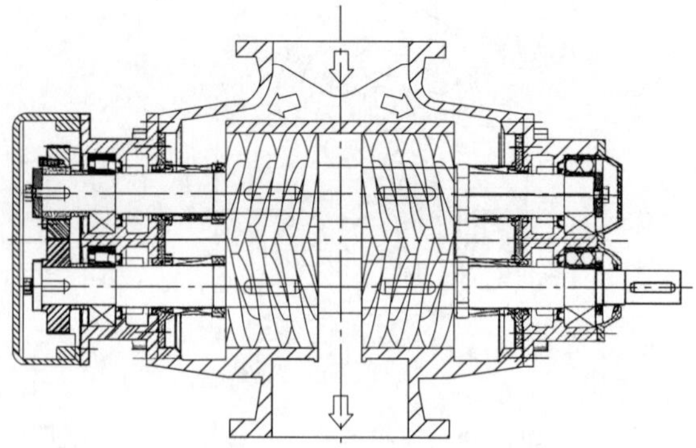

图 2-50 外装式双螺杆泵

（3）三螺杆泵 通过一根主动螺杆（凸齿）和两根从动螺杆（凹齿）的螺旋段在衬套孔内相互啮合构成的螺旋槽空间内输送介质（如图 2-51）。

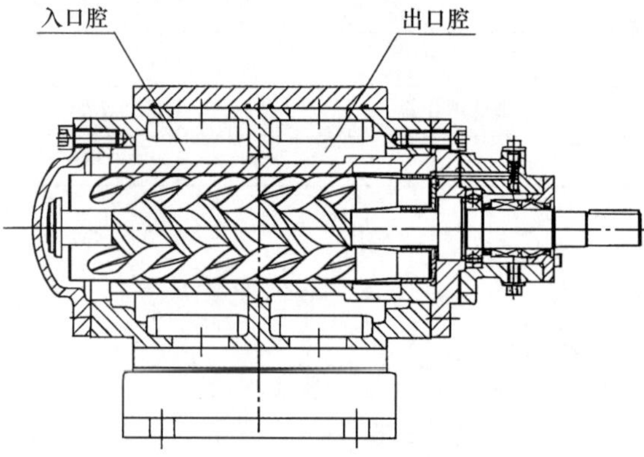

图 2-51 三螺杆泵

（4）五螺杆泵（图 2-52） 通常是非严格密封型螺杆泵。一条主螺杆带动四条副螺杆，每条螺杆有两条螺旋线。由于泵腔的单位过流截面较大，因而介质输送量较大。五螺杆泵常在安装尺寸受限制的特殊场合（如：舰艇、船舶等）用于输油泵。

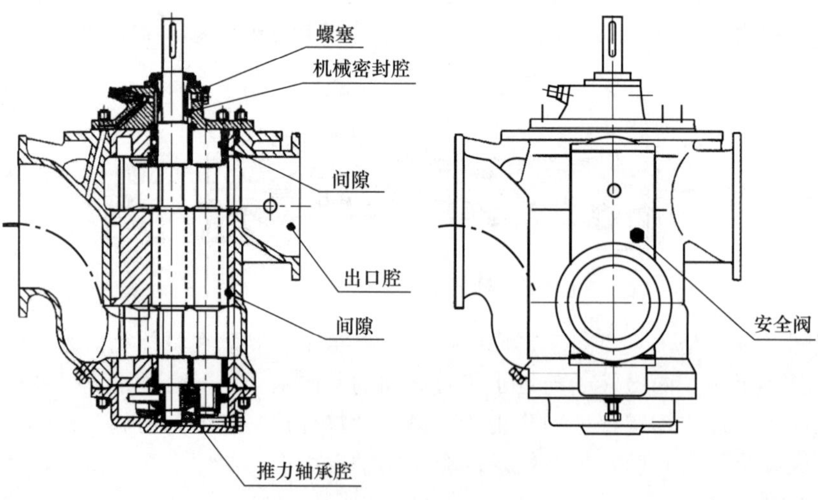

图 2-52 五螺杆泵

3. 凸轮泵

凸轮泵的两个共轭凸轮通过外部的齿轮传动做反向同步旋转，从而将它们与泵体之间的液体排出，凸轮泵结构见图 2-53。凸轮泵分双翼凸轮泵和多翼（常为三翼或四翼）凸轮泵，图 2-54 为三翼凸轮泵的工作原理图。凸轮之间以及凸轮与泵体之间是互不接触的，根据泵的大小和输送介质的温度留有相应的间隙。

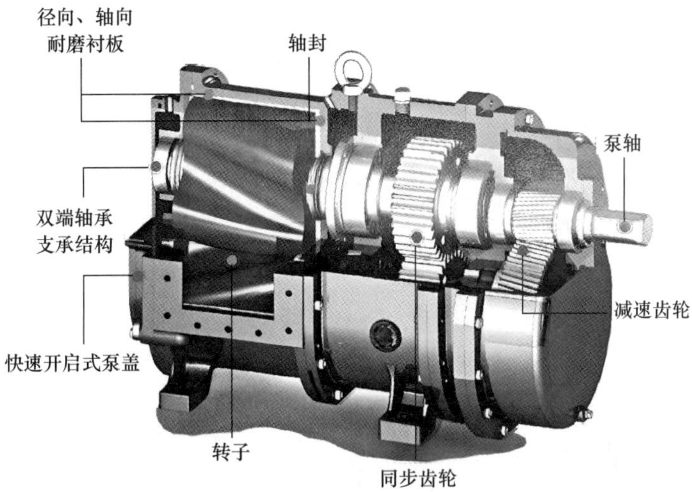

图 2-53　凸轮泵结构

图 2-54　三翼凸轮泵工作原理图

凸轮泵的一般应用范围：

流量范围：0.2～4000m^3/h；

压力范围：0～2.5MPa（G）；

动力黏度：0～100000cP❶；

最大自吸能力：8.7m；

通过颗粒物能力：0～70mm。

凸轮转子泵的主要优点：

（1）多采用模块化设计，结构简单；

（2）易维护，更换常用易损件无须拆卸管路；

（3）转子金属骨架外包覆橡胶的，设耐磨损保护衬板，转速低，具有更好的耐磨损性；

（4）可干转，转子装配间隙小，泵可在短时间内形成高负压，产生高的自吸能力；

（5）适合于高黏度介质的输送；

（6）对称设计，可通过改变电机接线来实现泵的逆输送。正常抽吸，反转冲洗；

（7）低转速，实现低剪切、低脉动、无堵塞；

---

❶ cP 为动力黏度非法定计量单位厘泊，1cP=10^{-3}Pa·s。

(8) 可以实现气液混输。

4. 挠性叶轮泵

其一般形式是一个挠性叶轮安装在有一偏心段的壳体内，偏心段的两端分别是出口和入口（见图 2-55）。当叶轮旋转离开泵壳偏心段时，挠性叶轮叶片伸直产生真空，液体被吸入泵内，随着叶轮旋转，液体也随之从吸入侧到达排出侧，当叶片与泵壳偏心段接触而发生弯曲时，液体便被平稳地排出泵外。挠性转子一般由橡胶、聚氨酯等材料制得。

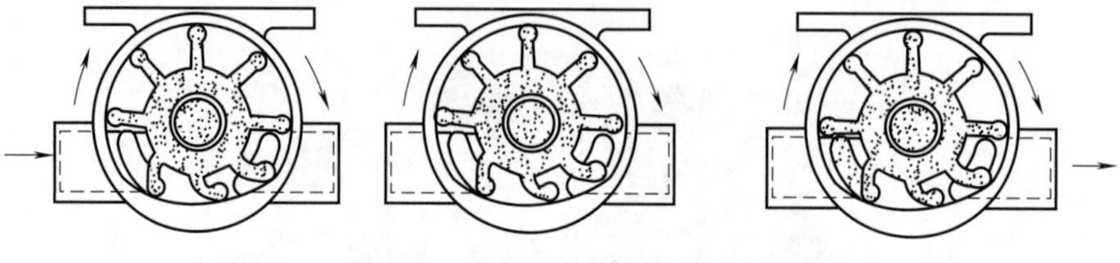

图 2-55　挠性叶轮泵工作原理图

5. 滑片泵

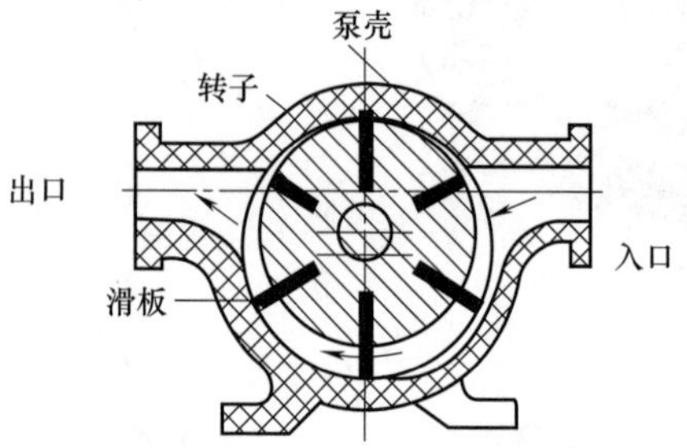

图 2-56　滑片泵结构示意图

滑片泵的转子为圆柱形，具有径向槽道，槽道中安放滑片，滑片一般为 6 片或以上，滑片能在槽道中自由滑动（见图 2-56）。

转子在泵壳内偏心安装，转子表面与泵壳内表面构成一个月牙形空间。转子旋转时，滑片依靠离心力或弹簧力（弹簧放在槽底）的作用紧贴在泵内腔。在入口处，转子相邻两滑片所包围的空间逐渐增大，形成真空，吸入液体；而在出口处，此空间逐渐减小，就将液体挤压到排出管。

6. 旋转活塞泵

旋转活塞泵的弧形转子翼在泵壳内的圆周流道中旋转。泵腔体积在入口处增大，形成真空，将液体吸入泵内；液体经由转子翼旋转输送到出口；在出口处转子啮合，泵腔体积减小，液体被排出。其结构如图 2-57。

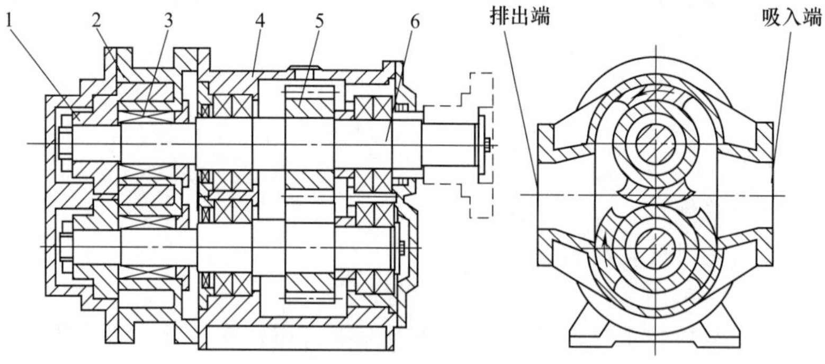

图 2-57　旋转活塞泵的结构

1—转子；2—泵体；3—特殊橡胶密封；4—轴承座，5—同步传动齿轮；6—传动轴

旋转活塞泵的转子和壳体间以及转子间的密封面很长，有效降低了回流现象，和同类产品相比大大提高了工作效率。流量均匀，没有脉冲和压力波动。可泵送含有颗粒的产品，却不破坏颗粒。具有很好的自吸性能。

7. 软管泵

通过滚轮或者压块对泵的弹性输送软管交替进行挤压和释放来泵送流体的正排量泵，又称软管泵，也称蠕动泵。主要由泵壳、转子、软管及传动装置四部分组成，其结构及工作示意图见图 2-58、图 2-59。转子主要由传动轴、连接板和压辊组成。传动轴、连接板焊为一体，起传递动力和扭矩的作用。压辊固定在连接板上，随着转子的转动，将软管连续不断地压扁。压扁后的软管靠自身弹性恢复原状，管内因而产生真空将液体吸入管腔。管腔内的液体又在下一个压辊的作用下排出泵体。

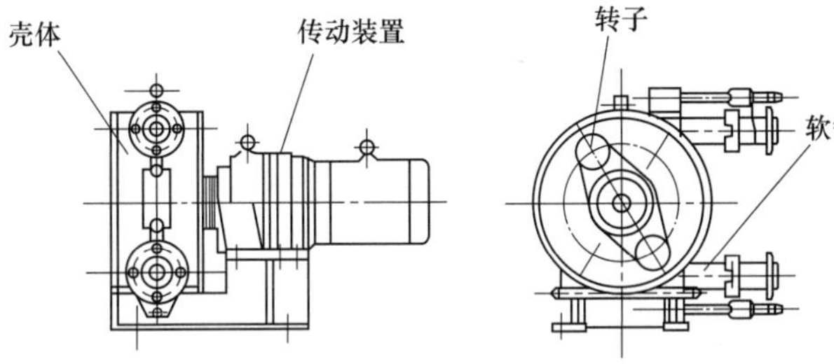

图 2-58　软管泵结构示意图

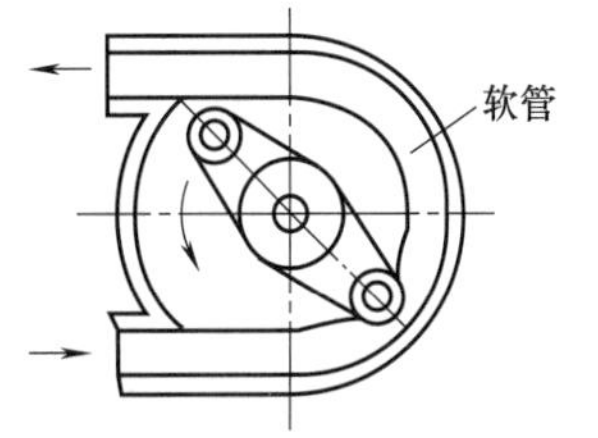

图 2-59　软管泵工作示意图

软管是软管泵的关键部件。要求软管既要耐压，又要有很好的弹性和抗疲劳性能。软管一般由特殊橡胶制成，要求软管的循环次数达 350 万次以上。软管泵泵管常用的材料有丁腈橡胶（NBR）、氯磺化聚乙烯橡胶（Hypalon）、氟橡胶（FVMQ）、硅胶、PVC、EPDM、EPDM＋聚丙烯、聚氨酯和天然橡胶等。硅胶管在软管泵中应用最为广泛。氟橡胶具有较好的耐腐蚀性能，但寿命相对较短。热塑性弹性体（TPE）材质如 PharMed BPT 的寿命较长。

软管泵的用途是解决流体的精准定量输送问题，实现各种应用中的流体处理工艺。常见的应用有输液设备、血液体外循环采集分离输送、有机溶剂、腐蚀性化学药品、食品原料、调料、酱料、高含固量浆液、高黏稠液体、墨水、油墨等。软管泵的选用可参照 JB/T 12753—2015《软管泵》的规定。

各类转子泵的结构、性能特点比较见表 2-20。

表 2-20　转子泵的性能特点比较

泵型	优点	缺点
内齿轮泵	• 仅有两个转动部件 • 仅有一个密封腔 • 自吸能力强，出口平稳无脉动 • 不管背压如何变化，流量基本恒定 • 可双向运转 • $NPSH_r$ 小 • 简单，可调节端面间隙 • 易于维护	• 通常转速不宜过快 • 压力不宜过高 • 一个轴承运转在液体中 • 轴上有悬臂载荷
外齿轮泵	• 转速高 • 压力高 • 轴承两端支承 • 运行噪声低	• 四个轴套都在液体中 • 不能处理含固体颗粒的液体 • 端面间隙不可调
凸轮泵	• 可处理中等大小的颗粒 • 无金属与金属的接触 • 剪切力低 • CIP/SIP（在线清洗/在线消毒）功能 • 自吸能力强，出口无脉动	• 需要同步齿轮 • 需要两个密封 • 液体黏度低时，自吸能力差

续表

泵型	优点	缺点
滑片泵	•流量中等 •速度中等 •处理低黏度液体 •是溶剂、液化气的首选 •可短时间干运转 •自吸能力强	•可能有两个填料箱 •泵壳复杂 •不适用于高压 •不适用于高黏度液体 •不适用于磨蚀性液体
旋转活塞泵	•液体黏度低时,效率高 •转子为耐磨材料,间隙更小,效率更高 •自吸能力强 •剪切力低 •出口压力高 •可处理高固体含量液体 •易于拆开清洗 •有些有 CIP(在线清洗)功能	•需要同步齿轮 •需要两个密封
单螺杆泵	•可处理高固体含量液体 •无脉动输送 •黏度高 •压力高 •对泥浆和淤泥有极佳处理能力 •机械密封在入口侧 •可使用填料密封,方便维护	•不能干转 •不能用于高温 •所需空间大
双螺杆泵	•适用物料广,黏度范围广且对黏度敏感性低,流量、温度范围大 •对物料润滑性、清洁度敏感性低 •可输送含一定比例固体杂质(含大颗粒)的流体 •对物料无剪切破坏 •泵压力、流量稳定,无脉动 •转速高,噪声振动小,寿命极长 • $NPSH_r$ 值小,具有极强的自吸能力 •自排气,可干运转 •可双向旋转 •可进行油气混输	•螺杆的加工和装配要求较高 •制造成本高
三螺杆泵	•压力和流量范围大 •液体的种类和黏度范围广 •转速高 •吸入性能好,具有自吸能力 •流量均匀连续,振动小,噪声低 •剪切力低 •与其他回转泵相比,对进入的气体和污物不太敏感 •结构坚实,安装保养容易 •结构简单,尺寸小,安装形式多样化 •效率高 •使用寿命长	•螺杆的加工和装配要求较高 •泵的性能对液体的黏度变化比较敏感。
挠性叶轮泵	•自吸力强 •结构简单,维修方便 •一次购泵终身使用,易损件少 •体积小,占用现场设备空间小 •大流量,高效率 •室内安装无噪声 •可以输送含颗粒杂质的硬性颗粒 •适于输送高黏度介质	•输送黏性流体的关键之处在于流速和泵转速成正比 •需考虑泵自身内部的摩擦损失,以及流体与泵入口管壁之间的摩擦损失

续表

泵型	优点	缺点
软管泵	• 液体和机械零件不接触 • 软管是唯一磨损的零件 • 易于清洁 • 可有多个软管同时运转 • 可干运转 • 有自吸能力 • 处理液体范围广、高固体含量(质量分数,高达60%),磨蚀性液体,高黏度以及含气体的介质 • 剪切力低 • 重复性精度高 • 维修成本低	• 压力低 • 软管更换频繁 • 有脉动 • 过度使用后,可能会泄漏

四、转子泵的选用

1. 黏性液体

转子泵能输送的介质黏度范围非常宽，它能处理黏度非常低的介质，如液化石油气、液氨等，也能处理黏度很高的介质，如黏度达 $1\times10^6\mathrm{mm^2/s}$ 的特黏介质。

对离心泵，随着黏度的增加，其流量、扬程下降，功耗增加。当介质黏度大于 $20\mathrm{mm^2/s}$ 时，离心泵需进行性能换算。当 $\mathrm{NPSH_r}$ 远小于 $\mathrm{NPSH_a}$ 时，如果不考虑效率和能耗，离心泵有时可用在黏度达 $550\mathrm{mm^2/s}$ 的场合；当 $\mathrm{NPSH_r}$ 较接近 $\mathrm{NPSH_a}$ 时，如果黏度较大，离心泵将很可能发生汽蚀。

对转子泵而言，一方面随着黏度的增加，内部泄漏量下降，容积效率提高，流量增加，从而使泵的效率提高，功耗降低；另一方面，黏度的提高将使液体的摩擦阻力增大，相应又会降低泵的效率，使功耗略有增加。但总体而言，随着黏度的增加，转子泵的效率有所提高。

【例 2-3】 流量 $Q=5\mathrm{m^3/h}$，扬程 $H=60\mathrm{m}$，密度 $\rho=1000\mathrm{kg/m^3}$ 时，比较离心泵和齿轮泵的轴功率。

解： 当黏度 $\gamma_1=50\mathrm{mm^2/s}$，离心泵的轴功率约为 4.2kW，齿轮泵的轴功率约为 1.0kW。

当黏度 $\gamma_2=500\mathrm{mm^2/s}$，离心泵的轴功率约为 50kW，而齿轮泵的轴功率仍约为 1.0kW。

非牛顿流体，如油脂、纤维素混合物、油漆、淀粉糊、泥浆和糖料等，在温度不变的条件下，如流体受到扰动，黏度就会发生变化。如果使用离心泵，当黏度变大时，流量、扬程就不能满足需要，电机也会超载。因此当介质黏度较大或输送非牛顿流体时，宜选用转子泵。

2. 需要自吸的场合

除特殊设计的自吸式离心泵外，一般的离心泵没有自吸功能。但转子泵均具有自吸功能，在其转子湿润（指不完全淹没或灌满）的情况下，可形成 635～710mmHg（1mmHg≈133.32Pa）的真空，从而吸入液体。

3. 含有气体的场合

离心泵一般不允许液体中的含气量（气体体积分数）超过 5%，当含气量较大时，除流量、扬程、效率有所下降，产生振动、噪声和腐蚀外，会出现腐蚀加剧或断流、断轴现象。

转子泵由于具有自吸功能，因此允许液体中的含气量较大，一般可达 20%左右。当含气量较大时，流量、效率将有所下降，并会产生振动和噪声。但一般不会出现腐蚀加剧或断流、断轴现象。

4. 小流量、高压力场合

流量较小、出口压力较高时，如果选不到合适的离心泵，可考虑选用转子泵。转子泵的出口压力较高。系列生产的转子泵，其出口压力可达 1.4～2.1MPa（G），有些专用型号可达 3.5～7MPa（G）。特殊设计的转子泵，其出口压力甚至可高达 14～21MPa（G）。

5. 低剪切力泵

有些对剪切力敏感的介质，及希望泵送时其溶液中的悬浮物或固体物不被破坏的介质，要求选用的泵工作时对介质的冲击要非常柔和。这时可以选用低剪切力转子泵，如凸轮泵、单螺杆泵等。

6. 需要反转的泵

有些生产装置，在一段时间内液体需从甲处输送至乙处，在另一段时间内液体又需从乙处输送至甲处；另有些生产装置，进口管容易堵死，需要反冲等等。这往往要求泵具有反转功能。离心泵不能反转，而许多转子泵有反转功能。当然为了满足泵的反转，电机、管路（包括阀门）等均要考虑泵反转引发的一系列问题。如安全阀的设置，不但出口管线应设置安全阀，而且进口管线也应设置安全阀。

第四节 计量泵

计量泵是一种可变容积的泵，通过调节有效行程长度或改变冲程次数来精确控制排量的往复泵，也被称作比例泵、可调容积泵、定量泵等。常用于精确地向有压（或无压）的系统或流程中连续投加定量的液体，也可用于小流量、高压力液体的输送。

计量泵的流量通常从 10mL/h 到 15000L/h，排出压力从几百千帕到 100MPa，泵配带的电机功率从 0.12kW 到 55kW，更大的流量往往采用多联泵来实现。作为流体精确计量与投加的理想设备，计量泵可以定量输送易燃、易爆、腐蚀、磨蚀等各类介质，在化工、石化装置以及水处理中有广泛的应用。随着新材料、新工艺的不断应用，新型计量泵几乎可以完成精确输送任何介质的要求。

一、计量精度

计量精度是稳定性精度 E_S、重复性精度 E_R 和线形度 E_L 的总称，是衡量计量泵计量准确性和产品优劣的重要依据。

（1）稳定性精度 E_S 是指在固定的系统条件下泵流量相对于平均流量的变动百分率，稳定性精度适用于整个调节比（额定流量与最小流量的比值，指计量泵的流量调节范围）范围。稳定性精度为在泵稳定运行的条件下，不改变泵的流量调节状态，进行连续测量获得的最大流量偏差与这些流量的平均值之间的百分率。即：

$$E_S=\frac{Q_{max}-Q_{min}}{2Q_{avr}}\times 100\% \tag{2-35}$$

式中 Q_{max}——一组流量中的最大测量值，L/h；

Q_{min}——一组流量中的最小测量值，L/h；

Q_{avr}——一组流量的算术平均值，L/h。

（2）重复性精度 E_R 是指在一组给定的条件下，调整流量设定点后再回复到原设定点时，泵流量的可重现性能，用相对于额定流量的变动百分率来表示。即在要求的调节比范围内，在泵稳定运行的条件下，反复进行“改变泵的流量点后再回复到原设定点，测量该点的流量”，获得的一组流量的最大偏差相对泵额定流量（通常是100%流量设定点下的流量）的百分率。即：

$$E_R=\frac{Q_{max}-Q_{min}}{2Q_{Rated}}\times 100\% \tag{2-36}$$

式中　Q_{max}——一组流量中的最大测量值，L/h；

Q_{min}——一组流量中的最小测量值，L/h；

Q_{Rated}——泵额定流量，L/h。

（3）线性度 E_L　指实际测得的流量与对应的流量标定曲线之间的线性偏差程度，用相对额定流量的百分率表示。即：

$$E_L=\frac{Q_i-Q_C}{Q_{Rated}}\times 100\% \tag{2-37}$$

式中　Q_i——在某一流量设定点下测量的一组流量中任意一个测量值，L/h；

Q_C——流量标定曲线上同一流量设定点下对应的流量，L/h；

Q_{Rated}——泵额定流量，L/h。

由于线性度测量的目的在于衡量泵流量线性比例调节的精度，因此在实践中，通常用产品试验中实际测量的多个设定点下的不同流量值进行线性拟合，来直接获取测量的流量值与该直线的最大偏差，计算该偏差相对泵额定流量（通常是100%流量设定点下的流量）的百分率。

SH/T 3142—2016和API 675规定，泵在运转状态下，其流量应在规定的整个调节比范围内可以调节，泵额定流量应至少达到工艺要求的最大流量的110%，其调节比（指额定流量与最小流量的比值）至少为10：1。在规定的整个调节比范围内，稳定性精度应不超过±1%。重复性精度和线性度应不超过±3%。

注： 计量泵在10%额定流量以下操作时，计量精度下降较大，故一般不宜在10%额定流量下操作。选型时最好考虑泵的操作点在30%额定流量以上。

二、计量泵的种类与特点

根据计量泵液力端的结构形式，常将计量泵分为柱塞式、液压隔膜式、机械隔膜式和电磁式计量泵等。

1. 柱塞式计量泵

柱塞式计量泵（如图2-60）与普通往复泵的结构基本一样，其液力端由液缸、柱塞、吸入和排出阀、密封填料等组成，除应满足普通往复泵液力端设计要求外，还应对泵的计量精度有影响的吸入阀、排出阀、密封部件等进行精心的设计与选择。

2. 液压隔膜式计量泵

液压隔膜式计量泵是工业生产中应用最广泛的计量泵。液压隔膜式计量泵通常简称隔膜计量泵，图2-61所示为隔膜计量泵，在柱塞前端装有一层隔膜（柱塞与隔膜不接触），将液力端分隔成输液腔和液压腔。输液腔连接泵吸入、排出阀，液压腔内充满液压油（轻质油），并与泵体上端的液压油箱（补油箱）相通。当柱塞前后移动时，通过液压油将压力传给隔膜并使之前后挠曲变形引起容积的变化，起到输送液体的作用及满足精确计量的要求。

液压隔膜式计量泵有单隔膜和双隔膜两种。单隔膜计量泵的隔膜一旦破裂，被输送的液体与液压油混合，对某些介质来说容易发生事故。双隔膜泵在两层隔膜之间填充惰性液体，

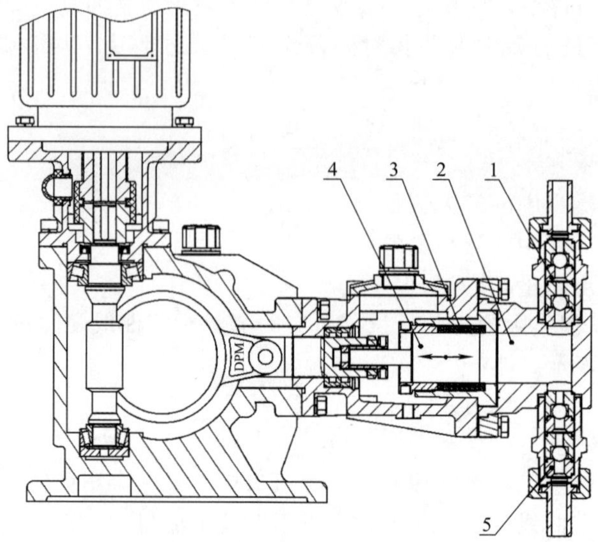

图 2-60 柱塞式计量泵结构示意图

1—排出阀；2—液缸；3—密封填料；4—柱塞；5—吸入阀

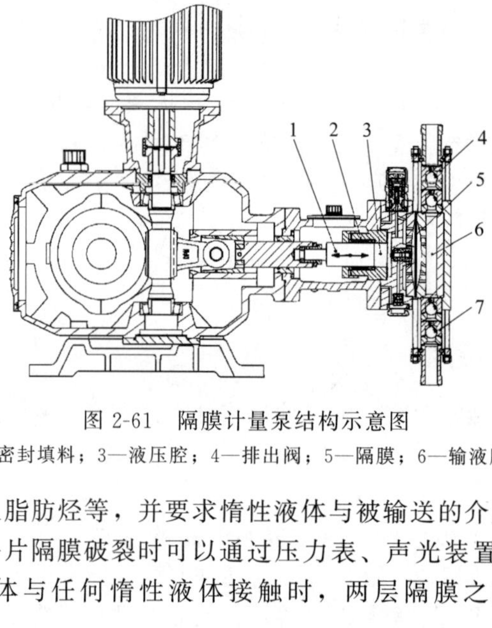

图 2-61 隔膜计量泵结构示意图

1—柱塞；2—密封填料；3—液压腔；4—排出阀；5—隔膜；6—输液腔；7—吸入阀

如软水、酒精、芳香烃及脂肪烃等，并要求惰性液体与被输送的介质或液压油混合时不会引起有害的反应。当其中一片隔膜破裂时可以通过压力表、声光装置或化学检验等方法及时报警。当不允许输送液体与任何惰性液体接触时，两层隔膜之间一般可采用抽真空的方式。

SH/T 3142—2016 规定危险介质、有害介质或与液压油会发生反应的介质应使用双隔膜计量泵。为增加泵的可靠性，其他场合也推荐使用双隔膜计量泵。

3. 机械隔膜式计量泵

机械隔膜式计量泵的隔膜与往复机构连接，无液压油系统，滑杆的前后移动直接带动隔膜前后挠曲变形，如图 2-62 所示。由于其隔膜承受介质侧的压力，因此机械隔膜泵的最大排出压力一般不超过 1.2MPa。

4. 电磁式计量泵

计量泵电磁驱动技术打破了传统设计上用电动机作原动机、用齿轮和曲柄连杆作为传动

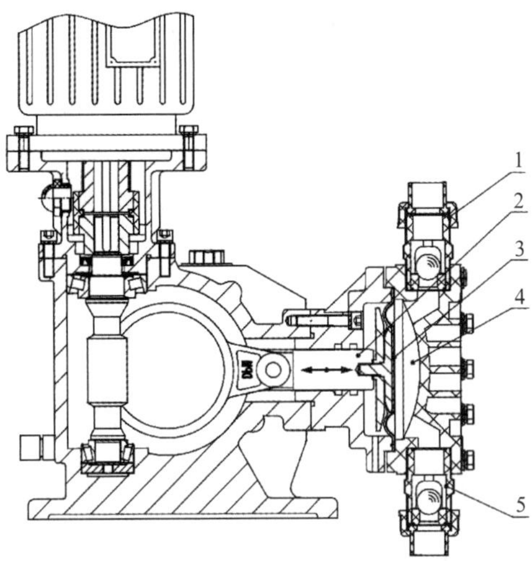

图 2-62 机械隔膜式计量泵结构示意图

1—排出阀；2—滑杆；3—隔膜；4—输液腔；5—吸入阀

机构的结构形式，而采用电子控制线路产生电磁脉冲，利用通电螺线管线圈的电磁力来驱动柱塞做往复直线运动，并通过冲程速率来调节控制流量。但目前由于技术原因，电磁式计量泵的功率还是很小，如美国 Milton Roy（米顿罗）公司的电磁式计量泵最大流量为 95L/h，最高压力为 7MPa，计量精度为 1%。

不同类型计量泵的特点比较见表 2-21。

表 2-21 不同类型计量泵的特点

类型	特点
柱塞式计量泵	(1)价格较低 (2)流量可达 76m³/h，流量在 10%～100%的范围内，计量精度可达±1%，压力最大可达 350MPa。出口压力变化时，流量几乎不变 (3)能输送高黏度介质，不适于输送腐蚀性浆料及危险性化学品 (4)轴封为填料密封，有泄漏，需周期性调节填料。填料与柱塞易磨损，需对填料环做压力冲洗和排放 (5)无安全泄放装置
机械隔膜式计量泵	(1)价格较低 (2)无动密封，无泄漏 (3)能输送高黏度介质，磨蚀性浆料和危险性化学品 (4)隔膜承受高应力，隔膜寿命较低 (5)出口压力 2MPa 以下，流量适用范围较小；计量精度为±2% (6)无安全泄放装置
液压隔膜式计量泵	(1)无动密封，无泄漏，有安全泄放装置，维护简单 (2)出口压力可达 100MPa；在 10∶1 的调节比范围内，计量精度可达±1% (3)价格较高 (4)适用于中等黏度(0～3Pa·s)的介质
电磁式计量泵	(1)价格低 (2)无动密封，无泄漏 (3)体积小，重量轻，操作方便 (4)适用于实验室、水处理、游泳池、车辆清洗、小型塔、反渗透水处理系统等微量加药系统

三、柱塞式计量泵液力端主要部件

1. 进、出口止回阀

泵吸入口、排出口的止回阀可为弹簧止回阀或单/双向止回阀。止回阀形式可为球阀、板式阀或锥形阀。

球阀结构简单，加工方便，在计量泵中使用最多。球阀分单球阀与双球阀两种。双球阀可改善阀的密封效果，当一个阀失灵时，另一个阀还可工作，能保证输液精度。

对提高计量精度要求非常高时，宜采用双导向锥形阀。

阀和阀座的材料根据输送的介质确定。SH/T 3142—2016 规定，阀球的硬度应大于等于 400HB，阀座的硬度应大于 200HB。常用的材料有不锈钢、高镍合金和陶瓷等。当输送浆料等含有固体颗粒介质时可采用硬质合金。

2. 液力端（泵头）

过流部件材料有碳钢、Cr12 钢、304 不锈钢、316 不锈钢、双相钢、哈氏合金 B、哈氏合金 C、塑料，以及其他特殊合金。

3. 柱塞密封

柱塞式计量泵常采用填料密封，常用的密封材料有聚四氟乙烯、氟橡胶和柔性石墨。

四、液压隔膜式计量泵液力端主要部件

隔膜计量泵的液力端（泵头）除具有与柱塞式计量泵一样的液缸、柱塞及吸入、排出阀外，还有隔膜腔（包括隔膜、隔膜限位板等）、安全泄压阀及补油阀等部件。如图 2-63。下面介绍隔膜和阀部件。

（1）隔膜　隔膜形式有平板式(形式 A)、波形板式(形式 B)、波纹管式(形式 C)、管式(形式 D)、锥形隔膜等（形式 E），如图 2-64。管式隔膜泵如图 2-65 所示。有时还可以将 2 种隔膜组合在一起使用，如图 2-66。

板式隔膜应用广泛，管式隔膜、锥形隔膜适用于高黏度介质。常用隔膜材料有四氟乙烯、特殊合金、合成橡胶等。

当介质压力小于 30MPa 时，膜片材料通常由聚四氟乙烯或带弹性背衬的聚四氟乙烯制成；当压力超过 30MPa 时，膜片材料常用特殊合金或 PEEK 制成。当输送液体温度大于 150℃时，采用聚四氟乙烯隔膜应得到买方的准许。

（2）阀部件　为保证隔膜计量泵的计量精度，隔膜计量泵的补油箱均设有安全泄压阀、放气阀和补油阀，以使柱塞和隔膜之间液压腔内液压油的容积保持不变。

当液压腔压力超过规定的允许压力时，安全泄压阀打开。当排出管路压力异常升高时，安全泄压阀也能起到保护整个系统的作用。

放气阀用于将柱塞工作时带入液压腔的气体排出液压腔。补油阀的作用是补偿液压腔内因泄漏而减少的液压油油量。

五、流量调节

1. 流量调节方式

计量泵的流量应能在运行和停车时均可进行调节。常用的流量调节方式：调节行程长度、调节空行程、调节液压油旁路以及变速调节。

（1）调节行程长度　在泵运转中调节螺杆驱动偏心机构，以改变曲柄半径，达到调节行程长度的目的。常用方式有 N 形曲轴调节、整体套筒偏心调节和改变涡轮倾斜角度。

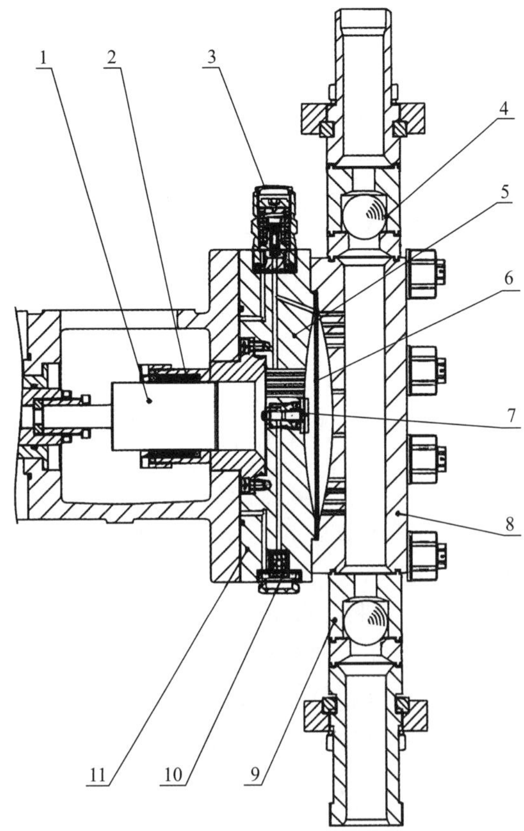

图 2-63 隔膜计量泵液力端

1—柱塞；2—密封填料；3—安全泄压阀；4—排出阀；5—隔膜限位板；6—隔膜；7—限位阀；8—泵头；9—吸入阀；10—补油阀；11—缸体

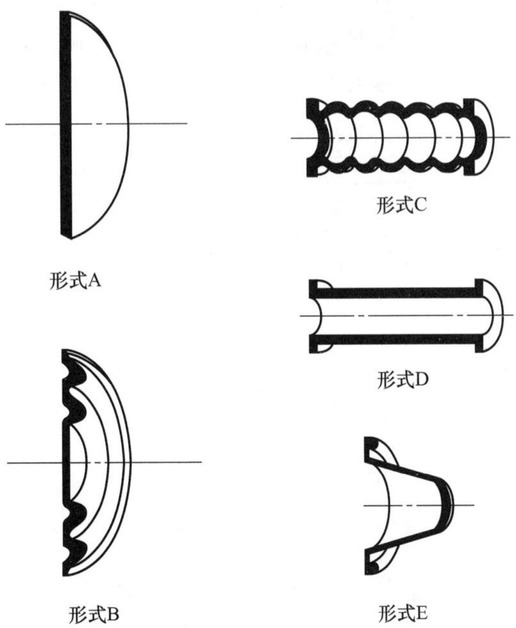

图 2-64 隔膜形式

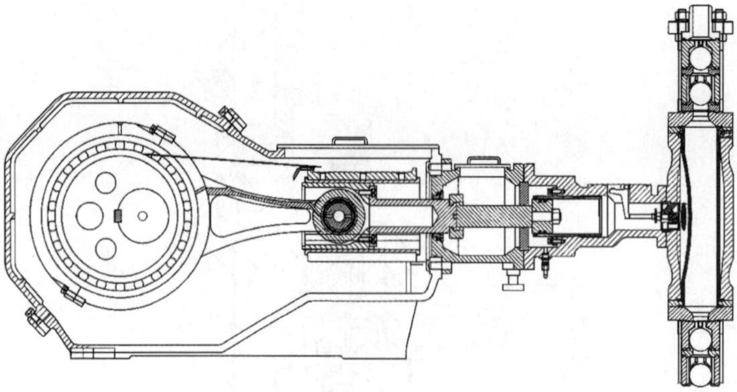

图 2-65 管式隔膜泵

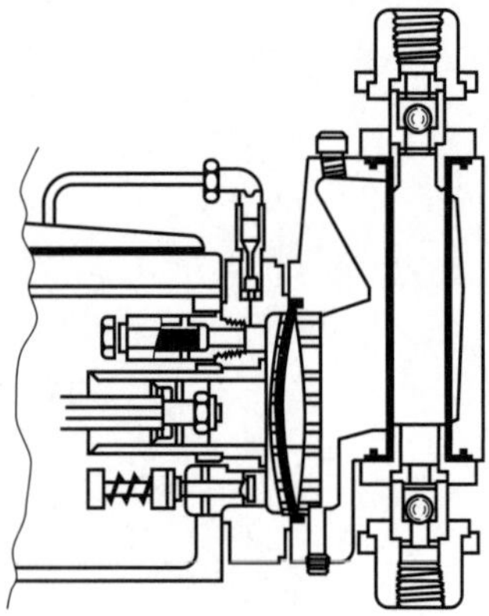

图 2-66 平板式隔膜和管式隔膜组合使用

目前N形曲轴调节已逐渐被整体套筒偏心调节取代。采用整体套筒偏心调节机构的典型厂家有德帕姆公司、德国LEWA公司；采用改变涡轮倾斜角度的典型厂家是汉胜工业（美国米顿罗公司）。

（2）调节空行程 如图2-67所示，凸轮弹簧式调节机构利用可调整的限位装置使十字头在行程的一部分时间内不随凸轮运动，这样就缩短了行程的有效长度，从而改变流量。

采用调节空行程的典型厂家有德帕姆公司、美国艺达思公司（Pulsafeeder）、德国Prominent公司等。

（3）调节液压油旁路 如图2-68所示，通过调节液压油旁路，使得液压油腔内的油量变化，继而改变柱塞的有效行程。液压油旁路调节方法可用于较小功率的计量泵上，其优点是调节机构非常简单，整机体积小，结构紧凑，且温度变化引起的液压油体积变化也不会影响计量精度，但对旁路控制滑阀、柱塞等的加工精度要求较高。有液压油旁路调节型号的厂家有汉胜工业（美国米顿罗公司）等。

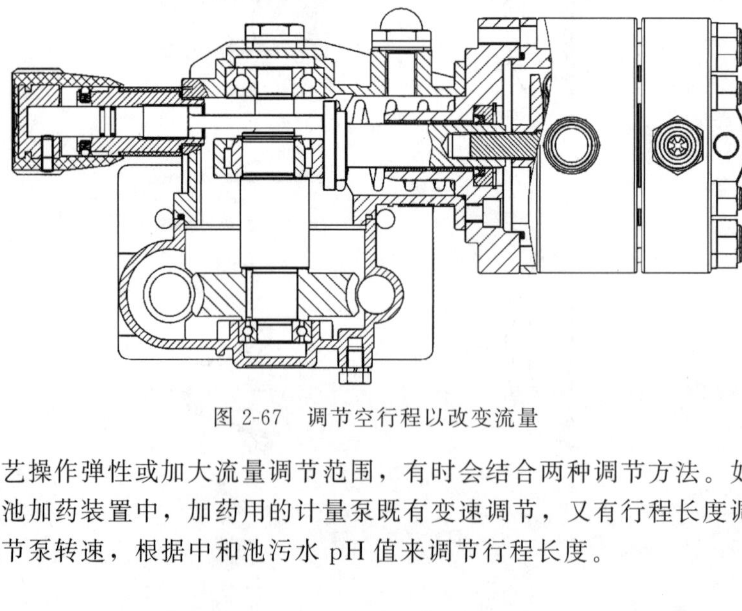

图 2-67 调节空行程以改变流量

为改善工艺操作弹性或加大流量调节范围，有时会结合两种调节方法。如中石化某南方大型污水中和池加药装置中，加药用的计量泵既有变速调节，又有行程长度调节功能。根据污水量变化调节泵转速，根据中和池污水pH值来调节行程长度。

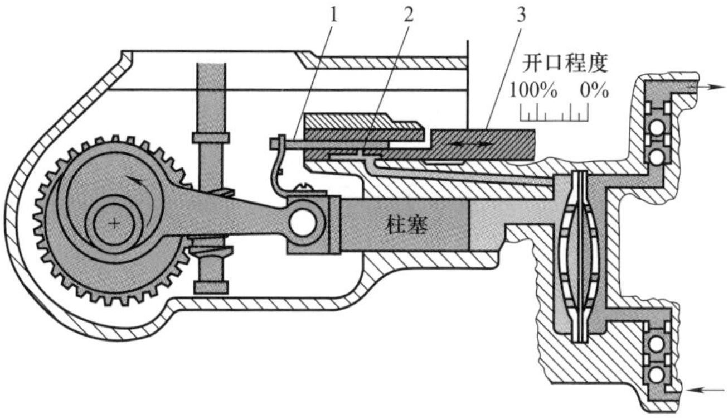

图 2-68 调节液压油旁路以改变流量

1—旁路控制柱塞；2—旁路开口；3—控制滑阀

2. 运转中自动调节

如果买方有要求，计量泵应配备电动控制或气动控制机构，并可实现远程操作。电动控制是通过改变电信号达到自动调节行程的目的；气动控制是通过改变气源压力信号达到自动调节行程的目的。

计量泵的流量控制系统见图 2-69，系统的控制信号源见表 2-22。

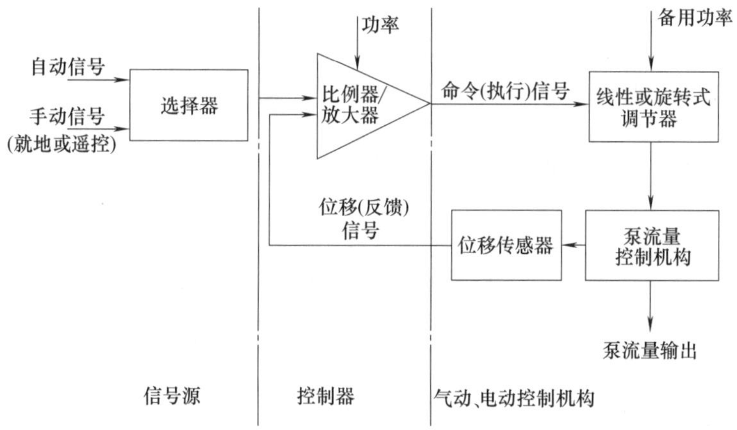

图 2-69 计量泵的流量控制系统

表 2-22 计量泵流量控制系统的控制信号源表

型式	输入信号	型式	输入信号
气动	0.02～0.1MPa(G)(标准信号) 0.02～0.13MPa(G) 0.02～0.19MPa(G)	电动	1～5mA 4～20mA(标准信号) 10～50mA 0～1000Ω 电阻 0～10V(DC)

3. 常见的自动调节方法

(1) 行程控制 ①电动控制 电动伺服机构是调节行程有效长度的最普遍方法。在运行控制中一般采用 4～20mA 模拟电流信号作为传感器、控制器及执行机构之间的信号交换，伺服机构接收到信号后开始驱动计量泵的冲程调节机构，自动调节冲程长度在 0～100%范围内的变化。

② 气动控制 采用气动伺服机构替代手动调节机构。通过电-气转换器，将上位机发出的电信号转换成气压信号，气动马达根据气压信号驱动活塞和滑杆，改变计量泵冲程长度，从而实现调节计量泵输出流量的目的。气动冲程调节器基本全部用于防爆应用场合。

(2) 变速控制 变速控制一般利用交流变频器可以根据外部信号改变电源频率的特点，从而改变计量泵的电机转速。电机转速的变化可以改变计量泵的冲程速度，也改变了计量泵的排出频率，达到调节计量泵输出流量的目的。

目前较为先进的数字计量泵，使传统的计量泵与控制器相结合，进行一体化设计，具有体积小、安装简单、灵活多变等特点。并且配有高性能微处理器的电子元件，可实现精密的自动流量配比控制，同时还具有定量添加、定时触发机制添加、事件触发机制添加、时间-事件混合触发机制添加和自动校正等多种工作模式，并可以提供泵单次流量、多次累计流量显示功能，及工作状态显示等有用信息，也具有报警及报警输出功能来保证财产安全。

如果采用 Modbus RTU 等通信协议，则可以通过信号线接入 DCS 或现场总线控制系统(FCS)，实现计算机远程控制，或加装 5G 无线模块，通过 5G 通信将数据上传至服务器大数据中心。基于这些数据的完备性，数据应用层可对云服务器中的数据根据实际需要进行使用，包括可以在 PC（个人计算机）端、移动手机端、大屏幕上呈现，供生产调度、运营决策使用。

六、选用计量泵应注意的问题

(1) 为避免计量泵进出口之间压差过小导致的虹吸现象，保证计量泵的计量精度，应在计量泵出口缓冲罐后设置一个背压阀，且泵的排出压力至少要比入口压力高 0.3MPa。

(2) 计量泵的出口管道上应设置安全阀。隔膜式计量泵一般有内置的且可调节的液压安全阀；柱塞式计量泵一般无内置的安全阀，因此需在买方的管道上安装外置安全阀。外置的安全阀一般由买方提供。

(3) 如果卖方认为必需，或买方指定，应由卖方提供进出口缓冲罐。缓冲罐可以削减脉动流量。在计量泵出口管路中安装缓冲罐，可以控制脉动变化在±5%，甚至更小的范围内。缓冲罐一般多为蓄能器式，通过隔膜使用充气腔来隔离泵送液体，详见本章第六节。

(4) 为了在现场对计量泵进行流量标定，从而得到与实际系统和实际介质相对应的流量/冲程关系，可配备标定柱。标定柱的选用容积不得小于计量泵的 30s 额定流量。

第五节 气动隔膜泵

一、气动隔膜泵的结构与原理

气动隔膜泵属于容积式泵（图 2-70），以压缩空气或氮气为动力驱动隔膜产生往复运动从而实现流体输送，适用于输送含颗粒、有腐蚀性、黏度高、容易挥发及有毒液体。

气动隔膜泵工作原理：气动隔膜泵有左右两个对称的工作腔，各装有一块隔膜，由隔膜连杆将其连接成一体。气源从泵的进气口进入空气分配系统，通过空气分配系统将压缩空气引入其中一腔，推动腔内隔膜运动，而另一腔中气体排出，行程终点，空气分配系统自动将气体引入另一工作腔，推动隔膜朝相反方向运动，从而使两个隔膜连续同步地往复运动。气动隔膜泵液体侧工作原理：当气源经配气阀进入左侧工作腔，该腔进口球阀关闭，出口球阀打开，液体被排出，与此同时，右侧腔隔膜由连杆驱动背面气体进入大气，出口球阀关闭，进口球阀打开，液体被吸入。当行程到达终点，配气阀将气体导入右侧工作腔，运行情况与

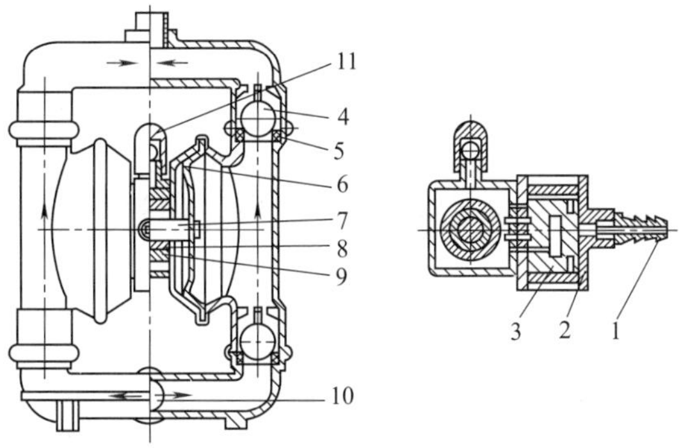

图 2-70　气动隔膜泵结构图

1—进气口；2—气阀阀体；3—空气分配系统；4—阀球；5—阀座；6—隔膜；7—连杆；8—连杆铜套；9—中心体；10—泵进口；11—排气口

上述相反，如此反复，泵不断吸入、排出液体。

气动隔膜泵无旋转性零件，无机械轴封，无联轴器。结构简单，易损件少，安装、维修方便，维修费用低。主要易损件是阀球和隔膜，且故障率较低、振动小，可移动使用，压力可自动平衡，无须安装泄压阀。

泵体的材质主要有不锈钢、塑料、铸铁、铝合金等四种。膜片材料主要有聚四氟乙烯、热塑性弹性体、丁腈橡胶、氯丁橡胶、氟橡胶等，耐腐蚀性较好的膜片材料是聚四氟乙烯。球阀的材质主要有不锈钢、聚四氟乙烯、丁腈橡胶等。

二、气动隔膜泵的性能

气动隔膜泵典型性能曲线如图 2-71 所示，随着气源压力的增大，所输送介质的流量和扬程都随着增大（容积式泵用压力代替扬程）。在同一个气源压力下，随着介质流量的增大，泵的扬程降低；随着气源消耗量增大，隔膜泵冲程频率加快，介质流量变大。在气源消耗量不变的情况下，随着介质流量的减小，泵的扬程增大；随着气源压力增大，介质扬程变大。

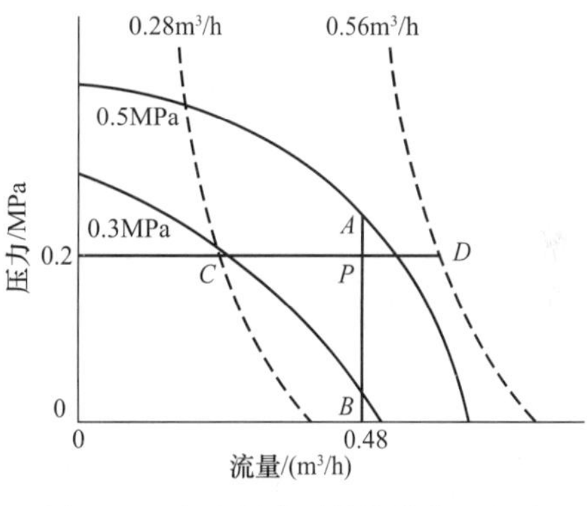

图 2-71　气动隔膜泵性能曲线示意图

三、气动隔膜泵的特点

气动隔膜泵具有很多优点：

（1）具有很强的自吸功能，开泵前无须灌泵。最大干、湿吸程分别可达 7m 和 9m。

（2）没有动密封，也无须润滑，所以避免了介质泄漏或润滑油泄漏对环境的污染。

（3）可干运行，而不损坏泵或管路系统；可以潜水运行。

（4）气动隔膜泵采用压缩空气为动力，无须使用电源，可用于易燃易爆环境中。

（5）对介质的剪切力小；可用于输送不稳定介质。

（6）结构简单，易损件少，便于操作和维修。体积小、重量轻、易于移动。

（7）没有复杂的控制系统。

（8）能始终保持高效，不会因为磨损而降低效率。

（9）性能可靠，开停泵只需打开或关闭气源控制阀门。

（10）流量可调节，即可通过调节空气流量来调节泵流量，或在液体出口管处加装节流阀来调节流量。

由于气动隔膜泵具有以上优点，因此可用于化工、医药、喷漆、陶瓷、环保、废水处理、精细化工、建筑、煤矿、食品等行业。气动隔膜泵除了上述优点外，由于泵自身工作原理，泵出口存在脉冲，可以根据需要在泵的出口安装恒压阀或缓冲罐。气动隔膜泵与其他泵性能比较见表 2-23。

表 2-23 气动隔膜泵与其他泵性能比较

项目	动力源	操作难易程度	可移动性	排量	扬程	泄漏量	维修保养	购置维修费用	单体泵对介质选择性
离心泵	电能	难	固定	可调较大	可调较高	较小	复杂	较高	高
往复泵	电能/蒸汽								
螺杆泵	电能								
气动隔膜泵	压缩空气	易	可移动	可调较小	可调较低	无泄漏	简单	低	较低

四、主要类型介绍

气动隔膜泵应符合 SH/T 3191《石油化工气动隔膜泵工程技术规范》。国内主要的隔膜泵厂家有艺达思、德帕姆、上海江浪等。其中艺达思公司的胜佰德品牌隔膜泵分为标准型球阀、密闭型球阀、重载球阀、重载片阀、高压球阀等几种。

（1）标准型球阀气动隔膜泵（图 2-72） 非常适于间歇工作/按需生产配置、便携式工位、中等磨蚀性流体以及含悬浮颗粒物流体。标准型球阀气动隔膜泵结构性材料包含铝合金、铸铁、不锈钢、哈氏合金等金属材料，非金属泵的材料包括 PTFE、聚丙烯、PVDF，并搭配热塑性弹性体或 PTFE 材质的隔膜和止回阀无机封设计，易损件少，设备及维护成本低。5min 完成气阀检修，不需拆泵和管路。

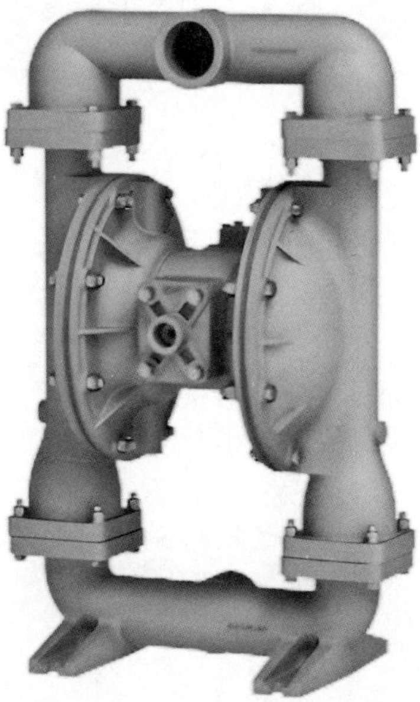

图 2-72 标准型球阀气动隔膜泵

（2）密闭型球阀气动隔膜泵（图 2-73） 带有隔膜破裂报警装置，具有独立的密封腔体，膜片破裂时，漏液完全储存在密封腔内，物料不会泄漏到工作环境，确保人员和环境安全。特别适合化工行业使用，可输送有毒、有害废液，危险化学品，核污染废料，特殊化学品，贵重液态原料等。无机封设计，易损件少，设备及维护成本低。5min 完成气阀检修，不需拆泵和管路。

（3）重载球阀气动隔膜泵（图 2-74） 对于从低黏度到高黏度以及含有非悬浮的小固体颗粒流体是一个理想选择。此泵型可提供出色的吸程和独有的可变排液口选项（侧面、顶部、底部及双排出口）。HDB（重载球阀气动隔膜泵）系列采用加厚砂铸铝合金、铸铁和不锈钢或哈氏合金 C 壳体，并搭配使用合成橡胶弹性体、TPE（热塑性弹性体）和 PTFE 材质的隔膜及止回阀。HDB 型泵采用这一系列加强设计，无机封设计，易损件少，设备及维护成本低。5min 完成气阀检修，不需拆泵和管路。

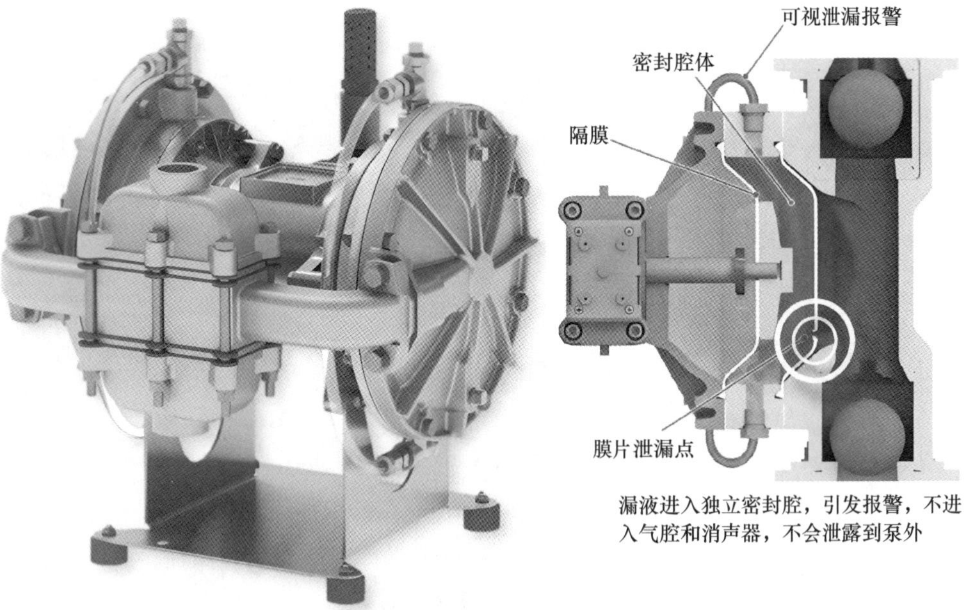

图 2-73　密闭型球阀气动隔膜泵

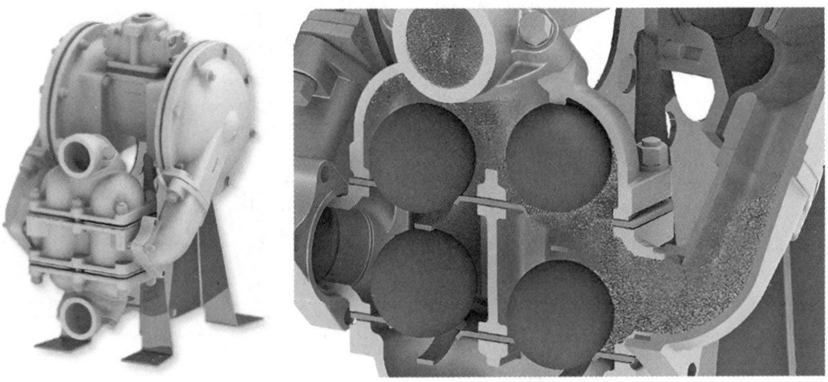

图 2-74　重载球阀气动隔膜泵

(4) 重载片阀气动隔膜泵（图 2-75）　为专用处理固体颗粒物介质的产品系列，可处理介质最大颗粒直径为 75mm，对于研磨性泥浆、悬浮与非悬浮固体颗粒以及接近管路尺寸固体颗粒物等介质，建议采用 HDF（重载片阀气动隔膜泵）系列。所有 Sandpiper 系列重载片阀气动隔膜泵均采用底部排液口，可提供出色的吸程。HDF 系列采用加厚砂铸铝合金、铸铁和不锈钢壳体，并搭配使用合成橡胶弹性体、TPE（热塑性弹性体）和 PTFE 材质的隔膜及止回阀。HDF 采用这一系列加强设计，以提高其耐磨损能力。其与重载球阀气动隔膜泵的对比见图 2-76。

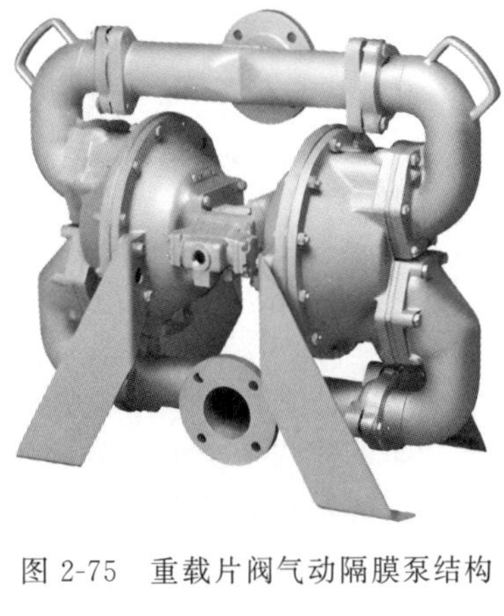

图 2-75　重载片阀气动隔膜泵结构

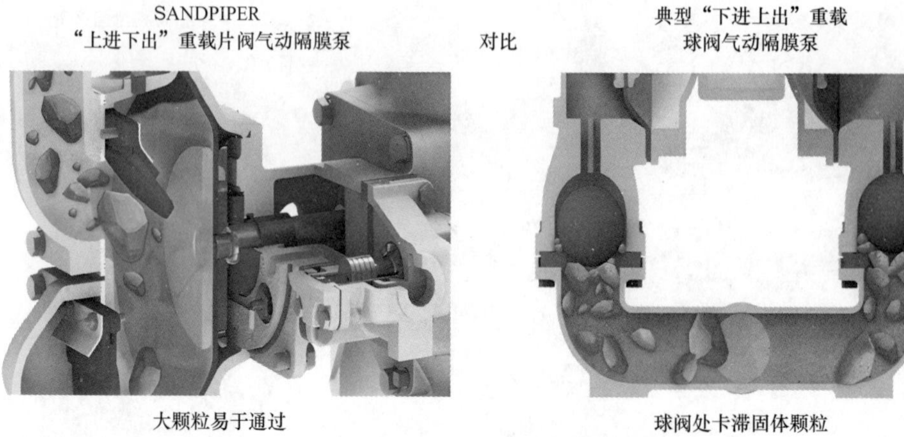

图 2-76 重载片阀气动隔膜泵与重载球阀气动隔膜泵对比

(5) 高压球阀气动隔膜泵（图 2-77） 气动高压金属泵可产生两倍于进气压力的排液压力，高达 250psi[1]。该系列专为压滤机给料及需要更高排液压力的应用而设计。壳体可选铝合金、铸铁以及不锈钢材质，并搭配各种弹性体材料备选。

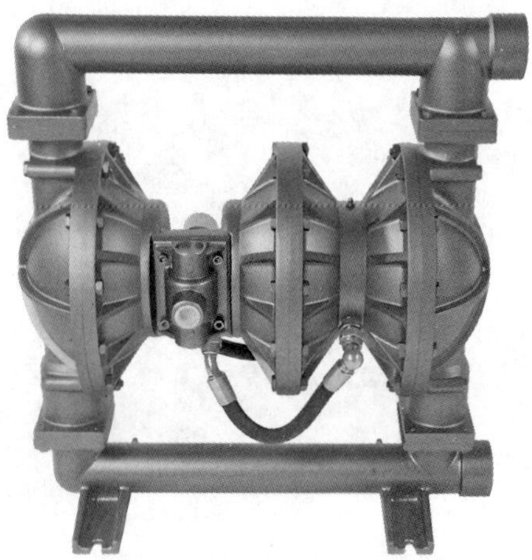

图 2-77 高压球阀气动隔膜泵

第六节 缓冲罐和限压阀

一、缓冲罐

缓冲罐是往复泵和计量泵的重要附属设备，用于减小管路中流量的不均匀度，分为吸入缓冲罐和排出缓冲罐两种。

吸入缓冲罐的作用是减少吸入管路流量不均匀度，减少惯性损失，提高泵的吸入性能。排出缓冲罐的作用是减小排出管路流量不均匀度，避免过流量的产生，以适应工艺流程的需要。缓冲罐的结构形式有直接接触式和隔膜式两种。

---

[1] psi 为压力单位磅每平方英寸（lb/in^2），1psi≈6.8948kPa。

(1) 直接接触式缓冲罐　直接接触式缓冲罐也称常压式缓冲罐，内充常压气体，气体与输送液体直接接触，如图 2-78 所示。充入的气体一般为空气，当输送易燃易爆液体时应充入惰性气体。此外由于气体与输送液体直接接触，部分气体会溶解在液体中（在高压下溶解量较大），而被液体带走。因此在缓冲罐上设有注气阀门或注气设备，以便补充空气或惰性气体。

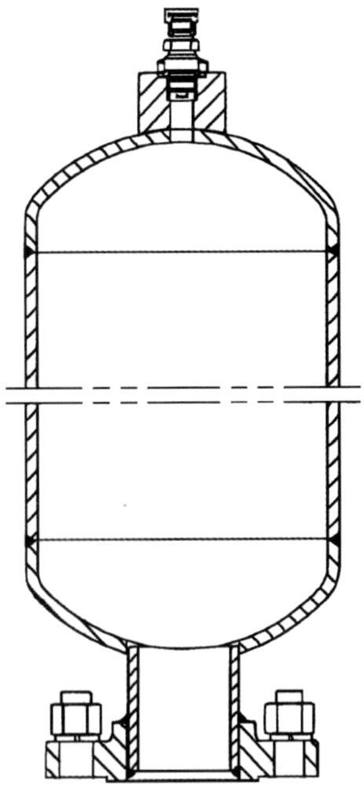

图 2-78　直接接触式缓冲罐

(2) 隔膜式缓冲罐　隔膜式缓冲罐也称预压式缓冲罐，为蓄能器式，利用隔膜将气体和液体隔开（见图 2-79、图 2-80）。工作时须预先充入一定压力的气体（空气或氮气）。隔膜式缓冲罐和直接接触式缓冲罐相比体积较小，且气体与液体不接触，能保证输送液体的性质不发生改变。除另有规定外，推荐采用隔膜式缓冲罐。

隔膜式缓冲罐分单隔膜式与双隔膜式两种。单隔膜式缓冲罐的隔膜材料有不锈钢、PVDF、橡胶等；双隔膜式缓冲罐常用于金属隔膜不适合的场合，隔膜材料有 PVC、玻璃纤维增强聚四氟乙烯等。隔膜式缓冲罐按隔膜结构分为平板式、囊式两种。平板式适用于大多数场合；囊式隔膜缓冲罐材质常为橡胶，更适用于强酸强碱场合。

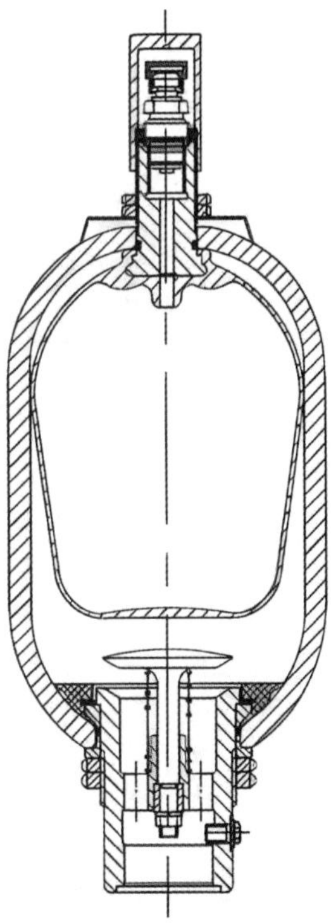

图 2-79　囊式隔膜缓冲罐

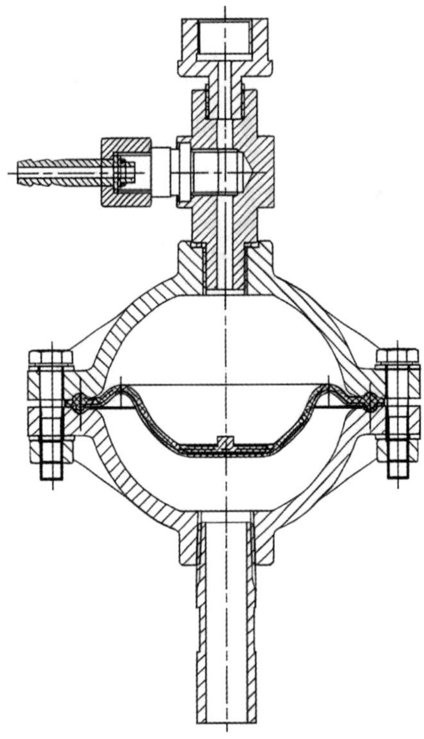

图 2-80　平板式隔膜缓冲罐

(3) 缓冲罐的选用

① 排出缓冲罐的选用　当往复泵的流量不均匀度不能满足工艺流程需要时，可安装排

出缓冲罐，使流量不均匀度 δ_{Q_1}、δ_{Q_2} 在允许范围内（通常 $\delta_Q=0.005\sim0.04$），具体数值根据使用要求确定。排出缓冲罐的容积 V_o 可按式(2-38) 计算：

$$V_o=\frac{\psi D^2 L(p_d+p_{rs})^2}{10\delta_Q p_{gas} p_d}(m^3) \tag{2-38}$$

式中 D——柱塞或活塞直径，m；

L——柱塞或活塞行程长度，m；

p_d——泵出口压力，MPa；

p_{rs}——泵出口管路的总阻力损失（不包括加速度头），MPa；

p_{gas}——缓冲罐充气压力，一般为泵出口压力的 60%，MPa；

δ_Q——工艺要求的允许流量不均匀度；

ψ——脉动系数，单缸泵 $\psi=1.1$，双缸泵 $\psi=0.42$，三缸泵 $\psi=0.05$。

② 吸入缓冲罐的选用 安装吸入缓冲罐，可使泵的吸入压力不均匀度 δ_p 控制在 0.01～0.05。一般由泵厂决定是否需要安装吸入缓冲罐，以及缓冲罐的结构形式和规格参数等。

二、限压阀

容积式泵的出口管路应设置限压阀（pressure-limiting valve，PLV）。限压阀起保护泵的作用。限压阀通常安装在泵出口集液管后，如设有出口缓冲罐，须安装在出口缓冲罐后面第一个阀门（即切断阀）的前面。

限压阀的性能参数：

(1) 限压阀设定压力（PLVs set pressure） 指限压阀打开时的压力，p_{set}。

(2) 限压阀积聚压力（PLVs accumulation pressure） 指在限压阀打开泄放过程中，超过限压阀设定压力的压力，即最大泄放压力。

限压阀积聚压力可由用户根据系统确定。

按 API 520，最大积聚压力取限压阀设定压力的 1.1 倍；如按火灾工况，最大积聚压力取设定压力的 1.21 倍。

API 676 规定，限压阀积聚压力应小于或等于容积式泵的最高许用工作压力（MAWP）。

容积式泵输送液体时，压力会有脉动。为了适应这种脉动，限压阀设定压力 p_{set} 应为管路系统所需最大出口压力 p_{max} 的 110%或 165kPa（两者间取大值）。

·第三章·
真空泵

第一节　真空泵的性能指标、分类和选择

一、真空泵的性能指标

1. 真空度

真空指绝对压力小于环境大气压力的状态（表压力为负值）或小于当地大气质量密度的稀薄气体状态，也就是该空间内气体分子数密度低于该地区大气压力的气体分子数密度。

真空度表示真空状态下气体的稀薄程度，即是负表压力的绝对值 p_v。

工程中真空度一般有下述两种表示方法：

（1）以绝对压力 p 表示，单位为 Pa、kPa、MPa、bar（1bar=10^5Pa）、Torr（1Torr=133.3Pa）。

（2）以相对压力（表压力的绝对值）p_v 表示，单位为 Pa、kPa、MPa、bar、mmHg（1mmHg=133.3Pa）。

两种表示方法的换算：

p_v（kPa）=101.32−p（kPa）

p_v（mmHg）=760−p（mmHg），1Torr≈1mmHg

2. 极限真空（又称泵的极限压力）

极限真空指在真空系统中（泵本身除外），在无漏气和放气的情况下，经过长时间抽气以后，泵入口所能达到的最低稳定压力值。

极限真空度的大小取决于系统本身的漏气或泵工作液体的蒸汽压力。极限真空度决定了泵能有效地使用各种抽气方式的真空度范围的低压界限，是真空泵选型的重要指标。

3. 体积流量［又称抽气速率（简称抽速）或体积流率］

体积流量 Q_v 指单位时间内，真空泵吸入口在吸入状态下的气体体积量（指吸入压力和温度下的体积流量），单位是 m^3/h，m^3/min，m^3/s。真空泵的体积流量 Q_v 与吸入压力有关，吸入压力愈低，体积流量愈小，直至极限真空时，体积流量为零。

4. 启动压力

真空泵的启动压力是表示泵能够无损启动并获得抽气作用的泵入口压力。此值对不同的泵有较大差别。有些泵在大气压力下能启动，有些泵必须在一定的真空度下才能启动。

5. 最大工作压力

最大工作压力是与最大气体流量对应的入口压力。在此压力下，泵能连续工作而不恶化或破坏。

6. 最大排气压力

最大排气压力是真空泵正常工作所允许的排气压力。当泵出口压力超过此值时，泵便失去抽气能力。

7. 抽气时间

将真空系统的压力从大气压力降低到一定压力所需要的时间。

(1) 粗真空、低真空下抽气时间计算　在粗真空、低真空下，真空设备本身内表面的出气量与设备总的气体负荷相比，可以忽略不计。因而，在粗真空、低真空情况下计算抽气时间时一般不需要考虑出气的影响。

简单的抽气系统由真空室、管道和真空泵三部分组成。

① 泵的抽速近似常数时的抽气时间计算　真空设备从压力 p_i 降到 p 所需要的抽气时间为：

当流导 U 很大（$U>>S_p$）时，则 $S\approx S_p$，此时：

$$t=2.3\frac{V}{S}\lg\frac{p_i-p_o}{p-p_o} \tag{2-39}$$

流导 U 有 $\frac{1}{S}=\frac{1}{S_p}+\frac{1}{U}$，则：

$$t=2.3V\left(\frac{1}{S_p}+\frac{1}{U}\right)\lg\frac{p_i-p_o}{p-p_o} \tag{2-40}$$

式中　t——抽气时间，s；

V——真空设备容积，L；

S——泵的有效抽速，L/s；

S_p——泵的名义抽速，L/s；

p——设备经 t 时间的抽气后的压力，Pa；

p_i——设备开始抽气时压力，Pa；

p_o——真空室的极限压力，Pa；

U——管道的流导，表示真空管道通过气体的能力，在稳定状态下，管道流导等于管道流量除以管道两端压强差，L/s。

② 机械泵的抽气时间计算　真空室用机械泵从大气开始抽气时，在低真空区域内，机械泵的抽速随真空度升高而下降。其抽气时间用下式计算：

$$t=2.3K_q\frac{V}{S_p}\lg\frac{p_i-p_o}{p-p_o} \tag{2-41}$$

若忽略 p_o，则：

$$t=2.3K_q\frac{V}{S_p}\lg\frac{p_i}{p} \tag{2-42}$$

式中　t——抽气时间，s；

S_p——泵的名义抽速，L/s；

V——被抽真空设备容积，L；

p——设备经 t 时间的抽气后的压力，Pa；

p_o——真空设备的极限压力，Pa；

p_i——设备开始抽气时压力，Pa；

K_q——修正系数，与设备抽气终止时的压强 p 有关，见表 2-24。

表 2-24　K_q 修正系数

p/Pa	$10^5\sim10^4$	$10^4\sim10^3$	$10^3\sim10^2$	$10^2\sim10$	$10\sim1$
K_q	1	1.25	1.5	2	4

（2）高真空下抽气时间计算　在高真空领域内，真空设备内材料的出气可以忽略时，真空室的抽气时间计算与低真空抽气计算相同。由于高真空泵抽速较大，这段时间很短。实际上高真空的抽气时间主要取决于材料出气量。

在刚开始抽气的几十小时内，材料出气率是变量，因而真空室的总出气量随抽气时间变长而衰减。计算到达某一压力所需的时间由总出气量和泵（或机组）的有效抽速的比值决定。一般可用查材料出气率曲线和绘图方法进行计算。

二、真空泵的分类

1. 按性能特点和用途分类

（1）低真空泵　泵的极限压力高于 10^2Pa 的真空泵属于低真空泵。常见的低真空泵有往复式真空泵、旋转式真空泵（包括液环式真空泵）、喷射式真空泵以及吸附式真空泵。

（2）中真空泵　极限压力在 $10^2 \sim 10^{-1}$Pa 之间的真空泵属于中真空泵。常见的有罗茨真空泵、多级喷射式真空泵、多级旋转机械式真空泵以及高速旋转机械式真空泵等。

（3）高真空泵　极限压力在 $10^{-5} \sim 10^{-1}$Pa 的真空泵属于高真空泵。常见的高真空泵有各种扩散泵及分子泵等。

（4）超高真空泵　极限压力低于 10^{-5}Pa 的真空泵属于超高真空泵。超高真空泵主要有各种离子泵、低温泵等。

2. 按工作原理和结构特点分类

（1）机械式容积真空泵　靠机械运动使泵腔工作容积周期变化来实现抽气作用的是机械式容积真空泵。属于这类泵的有往复式真空泵、旋转式机械泵（包括旋片式、螺杆式、罗茨式、液环式等）。这类泵中除机械增压式外，一般均可单独使用。

（2）射流式真空泵　没有机械运动部件，主要靠通过喷嘴的高速射流来抽真空的是射流式真空泵。属于这类泵有水蒸气喷射泵、空气喷射泵、水喷射泵以及各种扩散泵等。这类泵结构简单，工作可靠，寿命长，易于维修，应用比较普遍。

3. 各类真空泵的工作压力范围

各类真空泵的工作压力范围见图 2-81。

三、真空泵的选择

1. 真空泵的选择依据和条件

（1）系统对真空度的要求　根据系统对真空度的要求，选择相应极限真空的泵。一般要求泵的极限真空比系统要求的极限真空高 0.5～1 个数量级。

（2）系统正常工作时的压力范围　要求泵正常工作的压力范围必须满足系统所要求的工作压力。

（3）被抽气体种类、成分、杂质情况及系统工作时对污染的限制要求　它是选择不同特性真空泵的一个重要条件。它不但与工作时泵的性能有关，而且直接与泵的工作寿命及检修维护情况有关，特别是在化工生产中，它往往是正确选泵的一个关键因素。

（4）系统被抽气量或体积流量　它是决定选择某一类型真空泵规格的主要依据。

2. 真空泵的选择及抽速计算

（1）计算真空泵的有效抽速 S。根据真空系统要求的工作压力 p_g、真空系统的总气体量 Q，计算泵的有效抽速：

$$S=\frac{Q}{p_g} \tag{2-43}$$

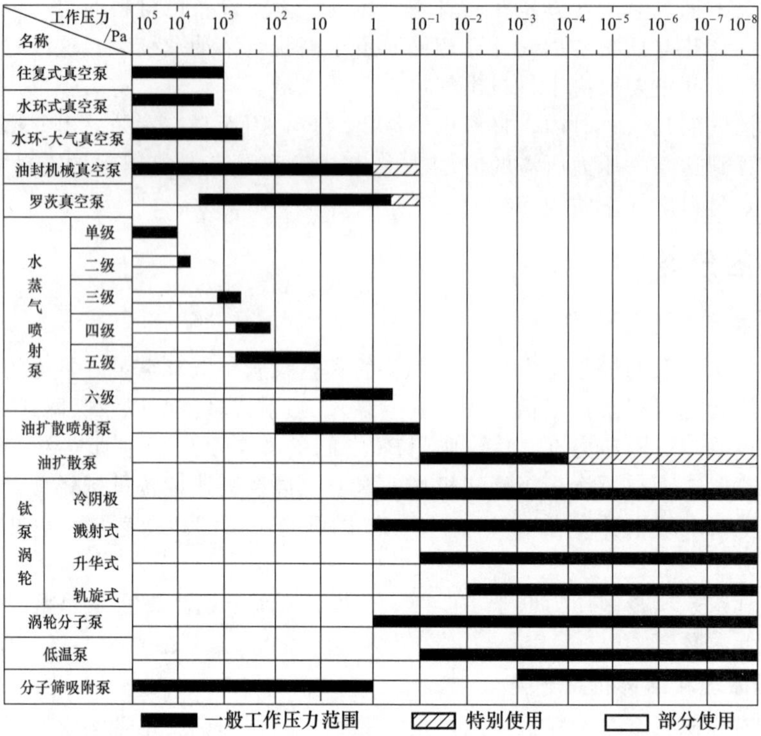

图 2-81　各种真空泵工作压力范围

式中，Q 为真空系统的总气体量（Pa·L/s），包括真空系统工作过程中产生的气体量、真空系统及真空元件的放气量和真空系统的总漏气量。

（2）确定真空泵的抽速。根据有效抽速 S 以及泵与真空室之间的连接管道的流导 U 确定主泵的抽速 S_p。由流导串联公式有：

$$\frac{1}{S}=\frac{1}{S_p}+\frac{1}{U} \tag{2-44}$$

通常将按式(2-44)计算出的有效抽速 S 增大 20%～30%或更大作为主泵的名义抽速。

（3）根据被抽气体种类、成分、温度以及气体含灰尘杂质情况选真空泵。

（4）根据真空室对油污染要求的不同，来选择有油、无油、半无油、干式、湿式真空泵。干式真空泵适合于要求绝对无油或对工作液储存和处理费用比较关切等场合。

（5）根据投资及日常维护运转的经济指标来确定抽速。

3. 前级泵的配置及抽速确定

主真空泵选定之后，如何配置前级泵，需遵守的原则是：

① 要求前级泵提供主真空泵工作所需的预真空条件；

② 抽走主真空泵产生的最大气体量；

③ 必须满足主真空泵进气口能工作的最大压力时所需的预抽时间要求。

不同的主真空泵其前级泵配置各异，分述如下。

（1）蒸汽流真空泵前级配置　此类真空泵包括油扩散泵、油扩散喷射泵以及增扩泵等。在主泵允许的最大排气口压力下，前级泵需将主泵产生的最大气体量及时抽走，即前级泵的有效抽速必须满足：

$$S_q>\frac{p_g S}{p_n}或\frac{Q_{max}}{p_n} \tag{2-45}$$

式中 S_q——前级泵的有效抽速，L/s，和选择高真空泵一样，先由 S_q 来确定前级泵的抽速，然后再根据该抽速选定泵型；

p_n——主泵前级的临界压力，Pa；

Q_{max}——主泵所能排出的最大气体量，Pa·L/s；

p_g——主泵允许的最高工作压力，Pa；

S——主泵工作在 p_g 时的有效抽速，L/s。

在选择前级泵时，应该注意机械泵的抽速是在大气压力下测得的，但正常使用的泵都是在低于大气压力的条件下运转，使泵的抽速下降了，因而必须根据抽速曲线来选择泵。若没有抽速曲线，可参考经验公式：

$$S_p=(1.5\sim3)S_p' \tag{2-46}$$

式中 S_p——实际选用的前级泵的抽速；

S_p'——计算要求的前级泵抽速。

(2) 罗茨真空泵配置油封机械真空泵 罗茨真空泵其前级配置油封机械真空泵时，前级泵的抽速由经验公式确定，即：

$$S_p=\left(\frac{1}{3}\sim\frac{1}{8}\right)S_L \tag{2-47}$$

式中 S_p——前级泵的抽速，L/s；

S_L——罗茨真空泵的抽速，L/s。

式中系数选择，通常抽速大的罗茨真空泵取小值，抽速小的选大值。

(3) 罗茨真空泵配置水环真空泵为前级 罗茨真空泵—水环真空泵机组，水环真空泵抽速选择根据经验确定，即：

$$S_s=\left(\frac{1}{3}\sim\frac{1}{5}\right)S_L \tag{2-48}$$

式中 S_s——前级泵的抽速，L/s；

S_L——罗茨真空泵的抽速，L/s。

(4) 罗茨真空泵串联机组 用于较高真空度的罗茨真空泵不能直接排大气，因此串联二级的罗茨真空泵仍需要一个机械真空泵或水环真空泵后级。

罗茨真空泵串联机组，有两种配置方式：其一是罗茨真空泵-罗茨真空泵-机械泵；其二是罗茨真空泵-罗茨真空泵-水环真空泵。两种方式均是以一罗茨真空泵为主泵，而另一罗茨真空泵为前级，两罗茨真空泵抽速关系由经验确定，即：

$$S_{jL}=\left(\frac{1}{2}\sim\frac{1}{4}\right)S_L \tag{2-49}$$

式中 S_{jL}——前级罗茨真空泵的抽速，L/s；

S_L——罗茨真空泵的抽速，L/s。

注意：罗茨真空泵做前级泵或串联使用时除了需考虑以上抽速的配比外，还需考虑泵的前后压力差不能超过泵的最大允许压差，否则会出现超功率和发热等问题。

(5) 涡轮分子泵前级配置 涡轮分子泵所配置的前级泵抽速，应满足：

$$S_p>\frac{Q_{max}}{p_j} \tag{2-50}$$

式中 S_p——前级泵的抽速，L/s；

p_j——涡轮分子泵前级压力，通常为 2Pa；

Q_{max}——最大流量，Pa·L/s，涡轮分子泵平稳抽速范围为 $10^{-1}\sim10^{-7}$Pa，故最大流

量 Q_{max} 值应等于 10^{-1}Pa 下的抽速与该压力之积。

四、真空泵系统

根据系统真空度要求，单台泵达不到要求的极限真空时，在选择好主泵后需选择串联前级泵来达到主泵的预真空条件。二台或二台以上的真空泵及其他附件组合成一个系统，完成需要达到的真空度的目的，称为真空泵系统。

真空泵在系统中的工作功能分类：

（1）主抽气泵　实现要求压力的主要工作泵。

（2）预抽气泵　主抽气泵在大气状态下不能直接开始抽气时，需要先用预抽气泵抽到某个压力，主抽气泵才能工作。

（3）前级泵　主抽气泵无法将吸入气体直接排放到大气中时，必须串接前级泵进行排放。

（4）维持泵　当主抽气泵达到要求的压力停止工作后，由于系统泄漏或表面蒸发等原因，压力可能会上升，因此用维护泵继续抽气。

实际工业应用中，真空泵系统组合型式多种多样，常见的真空系统组合型式有：多级蒸汽喷射真空泵、喷射真空泵＋液环真空泵、多级罗茨真空泵＋液环真空泵、螺杆真空泵＋液环真空泵。

第二节　液环真空泵

液环真空泵主要用于粗真空的形成过程，属于真空获得设备。由于液环真空泵压缩气体的过程是接近等温的，故可抽除易燃、易爆的气体，此外还可抽除含尘、含水的气体，因此在电力、石油化工、制药、造纸等领域得到广泛的应用。

在大多数应用场合，液环真空泵以水作工作液，人们习惯将其称为水环真空泵。

一、液环真空泵的工作原理和结构

1. 工作原理

图 2-82 是单作用液环真空泵的工作原理图，叶轮偏心地装于接近圆形的泵体内，当叶轮以一定的速度运转时，由于离心力的作用，将泵体内的液体向圆周方向甩开，形成一个紧贴泵体内壁的封闭液环，在液环内表面与叶轮轮毂之间形成一个月牙形空间。叶轮从 A 点转到 B 点时，两个叶片与轮毂、液环内表面包围成的“气腔”逐渐增大，气体从被抽系统中进入。当其由 C 点转到 A 点时，相应的“气腔”容积由大变小，使原先吸入的气体受到压缩。当压力达到外界的压力时，气体被排出。

液环真空泵在工作过程中，吸气口与被抽系统相连，对系统进行气体抽吸，形成真空。排出侧在排气的过程中还会带出工作液，因此要连续不断地向真空泵提供工作液。

单作用的液环真空泵，叶轮每旋转一周，完成一个吸气和一个排气过程。

图 2-83 是双作用液环真空泵的工作原理图，叶轮装于接近椭圆形的泵体内，当叶轮转动时，液环与叶轮轮毂之间会形成两个月牙形空间，泵运转时，在每个月牙形空间内完成一个吸气、排气过程。叶轮每旋转一周，完成两个吸气、排气过程。在相同抽速条件下，与单作用泵相比，双作用泵可大大减小尺寸和质量，且由于工作腔对称分布在轮毂两侧，可改善作用在转子上的载荷。

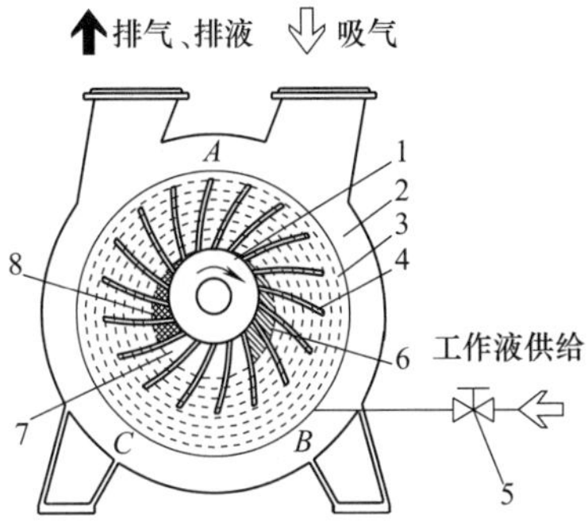

图 2-82 单作用液环真空泵工作原理

1—轮毂；2—泵体；3—液环；4—叶片；5—补液管路；6—吸气区域；7—过渡区域；8—压缩排气区域

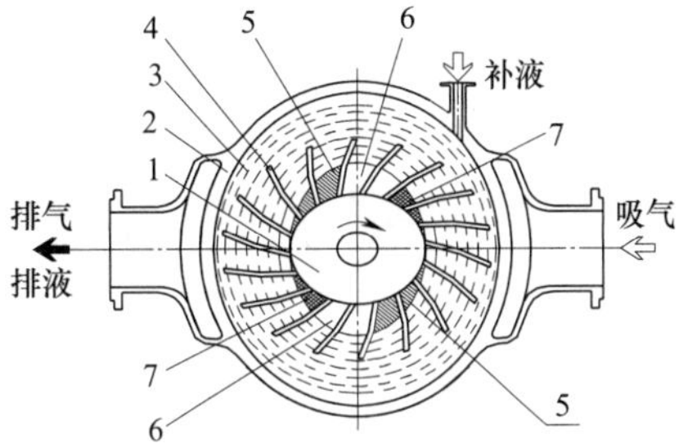

图 2-83 双作用液环真空泵工作原理

1—轮毂；2—泵体；3—液环；4—叶片；5—吸气区域；6—过渡区域；7—压缩排气区域

2. 结构

市场上的液环真空泵产品有多种不同的结构。

(1) 按吸、排气的零件结构划分，可分为锥体泵和平圆盘泵。

(2) 按叶轮的级数划分，可分为单级泵和双级泵。其中，锥体泵和平圆盘泵都有单级叶轮和双级叶轮结构。

(3) 按叶轮每旋转一周完成的吸、排气过程分，可分为单作用和双作用真空泵。

在上述几种不同结构的真空泵中，每台泵都是由泵轴、泵体、端盖、叶轮、分配板（平圆盘泵）或分配器（锥体泵）、轴封部件、轴承部件等组成。在工作过程中接触到工作介质的零部件称为过流部件，其余零部件称为非过流部件。

二、液环真空泵的选用

1. 液环真空泵的性能曲线

通常，液环真空泵的性能曲线分为轴功率曲线和抽气量曲线。

(1) 轴功率曲线 液环真空泵在一定转速下运转，以常温水为工作液，通过入口节流的方法形成不同吸入真空，测出对应吸入真空点（通常以吸入绝对压力表示）下的轴功率，然后以吸入真空点作为横坐标，以轴功率为纵坐标，在 0～1013hPa 绝对压力范围内，将不同真空点对应下的轴功率连成曲线。

(2) 抽气量曲线 液环真空泵在一定转速下运转，以吸入真空点作为横坐标，以抽气量为纵坐标，在 0～1013hPa（百帕）绝对压力范围内，将不同真空点对应下的抽气量连成曲线。按行业习惯，样本曲线上的抽气量是指真空泵在规定条件（15℃工作水温、20℃进气温度）下的抽吸饱和空气的体积流量。

(3) 液环真空泵的工作效率 液环真空泵产品一般不直接表示泵的效率曲线，但可按如下公式计算：

$$\eta=(P_{is}/P_a)\times 100\% \tag{2-51}$$

式中 η——泵的效率；

P_a——泵的轴功率，kW；

P_{is}——泵等温压缩功率，kW。

$$P_{is}=38.75p_iV_i\lg(p_o/p_i) \tag{2-52}$$

式中 p_i——泵入口处气体绝对压力，MPa；

V_i——泵入口压力为 p_i 时，在吸入状态下的抽气量，m^3/min；

p_o——泵出口处气体的绝对压力，MPa。

在选型时，为了更直观地比较不同型号泵的运行效率，也可以用泵在工作点的每小时抽气量除以对应点的轴功率，单位为 $m^3/(kW \cdot h)$，数值越大，泵的运行效率越高。

(4) 干、湿空气抽气量换算　真空泵的气量曲线是以水作为液体进行测试的，在测试时，由于通过孔板的节流，在大气环境下测得的气量都视为干空气抽气量（干气量），在湿式试验台上测得的抽气量视为湿空气抽气量（湿气量）。在市场上的液环真空泵产品中，气量曲线一般都以泵在饱和状态下的抽气能力来表示，称为真空泵的饱和抽气量。

干、湿气量转换：

$$V=V_0[p/(p-p_1)] \tag{2-53}$$

式中　V——饱和抽气量，m^3/min；

V_0——干空气抽气量，m^3/min；

p——工作点绝压，hPa；

p_1——工作水温对应下的饱和蒸气压，hPa。

2. 液环真空泵的选型

在液环真空泵选型时，有如下几种情况：

(1) 在实际工况中，气温、工作水温与产品性能曲线规定的测试条件不一致时，需要进行气温、水温修正。将工况点所需的抽气量修正成样本规定条件下的气量，然后进行选型。

$$V=K_wK_aV_s \tag{2-54}$$

式中　V——真空泵在规定条件下的气量（工作水温 15℃、进气温度 20℃，在产品样本中可查），m^3/min；

V_s——实际工况需要的气量，m^3/min；

K_a——气温修正系数；

K_w——水温修正系数。

其中：

$$K_w=[(p_1-17.04)(t_w+273)]/[288(p_1-p_{Lt})] \tag{2-55}$$

$$K_a=293/(273+t_a) \tag{2-56}$$

式中　p_1——真空泵入口处气体绝对压力，hPa；

p_{Lt}——实际工作水温对应的饱和蒸气压，hPa；

t_w——实际工况工作水供水温度，℃；

t_a——实际工况被抽气体温度，℃。

在实际应用过程中，也可采用相关经过验证的经验曲线进行水温、气温修正，如果采用其他液体作工作液，可以根据不同工作液的应用经验进行修正。

(2) 实际工况条件与规定的条件完全一致或经水温、气温修正后与规定条件一致时，可在产品样本上直接选型。如果产品性能曲线没有对应的转速，可采用插值法选取。

转速的变化与气量的变化成正比，轴功率的变化与转速的变化平方成正比。

$$V_1=V(n_1/n) \tag{2-57}$$

$$P_1=P(n_1/n)^2 \tag{2-58}$$

式中　V_1——需要选用的抽气量；

n——样本可查转速；

V——性能曲线在转速 n 对应下的抽气量；

n_1——插入转速；

P_1——n_1 转速下的轴功率；

P——n 转速下的轴功率。

（3）当被抽气体为干空气，而产品样本性能曲线为饱和空气时，则要按式（2-53）进行干、湿气量转换。

（4）在如下两种工况下，建议由设备生产厂家根据应用经验进行选型：

① 被抽气体与常温空气特性相差较大时；

② 工作液的密度、黏度、汽化压力等特性与常温水相差较大时，如以浓硫酸作工作液等。

三、液环泵的应用介绍

1. 液环泵的应用分类

液环泵如果按照应用来分类，可以分为液环真空泵、液环真空泵压缩机、液环压缩机。普通的液环真空泵也可以作为液环真空泵压缩机或液环压缩机使用，但最大排气压力一般不能超过 2bar（G）。如果排气压力大于 2bar（G）需要使用专门设计的液环压缩机，该类液环压缩机通常单级最大排气压力可达到 7bar（G）。如果需要更高的排气压力，可以使用一体两级或者两体串联液环压缩机，最大排气压力可达到 13bar（G）。一体两级液环压缩机结构比较紧凑、占地空间少，生产成本较低，但受结构局限影响，气量范围较窄，工作效率较低；而两体串联液环压缩机组合选用比较灵活，气量范围广，工作效率较高，但占地面积较大，生产成本较高。

2. 液环泵机组

液环泵在应用时需要配套电机、连接传动机构和底座等零件一起使用，称为液环泵机组。如果使用时，液环泵机组排出的工作液直接排走不再回用，则称为液环泵开式机组；如果排出的工作液通过管路回流到液环泵内循环使用，则称为液环泵闭式机组。在石化行业一般需使用液环泵闭式机组。

液环泵闭式机组通常需配备电机、连接传动机构、底座、工作液过滤器、工作液换热器、气水分离器、液位监测传感器、液位调节补排水阀门、压力传感器和气体回流控制阀门等设备一起使用。

液环泵闭式机组可以保证气水分离器内存有一定的液位，避免气体可能从排液口排出的情况。另外工作液循环使用，可以避免特殊的工作液或含化学成分的工作液对外排放，如果气体中含有可溶于工作液又需要回收利用的成分，还可以通过下一步分离的流程实现再回收，起到节能减排的作用。

第三节　其他常用真空泵简介

一、往复式真空泵

往复式真空泵的极限真空，单级为 $4\times10^2\sim1\times10^3$Pa，双级可达 1Pa，抽速范围 45～20000m^3/h，用于从密封的容器中抽除气体。被抽气体温度不超过 35℃。如果加上辅助设备，如冷凝器，也可以抽蒸汽。往复式真空泵的抽气量较大，多用于真空浸渍、钢水真空处理、真空蒸馏、真空蒸发、真空浓缩、真空结晶、真空干燥、真空过滤及混凝土的真空作业等领域抽除气体。往复式真空泵的结构如图 2-84，工作原理见图 2-85。

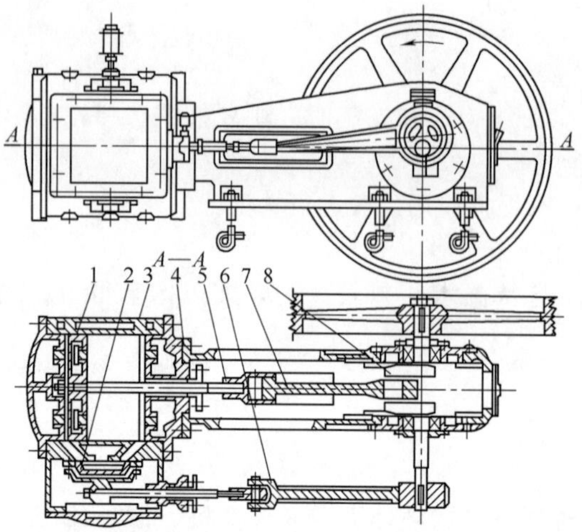

图 2-84　往复真空泵主要结构

1—活塞；2—气阀；3—气缸；4—泵体；5—十字头；6—阀杆；7—连杆；8—曲轴

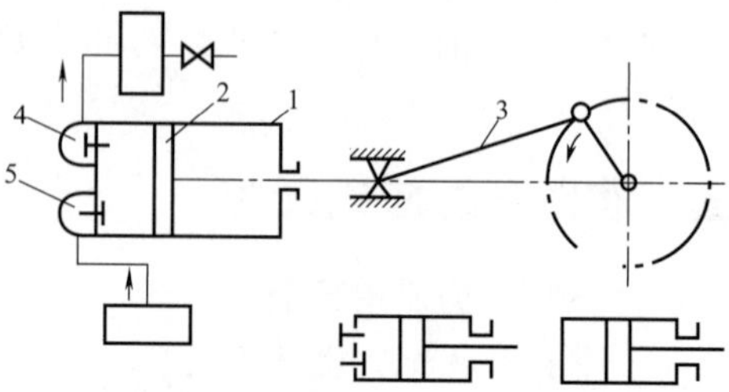

图 2-85　往复真空泵工作原理图

1—气缸；2—活塞；3—曲柄连杆机构；4—排气阀；5—吸气阀

无油往复真空泵由于采用自润滑材料的活塞环、密封环，气缸内无须加油润滑；在气缸与机体之间加设隔油腔（其长度大于一个行程长度），阻止机体内润滑油沿活塞杆漏入气缸，所以该泵对被抽系统不会产生污染。无油往复真空泵有立式和卧式两种结构。

该泵的应用范围是：①需要清洁真空的环境；②在气体需要回收时，可在充气腔充入回收气体，以保证气体的纯度；③当抽除易燃易爆气体时，可向隔离腔充入惰性气体，使空气（助燃剂）无法漏入气缸，避免事故发生。

往复式真空泵对于抽除腐蚀性的气体或含有颗粒状灰尘的气体是不适用的。被抽气体中如果含有灰尘，在泵的进口处必须加装过滤器。

往复式真空泵的型式与基本参数参考 JB/T 7675—2016。

二、旋片式真空泵

旋片式真空泵见图 2-86～图 2-90。

1. 单级旋片式真空泵的工作原理

单级旋片式真空泵只有一个工作室。泵主要由定子缸、旋片、转子组成。在定子缸内偏心地装有转子，转子槽中装有两块旋片，由于弹簧弹力作用而紧贴于缸壁（转动后还有旋片离心力）。定子上的进排气口被转子和旋片分为两部分。见图 2-86。

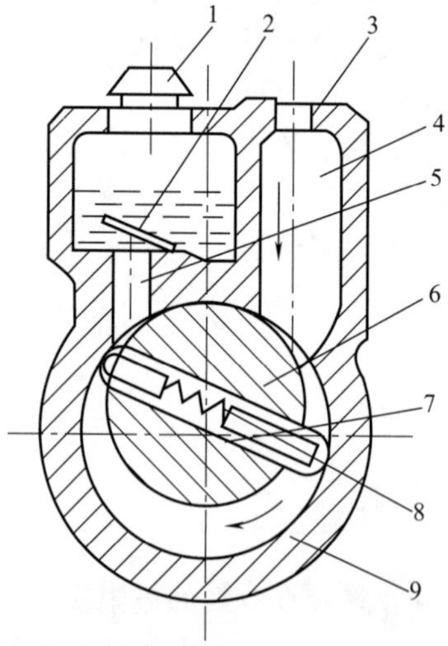

图 2-86　旋片真空泵工作原理

1—排气口；2—排气阀；3—吸气阀；4—吸气管；5—排气管；6—转子；7—旋片；8—弹簧；9—泵体（定子）

当转子在定子缸内旋转时周期性地将进气口区域容积逐渐扩大而吸入气体，同时逐渐缩小排气口区域容积，将已吸入气体压缩，从排气阀排出。见图 2-87。

排气阀浸在油里以防止大气流入泵中。油通过泵体上的缝隙、油孔及排气阀进入泵腔，使泵腔内所有的运动表面被油覆盖，形成了吸气腔与排气腔之间的密封。同时，油还充满了泵腔内的一切有害空腔，以消除它们对极限真

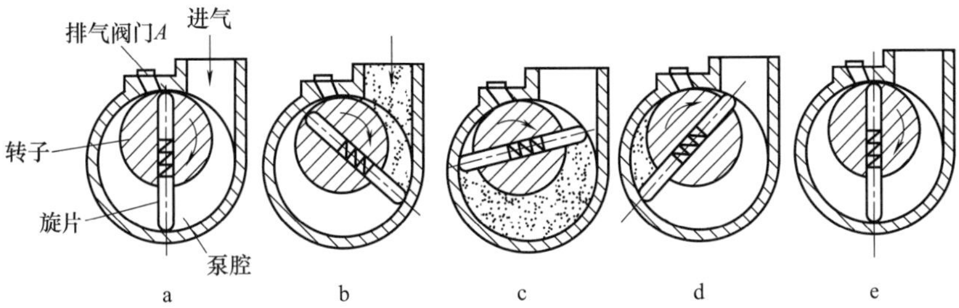

图 2-87 旋片式真空泵抽排气过程

a—止点位置；b—吸气；c—吸气量最大；d—压缩排气；e—止点

空的影响。

2. **双级旋片式真空泵的工作原理**

如图 2-88，双级旋片式真空泵由两个工作室组成。两室前后串联，同向等速旋转，Ⅰ室是Ⅱ室的前级，Ⅰ室是低真空级，Ⅱ室是较高真空级。被抽气体由进气管道进入Ⅱ室。当进入气体压力较高时，气体经Ⅱ室压缩，压力增加，被压缩的气体除经通道 5 进入Ⅰ室外，还能推开排气阀 1，从排气阀 1 排出。

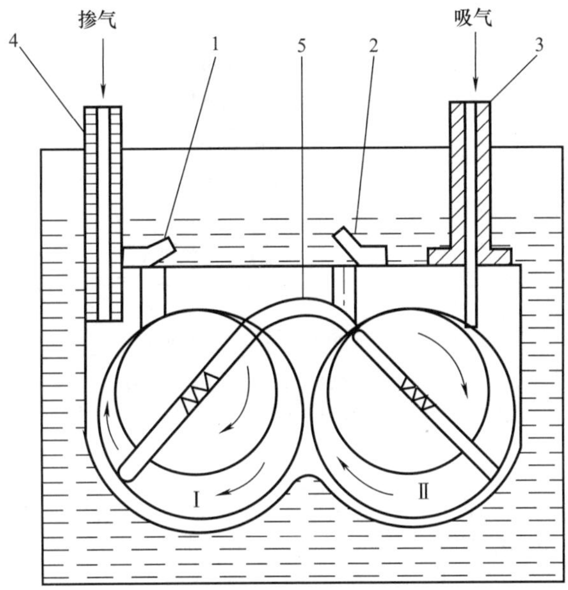

图 2-88 双级旋片真空泵工作原理

1—低真空级排气阀；2—高真空级排气阀；3—进气管；4—掺气阀；5—中间通道

当进入Ⅱ室的气体压力较低时，虽经Ⅱ室的压缩也推不开排气阀 1，气体全部经通道 5 进入Ⅰ室，经Ⅰ室的继续压缩，由排气阀 2 排出。因而双级旋片式真空泵比单级旋片式真空泵的极限真空高。

旋片真空泵的型式和参数参见 JB/T 6533—2017。

单级旋片真空泵型式和基本参数见 JB/T 8944—2019。

三、罗茨真空泵

罗茨真空泵（简称罗茨泵）是利用两个 8 字形转子在泵壳中旋转而产生吸气和排气作用

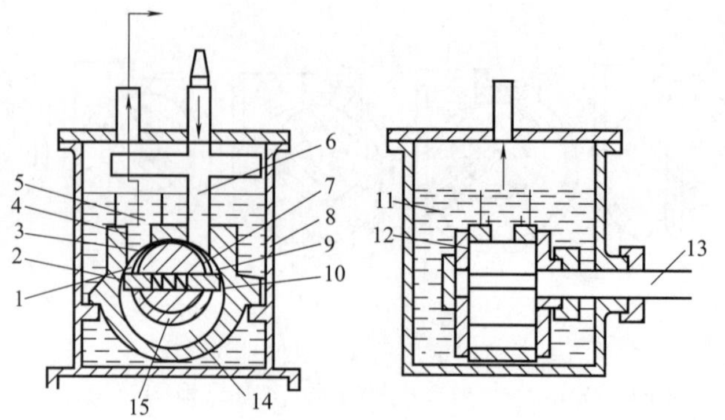

图 2-89 单级旋片式油封真空泵结构图

1—空腔；2,3,10,12—用油密封表面；4—槽路；5—活门；6—进气管；7—上面空腔；8—平板；9—圆柱形腔；11—贮油槽；13—传动轴；14—空腔；15—转子

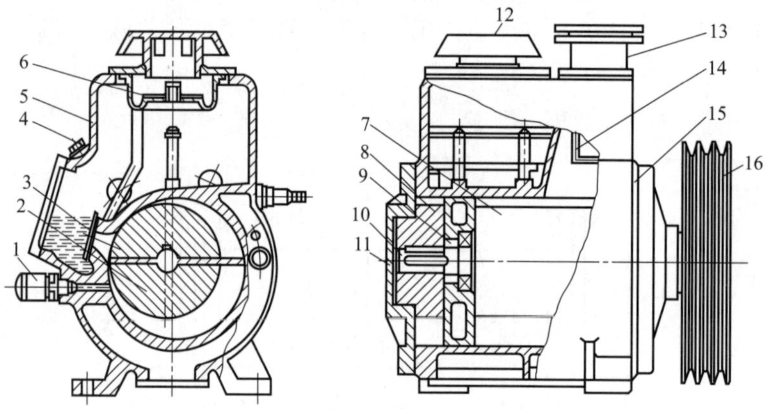

图 2-90 双级旋片真空泵主要结构

1—气镇阀；2，10—轴；3—排气阀；4—六角塞；5—泵体；6—油气分离器；7—大转子；8—小转子；9—油封；11—端盖；12—排气口；13—吸气口；14—过滤阀；15—泵侧盖；16—带轮

的（图 2-91～图 2-93）。其原理和罗茨鼓风机相似。由于它在低压力范围内工作，气体分子自由程较大，气体漏过微小缝隙的阻力很大，因而能获得较高的压缩比，可以作为增压真空泵使用。

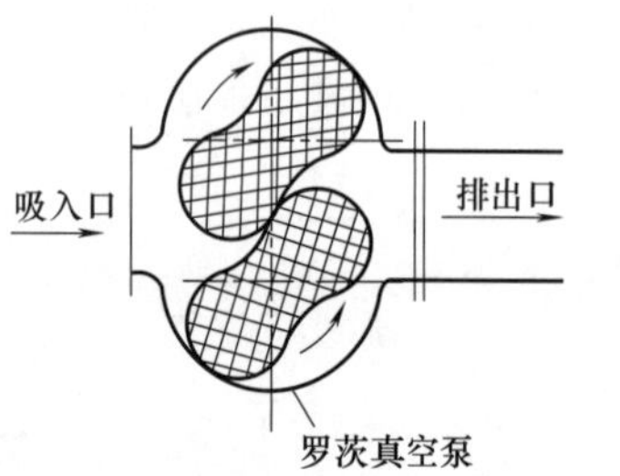

图 2-91 罗茨真空泵示意图

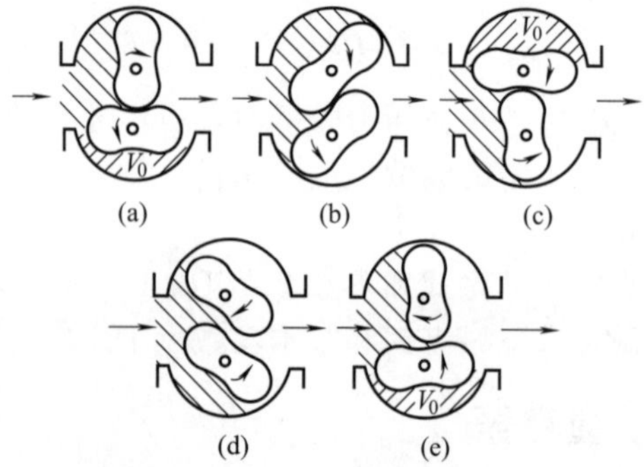

图 2-92 罗茨真空泵工作顺序位置图

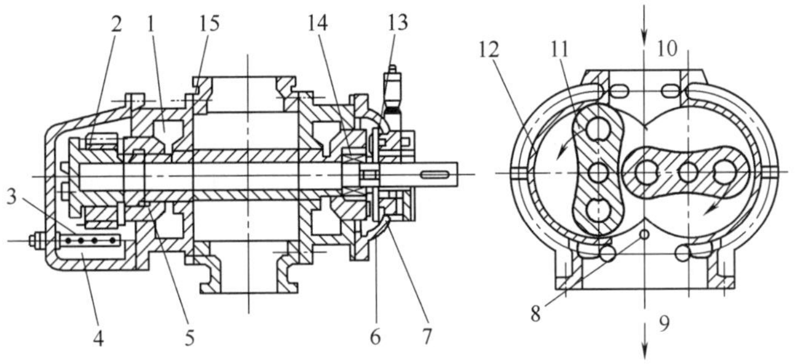

图 2-93　罗茨真空泵主要结构

1—端盖；2—同步导向齿轮；3—齿轮箱冷却器；4—齿轮箱；5—轴承座；6—轴承箱；7—油封；8—预真空孔；9—排气；10—进气；11—转子；12—泵壳；13—出轴油封冷却水套；14—轴承；15—内油封

根据罗茨真空泵工作范围的不同，又分为直排大气的低真空干式或湿式罗茨泵；中真空罗茨泵（又称机械增压泵）和高真空多级罗茨泵。

低真空的直排大气干式罗茨泵，小泵极限真空为 2×10^4Pa，大泵可达 1×10^4Pa，若两台串联，可获得极限真空 $2\times10^3\sim3\times10^3$Pa。湿式罗茨泵可以吸入少量的水，但吸入量过大时，要在泵入口前设置分离器，将水分离后，再注入适量的水。这种泵直接向大气中排放时，噪声较大，故需加消声器。中真空罗茨泵出口压力在 4×10^3Pa 以下，吸入压力在 $10^{-1}\sim1\times10^3$Pa 范围，若出口压力在 10^3Pa，入口压力在 $1\sim10^2$Pa 范围内使用，效率最高。

一般来说，罗茨泵具有以下特点：

- 在较宽的压强范围内有较大的抽速；
- 启动快，能立即工作；
- 对被抽气体中含有的灰尘和水蒸气不敏感；
- 转子不必润滑，泵腔内无油；
- 振动小，转子动平衡条件较好，没有排气阀；
- 驱动功率小，机械摩擦损失小；
- 结构紧凑，占地面积小；
- 运转维护费用低。

普通类泵又可分为一般型泵和带旁通阀型泵两种。这类泵已有系列标准及其产品。一般型泵的最大允许压差在 2000～10000Pa 范围，而带旁通阀型泵的压差仅限于 2000～4000Pa。

直排大气型罗茨真空泵可分为气冷式和水冷式两种。独特的结构使此种泵的最大允许压差可达 88000Pa。

罗茨真空泵型式和基本参数见 JB/T 7674—2017。

四、螺杆式真空泵

螺杆式真空泵根据螺杆式压缩机的工作原理制成。国内外均有市售产品，特别适用于化工、制药、航天航空等需要清洁抽气的环境。其基本结构有两种形式：

（1）螺杆式真空泵　在螺杆式压缩机中，螺旋转子的螺旋圈数在 1 圈以上，而螺杆式真空泵的螺旋转子的螺旋圈数在 2 圈以上。这样可以减少返流量，提高压缩比。单级泵可从 10^5Pa 抽到 1Pa 的极限压力，通常抽速为 $60\sim120\text{m}^3/\text{h}$。其工作原理见图 2-94。

(2) 矩形螺旋式真空泵 它由矩形断面的右螺旋和左螺旋的一对转子相啮合，由同步齿轮带动实现非接触式的高速运转，气体由上侧进入，在泵腔内压缩，由转子下端排出，转子旋转一周排气一次。由于转子和泵体内表面会形成一种螺旋密封结构，矩形断面间隙泄漏较少，加上它的螺旋圈数多，故可以得到比螺杆式真空泵较高的压缩比。这种泵可从 10^5Pa 抽到极限压力 10^{-1}Pa，通常抽速为 40～80m^3/h。其工作原理见图 2-95。

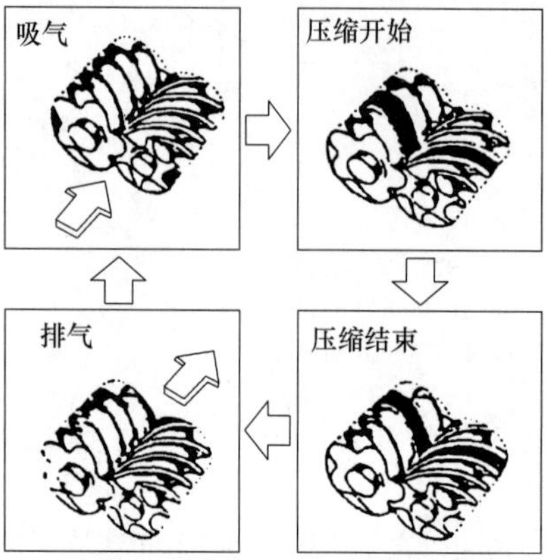

图 2-94 螺杆式真空泵的工作原理

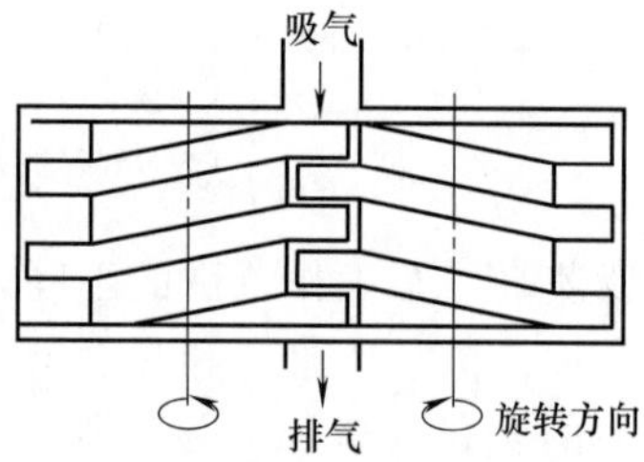

图 2-95 矩形螺旋真空泵原理示意图

目前国外出现了变螺距的设计，提高了效率、降低了排出气体的温度。此类型的泵可从大气压下开始全速抽吸至压力为 130Pa，而其极限真空可达 1.3Pa，抽速为 120～2700m^3/h。

五、爪式真空泵

爪式真空泵（爪型干式真空泵）是利用两个非接触共轭啮合的爪形转子与泵腔形成抽气容积，转子由一对同步高精度齿轮来带动旋转并固定相位（见图 2-96、图 2-97）。转子型线多样，通常由多段摆线和圆弧组成。爪式真空泵属于变容积真空泵。

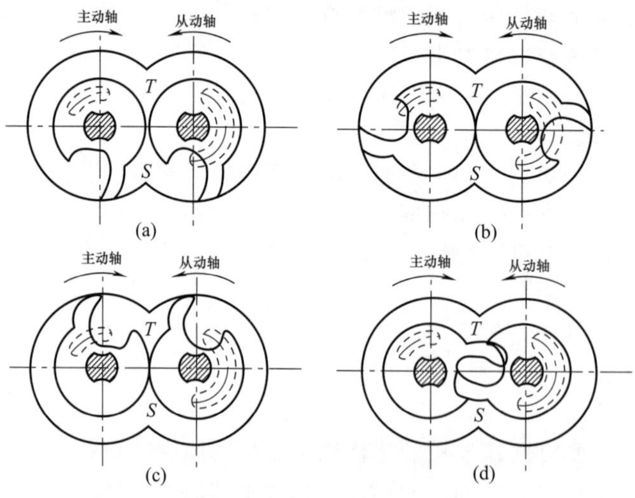

图 2-96 爪式真空泵工作原理图

爪型干式真空泵的整机型式分单级和多级。在结构上多采用多级爪式转子串联，或采用罗茨转子与多级爪式转子串联，组合成多级爪式真空泵。

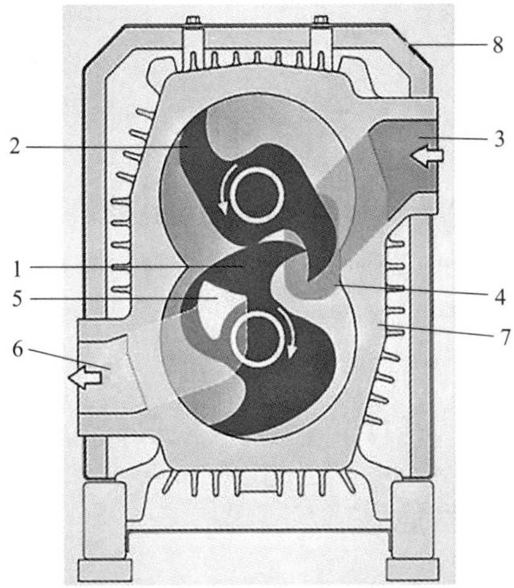

图 2-97 爪式真空泵结构示意图

1,2—爪形轮；3—进气口；4—进气腔；5—排气腔；6—排气口；7—壳体；8—端盖

多级结构以英国爱德华公司开发的一级罗茨转子加上三级爪形转子的 DP80 型真空泵为代表。罗茨转子为高真空吸气级，爪形转子为压缩排气级，这样安排可以在低入口压力下得到大抽气速率。多级爪式真空泵抽气过程示意图见图 2-98。

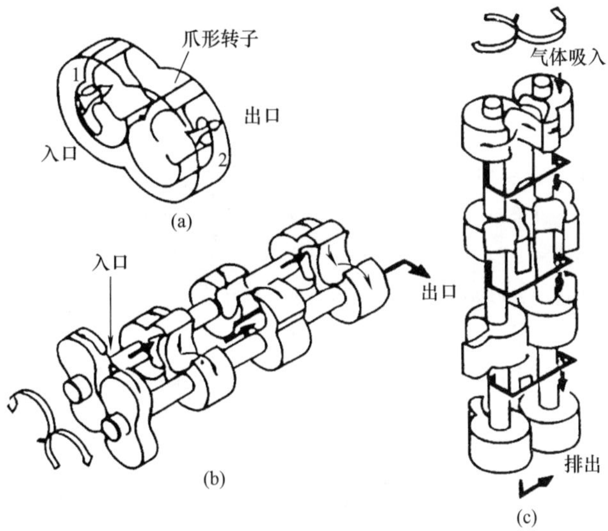

图 2-98 多级爪式真空泵抽气过程示意图

爪式真空泵极限压力为 1～10Pa，爪式真空泵常用抽速为 60～600m^3/h。

国内爪型干式真空泵基本参数见 JB/T 10552—2006。

·第四章·
泵的汽蚀

第一节　离心泵的汽蚀

一、汽蚀现象产生原因及其危害

1. 汽蚀现象

泵运转过程中，当泵送液体流经过流部件的某些局部区域因某些原因，液体的绝对压力降低到泵送温度下液体的饱和蒸气压力（汽化压力）时，液体便在此处发生汽化，产生蒸汽，形成气泡；同时，溶解于液体中的气体也会以气泡的形式析出，在局部区域形成两相流。当气泡移动到高压区时，气泡周围的高压液体将会使气泡迅速凝结缩小、破裂。在气泡凝结缩小、破裂的瞬间，气泡周围的液体将高速填充（气泡凝结破裂形成的）空穴，产生强烈的冲击波。当气泡破裂发生在过流部件的固体壁面时，将会对金属壁面形成高速微射流，导致局部受到冲蚀破坏。这种产生气泡和气泡破裂使过流部件遭到破坏的过程就是泵的汽蚀过程。

2. 汽蚀产生的原因

引起离心泵汽蚀的主要原因有四种：

(1) 汽化汽蚀（vaporization cavitation）　当液体的压力低于其汽化压力或者温度太高时，液体便会发生汽化，导致汽蚀。这种汽蚀发生在泵的吸入侧。

(2) 内部回流汽蚀（internal recirculation cavitation）　当泵送流量太小或入口压力太高时，就会发生回流现象。当泵送流量太小时，内部回流发生在叶轮的入口；当泵入口压力太高时，内部回流发生在叶轮出口处。内部回流致使液体流速的增加直至汽化产生气泡，然后在周围较高压力下破裂。当吸入口发生内部回流时，在泵的吸入口周围会发出不规则的“噼噼啪啪”的噪声，并伴有高强度的爆震声。

(3) 叶片通过综合症汽蚀（vane passing syndrome cavitation）　这种汽蚀破坏是由于导叶（对于导叶式泵）或蜗舌（对于蜗壳式泵）与叶轮叶片外径之间的间隙太小所引起的。当液体流经该小通道时，液体的流速增加引起液体压力的下降、局部汽化，产生气泡，然后在较高的压力下破裂，导致汽蚀。这种汽蚀通常发生在导叶或蜗舌的内侧及叶轮叶片中心。

(4) 紊流汽蚀（flow turbulence cavitation）　当有某种东西干扰或阻碍（如腐蚀、堵塞、直径突变等）液体在泵中正常流动时，就会发生紊流，改变液体的流速，液体流速的改变会引起压力的改变，压力的改变最终会引起液体的汽化、汽蚀。这种汽蚀通常发生在与泵连接的管道中。

3. 汽蚀的危害性

(1) 气泡破裂时，液体质点相互作用，对金属过流表面产生 600～25000Hz 的高频冲击，而且每秒会重复许多次，这种现象会产生噪声，严重时产生机组振动。

(2) 在金属表面破裂的气泡会产生严重的机械损伤。气泡破裂时产生的压力约 49MPa，造成金属表面点蚀，同时产生高温和化学作用，加剧点蚀破坏。

(3) 由于气泡的存在，导致泵性能下降。随着比转速的增加，其下降幅度趋缓。

4. **汽蚀发生的部位和汽蚀破坏的部位**

汽化汽蚀发生的部位为叶轮入口叶片低压侧和前盖板，即曲率最大的地方，而内部回流汽蚀损坏的部位位于叶轮入口叶片或出口叶片压力侧。轴流式和无前盖板的高比转速叶轮，其叶轮边缘的低压侧和靠近叶稍的空间处对汽蚀敏感。在泵壳中汽蚀发生的部位在泵体隔舌的低压侧和导叶进口边的低压侧。对于多级泵，汽蚀通常局限在第一级中。但特殊情况下，则可能在第二级或更高的级数内产生汽蚀。随着入口压力的降低，流经平衡鼓或平衡盘的液流也会使平衡鼓或平衡盘产生汽蚀。

汽蚀破坏的部位是气泡消失之处，通常是在叶轮的出口和压水室进口处。

二、汽蚀参数

1. **汽蚀余量** NPSH (net positive suction head)

泵吸入口处单位质量液体超出液体汽化压力的富余能量称汽蚀余量，其值等于从基准面算起的泵吸入口的总吸入水头（绝对压力）减去该液体的汽化压力（绝对压力），即：

$$\mathrm{NPSH}=\frac{p_{\mathrm{s}}}{\rho g}+\frac{u_{\mathrm{s}}^{2}}{2g}-\frac{p_{\mathrm{v}}}{\rho g} \tag{2-59}$$

式中 p_s——从基准面算起的泵吸入压力，Pa；

p_v——液体在某温度下的汽化压力，Pa；

u_s——泵吸入口平均流速，m/s；

ρ——液体密度，kg/m^3；

g——重力加速度，$g=9.81m/s^2$。

基准面规定（按 API 610）：卧式泵的基准面是泵轴中心线；立式管道泵的基准面是泵的吸入口中心线；立式悬吊式泵的基准面是基础的顶面。

2. **装置汽蚀余量** $NPSH_a$ (NPSH available)

由泵装置系统（以液体在额定流量和正常泵送温度下为准）确定的汽蚀余量，称装置汽蚀余量，也称有效汽蚀余量或可用汽蚀余量，其大小由吸液管路系统的参数和管路中流量所决定，而与泵的结构无关。

3. **必需汽蚀余量** $NPSH_r$ (NPSH required)

由泵厂根据试验（采用低于 55℃的清洁水，在第一级扬程下降 3%）确定的汽蚀余量，称为泵的必需汽蚀余量。

注：①国际通用规范中用 $NPSH_3$ 表示，即扬程下降 3%时的汽蚀余量。对于 API 610 中提到的高能泵，需要用 $NPSH_i$ (incipient NPSH，初期汽蚀余量）来确定 $NPSH_r$（详见 API 610—2021 附录 O）。

②泵的必需汽蚀余量 $NPSH_r$ 表示泵进口部分的压力下降程度，由泵本身（吸入室和叶轮进口的几何参数）决定，与装置、液体特性（不考虑热力学因素）无关。

泵厂通常采用首级叶轮扬程下降 3%作为该流量下的必需汽蚀余量，也可以标注为 $NPSH_3$。其他还经常采用 $NPSH_i$，可以看到气泡产生。

$NPSH_0$：扬程开始下降；

$NPSH_1$：扬程下降 1%；

$NPSH_2$：扬程下降 2%；

$NPSH_{FC}$：完全汽蚀，扬程急剧下降（发生严重汽蚀），叶轮在两相流中运行。

必需汽蚀余量在吸入法兰处测定并换算到基准面。在比较 $NPSH_a$ 和 $NPSH_r$ 值时应注意基准面是否一致，如不一致应换算至同一基准面。

4. 安装高度 h

泵的安装高度 h 也称泵的吸液高度，是指泵的基准面至吸入口液面之间的高度差。

5. 汽蚀曲线

$NPSH_a$ 和 $NPSH_r$ 均随流量的变化而变化。一般 $NPSH_r$ 随流量的增加而增大，而 $NPSH_a$ 则随流量的增加而减小。泵厂提供的泵性能曲线上一般应有 $NPSH_r$-Q 曲线，如图 2-99 所示。

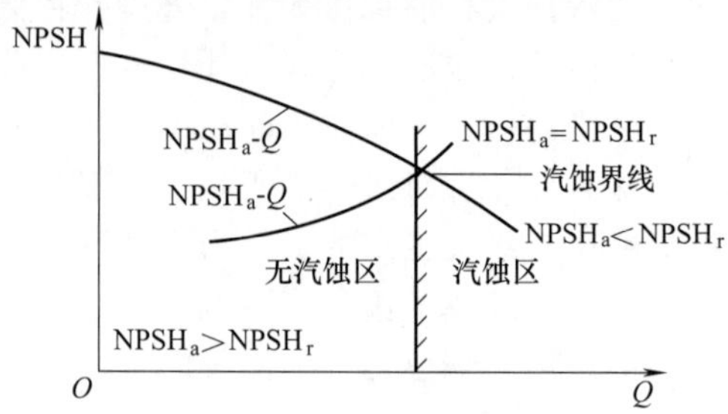

图 2-99 汽蚀曲线

6. NPSH 安全裕量 S

NPSH 安全裕量 $S=NPSH_a-NPSH_r$，对于一般的离心泵，S 取值 0.6～1.0m。对于立式筒袋泵及液下泵来说，此限制可以用 0.1m 代替 0.6m，且均不用考虑对烃类液体的修正系数。

当 S 值小于 1.0m 时，或询价文件/数据表有要求时，应进行 $NPSH_3$ 试验。

但是对于一些特殊用途或条件下使用的离心泵，应特殊考虑，如：

(1) 冷却塔应用中的泵需要特别注意 NPSH 安全裕量。通过冷却塔泵循环的水高度含气，并且具有高浓度的溶解氧。为了达到合适的叶轮寿命，可能需要较大的裕量，在优先工作区内的最小 NPSH 安全裕量比（即使 $NPSH_a/NPSH_r$）为 1.1；在允许工作区内的最小 NPSH 安全裕量比为 1.3。同时，由于泵送介质的侵蚀性，应该考虑选择抗汽蚀的叶轮材料。

(2) 对于高或很高吸入能量泵，建议按美国水力学会 ANSI/HI 9.6.1 标准 9.6.1.1，有效汽蚀余量是必需汽蚀余量的 1.2～2.5 倍。

注： 离心泵的吸入能量＝叶轮入口直径（m）×泵转速（r/min）×吸入比转速（m^3/s，m，r/min）×泵送液体的相对密度（将采用公制单位推导出的吸入能量乘以系数 2033 就等于美制单位推导出的吸入能量）。对于端吸泵，将吸入能量≥78700 公制单位（160×106 美制单位）定义为高吸入能量泵；对于卧式水平中开双吸泵，将吸入能量≥59000 公制单位（120×106 美制单位）定义为高吸入能量泵。很高吸入能量是高吸入能量值的 1.5 倍。

(3) 对于吸入比转速 n_S 大于 12780 的泵，其 NPSH 安全裕量应同时满足最小 NPSH 安全裕量比 1.2，及 1m 的要求。

【例 2-4】 选用一台离心泵，输送介质为己烷，密度为 $640kg/m^3$，在某温度下的饱和蒸气压（汽化压力）p_v 为 0.04MPa，工艺参数 $Q=45m^3/h$，$H=90m$，安装高度 $h=1m$，吸入液面压力 $p_1=0.1MPa$，吸入管路阻力损失 $H_{v1}=1m$。今选用某规格泵，试校核其汽蚀性能。(最好在例子中标明泵送温度)

解： 查某规格泵的性能曲线，得额定流量下的 $NPSH_3$ 等于 3m。按表 2-25，得：

$$NPSH_a=\frac{p_1}{\rho g}-h-H_{v1}-\frac{p_v}{\rho g}=15.9-1-1-64=7.5(m)$$

取安全裕量 $S=1m$，满足 $NPSH_a-NPSH_3=7.5-3=4.5$（m）$>S$，则该泵工作时不会发生汽蚀。

7. 吸入（汽蚀）比转速 n_S

吸入（汽蚀）比转速 n_S 是泵的最大叶轮在最佳效率点下的吸入特性参数。

表 2-25 汽蚀参数一览表

汽蚀参数	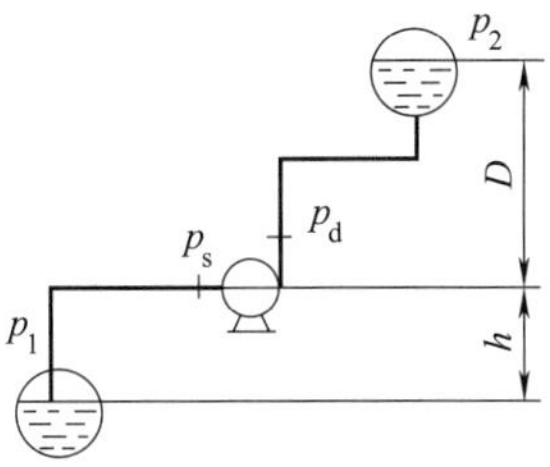 吸上系统	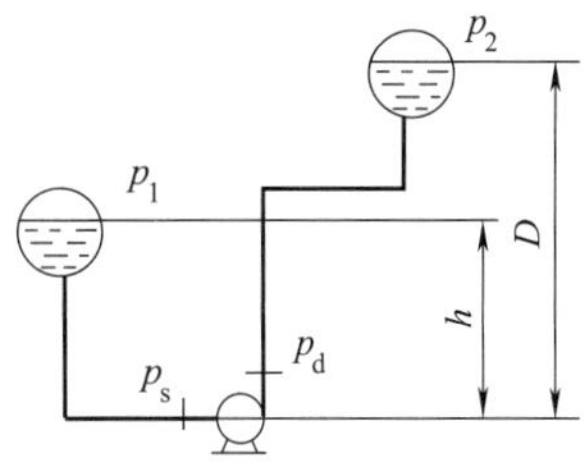 倒灌系统
泵的必需汽蚀余量 $NPSH_3$/m	泵性能曲线上查得	
装置汽蚀余量 $NPSH_a$/m	$NPSH_a=\frac{p_1}{\rho g}-h-H_{v1}-\frac{p_v}{\rho g}$	$NPSH_a=\frac{p_1}{\rho g}+h-H_{v1}-\frac{p_v}{\rho g}$

注：p_1——吸入液面压力，Pa；p_2——排出液面压力，Pa；p_s——泵吸入口压力，Pa；p_d——泵排出口压力，Pa；H_{v1}——吸入管路阻力损失，m；D——排出几何高度，m；h——安装高度，m。

对于不带诱导轮的泵，其汽蚀比转速 n_S 应小于或等于 12780（m^3/h，m，r/min）。当大于 12780 时，如果制造厂有数据证明其可靠性，可提供替代设计，但应经买方批准。n_S 值按下式计算：

$$n_S=NQ^{0.5}/(NPSH_3)^{0.75} \tag{2-60}$$

式中 N——泵的转速，r/min；

Q——叶轮每侧进口的流量，对单吸叶轮为总流量，对双吸叶轮为总流量的一半，m^3/h；

$NPSH_3$——泵的必需汽蚀余量，m。

三、输送烃类介质和高温水时泵的必需汽蚀余量

泵性能曲线上给出的必需汽蚀余量 $NPSH_r$ 是在室温和清水条件下试验测得的。实验和现场结果表明，泵的必需汽蚀余量与泵送液体的温度、性质有关。泵在输送烃类介质或高温水等易汽化介质时，$NPSH_{r介质}=NPSH_{r水}-\Delta NPSH_r$，$\Delta NPSH_r$ 可由图 2-100 查得。

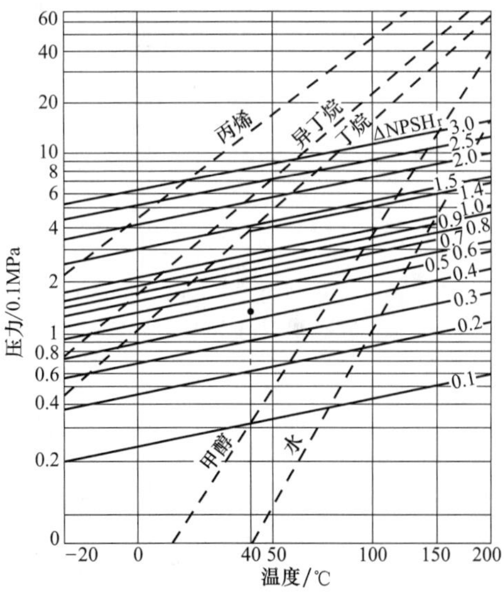

图 2-100 泵送烃类介质和高温水的 $\Delta NPSH_r$ 值

当 $\Delta NPSH_r$＞$0.5NPSH_r$ 时，取 $\Delta NPSH_r=0.5NPSH_{r水}$；$\Delta NPSH_r$ 修正仅适用于低黏度且不带气体的烃类介质；输送石油产品（烃类混合物）时，该介质的汽化压力由轻组分的分压决定

【例 2-5】 一台离心泵输送丁烷，介质温度 40℃，$NPSH_{r水}=7m$，求 $NPSH_{r丁烷}$。

解：(1) 在图 2-100 横坐标上找到液体温度 40℃，向上作垂直线，与表示丁烷的斜线交于一点，该点的纵坐标即为该温度下的汽化压力。

(2) 过该点作平行于修正曲线的斜线，与右边坐标轴的交点即为 $\Delta NPSH_r=1.4m$。

(3) 由于 $\Delta NPSH_r<0.5NPSH_{r水}$，所以：

$$NPSH_{r丁烷}=NPSH_{r水}-\Delta NPSH_r=5.6m$$

实际应用时，API 610 规范建议对 $NPSH_r$ 不作修正，将上述修正值看成额外的安全余量，认为泵无论输送何种介质，$NPSH_r$ 不变。即：

$$NPSH_{r介质}=NPSH_{r水}$$

四、降低汽蚀风险的方法

离心泵工作时不允许产生汽蚀，因此必须保证 $NPSH_a-NPSH_3>S$，当 $NPSH_a$ 不能满足此要求时，可采取买方（用户）设法提高 $NPSH_a$ 值，或卖方（泵厂）设法降低 $NPSH_3$ 值的方法予以解决，详见表 2-26。

表 2-26 防止汽蚀产生的方法

项目	方法	优点	缺点	备注
买方采取的方法	(1)降低泵的安装高度(提高吸液面位置或降低泵的安装位置)，必要时采用倒灌方式	可选用效率较高、维修方便的泵	增加安装费用	此法最好且方便，建议尽可能采用
	(2)减小吸入管路的阻力，如加大管径，减少管路附件、底阀、弯管、闸阀等	可改进吸入条件，节约能耗	增加投资费用(指管径放大)	
	(3)增加一台升压泵	可降低主泵价格，提高主泵效率	增加设备和管路维修量	
	(4)降低泵送液体温度，以降低汽化压力	可选用效率较高、维修方便的泵	需增加冷却系统	
	(5)避免在进口管路采用阀节流	避免局部阻力损失		
	(6)在流量、扬程相同的情况下，采用双吸泵，其 $NPSH_3$ 值小			可考虑采用
	(7)允许夹带少量气体或冲入少量气体。少量气体(1%至2%)可以缓冲汽蚀气泡坍塌产生的冲击力，并可以减少由此产生的噪声、振动和侵蚀损坏	无须改变装置和泵结构，只需现场配置简单的管路和调节阀	对于入口压力高于大气压的泵组，现场需要有连续的压力气源供应；另外，需要有经验的维护或服务人员通过手动调节	
卖方采取的方法	(1)提高流道表面光洁度，对流道进行打磨和清理	方法简单	加工成本上升	经常采用
	(2)加大叶轮进口处直径，以降低进口流速	方法简单	回流的可能性增大，不利于稳定运转	一般很少采用
	(3)降低泵的转速	简单易行	同样流量、扬程下，低速泵价格高、效率低	一般很少采用
	(4)在泵进口增加诱导轮	简单易行	泵的最大工作范围有所缩小	除高速泵外，不建议采用

续表

项目	方法	优点	缺点	备注
卖方采取的方法	(5)对叶片可调的混流泵、轴流泵，可采用调节叶片安装角度的方法			经常采用
	(6)过流部件采用耐汽蚀的材料，如硬质合金、磷青铜、18-8、Cr-Ni 钢等	泵的结构、性能曲线均不变	材料成本上升	

第二节 容积式泵的汽蚀

(1) 基准面的选取 对转子泵（一般均为卧式泵），基准面是泵轴中心线；而对往复泵（含计量泵），基准面是柱塞（或活塞）中心线。

(2) 汽蚀参数计算 对容积式转子泵，其装置汽蚀余量 $NPSH_a$ 与叶片式泵的 $NPSH_a$ 计算方法一样（见表 2-27）。对容积式往复泵，其装置汽蚀余量 $NPSH_a$ 还应计入加速度头损失 H_{acc}。

加速度头损失产生的原因是吸入管路流量不均匀性。如果吸入管路上装有吸入缓冲罐，可不计加速度头损失。H_{acc} 可按下式计算：

$$H_{acc}=0.016\frac{LQN}{D^2}(\mathrm{m}) \tag{2-61}$$

式中 L——吸入管道长度，m；

Q——泵的流量，L/h；

N——泵往复次数，r/min；

D——吸入管道直径，mm。

上式适用于单缸泵。双缸泵时，流量 Q 为总流量的一半（即单缸流量）；三缸泵时，可除以 2.5。

(3) 汽蚀的危害性 容积式泵发生汽蚀时也一样会产生噪声和振动，一般不会发生过流部件的腐蚀破坏。但为安全起见，汽蚀余量仍应取裕量，即 $NPSH_a-NPSH_r>S$。

容积式泵和叶片式泵的汽蚀特性比较见表 2-27。

表 2-27 容积式泵和叶片式泵的汽蚀特性比较

项 目		叶 片 式 泵	容 积 式 泵	
			转子泵	往复泵
汽蚀原因		当泵内压力低于液体饱和蒸气压时，即 $NPSH_a \leqslant NPSH_r$ 时，产生汽蚀		
汽蚀现象的危害性		(1)噪声和振动 (2)性能下降 (3)过流部件冲蚀破坏	(1)噪声和振动 (2)性能下降 (3)一般不发生冲蚀破坏	
泵的必需汽蚀余量 $NPSH_r$/m		在室温和清水条件下试验测得，可查阅产品性能曲线		
装置汽蚀余量 $NPSH_a$/m	定义	$NPSH_a=\frac{p_s}{\rho g}+\frac{u_s^2}{2g}-\frac{p_v}{\rho g}$		
	吸上装置	$NPSH_a=\frac{p_1}{\rho g}-H^{T}v_1-h-\frac{p_v}{\rho g}$		$NPSH_a=\frac{p_1}{\rho g}-Hv_1-h-H_{acc}-\frac{p_v}{\rho g}$
	倒灌装置	$NPSH_a=\frac{p_1}{\rho g}-Hv_1+h-\frac{p_v}{\rho g}$		$NPSH_a=\frac{p_1}{\rho g}-Hv_1+h-H_{acc}-\frac{p_v}{\rho g}$
NPSH 安全裕量/m		0.6～1.0		

注：本表中各计算公式中的符号意义同表 2-25。

第三节 液环真空泵的汽蚀

一、汽蚀的产生及其危害

1. 汽蚀的产生

液环真空泵的工作原理如图 2-101 所示。液环真空泵通常用水作工作液，也可以用乙二醇、甲苯等液体作工作液。每种液体在某一温度下都有对应的饱和蒸气压。液环真空泵在工作时，吸气腔与被抽真空系统相连通，吸气腔形成的真空（绝对压力）越接近工作液的饱和蒸气压，该区域的液环内表面、叶轮叶片叶端产生气泡的程度就会越来越高，直至达到汽化状态形成气泡。随着叶轮的转动，气泡会逐渐进入高压区或到达压缩与排出高压区域时，气泡被压破裂并产生冲击压力。液环真空泵内产生的气泡在高压区受压破裂，气泡破裂产生的比较大的冲击力作用到金属表面时会打击金属表面，使金属遭到破坏，并产生振动，这种现象就称为汽蚀现象。

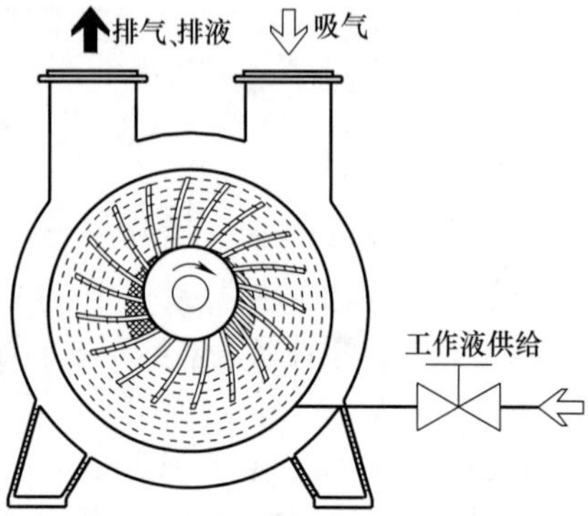

图 2-101 液环真空泵的工作原理

2. 汽蚀对液环真空泵的危害性

（1）降低抽气能力　在吸气区域，液环内表面产生的气泡会填充由两个叶片、轮毂、液环内表面围成的吸气空间，降低了真空泵对被抽系统的吸气能力。汽蚀严重时，吸气空间会被真空泵自身工作液生产的气泡完全填充，泵的实际抽气能力会降至零抽气量。

（2）产生振动和噪声　气泡的破裂会产生振动，并会发出明显的汽蚀噪声，汽蚀严重时，会发出类似金属撞击声。

（3）汽蚀会对轮毂表面、叶片产生破坏。

二、汽蚀边界值的确定

在市场上的液环真空泵的产品，主要分为两种结构：平圆盘结构和锥体结构。平圆盘结构按工作范围设计值分类，一般分为，1013～160mbar[1]（A）和 1013～33mbar（A）两大类；而锥体结构的液环真空泵的工作范围通常为 1013～26mbar（A）。

设计工作范围在 1013～160mbar（A）的产品一般应用于对真空度要求不高的使用场合，如果以常温水作工作液，其极限工作点与对应水温下的泡和蒸气压差值较大，一般不容易产生汽蚀，但最低工作压力最好不低于 160mbar（A）。

设计工作范围在 1013～33mbar（A）和 1013～26mbar（A）的产品，当工作液对应的饱和蒸气压与液环真空泵实际的运行工作点相接近时，会出现不同程度的汽蚀现象。下述以 1013～33mbar（A）为例说明汽蚀现象。

例如：当工作水的温度是 35℃时，对应的饱和蒸气压是 56.223mbar（A），虽然液环真空泵的设计工作范围在 1013～33mbar（A），但实际上液环真空泵不能达到 33mbar（A），因为在 56.223mbar（A）状态下，吸气腔液环内表面已处于沸腾状态。

液环真空泵通常以水为工作液，国际上均以 15℃水温、20℃气温作为标准条件，在这

[1] 1mbar=100Pa，此处表示百帕。

一条件下测试出的性能作为泵的标准性能。当水温不符合标准时，液环真空泵的抽气性能会受到影响，图 2-102 是不同水温下液环真空泵抽气性能修正曲线，根据液环真空泵的测试和运行出现的汽蚀程度统计，一般将不同水温对应的饱和蒸气压 $p+\Delta$ 作为汽蚀临界点，这些点连成的曲线称为汽蚀边界线。设计极限值为 33mbar（A）的真空泵，水温在 10～45℃变化时，结合试验数据，Δ 值取 24～10mbar。

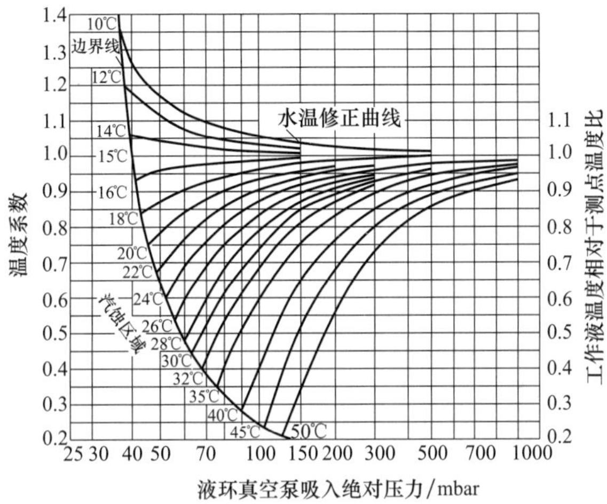

图 2-102 不同水温下液环真空泵抽气性能修正曲线

如果以其他液体作为工作液，也可参考上述的方法确定汽蚀临界点。

三、降低汽蚀风险的方法

1. 降低工作液的温度

液环真空泵在运行时，排出的气体会带出一定量的工作液，必须要连续不断地向泵腔内提供工作液才能保证其正常工作。供入腔体内的工作液温度越低，其饱和蒸气压则越低。

表 2-28 是水在不同温度下的饱和蒸气压数值。

表 2-28 水在不同温度下的饱和蒸气压

温度/℃	15	20	25	30	35	40
饱和蒸气压/mbar	17.04	23.37	31.66	42.41	56.22	73.75

假设液环真空泵的工作点在 80mbar 绝对压力，水温越高，工作点绝对压力与水的饱和蒸气压的差值就越小，液环真空泵越容易产生汽蚀。所以，在液环真空泵工作点为固定值的前提下，降低工作液温度可以达到防汽蚀的效果。

2. 降低吸入气体温度

如果吸入气体温度过高，气体在与泵内液体接触时，压缩热以及气体本身的热量都会传递到液体中，从而使液环温度升高，也就是使泵腔内液体的饱和蒸气压升高。相反，降低吸入气体温度可以降低液环温度，从而降低泵腔内液体的饱和蒸气压。

3. 使液环真空泵运行在安全区域

在选用液环真空泵时，要综合考虑工作点与工作液温度的关系，使液环真空泵在汽蚀安全区域下运行。此外，在工艺条件允许的前提下，可以设置气体回流调节管路，通过控制回流气量来控制液环真空泵进气口的真空度，保证真空泵运行在汽蚀安全区域。

当以水作为工作液时，图 2-102 是水温对液环真空泵抽气性能的影响曲线。

以边界线分开的两个区域，左边为汽蚀区，右边的区域为运行安全区。液环真空泵的工作点（绝对压力 mbar）为横坐标。纵坐标为水温对液环真空泵抽气性能的影响系数。当工作点与水温修正曲线的交点落在汽蚀区时，液环真空泵会产生汽蚀。例如：当工作点在 50mbar 时，与 18℃的水系数曲线相交于安全区，与 26℃的水系数曲线相交于汽蚀区。上述两个交点说明：在水温 18℃时，液环真空泵工作在 50mbar 是安全的；如果水温在 26℃时，液环真空泵会产生汽蚀损坏。

4. 安装防汽蚀管路及单向阀

液环真空泵发生汽蚀时，主要是气泡在破裂时对叶轮及分配器（或分配板）表面产生冲击损坏。针对这一特点，可以在压缩过渡区域内引入常压气体。具体的方法是：在分配器（分配板）压缩过渡区钻一小孔，然后用管路将大气引入这一区域，在管路的另一端安装一个单向阀。单向阀的作用是：防止泵内工作液或气体流出泵外。这套管路称为防汽蚀管路。当气泡在压缩过程中破裂时，从外界引入压力较高的气体能及时补充因气泡破裂而出现的“空间”。这样可以减轻汽蚀对泵的损害及降低汽蚀引起的噪声和振动。防汽蚀阀安装位置如图 2-103 所示。

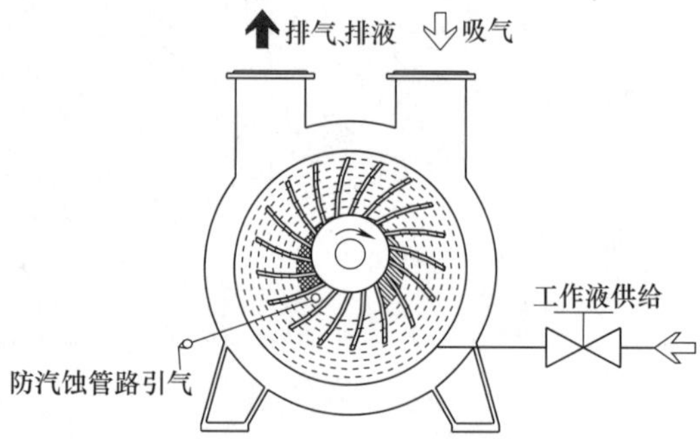

图 2-103 防汽蚀阀安装位置

5. 配装大气/蒸汽喷射器或罗茨泵

液环真空泵形成的真空越高，对用户的生产越有利，针对这些工况，最好的方式是以液环真空泵为前级泵，在入口处增加大气/蒸汽喷射器或罗茨泵：

（1）液环真空泵出口气体可作为大气喷射器的动力气源，通过在喷射器内产生的高速气流的黏滞作用将被抽系统中的气体抽走，使被抽系统形成更高真空；

（2）蒸汽喷射器是以中/低压蒸汽作为动力气源，通过在喷射器内产生的高速气流的黏滞作用将被抽系统中的气体抽走，使被抽系统形成更高真空；

（3）安装在被抽真空系统和液环真空泵中间的罗茨泵，两个“8”字形转子相互垂直安装在一对平行轴上，在同步齿轮作用下反向同步旋转，起到降低入口压力的作用，使被抽系统形成更高真空度。

配上大气喷射器之后，液环真空泵通常在 100mbar 绝压点附近工作。在真空泵提供动力气源的前提下，喷射器可以在 60～13mbar（绝压）下工作。液环真空泵的实际工作点的绝对压力值与泵腔内工作液的饱和蒸气压的差值得到提高，从而达到理想的防汽蚀效果。如果要求更高的真空，可再加上不同级数的罗茨真空泵串联抽吸。

如果不使用大气喷射器，也可以通过串联蒸汽喷射泵或罗茨真空泵一起使用，达到类似的效果。

6. 采用更低饱和蒸气压的液体作为工作液

在同一温度的情况下，不同的工作液有不同的饱和蒸气压。在某一温度和真空度下，用水作工作液可能会产生汽蚀，用其他较低饱和蒸气压液体作工作液时，则可能不会产生汽蚀。

7. 采用抗汽蚀能力较强的材质

当工作液和被抽气体没有腐蚀性时，如果真空泵运行在汽蚀区域，实践证明，采用铸铁制造的叶轮其运行寿命远低于选用抗汽蚀能力较强的不锈钢材质（如 304、316 奥氏体不锈钢材质等）制造的叶轮。

当真空泵应用于既有腐蚀又有汽蚀发生的场合时，如果选用材质不合适，汽蚀与腐蚀共同作用，将会大大缩短真空泵的使用寿命。

8. **提高选型的准确性**

如果选用的液环真空泵在对应工作点的抽气能力大于系统产生的气量时，真空泵的实际工作点会向更高真空偏移，甚至会在接近“憋死”状态下运行，真空泵会出现严重的汽蚀，噪声非常大，并且伴随明显的振动。即使用户要求的工作点与水温修正曲线的交点落在安全区域，但当其交点与边界曲线较接近时，如果选用的真空泵抽气裕量较大，真空泵投入运行时，其实际运行的绝对压力与水温修正曲线的交点可能会偏移到汽蚀区域。所以，准确选用液环真空泵产品，也是防止其发生汽蚀损坏的必要条件之一。

·第五章·
泵系统

第一节　系统扬程和系统特性曲线

一、伯努利方程

液体是不可压缩流体，其流动服从能量守恒定律。液体流动的机械能以位能、压力能和动能三种形式出现，它们之间可以相互转化。如图 2-104 所示，基点 1 到基点 2 液体流动的能量平衡关系如下：

$$\frac{p_1}{\rho g}+\frac{u_1^2}{2g}+z_1+\Delta H=\frac{p_2}{\rho g}+\frac{u_2^2}{2g}+z_2+\Delta h \qquad (2\text{-}62)$$

式中　p_1，p_2——基点 1、2 的压力，Pa；

u_1，u_2——基点 1、2 的流速，m/s；

z_1，z_2——基点 1、2 与基准面间的距离，m；

ΔH——基点 1~2 之间输入的能量，m；

Δh——基点 1～2 之间输出的能量，m；

ρ——液体密度，kg/m^3；

g——重力加速度，$g=9.81m/s^2$。

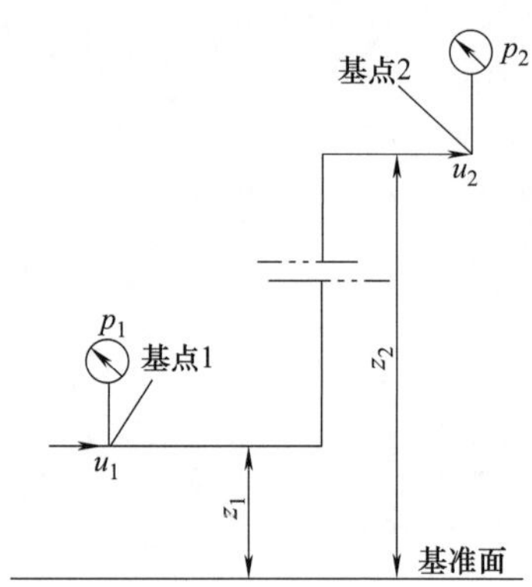

图 2-104　伯努利方程

此式即为伯努利方程。伯努利方程是液体流动的基本方程。如液体流动中无能量交换（即无能量输入和输出），伯努利方程可表示如下：

$$\frac{p_1}{\rho g}+\frac{u_1^2}{2g}+z_1=\frac{p_2}{\rho g}+\frac{u_2^2}{2g}+z_2=\text{常数} \qquad (2\text{-}63)$$

二、系统扬程

泵系统是泵及其附件、吸入管路、管件及阀门、排出管路、吸液罐、排液罐等的总称。

系统扬程指把单位重量的液体从吸入液面输送到排出液面所需要的能量，常用符号 H_z 表示，单位为 m。

系统扬程 H_z 是由几何高度 h_a（位能）、压力差$\frac{p_2-p_1}{\rho g}$（压能）和整个系统管路（泵本身除外）的流动阻力损失 H_v 三部分组成。

$$H_z=h_a+\frac{p_2-p_1}{\rho g}+H_v \qquad (2\text{-}64)$$

实际扬程或净扬程指吸入液面至排出液面的几何高度 h_a。如图 2-105 所示，对吸上系统，$h_a=D+h$；对倒灌系统，$h_a=D-h$。

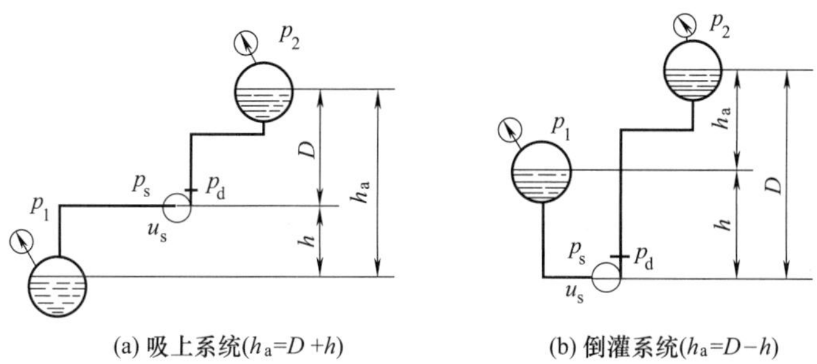

图 2-105　泵系统示意图

三、系统特性曲线

系统特性曲线也称管路特性曲线，指管路情况一定，即管路吸入及排出液面的压力、输液高度、管路长度、管径、管件数目与尺寸，以及阀门开启度等都已给定的情况下，单位重量液体流经该系统时需由外界给予的能量（即系统扬程 H_z）与流量 Q 之间的关系曲线。

泵系统的扬程可大致分为两大类：一类与泵流量无关的部分，可以称为静压头 $H_{静}$；另一类和流量有关的部分，称为流动阻力损失 H_v。即

$$H_z = H_{静} + H_v \tag{2-65}$$

$$H_{静} = h_a + (p_2 - p_1)/\rho g \tag{2-66}$$

$$H_v = \sum (kV^2/2g) = \sum [k(Q/A)^2/2g] = \sum [kQ^2/(2gA^2)] = \sum KQ^2 \tag{2-67}$$

式中，k 为每部分的阻力系数；A 为每部分的通流面积，m^2；$K = k/(2gA^2)$ 为与流量无关的常数。

因此系统特性曲线是一条二次抛物线，如图 2-106 所示。

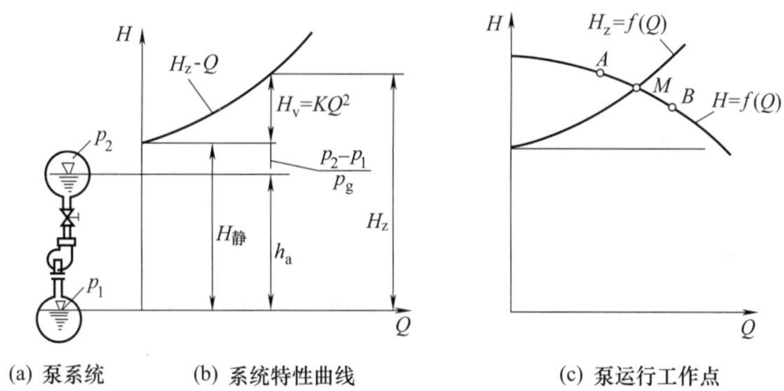

图 2-106　泵运行特性

四、泵的运行工作点

把泵特性曲线 $H = f(Q)$ 与系统特性曲线 $H_z = f(Q)$ 画在同一张图上，泵特性曲线与系统特性曲线的交点 M 就是泵运行时的工作点，如图 2-106（c）所示。在该点单位重量液体通过泵增加的能量（泵扬程 H）正好等于把单位重量液体从吸水池送到排水池液面需要的能量（即系统扬程 H_z），故 M 点就是泵的实际运行点。如果要求泵在 A 点工作（对于给定的泵），由于泵的性能曲线不能改变（除非改变泵叶轮直径或转速），只能通过关小泵出口截止阀来改变系统特性曲线，让二曲线的交点为 A。同理如果阀门在 M 点的开度不是最大，且电机功率足够，可以通过开大泵出口截止阀来改变系统特性曲线，使二曲线的交点在 B

点，使泵在 B 点运行。同时也可以通过改变泵叶轮直径或转速来改变泵的性能曲线来改变工作点的位置，总之泵的工作点一定同时在泵的性能曲线和系统特性曲线上，即为二曲线的交点。同时泵选用的工作点必须在泵的允许工作范围内，最好在最佳效率范围内。如果没有交点，泵就无法输送流量。但是对有驼峰性能曲线的泵，当工作点在驼峰附近时，一旦偏离，调节回工作点比较复杂，因此一般不允许采用工作点附近有驼峰性能曲线的泵。

在产品样本上给出了泵的特性曲线。当泵系统确定之后，可以计算并画出系统特性曲线，从而确定出泵实际的运行工作点。

第二节　管路流动阻力损失计算

管路流动阻力损失 H_v 由沿程阻力损失和 ΣH_{v1} 与局部阻力损失和 ΣH_{v2} 组成。管路流动阻力损失的计算公式见表 2-29。也可采用计算软件或当量长度法来计算。

$$H_v=\Sigma H_{v1}+\Sigma H_{v2}=\Sigma\lambda\ \frac{l}{d}\times\frac{v^2}{2g}+\Sigma k\ \frac{v^2}{2g} \tag{2-68}$$

表 2-29　管路流动阻力损失计算公式

项　　目	公式或图表	备　　注
(1)流速和管径 ① 估算流速 v' ② 内径 d ③ 实际流速 v	① 查表 2-30～表 2-32 ② $d=2\sqrt{\frac{Q}{v'\pi}}$ d 圆整到常用规格 ③ $v=\frac{4Q}{\pi d^2}$	v'——推荐流速，m/s Q——流量，m^3/s d——内径，m v——实际流速，m/s 如各段的管径不一，应分别计算各段的流速
(2)雷诺数 Re	$Re=\frac{vd}{\nu}$	ν——黏度，m^2/s
(3)沿程阻力损失和 ΣH_{v1} ① 管道绝对粗糙度 ε ② 计算 $\frac{\varepsilon}{d}$ 值 ③ 摩擦阻力系数 λ ④ 沿程阻力损失 H_{v1} ⑤ 沿程阻力损失和 ΣH_{v1}	① 查表 2-33 ②、③按 $\frac{\varepsilon}{d}$、Re 查图 2-107 ④ $H_{v1}=\lambda\ \frac{l}{d}\times\frac{v^2}{2g}$ ⑤ $\Sigma H_{v1}=\Sigma\lambda\ \frac{l}{d}\times\frac{v^2}{2g}$	ε——管道绝对粗糙度，m l——管长，m g——重力加速度，m/s^2 各段管径不一时，应分别计算各段的 H_{v1} 值
(4)局部阻力损失和 ΣH_{v2} ① 局部阻力系数 K ② 局部阻力损失 H_{v2} ③ 局部阻力损失和 ΣH_{v2}	① 查表 2-34、表 2-35 ② $H_{v2}=K\ \frac{v^2}{2g}$ ③ $\Sigma H_{v2}=\Sigma K\ \frac{v^2}{2g}$	
(5)管路流动阻力损失 H_v	$H_v=\Sigma H_{v1}+\Sigma H_{v2}$	

表 2-30　吸入管流速推荐值　　单位：m/s

管径		水	轻质油	沸腾液体	黏性液体
in	mm				
1	25	0.50	0.50	0.300	0.300
2	50	0.50	0.50	0.300	0.330
3	75	0.50	0.50	0.300	0.375
4	100	0.55	0.55	0.300	0.400
6	150	0.60	0.60	0.350	0.425

续表

管径 in	管径 mm	水	轻质油	沸腾液体	黏性液体
8	200	0.75	0.70	0.375	0.450
10	250	0.90	0.90	0.450	0.500
12	300	1.40	0.90	0.450	0.500
12 以上	300 以上	1.50			

表 2-31 排出管流速推荐值 单位：m/s

管径 in	管径 mm	水	轻质油	沸腾液体	黏性液体
1	25	1.00	1.00	1.00	1.00
2	50	1.10	1.10	1.10	1.10
3	75	1.15	1.15	1.15	1.10
4	100	1.25	1.25	1.25	1.15
6	150	1.50	1.50	1.50	1.20
8	200	1.75	1.75	1.75	1.20
10	250	2.00	2.00	2.00	1.30
12	300	2.65	2.00	2.00	1.40
12 以上	300 以上	3.00			

表 2-32 管道中常见流体的流速范围

介质	管线状态		流速/(m/s)
水	往复泵	吸入管	0.5～1.5
		排出管	1.0～2.0
	蒸汽锅炉给水泵		3.0
	输送冷凝液和泥浆管线	吸入管	0.3～0.5
		排出管	1.0～2.0
	含砂石和其他悬浮颗粒	排出管	0.5～2.0
	冷水管线	排出管	1.0～3.0
	管径＜50mm	最大值	1.0
	50～100mm	最大值	1.3
	100～200mm	最大值	1.7
	200mm 以上		2.0
	冷却水管线	吸入管	0.7～1.5
		排出管	1.0～2.0
	压力水		15.0～30.0(特殊场合≤5)
	矿山输水	排出管	1.0～1.5
	水涡轮机供水		3.0(低压头) 3.0～7.0(高压头)
	城市供水	主管线	1.0～2.0
		供水系统	0.5～1.2(通常 0.6～0.7)
油	苯、汽油		1.0～2.0
	重油		0.5～2.0(根据黏度选用流速)
烃气体	吸入管		0.3～0.8
	低压管线		12～15
	高压管线		20～25
蒸汽	≤4MPa 的蒸汽		20～40
	高压蒸汽		40～60
	过热蒸汽		35～60
	低压蒸汽		10～15

注：流速的选择与管线长度有关。管线较长，流速选择较小值；管线较短，流速选择较大值。

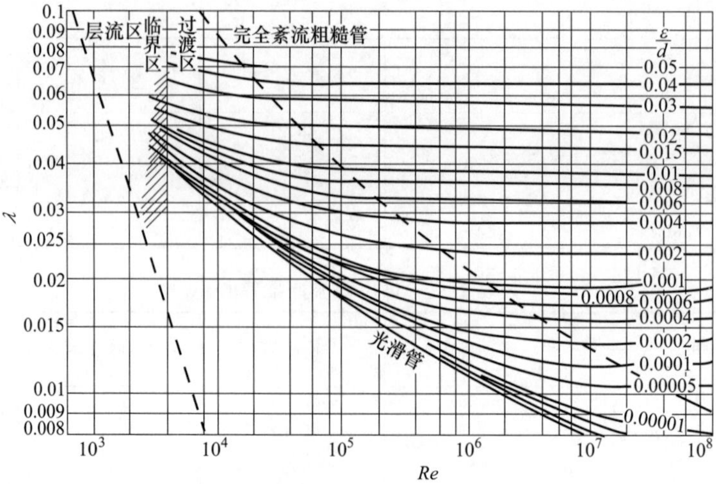

图 2-107 管路摩擦阻力系数$\left(h_f=\frac{\lambda L}{d}\times\frac{v^2}{2g}\right)$

表 2-33 某些工业管道的绝对粗糙度

管道类别		绝对粗糙度 ε /mm	管道类别		绝对粗糙度 ε /mm
金属管	无缝黄铜管、铜管及铅管	0.01～0.05	非金属管	干净玻璃管	0.01
	新的无缝钢管、镀锌铁管	0.1～0.2		橡皮软管	0.01～0.03
	新的铸铁管	0.25～0.50		木管道	0.25～1.25
	具有轻度腐蚀的无缝钢管	0.2～0.4		塑料管	0.03～0.10
	具有显著腐蚀的无缝钢管	1.5～2.0		很好整平的水泥管	0.3
	旧的铸铁管	1.0～3.0		石棉水泥管	0.03～0.8

表 2-34 管道附件和阀门的局部阻力系数 *K*（层流）

管件和阀门名称	*Re*				管件和阀门名称	*Re*			
	1000	500	100	50		1000	500	100	50
90°弯头(短曲率半径)	0.9	1.0	7.5	16	截止阀	11	12	20	30
三通(直通)	0.4	0.5	2.5		旋塞阀	12	14	19	27
三通(支流)	1.5	1.8	4.9	9.3	角型阀	8	8.5	11	19
闸阀	1.2	1.7	9.9	24	旋启式止回阀	4	4.5	17	55

表 2-35 管道附件和阀门局部阻力系数 *K*（湍流）

名称	简　图	阻力系数 *K*
由容器流入管道内(锐边)		0.50
由容器流入管道内(小圆角)		0.25
由容器流入管道内(圆角)		0.04

续表

<table>
<tr><th>名称</th><th>简　　图</th><th>阻力系数 K</th></tr>
<tr><td>由容器流入管道内</td><td>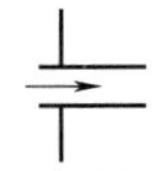</td><td>0.56</td></tr>
<tr><td>由管道流入容器内</td><td>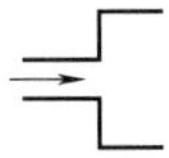</td><td>1.0</td></tr>
<tr><td>由容器流入管道内</td><td></td><td>$K=0.5+0.3\cos\theta+0.2\cos^2\theta$
<table>
<tr><td>$\theta/(°)$</td><td>10</td><td>20</td><td>30</td><td>40</td><td>45</td><td>50</td><td>60</td><td>70</td><td>80</td><td>90</td></tr>
<tr><td>K</td><td>0.989</td><td>0.959</td><td>0.910</td><td>0.847</td><td>0.812</td><td>0.775</td><td>0.700</td><td>0.626</td><td>0.558</td><td>0.500</td></tr>
</table></td></tr>
<tr><td>突然扩大</td><td>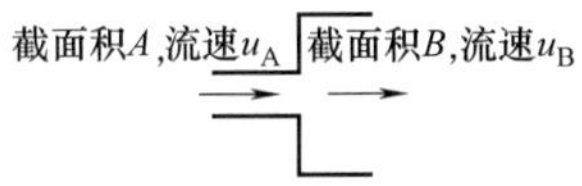</td><td>$K=(1-A/B)^2$
流速取 u_A
<table>
<tr><td>A/B</td><td>0</td><td>0.1</td><td>0.2</td><td>0.3</td><td>0.4</td><td>0.5</td><td>0.6</td><td>0.7</td><td>0.8</td><td>0.9</td><td>1.0</td></tr>
<tr><td>K_A</td><td>1.0</td><td>0.81</td><td>0.64</td><td>0.50</td><td>0.36</td><td>0.25</td><td>0.16</td><td>0.09</td><td>0.04</td><td>0.01</td><td>0</td></tr>
</table></td></tr>
<tr><td>突然缩小</td><td>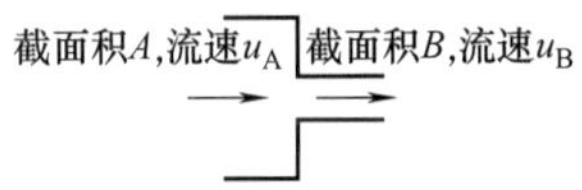</td><td>$K=0.5(1-B/A)^2$
流速取 u_B
<table>
<tr><td>B/A</td><td>0</td><td>0.1</td><td>0.2</td><td>0.3</td><td>0.4</td><td>0.5</td><td>0.6</td><td>0.7</td><td>0.8</td><td>0.9</td><td>1.0</td></tr>
<tr><td>K_B</td><td>0.5</td><td>0.45</td><td>0.40</td><td>0.35</td><td>0.30</td><td>0.25</td><td>0.20</td><td>0.15</td><td>0.10</td><td>0.05</td><td>0</td></tr>
</table></td></tr>
<tr><td>渐扩管</td><td>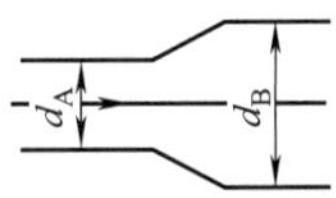</td><td>
<table>
<tr><td>d_A/d_B</td><td>1.1</td><td>1.2</td><td>1.3</td><td>1.4</td><td>1.5</td><td>1.6</td><td>1.7</td><td>1.8</td><td>1.9</td><td>2.0</td></tr>
<tr><td>K_A</td><td>0.05</td><td>0.10</td><td>0.15</td><td>0.20</td><td>0.24</td><td>0.27</td><td>0.31</td><td>0.34</td><td>0.36</td><td>0.38</td></tr>
<tr><td>K_B</td><td>0.07</td><td>0.21</td><td>0.43</td><td>0.78</td><td>1.22</td><td>—</td><td>—</td><td>—</td><td>—</td><td>—</td></tr>
</table></td></tr>
<tr><td>渐缩管</td><td>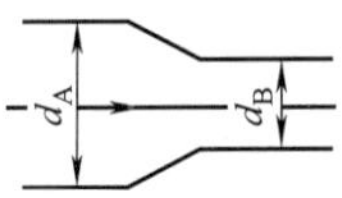</td><td>
<table>
<tr><td>d_A/d_B</td><td>1.1</td><td>1.2</td><td>1.3</td><td>1.4</td><td>1.5</td><td>1.6</td><td>1.7</td><td>1.8</td><td>1.9</td><td>2.0</td></tr>
<tr><td>K_A</td><td>0.06</td><td>0.10</td><td>0.15</td><td>0.22</td><td>0.31</td><td>0.36</td><td>0.42</td><td>0.49</td><td>0.57</td><td>0.7</td></tr>
<tr><td>K_B</td><td>0.04</td><td>0.05</td><td>0.055</td><td>0.06</td><td>0.065</td><td>0.07</td><td>0.07</td><td>0.075</td><td>0.075</td><td>0.08</td></tr>
</table></td></tr>
<tr><td>45°标准弯头</td><td></td><td>0.35</td></tr>
<tr><td>90°标准弯头</td><td></td><td>0.75</td></tr>
<tr><td>180°回弯头</td><td></td><td>1.5</td></tr>
<tr><td>三通(直流)</td><td></td><td>
<table>
<tr><td>DN/mm</td><td>20</td><td>25</td><td>40</td><td>50</td><td>80</td><td>100</td><td>150</td><td>200</td><td>250</td><td>300</td><td>350</td><td>400</td></tr>
<tr><td>K</td><td>0.48</td><td>0.45</td><td>0.4</td><td>0.38</td><td>0.35</td><td>0.33</td><td>0.30</td><td>0.28</td><td>0.27</td><td>0.26</td><td>0.25</td><td>0.25</td></tr>
</table></td></tr>
<tr><td>三通(支流)</td><td></td><td>
<table>
<tr><td>DN/mm</td><td>20</td><td>25</td><td>40</td><td>50</td><td>80</td><td>100</td><td>150</td><td>200</td><td>250</td><td>300</td><td>350</td><td>400</td></tr>
<tr><td>K</td><td>1.44</td><td>1.35</td><td>1.21</td><td>1.14</td><td>1.04</td><td>0.98</td><td>0.89</td><td>0.84</td><td>0.81</td><td>0.78</td><td>0.76</td><td>0.74</td></tr>
</table></td></tr>
<tr><td>活管接</td><td></td><td>0.4</td></tr>
<tr><td>闸阀</td><td></td><td>
<table>
<tr><td>全开
0.17</td><td>3/4 开
0.9</td><td>1/2 开
4.5</td><td>1/4 开
24</td></tr>
</table></td></tr>
<tr><td>截止阀</td><td></td><td>
<table>
<tr><td>全开
6.4</td><td>1/2 开
9.5</td></tr>
</table></td></tr>
</table>

续表

名称	简图	阻力系数 K											
蝶阀	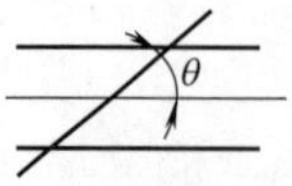	θ/(°)	0	5	10	20	30	40	45	50	60	70	90
		K	0.05	0.24	0.52	1.54	3.91	10.8	18.7	30.6	118	751	∞
升降式止回阀		12											
旋启式止回阀		2											
底阀(带滤网)		DN/mm	40	50	75	100	150	200	300	500	750		
		K	12	10	8.5	7	6	5.2	3.7	2.5	1.6		
角阀(90°)		5											

第三节 管路的串联和并联

为了计算管网的总阻力损失，首先应确定各段独立管路的阻力损失，然后根据管路的串联、并联特点进行叠加。

一、串联管路

流量不变时，阻力损失值相加（见图 2-108）即：

$$H_{vn}=H_{va}+H_{vb} \tag{2-69}$$

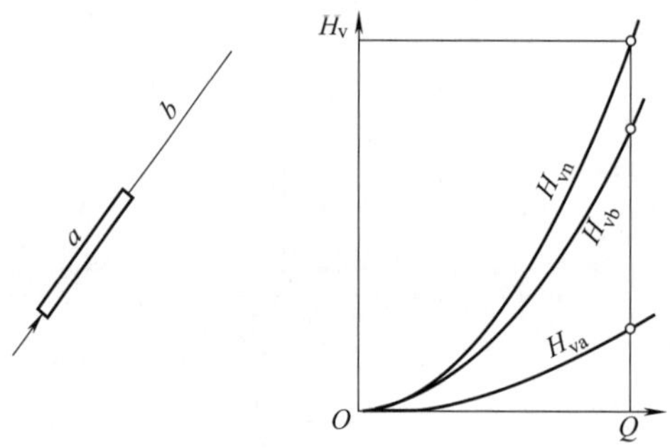

图 2-108 串联管路和阻力曲线

二、并联管路

阻力损失值一定时，流量值相加（见图 2-109）即：

$$Q_n=Q_a+Q_b \tag{2-70}$$

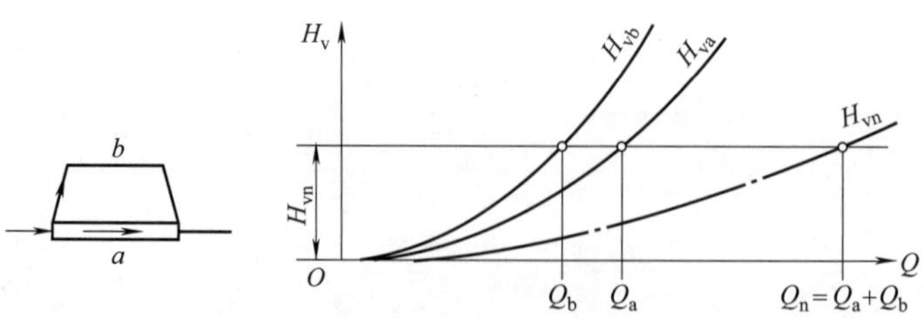

图 2-109 并联管路和阻力曲线

三、支路管网

如图 2-110 所示，液体经管路 1 在 2 点分流进入管网，在 7 点汇总离开管网进入管路 8。为了计算方便，设法用一等价的管线来取代 2～7 点这一支路管网。从图 2-110 可看出，阻力损失 H_{v24} 和 H_{v45} 属串联管路，相加成 H_{v245}，同样 H_{v23} 和 H_{v35} 相加成 H_{v235}。H_{v245} 和 H_{v235} 属并联管路，因此 $H_{v245}=H_{v235}$，但流量值需相加，阻力损失合成为 $H_{v245//235}$。再加上 5～7 点的阻力损失，得到合成阻力损失 $H_{vR23457}$。H_{v267} 和 $H_{vR23457}$ 属并联管路，合成后得 H_{v27}。

H_{v27} 即为该支路管网的等价阻力损失线。总流量 Q 给定后，从图 2-110 横坐标上就能读出各支路内的分流量。

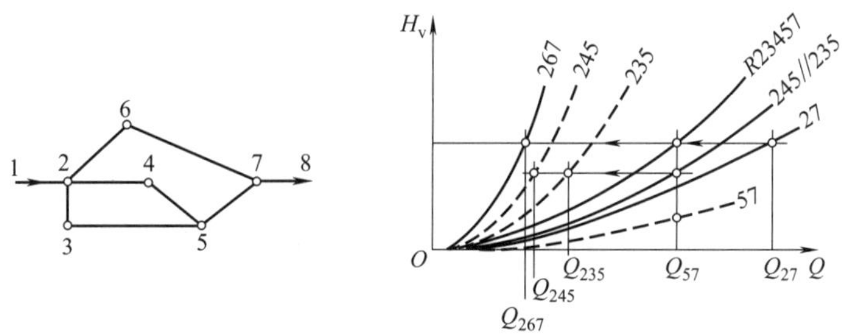

图 2-110　支路管网和阻力曲线

第四节　泵的串联和并联

化工生产中，一般一种用途的泵只设一台，当一台泵独立工作不能满足生产所需的流量或扬程时，可考虑采用泵的串联和并联，如图 2-111 所示。

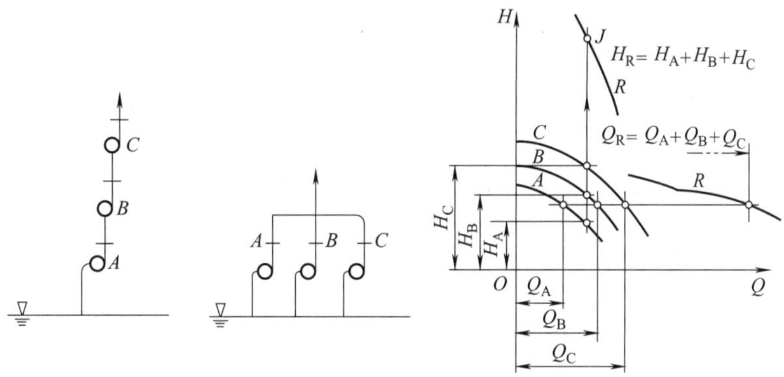

图 2-111　泵的串并联操作

串联时，流量不变，扬程相加，即：

$$H_R=H_A+H_B+H_C \tag{2-71}$$

并联时，扬程不变，流量相加，即：

$$Q_R=Q_A+Q_B+Q_C \tag{2-72}$$

一、泵的串联操作

生产中当使用一台泵不能达到所需要的扬程时，可以将两台或多台相同特性泵串联操作，见图 2-112。串联操作一般只适用于叶片式泵，如离心泵；通常用于磨蚀性较强或大流量、高扬程生产，单台不能满足扬程时，也可用于长输管线的输送（多台多级泵或单级泵的串联）；一般不适用于容积式泵，如往复泵。可看出，两台泵串联时，在系统特性曲线不变时，扬程和流量都增加，其增加程度又和系统特性曲线有关。串联工作时应考虑到后续泵体、泵轴的强度和密封，串联工作的泵选配电机时应按串联条件下的参数选配功率。

二、泵的并联操作

生产中当使用一台泵不能满足流量要求时，可以将两台或多台相同特性泵并联使用，见图 2-113，并联操作既适用于叶片式泵，也适用于容积式泵。两台泵并联时，叶片式泵在系统特性曲线不变时，扬程和流量都增加，其增加程度又和系统特性曲线有关。离心泵并联操作时，除非并联泵采用独立的流量监测元件来控制其转速，否则应满足：①性能曲线必须连续上升；②额定点至关死点扬程需上升至少 10%；③当泵出口口径大于 DN80 时，在工作范围内任一流量，并联泵扬程偏差应在 3%的范围内。

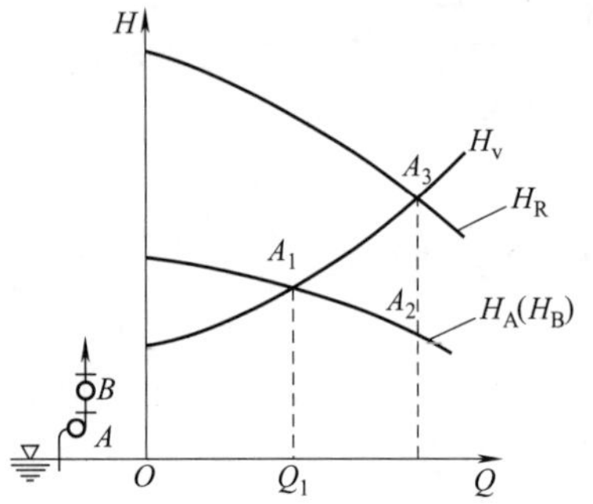

图 2-112　两台相同特性泵的串联操作

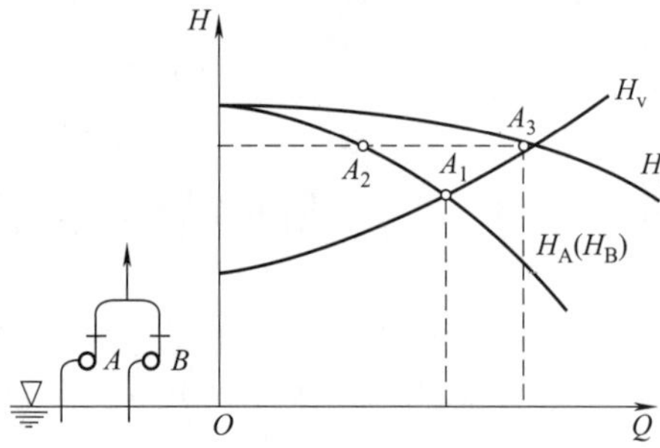

图 2-113　两台相同特性泵的并联操作

对某些需有备用泵的大型泵，可选用两台泵（流量各为 50%[1]）并联操作，一台泵备用，即二开一备的方式。对某些大型泵，可选用两台流量各为所需流量 65%～70%的泵并联操作（不设备用泵）。当一台泵停车检修时，系统仍有 65%～70%的流量供应。往复泵的并联操作实际上相当于一台多缸泵，但电动机数目多，给安装拆卸增加困难。因此，应优先选用多缸泵，也可选择多个单缸泵并联，用一台电动机驱动。

三、往复泵和离心泵的并联操作

往复泵和离心泵的并联操作特性见图 2-114，曲线 A、B 分别为离心泵和往复泵的特性曲线，H_v 为系统特性曲线。根据并联操作的特性可得并联合成特性曲线 R。

往复泵和离心泵的并联操作可克服往复泵不能用截止阀调节（节流调节）流量的缺点，但一般很少采用，因为如果调节不当，可能使离心泵处于关死运行状态。

四、串并联操作的选择

泵的串联、并联均能使泵的流量有所提高（见图 2-115）。一般情况下增加流量采用并

[1] 需特别强调的是，每台泵的流量应为图 2-113 中 A_2 点流量，且 $Q_{A3}=2Q_{A2}$

联操作的方式，但在系统特性曲线较陡的情况（如 H_{v2} 曲线），采用串联操作相比并联操作不但扬程高，而且流量也大。系统曲线 H_v 是选择串联、并联的分界线，当系统特性曲线在 H_v 曲线左边，即系统特性曲线较陡时，采用串联操作（工作点为 A_2）比并联操作（工作点为 A_1）增加的流量、扬程更大一些；当系统特性曲线在 H_v 曲线右边，即系统特性曲线较平坦时，采用并联操作（工作点为 A_4）比串联操作（工作点为 A_3）增加的流量、扬程更大一些。但是在实际工程应用中，几乎不采用串联操作的办法。

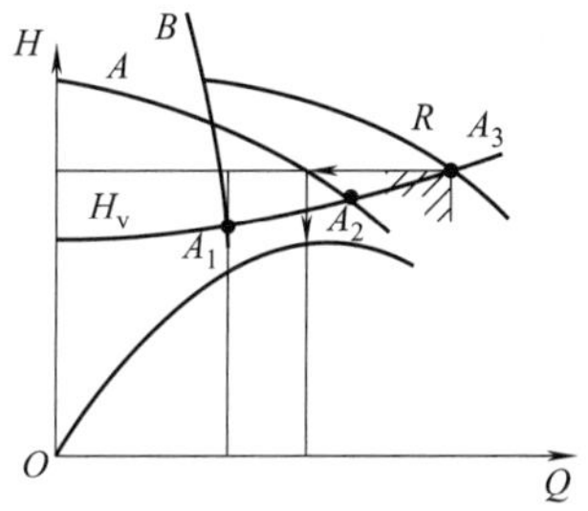

图 2-114　往复泵和离心泵并联操作的特性曲线

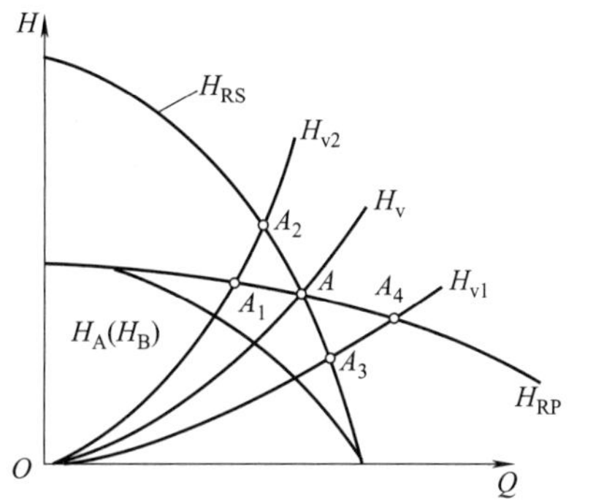

图 2-115　两台泵串联、并联运转的选择

第五节　流量调节

生产中常需要根据操作条件的变化情况调节泵的流量，常用的流量调节方法见表 2-36，实际操作中可选用其中一种方法，或多种方法并用。

表 2-36　泵的流量调节方法

调节方法		含　义	特　点	图　示
离　心　泵				
改变系统特性曲线	①出口阀调节	出口管道上安装调节阀，靠阀的开启度调节流量	方法简单，但功率损失大，不经济	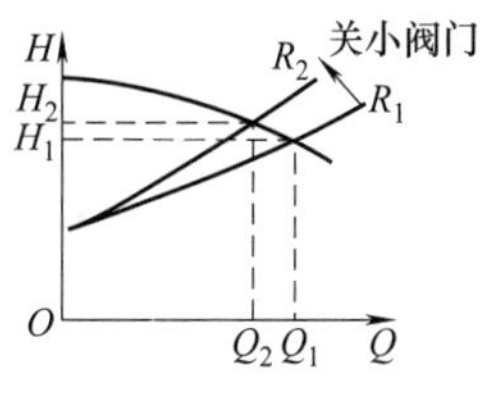
	②旁路调节	利用旁路分流调节流量	可解决泵在小流量下连续运转的问题，但功率损失和管线增加	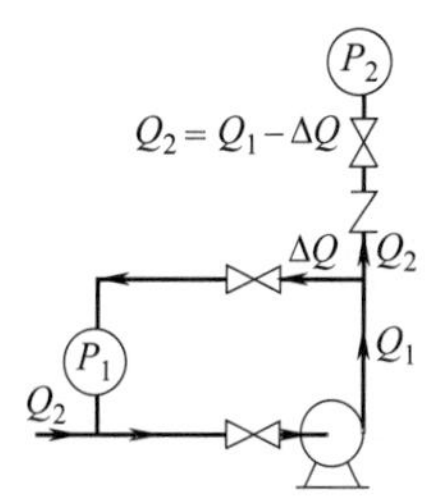

续表

调节方法		含义	特点	图示
离心泵				
改变泵特性曲线	③转速调节	调节泵轴的转速调节流量	功率损失很小，但需增加调速机构或选用调速电动机 改变转速的方法最适用于汽轮机、内燃机和直流电动机驱动的泵，也可用变频调节来改变电动机转速	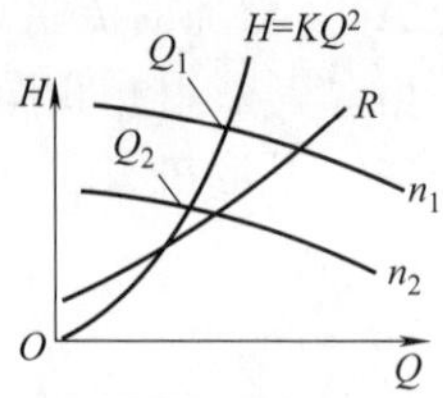
	④切割叶轮外径	切割叶轮外径调节泵的流量	功率损失小，但叶轮切割后不能恢复且叶轮的切割量有限。适用于需长期在较小流量下工作且流量改变不大的场合	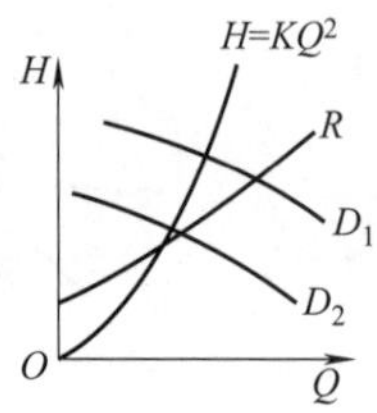
	⑤更换叶轮	更换不同直径的叶轮调节泵的流量	功率损失小，但需备各种直径的叶轮，调节流量的范围有限	
	⑥堵死几个叶轮流道	堵死几个叶轮流道(偶数)减少泵的流量	相当于节流调节，但比调节阀节流节能	
往复泵				
改变系统特性曲线	⑦旁路调节	利用旁路分流调节流量	不能采取出口阀调节流量	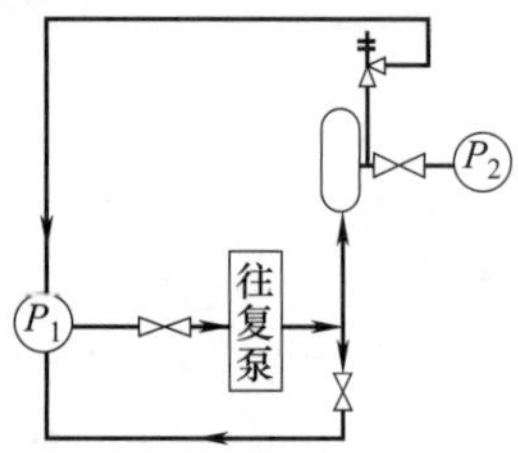
	⑧转速调节	改变曲柄转速(往复次数)调节流量	功率损失很小，调节方便(可采用电动机变频调节，对于蒸汽往复泵只需调节进汽量)	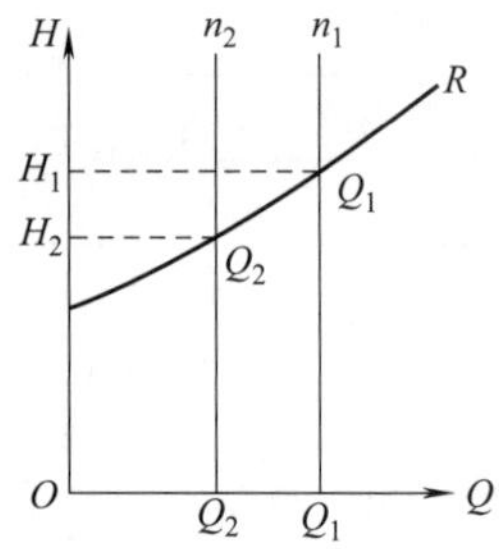
	⑨行程调节	改变往复泵活塞(或柱塞)行程长度调节流量。行程调节方法有：改变偏心距、活塞(或柱塞)行程、连杆长度和位置	功率损失很小，调节方便	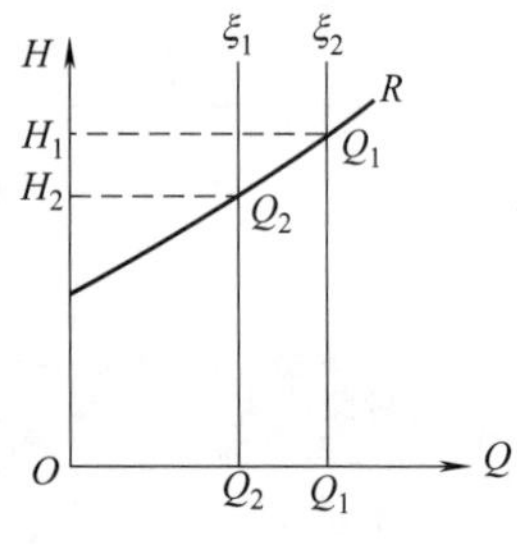

注：1. 对于旋涡泵，主要选用第②、③种方法，不能选用方法①。混流泵和轴流泵在小幅度调节流量时，选用方法①和②，不能选用方法④和⑥。有些泵可以调节叶轮或导叶轮叶片角度改变流量。

2. 容积式转子泵主要选用第⑦、⑧种方法调节流量。

第六节　泵系统的配管

一、泵的典型流程（见表 2-37）

表 2-37　泵的典型流程

<table>
<tr><th>管道名称</th><th>设　施</th><th>要　求</th></tr>
<tr><td rowspan="5">吸入管道
（图 2-116、图 2-117）</td><td>管径</td><td>需要进行水力计算，满足泵的必需汽蚀余量的要求。一般离心泵管径比泵进口直径大 1～2 级或相等；往复泵管径比泵进口直径大 1～3 级或相等</td></tr>
<tr><td>管道坡度</td><td>若进口管线可能存在气体，而吸液设备高于泵时，则进口管道由吸液设备坡向泵，坡度最小为 1∶50</td></tr>
<tr><td>切断阀</td><td>为便于维修和开车，应设置切断阀并尽可能靠近泵入口，直径与管径相同。为了节省阀门投资，当吸入管径比泵进口大 2 级时，可选用比进口管径大 1 级的阀门，但要验算汽蚀余量
若系统仅有一台泵，切断阀压力等级应与进口管道相同。若系统有 2 台及 2 台以上泵时，则切断阀及与泵之间的管件等级通常与泵出口管道等级相同，如进、出口管道等级相差较大，可在设置安全阀的前提下采用与进口管道相同等级</td></tr>
<tr><td>过滤器</td><td>小间隙泵，如螺杆泵、齿轮泵、柱塞泵等应安装永久性过滤器。每台装 1 个，位于切断阀与泵进口之间
离心泵除物料脏或有特殊要求外，一般不装永久性过滤器，但要装开车用临时过滤器。当管径 $D_n \leqslant 40$mm 时，也可安装永久性过滤器，通常采用 Y 形过滤器，紧靠泵吸入管道切断阀的下游</td></tr>
<tr><td>缓冲罐</td><td>对于往复泵，当汽蚀余量不能满足要求时，可在进口管道上设置缓冲罐</td></tr>
<tr><td rowspan="5">排出管道
（图 2-116、图 2-117）</td><td>切断阀</td><td>应设置切断阀，阀径与管径相同。若管径比泵出口大 2 级或 2 级以上，则阀门可比管径小 1 级。对于进出口压差大于 4MPa 的离心泵，宜设置串联的双切断阀
每台往复泵或旋涡泵进出口切断阀之间的管道上应设置与泵进出口相连的循环管道，并设置切断阀</td></tr>
<tr><td>止回阀</td><td>容积式泵通常不设止回阀
每台离心泵或旋涡泵在泵出口与切断阀之间应设置止回阀，直径与切断阀相同
泵出口管线为多分支时，宜在泵出口总管上设置止回阀
对进出口压差大于 4MPa 的离心泵，每台泵应设置串联的双向止回阀</td></tr>
<tr><td>安全阀</td><td>每台往复泵和转子泵出口与第一个阀门之间，应设泄压安全阀，若泵自备，可不另设。蒸汽往复泵出口一般不设安全阀，但当泵失控时压力可能超过泵体所能承受压力或对泵的下游系统有较大影响，应在泵出口处设安全阀
其他类型泵若关闭出口阀，压力可能增大而毁坏管道或设备时，应设安全阀</td></tr>
<tr><td>压力表</td><td>每台泵出口应装压力表(位于泵出口和第一个阀门之间的直管段上)</td></tr>
<tr><td>缓冲罐</td><td>下列场合下，往复泵的管道上需设缓冲罐：
(1)为改善计量准确性，须减小流体脉冲幅度，对单缸或双缸单作用泵，在流量计上游应设缓冲罐，双缸双作用泵及三缸泵仅需在进出口干管上设缓冲罐
(2)为减少高压管道振动，应设缓冲罐。当 $p \geqslant 3.5$MPa 时，需要与泵的设计者商榷是否装缓冲罐
(3)泵用于油压系统时，为防止液压脉冲使系统操作不稳定，应设缓冲罐</td></tr>
</table>

续表

管道名称	设　施	要　求
放空与放净管道	放空	除自行排气的泵外，均需设开车用放空管道 为防止气阻，在进口管道上需设操作放空管道 真空系统的放空均应返回至吸液设备的气相空间 输送液化石油气的泵应在泵进口或出口管道上设置排入密闭系统的放空管道 输送沥青等需经常放空的物料系统，应将放空管道返回吸液设备，并设蒸汽伴热
	放净	卧式泵的壳体均应设放净阀。若进出口切断阀之间的物料不能通过泵体放净，则应在管道上设放净阀。离心泵出口管线上，在止回阀与切断阀之间应设放净阀
其他管道	暖泵及防凝管道 (图 2-118)	离心泵输送物料温度若超过 200℃，需设置防凝及暖泵管道，使少量物料经操作泵由排出管道引出，流经备用泵的泵体，然后回至泵入口，使备用泵处于热备状态，防止备用泵及吸入、排出管道内介质凝固，保证暖泵，便于启动 图中管 A 为吸入、排出防冻凝管道，可与停工清扫管道合用；管 B 为启动暖泵管道，当排出管径小于 DN80 时，可不设管 B，采用稍稍打开出口阀的方法代替。旁通流量约为正常流量的 3%～5% 若气温低于物料的凝固点，亦需设暖泵旁路，以免物料在泵体内凝固，此外，泵进出口之间需设防凝旁路，该管路与主管的连接点应尽可能靠近切断阀，防止出现死角。防凝旁路用蒸汽或电伴热
	低流量保护管道 (图 2-119)	离心泵如可能在低于泵的允许最小流量下运转，应设置低流量保护管道，使一部分流体从泵排出口返回至泵吸入口端的容器 离心泵短期操作在额定流量的 20%以下时，应装有限流孔板旁路(设截止阀或调节阀)；其流量至少为额定流量的 20%，若流体通过旁路孔板可能会闪蒸时，则应考虑增设相应的冷却措施 离心泵若长期运转在额定流量的 30%以下时，应设最小流量阀或孔板式调节旁路，旁路与泵的吸液设备相连
	平衡管道 (图 2-120)	泵输送常温下饱和蒸气压大于大气压或处在闪蒸状态的液体(尤其是立式泵)时，在泵进口与切断阀之间应设平衡管道，防止蒸汽进入泵体产生汽蚀。平衡管道尽可能靠近泵进口处引出，返回吸液设备的气相空间。平衡管道应设置切断阀
	高压管道 (图 2-121)	高扬程泵的出口切断阀两侧压差较大，阀单向受力较大，特别是大直径阀不易开启，应在阀的前后设 DN20 旁路，在主阀开启前，打开旁路阀，使主阀两侧压力平衡

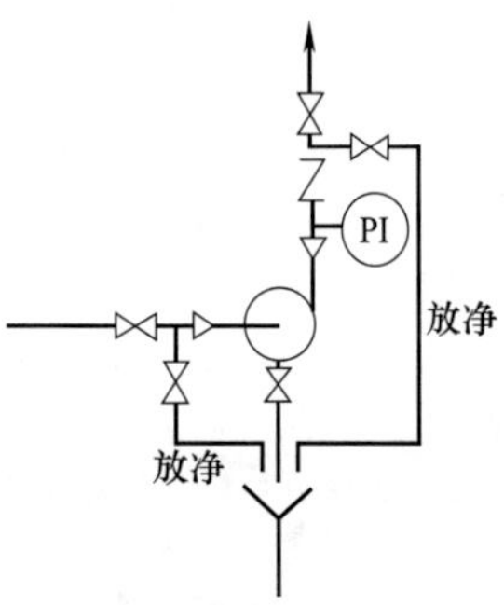

图 2-116　离心泵吸入、排出管道

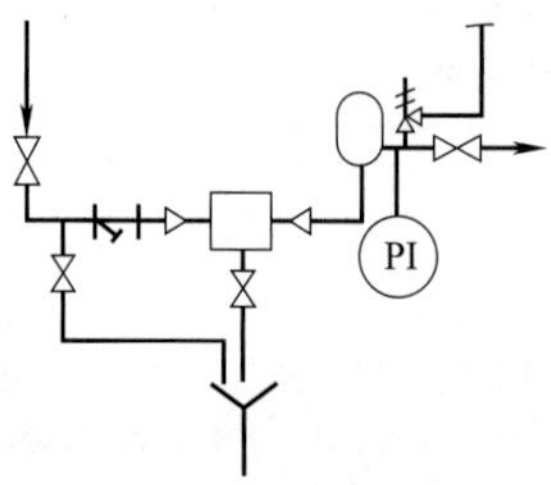

图 2-117　往复泵吸入、排出管道

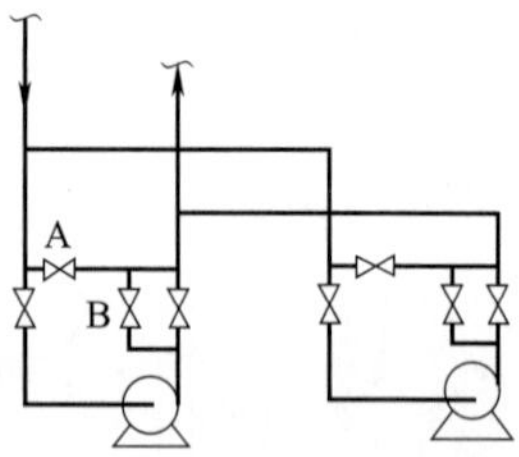

图 2-118　暖泵及防凝管道

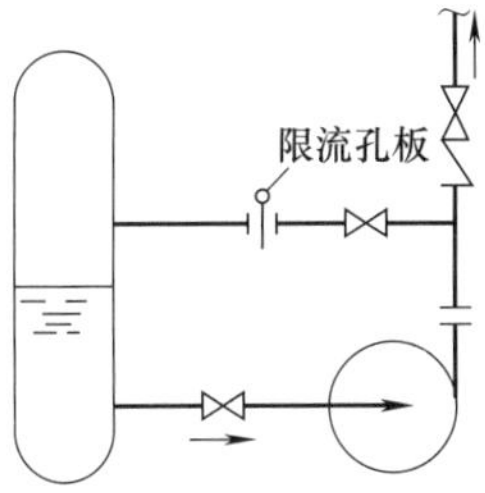

图 2-119　泵低流量保护管道

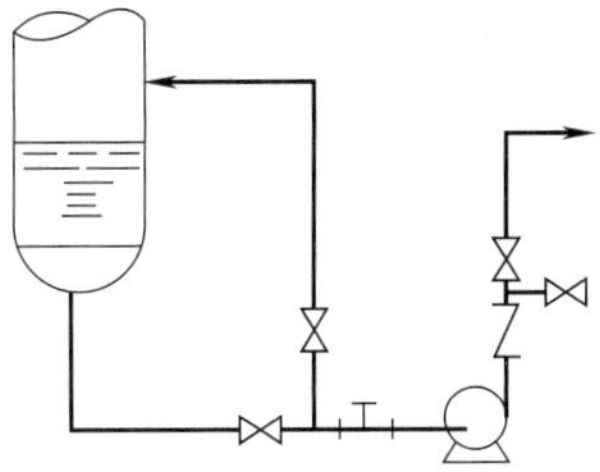

图 2-120　平衡管道

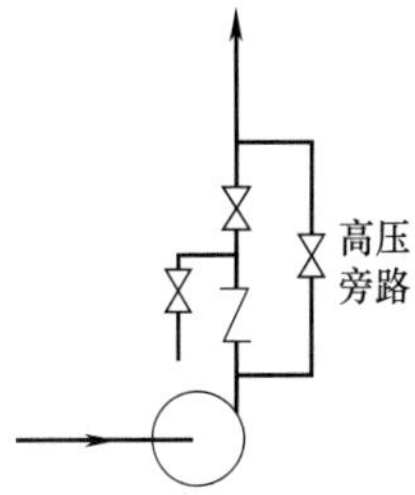

图 2-121　高压管道

二、泵的配管要求

为了避免管道、阀门的重量及管道热应力所产生的力和力矩超过泵进出口的最大允许外载荷，在泵的吸入和排出管道上须设置管架，如图 2-122 所示。泵管口允许最大载荷应由泵制造厂提供。

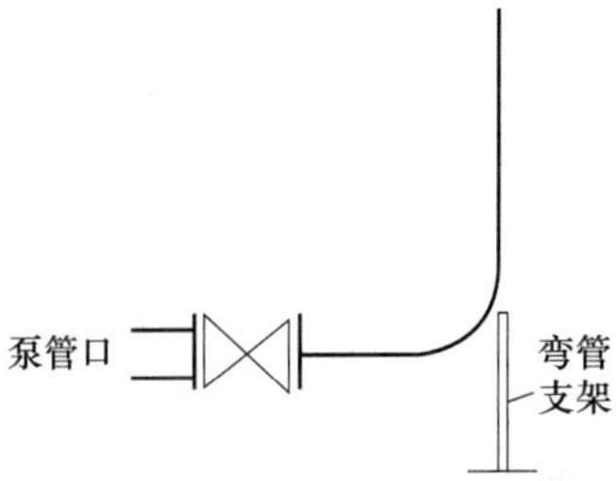

图 2-122　泵管口的弯管支架

垂直进口或垂直出口的泵，为了减少对泵管口的作用力，管口上方管线需设管架，其平面位置要尽量靠近管口，可以利用管廊纵梁支吊管线，所以常把泵布置在管廊下。

为保证泵吸入口流体的轴对称性，距单吸泵进口法兰面应有至少 3～5 倍进口管径的直管段，距双吸泵进口法兰面应有至少 7 倍进口管径的直管段。在此直管段内不得设置阀门、弯头、三通、软接头等管路附件。

为了提高泵的吸入性能，泵吸入管路应尽可能缩短，尽量少拐弯（弯头最好用大曲率半径），以减少管道阻力损失。为防止泵产生汽蚀，泵吸入管路应尽可能避免积聚气体的袋形部位，不能避免时，应在袋形部位设 DN15 或 DN20 的排气阀。当泵的吸入管为垂直方向时，若吸入管上配置异径偏心管，则应按图 2-123 所示布置，以免形成气袋。

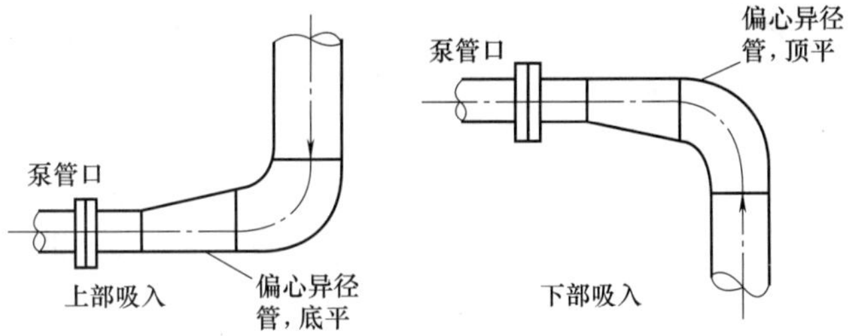

图 2-123　泵进口管线上的异径管

输送密度小于 650kg/m^3 的液体，如液化石油气、液氨等，泵的吸入管道应有 1/10～1/100 的坡度坡向泵，使汽化产生的气体返回吸入罐内，以避免泵产生汽蚀。

泵的进口处，最好配置一段至少 3～5 倍进口管径的直管段（泵厂商有特别要求除外）。

泵出口的切断阀和止回阀之间用泄液阀放净。管径大于 DN50 时，也可在止回阀的阀盖上开孔装放净阀。同规格泵的进出口阀门尽量采用同一标高。

非金属泵的进出口管线上阀门的重量绝不可压在泵体上，应设置管架，防止压坏泵体与开关阀门时扭动阀门前后的管线。

蒸汽往复泵的排汽管线应少拐弯，在可能积聚冷凝水的部位设排放管，放空量大的还要装设消声器。乏汽应考虑回收利用或排至户外适宜地点。进汽管线应在进汽阀前设冷凝水排放管，防止水击气缸。

蒸汽往复泵在运行中一般有较大的振动，与泵连接的管线应很好地固定。

当泵出口中心线和管廊柱子中心线间距离大于0.6m时，出口管线上的旋启式止回阀应放在水平位置，此时不允许在阀盖上装放净阀。

当管线架在泵和电动机的上方时，为不影响起重设备吊装，管线要有足够的高度。输送腐蚀性液体的管线不宜布置在原动设备的上方。

管廊下部管线的管底至地坪的净距不应小于4m，以满足检修要求。

当管线架在泵体上方时，管底距地面净空高度应不小于2.2m，如图2-124所示。

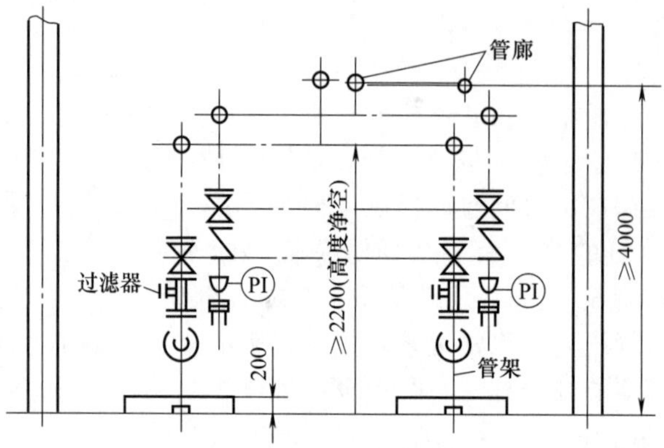

图 2-124 泵的典型配管

第七节 泵的布置

一、泵的布置方式

（1）露天布置 一般将泵集中布置在管廊下方或侧面，也可以布置在被抽吸设备附近，主要优点是通风良好，操作和维修方便。若泵布置在管廊下方时，泵出口中心线应对齐，距管廊柱中心线0.6m。

（2）半露天布置 半露天布置的泵适用于多雨地区，一般在管廊下方布置泵，在管道上部设顶棚。或将泵布置在框架的下层地面上，以框架平台作为顶棚。根据泵的布置要求，将泵布置成单排、双排或多排。

（3）室内布置 室内布置的泵适用于寒冷或多风沙地区，以及对工艺有特殊要求的场合。

二、泵的布置要求

（1）对于露天或半露天布置的泵，一般使泵与原动机的轴线与管廊轴线垂直。

（2）对于室内布置的泵，当其输送液体温度高于自燃点或输送液体为液态烃时，应与其他泵分别布置在各自的房间内，并用防火墙隔开。

泵布置在室内时，一般不考虑机动检修车辆的通行要求。泵端或泵侧与墙之间的净距不宜小于1.2～1.5m，两排泵之间净距不应小于2m。

（3）设备布置图上的定位尺寸，以泵机组的轴线和出口法兰的中心线为基准。设备的标高统一以泵底座的下表面（即泵基础的顶面）标高来表示。注意：各工程公司系统专业计算 $NPSH_a$ 时是以泵基础的顶面为准，不是泵的进口中心线标高。而泵厂的 $NPSH_r$ 是以泵的进口中心线为准，两者相差泵的中心高。

（4）泵群要排列整齐，推荐以泵的出口中心线为基准对齐。

（5）电气专业与工艺或布置专业应及时协调，在可能时，泵的电动机部分应尽可能不在防爆区内，以节省投资。

（6）泵应尽可能靠近供液设备，防止 $NPSH_a$ 较小。

（7）蒸汽往复泵的动力侧和泵侧应留有抽出活塞和拉杆的位置。

（8）立式泵布置在管廊下方或框架下方时，其上方应留出泵体安装和检修所需的空间。

（9）各种离心泵维修检查所需空间见图 2-125～图 2-127。管道布置时，泵的两侧至少要留出一侧做维修用。其他型式泵的维修检查所需空间见图 2-128、图 2-129。

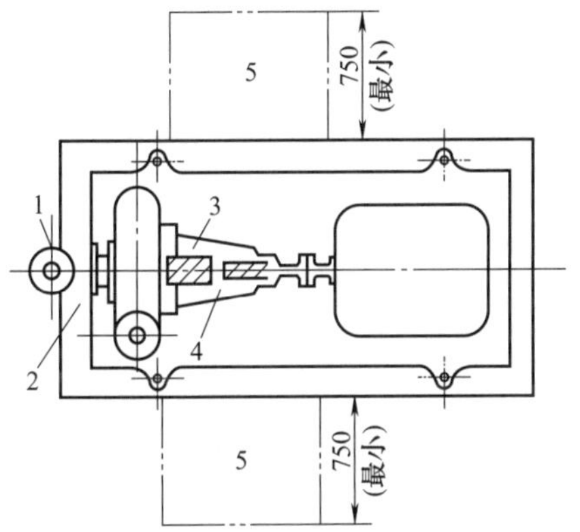

图 2-125 单级离心泵维修检查用空间

1—顶部吸入；2—轴向水平吸入；3—密封压盖；4—填料箱；5—维修检查用空间

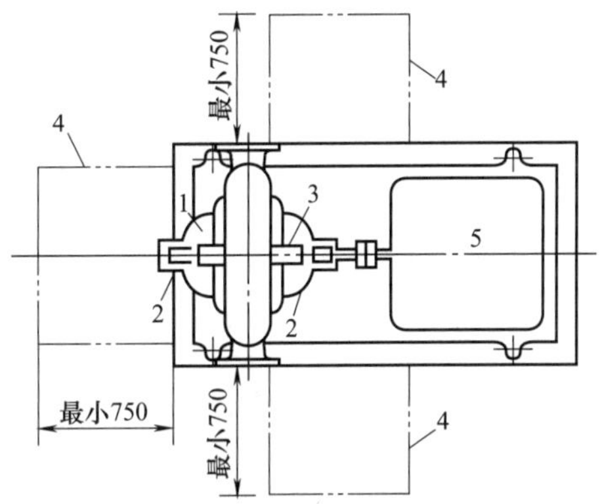

图 2-126 单级双吸离心泵维修检查用空间

1—密封部分；2—填料箱；3—密封压盖；4—维修检查用空间；5—电动机

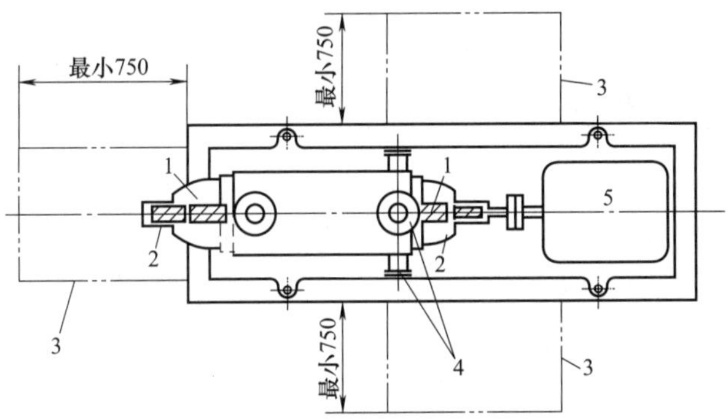

图 2-127 多级离心泵维修检查用空间

1—密封压盖；2—填料箱；3—维修检查用空间；4—顶部或侧向吸入；5—电动机

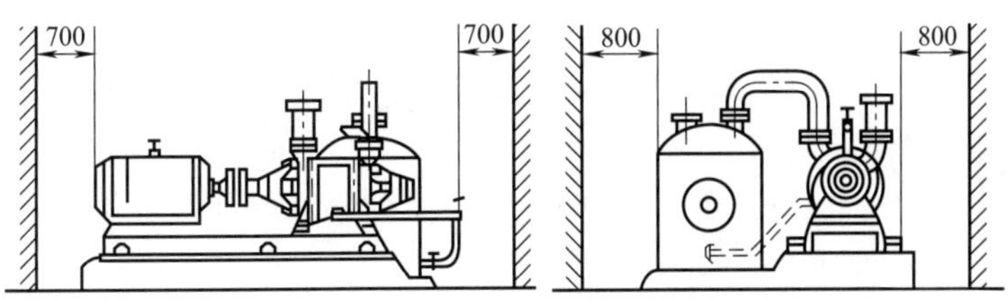

图 2-128 水环式真空泵维修检查用空间

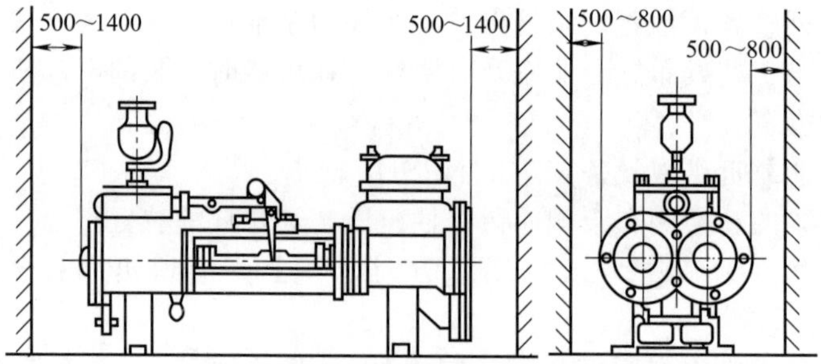

图 2-129 ZQS 型蒸汽泵维修检查用空间

三、泵的安装间距

两台泵之间的净距不宜小于 700mm，泵前端操作通道宽度不应小于 1000mm。对于多级泵，泵前端的检修通道宽度不应小于 1800mm。一般泵的前端检修通道宽度不应小于 1250mm，以便小型叉车通过。

第八节 泵的基础

一、泵基础的设计条件

（1）泵机组及辅助设备的安装尺寸图，包括底座尺寸，地脚螺栓的数量、直径、长度、露头长度和位置尺寸，机组总重等。

（2）泵运转速度范围、额定功率。

（3）重要的大型泵，应标出机组重心位置，回转部件的重量和重心位置，以及最大的不平衡力和力矩。

（4）地脚螺栓的固定方法（直接埋置法或预留孔二次灌浆法，推荐用后者）。

二、泵基础的一般要求

（1）泵基础尺寸通常按泵底座尺寸确定，底座边缘到基础边的距离一般为 100～150mm。基础表面一般比地面高 200mm，地脚螺栓预留孔一般为 100mm×100mm 方孔，直径较大的地脚螺栓，也可预留矩形孔，如 120mm×140/160/180mm 等。深度由地脚螺栓长度确定。

（2）泵基础必须能承受泵和管路的最大静负荷和动负荷，不能有任何损坏和影响泵运转的沉降。

（3）基础的重量，对于回转泵，一般至少为泵机组总重的 3 倍，对往复泵为 5 倍。

（4）为避免发生共振，干扰力的频率与基础和泵系统的自振频率之比应小于 0.7 或大于 1.3。

（5）预留螺栓孔周边与基础外表面之间的混凝土厚度不应小于 100mm，当不满足时，应在基础周边配置构造钢筋。

（6）对于长边大于 4m 的基础，其四周应配置不小于Φ 10@200（钢筋直径不宜小于 10mm、间距不宜大于 200mm）的钢筋网。

（7）为去掉基础顶部表面的浮浆和附着物，要凿掉 5～20mm 厚的表层，考虑到初期收缩，应留有适当的灌浆裕量。

（8）需二次灌浆的基础表面应铲出麻面，麻点深度宜不小于 10mm，密度为 3～5 个麻点/dm^2。表面不允许有油污和疏松层，放垫铁处的基础表面应铲平，其水平度允差为 2mm/m。

（9）按 SH/T 3541《石油化工泵组施工及验收规范》，二次灌浆层的标号应比基础混凝土的标号高一个等级。对执行 API 610 标准的重要泵，建议二次灌浆层采用不收缩混凝土，通常用环氧树脂砂浆。在底座每个分隔段的最高点，应设置排气孔，保证二次灌浆层灌满底座下面的整个空穴而不致形成空气囊，以使底座有足够的刚性。这对于用钢板冲压底座或槽钢焊接底座的泵是十分必要的，否则泵的振动值会超标，影响机封和轴承的寿命。当采用环氧树脂砂浆时，喷砂处理后的基础表面，应涂与环氧砂浆相容的底漆。

（10）二次灌浆应在泵机组的最终找正合格后尽快进行，如超过 24h，在二次灌浆前应再次找正。

（11）二次灌浆前应敷设模板，外模板至泵底座外缘的距离不宜小于 60mm，模板拆除后应进行抹面处理。抹面层外表面应平整，上表面略有向外的坡度，高度略低于底座外缘的上表面。

（12）二次灌浆应连续进行，不得分次浇灌。

三、泵基础的验收

（1）泵基础移交时，应有质量合格证明书及测量记录。在基础上应明显地画出标高基准线及基础的纵横中心线。在建筑物上应标有坐标轴线。重要的大型泵基础应有沉降观测点。

（2）对泵基础外观进行检查，不得有裂纹、蜂窝、空洞、露筋等缺陷。

（3）按有关土建基础图和泵的技术文件，对泵基础的位置、方向、高度和外形尺寸进行复测检查，其允许偏差应符合表 2-38 的规定。

表 2-38 泵基础尺寸和位置的允许偏差 单位：mm

项次	名称		允许偏差
1	基础坐标位置(纵横轴线)		±20
2	基础各不同平面的标高		−20
3	基础上平面外形尺寸 凸台上平面外形尺寸 凹穴尺寸		±20 −20 +20
4	基础上平面的水平度	每米 全长	5 10
5	垂直度	每米 全长	5 10
6	预埋地脚螺栓	标高(顶端) 中心距(根部和顶部)	20 ±2
7	预留地脚螺栓孔	深度 中心位置 孔壁垂直度(全深)	±20 ±10 +10
8	预埋活动地脚螺栓锚板	标高 中心位置 水平度(带槽锚板) 每米 水平度(带螺纹孔锚板) 每米	+20 ±5 5 2

·第六章·
特殊介质的输送

第一节 黏性介质的输送

一、不同类型泵的适用黏度范围

1. 黏度

流体的黏性大小可用黏度这一物理量表示。常用的有动力黏度 μ（简称黏度）和运动黏度 ν 两种。此外还可用恩氏黏度（°E）、赛氏黏度（Saybolt viscosity）等表示，单位换算关系见表 2-39。

表 2-39 常用黏度换算

名 称	又 名	符 号	单 位	与运动黏度的换算
动力黏度		μ	Pa·s	$\nu=\frac{\mu}{\rho}$ ρ——液体密度，kg/m^3
运动黏度		ν	mm^2/s	
条件黏度(恩氏黏度)	相对黏度	°E	度	$\nu=7.31°E-\frac{6.31}{°E}$
国际赛氏秒	通用赛波特秒	SSU (SUS)	s	$\nu=0.22SSU-\frac{180}{SSU}$
商用雷氏秒	雷氏 1°s	″R (RSS)	s	$\nu=0.26''R-\frac{172}{''R}$
赛氏-氟氏秒	赛波特-费劳尔秒	SSF (SF)	s	$\nu=2.2SSF-\frac{203}{SSF}$
巴氏秒	巴洛别度	°B	度	$\nu=\frac{4850}{°B}$

注：1Pa·s=1000mPa·s=1000cP（厘泊），$1mm^2/s$=1cSt（厘斯）。

SSU（Saybolt seconds universal）：针对中等黏度液体。

SSF（Saybolt seconds furol）：针对高黏度液体。

对于 $70mm^2/s$ 及以上黏度值：$1mm^2/s$=0.216SSU；1SSU=10SSF。

2. 液体黏度对泵性能的影响

对于叶片式泵，随着液体黏度增大，其流量、扬程下降，功耗增加（见图 2-130）。对于容积式泵，随着液体黏度增大，一般泄漏量下降，容积效率增加，泵的流量增加。但泵的总效率下降，泵的功耗增加。

3. 不同类型泵的适用黏度范围

不同类型泵的适用黏度范围见表 2-40。

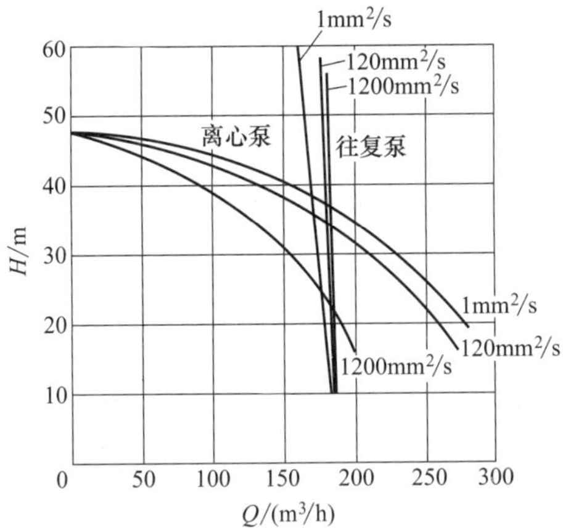

图 2-130 液体黏度对泵性能的影响

表 2-40 不同类型泵的适用黏度范围

类型		适用黏度范围/(mm^2/s)
叶片式泵	离心泵	<150
	旋涡泵	<37.5
容积式泵	往复泵	<850
	计量泵	<800
	旋转活塞泵	≤11000
	单螺杆泵	≤200000
	双螺杆泵	≤1500
	三螺杆泵	≤3750
	齿轮泵	1～440000
	滑片泵	≤10000
	软管泵(蠕动泵)	≤10000

注：1. 对 $NPSH_r$ 远小于 $NPSH_a$ 的离心泵，可用于黏度小于 500～650mm^2/s 的场合。

2. 当黏度大于 650mm^2/s 时，离心泵的性能下降很大，一般不宜用离心泵，但由于离心泵输液无脉动，无需安全阀且流量调节简单，因此在化工生产中也常可见到离心泵用于输送黏度达 1000mm^2/s 的场合。

3. 旋涡泵最大黏度一般不超过 115mm^2/s。

二、离心泵的性能参数换算

输送黏性介质的离心泵，当黏性介质的黏度≤20mm^2/s（如一般的化工原料及汽油、煤油、洗涤油、轻柴油等）时，其性能参数可不必进行换算。黏度>20mm^2/s 时，按以下方法进行换算。

1. 正运算公式

已知离心泵输送清水工况下对应的流量、扬程、效率、输入功率，求输送黏液时泵的性能。

（1）参数 B 的计算

$$B=16.5\times\frac{(\nu_{\rm VIS})^{0.50}\times(H_{\rm BEP\text{-}W})^{0.0625}}{(Q_{\rm BEP\text{-}W})^{0.375}\times N^{0.25}} \tag{2-73}$$

式中 ν_{VIS}——黏液的黏度，mm^2/s；

$H_{BEP\text{-}W}$——离心泵清水工况最高效率点扬程，m；

$Q_{BEP\text{-}W}$——离心泵清水工况最高效率点流量，m^3/h；

N——泵的转速，r/min。

若 $1.0<B<40$，按照式(2-74)，应用参数 B [见式(2-73)] 计算流量修正系数 C_Q；

若 $B\leqslant 1.0$，则可认为黏液扬程 H_{VIS}=清水扬程 H_W，黏液流量 Q_{VIS}=清水流量 Q_W，黏液效率 η_{VIS}=清水效率 η_W，即无须进行修正；

若 $B>40$，则用本章节中的公式导出的修正系数会不准确，应该避免使用。此时可通过损失分析方法来进行修正，此处就不做介绍了。

(2) 流量修正系数 C_Q 的计算 用式(2-73) 计算的 B 可以求得 C_Q。离心泵性能曲线上任意一个点的清水流量 Q_W 都可以利用 C_Q 换算为该黏度下对应的黏液流量 Q_{VIS}：

$$C_Q=(2.71)^{-0.165\times(\log_{10}B)^{3.15}}$$

$$Q_{VIS}=C_Q Q_W \tag{2-74}$$

式中 Q_W——清水的流量，m^3/h；

Q_{VIS}——黏液的流量，m^3/h。

同时，流量修正系数 C_Q 也等于最佳效率点扬程的修正系数 $C_{BEP\text{-}H}$（对应最佳效率点的清水流量 $Q_{BEP\text{-}W}$），用下列公式能够换算得到最佳效率点下的黏液扬程：

$$C_{BEP\text{-}H}=C_Q$$

$$H_{BEP\text{-}VIS}=C_{BEP\text{-}H}H_{BEP\text{-}W} \tag{2-75}$$

式中 $H_{BEP\text{-}VIS}$——离心泵黏液工况最高效率点扬程，m。

(3) 扬程修正系数 C_H 的计算 运用式(2-76) 可以求得 C_H，离心泵性能曲线上任意一个点的清水扬程 H_W 都可以利用 C_H 换算为该黏度下对应的黏液扬程 H_{VIS}：

$$C_H=1-\left[(1-C_{BEP\text{-}H})\times\left(\frac{Q_W}{Q_{BEP\text{-}W}}\right)^{0.75}\right]$$

$$H_{VIS}=C_H H_W \tag{2-76}$$

式中 H_W——清水的扬程，m；

H_{VIS}——黏液的扬程（任一点扬程），m。

(4) 效率修正系数 C_η 的计算 运用式(2-77) 可以求得 C_η，离心泵性能曲线上任意一个点的清水效率 η_W 都可以利用 C_η 换算为该黏度下对应的黏液效率 η_{VIS}：

$$C_\eta=B^{-(0.0547\times B^{0.69})}\quad(1.0<B<40)$$

$$\eta_{VIS}=C_\eta\eta_W \tag{2-77}$$

式中 η_W——输送清水时的效率,%；

η_{VIS}——输送黏液时的效率,%。

(5) 黏液泵的轴功率 P_{VIS} 的计算 式(2-78) 的轴功率计算适用于离心泵性能曲线上所有操作点：

$$P_{VIS}=\frac{Q_{VIS}H_{VIS-TOT}s}{367\eta_{VIS}} \tag{2-78}$$

式中 Q_{VIS}——黏液的流量，m^3/h；

$H_{VIS\text{-}TOT}$——黏液的扬程（总压头），m；

s——液体的相对密度。

【例 2-6】 某单级离心泵输送清水时，其最佳效率点流量为 $120m^3/h$，扬程 68m。泵转速 2950r/min，效率 82%。根据正运算公式，将输送清水改为输送黏度 120mm²/s 的黏液时，该泵最佳效率点对应的流量、扬程、效率见表 2-41。

表 2-41 例 2-6 表

性能点	清水性能			泵转速/(r/min)	介质黏度/(mm²/s)	参数 B	修正系数			黏液性能		
	流量/(m³/h)	扬程/m	效率 η_W				C_Q	C_H	C_η	Q_{VIS}/(m³/h)	H_{VIS}/m	η_{VIS}
Q_{BEP}	120	68	0.68	2950	120	5.302	0.942	0.942	0.749	113	64	0.509

其他操作点的清水流量，如 0.6、0.8、1.2 倍的 Q_{BEP} 都可以应用以上公式进行换算。

2. 逆运算公式

已知黏液泵的流量、扬程，泵送温度下黏液的黏度、相对密度，应用逆运转公式，求近似当量的清水性能。

（1）参数 B 的计算

$$B=2.80\times\frac{(\nu_{VIS})^{0.50}}{(Q_{VIS})^{0.25}\times(H_{VIS})^{0.125}} \tag{2-79}$$

式中 ν_{VIS}——黏性介质的黏度，mm²/s；

H_{VIS}——离心泵清水工况最高效率点扬程，m；

Q_{VIS}——离心泵清水工况最高效率点流量，m³/h。

若 $1.0<B<40$，按照式（2-74），应用参数 B 计算流量修正系数 C_Q；

若 $B\leqslant1.0$，则可认为 $H_{VIS}=H_W$，$Q_{VIS}=Q_W$，$\eta_{VIS}=\eta_W$，即无须进行修正；

若 $B>40$，则用本章节中的公式导出的修正系数是很不准确的，应该避免。可以通过损失分析方法来进行修正，在此不做说明。

需要注意的是，逆运算公式求参数 B 时公式中没有转速变量。这点与正运算公式不同。

（2）流量修正系数 C_Q 和扬程修正系数 C_H 的计算　流量修正系数 C_Q 和扬程修正系数 C_H 可以认为是相等的，这两个修正系数都是通过最佳效率点清水流量 $Q_{BEP\text{-}W}$ 计算得到：

$$C_Q\approx C_H\approx(2.71)^{-0.165\times(\log_{10}B)^{3.15}} \tag{2-80}$$

（3）近似清水流量 Q_W 和清水扬程 H_W 的计算

$$Q_W=\frac{Q_{VIS}}{C_Q}$$

$$H_W=\frac{H_{VIS}}{C_H}$$

（4）得到预估效率　从样本中选一台水泵，Q_W、H_W 是或者接近泵的最高效率点处的值。由此可以得到所选水泵的预估效率 $\eta_{BEP\text{-}W}$。

（5）效率修正系数 C_η 的计算

$$C_\eta=B^{-(0.0547\times B^{0.69})}\ (1.0<B<40)$$

$$\eta_{VIS}=C_\eta\eta_W \tag{2-81}$$

式中 η_W——清水泵的效率。

（6）输送黏液时轴功率的近似计算

$$P_{VIS}=\frac{Q_{VIS}H_{VIS-TOT}s}{367\eta_{VIS}} \tag{2-82}$$

【例 2-7】 某单级离心泵输送黏液时，其最佳效率点流量为 $120m^3/h$，扬程 68m。黏度 $120mm^2/s$，相对密度 0.9。根据逆运算公式，将黏液改为清水时，对应的流量、扬程见表 2-42。

表 2-42 例 2-7 表

性能点	黏液性能		介质黏度 $/(mm^2/s)$	参数 B	修正系数			清水性能	
	流量 $/(m^3/h)$	扬程 /m			C_Q	C_H	C_η	流量 $/(m^3/h)$	扬程 /m
Q_{BEP}	120	68	120	5.47	0.939	0.939	0.74	127.85	72.45

3. $NPSH_3$ 修正系数计算式

已知离心泵输送清水时的 $NPSH_3$，运用 $NPSH_3$ 修正系数计算式，求输送黏液时的 $NPSH_{3VIS}$。

$NPSH_3$ 修正系数 C_{NPSH} 的计算式：

$$C_{NPSH}=1+A\times\left(\frac{1}{C_H}-1\right)\times 274000\times\left[\frac{NPSH_{3\,BEP\text{-}W}}{(Q_{BEP\text{-}W})^{0.667}\times N^{1.33}}\right] \tag{2-83}$$

式中 $NPSH_{3\,BEP\text{-}W}$——离心泵清水工况最高效率点 $NPSH_3$，m；

$Q_{BEP\text{-}W}$——离心泵清水工况最高效率点流量，m^3/h；

N——泵的转速，r/min；

C_H——扬程修正系数。

泵的吸入方式用变量 A 表示。端吸泵，$A=0.1$；径向泵（流体经 90°弯曲进入叶轮），$A=0.5$。

$$NPSH_{3VIS}=C_{NPSH}\times NPSH_{3W}$$

黏液泵其他流量点的 $NPSH_3$ 修正系数 C_{NPSH} 均相同。

在 $NPSH_3$ 的修正方法中，流量不修正，即使用未经修正的水的流量 Q_W。

式(2-83) 是基于分析法，并不是基于 $NPSH_3$ 的现场试验数据。当泵送介质黏度非常高时，装置 $NPSH_a$ 必须留有足够安全裕量，并应征求制造商的建议。(该公式不适用于未考虑热效应的碳氢化合物)。

【例 2-8】 操作条件同例 2-6 的一台端吸式离心泵，其 $NPSH_3=4.15m$，用 $NPSH_3$ 修正系数计算式，可得 C_{NPSH} 见表 2-43。

表 2-43 例 2-8 表

最高效率点清水性能			泵转速 /(r/min)	泵吸入方式变量 A	介质黏度 $/(mm^2/s)$	中间计算参数		$NPSH_3$ 修正系数 C_{NPSH}
$Q_{BEP\text{-}W}$ $/(m^3/h)$	$H_{BEP\text{-}W}$ /m	$NPSH_{3BEP\text{-}W}$ /m				参数 B	C_H	
120	68	4.15	2950	0.1	120	5.302	0.942	1.007

三、容积式泵的性能参数换算

一般容积式泵的容积效率随介质黏度的增加而增高，若转速和排出压力不变，则流量也略有增大，见式(2-84)。黏度与容积效率的换算关系可参见式(2-85)。

$$Q_2=\frac{\eta_{V2}}{\eta_{V1}}Q_1 \tag{2-84}$$

式中 Q_1，η_{V1}——黏度 ν_1 下的泵的流量和容积效率；

Q_2，η_{V2}——黏度 ν_2 下的泵的流量和容积效率。

$$\nu_1(1-\eta_{V1})=\nu_2(1-\eta_{V2}) \tag{2-85}$$

第二节 含气液体的输送

输送含气液体时，泵的流量、扬程、效率均有所下降，含气量愈大，下降愈快（见图2-131）。随着含气量的增加，泵容易出现噪声和振动，严重时会加剧腐蚀或出现断流、断轴现象。各种类型泵输送介质的允许含气量极限见表2-44。

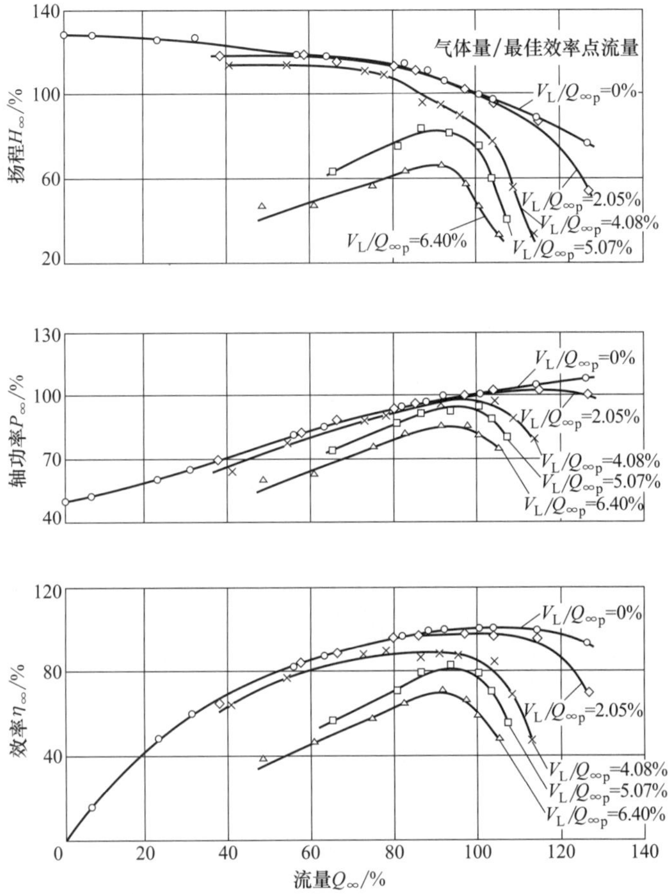

图 2-131 输送介质含气量对单级离心泵（吸入压力0.25MPa，比转速 $c=146$）的性能影响

表 2-44 各类泵含气量的允许极限

泵类型	离心泵	旋涡泵	容积式泵
允许含气量极限(体积)/%	<5	5～20	5～20

为保证泵的可靠运转，应尽量采取以下措施降低输送介质的含气量。

(1) 吸液池的结构形式和泵吸入管的布置应使并联泵能等量吸入液体，并要求泵吸入管口在吸液池内应具有一定的淹没深度（H_1），离池底有一定的悬空高度（H_2）（见图2-132）。

（以最佳效率点下Q_{∞}、η_{∞}、H_{∞}、P_{∞}的百分率表示）

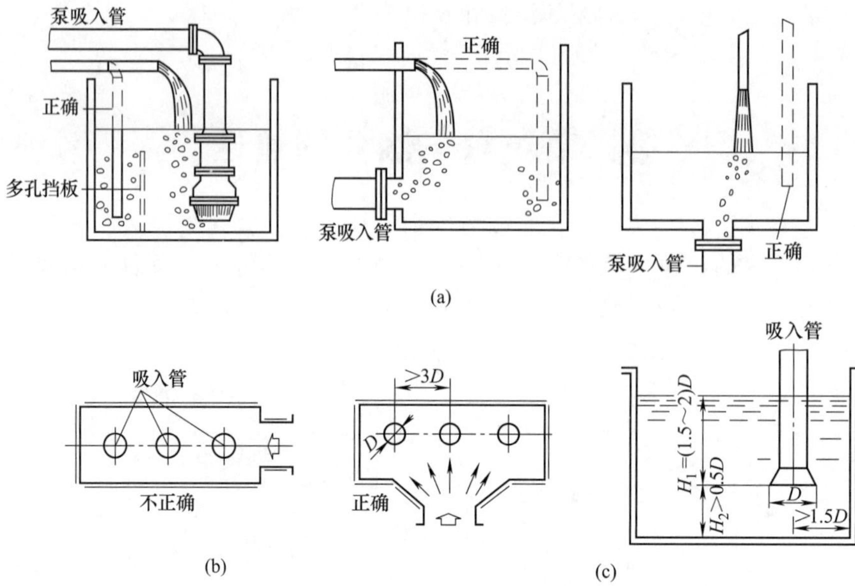

图 2-132 吸入管在吸液池中的布置

（2）吸液池的进液管、回流管、废液收集管要远离泵的吸入管口，以免空气泡在没有消失之前就很快被泵吸入。同时吸入管不能放在池中央，也不能太靠近池壁（一般离池壁最小为 1.5D），以免产生旋涡或抽空（见图 2-132）。

（3）保证管路接头处密封良好，避免空气漏入。

（4）吸入管路布置时应避免形成空气囊（见图 2-133）。

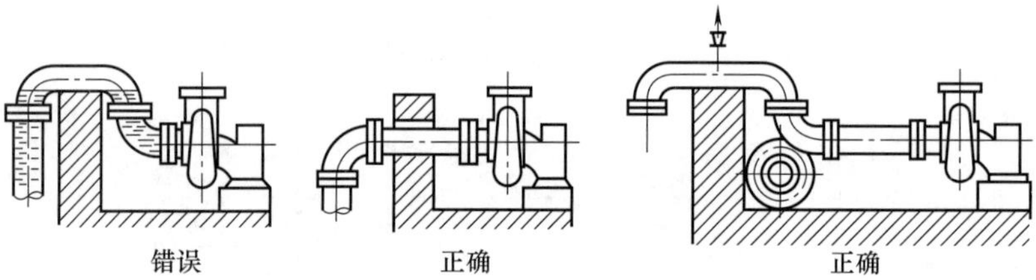

图 2-133 进口管路的布置和空气囊

第三节 低温介质的输送

乙烯、乙烷、丙烯、液化石油气（LPG）、液化天然气（LNG）等各种低温液化气体介质的温度通常为－196～－30℃，输送这些介质的泵称为低温泵或深冷泵。

一、低温泵的特点

1. 液化条件要求高

液化气体通常在常温、常压下为气体，只有在一定压力和低温条件下才变为液体。如乙烯装置中，甲烷的液化条件为 3MPa，－100℃；乙烯的液化条件为 2MPa，－30℃。

2. 汽化压力随温度而剧变

低温泵输送的液化气体通常都处于饱和状态（或有微量过冷度）。这类液体的汽化压力随温度变化而变化。一般当温度变化±25%时，汽化压力可变化±（100%～200%），同时介质的密度、比热容、蒸发潜热等物理性质也都将发生变化。例如温度上升时，蒸气压急剧增高，密度减小，比热容增大，蒸发潜热减小，使液化气体更易汽化，且增高进口压力，从而影响泵体强度；又如温度下降过多时，吸液槽内蒸气压随之下降，而且在液体介质流经吸入管路时，也容易从外界吸热升温，这样都会造成 $NPSH_a$ 的下降，使吸入汽蚀性能恶化，因此必须对吸入管路进行充分保冷，使吸液槽内温度不经常波动，同时管路中应尽量不设球形阀、节流孔、滤网等节流装置，以免引发局部压力下降，使液化气体汽化。

3. **对轴封要求严格**

绝大多数液化气体都具有腐蚀性和危险性，不允许泄漏到外界；一旦泄漏出液化气体，液化气体的汽化吸热易造成密封部位的结冰，而且有的液化气无色无味、易燃易爆，不易发现，存在安全风险，因此输送液化气体的低温泵对轴封的要求很严格。

二、低温泵的结构

低温泵有立式和卧式两种结构，多数低温泵为立式结构。常用的低温泵型式有两种，第一种是筒袋式低温泵，第二种是潜液式低温泵。

1. **筒袋式低温泵**

（1）泵结构 图 2-134 是有代表性的筒袋式低温泵结构。

（2）主要特点

① 筒袋式低温泵体部分常埋于地下，不受电动机热风、空气温度和日照的影响，易于保冷，同时可降低泵的安装高度，增加灌注压头，提高有效汽蚀余量 $NPSH_a$。

② 泵的总体结构力求对称布置，以便在冷态下能均匀变形。

③ 为便于保冷，有利于输送危险介质，泵体为双层壳体，内壳体承受泵压力，内外壳体之间承受介质的吸入压力，这样可适当降低内壳的强度要求。

（3）泵的轴封

① 密封配置方式 1（单端面机械密封） 结构简单，辅助设备少，如图 2-135 所示。过去在使用中经常发生密封面的结冰和闪蒸，影响其使用。现在许多密封件制造厂在设计时考虑了这一现象，当液化气体温度低于－80℃时，采用甲醇或氮气密封液化气体的方法解决密封面结冰问题。

② 密封配置方式 2（无压双机械密封） 在许多应用场景，尤其是在长距离管线输送中，希望能在早期就发觉密封的损坏和随之发生的泄漏。在此情况下，可采用密封配置方式 2，如图 2-136 所示。其内侧密封的功能相当于一个单端面内装式密封，密封腔内仅注满来自受液槽的液体，未加压，内侧密封的润滑由工艺介质提供，而不是受液槽的液体。一旦内侧密封失效，导致密封腔内的压力升高时，即能通过受液槽上的压力监测仪表显示、记录或报警，以便及时检修。而外侧密封可承担起轴的密封和容纳泄漏液的作用。

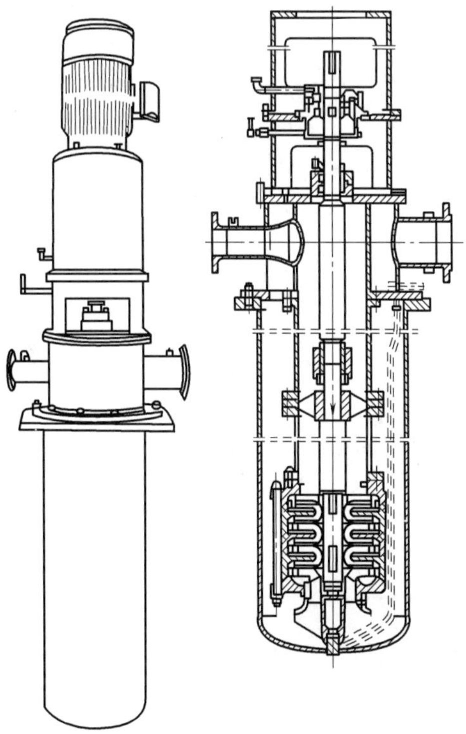

图 2-134 筒袋式低温泵结构

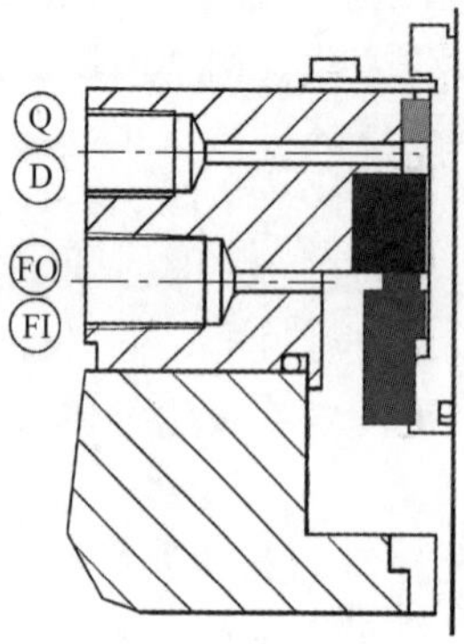

图 2-135　密封配置方式 1

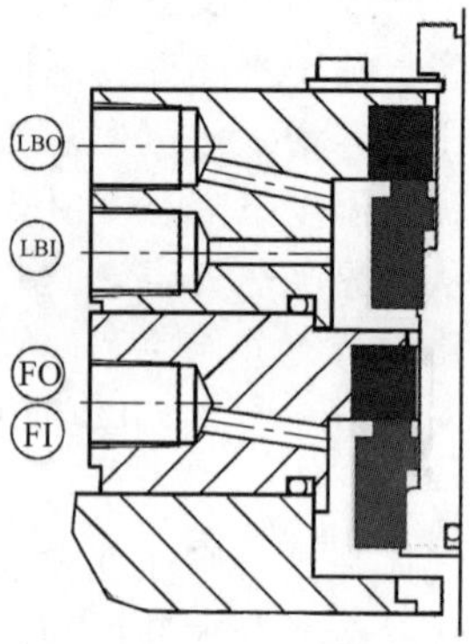

图 2-136　密封配置方式 2

③ 密封配置方式 3（有压双机械密封）　密封可靠，寿命较长，在密封和泵体之间设有缓冲室，可起到隔冷作用。为使密封液压力能随排液压力变化而适当进行调节，一般都配备恒压器、隔冷槽等设备。带压双机械密封结构及辅助系统较复杂，如图 2-137 所示。该密封由两对密封端面组成，中间引入高于介质压力 0.14～0.41MPa 的密封液，用以改善端面间的润滑及冷却条件，并阻隔介质泄漏通道，实现工艺介质“零泄漏”。但是在该配置方式下，必须慎重选择密封液，以免当内密封失效时，密封液大量漏入到工艺介质中，引起安全事故。

④ 密封配置方式 4（无压干气密封）　内侧密封为接触式机械密封，外侧密封采用干气密封；缓冲气由外部引入到两对密封端面间，如图 2-138 所示。内侧微量泄漏的介质被缓冲气吹扫固定排放而不会漏入大气，从而实现工艺介质“零泄漏”，安全环保。密封配置方式 4 的辅助系统操作简单、维护方便。但该结构会持续消耗氮气，运行成本相对较高。

⑤ 密封配置方式 5（有压干气密封）　内外侧均为干气密封，由外部气源向两对密封端面之间提供隔离气体（最常用的是氮气），如图 2-139 所示。隔离气体压力高于密封腔压力至少 0.17MPa，内侧密封是隔离气体泄漏到泵送流体中，外侧密封是隔离气体泄漏到大气中，从而实现泵送流体向大气的“零泄漏”，确保安全与环保。该配置对隔离气体的压力稳定性要求非常高，当隔离气的压力低于密封腔压力时，易导致内侧密封与外侧密封失效，泵送流体直接泄漏到大气的情况，在密封腔压力较高或氮气压力易波动的情况下需谨慎使用。

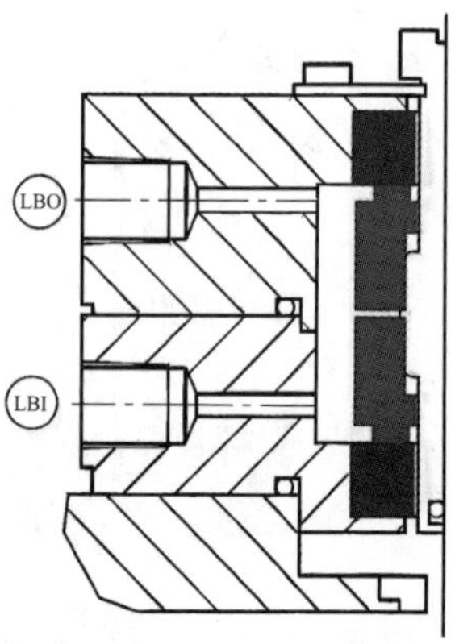

图 2-137　密封配置方式 3

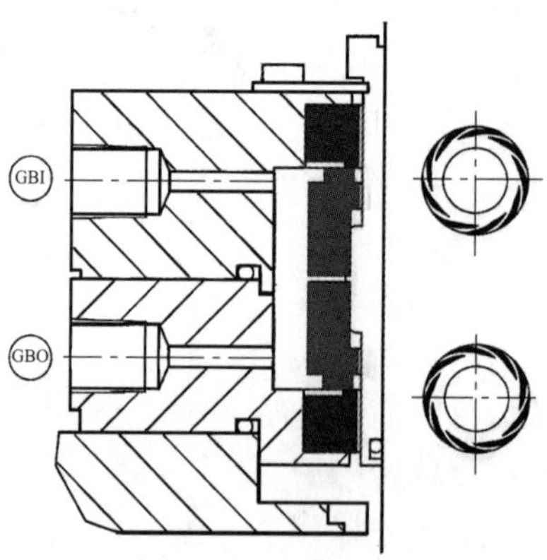

图 2-138　密封配置方式 4

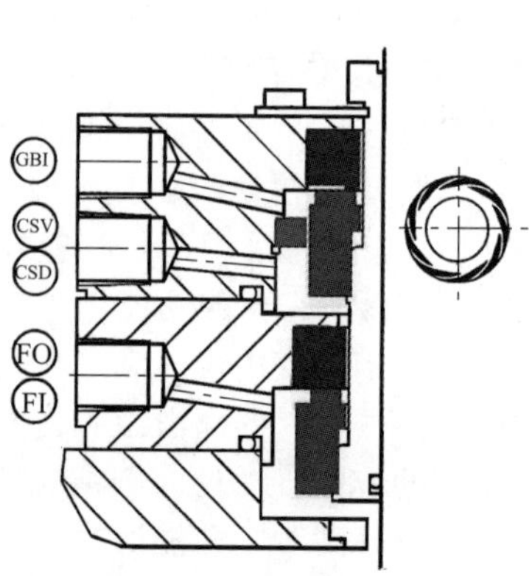

图 2-139　密封配置方式 5

⑥ 无密封泵结构（屏蔽式筒袋泵）　见本章第五节

⑦ 泵密封型式的选择　泵密封型式的选择应综合考虑液化气体的温度、压力和物性，表 2-45 是某石化装置用泵推荐的泵密封型式。

表 2-45　液化气体输送泵密封型式（供参考）

汽化压力 VP(绝压)/bar	液体特性	沸程①	推荐的泵密封型式
VP>5	泄漏后快速充分地汽化 泄漏将形成较大的蒸气云	全沸程	无密封泵，或密封配置方式 4
1<VP<5	泄漏后大部分汽化 泄漏将形成较大的蒸气云	窄沸程	无密封泵，或密封配置方式 4 或 5
VP<1	泄漏后小部分汽化 飞溅将扩大蒸气云区域	全沸程	密封配置方式 3 或 4 或 5

① 沸程（boling range）参照纯物质和挥发度相近组分的混合物，如 LPG；中等沸程参照包含沸点差异很大组分的混合物，如典型的石油精馏；宽沸程参照包含沸点差异极大组分的混合物，如原油。

（4）泵的轴承　筒袋式低温泵的轴承分为上轴承和下轴承。上轴承处在大气中，一般采用止推滚动轴承；下轴承为导向滑动轴承，浸没在介质中工作，并由介质进行润滑。

为防止摩擦发热而引起液化气体汽化，以致破坏润滑，必须使用自润滑性好的材料，如聚四氟乙烯、石墨、耐蚀镍合金等，同时轴颈表面应做氮化处理或堆焊硬质合金。

（5）监测要求　液化烃泵属于高危泵，应考虑设置壳体的振动、温度等监测，确保出现故障时及时发现和处理，避免造成事故。

2. 潜液式低温泵

潜液式低温泵（submerged cryogenic pump）主要在液化气体运输船、天然气加气站和液化气体接收站（terminal）上使用。液化气体接收站用泵按其安装位置可分为罐内泵和罐外泵两种。

图 2-140～图 2-143 是某公司制造的几种潜液式低温泵结构。

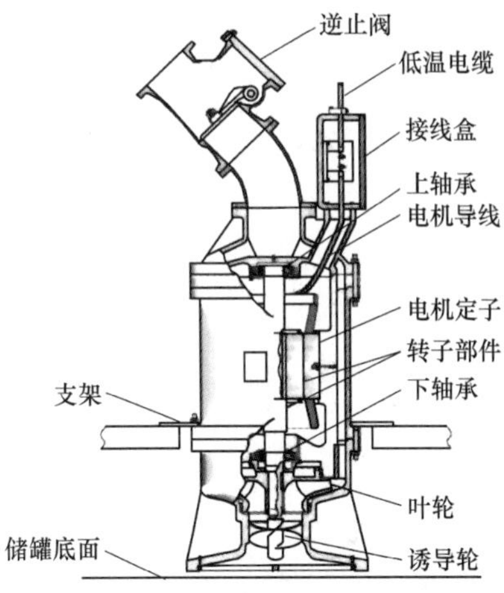

图 2-140　船用泵

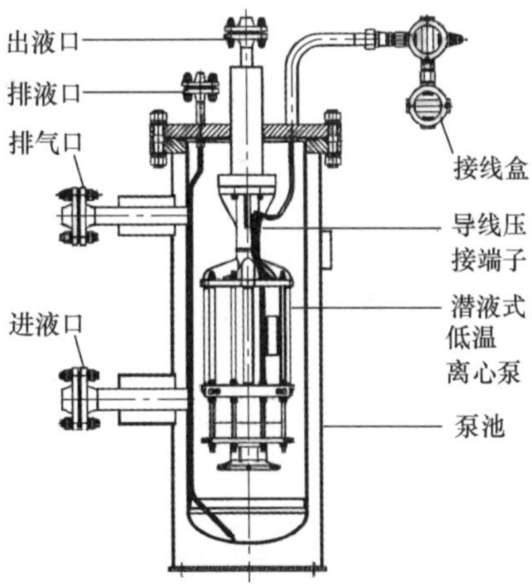

图 2-141　加气站用泵

① 船用泵　船用泵是指在液化气体运输船储罐内使用的泵，作用是将船上储罐内的液化气体输运到接收站的储罐内。对于 LNG 运输船来说，一般每艘船上有 4 个 LNG 储罐，

每个储罐内安装 2 台输送泵，共 8 台（不含辅助泵）。目前 LNG 船装载量一般为 14 万立方米左右。船用泵的要求是安装时尽量使泵入口接近储罐底，这样可以提高运输船利用率，提高经济性。此外由于不能经常更换泵，所以对泵的安全性、可靠性要求都很高。一般液化气体船用泵为单级或两级叶轮。

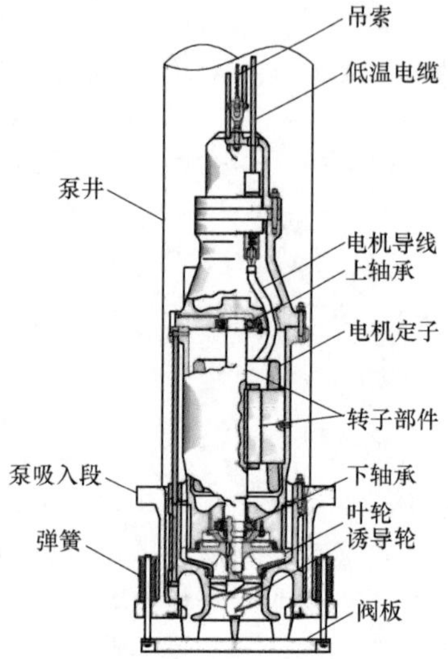

图 2-142 接收站罐内泵

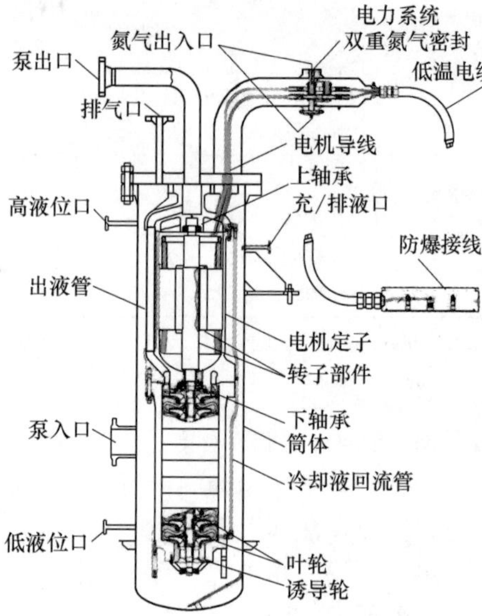

图 2-143 接收站罐外泵

② 加气站用泵 加气站用泵通常用于 LNG 加气站的加注撬，作用是将 LNG 储液罐内的介质加压后，经过计量输送至以 LNG 作为燃料的车辆等设备内。每个加注撬通常配置 1 台泵，泵通常设置两级或三级叶轮。

③ 接收站罐内泵 见第三篇第一章第二节“液化天然气接收站用泵”内容。

④ 接收站罐外泵 见第三篇第一章第二节“液化天然气接收站用泵”内容。

近些年，国内低温行业的发展日益壮大，国产潜液式低温泵的制造业随之蓬勃发展，经过独立自主的研发和创新，已实现船用泵、加气站用泵、接收站罐内泵和接收站罐外泵的全部国产化，如大连深蓝泵业有限公司、杭州新亚低温科技有限公司等产品已在行业内大范围推广和应用。

三、低温泵的材料

(1) 金属材料 泵常用的低温材料为：奥氏体不锈钢，如 304、304L、316、316L 等。对于潜液式低温泵来说，筒体和轴等需要采用奥氏体不锈钢材料制造，如 316L 等，但泵体、叶轮及诱导轮等可采用铝合金材料制造。

(2) 非金属材料 非金属材料主要用于筒袋式低温泵的轴封中。常用的非金属密封材料有聚四氟乙烯（最低－73℃）、丁腈橡胶（最低－40℃）、硅橡胶（最低－100℃）、玻璃纤维增强聚四氟乙烯（最低－212℃）和石墨（最低－240℃）等。

四、输送低温液化烃的泵装置

低温泵输送的低温液化气通常处于饱和状态，对汽蚀余量的反应特别敏感，在设置低温泵装置时要考虑此特点。

典型的输送乙烯气体泵装置如图 2-144 所示，乙烯气体经冷凝器（丙烷作冷冻剂）冷凝后成为饱和液体，流至储罐，储罐中的液态乙烯处于气液两相平衡状态。对于卧式泵，装置汽蚀余量 $NPSH_a$ 为储罐液面至泵中心线的高度。对立式泵，其装置汽蚀余量 $NPSH_a$ 为储罐液面至泵首级叶轮基准面处的高度，见图 2-145。

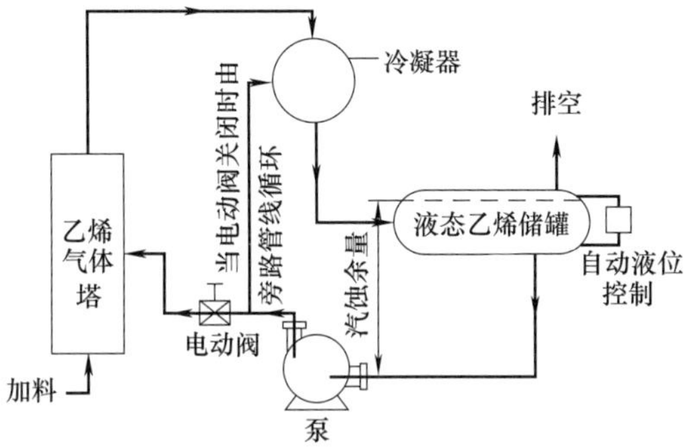

图 2-144　典型输送乙烯气体泵装置

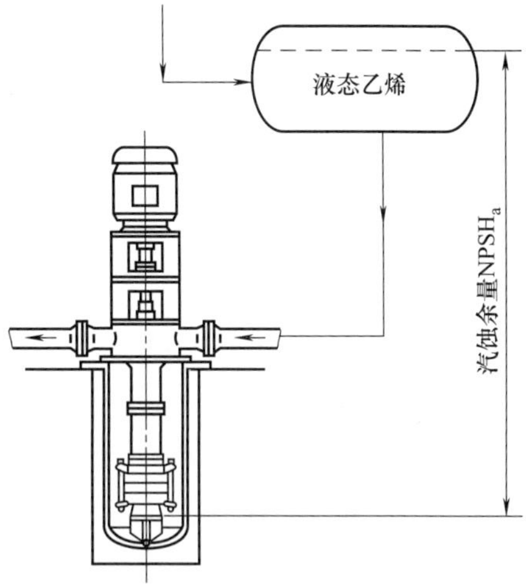

图 2-145　立式泵的 $NPSH_a$ 的确定

五、低温泵的安装和运行要求

（1）安装低温泵时，泵的零部件必须用溶剂洗涤干净，干燥后再进行装配，严禁沾上水或油脂。

（2）低温泵本身和泵的吸入管线均须有保冷措施，以防在运行中从外界吸入热量使液体汽化，影响泵的吸入性能。

（3）低温泵及其装置在投入运行前需清洗干净，然后用干燥的氮气等进行清扫，除去泵内的水分和空气，并进行预冷，预冷速率与操作温度有关，通常操作温度越低，预冷速率越小。

（4）低温泵的吸入口和吸入管路应有排气装置，使泵在运行前或运行中能及时排除逐渐积存的气体，保证低温泵可靠地工作。

第四节　含固体颗粒液体的输送

输送含固体颗粒液体的泵，常被称为杂质泵。杂质泵叶轮和泵体的损坏原因分两类：一类是由于固体颗粒磨蚀引起的，如矿山、水泥、电厂等行业用泵；另一类是磨蚀性和腐蚀性共同作用引起的，如磷复肥工业中的磷酸料浆、磷铵料浆泵、磷石膏渣浆，煤化工行业的煤浆泵等。

特殊结构的离心泵、隔膜泵、往复泵、单螺杆泵等均可以用来输送含固体颗粒的液体，具体可参阅第三篇第四章煤化工装置用泵，以及第五章第五节磷酸磷铵装置用泵、第七节钛白粉装置用泵等。

本节主要介绍离心泵输送颗粒介质时，其结构、性能、材料和密封等方面的特殊要求。

在离心泵中，按照固液混合物的成分、浓度和固体物形状、粒径大小、硬度等物理化学性质，总体上分为两大类——渣浆泵和无堵塞泵（通常称为污水泵）。渣浆泵适用于输送磨蚀性比较强、含坚硬固体颗粒的固液混合物，如矿浆、灰渣、泥浆、煤泥、砂浆等介质。渣浆泵根据结构形式划分，可以分为单蜗壳渣浆泵和双蜗壳渣浆泵等；根据内衬材质划分，可以分为金属型、弹性体型、陶瓷型等；根据应用工况划分，可以分为常规型、高压型、泡沫型、疏浚型等。

一、渣浆泵的结构

1. 叶轮

渣浆泵的叶轮形式有多种，根据输送的介质情况而定，应用最广泛的是半开式叶轮，闭式叶轮也有采用，磷化工行业为了防止含固液体堵塞泵体，较多采用半开式叶轮，由后盖板、叶片、背叶片构成。闭式叶轮能获得较好的效率，并能够降低对前护板的磨损，但易发生堵塞现象。半开式叶轮由后盖板、叶片、背叶片组成，可在易堵塞、浆体中含有泡沫的情况下应用。另外还有一些无堵塞流道式叶轮，应用于如粗煤等大颗粒、带长纤维的浆体等。

叶片又分为简单圆柱形叶片和扭曲叶片，扭曲叶片通常是在需要提高效率或改善叶轮吸入性能时应用，在重磨蚀工况条件下，简单的圆柱形叶片更常用，另外当叶轮采用烧结陶瓷材质时，为便于内置骨架，也会采取圆柱形直叶片。

在叶轮的前后盖板上还设计有一定高度的背叶片，背叶片的数量比主叶片数量要多，通常为主叶片的两倍以上。前背叶片可以减少自叶轮外缘高压侧通过叶轮与前护板之间间隙向叶轮进口低压区的回流，提高泵的效率；后背叶片可以降低轴封处的压力，有利于优化轴封的工作性能和延长使用寿命；前后背叶片还可以阻止颗粒进入叶轮和护板之间的间隙，降低对护板的磨蚀。另外，背叶片还可以平衡轴向力。

2. 泵体（护套）

对于单壳体渣浆泵，泵体与介质接触，承受磨蚀腐蚀，同时也承受压力，并与管道连接。而对于双壳体渣浆泵，泵体由外壳体和护套组成，护套与介质接触，承受磨蚀腐蚀，外壳体与管道连接，并承受护套传递的压力。

泵体（护套）的型线通常是半螺旋形或环形，护套隔舌与叶轮之间间隙较大，以防止颗粒在此处的磨损。

二、渣浆泵的性能特点及参数修正

渣浆泵的效率普遍低于清水泵，这与渣浆泵的设计结构有关，渣浆泵叶轮叶片需要设计得更厚，以此抵抗磨蚀，因此叶片数量相对水泵要少。同时通道必须具有足够的宽度，以防止输送的固体颗粒发生堵塞。这样导致的结果是，流体在渣浆泵叶轮中无法像在清水叶轮中得到密切的引导，从而致使效率降低。

影响渣浆泵扬程和效率的另一因素是，输送的固体颗粒会损失一部分能量。当流动的浆体中存在固体颗粒时，液体和颗粒通过叶轮获得了动能，当离开叶轮进入蜗壳时，液体慢下来，将速度转化为压力，而固体继续前行，直至碰到蜗壳壁或者其他的颗粒，在碰撞、摩擦和磨蚀中消耗了能量。

泵选用时，应根据不同的固体含量、粒径、密度等，进行适当的性能参数修正。

需要说明的是：对于颗粒很小，固体物所有粒径均小于 100μm、质量浓度 $c_w \leqslant 30\%$、体积浓度 $c_r \leqslant 15\%$的非沉降类的均质浆体，只要已知其动力黏度，就可以用标准的黏性修正程序进行修正。在输送沉降类浆体时，其特点如下。

① 扬程和效率相对输送清水时的值下降同一个比率，即

$$HR=ER=\frac{H_m}{H}=\frac{\eta_m}{\eta} \tag{2-86}$$

式中 HR，ER——扬程比和效率比；

H_m，H——浆体扬程和清水扬程，m；

η_m，η——泵送浆体和清水时的效率。

② 最佳效率点不变。

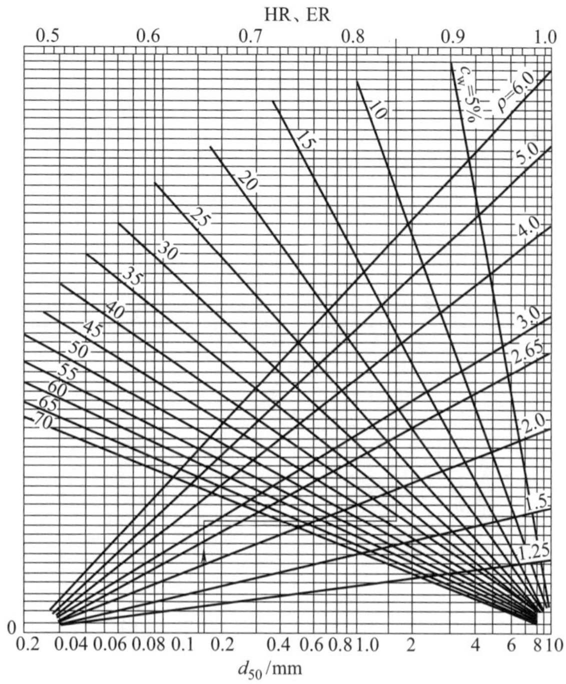

图 2-146 ER 和 HR 曲线

③ 扬程与效率比与流量无关。

根据浆体的重量浓度 c_w、固体颗粒相对密度 ρ，中值粒径 d_{50}，可由图 2-146 查出扬程比 HR 来，同样也可由式(2-87) 计算得出：

$$HR=1-0.000385(\rho-1)(1+\frac{4}{\rho})c_w\ln(\frac{d_{50}}{0.0227}) \tag{2-87}$$

式中，中值粒径（d_{50}）是指试样筛分时累积重量为 50%的颗粒粒径（mm)，它保证与比该粒径大的颗粒和小于该粒径的颗粒的重量份额相同。

已知 HR 和 H_m，就可用式（2-86）计算泵的清水扬程。通常在选泵时还要考虑一定的裕量，一般该裕量取额定扬程的 10%。

三、渣浆泵的密封

（1）机械密封 机械密封主要应用在固体颗粒较小、浓度较低的低磨蚀性浆体中，例如在氧化铝行业、电厂烟气脱硫等。

（2）填料密封 填料密封也叫盘根密封，是渣浆泵密封最常用的轴封。密封的原理是：将填料装入填料函，在压紧力的作用下，填料产生轴向压缩变形，并向径向膨胀，从而与填料函和轴接触紧贴，形成密封作用，在轴旋转的过程中，填料与轴接触，不旋转。填料密封必须要有冲洗水，且冲洗水的压力高于泵出口压力 2～3bar。冲洗水有三重作用，冷却、润滑、冲洗。

(3) 动力密封 动力密封由副叶轮和停车密封组成，当泵运行的时候，副叶轮产生的压力平衡了腔体压力，从而使泵运行无泄漏，停车时，停车密封作为静密封，防止停车时泄漏。动力密封适用于缺水的地方，一般仅应用于单级泵，在第二级或更高级的密封没有效果，并同时要求泵进口压力为正压，且不能超过工作压力（扬程）的10%～20%，否则副叶轮不能完全密封浆液，无法形成气液分界面，达不到密封效果。

四、渣浆泵的材质

杂质泵过流部件可选用的材料较多，应根据输送浆体的物理性质（颗粒组成、粒径、形状、硬度、浓度等）和化学性质（酸、碱、油）而定。研究表明：金属的磨损与固体颗粒（磨粒）的速度成正比；金属的磨损率随磨粒尺寸的增加而增加，即磨粒愈细，则磨蚀性愈小。金属的磨损率还随着磨粒硬度和浓度的增加而增大。根据常用材料的应用经验，给出了各种作业下的过流件材料选用指南，如表2-46所示。

表2-46 过流件材料选用指南

过流材质	磨损等级	腐蚀特性	备注
灰铸铁	轻型	无腐蚀性	微细颗粒
球墨铸铁	中型	无腐蚀性	
白口铸铁	重型及超重型	轻度腐蚀性	
马氏体不锈钢	中型及重型	轻度腐蚀性	
奥氏体不锈钢	轻型	高度腐蚀性	
双相不锈钢	中型	腐蚀性	
弹性体	重型及超重型	轻度腐蚀性	微细颗粒
复合陶瓷	中型及重型	腐蚀性	
烧结陶瓷	重型及超重型	腐蚀性	

1. Cr30

Cr30是一种铁素体基体高铬耐蚀耐磨材质，它除了具有同奥氏体不锈钢一样的耐一般腐蚀性能外，也有优良的耐氯化物应力腐蚀、点蚀、缝隙腐蚀等局部腐蚀性能。由于有较高的碳含量，比一般铁素体钢具有更优异的耐冲刷腐蚀性能。

主要用于磷化工、湿法烟气脱硫、有色冶金等行业，在腐蚀性料浆中具有极好的耐冲刷腐蚀的能力，它可制作泵、搅拌机浆叶、表面冷却器、硫酸分布器等零部件。

2. Cr33

Cr33是一种铁素体＋少量奥氏体＋二次碳化物的组织结构，二次碳化物主要从二相晶界位置析出。通过合理的成分设计，在保证形成一定量碳化物的同时，基体呈低碳高铬的双相组织，因此具有较高的硬度和良好的耐腐蚀性能。43～48HRC，其耐腐蚀性能适应一定量酸的腐蚀（pH＞1），所以非常适合各种酸性含固矿浆的输送工位。

主要用于酸性（pH≥1）并含一定的Cl^-、F^-且有较多固体颗粒（≤50%）的场合，传统的奥氏体不锈钢和双相不锈钢虽然耐蚀性好，但硬度较低，很难适应含固量达30%～50%的矿浆的磨蚀，而像Cr26类的马氏体白口铸铁，虽然硬度很高，能达60HRC

以上，但却不耐酸和氯离子的腐蚀，很容易被矿浆腐蚀。而Cr33则能很好地解决这方面的问题。

3. Cr26

Cr26属于高铬耐磨白口铸铁，是在高合金白口抗磨铸铁中用得最广泛的一类材质，具有很高的抗磨损性能以及较好的韧性，同时兼有一定的耐腐蚀性和高温抗氧化性能。其宏观硬度在58HRC以上。

主要用于矿山、冶金、电力、化工、煤矿等行业，用于生产渣浆泵的泵体、叶轮、前护板、后护板及耐磨板等零部件。适用于pH≥6、较大冲击载荷的磨料磨损工况。

4. SiC复合陶瓷

采用国际领先的真空制造技术，由高硬度无机材料碳化硅和耐腐蚀性较强的高分子有机材料复合而成。材料抗磨损性、耐化学腐蚀性、抗氧化性强等综合性能较好，在既有腐蚀又有磨蚀的工况中优于金属。

主要应用于电厂、化工、有色冶炼等既有腐蚀又有磨蚀工况。

5. SiC烧结陶瓷

当前最耐磨的渣浆泵用材料，其寿命约为高铬合金的3～8倍。以SiC材料为主体，通过高温烧结，形成更加致密、更高强度的超硬陶瓷体，通过与金属骨架的结合形成超级耐磨、耐腐蚀、耐冲击的新型材料。

适用于铁矿、铜矿、钼矿、金矿、镍矿、铅锌矿、锰矿、锡矿、磷矿、煤矿、石英砂、氧化铝等行业磨机输送、旋流器给料、尾渣排放、精矿输送、浓密机底流、压滤机给料等等。

五、相关泵厂

国内有代表性的含固体颗粒液体输送泵厂家有：襄阳五二五泵业有限公司、昆明嘉和科技股份有限公司、上海福思特流体机械有限公司、德帕姆（杭州）泵业科技有限公司、石家庄强大泵业集团有限责任公司、江苏飞跃机泵集团有限公司等。

第五节　高危介质的输送

输送高危介质的泵可称为高危泵。高危泵的概念与工艺密切相关，它的管理过程是系统的和动态的。基于设备完整性管理基础上的高危离心泵的设备管理贯穿了设备的整个生命周期，它包括工程设计阶段和应用阶段的整个过程。在工程设计阶段，就考虑到全寿命周期的工况，考虑运行时的极端恶劣条件甚至失效工况，并进行安全评估，开展设备分级管理。高危泵需要进行完整性管理，首先要对机械技术风险进行分类，然后对产品进行可靠性评估。

一、高危泵的认定

高危泵的定义一般有两种方式，一是现有标准定义，二是用户自己定义。对于高危泵在API 610第12版中有指引，规定了高危泵的范围；API 691是基于风险的设备管理指南，对高危泵的认定具有更详细明确的界定。它提出了满足HSE（健康、安全、环境）的最低要求，并适用于设备全寿命周期整个过程。而在现实操作中，一般用户单位也会根据自己的经验对高危泵进行分类定义。三种情况对高危泵的定义详见表2-47。

表 2-47 高危泵的定义

API 610 第 12 版	API 691	一般用户
API 610 第 12 版强调由用户定义下列场合是否适用于 API 691 的规定，包括： 1. 特殊用途泵（附录 O 规定，一种特殊设计的泵，要根据 API 691 做失效分析）符合下列内容： （1）重要、关键的场合； （2）原型泵，新开发的泵，与现有设计完全不同； （3）高能级泵（有很多定义方式，比如轴功率、第一级功率等等，承压泵壳为 BB5 型，高能释放是一种风险）； 2. 关键泵（该标准没有明确规定，关键泵一般是指生产系统中起主导、关键作用的设备，这类设备一旦发生故障，会严重影响产品质量、生产均衡、人身安全、生态环境，造成巨大的经济损失和严重的社会后果）； 3. 经过 HAZOP（危险与可操作性分析）、PSM（过程安全管理）等方法或内部管理系统评估过的泵，可称为高危泵	该标准对高危机械有明确定义，除另有规定外，高危设备的初始评估准则为可能出自下列情况之一： （1）法律法规标准或使用单位规定的危险气体和液体； （2）运行温度大于 177℃（350 ℉），并且设计压力、或规定的偏离设计操作压力大于 80%的最大允许工作压力（MAWP）； （3）运行温度大于 204℃（400 ℉）； （4）零部件的技术成熟度（TRLs）<7（7 级为产品开发最终成熟的指标，要求现场运行超过 3 年，则证明是低风险的），一旦失效可能引起泄漏或性能丧失，从而引发潜在的安全事故； （5）液体操作压力大于 41.4bar（600psi）； （6）液体相对密度小于 0.5	经过初始评估以后，可通过 HAZOP、PSM（过程安全管理）等方法对机泵产品的风险等级进一步评估。如果按照 API 691 的高危泵初始评估范围来看，下面三种情况应划分为高危泵：高温泵（输送介质操作温度大于其自燃点或大于 200℃）、液态轻烃泵（主要指输送介质为 C1～C4 的烃类）、有毒有害介质泵（含苯类、硫化氢及其他有毒有害介质，具体参考 HG/T 20660—2017《压力容器中化学介质毒性危害和爆炸危险程度分类标准》）

高危泵一般都有一个共同特点就是都不允许向环境发生泄漏，一旦泄漏，不仅会造成经济损失，还存在重大的人身安全隐患以及对环境的污染。对高危泵经过分级评定后，应将它列为最高级设备来进行完整性管理。高危泵按照一般用户的定义，通常涵盖了高温泵、液态轻烃泵和有毒有害介质泵三类。

二、高温泵选型

高温泵指输送介质操作温度大于其自燃点或大于 200℃ 的泵。本节以热油泵为例进行分析。高温油泵主要应用于常减压蒸馏、催化裂化、加氢及焦化装置工艺流程介质的输送。

高温对泵的影响体现在对材料的影响、对介质的影响、对环境的影响。首先，根据材料学可知高温下金属及合金中出现的扩散、回复、再结晶等现象，会使其组织发生变化。长期使用过程中随着时间的延长而产生蠕变现象。同时在交变负荷下（包括温度）产生热应力疲劳而失效。另外金属在高温下易氧化，一般碳钢在高温下极易氧化，产生高温腐蚀，因此加入适当的 Cr、Mo、Si 可提高高温长期强度。其次，宏观上高温使得各部分热膨胀产生差异，因冷热温差大，会使泵经受不住这剧烈的变化，引起泄漏、裂缝、部件和零件损坏，因热膨胀系数不一样，还会影响不同零部件之间的配合间隙、对中问题，产生应力，引起振动或破坏。再次，介质特性随温度变化，高温油成分复杂，泵工况通常为高温、高压状态。液态黏度随温度升高而降低，热油泵输送介质黏度都很大，在常温和低温下可能会凝固，甚至会导致泵体管线凝结，而造成启动时无法正常工作，流量、扬程小，并使泵产生振动和杂音。最后，高温变化引起介质的相变对密封会产生较大的影响。高温使部分介质黏度降低，影响介质的润滑性；部分成分易汽化，造成抽空和泄漏；部分介质带有颗粒，对密封面造成影响。因此高温泵应耐高温、耐高压、耐氧化腐蚀，泄漏面少，抗冲击性强；密封方面应考虑温度、压力、颗粒、腐蚀性、黏度的影响；冲洗液（隔离液）应具有良好的化学稳定性，不易分解变质，黏度不宜过高，具有良好的导热性。

高温泵的选型方案见表 2-48。

表 2-48　高温泵选型方案

<table>
<tr><th>类型</th><th>部件</th><th>适用标准</th><th>选型方案</th><th>润滑/冲洗</th><th>状态监测</th><th>泵系统</th></tr>
<tr><td rowspan="2">轴封离心泵</td><td>泵体</td><td>SH/T 3139和API 610</td><td>卧式泵型宜选择OH2；流量大于700m³/h时宜选择BB2；高扬程大功率宜选择BB5；BB4不适用于高温高压</td><td>油雾润滑</td><td rowspan="3">压力、温度、流量的监测，并设置报警或联锁机构</td><td rowspan="3">入口应设置切断阀，出口设置单向阀</td></tr>
<tr><td>机械密封</td><td>SH/T 3156和API 682</td><td>二类密封，配置方式3的密封3CW-FB。Plan 32＋53A或Plan 23＋53B。</td><td>外冲洗，急冷</td></tr>
<tr><td>无密封泵</td><td>—</td><td>SH/T 3148和API 685</td><td>磁力泵或屏蔽泵</td><td>自润滑/外冷却</td></tr>
</table>

1. 密封泵选型

当高温泵选择轴封离心泵时，应符合SH/T 3139和API 610的规定。卧式泵型宜选择OH2；当泵流量大于700m^3/h时，宜选择BB2；高扬程大功率宜选择BB5；BB4不适用于高温高压的情况。根据泵选用功率、介质黏度情况，也可以选择高温型磁力泵和屏蔽泵等无密封泵。选用无密封泵时，应符合SH/T 3148和API 685的规定。泵用材料一般应按照API 610的附录G的原则选用，对于＜230℃，选用S-4；对于230～370℃，选用S-6；对于＞370℃，选用C-6。

采用轴封的离心泵的机械密封应符合API 682和SH/T 3156的规定。高温泵应选择二类密封，操作温度大于176℃时应选择C型密封。

密封配置方式：鉴于当前环保和安全要求的提升，应优先选择配置方式3的密封3CW-FB。当外冲洗方案作为首选时，宜优先采用Plan 32＋53A方案；当现场条件不具备时，也可采用Plan 23＋53B方案。

对于自冲洗应谨慎采用，由于密封压力较之出口压力变化较大，温差也较大，自冲洗介质易产生变化，其润滑性大幅降低，甚至会汽化。外部冲洗应注意冲洗介质的选择，不应选择易汽化的介质；冲洗液（隔离液）应具有良好的化学稳定性，不易受高温影响分解变质，黏度也不宜过高，应具有良好的导热性。

介质在高温下润滑性很差，在泵运转时密封端面液膜易汽化。这时建议优先考虑选用弹簧型密封结构（A型）。因为泵运转时如果密封端面液膜汽化，会引起不规律的干摩擦，导致密封环发生高频且不规则的振动，而弹簧型密封承受干摩擦振动的能力较强。另外O形圈的材质应考虑高温型的FFKM（如杜邦公司的Kalraz 7075的连续工作最高温度为327℃，Greene Tweed公司的Chemraz 555的连续工作最高温度为316℃）

高温泵的密封背部应设置蒸汽急冷（Plan 62冲洗方案）装置，能防止结焦，密封冷却器/冷却盘管的冷却水应采用软化水。

高温泵的机械密封摩擦副，要求采用优质的碳化钨和浸锑石墨材料，严禁采用再生碳化钨和劣质石墨材料。对波纹管材质，高温泵要选用Inconel 718，其他高危泵介质温度低于176℃且有腐蚀性时可选用316L或HC-276。高温泵滚动轴承优先选用铜保持架，严禁选用非金属保持架。

高温泵应增设密封腔压力、温度、流量的监测，并设置报警或联锁机构。为提高轴承处的润滑效果并延长轴承寿命，降低轴承运行温度，进一步提高设备的可靠性，宜考虑采用油雾润滑。

2. 无密封泵选型

高温型无密封泵分高温屏蔽泵和高温磁力泵两种，可输送温度可高达 450℃。根据对部分无密封泵厂的调研，高温屏蔽泵（图 2-147）最大泵型可应用到流量 1500m^3/h、扬程 200m、压力 4.0MPa（10MPa），功率 330kW。100～450℃时应选用高温屏蔽电机并配外冷却换热器，高温屏蔽泵应采用热屏结构，使得屏蔽电机端温度稳定在 100℃以下。当外部无法提供冷却介质且电机功率较小时，可采用特殊的耐热线圈来适应高温工况，其使用温度一般应限制在 400℃以下。高温屏蔽泵应考虑高温流体随温度变化发生的物性参数变化，例如黏度变化、蒸汽压力变化、结晶与凝结特性等重要的物理性能变化。这些变化会直接影响流体在泵内循环的效果，从而影响泵的运行可靠性和使用寿命。其中黏度大小将影响泵轴向力变化和液力轴承的承载能力，这些对于屏蔽泵的可靠性极为重要。高温屏蔽泵在使用过程中应加强升温过程以及运转过程的监管，它与普通离心泵一样需要一个逐步升温过程（又称暖泵），避免泵内部产生热应力破坏，同时严格控制外部接管对泵壳体进出口施加的外载荷。对于电机散热部位应保持非包裹状态，以免破坏屏蔽电机自身散热或者冷却器的散热。应对泵里的高温流体和高温部件设置温度监控仪表，如电机绕组温度监控仪表、循环液温度监控仪表等，并在实际操作中严格执行泵厂家的温度限定值控制。对于带有外冷却器的泵型结构，应设置冷却水进出口压力、流量、进口温度以及冷却水水质情况的监控。

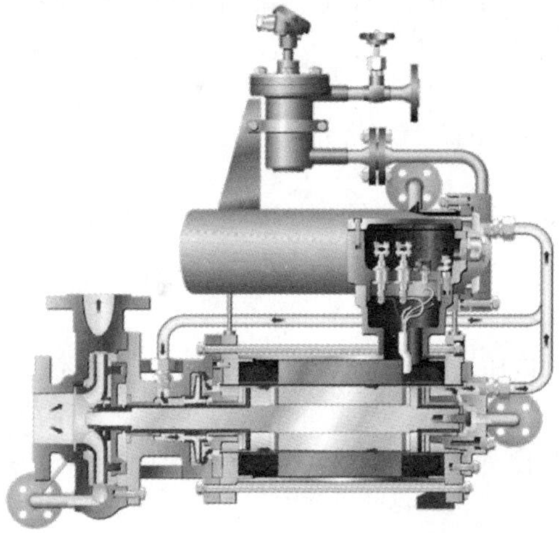

图 2-147 高温屏蔽泵

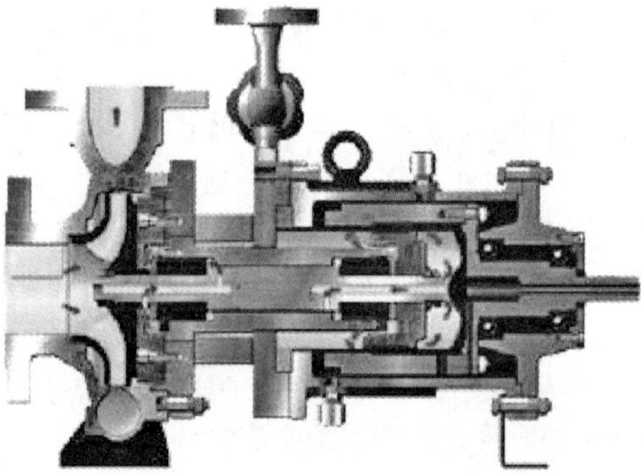

图 2-148 高温磁力泵

高温磁力泵（图 2-148）适用于清洁高温液体物料的输送，如导热油输送、反应器物料的塔底循环等。无外部冷却时最高温度可达到 350℃，有外部冷却时可达到 480℃。无外部冷却而采用内部自循环的磁力泵，其电涡流损耗产生的热量会带到泵送介质中循环走掉。常规的磁力泵，其在高温下的最高承压为 2MPa（G），需根据装置压力的需要提高泵的设计压力来应对高温下金属许用应力的下降。目前最大型号的磁力泵最大流量达 1000m^3/h，最高扬程达 250m，最大功率达 450kW。高温磁力泵的磁性材料应采用耐高温 350℃的钐钴磁钢；密封垫片需采用耐高温的金属缠绕垫或柔性石墨增强垫；轴承箱油封宜采用迷宫密封，不宜采用含橡胶件的密封。高温磁力泵泵头与轴承箱之间应采用隔热结构或材料。高温磁力泵的泵体应采用中心线支承方式与电机通过联轴器连接。磁力泵泄漏的原因主要是隔离套被物料中的固体颗粒磨坏，或内部滑动轴承或外部滚动轴承损坏后转子与隔离套碰擦而损坏。因此为保证高温磁力泵的可靠运行，最好设有泵体振动、轴承温度在线实时监测，以便能够及时采取应对措施，避免事故发生。应针对泵介质泄漏所造成的影响程度来进行分级管理，对于不是易燃易爆或较大毒性的普通高温介质，如热水、导热油等，只要做好防护就可以了，不需要按高危泵进行分级，对易燃易爆和较高毒性的介质应按高危泵分级。

三、液态轻烃泵选型

液态轻烃：主要指 C1～C4 常温处于气态的烃类，其常温下饱和蒸气压较高，相对密度低（一般小于 0.7），易挥发，比热小，对环境敏感，易燃易爆。为了分离和运输，常常处于低温状态，有的甚至低于－100℃，这类介质吸入压力高，泵体和密封应适用于高压状态。装置汽蚀余量很低，多来自饱和蒸气压储罐。介质易汽化，黏度小，尤其要注意入口处极易汽化，温度升高加速了汽化，造成抽空，压力和温度引起相变都不易形成液膜，快速汽化大量吸热还可能使外冲洗结冰，导致密封快速失效，造成大量泄漏产生安全隐患。低温泵不允许泄漏。液态轻烃泵的选型方案见表 2-49。

表 2-49 液态轻烃泵选型方案

类型	部件	适用标准	选型方案	润滑/冲洗	状态监测	泵系统
轴封离心泵	泵体	SH/T 3139 和 API 610	单级泵应选择 OH2，多级泵应选择 BB2 或 BB5，BB3、BB4 等不宜选择。汽蚀余量低时，宜选择立式泵 VS6	油雾润滑	压力、温度、流量的监测，并设置报警或联锁机构	入口应设置切断阀，出口设置单向阀
	机械密封	SH/T 3156 和 API 682	二类密封。密封布置优先选择 2CW-CS；存在液体缓冲液时，首选 Plan 11＋52；氮气充足则可选 Plan 11＋72＋76；有凝液时，选择 Plan 11＋72＋75（对于立式泵，首级推荐采用 Plan 14，返回上游吸入罐的气相）	内冲洗		
无密封泵	—	SH/T 3148 和 API 685	谨慎选用	自润滑		

1. 密封泵选型

单级泵应选择 OH2，多级泵应选择 BB2 或 BB5，BB3、BB4 等不宜选择。汽蚀余量低时，可选择立式泵 VS6。

密封选择：根据温度压力应选第二类密封。液态氢烃黏度低，润滑性能差，受环境影响大（温度、压力），易发生汽蚀抽空现象，则宜选择干气密封。

轻烃介质不建议采用波纹管密封，主要原因是轻烃介质易汽化，汽化后容易振动，长期的轻微振动容易使波纹管产生疲劳变形后发生突发的波纹管断裂，造成密封突然失效。

密封布置优先选择 2CW-CS：存在液体缓冲液时，首选 Plan 11＋52；氮气充足，则可选 Plan 11＋72＋76；有凝液时选择 Plan 11＋72＋75（对于立式泵，首级推荐采用 Plan 14，返回上游吸入罐的气相）。

液态氢烃泵应加强密封腔压力、温度、流量的监测，并设置报警或联锁机构。为提高轴承处的润滑效果并延长轴承寿命，降低轴承运行温度，进一步提高设备的可靠性，宜采用油雾润滑。

2. 无密封泵选型

轻烃介质常温下易汽化，选用无密封泵需要谨慎。

易汽化的介质，会对屏蔽泵的推力轴承平衡、机械稳定性、温升以及电机功率产生较大影响。屏蔽泵厂家应根据介质比热、电机发热量仔细核算冷却介质流量，冷却循环方案宜采用从泵出口或其他高压段引入冷却介质，循环方向应从电机侧到泵头侧，电机转子材料宜选用铜。

对于磁力泵：轻烃物料的黏度比较低，分子间的相互作用力较小，不容易形成滑动轴承运动需要的润滑液膜，通常在黏度小于 0.2MPa・s 的条件下，需要考虑到滑动轴承副的自身润滑，可以考虑选用 SiC/石墨的配对或者对滑动轴承进行喷涂处理。

轻烃物料的比热容小，同样的热量，对于轻烃物料和水的温度升高，二者有着很大的差别，较之于传统的哈氏合金金属隔离套，宜采用无磁损的隔离套（如 HMD Kontro 的 ZeroLoss），这种隔离套不会对泵内部润滑及散热的流体有加温的作用，适合输送低比热的介质。

轻烃的渗透性较强，PTFE 材质的壳体垫片长时间使用以后会有轻微的渗液，建议使用氟橡胶的 O 形圈密封或者选用石墨材质的垫片密封。

四、有毒有害介质泵选型

有毒有害介质泵一般指输送毒性为中度危害及以上介质的泵，如芳烃泵（指输送含苯环结构的泵，如苯、甲苯、二甲苯等）、含硫化氢介质泵（一般指酸性水泵、富胺液泵），具体参考 HG/T 20660—2017《压力容器中化学介质毒性危害和爆炸危险程度分类标准》。这类泵，经常还伴随有高温、易挥发、腐蚀性甚至易燃易爆等特性，毒性较小可选择重载荷离心泵或无密封泵，毒性较大应选择无密封泵。具有强溶解性的介质也宜选择无密封泵。有毒有害介质泵的选型方案见表 2-50。

表 2-50 有毒有害介质泵选型方案

<table>
<tr><th>类型</th><th>部件</th><th>适用标准</th><th>选型方案</th><th>润滑/冲洗</th><th>状态监测</th><th>泵系统</th></tr>
<tr><td rowspan="2">轴封离心泵</td><td>泵体</td><td>SH/T 3139和API 610</td><td>离心泵体应减少密封泄漏点，级数不宜过多，不宜采用水平剖分结构。应采用OH2、BB2等结构</td><td>油雾润滑</td><td rowspan="3">压力、温度、流量的监测，并设置报警或联锁机构</td><td rowspan="3">入口应设置切断阀，出口设置单向阀</td></tr>
<tr><td>机械密封</td><td>SH/T 3156和API 682</td><td>二类密封，小于 176℃时密封型式可选择 A 型和 B 型，大于 176℃时应选择 C 型。
配置方式 3 的密封，3CW-FB是首选，Plan 11＋53A 或 Plan 21＋53A 或 Plan 32＋53B(或 53A)。3CW-FF 或采用Plan 54 方案</td><td>内冲洗外冲洗</td></tr>
<tr><td>无密封泵</td><td>—</td><td>SH/T 3148和API 685</td><td>磁力泵或屏蔽泵</td><td>自润滑</td></tr>
</table>

1. 机械密封泵选型

重载荷离心泵应符合 API 610、SH/T 3139 的规定。离心泵体应减少密封泄漏点，级数不宜过多，不宜采用水平剖分结构。应采用 OH2、BB2 等结构。

首先密封应选择第二类密封，按照温度选择密封型式：小于 176℃时，密封型式可选择 A 型和 B 型；大于 176℃时，应选择 C 型。

密封配置方式：鉴于当前环保和安全要求的提升，二级密封应具有保护功能，应选择配置方式 3 的密封。3CW-FB 是首选。含芳烃的介质密封方案，推荐非高温采用 Plan 11＋

53A，高温采用 Plan 21+53A；含硫化氢的介质密封方案推荐采用 Plan 32+53B（或 53A）。丙烯腈装置毒性较小的机械密封应选择双端面布置方式 3，3CW-FF 干气密封或冲洗方案为 Plan 54 的型式。

2. 无密封泵选型

无密封泵方案应符合 SH/T 3148 的规定。对于易燃易爆、毒性极度危害介质，既不准内漏也不准外漏，则应选用 API 685 或 SH/T 3148 的重载荷无密封泵。无密封离心泵应采用径向剖分结构，不得采用轴向剖分。对于屏蔽泵，电机外壳体应按照压力容器设计，在定子屏蔽套与外壳体构成的腔体中，应充氮或充硅油以防止屏蔽套泄漏后介质进入定子内部与空气混合，同时必须在电机定子中设泄漏监测探头用于报警联锁。磁力泵需在内、外磁钢之间的隔离套上设测温探头监测隔离套磨损情况，同时在外磁钢周边设泄漏探头监测介质有无泄漏，与外磁钢连接轴的轴封也应考虑特殊设计以保证长期可靠运行。另外当介质极易发生自聚反应导致温度升高时，应监测介质温度，温度监测点可设在泵体上或泵进出口管道上。泵周围还应设介质检测仪和喷淋设施，用于检测介质泄漏以及处理泄漏出的介质。对于有毒有害介质采用磁力泵时，可采用第二层保护装置。主要有双隔离套和单隔离套加机械密封两种型式，目前杭州大路主要采用双隔离套型式。还有一种是隔离套加迷宫密封型式，主要是 Hermetic 公司应用，这种方式较机械密封较为简易。几种型式各有优缺点，应针对具体情况选取。

五、高危泵的监测系统

高危泵宜配备在线状态监测系统（有线传输形式或无线传输形式）。机泵正常运行时，宜每 2 小时采集 1 次数据。振动和温度信号可接入操作室，设置超标报警和趋势报警。

工艺设计时，对于高危泵系统，泵入口管路应设置切断阀，并且在 DCS 配备切断阀门的功能，便于在紧急状况下迅速切断物料。高危泵出口应设置单向阀。

六、其他选择

气动隔膜泵由于其结构特性，可广泛应用于含固体颗粒的流体、固液气混合流体、酸碱液体、有毒有害或易燃易爆流体等介质。采用压缩气体作为动力源，可在防爆区使用，结构简单，操作便捷，设备成本和运营成本低。

艺达思公司开发的密闭型球阀泵适合输送特殊化学品和有毒有害物料。其具有独立的密封腔体，膜片破裂时，漏液完全储存在密封腔内，物料不会泄漏到工作环境中，确保人员和环境安全，特别适合化工行业使用。可输送有毒有害废液、危险化学品、核污染废料、特殊化学品、贵重液态原料等；无机封设计，易损件少，设备及维护成本低。气动隔膜泵详见第二篇第二章第五节。

石油化工气动隔膜泵应符合 SH/T 3191《石油化工气动隔膜泵工程技术规范》的要求。当输送爆炸危险介质或高度毒性以上介质时，气动隔膜泵应采用带有隔离腔的双层隔膜结构。带隔离腔的双层隔膜之间应设有隔膜破损报警装置，报警装置应能就地指示或向监控系统输出信号。

参考文献

[1] 全国化工设备设计技术中心站机泵技术委员会．工业泵选用手册［M］．2 版．北京：化学工业出版社，2011.

［2］ 达道安．真空设计手册［M］．3 版．北京：国防工业出版社，2004.
［3］ 化工设备设计全书编辑委员会．化工设备设计全书：真空设备设计［M］．上海：上海科学技术出版社，1992.
［4］ 黄维明．企业质量成本控制方法与实践［M］．北京：中国标准出版社，2009.
［5］ UOP 5-11-7. Centrifugal Pumps，Standard Specification.
［6］ 谢小青，刘昆，陈巨荣．全面理解离心泵吸入比转速［J］．泵工程师，2020（80）：27-31.
［7］ 谢小青，于丽红．离心泵汽蚀安全裕量的探讨［J］．泵，2019（02）：44-54.
［8］ 谢小青，陈广福，钟清平，等．吸入能量的解读及其对离心泵的影响［EB/OL］．［2020-06-08］. http：//www. bengyouquan. cn/h-nd-118. html.
［9］ 谢小青．API 610 标准的解读：振动篇［J］．泵工程师，2017（63）：48-53.
［10］ 张翼飞，谢小青．石化离心泵设备系统工程振动偏大影响因素的探究［J］．化工设备与管道，2021，58（4）：51-54，59.
［11］ Almasi A. Why Large Vertical Pumps Are Vulnerable to Dynamic Excitations & Vibration，Pumpsandsystems［EB/OL］．［2020-02-18］. https：//www. pumpsandsystems. com/why-large-vertical-pumps-are-vulnerable-dynamic-excitations-vibration.
［12］ 聂书彬，李福天．五螺杆泵的选用［J］．机电设备，2007（06）：23-25.
［13］ 黎冬翠．软管泵在磷肥生产中的应用［J］．磷肥与氮肥，2022，17（6）：64-65.
［14］ 张国钊，张恩勇，张恩贵．气动隔膜泵的选用［J］．化工设计，2015，25（4）：23-25，1.
［15］ 潘从锦，木合塔尔，张兴明．气动隔膜泵及使用［J］．设备管理与维修. 2012（10）：16-17.
［16］ 徐荣先．炼化企业动设备分级管理模式初探［J］．科学管理，2021，28（8）：174-175.
［17］ 石胜才．炼油化工装置高危泵安全运行管理［J］．科学管理，2016，36（15）：61-62.
［18］ 苏金华．轻烃泵机械密封抽空失效分析及解决措施［J］．润滑与密封，2008（7）：110-111，115.
［19］ 杨立民，陈伟．炼油厂高温泵机械密封的应用［J］．化工设备与管道，2011，48（4）：26-33.
［20］ 杨博峰，李鲲，吴兆山，等．石化高温油泵机械密封失效分析与改进［J］．液压气动与密封，2012，32（6）：63-65.
［21］ 曹永军，宋黎明，陆伟．高危离心泵的工程设计方案研究［J］．化工设备与管道，2022，59（6）：66-71.
［22］ 潘亮亮．常减压装置高温油泵机封改造及应用［J］．石油和化工设备，2016，19（4）：71-74.
［23］ 杨开研，闫文廷，王静，等．催化裂化装置开工过程中回炼油泵抽空原因分析及对策［J］．石化技术与应用，2021，39（4）：279-281.
［24］ 李鹏．非接触式波纹管机械密封在渣油泵上的应用［J］．齐鲁石油化工，2008（1）：38-40.
［25］ GB/T 3163—2007. 真空技术 术语．
［26］ GB/T 13929—2024. 水环真空泵和水环压缩机 试验方法．
［27］ JB/T 7255—2020. 水环真空泵和水环压缩机．
［28］ JB/T 7675—2016. 往复真空泵．
［29］ JB/T 10552—2006. 真空技术 爪型干式真空泵．
［30］ JB/T 12753—2015. 软管泵．
［31］ SH/T 3139—2019. 石油化工重载荷离心泵工程技术规范．
［32］ SH/T 3148—2016. 石油化工无密封离心泵工程技术规范．
［33］ SH/T 3156—2019. 石油化工离心泵和转子泵用轴封系统工程技术规范．
［34］ HG/T 20660—2017. 压力容器中化学介质毒性危害和爆炸危险程度分类标准．
［35］ API Std 610—2021. Centrifugal Pumps for Petroleum，Petrochemical，and Natural Gas Industries.
［36］ API Std 682—2014. Pumps-Shaft Sealing Systems for Centrifugal and Rotary Pumps.
［37］ API Std 685—2022. Sealless Centrifugal Pumps for Petroleum，Petrochemical，and Gas Industry Process Service.
［38］ API RP 691—2017. Risk-based Machinery Management.

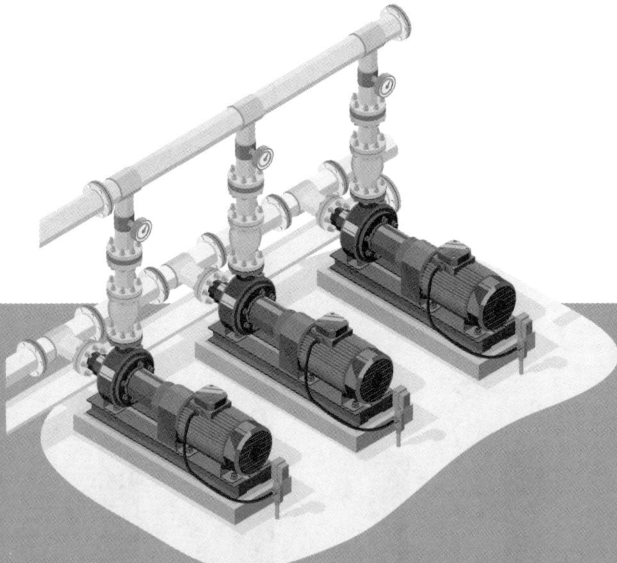

第三篇

工业装置用泵

泵作为工业装置中液相流体输送的专用机械，在各类机械设备中占有举足轻重的地位。毫不夸张地说，工业装置的各种过程设备就是由各类泵串接起来完成各类产品生产任务的。

报告显示，2021 年全球工业泵市场规模达到 676.7 亿美元，预计到 2028 年将达到 952 亿美元，工业泵市场年复合增长率约为 5.5%。（注：数据来自“2022—2028 全球与中国工业泵市场现状及未来发展与趋势”报告。）

随着近年来国民经济和科学技术的发展，我国泵行业的研发、设计、生产都发展迅速，如图 3-1 所示。其中，2021 年我国泵产量为 19742 万台，同比增长 8.2%。

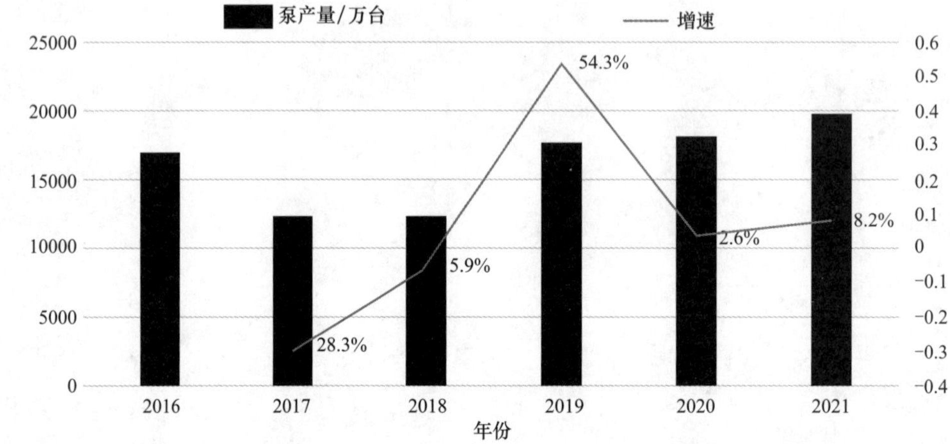

图 3-1 2016—2021 年中国泵产量及增速

（资料来源：中国通用机械工业协会、智妍咨询整理）

2020 年，我国共有泵业生产企业 6000 余家，其中规模以上（一般指年销售额超过 2000 万元）企业为 1255 家（图 3-2），形成了相当大的生产规模，具备了相对完善的技术、生产体系。

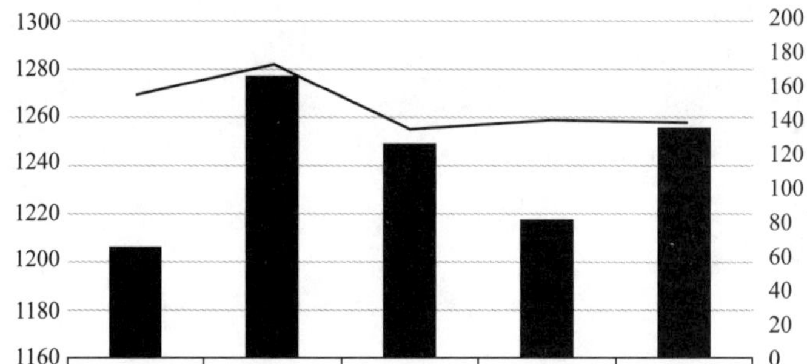

	2016年	2017年	2018年	2019年	2020年
规模以上企业数量/家	1206	1277	1249	1217	1255
企业利润总额/亿元	156	173	135	140	140

图 3-2 2016—2020 年中国泵行业规模以上企业数量及利润总额

（资料来源：中国通用机械工业协会、智妍咨询整理）

就盈利情况来看，近年来我国泵行业规模以上企业利润总额水平保持稳定，2021 年我国泵行业规模以上企业利润总额为 140 亿元。

在 2022—2023 年期间，国内泵行业的规模继续保持着增长的势头，到 2024 年我国水泵市场空间约 2360 亿元人民币，全球占比约 50%。随着全球城市化和工业化的不断推进，离心泵在城市基础设施建设中的应用持续增加。根据 Zion Market Research 数据，2022 年全球水泵行业市场规模约 4100 亿元人民币，预计 2024 年全球水泵行业市场规模预计达到 4600 亿元人民币，2 年 CAGR（年复合增长率）约 6%。与此同时，我国水泵行业市场规模呈现逐年上涨的态势。根据中国通用机械工业协会数据，2022 年我国水泵行业市场规模约 2100 亿元，占全球水泵市场空间约 50%。假设我国水泵市场空间的年复合增速与全球相近，预计 2024 年我国水泵市场空间约 2360 亿元。

基于近年来着重提出的绿色和环保理念，泵行业的发展将面临新的机遇和挑战。通过自主创新，加快关键技术、共性技术和配套技术的研发，加强推广应用，扩大高端产品在工业泵行业的市场份额，改变低水平恶性竞争局面，提供更高安全性、更高效率的泵是未来的总体发展方向。

从本篇开始，将介绍原油开采储运、炼油、石油化工、医药、公用工程等工业装置的用泵情况和主要泵型特点，同时也提供了不同装置和不同应用环境下如何进行泵型选择的基本理念和配置要求，相信这些基于实际工业应用经验的内容具有很好的参考和借鉴意义。

·第一章·
原油、天然气开采和储运装置用泵

第一节　原油开采、输送、储存用泵

一、工艺流程及装置用泵概要

原油是石化工业的主要原料之一，原油的开采和输送的重要性位于石化产业链之首。本节简要叙述海上和陆上采油输送流程、进口原油海运卸油输送流程，以及油气水砂分离流程。

1. 海上采油输送流程

随着油田开采的进展，油藏的压力在不断降低，必须维持油藏的压力，海上采油以注入高压海水开采为主（图 3-3）。我国油田抽油用机泵主要有三种类型：

（1）抽油机　有常规游梁式抽油机、异型游梁式抽油机、增距式抽油机、链条机和无游梁式抽油机等五种。

（2）电动潜油泵　由井下、地面和电力传输三个部分组成。井下部分主要有潜油电机、保护器、油气分离器和多级离心泵；地面部分主要有变压器、控制屏和电泵井口；电力传输部分是铠装潜油电缆。

（3）地面驱动螺杆泵　地面驱动头通过抽油杆带动井下螺杆泵，适于开采高黏度原油。

图 3-3　海上采油输送流程框图

2. 陆上采油输送流程

陆上采油用注入高压水维持油藏的压力（图 3-4），注水泵普遍用 BB3 泵串联提高排出压力。抽油机泵的类型与海上抽油机泵三种类型相同。

图 3-4　陆上采油输送流程框图

3. 原油海运卸油输送流程

我国能源结构的特点是富煤、缺油、少气，我国进口原油主要通过巨型油轮运输（图 3-5），用油轮运输的比例占进口原油总量的 57.8%，其余为陆上管道长距离输送。为缩短油轮在港口的停留时间，提高油轮的利用率，根据油轮的吨位，通常要求在 24 至 48 小时内卸完油，因此采用了超大流量的电动潜油泵卸油，通过管道送至岸上储油罐，再用输送泵通过管道送至地下油库和各处炼油厂。油舱底部原油的扫舱泵，选用自吸能力强的往复式泵。

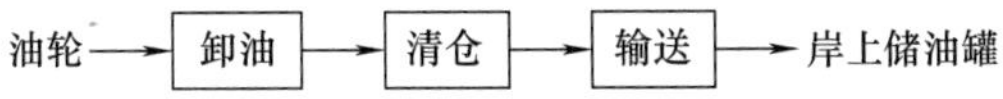

图 3-5 原油海运卸油输送流程框图

4. **集油站油气水砂分离流程**

图 3-6 所示的集油站油气水砂分离流程包括低压和高压中质原油的去砂、除气、脱水、脱盐、原油计量、原油加热、中间储存、外输等过程。它也是海陆采油输送流程的一个环节。

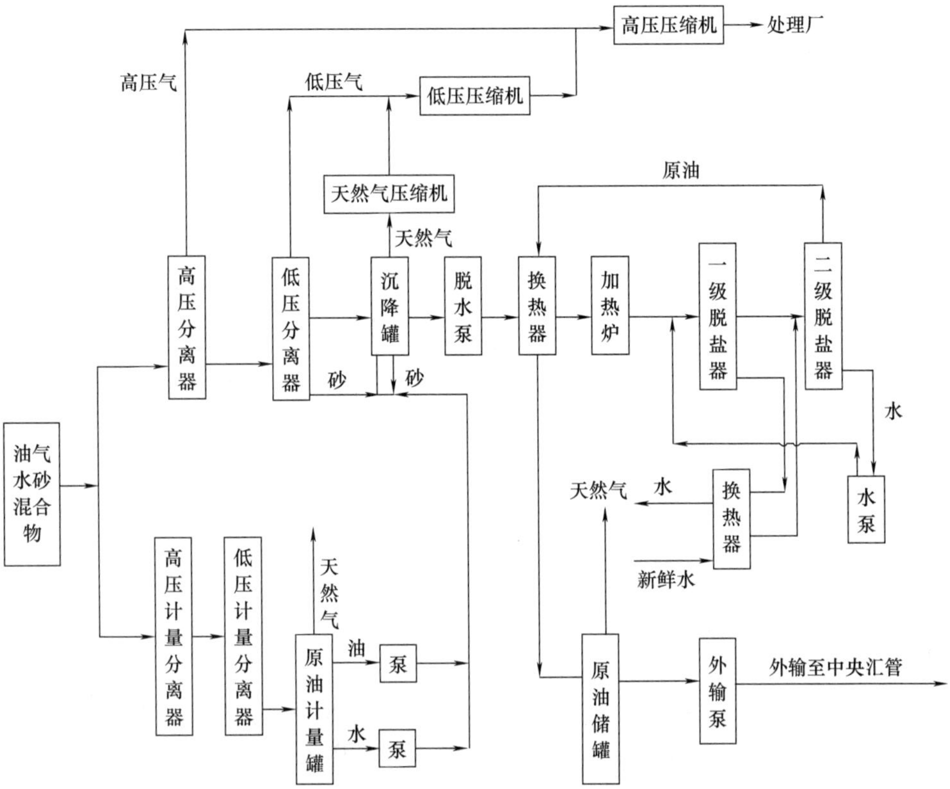

图 3-6 集油站油气水砂分离流程框图

二、关键泵介绍

1. **海上采油注水泵**

随着海上油田的不断开采，中后期超深油藏开采注水压力将日趋增加。由于海上平台场地有限，国内外海上采油注水泵普遍采用便于检修的 BB3 型泵，因为 BB3 泵的泵体是水平中开的，打开上泵体就可维修转子内件。

图 3-7 为海上采油注水泵（BB3 型泵）的剖面结构。

海上超高压采油注水泵一般采用三泵串联的增压模式，具体泵组的安装配置方式如图 3-8 所示。

三泵串联增压模式的特点如下：

（1）用 OH2 前置泵增加后置 BB3 泵的进口压力，使 BB3 泵的 $NPSH_a$ 增加。首级选用单吸叶轮，可减小轴向长度（单吸叶轮长度仅为双吸叶轮的三分之一），提高泵转速，这种情形下 BB3 泵级数的减少也有利于提高泵效率。

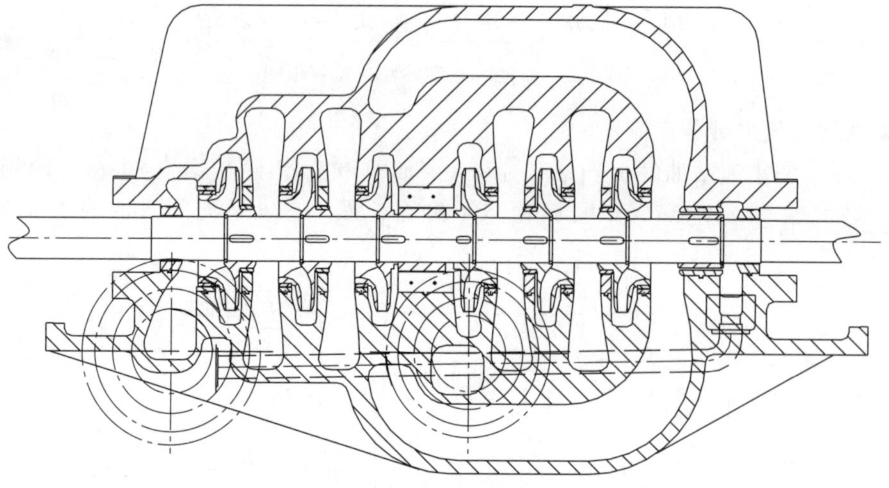

图 3-7 BB3 型泵剖面图

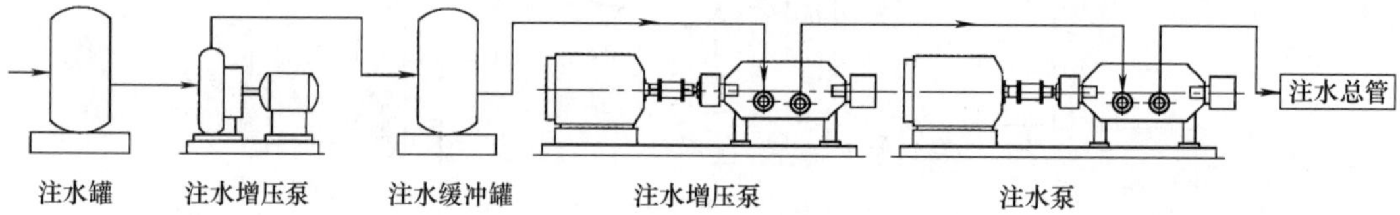

图 3-8 三泵串联增压模式

(2) BB3 型注水增压泵与注水泵串联，以满足超深油藏注水采油的要求。

实例：中海油湛江分公司海上平台采用了两套三泵串联增压模式。末级注水泵的基本参数：工作介质水，温度 24～35.4℃，蒸汽压力 0.056bar (A)，进口压力 34bar (G)，出口压力 179bar (G)，额定流量 $100m^3/h$，额定扬程 1480m，泵转速 3300r/min，额定效率 58%，用变频电机驱动。

注水泵的主要制造厂有瑞士苏尔寿公司、意大利新比隆公司、美国福斯公司等。其 BB3 泵最大流量可达 $3200m^3/h$，最高扬程 2900m，最高工作压力 30MPa。

在海上采油注水项目中已经提过，BB3 泵的国内主要制造厂有湖南天一奥星泵业公司、重庆水泵厂等。

2. 多相混输泵

深海油气田开发中后期，油藏压力不足，影响了海上油气田的安全和经济性，于是水下多相增压技术应运而生。该技术是不通过油-气-水-砂的分离设备，而是将油气通过水下增压和多相增压两项前沿技术结合使用，达到提高采收率和经济效益的目的。

工况特点：采用多相混输技术后，油气输送可以共用一条管线，从而大幅减少管线和设备的建设投资费用，还可以减少投运后的管线运行和监控费用。由于涉及海上输送，所以多相混输技术的开发经济意义重大。多相流输送过程中，多相泵的工作条件十分恶劣苛刻，输送的介质是原油、海水、天然气、砂粒的混合物，其中还含有磨蚀性强的固体砂粒，所以这是一种名副其实的气液固三相流泵。

泵型的选择：已成功用于工业生产的主流泵型有两种类型——螺旋轴流多相泵和双螺杆多相泵。

主要制造厂商是挪威 Framo 公司。螺旋式轴流多相泵主要用于水下领域，已在 20 多个项目中应用，最大流量可达 $2000m^3/h$，压差 3～20MPa，气相体积分数（GVF）最高达

95%，压力等级 34.5～97.1MPa，设计水深 3000m，轴功率 300～3000kW。

苏尔寿（Sulzer）公司在 1994—2013 年间螺旋式轴流多相泵的业绩高达 17 项。其设计参数为：气相体积分数（GVF）为 0～100%，增压幅度大于 10MPa，轴功率 3200kW（6000r/min），设计水深 2000m，设计压力 34.5MPa。

下面就以上谈到的这两种泵型做一下简要的介绍。

（1）螺旋轴流多相泵

① 工作原理　利用叶片剖面呈机翼状的螺旋叶片，对油气水砂混合流产生升力而进行增压，旋转的螺旋形叶片激起的旋转流动经过静止固定导叶的梳理整流，强迫混合介质沿轴向流动。此泵布置在靠近井口的位置，弥补油藏压力不足的问题，并降低关井压力，提高采收率。

② 泵的特性　螺旋轴流多相泵的流量大，比双螺杆多相泵大得多，结构紧凑；能够在高含砂粒量下运行，对所含固体砂粒不敏感，多相流中含砂粒量可以超过 5%；含气率范围为 10%～90%，但介质的黏度范围不如双螺杆多相泵宽，介质黏度太大会使泵效率急剧下降，甚至无法运转。另据《新一代螺旋轴流式多相泵的外特性试验研究》一文介绍，目前世界上最大的螺旋轴流多相泵的流量可达 3300m^3/h，单机功率最高达 6000kW。螺旋轴流多相泵的结构剖面图如图 3-9 所示。

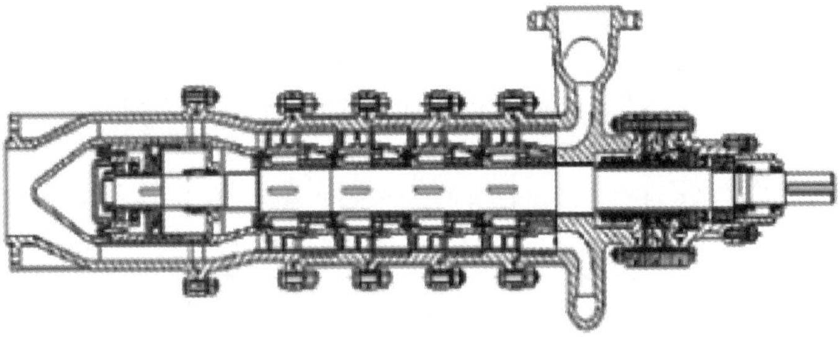

图 3-9　螺旋轴流式多相泵剖面图

（2）双螺杆多相泵　双螺杆多相泵混输的流体是从油井直接采出的含油、气、水及各种杂质的多相混合物，而且气相和液相的含量往往超过常规泵或压缩机的工作范围，因此混输泵必须兼有泵和压缩机两种性能。它是在输送高黏度原油的普通型螺杆泵的基础上，吸收了喷油双螺杆压缩机的螺杆型线设计和转子加工等关键技术后发展起来的。

① 工作原理　如图 3-10 所示，通过外置的同步齿轮，保证两根螺杆不接触，并且间隙比较宽。利用泵腔内工作容积的周期性变化，实现对流体的输送。在设计上利用气体的可压缩性降低回流损失，提高泵的容积效率，并将轴向推力、噪声、压力脉动，以及泵的振动等降到最低，因此具有较高的效率和运行特性。

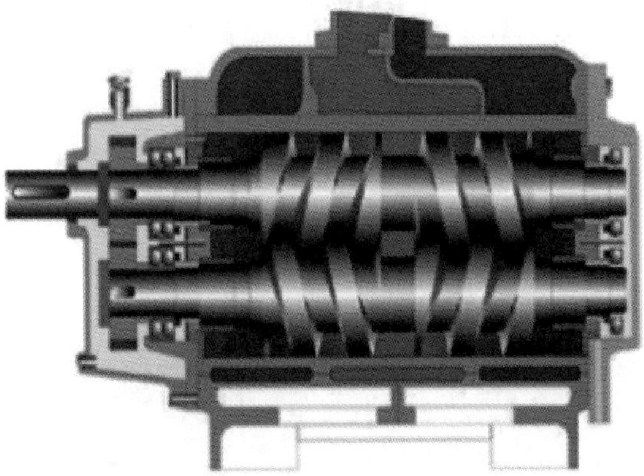

图 3-10　双螺杆式多相泵示意图

② 泵的特性　转速决定流量，压力根据系统阻力特性自适应；适用工况流量 10～1000m^3/h，增压低于 10MPa；可用于高黏度工况；双螺杆泵具有强制输

送气液的特点，因而无论含气率如何变化，都可以强制性地将油气从入口经过各腔室输送到排出口，含气率对性能的影响小，所以双螺杆泵可以输送含气率较高的混合物。含细小砂粒浓度应低于5%，螺杆和泵壳应选择耐磨性很高的材料，如果砂粒的直径接近两螺杆的间隙，需要在泵前设置合适的双联过滤器。为防止干运转，应在双螺杆中至少保留3%的液体，可配置自循环管路。在输送介质的含气率很高时，仍可以达到较高的容积效率和较好的增压效果。

双螺杆多相泵的主要制造厂，国外包括德国鲍曼公司、德国 Leistritz（莱斯特瑞兹）公司等，国内有黄山工业泵公司等。

应用实例：2008年，应用在巴西海域的双螺杆多相泵的设计参数是流量500m^3/h，气体体积分数高达95%，增压66bar，功率1200kW，转速1800r/min。

与螺旋轴流式多相泵相比，双螺杆多相泵最适合低、中流量、高含气率流体，但在大排量下其机组尺寸和重量较大是其推广应用的一个障碍。

（3）陆上原油管线长距离输送泵　管道输送是陆上原油最主要的输送方式，具有投资少、成本低、安全、环保、高度自动化等优势。随着我国经济的快速发展，对原油的需求量日益增加，我国不断推进大型高效输油管线建设和改造。管线输送泵为管道输送提供动力，是管线输送原油的“心脏”，主要泵型为BB1泵和BB3泵。随着管线逐渐的大型化，原油管线长距离输送泵（长输泵）的输送能力提高，长输泵朝着大流量、高压力、高扬程方向发展。

长输泵的工况特点、泵型选择和技术要点：陆上长距离输油管线绵延数千公里，中间加压站可能在荒凉的沙漠或峡谷中，长输泵的维修条件很差，更重要的是如果输油管线翻山越岭，相邻两个中间站的标高可能升高近千米。

尽管API 610标准对轴向剖分泵体的BB1和BB3型泵有限制，但在其第12版中增加了解释说明，认为“超出上述限制的剖分式泵体的泵可扩展应用范围，特别是在较高压力和较低密度的管道输送泵的应用方面已有了成功的运行业绩”，因此BB1和BB3型管道泵可在输送领域里应用。

输油管线首站的原油大部分来自原油储罐，原油倒灌高度有限，为防止汽蚀，普遍采用大流量、低转速的BB1泵作为给油泵供油给串联的长输泵BB3，这样提高了BB3泵的进口压力，即增大了$NPSH_a$；另外，BB3泵首级可不采用双吸叶轮而用单吸叶轮，泵制造成本降低。

长输泵的技术发展趋势是流量越来越大，扬程越来越高，通常首站采用BB1泵和BB3泵串联，中间站可采用单台大流量、超高扬程的BB3泵。目前，福斯公司单台BB3泵产品的流量已达到了2950m^3/h，扬程最高2130m，最高转速6250r/min；苏尔寿公司BB3泵产品的流量最大为3200m^3/h，扬程最高2900m，最高转速6000r/min。

输油管线的输油量和出口压力，近期工况和远期工况相差较大，需考虑泵设计的通用性，采用变频电机驱动方式，最能满足这种要求，并且节能。

原油组分复杂，黏度范围宽，高黏度时需考虑流量、扬程和效率的修正。

API 610标准规定，当泵的额定功率和额定转速乘积超过400万kW·r/min时，应采用流体动压轴承和强制油润滑。在荒凉的沙漠地区，因为缺水不能用润滑油站，轴承箱必须特殊设计：

① 滑动轴承的底瓦材料用热导率高的青铜；

② 油池容积加倍；

③ 轴承箱外壁有翅片；

④ 轴端有风扇。

目前国内 BB3 型泵自润滑的最大功率为 2500kW，转速 2980r/min。

长输泵的主要国内外制造厂如下：

国内主要有湖南天一奥星、西安航天、浙江佳力、辽宁恒星公司。主要性能参数：BB1 泵流量最大 5000m^3/h，扬程最高 320m；BB3 泵流量最大 2500m^3/h，扬程最高 2500m。

国外主要有苏尔寿、鲁尔、福斯等公司，主要性能参数：BB1 泵流量最大 8000m^3/h，扬程最高 380m；BB3 泵流量最大 3200m^3/h，扬程最高 2900m。

长输泵 BB1 和 BB3 结构的主要特点比较见图 3-11、图 3-12。

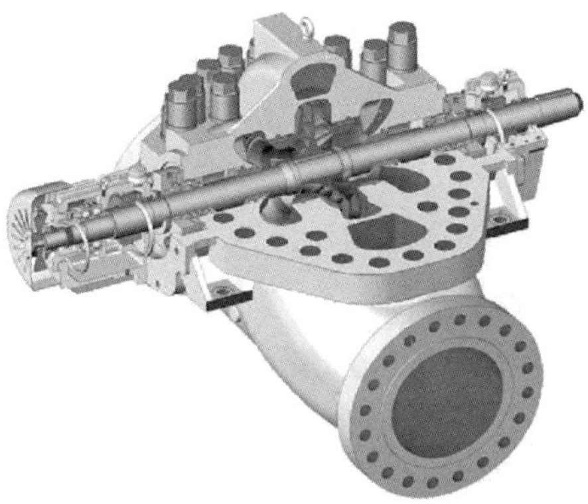

图 3-11　BB1 泵三维剖视图

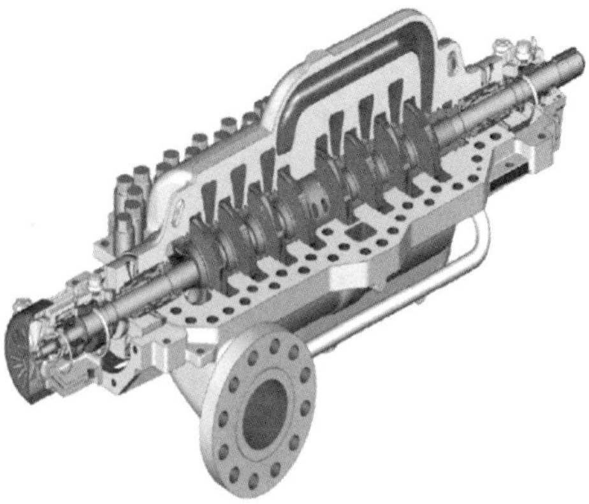

图 3-12　BB3 泵三维剖视图

BB1 泵为卧式水平中开单级双吸离心泵，其结构特点如下：

① 泵体为卧式水平中开结构，双蜗壳设计，泵体安装方式采用接近中心线安装，泵的进出口设置在下泵体上，检修时无须拆卸进出口管线和电机，维护方便；

② 叶轮采用单级双吸结构，轴向力自动平衡，两边叶片交错布置，介质脉动小；

③ 主轴采用刚性结构设计，轴承间跨度小，轴封处挠度小；

④ 泵串联运行，泵壳承压等级高，泵按相同压力等级设计，保证互换性；密封腔压力高，有时高达 10MPa，采用高压集装机械密封。

BB3 泵为卧式水平中开多级离心泵的，其结构特点如下：

① 泵体为卧式水平中开结构，双蜗壳设计，泵体安装方式采用接近中心线安装，泵的进出口设置在下泵体上，检修时无须拆卸进出口管线和电机，维护方便；

② 叶轮采用热装，卡环单独固定；同时叶轮采用背靠背布置，轴向力大部分平衡，提高 BB3 型泵的进口压力，首级叶轮尽量采用单吸结构；

③ 泵体设有平衡管线，密封腔压力比进口压力高 0.2MPa（2bar）左右，采用集装式机械密封，机封冲洗方案采用 Plan11＋65 方式。

BB1 泵和 BB3 泵共同的结构特点如下：

① 轴承箱采用重载型，大油室结构，径向轴承多采用滑动轴承，推力轴承采用背靠背安装滚动轴承，润滑方式采用油环稀油自润滑，轴承冷却方式采用风冷，尽量不配油站。

② 检测仪表主要包括轴承温度、振动监测和机械密封泄漏检测。根据现场环境要求，配备泵体及管路保温及电伴热系统、机组远程监测及预诊断系统。可随时远程监测泵的运行情况、进行运行趋势分析、对泵的故障进行诊断，节省大量的人力和财力，经济效益明显。

（4）水封洞库用潜油泵　我国原油的对外依存度高达 70%左右，从石油储备的安全性、经济性等方面考虑，采用水封洞库的储备方式具有很大优势。目前已建和在建的地下水封洞石油储备库已达数十座。

地下水封石洞油库的原理：地下水封洞库通过人工在地下岩石中开挖出一定容积的洞室，利用稳定地下水的水封作用密封储存在洞室内的石油。洞室开挖前将地下水通过裂隙等渗透到岩层的深部并完全充满岩层空隙形成水幕系统。注入油品后，油品周围会存在一定的压差，在任一油面上，水压力都大于油压力，使油品不能从裂隙中漏走。同时利用油比水轻，以及油水不能混合的性质，流入洞内的水则沿洞壁汇集到洞底部形成水垫层，可由裂隙水泵抽出，从而储存了水垫层上部油品。

地下水封洞库需要准确控制地下水位的高度，并且时刻监测洞库的状态，监测系统通常包括由各类安全仪表组成的地下水位监测系统、水幕监测系统、微震监测系统等。

水封洞库用潜油泵用于地下油库的原油抽出，同类型的泵还可作为海上和陆上采油井的原油抽出泵、巨型油轮的卸油泵，是原油开采和库存的核心设备，按 50 年使用寿命进行设计制造。

洞库用潜油泵具有如下安装和工况特点：

① 泵设计、安装和调试要求高，洞罐的深度根据储存原油的种类、压力、岩体风化程度和地下水位的高低等因素确定，从几十米至一百多米，有的甚至会达到两三百米，这对地下洞罐的核心设备潜油泵的性能指标、设计、安装和调试等提出了很高的要求。

② 储存在石洞中的原油含泥砂，除了泵下端设置过滤器挡粗砂以外，在叶轮和电机之间设置机封严防微泥砂进入电机的液压油内。

水封洞库用潜油泵的泵型选择：

水封洞库潜油泵有两种泵型，一种是电动潜油泵，这是目前应用较多的一种；另一种是液压驱动潜油泵。

① 电动潜油泵 水封洞库用电动潜油泵是技术含量非常高的潜油泵，世界上有代表性的制造商是德国 KSB 公司和挪威 Framo 公司。

KSB 和 Framo 所采用的泵型结构不尽相同，KSB 是传统的潜水电泵结构，如图 3-13 所示，Framo 则是采用了另一种的电泵布置结构，如图 3-14 所示。

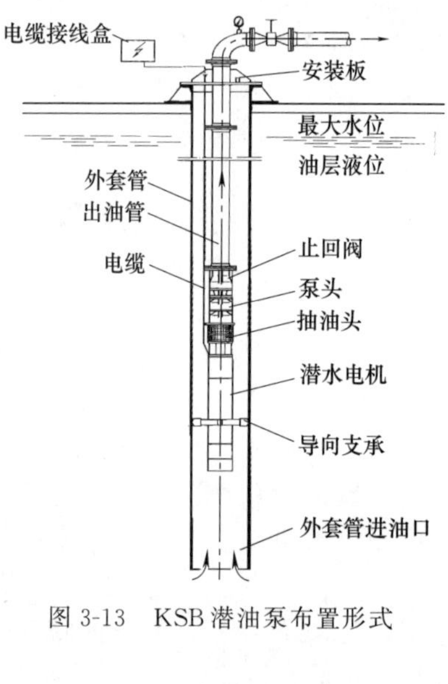

图 3-13 KSB 潜油泵布置形式

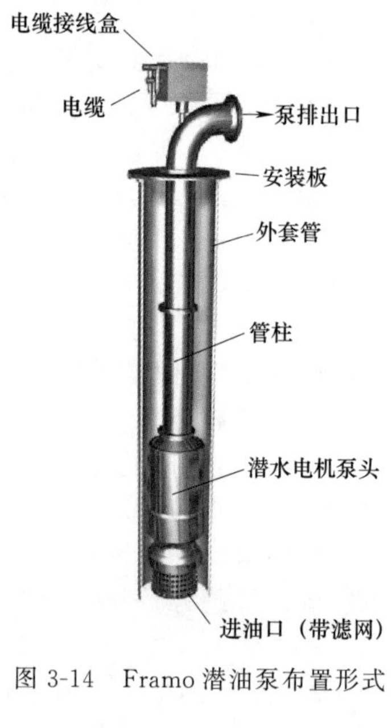

图 3-14 Framo 潜油泵布置形式

下面以某洞库采用挪威 Framo 公司潜油泵为工程实例，介绍潜油泵的配置情况。

挪威 Framo 公司提供的潜油泵（如图 3-15 所示）主要由顶板及油循环单元（安装板）、管柱、油泵及电机单元等组成；泵的流量为 $1200m^3/h$，扬程 180m，电机功率 1000kW，泵总长约 110.7m，总质量 110.6t，泵头和电机的质量约 4146kg，洞库油深约 120m。

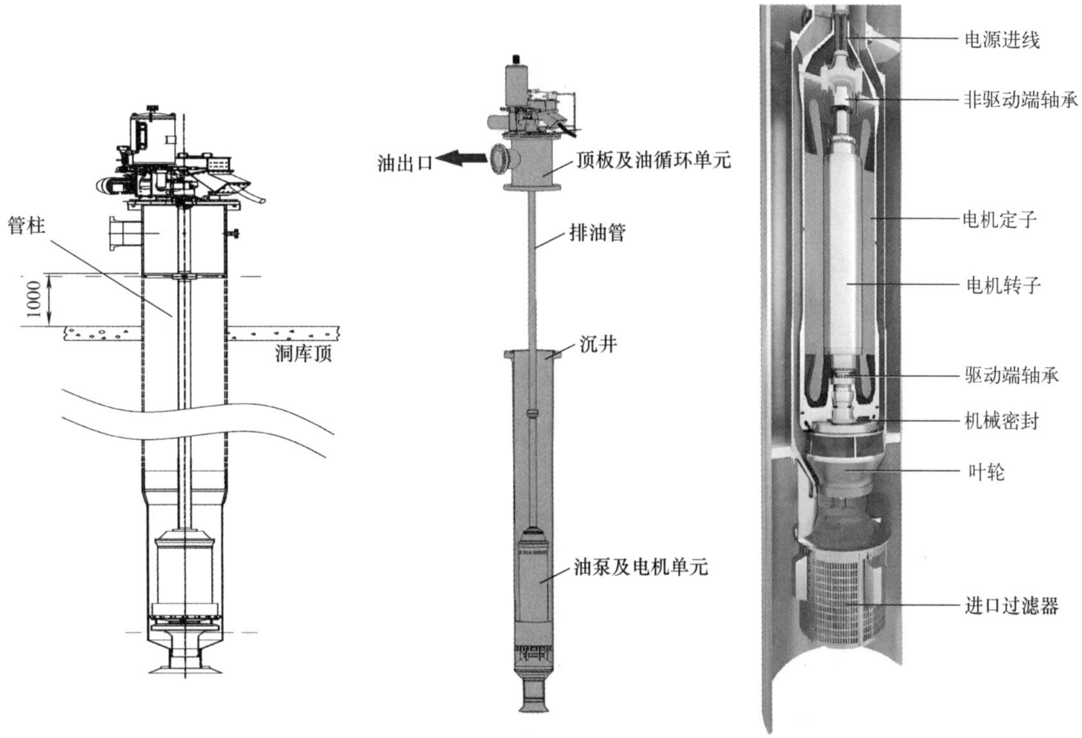

(a) Framo潜油泵布置图　(b) Framo潜油泵剖面图　(c) Framo潜油泵/电机结构图

图 3-15　某国家石油储备基地水封洞库用 Framo 公司潜油泵

电动潜油泵的主要结构及其特点如下：

a. 油泵和电机单元。如图 3-15Framo 潜油泵/电机结构所示，电机（屏蔽型电机）和泵直连为一体，泵的进吸口位于下端，屏蔽电机位于泵头之上，电机转子浸没在液压油中。泵本体安装并悬挂在管柱上，电机利用潜油泵的进排油管（铜管材料，排列安装在管柱内）来进行电的传输，这些管道既担负了输电的功能，同时为屏蔽电机提供了油冷（液压油也充当了绝缘体）。液压油由安装于地面顶板上的循环单元（含油泵）提供油压，同时液压油经过循环后回到地面循环单元的冷却器进行冷却。底部的叶轮和电机之间设置有机械密封，能防止泵送的原油进入电机的液压油内。

b. 管柱和导电管。泵安装在外套管中，外套管根据洞库的埋深由多段组成，外套管作为原油的泵送通道。管柱内包含了 3 根铜质导电管，导电管错开 120°布置，导电管之间和每个导电管内由液压油充当绝缘材料；管柱和导电管均由多段组成，每段间通过套接并配合垫圈密封，防止液压油的外漏（如图 3-16 所示的管柱及导电管结构）。每段管柱内的导电管都可以自由热胀缩，并消除由热胀缩导致的变形量。

c. 顶板。顶板安装在三通上，顶板的直径与三通的法兰直径一致。顶板设计要求能承受整台泵的重量。

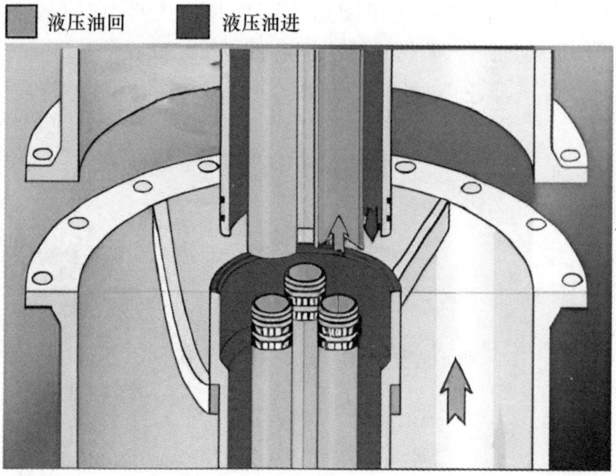

图 3-16 管柱及导电管结构

d. 油循环单元。在潜油泵的设计理念中，油循环单元是很重要的一个部分，通过它可对泵和电机进行状态监控。油循环单元安装在泵的顶板上，通过对单元里循环的液压油温度、压力、清洁度等数据监测，可得知电机的机械密封、轴承等的工作状态是否正常。另外，液压油的循环也可以对浸没在其中的电机进行冷却、润滑和绝缘保护。

e. 最小流量阀。在潜油泵启动时，外套管内的空气要通过最小流量阀排出。最小流量阀一般设置在地面上，能自动调节以确保在泵启动过程中始终满足泵最小流量的要求。

f. 吸气阀（呼吸阀）。设置吸气阀的目的是防止停泵时由于外套管内的原油倒流回洞库，拉空上部的外套管而造成真空。这时为隔绝空气进入洞库内，一般吸气阀吸入的是工业氮气。该阀的另一个功能是能够通过限定吸气量来调整原油的倒流量，从而减弱因倒流使泵产生的透平效应，降低泵反转速度。吸气阀（呼吸阀）应安装在地面靠近出口管上第一个止回阀处。

② 液压驱动潜油泵　简称液压潜油泵，是水封洞库用潜油泵的另一种泵型选择。液压潜油泵由液压马达和离心泵两部分组成，两者通过轴承架相连并一起潜入洞库中。由于泵能安装在最靠近底部的地方，入口吸入压力最高，泵能得到更好的吸入性能，达到最好的扫舱效果，而且由于转速可调，因此无须单独设置扫舱设施。

全浸式液压驱动潜油泵包括整个管路和控制系统。液压驱动潜油泵由以下几部分组成：甲板法兰、管组、液压控制系统以及与高压液压马达连在一起的泵组。每一台泵都有一套液压系统和独立的流量控制阀调节泵流量。

液压驱动潜油泵可用于原油产品，也可用于化学品运输和装卸。与电动潜油泵相比更加安全可靠。目前，国内湖南天一奥星泵业有限公司已成功研制出一台液压驱动潜油泵。

图 3-17 给出的是湖南天一奥星泵业有限公司生产的液压驱动潜油泵典型结构形式。

潜油泵的国产情况：近年来，国内泵企业也开始了大流量电动潜油泵的研制工作，其中，上海凯泉泵业在青岛黄岛原油水封洞库以及广东湛江洞库上提供了类似于挪威 Framo 的泵型产品。另外，国内的其他泵企业如合肥华升、沈鼓核电泵业公司和湖南天一奥星泵业有限公司等也开始研制潜油泵，相信在不久的将来，能够有更多产品供货资源供用户选择。

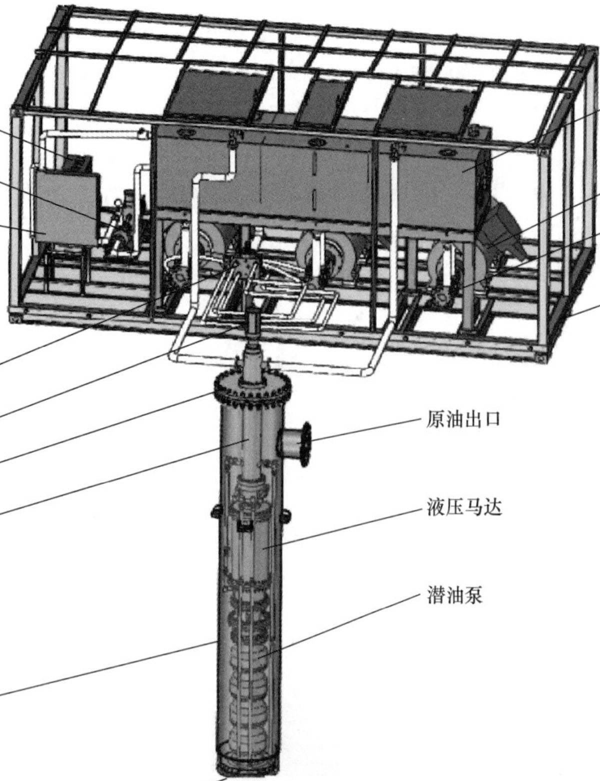

图 3-17　液压驱动潜油泵典型结构图

第二节　液化天然气（LNG）接收站用泵

一、概述

液化天然气（LNG）作为一种低排放的清洁能源，近年来相关的工业设施得到了迅速发展，液化天然气接收站（LNG 接收站）作为接收海运 LNG 的工业设施（或称接收终端），也得到了迅速发展。从 2006 年我国第一个 LNG 接收站——广东大鹏 LNG 接收站投入商业运行开始，国内 LNG 接收站的建设步入一个高峰期。

液化天然气接收站装置用泵主要有离心泵和混流泵两种。离心泵主要用于输送液化天然气，采用潜液式低温离心泵（潜液式低温泵）结构；混流泵用于输送海水，采用立式混流泵结构，称为海水泵。

二、流程介绍

1. 典型的工艺流程

LNG 接收站按功能主要分为 LNG 码头接卸设施、LNG 储罐区、BOG（蒸发气）处理设施、LNG 增压及气化区、计量区、槽车装车区、海水取水区、火炬区、空压站、办公区等。LNG 接收站工艺技术路线分为两种，即直接输出工艺和再冷凝工艺，主要区别在于根据终端用户压力要求不同，在流程中是否设有再冷凝器等设备。两种工艺并无本质上的区别，仅在蒸发气（BOG）的处理上有所不同。

对于直接输出工艺流程，将 LNG 在运输、装卸、储存、管道输送等工艺处理过程中产生的蒸发气，采用压缩机增压后，直接输送至外输管网或稳定的中低压气体用户。这种工艺流程适合外输管网压力不高或接收站周边存在稳定的中低压用户的场合。同时，由于接收站在卸船工况下将产生大量的蒸发气（BOG），因此要求用户能够适应 BOG 气量的较大变化范围并能够接收此工况下的大量蒸发气，避免蒸发气体的放空燃烧，造成经济损失和环境污染。

对于再冷凝工艺流程，将 LNG 在运输、装卸、储存、管道输送等工艺过程中产生的蒸发气，经过 BOG 压缩机压缩后，进入再冷凝器与由 LNG 低压泵输送的过冷 LNG 进行接触，蒸发气被 LNG 冷凝至液化，然后再经 LNG 高压输出泵增压后，进入气化器气化成天然气后通过管网送至用户。再冷凝工艺不需要将蒸发气压缩到外输压力，利用 LNG 的冷能将蒸发气冷凝，减少了 BOG 压缩功的消耗，从而节省了能量。目前国内已经建成和在建的 LNG 接收站大都采用再冷凝工艺。典型的工艺流程如图 3-18 所示。

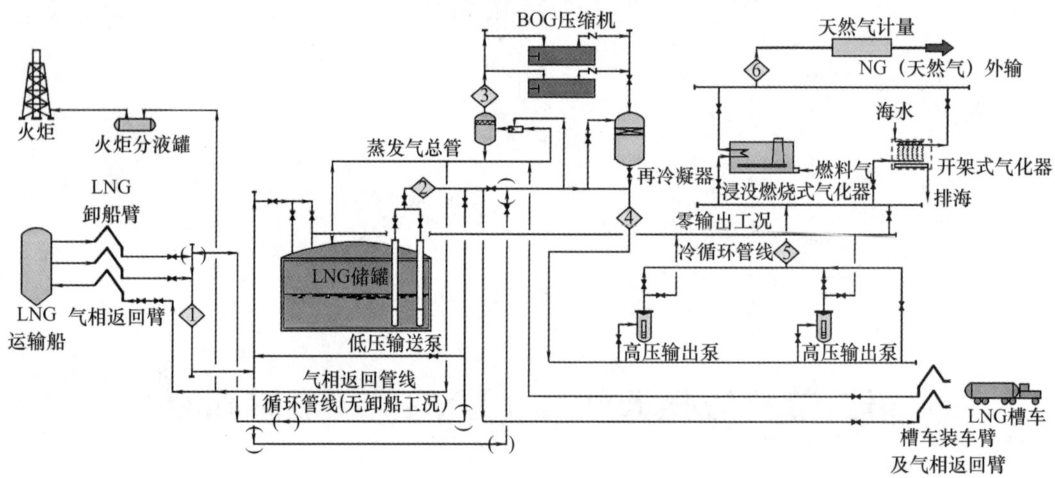

图 3-18　典型接收站再冷凝工艺流程

2. 关键用泵

潜液式低温泵用于 LNG 储罐区、LNG 增压和气化区，分别采用罐内泵和罐外泵两种结构。罐内泵将 LNG 输送至罐外泵，或再冷凝器和/或装车、装船，并于站内冷循环，自再冷凝设施及罐内泵输送过来的 LNG 进入增压泵，加压后输送至气化器。

混流泵用于海水取水，输送的海水用于 LNG 气化和计量外输系统换热用途。

三、潜液式低温泵的选型

1. 输送介质

潜液式低温泵输送介质为液化天然气，介质温度最低至－162℃，接近饱和态，有效汽蚀余量较低。

2. 选型及操作条件

由于工艺参数的差异及操作条件的不同，潜液式低温泵又分为罐内泵（图 3-19）和罐外高压泵（图 3-20）两种。

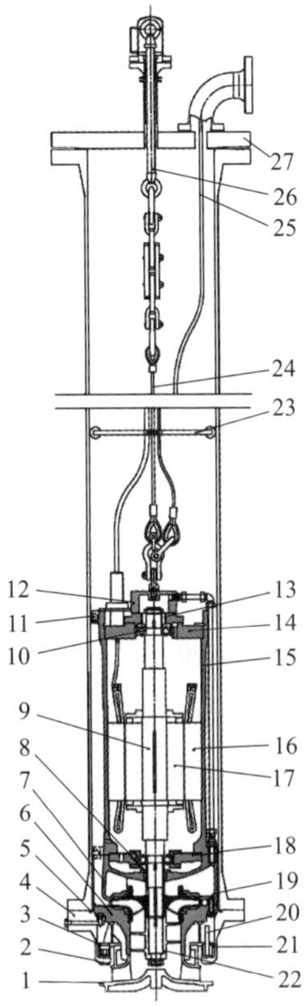

1—底阀体；
2—底阀密封；
3—盘架；
4—底阀座；
5—垫片；
6—泵吸入口；
7—蜗壳；
8—衬套；
9—主轴；
10—球轴承；
11—导轮；
12—盖板；
13—平衡套；
14—护板；
15—电机外壳；
16—电机定子；
17—电机转子；
18—护板；
19—叶轮；
20—导向螺栓；
21—弹簧；
22—诱导轮；
23—滚轮臂；
24—支承钢缆；
25—低温电缆；
26—支承杆；
27—顶板

图 3-19 罐内泵

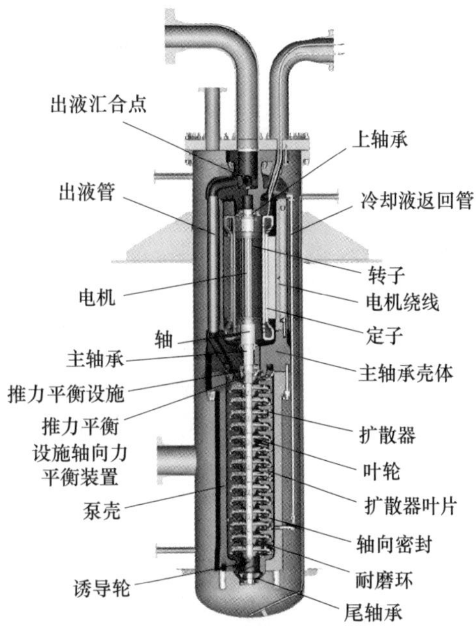

图 3-20 罐外高压泵

（1）罐内泵根据用途不同可分为罐内低压输送泵和装船泵，安装在 LNG 储罐的泵井中，其主要作用是将 LNG 自储罐输送至罐外高压泵、BOG 再冷凝设施、装船设施及汽车装车设施等，同时需要保证装卸船、装卸车管道冷循环及其他工况站内冷循环。当罐内上下 LNG 密度差和温差较大时，可通过罐内泵将储罐内 LNG 循环到上部或底部，有效防止分层、翻滚现象的产生。此外，还可以用于 LNG 储罐间的倒罐和通过 LNG 储罐内的 LNG 装船泵进行装船外输 LNG 工作。对 LNG 储罐同时设计有低压输送泵和装船泵设备，考虑储罐上部泵检维修需要设计的吊车，需同时考虑低压输送泵和装船泵起吊钢丝绳规格，以便设计吊车滚筒，吊车能力按最大的罐内泵检维修件设计并考虑一定的安全余量系数。

（2）罐外高压泵（或高压输送泵）简称罐外泵，安装在工艺装置区域，地面或地上框架安装，采用筒袋式多级离心泵。主要作用是将 BOG 再冷凝设施排出的天然气与罐内泵输送的液化天然气混合后进行增压，或者直接将罐内泵输送的液化天然气进行增压，加压后通过总管输送到气化器或冷能利用装置。

（3）潜液式低温泵的主体材料选用耐低温铝合金或不锈钢，大部分转动部件需要进行低温处理。承压较高的壳体需要采用锻件。

（4）潜液式低温泵的典型结构特点是整个泵与电机共用一根轴，无密封结构，轴承和所有其他组件完全淹没在低温液体之中。泵的电机在浸没的液体中运行，与空气完全隔绝，选用非防爆电机。与带轴端密封电机外置的泵相比，潜液式低温泵的安全性更高，易损件也更少。

（5）潜液式低温泵的叶轮一般采用空间导叶的单吸叶轮，使泵的吸入性能更加稳定。由于汽蚀要求苛刻，需要在泵叶轮的吸入口设置带有螺旋叶片的诱导轮来降低泵的汽蚀，同时也能实现更高的排净要求。

（6）潜液式低温泵的轴承保持架通常采用具有自润滑性能的聚四氟乙烯，滚珠采用陶瓷球材质或不锈钢，陶瓷在低温下的性能表现明显更优于不锈钢，因此可以获得更高的使用寿命。

3. 辅助设备

（1）罐内泵的辅助设备包括顶板、底阀、支承钢缆、起吊钢缆、低温电缆（包括低温电气和仪表线缆）、贯穿接头等。顶板安装在泵井的最顶端，底阀安装在泵井的最底端，用耐低温不锈钢螺栓与泵井法兰连接；支承钢缆和起吊钢缆用于罐内泵的安装和检修；低温电缆用于泵井内泵体电机动力电缆和泵振动仪表信号的传输；贯穿接头用于仪电部件的低温隔绝和信号传输。

（2）罐外泵的辅助设备包括泵壳（或泵罐）、低温电缆、贯穿接头、温度探头及变送器、差压液位计等。泵壳需要设置排气口，来保证泵壳内液位的稳定，同时泵壳设计有排液（出液）和充液功能管线；低温电缆用于电气和仪表信号的传输；贯穿接头用于仪电部件的低温隔绝和信号传输。

4. 主要特点

（1）潜液式低温泵主要有以下特点：要求具有较低的汽蚀余量，因此大多潜液式低温泵都带有诱导轮；泵为立式潜液结构，泵和电机整体浸没在低温液体中运行，电机与泵为共轴；电机为非防爆设计，对绝缘材料要求高，高压电机的电压等级只能采用6kV，外部接线箱应为防爆型；无机械密封设计，安全性更高。

（2）为防止处于气-液平衡状态的液化气体在泵内汽化，必须保持泵内液化气体与储罐内的液化气体具有相同的温度，潜液式低温泵除需要采用浸没式结构外，还需采取措施保冷和放空（对罐外高压泵）。

5. 监测与保护

潜液式低温泵的安全保护系统要求非常高，常用的有振动监测系统、过电流保护系统、低电流保护系统、氮气（N_2）密封保护系统、低流量报警、低压力报警等。

（1）振动监测系统　测量振动的装置可由客户自己准备或由泵生产制造商来提供，按照客户不同的要求进行配置。

由于转子的振动会传到泵壳，所以一般直接测量泵壳体的振动即可。如振动超过规定的标准，系统自动报警或联锁停机。

（2）电机保护系统　在潜液式低温泵的价格构成中，潜液电机制造加工工艺较复杂，所以保护电机是非常必要的。一般对电机的工作电流范围进行预先设定，电流的上限提供过电流保护，电流的下限提供低电流保护，工作电流超过此范围则自动报警。通常电机电流强度的减小表明泵入口压力的降低，可能导致泵发生汽蚀；电流强度的增大则说明运行中存在机械故障或电机接入电缆异常，需要进行检查维护。

（3）防爆保护系统　由于电机的接线盒是防爆的，为防止液化气体沿电缆泄漏到接线盒而遇到电火花产生爆炸，要对电机的外接电力系统进行密封和保护，通常的做法是在外接电缆和接线盒之间设置氮气（N_2）密封保护系统。作用是阻断液化气体可能进入电机接线盒的通道。当氮气密封保护系统失效时，其压力会有显著变化，从而可以通过压力自动报警系统来进行安全监测。

（4）泵的自身保护 泵的自身保护措施为低流量报警和低压力报警。低流量报警是当工作流量小于泵的最小连续流量时装置就会报警；低入口压力报警是当泵入口压力过低，达到设定值时装置就会报警。

（5）电缆 由于潜液式低温泵的电缆也浸在低温液体中，所以要使用专门的耐低温电缆。其结构为在导体表面涂覆半导体材料、绝缘体材料及聚四氟乙烯（PTFE）保护层等，最外边为不锈钢铠装保护套，耐低温电缆要求在－200℃以下仍具有良好的延展性。

6. 试验

（1）由于潜液式低温泵结构的特殊性，必须使用低温介质进行各项试验，常用的试验介质有丙烷、LNG、液氮等。例如，对于LNG输送泵来说，可使用LNG（－162℃）或液氮（－196℃）做试验。试验介质温度很低，因此泵试验前需进行充分的预冷，防止材料脆裂。试验设备及附属系统正常运行时也需要保冷。泵试验程序比较复杂，而且对安全性要求极高，这也是潜液式低温泵生产制造过程中的一个难点。潜液式低温泵试验台一般要求建立地点远离人口密集区。

（2）目前国内由于安全条件的限制，主要采用液氮低温试验台，性能试验需要采用降速或者叶轮拆级的方式进行，试验后需要进行相应的数据换算。

7. 专用工具

相对于普通离心泵，LNG潜液式低温泵较为特殊，除上述主要设备供货外，潜液式低温泵一般还需提供相关泵安装和检维修用的专用工具，如罐内泵的吊秤、支承杆、假泵（或模型泵）顶板拆装用支架、液压工具及其他相关拆装设施等，具体由供货商根据泵结构形式提供。

四、海水泵的选型

1. 输送介质

海水泵输送介质为海水，含较高的盐和氯离子。

2. 选型及操作条件

海水泵通常安装在海水泵房，采用立式混流泵结构，如图3-21所示。海水泵在接收站中将海水输送到海水气化器，其主要作用是为气化器提供换热源使液化天然气直接气化。海水泵流量通常为5000～18000m^3/h，扬程通常为25～35m。如输送距离较长，扬程可能会超过50m。

（1）海水泵吸入口垂直向下，吐出口水平布置。根据检修需要，转子和壳体可以设计为整体式或节段式，导轴承一般采用特殊塑料材质。

（2）海水泵的选材需要考虑氯离子对泵的腐蚀，海水泵中所有与海水接触的部件耐腐蚀性不应低于双相不锈钢，同时应配置电极保护装置，通过外加保护电位来消除海水对泵的电化学腐蚀。

（3）如输送的海水含有较多的颗粒物、微生物，为保证泵的使用周期和易损件的使用寿命，应考虑设置清洁水冲洗系统和海水过滤润滑系统。

（4）可根据流量大小和用户需要设计变频海水泵。

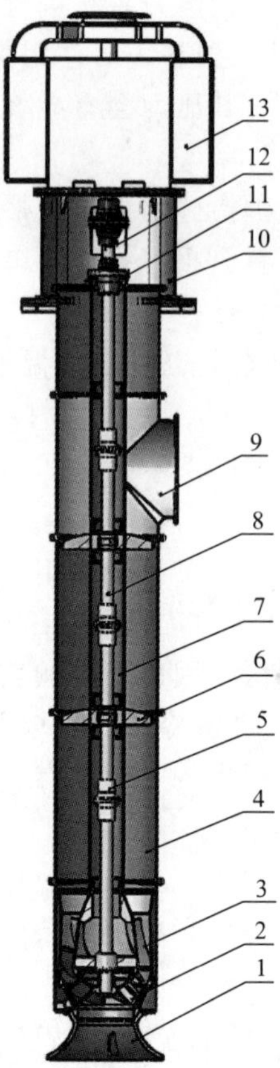

图 3-21 海水泵外形图

1—吸入喇叭口；2—叶轮；3—导叶体；4—外接管；5—中间联轴器部件；6—轴承支架；7—内接管；
8—主轴；9—吐出弯管；10—电机支架；11—填料函部件；12—泵-电机联轴器；13—电机

·第二章·
炼油装置用泵

第一节　常减压装置用泵

一、常减压蒸馏工艺及装置用泵概要

常减压蒸馏是炼油厂原油加工中第一道必不可少的工艺流程，该过程通过将原油先按不同产品的沸点要求，通过蒸馏的方法将原油分割成不同的直馏馏分油，然后按照产品的质量标准要求，除去这些馏分油中的非理想组分，进而得到一系列合格的石油产品，一般产品有干气（燃料气）、初顶石脑油、常顶石脑油、煤油组分、柴油组分、蜡油、减一线、减二线、减三线、减四线、减压渣油等，可为后续其他装置提供原料，详见图 3-22。

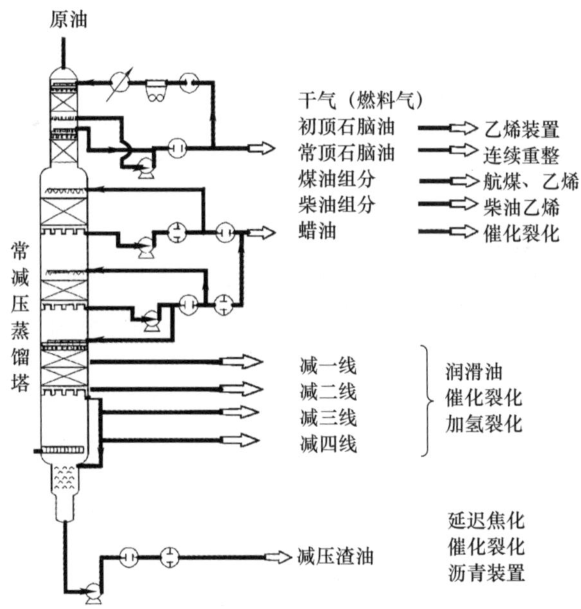

图 3-22　常减压蒸馏装置产品及后续处理装置

不同于其他工艺装置，常减压蒸馏装置的构成并不稳定，典型的常减压蒸馏装置由原油电脱盐部分、初馏部分、闪蒸部分、常压部分、减压部分和轻烃回收部分等六部分构成。典型的基本流程如图 3-23 所示。

常减压蒸馏装置以原油为加工原料，根据原油的性质和工厂的加工方案，常减压蒸馏装置的构成可以增加或删减，原油盐、硫、酸含量高，且不同馏分温度普遍高，高温部分受高硫腐蚀、高温环烷酸和冲刷腐蚀，泵材料和密封的选型是重点。典型的关键泵有：塔底泵——常压渣油泵、减压渣油泵和初馏塔底泵；侧线泵——常一中油泵、常二中油泵、常一

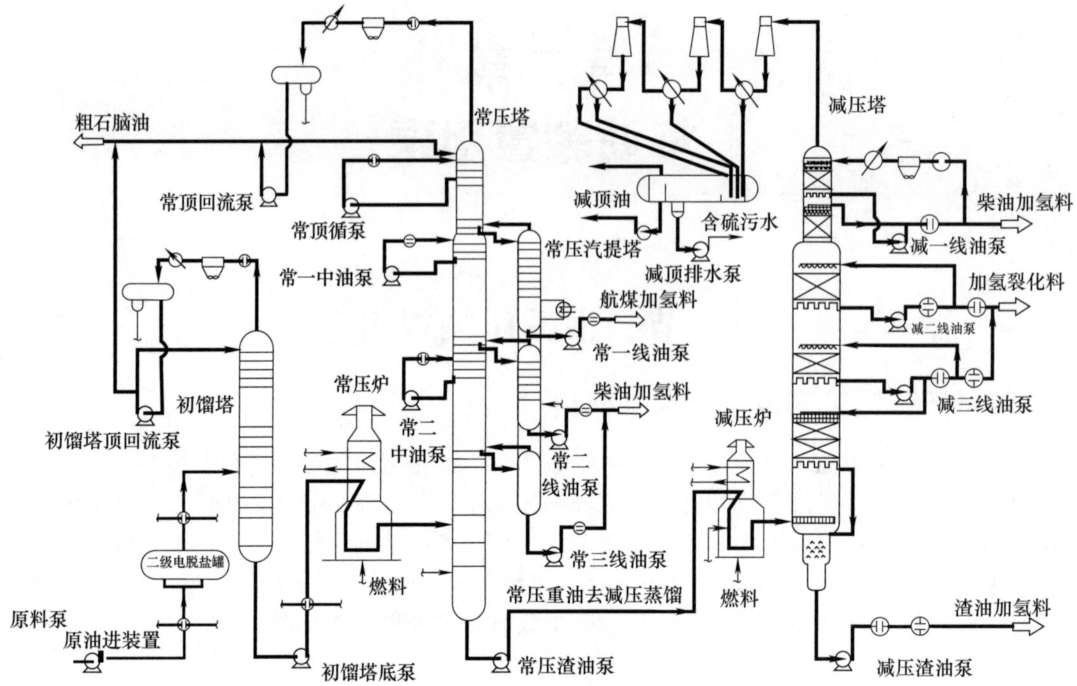

图 3-23 典型常减压蒸馏装置工艺流程图

线油泵、常二线油泵、常三线油泵、减一线油泵、减二线油泵、减三线油泵等。以某炼厂 1000 万吨常减压蒸馏装置为例，该装置原料按高硫高酸设计，主要泵典型参数和选型如表 3-1 所示。

表 3-1 常减压蒸馏装置主要泵典型参数和选型

名称	介质	温度/℃	密度/(kg/m³)	入口压力/MPa(G)	流量/(m³/h)	扬程/m	泵型	材质	转速/(r/min)	轴功率/kW	轴封	备注
初馏塔底泵	初底油	218	750.1	0.44	888.5	274	BB2	C-6	2980	663	双端面机械密封	带外冲洗
常压渣油泵	常压渣油	351	766.7	0.19	959	160	BB2	A-8	1490	436.5	双端面机械密封	带外冲洗，轴 XM-19
减压渣油泵	减压渣油	365	825.9	−0.03	582	250	BB2	A-8	1490	448.4	双端面机械密封	带外冲洗，轴 XM-19
常一线油泵	常一线油	185	680.8	0.32	266	183	BB2	S-6	2980	130.8	单端面机械密封	
常二线油泵	常二线油	262	661.4	0.26	202	207	BB2	A-8	2980	114.1	双端面机械密封	带外冲洗，轴 XM-19
常三线油泵	常三线油	319	661	0.19	197.2	222	BB2	A-8	1490	119.4	双端面机械密封	带外冲洗，轴 XM-19
常一中油泵	常一中油	232	660.4	0.35	515	81	BB2	A-8	2980	93.8	双端面机械密封	带外冲洗，轴 XM-19
常二中油泵	常二中油	262	661.4	0.26	202	207	BB2	A-8	2980	114.1	双端面机械密封	带外冲洗，轴 XM-19

续表

名称	介质	温度/℃	密度/(kg/m³)	入口压力/MPa(G)	流量/(m³/h)	扬程/m	泵型	材质	转速/(r/min)	轴功率/kW	轴封	备注
减一线及常一中油泵	减一线及常一中油	142	779.9	0.24	296	168	BB2	S-6	2980	146.7	单端面机械密封	
减二线及常二中油泵	减二线及常二中油	252	762.7	0.16	495	129	BB2	A-8	2980	165.8	双端面机械密封	带外冲洗，轴 XM-19
减三线及常三中油泵	减三线及常三中油	308	765.1	0.11	1133	162	BB2	A-8	1490	513.3	双端面机械密封	带外冲洗，轴 XM-19

二、塔底泵和侧线泵

以下从装置关键用泵（塔底泵和侧线泵）的工况特点、选型特点（泵型选择、材料选择、轴封选择）等方面进行叙述。

1. 工况特点

常减压蒸馏装置中塔底泵和侧线泵的共同特点是温度高且部分泵送介质超过自燃点，属于高危泵，一旦泄漏易引发火灾等事故；且塔底泵装置汽蚀余量较低，泵在操作过程中极易发生汽蚀。原油中总硫含量（质量分数）大于或等于 1.0%时属于高硫原油；按 GB 264 规定方法测定的原油酸值（以 KOH 计）大于或等于 0.5mg/g 时属于高酸原油；硫和酸在不同温度下对不同材料的腐蚀速率可通过 McMonoMy 曲线查得。高硫原油对设备的腐蚀多发生在 240℃至 400℃之间，且随着温度的升高，由于原油中硫化物分解生成元素硫，所以高温硫腐蚀性随温度升高而增加。高酸原油对设备的腐蚀多发生在 220℃至 400℃之间，一般在 270～280℃时腐蚀性最强，然后随着温度升高由于酸的分解，酸腐蚀性降低。

2. 选型特点

（1）泵型选择　根据装置汽蚀余量低、易汽蚀、流量大、扬程高等特点，塔底泵泵宜选用低转速、入口双吸的两端支承型 BB2 型泵；侧线泵根据装置汽蚀余量、流量、扬程，泵型宜选用入口双吸或单吸的两端支承型 BB2 型泵。泵壳体径向剖分，中心线支承，泵轴承可根据 API 610 标准来选择合适的滑动轴承或滚动轴承。

（2）材料选择　鉴于上述工况的原油腐蚀特点，针对不同原油中硫和酸含量的不同，泵选材主要考虑如下：

① 对于高硫腐蚀的原油，材料耐腐蚀能力随 Cr 含量的增加而增加，材料采用 Cr12 钢，对应于 API 610 标准附录 H 中 C-6 等级。

② 对于高硫低酸原油，材料采用 Cr12 钢，对应于 API 610 标准附录 H 中 C-6 等级。

③ 对于高硫高酸的原油，选用 Mo 含量（质量分数）大于 2.5%的 316 型不锈钢，对应于 API 610 标准附录 H 中 A-8 等级，考虑高温下不锈钢 316 轴的强度较低，轴推荐采用 ASTM 276 标准的奥氏体不锈钢 XM-19 或 ASTM 630 标准的沉淀硬化不锈钢 17-4PH。

④ 对于非高硫高酸的原油且温度小于 200℃的，材料选择碳钢，对应于 API 610 标准附录 H 中 S-6 等级。

⑤ 常压、减压分馏塔顶部的冷凝系统中常顶排水泵和减顶排水泵考虑蒸馏出来硫化氢、水作用下的应力腐蚀以及盐酸等氯离子腐蚀，一般材料选择 316，对于氯含量高的可考虑双相钢，对应于 API 610 标准附录 H 中 A-8 或 D-1。

（3）轴封选择　塔底泵和侧线泵的轴端机械密封，选用符合 API 682（SH/T 3156）要求的串联或双端面机械密封。对于常压、减压塔底泵，由于油品冷却后黏度太大，冲洗方案推荐采用 Plan 32＋53A/B。对于测线泵，如油品为柴油等冷却后黏度不大，可采用 Plan 23＋53A/B。机封弹性元件选择波纹管。

第二节 催化裂化装置用泵

一、催化裂化装置工艺简介

催化裂化是炼油工业的核心装置，主要是将炼油厂的减压渣油或者加氢重油在催化装置反应器中与再生催化剂接触，完成原料的升温、气化及反应过程。将重油裂解成汽油、柴油、液化气和烯烃等成分。完成反应的油气经粗旋及单级旋分脱除催化剂，进入分馏塔下部。

经粗旋和单级旋分回收的待生催化剂，再经待生斜管进入烧焦罐，在富氧条件下进行烧焦，再生器烧焦所需要的主风由主风机提供。再生烟气经二级旋风分离器分离出催化剂后，进入三级旋风分离器进一步分离再生烟气中的催化剂。由三级旋风分离器出来的高温烟气，一路经烟气轮机回收压力能，然后经余热锅炉回收烟气的热能，脱硝后进入后部烟气脱硫单元处理，另一路不经过烟气轮机，与烟气轮机的排气管道汇合后，进入余热锅炉，回收热能。

由沉降器来的反应油气，进入分馏塔底部后，通过人字挡板，与上返塔的循环油浆接触，洗涤反应油气中的少量催化剂，并脱除油气过热度，使饱和态油气进入分馏塔上部塔盘段进行分馏。

油浆自分馏塔底油循环油浆泵抽出并升压，部分油浆经过滤器除去细粉后被送到油浆分离塔，其余部分油浆作为循环油浆被送到常减压装置作为触媒提供热量，换热后返回催化裂化装置，再经过油浆蒸汽发生器，产生蒸汽后温度降到 275℃，返回分馏塔。

从分馏塔顶油气分离器出来的富气，经气压机入口油气分离器后，进入气压机组的一段进行压缩，然后由气压机级间冷却器冷却到 40℃，经过气压机组的级间分离器进行气液分离。分离出的富气再进入气压机组的二段进行压缩，气压机出口的富气经酸性水洗涤后，进入吸收塔底，用粗汽油及稳定汽油作吸收剂进行吸收。其主要流程如图 3-24 所示。

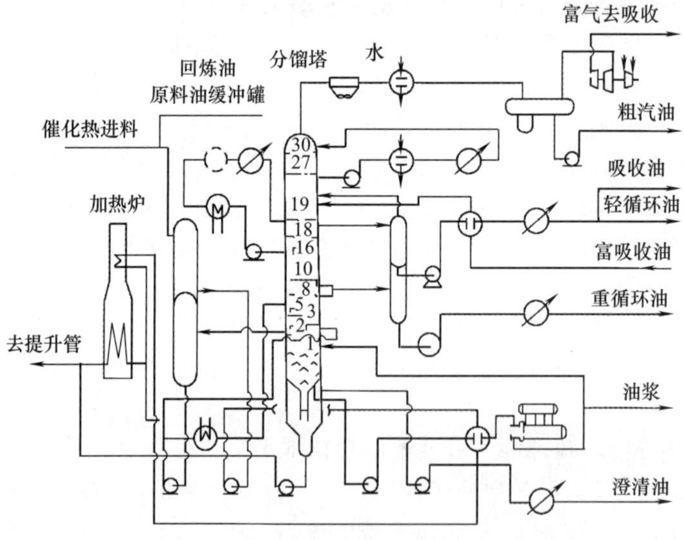

图 3-24 催化裂化主要工艺流程图（数字指塔板数量）

以上工艺流程图中所用泵的品种、规格和数量可能会有所不同，但其中的关键泵都是油浆泵。某炼厂 420 万 t/a 催化裂化装置用泵一览表见表 3-2。

表 3-2 某 420 万 t/a 催化裂化装置主要用泵典型参数和选型

名称	介质	温度/℃	密度/(kg/m^3)	入口压力/MPa(G)	流量/(m^3/h)	扬程/m	泵型	材质	泵效率/%	轴功率/kW	轴封	备注
原料油泵	原料油	177	842	0.43	743	113	BB2	S-6	83	232	单端面机械密封	外冲洗
粗汽油泵	粗汽油	40	705	0.20	450	260	BB2	S-6	69	325.4	单端面机械密封	
酸性水泵	酸性水	40	992	0.20	85	171	OH2	S-8	56	70	双端面机械密封	
顶循环油泵	顶循环油	160	685	0.56	1316	91	BB2	S-6	87	257	单端面机械密封	
轻柴油泵	轻柴油	202	768	0.37	66	128	OH2	S-6	57	31	单端面机械密封	
贫吸收油泵	贫吸收油	90	745	0.81	178	130	OH2	S-6	71	66	单端面机械密封	
分馏一中油泵	分馏一中油	281	801	0.46	1189	94	BB2	C-6	85	287	双端面机械密封	外冲洗
二中及回炼油泵	二中及回炼油	343	838	0.29	428	65	OH2	C-6	80	79.4	双端面机械密封	外冲洗
循环油浆泵	循环油浆	335	902	0.30	1196	120	OH2	C-6	82	430	双端面机械密封	外冲洗
RDS 柴油泵	RDS 柴油	190	816	0.28	102	100	OH2	S-6	63	36	单端面机械密封	
重柴油泵	重柴油	236	817	0.29	138	139	OH2	C-6	60	71	单端面机械密封	外冲洗
封油泵	封油	55	850	0.13	30	240	OH6	A-7	60	27.8	单端面机械密封	
轻油浆泵	轻油浆	194	943	0.01	66	165	OH2	S-6	56	50	双端面机械密封	外冲洗
重油浆泵	重油浆	308	947	−0.03	48	140	OH2	C-6	51	34	双端面机械密封	外冲洗
酸性水升压泵	酸性水	40	992	0.10	7	98	OH2	S-8	26	7	双端面机械密封	
稳定塔进料泵	脱乙烷汽油	138	568	1.28	1178	55	BB2	S-6	85	118	双端面机械密封	
气压机级间泵	凝缩油	40	653	0.60	49	192	OH2	S-6	46	36.4	双端面机械密封	
解吸塔进料泵	凝缩油	40	646	1.35	1114	95	BB2	S-6	82	227	双端面机械密封	
吸收塔底油泵	吸收塔底油	43	661	1.38	927	65	BB2	S-6	80	135.5	双端面机械密封	

续表

名称	介质	温度/℃	密度/(kg/m³)	入口压力/MPa(G)	流量/(m³/h)	扬程/m	泵型	材质	泵效率/%	轴功率/kW	轴封	备注
吸收一中油泵	吸收一中油	43	675	1.50	854	67	BB2	S-6	80	131.4	双端面机械密封	
吸收二中油泵	吸收二中油	40	671	1.45	877	66	BB2	S-6	80	132	双端面机械密封	
稳定塔顶回流泵	液化气	40	520	1.06	612	124	BB2	S-6	77	140	干气密封	
稳定汽油泵	补充吸收剂	40	716	0.87	416	137	OH2	S-6	81	137	单端面机械密封	

二、油浆泵

以下从装置关键用泵（油浆泵）的工况特点、泵型选择、结构特点和典型厂家产品介绍四方面进行叙述。

1. 工况特点

油浆泵是重油催化裂化装置的重要设备，主要用于建立催化裂化分馏塔底油浆循环，提供反应器提升管油浆回炼，并通过油浆外甩来控制油浆中催化剂固体含量。油浆泵输送介质为分馏塔塔底的高温油浆，高温油浆是烷烃、芳烃、胶质、硫和催化剂固体颗粒等组分的混合物，介质温度为300～375℃，催化剂固体颗粒的主要化学成分为 Al_2O_3。油浆泵输送的是高温、有腐蚀性并含有固体颗粒的高危介质，其工况特点如下：

(1) 油浆泵面临的最大问题是介质中催化剂颗粒产生的磨蚀问题，这些催化剂颗粒在输送过程中会对油浆泵至少产生两方面影响：一是催化剂颗粒的存在导致泵输送效率降低，二是过流部位磨蚀问题导致设备可靠性差。

(2) 实际生产中，催化油浆中固体含量的浓度受操作波动影响而变化，并对油浆泵的磨蚀产生影响。

(3) 当装置进料中硫含量增多时，油浆组分中硫化物也随之增多，会加剧油浆泵的腐蚀。

2. 泵型选择

(1) 油浆泵所需的扬程不高，根据其流量的大小可选用单级悬臂 OH2 型或单级双吸 BB2 型离心泵，考虑到其工况特点，实际应用中以单级悬臂 OH2 型离心泵为主。

(2) 由于磨蚀问题会不可避免地造成泵体材料的损失，故泵选型时应优先选用蜗壳型离心泵，并应适当限制离心泵叶轮顶端的线速度，以尽量减少磨蚀的影响。同时油浆泵应优化水力学设计，避免流体分离旋涡产生鳄鱼皮状的磨蚀。

(3) 宜采用可更换的双壳体全衬里结构，即全衬里油浆泵采用双壳体结构。外壳体承压，具有足够的壁厚和良好的高温性能。内壳体使外壳体免受流体冲刷，解决了外壳体不耐磨蚀的缺陷，使泵在改善刚性、抵抗热应力及承受管路负荷方面的能力增强，有效提高了外壳体的使用寿命。内壳体和叶轮采用耐磨金属材料，保证了过流部位的表面硬度；衬里内壳体可单独更换，也可根据磨损量调整或修正内壳体以延长使用寿命。使用高硬度的内部涂层也能延长油浆泵的使用寿命，但对于耐磨蚀问题很难达到预期效果。

3. 结构特点

(1) 机械密封　油浆泵属于高危泵的范畴，其机械密封选型应执行 API 682（SH/T

3156）的要求，宜选用串级式机械密封，密封方案推荐优先采用 Plan 32＋53A，现场条件不具备时，也可采用 Plan 21＋53B。冲洗油温度（含自冲洗和外冲洗）宜≤70℃（特殊情况按设计要求执行）；当选用密封背冷时，宜采用压力不大于 0.3MPa 的蒸汽；当配套系统带有换热冷却器时，冷却介质宜采用软化水。

油浆泵的机械密封摩擦副，宜采用优质的碳化钨和浸锑石墨材料，不应采用再生碳化钨和劣质石墨材料。对波纹管材质，宜选用 Inconel 718。

（2）叶轮的副叶片结构　油浆泵叶轮后盖板设副叶片，可平衡轴向力，减少密封腔压力，防止颗粒进入轴封部位，还可提升泵的扬程；叶轮前盖板设副叶片，副叶片产生向外泵送的效应，减慢了流体从叶轮出口到叶轮入口的流动，减小了原密封环结构前后的差压，从而减少了泄漏和磨损。

（3）其他　采用耐磨蚀材料或表面处理技术，提高耐磨性，延长寿命。同时通过加厚部件厚度，以延长使用寿命。

4. 典型厂家产品介绍

美国 Flowserve 公司生产的 FLS 型油浆泵壳体采用全衬里结构，外泵壳采用 ASTM A487 CA6NM（0.06％ C，11.5％～14％Cr，3.5％～4.5％Ni，质量分数）铸造；内泵壳采用 ASTM A743 CA6NM（0.06％ C，11.5％～14％Cr，3.5％～4.5％Ni，1.0％Mn，0.4％～1.0％Mo，质量分数）铸造，内泵壳采用可更换全衬里结构，由导流端、前端和后盖板三部分组成，并用不锈钢紧固件分别固定在外壳体上；叶轮材料和内泵壳材料相同。

我国嘉利特荏原泵业公司生产的 ZPY 型油浆泵壳体采用全衬里结构，外泵壳采用 ASTM A487 CA6NM 铸造；内泵壳采用抗磨白口铸铁 BTMCr15（2.0％～3.6％C，14％～18％Cr，≤2.5％Ni，≤2.0％Mn，≤3.0％Mo，质量分数）铸造，硬化处理后硬度≥58HRC，金相组织为碳化物＋马氏体＋残余奥氏体；叶轮材料和内泵壳材料相同。

第三节　催化加氢装置用泵

一、工艺流程概述

催化加氢是现代炼油工业中主要的技术之一，它不仅是炼油工业生产轻质油品的重要手段，而且能充分利用石油资源，提高原油加工深度，增加轻质油品收率，生产清洁燃料和实现生产过程清洁化，提高炼化一体化效益，已经成为石油化工企业的关键技术，发挥着不可替代的作用。单段一次通过的典型加氢裂化工艺流程示意如图 3-25 所示。

催化加氢装置可以加工的原料范围宽，包括直馏汽油、柴油、减压蜡油、常压渣油、减压渣油以及其他二次加工过程得到的原料，如催化柴油、催化澄清油、焦化柴油、焦化蜡油和脱沥青油等；生产的产品品种多且质量好，通常可直接生产液化气、汽油、煤油、喷气燃料、柴油等清洁燃料和轻石脑油、重石脑油、尾油等优质石油化工原料。

催化加氢装置按照处理的介质、反应压力的不同，可以分为汽油/柴油加氢精制、蜡油加氢处理、柴油/蜡油加氢裂化、固定床渣油加氢、沸腾床渣油加氢、浆态床渣油加氢等不同工艺流程装置。通常由反应部分和分馏部分组成。反应部分由于操作压力高，此部分流程泵大都是高压泵，例如：加氢进料泵、热高分液液力透平、高压贫胺液泵、注水泵等。分馏部分多为低压泵，以分馏塔底泵、各类产品泵为代表。典型的 400 万 t/a 加氢裂化装置关键泵一览表见表 3-3。以下从装置关键泵的工况特点、泵型的选择及结构特点几个方面进行叙述。

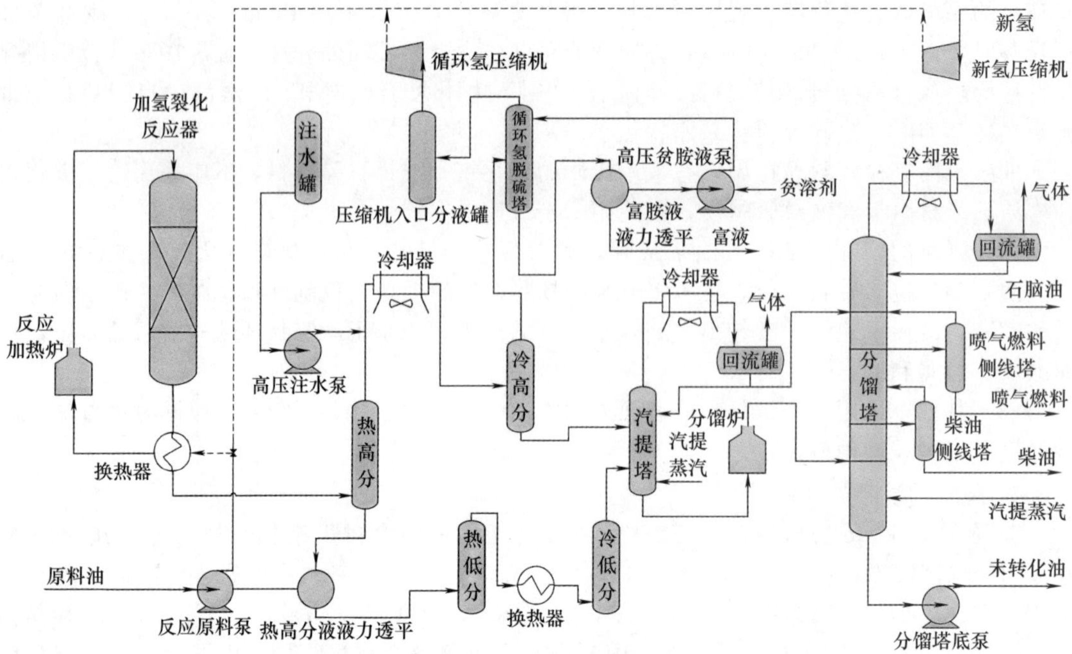

图 3-25　单段一次通过的典型加氢裂化工艺流程示意

表 3-3　400 万 t/a 加氢裂化装置关键泵一览表

泵名称	泵型式	输送介质	流量 /(m^3/h)	扬程 /m	轴功率 /kW	难点	材料	驱动机功率 /kW	台数
加氢进料泵	BB5	原料油	357.4	2408	2604	高温,高压,高扬程	S-6	3000	2
热高分液液力透平	BB5	热高分油,H_2S	440.5		回收 1058	高温,高压,介质为饱和态	C-6		1
注水泵	往复泵	除氧水、含油污水	40.5	1726	208	小流量,高扬程	填料	280	2
高压贫胺液泵	BB5	贫胺液,H_2S	197.7	1675	1334	高压,高扬程	S-6	1600	2
富胺液液力透平	BB5	富胺液,H_2S	115.4		回收 244	高压,介质为饱和态	A-8		1
分馏塔底泵	BB2	分馏塔底油	280.0	233	188	高温,低汽蚀余量	C-6	250	2
航煤产品泵	BB2	航煤产品	203.3	310	167	高温,低汽蚀余量	S-6	220	2
沸腾泵①	湿定子电机、离心泵	渣油	2400	35	220	大流量,低扬程,高入口压力,高温		220	2

① 沸腾泵仅用于沸腾床渣油加氢装置中。

二、加氢进料泵

1. 工况特点

加氢进料泵设置在原料油过滤器下游，将过滤器后的原料油进行升压，与氢气混合后送至加氢裂化反应器，为加氢反应提供进料。该泵主要特点如下：

(1) 可靠性高。该泵一旦非计划故障停车，会造成装置停止进料，反应器紧急泄压，装置停车，造成严重损失。

(2) 高温、大流量、高扬程、高出口压力。

(3) 多轴系机组。对渣油加氢装置、加氢裂化装置，进料泵扬程较高（大于2000m），往往采用齿轮箱增速的方案，轴系配置复杂，对泵组的轴系稳定性要求高。

(4) 驱动型式复杂。为节省能量，加氢进料泵主泵往往由电机和液力透平联合驱动，电机为双出轴电机，液力透平通过超越离合器与电机一端相连接。

(5) 硫化工况时，介质中含有硫化氢，泵过流部件材料禁止使用铜或铜合金。

2. 泵型的选择及结构特点

加氢进料泵为API 610 BB5型卧式双壳体多级离心泵，如图3-26所示，外壳为径向剖分、锻造筒形结构，台阶轴结构，叶轮逐级单独固定，轴向力的平衡可采用平衡鼓、平衡盘或叶轮背靠背布置的形式。

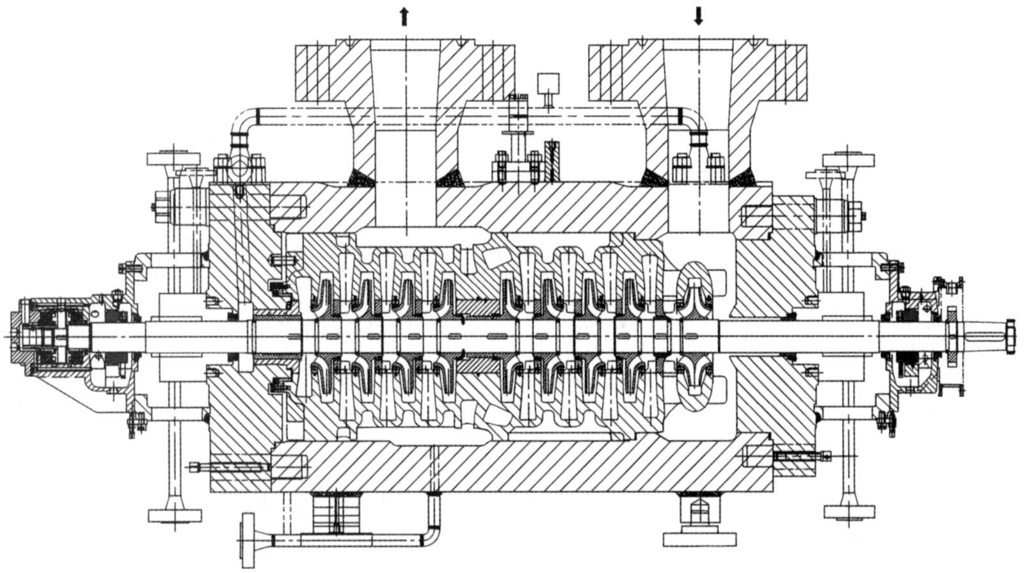

图3-26 加氢进料泵剖面结构（蜗壳结构）

材料选择方面，蜡油加氢、柴油加氢等进料温度比较低的进料泵材质可选用符合API 610 S-6材质，渣油加氢进料泵的材质可选用符合API 610 C-6材质。

轴端密封采用符合API 682标准的集装式、平衡型双端面机械密封，根据介质温度的不同，密封冲洗方案主冲洗可采用Plan 21、23、32等方案，辅助冲洗系统可采用Plan 52、53A/B等方案。

加氢进料泵额定功率和额定转速的乘积通常大于API 610规定的4.0×10^6kW・r/min，因此应采用流体动压轴承，径向轴承和止推轴承采用可倾瓦轴承，强制润滑，设置独立的润滑油站。

三、热高分液液力透平

1. 工况特点

在热高压分离器（热高分）底部通常设置液力透平，用于回收加氢装置反应部分高压系统至低压系统的能量。为了稳定透平入口流量，长期稳定操作，液力透平的流量通常为去往热低压分离器（热低分）液体总量的85%。工艺流程见图3-27。液力透平主要特点如下：

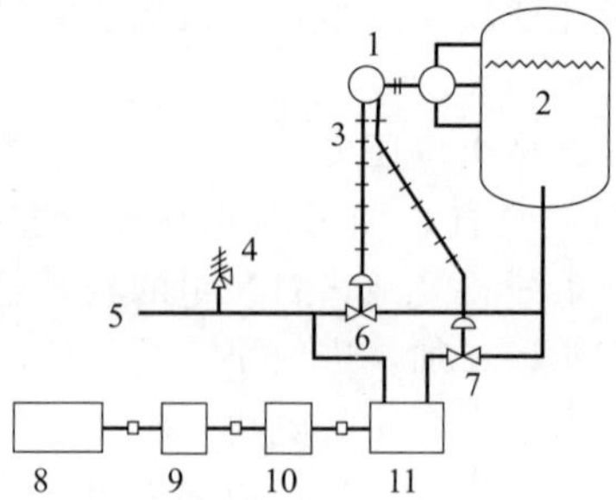

图 3-27 典型的液力透平流程图

1—液位指示器、控制器；2—热高分；3—分配控制；4—安全阀；5—至低压容器；6—旁通阀；7—进口流量调节阀；8—泵；9—电动机；10—超越离合器；11—液力透平

(1) 温度高，介质易燃。对加氢裂化装置，该透平操作温度约为 240℃；对渣油加氢装置，该透平操作温度约为 360℃。

(2) 气液两相流输送。泵送介质中含有饱和态氢气，随着流体通过透平流道减压做功，氢气会在泵体内不断析出，极易引起透平运行的不稳定性，引起振动。

(3) 机械密封可靠性要求高。介质高温且易燃，一旦泄漏出来，极易引起着火事故，对轴端密封要求高。

(4) 作为驱动机，通过超越离合器与电动机一同驱动加氢进料泵。

(5) 透平是依赖制造厂丰富的应用经验来进行设计、制造的，对试验验证的依赖度高，因此，制造完成后，需要通过试验来修正性能曲线。主要采用修整流道的方法，出厂回收功率偏差控制在±5%以内。

(6) 由于输送介质为加氢反应流出物，因此介质中含硫化氢，质量分数约 0.2%，过流部件材料禁止使用铜或铜合金，要选择符合 NACE 标准的材料。

2. 泵型的选择及结构特点

热高分液液力透平通常采用离心泵反转的型式，采用 API 610 BB5 型卧式双壳体多级离心泵，外壳为径向剖分、锻造筒形结构，台阶轴结构，叶轮逐级单独固定，轴向力的平衡可采用平衡鼓、平衡盘或叶轮背靠背布置的形式。液力透平级数一般控制在 12 级以内，转速通常在 3000r/min 左右。

材料选择方面，柴油加氢装置热高分液液力透平材质可选用符合 API 610 S-6 材质，蜡油加氢、渣油加氢液力透平的材质可选用符合 API 610 C-6 材质，外筒体、轴采用锻件。

透平轴端密封采用符合 API 682 标准的集装式、平衡型双端面机械密封，根据介质中含氢气且易析出的特点，密封冲洗方案主冲洗通常采用 Plan 32 方案，外注冲洗液。由于该透平入口压力达到 3MPa (G) 左右，装置内无合适的冲洗介质，可设置一台独立的冲洗油站供多台泵共用，辅助冲洗系统可采用 Plan 53B/C 等方案。

由于输送介质温度较高，透平大多采用流体动压轴承，径向轴承和止推轴承采用可倾瓦轴承，强制润滑，与进料泵共用油站。

热高分液液力透平通常用作与电机联合驱动反应进料泵。由于透平为筒形结构，为便于检修，通常将透平布置在电机的另一端，泵组的布置型式通常为：进料泵＋齿轮箱（如果需要）＋电机＋单向离合器＋液力透平。加氢进料泵组布置图见图 3-28。

不同类型加氢装置进料泵及液力透平主要选型参数见表 3-4。

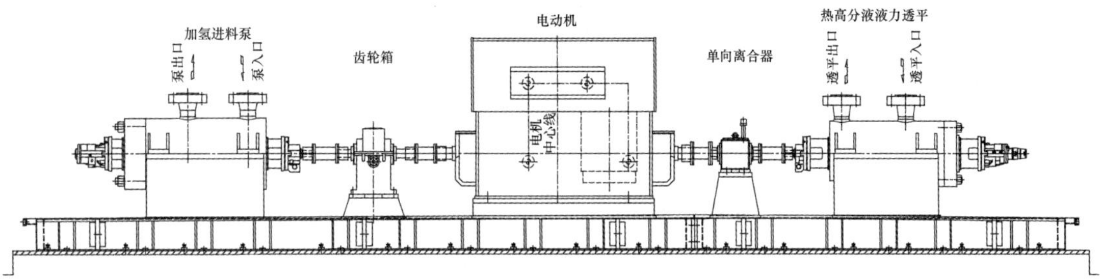

图 3-28　加氢进料泵组布置图

表 3-4　不同类型加氢装置进料泵及液力透平主要选型参数

项目	300 万 t/a 柴油加氢精制装置		200 万 t/a 加氢裂化装置		560 万 t/a 渣油加氢装置	
泵名称	进料泵	热高分液液力透平	进料泵	热高分液液力透平	进料泵	热高分液液力透平
叶轮级数	8	4	10	11	10	9
流量/(m^3/h)	529	420	326	234	456	375
扬程/m	1235		2182		2724	
进口压力/MPa(G)	0.3、1.3	7.5	0.2	15.3	0.3	17.2
操作温度/℃	180	300	200	240	260	360
密度/(kg/m^3)	742.98	672.77	799.85	637.02	842.87	704
转速/(r/min)	2980	2980	4510	2984	4600	2980
效率/%	78	70.4	74	63.3	77	69
轴功率/kW	1694	回收 305	2094	回收 505	3709	回收 1050
驱动机功率/kW	2100		2500		4300	
$NPSH_a$/$NPSH_r$/m	15/7		15/11.3		15/12.5	
材料(NACE)	S-6	C-6	S-6	C-6	C-6	C-6
机械密封代码	C2A3C2153B	C2A3C3253B	C2A3C3253B	C2A3C3253C	C2A3C3253B	C2A3C3253C

四、高压贫胺液泵

1. 工况特点

高压贫胺液泵设置在循环氢脱硫塔前端，为脱出循环氢中的硫化氢等组分提供贫胺液。该泵主要特点如下：

（1）高扬程、高出口压力，流量在装置开工初、末期差别较大，工况点不稳定。随着加氢反应向末期发展，循环氢中的硫化氢含量逐渐上升，贫胺液的需求量也随之变大。

（2）多轴系机组，对泵组的轴系稳定性要求高。为回收能量，主泵往往由富胺液液力透平和电机联合驱动。

（3）驱动型式复杂。为节省能量，加氢进料泵主泵往往由电机和液力透平联合驱动，电机为双出轴电机，液力透平通过超越离合器与电动机一端相连接。

（4）介质中含有硫化氢，质量分数约 1000ppm，泵过流部件材料禁止使用铜或铜合金。

（5）工艺介质不允许进入密封油，密封隔离液选择时应注意。

2. 泵型的选择及结构特点

高压贫胺液泵为 API 610 BB5 型卧式双壳体多级离心泵，结构形式与加氢进料泵一致。

材料选择方面，高压贫胺液泵采用 S-6 等级的材料，由于介质中含硫化氢，轴材质采用 17-4PH。

轴端密封采用符合 API 682 标准的集装式、平衡型双端面机械密封，密封冲洗方案主冲洗可采用 Plan 11 方案，辅助冲洗系统可采用 Plan 52、53A/B 等方案。

五、富胺液液力透平

1. 工况特点

在循环氢脱硫塔底部通常设置富胺液液力透平，用于回收高压系统至低压系统的能量。为了稳定透平入口流量，长期稳定操作，液力透平的流量通常为去往低压分离器液体总量的 70%。该泵主要特点如下：

(1) 气液两相流输送。泵送介质中含有饱和态氢气，随着流体通过透平流道减压做功，氢气会在泵体内不断析出，极易引起透平运行的不稳定性，引起振动。

(2) 输送介质有毒、有害，硫化氢含量较高（质量分数约 4.5%），对机械密封可靠性要求高，对材料选择要求高。

(3) 其他特点与热高分液液力透平相同。

2. 泵型的选择及结构特点

富胺液液力透平通常采用离心泵反转的型式，结构形式与热高分液液力透平一致。

由于介质中硫化氢含量较高，透平材料可选用 A-8 材质，轴采用 17-4PH 材质。

由于输送介质为常温，结合介质中含气的特点，轴端密封采用双端面机械密封，冲洗系统采用 Plan 53B 方案。

富胺液液力透平通常用于与电机联合驱动高压贫胺液泵。由于透平为筒形结构，为便于检修，通常将透平布置在电机的另一端，泵组的布置型式通常为：泵＋齿轮箱（如果需要）＋电机＋单向离合器＋液力透平。

六、注水泵

加氢装置中注水泵是用来向高压空冷处注入高压水，防止铵盐析出。该泵的特点是流量小（50m^3/h 以内）、扬程高（1000m 以上）。

工程应用中，针对注水泵的操作参数特点，可采用多级离心泵（齿轮箱升速）、高速离心泵、往复式柱塞泵。不同加氢装置中注水泵的选型参数见表 3-5。

表 3-5 不同加氢装置中注水泵的选型一览表

操作参数	300 万 t/a 柴油加氢精制装置	200 万 t/a 加氢裂化装置	170 万 t/a 渣油加氢装置	320 万 t/a 沸腾床渣油加氢裂化装置	560 万 t/a 渣油加氢装置
流量/(m^3/h)	10.5	18.3	45.1	51	112
扬程/m	793	1638	1732	1891	1842
温度(两种)/℃	48/104	81/104	70/104	56/104	65/90
轴功率/kW	72.3	89.4	443	594	836
转速/(r/min)	17935	178	4600	3850	4900
泵型式	OH6 高速离心泵	往复式三柱塞泵	BB5 型多级离心泵	BB5 型多级离心泵	BB5 型多级离心泵
材料	A-7	不锈钢	S-8	S-8	S-8

七、沸腾床加氢装置沸腾泵

1. 工况特点

沸腾床渣油加氢裂化工艺是一种先进的渣油处理工艺，它的重质油转化率较固定床渣油加氢工艺高，近些年广泛应用于新建炼油项目中。

沸腾泵是沸腾床加氢装置的核心设备，通常该装置设有两台沸腾床反应器，每台反应器下部均设有一台沸腾泵，其作用是将沸腾床反应器中的油品（含催化剂）抽出增压后重新注入到反应器中，从而保证反应器中的沸腾度，维持反应正常进行。该泵主要特点如下：

(1) 操作温度高（约 400℃），入口压力高［约 20MPa（G）］，扬程低，介质中含有少量催化剂颗粒。

(2) 可靠性高，该泵一旦停车，存在反应器中床层塌陷的风险，因此，任何工况下都不允许非计划停车。

(3) 泵与电机一体化设计，无机械密封，类似于屏蔽泵，但不同的是，该泵电机定子浸泡在清洁油品（一般采用装置自产轻蜡油）中，油品起到密封和润滑轴承的作用。

(4) 采用一套高压油外注系统，持续向泵中注入清洁油品，压力高于泵工作压力，保证泵送介质不泄漏至电机腔。

(5) 泵采用变频调节流量，配备双变频器，冗余设计，可实现在线切换。

2. 泵型的选择及结构特点

沸腾泵采用径向剖分、立式、单级叶轮悬臂湿定子电机离心泵，泵轴与电机轴焊接为一整体，电机的转子和定子完全浸在密封油中。泵外壳及进出口管嘴为一体式锻造结构，泵内壳体的入口段、出口段和叶轮均有硬质涂层，以适应工艺操作条件。泵可在反向旋转条件下工作，以便在过多的催化剂进入时，让被卡住的叶轮松开（见图 3-29）。

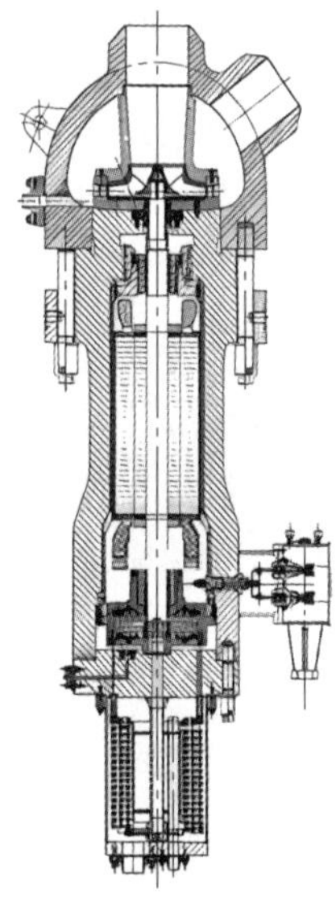

图 3-29　沸腾泵结构图

电机由电机轴、转子、定子、锻钢的承压筒体式外壳、径向滑动轴承、可倾瓦推力滑动轴承等组成。清洁的密封油通过外部注油系统的高压计量泵注入电机腔体内，电机内部的密封油通过安装在止推盘中的辅助叶轮增压，流经电机定子、转子及滑动轴承后，少部分密封油经过减压单元进入叶轮背面，大部分密封油折返后被送至电机底部的油-水冷却器，经冷却后再送回辅助叶轮，以此实现在电机内部循环，为电机提供冷却、润滑，同时将少量清洁的密封油由电机腔通过减压密封单元送至泵腔，以阻止泵送工艺介质向电机扩散。主电机由变频器控制，可以在要求的转速范围内连续运行，定子绝缘等级 C 级。

泵组配一套高压密封注油系统。注油系统内所有管线和阀门为不锈钢。注油系统包括过滤器、聚结器、隔膜式计量泵（2 台，1 用 1 备）、进出口缓冲罐、安全阀、变频电机和必需的仪表。计量泵根据主泵的转速而变频调节密封油量。

第四节　催化重整装置用泵

一、催化重整工艺概述

催化重整（catalytic reforming）工艺是以重石脑油为原料，在一定温度、压力、临氢和催化剂存在的条件下进行烃类分子重排反应，生产芳烃、高辛烷值汽油和副产品（大量氢气）的工艺过程。

催化重整装置由预处理和重整反应两部分组成，见催化重整装置流程简图（图 3-30）。

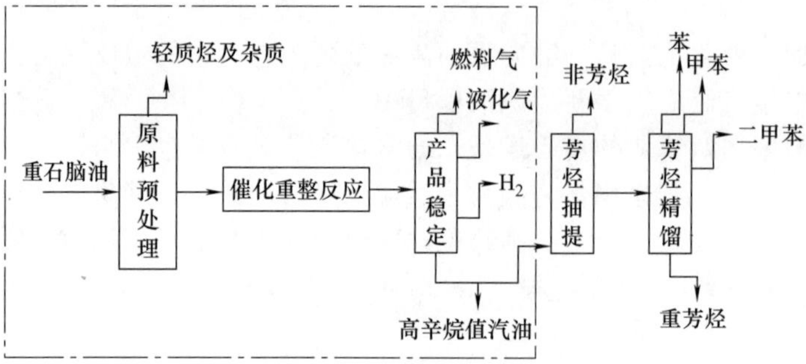

图 3-30 催化重整装置流程简图

催化重整装置按照产品用途主要分为两种：一种是用于生产高辛烷值汽油调和组分；另一种则用于生产石油化工基本原料的芳烃，主要为苯、甲苯、二甲苯（BTX）。

由于目的产品不同，装置构成也不相同，用于生产高辛烷值汽油调和组分的装置包括：原料预处理部分、催化重整反应部分和产品稳定部分。用于生产芳烃的催化重整装置除上述单元以外，还包括芳烃抽提和芳烃精馏单元。

二、预加氢进料泵

1. 催化重整装置关键泵参数

某炼油厂 120×10^4 t/a 催化重整装置关键泵参数详见表 3-6。

表 3-6 某炼油厂 120×10^4 t/a 催化重整装置关键泵参数

项目	预加氢进料泵	项目	预加氢进料泵
台数	开 1，备 1	密度/(kg/m^3)	687.88
泵型式	API 610 BB5	效率	78%
叶轮级数	6	轴功率/kW	305
介质	重石脑油	驱动机型式	增安型，eIICT3
额定流量/(m^3/h)	242	驱动机功率/kW	350
进口压力/MPa(G)	0.44/1.04	NPSH$_3$/m	5
扬程/m	535	材料组别	S-6
操作温度/℃	40	机械密封代码	C2A2A11/52

2. 催化重整装置重点泵介绍

为满足工艺操作条件的需要，按照工程设计规定及相关标准的要求，催化重整装置主要泵型为 API 610 BB5、API 610 BB2 及 API 675 等。以下以 API 610 BB5 泵为例，介绍相关泵型的工程技术要求。

催化重整所用的贵金属催化剂对硫、氮、砷、铅、铜等化合物的中毒作用十分敏感，因此对原料中杂质的限制要求也极其严格，大部分石脑油原料的硫、氮含量都不符合要求，所以催化重整装置的原料油进入催化重整反应系统之前一般都要进行预处理，即预加氢精制工艺，以切取合适的馏分和除去有害杂质。预加氢进料泵（API 610 BB5）就是负责把石脑油原料从原料油罐中抽出并升压，通过换热器达到预定的温度后送入预分馏塔，来进行原料预处理工艺过程。

① 泵体 该泵组符合 API 610 标准规范要求，泵型采用 BB5 径向剖分双壳筒式结构，即外层为径向剖分的筒形结构，装有转子的内壳可以采用导叶式径向剖分结构即扩散管（diffuser）式，或蜗壳式（volute）两种。预加氢进料泵内壳采用扩散管结构，如图 3-31 所示。泵管嘴上进上出布置。

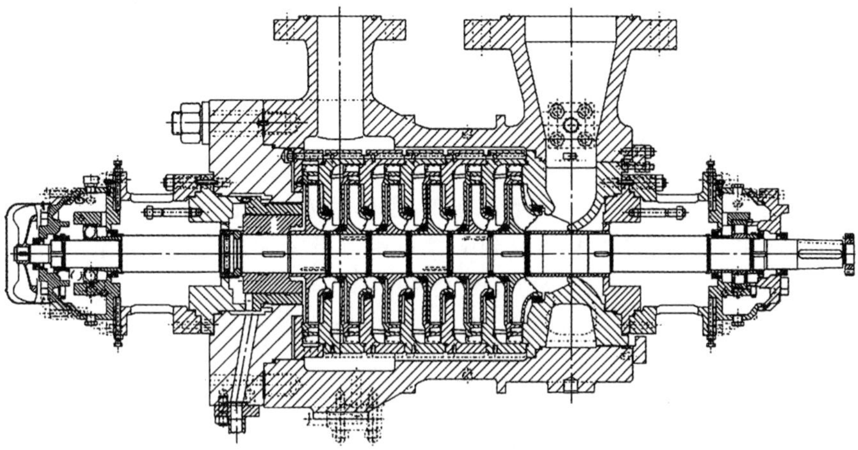

图 3-31 预加氢进料泵结构

② 叶轮 该泵外筒体和泵盖可以采用铸造或锻造工艺制作，叶轮串联式分布设计，并沿台阶轴逐级定位。轴向力平衡装置采用平衡鼓和止推轴承平衡轴向力。轴承根据具体结构参数和受力情况计算选配，有自润滑轴承和强制润滑滑动轴承结构可以选择。

③ 密封 泵的密封系统的合理选择是保证泵组长周期运行的重要因素之一。该泵组泵送介质为石脑油，属于易燃易爆介质，可以采用双端面机械密封配置，泵送温度小于 100℃，并且介质比较清洁，可以采用自冲洗方案 Plan 11＋52 方案，第二道密封包括系统配备密封冲洗油罐，罐上带有液位和压力变送器，当第一道密封泄漏后，介质进入第二道密封，随之进入密封油罐，其液位和压力均有变化，可以实现报警功能。同时密封油罐和火炬连通，泄漏液体汽化，可以排至火炬处理。该密封配置现场运行表明可以满足泵组连续不间断运行 25000h 的要求。

3. 工程选型注意事项

泵组设计寿命应满足至少 20 年，不间断连续运行不小于 3 年；$NPSH_a$ 应比 $NPSH_3$ 至少大于 1m，否则出厂应进行抗汽蚀性能试验；泵出入口等压设计，不低于 PN40；泵壳体选型应符合 API 610 关于采用径向剖分壳体的规定。除非另有规定，满足下面任何一项要求，壳体必须采用径向剖分结构：

- 泵送温度不低于 200℃；
- 在泵送温度下的易燃或危险介质相对密度小于 0.7；
- 易燃或危险介质额定出口压力高于 10MPa。

机械密封的选型应符合 API 682 相关的要求，在规定的操作条件下，机械密封及其辅助系统应满足泵组不间断连续运行至少 25000 小时的要求，应用 EPA 21 方法测量时，蒸气体积分数不大于 $1000mL/m^3$；每段密封的液体泄漏量不大于 5.6g/h（2 滴/min）。

存在以下任何一项内容时，宜采用静止式补偿元件：

- 密封端面平均直径处线速度大于 23m/s；
- 密封平衡直径大于 115mm；
- 泵转速大于 3000r/min。

防爆电机的选择应符合爆炸危险环境划分分区的要求，采用 Ex d ⅡC T4 或 Ex e ⅡC T3 的要求。

第五节 延迟焦化装置用泵

一、工艺流程及装置用泵概要

延迟焦化工艺是重质油加工手段之一。以石油渣油为原料，经过加热炉加热到高温（500℃左右），迅速转移到焦炭塔中进行深度热裂化反应，即把焦化反应延迟到焦炭塔中进行。焦化过程产生的油气从焦炭塔顶部到分馏塔中进行分馏，可得到焦化干气、汽油、柴油、蜡油（重馏分油）等产品，以及留在焦炭塔中的焦炭产品。其工艺流程见图 3-32。

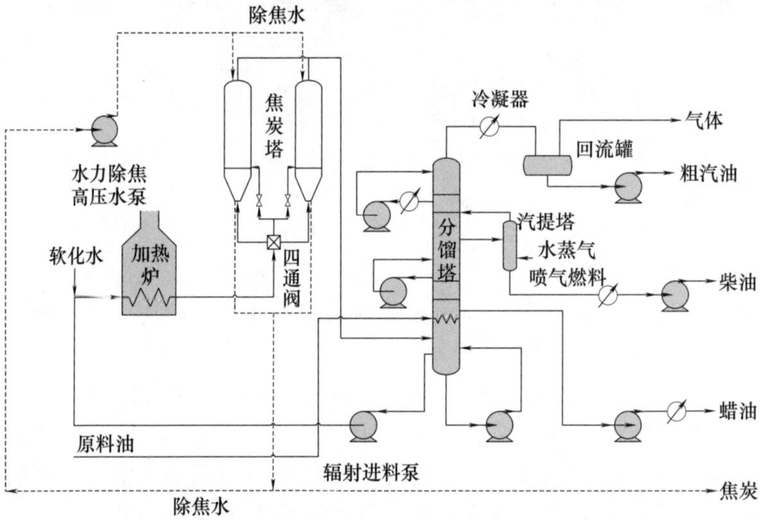

图 3-32 延迟焦化装置的工艺流程图

延迟焦化工艺流程中，最关键的泵为水力除焦高压水泵、辐射进料泵。以某炼厂 160 万 t/a 延迟焦化装置为例，用泵一览表见表 3-7。以下从装置关键泵的工况特点、泵型的选择、泵的结构特点等方面进行叙述。关键泵见表 3-8。

表 3-7 某炼厂 160 万 t/a 延迟焦化装置用泵一览表

项目	泵型	输送介质	流量/(m^3/h)	温度/℃	密度/(kg/m^3)	扬程/m	轴功率/驱动机功率/kW	难点	材质
原料油泵	螺杆泵	原料油	478	190	964	114	211/250	黏度较大为 46mm^2/s	—
水力除焦高压水泵	BB5	除焦水	300	60	1000	3300	3744/4400	扬程高，频繁启动	S-6

续表

项目	泵型	输送介质	流量/(m^3/h)	温度/℃	密度/(kg/m^3)	扬程/m	轴功率/驱动机功率/kW	难点	材质
辐射进料泵	BB2	焦化原油+循环油	312	390	923	350	458/560	高温，扬程相对较高	C-6
轻蜡油泵、重蜡油泵、循环油回流泵、中段回流泵等	BB2、OH2	蜡油	27～264	340～360	700～800	160～220	—	高温	C-6
冷剂循环泵、脱异丁烷回流泵、脱正丁烷回流泵、烷基化油产品泵等	屏蔽泵	烃类	30～301	19.9～165	500～570	253	—	介质组分轻	S-6
其他流程泵	OH2、BB2、VS6	粗汽油、柴油、水等	约 405	约 226	约 1000	约 278	—	—	—

二、水力除焦高压水泵

1. 工况特点

水力除焦高压水泵为水力切割焦炭提供高压水，是水力除焦的关键设备之一，要求具有足够高的流量和扬程，泵转轴要求按粗轴、刚性轴设计，驱动电机功率和启动力矩要求足够大，满足频繁启停和带一定负荷启动的要求。泵的工况特点如下：

(1) 可靠性要求高。是延迟焦化装置除焦过程中重要设备，一旦发生故障，除焦过程无法进行，严重时会导致延迟焦化装置停车。因此该泵需要较高的可靠性。

(2) 属于高扬程泵，泵转速相对较高。

2. 泵型的选择

水力除焦高压水泵选择卧式双壳体 BB5 型多级离心泵。

3. 结构特点

以某炼厂 160 万 t/a 延迟焦化装置为例，水力除焦高压水泵的剖面结构见图 3-33。

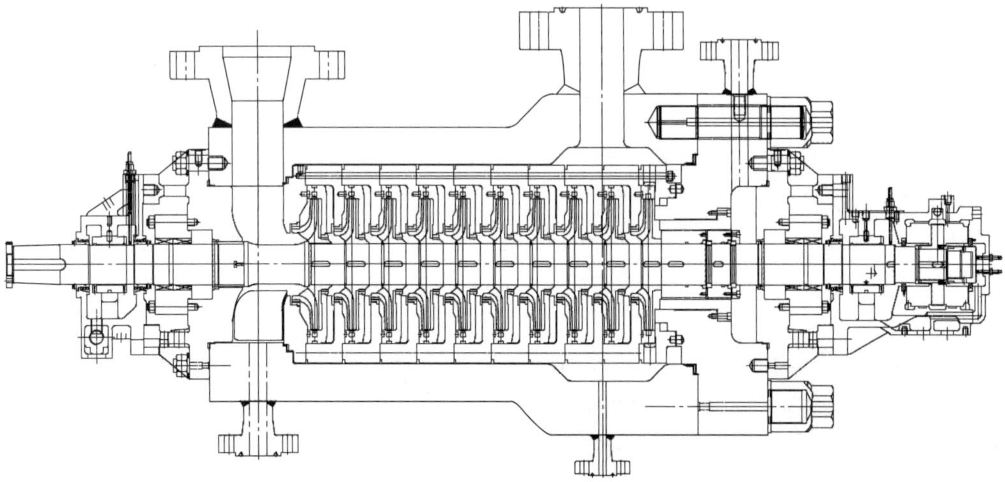

图 3-33　水力除焦高压水泵剖面结构

表 3-8 160 万 t/a 焦化装置部分关键泵一览表

项目	高压水泵	辐射进料泵
台数	一开一备	一开一备
泵型	BB5	BB2
叶轮级数	10	3
流量/(m^3/h)	300	312
扬程/m	3300	350
进口压力/MPa(G)	0.1	0.42
密度/(kg/m^3)	1000	923
效率/%	72	61
转速/(r/min)	4000	2950
轴功率/kW	3744	458
驱动机类型	防爆电机+齿轮箱	防爆电机
驱动机功率/kW	4400	560
$NPSH_a$/$NPSH_r$/m	11/10	5.5/4.6
材料	S-6，轴 17-4PH	C-6
机械密封	外冲洗，单密封	外冲洗，双密封

(1) 泵体　径向剖分、锻造双壳体多级筒形结构，泵入口及出口均垂直向上，内外壳体均垂直剖分，叶轮逐级单独固定，卡环轴向定位。

(2) 轴封　轴的机械密封采用平衡型单端面密封，密封冲洗方案为 Plan 32。

(3) 轴承　推力轴承为可倾瓦金斯伯雷（Kingsbury）轴承，主要承受多余的或变工况下产生的轴向力，两端轴承采用径向四油楔滑动轴承，轴承润滑采用强制润滑。

三、辐射进料泵

1. 工况特点

辐射进料泵是输送塔底渣油的关键设备，其输送的介质为高温渣油，因此要求有极好的密封性以保证渣油不外漏。泵的工况特点：可靠性要求高。辐射进料泵的作用是将反应塔底的渣油输送至加热炉，在延迟焦化装置中起重要作用，因此该泵必须具有较高的可靠性。

2. 泵型的选择

辐射进料泵选用卧式双支承 BB2 型离心泵。

3. 结构特点

以某炼厂 160 万 t/a 延迟焦化装置为例，辐射进料泵的剖面结构见图 3-34。

(1) 泵体　该泵为卧式双支承离心蜗壳泵，扬程较高时需采用 3 级叶轮。壳体为双蜗壳对称结构，可平衡径向负荷，增加轴承及机械密封寿命。壳体径向剖分，铸造结构。泵入口及出口均垂直向上，筒体为中心线支承。

(2) 叶轮　叶轮为闭式叶轮，共 3 级。叶轮为水力平衡型布置，以减少泵操作的轴向负荷。首级叶轮为双吸结构，增大泵送流量并降低泵的必需汽蚀余量，减小泵轴向力；第二级叶轮为单吸结构，每个叶轮均开有平衡孔。

(3) 轴封　输送的介质为高温渣油，选择双端面机械密封，冲洗方案选择 Plan 32+53B。

(4) 轴承　进口端轴承为球轴承，出口端轴承为背靠背角接触球轴承，具有较高的止推能力，用以平衡剩余轴向力。两端轴承采用带有恒油位杯的抛油环自润滑方式。

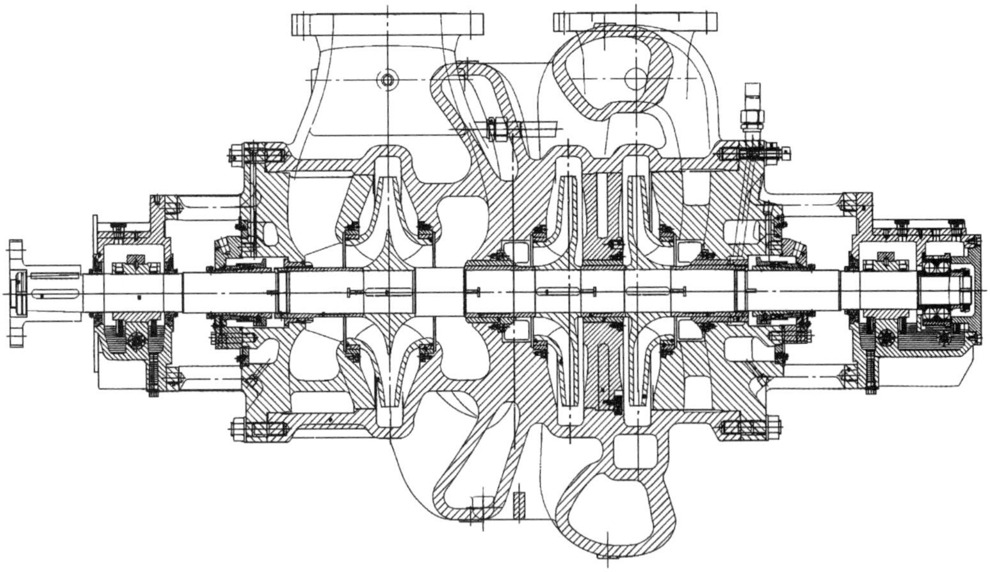

图 3-34　辐射进料泵剖面结构

第六节　烷基化装置用泵

一、工艺流程及装置用泵概要

烷基化是指在酸性催化剂的作用下，烷烃与烯烃的化学加成反应。在反应过程中烷烃分子的活泼氢原子的位置被烯烃所取代。由于异构烷烃中的叔碳原子上的氢原子比正构烷烃中的伯碳原子上的氢原子活泼得多，因此参加烷基化反应的烷烃为异构烷烃。通常烷基化过程的异构烷烃为异丁烷，烯烃一般是 C3～C5 烯烃，主要是丁烯。典型的工艺流程详见图 3-35。

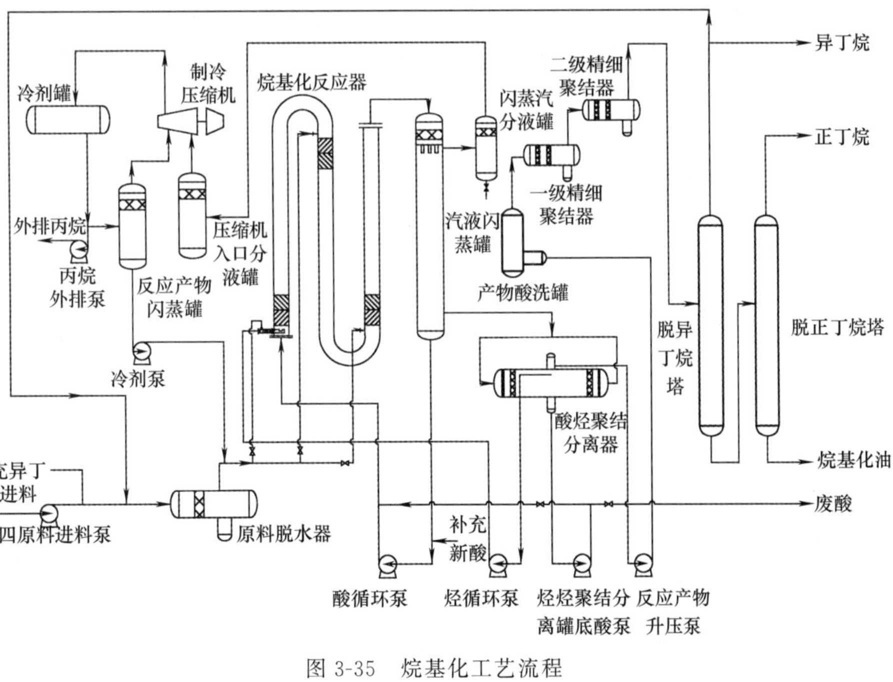

图 3-35　烷基化工艺流程

烷基化工艺流程中，最关键的泵为酸循环泵、烃循环泵。以某炼厂 20 万 t/a 烷基化装置为例，用泵一览表见表 3-9。以下从装置关键泵的工况特点、泵型的选择、泵的结构特点等方面进行叙述。

表 3-9 某炼厂 20 万 t/a 烷基化装置用泵一览表

项目	泵型	输送介质	流量/(m^3/h)	温度/℃	密度/(kg/m^3)	扬程/m	轴功率/驱动机功率/kW	难点	材质
碳四原料进料泵	VS4	碳四	63	40	554.1	392	57/75	汽蚀余量低，扬程高	S-6
酸循环泵	BB2	硫酸/烃	2346	1.1	1566	74	1074/1250	酸有腐蚀性	904L/20 合金
烃循环泵	BB2	烃/酸	1143	1.1	629	191	480/560	酸有腐蚀性	904L/20 合金
其他流程泵	OH2、BB2、VS6	碱液、工艺水等	约 26	约 179	约 1100	99	—	—	—

二、酸循环泵、烃循环泵

1. 工况特点

酸循环泵、烃循环泵的主要作用是对烷基化反应中必要的酸和烃的循环提供压头，泵的工况特点如下：

（1）可靠性要求高，是影响烷基化装置中反应能否顺利进行的重要设备。

（2）介质中的硫酸具有腐蚀性。

（3）属于大流量泵。

2. 泵型的选择

酸循环泵、烃循环泵属于大流量离心泵，为提高泵效率和使用稳定性，选择 BB2 型离心泵。烷基化装置采用 20 万 t/a 处理量时，酸循环泵流量已达 2000m^3/h 以上，随着装置处理量提高，可增加泵的运行台数，控制泵的规格。

3. 结构特点

酸循环泵、烃循环泵剖面结构见图 3-36，性能参数见表 3-10。其结构特点如下。

表 3-10 20 万 t/a 烷基化装置部分关键泵一览表

项目	酸循环泵	烃循环泵	项目	酸循环泵	烃循环泵
台数	一开一备	一开一备	转速/(r/min)	970	970
泵型	BB2	BB2	轴功率/kW	1074	480
叶轮级数	1	2	驱动机类型	防爆电机	防爆电机
流量/(m^3/h)	2346	1143	驱动机功率/kW	1250	560
扬程/m	74	191	$NPSH_a/NPSH_r$/m	6/4.5	5.5/4
进口压力/MPa(G)	0.23	0.08	材料	904L	904L
密度/(kg/m^3)	1566	629	机械密封	外冲洗，双密封	外冲洗，双密封
效率/%	81	78			

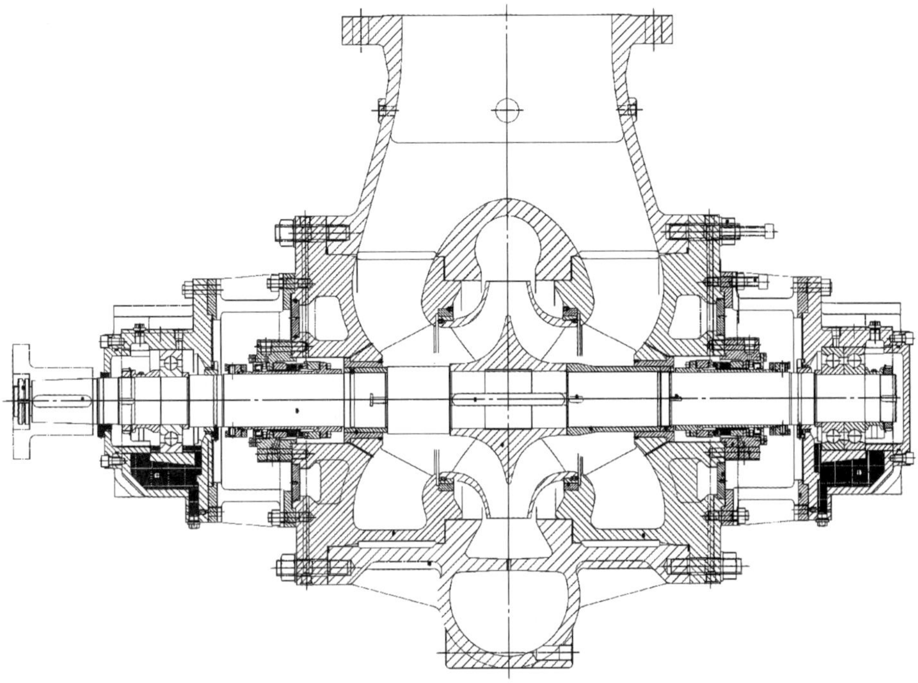

图 3-36 酸循环剖面图

（1）泵体及材料 该泵为卧式双支承首级双吸离心泵，径向剖分单壳式，酸循环泵为 1 级，烃循环泵为 2 级，泵入口及出口均垂直向上。过流部件采用耐酸腐蚀材料，可用 20 合金、904L 超级奥氏体不锈钢等。

（2）轴封 采用平衡型双端面机械密封，冲洗方案选择 Plan 32＋53B，机械密封管线材料采用耐酸腐蚀材料，外冲洗介质采用烷基化油。

第七节 芳烃装置用泵

一、石油化工型的芳烃加工工艺概述

催化重整生成油经过溶剂抽提和精馏后，混合二甲苯再经过分离和转化过程进一步加工，可以得到收率更高的对二甲苯和苯等。溶剂抽提的芳烃经过精馏以后得到苯、甲苯和混合二甲苯。混合二甲苯是邻二甲苯、间二甲苯、对二甲苯和乙基苯的混合物。

典型的生产对二甲苯的芳烃联合装置的工艺流程见图 3-37。

芳烃抽提：芳烃抽提主要目的是将重整生成油中的苯、甲苯和混合二甲苯与非芳烃分离。

芳烃歧化和烷基转移：芳烃歧化是将 C7 芳烃转化为苯、二甲苯；芳烃烷基化是将 C7、C9 甚至 C10 转化为二甲苯。重整生成油中混合芳烃中含有 40%～60%（质量分数）的甲苯和 C9 以上重芳烃，为了充分利用这部分资源，增产对二甲苯和苯，需要采用歧化和烷基转移技术，实际上是芳烃之间互相转化技术，从而调节苯、甲苯、二甲苯和 C9 之间的供求平衡。

二甲苯异构化：C8 芳烃异构化是通过异构化实现芳环上甲基的转移生成对二甲苯（PX）的过程。C8 芳烃中对二甲苯是聚酯纤维的原料，邻二甲苯是苯酐的原料，其需求量

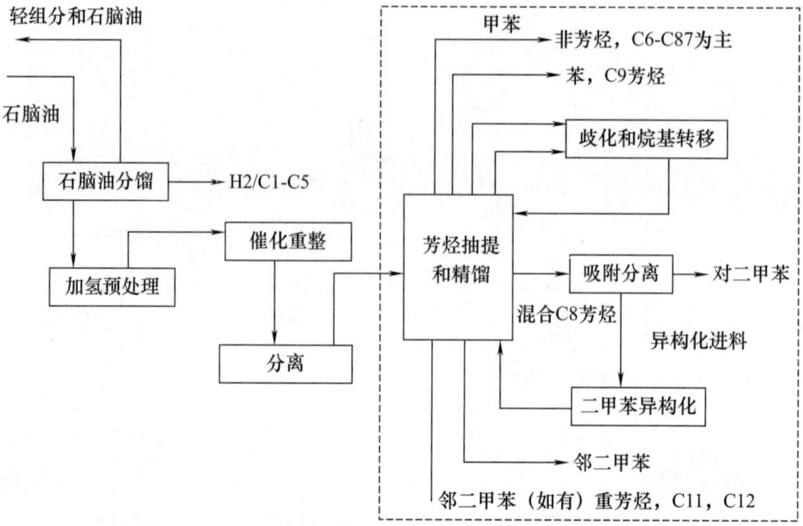

图 3-37　典型的生产对二甲苯的芳烃联合装置工艺流程图

约占 C8 芳烃总量的 95%，但在重整 C_8 芳烃中，它们分别各占 20%左右。其余均为间二甲苯和乙基苯。为了增加对二甲苯产量，工业上采用二甲苯异构化工艺，把已分离出对二甲苯或邻二甲苯的非热力学平衡的 C8 芳烃，通过催化作用，转化成热力学平衡的 C8 芳烃，以便分离出更多的对二甲苯和邻二甲苯。

C8 芳烃异构体的分离：就是从 C8 芳烃异构体中分离出对二甲苯的工艺过程。催化重整油经过溶剂抽提得到芳烃混合物，主要包括苯、甲苯和 C8 芳烃，由于苯、甲苯沸点比 C8 芳烃沸点低得多，采用精馏技术就可以把苯、甲苯和 C8 芳烃分开。C8 芳烃的同分异构体包括邻二甲苯、间二甲苯和乙基苯，它们之间沸点接近，不能采用精馏技术进行分离。目前国际上以模拟移动床的吸附分离技术为多。

二、吸附塔循环泵

1. 芳烃联合装置关键泵参数

某炼油厂 60×10^4 t/a 对二甲苯装置关键泵参数见表 3-11。

表 3-11　某炼油厂 60×10^4 t/a 对二甲苯装置关键泵参数

项目	吸附塔循环泵	备注	项目	吸附塔循环泵	备注
台数	开 2，备 1		效率/%	83.8	
泵型式	API 610 BB2		轴功率/kW	537	
叶轮级数	双吸 1 级		驱动机型式	增安型，e ⅡC T3	
介质	对二甲苯，C8 芳烃		驱动机功率/kW	630	
额定流量/(m^3/h)	1436		转速/(r/min)	1470	
进口压力/MPa(G)	0.8		$NPSH_3$/m	5.1	
扬程/m	177		材料组别	S-6	
操作温度/℃	177		机械密封代码	C3A2C23/52	
密度/(kg/m^3)	720				

2. 吸附塔循环泵介绍

为满足工艺操作条件的需要，按照工程设计规定及相关标准的要求，芳烃装置介质条件多为高温、有毒、流量大、扬程较低，关键泵为吸附塔循环泵（API 610 BB2），以下以 API 610 BB2 作为代表性泵，介绍相关泵型的工程技术要求。

对二甲苯工艺装置中吸附分离单元是核心单元，吸附塔、旋转阀和循环泵是关键设备。吸附塔 A/B 内各设有多个床层的吸附剂，二开一备共三台吸附循环泵用于吸附塔 A/B 内物料，由一台吸附塔底抽吸到另一台吸附塔顶形成一个物料的串联闭路系统，是 A/B 两塔之间串联，提升液相循环动力的重要设备。该工艺对泵的性能如灌泵容积、管道总容积等均有严格要求。整个单元的工作原理如图 3-38 所示。

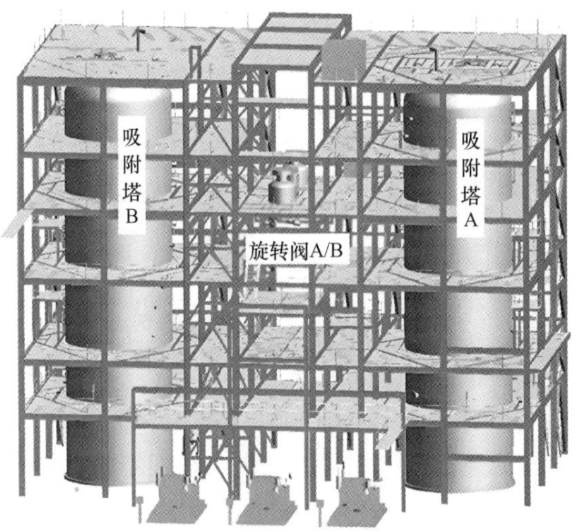

图 3-38 吸附塔循环泵工作原理图

① 泵体 该泵组采用卧式单级双吸两端支承径向剖分离心泵，壳体为双蜗壳对称结构，沿中心线对称安装，泵入口及出口均垂直向上，Class 300（PN 50）等压设计。为控制暖泵温升速率，泵壳安装热电偶设施。采用膜片式柔性联轴器，驱动机采用增安型异步电机。详见图 3-39 双吸单级径向剖分泵。

② 叶轮及轴封 叶轮采用双吸单级叶轮，直径比较大，轴径尺寸较粗，轴承及密封技术要求相对较高。泵轴封均采用无压串联集装式金属波纹管机械密封，主密封冲洗系统为 API 682 的 Plan 23 方案，辅助密封冲洗方案采用 Plan 52，第一道密封采用泵环结构，外部设置冷却器控制主密封冲洗液循环温度，第二道密封包括系统配备密封冲洗油罐，罐上带有液位和压力变送器，当第一道密封泄漏后，介质进入第二道密封，随之进入密封油罐，其液位和压力均有变化，可以实现报警功能。同时密封油罐和火炬连通，泄漏液体汽化，可以排至火炬处理。该密封配置现场运行表明可以满足泵组连续不间断运行 25000 小时的要求。

③ 工程选型注意事项 泵组设计寿命至少 20 年，不间断连续运行不小于 3 年；由于和转换阀联合使用，要求在可操作流量下，性能曲线最大扬程小于额定点的 105%，并且严格控制灌泵和入口管道容积；$NPSH_a$ 应比 $NPSH_3$ 至少大于 1m，否则出厂应进行抗汽蚀性能试验；泵出入口等压设计，不低于 PN40；泵壳体选型应符合 API 610 关于采用径向剖分壳体的规定。除非另有规定，满足下面任何一项要求，壳体必须采用径向剖分结构：

- 泵送温度不低于 200℃。

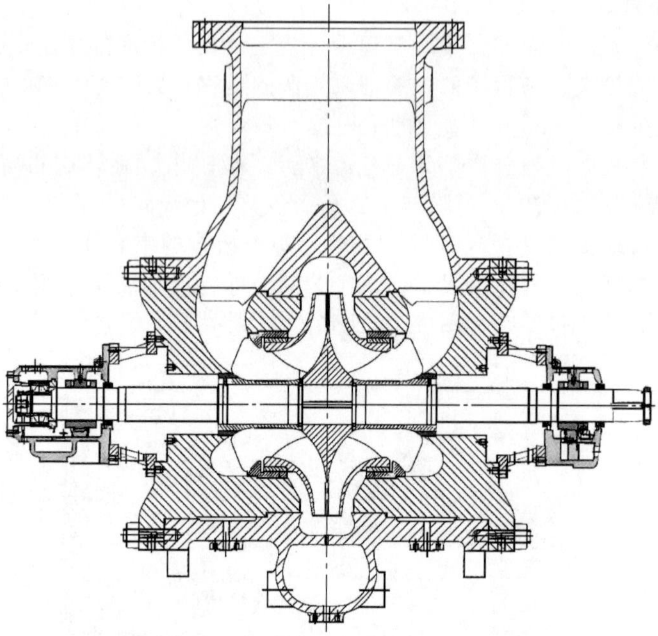

图 3-39 双吸单级径向剖分泵

• 在泵送温度下的易燃或危险介质相对密度小于 0.7。

• 易燃或危险介质额度出口压力高于 10MPa。

• 机械密封的选型应符合 API 682 相关的要求，在规定的操作条件下，机械密封及其辅助系统应满足泵组不间断连续运行至少 25000 小时的要求。

存在以下任何一项内容时，宜采用静止式补偿元件：密封端面平均直径处线速度大于 23m/s；密封平衡直径大于 115mm；泵转速大于 3000r/min。应用 EPA 21 方法测量时，蒸汽体积分数不大于 1000mL/m^3；每段密封的液体泄漏量不大于 5.6g/h（2 滴/min）。

防爆电机的选择应符合爆炸危险环境划分分区的要求，采用 Ex d ⅡC T4 或 Ex e ⅡC T3 的要求。

·第三章·
石油化工行业中泵的应用

第一节　乙烯装置用泵

一、概述

乙烯是石油化学工业最重要的基础原料之一。乙烯装置是石油化工的“龙头”，它产出的多种石油化工基础原料可衍生出一系列极有价值的合成材料及有机原料等衍生物，可应用到国民经济的各个领域。因此，乙烯生产产能是一个国家石油化工发展水平的标志，也是经济发展水平的标志之一。许多国家都很重视乙烯工业的发展，目前中国是世界上最大的乙烯生产国，美国是仅次于中国的世界第二大乙烯生产国。

我国的乙烯工业起步于20世纪60年代初，在70年代，我国陆续从国外引进了十多套乙烯装置，其中先后在燕山、齐鲁、上海等地根据鲁姆斯（Lummus）工艺流程建成的年产三十万吨的乙烯装置成为我国乙烯工业的骨干企业。经过几十年的发展，特别是近年来，恒力石化、浙江石化、盛虹炼化等民营力量迅速崛起，大型炼化一体化项目相继投产；中国石化、中国石油、中化集团等央企稳中求进，有序推进石化项目；埃克森美孚、巴斯夫等外商独资石化项目抢滩布局中国炼化市场；壳牌、SABIC等与国内石化企业展开合作。市场主体多元化发展迅速，已呈现新的市场竞争格局。

目前我国乙烯生产路线主要以石脑油裂解为主，约占总体市场的70%；CTO（煤炭制烯烃）/MTO（甲醇制烯烃）工艺路线约占20%。乙烷裂解制乙烯（含混合烷烃裂解）、重油催化热裂解制烯烃、原油直接裂解制烯烃、乙醇脱水制乙烯技术均已实现工业化，乙烯原料呈现轻质化、多元化、一体化发展趋势。

二、流程介绍

蒸汽裂解制乙烯技术通常分为裂解技术和分离技术两大部分，除中国以外，美国凯洛格·布朗·路特（KBR）公司、鲁姆斯（Lummus）公司、斯通&韦伯斯特（S&W）公司、法国德希尼布集团（Technip）和德国林德（Linde）公司也都拥有自己特色鲜明的乙烯技术，各专利商在裂解技术和分离技术上都有自己的特点。裂解技术是石油烃等原料在高温条件下发生断链、脱氢、缩合等化学反应的过程，其产物是裂解气。乙烯装置除乙烯、丙烯等目标产品外，还可能会生成含氢气、甲烷、碳四、碳五等或终馏点超过800℃的石油烃馏分的混合物。

乙烯装置的分离是将裂解气组分逐级分离的过程，典型的分离工艺流程有：顺序分离流程（含顺序“渐近”分离技术）、前脱乙烷分离流程和前脱丙烷分离流程；根据加氢进料中的氢气是否分离，进料中炔烃加氢所处位置的不同，又有前加氢和后加氢之分。顺序分离流程的特点是裂解气混合组分的第一个分离塔为脱甲烷塔，首先把甲烷分离出来，再将脱甲烷塔釜液混合组分按照由轻到重的次序进行分离。前脱乙烷分离流程的特点是裂解气混合组分的第一个分离塔是脱乙烷塔，脱乙烷塔顶为碳二及更轻组分，塔釜为碳三及更重组分，两股物流分别再按照由轻到重的次序进行分离。前脱丙烷分离流程与前脱乙烷原理相同，裂解气混合组分的第一个分离塔是脱丙烷塔，脱丙烷塔顶为碳三及更轻组分，塔釜为碳四及更重组分，两股物流分别再按照由轻到重的次序进行分离。20 世纪 80 年代前后，各乙烯专利商基本形成了自己的代表流程，如美国 Lummus 公司、S&W 公司和法国 Technip 采用顺序分离流程，美国 KBR 公司采用前脱丙烷前加氢流程，德国 Linde 公司采用前脱乙烷前加氢流程。20 世纪末，随着碳二前加氢催化剂的性能改进，前加氢工艺在节能、方便操作等方面的优点日趋明显。对于以石脑油等液体为原料的乙烯装置，S&W 公司已改为使用前脱丙烷前加氢流程，Lummus 公司也推荐采用前脱丙烷前加氢流程。我国的两大乙烯专利商——中国寰球工程有限公司（HQC，简称寰球公司）先后开发了前脱丙烷前加氢分离技术和前脱乙烷前加氢分离技术，并获得了工业应用；中国石化工程建设公司（SEI）在三种分离技术上均有开发和应用，三种技术各有长处和短处，没有明显的技术优劣，都占有一定的市场。

图 3-40、图 3-41 示意了三种典型的分离流程。

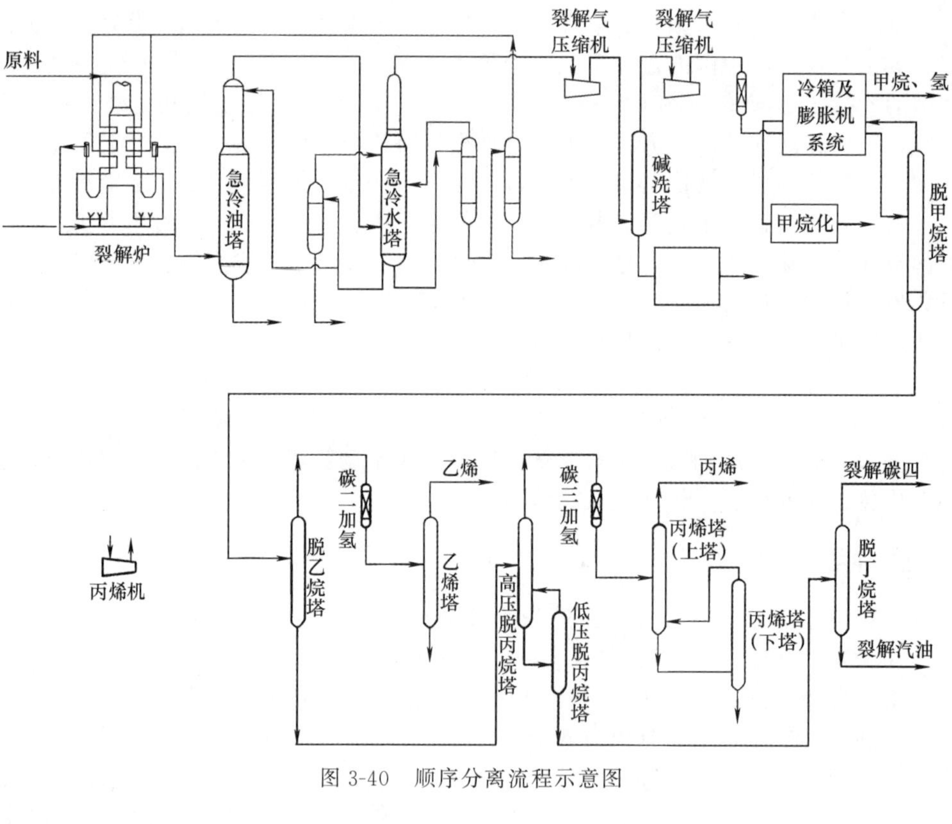

图 3-40 顺序分离流程示意图

三、装置用泵概要

虽然各专利商在分离顺序上有差异，但乙烯工艺流程中泵的基本型式大同小异。结合目前我国乙烯工业的实际状况及发展趋势，本节以前脱丙烷前加氢工艺流程 140 万 t/a 规模乙烯装置（含汽油加氢单元）的用泵情况为例，讨论乙烯装置工业用泵情况，详见乙烯装置主要用泵一览表（表 3-12）和乙烯装置部分关键泵一览表（表 3-13）。

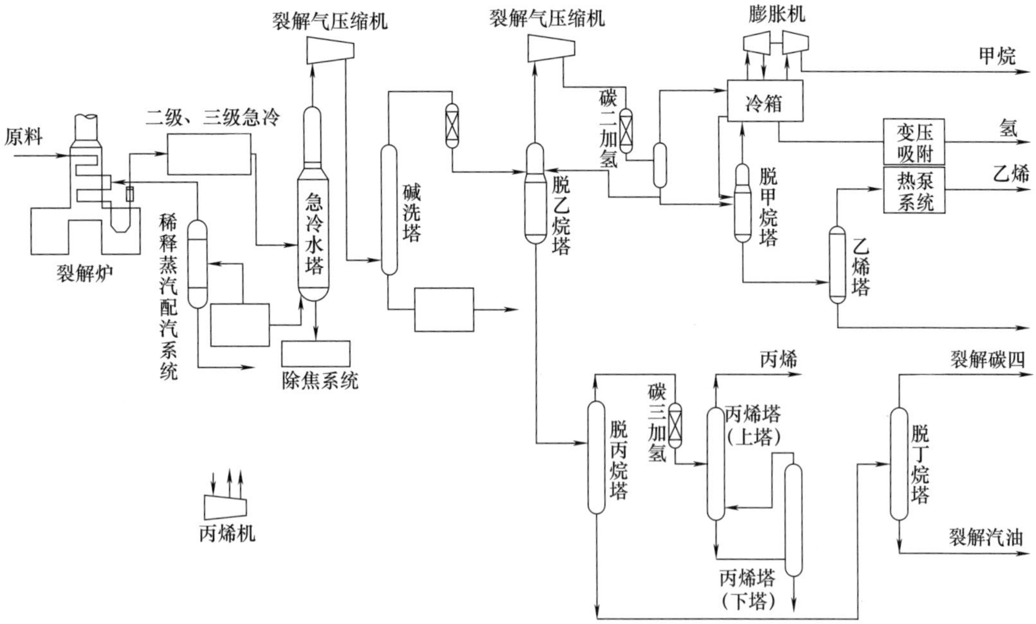

(a) 前脱乙烷前加氢流程示意图

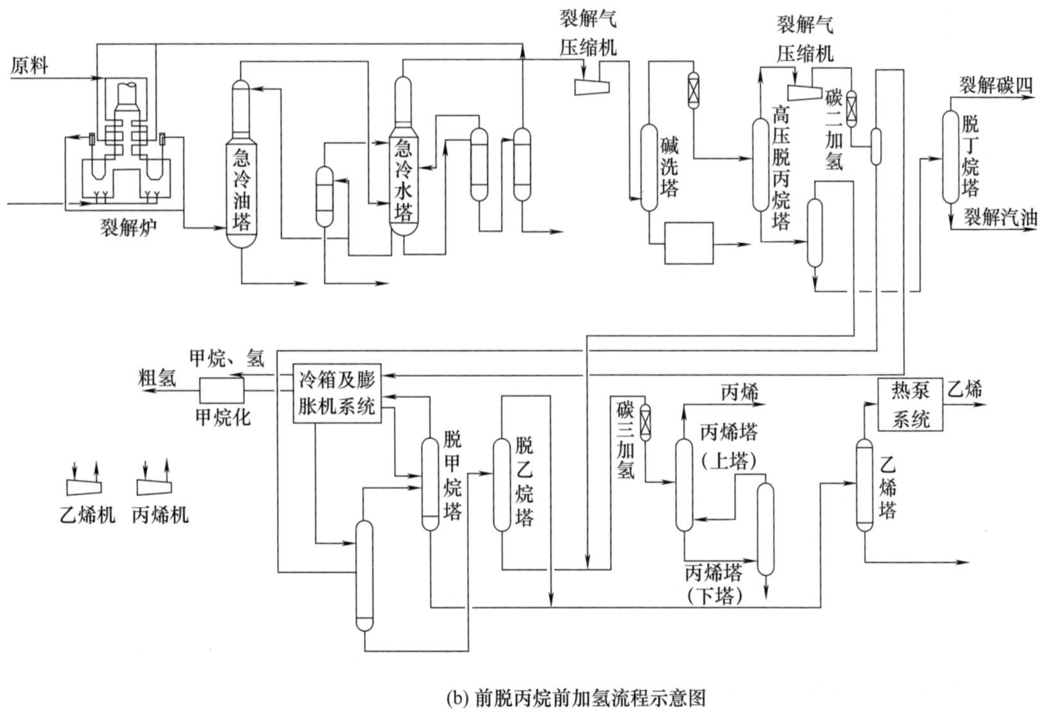

(b) 前脱丙烷前加氢流程示意图

图 3-41　前脱乙烷前加氢与前脱丙烷前加氢分离技术

表 3-12　乙烯装置主要用泵一览表

泵种类	流量范围 /(m^3/h)	扬程范围 /m	介质温度范围 /℃	入口压力范围 /MPa(G)	过流部件材料	轴封型式	台数
卧式单级泵	4.8～524	32～132	10～185	0.01～1.9	CS、12%CHR、316SS	机械密封	61
立式筒袋泵	48～331	80～255	−53～55	−0.06～2.34	CS(LCB)、304SS、316SS	机械密封	13
卧式双吸泵	1696～3070	105～133	41～140	0.16～2.05	CS、12%CHR	机械密封	12
多级泵	60～435	275～1660	15～121	0.02～0.7	CS、12%CHR	机械密封	11
高速泵	8.7～14.4	257～315	30～40	约−0.01	CS、12%CHR	机械密封	4
无密封泵	13～34	52～160	−98～160	0.018～3.24	CS、12%CHR、304SS、316SS	无	18
自吸泵	5～100	27～82	38～180	−0.069～−0.03	CS、12%CHR	机械密封	13
隔膜计量泵	0.01～3	0.5～15MPa(G)	常温	—	316SS、聚四氟乙烯	无	82

注：材料中 CS 为碳钢，12%CHR 表示含铬 12%钢，LCB 为低碳钢，SS 为不锈钢。

表 3-13　乙烯装置部分关键泵一览表

名称	类型	台数	额定流量 /(m^3/h)	额定扬程 /m	入口压力 /MPa(G)	介质温度 /℃	$NPSH_a$ /m	材料等级	冲洗方案 API Plan
急冷油泵	BB2	3	2945	105	0.202	140	16	C-6	32+53B+61
急冷水泵	BB2	3	3070	130	0.165	80	18	S-6	23
丙烯塔回流泵	BB2	3	1697	128	1.933	44	8.1	S-6	11+52
丙烯塔输送泵	BB2	3	1697	128	2.052	51	8.1	S-6	11+52
超高压锅炉给水泵	BB5	3	435	1660	0.244	121.9	11.5	S-6、C-6	23
中压锅炉给水泵	BB5	2	70	275	0.274	120.4	14.7	S-6	23
新鲜碱液泵	OH6	2	8.7	257	−0.0063	30	5	S-6	13+53B
脱乙烷塔回流泵	VS6/OH2	2	331	100	2.343	−18.1	5.4	S-6(LTCS)	14+52+62/11+52+62
循环乙烷输送泵	VS6	2	311	195	0.413	−53.3	5	A-8	53B+62
乙烯产品泵	VS6	2	106	156	1.581	−36.5	7.5	S-6(LTCS)	13+52+62

注：LTCS 为低温碳钢。

四、关键泵介绍

1. 急冷油泵、急冷水泵

急冷油泵、急冷水泵是乙烯装置中的关键泵。来自裂解炉的裂解气，经过急冷油塔和急冷水塔后，洗去重组分，塔顶气相送往裂解气压缩机进行压缩升压。其中急冷油泵和急冷水泵，分别从急冷油塔底和急冷水塔底将急冷油和急冷水抽出加压，送去换热并回流。

（1）工况特点

① 急冷油泵　其泵送介质为急冷油。裂解气进入急冷油塔中，经烟囱塔盘与自上而下的馏分油逆流接触，裂解气中的重组分被冷凝、下落，因此急冷油中含大量焦粉颗粒。急冷油通过泵前过滤器以后，其颗粒最大直径约为 6mm。单台泵流量范围约为 2200～3000m^3/h，

扬程约 105m。急冷油黏度为 0.8～20cP，介质操作温度为 140℃。

② 急冷水泵　其泵送介质为急冷水。来自急冷油塔的裂解气进入急冷水塔，将重质汽油和稀释蒸汽冷凝下来，在塔釜，通过特殊油水分离结构内件将裂解汽油和水分离，分离出来的急冷水由急冷水泵抽出送至各急冷水用户换热器回收热量降温。被分离过后的急冷水，介质相对洁净。单台泵流量范围约为 2800～3100m^3/h，扬程约 130m，介质操作温度为 80℃。

(2) 选型和结构特点　急冷油泵和急冷水泵，其型式均为 API 610 标准中规定的 BB2 型卧式单级双吸离心泵，泵为双蜗壳，径向剖分式，中心线支承，轴承间安装，顶进顶出。泵结构如图 3-42 所示。

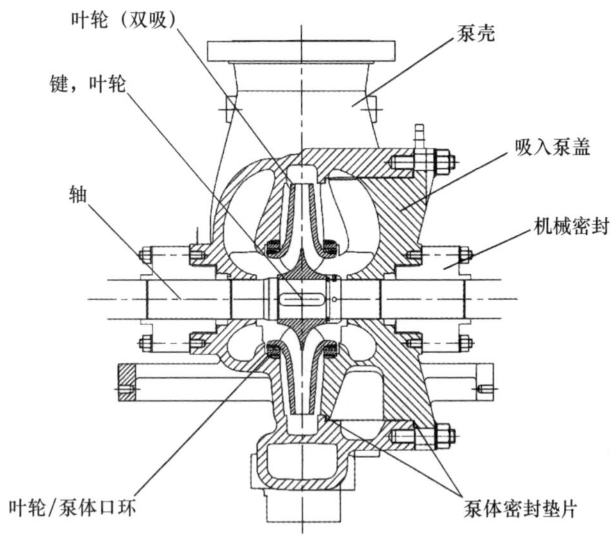

图 3-42　典型 BB2 泵剖面图

采用双吸闭式叶轮，不仅可以减少推力问题，还可以降低对泵汽蚀余量的要求，同时这种设计允许机械密封在低压下工作。泵叶轮为精密铸造，并通过打磨抛光等后续处理，以确保过流部分的尺寸精度及表面粗糙度。

叶轮通过键与轴相连，采用叶轮锁紧螺母或叶轮持环等方式将叶轮与轴固定。泵体设计分为单泵盖设计和双泵盖设计，可将整根转子抽取，便于检修。叶轮与壳体之间采用不同硬度材质的口环副，对于急冷油泵介质含颗粒，口环间隙设计需满足 API 610 标准要求，同时保证颗粒不卡塞，避免长期运行磨损口环。对于磨蚀介质，泵厂也可根据需要增设口环冲洗方案或设计可更换口环，以保证泵使用寿命，减少检维修工作量。

泵径向轴承可选用滚动轴承或滑动轴承，止推轴承采用角接触球轴承，轴承润滑方式为油环自润滑，轴承冷却方式分为空冷或夹套水冷。实际应用中，急冷水泵多采用空冷冷却方式；急冷油泵由于装置原料的不同，泵送温度略有区别，空冷或夹套水冷均有应用实例。

急冷油泵和急冷水泵在乙烯装置中工艺位置关键，为保证事故工况不停泵，通常主泵由汽轮机驱动，辅泵由电机驱动。

(3) 机械密封　急冷油为易燃易爆含颗粒的介质，采用带压双端面机械密封，为平衡型、内装式、集装式、金属波纹管密封，辅助密封件为柔性石墨，系列 2，布置方式 3；为防止颗粒进入密封腔，并带走摩擦热，冲洗方案采用 Plan 32＋53B，需要外引干净的密封冲洗液，多为碳九及以上介质。急冷水介质相对洁净，泵采用单端面机械密封，为平衡型、内装式、集装式、多弹簧、滑移式补偿结构，辅助密封件为橡胶 O 形圈，系列 2，布置方式 1；冲洗方案采用 Plan 21 或 23。

机械密封的摩擦副要选择较好材料，通常都使用碳端面对反应烧结碳化硅端面。静密封材料主要是氟橡胶（FKM）、全氟醚橡胶（FFKM）、乙丙橡胶（EPDM）和柔性石墨。

（4）材料选择　由于急冷油介质黏度大，并含有大量硬质焦粉颗粒，急冷油泵的壳体、叶轮和口环等过流部件会产生严重的磨损腐蚀，严重影响泵的使用寿命。因此急冷油泵的壳体和叶轮等需采用特殊的材料和结构，通常泵采用 API 610 中规定的 C-6 等级材料，泵壳为 A487 CA6NM 低碳马氏体不锈钢材质，泵体法兰和泵体一体铸造加工；叶轮采用 A743 CA6NM 或等同的超马氏体不锈钢，其具有良好的耐蚀性、焊接性，高强度和良好的韧性；轴通常采用 A276 Type 420 不锈钢，其具有一定耐磨性及耐腐蚀性，硬度较高。

急冷油泵除了基体材料符合 API 610 标准要求外，各制造厂还有各自的耐磨喷涂技术或耐磨结构应用于过流部件，例如瑞士苏尔寿公司的 SUME ® PUMP SA 30 表面喷镀技术。此外，为了延长过流部件在磨蚀介质存在下的使用寿命，对于叶轮和泵盖部位也有采用可拆卸耐磨衬板结构。

急冷水泵通常采用 API 610 中规定的 S-6 等级材料，泵壳为 A216 WCB 碳钢材质，泵体法兰和泵体一体铸造加工；叶轮采用 A743 CA6NM 或等同的超马氏体不锈钢；轴通常采用 42CrMo 或 3Cr13 不锈钢，其具有高强度和良好韧性。

（5）制造商的选择　目前具备生产制造大流量 BB2 泵的制造商，主要分为两类：一是国外技术力量（主要），如瑞士苏尔寿公司的 BBS 系列产品，Flow serve 公司的 HDX 系列产品，日本荏原公司的 KS 系列产品，德国鲁尔公司的 HVN 系列产品；二是，近年来，国产技术力量逐渐完善，如大连深蓝公司的 HDD 系列产品、合肥华升公司的 HDS 系列产品在部分装置上已有应用，杭州大路公司的 HYS 系列产品已进行深度开发。

国内外主要 BB2 泵的性能范围和结构特点见表 3-14。

表 3-14　国内外主要 BB2 泵的性能范围和结构特点

制造厂商	系列编号	流量范围 /(m^3/h)	扬程范围 /m	介质温度 /℃	设计压力 /MPa	结构特点
德国苏尔寿/苏州苏尔寿	BBS/CD	≤7000	≤500	≤427	10	(1)泵体：适应于高温重载的壳体和泵支腿设计，传统刚性轴设计； (2)叶轮：CFD 模拟设计闭式叶轮； (3)轴封：集装式机械密封设计； (4)轴承：风扇冷却的采用环油润滑 40°角接触球止推轴承； (5)锥形轴端，便于快速拆卸检修
日本荏原/嘉利特荏原	KS	≤4800	≤380	−100～450	5	(1)泵径向轴承可选用滚动轴承或滑动轴承；止推轴承采用角接触球轴承，轴承润滑方式为油环自润滑。轴承体冷却方式分为空冷或夹套水冷，可根据实际使用工况选择合适的冷却方式。 (2)泵壳体采用树脂砂铸造；叶轮采用精密铸造，并通过打磨抛光等后续处理，以确保过流部分的尺寸精度及表面粗糙度。 (3)泵叶轮两侧的密封环设计成大小不同的尺寸，即止推轴承侧的密封环稍小于另一侧，使泵产生轻微的指向联轴器端的轴向力，让轴处于受拉状态下工作，不仅避免了转子的左右窜动，而且有利于提高口环及密封的寿命。 (4)泵轴封可采用机械密封或干气密封，并配置 API 682 标准的冲洗方案及辅助管路系统

续表

制造厂商	系列编号	流量范围/(m^3/h)	扬程范围/m	介质温度/℃	设计压力/MPa	结构特点
意大利福斯/日本福斯	HDX	≤4100	≤450	450	10	(1)泵体:双泵盖提供方便的维护。垫片是金属对金属的配合,完全受限和受控的压缩可以确保在处理热烃液体时正确密封和对齐;刚性轴设计。 (2)叶轮:双吸叶轮可最大限度地减少推力问题,降低 NPSH 要求,并允许机械密封在等压和低压下运行。 (3)旋转部件包括大直径轴和短轴承跨度以增加轴刚度。最后的两个平面动态平衡和 TIR 验证是在组装好的转子上进行的,以确保在整个工作范围内的最佳力学性能
德国鲁尔	HVN	100～4200	≤350	≤450	4	(1)泵体:由于充足的泵轴尺寸和流体动力径向载荷的平衡,机械密封区域的轴挠度小于0.03mm,临界速度大大高于运行速度; (2)叶轮:可更换的叶轮和壳体口环,符合 API 610 的间隙要求; (3)轴承:单件 360°轴承箱,风冷,也可通过内部铸造冷却通道进行冷却,外部管道连接用于冷却水管,可根据特殊要求进行风扇冷却; (4)轴封:轴承箱配置带回油孔的无磨损迷宫式密封件,或者径向密封圈; (5)叶轮:具有出色表面光洁度的低容差叶轮,可实现高效率和低 NPSH 值

2. 锅炉给水泵

乙烯装置中，高压锅炉给水泵、超高压锅炉给水泵均选用了多级泵，其工作原理、结构外形均与普通多级泵相近，主要根据工况特点选择泵的结构和性能。

(1) 工况特点　超高压锅炉给水泵将除氧器中除氧后的蒸汽凝液升压后送往裂解炉对流段预热、超高压/高压减温减压器和超高压/中压减温减压器及其他工艺用户，单台泵流量范围约为 330～450m^3/h，扬程约 1600m。锅炉给水饱和蒸气压 0.21MPa，介质操作温度 120～150℃。

(2) 选型和结构特点　超高压锅炉给水泵的型式为 API 610 标准中规定的 BB5 型卧式单吸/双吸、多级离心泵，泵为双蜗壳、径向剖分式、多级、轴承间安装、筒形结构。典型 BB5 泵结构如图 3-43。低压力锅炉给水泵也会采用 API 610 标准中规定的 BB4 型单壳体、径向剖分式、多级、轴承间安装结构，但是这一类泵在每一部分之间有潜在的泄漏通道。

单壳体泵和双壳体泵都可以在高压状态下运行，但是两者耐温和耐热冲击性能不同。普通单壳体泵耐温上限为 180～320℃，有些特殊设计的泵可用到 400℃左右。而双壳体泵基本都能用到 400～450℃，而且耐热冲击性能好。但是双壳体泵重量、体积较大，制造不便，价格较高。多用在大型、高压有热冲击的场合。乙烯装置的超高压锅炉给水泵的工况存在一定的热冲击，排出压力极高，故选用了此类型泵。

多级泵叶轮为闭式叶轮，沿推力方向在轴上逐级定位，叶轮应用键、轴套及轴套螺母固定在轴上。液体沿轴向进入叶轮，由于叶轮前后受压不等，必然存在轴向力，此轴向力由平衡盘/鼓来承受，目前锅炉给水泵大多设置外部平衡线，用于轴向力自平衡，剩余不平衡轴向力将由止推轴承承担。

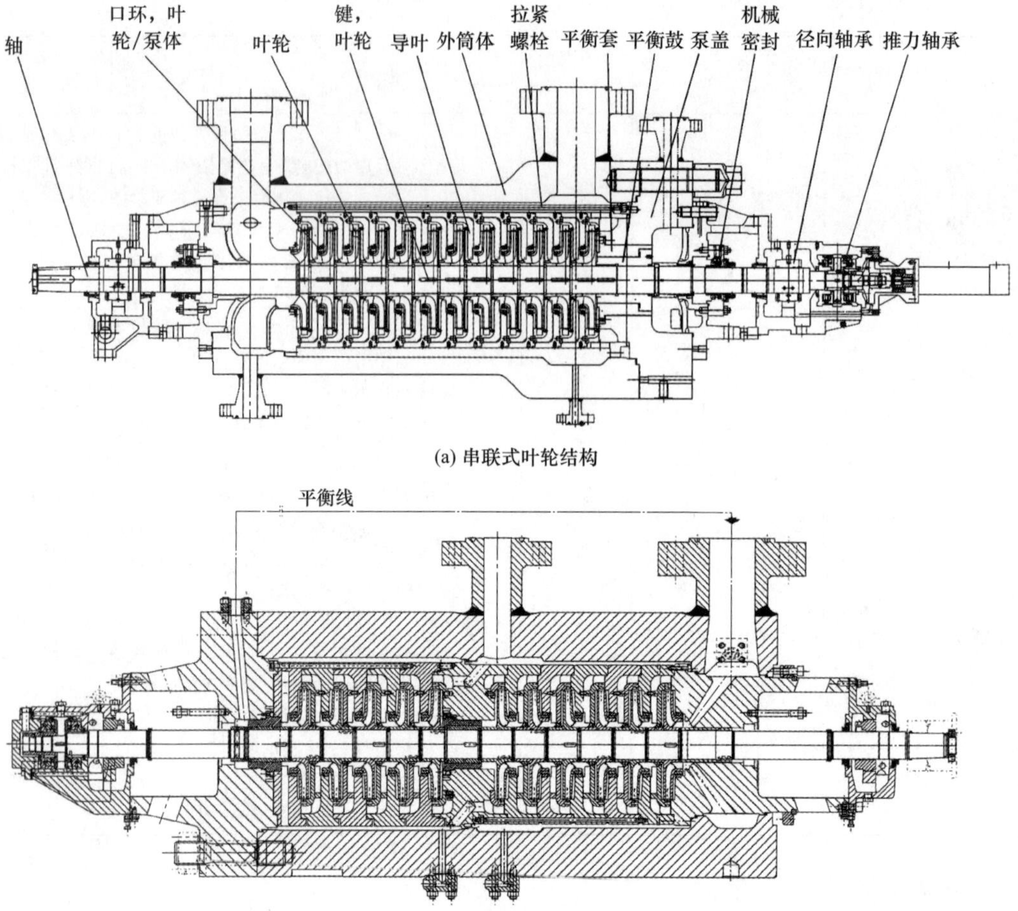

(a) 串联式叶轮结构

(b) 背对背式叶轮结构

图 3-43 典型 BB5 泵剖面图

叶轮的布置方式分为单向串联和背对背布置两种，单向串联结构由于全部叶轮的推力方向均为一个方向，为平衡整个转子的轴向力，对平衡鼓的设计面积要求偏大。对于叶轮背对背布置，整个转子运转中可以较好地平衡轴向力，但是拆装不便，对于安装精度要求较高。

由于锅炉给水为饱和蒸汽凝液，易汽化，对于较大流量的锅炉给水泵，为降低泵入口汽蚀余量，避免汽蚀的发生，影响泵长期稳定运行，首级叶轮有时会采用双吸叶轮。

泵轴承选用遵循 API 610 标准要求，即泵额定功率和转速的乘积超过 4.0×10^{6} kW · r/min，需采用液体动压径向和止推轴承。在目前百万吨以上规模的乙烯装置中，超高压锅炉给水泵径向轴承通常选用滑动轴承，止推轴承采用可倾瓦轴承；轴承润滑方式为外部强制润滑。

由于超高压锅炉给水泵在乙烯装置中工艺位置关键，为保证事故工况不停泵，通常主泵由汽轮机驱动，辅泵由电动机驱动。

(3) 机械密封　超高压锅炉给水泵对轴封的要求虽然高，但单端面机械密封已能满足要求。不过因为压力高、介质黏度小，一般都应选用内装式平衡型机械密封。辅助密封件为橡胶 O 形圈，系列 2，布置方式 1；冲洗方案采用 Plan 23。

(4) 材料选择　超高压锅炉给水泵的筒形外壳体和泵盖采用锻造的合金钢或马氏体不锈钢材料，材料应具有高耐腐蚀性能和良好的热瞬态性能，同时简单的筒形结构对于高温高压最具有可靠性。叶轮/导叶/中段/吸入段均采用 ZG0Cr13Ni4Mo（等同于牌号 CA6NM），为一种超马氏体不锈钢；超马氏体不锈钢通过马氏体不锈钢冶炼工艺改进，减少了碳含量，加入了 Ni、Mo 合金元素，其性能优于常规马氏体不锈钢，材料具有良好的耐蚀性、焊接性，具有高强度和良好的韧性。泵轴通常采用锻造材料 0Cr13Ni4Mo（等同于牌号 F6NM），材料屈服强度大于 685MPa，极限抗拉强度约为 780～980MPa，高强度材料能充分满足泵的性能要求。平衡鼓和平衡鼓套均采用 13Cr 或 17-4PH 沉淀硬化不锈钢材料，平衡鼓在高压、高速、高温工况下使用，同时需承受高压水的冲蚀，所以平衡鼓的材质应具有高的强度、硬度，好的抗冲蚀性，并且两者硬度差至少为 50HB。

（5）制造商的选择　目前具备生产乙烯装置锅炉给水泵的制造商，国外或合资公司主要产品有苏尔寿公司（GSG 系列产品）、Flowserve 公司（WCC/BP 系列产品）、荏原公司（DC 系列产品）、鲁尔公司（ALINE 系列产品）、凯士比（KSB）公司（CHTR 系列产品）、国内厂家有杭州大路、大连深蓝和合肥华升等。我国相关技术力量不断提升，并有相关技术储备，在其他行业类似工况也有应用。

国内外 BB5 型多级泵的性能和结构特点详见表 3-15。

表 3-15　国内外主要 BB5 泵的性能范围和结构特点

制造厂商	系列编号	流量范围/(m^3/h)	扬程范围/m	介质温度/℃	工作压力/MPa(G)	结构特点
德国苏尔寿/苏州苏尔寿	GSG	≤1200	≤3000	−50～427	40	(1)可将背靠背转子设计应用于高扬程工况，增强的转子支承； (2)高承压筒体，铸造或锻造，可选侧进侧出或侧进顶出等布置； (3)独家专利扭锁设计适用于快速更换内部芯包的要求，整体抽芯设计，实现无拆装快捷更换； (4)多样化的轴承配置可选：球轴承、滑动轴承/球轴承及滑动轴承/可倾瓦轴承； (5)独家专利防旋涡设计应用，确保低密度介质转动平稳
日本荏原/嘉利特荏原	DC	≤800	≤3000	≤450	30	(1)双层壳体结构，外筒体为整体结构，内壳为径向剖分多级节段式。DCS 型为首级单吸，DCD 型为首级双吸结构； (2)泵采用在湿运转条件下刚性轴设计，同时优化轴的直径和轴承跨度，使转子挠度尽可能最小化，大大提高了口环、轴承和机械密封的寿命； (3)泵径向轴承采用滑动轴承，止推轴承根据载荷不同采用双列角接触球轴承或可倾瓦轴承，采用油环自润滑或强制润滑。自润滑轴承体采用夹套水冷却； (4)为了适应不同的工况要求，泵平衡机构可以采用平衡鼓、平衡盘或平衡鼓盘结构（常规为平衡鼓盘结构），平衡鼓、平衡盘或平衡鼓盘采用分半卡环单独固定
意大利福斯/日本福斯	WCC/BP	≤1000	≤4000	−73～425	30	(1)使用最新的计算流体力学技术设计的精密铸造叶轮和导流盘，效率达到最高； (2)渐进阶梯轴简化了冷缩配合叶轮的更换工作，易于维护； (3)关键的密封面上有 Inconel 涂层，在高压和高温服务中确保优异的耐腐蚀性和可靠的密封； (4)选尺寸，包括较小尺寸的单吸第一级叶轮，较大尺寸的双吸式叶轮

续表

制造厂商	系列编号	流量范围/(m^3/h)	扬程范围/m	介质温度/℃	工作压力/MPa(G)	结构特点
德国鲁尔	ALINE	≤1400	≤4200	≤450	45	(1)重载荷泵壳体设计,所有法兰的设计和承压均适用于最大允许工作压力和2倍API 610规定管口载荷; (2)优化转子稳定性,动态刚性设计;更高速度的高可靠性,低静态偏转; (3)精密铸造叶轮,完成静态和动态平衡,过盈安装在轴上并逐级定位; (4)采用平衡鼓设计和背靠背叶轮设计,平衡液压推力负载; (5)特殊选项:超级双相合金和HVOF(超声速火焰喷涂)覆盖层;NACE和NORSOK标准设计
德国凯士比(KSSE)/上海凯士比	CHTR	≤1450	≤4000	−60～450	40	(1)符合API 610最新版本的要求,双筒体结构,叶轮采用串联形式布置。根据API要求,叶轮热套于轴上,逐级定位结构,提高转子的运转刚度。 (2)泵轴向力平衡机构采用典型的双平衡鼓+止推轴承形式,平衡鼓可平衡掉95%以上的轴向力,残余轴向力通过止推轴承承受。具有独特的动态平衡型的平衡机构,能够自动调节平衡力的大小,使泵在不同运转区间及工况点下安全稳定运行。 (3)平衡机构搭载独特设计的万向环,使泵能够在频繁启停或者偏工况条件下稳定运行,而不损坏平衡机构。 (4)根据泵组运行负载的大小,可选择自润滑的滚动轴承,或者压力油润滑的滑动轴承,以适应现场运行多样化需求。 (5)CHTR泵型采用整体抽芯包的设计,在松开驱动端的压板固定螺栓的情况下,整个芯包连同驱动端轴承体可整体抽出,大大节省维修时间及成本

3. 低温筒袋泵

乙烯装置中裂解气的分离绝大部分采用的是深冷分离法。通常，在一定压力下，碳三以上组分可在常温下分离，碳二组分需要在−40～−30℃的温度条件下进行分离，甲烷及氢的组分则需要在−90℃以下的低温中才能分离出来。为此，需要通过低温泵进行循环或加压。低温泵在乙烯冷区中属于关键设备，其工况条件也比较苛刻：介质温度低、扬程较高、装置汽蚀余量很小、泵进出口压力高等。这时通常都需选用立式筒袋泵。乙烯装置中该类型的泵有乙烯冷剂排放泵、丙烯冷剂回收泵、乙烷循环泵、乙烯产品泵等。

立式筒袋泵的结构图详见图3-44。

(1) 工况特点

① 吸入压力高　乙烯、丙烯在常温下均是气态，为保证其处于液态，泵的吸入压力较高。因此，泵体应能承受高压力，而且泵的轴封结构也应适于密封高压介质。

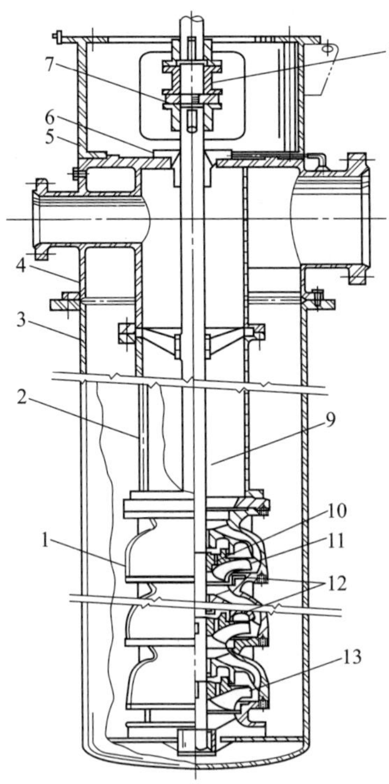

图 3-44　立式筒袋泵

1—碗形节段；2—内壳；3—筒体；4—吸排段；5—电机座；6—轴封；7—调节板；8—加长联轴节；9—泵轴；10—平衡孔；11—叶轮；12—耐磨密封环；13—首级叶轮

② 介质温度低　介质温度在－30℃以下。普通碳钢材料在低温下易发生冷脆，所以在石油化工工业低温泵中承受动载荷的零件多选用奥氏体不锈钢，仅承受静载荷的零件可根据材料的使用温度限制选用低温碳钢或奥氏体不锈钢。另外由于介质温度与环境温度相差很大，泵会承受较大的温度应力，应选择能消除这种应力的结构。

③ 装置汽蚀余量低　这些泵的介质直接来自储罐或分馏塔底，而在储罐和分馏塔中，液面上的压力是饱和蒸气压，装置汽蚀余量很低。

④ 介质易汽化、黏度小　在泵吸入口处，介质已接近饱和状态，极易汽化。如果泵外热量传入使部分介质汽化，将恶化泵的运行性能，所以泵应有适当的保冷措施。此外，在机械密封面处介质的汽化会引起密封面干摩擦，汽化吸热还可能使密封面处冲洗液结冰，从而导致密封很快失效。而且乙烯、丙烯、甲烷塔釜液都属轻烃类介质，动力黏度只有水的几分之一，自润滑性差，这对轴封也是很不利的。除此之外，这些介质都是易燃易爆物质，泄漏是很危险的，所以对泵的轴封要求很高。

⑤ 介质易燃易爆，渗透性强　介质常压下为气态，容易汽化，易燃易爆性很高。通常情况下，介质的相对密度都小于 0.7，比普通气体如氧气、氮气的渗透性强得多。因此低温泵无论是静密封还是动密封，都绝对不允许有任何渗漏。

(2) 选型和结构特点

① 采用立式结构　乙烯装置中的低温泵的基本结构形式为立式、双层壳体多级筒袋泵。首先，筒袋泵的立式结构使其更适合于装置汽蚀余量低的场合。其第一级叶轮处在最低的位

置，第一级叶轮基准面与泵吸入口中心线间的位能差，增加了泵在第一级叶轮吸入口处的有效汽蚀余量 $NPSH_a$，从而增强泵抗汽蚀能力。其次，卧式泵的保温较为困难，并且暴露在空气中，会有大量的结冰；而立式结构的低温部分埋入地下，使得泵体外部保冷措施简单易行，且不易受到环境温度、日照等的影响。

② 采用双层壳体　筒体和内壳组成双层壳体，比较适合介质温度与环境温度相差较大的场合。泵的内壳全部浸没在液体中，壁温均匀。外筒只承受泵的吸入压力，强度要求相对较低，筒壁较薄，内外有较大温差时，温差应力较小。而且泵的内壳悬吊在筒体中，筒体埋入地下，因此泵不仅能在介质温度变化时自由膨胀，而且能够很好地隔绝外部温度的变化，所以这种结构极适于输送低温介质。

③ 使用耐磨密封环　由于轻烃的密度、黏度均小，容易泄漏。为了减少级间泄漏，提高容积效率，应使用耐磨密封环，材料为硬面处理的奥氏体不锈钢或双相钢。

④ 叶轮形式　筒袋泵主要使用混流叶轮和径流叶轮。径流叶轮单级扬程高，流量小，泵外形粗短。混流叶轮则单级扬程低，流量大，效率高，泵外形细长。为提高泵的抗汽蚀性能，两者首级叶轮均为抗汽蚀型。如果使用该种首级叶轮后，$NPSH_3$ 依然较大，泵轴太长，可考虑首级叶轮采用双吸式。

⑤ 轴向力平衡方式　轴向力平衡方法有平衡鼓、平衡孔、止推轴承等。

(3) 机械密封

① 密封型式　对于输送介质多为易燃、易爆高危轻烃介质的低温泵，密封采用双端面机械密封，为平衡型、内装式、集装式、多弹簧、滑移式补偿结构。为了防止密封端面介质汽化，维持密封腔压力，并带走其摩擦热，立式筒袋泵密封需要进行自冲洗，对密封端面进行润滑散热。通常采用 Plan 14＋52＋62，冲洗液自泵的出口引出，通过限流孔板流入密封腔，再从密封腔流出，通过限流孔板回到泵的入口。低温介质的机械密封大气侧通常设有节流环，节流环前通入常温氮气，能够防止环境水汽进入到密封内孔区域结冰，并对密封起到一定的保护作用。

② 材料　低温介质的机械密封摩擦副需要耐低温、耐高压，需要自润滑性好，因此通常使用石墨与碳化硅，或者石墨与硬质合金等软对硬组对。辅助密封圈材料主要采用丁腈橡胶、柔性石墨、聚四氟乙烯材料等。丁腈橡胶仅适用于－40℃以上，在－40℃以下的工况，通常用于大气侧安全密封处；柔性石墨无法用于浮动，仅适用于静密封点；聚四氟乙烯材料，能有效耐低温及溶剂类介质，但由于其弹性差且具有冷流性，一般制作成 V 形圈或者 C 形圈（即弹簧蓄能圈），用于与介质接触的重要动密封点上。

(4) 制造商的选择　目前国内所用到的乙烯低温泵结构基本上可以划分为三类，一类是以德国/苏州苏尔寿公司 TTMC 系列产品为代表的立式多级筒袋泵，该泵最主要是采用了刚性轴，并增加平衡鼓来平衡部分轴向力，运行较为平稳可靠，适用于－65～180℃的介质的输送；另一类是以德国/苏州苏尔寿公司的 SJD 系列产品为代表的立式多级筒袋泵，主要特点是采用了挠性轴，并且采用了逐级固定的空间导叶式壳体，机械密封部位也采取了特殊的隔离措施，适用于更低温的场合。第三类是国内部分厂家，以大连深蓝泵业有限公司为代表的 LDB 系列产品，型谱范围宽泛，设置平衡鼓平衡轴向力，LDB-A 采用径向导叶壳体结构，比转速小、扬程高；LDB-B 壳体采用导流壳结构，比转速大、流量大；LDB-D 配置了隔冷保护装置，更适合输送－120～－80℃的介质。

国内外主要立式筒袋泵系列的性能范围和结构特点见表 3-16。

表 3-16 国内外主要立式筒袋泵系列的性能范围和结构特点

制造厂商	系列编号	出口口径 /mm	流量范围 /(m^3/h)	扬程范围 /m	介质温度 /℃	工作压力 /MPa(G)	结构特点						
							叶轮型式	节段型式	轴向力平衡型式	内壳结构	联轴器型式	排出段型式	轴封型式
德国苏尔寿/苏州苏尔寿	SJD	50～350	≤1800	≤800	−170～204	10	混流叶轮	接力固定碗形节段	平衡孔加泵、电机联合止推轴承	法兰连接圆筒	加长可调型	焊接	机械密封
	TTMC	40～200	≤800	≤1300	−65～180	10	径流叶轮	穿杠固定环形节段	平衡孔加泵、电机联合止推轴承	法兰连接圆筒	加长可调型	焊接	机械密封
日本荏原/嘉利特荏原	VPCS	50～500	≤2000	≤650	−100～350	5	径流叶轮	接力固定碗形节段	平衡孔、平衡鼓加泵和电机联合止推轴承	法兰连接带筋板圆筒	加长可调型	铸造	机械密封
	VPCH	40～200	≤240	≤1600	−100～350	10	径流叶轮	穿杠固定环形节段	平衡鼓加泵和电机联合止推轴承	法兰连接圆筒	加长可调型	铸造	机械密封
大连深蓝	LDB-A、LDB-B、LDB-D		≤2000	≤1000	−120～200	15	径流叶轮、混流叶轮	穿杠固定环形节段、接力固定碗形节段	平衡鼓结合一对角接触球轴承	法兰连接圆筒	加长可调型	焊接	机械密封

第二节 烯烃分离装置用泵

一、概述

烯烃分离随着化工行业对烯烃深加工需求的快速增长和发展，成为化工工艺流程中越来越重要的承上启下关键化工装置之一，其单套反应装置的基本规模都达到 60 万吨每年以上。例如已建成投产的位于乌鲁木齐市米东区的神华新疆 68 万吨每年烯烃分离装置和位于陕西神木市的神华陕西甲醇下游加工项目 60 万吨每年烯烃分离装置等。

烯烃分离原料主要来自上游的甲醇制烯烃（MTO）装置、丙烷脱氢装置和乙烯蒸汽裂解装置等产出的富含烯烃的反应气，以及来自下游聚丙烯装置和聚乙烯装置的返回气等，进入烯烃分离装置的压缩机单元，由反应气压缩机进行多段压缩、冷却、分离等，其间根据需要设有碱/水洗系统脱除反应气中的酸性气体。反应气接着进入干燥器，进行干燥处理后，进入冷却分离系统：包括根据工艺需要分别设置的脱丙烷处理和反应气急冷、脱甲烷处理、脱乙烷处理、乙炔加氢、乙烯精馏、丙烯精馏、脱丁烷处理、丙烷提纯、乙烷提纯、丙烯制冷、乙烯制冷装置，以及为装置服务需要而分别设置的开工 LPG 气化系统、氢气增压系统、蒸汽加热系统和火炬排放系统等。

二、流程介绍

本节以煤制聚烯烃工业中年产 70 万吨级烯烃的烯烃分离装置（甲醇制烯烃装置的反应气为烯烃分离装置的进料）为例来简述典型烯烃分离装置流程：

来自上游甲醇制烯烃装置的富含烯烃反应气，进入烯烃分离装置的压缩单元，反应气压缩机为四段（Ⅰ、Ⅱ、Ⅲ、Ⅳ）离心压缩机，在压缩机二段和三段之间设有水洗/碱洗塔，反应气通过水洗和碱洗脱除其中的酸性气体。经压缩和脱除酸性气的反应气进入干燥器进行干燥处理后，被送至脱乙烷塔进行分离，分离后脱乙烷塔顶部的气体被送入压缩机四段进行压缩，然后通过脱甲烷、溶剂回收和乙烯精馏过程等进行进一步分离，得到乙烯气。来自脱乙烷塔底部的物料被送到脱丙烷塔进行分离，分离后脱丙烷塔顶部的 C3 气体进入丙烯精馏塔，在丙烯精馏塔精馏分离，在丙烯精馏塔的塔顶得到丙烯，在塔底得到丙烷；脱丙烷塔底部的物料则进入脱丁烷塔进行进一步分离，分离后在脱丁烷塔的顶部得到 C4 烃物料、在底部得到 C5 烃物料。这样就完成了烯烃分离。工艺流程简图如图 3-45 所示。

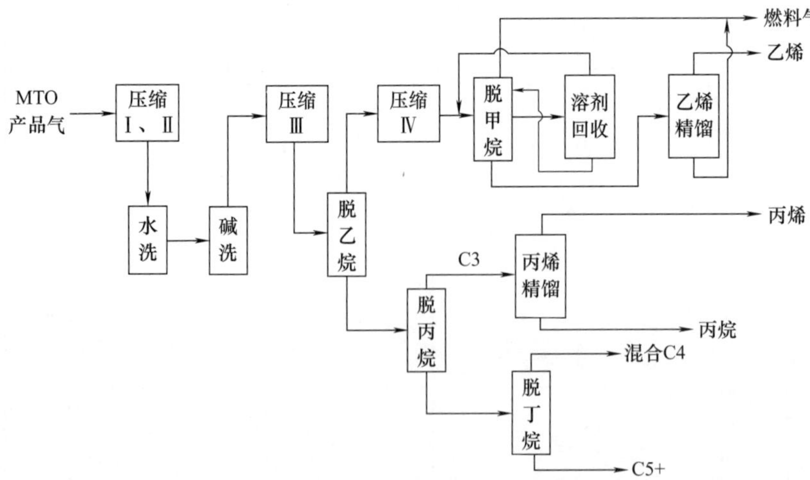

图 3-45 烯烃分离典型流程图

三、装置用泵概要

各烯烃分离装置依原料气体组分差异和产品需求不同，泵的数量以及泵送介质的密度、温度、流量和扬程等会有些差异，但泵的基本型式大同小异。以煤制聚烯烃工业中年产70万吨级烯烃的烯烃分离装置（甲醇制烯烃装置的反应气为烯烃分离装置的进料）为例，其中单级卧式悬臂离心泵19个位号，单级双吸卧式离心泵2个位号，高速泵3个位号，隔膜计量泵8个位号，自吸泵1个位号。详见烯烃分离装置主要泵型一览表（表3-17）。

表3-17　烯烃分离装置主要泵型一览表

泵种类	流量范围 /(m^3/h)	扬程范围 /m	介质温度范围 /℃	入口压力范围 /MPa(G)	过流部件材料	轴封型式	数量
单级卧式悬臂离心泵	4.4～354	25～137	−36～102	−0.06～2.86	CS、LTCS、SS	机械密封	19
单级双吸卧式双支承离心泵	1432～1763	111～170	45～52	1.79～2.01	CS、316L	机械密封	2
高速泵	3.8～50	275～330	−41～61	0.059～2.069	CS、316	机械密封	3
隔膜计量泵	0.021～0.6	(0.62～2.0MPa)	常温～45	−0.034	不锈钢、聚四氟乙烯	无	8
自吸泵	30	50	45	−0.05	CS、12%CHR	机械密封	1

注：表中数量未计备用泵。

四、关键泵介绍

烯烃分离装置的泵类设备与蒸汽裂解制乙烯、丙烷脱氢制丙烯和甲醇制丙烯等联合装置中的分离单元中的泵相似，流程泵主要承担装置中冷却分离后轻烃类液体的增压输送任务。其中的一些关键泵的泵送液体具有常温或低温、密度较小（相对密度0.4～0.6左右）、黏度较小、容易挥发泄漏、有效汽蚀余量较小、高入口压力特点，且一些泵具有小流量、高扬程等特点，这对泵的耐低温性能（含机械密封等非金属零部件）、高可靠性机械密封、适应各种工况的驱动机适当余量系数、高可靠性的泵水力性能、泵的轴向力平衡及选择适当的泵型等有较高要求。表3-18是本节所述煤基制烯烃年产项目烯烃分离装置的一些关键泵的性能参数表。

表3-18　烯烃分离装置部分关键泵一览表

名称	类型	台数	额定流量 /(m^3/h)	额定扬程 /m	入口压力 /MPa(G)	介质温度 /℃	$NPSH_a$ /m	材料等级	轴封型式	冲洗方案 API Plan
丙烯精馏塔回流泵	BB2	2	1763	170	1.792	45	6.9	S-6	串联式机械密封	11+52
丙烯精馏塔釜液输送泵	BB2	2	1432	111	2.011	52	7.6	S-6	串联式机械密封	11+52
乙烯精馏塔回流泵	OH2	2	354	129	1.628	−36	7.4	A-7	串联式机械密封	11+52+62
脱乙烷塔回流泵	OH2	2	136	137	2.420	−20	4.1	A-7	串联式机械密封	11+52+62
循环丙烷输送泵	OH6	2	29	330	2.059	61	7.8	A-7	串联式机械密封	13+52
丙烯冷剂液相排出泵	OH6	1	50	305	0.727	−41	6.2	A-7	串联式机械密封	13+52

1. 丙烯精馏塔回流泵（BB2 泵型）

丙烯精馏塔回流泵 P-401 是烯烃分离装置中的关键泵之一，当丙烯在精馏塔中进行精馏和提纯时，该泵为塔顶的主回流液提供了回流动力。

（1）工况特点　泵送介质主要为液体丙烯。流量范围 1603～1763m^3/h，扬程 170m，相对密度为 0.469，黏度 0.082cP，介质操作温度 45℃。

（2）选型和结构特点　该回流泵采用单级双吸卧式双支承离心泵，泵的叶轮模型图如图 3-46 所示，其叶轮左右对称布置，泵轴的轴向力内部左右平衡，基本不产生向外传递的轴向力，且整个泵壳结构也是左右对称，双支承。泵的运行稳定性较好、水力效率较高，对较大流量、较低扬程的泵，一般优选这种结构的泵。

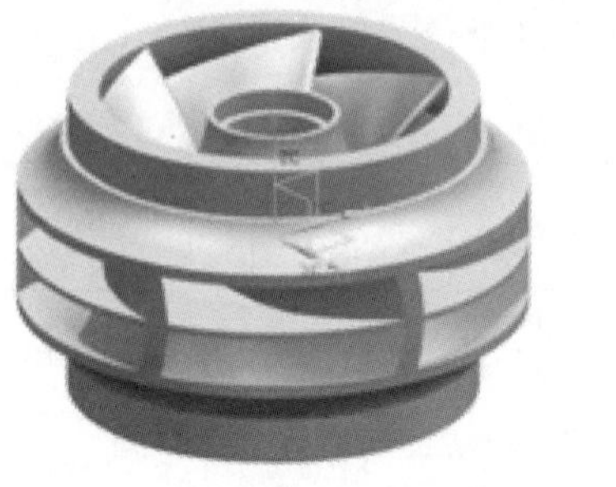

图 3-46　单级双吸离心泵叶轮模型图

该泵的其他结构特点、选型要求，以及国内外产品现状及厂家介绍等，与蒸汽裂解制乙烯等其他工艺装置中的同类结构基本相同，可参考相关章节的内容。

2. 乙烯精馏塔回流泵（OH2 泵型）

乙烯精馏塔回流泵也是烯烃分离装置中的关键泵之一。当乙烯在精馏塔中进行精馏和提纯时，该泵为乙烯回流液提供了回流动力。

（1）工况特点　泵送介质主要为液体乙烯。流量范围 308～354m^3/h，扬程 129m，相对密度为 0.453，黏度 0.07cP，介质操作温度－36℃。

（2）选型和结构特点　该回流泵采用单级卧式悬臂离心泵，该泵型为普遍使用的泵，结构简单、机械密封个数少、造价较低、维修方便。泵的运行稳定性较好、水力效率较高，对流量和扬程适合的泵，一般优选这种结构的泵。

本节所述烯烃分离装置中，该泵为低温泵，一些泵的有效汽蚀余量较低，如果选不到 OH2 泵型及类似泵型，应改选立式筒袋泵等其他泵型，可以有更好的抗汽蚀性和保冷等性能。

该泵的其他结构特点、选型要求，以及国内外产品现状及厂家介绍等，与蒸汽裂解制乙烯等其他工艺装置中的同类结构基本相同，可参考相关章节的内容。

3. 丙烯冷剂液相排出泵（OH6 泵型）

丙烯冷剂液相排出泵同样是烯烃分离装置中的关键泵之一。该泵将液体丙烯冷剂输送到深冷分离单元，为冷却更轻的烃类物料提供了冷剂。

（1）工况特点　泵送介质主要为液体丙烯。流量范围 45～50m^3/h，扬程 305m，相对密度为 0.602，黏度 0.163cP，介质操作温度－41℃。

（2）选型和结构特点　该回流泵采用高速离心泵，该泵型一般为立式高速泵，重量较轻，占地较小，泵力学性能要求较高、机械密封个数少、水力效率较低，对小流量和高扬程的泵，一般优选这种结构的泵。

本节所述烯烃分离装置中，该泵为低温泵，一些泵的有效汽蚀余量较低，可以考虑选用立式多级离心泵（VS6）等其他泵型，进行综合比选。

该泵的其他结构特点、选型要求，以及国内外产品现状及厂家介绍等，与蒸汽裂解制乙烯等其他工艺装置中的同类泵基本相同，可参考相关章节的内容。

第三节 高密度聚乙烯装置用泵

一、工艺流程

国内的聚乙烯装置发展很快，特别是近十多年来，聚合物联合装置向大型化发展，其单套反应装置的基本规模都达到30万t/a以上，40万t/a甚至50万t/a的装置也开始出现。

按聚合物反应机理和催化反应的不同，聚合反应分液相、气相和液气相反应三种，其中最常用的是液相反应和气相反应，液相反应采用环管反应法、浆料法等，气相反应则采用气相反应器。因为只有液相反应才涉及一些特殊的泵，所以本文着重论述这部分的内容。而相对于浆料法而言，环管反应法涉及的泵类型更多也更复杂，所以下面主要介绍高密度聚乙烯环管反应法装置的用泵特点。

高密度聚乙烯（HDPE）的环管反应法是各种高密度聚乙烯反应工艺中主要采用的一种工艺反应方法，它是将原料乙烯、溶剂和催化剂注入到一个管道式的反应器中，在管道式轴流泵的带动下进行混合与循环；由于聚合反应是放热过程，所以管道式反应器外带冷却水夹套，由外部循环泵供给冷却水。反应后的聚合物由浆料泵送往下游进行固液分离和溶剂回收；聚合物在经过离心干燥后形成的粉料就是最初的聚乙烯产品了。如果对于聚乙烯产品要增加它的附加性能或以市场上颗粒料的形式出售，还需向粉料中添加部分添加剂，并通过挤出机使其熔融后通过模板造粒才成为最终的产品。高密度聚乙烯的基本工艺流程见图3-47。

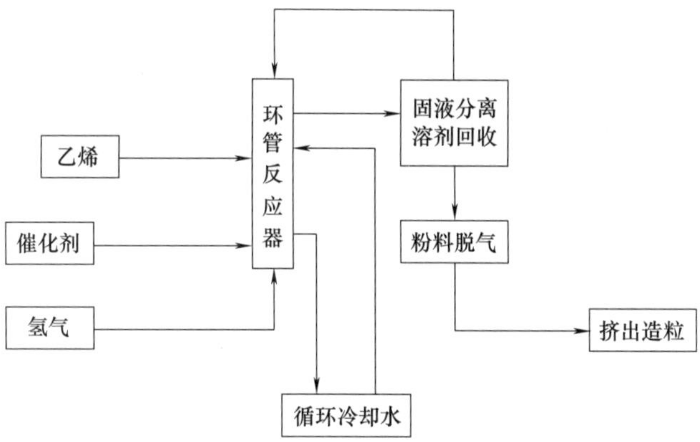

图3-47 HDPE装置工艺流程简图

二、装置用泵概要

聚乙烯和聚丙烯装置的用泵量与乙烯装置或炼油装置相比，要少得多，但型式分布较广。以高密度聚乙烯（HDPE）为例，其中普通单级悬臂式离心泵5台，多级离心泵2台，浆料泵（OH2型）7台，单级水平中开离心泵（BB1型）2台，高速泵5台，轴流泵2台，双隔膜计量泵5台，齿轮泵1台，详见表3-19。

表 3-19　HDPE 装置用泵一览

泵名称	泵形式	输送介质	流量 /(m^3/h)	扬程 /m	最高压力 /MPa(G)	泵转速 /(r/min)	轴封型式	材质泵体 /叶轮	电机功率 /kW	台数
化工泵	单级卧式悬臂离心泵	脱盐水、冷却水、工艺冷凝液	<80	<150	<1.6	2950	单机械密封	304SS Cr12	<75	5
溶剂循环泵	多级卧式双支承离心泵	碳氢化合物	110	920	7	2950	双机械密封	低温碳钢 304SS	280	2
浆料泵	单级卧式悬臂离心泵（OH2 型）	PE+异丁烷+乙烯（含固量 45%①）	<120	<150	8	2780	双机械密封	316L	≤132	7
循环水泵	单级卧式水平中开离心泵（BB1 型）	工厂循环冷却水	2400	35	2	750	单机械密封	碳钢	315	2
高速泵	立式离心泵	碳氢化合物	<50	500～700	7.6	15300	双机械密封	碳钢 /316SS	≤75	5
轴流泵	特殊 90°弯头壳体结构	PE 反应物料	10400	20	5.8	1450	多重串联式机械密封	低温碳钢 铸铝	700	2
计量泵	双隔膜	催化剂	<0.02	<400	5	变频电机	填料密封	316SS PTFE	≤0.37	5
熔融泵	外啮合齿轮泵	熔融态 PE			34	3～30	熔体密封	碳钢 渗氮	1300	1

① 指质量分数。

三、关键泵介绍

1. 环管反应器循环泵

环管反应器循环泵是高密度聚乙烯（HDPE）装置中的关键泵之一。当乙烯在环管中进行驻留聚合反应时，该泵将促进整个环管内反应物介质的流动、混合和循环。环管反应器和它的循环泵的典型布置如图 3-48 所示。

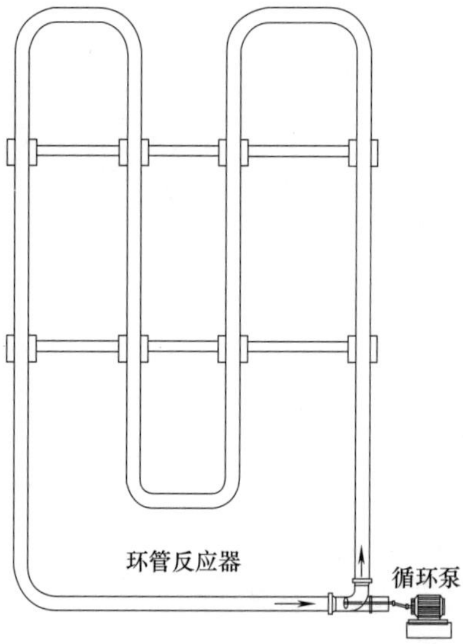

图 3-48　环管反应器及其循环泵典型布置

（1）工况特点　泵送介质为聚乙烯浆料（含固量 40%～55%）、异丁烷、乙烯及催化剂等，颗粒最大直径约 2000μm。流量范围 7500～10000m^3/h，扬程 25m，黏度 0.15～0.24cP，介质操作温度 105℃。

（2）选型和结构特点　循环泵采用轴流泵，由于是作为环管反应器的一部分，泵壳结构采用与反应器同等材质的等径大弯头结构，进出口采用标准法兰，便于与反应器的连接，管道尺寸按装置的反应规模大小有 20″、24″、28″❶等规格。轴流泵的结构如图 3-49 所示。

❶ 20″、24″、28″表示 20 英寸、24 英寸、28 英寸，1in（英寸）＝2.54cm。

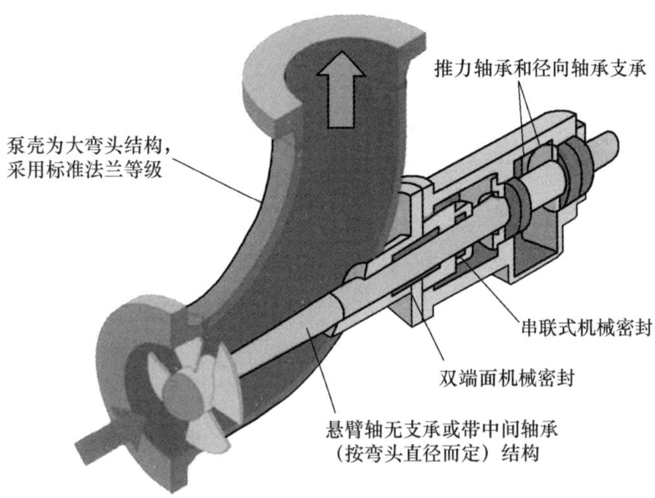

图 3-49 轴流泵结构

按泵壳的尺寸大小，有时需要增设中间轴承。由于中间轴承已浸入泵送介质中，所以它的选材和润滑相当重要。中间轴承座的材料需与壳体一致，通常采用不锈钢；轴承座内装滑动轴承，采用压力强制润滑，通常是注入与反应物兼容的介质如异丁烷；同时由于泵送介质中含有聚乙烯颗粒（最大直径约 2000μm），所以异丁烷在进行轴承强制润滑的同时又作为冲洗液，将介质中的颗粒冲向叶轮侧，防止进入轴承中，详见图 3-50。

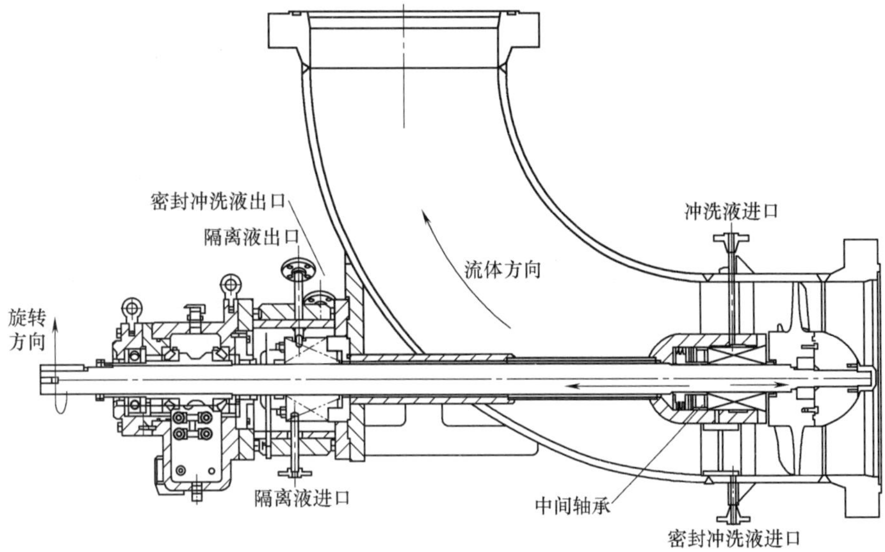

图 3-50 轴端润滑密封

环管反应器循环泵驱动设备与泵体的连接有其特殊的型式。由于整个金属环管在反应过程会产生热膨胀，因此作为反应器一部分的泵体也将产生位移。为保证泵与驱动设备的扭矩传递，同时缓解膨胀位移量，需采用如图 3-51 或图 3-52 所示的与环管反应器安装连接的结构。其中采用万向联轴器的结构一般用于较大型号的泵，如规格 24in 口径以上的（含 24in）。

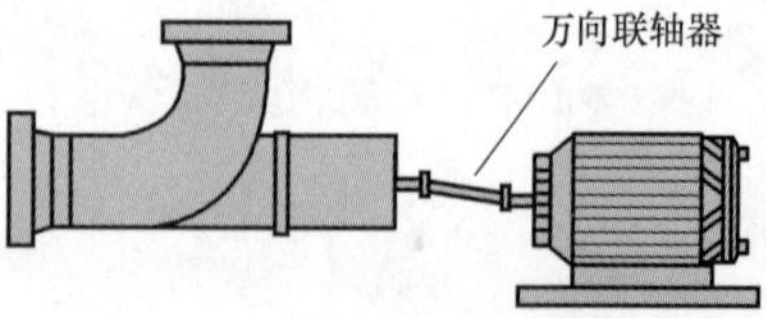

图 3-51 万向联轴器结构

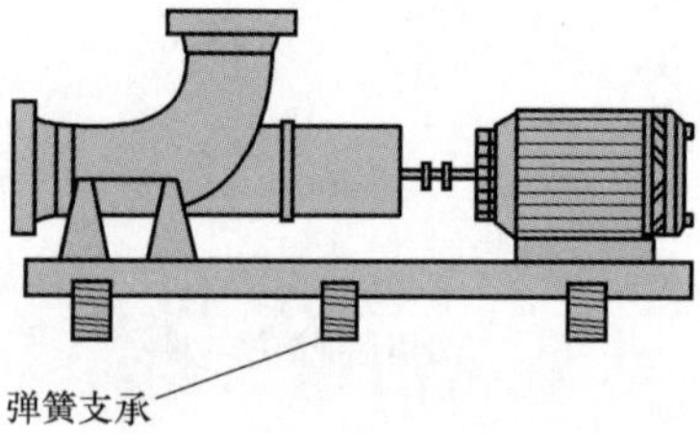

图 3-52 弹簧支承结构

图 3-52 所示的这种结构是将泵体和驱动机安置在公用底座上，底座下部设有弹簧支承，也能有效地缓解反应器的膨胀量，一般用于小规格口径的反应器，如规格 20in 口径以下的（含 20in）。

（3）机械密封（见图 3-50 和图 3-53）机械密封根据泵送物料的特点以及泵体自身的结构特征，需采用多级密封的串联形式。

① 叶轮背部中间轴承处的外部冲洗要求采用 Plan 32 方案，外部冲洗一般采用异丁烷，其压力应至少高于环管最高工作压力 0.35bar，以保证能将 PE 颗粒冲走。

② 中间轴承前后的第一级有压密封（Plan 53C 方案）为两级串联的密封结构，又称主密封。密封冲洗液进入前级密封后经泵送环沿泵轴方向流向后级密封（沿泵轴流向驱动端），这样在将前级密封产生的热量带走的同时又润滑了泵轴。采用 Plan 53C 方案的目的是保证没有任何环管内的介质泄漏出来。Plan 53C 密封辅助系统中的活塞平衡压力同样取自 Plan 32 的外部冲洗源（异丁烷）。

③ 最后是采用 Plan 52 方案的单级密封与主密封串联，作为隔离密封（又称辅助密封）。

通过以上的三个密封串联以及辅助冲洗隔离液的循环，将有效地保证泵安全可靠地运行。

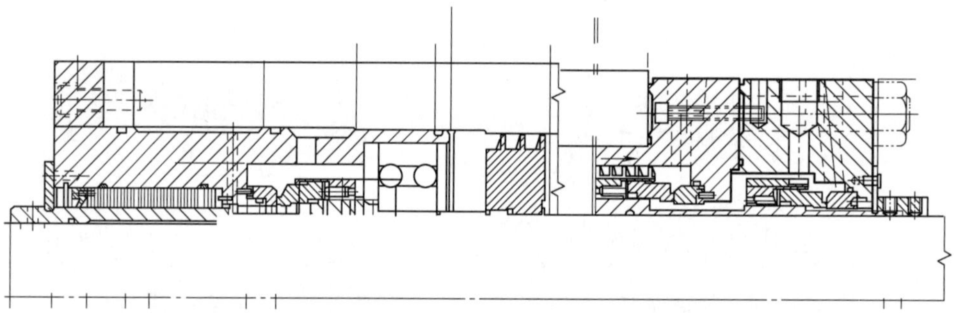

图 3-53 密封配置装配图

（4）材料选择 环管循环泵的材料选择原则：泵壳应采用与反应器相同的材料；叶轮一般为铝制或 316SS；轴为 A4340。机封材料的选择：主密封中前级密封由于介质中含有 PE 颗粒，动环采用碳化硅，静环采用碳化钨；后面几级密封其辅助系统的缓冲液和隔离液都使用矿物油，无颗粒存在，所以动静环可采用相同材料如碳化硅；O 形圈材料采用氟橡胶。

（5）制造商的选择 环管反应器循环泵属于特殊设计用途的专用泵，制造商选择时需要充分考虑它的设计能力、工程成套化能力、制造能力和生产业绩。在国内采用环管反应的聚烯烃装置中，使用的轴流泵主要制造商是两家：Flowserve（福斯）和 Sulzer（苏尔寿）。其技术性能比较见表 3-20。

表 3-20　环管反应器循环泵制造商比较

制造商	型号	最大泵口径/in	结构特征
Flowserve	LPI series	28	（1）挺进式叶轮，大口径泵叶轮材料采用铝制，叶轮端盖采用螺栓紧固。 （2）泵壳为铸件或焊接结构。 （3）中间轴承为双列径向球轴承；外部轴承包括两个推力圆柱滚子轴承和一个径向球轴承。 （4）外部轴承采用油环润滑，内置冷却盘管，可通冷却水加强冷却。轴承油封采用唇封。 （5）密封配置采用 3 级密封串联，前两级采用有压双密封（Plan 53C 方案），第三级采用无压双密封带（Plan 52 方案）辅助密封方案。前级密封可配 Plan 32 冲洗，防止介质中带颗粒的物料进入密封系统和中间轴承。整个密封配置较为复杂，但能保证完全无泵送物泄漏
Sulzer	AH	30	（1）挺进式叶轮，所有口径系列泵叶轮材料都为钢制，叶轮端盖采用特殊液压剪切环固定，拆装方便。 （2）泵壳为铸件或焊接结构。 （3）中间轴承采用轴套式滑动轴承，利用外部冲洗液润滑。 （4）外部轴承为液压式滑动轴承，采用压力油强制润滑；冷却采用外部一体式冷却器。轴承油封采用 Inpro 迷宫式密封，可靠性高。 （5）密封配置采用 3 级密封串联，第一级为单端面机械密封，配外部冲洗口，冲洗液同时润滑动静环和中间滑动轴承；前端还可配合 Plan 32 外部冲洗方案，可防止介质中带颗粒的物料进入密封系统和中间轴承。第二、三级采用无压双密封（配 Plan 52 冲洗方案）辅助密封方案。配置简单可靠

近几年国内的离心泵技术发展迅速，目前国内的合肥华升泵阀股份有限公司已能够独立设计和制造这种用于聚烯烃装置的特殊轴流泵，并在聚丙烯领域已拥有了多个产品业绩，最大泵口径已做到 24in，见图 3-54。

图 3-54　国产的环管反应器循环泵

2. TEAL 计量泵

TEAL 指化工介质三乙基铝，是聚合反应中重要的催化剂之一。在聚烯烃装置中，基本上都要用到该种催化剂。用于泵送三乙基铝介质的泵一般都选择采用往复式计量泵，根据反应条件，其泵送量需要计量控制。在作为催化剂使用时，其最大流量约为 0.02L/h，排出压力为 4.0MPa（G）。

三乙基铝是极度易燃易爆介质，当它与空气和水接触时，会发生剧烈的化学反应，产生高温并进行燃烧，因此该物料在储运过程中需要严格地隔绝与空气和水的接触。

三乙基铝计量泵（TEAL 计量泵）一般都选择液压双隔膜计量泵，变频电机驱动，流量调节通过行程调节和泵转速调节组合进行。基于三乙基铝介质的危险特性，在该计量泵的选择时还有一些特殊的要求。

（1）材料选择　泵体（指与介质接触的部分）和隔膜材料均为 316L；其他非金属材料部分可选用 PTFE 或氟橡胶。

（2）隔膜选择和泵体结构　隔膜采用双隔膜结构，两个膜片之间需填充白油。采用双隔膜的目的是严格隔绝泵送介质与外界的接触，两片隔膜能减少隔膜破裂发生的频率；另外即使一层膜片破裂时，还有一层隔膜能起到一定的保护，所以两片隔膜间必须填充不会与介质发生任何化学反应的矿物油。

泵的进出口阀门一般要求采用双球阀结构，保证在泵运行中能较好地关闭。同时三乙基铝介质用于聚合反应，通常会伴有微量的颗粒存在，所以进出口阀体在结构上不允许有使颗粒聚集造成阀门关不严的情况。

泵的液压油室和润滑油室必须是独立的隔离腔体，使液压油和润滑油分开。

(3) 辅助保护措施　由于三乙基铝的危险性，在泵的配置上还有一些特殊的辅助保护措施。

① 隔膜破裂监测　需配备隔膜破裂监测仪表，如现场压力表和远程压力传感器，便于工厂 DCS 监控，一旦隔膜破裂，马上可以报警。

② 氮气覆盖保护　即使液压油室和润滑油室已经在结构上分开，但为进一步保护系统，可向润滑油腔注入氮气进行氮气覆盖保护。虽然计量泵的润滑油腔通常是常压的，与大气通过透气阀接触，但是当泵的密封填料损坏时，液压油室与润滑油室还是会相通，这时如果隔膜发生破裂，三乙基铝还是会流到润滑油室与空气接触，发生危险。所以采用氮气覆盖来隔绝空气能进一步保证安全性。近年来很多国外的装置已增加了这种充氮保护设施，我国新建的聚烯烃装置也采用了这种设计。

③ 双隔膜间的清洗与矿物油填充装置　对于双隔膜计量泵而言，隔膜的更换是现场用户经常遇到的问题，特别是双隔膜间的清洗与矿物油填充是比较复杂和困难的事情。为了解决这一问题，很多计量泵生产商能提供一套简单的装置使它变得容易，见图 3-55，现在很多新的计量泵上已经广泛采用。

图 3-55　三乙基铝计量泵现场实物照片

3. 熔融泵

在聚烯烃装置中，熔融泵是比较特殊的泵设备，通常包含在造粒挤出机组中，位于挤出机的下游和造粒机的上游，它的功能主要是控制挤出机聚合物（即聚乙烯或聚丙烯）的出料产量，将经挤出机塑化挤出的熔融态聚合物增压后送往下游的造粒设备进行造粒；有时熔融泵也有调节熔融态聚合物塑化混炼度的功能。由于熔融态的聚合物一般都处于 200～250℃ 的高温，同时泵送压力也较高，所以该泵的设计和制造都有较高的要求。

熔融态的聚合物，属于非牛顿流体。对于非牛顿流体，在温度不变的条件下，液体如受到扰动，黏度也会发生变化。如果使用离心泵，当黏度变大时，流量、扬程就不能满足需要，电机也要超载。因此输送非牛顿流体，宜选用转子泵。聚烯烃装置中的熔融泵一般采用外啮合式齿轮泵，其吸入压力 0.4MPa（G），排出压力 24MPa（G），操作温度 250℃左右，如图 3-56。

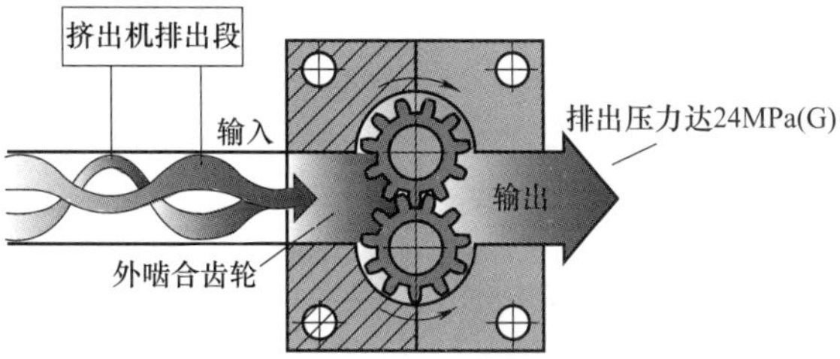

图 3-56 熔融泵的结构示意图

熔融泵的转速通常在 3～30r/min，采用变频电机驱动，并通过齿轮减速机减速。

熔融泵的两个外啮合齿轮是非接触的，有一定间隙，两个转子通过外部的定时齿轮驱动。为防止熔融物过度加热转子引起齿轮膨胀后相互咬死，转子轴为中空并通冷却介质来控制温度。轴承采用滑动轴承，利用熔融的聚合物作为润滑剂。轴封采用特殊的迷宫环，内通冷却介质，使熔融态的聚合物冷却，逐渐凝固，从而起到密封作用，通常还在轴端带氮气吹扫，阻止熔融物外漏。

熔融泵通常作为挤出机组的专用设备，由挤出机组供货商一起供货。熔融泵的知名供货商是 MAAG 集团。

4. 浆料输送泵

浆料输送泵是高密度聚乙烯装置里经常用到的特殊类型离心泵，说它特殊是因为这类泵的泵送介质一般含有 30%～50%（质量分数，最高到 55%）的聚乙烯颗粒物，颗粒物直径最大可达 5mm，聚乙烯颗粒物本身的硬度并不大，所以对叶轮和流道的冲蚀性并不强；另外其液相介质属于易燃易爆的烃类，所以在机械密封的选用上应采用双密封，同时考虑到介质中的较多颗粒物存在，宜配置密封的外冲洗系统。浆料泵由于所处理介质含有较多颗粒物的特点，所以在泵体的结构、密封腔结构以及机械密封选用等方面都有一些特殊的考虑，这些内容将在下面的论述中提及。

聚乙烯装置的浆料泵，考虑到其介质的特殊性，一般需选用成熟的供货商，在国际上这类泵的厂商如瑞士的爱格泵公司、德国的 KSB 公司以及法国的磨锐泵公司都拥有在浆料泵应用领域成功运行的经验，其中瑞士的艾格泵公司在浆料泵应用领域有较突出的业绩。此外，随着国内泵技术的发展，一批国内的离心泵制造企业也拥有了这类泵的设计和生产能力，并拥有了一定的生产业绩，比如合肥华升、大连深蓝等国内离心泵生产商。下面就各个公司浆料泵的特点进行一些说明。

艾格的 EO/EOS 流程泵，除了能够输送含气量（体积分数）高达 25%的介质外，还适用于高含固量（最高可达 55%质量分数）均质固体颗粒介质输送的高效泵，EOS 泵结构如图 3-57 所示。

泵采用半开式叶轮，壳体与叶轮间设置有可替换的耐磨板，叶轮采用大过流通道，可以让浆料中较大尺寸颗粒的固体通过。当颗粒物硬度不高时，也可以取消耐磨板的设计而通过调整半开式叶轮前部与壳体间的间隙来保证泵的流体效率。

其他几家的浆料泵结构分别如图 3-58～图 3-60 所示。

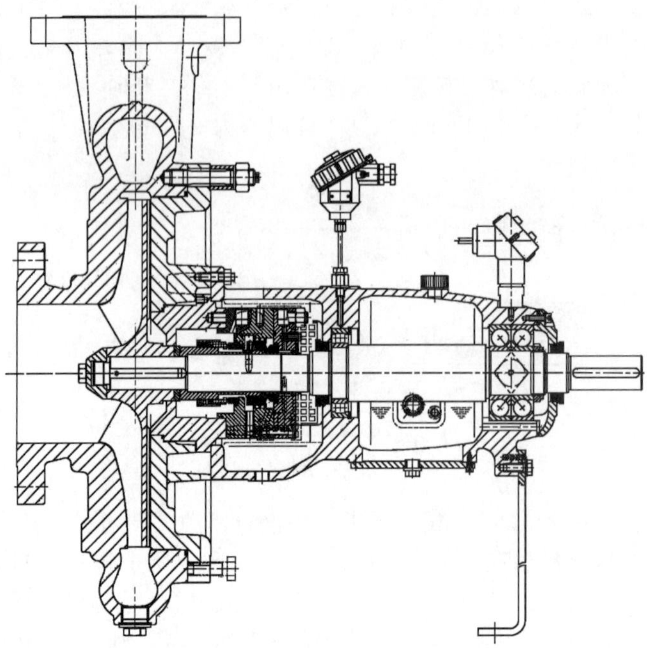

图 3-57 艾格 EOS 泵结构图

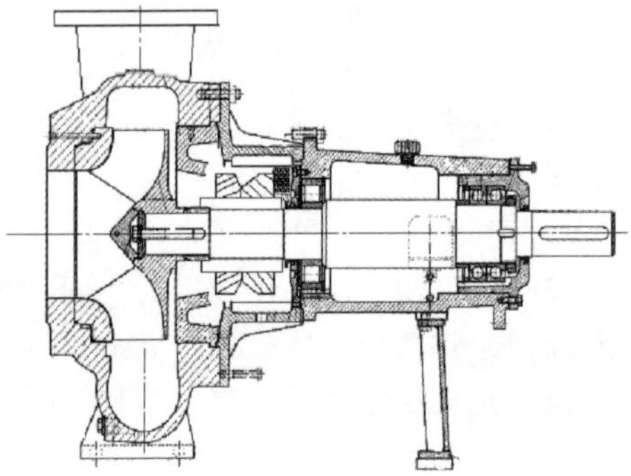

图 3-58 KSB 的浆料泵

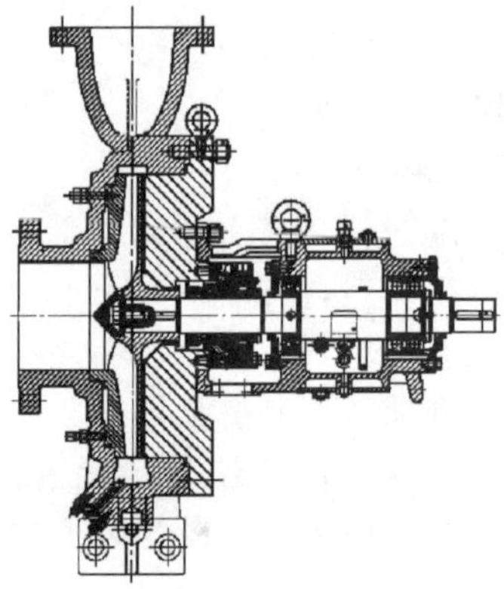

图 3-59 合肥华升的浆料泵

从以上几家的泵结构来看，浆料泵基本拥有以下几个相同特点：

(1) 采用了半开式叶轮结构；

(2) 叶轮入口采用大流道设计；

(3) 叶轮前部配有可拆卸的耐磨板；

(4) 叶轮背部带辅助叶片，便于颗粒物的排出，防止聚集。

另外还有一些其他的特点，比如合肥华升的泵壳排污口设计成带芯的丝堵形式，能够防止泵壳内底部排污口" 死区" 的出现，有效地降低了颗粒物聚集堵塞的发生。

浆料泵的密封一般多采用串联式机械密封，其中一级密封为带外部冲洗的 API Plan 32 方案，可有效降低固体颗粒在机封处聚集的风险，外冲洗液可选用与工艺介质兼容的液体，如各类用于聚乙烯聚合反应的溶剂等；二级密封一般为带密封罐的 API Plan 52 方案。

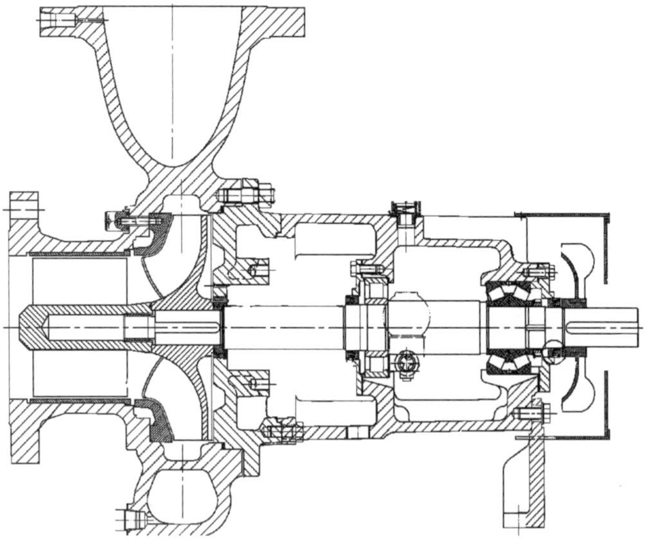

图 3-60 磨锐的浆料泵

第四节 聚丙烯装置用泵

一、概述

聚丙烯是石油化工主要产品之一，我国聚丙烯装置发展很快，特别是近五年来，新建的炼化一体化联产装置，其单线生产装置的规模已经从原先的几万 t/a 上升到目前的 60 万 t/a。

按聚合物反应机理和催化反应的不同，各类聚丙烯工艺技术可分为溶液法、浆液法（溶剂法）、本体法、本体-气相组合法、气相法等。当代聚丙烯生产工艺技术大都采用气相法或本体法和本体-气相组合法工艺。现在，以 Spheripol 技术和国产化环管法（即 ST 技术）为代表的本体-气相组合法工艺技术已发展成为被广泛应用的聚丙烯工艺技术。

本节关于聚丙烯装置用泵的介绍，以 ST 工艺技术为主，其他聚丙烯工艺的泵类设备与 ST 工艺的泵类设备相似，只是 ST 工艺的泵类设备具有一定的代表性。

二、流程介绍

ST 技术工艺流程主要包括助催化剂和固体催化剂的配制和进料、TEAL 冲洗和添加剂进料、催化剂活化、本体聚合、聚合物脱气和汽蒸、聚合物的干燥、丙烯的洗涤和贮存、工艺辅助设施、挤压造粒、颗粒掺合和输送、单体精制及进料工段。

本体聚合单元中，丙烯的聚合反应是在两个串联的液相环管反应器中进行的。

来自预聚反应器的预聚合催化剂浆液同新鲜丙烯、用于分子量控制的氢气一起进入第一环管反应器。其中一部分丙烯聚合，另一部分液态丙烯作为固体聚合物的悬浮剂。管道式轴流泵高速运转，保证反应器内物料混合均匀。

从第一反应器出来的聚合物浆液直接进入第二反应器进一步聚合。两个环管反应器的体积相同，反应条件相同，都采用轴流泵使液相聚丙烯在反应器内循环。

聚丙烯的基本工艺流程简图如图 3-61 所示。

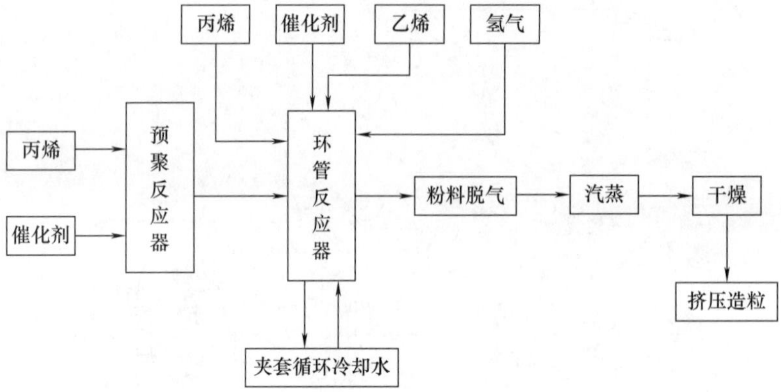

图 3-61 聚丙烯装置工艺流程简图

三、装置用泵概要

聚丙烯装置的用泵型式多样，根据不同工艺统计如表 3-21。

表 3-21 聚丙烯装置主要用泵一览（35 万 t/a）

泵名称	泵形式	输送介质	流量/(m^3/h)	扬程/m	最高压力/MPa(G)	泵转速/(r/min)	轴封型式	泵体/叶轮材质	电机功率/kW	台数
环管反应器循环泵	轴流泵	丙烯/聚合物浆液	7000	36	4.4	1500	Plan 53C+52+32	SS	750	2
TEAL计量泵	隔膜计量泵	三乙基铝(TEAL)	0.02	670	5.5	1500或变频	无密封	316SS	约 0.55	2
丙烯输送泵	立式筒袋泵或高速泵	丙烯	150～300	650～900	5.1	2980	Plan 14+52	LTCS 或 SS	约 315	2
催化剂计量泵	单螺杆泵	催化剂/油	0.04	400	3.6		Plan 53A		<0.55	2
环管预反应器循环泵	轴流泵	丙烯/聚合物浆液	440	6	4.4	3000	Plan 32+53C	SS	15	1
化工流程泵	离心泵	冷冻水、夹套水、丙烯、油/水+微量 PP	3～150	<150	3.2	2950	机械密封	SS 或 CS	3～150	23
计量泵	隔膜计量泵	给电子体、液体添加剂	0.007～0.025	500～600	4.5～5.5	1500或变频	无密封	316SS/PTFE	<0.55	4 或 5
卸料泵	气动隔膜泵	给电子体、乙二醇、过氧化物	1	16	0.15	—	无密封	SS	—	3
增压油泵	齿轮泵	白油	0.175	707	6.15	1500	单级密封	球墨铸铁	1.5	2
过氧化物计量泵	齿轮计量泵	过氧化物	0.1	51	0.43	变频	—	SS/PTFE	0.55	2

四、关键泵介绍

1. 环管反应器循环泵

环管反应器循环泵是聚丙烯装置中的关键泵。该泵位于环管反应器底部，作为环管反应器的一部分，使环管中的反应物介质高速循环并均匀结合。环管反应器及其循环泵的整体布置如图 3-48 所示。

（1）工况特点 泵送介质为聚丙烯浆料（含固量约 50%）、催化剂、丙烯等，颗粒直径约 0.1～4mm。流量范围 7000m^3/h，扬程 25～40m，黏度 0.6cP，操作温度 70～80℃。

（2）选型和结构特点 循环泵采用轴流泵，作为环管反应器的一部分，泵壳结构采用与反应器同等材质的等径大弯头结构，进出口采用标准法兰，便于与反应器的连接，管道尺寸按装置的反应规模大小有 DN600 或 DN800 等规格。循环泵典型结构如图 3-62 所示。

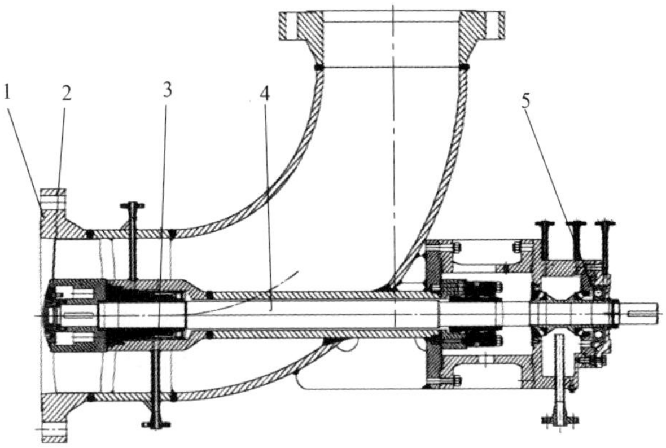

图 3-62 环管反应器循环泵典型结构

1—泵壳；2—叶轮；3—密封；4—轴；5—轴承组件

（3）机械密封（见图 3-63） 环管反应器循环泵机械密封的选用是非常典型的，考虑泵作为环管反应器的一部分，并结合泵送物料的特点，选用 Plan 53C+52+32 冲洗的串联机械密封。

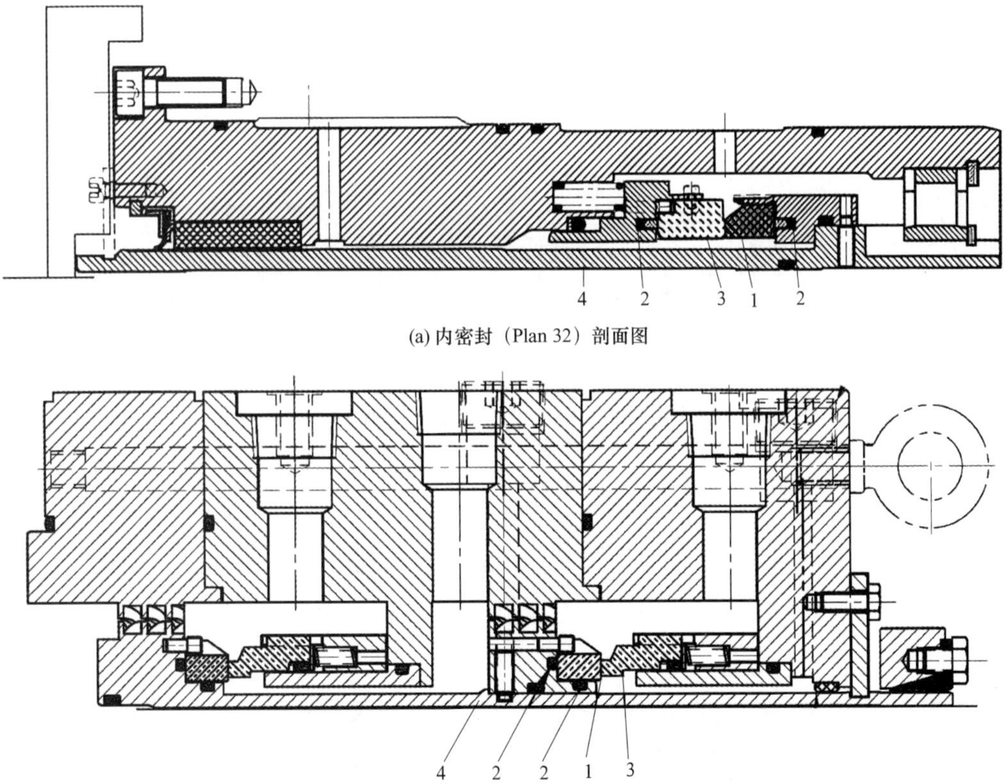

(a) 内密封（Plan 32）剖面图

(b) 外密封（Plan 53C+52）剖面图

图 3-63 机械密封典型结构

1—静环；2—O 形圈；3—动环；4—轴套

① 叶轮背部中间轴承处的外部冲洗要求（Plan 32 方案）：外部冲洗一般采用丙烯，其压力应至少高于环管最高工作压力 2.0bar 以保证能将 PP 颗粒及反应浆液冲走，以免发生叶轮被“抱死”的情况。

② 中间轴承前后的主密封为两级串联的带压密封（Plan 53C 方案）。

③ 靠近齿轮箱的辅助密封采用单级无压密封，与主密封串联，构成 Plan 52 方案，作为隔离密封。

通过以上三个密封的串联以及辅助冲洗隔离液的循环，可以保证泵安全可靠地运行。

轴流泵典型的流程图如图 3-64。

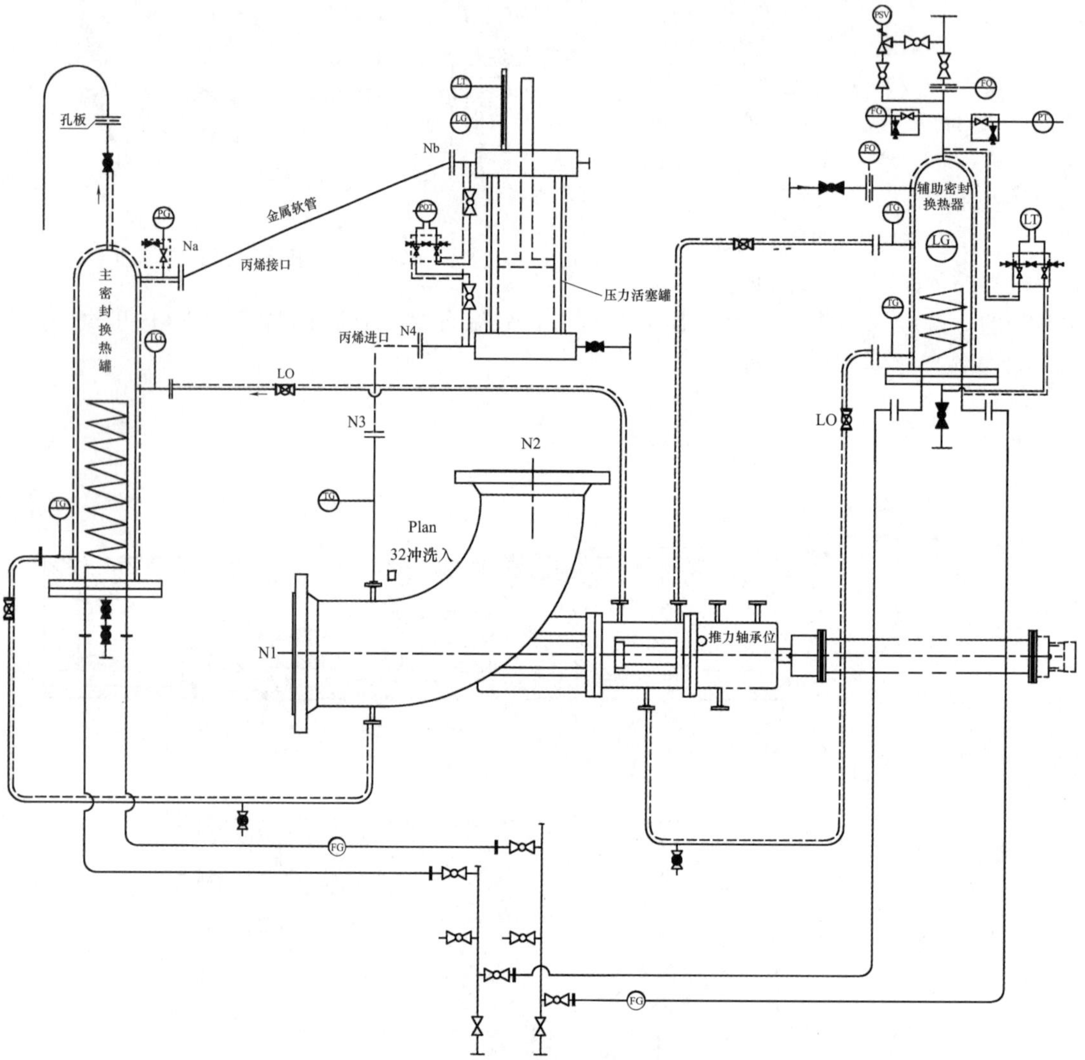

图 3-64 轴流泵典型流程图

(4) 材料选择 环管循环泵的材料选择原则：泵壳应采用与反应器相同的材料；叶轮一般为铝制或不锈钢；轴为 4140。机封材料的选择：主密封中前级密封由于介质中含有聚丙烯颗粒，动环采用碳化钨，静环采用碳化硅；后面几级密封其辅助系统的缓冲液和隔离液都使用矿物油，考虑前级密封的失效可能性，动静环均采用碳化硅材质；O 形圈材料采用氟橡胶。

（5）主要制造商　环管反应器循环泵属于石化流程中需特殊设计的专用泵，制造商选择时需要充分考虑设计能力、工程成套化能力、制造能力和生产业绩。目前较多使用的轴流泵制造商有如下几家：Flowserve、Sulzer 和合肥华升泵阀股份有限公司。

2. TEAL 计量泵

TEAL 指化工介质三乙基铝，是聚合反应中重要的催化剂之一。在聚烯烃装置中，基本上都要用到该种催化剂。

（1）工况特点　三乙基铝化学反应活性很高，接触空气会冒烟自燃。对微量的氧及水分反应极其灵敏，易引起燃烧爆炸。遇水强烈分解，放出易燃的烷烃气体。因此，在储存或泵送过程中都要严格控制其与空气和水的接触。

用于泵送三乙基铝介质的泵一般都选择采用计量泵，根据反应要求，泵送量需要计量控制，在作为催化剂使用时，其最大流量约为 0.02L/h，排出压力为 5.5MPa（G）。

（2）选型和结构特点　TEAL 计量泵通常选用液压双隔膜计量泵，双隔膜结构的隔膜之间填充与三乙基铝不会发生反应的矿物白油。其基本结构如图 3-65 所示。双隔膜结构既能尽量保证泵运行过程中泵送介质不发生泄漏，又能通过配备的隔膜破裂监测仪表实时监测计量泵隔膜破裂的发生。当双隔膜中的任何一层隔膜破裂时，三乙基铝不至于直接泄漏至大气中，为停机检修提供宝贵的时间。

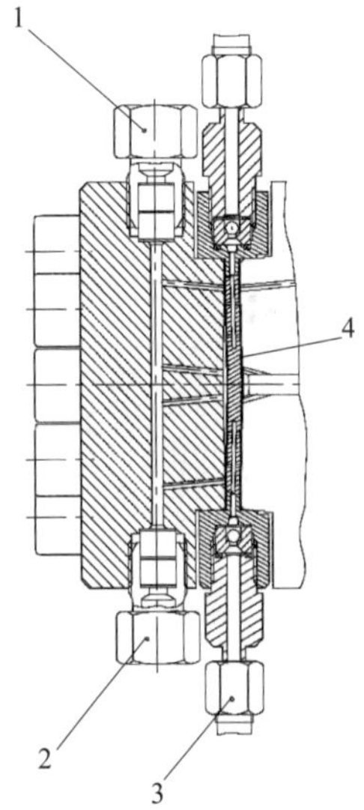

图 3-65　TEAL 计量泵的典型剖面图

1—出口；2—入口；3—冲洗系统；4—隔膜

典型的隔膜破裂监测仪表由压力表和压力传感器组成，压力传感器方便远程监控，通过压力的波动监测隔膜破裂情况的发生。

为方便隔膜更换等检维修工作，专门配备有隔膜清洗和隔膜矿物油填充装置。

TEAL 计量泵采用液压油室和润滑油室独立的结构，但为了实现泵的本质安全，以防隔膜破裂，泵送介质流入密封腔后再进一步流入润滑油室，最后与润滑油室中的大气发生反应，向润滑油室接入一股氮气，确保润滑油室时时与大气隔绝。

为满足工艺对流量的调节要求，需采用变频电机或采用气动执行机构控制，具体调节方式根据项目具体情况确定。

泵的进出口阀门选用双球阀结构，以保证泵的计量精度和平稳运行。

（3）材料选择　TEAL 计量泵泵体过流部件需采用 316L 不锈钢。

（4）主要制造商　TEAL 计量泵的主要制造商为 LEWA、Milton Roy、Bran＋Luebbe。

3. 丙烯输送泵

（1）工况特点　聚丙烯装置中丙烯输送泵负责将低温丙烯送至聚合反应器，设计压力高达 6.5MPa，压升达到 5MPa，泵送温度在 45℃到 60℃之间，设计温度需考虑丙烯汽化时可能达到的最低温度约－45℃，扬程约 650～900m，流量 150～300m^3/h，该泵具有流量大、扬程高、汽蚀余量低、出口压力高等特点。

丙烯在常温下本是气态，通过加压的方式在高于常温的温度下使丙烯液化并输送，这就要求丙烯液体在泵送过程中不可以失压，一旦失压丙烯液体发生汽化，将发生局部骤冷的现象，很有可能导致局部脆性断裂，十分危险。

（2）选型和结构特点 该泵在现有的聚丙烯装置中通常选用高速泵（流量小于 $200m^3/h$）或立式筒袋泵（流量大于等于 $200m^3/h$）。立式筒袋泵多用于规模较大的装置。

高速泵的基本结构如图 3-66，在丙烯输送中多采用单级、立式高速泵，通过增速齿轮箱增速来提高已有叶轮的扬程，转速有时高达 10000r/min，这种泵型占地小，汽蚀余量要求不高，能胜任液体丙烯输送的要求。

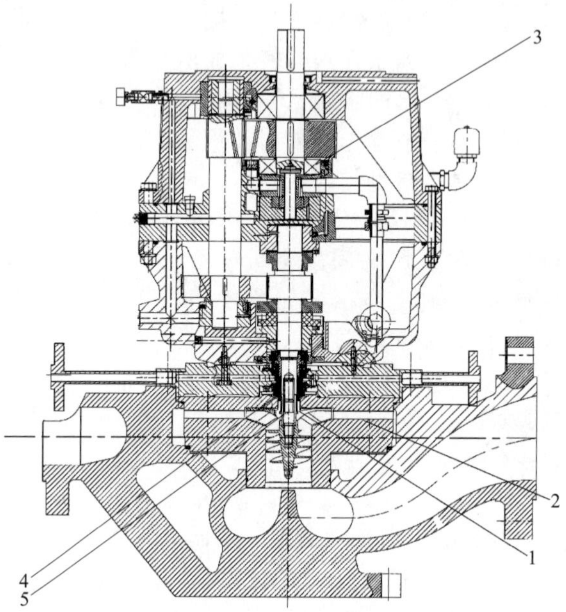

图 3-66 丙烯输送泵（高速泵）的典型剖面图

1—叶轮；2—泵壳；3—轴承组件；4—密封；5—轴

高速泵进出口压力相差很大，为平衡轴向力，开有平衡孔，极大地改善了泵的工作条件。

高速泵的吸入比转速通常都是很大的，吸入性能也比较差，易汽蚀，所以在叶轮前侧增加诱导轮以改善泵的吸入性能。

立式筒袋泵的结构如图 3-67，立式筒袋泵的结构使其适用于有效汽蚀余量低的应用场景，首级叶轮位于最低位置，低于泵吸入口，形成一种自灌的结构。实际使用中，泵体通常安装在地面以下。泵采用双层壳体，内壳完全浸没在泵送液体中，外筒仅承受入口压力，结构更为合理。机械密封远离泵送液体，有效改善机械密封的运行工况，即使在极端的丙烯汽化情况下，也不至于首先破坏机械密封。

（3）密封选择 丙烯输送泵的密封选择双端面机械密封，冲洗方案选择 Plan 13/14＋Plan 52 的形式。高速泵的机械密封，因其轴端的空间有限，采用非集装式机械密封。立式筒袋泵采用集装式机械密封。Plan 52 冲洗方案采用矿物白油作为冲洗液。Plan 52 冲洗方案的流程图如图 3-68。

（4）材料选择 丙烯输送泵的过流部件需选择韧脆转变温度更低的 316L 奥氏体不锈钢或低温碳钢，为保证轴的刚度，选用沉淀硬化的马氏体不锈钢。对泵的过流部件材料，需做冲击试验，确保材料在瞬时低温状况下，不会发生脆性断裂。

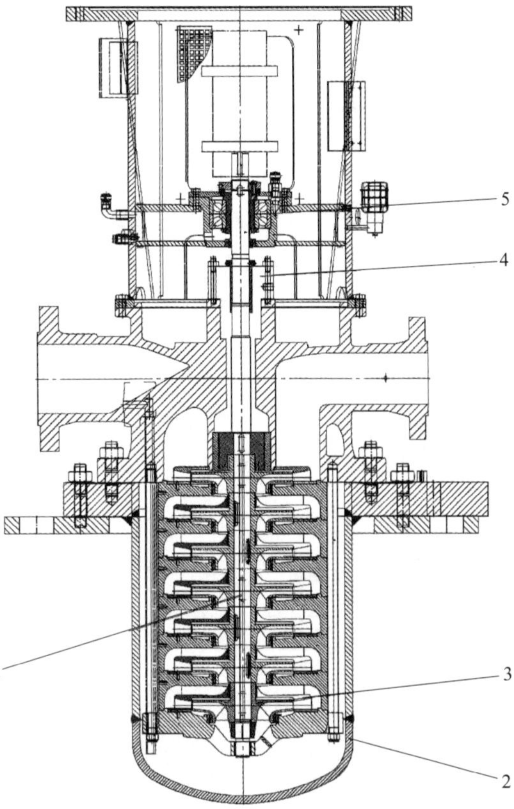

图 3-67　丙烯输送泵（立式筒袋泵）的典型剖面图（图标号不清楚）

1—轴；2—泵壳；3—叶轮；4—密封；5—轴承组件

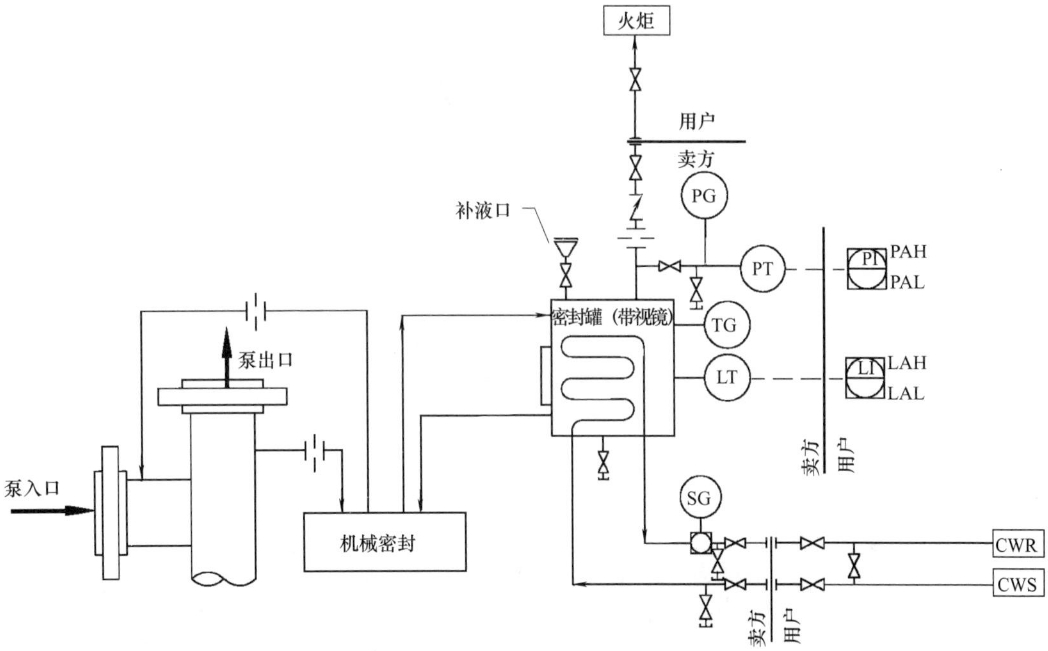

图 3-68　Plan 13/14＋Plan 52 冲洗方案的流程图

（5）主要制造商　丙烯输送泵选择高速泵型式时，其主要制造商有Sundyne和北京航天石化技术装备工程有限公司，选择立式筒袋泵型式，其主要制造商有Ruhrpumpen（鲁尔）、Flowserve、Sulzer和合肥华升泵阀股份有限公司。

4. 催化剂计量泵

催化剂计量泵主要用于气相法工艺中，将高效主催化剂与油配置成浆液，加注到反应器中。催化剂颗粒在输送过程中要保持颗粒状，不应被碾碎，流量应平稳无脉动。该泵选用单螺杆泵，螺杆和泵腔体软硬配合，保持催化剂的颗粒状。

（1）工况和结构特点　催化剂计量泵的流量0.04m^3/h，出口压力3.6MPa（G），扬程达到400m。单螺杆泵的基本结构如图3-69所示，是典型的容积式泵，螺杆泵适用的黏度范围广，运行平稳。

该泵泵送介质是含有固体颗粒的催化剂、油混合物，颗粒在泵送过程中不应被破坏，该泵的主体结构是单轴回转体，转子采用不锈钢，定子采用橡胶，紧密贴合，又不致破坏泵送颗粒（见图3-69）。

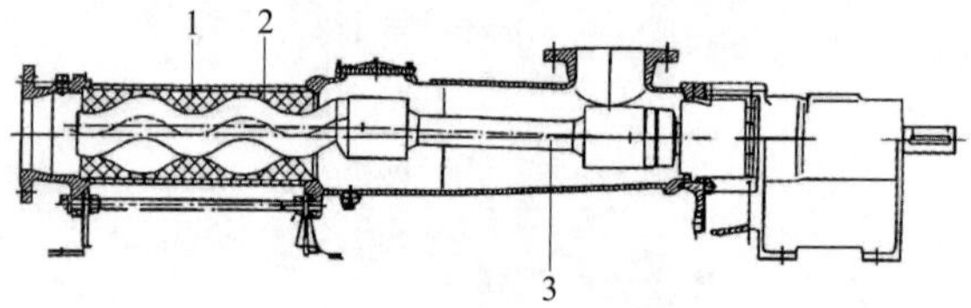

图3-69　催化剂计量泵的典型剖面图

1—定子；2—转子；3—轴

（2）密封选择　催化剂计量泵的密封方案选用双端面机械密封，冲洗方案Plan 53A，使用矿物白油作为冲洗液，见图3-70。

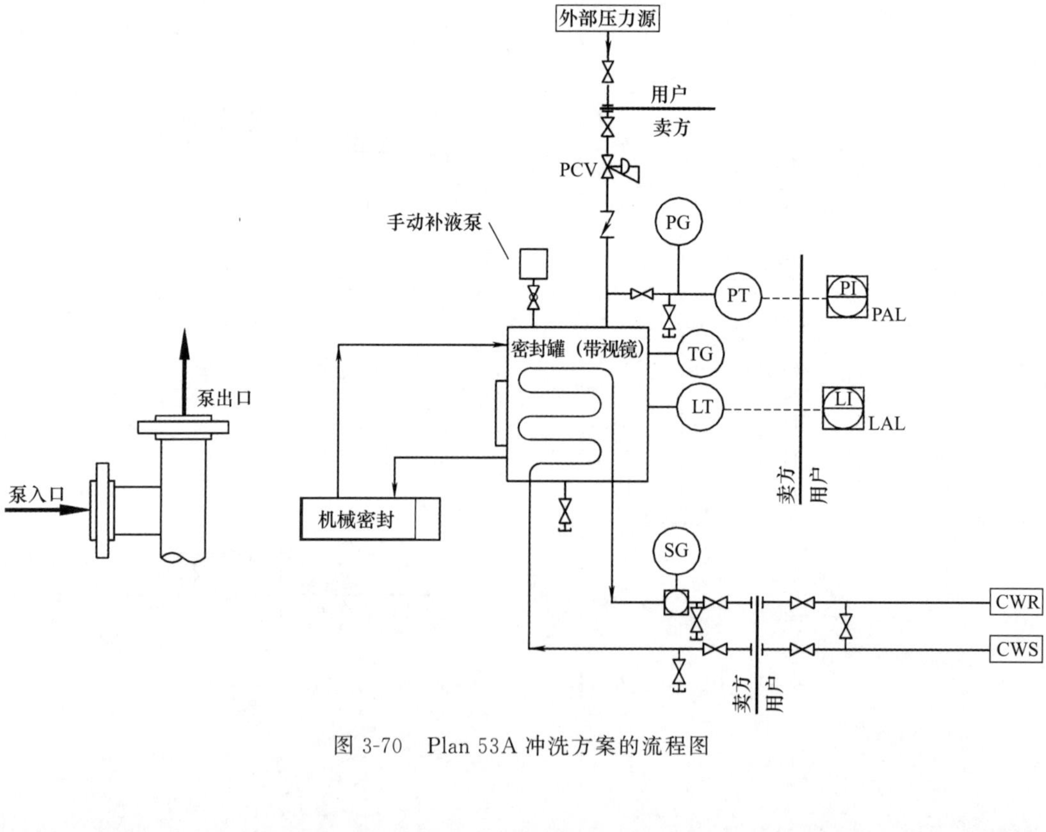

图3-70　Plan 53A冲洗方案的流程图

（3）材料选择 螺杆采用 316L 不锈钢，定子采用不锈钢包覆橡胶。

（4）主要制造商 该泵主要制造商有 NETZSCH（耐驰）、国民油井华高和 TAIKO。

第五节 丙烯腈装置用泵

一、丙烯腈性质、用途及其生产工艺流程

1. 丙烯腈性质

丙烯腈在常温下是无色透明液体，味甜，微臭，可溶于有机溶剂，其蒸气与空气可形成爆炸混合物，丙烯腈剧毒。

2. 丙烯腈用途

丙烯腈是合成纤维、合成橡胶和合成树脂的重要单体，主要用它生产聚丙烯腈纤维（商品名称为腈纶）、ABS 树脂和合成橡胶等产品。

丙烯腈水解所得的丙烯酸是合成丙烯酸树脂的单体。丙烯腈电解加氢，偶联制得的己二腈是生产尼龙 66 的原料。

3. 生产工艺流程

丙烯腈的生产方法有环氧乙烷法、乙醛法、乙炔法和丙烯氨氧化法（又称 Sohio 法）。除丙烯氨氧化法外，均需用剧毒的氢氰酸（HCN）为原料引进氰基，生产原料贵，成本高。目前丙烯氨氧化法为世界各国生产丙烯腈的主要方法，其主要原料为丙烯、氨和氧气，副产品有氢氰酸、乙腈、丙烯醛和硫铵，其中副产品氢氰酸可用于生产氰化钠或丙酮氰醇，副产品硫铵可用于生产硫酸。

我国现有的丙烯腈装置主要采用 BP 公司的丙烯氨氧化法专利技术，也有中国石化的丙烯氨氧化法专利技术。主装置是丙烯腈装置，相应的副产品装置有乙腈精制装置、硫铵回收装置、氰化钠装置和丙酮氰醇装置等。丙烯氨氧化法丙烯腈装置的特点是工艺流程短、设备结构合理、投资低、能耗低、有环保措施。利用装置副产的高压蒸汽驱动空气压缩机和丙烯制冷压缩机的汽轮机。废水处理采用回收蒸发技术，可使大部分水循环使用，蒸发器釜底浓缩废水送废水焚烧炉焚烧，吸收塔废气送废气焚烧炉焚烧，废水和废气经过焚烧系统，既副产高压蒸汽，又大大减少废水和废气排放量，减少对环境的污染。丙烯腈装置工艺流程框图见图 3-71。

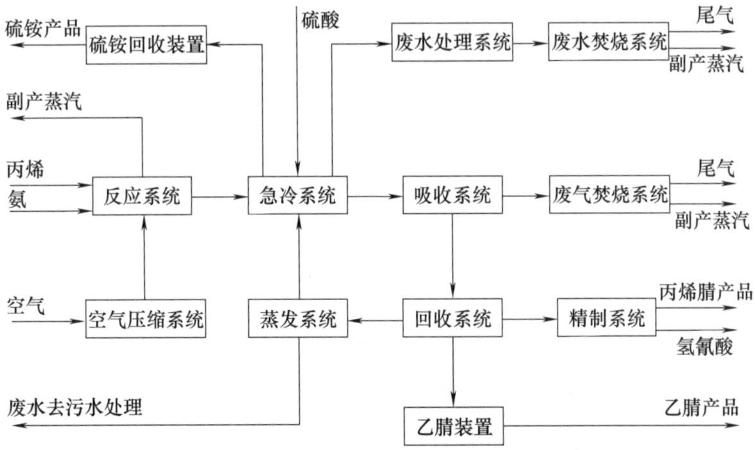

图 3-71 丙烯腈装置工艺流程框图

二、装置用泵概要

1. 概述

该装置的特点之一是工艺流程中的工艺介质，如丙烯腈、丙烯醛、氢氰酸等是有腐蚀性、易燃或可燃的剧毒物质，安全问题非常重要，不允许泄漏。按我国卫健委 GBZ 2.1《工业场所有害因素职业接触限值 第 1 部分：化学有害因素》的规定，丙烯腈时间加权平均容许浓度（PC-TWA）不得超过 1mg/m^3，丙烯腈短时间接触容许浓度（PC-STEL）不得超过 2mg/m^3，丙烯醛最高容许浓度（MAC）不得超过 0.3mg/m^3，氰化氢及氰氢酸盐最高容许浓度（MAC）不得超过 1mg/m^3。

对泵的材质和轴封结构的要求较其他石油化工用泵要高得多，丙烯腈装置用泵的泵壳和内件的材质多为 304SS 或 316SS，氰化氢、丙烯腈等剧毒介质含量较多的泵采用无泄漏泵，如磁力泵或屏蔽泵，氰化氢、丙烯腈等剧毒介质含量较少的泵采用双端面干气密封泵，或采用双端面机械密封泵且冲洗方式为 API Plan 54 外冲洗。

丙烯腈装置介质还有易燃、易爆的特点，防爆区域等级按美国 NEMA 标准应为 Class Ⅰ Group D Division 1（相当于 IEC 的Ⅰ类Ⅰ区Ⅱ A）。

重载荷离心泵按 API 610 第 12 版及以上版本的标准设计和制造，中轻载荷离心泵按 ASME B73.1M 标准设计和制造。

该装置使用的离心泵，是按 ANSI/ASME B73.1M 规范设计的美国 ITT 公司 GOULDS 3196 型化工泵或美国 FLOWSERVE 公司 Durco Mark 3 型化工工艺泵。其特点如下：

（1）采用后开门结构，便于维修和更换零件。

（2）开式叶轮，可实现叶轮轴向间隙的外部调节，能长期维持泵的效率。

（3）双列向心推力轴承，转子无轴向窜动。

（4）叶轮与轴螺纹连接，泵入口条件好，$NPSH_3$ 小，无叶轮螺母松脱危险。

（5）重型轴，刚性大，在密封面处挠度小于 0.05mm，可靠性高。

2. 主要装置用泵一览表

仅以 26 万 t/a 丙烯腈装置为例。

丙烯腈装置（包括辅助装置）共有泵 178 台。按介质和工艺参数，选用了不同类型泵，其中磁力泵 20 台，重载荷离心泵 20 台，中轻载荷离心泵 73 台，自吸泵 17 台，水环真空泵 8 台，计量泵 24 台，螺杆泵 4 台，轴流泵 1 台，液下泵 2 台，其他类型泵 9 台。详见表 3-22。

表 3-22 丙烯腈装置用泵一览表

泵类型	台数	介质	流量/(m^3/h)	扬程/m	操作温度/℃	轴封型式	电机功率/kW
磁力泵	20	丙烯腈、氢氰酸、有机物溶液	2.4～106.38	35～119.5	7.6～97.4	无密封	5.5～45
重载荷离心泵	20	有机物、锅炉水、乙二醇等	640～1422	55～150	10～257	干气密封或机械密封	200～400
中轻载荷离心泵	73	有机物溶液、硫铵，等	1～747.5	15～136	−5～127	干气密封或机械密封	3～55
自吸泵	17	有机物溶液、凝液、废水等	4.32～79	25～66	25～148	干气密封或机械密封	5.5～22

续表

泵类型	台数	介质	流量 /(m^3/h)	扬程 /m	操作温度 /℃	轴封型式	电机功率 /kW
真空泵	8	氢氰酸、丙烯腈、乙腈、蒸汽等	300～390	—	−8～33	机械密封	15～22
计量泵	24	乙酸、消泡剂等化学品	0.037～2.2	15～582	5～33	无密封	0.55～7.5
螺杆泵	4	含催化剂泥浆	3	16～20	82	填料密封	5.5
轴流泵	1	硫铵溶液	2150	6.5	95	机械密封	75
液下泵	2	工业水	130	30	65	填料密封	22
其他类型泵	9	废水	1.44～35	7～46	5～81.4	填料密封	11～15

三、关键泵介绍

反应器冷却水泵、急冷塔循环泵、吸收塔釜液泵、吸收塔侧线循环泵和贫水/溶剂水泵均为装置的关键泵。

1. 工况特点

这些关键泵流量大，扬程高，轴功率大，有些泵物料中含有易黏接的不稳定的有机物或催化剂颗粒，操作条件苛刻，故采用符合 API 610 第 12 版以上的两端支承 BB2 型式的泵。

如，急冷塔循环泵，流量为正常 1185m^3/h，额定 1420m^3/h，扬程为 72m，$NPSH_a$ 为 7.8m，物料含反应后的有机物和少量固体催化剂，选用 GOULDS 泵 3620 系列 14×16-23B 泵，泵壳和叶轮材料为 316 不锈钢。配 400kW、1491r/min、6kV、Ex nA 无火花型防爆电机。

2. 结构特点

根据以上特点，关键泵选用了壳体径向剖分、双吸叶轮、两端支承的 BB2 型离心泵，详见剖面图 3-72。

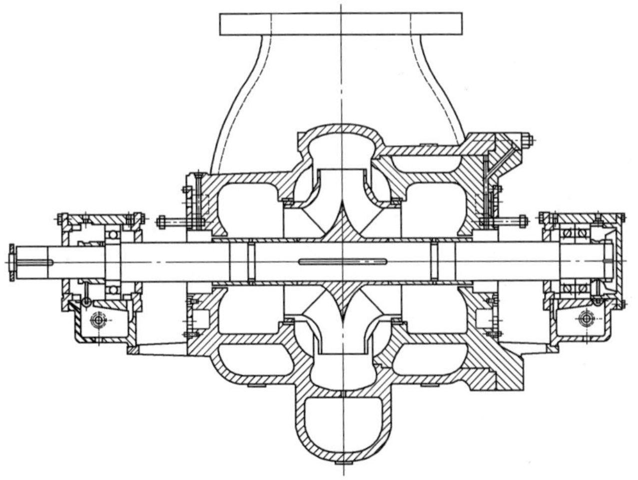

图 3-72　泵剖面图

3. 干气密封

除反应器冷却水泵采用机械密封外，其他关键泵采用干气密封。

需要注意的是干气密封泵在开车前需要把密封面吹干，并调节好 N_2 的压力，使 N_2 的压力高于密封腔压力 0.15～0.3MPa。

另外 N_2 进入泵内影响泵的汽蚀性能也是要注意的。

第六节 环氧乙烷/乙二醇装置用泵

一、概述

环氧乙烷（EO）工艺工业应用的主导工艺为乙烯在银催化剂作用下氧化生成环氧乙烷，主要副产物为二氧化碳和水，并伴随有少量甲醛和乙醛生成。该工艺有空气氧化法和氧气氧化法两种，由于氧气氧化法选择性好，催化剂的时空产率高，故新建大规模装置均采用氧气氧化法。目前世界上环氧乙烷工艺主要技术提供商为 SHELL、SD 以及 DOW（UCC 被 DOW 并购）三家公司，目前中石化自有的精制环氧乙烷技术也已实现工业化应用。

乙二醇（EG）工艺工业化生产的主流技术采用环氧乙烷直接水合即加压水合法的工艺路线，该生产工艺流程长、设备多、能耗高，直接影响到乙二醇的生产成本，但该工艺仍然为目前工业应用的主导工艺。国内外一些公司一直致力于乙二醇新合成技术的研究和开发工作，并取得了很大的进展。如三菱化学开发了碳酸乙烯酯（EC）法制乙二醇生产技术已实现了商业化。EG 反应分两步走：第一步 EO 溶液和 CO_2 在催化剂的作用下生成 EC，第二步 EC 和水反应生成 EG。三菱化学同 SHELL（壳牌）合作转让该技术，形成 OMEGA 专有技术。中石化通过催化剂的应用，也具有催化水合生产乙二醇工艺。

二、流程介绍

各种环氧乙烷/乙二醇装置工艺技术主流程基本近似，均由 EO 氧化、CO_2 脱除、EO 吸收与解吸、EO 精制、乙二醇水合、多效蒸发、乙二醇精制等主要单元组成。由于不同技术提供商选取的催化剂性能以及设计理念的差异，在环氧乙烷反应器结构形式、热量回收、环氧乙烷提浓和精制采取的方法等流程上各技术提供方也有不同特点。本文以典型的壳牌公司的 SHELL MASTER EO/EG 工艺的 80 万 t/a 规模乙二醇工艺流程为例对装置用泵情况进行介绍。

本工艺技术路线为乙烯氧化法生成环氧乙烷，一部分环氧乙烷进一步精制得到精环氧乙烷产品，另一部分环氧乙烷进一步水合生成一乙二醇、二乙二醇等产品。

环氧乙烷/乙二醇装置的工艺流程简图如图 3-73 所示。

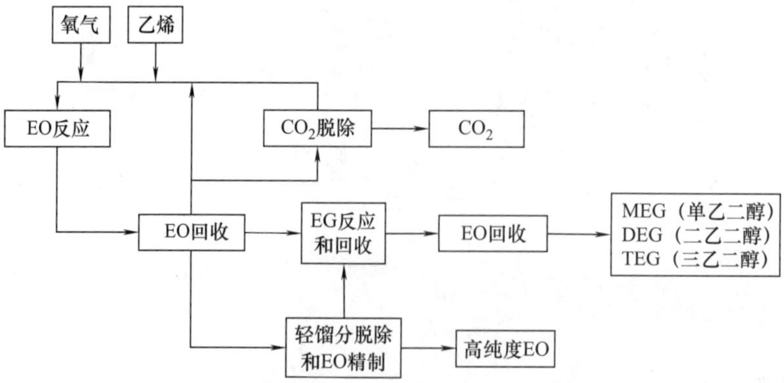

图 3-73 环氧乙烷/乙二醇装置工艺流程简图

三、装置用泵概要

环氧乙烷/乙二醇装置的用泵主要为两端支承式离心泵（BB1/BB2/BB4/BB5）25台、悬臂式离心泵（OH2）63台、计量泵7台、液下泵（或自吸泵）2台。详见表3-23。

表3-23　环氧乙烷乙二醇装置用泵汇总表

泵类型	台数	执行标准	备注
离心泵(BB1)	3	API 610,SH/T 3139	冷冻水循环泵
离心泵(BB2)	18	API 610,SH/T 3139	
离心泵(BB4)	2	API 610,SH/T 3139	锅炉给水泵
离心泵(BB5)	2	API 610,SH/T 3139	乙二醇反应器进料泵
离心泵(OH2)	63	API 610,SH/T 3139	(1)含12台EO介质泵； (2)部分水或类似的非危害介质可考虑选用中轻载(SH/T 3140)
计量泵	7	API 675	
液下泵(或自吸泵)	2	SH/T 3148	

四、关键泵介绍

EO/EG装置关键用泵一览表见表3-24。

表3-24　环氧乙烷/乙二醇（EO/EG）装置关键用泵一览表

名称	台数	泵型	执行标准	流量/(m^3/h)	扬程/m	操作温度/℃	$NPSH_a$/m	API 610材料代号	轴封
凝液循环泵	1	BB2	API 610 SH/T 3139	≤2350	≤35	≤235	足够大	C-6	单密封
碳酸盐泵	2	BB2	API 610 SH/T 3139	≤1300	≤235	≤118	6	S-8	单密封
EO解吸塔釜泵	3	BB2	API 610 SH/T 3139	≤1750	≤290	≤120	13	A-7	有压双密封
工艺凝液循环泵	2	BB2	API 610 SH/T 3139	≤1250	≤400	≤166	5	A-7	单密封
乙二醇反应器进料泵	2	BB5	API 610 SH/T 3139	≤125	≤425	≤24	10	A-7	有压双密封
EO介质泵	12	OH2	API 610 SH/T 3139	30～280	40-80	20～60		A-7	有压双密封

1. 凝液循环泵

(1) 工况特点　凝液循环泵虽为间歇操作，但关系到整个装置的开车启动，单台操作无备机，流量大、温度高、入口压力很高［最大吸入压力约4.9MPa (G)］，对泵的可靠性要求很高，制造难度大。

(2) 选型和结构特点　该泵适合选用单级两端支承式径向剖分结构的离心泵（API 610的BB2）。泵送介质温度高时，应考虑对轴承箱和泵支座通冷却水进行冷却。

典型的单级两端支承式径向剖分结构的离心泵如图3-74所示。

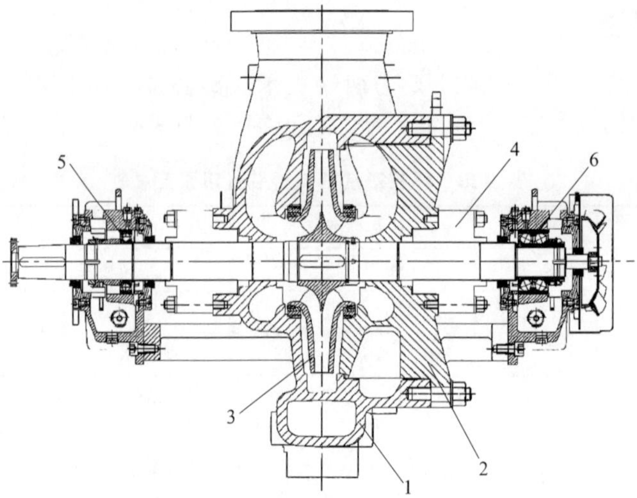

图 3-74 单级两端支承径向剖分离心泵
1—泵体；2—泵盖；3—叶轮；4—轴封；5—径向轴承；6—推力轴承

（3）密封选择 该泵的密封腔压力超过了 API 682 的限制，应采用工程密封。泵送介质为高温的凝液，密封冲洗方案可采用使密封腔中的介质通过泵送装置从密封腔中流出，经过换热器再返回到密封腔形成自封闭循环的 Plan 23 方案。考虑到凝液在高温下的润滑性很差，密封运转时端面液膜易汽化，引起干摩擦，导致密封环发生高频且不规则的振动，而弹簧式密封承受干摩擦振动的能力较强，因此优先考虑弹簧型密封结构。

（4）材料选择 凝液循环泵的泵送介质无腐蚀性，但由于操作温度较高，材料等级选择 C-6 可满足要求。机械密封摩擦副材质可选用常规的石墨对碳化硅，O 形圈宜选用耐高温的全氟醚橡胶（FFKM），如杜邦公司的 Kalrez 6375 以及 Greene Tweed 公司的 Chemraz 555 等。

2. 碳酸盐泵

（1）工况特点 碳酸盐泵用于将碳酸盐溶液输送到二氧化碳吸收塔中，对循环气中的二氧化碳进行吸收处理，该泵流量大，扬程高，$NPSH_a$ 较低。该泵运行的可靠性直接决定了二氧化碳脱除系统性能，从而影响循环气的组分及氧化反应器是否能够正常运行。

（2）选型和结构特点 该泵适合选用两级双吸两端支承式径向剖分结构的离心泵（API 610 的 BB2），泵送碳酸盐容易结晶析出晶体，叶轮口环与泵口环间隙应考虑取大值。同时，在兼顾效率的前提下，选用 $NPSH_3$ 较小的泵型。

典型的两级两端支承式径向剖分结构的离心泵如图 3-75 所示。

（3）密封选择 轴封采用外冲洗式单端面机械密封（Plan 32），利用外接冲洗液带走机械密封动环、静环摩擦产生的热量，并防止泵送碳酸盐溶液在密封腔内积聚结晶，影响机械密封浮动性能。

（4）材料选择 碳酸盐泵材料等级选择 S-8。机械密封摩擦副材质可选用碳化硅对碳化硅，由于操作温度较高，O 形圈建议优先考虑全氟醚橡胶（FFKM）。

3. EO 解吸塔釜泵

（1）工况特点 EO 解吸塔釜泵流量大，扬程高，用于将贫 EO 水溶液输送到 EO 吸收塔以吸收循环气中的 EO，该泵如果不能正常运行，将导致循环气中的 EO 浓度升高，装置将被迫联锁停车。

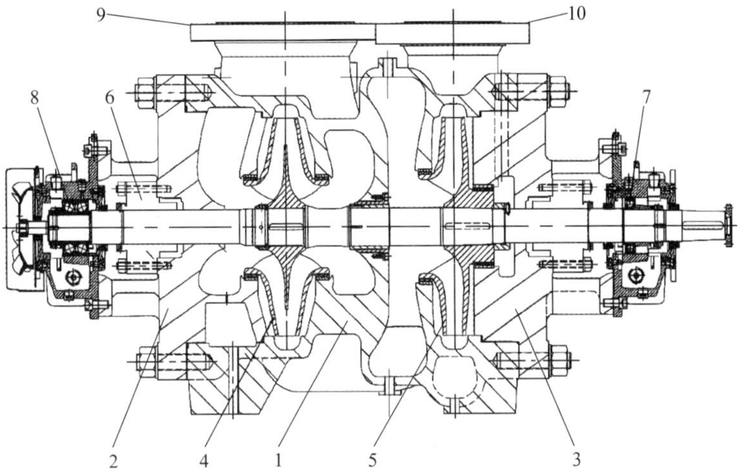

图 3-75 两级两端支承径向剖分离心泵

1—泵体；2—吸入泵盖；3—吐出泵盖；4—首级叶轮；5—次级叶轮；6—轴封；7—径向轴承；8—推力轴承；9—吸入口法兰；10—出口法兰

（2）选型和结构特点 该泵适合选用两级两端支承式径向剖分结构的离心泵（API 610 的 BB2）。

典型的两级两端支承式径向剖分结构的离心泵如图 3-75。

（3）密封选择 该泵的泵送介质中含有微量的 EO，因此采用有压双机械密封的离心泵。密封隔离液通常可采用乙二醇水溶液或脱盐水。

（4）材料选择 由于 EO 的强氧化性，过流部件需采用不锈钢材质，材料等级选择 A-7，机械密封摩擦副材质可选用浸锑石墨对碳化硅。由于泵送介质含有微量的 EO，O 形圈选用全氟醚橡胶（FFKM），如 Kalrez 6380 或 Kalrez 6375。

4. 工艺凝液循环泵

（1）工况特点 工艺凝液循环泵流量大，扬程高，操作温度高，$NPSH_a$ 较低，用于将工艺水循环输送至乙二醇反应器预热器前，与由乙二醇反应器进料泵输送过来的来自轻馏分塔底的水/EO 物料混合，在乙二醇反应器预热器中预热后，送往乙二醇反应器进行 EO 转化为 EG 的反应，该泵与乙二醇反应器进料泵都是乙二醇反应单元的核心机泵。

（2）选型和结构特点 该泵适合选用两级两端支承式径向剖分结构的离心泵（API 610 的 BB2），在兼顾效率的前提下，选用 $NPSH_3$ 较小的泵型。

典型的两级两端支承式径向剖分结构的离心泵如图 3-75 所示。

（3）密封选择 泵送介质为高温的工艺水，密封冲洗方案可采用使密封腔中的介质通过泵送装置从密封腔中流出，经过换热器再返回到密封腔形成自封闭循环的 Plan 23 方案。

（4）材料选择 工艺凝液循环泵的泵送介质为工艺水，除含有微量的乙二醇外，还可能含有微量的有机酸、醛类，因此过流部件选用不锈钢材质，材料等级选择 A-7。机械密封摩擦副材质可选用常规的石墨对碳化硅。由于操作温度较高，O 形圈建议优先考虑全氟醚橡胶（FFKM）。

5. 乙二醇反应器进料泵

（1）工况特点 乙二醇反应器进料泵流量不太大，扬程高，用于对 EO 工段的水/EO 物料进行加压，在与工艺水混合后，经乙二醇反应器预热器预热后送往乙二醇反应器进行水合的反应，生成 EG 水溶液。

（2）选型和结构特点　该泵适合选用双层壳体、多级两端支承式径向剖分结构的离心泵（API 610 的 BB5）。典型的双层壳体、多级两端支承式径向剖分结构（BB4 芯包）的离心泵如图 3-76 所示。

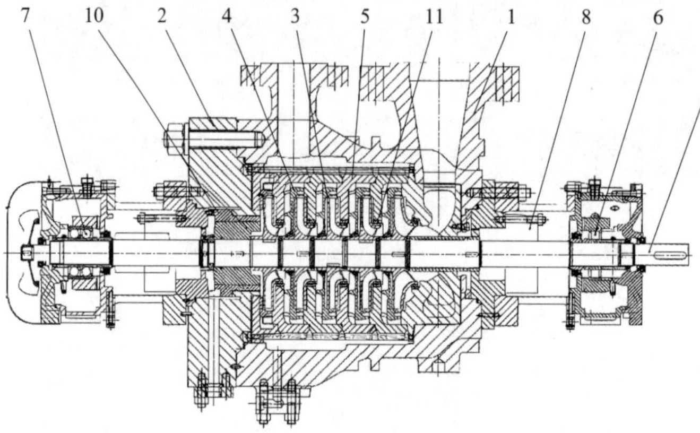

图 3-76　双层壳体、多级两端支承式径向剖分离心泵

1—外壳体；2—泵盖；3—叶轮；4—导叶；5—内壳体；6—径向轴承；7—推力轴承；8—轴封；9—泵轴；10—平衡鼓；11—耐磨环

由于该泵的泵送介质为 EO 水溶液，EO 极易发生自聚反应导致温度升高，因此需监测泵送介质的温度。同时，为避免振动过大引起的密封失效，导致 EO 大量泄漏造成危害性事故，建议泵体设置振动监测。

（3）密封选择　该泵的泵送介质中含有 EO，因此应采用有压双密封。密封隔离液通常可采用乙二醇水溶液或脱盐水。

（4）材料选择　由于 EO 的强氧化性，因此过流部件需采用不锈钢材质，材料等级选择 A-7。机械密封摩擦副材质可选用浸锑石墨对碳化硅。O 形圈应选用全氟醚橡胶（FFKM），如 Kalrez 6380 或 Kalrez 6375。与介质接触部分的垫片应采用不锈钢缠绕石墨垫片，泵过流部件（包括密封部件、O 形圈）应进行脱脂处理，不得涂防锈油。

6. EO 介质泵

（1）工况特点　EO 介质泵通常是指输送 EO 浓度大于 10%（质量分数）的泵。这类泵通常流量不大，扬程不高，操作温度较低，但是 EO 介质既有强氧化性，又有自聚风险，属于易燃易爆、具有致癌性的介质，对泵的可靠性要求极高。

（2）选型和结构特点　EO 介质泵普遍流量在 30～280m^3/h 范围内，扬程在 40～80m 范围内，属于 OH2 泵型的范畴（如图 3-77 所示）。与乙二醇反应器进料泵相同，由于这些泵的泵送介质为 EO 水溶液甚至是纯 EO，EO 极易发生自聚反应导致温度升高，因此需监测泵送介质的温度。同时，为避免振动过大引起的密封失效，导致 EO 大量泄漏造成危害性事故，建议泵体设置振动监测。

（3）密封选择　密封选用基本与乙二醇反应器进料泵相同，采用有压双密封，但由于 EO 的浓度更高，介质侧密封推荐采用波纹管。密封隔离液通常可采用乙二醇水溶液或脱盐水。

（4）材料选择　与乙二醇反应器进料泵相同，EO 介质泵材料等级选择 A-7。机械密封摩擦副材质可选用浸锑石墨对碳化硅。O 形圈应选用全氟醚橡胶（FFKM），如 Kalrez 6380 或 Kalrez 6375。与介质接触部分的垫片应采用不锈钢缠绕石墨垫片，泵过流部件（包括密

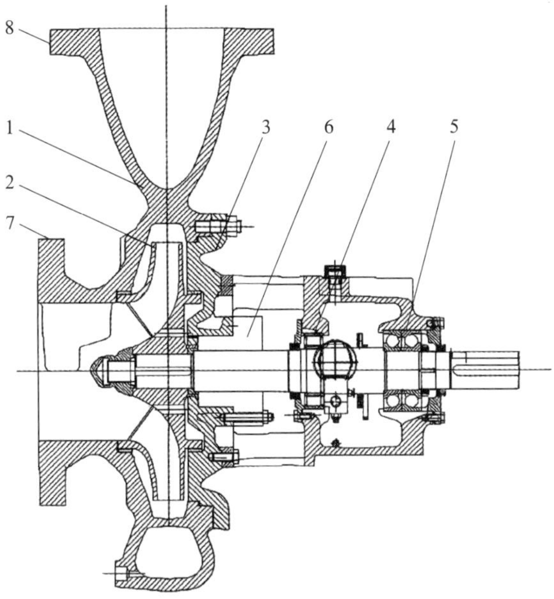

图 3-77　单级悬臂式径向剖分离心泵

1—泵体；2—叶轮；3—泵体压盖；4—径向轴承；5—推力轴承；6—轴封；7—吸入口法兰；8—排出口法兰

封部件、O 形圈）应进行脱脂处理，不得涂防锈油。

（5）EO 介质泵替代方案　屏蔽泵或磁力泵也被应用于输送 EO 介质。用于输送 EO 介质的屏蔽泵或磁力泵要求高。对于输送 EO 的屏蔽泵，电机外壳体应按照压力容器设计，定子屏蔽套与外壳体构成的腔体中充氮或充硅油以防止屏蔽套泄漏后 EO 进入定子内部与空气混合，同时必须在电机定子中设泄漏监测探头用于报警联锁。输送 EO 的磁力泵需在内、外磁钢之间的隔离套上设测温探头监测隔离套磨损情况，同时在外磁钢周边设泄漏探头监测 EO 有无泄漏，与外磁钢连接轴的轴封也应考虑特殊设计以保证长期可靠运行。另外 EO 极易发生自聚反应温度升高，因此需监测 EO 温度，温度监测点可设在泵体上或泵进出口管道上。

7. **液力透平（HPRT）**

SHELL 及 DOW 技术对液力回收透平（HPRT，简称液力透平）尚无应用，但美国 SD 技术以及中石化自有技术引入了液力透平。

环氧乙烷/乙二醇装置中有两处可通过设置液力透平来回收高压流体能量：一处是从 EO 吸收塔流向 EO 汽提塔的洗涤水，吸收了 EO 的洗涤水在压力差作用下从吸收塔流往汽提塔，通过蒸汽汽提析出洗涤水中的 EO 气，由于吸收塔与汽提塔之间存在较大压力差，因此从吸收塔流往汽提塔的洗涤水存在压力能可回收；另一处是由二氧化碳吸收塔流向二氧化碳汽提塔的高压富碳酸盐溶液。美国 SD 技术在 EO 洗涤水和富碳酸盐溶液两处均设置有液力透平，中石化自有的精环氧乙烷技术在富碳酸盐溶液处设置有液力透平。

环氧乙烷/乙二醇装置中所回收的高压流体能量并不能满足被驱动泵的全功率需要，因此，需配置电机来补足欠缺的功率，同时，为满足不同工况下泵组均能正常运转的要求，电机的额定功率通常应满足可以单独驱动泵组运行。

由于液力透平仅在流量超过额定流量一定比值时才能向外输出功率，在流量较小时反而成为耗功设备，因此液力透平应布置在泵组两端，采用超越离合器与泵组连接，不能布置在泵与电机中间，以免引起电机的超载。

以 SD 工艺为例，碳酸盐泵的备泵设置了液力透平，液力透平的高压流体来自从二氧化碳吸收塔流向二氧化碳汽提塔的高压富碳酸盐溶液。该机组的轴系布置为碳酸盐泵—联轴器—主电机—联轴器—超越离合器—联轴器—液力透平，如图 3-78(a)；贫吸收水增压泵和贫吸收水主泵由于流量、扬程均相当，且在工艺上是串联泵，因此采用了双轴伸电机同时驱动两台泵的结构（一拖二），同时该泵组的备泵也设置了液力透平，液力透平的高压流体来自从 EO 吸收塔流向 EO 汽提塔的洗涤水。该机组的轴系布置为泵 1—联轴器—主电机—联轴器—泵 2—联轴器—超越离合器—液力透平，如图 3-78(b)。

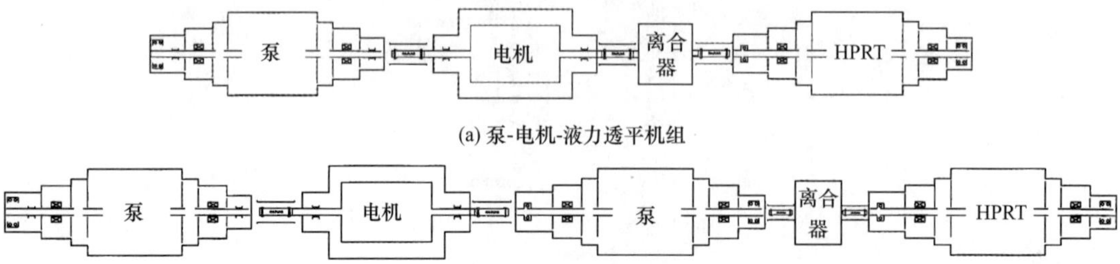

(a) 泵-电机-液力透平机组

(b) 泵-电机-泵-液力透平机组

图 3-78 两种机组的轴系布置

液力透平有多种形式，最常用的是采用离心泵反转作为回收能量的液力透平。环氧乙烷/乙二醇装置中的 EO 洗涤水液力透平和富碳酸盐液力透平流量大，可采用单级两端支承径向剖分离心泵反转作为液力透平。目前生产液力透平的国外厂家主要有 Sulzer、Flowserve 和荏原公司等。

用液力透平回收能量来驱动泵，降低了电机功耗，提高了装置运行的经济效益，但设液力透平本身提高了装置初次投资成本，因此需根据装置规模综合考虑初次投资成本与长期运行产生的经济效益之间的利弊关系，确定是否设液力透平。

8. 制造商的选择

环氧乙烷/乙二醇装置中的关键泵多为大型的一级或两级两端支承式径向剖分结构的离心泵（API 610 的 BB2），或为输送 EO 介质的 OH2 泵，业绩较多的厂家主要集中在 Sulzer、Flowserve、嘉利特荏原等合资或独资厂家。

输送 EO 介质的屏蔽泵业绩好的厂家主要有海密梯克、日机装等厂家（均需整机进口，国内暂不能配套），磁力泵有 HMD 等厂家。

第七节 苯酚丙酮装置用泵

一、概述

苯酚是重要的有机合成原料，其用途相当广泛，主要用于生产双酚 A、酚醛树脂、己内酰胺、己二酸等，此外还可用作溶剂、试剂和消毒剂等，在塑料、合成纤维、合成橡胶、医药、农药、香料以及涂料等方面具有广泛的应用。

随着国内电子通信工业、汽车工业以及建筑业的迅速发展，双酚 A 和酚醛树脂等产品的需求量迅速增加，其上游产品苯酚的市场供应量也愈发紧张，需求量直线上升。国内多个炼化企业大都已经建成了苯酚丙酮装置，或者将该装置的建设提到规划之中。

目前国内多套苯酚丙酮装置最大规模均已经达到 65 万 t/a，包含 45 万 t/a 苯酚和 20 万 t/a 丙酮。工艺包日渐成熟，工艺流程中设备的选用也日渐规范化。

苯酚丙酮装置最主要的产品是苯酚。目前苯酚的生产主要有七种方法，即异丙苯法、甲苯氧化法、苯直接氧化法、磺化法、氯苯水解法、拉西法、环己烷法等。除甲苯氧化法以甲苯为原料外，其余六种方法均以苯为原料。

二、流程介绍

1. 异丙苯法

异丙苯法也叫异丙苯氧化法。目前世界上 95%的苯酚生产是采用异丙苯氧化法生产工艺。原料苯与丙烯在催化剂存在条件下反应得到异丙苯，异丙苯再经氧化得到过氧化氢异丙苯（CHP），再经浓缩后在酸性条件下分解制得苯酚和丙酮，最后用树脂中和制得含苯酚/丙酮混合物的分解液，再经精馏、分离提纯得到合格产品。其最大的特点是通过一个生产过程可以得到两种用途广泛的化工原料，生产成本较低，且焦油量少，不需焦油裂解。

从异丙苯出发生产苯酚要经过异丙苯氧化、氧化物提纯、过氧化氢异丙苯（CHP）分解、产品精制等工序，该方法以 KBR（凯洛格·布朗·路特）公司的苯酚法工艺最为典型。除从异丙苯生产高纯度苯酚和丙酮外，还回收副产物 α-甲基苯乙烯（AMS）和苯乙酮（AP）。

在该工艺中，异丙苯用空气氧化成 CHP 的效率高达 95%以上，CHP 被浓缩，并在酸催化剂存在下分解为苯酚和丙酮。AMS 加氢生成异丙苯，用于循环氧化或回收。

带有 AMS 加氢的 KBR 流程，1.31t 异丙苯可生产 1t 苯酚和 0.615t 丙酮。KBR 苯酚工艺具有低能耗、低原材料消耗、低生产费用和低排放污染的特点。

目前，异丙苯法主要技术供应商有 KBR、GE/Lummus（简称鲁姆斯工艺）、Sunoco/UOP（简称 UOP 工艺）和日本三井化学等。

苯酚丙酮装置基本工艺流程如图 3-79 所示。

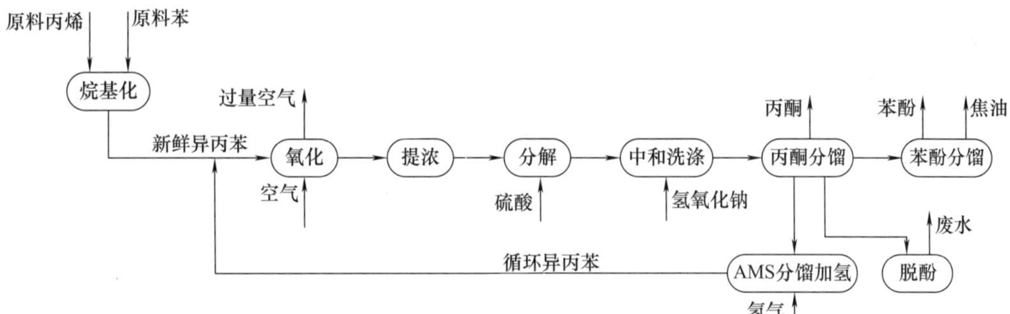

图 3-79　苯酚丙酮装置工艺流程简图

2. 甲苯氧化法

甲苯氧化法也称甲苯-苯甲酸法，此法是唯一一种不用苯作原料合成苯酚的方法。是甲苯在钴盐催化剂的作用下，用空气氧化生成苯甲酸，然后在铜催化剂的作用下苯甲酸再与空气和水蒸气作用转化为苯酚和二氧化碳。

第一步反应是以空气为氧化剂，使甲苯在液相中被氧化生成苯甲酸，产生的副产物主要有苯甲醛、苯甲酸苄酯、联苯、CO_2 等。

第二步是在催化剂的作用下，苯甲酸继续被氧化生成苯酚和 CO_2。副产物有苯甲酸苯酯、苯醚、苯和焦油。反应产物经共沸塔、汽提塔、精馏塔后，得纯苯酚。

甲苯氧化法最早是由美国 Dow 化学公司开发成功的，1962 年实现工业化生产。

甲苯氧化法流程简单，不联产丙酮，氧化剂为空气，催化剂可以重复利用数次，原料甲苯来源广泛，价格一般比苯便宜，原料和催化剂无毒、污染小，一次投料生产成本低，而且副产物苯甲酸、苯甲醛、苯甲醇都是工业生产的重要原料，可根据市场需求调整产品结构。建设投资和运行费用与异丙苯法相比要低，工艺对原料要求不高，反应产率和选择性均较高，无环保问题，因此在丙酮需求量不大的国家或地区可采用此法生产苯酚。

根据市场需求，甲苯氧化法路线还可生产苯甲酸和苯甲醛。由甲苯制苯甲酸工艺技术非常成熟，但在苯甲酸脱羧过程中会产生一些焦油状物，给产品收率和催化剂的使用寿命带来一定的影响，除焦油后催化剂可循环使用。

甲苯氧化法生产苯酚的最大缺点是易生成焦油，从而导致原料消耗和产品成本较高。该法与异丙苯法生产苯酚的选择主要取决于原料甲苯和苯的价格差异，甲苯氧化法是异丙苯法的有力竞争者。

3. 苯直接氧化法

苯直接氧化法是以苯为原料，直接氧化制取苯酚的方法，也称苯羟基化法。目前，采用的氧化剂类型有氧气、一氧化二氮、过氧化氢等。

苯直接氧化法具有工艺简单、产品收率高、环境污染小等特点，是绿色的有机化工生产工艺，具有广阔的工业开发和应用前景。该法仅通过一步反应就得到最终产物，因此是一条经济的工艺路线。目前该方法的研究重点是开发高效催化剂。已经研究了包括 N_2O、H_2O_2、H_2/O_2、O_2 等作为氧化剂合成苯酚的方法，有些工艺已进行中试验证，并具有工业化应用前景。

4. 磺化法

磺化法生产过程是先用硫酸将苯磺化得苯磺酸，再用 NaOH 和 Na_2SO_3 使苯磺酸中和得苯磺酸钠，然后用碱熔法使苯磺酸钠转变成苯酚钠，最后通 CO_2 中和苯酚钠得到苯酚。

磺化法生产苯酚反应复杂，工艺落后，原料消耗高，酸碱消耗量大，产品的生产成本较高，对设备腐蚀较严重，维修费用大，不能连续化生产，同时还要处理气体、液体和固体，对环境污染较大，并副产大量亚硫酸钠，目前已经基本上被淘汰。

5. 氯苯水解法

氯苯水解法是苯和氯气反应生成氯苯，氯苯在高温高压下与氢氧化钠水溶液进行催化水解，生成苯酚钠，再用酸中和得到苯酚。

氯苯水解法的氯化过程比磺化法简便，副产物易分离，生产规模大，其缺点是对操作条件要求苛刻，生产设备材质需要耐酸、耐碱，由于需要电解装置（电解氯），导致装置设备投资较高。

6. 拉西法

该法是苯在盐酸和氧的作用下生成氯苯，氯苯水解即得苯酚。

该法的原料是苯，氯化氢可循环使用，其缺点是装置建设投资较高，投产后公用工程费用也较高，在水解工序，操作温度较高，积炭严重，催化剂易老化变质。

7. 环己烷法

环己烷法是苯加氢生成环己烷，环己烷可用气相氧化法，但更多先用液相氧化法氧化得环己醇和环己酮的混合物，环己醇和环己酮的混合物再脱氢即得苯酚。

该法的优点是投资低，产品质量好。但环己烷成本比苯高，副产物氢必须合理利用；环己烷氧化较难，氧化后产品不易分离，副产物也较难处理。

三、装置用泵概要

以 65（45/20）万 t/a 规模苯酚丙酮装置为例，含氧化、提浓、分解、中和、分馏、加氢和苯酚回收等单元，主要有普通单级悬臂式离心泵 62 台、轴向剖分中开泵（BB1）3 台、两端支承泵（BB2）17 台、磁力泵 34 台、液压双隔膜计量泵 21 台、自吸泵 8 台。见表 3-25 苯酚丙酮装置用泵一览表。

表 3-25　苯酚丙酮装置用泵一览表

泵名称	泵形式	输送介质	流量/(m^3/h)	扬程/m	最高压力/MPa(G)	泵转速/(r/min)	轴封型式	材质泵体/叶轮	电机功率/kW	台数
化工泵	单级卧式悬臂离心泵	异丙苯、过氧化氢异丙苯、多异丙苯、脱盐水、苯酚、丙酮等	<450	<200	<1.5	2950 或 1450	单端面机械密封、双端面机械密封	CS、304SS、316SS 等	≤400	62
化工泵	两端支承泵 BB2	苯、异丙苯、过氧化氢异丙苯等	<1650	<330	<3	2950 或 1450	双端面机械密封	CS、304SS	≤400	17
调温水泵	BB1	调温水	1180	90	0.86	1450	单端面机械密封	CS	450	3
磁力泵	无泄漏泵	苯、苯酚等	<200	<150	<1.25	2950	静密封	CS、304SS、316SS 等	≤75	34
自吸泵		异丙苯、过氧化氢异丙苯、苯酚、丙酮等	<35	<100	<0.85	2950	双端面机械密封、干气密封	316SS	≤45	8
计量泵	液压双隔膜	脱盐水、98%硫酸、异丙苯等	<4.33		<1.7	1450	静密封	316SS、316LSS、20 合金等		21
真空机组		异丙苯、丙酮等	<2100			740 或 980	双端面机械密封	316LSS	≤75	6

四、关键泵介绍

苯酚丙酮装置部分关键泵一览表见表 3-26。

表 3-26　苯酚丙酮装置部分关键泵一览表

序号	泵名称	泵型式	输送介质	流量/(m^3/h)	扬程/m	过流部件材质	冲洗方案	电机功率/kW	台数
65(45/20)万 t/a 苯酚丙酮装置主要用泵——UOP 工艺包									
1	氧化产物循环泵	BB2	异丙苯和过氧化氢异丙苯	1170～1510	56～70	316SS	Plan 53A/61	400	10
2	分解器产物循环泵	BB2	苯酚、丙酮、异丙苯、过氧化氢异丙苯	1630	49.8	316SS	Plan 21/53A/61	355	3
3	调温水循环泵	BB1	水	1180	90	CS	Plan 11/61	450	3

续表

序号	泵名称	泵型式	输送介质	流量/(m^3/h)	扬程/m	过流部件材质	冲洗方案	电机功率/kW	台数
65(45/20)万 t/a 苯酚丙酮装置主要用泵——UOP 工艺包									
4	新鲜异丙苯进料泵	OH2	异丙苯	88.8	49.2	CS	Plan 11/52/61	30	2
5	AMS 加氢进料泵	OH6	芳香烃	23.8	241.3	壳体 304SS/叶轮 316LSS	Plan 14/52	37	2
6	提浓真空发生器	加前端喷射器液环真空泵	异丙苯等	1230	[101.26 mmHg(A)(泵入口)]	316LSS	Plan 53A	55	2
7	精丙酮塔真空发生器	液环真空泵	丙酮等	360	[410 mmHg(A)]	316LSS	Plan 53A	15	2
8	精馏单元真空发生器	液环真空泵	丙酮等	2100	[235.2 mmHg(A)]	316LSS	Plan 53A	75	2
65(45/20)万 t/a 苯酚丙酮装置主要用泵——KBR 工艺包									
1	氧化器循环泵	BB2	异丙苯和过氧化氢异丙苯	910	57	304SS	Plan 53A/61	160	12
2	分解液泵	无泄漏泵	苯酚、丙酮、异丙苯、过氧化氢异丙苯	165.26	86.47	316LSS	—	90	2
3	温水泵	BB1	水	3085.6	49.4	CS	Plan 11/61	560	2
4	氧化进料泵	OH2	异丙苯	491.4	106.8	304SS	Plan 11/52/61	200	2
5	AMS 加氢进料泵	OH2	芳香烃	26.8	147.6	CS	Plan 21/52/61	37	2
6	硫酸泵	无泄漏泵	98%(质量分数)硫酸	6	61	20 合金	—	30	2

1. 氧化器循环泵（65 万 t/a 苯酚丙酮装置）

(1) 工况特点　泵送介质为异丙苯、过氧化氢异丙苯等，易燃易爆，毒性程度为中度危害。

KBR 工艺包中共有 1#～6# 氧化器循环泵 12 台（各 1 开 1 备），流量约 900m^3/h，扬程约 57m，介质操作温度 88～98℃，黏度 0.36～0.55cP。

UOP 工艺包中共有 1A#、1B#、2#、3#、4# 氧化器循环泵 10 台泵（各 1 开 1 备），流量 1170～1510m^3/h，UOP 部分项目扬程给定较高（104～166m），后续项目降低了扬程（56～70m），介质操作温度 93～98℃，黏度 0.4～0.5cP。

(2) 选型和结构特点　按照氧化器循环泵参数，选择 OH2 泵型和 BB2 泵型均可。但是对于这种数量多且外形尺寸较大的泵，选型的时候一定要考虑到管道配管及管道应力（一般为 3 倍 API 610 允许载荷）的问题。KBR 和 UOP 工艺包中均推荐选用 BB2 型式的顶进顶出结构。相对于 OH2 泵，BB2 泵需要考虑增加出入口阀门操作平台，泵进出口管道还需增设拉杆及弹簧支架（增加管道柔性及对泵管口的保护），同时需增加反应器的裙座高度。

泵体材质为 316SS 或 304SS。需考虑电机功率覆盖曲线末端功率。

对于 BB2 泵，结构上尽量考虑不拆卸叶轮的前提下能从一边直接抽出（特别是两级叶轮时），增加维护的便利性。鉴于介质对温度的敏感性，泵出口一般要求带温度变送器，用于监测泵后介质温度。

（3）机械密封　机械密封根据泵送物料的特点以及泵体自身的结构特征，氧化器循环泵轴封采用带压双端面机封或干气密封。冲洗方案可选择 Plan 53A、Plan 53B 或 Plan 74。双端面机械密封前端还可以增加 Plan 11 或 Plan 21。

2. 提浓真空发生器（65 万 t/a 苯酚丙酮装置）

UOP 工艺包中提浓及分解单元有 1 台提浓真空发生器（2 台液环真空泵，共用一套喷射器和冷凝器），抽送介质为异丙苯、空气和水等。KBR 工艺包中无液环真空泵，真空机组全部为蒸汽喷射器。

提浓真空发生器液环泵吸入压力为 13.5kPa（A）[101.26mmHg（A）]，吸入温度为 25℃，要求的吸气量为 148Nm^3/h（1100m^3/h），排气压力为 126.5kPa（A），排气温度为 20℃，分子量为 30.67。液环采用工艺水。

真空泵过流部件材质为 316LSS。机封冲洗方案为 Plan 53A，采用循环冷却水冷却。

预冷器和后冷器为可抽芯式结构（AES 或 AET 型式），采用冷冻水冷却。管板、管束材质为 304LSS，管箱、管箱端盖材质为 CS（腐蚀裕量 6mm）。中间冷凝器壳体上设置放空口，以实现在开机阶段大量未冷凝气体的排空。

整套机组带 2 台密封水泵，采用执行 API 610 标准的 OH2 泵型，密封水泵电机功率需覆盖曲线末端功率。

气液分离罐带除沫器。气液分离罐滞留时间不小于 2min。

机组入口带氮气置换口，以确保开车前和停车后系统无空气和烃类介质存在。

第八节　PTA 装置用泵

一、概述

PTA 是精对苯二甲酸（pure terephthalic acid）的英文缩写，是重要的大宗有机原料之一，其主要用途是生产聚酯纤维（涤纶）、聚酯瓶片和聚酯薄膜，广泛用于与化学纤维、轻工、电子、建筑等相关的各个行业。

世界上主要的 PTA 生产工艺技术有 BP-AMOCO、INVISTA、三井油化技术，其他较有影响的还有 DOW-INCA、三菱化学、EASTMAN、IEC-日立技术等。

国内最广泛采用的生产技术是 BP 与 INVISTA 技术，均为世界领先的 PTA 生产技术，近年来技术厂家对工艺流程均做出了较大的改进，形成了新的工艺技术。流程变得更加简短，能耗和物耗大幅降低，三废排放大大减少。两家专利技术工艺路线趋同，改进部分也基本类似。

二、流程介绍

1. 典型的 PTA 工艺流程

PTA 装置由氧化单元和精制单元两部分组成。

氧化单元：以对二甲苯（PX）为原料，乙酸为溶剂，在钴、锰、溴催化剂和空气作用下，反应生成对苯二甲酸（TA），经结晶、分离/溶剂置换，生成粗对苯二甲酸（CTA）。

精制单元：将 CTA 溶解于水，在高温、高压下，通过选择性加氢反应，将主要杂质对羧基苯甲醛（4-CBA）转化为易溶于水的对甲基苯甲酸（PT 酸），通过结晶、分离、干燥，生产精对苯二甲酸（PTA）。

工艺过程包括热量回收系统、溶剂回收系统、乙酸回收系统、氧化尾气回收系统等，以降低原材料及能源的消耗。

精对苯二甲酸装置的基本工艺流程如图 3-80 所示。

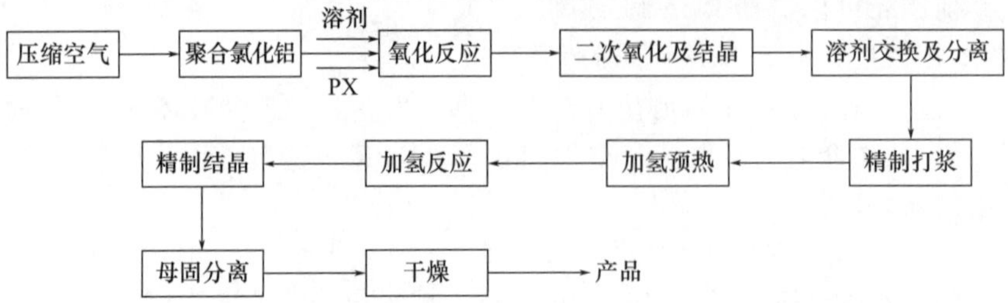

图 3-80 PTA 流程简图

2. 专利技术 BP 与 INVISTA 的工艺流程特点

与传统的 PTA 工艺流程相比，两个技术专利商均做出了如下流程改动：

（1）乙酸脱水系统　乙酸脱水均采用在氧化反应器顶部直接设置脱水塔的方式，均采用精制单元的 PTA 母液为回流液，实现能量和精制母液中有机物的回收，去除精制单元的母固回收系统，简化了流程，降低了装置的能量消耗和物料消耗。

（2）氧化单元的母固分离和干燥　取消常规流程中真空过滤机的母固分离系统及滤饼的干燥环节，CTA 与乙酸的分离均采取溶剂交换的方式进行，即采用一种设备（称为溶剂交换机或 CTA 分离器）用水采用逆流的方式进行多次洗涤，使 CTA 滤饼中的乙酸被水洗去，最终滤饼中的酸含量降低至 2%～3%，并不经过干燥直接送至精制单元的打浆罐打浆，作为精制单元加氢反应的进料。

（3）精制单元固液分离　精制单元均采用一步分离的压滤机技术，压滤机形式也相同。

专利技术 BP 与 INVISTA 工艺流程的不同之处如下：

（1）氧化反应条件　INVISTA 为了减少氧化副反应和降低乙酸消耗，大幅度降低了氧化反应的操作温度和压力，其氧化反应器操作温度比 INVISTA 上一代技术降低了 20℃，目前的操作温度为 180℃，催化剂配比也进行了调整。

BP 氧化反应器的操作条件与之前的工艺相同，仍为 190℃左右。

（2）催化剂回收和氧化残渣处理　两种工艺技术均设有催化剂回收系统，但回收方式不同，BP 采用的是沉淀工艺回收催化剂，INVISTA 采用专有的残渣处理工艺回收催化剂。

氧化残渣的处理方式不同，BP 采用的是将残渣全部碱溶以后与污水一同送至污水处理系统进行处理的方式，INVISTA 单独设置了残渣回收单元。

（3）精制母液的处理　BP 工艺中，精制母液不经过任何处理直接作为脱水塔的回流液。INVISTA 工艺中，精制母液进入脱水塔之前先与 PX 进行逆流萃取，把母液中大部分的 PT 酸转移到 PX 中，直接带入氧化反应器，因此从氧化反应器顶部系统回收的水中 PT 酸含量很低。

三、装置用泵概要

PTA 装置的泵型式比较集中，主要是单级离心泵、多级离心泵、高速泵以及少量的磁力泵和往复式计量泵。表 3-27 列出了 INVISTA 工艺 300 万 t/a PTA 装置中关键的离心泵、高速泵及磁力泵等泵设备的主要参数。

表 3-27 PTA 装置关键泵一览表

泵名称	泵形式	输送介质	流量/(m^3/h)	扬程/m	最高压力/MPa(G)	泵转速/(r/min)	轴封型式	材质等级泵体/叶轮	电机功率/kW	台数
高速泵	卧式增速离心泵	TA、水等	24～125	<1000	<11.5	9928～13931	单端面机械密封、双端面机械密封	D-1、D-2、A8 等	≤630	14
单级离心泵	单级悬臂OH2 型	HAc、水等	5.5～1570	<285	<3	2950 或 1450	单端面机械密封、双端面机械密封	S-6、A-8、D-1、哈式合金、钛材等	≤1120	171
多级离心泵	多级 BB1、BB5 型	HAc、凝液等	96～1650	<1650	<15	2950 或 1450	单端面机械密封、双端面机械密封	S-6、A-8、D-1 等	≤800	11
磁力泵	磁力驱动离心泵	溴化氢水溶液、醋酸猛水溶液、醋酸钴水溶液等	<30	<25	<0.325	2950	磁力密封	316LSS、316L+F46 等	≤7.5	9

注：TA 为对苯二甲酸，HAc 为醋酸（乙酸）。

四、关键泵介绍

1. 溶解反应器高压进料泵

溶解反应器高压进料泵是精对苯二甲酸（PTA）装置中的关键泵设备。高速泵的典型流程图如图 3-81 所示。

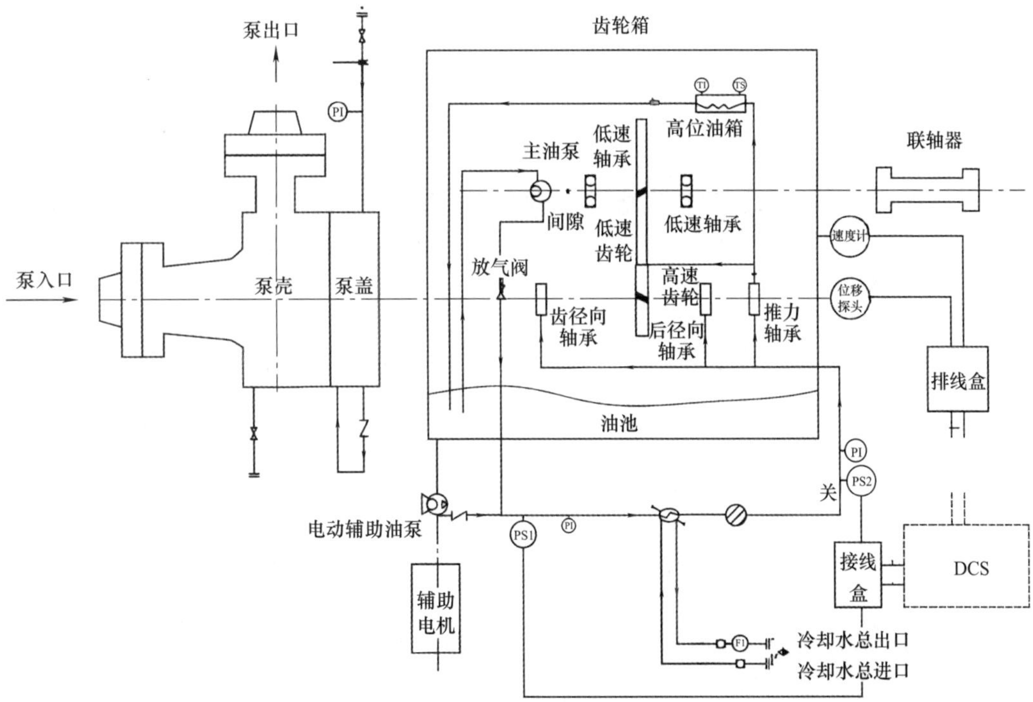

图 3-81 高速泵的典型流程图

(1) 工况特点　泵送介质为 TA 浆料、乙酸、水等，浆料中颗粒最大直径约 100～160μm，含量（质量分数）在 34%到 40%之间。根据选择的高速泵厂商和型号的不同，单台流量大约 120～340m^3/h，扬程为 1000m，密度 1054kg/m^3 到 1109kg/m^3，介质操作温度 150℃。

(2) 选型和结构特点　溶解反应器高压进料泵采用卧式高速泵（见图 3-82），是采用增速齿轮箱将泵转速大幅度增高，转速最高超过 12000r/min。同时利用单级或两级增压结构以达到高扬程的高速离心泵。

在部分情况下，高速泵可根据工艺要求考虑设置诱导轮，保证泵有优异的抗汽蚀性能。

叶轮形式一般为开式叶轮，但相对效率会较低。

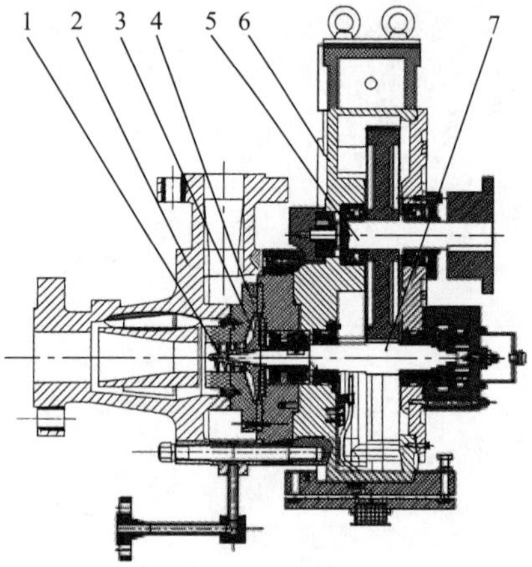

图 3-82　卧式高速泵

1—诱导轮；2—泵壳；3—叶轮；4—扩压器；5—低速轴；6—齿轮箱；7—高速轴

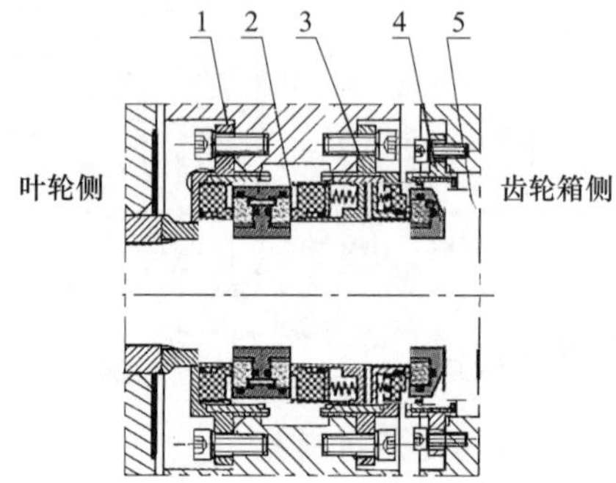

图 3-83　高速泵用机械密封

1—介质侧机封静环；2—双端面机封动环；3—大气侧机封静环；4—润滑油侧机封静环；5—润滑油侧机封动环；

(3) 机械密封　机械密封根据泵送物料有较高含量的固体颗粒的特点以及泵体自身的结构特征，需采用带外部冲洗方案 Plan 32 的单端面密封及带外部冲洗方案 Plan 54 的双端面密封。

外部冲洗液采用独立的密封液泵提供的脱盐水，压力达到 3MPa（G）以上。见图 3-83。

(4) 材料选择原则　泵壳和扩压段采用双相不锈钢 2205，叶轮采用双相不锈钢 2507；轴为 42CrMo。机封材料的选择：由于介质中含有结晶颗粒，动环采用碳化硅，静环采用浸锑石墨；O 形圈材料采用 Calrez 6375 全氟醚橡胶。

(5) 制造商的选择　溶解反应器高压进料泵属于 PTA 装置中关键用途的专用泵，制造商选择时需要充分考虑它的设计、工程成套化能力、制造能力和生产业绩。目前国内 PTA 装置中使用的高速泵主要制造商是两家：圣达因（Sundyne）和中国航天空气动力技术研究院（简称航天十一院）。其技术性能比较见表 3-28。

2. 浆料泵

在 PTA 装置中用于输送介质中含有 10%～40%（质量分数）结晶的离心泵，统称为浆料泵。

根据使用经验，浆料泵一般选择单级悬臂式离心泵，采用半开式叶轮，泵转速优先选择 1500r/min。

密封方案一般为双端面机械密封，外冲洗 Plan 54 方案，冲洗液采用脱盐水。

材质选择根据工艺要求，采用奥氏体不锈钢 316L，双相不锈钢，少数可能需要采用钛材和哈氏合金 C-276。

表 3-28 环管反应器循环泵制造商比

制造商	型号	转速/(r/min)	结构特征
美国 Sundyne	HMP series	5373 或更高	(1)压水室型式为螺旋形蜗壳 (2)无回流稳定器 (3)不采用诱导轮 (4)单台泵输送能力高，流量最大可达 410m^3/h。可采用较少台数并联以达到工艺流量的要求 (5)单台泵采用 2 级，最多可达 4 级增压结构，扬程最大可达 4420m
航天十一院	GSB-W7，GSB-W9	12000 或更高	(1)压水室型式为扩压器 (2)带回流稳定器 (3)带前置诱导轮 (4)单级增压结构 (5)单台泵规格较小，需要采用较多台数并联才能达到工艺流量的要求

第九节 BDO 装置用泵

一、工艺流程

1,4-丁二醇，简称 BDO，是一种重要的有机和精细化工原料，可生成多种衍生物如四氢呋喃（THF）、聚四亚甲基乙二醇醚（PTMEG）、γ-丁内酯（GBL）、己二酸丁二醇酯与对苯二甲酸丁二醇酯共聚物（PBAT）等，被广泛应用于聚对苯二甲酸丁二酯（PBT）塑料、氨纶、聚氨酯、制药、化妆品等领域。其生产工艺主要有炔醛法、丁二烯法、环氧丙烷法、正丁烷顺酐法等。

炔醛法也称 Reppe 法，它以乙炔和甲醛为原料，在乙炔铜络合物催化剂的作用下生成丁炔二醇，丁炔二醇在镍基催化剂的作用下加氢生成 1,4-丁二醇。Reppe 法有传统法和改良法两种，改良法是目前应用最多的 BDO 生产工艺。

中国是目前世界上最大的 BDO 生产国，在世界产能中占比超过一半。以 INVISTA 工艺为例，其单线的最大生产规模可以达到 30 万 t/a，其中单线 10.4 万 t/a 的生产规模较为常见。典型的 BDO 装置包括乙炔供应及制 BYD（1,4-丁炔二醇）单元、BDO 合成及氢气压缩单元、BDO 提浓及精馏单元、中间罐区、冷冻站等。配套装置通常有制乙炔装置（分电石制乙炔和天然气制乙炔两种路线）、制氢装置（甲醇制氢或天然气制氢）、制甲醛装置、公用工程和辅助设施等。图 3-84 为以电石制得的乙炔为原料生产 BDO 的典型流程框图。

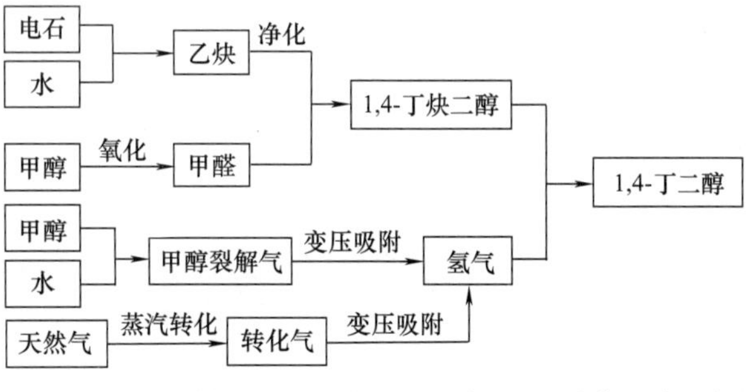

图 3-84 以电石制得的乙炔为原料生产 BDO 的典型流程框图

二、装置用泵概要

BDO装置以离心泵和屏蔽泵或磁力泵为主，还有少量计量泵、往复泵、液环真空泵等。机泵种类不多，大部分普通泵类流量、扬程、温度、压力等参数都不是很高。仅提浓塔底泵、盐塔再沸器泵、低沸塔再沸器泵和高沸塔底泵是BDO装置中流量相对比较大的几台泵，最高操作温度高达185℃，通常选用API 610标准BB2型径向剖分中心线支承重载荷离心泵，且汽蚀余量紧张，通常需要采用降转速方案满足抗汽蚀性能要求。国内厂商如大耐、深蓝等泵厂产品均有该工况应用业绩。也有些项目采用API 610标准OH2离心泵。BDO装置物料属于危险化学品的有：乙炔、甲醇、氢气、甲醛、丁醇、硫酸、碱液、1,4-丁炔二醇（BYD）等，多为易燃易爆有毒介质。因此对机泵的密封要求较高，多采用带压双密封或无密封泵。近年来随着人们环保意识的不断提高，无密封泵（屏蔽泵、磁力泵）在BDO装置中的应用范围不断扩大。泵类材质有20合金、316LSS、304SS、304LSS、CS等。与乙炔接触的过流部件材质不应使用铜、银或汞及其合金等。表3-29为INVISTA炔醛法工艺BDO装置（包含乙炔清净工序）用泵一览表。

表3-29 炔醛法10.4万t/a BDO装置用泵一览表（单线）

泵型式	输送介质	流量范围/(m^3/h)	扬程范围/m	过流件材料	轴封型式	冲洗方案	电机/kW	台数
OH2重载离心泵	硫酸，含甲醇、甲醛、饱和乙炔的溶液，催化剂浆料，粗BYD，丁醇塔底液，BDO及高沸物，焦油	9.6～809	28～140	20合金，CS，316LSS、304LSS	双端面机械密封	Plan 53A、54或Plan 32	≤132	30
BB2重载离心泵	BDO及高沸物，甲酸钠等	1310～2400	38～50	316LSS、304SS、304LSS	双端面机械密封	Plan 54	≤400	8
中轻载荷离心泵	密封水、循环水含少量有机物，25%碱液，蒸汽冷凝液，精制BYD，焦油，BDO溶液，冲洗水，冷却水，硝酸钠溶液，0.5%～2%NaOH溶液，中和废液，催化剂浆料等	5～387	21～103	316LSS、304LSS、304SS、CS	单端面机械密封，或双端面机械密封	Plan 11，Plan 21/23，Plan 32或54	≤37	42
磁力泵	氢氧化钠溶液，甲醇、丁醇、丙醇溶液，粗BDO，浓缩BDO，BDO产品，甲醇	1.1～120	41～124	CS、304SS、304LSS、316LSS	无密封		≤90	40
隔膜计量泵	浓硫酸	≤0.5	(排出压力≤600kPa)	20合金，隔膜PTFE	填料密封		≤1.1	2
高压往复泵	BYD溶液	<17	(排出压力≤31000kPa)	进出口单向阀、填料箱壳体、柱塞等双相钢及以上材质	填料密封		≤220	4
高压屏蔽泵	BDO溶液	<300	<100	SS	无密封		≤90	3
真空包	—							

三、关键泵介绍

以美国 INVISTA 炔醛法工艺，生产 10.4 万 t/a BDO 装置为例，阐述主要装置用泵的工况特点和选型。

1. BYD 给料泵

精制 BYD 用泵送入 BDO 一级反应器，在这个反应器中精制 BYD 和氢气压缩机来的高压氢气在镍基催化剂的作用下发生加氢反应，生成 1,4-丁二醇（BDO）。由此可见，BYD 给料泵为负责给 BDO 反应器输送主要反应原料的关键泵，工艺要求该泵安全可靠连续运行。

（1）工况特点　BYD 给料泵，共 4 台（两开两备），输送介质为约 52%（质量分数）的 1,4-丁炔二醇水溶液，含少量甲醛、甲酸、炔丙醇和甲酸钠等有机物，可能有微量催化剂颗粒混入，黏度约 1.6cP，密度约 $1070kg/m^3$，温度约 50～60℃，流量<$17m^3/h$，要求将介质由 0.3～1MPa 加压至 30MPa 以上。该泵扬程高达 2900m 以上，属小流量高扬程泵。

（2）选型　专利商推荐采用重型往复泵，执行 API 674 标准。目前国内大多数 BDO 装置主要采用整机效率较高的三柱塞或五柱塞往复泵，也有少数用户选用液压隔膜泵（隔膜泵应关注隔膜选材及使用寿命）。典型 BYD 高压柱塞泵为卧式单作用，由电动机、液力端（液缸体、柱塞及其填料函组件、进出口阀组、吸入和排出集合管等）、动力端（机身、曲轴、连杆、十字头、轴承和机架、泵内减速机构等）、润滑系统、密封冲洗系统、减速箱、脉动阻尼系统、安全阀等组成。润滑系统有飞溅润滑和强制润滑两种型式。减速箱有与曲轴箱一体的结构，也有独立的结构。选型关键点如下。

① 过流部件选材　1,4-丁炔二醇，可溶于水，易燃，有毒，腐蚀性一般。甲醛易燃，沸点低，极度危害。甲酸易燃，中度危害，有腐蚀性。炔丙醇有剧毒，易燃。且介质可能混入催化剂颗粒。泵过流部件选材，尤其是液缸体、进出口阀组、填料函组件、柱塞等需充分考虑以上因素。液缸体承受内压交变载荷，材质宜选用钛合金或超级双相不锈钢。进出口阀材质宜选用超级双相不锈钢或钛合金，阀型式主要有翼型阀、锥形阀和组合阀几种型式。柱塞宜选用双相钢，并进行表面硬化处理并磨光。填料箱壳体材料宜采用超级双相不锈钢，填料（盘根）材料应兼具耐磨性和润滑性，良好的自润滑性对填料和柱塞寿命有利。

② 柱塞线速度　BYD 给料泵一直是 BDO 装置中最易出现故障、维修频率最高的泵。早期运行中存在缸体开裂、单向阀内构件开裂、填料函体开裂、填料函寿命短、柱塞表面拉伤、出口管线振动、安全阀频繁起跳等问题。经过不断改进，目前各厂商选型一般限制在最大柱塞线速度 0.8m/s 左右。为延长填料等易损件的使用寿命，原设计的两开两备实际运行时基本都改成四台全开变频降速运行，实际运行柱塞线速度更低，正常工况下柱塞线速度低于 0.4m/s。因此，如要考虑实际运行时有备机，柱塞线速度有进一步优化降低的空间。

③ 柱塞和密封填料　柱塞和填料箱组成一对动密封副，其同心度很重要。十字头与柱塞最好采用挠性连接，调心性较好。

密封质量是评价一台高压往复泵性能和使用寿命的重要指标。关于填料函结构，典型的有两种：一种是传统的两组润滑矩形填料（高压一组，低压一组，见图 3-85），带支承环，手动外压紧结构（两组填料可分别压紧），两组填料间接入冲洗水；磨损后，需要人工压紧；检修时拆换填料需要拆卸液缸体。另一种是内置弹簧压紧填料（见图 3-86），高压侧为多组矩形填料＋弹簧，低压侧为 V 形密封圈＋弹簧，冲洗水在高低压段间补入，填料函密封能力和自我补偿能力较强；内侧压紧结构使用效果比传统外压紧结构好，但内置弹簧密封结构也存在一些问题，比如压紧力过大、易衰减和弹簧断裂等。

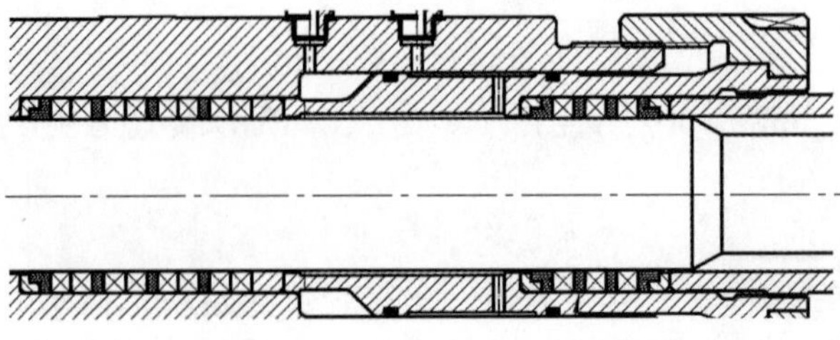

图 3-85 典型传统的两组润滑矩形填料的剖面图

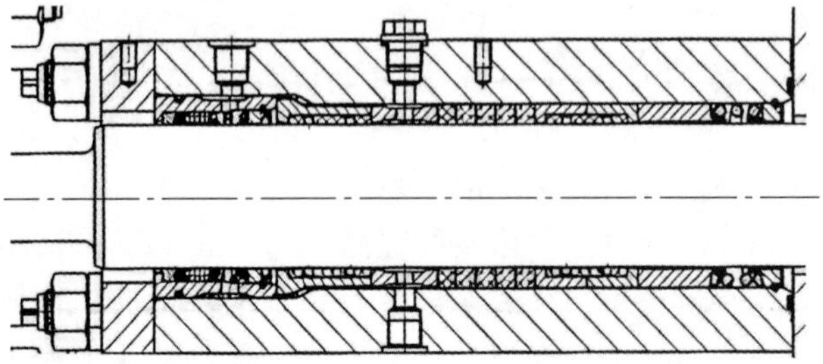

图 3-86 典型内置弹簧压紧填料的剖面图

密封副寿命差距关键在于柱塞线速度、填料密封结构形式及材料、加工装配精度等因素，设计和选型时应注意。

(3) 制造商的选择 目前国内 BDO 装置应用较多的柱塞泵国外品牌有德国 URACA、意大利 PERONI。国内厂商如合肥华升等对此进行了国产化攻关和专项研制，并在第一代已投用的给料泵基础上，对标国际先进水平推出了第二代产品；重庆水泵厂有限责任公司也有少量业绩。德国 Bran＋Luebbe 的隔膜泵在市场上也有部分应用。

2. 循环液泵

BDO 一级反应器反应生成的液相进入循环液泵，循环输送至 BDO 一级反应器。A 泵对应一级反应器 A，B 泵对应一级反应器 B，C 泵为备泵。因此，循环液泵也为高压反应工段的关键泵。

(1) 工况特点 循环液泵输送介质为约 50%的 1,4-丁二醇水溶液，含少量甲醇、高沸物等有机物，带压操作时可能有少量氢气进入，介质密度与水接近，额定工况下进出口压力均在 30MPa 以上，操作温度最高 113℃，流量＜300m^3/h，扬程＜100m。

(2) 选型 由于 1,4-丁二醇可燃、有毒，循环液泵宜采用卧式高压屏蔽泵，执行 API 685 标准。定子外壳设第二层保护，当屏蔽套损坏时可阻止介质漏向大气，其设计和试验压力值应和泵壳相同；且设有电机腔压力开关，用于屏蔽套破损时联锁停机。该泵仪控配置要求较高，通常配错序保护元件，电机三相绕组温度监测 PT100，轴位移监测仪表，转子腔带介质温度监测温度变送器等，还需设置电流限值高高报警联锁。由于屏蔽泵严禁空转，入口管线上还应设置液位开关。此外，泵入口应设置过滤器，防止颗粒杂质进入屏蔽泵内。该泵选型设计时还应关注选材、轴向力平衡、排气等问题。

(3) 制造商的选择 以往国内大部分 BDO 装置采用德国海密梯克产品，日本 Teikoku 卧式屏蔽泵、英国 Hayward Tyler 立式屏蔽泵也有少量应用业绩，完全依赖进口。近年来，国内厂家东方电机针对该工况进行了自主研发，针对该泵以往出现的转子屏蔽套鼓包、烧线圈、接线柱烧毁等问题进行了技术攻关，显著提升了循环液泵的可靠性，经中国通用机械工业协会鉴定达到国际先进水平。图 3-87 为国产高压屏蔽泵结构图。

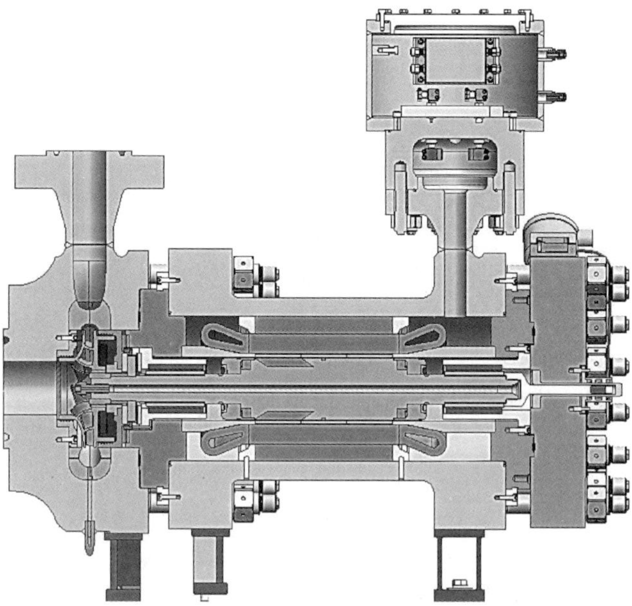

图 3-87 国产高压屏蔽泵结构图

3. 真空包

BDO 精制单元真空包（vacuum package）用来保持盐塔、低沸塔及高沸塔的高真空，是整个 BDO 提浓及精馏工序的关键泵组。

（1）工况特点　入口压力要求 4.3kPa（A），介质为 BDO、水、THF、低沸物、空气及微量其他有机物等，排气压力为 20kPa（G），进入火炬系统。待抽的 92℃介质在进入真空泵前先进入真空冷凝器冷凝至 15℃，从冷凝器出来的介质主要是空气和水，流量约 3300m^3/h。

（2）选型　真空包由真空冷凝器、冷凝液收集罐、冷凝液排液泵、真空泵组等组成。专利商推荐采用双级液环真空泵或罗茨真空泵加液环真空泵组合，带分离器、冷却器和工作液循环泵等。冷凝液排液泵和工作液循环泵通常采用磁力泵，入口配篮式过滤器。

国内大部分 BDO 装置真空包采用 NASH 锥体液环真空泵，双级压缩（如图 3-88），一开一备。与平圆盘泵不同，其采用锥体进、排气口设计，进、排气口可以做得很大，通流能力强且抗汽蚀性能较好。液环真空泵工作液采用脱盐水，轴封通常采用单端面机械密封，Plan 32 冲洗方案（采用脱盐水作为冲洗液）；如机封回水可回收，也可采用双端面机械密封配 Plan 54 冲洗方案。也有部分 BDO 装置采用罗茨真空泵＋液环真空泵串联的组合，SIHI、肯富来等公司均有该领域的产品应用。国内的 BDO 装置也有采用干式螺杆真空泵替代传统液环真空泵方案的应用，减少脱盐水的消耗。螺杆真空泵两开一备，排气端密封采用机械密封＋双唇形密封＋氮气密封的方式，吸气端采用唇形密封，轴伸处密封采用氟橡胶油封，变频控制。

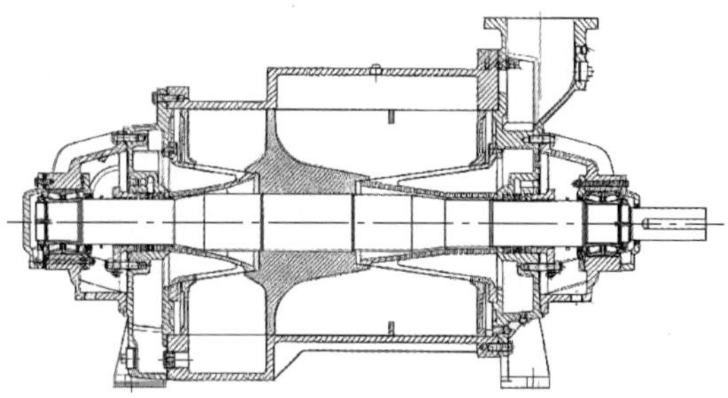

图 3-88 锥体双级液环真空泵剖面图

第十节 PBST/PBAT 装置用泵

一、概述

PBST/PBAT❶ 是一种脂肪族-芳香族共聚酯，其结合了脂肪族聚酯的可降解性和芳香族聚酯优异的力学及热性能，具有能与普通塑料相媲美的优良物理性能和加工性能，是在PBT（聚对苯二甲酸丁二酯）基础上加工而成的共聚型热塑性生物可降解塑料，是目前全世界产量最大、应用最广泛的全生物降解塑料，能够广泛用于一次性日用品、包装材料、塑料袋、农用薄膜等领域，是解决“白色污染”的重要途径之一。

PBST/PBAT 的制备是以丁二酸（SA）或己二酸（AA）、精对苯二甲酸（PTA）、1,4-丁二醇（BDO）为单体，按照一定比例，进行共聚酯合成反应，生成聚对苯二甲酸-共-己二酸（丁二酸）丁二醇酯。

二、流程介绍

本文以典型的单条线 4 万 t/a 生产规模的连续聚合 PBST 共聚酯配套生产装置为例介绍装置用泵情况。该套共聚酯连续聚合装置以六釜流程为主流程（串联酯化＋串联聚合＋并联增黏），由三台酯化釜、一台预缩聚釜、一台终缩聚釜和两台并联的增黏缩聚釜、缩聚循环BDO 系统、缩聚真空动力系统、THF 回收系统和热媒、冷却水系统等组成。

该装置在 PBST 市场出现波动时，可以根据市场的变化灵活切换，通过改变原料类别、结构配方或工艺条件，生产 PBS❷、PBAT 、PBSA❸、PBT 等同类的二元酸二元醇塑料产品。

该装置的工艺流程简图如图 3-89 所示。

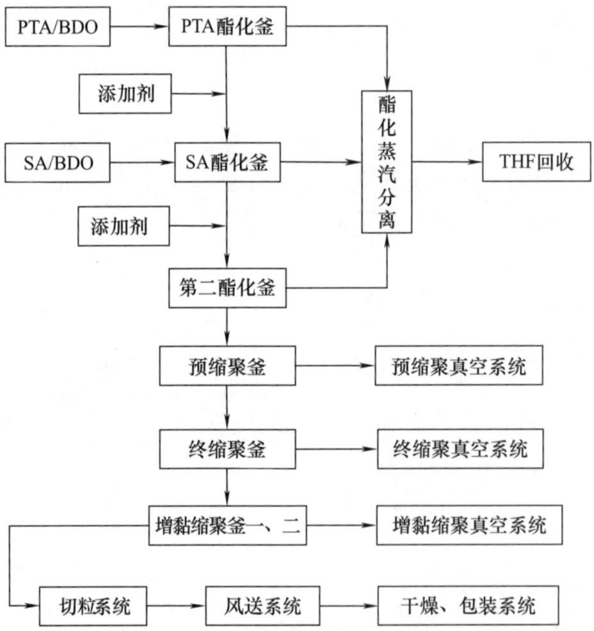

图 3-89 PBST 装置工艺流程简图

❶ PBST：聚丁二酸丁二醇-共-对苯二甲酸丁二醇酯。PBAT：聚乙二酸对苯二甲酸丁二醇酯。

❷ PBS：聚丁二酸丁二醇酯。

❸ PBSA：聚丁二酸-己二酸丁二酯。

三、装置用泵概要

PBST 装置的用泵主要为离心泵 7 台、屏蔽泵 69 台、熔体齿轮泵 12 台、计量泵 10 台、螺杆泵 4 台，详见表 3-30。

表 3-30 PBST 装置用泵汇总表

泵类型	台数	执行标准	备注
离心泵	7	API 610,SH/T 3139	
屏蔽泵	69	SH/T 3148	部分含颗粒介质采用外冲洗结构
熔体齿轮泵	12	制造厂标准	
计量泵	10	API 675	添加剂泵
螺杆泵	4	API 676	

四、关键泵介绍

PBST 装置关键用泵一览表见表 3-31。

表 3-31 PBST 装置关键用泵一览表

名称	台数	泵型	输送介质	流量 /(m^3/h)	黏度 /(Pa·s)	最高压力 /MPa(G)	操作温度 /℃	泵转速 /(r/min)	轴封	材质	电机功率 /kW
低聚物泵	6	熔体齿轮泵	低聚物	3.2～6.0	0.05～0.2	1	250～280	80～110	反螺旋（带冷却）加填料	壳体:不锈钢 齿轮:氮化钢 轴瓦:工具钢	5.5～7.5
预聚物泵	2	熔体齿轮泵	预聚物	5.2	2～5	3	≤255	≤100	反螺旋加填料	壳体:不锈钢 齿轮:氮化钢 轴瓦:工具钢	18.5
终聚物泵	2	熔体齿轮泵	聚合物	4.5	400～800	25	≤255	≤30	反螺旋加填料	壳体:不锈钢 齿轮:氮化钢 轴瓦:工具钢	90
增黏熔体出料泵	2	熔体齿轮泵	聚合物	4.2	800～1500	30	≤255	≤30	反螺旋加填料	壳体:不锈钢 齿轮:氮化钢 轴瓦:工具钢	110

1. 熔体齿轮泵介绍

PBST/PBAT 装置的低聚物泵、预聚物泵、终聚物泵及增黏熔体出料泵都属于熔体齿轮泵。熔体齿轮泵属于特殊设计用途的专用外啮合齿轮泵，主要应用于以下几类场合：

(1) 聚合反应流程 用于聚合反应流程中的高温、高黏、高压聚合物熔体的输送，一般采用热媒夹套加热，这类泵可直接安装在反应釜底部，因此被设计成大口径吸入的结构，从而保证高黏度的物料能从反应釜中顺利排出（如图 3-90），PBST/PBAT 装置中用到的熔体齿轮泵属于这类泵。

(2) 化工流程 用于各种化工流程，适用于纯净且有一定黏度的流体。比如在聚合装置中，聚合反应前段流体的物料黏度较低，也可以采用熔体齿轮泵来进行管道增压，一般采用热媒夹套加热（如图 3-91）。

(3) 挤出系统 安装于挤出机出口与模头之间，起增压、稳压、计量作用，一般采用电加热（如图 3-92）。

图 3-90 釜底出料泵

图 3-91 管路增压泵

图 3-92 挤出用泵

熔体齿轮泵的主要特点为：

(1) 可应用于高温（350℃）工况；

(2) 可应用于入口为全真空（FV）的工况；

(3) 可应用于高压工况［出口压力：0～35MPa（G）］；

(4) 适用的黏度范围宽，可为 0.0001～40000Pa·s，特别适用于输送高温高黏度熔体；

(5) 压力流量脉动小，可以实现流量的近线性输出，易于控制；

(6) 结构精密，精度高，寿命长。

2. 选型及结构特点

(1) 低聚物泵用于酯化釜塔釜的 PTA、SA 及 PBST 的低聚物输送。这类低聚物，温度高、黏度较低、出口压力不高，有腐蚀性。对于这类泵，材料的选择既要考虑耐腐蚀性又要考虑耐磨性，因此，泵的壳体可采用 304 或 316 型奥氏体不锈钢，齿轮采用氮化钢，轴瓦采用工具钢。同时为了减少内泄漏，应保证齿轮间与壳体之间的间隙小，对加工精度要求较高，另外由于高温，在设计上还应兼顾各部件在高温下的形变因素，避免出现卡泵或打不上压力的情况，同时，泵内尽量不要有死角。

(2) 预聚物泵用于将预聚釜塔釜的 PBST 预聚物输送至终缩聚釜入口侧。这类介质温度高、黏度较高、入口要求按全真空设计，出口压力为 3MPa（G）。对于这类泵，除兼具低聚物泵的主要特点外，设计上还应考虑利用它较好的自吸能力，使得预聚物能在高真空环境下，顺利从反应釜内出料，密封的设计也应同时考虑防止内部真空泄漏及物料外泄。同时要提高泵的吸入能力，减少了物料在齿轮泵内部的滞流，减少了物料残留导致分解的可能。

(3) 终聚物泵用于将终缩聚釜塔釜的 PBST 聚合物输送至增黏釜入口，进行增黏缩聚反应，促进物料脱挥，保障高黏物料的进一步反应。终缩聚物温度高、黏度高，入口要求按全真空设计，出口压力为 15～25MPa（G）。这类泵，除兼具预聚物泵的主要特点外，由于压差很大，对于齿轮的结构设计要求较高，应从提高齿轮泵容积、增加强度、提高耐压能力方面考虑。对于滑动轴承的设计，要求保证足够的硬度和耐磨性，同时保证物料在泵体内的循环。终缩聚物泵内要求绝对无死角。流道抛光度要求 $Ra<0.4\mu m$。

(4) 增黏熔体出料泵用于将增黏釜塔釜的增黏后的 PBST 聚合物送至水下切粒系统。一般换网器的压力降约为 10MPa（根据物料黏度和过滤精度不同，压力降有所不同），水下切粒机模头前面需要的压力约为 10MPa（G）（根据物料黏度不同，压力有所不同），因此，熔体出料泵需要满足 20～30MPa（G）左右的出料压力。为满足水下切粒机模前压力的要求，要求这类泵有很强的减压能力，从而满足脱挥器后熔体经过过滤器到切粒机模头的压力需求。同时这类泵要求有稳定的输出压力，来保证切粒模前压力恒定，这是切粒生产线连续稳定运行的基本条件，因此对熔体齿轮泵的精度要求很高。增黏熔体出料泵同样要求泵内绝对无死角。流道抛光度要求 $Ra<0.4\mu m$。

3. 密封选择

熔体齿轮泵主要的密封型式为反螺旋密封＋填料密封。

对于较低黏度的物料，需要在反螺旋侧设置水冷夹套，用来快速冷却高温物料，提高物料的黏度，来达到预期的密封效果。

熔体齿轮泵内置的润滑通道先由出口高压腔侧流经滑动轴承轴瓦的内孔，再流经端盖上设置的沟槽后，分为两路，一路回流至入口低压腔侧，另一路通往轴封缝隙处。在入口真空状态下，可以配置密封调压阀，通过调节该阀，减小内置润滑通道的回流至入口低压腔侧的流量，从而提高轴封缝隙通道中的压力，来防止空气进入。

在入口真空状态下，还可在填料处设置封液系统，用封液来排出内部空气，起到润滑填料及杜绝外部气体进入的作用。

典型的熔体齿轮泵密封系统如图 3-93 所示。

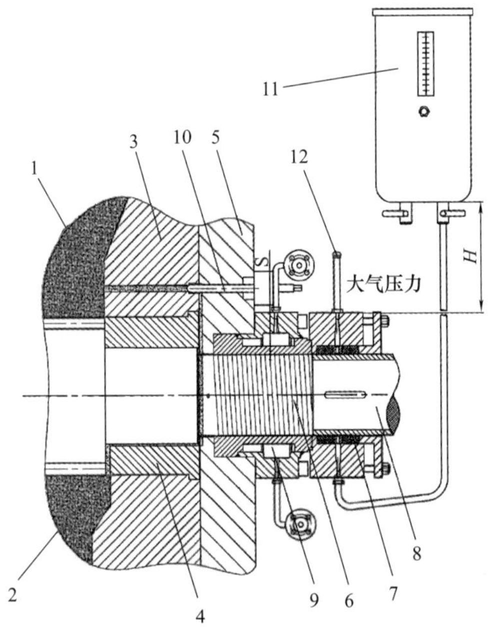

图 3-93　典型的熔体齿轮泵密封系统图

1—入口低压腔；2—出口高压腔；3—泵壳体；4—滑动轴承；5—端盖；6—反螺旋密封；7—填料密封；8—轴；9—冷媒夹套；10—调压阀组件；11—封液罐；12—排气帽

4. 制造商的选择

熔体齿轮泵属于为特殊用途而设计的专用外啮合齿轮泵，制造商选择时需要充分考虑它的设计、工程化能力、制造能力和生产业绩。目前国内 PBST/PBAT 装置中，使用的熔体齿轮泵主要制造商有马格、岛津、WITTE、郑州沃华等。

第十一节　ABS 装置用泵

一、概述

ABS 共聚物（acrylonitrile-butadiene-styrene copolymer）是指单体丁二烯（B）与单体苯乙烯（S）和丙烯腈（A）的共聚物。苯乙烯使 ABS 具有良好的加工流动性，丙烯腈使 ABS 具有良好的耐化学腐蚀性，丁二烯使 ABS 具有良好的韧性和耐冲击性，三种物质使 ABS 具有优良的综合性能。三种物质之间比例的改变，可在适当范围内调节其性能以适应各种特殊应用。

目前工业化 ABS 生产技术有：乳液接枝共聚合法、乳液接枝掺混法和连续本体聚合法。其中乳液接枝掺混法根据苯乙烯-丙烯腈共聚物（SAN）共聚方法不同又分为乳液接枝-乳液 SAN 掺混法、乳液接枝-悬浮 SAN 掺混法、乳液接枝-本体 SAN 掺混法。

近年来在 ABS 树脂技术领域有两大趋势：一是乳液接枝-本体 SAN 掺混法，因其工艺合理，有利于大型化和降低成本，且产品牌号多，产品力学性能、外观着色性能和加工性能均良好，工艺已很成熟，且产品范围最宽、实用性最强，所以是目前 ABS 树脂生产的主要方法，近年来新建的大型 ABS 树脂生产厂家基本上都选用此工艺；二是连续本体聚合法，由于连续本体聚合法 ABS 技术在产品范围上还有较大的局限性，目前只有少数公司用此工艺生产 ABS 产品。大多数生产厂家采用乳液接枝-SAN 掺混法生产 ABS 产品。

二、流程介绍

典型的 ABS 工艺各单元流程如下。

（1）乳液聚合单元　聚丁二烯单体在乳化剂和其他辅助化学品的存在下产生聚丁二烯胶乳（PBL）。

（2）接枝共聚合（HRG，高反应性接枝）单元　苯乙烯和丙烯腈在 PBL 存在的情况下发生反应。聚合反应器带有搅拌器和釜内外换热元件，利用釜内外换热来控制反应温度。

（3）丙烯腈与苯乙烯共聚单元　精制后苯乙烯、丙烯腈和添加剂等按比例在预混合器混合后，进入到给料溶剂罐，SAN 工艺聚合使用带搅拌器的反应器。

（4）ABS 掺混单元　掺混单元通过挤出机组和辅助的风送及加料系统，根据需要将相应牌号以及配比的 HRG 粉料、SAN 粉料与添加剂（如抗氧剂、阻燃剂、热稳定剂、润滑剂、着色剂等）掺混、熔融、挤出、造粒。

ABS 装置的基本工艺流程如图 3-94 所示。

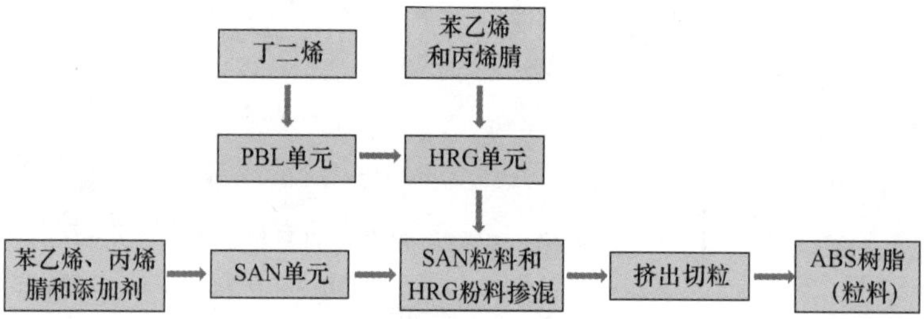

图 3-94　ABS 基本工艺流程

三、装置用泵概要

ABS 装置的泵型式比较多样，主要有离心泵，屏蔽泵，齿轮泵、计量泵以及螺杆泵。以某 60 万 t/a ABS 装置为例，此装置共有泵 539 台。其中主要泵型及数量如下：离心泵 294 台，齿轮泵 31 台，无泄漏泵 91 台，计量泵 51 台，螺杆泵 6 台，涡流泵 12 台，切割泵 14 台。

四、关键泵介绍

1. 浆液出料泵

泵送介质为 HRG 浆料等，浆料中颗粒直径小于 20 目[1]，少量颗粒物尺寸小于 100mm，

[1] 在泰勒标准筛中，目（mesh）指 2.54cm（1in）长度中的筛孔数目，它同时用于表示能够通过筛网的粒子的粒径。

含固量在15%到30%之间。单台流量大约30～50m^3/h，扬程约为40m，密度980～990kg/m^3，介质操作温度60℃。出口颗粒粒径尺寸6～8mm。

浆液出料泵采用卧式离心泵，为有效防止介质黏连和阻塞，主要流通部件采用抛光处理。考虑到介质中有大块颗粒，可在进液口处设置切刀，对大颗粒进行初步粉碎。泵结构见图3-95。材料选用304或316L。

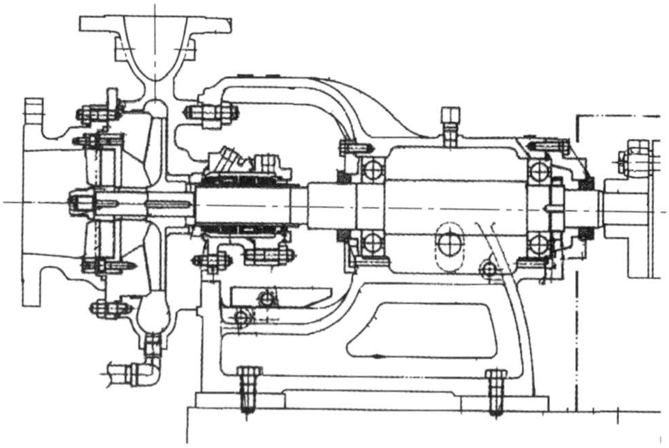

图3-95　浆液出料泵

机械密封根据泵送物料有较高含量的固体颗粒的特点以及泵体自身的结构特征，采用双端面密封的外部冲洗Plan 54方案。

2. 胶乳泵

在ABS装置中一部分离心泵的输送介质是胶乳，这些泵统称胶乳泵。根据使用经验，胶乳泵一般选择单级悬臂式离心泵，采用半开式叶轮，如图3-96。密封方案一般为双端面机械密封，外冲洗Plan 54方案。材质选择根据工艺要求，采用奥氏体不锈钢304、316或双相不锈钢等。

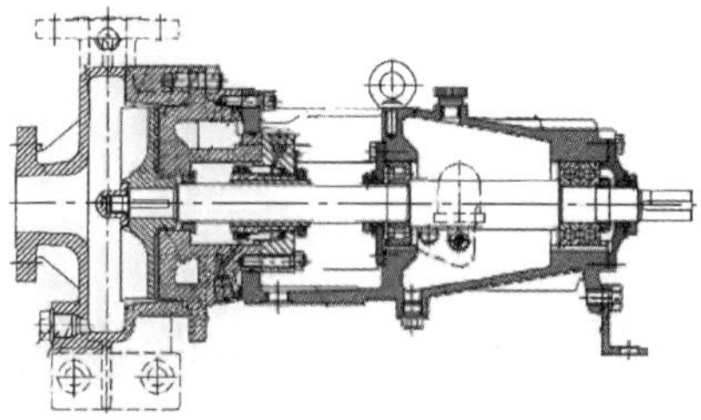

图3-96　胶乳泵

3. 屏蔽泵

在ABS装置中有些泵输送的是有毒有害介质，如丁二烯等，且泵的扬程较高，因此选用多级屏蔽泵，如图3-97。为了泵的稳定运行，在泵上设置绕组温度监测、轴承监测、转向监测等。材质选择根据工艺要求，采用奥氏体不锈钢304或316等。屏蔽套采用哈氏合金等。

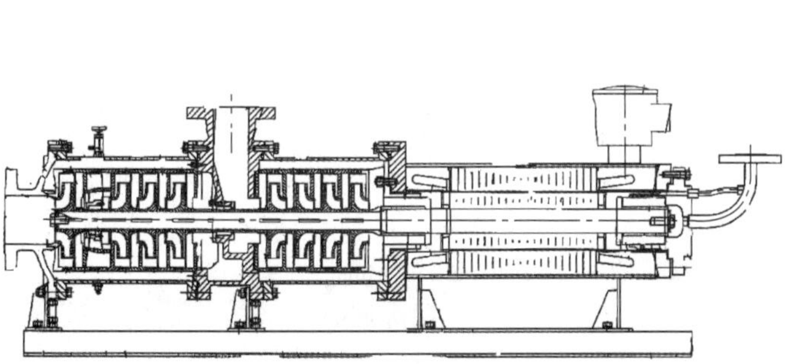

图3-97　屏蔽泵

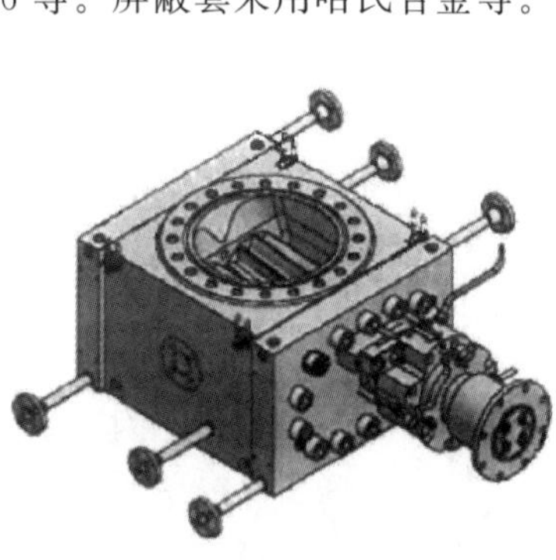

图3-98　出料泵

4. SAN 单元出料泵

在 SAN 单元中，SAN 聚合物在工作温度下的黏度为 1000～80000cP，工作温度为 120～160℃。因此输送这些聚合物需要用到齿轮泵，并且泵本体需要带保温夹套，保证泵的输送介质不凝固。泵结构如图 3-98，材质选择根据工艺要求，建议采用奥氏体不锈钢 316L 或更高等级材料。

第十二节 SBS 装置用泵

一、工艺流程及装置用泵概要

热塑性弹性体（SBS）是一种热塑性高分子材料，是介于橡胶与树脂之间的一种高分子聚合物，以苯乙烯、丁二烯为单体的嵌段共聚物，兼有塑料和橡胶的特性，在高温下能够塑化成型，在常温下具有硫化橡胶的弹性，可与水、弱酸和碱等接触，具有优良的拉伸强度，表面摩擦系数大，耐低温性能好，电性能优良，加工性能好等。常用于替代橡胶、塑料改性、黏合剂和沥青改性等。SBS 装置原材料为苯乙烯和丁二烯，溶剂为环己烷，引发剂有丁基锂和活化剂、耦合剂、防老剂、终止剂等化工助剂。SBS 合成属于阴离子嵌段、共聚反应工艺，其基本化学反应过程分别由苯乙烯聚合、丁二烯嵌段共聚和耦合剂耦合三段组成。

SBS 生产流程主要包括单体精制、反应、掺混、凝聚、溶剂精制及化学品配置、后处理等组成，生产工艺流程见图 3-99。

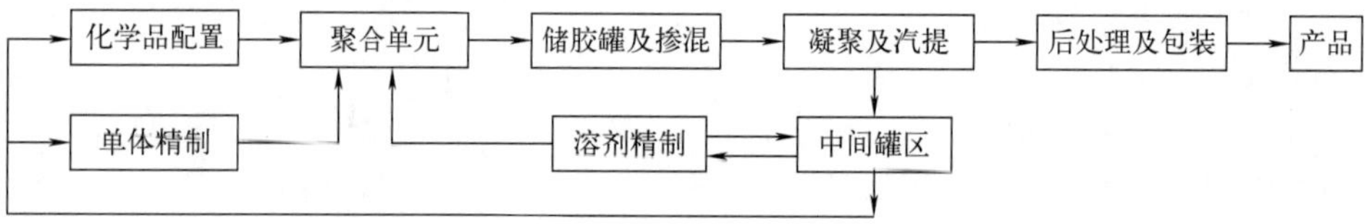

图 3-99 SBS 装置工艺流程框图

我国在多地建成了 SBS 装置，根据目前我国 SBS 供需状况及发展趋势，本节主要讨论规模 10 万 t/a 热塑性弹性体（SBS）装置用泵情况。

1. 工艺流程简介

如图 3-99 所示，SBS 装置工艺流程主要包括化学品配置和单体精制单元、聚合单元、掺混和凝聚汽提单元、溶剂精制和后处理及包装单元等。各单元流程简要叙述如下：

（1）化学品配置和单体精制单元　来自外界的丁基锂、四氢呋喃、四氯化硅、苯乙烯和丁二烯等原料与溶剂环己烷在此单元进行配置、精制和储存。此单元由活化剂系统、引发剂系统、终止剂系统、防老剂系统、环烷油系统、溶剂系统、苯乙烯系统和丁二烯系统组成。其目的是为聚合单元准备所需的各类原料和助剂。

（2）聚合单元　聚合单元将助剂、溶剂及原料加入聚合釜进行聚合反应，由撤热水进行冷却和温度控制，反应完成后出料至闪蒸罐系统完成闪蒸罐出料及防老剂（环烷油）添加。聚合单元还配有闪蒸溶剂回收系统及尾气回收系统。具体流程包括：加料计量、聚合反应、聚合胶液出料及终止、闪蒸浓缩、闪蒸后的胶液出料及防老、充油。

（3）凝聚及汽提单元　将聚合反应后的胶液进行贮存、混配胶及喷胶、胶液的凝聚、油水分离及尾气吸收，汽提后的胶液以悬浮态胶粒由胶粒水送至后处理单元。

（4）后处理及包装单元　颗粒水经过振动筛除去大部分水分后送入挤压脱水机、膨胀脱水机和干燥器进一步脱水，直至干燥完成，脱水过程中喷洒加入防板结剂，SBS 产品呈蓬松颗粒状态进行包装。

2. **装置用泵概要、数量、标准规范及总体要求**

SBS 装置是有机聚合生产高分子材料的装置，使用的原料、化学品及辅助原料大多数都属于易燃、易爆物质。引发剂丁基锂具有特殊危险性，与氧化物接触瞬间即着火，与空气混合形成爆炸混合气体，极易引发火灾爆炸事故，遇水或潮气则强烈燃烧，是一种非常危险的物质。要求 SBS 装置用泵要求具有良好的防泄漏、防火、防爆性能和高可靠性。

聚合工艺采用釜式反应，在一个生产周期内聚合单元进料泵大多采用间断操作，要求泵频繁启停，物料配比量及进料时间直接影响产品质量，泵常与计量罐配合使用。掺混和汽提凝聚单元泵送介质是胶液和颗粒水，胶液采用螺杆泵输送，汽提后形成富含悬浮 SBS 粒料的热水，采用宽流道开式叶轮的抗汽蚀水胶粒离心泵输送。由于胶液中添加的助剂具有一定腐蚀性，并保持产品外观（白色）不被污染，泵的壳体和叶轮均采用不锈钢制作。

10 万 t/a SBS 装置用泵共计 190 台，见表 3-32，其中辅助公用工程用的污水泵、废水泵等共 16 台，因其不具备特殊性，本节将不予讨论。工艺流程用泵主要集中在后处理之前的化学品配置、聚合、精制和罐区单元，以屏蔽泵、计量泵、化工流程泵和隔膜泵为主，掺混、汽提输送聚合胶液以螺杆泵、齿轮泵和输送含 SBS 颗粒的水泵为主。

表 3-32 10 万 t/a SBS 装置泵类汇总表

泵类型	泵形式	台数	标准	过流部件材质	轴封形式
离心泵	化工流程泵	33	API 610，SH/T 3139，ISO 5199，SH/T 3140	304、316、CS	机械密封
	屏蔽泵、磁力泵	39	API 685，SH/T 3148	304、316	—
容积式泵	磁力驱动齿轮泵	6		316	—
	螺杆泵	51		304、316、CS	双端面机械密封
	隔膜计量泵	43	API 675，SH/T 3142	316/PTFE	—
	气动隔膜泵	12		304/PTFE	—
自吸泵	卧式自吸泵	6		304/CS	机械密封
合计		190	—	—	—

SBS 装置采用间歇操作，泵流量与反应釜容积和物料加入速度相关，流量一般在 30～120m^3/h，压力在常压～1MPa（G）之间，物料丁基锂、丁二烯、苯乙烯操作温度在－5℃～常温之间。SBS 装置用泵基本参数见表 3-33。

表 3-33 SBS 装置用泵参数一览表

泵种类	流量范围/(m^3/h)	扬程范围/m	温度范围/℃	压力范围/MPa(G)	功率范围/kW	过流部件材质
化工流程泵	1.5～158	32～128	－15～120	0～0.5	1.5～90	SS、CS
屏蔽泵、磁力泵	0.15～154	30～120	－2.5～134	－0.02～1.04	5.5～75	316SS
磁力驱动齿轮泵	3.3	86	50	0.06～0.1	3	316SS
螺杆泵	0.06～83	35～133	30～95	0.01～0.55	1.5～75	SS、CS
计量泵	0.01～0.88	32～105	－15～55	0～0.2	0.55～2.2	316SS
自吸泵	10～30	30～50	常温	－0.05～0.01	11～15	CS
隔膜泵	2～5	12～35	常温	0～0.01	气动	SS/PTFE

二、关键泵介绍

SBS 装置中关键泵见表 3-34。

表 3-34 SBS 装置关键泵一览表

名称	类型	型号	流量 /(m^3/h)	扬程 /m	温度 /℃	出口压力 /MPa(G)	电机功率 /kW	材质		轴封
								壳体	叶轮	
活化剂进料泵	双隔膜计量泵	MRA11-F15	0.033	77	30	0.72	0.55	316SS	PTFE	—
丁二烯加料泵	屏蔽泵	R0810V-616	66	118	0	0.94	45	304SS	304SS	—
引发剂加料泵	屏蔽泵	R0405U-3311	2.4	70	15	0.58	6.3	304SS	304SS	—
苯乙烯进料泵	屏蔽泵	R0408V-3512	22	105	−2.5	0.96	26	304SS	304SS	—
环烷油加料泵	磁力齿轮泵	HL897	3.3	86	50	0.8	3	316SS	316SS	—
胶液出料泵	螺杆泵	L2NG-164/140	87	55	95	0.8	55	304SS	304SS	双端面密封 Plan 54
喷胶泵	螺杆泵	2GaBN182-70W	42	75	80	0.7	30	304SS	304SS	双端面密封 Plan 54
水胶粒泵	离心泵	PC100-4400-25X	154	60	100	0.56	75	316SS	316SS	单端面密封 Plan 32

1. 活化剂进料泵

SBS 聚合反应需要多种制剂在化学品配置单元进行配置，包括引发剂、活化剂、耦合剂、终止剂、防老剂等。活化剂四氢呋喃是聚合反应中重要的催化剂之一。在 SBS 装置中，基本上都要用到该种催化剂。四氢呋喃是 2 类易燃液体和 2 类有毒有害轻度危害介质，黏度 0.39mPa·s，密度 879.3kg/m^3，活化剂进料泵流量范围 0.01～0.03m^3/h，扬程 77m，操作温度常温，间断操作。活化剂进料泵将活化剂送至聚合单元活化剂计量罐，加入聚合釜。保持物料纯净度和计量精度能够更好地保证产品质量。SBS 装置多选用液压双隔膜计量泵（图 3-100），双隔膜计量配置隔膜破裂报警装置和内置泄压阀。隔膜材质根据物料腐蚀特性选用 PTFE，过流部件采用 316L 不锈钢。为保证隔膜使用寿命和提高容积效率，可限定计量泵额定转速≤100r/min，为适应产品牌号调整加注量，常常采用变频驱动调整流量。

当反应需要进行快速加料时，一般在泵出口反应器进口处配置一个计量罐，将计量罐内的活化剂采用惰性气体加压一次性快速加入反应釜，采用此配置工艺流程可大大减小计量泵的能力需求，计量泵满足在一个反应周期内达到计量罐充装量即可，同时计量泵的精度要求也可以相应降低。

SBS 装置除活化剂外，引发剂、耦合剂、终止剂、防老剂各种助剂使用泵流量不大，部分有计量精度要求，部分没有计量精度要求，但都可采用计量泵。隔膜泵中隔膜会发生破裂，为防止物料污染采用双隔膜计量泵，这样即使一层隔膜破裂也不会污染物料。二层隔膜之间采用抽真空方式，配置隔膜破裂报警装置。目前生产此类泵的国内外制造厂比较多，杭州德帕姆、Pulsafeeder、Milton Roy、LEWA、普罗名特、重庆水泵厂等均可生产，这些制造厂生产的泵传动结构形式略有不同，但对于 SBS 装置工况均可使用。

2. 丁二烯加料泵、苯乙烯进料泵

丁二烯、苯乙烯是 SBS 聚合的基础原料，SBS 聚合采用锂系阴离子聚合工艺，物料中的杂质直接影响产品分子量分布，需对外界来的原料在单体精制单元脱除阻聚剂等相关杂

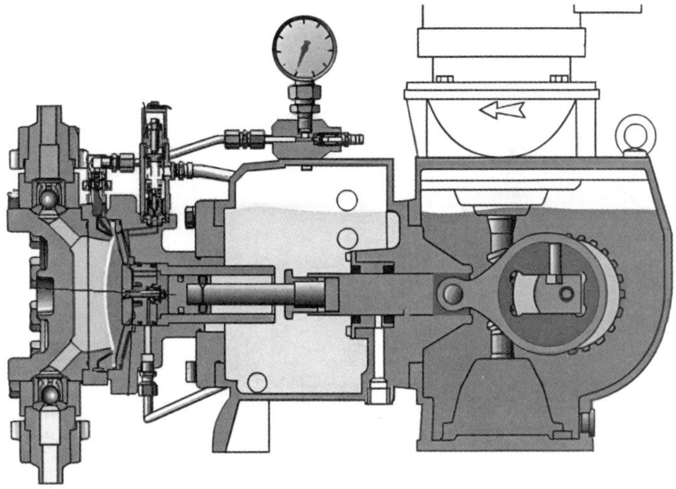

图 3-100　液压驱动的双隔膜计量泵结构图

质，达到反应需要聚合级的品质，采用屏蔽泵可以有效避免泄漏和物料污染。

(1) 工况特点　丁二烯属于第 2.1 类危险化学品，沸点－4.4℃，毒性等级轻度危害（Ⅳ级），爆炸极限 2%～12%，甲 A 类易燃物料；苯乙烯属于第 3 类危险化学品，沸点 146℃，毒性等级中度危害（Ⅲ级），爆炸极限 0.9%～6.8%，乙 A 类易燃物料，致癌性类别 2。

精制后丁二烯、苯乙烯防止自聚，操作温度丁二烯 0℃，苯乙烯－2.5℃。

(2) 选型要求　丁二烯加料泵和苯乙烯加料泵的选型要求主要根据介质特点和工艺需求，选择避免污染物料和泄漏的泵，同时考虑到丁二烯加料泵和苯乙烯进料泵向反应釜内输送的聚合级的原料具有很高的自聚性，且丁二烯属于低沸点－4.4℃物料，丁二烯加料泵和苯乙烯进料泵选取逆循环形式的屏蔽泵（图 3-101），避免物料在泵内自聚和升温汽化。

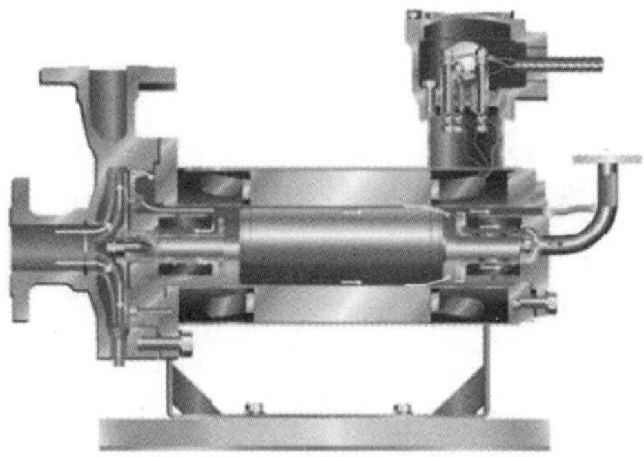

图 3-101　逆循环屏蔽泵结构图

流体经过叶轮增压，流经前轴承、电机屏蔽套和后轴承进行冷却和润滑，从屏蔽泵尾端排出，逆循环线一般情况下排至泵入口罐的气相空间。泵装置布置和管道设计可参见图 3-102。需注意的是，逆循环管线宜采用步步高设计，不能出现 U 形弯形成液袋。泵旁通管路和逆循环管路虽然都是返回至上游容器，但旁通管路工作压力远远高于逆循环管线的压力，两路管道应接入罐上各自独立的接口，采用汇总管形式可能会破坏逆循环的建立，影响泵内轴承的润滑和屏蔽套的冷却，造成设备损坏。如在工程设计中泵入口罐采用内浮顶罐，无法接收逆循环介质至气相空间，逆循环回至液相区时，使用逆循环结构的屏蔽泵需特别小心，选取逆循环排出压力较高，采用逆循环管损较小设计能够一定程度减小故障概率。

(3) 材料的选择　丁二烯和苯乙烯均属于有机物，尤其是聚合级高纯度物料适用大部分金属材料，在进料泵材料选择上主要考虑不影响物料的洁净度，碳钢产生的铁锈会影响产品外观，而且离子杂质对聚合反应有一定影响；丁二烯沸点较低，易汽化和汽蚀。因此在选择

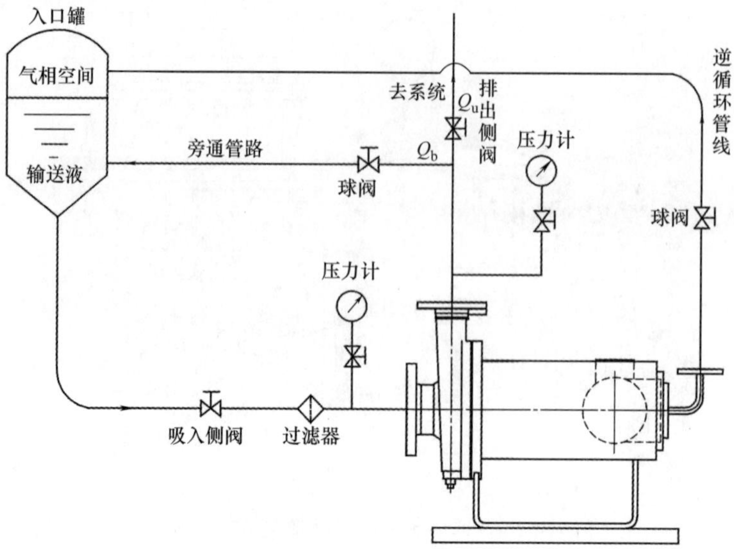

图 3-102 逆循环屏蔽泵装置管道示意图

材料时要考虑上述洁净、抗汽蚀性能好的材料，常常选择 304、304L 和 316 等不锈钢。屏蔽套的电涡流会消耗功率、影响泵整体效率，选取强度高、非导磁性能好的哈氏合金材料作为定子、转子屏蔽套，在全寿命运行周期下性价比是非常优异的。屏蔽泵采用前后两个滑动轴承，采用输送介质润滑，强度高、不污染物料、耐磨性好的碳化硅材料适合 SBS 装置屏蔽泵。

3. 胶液出料泵

胶液出料泵用于将反应聚合完成的胶液送到凝聚单元罐内进行胶液的贮存、混配胶及喷胶、胶液的凝聚、油水分离及尾气回收。

(1) 工况特点　胶液处理量根据装置规模、聚合釜容积和出料时间确定，10 万 t/a SBS 装置胶液出料泵流量一般 75～83m^3/h，根据装置布置的差别，泵扬程一般在 30～55m。由于聚合是放热反应，聚合釜出料温度在 80～95℃，釜内出料压力在 0.2～0.4MPa (G)，不同牌号的胶液黏度范围在 750～3000mPa・s 之间。由于聚合采用的是间歇操作，在每次反应结束和开停车期间需对聚合釜进行清洗，置换反应结束期间加入的终止剂和残余胶液，采用反应溶剂环己烷进行清洗置换，环己烷黏度较低 0.8mPa・s。胶液中含有的四氯化硅、四氢呋喃等助剂具有一定的腐蚀性。胶液温度较高，过流部件腐蚀会随着温度上升而加剧。

(2) 选型要求　根据胶液特点和工况情况，选择具有输送黏稠物料的泵，同时还需满足环己烷低黏度循环工况，并要求过流部件需具备一定的耐腐蚀能力。在 SBS 装置中输送胶液的泵采用双螺杆泵（图 3-103）。

材料的选择：胶液需保持一定的清洁度，不能影响产品外观质量。在此条件下，过流部件应选用奥氏体不锈钢 304、304L、316 或 X6CrNiMoTi17-12-2 等。

泵转速的选择：虽然螺杆泵转速降低对泵的稳定性和耐用性有所提高，但由于出料泵还需输送低黏度环己烷，泵的转速不宜过低，否则低黏度的环己烷在螺杆间隙中泄漏加大，从而无法置换清洗所需的流量和扬程，在选型时应特别注意低黏度工况的核算。泵的转速选定在 700～900r/min。

(3) 密封及冲洗　胶液组分中含有溶剂环己烷，属于易燃易爆物料，机械密封应采用双端面密封。采用 API Plan 53B 或 Plan 54 密封冲洗方案。冲洗介质采用白油。10 万 t/a SBS

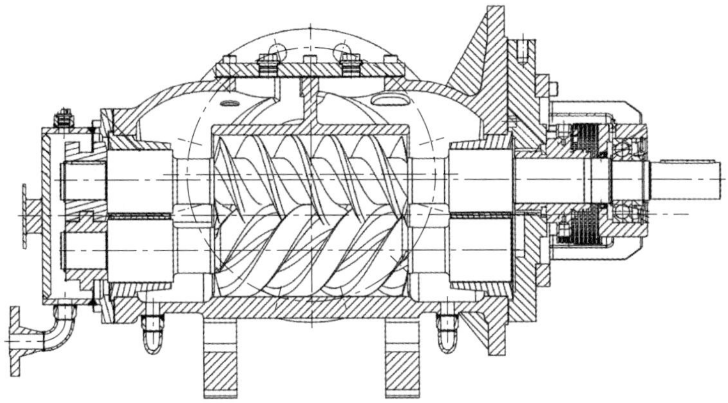

图 3-103 双螺杆出料泵结构图

装置出料泵、胶液泵和混胶泵数量较多，密封工作情况大体相当，可根据装置布置采用集中油站统一供油，能够有效降低操作维护工作量。在每一台泵的供油管和回油路上设置压力监测、止回阀和阀门，在每一台回油管路上设置流量计，用于监测每台泵的密封工作状态。当其中一台泵密封出现问题时可以将其切出，保证其他泵能够正常运转。图 3-104 所示为 Plan 54 密封冲洗供液的油站 PID 系统。

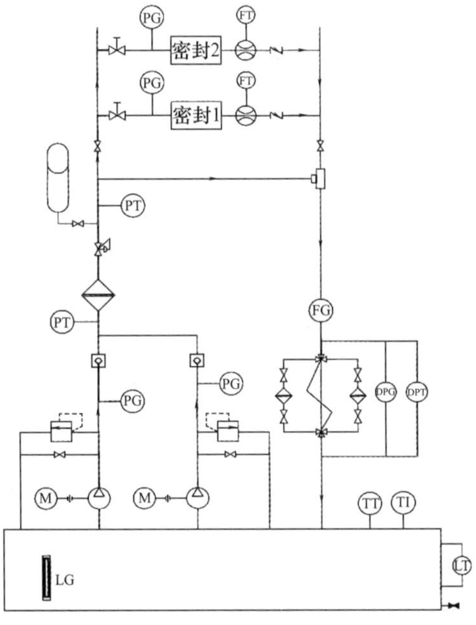

图 3-104 Plan 54 密封冲洗油站 PID 系统示意图

4. 水胶粒泵

胶液由喷胶泵送入汽提釜，采用低压蒸汽和热水汽脱挥提出溶剂环己烷，在强力搅拌的作用下，胶液中的 SBS 逐步呈松散絮状颗粒状态悬浮于热水中。汽提工艺多采用三釜串联操作，水胶粒泵将胶粒水依次送入各个汽提釜进行汽提。汽提完成后胶粒悬浮在热水中，通过水胶粒泵送至后处理单元进行脱水干燥。

(1) 工况特点 水胶粒泵输送介质是富含 SBS 产品固态絮状颗粒的热水。悬浮在水中的胶粒尺寸 5～20mm，胶粒水中成分水占 97%，SBS 胶粒占 2%～5%（重量比），胶粒是膨化松散状态，堆积密度约为 200kg/m^3（干），体积占比 5%～12%，胶粒水温度 87～101℃，流量范围 100～150m^3/h，扬程 40～60m，装置汽蚀余量较低为 2.5～3.5m。

（2）选型要求和结构特点　水胶粒泵采用宽流道离心泵，当上游脱挥不完全，胶粒中含有一定的溶剂时，胶粒会互相黏连形成较大的颗粒团，泵流道要求尽可能宽，泵转速较低时还会黏连到流道内部造成阻塞，泵内快速的流动可以冲刷掉黏连的颗粒。输送的高温热水和残余挥发分环己烷在泵入口会汽化，要求泵具有很低的必需汽蚀余量，泵材料选取抗汽蚀能力高的 316L 材料。水胶粒泵的结构如图 3-105 所示。

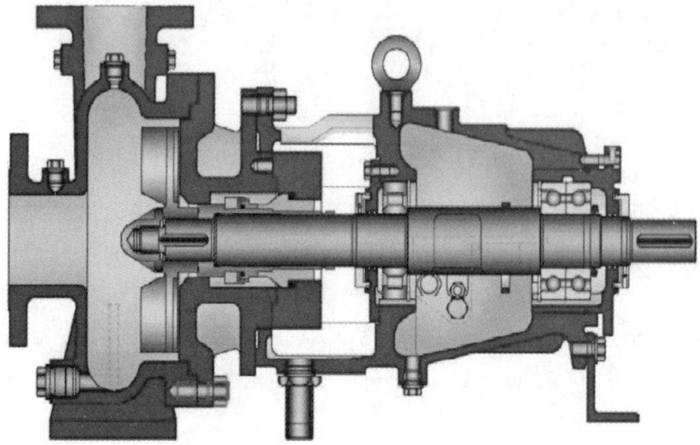

图 3-105　水胶粒泵结构示意图

要求泵适合输送富含大颗粒的物料，旋转的叶轮不能破坏胶粒形态，否则形成的细碎粉料在后处理脱水干燥后会造成粉尘飘逸和筛分漏胶量大。高温水旋流泵（水胶粒泵）叶轮旋转在泵体内产生旋涡，旋涡延伸到泵的入口处，对固体混合物形成吸力，输送的介质不经过叶轮，而是从叶轮旁边通过，再由离心力产生的旋涡将固体排出管路，泵工作特点如图 3-106 所示。水涡流带动颗粒流动，介质携带固体颗粒与叶轮接触少，而且胶粒是蓬松大颗粒状态，硬度不高，叶轮磨损小。泵要能够输送含固体颗粒和气体含量较高的介质。

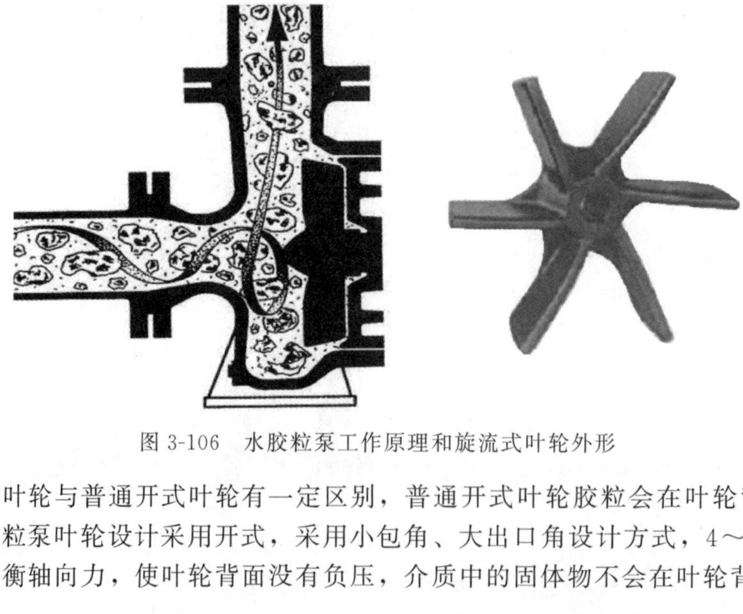

图 3-106　水胶粒泵工作原理和旋流式叶轮外形

水胶粒泵叶轮与普通开式叶轮有一定区别，普通开式叶轮胶粒会在叶轮背面沉积阻塞，SBS 装置水胶粒泵叶轮设计采用开式，采用小包角、大出口角设计方式，4～12 个叶片，小背叶片设计平衡轴向力，使叶轮背面没有负压，介质中的固体物不会在叶轮背面沉积堵塞。

(3) 泵成套配置　水胶粒泵采用符合 ISO 5199 和 SH/T 3140 标准的离心泵，泵采用加粗刚性锻件轴，可以有效避免流道内颗粒不均匀及热水汽化造成的冲击，减小因此引起的振动和噪声。为提高设备的可靠性，避免黏性物料的黏连，泵的转速不能过低，实际使用经验泵转速选为 1450r/min 为最优，叶片表面进行抛光处理。水胶粒泵介质主要是热水，SBS 装置副产蒸汽凝液比较多，采用比较干净的蒸汽凝液作为冲洗水避免物料被污染，采用 Plan 32 密封外冲洗方案。

(4) 水胶粒泵的产品情况　早期 SBS 装置水胶粒泵多采用美国 ITT 的 4X6 系列泵，国内大耐泵业有限公司开发出的 PC X 系列产品（参数见表 3-35）和杭州大路均有在 SBS 装置上的应用。

表 3-35　PC X 系列水胶粒泵的性能参数

型号	流量/(m^3/h)	扬程/m	转速/(r/min)	电机功率/kW	型号	流量/(m^3/h)	扬程/m	转速/(r/min)	电机功率/kW
PC X40	6～15	5～30	1450	1.5～4.5	PC X100	90～300	30～80	1450	9～110
PC X50	15～90	5～35	1450	1.5～30	PC X125	90～160	20～45	1450	30～90
PC X65	30～60	5～35	1450	3～30	PC X150	300～450	20～50	1450	45～160
PC X80	50～90	5～35	1450	3～45					

第十三节　烟气脱硫装置用泵

一、概述

我国燃煤电厂和燃煤热电联产装置很多，煤经过燃烧后，煤中的硫形成二氧化硫随烟气直接排放会造成严重的污染。烟气脱硫的最终目标是实现环保排放，减少酸雨的发生，改善人类的生存环境。烟气脱硫大都通过化学过程将烟气中的二氧化硫吸收或反应掉来控制外排烟气的硫含量，烟气脱硫装置是环保领域重要的设施。

二、流程介绍

烟气脱硫目前工艺路线很多，根据不同的脱硫原料，主要分为石灰石/石灰烟气脱硫、双碱法脱硫、氨法脱硫、海水脱硫、碱法脱硫等。石灰石脱硫工艺由于原料便宜易得，是目前使用最多的工艺。因地制宜地选择副产碱液、氨水和海水作为脱硫原料的烟气脱硫装置也具有方便性和经济性，此类烟气脱硫装置有一定的特点和优势，也有一定占比。

石灰石脱硫是利用成本低廉的石灰和石灰石作为吸收剂吸收烟气中的 SO_2，生成半水亚硫酸钙或石膏。石灰溶解生成 $Ca(OH)_2$ 与 SO_3^{2-} 反应生成的亚硫酸钙在 100gH_2O 中的溶解度只有 0.0043g（18℃），易达到过饱和；而结晶吸附在塔壁和部件表面上，会造成设备堵塞结垢，循环浆液维持在酸性条件下，浆液循环泵在耐腐蚀方面以耐 Cl^- 为主。

氨法脱硫，可利用工业副产氨水作原料，氨与烟气中的二氧化硫反应生成亚硫酸铵和硫酸铵，达到脱硫的目的。脱硫浆液经过结晶、过滤、干燥得到氨肥。氨法的特点是：反应速度快，无吸收剂再循环系统；氨法工艺无废水、废渣排放，副产物可作肥料，此工艺净化后尾气可能存在气溶胶。

双碱法脱硫，采用可溶性的碱性液作为吸收剂吸收 SO_2，然后再用石灰乳或石灰对吸收液进行再生。特点是不易结垢和堵塞，脱硫率较高，应用范围较广。双碱法脱硫常配有再生池和澄清池。

碱法脱硫，采用 NaOH 碱液泵送入的碱液至塔底形成碱性溶液，浆液循环泵将塔底液送入脱硫塔内部的喷嘴对烟气进行洗涤和吸收二氧化硫。浆液的流动性能好，不易结晶、结垢，固体物质主要是 Na_2SO_3 和烟气中的灰尘，含量相对较低。工艺流程见图 3-107，几种烟气脱硫工艺流程大致类似。

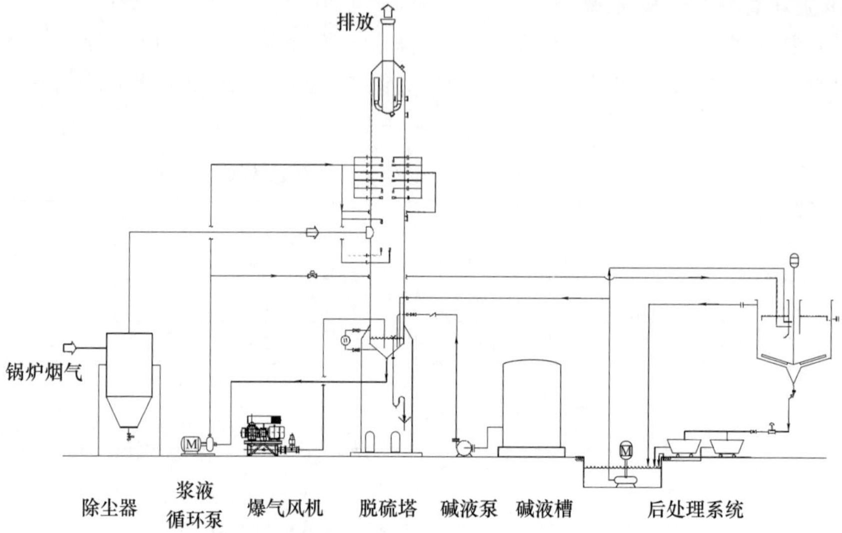

图 3-107 碱法脱硫工艺流程示意图

由图 3-107 可见，烟气脱硫主要包括烟气除尘、洗涤吸收、浆液循环、爆气、脱硫剂制备和浆液后处理等几部分组成。

三、装置用泵概要

从上述工艺介绍可知，烟气脱硫烟气中含有 SO_2，溶于吸附塔或洗涤塔内含水的洗涤液中呈酸性，采用碱性吸附脱硫，酸碱中和脱硫效率高。烟气脱硫装置主要用泵见表 3-36。

表 3-36 烟气脱硫装置主要用泵汇总表

泵用途	脱硫工艺	介质名称	泵型式	采用标准	过流部件材质	轴封型式
脱硫剂加入	石灰石/石灰烟气脱硫	石灰石浆液	离心泵	SH/T 3139,ISO 5199,SH/T 3140,GB/T 5656	CS	机械密封
	双碱法脱硫	碱液/石灰石浆液	离心泵		CS	机械密封
	氨法脱硫	氨水	离心泵		CS	机械密封
	海水脱硫	海水	离心泵		316/双相钢	机械密封
	碱法脱硫	碱液	离心泵		CS	机械密封
浆液循环	（离心泵）	浆液	离心泵		耐腐耐磨合金/衬里	机械密封
浆液后处理	（螺杆泵）	淤泥	单螺杆泵	JB/T 8644	304/CS	机械密封

烟气脱硫装置主要用泵为离心泵和单螺杆泵，其中脱硫剂加入和浆液循环常采用离心泵，浆液后处理单元采用螺杆泵输送絮凝的淤泥。

四、关键泵介绍

浆液循环泵，也叫脱硫泵，是烟气脱硫装置中的关键泵。浆液循环泵将吸收自塔底的浆液送入上部的喷淋口与烟气形成逆向流，吸收中和烟气中的 SO_2，亦将烟气中的粉尘也进行了洗涤清除，浆液回到脱硫塔底部再由浆液循环泵送至喷淋口循环使用。

（1）工况特点　严格上说浆液循环泵工况（流量、扬程、压力和温度）并不苛刻，浆液循环泵工况主要特点是要求泵耐腐蚀的同时具有耐磨蚀的能力，腐蚀和磨蚀同时存在，泵的选材是重点。不同的脱硫工艺腐蚀和磨蚀机理有着较大的区别，石灰石脱硫与碱法脱硫浆液特性对比举例见表 3-37。

表 3-37　石灰石脱硫与碱法脱硫浆液特性对比

<table>
<tr><td rowspan="4">石灰石脱硫</td><td rowspan="2">浆液特性</td><td>pH 值</td><td>含固量</td><td>温度/℃</td><td>密度/(kg/m³)</td><td>当量 Cl⁻ 离子浓度/(mol/L)</td></tr>
<tr><td>3.5～7</td><td>15%～30%</td><td>40～60</td><td>1130～1200</td><td>20000～60000</td></tr>
<tr><td rowspan="2">浆液组成（质量分数）</td><td>硫酸钙、亚硫酸钙及其水合物</td><td>$CaCO_4$、$MgCO_3$</td><td>CaF_4、MgF_2</td><td>灰分</td><td>惰性矿物(Al_2O_3、SiO_2 等)</td></tr>
<tr><td>17%</td><td>4%</td><td>5%</td><td>2%</td><td>2%</td></tr>
<tr><td rowspan="4">碱法脱硫（NaOH）</td><td rowspan="2">浆液特性</td><td>pH 值</td><td>含固量</td><td>温度/℃</td><td>密度/(kg/m³)</td><td>当量 Cl⁻ 离子浓度/(mol/L)</td></tr>
<tr><td>6.5～8.5</td><td>0.4%～8%</td><td>20～50</td><td>1050～1150</td><td>500～10000</td></tr>
<tr><td rowspan="2">浆液组成（质量分数）</td><td>Na_2SO_4</td><td>$NaHSO_3$</td><td>Na_2SO_3</td><td>H_2O</td><td>灰分</td></tr>
<tr><td>3%</td><td>3%</td><td>1.5%</td><td>92%</td><td>0.4%～2%</td></tr>
</table>

工况分析：浆液 pH 值和脱硫产生的盐溶液是腐蚀的主要原因，不同浓度、不同温度、不同压力下介质腐蚀特性不尽相同。在压力、温度升高和流动冲刷同时存在的情况下，一般温度升高 10℃，腐蚀速率约增加为原来的 1～3 倍。部分依靠表面钝化膜耐腐蚀机理的金属在磨蚀下，钝化膜会被迅速破坏，加剧金属材料的腐蚀速率，造成叶轮严重失重，导致失效。复杂组分和高含盐量下腐蚀机理复杂，叠加磨蚀是浆液循环泵的独特特点。

（2）材料选择　浆液循环泵选材是泵选型的重中之重，各种材料有各自独特的特点，应根据不同的脱硫工艺进行针对性选型。全金属浆液循环泵选材不恰当是泵失效的主要原因。

适用海水脱硫的泵不一定适合氨法脱硫工艺，含有氨的脱硫剂会使双相钢中的铜成分腐蚀，造成叶轮破坏，含有高硬度矿物质颗粒要求泵过流部件具有高硬度以抵抗磨蚀，同样不适合依靠表面钝化膜耐腐蚀的材料。高硬度的高硅铸铁、高铬马氏体、铁素体不锈钢材料，虽然能够耐磨蚀，但在酸性亚硫酸盐环境下耐腐蚀性能低，叶轮失重率大，寿命不高，难以满足使用需要。耐腐蚀性能优异的低碳奥氏体不锈钢，硬度较低，不耐磨蚀，亦无法满足使用要求。

目前国内已研发不少合金材料，基本技术路线是基于《抗磨白口铸铁件》（GB/T 8263）进行性能提升。材料主要成分：Cr 占 5%～18%，Ni 占 5.0%～6.5%，C 占 2.6%～3.2%，Mo 占 2%，Mn 占 0.8%～1.3%，Si 占 0.5%～1.2%，Cu 占 1%。加入的合金成分有效地提高了耐腐蚀能力。但材料属于脆性材料，很容易因温度骤变而致使铸件产生裂纹，热处理难度大。经过冷炉装炉、缓慢温升、不稳定化处理、硬化处理后布氏硬度值可以达到 500～800HB。主要代表材料为 Cr30A、2605A 和 A49，与之对应的是 ASME A532

Ⅲ，也叫镍硬铸铁，属于高铬合金铸铁。另一种以奥氏体和铁素体为基材的改性合金也得到了有效的使用，其主要成分：Cr 占 20%～32%，Ni 占 1.0%～2.5%，C 占 1%～2%，Mo 占 1%～2%，Mn 占 0.8%～2.5%，Si 占 1.2%～1.8%，Cu 占 1%～2%。这些材料由于硬度较高，为调节合理的硬度和韧性分配，需要相对复杂的热处理工艺，铸件成品率从最初的不到 30%，现已经提高到 70%，有利于材料的推广应用。

陶瓷具有高硬度、耐腐蚀的特点，采用碳化硅烧结的脱硫泵能够满足使用工况，浆液循环泵连续使用寿命得到极大的提高，受制造成本高的限制，应用不广。在泵体内部过流部件和叶轮采用高速喷涂烧结和等离子喷涂碳化钨等特殊材料可以具有极高的硬度和优良的耐腐蚀性能，但受加工能力和技术水平限制，没有得到较大的发展。复合材料随着技术的进步可能会成为脱硫泵发展的趋势。

（3）选型和结构特点　采用衬橡胶结构的浆液循环泵也得到了广泛使用，由于衬里橡胶容易脱落，阻塞喷淋口，实际使用效果不是很理想。泵采用前后耐磨衬板结构，使耐磨性能得到了提高，但是叶轮腐蚀和磨蚀依旧是个难题。

浆液循环泵扬程不高，通常在 20～60m，为了降低磨蚀，浆液循环泵转速通常不高，过低的转速虽然能够降低磨损，但泵体加大造成成本增加，选择合适的转速是非常重要的，通常在 690～740r/min 左右。

泵结构主要有两种形式，分别是采用 GB 标准的浆液循环泵和执行 API、SH 标准的浆液循环泵，如图 3-108 所示。

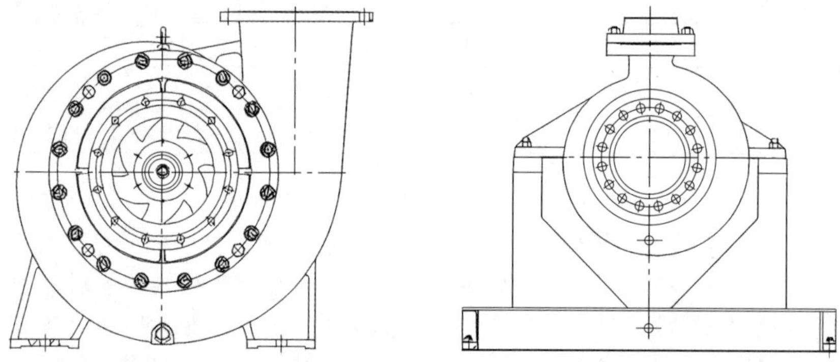

(a) 执行GB标准的浆液循环泵　　(b) 执行API和SH标准的浆液循环泵

图 3-108　两种浆液循环泵外形图

参照美国石油学会 API 610 标准 OH2 和 SH/T 3139 悬臂泵，采用整体撬装结构，径向剖分，中心支承低转速，前圆柱轴承后深沟球轴承＋圆锥推力轴承支承，采用带加长节的挠性膜片联轴器，稀油润滑铸钢轴承箱，宽流道单涡壳，全合金过流部件设计。泵壳和叶轮采用硬度高、耐腐蚀性强的材料制作，中心支承能带来更好的泵体承受外力的作用，稳定性提高；采用 GB 标准的浆液循环泵采用底脚支承，可采用前后护板结构或衬橡胶结构，经济性较好。

（4）机械密封　烟气脱硫过程中烟气会带走浆液中的水分，脱硫过程中需要进行补水，且浆液中富含颗粒，浆液循环泵采用 Plan 32 外部冲洗配置，外部提供的清洁水通过密封腔进入泵体。优选符合 API 682 标准的集装大密封腔机封。

（5）制造商的选择　烟气脱硫装置的浆液循环泵由于其工况特殊，属于特殊设计用途的专用泵，制造商及其选材需具有丰富的经验。目前我国烟气脱硫主要制造商有：襄阳五二五、江苏飞跃、石家庄强大泵业。

第十四节 POSM 装置用泵

一、概述

环氧丙烷（PO）为重要的有机化工原料，主要用于生产聚醚多元醇、丙二醇、非离子型表面活性剂等。苯乙烯（SM）主要用于生产聚苯乙烯、丁苯橡胶、丁苯乳胶、ABS 树脂等。近几年 PO 产能逐步投放，产能需求不断增长，苯乙烯行业也保持高度扩能态势，POSM 装置上下游产业链较长且覆盖面广，其发展前景和势头正盛。

目前世界上苯乙烯的主要生产工艺有乙苯催化脱氢工艺及 POSM 工艺，其中采用乙苯催化脱氢工艺生产的苯乙烯量占苯乙烯总产量的绝大部分。环氧丙烷的主要生产工艺有氯醇法工艺、共氧化法工艺（含 POSM 工艺）及丙烯直接氧化法工艺，采用前两种工艺生产的环氧丙烷量约占环氧丙烷总产量的 99%以上，其中氯醇法约占 45%，共氧化法约占 54%。POSM 工艺专利商主要有 LyondellBasell、SHELL、Repsol、烟台万华和常州瑞华。本节以采用共氧化法生产环氧丙烷和苯乙烯的 POSM 装置为例，对装置中的主要泵类设备进行阐述。

二、流程介绍

POSM 共氧化法工艺是由丙烯和乙苯生产环氧丙烷和苯乙烯的过氧化生产流程，原料为乙烯、苯、丙烯和氢气，主要产品为环氧丙烷和苯乙烯，主要副产品为丙二醇，过程中间产物为乙苯过氧化氢（EBHP）。典型的共氧化法工艺流程包括：

乙苯单元→过氧化单元→环氧化单元→环氧丙烷精制单元→苯乙醇脱水单元→苯乙烯精制单元→加氢单元→环保单元以及配套中间罐区单元

乙苯单元：乙烯与苯在分子筛催化剂的作用下，发生苯液相烷基化反应生成乙苯及少量二乙苯、多乙苯等。

过氧化单元：以空气为氧化剂，乙苯与空气中的氧反应，通过液相氧化反应生成乙苯过氧化氢。

环氧化单元：乙苯过氧化氢与循环丙烯混合后，加热进入环氧化反应器进行液相环氧化反应，在反应器内丙烯和乙苯过氧化氢生成环氧丙烷、苯乙醇和丙二醇等。

环氧丙烷精制单元：环氧丙烷在环氧丙烷精制单元中经过精馏、溶剂萃取精馏脱除粗环氧丙烷中的杂质，最终得到环氧丙烷产品。

苯乙醇脱水单元：苯乙醇进入脱水单元，在脱水反应器中，苯乙醇脱水生成苯乙烯，同时有少量苯乙酮、乙苯、聚合物等副产品产生。

苯乙烯精制单元：来自脱水单元的脱水产物在苯乙烯精制单元中，进行苯乙烯粗分馏和精馏，得到苯乙烯合格产品。

加氢单元：苯乙酮在加氢单元中加氢转化为苯乙醇，进而苯乙醇通过脱水转化为苯乙烯产品。

环保单元：各工艺单元生成的水相、废水等介质输送到环保单元，经过蒸发系统、精制系统处理合格送至界区。

中间罐区单元：根据物料种类、特性、火灾危险性等，设置各类储罐，与主工艺结合组成完整的 POSM 装置流程。

典型共氧化法工艺流程如图 3-109 所示。

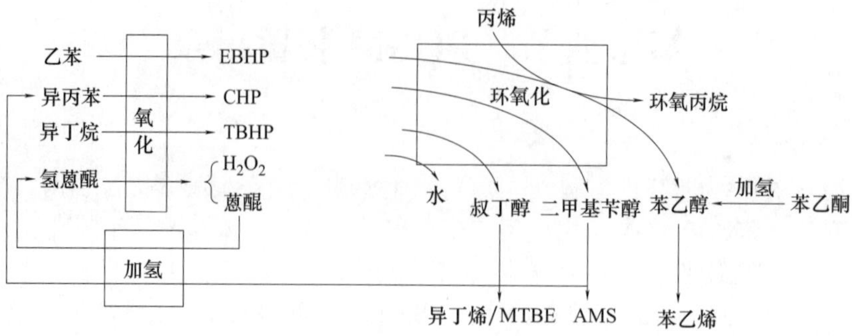

图 3-109　共氧化法工艺流程简图

三、装置用泵概要

POSM 装置用设备数量多，结构复杂，介质特性主要为易燃易爆，有毒，部分设备的输送介质具有高度毒性或酸性特性，及严重腐蚀等特殊工况，对设备类型以及材料选择要求较高。以年产能为 27/60 万 t 共氧化法工艺 POSM 装置为例，其离心泵约 260 台，无泄漏泵约 12 台，计量泵约 6 台，真空泵约 20 台等。详见表 3-38。

表 3-38　POSM 装置用泵一览表

泵种类	流量范围 /(m^3/h)	扬程范围 /m	介质温度范围 /℃	入口压力范围 /MPa(G)	过流部件材料	轴封型式	数量
单级卧式悬臂离心泵	1.0～895	15～170	25～170	0.05～2.8	CS、SS	机械密封	101
单级双吸卧式离心泵	650～4838	14～70	40～170	0.09～2.4	CS、SS	机械密封	10
多级卧式离心泵	43～447	312～846	−45～45	0.01～2.0	CS、LTCS、SS	机械密封	5
立式筒袋泵	20～24	300	0～40	0.6～2.3	LTCS、SS	机械密封	1
屏蔽泵	6.5～183	50～106	40～70	0.04～0.92	CS、SS	无	6
隔膜计量泵	0.001～0.15	79～107	常温	0.1	不锈钢、聚四氟乙烯	无	3
真空泵	149～4512	无	12～45	−0.097～−0.047	CS、SS	机械密封	10
液下泵	6～960	25～50	40～380	0.1～0.45	CS、SS	机械密封	10
自吸泵	50～60	82～85	常温	−0.05～−0.06	CS	机械密封	3

注：表中数量未计备用泵。

四、关键泵介绍

POSM 装置关键泵主要包括烃化循环苯泵、氧化进料泵、EBHP 升压泵、循环丙烯升压泵、苯乙醇回收塔釜泵、新鲜乙苯开车泵、熔盐进料泵、苯乙烯泵等，上述泵在装置流程中发挥着重要作用，部分关键泵选型及相关结构特点如下：

1. EBHP 升压泵和循环丙烯升压泵

过氧化单元中，由于乙苯过氧化氢（EBHP）在高浓度下极易分解和爆炸，为避免介质在设备和管线中停留，须持续保持介质流动状态，因此，泵的运行状态非常关键，必须确保泵组长期稳定地运转。为满足此要求，EBHP 升压泵主泵采用汽轮机驱动，辅泵采用电机驱动并配置应急电源，需能远程监控和快速启动，防止介质停留以及切换泵期间流量发生扰动。

环氧化单元中，循环丙烯升压泵的作用为输送丙烯与 EBHP 进行环氧化反应，由于 EBHP 的易分解和易爆炸特性，丙烯作为与 EBHP 发生环氧化反应的重要原料，其供料不能中断，须保持丙烯持续进料与 EBHP 发生反应，并满足丙烯与 BEHP 的配比浓度，防止 EBHP 的停留分解。因此，循环丙烯升压泵与 EBHP 升压泵一样，主泵采用汽轮机驱动，辅泵采用电机驱动并配置应急电源。

EBHP 升压泵和循环丙烯升压泵属于装置中关键设备，泵体上设置轴承测温和测振仪表，监控泵的运行情况，同时考虑 EBHP 分解为放热过程，在管线上设置温度监测，监测介质在系统中的稳定状态以便及时进行稀释，降低分解速度并进行后续工艺处理。

(1) 工况特点 EBHP 升压泵介质为乙苯过氧化氢，流量范围 160～330m^3/h，入口压力 0.04～0.2MPa (G)，扬程约 600m，黏度 0.5 cP，介质操作温度 40℃。

循环丙烯升压泵介质为丙烯，流量范围 370～450m^3/h，入口压力 1.8～2.4MPa (G)，扬程约 870m，黏度 0.05 cP，介质操作温度 45℃。

(2) 选型和结构特点 EBHP 升压泵和循环丙烯升压泵选用多级卧式离心泵 (API 610 BB5 泵型)，根据工艺工况，EBHP 升压泵材质采用 API 标准 A-7/A-8 等级，循环丙烯升压泵采用 S-6 低温碳钢。具体结构形式如下：

筒体：铸造或锻造筒体，外筒体径向剖分，中心线支承型式，内筒体可选用节段式结构。

叶轮：闭式叶轮，串联结构 (EBHP 升压泵 4 级/循环丙烯升压泵 5 级)，叶轮与轴采用键连接。

轴结构：轴为整体加工，采用平衡鼓平衡轴向力。

耐磨环：泵体口环与泵体、叶轮口环与叶轮采用紧配合并且用螺钉固定，整体式口环。

EBHP 升压泵典型的剖面结构如图 3-110 所示。

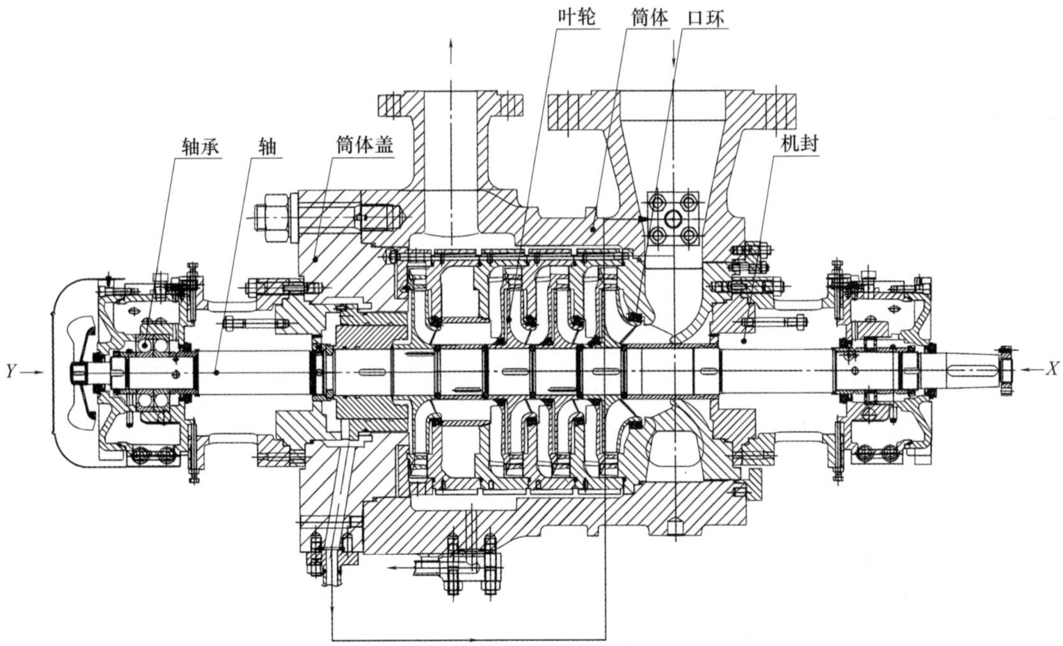

图 3-110 EBHP 升压泵典型剖面图

(注：升压泵供货厂商典型图)

(3) 机械密封 根据介质特性，EBHP升压泵和循环丙烯升压泵的轴封采用串联双端面机械密封，执行API 682标准，冲洗方案采用Plan 11＋53A/B，泵送介质自泵出口进入密封腔，对第一道密封进行冲洗，第二道密封腔采用白油作为隔离液，隔离液白油压力高于泵送介质压力，防止泵送介质向大气侧泄漏。

机械密封典型的剖面结构如图3-111所示。

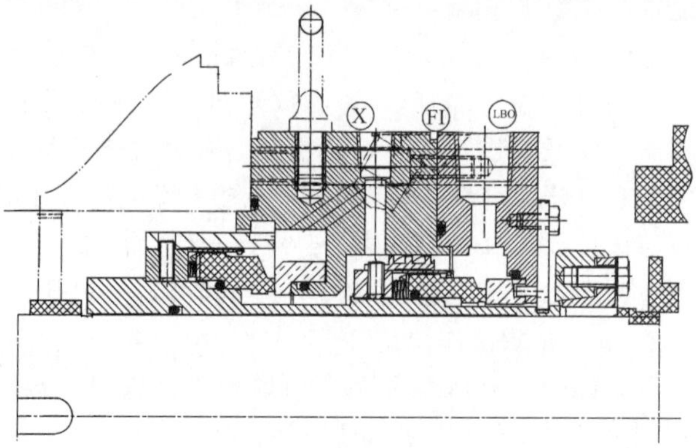

图3-111 机封典型剖面图

(4) 汽轮机 EBHP升压泵和循环丙烯升压泵汽轮机选型基本一致，汽轮机执行API 611标准，采用背压式蒸汽透平，额定功率约700kW，转速2980r/min，单级叶轮，动叶片2列结构，汽缸轴向剖分，中心线支承型式。汽轮机本体设置轴温、轴振动、轴位移等监控仪表，监测机组的运行状况。

2. 氧化进料泵

氧化进料泵为过氧化单元中的关键设备，液相乙苯自热交换塔釜经过氧化进料泵加压，进入乙苯进料加热器，最终输送到氧化反应器进行反应。

(1) 工况特点 泵送介质为乙苯，流量范围2100～2500m^3/h，入口压力约0.2～0.6MPa (G)，扬程约40m，黏度0.2cP，介质操作温度138℃。介质中含少量苯甲酸、甲酸、EBHP和水。

(2) 选型和结构特点 氧化进料泵选用单级双吸卧式离心泵（API 610 BB2泵型），根据工艺工况，材质采用API标准A-8等级，泵壳体和叶轮材质为316L不锈钢，轴材质为316不锈钢，驱动方式为电机驱动。具体结构形式如下。

壳体：铸造蜗壳，径向剖分，中心线支承型式。

叶轮：闭式双吸叶轮，叶轮与轴采用键连接。

耐磨环：泵体口环与泵体、叶轮口环与叶轮采用紧配合并且用螺钉固定。

(3) 机械密封 根据工艺操作温度等工况，氧化进料泵的轴封采用串联双端面机械密封，执行API 682标准，冲洗方案采用Plan 21/23＋53A/B，泵送介质经过换热器冷却返回密封腔，并对第一道密封进行冲洗，第二道密封腔采用白油作为隔离液，隔离液白油压力高于泵送介质压力，防止泵送介质向大气侧泄漏。

3. 环氧丙烷泵和苯乙烯泵

环氧丙烷和苯乙烯都是属于有毒、易燃易爆的危险介质，其中环氧丙烷具有高度毒性，苯乙烯反应活性高，可发生自聚，安全风险高。对于输送这两类介质的泵，应选择屏蔽泵或磁力泵，现有POSM装置中主要采用屏蔽泵。本段以环氧丙烷输送泵为例讲述主要应用。

(1) 工况特点 环氧丙烷输送泵介质为环氧丙烷，流量范围100～120m^3/h，入口压力约 0.1MPa（G），扬程约 100m，黏度 0.35 cP，介质操作温度 12℃。

（2）选型和结构特点 环氧丙烷输送泵采用屏蔽泵，泵和电机共轴，主要由泵体、叶轮、轴、定子和转子组件、屏蔽套组成，过流部件和电机都封闭在壳体内，通过泵送介质实现润滑，无须轴密封，介质对外完全无泄漏。环氧丙烷输送泵材质选择主要为：壳体采用碳钢，叶轮采用不锈钢，定子屏蔽套采用哈氏合金，转子屏蔽套采用 316LSS，轴采用 304SS。泵体和电机上设有夹套，并通冷冻水对泵进行冷却降温，防止温度过高引发燃烧爆炸的危险。泵体上设置轴承磨损监测、绕组温度监测、转向监测，保证泵的安全稳定运行。

4. 熔盐进料泵

POSM 装置中熔盐进料泵为脱水单元关键设备。泵送介质熔盐作为脱水反应的导热介质，给脱水反应提供热量来源。初始熔盐经预热成液态，通过安装在熔盐罐内的熔盐进料泵增压，至脱水加热炉升温至 380℃，再输送至脱水加热器与脱水进料（苯乙醇）进行换热，加热后的苯乙醇进入脱水反应器进行脱水反应，而熔盐则返回至熔盐罐，通过熔盐进料泵进行循环。

（1）工况特点 熔盐进料泵介质为熔盐，流量范围 500～600m^3/h，入口压力约 0.12MPa（G），扬程约 44m，黏度 2 cP，介质操作温度 350～380℃。

（2）选型和结构特点 熔盐进料泵采用立式 API 610 VS4 泵型，考虑熔盐罐也同时满足高温退料需求，熔盐进料泵最大操作温度为 380℃，壳体和叶轮材质采用 ASTM A217 Grade WC 6，轴材质采用马氏体不锈钢，在高温下具有较高的热强性和抗氧化性。轴封采用填料密封，并通氮气吹扫。泵出口管路与中间轴承处设置连通通道，采用泵送介质对轴承进行润滑。此外，在开机前通过压缩机输送热氮对整个脱水系统进行预热，防止由于高温或过大的温差产生管口热应力，以及泵体产生热力变形和其他强度问题，保证熔盐泵在高温下启动的安全性和稳定性。

·第四章·
煤化工装置用泵

第一节 概 述

我国的能源资源分布以煤为主，在能源结构中，煤炭的生产和消费比重偏高。新时代我国对油气的需求增长强劲，2020 年对外依存度分别超过 72.1%和 43.1%。在油气需求快速攀升、油价高的背景下，以有效替代油气资源、补充提供传统石油路线化工产品、保障国家能源安全为主要目标的煤化工产业发展迅速。

现代煤化工产业所采用的关键技术包括煤气化、变换、净化、硫回收、直接液化、费-托合成（间接液化）、甲烷化、甲醇合成、甲醇制烯烃、合成气制乙二醇和甲醇制芳烃等。

经过多年持续建设，目前煤炭液化、煤制油、煤制烯烃、煤制乙二醇和煤制天然气等示范工程已经陆续建成并取得了阶段性成果，一批煤化工关键技术取得突破，多套大型煤化工项目实现商业化运营，大型进口装备的国产化替代工作也成效显著。

煤炭工业"十四五"现代煤化工发展指导意见提出，到"十四五"末，建成煤制气产能 150 亿立方米，煤制油产能 1200 万吨，煤制烯烃产能 1500 万吨，煤制乙二醇产能 800 万吨，完成百万吨级煤制芳烃、煤质乙醇、百万吨级煤焦油深加工、千万吨级低阶煤分级分质利用示范，建成 3000 万吨长焰煤热解分级分质清洁利用产能规模。转化煤量达到 1.6 亿吨标煤左右。

煤化工发展需要充分考虑生态环境容量，需要提高煤炭洁净高效利用程度，降低资源消耗和污染排放，提高终端产品性能和附加值，以及降低投资成本。随着煤化工产业链与新能源产业的有机融合，高能耗的传统煤化工也将逐步向低碳、高效、节能、绿色的现代煤化工转型。

以煤为原料生产石油化工产品的产品链见图 3-112。

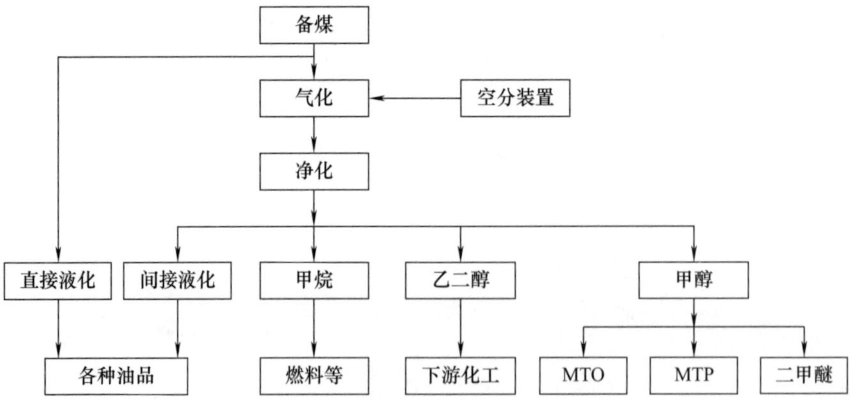

图 3-112 以煤为原料生产石油化工产品的产品链

1. 备煤

来自煤储运系统的原煤通过带式输送机进入原煤缓冲料斗，再通过缓冲料斗下部的振动给料机进入原煤仓顶部带式输送机，由带式输送机上的犁式卸料器卸入原煤仓中。经称重后将原煤送入磨煤机挤压和碾磨制成煤粉。合格煤粉由密相气流输送系统送入到煤气化装置的粉煤仓中。

2. 气化

以煤为原料的气化方法主要有固定床、流化床和气流床等，不同的气化工艺所采用的泵类型不同。煤气化包括粉煤加压输送单元、气化单元、除渣单元、气体洗涤单元、黑水闪蒸单元、黑水处理单元、氧气和氮气单元及其他公用工程单元。

来自粉煤给料罐的粉煤和来自空分装置的氧气以及中压蒸汽通过气化炉顶部的主烧嘴进入气化炉反应室，完成煤的气化反应，生成的合成气主要产物为 $CO+H_2$。本节以某 400 万 t/a 煤制油项目为例，阐述煤化工气化装置的关键泵。某 400 万 t/a 煤制油项目气化装置的关键泵见表 3-39。

表 3-39 某 400 万 t/a 煤制油项目气化装置的关键泵

序号	设备名称	数量	泵型	流量/(m^3/h)	扬程/m	温度/℃	材质	备注
1	烧嘴循环冷却水泵	48	OH2	111	79	60		
2	水冷壁循环水泵	72	OH2	189	41	170		
3	渣池水泵	12	OH2	20	43	51		
4	渣循环水泵	48	OH2	38	60	57		
5	渣水泵	48	OH2	92	76	50		
6	激冷循环水泵	72	OH2	285	160	221		
7	高压循环水泵	48	BB5	345	528	166		

气化装置用泵主要特点是介质温度较高，介质中夹杂着从气化炉带来的灰渣，过流部件要求耐冲刷，轴封选择用外冲洗等。

3. 空分装置

煤制甲醇装置需要配套相应规模的空分（和空压站）装置，通常 60 万 t/a 甲醇装置根据煤种不同需要配套 8 万～8.5 万 Nm^3/h（以 O_2 计）空分装置。现在单套空分规模已达 10 万～14 万 Nm^3/h（以 O_2 计）。空分装置主要有高压液氧泵、中压液氮泵、液氩泵、冷却水泵、冷冻水泵等，示例见表 3-40。

表 3-40 煤制甲醇空分装置关键泵

泵名称	流量/(Nm^3/h)	扬程/m	操作温度/℃	操作压力/MPa(G)	电机功率/kW	型式	数量	备注
中压液氮泵	4000		−191	2.78	22	离心泵	2	
高压液氧泵	50000		−186	8.97	315	离心泵	2	

4. 变换

由气化装置来的粗合成气进入一氧化碳变换装置。其中一部分进入变换炉，在耐硫变换催化剂条件下发生 CO 变换反应，生成 CO_2 和 H_2，反应后气体经回收热量并冷却分离后作为变换气进入下游合成气净化装置；另一部分不经变换炉，经回收热量并冷却分离后作为非变换气直接进入下游合成气净化装置。

高温工艺冷凝液收集后通过工艺冷凝液泵进入气化装置回用，低温工艺冷凝液收集后进入净化装置的酸水汽提单元。

变换单元的泵多为普通离心泵或柱塞泵，在此不再叙述。

5. 净化

来自一氧化碳变换装置的变换气和非变换气进入合成气净化（含低温甲醇洗）装置，在低温条件下去除粗煤气中的 CO_2 和硫化物（H_2S、COS 等），分离出的含硫酸性气进入硫回收装置。净化后的变换气和非变换气按照下游油品合成要求的氢碳比配置后进入下游生产装置。某 400 万 t/a 煤制油项目净化装置的关键泵见表 3-41。

表 3-41　某 400 万 t/a 煤制油项目净化装置的关键泵

序号	设备名称	数量	泵型	流量 /(m^3/h)	扬程 /m	温度 /℃	备注
1	主洗泵	12	BB3	625	430	−60	
2	解吸塔循环泵Ⅰ	8	BB2	1838	203	−56	
3	解吸塔循环泵Ⅱ	8	BB2	1746	44	−44	
4	热再生塔进料泵	12	BB3	861	258	−37	
5	吸收塔进料泵	12	BB3	958	666	50	

净化装置用泵主要特点是泵流量较大，根据泵送扬程的不同选用，泵送介质温度较低，过流部件选用耐低温材质。

第二节　煤制甲醇装置用泵

一、煤制甲醇生产工艺流程

煤气化净化制甲醇是以固体原料煤经气化净化制得合成气，并合成生产甲醇的一种现代煤化工工艺流程。其常规的甲醇生产装置主要包括：大型空分（和空压站）装置、固体煤输送、碎煤或煤浆制备、煤气化、灰水处理、部分变换、低温甲醇洗、硫回收、液氮洗、甲醇合成、甲醇精馏、丙烯或氨制冷装置、甲醇储运等主要生产单元装置，见图 3-113。

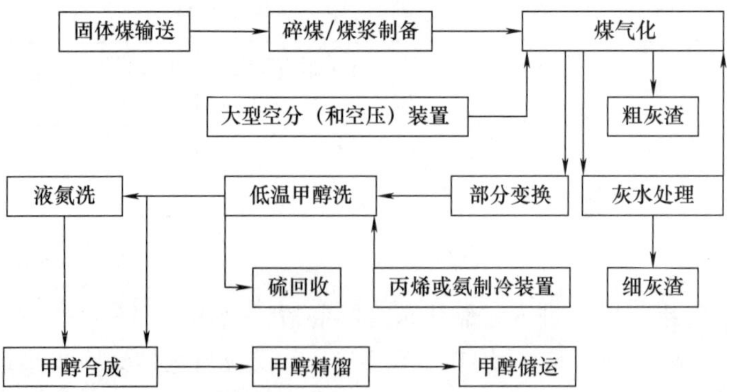

图 3-113　煤气化净化制甲醇生产工艺流程方框图

二、工艺技术介绍

1. 煤气化工艺技术

以煤为原料的气化方法主要有固定床、流化床和气流床等，固定床技术主要有德国鲁奇（Lurgi）气化技术和 BGL（British gas-Lurgi）气化技术等；流化床气化技术主要有德国温克勒（Winkler）流化床粉煤气化技术等；气流床气化技术主要有德士古（现属于 GE 公司）公司水煤浆加压气化技术、荷兰壳牌（SHELL）粉煤加压气化技术和德国未来能源公司的 GSP 粉煤气化技术等。目前大型煤气化装置多采用气流床工艺。

（1）水煤浆加压气化　水煤浆加压气化是在重油气化基础上发展起来的第二代煤气化技术，属于加压气流床气化工艺，液态排渣。水煤浆和氧气一同喷入气化炉后，经历煤浆预热、水蒸发、煤热解、挥发物燃烧和气化、残碳气化和水煤气平衡等化学反应，最终生成 CO 和 H_2 为主要组分的合成气。图 3-114 是典型的水煤浆加压气化工艺流程。

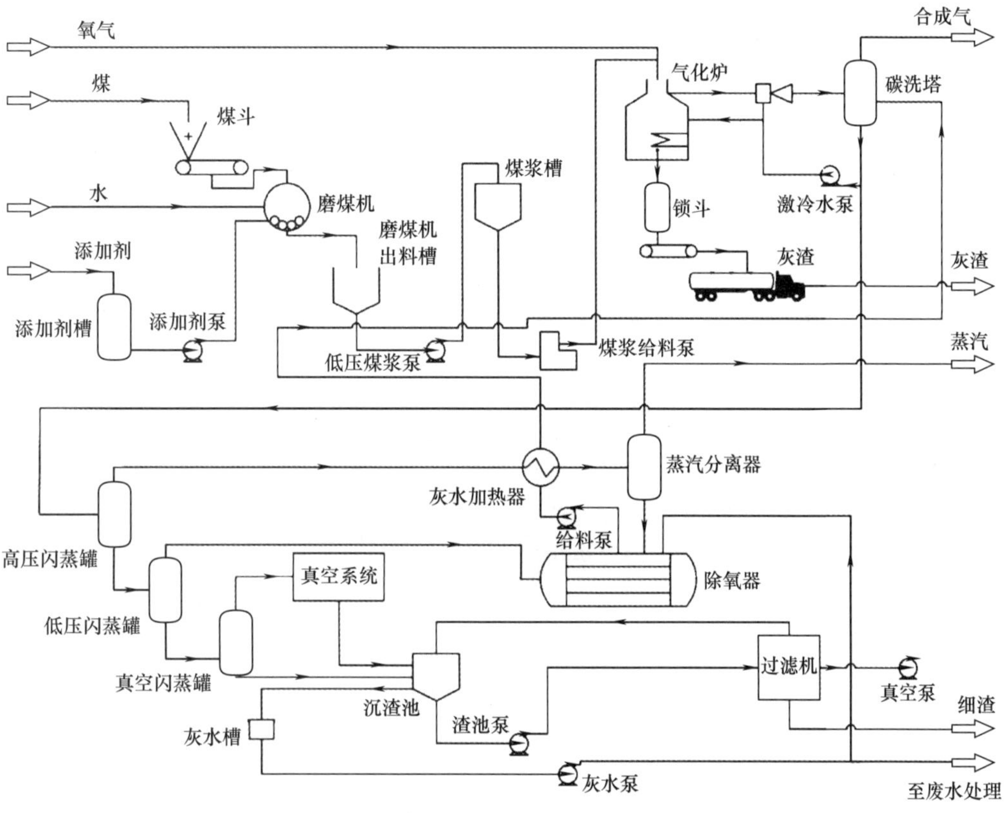

图 3-114　典型的水煤浆加压气化工艺流程图

（2）煤粉加压气化　煤粉加压气化在化学反应机理上与水煤浆加压气化反应相似。主要区别在于煤粉加压气化以蒸汽和氧气作为气化剂，用高压氮气或二氧化碳作为载体，将干煤粉输送入气化炉产生合成气。

（3）固定床气化技术　固定床气化技术在我国运用较广，较为先进的有鲁奇（Lurgi）气化、BGL 气化技术。

① Lurgi 气化　Lurgi 气化技术以碎煤（6～50mm）为原料，适用于不黏结或弱黏结性、灰熔点较高的褐煤和活性好的次烟煤、烟煤、贫煤等煤种。该技术氧耗低、冷煤气效率高，但由于气化温度低、水蒸气用量大且分解率低，生成气中甲烷含量大，不适合生产合成

氨。此外，该技术原料只能用块煤不适合用粉煤。

② BGL 气化技术　BGL（British Gas-Lurgi，英国燃气-鲁奇）碎煤熔渣气化技术是 20 世纪 70～90 年代，英国燃气公司与鲁奇公司合作，在原鲁奇固定床加压气化技术基础上，开发出来的新型煤气化技术。BGL 气化技术将鲁奇气化炉的干粉排渣改为熔融排渣，提高了气化反应温度，水蒸气消耗大大减少，气化效率和气体成分有了很大改进，废水排放量比鲁奇气化大量减少，煤气水分离与废水处理成本降低。

（4）流化床气化技术　流化床气化技术主要有德国温克勒（Winkler）流化床粉煤气化技术。国内加压流化床技术主要有中国科学院山西煤炭化学研究所开发的灰熔聚流化床粉煤气化技术，可用多种煤质作原料，如烟煤、焦炭、焦粉等，使用粉煤在 1100℃下气化，固体排渣，无废气排放。其煤种适应性广，操作温度约为 1000～1080℃，反应压力为 0.03～0.05MPa（G）。气化炉是一个单段流化床，结构简单，可在流化床内一次实现煤的破黏、脱挥发分、气化、灰团聚集分离、焦油及酚类的裂解。带出细粉经除尘系统捕集后返回气化炉，再次参加反应，有利于碳利用率的进一步提高。产品气中不含焦油，含酚量低。合成气中 CO 和 H_2 体积分数为 68%～72%，有效气体成分较低，目前没有生产合成气的装置。

2. 变换工艺技术

变换的目的是获得合成氨所需要的 H_2 以及调整甲醇生产过程中的 CO 和 H_2 的比例。

主要反应：

$$CO+H_2O \xlongequal{} CO_2+H_2$$

该反应是在催化剂作用下进行的，并放出大量的工艺热能，工艺热能可产生 4.0MPa、1.0MPa、0.5MPa 的蒸汽。典型的变换工艺流程见图 3-115。

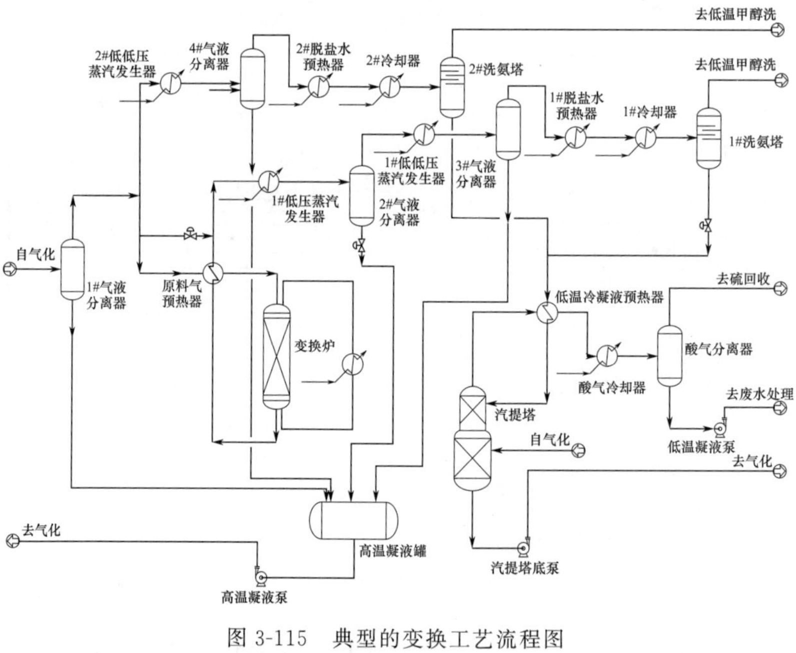

图 3-115　典型的变换工艺流程图

3. 气体净化工艺技术

气化反应生成的 H_2S、COS，以及变换反应生成的 CO_2、H_2O、羰基铁等酸性气体，在下游生产装置中不需要，需将它们从气体中脱除。酸性气体脱除有化学溶剂吸收和物理溶剂吸收两种。大型煤气化装置中主要采用低温甲醇洗工艺吸收，如图 3-116 所示。

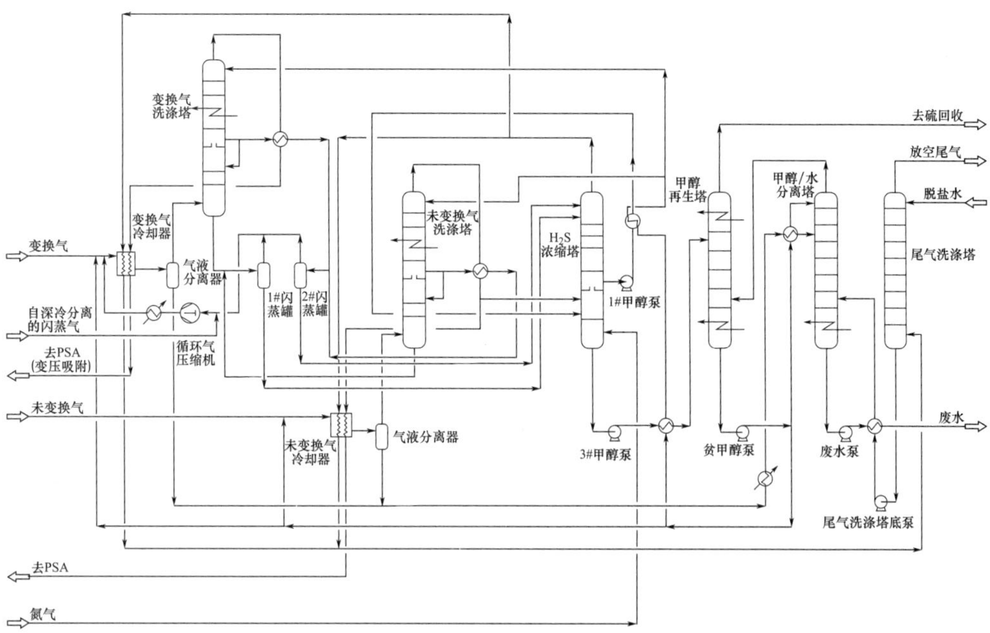

图 3-116　典型的低温甲醇洗工艺流程图

4. 甲醇合成及精馏工艺技术（见图 3-117）

（1）甲醇合成　原料气进入热交换器预热至 220℃，进入甲醇合成塔，在催化剂的作用下，H_2 与 CO 反应生成甲醇，出塔气与入塔气换热后进入水冷却器，用循环水冷却到 40℃左右，进入甲醇分离器，从分离器上部出来的未反应气体返回至甲醇合成压缩机。甲醇分离器来的粗甲醇减压后进膨胀槽闪蒸，闪蒸出粗甲醇中溶解的气体，闪蒸后的液体用泵送至甲醇精馏装置。

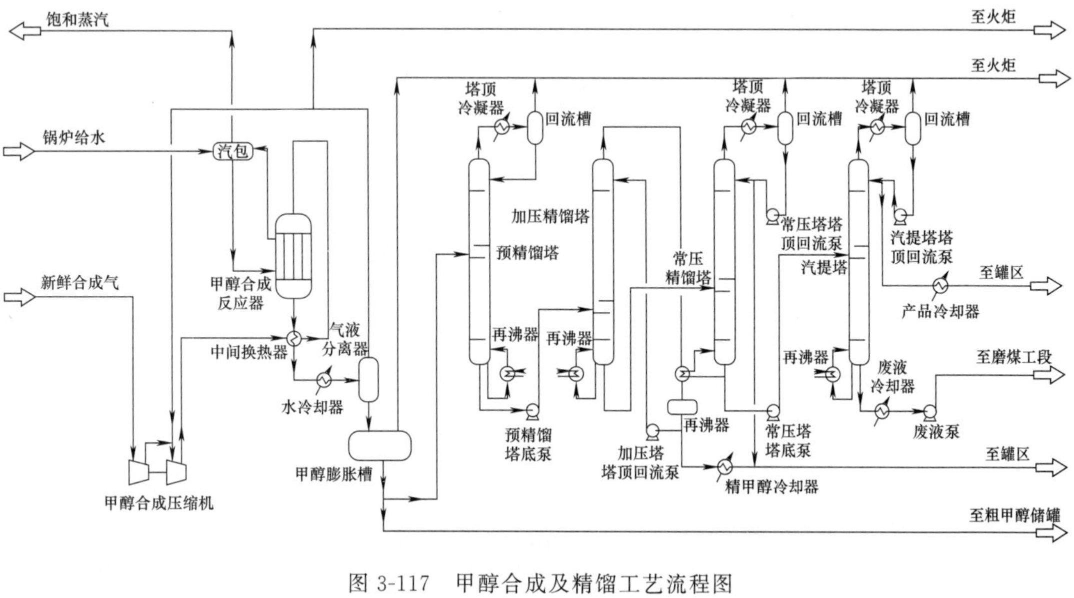

图 3-117　甲醇合成及精馏工艺流程图

（2）甲醇精馏　精馏系统由预精馏塔、加压精馏塔（加压塔）、常压精馏塔（常压塔）组成。预精馏塔底出来的富甲醇液经加压至 0.8MPa、80℃，进入加压塔下部，加压塔顶气体经冷凝后，一部分作为回流，一部分作为产品甲醇进入贮存系统。由加压塔底出来的甲醇溶液自流入常压塔下塔进一步蒸馏，常压塔顶出来的回流液一部分回流，一部分作为精甲醇经泵进入贮存系统。在常压塔下部设有侧线采出，采出甲醇、乙醇和水的混合物，由汽提塔进料泵送入汽提塔，汽提塔顶液体产品部分回流，其余部分作为产品送至精甲醇中间槽或送至粗甲醇贮槽。

三、装置用泵概要

水煤（料）浆制备工段主要配套有煤浆卸料泵、添加剂制备泵、添加剂计量泵、磨煤水泵和水煤（料）浆 pH 调节用的碱液计量泵或氨水计量泵以及地下废煤浆槽泵等。根据生产能力负荷大小和后续装置需要，水煤（料）浆气化装置单台炉可配套 15 万、20 万或 30 万 t/a 规模，气化压力可选择 4.0～4.5MPa、6.5 MPa、8.7 MPa 等，主要配套有高压煤浆给料泵、烧嘴冷却水泵、激冷水泵或灰水循环泵、锁渣斗循环泵、渣池泵、预热水泵等。

灰水处理工段主要配套的泵有脱氧水泵、真空泵（系统）、真空凝液泵、絮凝剂泵、分散剂泵、低压灰水泵、澄清槽进料泵、澄清槽底泵、过滤机进料泵、地面冲洗液下泵、真空过滤机真空泵、滤液泵等。

合成甲醇需要的变换通常采用部分变换，主要配套的泵有工艺热凝液泵、高压闪蒸罐给水泵、低温冷凝液泵、脱氧槽给水泵等。

低温甲醇洗通常用德国的林德工艺流程（与国内大连理工大学或其他某些公司的工艺流程类似），配套的泵有甲醇富液泵Ⅰ～Ⅳ、贫甲醇泵、甲醇/水分离塔进料泵、甲醇再生塔回流泵、地下污甲醇泵、尾气水洗塔底泵等；如采用德国的鲁奇工艺流程，配套的泵有主洗涤泵、尾气再吸收塔进料泵 1、尾气再吸收塔进料泵 2、再吸收塔循环泵、热再生塔进料泵、精洗涤泵、甲醇/水分离塔进料泵、热再生塔回流泵、废水泵、地下排污泵、补充甲醇泵等。

甲醇合成装置仅有为合成气及循环气压缩机组成套的透平冷凝液泵、润滑油站用主辅油泵和事故油泵等（本节不做叙述），或有热水循环泵等。

丙烯或氨制冷装置仅有为丙烯或氨制冷压缩机组成套的透平冷凝液泵、润滑油站用主辅油泵和事故油泵等（本节不做叙述）。

甲醇精馏装置如采用德国的鲁奇工艺流程，配套的泵有稳定甲醇泵、预精馏塔回流泵、加压塔回流泵、常压塔回流泵、工艺水泵、液下泵、碱液泵、侧线出料泵、粗甲醇泵、精甲醇泵、洗涤塔底泵、循环洗涤水泵等；如采用国内流程，配套的泵有加压塔进料泵、预精馏塔回流泵、加压塔回流泵、汽提塔进料泵、汽提塔废水泵、事故甲醇泵、精甲醇泵、常压塔回流泵、汽提塔回流泵、废液泵、粗甲醇进料泵、甲醇油输送泵、废液坑潜水泵等。

甲醇储运装置配套的泵有甲醇火车或甲醇汽车装车泵、甲醇给料泵等。

硫回收装置根据流程的不同配套的泵有液硫泵、酸水泵等。

表 3-42 是某 6.5MPa 水煤浆气化，生产 60 万 t/a 甲醇装置的各主要装置关键泵一览表。

表 3-42　煤制甲醇各主要装置关键泵一览表

泵名称	流量/(m^3/h)	扬程/m	操作温度/℃	操作压力/MPa(G)	电机功率/kW	型式	数量	备注
空分装置								
中压液氮泵	(4000 Nm^3/h)		−191	2.78	22	离心式	2	
高压液氧泵	(50000 Nm^3/h)		−186	8.97	315	离心式	2	
液氧充车泵	20	78	−186	0.8	15	离心式	1	

续表

泵名称	流量/(m^3/h)	扬程/m	操作温度/℃	操作压力/MPa(G)	电机功率/kW	型式	数量	备注
煤气化装置								
低压煤浆泵	88	98	60	1.16	45	隔膜式/离心	3	
磨煤水泵	76	37	40	0.36	18.5	离心式	2	
高压煤浆给料泵	110	788	60	9.5	355	隔膜式	3	
锁渣斗循环泵	48	31	90	6.9	18.5	离心式	6	
烧嘴冷却水泵	136	176	59	1.7	160	离心式	2	
渣池泵	125	52	50	0.5	45	离心式	6	
激冷水泵	505	157	240	7.54	315	离心式	6	
除氧水泵	480	788	110	7.51	1600	离心式	2	
真空凝液泵	30	54	40	0.5	11	离心式	6	
变换装置								
工艺热凝液泵	282	115	184	6.9	132	离心式	2	
低温甲醇洗装置								
甲醇富液泵 Ⅰ	437	60	−62	0.99	110	离心式	2	
甲醇富液泵 Ⅱ	483	85	−36	0.93	160	离心式	2	
甲醇富液泵 Ⅲ	453	116	−37	1.18	315	离心式	2	
甲醇富液泵 Ⅳ	492	169	32	1.5	280	离心式	2	
贫甲醇泵	493	956.5	45	7.2	1400	离心式	2	
甲醇/水分离塔回流泵	107	67	100	0.76	30	离心式	2	
热再生塔回流泵	26	49	40	0.6	7.5	离心式	2	
甲醇精馏装置								
加压塔进料泵	121	183	82	1.5	160	离心式	2	
预精馏塔回流泵	82	82	66	0.68	37	离心式	2	
加压塔回流泵	169	108	132	1.5	110	离心式	2	
汽提塔进料泵	16	67	117	0.75	11	离心式	2	
汽提塔废水泵	16	63	40	0.67	11	离心式	2	
事故甲醇泵	120	45	40	0.34	37	离心式	2	
精甲醇泵	195	63	40	0.48	55	离心式	2	
常压塔回流泵	152	95	40	0.77	75	离心式	2	
汽提塔回流泵	14	87	40	0.71	22	离心式	2	
常压塔侧线采出泵	3	70	91	0.68	5.5	离心式	2	

四、关键泵介绍

采用德士古公司水煤浆加压 6.5 MPa 气化工艺、德国林德公司低温甲醇洗工艺、鲁奇公司甲醇合成和精馏工艺、生产 60 万 t/a 甲醇装置为例，阐述主要装置用泵国内外现状和选型说明。

1. 大型空分装置用泵国内外现状及选型说明

（1）高压液氧泵　配套 6.5MPa 多水煤浆气化用的高压液氧泵，其出口压力达 8.9～9.2 MPa。对于小流量高压液氧泵宜采用林德的 3 或 5 个柱塞的卧式往复泵，对大流量高压液氧泵宜采用多级立式离心泵。该类泵用材特殊，清洁度要求非常严格，解冻（预冷）不易，检修耗时费工，并且供氧与气化炉安全生产密切相关，宜采用 1 开 1 备。避免采用 1 台国外＋1 台国内方案，会给操作管理、备件准备带来麻烦。

（2）中压液氮泵、液体产品泵和其他水泵　相对液氧泵而言，液氮泵和其他液体产品泵采用 1 开 1 备离心泵，只要解决超低温润滑和材料技术难题，国内生产的这类泵在一些中小型空分或其他相应领域中已有应用，对大型空分使用风险不大。因此由国内采购配套 4.2 万～4.3 万 Nm^3/h（以 O_2 计）或更大空分的液氮泵或直接购买国外产品或国内生产均可。其他配套水泵完全可国产化。（注：表 3-42 中未列出。）

2. 煤气化和变换装置用泵国内外现状及选型说明

（1）低压煤浆泵　低压煤浆泵有活塞隔膜泵、软管泵、离心泵等多种方案。在以往的煤浆加压气化装置中多采用荷兰 GEHO 公司的活塞隔膜泵，或者德国 FELUWA 公司的双软管隔膜泵。中国有色（沈阳）泵业有限公司为兖矿鲁南化肥厂（现兖矿鲁南化工有限公司）研制的低压煤浆泵也成功使用，并在后来的煤制甲醇装置中应用。上海大隆机器厂（现上海电气公司）研制的低压煤浆泵也已通过专家鉴定，并在后来的煤制甲醇装置中应用。重庆水泵厂研制的低压煤浆泵在后来的煤制甲醇装置中也成功应用。由于低压煤浆泵操作压力低，且有煤浆储槽，与水煤浆连续气化工艺有缓冲隔离，因此该泵工艺连续性要求不高，采用国产研制的泵即可满足要求，但目前宜采用 1 开 1 备泵配置一台磨煤机。此外，在我国采用水煤浆为燃料的热电厂中，也有采用单螺杆泵作为煤浆输送泵，且国内也有成熟的制造厂，但连续运转周期较短。国外的软管泵亦能应用在该领域。最近十几年，上海福思特流体机械有限公司的立式离心泵也多应用在该领域，由于造价低，操作、维护方便，得到了广泛应用。目前的项目有国内国产化供货或国外引进两种配置方案。

（2）高压煤浆给料泵　高压煤浆给料泵与气化炉一一对应，连续运转要求特别高，多采用荷兰 GEHO 公司 3 缸单作用活塞隔膜泵，使介质脉动减小。在早期国内外的德士古水煤浆加压气化装置中多采用荷兰 GEHO 公司的泵。德国的 FELUWA 公司的双软管隔膜泵在后来的煤气化装置中也成功应用。中国有色（沈阳）泵业有限公司也有一些应用业绩。由于该泵与气化炉一一对应，通常不设单独备用泵，且工艺要求特别高，目前的项目仍以国外引进为主。

（3）锁渣斗循环泵　该泵为卧式单级离心泵，选材既要耐磨又要有一定耐腐蚀性能，且操作温度高，介质中含有一些特硬的气化炉灰渣，密封压力高，工艺条件十分苛刻。在陕西渭化集团大化肥项目的煤浆气化装置中，该泵叶轮和泵体流道磨损严重。国内航天十一院等公司为上海焦化厂（现上海华谊能源化工有限公司）“三联供”为兖矿鲁南化肥厂（现兖矿鲁南化工有限公司），以及陕西渭河化肥厂（现陕西渭化集团）研制的泵也成功使用，并应用在后来的煤气化装置中。江苏双达泵阀集团有限公司专门研制的锁渣斗循环泵也已成功应用在德州大化肥项目和之后的大型煤气化装置中。在后来的煤化工项目中亦采用国内其他厂商研制的泵。现在的项目多为国内国产化供货。

（4）灰水循环泵或激冷水泵　该泵为卧式单级离心泵，流量大、操作压力高、单级扬程高，选材既要耐磨又要在高温操作下有一定耐腐蚀性能，介质含有一定量特硬的气化炉灰渣，因此工艺条件特别苛刻，是气化炉周围难度最大的一台泵。

（5）渣池泵　该泵原为立式单级离心泵，泵轴长度达3m左右，由于介质中含有一定量特硬的气化炉灰渣，叶轮和泵壳体磨损严重，下轴承的磨损使叶轮摆动加大。在陕西渭化集团大化肥项目的煤浆气化装置中，该泵尽管为引进，但叶轮和泵体流道磨蚀严重，检修频繁。国内靖江化工机泵阀门总厂（现江苏飞跃机泵集团有限公司）为陕西渭化集团大化肥项目研制的泵也使用尚可。在后来的煤化工装置中多采用单级卧式泵，并且采用1开1备配置，使该泵的技术难度大大降低，国内完全可以供货。目前的项目多为国内国产化供货。

（6）除氧水泵或碳洗塔给料泵　该泵为卧式多级离心泵，流量大，操作压力高，扬程高达数百米，且入口汽蚀余量小，介质中含有灰渣，操作温度高。无论是德士古渣油气化，还是水煤浆加压气化，该泵均被认为是难度最大、最易出现问题的一台泵。陕西渭化集团大化肥项目引进的采用水平剖分结构，背靠背叶轮布置，以减少轴向推力，且认为机壳径向不对称引起热变形不均匀，使用不太好。在借鉴沈阳水泵厂（现沈阳水泵股份有限公司）给上海焦化厂“三联供”项目提供该泵的经验，为陕西渭化集团研制了环断面多级离心泵，使用尚可。此外重庆水泵厂为大型钢铁厂水利除渣设计的大流量、高扬程泵使用条件类似，在后来的煤化工装置中也多有应用。大连深蓝泵业有限公司为山东德州大化肥项目研制的泵也成功应用，并在后来的煤气化装置中有所应用。目前的项目多为国内国产化供货。

（7）真空泵和真空过滤机真空泵　真空泵用来维持真空闪蒸需要的真空度，并处理闪蒸出来的惰性不凝气体（包括蒸汽和空气）。该泵采用1或2级液环真空泵，轴封采用填料密封或机械密封。根据工艺参数，并结合国内制造能力分析，该类真空泵系统在国内合资厂或国内制造厂均可采购。

（8）渣浆泵　在灰水处理工段还有7个位号13台渣浆泵，这些渣浆泵处理的介质含固量在0.5%～65%范围内。要求泵的过流材质既要耐磨又要耐腐蚀，轴封可采用填料密封或机械密封，但需要有好的外冲洗方案。这些渣浆泵有些已在后来的项目中实现了国产化。

（9）变换装置用泵　生产合成氨要采用两级完整的一氧化碳变换装置，而生产甲醇仅采用部分一氧化碳变换装置。

在两套变换工段中，工艺热凝液泵：温度高，介质有腐蚀性，进出口压力高，需采用耐腐蚀单级或多级离心泵。汽提塔底泵：温度不高，介质有腐蚀性，进出口压力高，需采用耐腐蚀单级离心泵。低温冷凝液泵：介质有腐蚀性，进出口压力低，需采用耐腐蚀单级离心泵。高温热水塔给料泵：温度高，介质有腐蚀性，进出口压力高，需采用耐腐蚀多级离心泵。

3. 低温甲醇洗、液氮洗装置以及硫回收用泵国内外现状及选型说明

酸性气体脱除多采用德国林德公司、鲁奇公司或国内大连理工大学的低温甲醇洗工艺流程。林德公司工艺流程使用的主要离心泵的特点为：

（1）甲醇富液泵Ⅰ～Ⅲ　温度约－62～－35℃，介质为甲醇溶液，特点为流量大，低温，介质有毒性，可采用耐腐蚀低温单级离心泵。

（2）贫甲醇泵　该泵流量大，扬程高，排出压力高，密封困难，电动机功率大，拟采用多级离心泵，高压电动机驱动。该泵有一定技术难度，目前大多项目仍主要采用进口产品。

（3）甲醇/水分离塔回流泵　介质为含甲醇溶液，介质有毒性，可采用耐腐蚀单级离心泵。

（4）热再生塔回流泵　温度高，介质为甲醇，特点为流量大，低温高，介质有毒性，可采用耐腐蚀高温单级离心泵。

甲醇洗装置中选型以离心泵为主，上文提及的关键泵主要可分为两类：一类是在低温操作条件下的离心泵（约－50～－70℃），其选材、机械密封配置及各类静密封件均需充分考虑低温条件的影响；另一类则是以甲醇贫液泵、半贫液泵为代表的多级离心泵，其结构形式

需重点关注轴向力的平衡、密封腔压力的核算、机械密封冲洗方案的选择等。

（5）硫回收用泵 煤制甲醇装置配套的硫回收有3～4种规格6～8台泵，可采用国内有成功运行业绩厂商的产品（注：表3-42中未列出）。

4. 大型甲醇合成和精馏装置用泵国内外现状及选型说明

（1）甲醇合成装置用泵 甲醇合成装置仅有为合成气及循环气压缩机组成套的透平冷凝液泵、润滑油站用主辅油泵和事故油泵等（未在本节叙述）。

（2）甲醇精馏和甲醇罐区用泵 甲醇精馏和甲醇罐区中使用的甲醇泵，流量、扬程适中，易于选型，只是甲醇属危险介质，对密封要求高，可选用国内有成功运行业绩的轴封离心泵配双端面密封，或无密封泵，如屏蔽泵、磁力泵等。

5. 大型罐区和其他辅助装置使用机泵国内外现状及选型说明

（1）高压锅炉给水泵 通常高压锅炉给水泵采用1开1备，备用机由电机驱动，主机由蒸汽透平驱动，考虑引进是为满足大型化工装置长周期连续运行的需要。大型电站高压锅炉给水泵多由国内厂家制造，技术比较成熟。（注：表3-42中未列出。）

（2）其他辅助装置用泵 在以上没有描述的其他泵，有的已经在大型装置中实现了国产化，有的因为没有特别的技术难度，完全可在国内制造解决，在此不再详述。（注：表3-42中未列出。）

第三节 煤制乙二醇装置用泵

一、煤制乙二醇装置

目前乙二醇工艺路线主要分为石油路线和非石油路线，传统的工业合成乙二醇生产方法是石油路线。我国是石油相对短缺的国家，寻找一条经济性更好的非石油路线合成乙二醇是行业内的研究热点。

以煤、天然气、电石炉气、焦炉气或转炉气等碳氢工业尾气多品种为原料的合成气制乙二醇技术已经迈入精细化阶段，采用绿色清洁能源获取绿色原料的技术也逐步在实际项目中得到应用。

煤制乙二醇主要包括空分、固体煤运输、水煤浆（料）制备或粉煤制备、气化、变换、低温甲醇洗、PSA（变压吸附）或者深冷分离、制冷压缩、硫回收、合成、精馏、存储和装运等主要生产工段。

煤制乙二醇装置的工艺流程长（图3-118），泵的类型较多，主要包括各类带机械密封的离心泵、无密封泵、往复泵、计量泵、转子泵（螺杆泵、齿轮泵、罗茨真空泵）以及真空

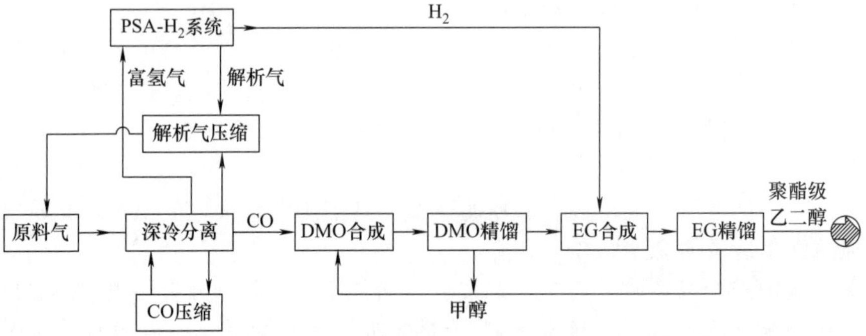

图3-118 煤制乙二醇装置工艺流程

系统等。以下主要介绍以煤为原料制备乙二醇的工艺路线。

二、工艺流程

从净化装置来的氢气和一氧化碳作为原料气，采用氧化偶联法工艺生产乙二醇。一氧化碳依次进入草酸二甲酯（DMO）合成装置、精馏装置，在乙二醇（EG）合成单元与原料气 H_2 反应生产粗乙二醇，粗乙二醇经精馏后得到精乙二醇产品。

三、主要单元阐述

煤制乙二醇装置主要包括草酸二甲酯（DMO）单元和乙二醇（EG）单元。

1. 草酸二甲酯单元

（1）DMO 公用系统　DMO 公用系统主要是为 DMO 装置开车时提供 DMO 合成所需的 NO_x，并供仪表空气以及热水供应及回收系统。

DMO 合成所需要的 NO_x 主要由硝酸和亚硝酸钠在 NO_x 发生器中反应生成 NO_x。

DMO 公用工段主要配套的泵设备有：热水给水泵、硝酸钠泵。

（2）DMO 合成工序和 CO 循环气压缩工序　来自 PSA/深冷分离装置的 CO 气体，在催化剂作用下，在固定床反应器中与亚硝酸甲酯（MN）反应生成 DMO。

DMO 合成和 CO 循环气压缩工序主要配套的泵设备有 DMO 反应器冷却泵、MN 再生塔釜泵、粗 DMO 泵、DMO 气体脱除塔釜泵、硝酸还原塔顶输送泵等。

（3）DMO 精馏工序　来自 DMO 合成工序的粗 DMO 进入精馏工序，成品 DMO 经泵提压后供乙二醇合成使用。

DMO 精馏工序主要配套的泵设备有 DMO 脱轻塔回流泵、DMO 脱轻塔底泵、DMC 分离塔回流泵、DMO 输送泵、DMO 重组分输送泵、常压塔回流泵、常压塔底泵、高压塔回流泵、甲酸甲酯（MF）分离塔回流泵、甲酸甲酯（MF）分离塔底泵等。

（4）亚硝酸甲酯（MN）回收工序　MN 回收工序的作用是：回收弛放气中有效的氮，以及减少氮化物对环境的污染，采用低温甲醇捕集装置捕集各尾气中的 MN 及 NO_x。

MN 回收工序主要配套的泵设备有：尾气凝液泵、MN 回收塔底泵等。

（5）硝酸浓缩工序　硝酸浓缩工序的作用是将 DMO 合成工段硝酸还原后的含醇废液送入硝酸浓缩装置，粗分甲醇和稀硝酸。

硝酸浓缩工序主要配套的泵设备有：硝酸浓缩塔回流泵、硝酸浓缩塔釜泵、硝酸浓缩塔蒸汽凝液泵、碱处理罐泵、硝酸浓缩塔真空泵等。

（6）碳酸二甲酯（DMC）分离工序　DMO 精馏分离出的粗 DMC 含有大量甲醇，需进入 DMC 分离工序进行精制提纯，回收的甲醇供 DMO 合成系统循环使用，同时得到 DMC 副产品。

DMC 分离工序主要配套的泵设备有：脱轻塔回流泵、加压塔进料泵、重组分输送泵、加压塔回流泵、循环料输送泵、常压塔回流泵、轻馏分输送泵等。

2. 乙二醇单元

（1）乙二醇合成工序和 H_2 循环气压缩工序　来自 PSA/深冷分离装置的新鲜氢气和 H_2 循环气压缩机送来的循环气混合后，与来自 DMO 装置的高纯度 DMO 在乙二醇合成塔内高活性催化剂的作用下，反应生成乙二醇。

乙二醇合成和 H_2 循环气压缩工段主要配套的泵设备有：DMO 进料泵、汽包循环泵、乙二醇合成液下泵、冷凝液输送泵等。

（2）乙二醇精馏工序和乙二醇提纯工序　乙二醇精馏采用真空精馏，五塔精馏工艺流程。

乙二醇提纯主要是通过树脂塔提高乙二醇产品的紫外透光率以及脱除乙二醇产品中的醛类，使其紫外透光率达到聚酯级指标。

乙二醇精馏工序和乙二醇提纯工序主要配套的泵设备有：甲醇分离塔回流泵、乙二醇产品塔进料泵、乙二醇产品塔回流泵、甲醇回收塔回流泵、聚酯级乙二醇产品输送泵、乙二醇浓缩塔采出泵等。

此外，还有甲醇回收塔真空泵、脱水塔真空泵、脱醇塔真空泵、乙二醇产品塔真空泵、乙二醇浓缩塔真空泵等。

（3）液相加氢工序　液相加氢工序的作用是通过对工业级乙二醇进行深度加氢，并返回精馏系统进行分离，以获得高收率的聚酯级乙二醇。

液相加氢工段主要配套的泵设备有：加氢进料泵、加氢产品泵。

（4）乙二醇冰机工序　乙二醇冰机工序的作用是为乙二醇装置提供需要的冷量。

乙二醇冰机工序主要配套的泵设备有：乙二醇溶液输送泵、冷凝液输送泵等。

四、关键泵介绍

以 60 万 t/a 煤制乙二醇装置为例，典型煤制乙二醇装置用泵一览表如表 3-43。

表 3-43　60 万 t/a 煤制乙二醇装置典型用泵

序号	单元	设备名称	数量(运行泵/备用泵)	泵型	流量/(m^3/h)	扬程/m	温度(正常/最高)/℃	材质	备注
1	DMO	热水给水泵	2/1	OH2	1140	70	80/95	S-6	Plan 21
2	DMO	DMO 反应器冷却泵	6/6	BB2	2360	31.6	106/160	S-6	Plan 21
3	DMO	MN 再生塔釜泵	9/3	无密封泵	1770	45	48/80	A-7	可考虑采用 BB2 泵型
4	DMO	粗 DMO 泵	3/3	无密封泵	64	16	77/100	A-7	热水伴热
5	DMO	DMO 气体脱除塔釜泵	3/3	无密封泵	120	27	80/120	A-7	热水伴热
6	DMO	DMO 脱烃塔底泵	1/1	无密封泵	290	20	74/115	A-7	热水伴热
7	DMO	DMO 输送泵	1/1	无密封泵	288	50	150/160	A-7	热水伴热
8	DMO	粗 DMO 输送泵	1/1	无密封泵	194	40	77/120	A-7	热水伴热
9	DMO	MN 回收塔底泵	2/1	无密封泵	783	35	−9.4/60	A-7	—
10	EG	DMO 进料泵	3/3	离心泵	59	360	100/150	A-7	Plan 53A
11	EG	脱水塔进料泵	1/1	无密封泵	100	50	149/180	A-7	—
12	EG	脱醇塔进料泵	1/1	无密封泵	96	65	158/200	A-7	—
13	EG	脱醇塔回流泵	2/2	无密封泵	150	95	114/150	A-7	—
14	EG	乙二醇产品塔进料泵	2/2	无密封泵	56	45	152/200	A-7	—
15	EG	乙二醇产品塔回流泵	1/1	无密封泵	152	85	138/160	A-7	—
16	EG	重组分输出泵	1/1	无密封泵	48	80	142/160	A-7	—
17	EG	EG 浓缩塔回流泵	1/1	无密封泵	15.3	80	53/150	A-7	—
18	EG	EG 浓缩塔采出泵	1/1	无密封泵	7.8	95	152/200	A-7	—
19	DMO	DMC 分离塔真空系统	1/0	液环真空泵	706	52	20	A-7	2 泵 1 系统

续表

序号	单元	设备名称	数量(运行泵/备用泵)	泵型	流量/(m^3/h)	扬程/m	温度(正常/最高)/℃	材质	备注
20	EG	甲醇回收塔真空泵	1/0	液环真空泵	500	50	20	A-7	2泵1系统
21	EG	脱水塔真空泵	1/0	液环真空泵	300	25	20	A-7	2泵1系统
22	EG	脱醇塔真空泵	2/2	液环真空泵	2000	8	20	A-7	1泵1系统
23	EG	乙二醇产品塔真空泵	1/0	液环真空泵	1500	8	20	A-7	2泵1系统
24	EG	乙二醇回收塔真空泵	1/0	罗茨真空泵+液环真空泵	1200	3	20	A-7	2泵1系统
25	EG	EG浓缩塔真空泵	1/0	液环真空泵	800	8	20	A-7	2泵1系统

1. DMO 反应器冷却泵

该泵输送介质：反应冷却水。正常操作温度：106℃。最高温度：160℃。目前乙二醇装置中多选用BB2型重载荷离心泵。

该泵的流量大，介质温度高，要求具有优秀的可靠性和稳定性。

设备选型时宜关注：

(1) 泵的设计制造及检验标准采用API 610，中心线支承，轴承冷却方式优先采用轴承箱内设置冷却盘管；

(2) 泵的密封采用集装式机械密封，采用膜片式联轴器，配有无火花型护罩；

(3) 机械密封的辅助管路系统和冷却管路系统方案，采用Plan 21+K或Plan 32+A；

(4) 设备的材质不得低于API 610第12版规定的S-6等级要求；

(5) 除电动机配套常规的温度监测探头之外，泵的轴承部位可设置温度和振动监测，信号送DCS监控。

2. MN 再生塔釜泵

该泵输送介质组分（质量分数）：甲醇60.20%、水27.0%、碳酸二甲酯3.3%、硝酸5.2%、亚硝酸甲酯0.4%、甲酸甲酯3.5%等。输送的介质具有易气化、强腐蚀等特性，对密封要求很高，目前乙二醇装置中多选用无密封泵。

该泵的轴功率较大，介质工况约260kW，如采用屏蔽泵，应充分考察制造商技术能力和以往业绩，同时建议采取以下优化措施：(1) 选用API 685标准重载屏蔽泵，循环流体系统采用21-S和1-SD方案，循环液通过辅助叶轮进行内部加压后再进入转子腔，最终到达泵出口；(2) 采用660V电压以减小运行电流；(3) 采用4极屏蔽电机，功率裕量至少为介质工况轴功率的1.2倍；(4) 设置外冷却器，以降低通过电机绕组的介质温度；(5) 水力部件采用高抗汽蚀设计；(6) 滑动轴承采用耐磨性、耐腐蚀性好，抗冲击性强的超硬材质；(7) 引线柱采用可靠的穿电墙技术，建议采用陶瓷绝缘套材质，实现完全的二次密封；(8) 配置完善的监测保护系统，包括但不限于绕组和轴承部位的温度监测、转子的位移监测、屏蔽套的漏液监测、振动监测等。

3. DMO 进料泵

该泵是乙二醇装置的关键设备。

该泵输送介质为99.9%的草酸二甲酯，操作温度100～150℃。

由于草酸二甲酯的凝固点为53℃，所以泵的结构设计上必须配套热水或低压蒸汽伴热。

该泵的流量小，扬程高，介质温度高，要求具有优秀的可靠性和稳定性，目前乙二醇装置中该设备均采用高速离心泵。

设备选型时应关注：

(1) 泵的设计制造及检验标准采用 API 610，中心线支承，泵组设置增速齿轮箱，配有强制润滑系统；

(2) 泵壳上设置保温夹套，以避免介质在泵内凝固；

(3) 采用集装式机械密封，联轴器采用带有加长段的膜片式联轴器，并配有无火花型护罩；

(4) 机械密封的辅助管路系统和冷却管路系统方案，采用 Plan 53 或 Plan 54；

(5) 泵的材质为 A-7；

(6) 除电动机配套常规的温度监测探头之外，泵的轴承应设置温度和振动监测，信号送 DCS 监控。

第四节　甲醇制烯烃装置用泵

一、概述

MTO（甲醇制烯烃）工艺采用类似于成熟的 FCC 工艺方法，即转化反应和催化剂烧焦再生连续进行的流化催化裂化技术，不断补充再生后的催化剂，保证催化剂的反应活性和选择性稳定，使转化反应平稳进行。MTO 装置以甲醇为原料，经一步催化反应直接转化为混合低碳烯烃（主产物为乙烯、丙烯）。针对反应强放热和催化剂的特点，采用流化床反应器，以催化剂反应-再生循环的方式实现平稳操作。

二、流程介绍

MTO 装置由原料气化部分、反应-再生部分、产品急冷及水洗部分、污水汽提部分、主风机组部分、蒸汽发生部分六部分组成。MTO 装置原则流程图见图 3-119。

1. 原料气化部分

原料气化部分的主要作用是将液体甲醇原料按要求加热至 250℃左右，以气相形式进入反应器。此外，从 MTO 装置分离界区返回的 C4＋原料按要求加热至 60℃左右，以气相形式进入再生催化剂循环管。

2. 反应-再生部分

该部分是 MTO 的核心部分，采用循环流化床的反应-再生型式，两器内需设置催化剂回收系统、原料及主风分配设施、取热设施、催化剂汽提设施，催化剂输送系统的设计应能够满足反应操作条件的要求。

除了原料甲醇在反应器进行反应外，C4＋原料在再生催化剂输送管内反应预积碳，同时降低再生催化剂返回 MTO 反应器的温度。

3. 产品急冷及水洗部分

产品急冷、水洗部分的主要作用是将产生的反应混合气体在该部分进行冷却，通过急冷进一步洗涤反应气中携带的催化剂细粉，通过水洗将反应气中的大部分水进行分离。

4. 污水汽提部分

由产品急冷、水洗部分分离出的水，含有甲醇、二甲醚等物质，该部分设计应满足污水处理装置对甲醇及油含量的要求。

5. **主风机组部分**

该部分是为再生器烧焦提供必要的空气而设置的。

6. **蒸汽发生部分**

装置内所有可发生蒸汽的热能应尽量发生蒸汽。

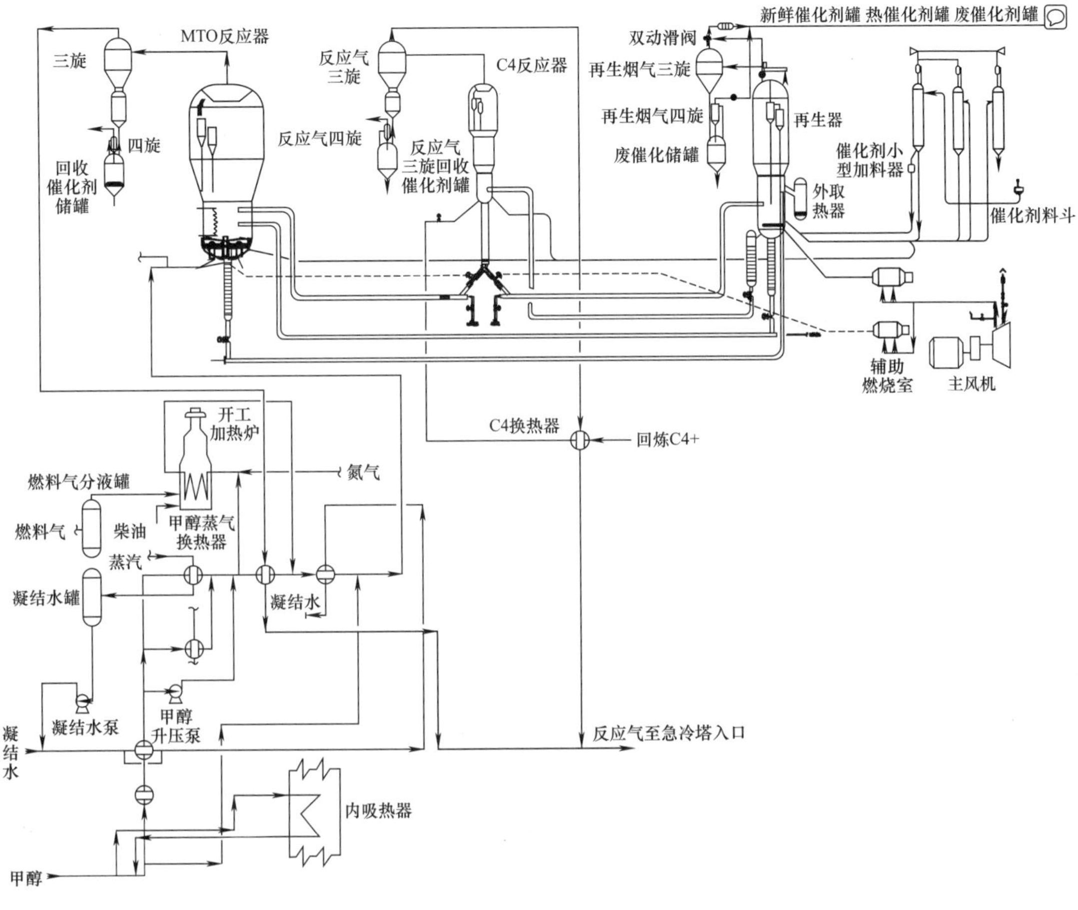

图 3-119 MTO 装置原则流程图

三、装置用泵概要

以某厂 180 万 t/a MTO 装置为例，主要泵典型参数和选型如表 3-44 所示。

表 3-44 某厂 180 万 t/a MTO 装置主要泵典型参数和选型

名称	介质	温度/℃	密度/(kg/m³)	入口压力/MPa	流量/(m³/h)	扬程/m	泵型	材质	转速/(r/min)	轴功率/kW	轴封	备注
甲醇原料泵	甲醇	40	787	0.4	350	104	OH2	S6	1485	107	双端面机械密封	
甲醇升压泵	甲醇	95	726	0.85	77	85	OH2	S6	2940	19	双端面机械密封	

续表

名称	介质	温度/℃	密度/(kg/m³)	入口压力/MPa	流量/(m³/h)	扬程/m	泵型	材质	转速/(r/min)	轴功率/kW	轴封	备注
燃料油泵	轻柴油	40	900	0.21	5.6	110	OH2	S6	2950	15	单端面机械密封	
急冷塔底泵	急冷水	109	915	0.28	1336	80	BB2	S6	1485	312	单端面机械密封	外冲洗、两开一备
急冷水旋液泵	急冷水	109	915	0.28	271	143	OH2	S6	1485	153	单端面机械密封	外冲洗
水洗塔底泵	水洗水	85	936	0.45	1848	125	BB2	S6	1485	653	单端面机械密封	外冲洗
水洗塔底汽油泵	水洗塔底汽油	40	650	0.35	5	225	高速泵	A7	9100	7.1	双端面机械密封	
汽提塔进料泵	污水	73	971	0.23	300	107	OH2	S6	1485	133	单端面机械密封	外冲洗
汽提塔顶回流泵	污水	115	850	0.5	60	89	OH2	S6	2950	21.3	单端面机械密封	
甲醇强制循环泵	甲醇溶液	109	716	0.6	420	140	OH2	S6	2980	149	双端面机械密封	

四、关键泵介绍

急冷塔底泵、水洗塔底泵为 MTO 装置内重要泵类设备。以下对装置关键泵的工况特点、选型和结构特点等方面进行叙述。

(1) 工况特点　急冷塔底泵、水洗塔底泵的特点是流量偏大，介质中富含催化剂颗粒。其中急冷塔底泵介质中催化剂含量（质量分数）为 200（正常）ppm /2000（最大）ppm，水洗塔底泵介质中催化剂含量（质量分数）为 30（正常）ppm/1000（最大）ppm。

(2) 选型和结构特点　急冷塔底泵（一开一备）和水洗塔底泵（两开一备），采用 API 610 规定的 BB2 型泵，卧式单壳体双支承，单级双吸，闭式叶轮，壳体采用径向剖分，中心线支承的结构形式。泵入口及出口均垂直向上。泵轴承可根据 API 610 标准的能量密度值来选择合适的滑动轴承或滚动轴承。

由于介质中含有催化剂颗粒，急冷塔底泵和水洗塔底泵机械密封均采用单端面机械密封型式，Plan 32 的外冲洗方式，冲洗介质采用除氧水或除盐水。

第五节　煤制油装置用泵

一、概述

煤制油是以煤炭为原料生产液体燃料和化工原料的煤化工技术的简称。煤制油包含煤直接液化和煤间接液化两种技术路线。煤的直接液化是使煤在高温高压条件下，通过催化加氢直接液化合成液态烃类燃料。煤的间接液化是首先把煤气化，再通过费-托合成（F-T 合成）转化为烃类燃料。两者相比，煤间接液化的流程较为烦琐，煤直接液化操作条件（高温、高压）苛刻，对煤质要求较高，两者的能源转化效率均较低，水耗和能耗较高，因此，煤制油技术需要从工艺技术、工程放大、设备制造、成本、能源转化效率、设备长周期运行、环保等方面继续进行深入研究开发。

二、关键工艺技术路线

1. 直接液化

煤的直接液化是使煤在高温高压条件下，通过催化加氢直接液化合成液态烃类燃料。

典型的煤直接液化流程图，如图 3-120 所示。

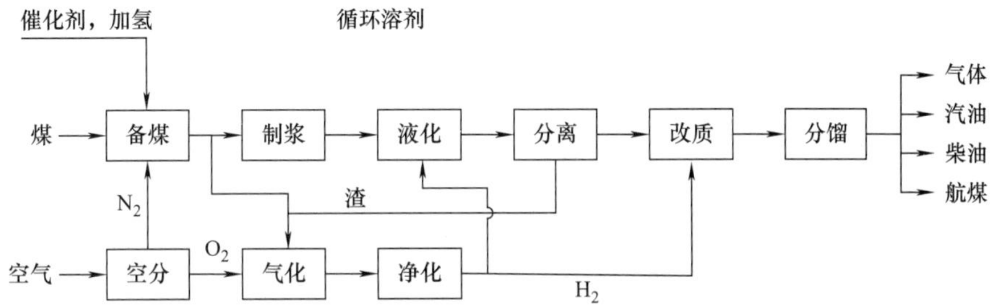

图 3-120　典型的煤直接液化流程图

2. 间接液化

煤的间接液化工艺就是先对原料煤进行气化，再做净化和变换处理，得到一氧化碳和氢气的原料气。在 270～350℃、2.5MPa 以及催化剂的作用下 F-T 合成出有关油品或化工产品。煤间接液化的工艺技术主要有南非的 SASOL 工艺、SHELL 公司的 SMDS 工艺以及中科合成油等。国内相关装置主要是神华宁煤 400 万 t 的煤炭间接液化项目。

典型的煤间接液化流程图，如图 3-121 所示。

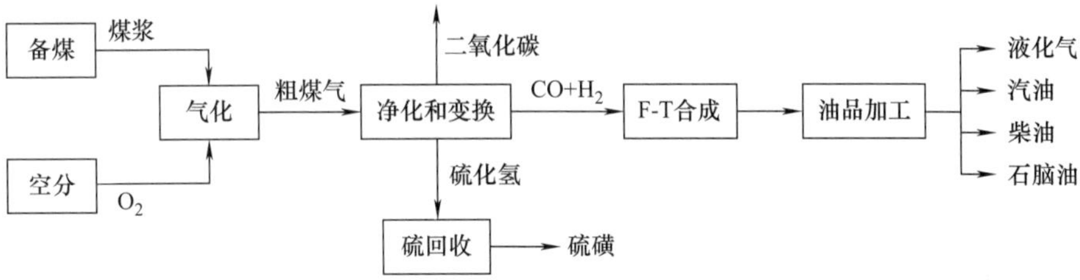

图 3-121　典型的煤间接液化流程图

考虑到两种工艺技术在国内外的应用程度，本节将分别以煤直接液化和间接液化工艺技术为例，介绍煤制油装置用泵。

三、装置用泵概要

将来自净化装置单元的合成气在本装置进行油品合成和加工，生产石脑油、汽油、柴油、航空煤油等油品，操作温度在常温至 300℃之间，操作压力在 0.1～6.5MPa（G）之间。表 3-45、表 3-46 中分别给出了宁煤 400 万 t/a 煤炭间接液化装置、直接液化装置主要泵设备一览表。

表 3-45 煤间接液化装置主要泵设备一览表

泵型式	流量/(m^3/h)	扬程/m	温度/℃	入口压力/MPa	材料	轴封	备注
油品合成							
OH1/OH2	10～1400	40～170	40～300	0～0.2	CS、SS	机械密封	
BB1	600～900	50～150	50～100	0～0.2	CS、SS	机械密封	
BB2	200～500	60～250	60～280	0～0.6	CS、SS	机械密封	
BB3	2000～2500	300～400	40～120	0～0.2	CS、SS	机械密封	
BB4	30～700	200～900	30～120	0～0.2	CS、SS	机械密封	
BB5	50～350	500～950	40～80	0～0.8	CS、SS	机械密封	
VS4	10～250	40～150	40～250	0～0.1	CS、SS	机械密封	
OH6	3～20	100～800	40～150	0～0.2	CS、SS	机械密封	
往复泵	100～150	100～150	50～100	0～0.1	SS	填料	
隔膜泵	0.5～1.5	80～100	50～100	0～0.1	SS		
油品加工							
OH1/OH2	8～1000	40～220	40～400	0～0.2	CS、SS	机械密封	
BB2	200～500	100～300	40～400	0～1.5	CS、SS	机械密封	
BB3	400～800	150～700	40～120	0～0.2	CS、SS	机械密封	
BB5	100～800	500～1500	150～200	0～0.2	CS、SS	机械密封	
VS4	10～50	40～130	40～300	0～1.0	CS、SS	机械密封	
螺杆泵	40～100	40～80	40～80	0～0.1	CS、SS	机械密封	
隔膜泵	0.0～1.0	80～100	50～100	0～0.1	SS		

表 3-46 煤直接液化装置主要泵设备一览表

设备名称	流量/(m^3/h)	温度/℃	入口压力/MPa	出口压力/MPa	泵类型	密封型式	厂家
油煤浆混合罐底泵	561.7	168.7	0.052	0.5	离心泵	机械密封	福斯
油煤浆进料泵	93.8	168.6	0.41	20.3	柱塞泵	填料密封	URACA/福思特
洗涤塔顶冷凝水泵	10.5～11.6	42～150	0.016	0.705	离心泵	机械密封	嘉利特荏原
洗涤塔顶轻烃泵	1.7～1.95	42～150	0.007	1.045	隔膜式计量泵	填料密封	重庆水泵厂
催化剂油浆混合罐底泵	265.8	164.3	0.053	0.032	离心泵	机械密封	福斯
煤液化注硫泵	1.9	150	0.534	20.2	隔膜式计量泵		LEWA
T-STAR 注硫泵	0.252	150	0.534	14.437			LEWA
第一反应器循环泵	1094～1641	455	19.188	19.328	离心泵	机械密封	福斯
第二反应器循环泵	1094～1641	455	18.946	19.039	离心泵	机械密封	福斯
高压注水泵	17.6	42	0.252	18.891	柱塞泵	填料密封	Peroni

续表

设备名称	流量/(m^3/h)	温度/℃	入口压力/MPa	出口压力/MPa	泵类型	密封型式	厂家
高压冲洗油泵	48.95	329	0.27	20.74	柱塞泵	填料密封	Peroni
急冷油泵	145.4～174.5	225～330	2.896	19.45	离心泵	机械密封	嘉利特荏原
常压轻馏分回流泵	46.5～51.2	133.9～159	0.92	1.1	离心泵	Plan 21+53	大连深蓝泵业
常压中馏分回流泵	154.3～169.85	245～265	0.87	1.1	离心泵	Plan 21+53+61	大连深蓝泵业
常压重馏分回流泵	67.6～74.29	364.1～425	0.8	1.15	离心泵	Plan 32+53	大连深蓝泵业
常压塔底泵	453.2	395.1	0.252	0.916	离心泵	机械密封	福斯
减压塔顶酸水泵	11.1～12.22	43～150	0.07	0.5	离心泵	Plan 11+53	大连深蓝泵业
减压塔顶油泵	3.52～5.29	43～150	0.07	0.85	离心泵	Plan 11+53	大连深蓝泵业
减压塔顶轻馏分回流泵	903.3～992.7	131.3～200	0.28	1	离心泵	Plan 21+53	大连深蓝泵业
减压塔顶重馏分回流泵	1234～1358	220～250	0.21	1	离心泵	Plan 41+53	大连深蓝泵业
减压塔底泵	124.2	311	0.093	1.5	离心泵	机械密封	福斯/福思特

四、关键泵介绍

油品合成和油品加工装置泵主要包括：重柴加料泵、贫液泵、半贫液泵、吸收剂泵、稳定塔回流泵、开工重柴油泵、汽包循环水泵、稳定蜡泵和稳定重质油泵等。上述泵在装置流程中发挥着重要作用，部分关键泵选型及相关结构特点如下。

1. 油品合成装置用泵

（1）重柴加料泵和吸收剂泵　为油品合成装置中的重要泵类设备。重柴加料泵的输送介质为重质柴油，介质相对密度为0.76，泵送温度为60℃，黏度为11.7mPa·s，入口压力为0.008MPa（G），出口压力为3.75MPa（G），泵的流量为50m^3/h，扬程为500m。吸收剂泵的输送介质为石脑油，介质相对密度为0.683，泵送温度为40～80℃，黏度为0.33mPa·s，入口压力为0.21MPa（G），出口压力为6.37MPa（G），泵的流量为294 m^3/h，扬程为920m。

由于重柴加料泵和吸收剂泵的扬程高，且输送易燃易爆的介质，两个位号的泵均选用多级卧式离心泵（API 610 BB5泵型）。根据工艺工况，重柴加料泵材质采用API标准S-6等级，吸收剂泵材质采用A-7等级。重柴加料泵由于介质单一，且无腐蚀性，所以，选择单端面机械密封，密封冲洗方案为API 682标准的Plan 11+61方案；吸收剂泵由于输送介质组分复杂，含有少量的有毒有害的物质，轴封选用了串联双端面机械密封，密封方案为API 682标准的Plan 11+52方案。

（2）贫液泵和半贫液泵　为油品合成装置中的重要泵类设备。贫液泵的输送介质均为热钾碱溶液，介质相对密度为1.25，泵送温度为105℃，黏度为0.75 mPa·s，入口压力为0.12MPa（G），泵的流量为2300m^3/h，扬程为312m。半贫液泵的输送介质均为热钾碱溶液，介质相对密度为1.25，泵送温度为105℃，黏度为0.8 mPa·s，入口压力为0.14MPa

(G)，泵的流量为 2300m^3/h，扬程为 316m。

由于贫液泵和半贫液泵的流量大，所以，两个位号的泵均选用卧式离心泵（API 610 BB1 泵型）。根据工艺处理介质的特点，贫液泵和半贫液泵材质采用 API 标准 A-8 等级。贫液泵和半贫液泵由于介质组分含有少量的有毒有害物质，且泵送温度较高，轴封选用了串联双端面机械密封，密封方案为 API 682 标准的 Plan 32＋53B 方案。

贫液泵部多选用汽轮机驱动，也可选用电机驱动。汽轮机执行 API 611 标准，采用背压式蒸汽透平，额定功率约 3500kW。为降低装置能耗，半贫液泵选用液力透平驱动，液力透平执行 API 610 标准，材质用 API 标准 A-8 等级，密封方案为 API 682 标准的 Plan 32＋53B 方案。

(3) 开工重柴油泵　开工重柴油泵也是油品合成装置中的重要设备。开工重柴油泵的输送介质均为重质柴油，介质相对密度为 0.75，泵送温度为 60℃，黏度为 21.43 mPa·s，入口压力为 0.1MPa (G)，出口压力为 0.62MPa (G)，泵的流量为 130m^3/h，扬程为 97m。根据工艺工况，开工重柴油泵选用卧式离心泵（API 610 OH2 泵型）。开工重柴油泵材质采用 API 标准 S-6 等级。开工重柴油泵由于介质单一，且无腐蚀性，所以，选择单端面机械密封，密封冲洗方案为 API 682 标准的 Plan 11＋61 方案。

2. 稳定塔回流泵

稳定塔回流泵是油品加工装置中的重要设备。稳定塔回流泵的输送介质含石脑油、轻烃、CO 和 H_2，介质相对密度为 0.517，泵送温度为 100℃，黏度为 0.1mPa·s，入口压力为 1.98MPa (G)，出口压力为 2.27MPa (G)，泵的流量为 192～360m^3/h，扬程为 240m。根据工艺工况，稳定塔回流泵选用卧式离心泵（API 610 BB2 泵型）。稳定塔回流泵材质采用 API 标准 A-7 等级。

稳定塔回流泵由于介质复杂，且含少量有毒有害物质，选择双端面串联机械密封，密封冲洗方案为 API 682 标准的 Plan 11＋52 方案。

3. 油煤浆进料泵

油煤浆进料泵是煤直接液化项目的核心设备之一，也是煤直接液化装置重点引进设备之一。油煤浆进料泵的作用是将上游 0.54～0.7MPa (G) 的混合煤浆通过升压到 20.1MPa (G) 后进入煤浆加热炉。油煤浆进料泵输送的介质是油煤浆，由煤粉、油及催化剂等组成。介质相对密度为 1.066，泵送温度 168.6℃，最高温度 290℃，最大黏度 81mPa·s，入口压力为 0.458MPa (G)，出口压力 20.3MPa，泵的流量 60～120m^3/h，根据煤直接液化时油煤浆介质高温、高压、高含固的工况特点，油煤浆进料泵选用往复式柱塞泵，通常采用三柱塞或者五柱塞结构，基于输送介质含固量高的特点，油煤浆进料泵配置一个同步驱动的注入泵。之前国内类似装置中的进料泵主要由德国 URACA、意大利 Peroni 两家公司供应，目前国内上海福思特流体机械有限公司已实现了该泵的国产化突破。

·第五章·
其他化工装置用泵

第一节　合成氨装置用泵

一、工艺流程

氨在国民经济中占有重要地位，其中约有 80%氨用来生产化学肥料（如：尿素、硝酸铵、磷酸铵、氯化铵以及各种含氮复合肥等），20%为生产其他化工产品的原料（如：硝酸铵、硝化甘油、蛋氨酸、三硝基甲苯和硝基纤维、己内酰胺、尼龙 6 单体、己二胺、丙烯腈、酚醛树脂和脲醛树脂等）。

氨是由氮和氢两种气体在高温、高压和催化剂存在条件下化合而成的：

$$N_2 + 3H_2 \longrightarrow 2NH_3 + 热量$$

根据制取氮和氢两种原料的方法不同，合成氨生产工艺流程主要有：以固体燃料（煤或焦炭）为原料合成氨流程、以天然气为原料合成氨流程、以重油为原料合成氨流程等。

（1）以天然气为原料的蒸汽转化法生产合成氨的典型流程见图 3-122。

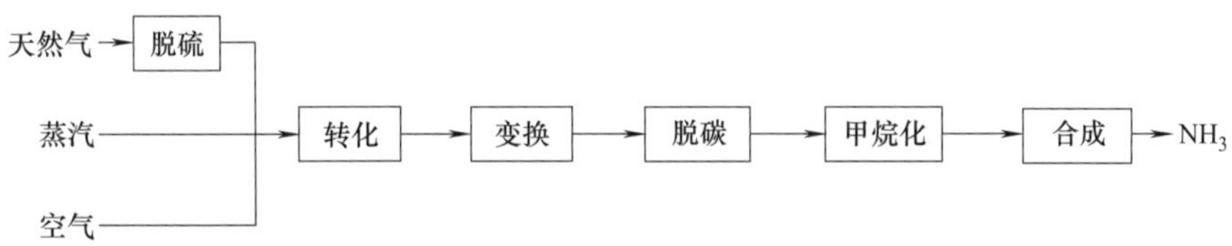

图 3-122　天然气蒸汽转化法生产合成氨流程框图

（2）以煤（焦炭）为原料生产合成氨的一种典型流程见图 3-123。

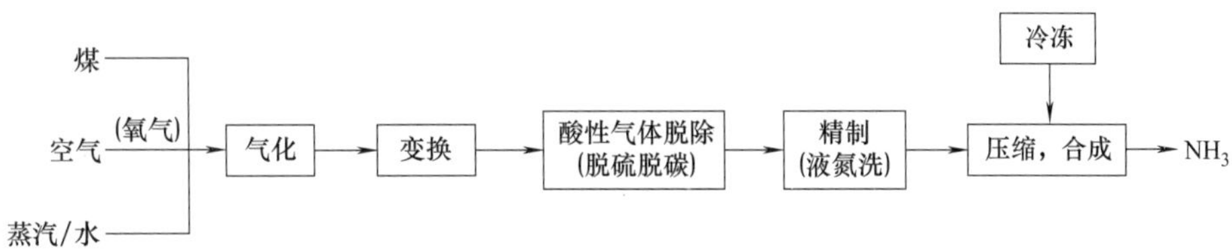

图 3-123　以煤为原料生产合成氨流程框图

不管用什么原料合成氨，均包括下述三个主要步骤：

一是造气，即制备含有氢、氮和一氧化碳的粗原料气。

二是净化，无论选择什么原料，用什么方法造气，都必须对粗原料气进行净化处理，以除去氢、氮以外的杂质。

三是压缩和合成，将纯净的氢、氮混合压缩到高压，在铁催化剂与高温条件下合成氨。

随着石油化工和天然气化工的发展，以煤（焦炭）为原料制取氨的方式在世界上许多国家中已很少采用，而中国能源结构上存在多煤、缺油、少气的特点，煤炭成为主要的合成氨原料，天然气制氨工艺则受到严格限制。

二、装置用泵概要

各工艺流程中所用泵的品种、规格和数量均不相同，但其中最为关键的泵都是高压锅炉给水泵、脱碳工序中的半贫液泵及水力透平机组。用天然气为原料的日产 1500t 合成氨装置用泵一览表见表 3-47，关键泵的技术性能见表 3-48，以下从装置关键用泵的工况特点、泵型的选择、结构特点和国内外产品情况四方面进行叙述。

表 3-47 日产 1500t 合成氨装置用泵一览表

泵名称	泵型式	输送介质	流量 /(m^3/h)	扬程 /m	轴功率 /kW	材料	驱动机功率/kW	台套数	难点
高压锅炉给水泵	BB5/BB3	锅炉给水	322	1570	1650	C-6	ST:1815 EM:1850	2 台	高压高扬程
半贫液泵	BB2/BB3	半贫液	A 台 1031 B 台 1138 C 台 1138	357.5	A 台 1302 B 台 1415 C 台 1415	A-8	HT:1337 ST:1560 EM:1600	3 台	A 台水力透平单驱动
水力透平	BB2/BB1	富液	2513	220	回收 1337	A-8		1 台	双相流
冷凝液泵	VS6	冷凝液	32	88	13	A-7	18.5	4 台	$NPSH_a$ 超低
化工流程泵	BB3 OH2 VS4 OH6	贫液 液氨、 工艺液	6～550	38～424	<693	A-7 A-8	ST,EM <770	15 台	要求可靠
加药装置用计量泵	隔膜式	磷酸盐、联胺、氨水、消泡剂	<0.1	(压差<3MPa)		A-7	<1.5	3～4 套	常规

表 3-48 日产 1500t 合成氨装置部分关键泵的技术性能

泵名称	高压锅炉给水泵	半贫液泵	水力透平
台数	开 1,备 1	开 2,备 1	开 1,不备
泵型式	BB5(或 BB3)	BB2(或 BB3)	BB2(或 BB1)
泵型号	200×150(A)DCS9M	10×16DMXD-A/2	14LH-152T
叶轮级数	9	2	1
流量 /(m^3/h)	322	A 台 1031,B/C 台 1138	2513
扬程 /m	1570	357.5	220
进口压力 /bar(A)	3	4.34	35.84
密度 /(kg/m^3)	935	1057	1071
效率 /%	75	A 台 81.4,B/C 台 82.4	83

续表

泵名称	高压锅炉给水泵	半贫液泵	水力透平
轴功率 /kW	1650	A 台 1302，B/C 台 1415	1337
驱动机型式	汽轮机、电动机	A 水力透平、B 汽轮机、C 电动机	—
驱动机功率/kW	ST：1815 EM：1850	HT：1337、ST：1560、EM：1600	—
$NPSH_a/NPSH_r$/m	11 / 6.2	21.8 / 11	—
材料	C-6	A-8	A-8
机械密封代号	C2A1A23	C2A1A32/62	C2A1A32/62

三、高压锅炉给水泵

1. 工况特点

大型合成氨厂大量采用蒸汽透平驱动离心压缩机、风机和泵。在日产 1500t 的合成氨厂中（包括尿素装置的 CO_2 压缩机），汽轮机的总功率大约为 5 万千瓦。大型氨厂也是一个动力装置，利用工艺过程中的热量产生高压蒸汽，作为蒸汽透平供汽。高压锅炉给水泵就是蒸汽系统中向各废热锅炉供水的关键设备。经脱氧槽除氧后的软水用高压锅炉给水泵升压到 13～15MPa（取决于高压蒸汽的压力等级），经给水预热器加热后送往汽包，再由汽包将软水分配到各废热锅炉，以产生高压蒸汽。泵的工况特点如下：

① 可靠性要求高。因大型氨厂和尿素厂的五大离心压缩机组全部是单机运行，任何一台停运都会造成全厂停产，故必须保证蒸汽供应的正常。锅炉给水泵的故障停车，会造成汽包断水，断水时间过长会损坏废热锅炉。因此，可靠性高是对该泵的主要指标。

② 属中流量、高扬程、高压多级离心泵。

③ 泵转速较高，$NPSH_a$ 和 $NPSH_r$ 的差值较小，对泵首级叶轮的抗汽蚀性能要求高。

④ 除蒙乃尔合金、巴氏合金和沉淀硬化不锈钢之外，泵、齿轮箱和辅助设备中不能使用铜或铜合金。

2. 泵型的选择

高压锅炉给水泵为中流量、高扬程、大功率离心泵，为提高泵效率，应选用多级离心泵，并选用较高的转速。叶轮级数多，每级叶轮的扬程减小，比转速加大，可提高泵效率；但级数增多，轴承间距加大、转子刚度降低，应注意防止级间承磨环磨损或有咬死的危险。

要求该泵的检修应迅速。例如英国电力总局（CEGB）提出的要求是 8h 内完成锅炉给水泵的泵芯更换。为达到此目的，可采用单壳体水平剖分式多级泵，或双壳体筒袋式多级泵，内泵体用水平剖分式比用节段式更便于检修。

多级离心泵的轴向力平衡方法采用平衡鼓或叶轮对称布置两种方式。

高压锅炉给水泵的额定功率和额定转速的乘积通常大于 API 610 标准中 4×10^6kW·r/min 规定值，因此应采用流体动压轴承。径向轴承和止推轴承应选用可倾瓦轴承。轴承用强制润滑供油，油系统的技术要求可按 API 614 标准执行。

3. 结构特点

日产 1500t 合成氨厂用高压锅炉给水泵的一种典型剖面结构见图 3-124，性能参数见表 3-48。对于 BB3 型泵，其结构特点如下。

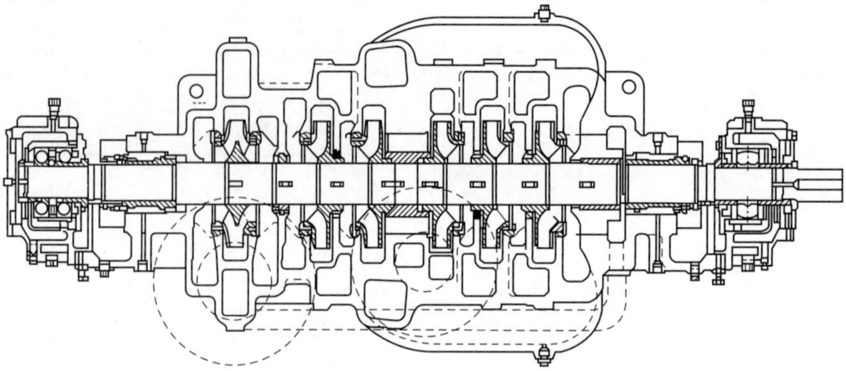

图 3-124　高压锅炉给水泵典型剖面结构（BB3 型）

① 泵体　轴向水平剖分式单壳体，进口和出口接管铸在下半泵体上，检查泵内件时，只需起吊上半泵体，无须动转子和管路。泵体为双蜗壳型，能平衡作用在叶轮上的径向力。泵体的支脚在下半泵体，并接近轴心线，在高温下使用时，能维持泵转子和驱动机转子的热对中性。

② 叶轮　叶轮分为两部分，背对背对称布置，在较宽的操作范围内能平衡轴向力。首级叶轮为双吸叶轮，以降低 $NPSH_r$，避免汽蚀。叶轮与轴用键连接传递转矩，各级叶轮的键交错 180°。

③ 轴封　采用带节流衬套的平衡型单端面机械密封。动环用碳化钨，静环用石墨，辅助密封圈用氟橡胶。用轴套上循环轮的泵送作用将软水从轴封腔引出，经换热器降温后再送回轴封腔，对机械密封进行循环冷却，使其工作温度低于泵介质温度，延长机械密封寿命。轴封箱与泵体铸为一体，同心度好，检查机械密封方便。

④ 轴承　径向轴承用滑动轴承，止推轴承用金斯伯雷型可倾瓦轴承。轴承用强制循环润滑系统，通常由主泵轴端连接的主油泵、电动机驱动的备用油泵、油箱、油冷却器、双联油过滤器和控制仪表等组成。

四、半贫液泵及水力透平

1. 工况特点

为了正确配置半贫液泵及水力透平机组，首先应了解脱碳工艺流程。合成氨装置通常采用 UOP 公司的苯菲尔脱碳工艺和 BASF 公司的 aMDEA 脱碳工艺，现以应用较为广泛的 aMDEA 脱碳工艺流程为例作一简述，如图 3-125 所示。

来自变换工序的高温低变气经冷却、分离工艺冷凝液后，进入两段溶液洗涤的 CO_2 吸收塔，气体与塔内的 aMDEA 溶液（N-甲基二乙醇胺，质量分数约 35%～50%，加约 3%哌嗪作为活化剂）逆流接触，气体中的 CO_2 被半贫液和贫液吸收，脱除 CO_2 后的净化气从 CO_2 吸收塔的顶部排出。

从 CO_2 吸收塔出来的富液相继通过两个闪蒸槽进行减压闪蒸。第一次减压时用水力透平回收能量，所回收的能量用于驱动半贫液泵。

高压闪蒸槽出口的溶液减压后，在低压闪蒸槽中解吸出大部分 CO_2（冷却后温度降至约 40℃，经分离器后进入尿素装置），闪蒸后的半贫液大部分由半贫液泵送入 CO_2 吸收塔的下段，小部分送热再生塔再生。再生后的贫液经冷却后由贫液泵送至 CO_2 吸收塔上段作为 CO_2 吸收剂。

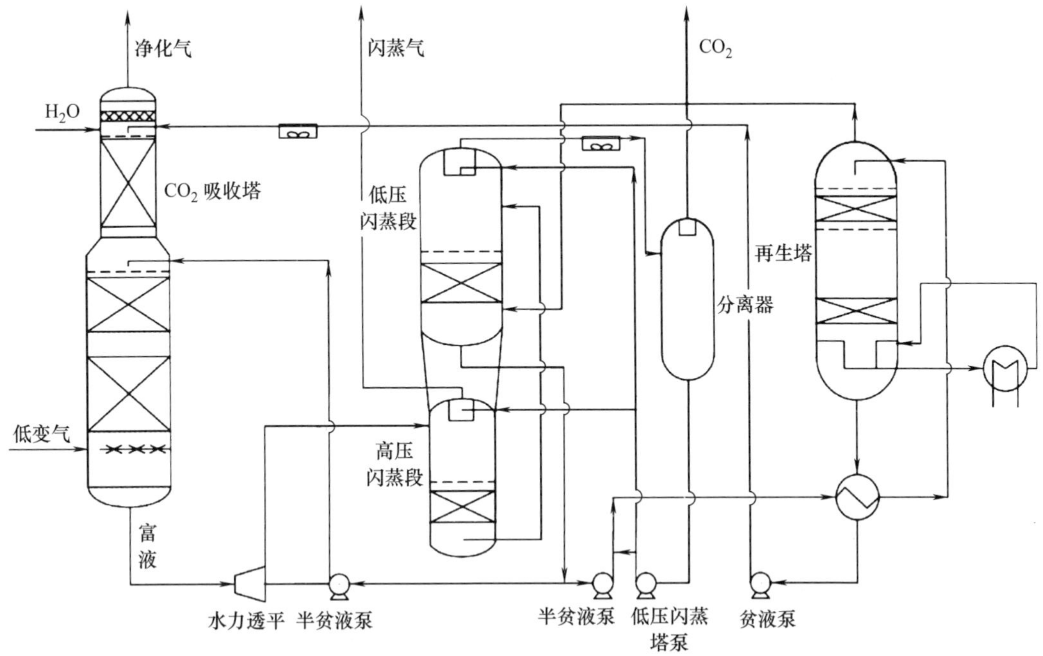

图 3-125　aMDEA 脱碳工艺流程

高压和低温有利于气体的吸收，而低压和高温有利于气体的析出，因此，CO_2 吸收塔处于高压，而 CO_2 再生塔处于低压，两塔的压差可通过水力透平回收能量。按某日产 1500t 合成氨装置脱碳工序的实例，水力透平可利用的压差为 23.14bar（2.314MPa），正常流量为 2513m^3/h，进口水力透平的效率为 83%，回收功率 1337kW。以年运行 0.8 万 h 计，每年可回收电 1070 万 kW·h，按今后 10 年内预计电价 0.48 元/(kW·h) 计，年节能费用约为 513 万元人民币，经济效益十分显著。

合成氨装置脱碳工序的水力透平不同于普通的水力透平，流进水力透平的富液中，CO_2 已达到饱和，富液在叶轮流道中减压时，CO_2 不断析出，尽管按重量计 CO_2 的比例很小，但气体的密度仅为液体密度的千万分之几，水力透平的工作介质应视为体积流量逐渐增大的气液两相流，因而水力设计难度增大，性能试验也很特殊。

2. 配置要求

水力透平的配置要求详见第一篇第四章第四节液力回收透平的选择。

工程公司应设计优化，力争实现半贫液泵及水力透平机组用单驱动机。

以某 1500t/d 合成氨装置的双驱动半贫液泵-水力透平机组为实例，为了驱动半贫液泵 A，除水力透平回收功率外还差 414kW，还要配 1950kW 的大电机，与单驱动相比，多一套 1950kW 的配电设施，另需一台超越离合器，多两套膜片联轴器，底座长度加长。电机在偏离额定功率 1950kW 很远的工况下运行，电机效率和功率因数都很低，电机实际消耗的功率很大。

有些工程公司注意了设计的优化，工艺、系统和机泵三个专业密切配合，已实现半贫液泵及水力透平机组用单驱动机，使机组的技术经济性得到了极大优化。

3. 泵型的选择

半贫液泵的泵型：用两级离心泵比单级效率高，首级为双吸叶轮，第二级为单吸叶轮。两级间设导叶，使第二级进液均匀，并减小径向力。因工作压力高，泵体应为双蜗壳，平衡作用于转子上的径向力。转子用双支承。

轴承：API 610 标准规定，泵的能量强度（额定功率×转速）≥4×10^6kW·r/min 时应采用流体动压轴承。为提高半贫液泵-水力透平机组的可靠性，不少泵厂在 200 多万 kW·r/min 时已采用流体动压轴承，设油站对轴承进行强制润滑。轴承座应采用铸钢。

轴封：经济可靠的轴封方案为单端面集装式机封，冲洗方案为 Plan 32＋62。

材料：对苯菲尔溶液，泵体用 CF8M，叶轮用 17-4PH 沉淀硬化不锈钢。因 aMDEA 溶液的腐蚀性弱于苯菲尔溶液，泵体和叶轮均用 CF8M。动环用 SiC，静环用 WC，弹簧用哈氏合金 C-276。泵体和叶轮的密封环如用 CF8M，因硬度低，应进行硬面处理。

水力透平的选型：采用倒流运行的离心泵，即常规离心泵的出口作为进口，进口变为出口。普遍采用单级双吸双支承离心泵。轴承座用铸钢。进口和出口垂直向上，便于排气，配管方便，占用空间小。轴封和材料同半贫液泵。

4. 半贫液泵和水力透平的结构特点

半贫液泵的一种典型剖面图见图 3-126，对于 BB2 型泵，其结构特点如下：

泵体：径向剖分，中心线支承，双蜗壳，级间流道采用双交错结构，级间设导叶，保证第二级进液均匀，减少涡流，并改善在流量降低时泵的性能。进、出接管向上，用金属缠绕式垫片。

叶轮：第一级为双吸式，入口面积大，$NPSH_r$ 低，第二级为单吸式。叶轮上装有可更换的耐磨环。

转子：双支承，轴粗，为刚性轴。轴伸端为锥形。

轴封：设平衡管和节流衬套，使第二级轴封腔压力降为第一级进口压力加平衡管的压降。吸入段和机封腔上的冷却或保温夹套与吸入段和机封腔铸为一体。轴封有均布环，使冲洗液从四周均匀引入，避免一股冲洗液进入对密封环的冲刷，冲洗效果好。

轴承座部件：中小功率采用滚动轴承，径向力由深槽球轴承承担，轴向力由 40°双列角接触球轴承承担，用甩油盘进行飞溅式润滑；对大功率，径向轴承用圆瓦或椭圆瓦滑动轴承，止推轴承用可倾瓦式，采用强制润滑。轴承箱含有一体化的水冷夹套，轴承座用铸钢。

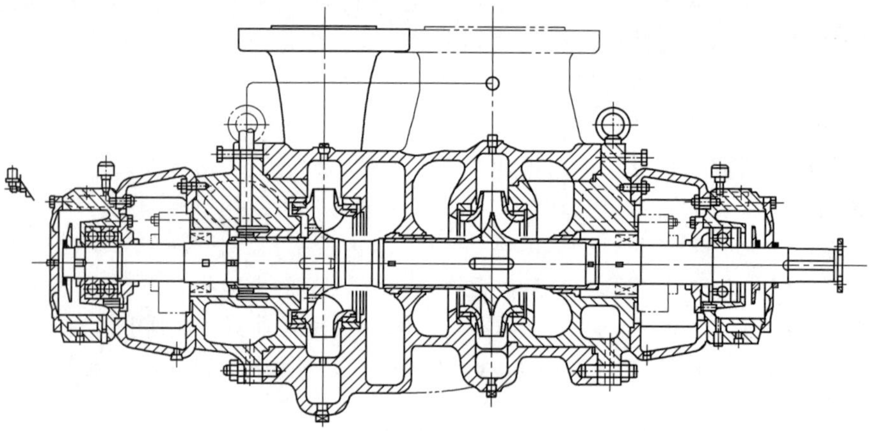

图 3-126 半贫液泵剖面图（BB2 型）

水力透平的一种典型剖面图见图 3-127，对于 BB2 型水力透平，其结构特点如下：

泵体：径向剖分，中心线支承，热对中性好，双蜗壳平衡径向力。进、出接管向上，配管方便，占用空间小，并便于将液体减压时逸出的气体自动排出。用金属缠绕式垫片。

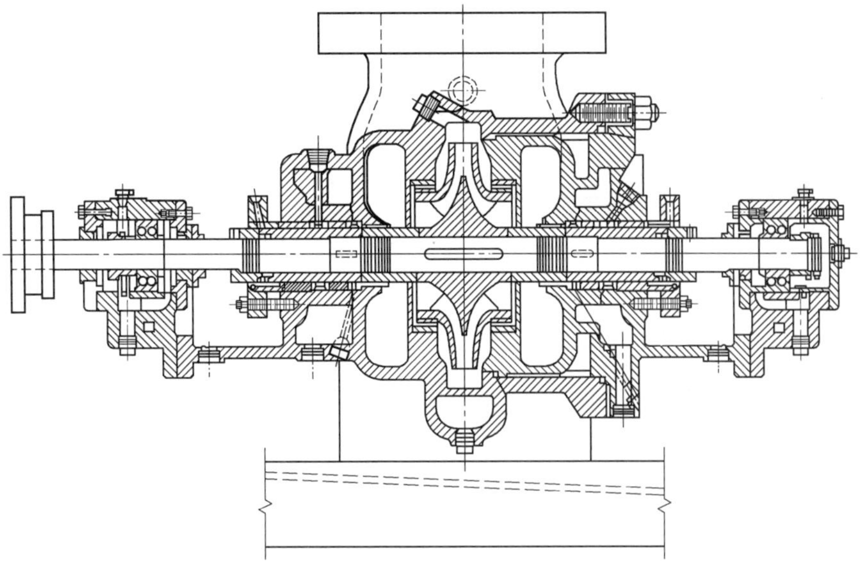

图 3-127　水力透平剖面结构（BB2 型）

叶轮：单级、双吸式叶轮，叶轮上装有可更换的耐磨环。

转子、轴封、轴承座部件的结构与半贫液泵相近。

第二节　尿素装置用泵

一、工艺流程及装置用泵概要

尿素是高效氮肥，在各种氮肥中含氮量最高（46.5%），且长期使用不会使土壤变质。此外，尿素也是三聚氰胺、脲醛等树脂的原料。尿素生产是用合成氨装置的氨和二氧化碳为原料，在高压（14～22MPa）和高温（180～190℃）下合成的，其化学反应是：

$$2NH_3(气)+CO_2(气)\rightleftharpoons NH_4COONH_2(液)$$

$$NH_4COONH_2\rightleftharpoons (NH_2)_2CO(液)+H_2O(液)$$

首先氨与二氧化碳反应生成氨基甲酸铵（简称甲铵），然后再由甲铵脱水转化为尿素。由于甲铵脱水反应速度缓慢且不完全，一般转化率不超过 70%。因此，在合成尿素的产物中，有相当数量的 NH_3 和 CO_2 要回收利用。在尿素生产中，由于回收的方法不同，形成了不同的工艺流程。世界上尿素生产中主要采用氨汽提法和二氧化碳汽提法两种工艺流程。尿素生产工艺流程框图见图 3-128。

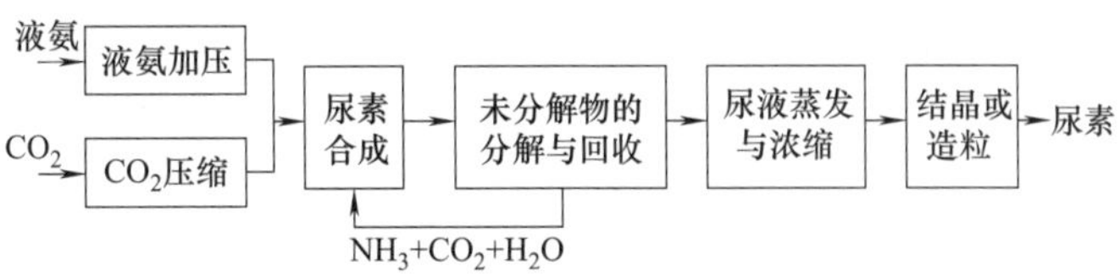

图 3-128　尿素生产工艺流程框图

表 3-49 以日产 2700t 尿素装置为例，汇总了泵的类型、流量和扬程的范围、材料、台数等概况。不同装置规模，泵的型式和参数不同，但最关键的泵都是高压氨泵和高压甲铵泵，以下对其工况特点、泵型的选择、结构特点进行叙述。

表 3-49 日产 2700t 尿素装置用泵一览表

泵名称	泵型式	输送介质	流量/(m^3/h)	扬程/m	轴封型式	难点	材料	电机功率/kW	台数
高压氨泵	BB5（10 级）	液氨	121	2514	机械密封	高压、机封、高扬程	S-6	900	2
高压甲铵泵	BB5/BB4（6 级）	氨基甲酸铵	87	1238.4	机械密封	高压、机封、高扬程、腐蚀	A-8	710	2
尿素熔融泵	OH2	熔融尿素	116	50	机械密封	结晶、机封	A-8	37	2
冷凝液泵	VS6	蒸汽冷凝液	77～105	75～102	机械密封	$NPSH_a$超低	C-6	30～55	4
化工流程泵	OH2、BB1、VS4	尿素溶液、循环水、工艺液	5～1740	14～200	机械密封	要求可靠	A-7、A-8	＜185	28
高压冲洗水泵	三缸柱塞式	冲洗水	11	(16MPa)	填料密封	常规	CS	75	2
计量泵	隔膜式	甲醛	2	(1.21MPa)	填料密封	常规	CF3M	4	3

二、高压氨泵

1. 工况特点

高压氨泵用来将液氨从大约 2.5MPa（A）升压到约 16.8MPa（A），然后高压液氨进入高压甲铵喷射器，作为甲铵喷射器的动力液，引射高压高温强腐蚀性的甲铵液，两者混合后一起进入尿素合成塔。采用此喷射器的目的是减轻高压甲铵泵苛刻的工作条件。高压甲铵泵不直接放在合成塔前，而是设置在甲铵冷凝器和预热器之前，因此工作温度从 150℃降到约 40℃，甲铵溶液的浓度也降低，使甲铵泵的腐蚀疲劳问题得到解决。该泵的工况特点如下：

① 液氨的相对密度小，根据温度不同为 0.58～0.63，因此，对相同压差，比水的扬程高得多。液氨蒸气压高，减压时极易汽化，机械密封选型时要特别注意。

② 液氨有毒，轴封不允许泄漏。泄漏出的液氨汽化为氨气，是爆炸性气体，归为ⅡA类、T1 组。液氨汽化时产生低温会使机械密封冲洗水结冰，造成密封环损坏。

③ 属中流量高扬程高压泵。尽管采用汽提法工艺后，尿素合成压力从水溶液全循环法的 20MPa（G）降至 13～15MPa（G），但高压氨泵要求的压差仍高达 14.3～20MPa（G），因液氨相对密度小，扬程高达 2500～3400m，而泵的流量又不大，对日产 1765t 尿素装置，额定流量仅 $115m^3/h$，泵的最高工作压力约 25MPa（G）。

④ 液氨腐蚀性小，过流件材质可用碳钢。当液氨减压到常压时，可能出现－33℃的低温。因铜和氨能形成爆炸性的络合物，因此泵的零件中禁止使用铜或铜合金（巴氏合金和沉淀硬化不锈钢除外）。通常采用 API 610 标准中的 S-6 材料等级，即承压泵体用碳钢，内泵体及叶轮用 Cr13。

⑤ 可靠性要求高。该泵是合成塔液氨进料泵，一旦出故障，整个尿素装置全部停产，经济损失巨大。此外，该泵价格昂贵，功率大，运行费用高，因此要求其可靠性高。

2. 泵型式的选择

决定高压氨泵型式的重要因素是装置生产能力和合成塔压力。在 20 世纪 70 年代以前，世界上的尿素生产大多采用水溶液全循环法工艺，合成压力约为 20MPa，因高压氨泵压差大，基本上使用往复式泵。20 世纪 70 年代开发出了 CO_2 汽提和氨汽提工艺，合成压力降为 13～15MPa，氨泵压差相应减小，在大型尿素装置中，主要采用离心式高压氨泵，中小型尿素装置可选用离心高压氨泵和往复式泵。可以使用高速离心泵的最小装置能力为日产 750t 尿素。泵选型时，要结合建厂地的电价、维修能力和备件供应情况，从以下方面进行综合比较。

① 效率对比 往复泵本身效率可高达 90%，比离心泵高得多，但往复泵流量的调节不如离心泵方便。早期用液力变矩器调速，液力变矩器效率低（<80%）。抵消了往复泵的部分节能效果。以日产 1750t 尿素装置为例（见表 3-50），采用液力变矩器调速的往复泵，可比离心式泵节省功率 180～270kW（17.8%～24.5%）。近十年来多采用变频电机驱动的往复泵，功率可进一步节约（节省 360～450kW）。

表 3-50 日产 1750t 尿素装置不同型式高压氨泵的性能比较

性能	往复泵	高速离心泵	中速离心泵
机型	五缸或七缸	卧式高速部分流泵	卧式筒形多级泵
级数	1	2	10
流量/(m^3/h)	115	115	115
扬程/m	3400	3400	3400
泵转速/(r/min)	70～220	20500	7000
功率消耗/kW	830(用变矩器) 650(用变速电机)	1100	1010
流量调节范围/%	30～100	35～100	50～100
机组质量/t	22	7.2	16.4
外形尺寸(长×宽×高)/m	7.5×2.5×3	5.2×2.1×2.4	6.5×1.4×1.3

② 投资比较 往复式高压氨泵结构复杂，重量大，投资高于离心泵。根据德国伍德公司资料，两者的相对投资比例参见表 3-51。应以厂商报价文件为准。

表 3-51 往复式与离心式高压氨泵相对投资比例 单位:%

泵类型		驱动机	变矩器	齿轮箱	泵	总计
往复式	恒速电动机(1500r/min)	14.5	14.5	6	65	100
	变速电动机(1500r/min)	26.5	1	6	65	98.5
离心式	变速电动机(3000r/min)	31	1	1	54	87
	汽轮机(冷凝式)	42	—	36	54	132

至于小型尿素装置普遍使用的往复式柱塞泵，也应对不同机型的技术参数和结构特点进行比较。表 3-52 列出了三家有代表性厂家生产的往复式高压氨泵的技术性能，从表中可以看出。WORTHINTON 公司采用流量减半的泵，用开两台备用一台的方式，配管增多，占地面积加大。三者的功耗相近。影响柱塞和填料寿命的柱塞速度，以 PERONI 公司的最低。泵材质以 PERONI 公司的产品稍好。综合起来，这三家泵公司的产品技术性能相近，选用时应根据厂商报价文件编制技术经济评比表。

表 3-52 日产 1100t 尿素装置用高压氨泵的技术性能

技术性能	泵制造厂		
	WORTHINGTON	PERONI	BPCL/URACA
输送介质	液氨		
温度(最低/正常/设计)/℃	−33/36～33/60		
流量(最小/正常/最大)/(m^3/h)	12.5/32.7/41.5(开2台)	25/65.6/83	25/65.6/83
流量调节范围/%	30～100		
进口压力(最低/正常/设计)/ata	20/21/29		
出口压力(正常)/MPa	24		
压差(正常)/MPa	23		
$NPSH_a$/$NPSH_r$/m	116/8.3	116/20	116/9.6
泵型号	VQEH 86/178	PQO 125/190	KD 827
柱塞数量/布置方式	5/立式	5/卧式	5/卧式
柱塞直径/行程/mm	86/178	125/190	150/270
柱塞速度/(m/s)	0.26～0.86	0.25～0.81	0.27～0.9
泵转速(最低/正常/最高)/(r/min)	44/115/145	38.8/101.8/128	30/79/100
泵额定轴功率/kW	275×2=550	562	552
减速器轴功率/kW	283×2=566	580	569
电动机功率/kW	350×2=700	700	650
质量(泵/底座)/kg	10.3/1.1(每台)	14/3.2	13.2/1.5
安全阀设定压力/MPa	26.9		
轴封型式	双级填料密封,编织聚四氟乙烯填料		
填料圈数	6+6	10+6	9+8
缸体材料	CK 22(AISI 1023)	ASTM A350LF2	C22
柱塞材料	1.4034 镀铬	AISI 420 镀铬	CK35 镀 CO/moloy6
阀片材料	1.4034(AISI 420)	钛合金	1.4112 不锈钢
阀座材料	1.4034(AISI 420)	38NCD4 钢	1.4112 不锈钢
填料箱材料	C22(AISI 1020)	38NCD4 钢	C22 锻钢

3. 中速多级离心式高压氨泵的结构特点

随着尿素装置规模的不断扩大，对于大型尿素装置用高压氨泵，有发展前途的是中速多级离心式。下面以日产 2700t 尿素装置中的 BB5 型高压氨泵为例，说明中速多级离心式高压氨泵的结构特点。该泵的性能参数见表 3-53，剖面结构见图 3-129。

表 3-53 日产 2700t 尿素装置中速多级离心式高压氨泵的性能参数 (1bar=0.1MPa)

正常温度/℃	介质密度/(kg/m^3)	汽化压力/bar(A)	黏度/(mPa·s)	正常流量/(m^3/h)	额定流量/(m^3/h)	进口压力/bar(G)	出口压力/bar(G)	压差/bar	扬程/m	$NPSH_a$/m
40	580	15.82	0.12	110	121	23.6	166.6	143	2514	155

泵型号	泵型式	效率/%	轴功率/kW	电机功率/kW	转速/(r/min)	$NPSH_r$/m	材料	轴封型式
3×8 3/4−10stg HSB	BB5(10级)	63.5	757	900	6802	18	泵体 CS,内泵体/叶轮 17-4PH	机械密封

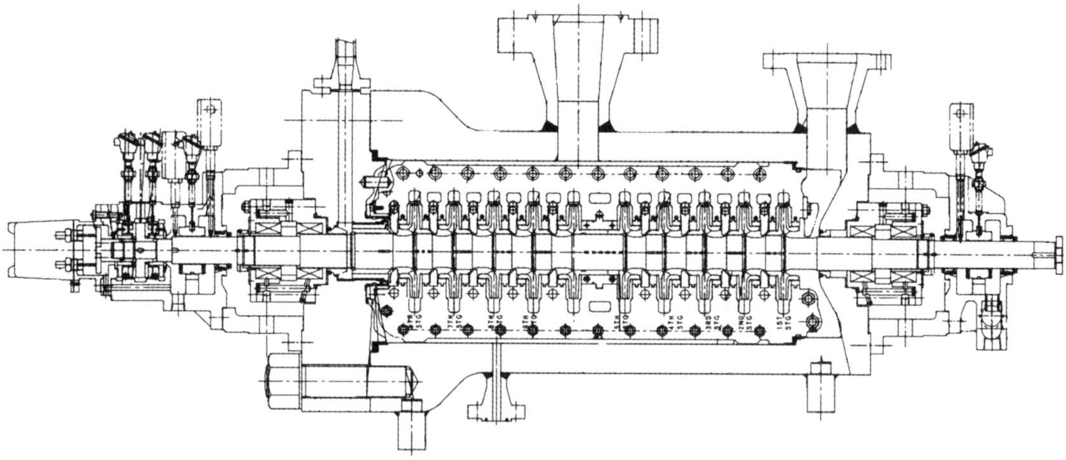

图 3-129　BB5 型高压氨泵剖面结构

① 外筒体　为锻造的圆筒体，一端为螺栓连接的端盖，用以承受流体高压，而剖分式内筒壁厚可减薄，密封要求也降低。为保证泵与驱动机的轴线热对中性，在筒体外部轴线处设置四个支脚。在筒体最下部和联轴器端的底座之间有导向销，以便保证泵启动热膨胀过程中的对中。吸入口和排出口均在外筒上，垂直向上，检修转子时，可不动进出口管线。

② 内泵体　设计成轴向剖分式，可方便检修。泵体为双蜗壳结构，以平衡径向力，减少多级泵长轴的轴径和轴挠度，减小级间密封环直径和间隙，提高泵的容积效率。内泵体的外部承受泵出口压力，利用内外压差在剖分面上产生足够的密封压力。两半泵体的连接螺栓很小，仅供装配用。泵体密封面经过精磨抛光。无需垫片，保证了剖分式泵体各级密封环间隙的均匀准确。泵体上设有平衡通道，与泵进口相通，使高压侧和低压侧的轴封腔工作压力都降为泵吸入压力，改善密封条件。

③ 叶轮　该泵有 10 个叶轮，背对背布置，以平衡轴向力，取消平衡鼓或平衡盘，减少维修部件。叶轮材质为 17-4PH 高强度不锈钢。

④ 机械密封　高压氨泵进口压力高，轴封腔压力约 2.4MPa（G），且泵转速较高，液氨又易汽化，密封难度大。该泵采用双端面机械密封，冲洗方案采用 Plan 54，两台高压氨泵采用一套公用的脱盐水密封冲洗水站。

⑤ 轴承　该泵的额定功率和额定转速的乘积是 5.15×10^{6}kW・r/min，大于 API 610 标准规定的 4×10^{6}kW・r/min，故必须用流体动压轴承，即依靠轴颈的回转，把润滑油带入轴与轴瓦之间，建立起油膜压力以承受载荷。该泵的径向轴承和止推轴承均采用可倾瓦轴承。这种轴承是由多块可自由摆动的瓦块组成，在工况变化时能形成最佳油膜，抗振性好，不容易产生油膜振荡。轴承用强制润滑方式，两台高压氨泵采用一套公用的润滑油系统，润滑油系统包括高压氨泵的增速齿轮箱轴头驱动的两台主油泵和一台备用油泵，管壳式油冷器两台、油过滤器两台、油箱一台。

⑥ 轴承监测系统　轴振动和轴位移监测系统执行 API 670 标准，采用 B-N3300 系列。每个径向轴承设两个测振探头，测量 x 和 y 两个方向的振动值。止推轴承上装一个轴位移探头。轴承监测系统与 DCS 连接，信号送中控室。每个径向轴承装一个双支铂热电阻，止推轴承装三个双支铂热电阻，监视轴瓦温度。

三、高压甲铵泵

1. 工况特点

该泵用来将中压吸收塔底回收的甲铵溶液从大约 0.5～2.5MPa（G）升压到约 15～25MPa（G），经甲铵预热器后送至高压甲铵冷凝器。该泵的工况特点如下：

① 输送介质为氨基甲酸铵的水溶液，不同工艺流程的组分不同。对氨汽提法，甲铵液的组分是：NH_3 占 48.5%，CO_2 占 19%，H_2O 占 32.5%。温度 75～80℃，溶液密度（0.9～1)×10^3kg/m^3，黏度＜3mPa·s，溶液的饱和蒸气压力在 80℃时达到 1.57MPa（G）。对 CO_2 汽提法，甲铵溶液的组分是：NH_3 占 30.5%，CO_2 占 38.3%，H_2O 占 31.2%。温度约 95℃，溶液密度 1.2×10^3kg/m^3，黏度约 2.3mPa·s，溶液的饱和蒸气压力在 90℃时达到 1.938MPa（G）。两种流程的溶液饱和蒸气压力都很高，对泵的抗汽蚀性能和机械密封的选型都有很大的影响。

② 属小流量高扬程高压泵，流量决定于装置生产能力和工艺流程，流量 10～150m^3/h，扬程 1200～2100m。泵进口压力较高，汽提法工艺中为 0.5～2.5MPa（G），使泵的轴封在比此压力略高的条件下使用。泵的工作压力高达 15～25MPa（G）。

③ 甲铵溶液对金属材料的腐蚀性很强，加之泵体承受的压力高，泵体材料必须有优良的耐疲劳腐蚀性能和机械强度。

④ 可靠性要求高。该泵是尿素生产中的关键设备之一，也是整个装置中最容易发生故障的环节，其可靠性高低，直接影响到尿素生产的连续运转周期。

2. 泵型式的选择

决定高压甲铵泵型式的重要因素是装置生产能力和合成塔压力。高压甲铵泵属于小流量高扬程泵，因此泵型式也有往复式柱塞泵、高速部分流泵和中速多级离心泵三种类型可供选择。

20 世纪 70 年代以前，尿素装置中高压甲铵泵基本上是采用往复泵，虽然效率高，但缸体受到高压、脉动压力和甲铵液的强腐蚀作用，易发生疲劳腐蚀，加之结构复杂，易损件多，维护成本较高，使用成本高，可靠性差，并且不适合大流量，一般用于早期的小型尿素装置，现在新建的大中型尿素装置基本不再使用。至于生产能力小于日产 750t 的尿素装置，因泵的流量很小，无合适离心式泵可选，仍选用往复式泵。

20 世纪 70 年代开始，高压甲铵泵采用高速部分流泵，用两级叶轮就可以达到 4000m 的高扬程，而且叶轮和泵体尺寸小，对高工作压力而言，泵体直径小，壁厚较薄，减少了 316L 不锈钢用量，高速部分流泵具有结构简单、体积小、重量轻、泵基础小的明显优势。但其转速较高，一般高达 11000r/min 以上，高速化使泵的入口汽蚀条件恶化，对零部件的强度、耐磨型性要求都很高，且对扩散器喷嘴、增速箱、轴封、诱导轮等设计制造要求高，扩散器喷嘴直径、齿轮直径、叶轮直径、诱导轮这四项中的任一项或几项改变都可使泵性能大幅度变化。因此高速部分流泵可靠性不太高，检修难度和检修成本高。

对于日产 1100t 和 1700t 两种生产能力的尿素装置，往复泵、高速部分流泵（高速离心式）和中速多级离心泵（应用在日产 1700t 装置中）的性能参数对比见表 3-54。

随着尿素装置规模的不断扩大，对于大中型尿素装置用高压甲铵泵，主要采用 BB5 或 BB4（有部分厂商采用）型中速多级高压离心泵，该泵的 $NPSH_r$ 都较大，超过了装置的有效汽蚀余量 $NPSH_a$，通常设置了增压泵以提高主泵的进口压力，即加大 $NPSH_a$，该类型具有可靠性较高，运行维护成本不算高，检维修难度不算大，是目前大中型尿素装置普遍采用的泵型式。

表 3-54 往复式、高速离心式和中速多级离心式高压氨泵的性能参数对比

尿素生产能力/(t/d)	1100		1700		
泵型式	往复式	高速离心式(OH6)	往复式	高速离心式(OH6)	中速多级离心式(BB5,BB4)
额定流量/(m^3/h)	38	38	60	60	60
压差/MPa	14.1	14.1	14	14	14
级数	1	2	1	2	6
轴功率(额定流量时)/kW	228	310	345	446	440

3. 高压甲铵泵的结构特点

用于日产 2400t 尿素装置（Stamicarbon 工艺）高压甲铵泵（卧式双级高速式）的性能参数见表 3-55。其结构见图 3-130。该泵有如下特点。

表 3-55 日产 2400t 尿素装置卧式双级高速式高压甲铵泵的性能参数（1bar=0.1MPa）

正常温度/℃	介质密度/(kg/m^3)	汽化压力/bar(A)	黏度/(mPa·s)	正常流量/(m^3/h)	额定流量/(m^3/h)	进口压力/bar(G)	出口压力/bar(G)	压差/bar	扬程/m	$NPSH_a$/m
73	1219	3.3	3	57	77	17.28	152	134.72	1127	107

泵型号	泵型式	效率/%	轴功率/kW	电机功率/kW	转速/(r/min)	$NPSH_r$/m	材料	叶轮外径/mm	轴封型式
HMP-3512	双级高速泵	55.8	516	580	11651	35.9	CF-3M	147.4	第1级 BD 第2级 BT

图 3-130 卧式双级高速式高压甲铵泵结构

① 叶轮 叶片为直线辐射状，比后弯式叶片离心泵叶轮可产生更高的扬程。叶轮无前后盖板，在高压下的轴向力也很小。这种泵无密封环，不会出现因密封环磨损而引起的泵性能逐年下降的现象。与常规开式叶轮有本质的不同，泵体内旋转液流与叶轮之间基本上无相对流动，没有密封环处的回流损失，而且叶片与泵体之间有较大间隙，对泵性能的影响也很小。

② 泵体 为同心圆柱形。与常规离心泵借助于蜗形壳体或导叶实现动能转换为静压能的原理相反，是靠泵体切线上的圆锥形扩散器将部分回转流体的能量进行转换，故该泵也称为部分流泵。

③ 优良的抗汽蚀性能 泵高速化的难点是汽蚀性能恶化。从图 3-130 中可见，该泵解决汽蚀的措施是在第一级和第二级叶轮入口处设螺距递增式诱导轮（指用于此两级并联，高压甲铵泵的两级叶轮是串联，第二级入口压力已远高于甲铵液汽化压力，故不装诱导轮）。这种诱导轮与一般的诱导轮相比，在较宽的转速和流量范围内的性能很好。该泵在 14000r/min 高速下的 $NPSH_r$ 为 8m。诱导轮与叶轮铸为一体。

④ 改变泵性能容易 只要改变扩散器喷嘴直径、齿轮直径、叶轮直径、诱导轮这四项中的任一项或几项即可使泵性能大幅度变化。

⑤ 轴封结构 泵高速化的另一难题是轴封可靠性。该泵的特点是无论泵排出压力多高，轴封压力总是接近泵的入口压力。第一级轴封为单端面平衡型机械密封，第二级轴封为串联式平衡型机械密封。该泵叶轮为悬臂式支承，叶轮轻，流体的径向力也小，叶轮的悬臂又很小，因此泵轴较细，减小了密封面的 pV 值。为避免高速回转离心力对机械密封的不利影响，只有动环是回转的。机械密封的冲洗液用冷凝水，冲洗系统中设置压差调节阀，自动控制泵开停车和运行中，冷凝水压力和轴封腔压力的差值稳定。

⑥ 轴承 径向轴承用滑动轴承，推力轴承用可倾瓦型，附设润滑油系统、轴振动和轴位移监测系统和轴承温度监测系统，确保高速机械运转的可靠性。

用于日产 2700t 尿素装置（Stamicarbon 工艺）高压甲铵泵（中速多级离心式）的性能参数见表 3-56。鉴于中速多级离心式高压甲铵泵的结构与中速多级离心式高压氨泵类似，具体结构可参见中速多级离心式高压氨泵的结构特点。

表 3-56 日产 2700t 尿素装置中速多级离心式高压甲铵泵的性能参数

正常温度 /℃	介质密度 /(kg/m^3)	汽化压力 /bar(A)	黏度 /(mPa·s)	正常流量 /(m^3/h)	额定流量 /(m^3/h)	进口压力 /bar(G)	出口压力 /bar(G)	压差 /bar	扬程 /m	$NPSH_a$ /m
95	1218	19.38	2.275	66	87	22.46	167.96	145.5	1238.4	26

泵型号	泵型式	效率 /%	轴功率 /kW	电机功率 /kW	转速 /(r/min)	$NPSH_r$ /m	材料	轴封型式
125×100 SSP6GM	BB5 或 BB4 6 级	58.5	601	710	6195	15	泵体、叶轮 CD-4MCu-mod	机械密封

第三节 烧碱和纯碱装置用泵

一、工艺流程及装置用泵概要

氯碱工业和纯碱工业是基本化学工业的重要组成部分，电解食盐水溶液生产的烧碱和氯气都是基本化工原料。

烧碱（NaOH）生产工艺流程方框图见图3-131。30万t/a离子膜法烧碱装置用泵一览表见表3-57（注：隔膜法烧碱由于能耗高、污染重，已逐渐被淘汰，本节不做相关描述）。

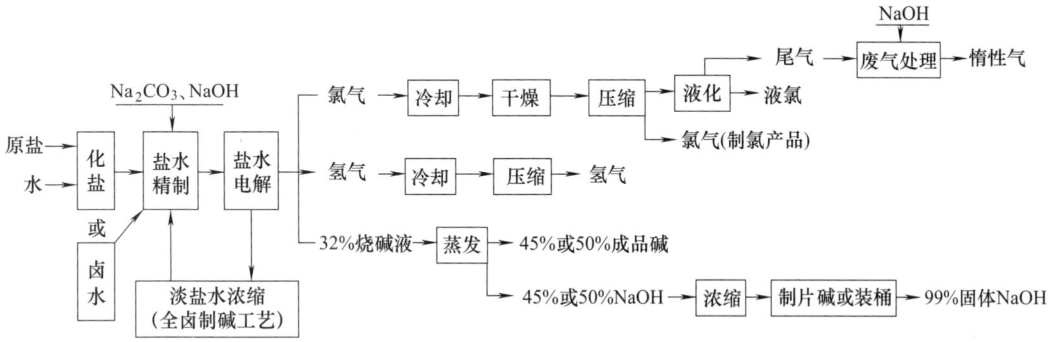

图3-131 烧碱生产工艺流程方框图

表3-57 年产30万t离子膜法烧碱装置用泵一览表

泵名称	泵型式	输送介质	流量/(m^3/h)	扬程/m	过流件材料	轴封型式	电机功率/kW	台数
化工流程泵	OH1 OH2	盐水、氯水、NaClO	<600	<66	Ti	机械密封	<200	28
化工流程泵	OH1 OH2	烧碱、盐水、工艺冷凝液	<330	<60	CF-8、CF-8M	机械密封	<110	20
化工流程泵	OH1 OH2	浓碱、稀硫酸	<320	<40	Ni、HAS-C276	机械密封	<110	6
磁力泵	OH1	盐酸、NaClO	<100	<60	氟塑料	无	<37	10
液氯泵	屏蔽泵 立式筒袋 磁力泵	−20℃液氯	<30	<90	CF-8M 16MnDR/304SS	无	<22	2
耐腐蚀液下泵	VS5	废液	60	26	氟塑料	无	11	2
液环式压缩机机组	液环式	氢气	7200	压差1.3bar	CS或SS	机械密封	315	3
脱氯真空泵机组	液环式	氯气	1400	进口压力0.2bar(A)	Ti	机械密封	90	2
水环真空泵	液环式	空气	<1200	进口压力0.1bar(A)	SS	机械密封	<37	4
熔盐液下泵	VS5	440℃熔盐	380	57	耐热钢	填料密封	200	2
计量泵	隔膜式	糖液	0.05	压差5.5bar	CF-8	填料密封	0.2	2
蒸发循环泵	轴流式	盐水	10000	3.5	Ti	机械密封	250	2

纯碱生产工艺主要为氨碱法和联合制碱法。前者用原盐、石灰石和煤为原料（氨封闭循环利用，只补充损耗量），生产纯碱一种产品，同时有废液渣排放。联碱法用原盐和合成氨厂的 NH_3 和 CO_2，同时生产出纯碱和氯化铵两种产品。两种工艺流程方框图见图 3-132、图 3-133。60 万 t/a 氨碱法和联碱法制纯碱（或纯碱和氯化铵）装置用泵一览表见表 3-58、表 3-59。

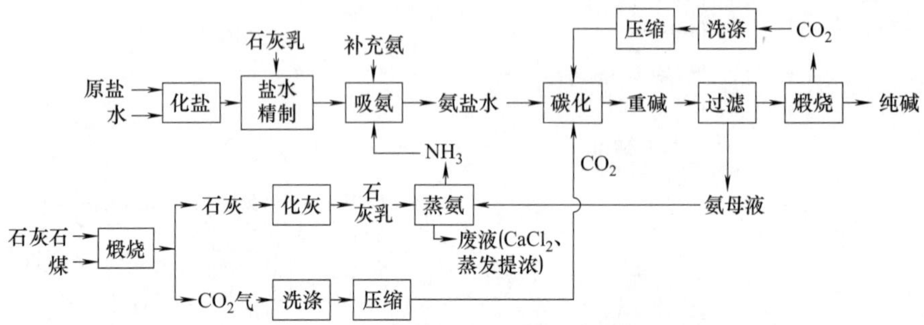

图 3-132　氨碱法制纯碱工艺流程方框图

表 3-58　年产 60 万 t 氨碱法制纯碱装置用泵一览表

泵名称	泵型式	输送介质	流量/(m^3/h)	扬程/m	过流件材料	轴封型式	电机/kW	台数
化工流程泵	OH1	氨盐水、氨母液等	<420	<62	CF-8M、Ti	机械密封	<160	11
化工流程泵	OH1	石灰乳、盐泥	<310	<54	耐磨铸铁	机械密封	<90	9
化工流程泵	OH1	盐水等	<430	<58	铸铁	机械密封	<110	23
耐腐蚀液下泵	VS5	废液	<400	<50	耐磨铸铁	填料密封	<75	4
水环真空泵	液环式	空气	<530	进口压力 0.2bar(A)	铸铁	机械密封	37	2

碱工业用泵绝大部分是耐腐蚀卧式离心泵，其次是化工轴流泵、液下泵、液环式真空泵和压缩机、磁力泵、计量泵。本节对碱工业的专用泵的工况特点和选型要求、结构特点进行叙述。

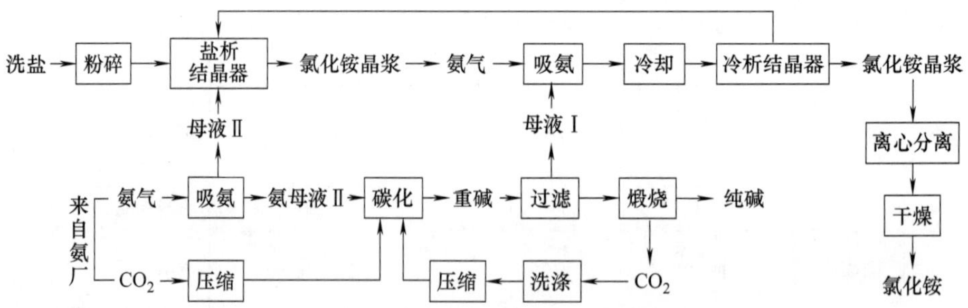

图 3-133　联碱法制纯碱和氯化铵工艺流程框图

表 3-59　年产 60 万 t 联碱法制纯碱和氯化铵装置用泵一览表

泵名称	泵型式	输送介质	流量 /(m^3/h)	扬程 /m	过流件材料	轴封型式	电机 /kW	台数
冷析轴流泵	立式轴流泵	氨母液	5000	3	CF-8M	副叶轮密封	110	9
盐析轴流泵	立式轴流泵	氨母液、盐粉	8000	1.3	CF-8M	无密封	75	3
清洗轴流泵	立式轴流泵	氨母液Ⅰ	600	3	CF-8M	副叶轮密封	<110	3
化工流程泵	OH1 OH2	氨母液、盐水、工艺冷凝液	<450	<60	CF-8M CF-3M	机械密封	<132	32

二、蒸发循环泵

烧碱装置的盐水浓缩、氨碱法纯碱装置的氯化钙浓缩都会使用强制循环蒸发器，配套选用轴流式或混流式蒸发循环泵。

1. 工况特点和选型要求

（1）采用慢速泵　既有利于结晶形成，又可减轻叶轮的磨损、延长使用寿命，且慢速泵的必需汽蚀余量小、抗汽蚀性能好。

（2）要求陡降的扬程-流量特性曲线　当蒸发器操作后期因结晶使循环阻力增加时，陡降的扬程-流量特性曲线可使流量的减小幅度小，即传热系数的下降速度慢，对蒸发过程有利。

（3）蒸发器与循环泵的合理匹配　蒸发器设计者应正确计算蒸发器碱液循环阻力，提出准确的扬程，以保证循环泵长期在高效区运行；而循环泵也应有流量调节手段（变转速、变轴流泵的叶片安装角），以适应不同用户要求，便于生产中调整运行参数。

要求在设计蒸发器时，应避免有害的旋涡进入泵；切向循环进料的蒸发室宜改为轴向正中进料；纯切向式应改造为部分切向式；蒸发器锥底设消涡器或导流器；正循环蒸发器改为反循环式。

为减小作用于循环泵进出口管上的热膨胀力，应考虑蒸发器的热补偿措施。传统的热补偿方式是在循环泵进出口设波形膨胀，现在常用的则是泵组整体悬挂在蒸发器管路（适用于小型循环泵），或者泵头悬挂在蒸发器管路，并视情况配置弹簧支座+电机带底座固定安装+万向联轴节传动的方式（适用于中大型循环泵）。图 3-134 为上述两种典型的蒸发循环泵安装方式。当然，也可以视情况采用泵组整体弹簧支座安装等方式。

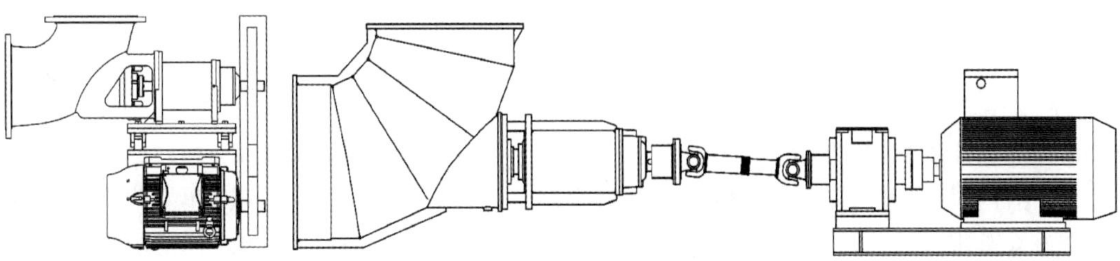

(a) 整体悬挂式　　(b) 泵头悬挂式

图 3-134　典型的蒸发循环泵安装方式

（4）泵的可靠性要求高 蒸发循环泵无法设置备用泵，要求单机连续运行，如出故障将导致整个蒸发器停产。

2. 结构特点

（1）悬臂型 与一般清水轴流泵不同，输送的料浆中不能有轴承。我国制盐蒸发行业早期的循环泵绝大部分为双支承型轴流泵，泵体为U形弯管式；而悬臂式轴流泵的泵体为90°弯管式，前者的耐腐蚀材料量是后者的1.5～1.7倍，且轴封数量是后者的2倍。目前，国内蒸发循环泵已普遍采用悬臂式结构。

（2）轴封 蒸发循环泵可以采用填料密封、单端面或双端面机械密封，具体根据介质物性选择。烧碱装置的盐水蒸发循环泵大都采用Plan 54双端面机械密封，以脱盐水为冲洗液。纯碱装置的氯化钙蒸发循环泵则采用填料密封配合Plan 32＋54两路水冲洗的方案较多，可以实现蒸发器不放料就能安全地更换填料。

（3）泵体中心线支承（非悬挂式采用） 由于蒸发循环泵直径大，介质温度达100～165℃，泵体中心支承与底脚支承相比，可避免泵体轴心线与转子轴心线的热偏移，减小叶轮与泵体之间的径向间隙，提高泵的容积效率。

三、液环式氯气泵和氢气泵

在烧碱装置中，氯气和氢气的输送或加压主要用离心式和液环式两种机型。

对氯气的输送或加压，需要分工序、操作压力、干/湿氯气和气量等来考虑。首先，电解工序的脱氯真空泵输送的是湿氯气，普遍采用液环式，以脱盐水为工作液，过流部件均为钛材。氯气处理工序则根据下游氯气的不同用途来对氯气进行加压，常见的用于电石法PVC项目氯化氢合成以及低温低压法氯气液化，一般加压到0.25～0.3MPa（A）；其他氧氯化法PVC、中高压法氯气液化等则会根据需要加压到0.5～1.6MPa（A）。至于加压方式，如果是湿氯气加压，则采用液环式，以脱盐水作为工作液，过流部件采用钛材；如果是干氯气加压，目前普遍以离心式为主，其输气量大、效率较高（如进气量小于1400m^3/h时，效率较低），但对氯气中的水分和物理杂质要求较高。其中，高速型多轴离心式氯压机单台能力可用于年产3万～7万t烧碱规模的氯气输送，单轴双支承型离心式氯压机则适用于6万t/a以上规模的烧碱装置氯气输送；其他型式的干氯气加压，也有采用液环式，以浓硫酸为工作液，比如高压法液氯工序中排气压力1.4MPa左右的氯气加压使用双级式氯气泵，还有国内早期中小型氯碱厂对排气压力0.3MPa以下的氯气加压也使用酸环式氯气泵。

对氢气的输送或加压，目前普遍用液环式氢气泵（亦称液环式氢压缩机组），少数项目也有采用往复式的方案。

1. 工况特点和选型要求

（1）氯气为有毒气体，氢气为易燃易爆气体，不允许泄漏，对轴封的可靠性要求严格，应采用带压双端面机械密封，常用的冲洗方案为Plan 54。

（2）干氯气液环泵用浓硫酸作为工作液，湿氯气液环泵和液环式氢气泵均以脱盐水作为工作液，要求工作液封闭循环，应设置气液分离器、工作液冷却器、循环量调节阀门和液流视镜。对强制循环式还要增加工作液循环泵。冷却器的热负荷按国外资料介绍，可取为轴功率的90%。

（3）国内早期酸环式氯气泵用价廉的铸铁制造，但铸铁材料在氯气饱和的浓硫酸中的耐腐蚀性毕竟有限。配气面腐蚀后间隙增大，出现内回流，使容积效率降低，要求氯气泵实现不拆泵就能检查并调节配气面的间隙，以防止泵性能下降。现在氯气泵大多采用奥氏体不锈钢（干氯气和酸环用）或钛材（湿氯气和水环用）。

2. 液环式和离心式氯气泵（氯压机）比较

液环式氯气泵对氯气中含水和杂质的要求不高，价格便宜，但效率偏低，不节能，且压力相对来说没有离心式稳定。离心式氯气泵要求进口气体质量为"水分在 0.01%以下并除尘，盐、硫酸液滴及有机杂质等不大于 $10mg/m^3$"（摘自 HG/T 4081—2009《离心式氯气压缩机》），价格较高，且有复杂的氯气中间冷却器，对氯气中水分要求高，还要求冷却水压力不能高于氯气压力，否则泄漏将造成机器腐蚀损坏。但离心式效率高，压力稳定，无须设置备机。综合来看，大流量氯气的输送和加压采用离心式居多。

四、熔盐液下泵

1. 工况特点和选型要求

在薄膜浓缩法固体烧碱生产中，高浓度高沸点烧碱的浓缩采用熔盐作为加热介质。采用熔盐的优点是，在常压下即可获得 300～500℃的高温，这比用高压蒸汽加热经济、安全，也比用直接火加热容易控制，能保证产品质量。熔盐液下泵的工况特点和选型要求如下。

① 熔盐的组成为 KNO_3 53%，$NaNO_2$ 40%，$NaNO_3$ 7%，在此比例下熔盐的黏度最小，480℃时的黏度为 1.5cP，因此流动性好。泵清水测试性能可作为输送熔盐时的性能，对流量、扬程和效率均不修正，但轴功率为原清水泵的 1.73 倍。

② 用氮气保护。空气中的氧气会使高温熔盐中的 $NaNO_2$ 氧化为 $NaNO_3$，使其黏度急剧增加。为此，应在熔盐储槽液面上方用 0.05MPa（G）压力的氮气进行保护。液下泵轴封应防止空气漏入，且要减少氮气耗量。

③ 高温熔盐有很强的氧化性，要避免接触有还原性的铝等物质，避免润滑油漏入储槽。泵出口法兰处要严防泄漏，防止烧伤人员。

④ 由于卧式熔盐泵轴封难度大，熔盐泄漏有危险性，故一般采用液下泵。

⑤ 为缩短熔盐液下泵的长度，提高其使用可靠性，熔盐储槽宜设计成卧式圆筒，或高径比小的立式圆筒形式。

2. 结构特点

高温液下泵与常温液下泵的主要区别是要着重解决与热膨胀、高温机械强度和刚度有关的一系列结构设计问题。

① 结构上的热对中性　某些高温液下泵采用常规液下泵结构，即用一根出液管。泵运行时，出液管内充满高温熔盐，而中央支承管仅下部接触熔盐，出液管的温度比支承管的高，由于热膨胀量不同，产生的热膨胀力很大，易使泵体偏斜，缩短底轴承寿命，或使叶轮与泵体密封环相碰，密封环偏磨，内泄漏增大。某泵厂的熔盐液下泵用双出液管结构，消除了轴向的不均匀膨胀（见图 3-135）。

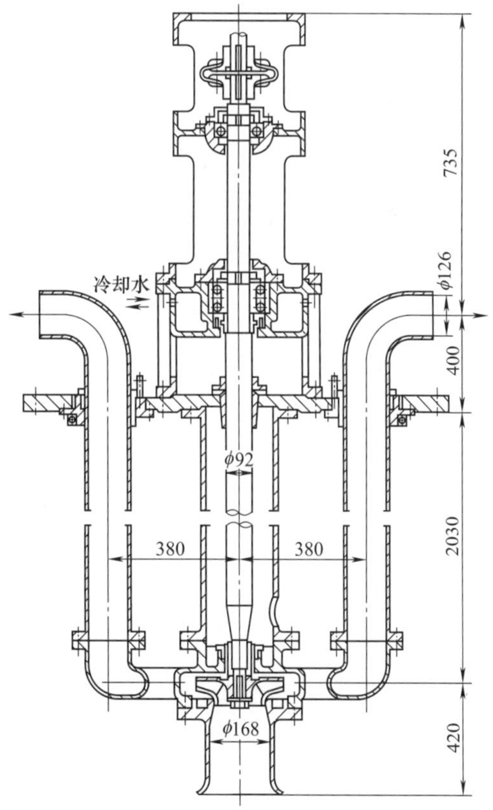

图 3-135　熔盐液下泵

② 悬臂式　某些熔盐液下泵有液下底轴

承，因熔盐的润滑性不好，且高温下滑动轴承的间隙值难选得合适，下轴承寿命不长。轴套有磨损，会使叶轮偏斜，径向离心力增大，进一步加剧轴套和叶轮密封环磨损。因此，这种有底轴承结构的液下泵检修频繁，合理的结构是采用悬臂式结构。

③ 双蜗壳泵体　可大幅度减小泵在非设计工况下运行时的径向力，减小悬臂端挠度。双蜗壳泵体与双出液管结合，取消了单出液管双蜗壳泵体中180°的隔板，简化铸造。

④ 加强轴承冷却措施　大多数高温液下泵底座上方的下轴承处有水冷夹套。德国KSB公司的熔盐液下泵用轴上自带的风扇进行风冷，效果不如水冷夹套好。某泵公司的高温液下泵的轴承用稀油强制循环润滑。润滑油是利用轴承下方的小叶轮进行循环，轴承座侧面设置油箱，内有冷却盘管。轴承的密封用非接触式折流罩密封，解决了高温液下泵漏油问题。

⑤ 泵轴封方式要考虑高温下的寿命问题和便于更换　熔盐液下泵的轴封是针对氮气的密封，各泵厂都采用填料密封，向填料腔中部的灯笼环处通入氮气。填料腔四周设水冷夹套，延长填料寿命。

⑥ 各零件材料的线胀系数应尽量相同或接近。

五、液氯泵

液氯的输送主要有汽化器加压法、气体加压法和泵输送法。由于汽化器加压法容易产生三氯化氮聚集引起爆炸，气体加压法需要增加空压机的投资和能耗，且废气处理量大，现在已经普遍采用泵输送法。而液氯输送泵又有立式液下泵、卧式屏蔽泵或磁力泵、立式筒袋磁力泵等型式。早期采用立式液下泵安装在液氯中间罐上的方式较多，泵采用两级梳齿迷宫＋两级保护气＋机械密封＋停车密封的复杂轴封结构，操作维护均不太方便；也有部分项目采用卧式屏蔽泵或磁力泵，需要保证液氯储罐和泵入口有一定高差以避免汽蚀，外加启动前需要灌泵、预冷等操作，使用也不太方便；目前自带液氯中间罐的立式筒袋磁力泵既解决了轴封问题，又能满足抗汽蚀需求，已经逐渐成为主流产品。

(1) 工况特点

泵送介质为液氯，流量＜$30m^3/h$，扬程＜90m，操作温度－30～－10℃，液氯贮槽处于饱和气液两相状态。

(2) 选型和结构特点

采用立式单级或多级筒袋磁力泵结构（自带液氯中间罐），配双隔离套实现双重保护并带首层隔离套泄漏监测设施，根据汽蚀余量要求可以地面或半地下安装。泵外壳体筒袋与液氯储罐的进液管路连接，入口需要设置30或40目带磁棒的篮式过滤器。泵体自带气相返回口连接到液氯储罐气相区。泵可以采用变频调节负荷，并配备流量计进行监测和保护。系统典型配置和泵结构如图3-136和图3-137。

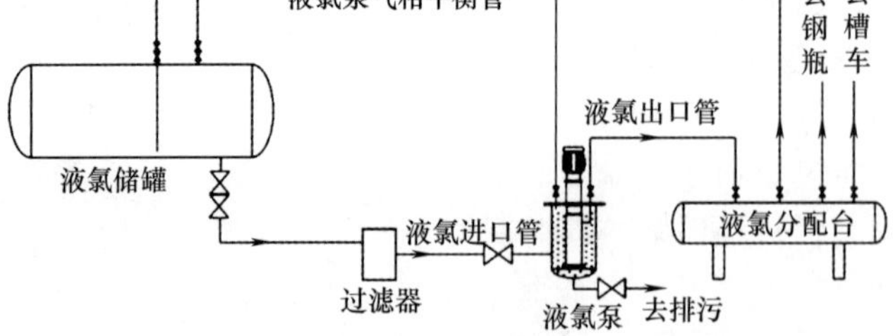

图3-136　液氯泵系统典型配置

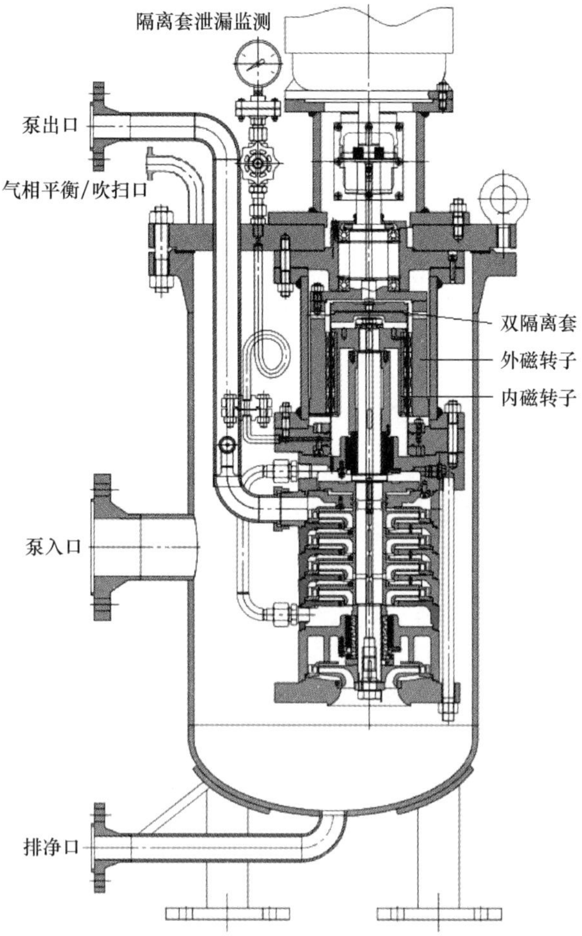

图 3-137 液氯泵结构图

六、结晶器循环泵

1. 工况特点和选型要求

在联合制碱法生产中，氯化铵工序的冷析结晶器和盐析结晶器是关键设备。图 3-138 所示的冷析结晶器为 OSLO 型结晶器。用安装在器顶的立式冷析轴流泵，把携带有少量氯化铵细晶的半Ⅰ母液抽出，送至列管式外冷器进行循环冷却，以形成过饱和度，然后经分配箱自流入结晶器的中心管内。母液下行至器底，然后向上流动，使晶体在晶浆区中悬浮。过饱和母液经过晶床时解除其过饱和度，而使晶体成长。冷析轴流泵的流量直接决定了外冷器的传热效率、结晶器的生产能力和晶体的粒度。因此，要求轴流泵流量应准确，有时要求用变频电动机驱动。

图 3-139 所示的盐析结晶器也为 OSLO 型结晶器，在其中央循环管的上端插入无泵体的盐析轴流泵的叶轮，使循环母液混入新加进的半Ⅱ母液、滤液和细盐，因盐析作用而形成的过饱和料液到达器底后，转而向上流动，通过流化床时过饱和度消失，使晶体长大，母液再回到轴流泵的吸入口。工艺要求盐析轴流泵的流量准确或可调。

轴流泵入口的淹没深度：当泵入口淹没深度不够时，会出现局部旋涡，将挟带空气进入泵内，使泵流量减小，并引起振动。淹没深度与吸入口直径和吸入口流速有关（见表 3-60）。将吸入口做成喇叭形，或入口处加消涡挡板，均可减小淹没深度。

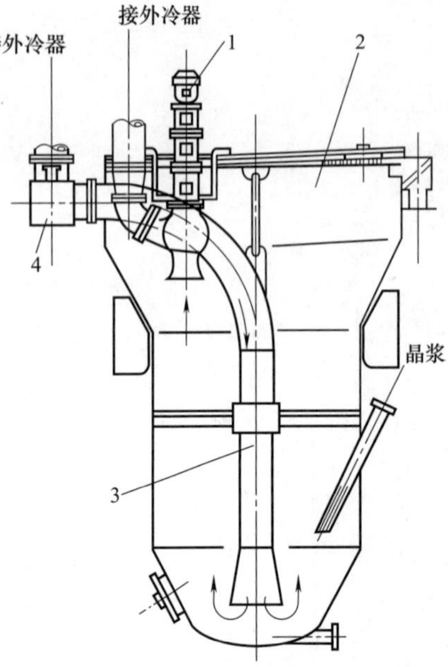

图 3-138 冷析结晶器

1—冷析轴流泵；2—结晶器；3—中心管；4—分配箱

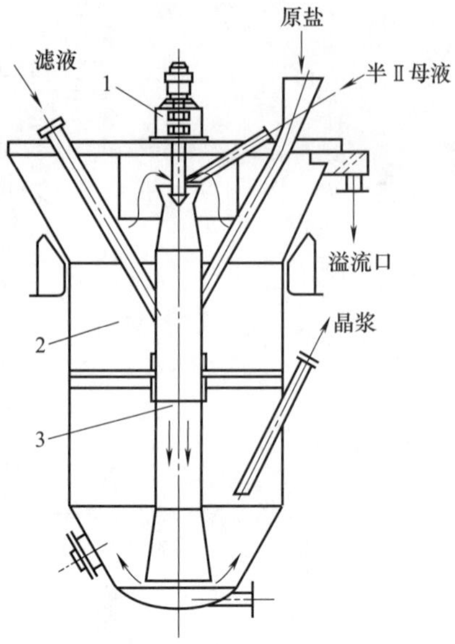

图 3-139 盐析结晶器

1—盐析轴流泵；2—结晶器；3—中央循环管

表 3-60 最小淹没深度与泵吸入口直径 单位：mm

泵吸入口直径	200	250	300	350	400	450	500	600
最小淹没深度	500	550	600	700	800	850	900	1000

2. 结构特点

① 悬臂式 冷析泵和盐析泵均为悬臂式结构，无液下轴承。

② 重型轴 由于悬臂长度大，采用加粗轴，提高使用可靠性。

③ 对焊泵轴 接触母液的下段轴用 316 不锈钢，上段轴用 45 钢，两段轴对焊，可同时满足耐蚀和强度、硬度的要求，降低造价。

④ 轴封 冷析轴流泵的轴封用副叶轮加聚四氟乙烯填料密封，也可用机械密封。盐析轴流泵无轴封。

纯碱和氯化铵装置用立式轴流泵的性能参数和特点见表 3-61。

表 3-61 纯碱和氯化铵装置用立式轴流泵的性能参数和特点

泵名称		冷析轴流泵	盐析轴流泵	洗涤器轴流泵
工作介质	名称	氨母液	氨母液	氨母液Ⅰ
	密度/(g/cm^3)	1.153	1.203	1.172
	温度/℃	10～15	10～15	10～18
流量/(m^3/h)		2500～14000	3000～12000	600～1000
扬程/m		3～4	1.2～2.5	2～2.5
转速/(r/min)		740～580	580～180	970～740
电机功率/kW		<315	<110	<15
过流件材料		CF-8M,铝铸铁	CF-8M,铝铸铁	CF-8M,铝铸铁

续表

泵名称	冷析轴流泵	盐析轴流泵	洗涤器轴流泵
泵的特点	1. 低速型，叶轮对晶体的破坏轻 2. 叶轮用可调式叶片，使泵在高效区运行 3. 不锈钢与高碳钢对焊泵轴 4. 有泵体	1. 超低速，消除中央循环管旋涡带气，使扬程降低而节能 2. 超低速，晶体粒度明显增大，晶浆分离后含湿量降低，减少了干铵工序的汽耗 3. 叶轮用可调式叶片，使泵在高效区运行 4. 不锈钢与高碳钢对焊泵轴	1. 工作介质为清液，用常规立式轴流泵 2. 有泵体

第四节　氯乙烯和聚氯乙烯装置用泵

一、概述

聚氯乙烯（PVC）是全球五大热塑性合成树脂之一，应用非常广泛。聚氯乙烯是氯乙烯单体（VCM）在过氧化物、偶氮化合物等引发剂作用下或在光、热作用下按自由基聚合反应机理聚合而成的聚合物，其聚合生产工艺主要有悬浮聚合法、乳液聚合法和本体聚合法，以悬浮聚合法为主，约占 PVC 总产量的 80%。国内的 PVC 产能已经位居全球第一，其单线的最大生产规模可以达到 35 万 t/a，其中，单线 20 万～30 万 t/a 生产规模较为常见。

二、流程介绍

VCM 及 PVC 的两种主要生产工艺是电石法和乙烯法。电石法主要生产原料是电石和原盐，乙烯法主要原料是石油。国际市场上 PVC 的生产主要以乙烯法为主，国内市场受资源限制主要以电石法为主，但在国内沿海地区大都采用乙烯法。

两种工艺的流程框图如图 3-140。

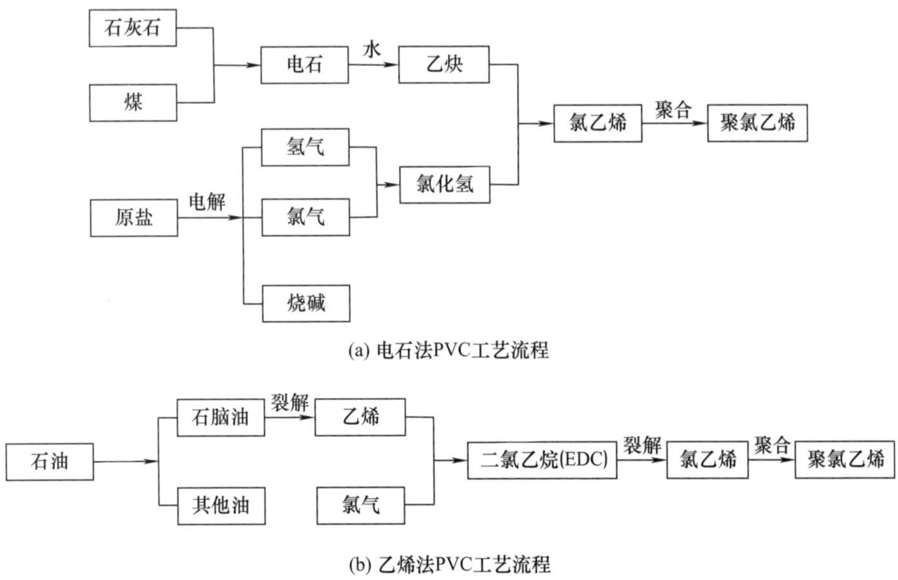

图 3-140　VCM 及 PVC 生产工艺流程

典型的电石法工艺包括乙炔装置（电石破碎/储存及输送、乙炔发生、乙炔清净、渣浆乙炔回收）、氯乙烯装置（转化、净化压缩、精馏、中间罐区）、聚氯乙烯装置（化学品配置、聚合、回收、汽提、脱水、干燥、粉料输送和包装）等装置和工序。其中，乙炔发生工艺有干法和湿法两种，乙炔清净工艺有次氯酸钠法和硫酸法两种，目前国内 PVC 装置大都采用湿法乙炔发生+硫酸清净工艺。

典型的乙烯法工艺包括氯乙烯装置（氧氯化、EDC 回收、EDC 精制、EDC 裂解、VCM 精制、罐区及氯化氢处理、焚烧等）、聚氯乙烯装置（化学品配置、聚合、回收、汽提、脱水、干燥、粉料输送和包装）等装置和工序。

三、装置用泵概要

氯乙烯和聚氯乙烯装置以机械密封的化工流程泵和无密封的屏蔽泵或磁力泵为主，还有少量渣浆泵、转子泵、计量泵、液环真空泵及压缩机等。机泵种类较多，但流量、扬程、温度、压力等参数都不是很高。不过，由于主要危险介质有属于甲级火灾危险（GB 50160 和 GB 50016）、1A 类易燃和化学不稳定（GB 30000.3）、ⅡC T2 级防爆的乙炔气体和极度毒性危害的氯乙烯、高度毒性危害的二氯乙烷等，因此对机泵的密封要求较高，多采用带压双密封或无密封泵。另外，与乙炔接触的过流部件材质不应使用铜或含铜量超过 70%的铜合金、银或汞及其合金等。

典型的电石法和乙烯法主要流程装置用泵一览表如表 3-62、表 3-63。

表 3-62 电石法（湿法乙炔+硫酸清净）30 万 t/a PVC 项目用泵一览表（单线）

乙炔装置								
泵名称	泵型式	输送介质	流量/(m^3/h)	扬程/m	过流件材料	轴封型式	电机/kW	台数
化工流程泵	OH1 OH2	水、洗涤循环液、压滤清液	<700	<60	CS、304SS	机械密封	<110	6
渣浆泵	OH1 OH2	电石渣浆	<600	<90	高铬铸铁	机械密封	<160	6
化工流程泵	OH1 OH2	浓硫酸、硫酸、稀硫酸	<320	<50	316SS、HAS-C276、904L	机械密封	<75	8
乙炔升压机	液环式	乙炔	<9000	(压差 1bar)	QT、CS、304SS	机械密封	<400	3
计量泵	隔膜式	浓硫酸	<2	(压差<7.5bar)	316SS	填料密封	<2.2	2
氯乙烯装置								
泵名称	泵型式	输送介质	流量/(m^3/h)	扬程/m	过流件材料	轴封型式	电机/kW	台数
化工流程泵	OH1 OH2、BB1	水、热水	<2000	<60	CS、304SS	机械密封	<280	6～8
磁力泵	OH1	盐酸	<200	<60	钢衬氟塑料	无	<55	6
化工流程泵	OH1 OH2	碱液	<450	<40	304LSS	机械密封	<90	6
屏蔽泵	OH1	氯乙烯、二氯乙烷、三氯乙烯等	<300	<120	304SS	无	<110	12

续表

聚氯乙烯装置								
泵名称	泵型式	输送介质	流量/(m^3/h)	扬程/m	过流件材料	轴封型式	电机/kW	台数
溶剂泵	转子泵	分散剂、引发剂	＜15	＜50	304LSS、316LSS	机械密封	＜11	4～6
计量泵	隔膜式	终止剂、稳定剂、消泡剂、碱液	＜1	＜250	304SS/316SS、PTFE	填料密封	＜5.5	6～8
浆料泵	后置叶轮/开式叶轮泵	PVC浆料	＜600	＜80	304LSS、双相钢	机械密封	＜160	8～10
化工流程泵	OH1 OH2	水、冷/热脱盐水、蒸汽凝液、废水等	＜1000	＜200	304SS、304LSS	机械密封	＜355	20
高压清洗泵	往复泵	水	＜15	(压差45MPa)	SS	填料	＜160	2
分散剂粉料泵	类似均质泵	分散剂＋水	＜80	＜30	304LSS	机械密封	＜55	1
连续、间断回收压缩机	液环式	氯乙烯＋水	＜2000	(压差＜0.7MPa)	304SS、316LSS	机械密封	＜400	4

表3-63　乙烯法（氧氯化＋悬浮聚合法）30万t/a PVC项目用泵一览表（单线）

氯乙烯装置								
泵名称	泵型式	输送介质	流量/(m^3/h)	扬程/m	过流件材料	轴封型式	电机/kW	台数
化工流程泵	OH1 OH2、BB4	锅炉水、蒸汽凝液	＜600	＜400	CS、12%Cr	机械密封	＜200	10
计量泵	隔膜式	磷酸盐溶液、水合肼溶液、碱液	＜0.2	＜100	304LSS、316LSS/PTFE	填料密封	＜1.1	6
化工流程泵	OH2、无密封泵	EDC、VCM、HCl、氯代烃	＜400	＜200	2205、316SS、HAS-C276	机械密封或无	＜200	～50
氯化氢塔回流泵	屏蔽泵	纯HCl	＜30	＜70	12%Cr	无	＜22	2
丙烯输送泵	VS6 筒袋泵	丙烯	＜20	＜80	304SS	机械密封	＜11	1
化工流程泵	OH1 OH2	碱液、废水、废液等	＜200	＜50	316SS、钢衬四氟	机械密封	＜75	6
聚氯乙烯装置								
泵名称	泵型式	输送介质	流量/(m^3/h)	扬程/m	过流件材料	轴封型式	电机/kW	台数
溶剂泵	转子泵	分散剂、引发剂	＜15	＜50	304LSS、316LSS	机械密封	＜11	4～6
溶剂泵	计量泵	终止剂、稳定剂、消泡剂、碱液	＜1	＜250	304SS/316SS、PTFE	机械密封	＜5.5	6～8
浆料泵	后置叶轮/开式叶轮泵	PVC浆料	＜600	＜80	304LSS、双相钢	机械密封	＜160	8～10
化工流程泵	OH1 OH2	水、冷/热脱盐水、蒸汽凝液、废水等	＜1000	＜200	304SS、304LSS	机械密封	＜355	20

续表

聚氯乙烯装置								
泵名称	泵型式	输送介质	流量 /(m^3/h)	扬程 /m	过流件材料	轴封型式	电机 /kW	台数
高压清洗泵	往复泵	水	<15	(压差约50MPa)	不锈钢	填料	<160	2
分散剂粉料泵	类似均质泵	分散剂+水	<80	<30	304LSS	机械密封	<55	1
连续、间断回收压缩机	液环式	氯乙烯+水	<2000	(压差<0.7MPa)	304SS、316LSS	机械密封	<400	4

四、关键泵及特殊泵介绍

1. 后置叶轮泵

部分 PVC 工艺要求 PVC 浆料采用无堵塞的后置叶轮泵（也称旋流泵）来输送，大多数工艺则允许采用开式叶轮泵来输送 PVC 浆料。

(1) 工况特点　泵送介质为聚氯乙烯浆料（含固量 20%～35%），粒径约 100～200μm。流量<600m^3/h，扬程<80 m，黏度约 2cP，介质操作温度 50～100℃。

(2) 选型和结构特点　泵叶轮为开式或半开式，叶轮退缩在压水室后面的泵腔内（故称后置叶轮泵）。叶轮在泵体内旋转时在叶轮前面的无叶腔内形成贯通流和循环流。贯通流通过叶轮叶片间流道进入泵室而流出，循环流则在无叶腔内循环。由于循环流中部是低压区，固体颗粒掉入此区域后在旋流的带动下流出（因而也称旋流泵，见图 3-141），因此大部分固态物质可不经过叶轮而直接从无叶腔流出，从而达到输送复杂介质或含杂质流体的目的。因无堵塞性能好，可通过大约与泵出口口径相当的固体颗粒，亦称无堵塞泵。

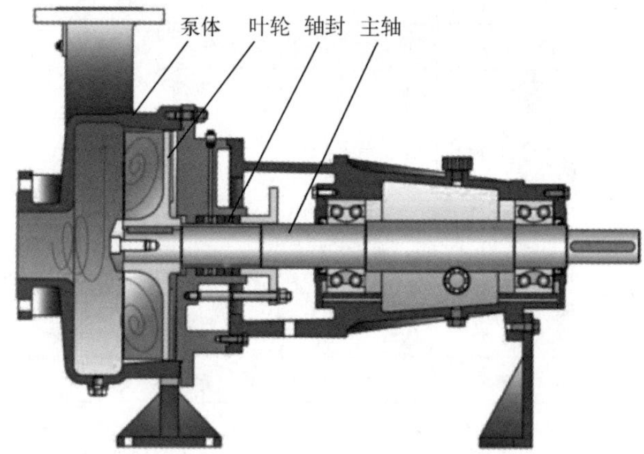

图 3-141　旋流泵示意图

(3) 机械密封　泵用机械密封大都采用 Plan 32 单端面外冲洗或 Plan 52/53 双端面外冲洗（视介质危险性而定）。

(4) 制造商的选择　化工装置中后置叶轮泵应用较多，常见的产品有 ITT 的 Goulds 泵 CV3196 系列、EGGER 的 TURO ® 系列、Trillium（原 Weir）的 WEMCO 系列等，国内厂商如江苏飞跃、自贡工业泵、杭州大路等也有相应产品生产，但在效率、抗汽蚀性能等方面有待进一步提高。

2. 高压清洗泵

PVC 聚合釜内部结构复杂，黏釜物易在釜壁和搅拌叶、搅拌桨上形成，会显著影响聚合反应的传热，使反应时间延长。并可能影响出料，导致下釜料温度升高、压力增大，引发安全事故。因此，PVC 装置一般都需要配套自动高压清洗装置，由往复式高压清洗泵站、伸缩臂、三维旋转喷头、控制柜及其他配套件等组成（见图 3-142），其核心设备为往复式高压清洗泵和三维旋转喷头。

(1) 工况特点　泵送介质为脱盐水，流量＜$15m^3/h$，压差 30～80MPa，间断操作，约 20 天使用 1 次。

(2) 选型和结构特点　一般为三柱塞或五柱塞高压往复泵，有立式或卧式结构，采用填料密封，配套高铬钢锥形进出阀，集成强制润滑油系统，执行 API 674 或 ISO 13710 标准。图 3-143 为常见的三柱塞式高压往复泵外形图。

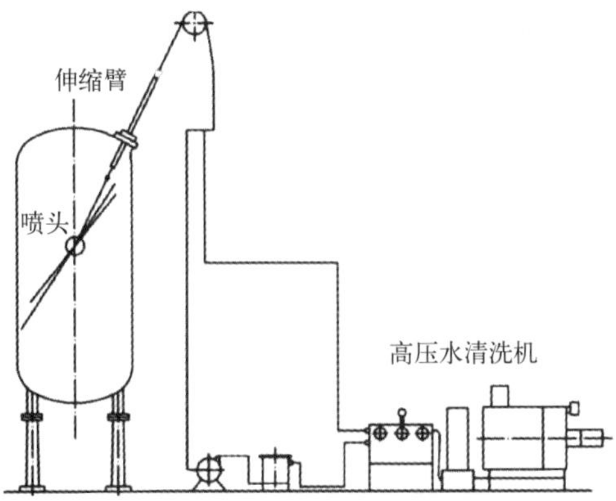

图 3-142　自动高压清洗装置

图 3-143　三柱塞式高压往复泵外形图

(3) 制造商的选择　PVC 聚合釜高压清洗装置常见的厂商有美国 Hammelmann、德国 Uraca、法国 Barthod、日本 Sugino 等。国内厂商如重庆水泵厂、合肥华升等在电厂除磷、BDO 及高压注水等领域中有高压往复泵产品应用（压力 30～40MPa），但在 PVC 聚合釜清洗上尚无大范围应用业绩，往复泵站＋伸缩臂＋旋转喷头等成套方面还需积累经验。

3. 分散剂粉料泵

PVC 悬浮聚合是通过水性介质在分散剂的作用下使氯乙烯分散，并使用油溶性引发剂来引发聚合。分散剂是关键的助剂，一般为粉状原料，需要与水充分混合后加入到工艺流程中，通常采用分散剂粉料泵来实现。

(1) 工况特点　PVC 工艺通常有两种牌号分散剂需要在不同温度下分别配置成所需浓度溶液输出。分散剂粉料泵需要结合系统配置的分散剂粉料罐、分散剂配料槽（带搅拌器）和阀门及管路系统等来实现粉料吸入、加水湿润及混合、溶液输送三重功能。

(2) 选型和结构特点　分散剂粉料罐布置在泵的上方，电机旋转带动叶片转动，利用离心力产生的真空将粉料诱导进入泵体、润湿并分散进入从另一入口吸入的液体中，利用定子、转子提供高剪切力将粉料与液体充分混合后输出。结构如图 3-144。

(3) 机械密封　泵采用 2 套串联的单端面机械密封，利用外循环的脱盐水进行冲洗、润滑和冷却，类似于 Plan 54 方案。

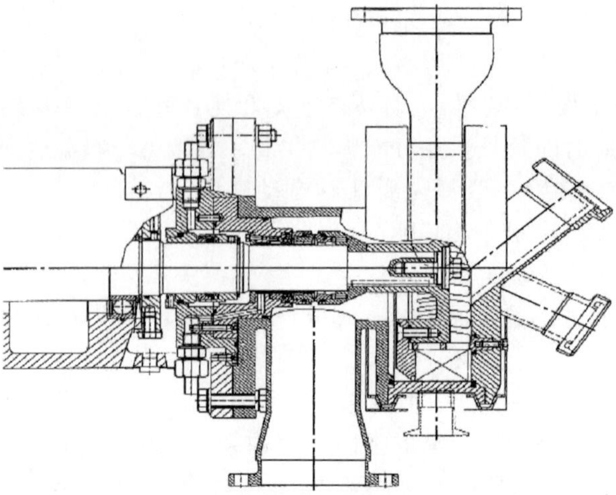

图 3-144 分散剂粉料泵

(4) 制造商的选择 PVC 分散剂粉料泵常用的是德国 Ystral 公司的 Conti-TDS 产品。如果采用多管混合型均质泵从理论上也可以实现粉、液混合并输送的功能，国内有宁波得利时、南通富莱克等厂商生产混合均质泵，只是目前还没有实际应用在 PVC 装置分散剂粉料方面。

第五节 磷酸磷铵装置用泵

一、工艺流程及装置用泵概要

磷酸磷铵生产可分为传统法与料浆法，其流程框图见图 3-145。

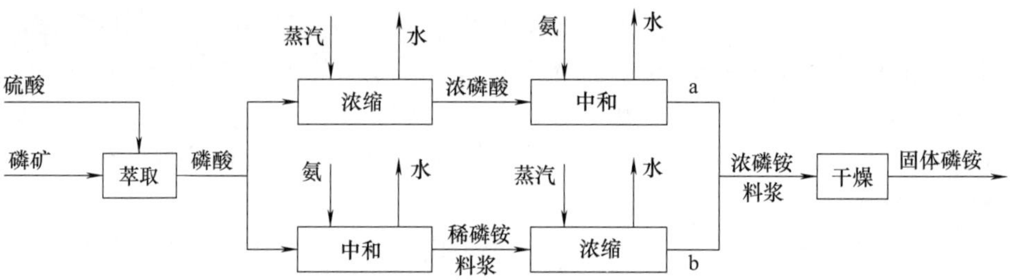

图 3-145 磷酸磷铵生产工艺流程框图

硫酸分解磷矿制得的磷酸，由于浓度较低，须先送入浓缩系统以蒸汽为热源进行浓缩，然后进行氨中和，所得浓磷铵料浆送去干燥系统而得固体磷铵，此法即为传统法（图 3-145a 流程）；如果稀磷酸先用氨中和得稀磷铵料浆，再送入浓缩系统以蒸汽为热源进行浓缩，制得浓磷铵料浆，再送去干燥得固体磷铵，即为料浆法（图 3-145b 流程）。传统法用于高品位磷矿，料浆法适用于杂质含量高的中品位磷矿。如果要求制得粒状固体磷铵，则应在加工干燥过程前或在干燥同时造粒制得粒状磷铵。

上述方法中的磷酸是二水物法磷酸，所得磷酸浓度（P_2O_5 质量分数）较低。如果是采用半水物法即可制得 P_2O_5 质量分数＞40％的磷酸，此时可不必浓缩，在氨中和后就可直接生产固体磷铵。

磷酸和磷铵生产，国内已建设有 400 多套大中型装置。磷酸装置主要采用二水物磷酸生产工艺，料浆法磷铵装置近 150 套，大多为年产 10 万 t 左右粒状或粉状磷铵，其生产能力占全国磷铵生产总能力的 45%。磷铵生产工艺、产品及生产规模差异较大，无法一一介绍，本节以年产 10 万 t 料浆法磷铵装置为重点介绍该装置的用泵情况。

料浆法磷酸磷铵生产流程见图 3-146。硫酸与磷矿或矿浆分别计量后加入反应槽（又称萃取槽）生成磷酸和二水物磷石膏料浆，再由料浆泵将其送入过滤机进行液固相分离，滤液磷酸在真空状态下流入气液分离器，再依靠其液位压差流入滤洗液中间槽或滤液泵入口。经过滤后的滤饼用洗涤水三次逆流洗涤，一洗液与部分滤液返回反应槽，其余部分滤液用泵送入磷酸贮槽贮存，即为磷酸装置的产品、磷铵装置的原料。

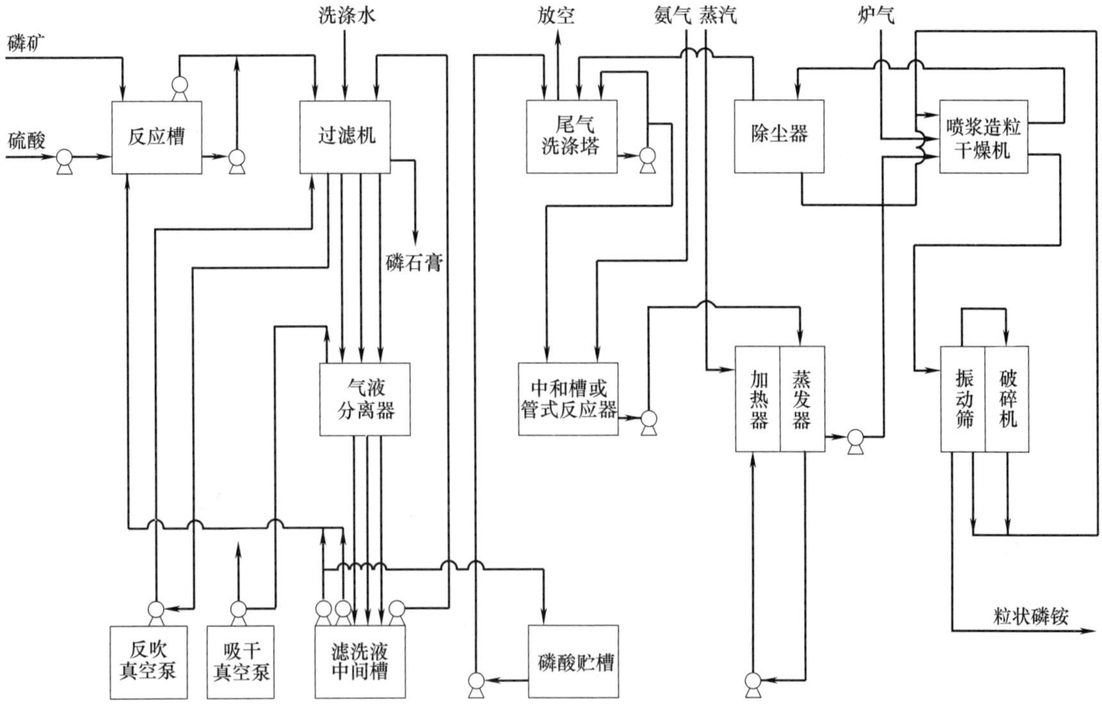

图 3-146　料浆法磷酸磷铵生产流程

过滤机的真空由真空泵产生，另一台真空泵作为过滤机吸干和反吹倒渣用。

磷酸贮槽内的磷酸由泵先送入磷铵造粒干燥尾气洗涤塔，吸氨后由泵送入中和槽与气氨反应生成稀磷铵料浆。然后用泵送入浓缩蒸发系统，以蒸汽为热源对磷铵料浆进行浓缩。浓缩系统由浓缩循环泵进行循环。

浓缩蒸发后料浆由泵送入喷浆造粒干燥机，以炉气为热源进行造粒和干燥。对干燥后的颗粒磷铵筛选 1～4mm 粒子为成品磷铵，大于 4mm 颗粒经破碎后与细粉和除尘器吸下的粉尘作造粒返粒用。造粒干燥的尾气经除尘器送尾气洗涤塔处理后放空。

年产 10 万 t 料浆法磷铵装置共用泵 56 台。按泵类型分为：混流或轴流式浓缩循环泵 2 台，流量 2400m^3/h，扬程 8～9m，介质温度 80～110℃。立式离心泵 22 台，输送 55～110℃的磷酸或磷铵，流量 30～150m^3/h，扬程 18～40m；卧式离心泵 30 台，输送 30～100℃的磷酸、磷铵、氟硅酸等，流量 30～140m^3/h，扬程 24～40m；水环真空泵 2 台。本装置的主要用泵一览表见表 3-64。

表 3-64 磷酸磷铵［5 万 t/a P_2O_5，10 万 t/aMAP（磷酸氢二铵）］装置主要用泵

<table>
<tr><th rowspan="2">序号</th><th rowspan="2">名称</th><th rowspan="2">型号</th><th colspan="2">性能参数</th><th rowspan="2">过流部件材料</th><th rowspan="2">轴封</th><th rowspan="2">输送介质</th><th rowspan="2">主要制造厂</th></tr>
<tr><th>流量/(m^3/h)</th><th>扬程/m</th></tr>
<tr><td rowspan="2">1</td><td>立式闪冷泵</td><td>LHZ</td><td>2500</td><td>3</td><td>CD4MCu、904L</td><td rowspan="2">在槽盖上填料密封</td><td rowspan="2">磷酸料浆</td><td rowspan="2">襄阳五二五泵业有限公司、江苏金麟化工机械有限公司</td></tr>
<tr><td>立式料浆泵</td><td>PLC</td><td>30～150</td><td>18～40</td><td>CD4MCu</td></tr>
<tr><td>2</td><td>混流泵</td><td>MECP/SPP</td><td>2400</td><td>8～10</td><td>CD4MCu 或 0Cr20Ni25Mo3Cu2</td><td>双端面机械密封或副叶轮加填料密封</td><td>磷铵料浆</td><td>襄阳五二五泵业有限公司、大耐泵业有限公司</td></tr>
<tr><td>3</td><td>卧式离心泵</td><td>LC-B
LC-T</td><td>30～140</td><td>24～40</td><td>CD4MCu 或 0Cr18Ni12Mo2Ti</td><td>机械密封或副叶轮加填料密封</td><td>磷铵料浆</td><td>襄阳五二五泵业有限公司、江苏金麟化工机械有限公司</td></tr>
<tr><td>4</td><td>水环真空泵</td><td>SK-85</td><td>气量 120 m^3/min</td><td>极限真空度 650mmHg（约 86.6kPa）</td><td>组合</td><td></td><td></td><td>佶缔纳士机械有限公司、佛山水泵厂有限公司、淄博水环真空设备有限公司</td></tr>
</table>

二、磷酸料浆泵

用于输送磷酸料浆介质，是装置的关键用泵之一，可用立式或卧式，立式泵安装于地坑或萃取槽的上面。

1. 工况特点

（1）二水物磷酸装置　输送介质为二水物磷酸料浆。

含固量：磷石膏（主要成分为 $CaSO_4 \cdot 2H_2O$ 和未分解的磷矿及酸不溶物）25%～32%；

液相浓度（质量分数）：磷酸（P_2O_5）20%～30%；游离硫酸（H_2SO_4）1%～4%；氟硅酸（H_2SiF_6）1%～3%；氯离子 Cl^- 微量（<800ppm）；

黏度：5～15mPa・s；

密度（料浆）：1300～1500kg/m^3；

介质温度：70～85℃。

（2）半水物磷酸装置　半水物磷酸装置的工况条件与二水物磷酸装置的主要区别是液相磷酸浓度（质量分数）和反应温度均较高，具体数据如下：液相磷酸（P_2O_5）40%～48%；反应温度 95～105℃。上述介质均处于剧烈的搅拌条件下。

2. 选型要求

磷酸料浆泵的选型要求主要是根据介质和反应槽中搅拌条件，选择兼有耐腐和耐磨性能的过流部件材料以及结构合理的离心泵。

（1）泵过流部件材料的选择　在磷酸介质（含固量小于 3%）条件下，超低碳钼二钛和钼三钛的耐腐蚀性能良好，但在磷酸料浆（含固量 25%～35%）条件下，磨损严重，使用寿命缩短。因此，在选择泵过流部件材料时尤其要注意介质和工况条件。

① 介质温度　泵过流部件腐蚀速率随温度升高而加剧。例如萃取磷酸温度从 70℃上升到 85℃时，腐蚀速率增加一倍。因此，选材时要注意介质温度。

② 磷酸浓度　磷酸浓度增加，腐蚀加剧。例如钼三钛不锈钢在二水物磷酸生产中能耐蚀，但在半水物磷酸中，当用于反应槽搅拌轴衬套时，仅使用一个月就有 85%被腐蚀，呈

蜂窝状麻点。因此，二水物磷酸反应槽上立式泵过流部件推荐用CD4MCu、Cr30合金、2605、2205、2507、904L等，半水物磷酸生产中泵过流部件推荐用CD4MCu、Cr30合金、2605、904L等。

③ 元素含量 CD4MCu是一种铸造性能优异的双相不锈钢，通过加入高的铬含量及相应组织平衡的镍、钼、铜的含量，使其具有优良的力学性能和耐腐蚀、耐磨蚀性能；Cr30是一种铁素体基体、高铬、耐蚀、耐磨材质，它除了具有同奥氏体不锈钢一样耐一般腐蚀性能外，耐氯化物应力腐蚀、点蚀、缝隙腐蚀等局部腐蚀性能亦很优良，由于含有较高的碳含量，该材料比一般铁素体钢具有更优异的耐冲刷腐蚀性能。

（2）泵转速的选择 泵转速提高，会加速叶轮和蜗壳等过流部件的磨蚀和腐蚀。根据国外磷酸磷铵装置用泵和我国引进的磷酸装置用泵的转速，绝大部分是980 r/min和1480r/min（前者更多），几乎没有高达2900r/min的转速。因此，在满足流量、扬程的前提下，尽量选择低转速的泵。

（3）立式泵和卧式泵的选择 根据介质含固量的多少，密封型式有双端面机械密封、单端面机械密封、填料密封、填料密封＋副叶轮密封等多种型式。卧式泵所用的填料密封，一致认为碳素纤维填料使用效果较为可靠。与立式泵相比，卧式泵还具有以下优点：

① 卧式泵的价格低，一般是相同流量、扬程条件下立式泵的1/2～1/3，甚至1/4。

② 立式泵支承架下悬臂轴长度有限，往往给生产上控制液位带来麻烦。

③ 如果立式泵不能直接安装在一个大槽子上（如磷酸成品贮槽），则必须从大槽下部侧面开孔，将介质引至架设立式泵的小槽上，这增加了投资，有时为了防止“打空”或“满槽”，还要多一位操作工人。

（4）泵叶轮型式的选择 由于磷酸、磷酸料浆和磷铵料浆中均含有固体颗粒，加之由磷矿石带入的钠、钾及铁、铝、镁等杂质（尤其是钠、钾）在磷酸生产过程中会产生氟硅酸钠和氟硅酸钾盐，溶解于磷酸中，当温度下降时，溶解度降低而析出，很容易在泵的叶轮尤其是蜗壳上结成坚硬的垢层（这些结垢物还夹杂有硫酸钙等固相物），因此，在磷酸磷铵装置中，一般要选用开式叶轮，尤其在磷酸装置反应槽及磷酸过滤系统中，一定要选用开式叶轮；磷铵料浆泵也选用开式叶轮或半开式叶轮。例如襄阳五二五泵业有限公司制造的立式泵中，PLC型的开式叶轮适用于磷酸料浆介质；而闭式叶轮不推荐用于磷酸料浆介质。

3. 立式磷酸料浆泵结构特点及国内外产品现状

立式磷酸料浆泵为立式、单级、单吸悬臂式液下泵，底板、出液管与支承管分开。在下轴承位下部设计有填料密封和骨架油封的组合结构，避免磷酸料浆中的水汽进入滚动轴承箱中，造成滚动轴承损坏。泵轴在液下部位不设滑动轴承，以适应输送含固体颗粒的介质。泵浸入介质的深度可为700～2000mm，需要时还可在泵吸入口处装设吸液管。典型的PLC型悬臂液下泵结构见图3-147。

PLC型磷酸料浆泵简述：PLC型磷酸料浆泵系单级、单吸、悬臂式液下泵，其轴承不和液体接触，适合输送含固量40%以下、固体颗粒粒径小于0.3mm的磷酸料浆，也可用于烟气脱硫、冶金、化肥、造纸等其他行业。

泵结构特点：

（1）由于磷酸料浆中含有固体颗粒，且有结晶物，将叶轮设计成开式叶轮，同时对泵体流道采取加宽设计，提高磷酸料浆在泵腔体中的过流能力，以防止堵塞。

（2）针对磷酸料浆中含有固体颗粒的特点，该泵不设液下滑动轴承，而采用悬臂式结构，避免因液下滑动轴承磨损而产生故障。

（3）泵轴采用粗大型刚性轴，而不像普通液下泵采用柔性轴，从而避免因叶轮磨损不均匀而引起的振动、噪声等现象。

（4）为提高泵的可靠性减小过流件的磨损，将泵的转速选定为1480r/min和980r/min。

（5）为了提高泵壳、叶轮的使用寿命，泵过流件的材质选用既耐腐蚀、又耐磨蚀的CD4MCu、Cr30合金、2605等材料。

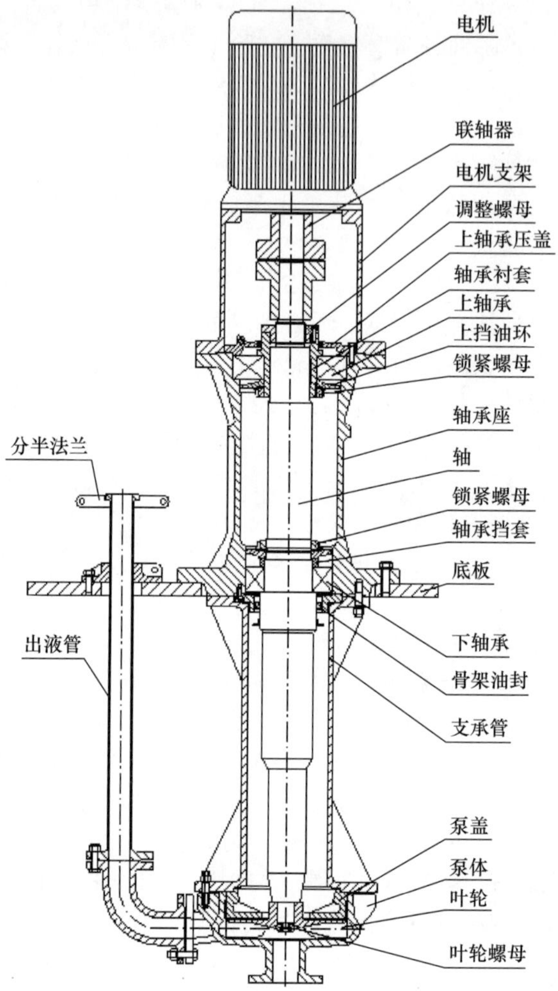

图3-147 PLC型悬臂液下泵剖面结构

4. 卧式磷酸料浆泵结构特点及国内外产品现状

国内生产卧式磷酸料浆泵的制造厂生产的卧式离心泵的结构形式基本相同。本节以襄阳五二五泵业有限公司的新型高效LC-B型泵为代表作一简要介绍。LC-B型卧式磷酸料浆泵结构见图3-148。

LC-B型卧式磷酸料浆泵简述：LC-B型泵属于单级单吸化工渣浆泵，适用于输送含固量40%以下的、粒径小于2mm的磷酸料浆，广泛用于磷酸、磷铵、化肥、冶金、造纸等工业领域。

LC-B型卧式磷酸料浆泵的结构特点：

（1）叶轮流道宽敞，水力性能高效，优先采用开式叶轮，确保泵运转时，叶轮不堵塞。

（2）设计有多种密封型式，一般采用双端面集装式机械密封，便于拆卸，同时无泄漏。针对不同工况需求，也可采用单端面机械密封、填料密封等密封结构。

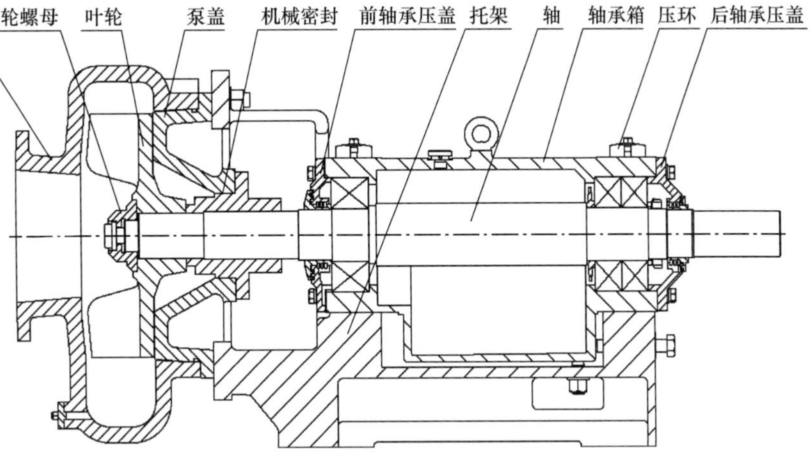

图 3-148 LC-B 型卧式磷酸料浆泵剖面结构

(3) 轴采用刚性设计，轴承采用圆柱滚子轴承和圆锥滚子轴承，承载能力较强，可确保设备长期稳定运转。

(4) 叶轮与泵盖之间设计有一较大的锥形空间，可以有效地阻止固相介质进入轴封。

(5) 托架处设有轴向调整装置，过流件出现一定腐蚀和磨蚀后，可通过调整叶轮与泵体的间隙，最大程度地恢复泵的性能。

(6) 泵过流部分材质采用既耐腐蚀、又耐磨损的 CD4MCu、Cr30、2605 等材料。

三、浓缩循环泵

浓缩循环泵是使磷酸或磷铵料浆在加热蒸发浓缩过程中进行强制循环的设备，要求泵的参数为大流量、低扬程，一般选用混流泵或轴流泵。

1. 工况特点

磷酸料浆浓缩循环泵所输送磷酸成分及质量分数为 40%～54% P_2O_5，1%～5% H_2SO_4，1%～3%氟硅酸，2%～6%磷石膏（固体），其余为水，黏度 0.05～0.1Pa·s，温度 70～110℃，密度 1600～1700kg/m^3。

磷铵料浆浓缩循环泵所输送的磷铵料浆含水率 25%～40%，黏度 0.05～0.2Pa·s，温度 80～110℃，密度 1400～1600kg/m^3。

2. 选型要求

磷酸浓缩对过流部件耐腐蚀、耐磨蚀要求较高，可以考虑选择 CD4MCu 或 2205 材质，磷铵料浆浓缩循环泵过流部件材料可参照或稍低于磷酸料浆浓缩循环泵过流部件对材料的要求，磷铵料浆浓缩循环泵多选用 0Cr18Ni12Mo2Ti 或 CD4MCu，但以 CD4MCu 为好，磷酸料浆浓缩循环泵也可用 0Cr18Ni12Mo2Ti，但以选用 CD4MCu 为好。浓缩循环泵的选用着重注意下列问题：

(1) 由于循环泵是大流量、低扬程的卧式泵，轴封处普遍采用冷却水，既要保证轴封处无料浆泄漏，又要防止冷却水进入介质系统。

(2) 当系统紧急停车时，泵也随之停车，要注意在蒸发系统不排料时，泵轴封处无料浆泄漏。

(3) 在浓缩蒸发系统处于不利条件，如加热蒸汽压力高、料浆浓度高或液位低的情况下，循环泵实际运行的流量远低于泵额定流量，这就要求泵有良好的抗汽蚀性能。

（4）根据工艺计算的流量和扬程，选择恰当流量、扬程的泵。例如 10 万 t/a 料浆法磷铵装置对含水率 25%～40%的磷铵料浆介质选用流量 2400m^3/h、扬程 8m 的混流泵或轴流泵，10 万 t/a 磷酸料浆浓缩循环泵选用流量 7000m^3/h、扬程 8m 的轴流泵。泵制造厂提供的泵流量、扬程是以水为介质进行性能试验得到的数据，选用泵时，应根据工艺介质的黏度和含固量，进行性能换算。因此，实际选用泵厂样本上参数流量 2200～2400m^3/h、扬程 8～9m 的浓缩循环泵为宜。流量选择也不必要过大，这会增加能耗并会加速介质对换热管壁的磨损。

3. 结构特点及国内产品情况

为了适应我国料浆法磷铵装置建设发展的需要，20 世纪 80 年代末，国内各主要泵厂研制了浓缩循环泵，在装置上运行后，相继通过化工部鉴定。其中，襄阳五二五泵业有限公司结合国内实际工况特点进行了结构优化，开发了全系列的 MECP 型卧式混流泵。本节以襄阳五二五泵业有限公司的 MECP 型泵为代表作简要介绍。MECP 型磷酸料浆浓缩循环泵结构见图 3-149。

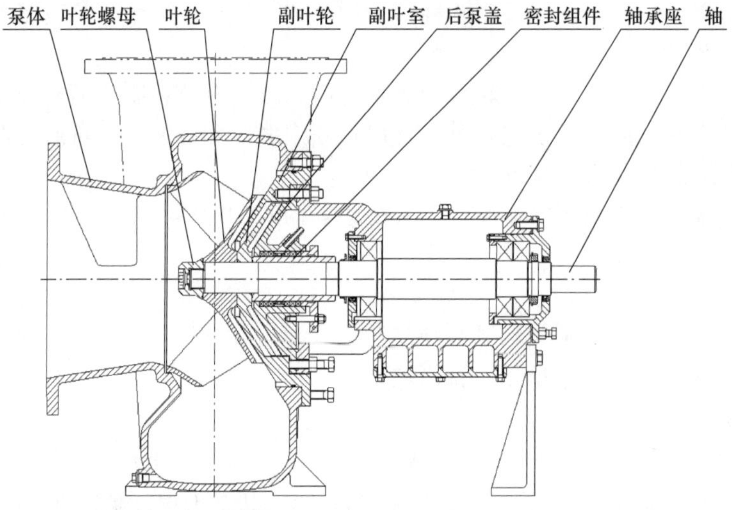

图 3-149　MECP 型磷酸料浆浓缩循环泵剖面结构

MECP 型磷酸料浆浓缩循环泵简述：MECP 型磷酸料浆浓缩循环泵是大流量、低扬程卧式混流泵，适用于输送含固量 30%以下的磷酸料浆浆液，也可用于输送其他腐蚀性的液体。

MECP 型磷酸料浆浓缩循环泵结构特点如下：

（1）由于该系列泵用于磷酸料浆的蒸发循环，输送介质的温度较高，且具有流量大、扬程低等特点。因此，该系列泵要求具有水力效率高、高效区宽、抗汽蚀性能好等特点。

（2）采用后开门结构设计，维修方便，在检修拆卸泵时，不需拆卸泵体及与管道的连接，就可将转子拆下。

（3）设计有多种密封型式，一般采用副叶轮＋填料密封，便于维护。根据工况现场应用需要，也可采用双端面机械密封。

（4）针对磷酸料浆中晶体的特点，该系列泵采用低转速设计，转速一般在 980r/min 以下。相应地，这种设计减少了过流部件的磨损，同时提高了泵运行的可靠性。

（5）泵轴采用加粗设计，以提高其承载能力；轴承座预留冷却夹套，根据需要，可以接入冷却水对其进行冷却，以提高传动组件的可靠性。

（6）泵和电机通常采用直连形式。根据工况参数需要，也可采用传动带或减速机传动。

（7）泵过流部分材质选用 CD4MCu、2605 等材料。

四、磷酸低位闪冷泵的应用情况简介

1. 引进国外闪冷泵的情况简介

从 20 世纪 80 年代以来，我国先后引进了十多套大中型湿法磷酸生产装置。引进装置采用的工艺有二水法工艺、半水法工艺和半水-二水法工艺。引进的磷酸装置生产规模为 500～1000t/dP_2O_5。

多套磷酸装置技术及设备引进和合作，促进了我国磷酸行业设计、设备制造、施工、开车及生产操作的发展，推动了我国磷酸行业的技术进步，带动了新设备、新材料的开发与成功运用，为我国磷酸装置的自行设计及装置设备国产化奠定了基础。

2. 国产化现状

国内设备和材料制造厂与磷肥生产企业、设计单位共同合作，成功开发了适用于大型磷酸装置的设备，如国产 $Q=13500m^3/h$ 磷酸料浆冷却循环泵（亦称磷酸低位闪冷泵）已成功应用于磷酸装置。该泵首先由襄阳五二五泵业有限公司开发成功，目前国内 30 万 t/aP_2O_5 磷酸装置（如云南三环、富瑞、贵州、开阳、瓮福）均采用该厂产品。随着磷化工行业产能的不断提升，襄阳五二五泵业有限公司不断进行系列产品的扩型升级，其制造的卧式轴流泵最大流量达到 $18000m^3/h$，立式轴流泵最大流量为 $15000m^3/h$。磷酸低位闪冷泵的结构见图 3-150，该泵具有以下结构特点：

（1）针对其输送介质的温度较高，因此对该泵的抗汽蚀性能有较高要求，且介质具有磨蚀性，因此选用效率高、抗汽蚀、磨蚀性能好的水力模型，确保满足其性能要求。

（2）由于输送的介质中含有固体颗粒，该泵轴承不与液体接触，也就是不设下轴承，避免了下轴承的磨损、振动等故障。

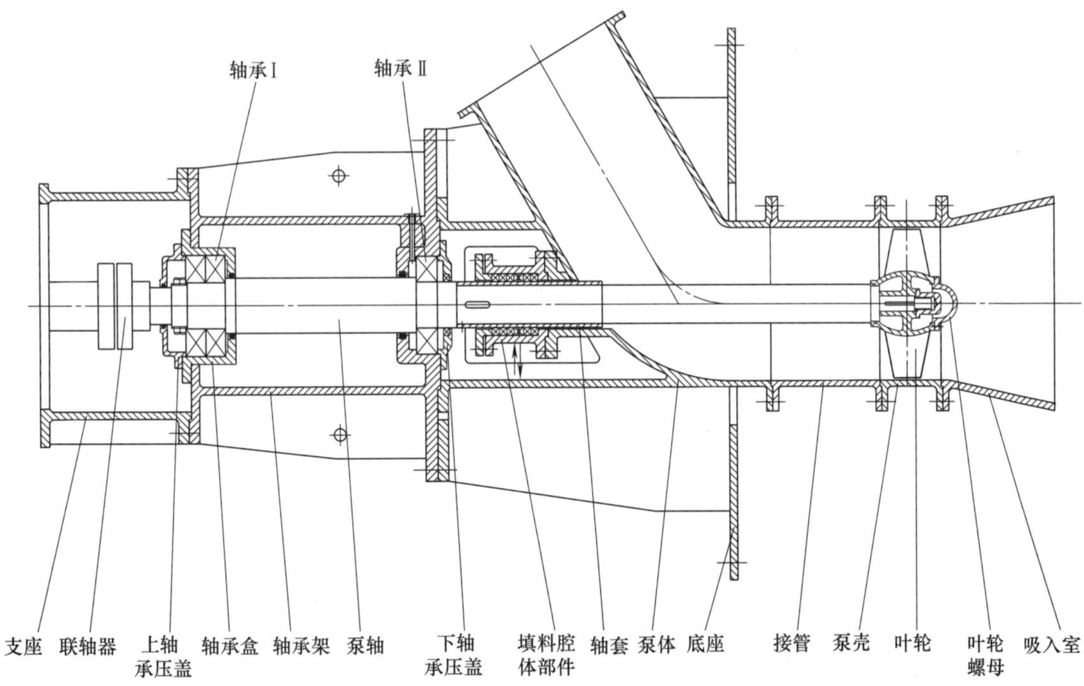

图 3-150　磷酸低位闪冷泵剖面结构

(3) 泵轴采用粗大刚性轴，而不采用普通液下泵的柔性轴，提高泵的稳定性。

(4) 泵的轴封采用机械密封或填料密封。

(5) 泵过流部分材质选用既耐腐蚀又耐磨蚀的CD4MCu、Cr30、2205、2507、904L等。

第六节 硫酸装置用泵

硫酸作为重要的基本化工原料，主要用于磷肥、复合肥行业，其次用于有色冶炼、石油化工、纺织印染、国防军工以及农药、医药、制革、炼焦、钢铁等工业领域，用途极为广泛。

硫酸的生产原料主要有硫磺、硫铁矿、含 SO_2 的冶炼烟气以及石膏（天然石膏和磷石膏），进入21世纪以来，我国硫磺制酸和冶炼烟气制酸得到了空前的发展，硫酸生产的原料结构发生了很大的变化，形成了以硫磺制酸为主，硫磺制酸、硫铁矿制酸和冶炼烟气制酸多元化并存的结构布局。

在硫磺制酸工艺中主要涉及硫磺泵和高温浓酸（浓硫酸）泵；在硫铁矿、冶炼烟气以及石膏制酸装置中，因炉气的净化过程中有稀酸（稀硫酸）产生，其用泵主要涉及稀酸泵（稀硫酸泵）和高温浓硫酸泵。

一、工艺流程和装置用泵概要

1. 硫磺制酸装置

(1) 工艺流程简介　硫磺制酸装置一般以固体硫磺为原料，固体硫磺经熔化、过滤后储存在液体硫磺储罐内。液体硫磺经高压硫磺泵喷入硫磺焚烧炉内与经过干燥的空气焚烧，产生含9%～11.5%（体积分数）SO_2 的高温气体。该气体经废热锅炉回收热量后直接进入转化工序，经两次转化、两次吸收后生产硫酸。因此，硫磺制酸生产工艺一般可分为三个主要工序，即熔硫工序、焚硫转化工序和干燥吸收工序。

① 熔硫工序工艺流程简介　熔硫工序的目的主要是将固体硫磺在快速熔硫槽中进行熔化，并将熔化后的液态硫磺过滤后储存在液硫储罐内，供硫磺焚烧使用。典型的熔硫工序的工艺过程如图3-151所示。

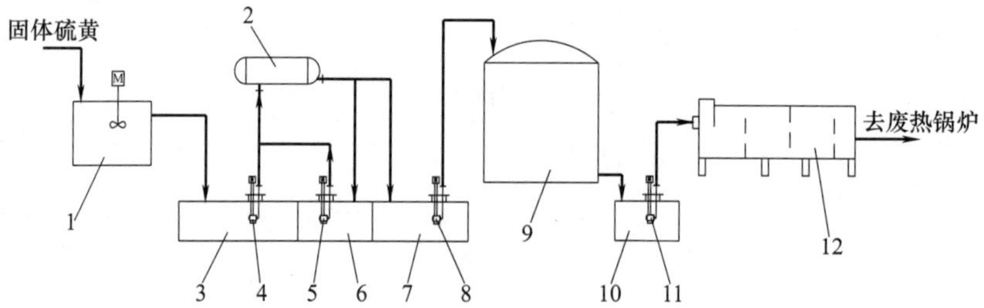

图3-151　典型的熔硫工序的工艺流程简图

1—快速熔硫槽；2—液硫过滤器；3—过滤槽；4—过滤泵；5—助滤泵；6—助滤槽；7—中间槽；8—中间泵；9—液硫储罐；10—精硫槽；11—精硫泵；12—焚硫炉

固体硫磺由带式输送机送入快速熔硫槽内，熔化后的液体硫磺，溢流至过滤槽，由过滤泵送入叶片式液硫过滤器过滤，经过过滤后的精制液硫回到中间槽，由中间泵送到液硫储罐储存待用。液硫自液硫储罐自流至炉前精硫槽，再由精硫泵送入焚硫炉内燃烧。快速熔硫槽、过滤槽、中间槽、液硫过滤器、液硫储罐、炉前精硫槽等设备内均设有蒸汽加热管，用低压蒸汽间接加热或保温，使硫磺始终保持液态。

② 干燥吸收工序工艺流程简介　由于硫磺制酸干燥塔中干燥的是空气，而不是湿度很高的含二氧化硫气体，因此，在干吸（干燥吸收）工序不存在干吸工序水平衡的问题，也不存在因二氧化硫溶解在干燥塔循环酸中并在吸收塔中解吸的情况，因此，可以使用 98% 含量（质量分数）硫酸干燥空气，干燥塔和吸收塔的循环酸既可以交叉循环，也可以共用循环槽。正因为如此，硫磺制酸的干燥与吸收工艺显得多样化。如图 3-152、图 3-153 所示是应用得较为广泛的两种干吸工序工艺流程简图。

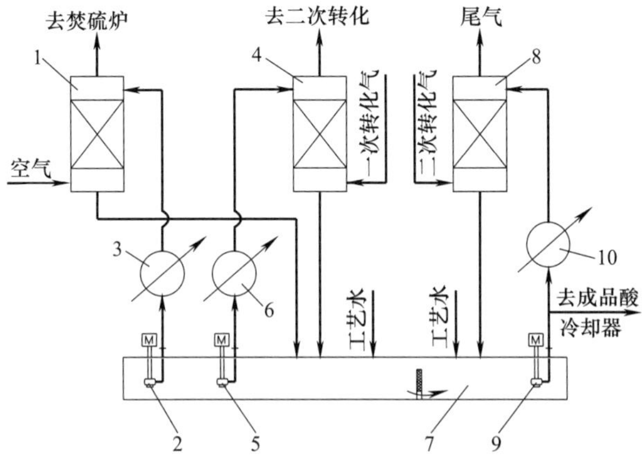

图 3-152　典型的硫磺制酸干燥吸收工序工艺流程简图（一）

1—干燥塔；2—干燥塔酸循环泵；3—干燥塔酸冷却器；4—第一吸收塔（一吸塔）；5—一吸塔酸循环泵；6—一吸塔酸冷却器；7—酸循环槽；8—第二吸收塔（二吸塔）；9—二吸塔酸循环泵；10—二吸塔酸冷却器

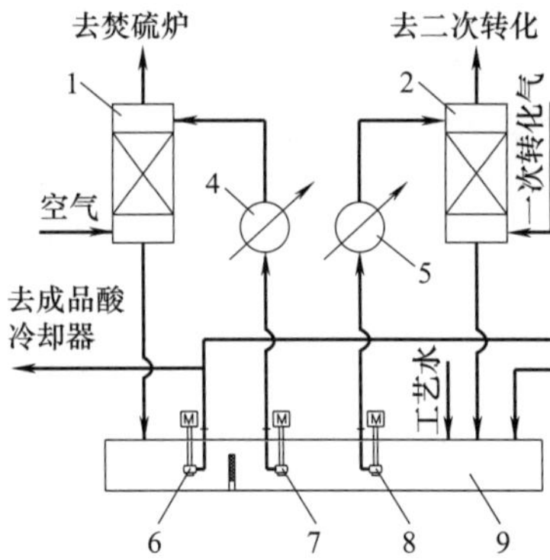

图 3-153　典型的硫磺制酸干燥吸收工序工艺流程简图（二）

1—干燥塔；2—第一吸收塔（一吸塔）；3—第二吸收塔（二吸塔）；4—干燥塔酸冷却器；5—一吸塔酸冷却器；6—二吸塔酸循环泵；7—干燥塔酸循环泵；8—一吸塔酸循环泵；9—酸循环槽

图 3-152 所示的是干燥塔和第一吸收塔出塔酸混合工艺流程。整个干吸酸循环系统采用 98% 酸干燥和吸收。干燥塔和第一吸收塔合用一个槽，第二吸收塔单独使用另一个槽。干燥塔和第一吸收塔出塔酸混合后，通过向共用的槽内加水，来调节干燥塔和第一吸收塔循环酸的含量，达 98%，多余的酸通过隔墙下部的开孔流向第二吸收塔酸循环槽，成品酸从第二吸收塔酸循环泵出口产出。通过向第二吸收塔酸循环槽内适当加水，将成品酸浓度维持

在98%。

图3-153所示的是干燥塔和第二吸收塔交叉循环工艺流程。两台吸收塔的出塔酸混合后，分别由各自的酸循环泵送入酸冷却器冷却后，再送入干燥塔和第一吸收塔内。干燥塔出塔酸无须冷却，由酸循环泵送往第二吸收塔。通过加水控制吸收塔酸循环槽内的酸浓度来控制干燥塔出塔酸浓度，亦即进第二吸收塔循环酸和成品酸的浓度，成品酸从第二吸收塔酸循环泵出口产出。

（2）工艺用泵简介　硫磺制酸生产中工艺用泵主要集中在熔硫工序和干燥吸收工序。熔硫工序用泵为硫磺泵，主要涉及过滤泵、助滤泵、中间泵和精硫泵等；干燥吸收工序用泵为高温浓硫酸泵，主要涉及干燥塔酸循环泵和吸收塔酸循环泵。国内部分硫磺制酸装置用泵一览表见表3-65。

表3-65　国内部分硫磺制酸装置用泵一览表

序号	名称规格	扬程/m	流量/(m^3/h)	台数	材料	介质	配套电机功率、转速	备注
某40万t/a硫磺制酸装置主要用								
1	过滤泵 JHXL15-40	40	15	2	304及碳钢	液态硫磺 135～145℃	N=15kW n=1450r/min	液下泵，一台备用
2	助滤泵 JHXL25-25	25	25	1	304及碳钢	液态硫磺 135～145℃	N=11kW n=1450r/min	液下泵
3	中间泵 JHL25-25	25	25	2	304及碳钢	液态硫磺 135～145℃	N=11kW n=2960r/min	液下泵，一台备用
4	精硫泵 JHL13-80	80	13	2	304及碳钢	液态硫磺 135～145℃	N=22kW n=2960r/min	液下泵，一台备用
5	干燥塔酸循环泵和吸收塔酸循环泵 JHB600-30	30	600	4	合金	98% H_2SO_4 70～110℃	N=132kW n=1450r/min	液下泵，一台备用
某80万t/a硫磺制酸装置主要用								
1	过滤泵 JHXL12-40	40	12	4	304及碳钢	液态硫磺 135～145℃	N=15kW n=1450r/min	液下泵，一台备用
2	助滤泵 JHXL25-25	25	25	2	304及碳钢	液态硫磺 135～145℃	N=11kW n=1450r/min	液下泵
3	精硫泵 JHL22-80	80	22	2	304及碳钢	液态硫磺 135～145℃	N=30kW n=2960r/min	液下泵，一台备用
4	干燥塔酸循环泵和吸收塔酸循环泵 JHB1300-25	25	1300	4	合金	98% H_2SO_4 70～110℃	N=250kW n=990r/min	液下泵，一台备用

2. 硫铁矿、冶炼烟气以及石膏制酸装置

（1）工艺流程简介　硫铁矿、冶炼烟气以及石膏制酸工艺中，硫铁矿焙烧产生的炉气、其他原料焚烧产生的窑气中均含有SO_2、大量的尘及其他有害杂质，一般都经锅炉回收热量后再经旋风除尘器和电除尘器除去绝大部分灰尘。由于电除尘器出口的气体中仍然含有灰尘和其他有害杂质，需要净化处理后才能进入后续的制酸工序。硫铁矿、冶炼烟气以及石膏制酸装置在电除尘器之后的净化和制酸工艺是类似的，一般可分为三个

主要工序，即净化工序、干燥吸收工序和转化工序。生产中工艺用泵主要集中在净化工序和干燥吸收工序。

① 净化工序工艺流程简介　净化工序一般采用封闭酸洗净化工艺，即采用含 H_2SO_4 约 5%～30%的稀酸作为循环吸收液对含有杂质的炉气进行净化。典型的净化工艺流程如图 3-154 所示。

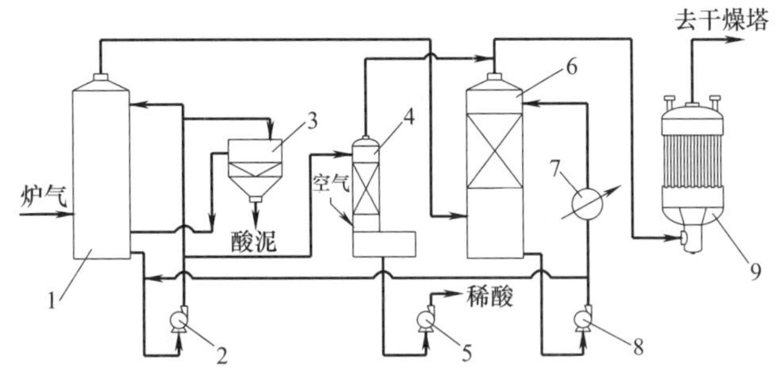

图 3-154　典型的净化工序的工艺流程简图

1—增湿塔；2—增湿塔酸循环泵；3—沉降器；4—脱气塔；5—稀酸泵；6—冷却塔；7—冷却塔酸冷却器；8—冷却塔酸循环泵；9—电除雾器

高温、含尘的 SO_2 炉气进入增湿塔，经绝热增湿后使炉气冷却至约 70℃后进入冷却塔。增湿塔采用绝热蒸发冷却，循环酸系统不设酸冷却器，部分下塔酸经沉降器除去矿尘后返回循环酸系统。冷却塔为填料塔，使用温度为 38℃、含量（质量分数）为 1%～3%的稀酸洗涤冷却。冷却塔下塔酸经酸冷却器冷却至 38℃后循环喷淋。增多的循环酸进入增湿塔循环酸系统。出冷却塔的炉气温度降至约 40℃后依次进入第一级和第二级电除雾器除去酸雾及其他杂质，出口气体酸雾含量（质量浓度）≤0.005g/Nm^3，进入干吸工序。

② 干燥吸收工序工艺流程简介　经过净化后被水饱和的含 SO_2 气体在干燥塔内被浓硫酸干燥，后再经两次转化、两次吸收产生硫酸产品。典型的干燥吸收工序工艺流程如图 3-155 所示。

来自净化工序的炉气，经补充适量的空气后进入干燥塔。干燥后气体含水量≤0.1g/Nm^3（质量浓度）进入 SO_2 鼓风机。干燥塔内用含量为 93%～96%的硫酸喷淋，干燥酸吸收进入的空气中所含水分后自塔底排至干燥塔酸循环槽，在槽内与从第一吸收塔串入的 98%硫酸混合，以维持循环酸浓度，再由干燥塔酸循环泵送出，经干燥塔酸冷却器冷却后进入干燥塔循环。增多的硫酸串入第一吸收塔酸循环槽中。由转化器第三段出来的转化气经换热冷却后，进入第一吸收塔，塔顶用含量为 98%硫酸喷淋，吸收 SO_3 后的酸自塔底流出，进入一吸塔酸循环槽，用工艺水调节循环槽硫酸含量至 98%，再由一吸塔循环酸泵送入一吸塔酸冷却器，多余的 98%硫酸作为成品酸产出。由转化器第四段出来的转化气经换热冷却后，进入第二吸收塔，塔顶用浓度为 98%硫酸喷淋，吸收 SO_3 后的酸自塔底流出，进入二吸塔酸循环槽，用工艺水调节循环槽硫酸含量至 98%，再由二吸塔循环酸泵送入二吸塔酸冷却器，多余的 98%硫酸送入一吸塔酸循环槽。98%成品酸自一吸塔循环酸泵出口产出，经成品酸冷却器冷却至 40℃后储存或外送。

（2）工艺用泵简介　工艺用泵主要分为稀酸泵和浓硫酸泵。稀酸泵集中在净化工序，主要涉及增湿塔酸循环泵、冷却塔酸循环泵和稀酸外送泵。浓硫酸泵主要用作干燥吸收工序的循环泵，主要涉及干燥塔酸循环泵和吸收塔酸循环泵。以硫铁矿制酸为例，国内部分硫酸装置用泵一览表见表 3-66。

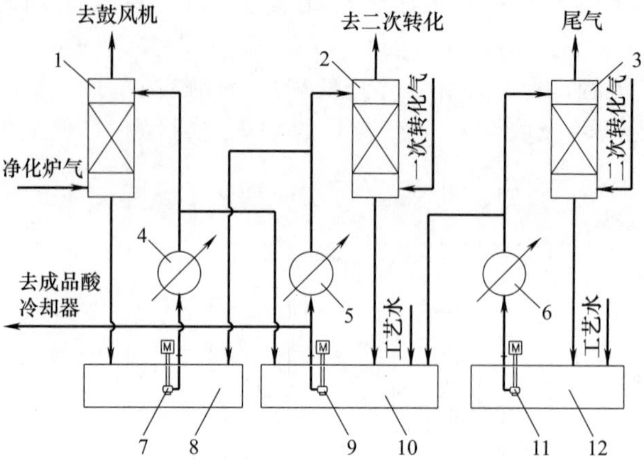

图 3-155 典型干燥吸收工序工艺流程简图

1—干燥塔；2—第一吸收塔（一吸塔）；3—第二吸收塔（二吸塔）；4—干燥塔酸冷却器；5—一吸塔酸冷却器；6—二吸塔酸冷却器；7—干燥塔酸循环泵；8—干燥塔酸循环槽；9—一吸塔酸循环泵；10—一吸塔酸循环槽；11—二吸塔酸循环泵；12—二吸塔酸循环槽

表 3-66 国内部分硫铁矿制酸装置用泵一览表（以 40 万 t/a 规模为例）

序号	名称规格	扬程/m	流量/(m^3/h)	台数	材料	介质	配套电机功率、转速	备注
1	增湿塔酸循环泵 250FUH-48-750/40-C3	40	750	2	超高分子量聚乙烯	10% H_2SO_4 60～65℃	N=160kW n=1450r/min	卧式泵，一台备用
2	冷却塔酸循环泵 250FUH-45S-730/28-C3	28	730	2	超高分子量聚乙烯	2% H_2SO_4 50～55℃	N=132kW n=1450r/min	卧式泵，一台备用
3	稀酸外送泵 50FUH-30	30	6	2	超高分子量聚乙烯	10% H_2SO_4 50～65℃	N=5.5kW n=2900r/min	卧式泵，一台备用
4	干燥塔酸循环泵、吸收塔酸循环泵 JHB900-25	25	900	4	JSB 合金	95%～98% H_2SO_4 50～110℃	N=185kW n=990r/min	液下泵，一台备用

二、关键泵介绍

1. 硫磺泵

（1）工况条件 固体硫磺通过蒸汽盘管间接加热后形成液态硫磺，由于液态硫磺的黏度随温度的变化很大，因此一般控制液态硫磺的温度在 135～145℃，在此温度范围内硫磺的黏度最小，适合储存和输送。

熔硫过程中的硫磺过滤泵用于将含有固体杂质的熔融粗硫输送至液硫过滤器进行过滤。因此在选用过滤泵时应避免选液下带滑动轴承的泵引起磨损（轴套、衬套）、卡死，甚至叶轮流道堵塞等现象。

经过液硫过滤器过滤以后的清洁硫磺，其灰分含量（质量分数）可小于 20ppm，并且腐蚀性很小，一般用于输送硫磺的泵的压头不高，但对于焚硫炉前的精硫泵，为使喷出的液态硫磺燃烧充分，要求液态硫磺呈雾状喷入，要求炉前精硫泵必须具有 60～100m 的压头。

（2）选型要求　由于所输送的液硫中含有大小不等、形状各异的杂物或悬浮物，运行中常常出现过流部件及液下滑动轴承磨损过快、滤管（网）堵塞、叶轮流道堵塞等故障。因此，对于含有磨蚀颗粒的硫磺，应使用半开式叶轮的立式悬臂结构泵，这种形式的叶轮不易堵塞，液下取消了紧密配合的液下滑动轴承。轴向和径向的液体压力通过大直径轴传输至外部润滑的滚珠轴承。该泵型在制酸装置上常用于过滤泵、助滤泵等。

对于经过液硫过滤器过滤以后的清洁硫磺，可选用封闭式叶轮和可置换的耐磨环，以获得较高的水力效率。设计合理的耐磨环可以平衡叶轮的轴向推力，从而延长止推轴承的寿命。这适用于炉前精硫泵、中间泵等。对于炉前精硫泵，一般选用小流量、高扬程的低比转速泵，并且要求当流量有所改变时，焚硫炉炉头喷嘴前的压力变化小，以保持液态硫磺的雾化效果。

由于硫磺的凝固点较高，所以轴套和排液管采用夹套式设计，夹套内通入蒸汽保温，以防在操作时液面以上的泵体内硫磺的凝固。

（3）结构特点及产品介绍　洁净的硫磺腐蚀性很小，一般选择具有合适强度和延展性的钢和铸铁作为泵的结构材料。叶轮和耐磨件可采用铸铁制作，泵轴、轴套和排液管采用不同的碳钢制造。对于有少量固体杂质、腐蚀性较小的液体硫磺，其转动零部件如叶轮等可选择经热处理的马氏体不锈钢，对腐蚀性较大的硫磺，可采用 Lewmet 合金和 316L 不锈钢材料。

硫磺泵可采用昆明嘉和科技股份有限公司的 JHL/JHXL 型、泰州康乔机电设备有限公司的 LGY 型系列高温硫磺液下泵及旅顺长城化工泵厂的 YS 系列硫磺泵。高温硫磺液下泵流量 $Q=1\sim50\text{m}^3/\text{h}$，扬程 $H=15\sim90\text{m}$。

以 JHL、JHXL 及 LGY 系列高温硫磺液下泵为例介绍硫磺泵的结构特点：

JHL 系列泵是专门为输送液硫（含固量＜1%）的一种新型高温硫磺液下泵。该系列泵采用双轴承结构，即液上部分采用两列角接触球轴承，液下设有滑动轴承，起承受径向载荷的作用，并依靠熔融液态硫磺润滑。该系列泵大多采用二极电机（转速为 2950r/min）。叶轮采用闭式或半开式设计，泵流量 $Q<10\text{m}^3/\text{h}$ 通常采用半开式叶轮，流量 $Q>10\text{m}^3/\text{h}$ 通常采用闭式叶轮。该系列泵主要由吸入管、泵盖、泵体、叶轮、叶轮螺母、泵轴、轴套、衬套、接管、出液管、底座、密封部件、轴承座、电机座、联轴器、轴承等零部件和标准件组成。其结构简单，体积小，泵运行平稳可靠，操作维护方便。

JHXL 系列高温硫磺液下泵是专门为输送液态粗硫（含固量＞1%）设计的一种新型悬臂式高温硫磺液下泵。泵采用四极电机（转速为 1450r/min）。泵吸入口无须设置吸入滤网，液下无滑动轴承，不会由于液态硫磺中含有杂质颗粒而使流道堵塞出现流量、扬程不足和滑动轴承磨损、抱死。叶轮采用半开式设计，通过能力强（最大通过固体颗粒直径为 $\phi18\sim30\text{mm}$；流量 $Q<20\text{m}^3/\text{h}$ 可通过颗粒直径可达 $\phi18\text{mm}$；流量 $Q>25\text{m}^3/\text{h}$，可通过颗粒直径可达＞$\phi30\text{mm}$）。泵及泵轴为刚性设计，运行平稳可靠，操作维护方便。该系列泵主要由吸入管、泵盖、泵体、叶轮、叶轮螺母、泵轴、接管、出液管、底座、密封部件、轴承座、电机座、联轴器、轴承等零部件和标准件组成。

LGY 型立式硫磺泵采用的叶轮为开式，对硫磺等易结晶的介质流动顺畅，不易堵塞。泵的蜗壳为对称型双蜗壳，较好地平衡了径向力，使泵运行平稳。配备蒸汽保温装置系统，确保硫磺等易结晶介质不易结晶。当液下深度＞2m 时，采用多级支承，泵轴的滑动轴承支承，采用介质自冲洗、润滑（或外冲洗），同时滑动轴承是优质浸铜石墨材质，确保泵的运行平稳，降低了泵的维修率、对硫磺等易结晶的介质输送流畅，不堵塞，确保泵的运行正常。

JHL、JHXL 型硫磺液下泵结构简图分别见图 3-156、图 3-157。

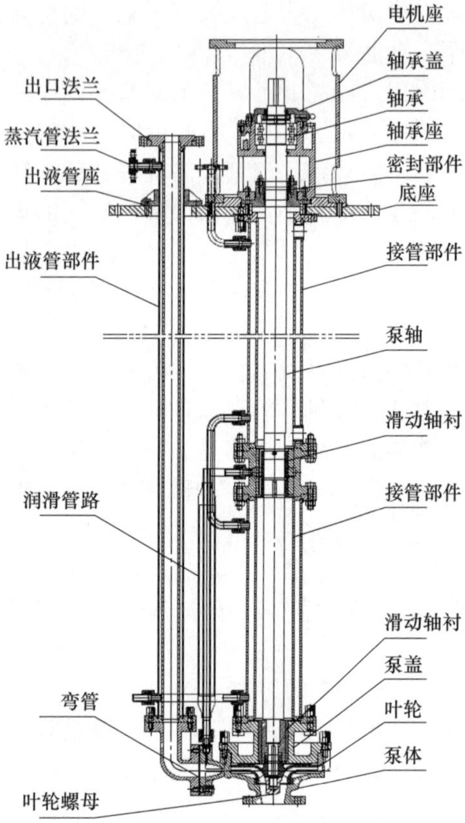

图 3-156 JHL 型硫磺液下泵结构简图

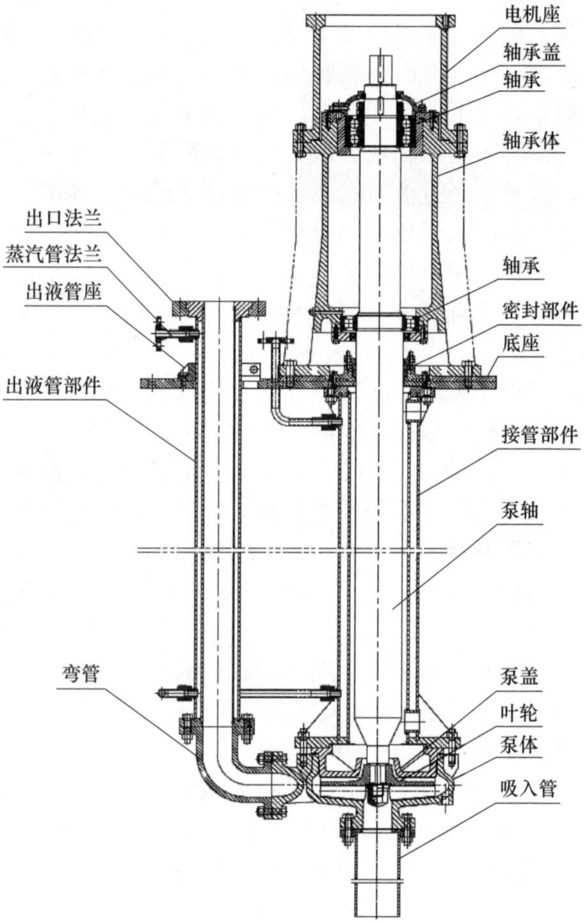

图 3-157 JHXL 型硫磺液下泵结构简图

2. 稀硫酸泵

（1）工况条件 实现稀酸循环的关键设备之一就是稀酸循环泵。稀酸在整个净化流程中循环使用，酸浓度、酸温度以及酸中所含的杂质成分和固体颗粒对循环泵的结构、材料的设计和选择都十分重要。由于产酸原料不同，原料气中所含的杂质不同，造成稀酸中的杂质成分和含量也有所不同。稀酸中不仅含有氯离子，还有砷、氟及其化合物，另外，稀酸中还含有一定量的被冲洗下来的固体颗粒。稀酸质量分数一般不超过 30%（H_2SO_4），酸温度在 40～60℃。因此要求稀酸循环泵采用既耐腐蚀又耐磨蚀的泵。

（2）选型要求

① 过流部件材料 净化工序的稀酸对金属的腐蚀主要是因为水合氢离子的作用，但氟、氯离子与之形成的混合腐蚀，其损害行为要更为严重。特别是氟离子不仅对金属，而且对某些非金属材料也有很强的腐蚀性，如陶瓷、橡胶等。所以，在选择接触介质的过流部件材料时，要求材料能同时耐多种介质的腐蚀。目前常用的金属材料有：904L 合金、RS-2 合金、S801 合金等。非金属材料有：高铝陶瓷、氟塑料、工程塑料、橡胶衬里、玻璃纤维增强聚丙烯等。国内的硫酸生产厂大多采用塑料泵或塑料衬里泵。有关材料对稀酸的耐腐蚀等级见表 3-67。

表 3-67　稀酸泵常用材料的耐腐蚀等级

材料	稀硫酸浓度/%	温度/℃			
		25	50	80	100
碳钢和铸铁	＜65	×	×		
高硅铸铁	10～30	☆	☆	√	√
1Cr18Ni9Ti	5～60	×	×		
铅及铅合金	10～30	√	○	×	×
10Ni12Mo3Ti	＜50	√	√	√	√
聚乙烯	0～50	√	√	√	
聚丙烯	＜30	√	√	√	
聚偏氟乙烯	0～50	√	√	√	√
聚四氟乙烯	0～100	√	√	√	√
超高分子量聚乙烯	0～90	√	√	√	

注：表中腐蚀等级符号含义如下。

金属：☆——优良，腐蚀速率＜0.05mm/a；√——良好，腐蚀速率 0.05～0.5mm/a；○——可用，腐蚀速率＞0.5～1.5mm/a；×——不可用，腐蚀速率＞1.5mm/a。

非金属：√——良好，腐蚀轻或无；○——可用，腐蚀速率 0.5～1.5mm/a；×——不可用，变形、失强严重或破坏。

② 温度和流速对泵腐蚀的影响　介质的温度和流速对材料的腐蚀有较大的影响，稀酸的温度一般不高，但不能忽视流速对泵腐蚀的影响。例如铅在 20% H_2SO_4 中，温度 20℃、流速 0.49m/s 时的腐蚀速率为 0.05mm/a。当流速为 1.5m/s 时，腐蚀速率剧增为 0.26mm/a。所以，在设计或选用泵时应综合考虑这些因素。

③ 介质对泵叶轮磨损的影响　原料气中除含有杂质气体外，还带有部分固体颗粒，特别是当净化工序前的除尘器工作不稳定时，会带入大量的粗颗粒固体。这对泵类设备，特别是泵叶轮会造成一定的磨损。所以，叶轮设计和选材或泵的选型中，应考虑介质磨损对泵使用寿命和轴封效果的影响。

④ 轴封　稀酸泵的轴封要求高。一般可选用动力密封（副叶轮＋停车密封）或机械密封。在选择密封型式、结构、材料时应充分考虑稀酸的腐蚀性、磨蚀性和成分等。

（3）稀酸泵结构特点及产品介绍　以前，国内使用较多的稀酸泵是衬胶泵和陶瓷泵，但由于衬胶质量问题及陶瓷较差的耐氟性能，现已经淘汰。对于金属泵，高硅铸铁和硬铅泵也已淘汰，904L 合金泵价格昂贵，也存在合金质量不稳定的问题。目前国内使用较为广泛的稀酸泵主要有工程塑料卧式泵和钢衬塑卧式泵。

工程塑料卧式泵过流部件采用超高分子量聚乙烯（UHMWPE）制作，其耐腐蚀性能优良、耐磨蚀性能优异、耐冲击性能强。该泵为卧式、单级、单吸、托架式离心泵，适用温度－50～100℃。泵的密封分别采用机械密封、动力密封和填料密封等多种密封型式，既可以输送稀酸清液，也可以输送含固体颗粒的料浆和含各种杂质的废水。例如宜兴市灵谷塑料设备有限公司（原宜兴市工程塑料设备厂）生产的 FUH 系列工程塑料卧式泵、FDU 系列工程塑料低转速料浆泵、FLU 系列工程塑料压滤泵、FCU 系列工程塑料侧吸泵、FYUB 系列工程塑料悬臂液下泵、FYUC 系列工程塑料低转速悬臂料浆液下泵，其流量 $Q=5\sim2800m^3/h$，扬程 $H=8\sim60m$。

工程塑料泵的各种密封介绍如下：

① 动力密封 采用2～3个氟橡胶油封作为密封件，结构简单，适用于清液或含固量≤10%的料浆等介质。动力密封主要由副叶轮（或副叶片）与停车密封（橡胶油封）组成。工作时由于副叶轮（或副叶片）旋转产生的离心力使密封腔处于负压状态，从而阻止液体向外泄漏，此时，停车密封不起作用，橡胶油封的唇口因负压而松开，与轴套产生一定间隙，减小其之间的磨损，延长了使用寿命；停机时，由于副叶轮（或副叶片）停止旋转，密封腔由负压转为正压，停车密封开始工作，橡胶油封的唇口在压力下紧紧包住轴套，从而达到密封目的。动力密封还可添加冷却水装置，延长油封的使用寿命，动力密封示意图详见图3-158。

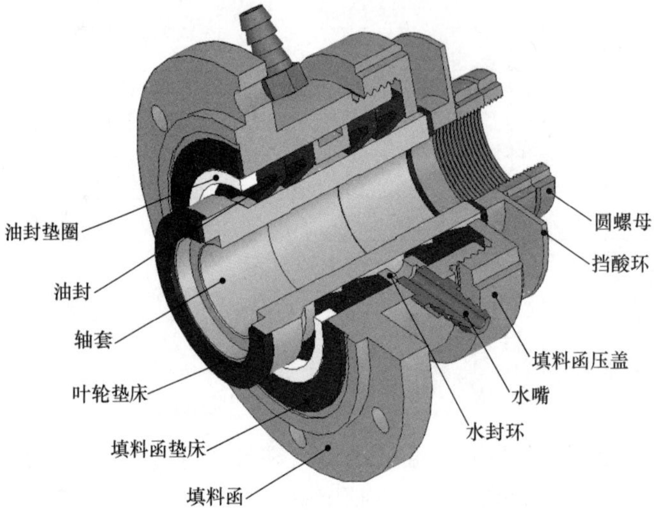

图3-158 工程塑料卧式泵动力密封示意图

② C3型机械密封 如图3-159，该密封为内装式非标机械密封，采用外冷却方式，需加冷却水，是一种平衡式机械密封，它可根据液体压力的不同自动调节端面比压，从而减轻端面磨损，延长使用寿命。该密封的动静环均由碳化硅制成，可用于输送含大量颗粒的腐蚀性液体。该密封具有结构紧凑、使用寿命长等特点（注：冷却水为洁净的自来水或无腐蚀性的工艺水，冷却水无压自流外排）。

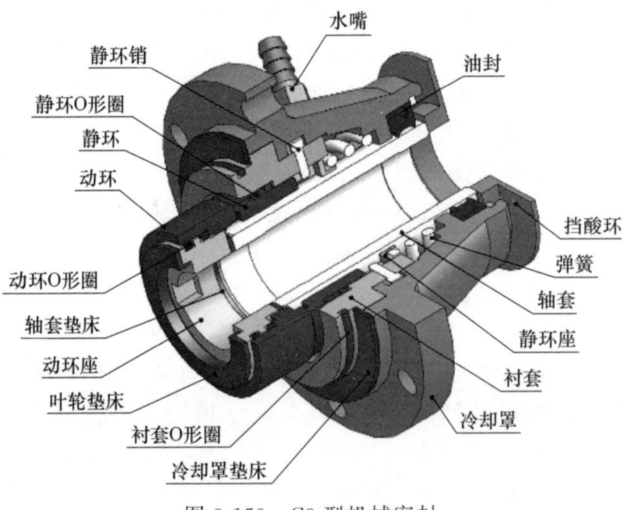

图3-159 C3型机械密封

③ C3C 型双端面机械密封　如图 3-160，该密封为串联式双端面机械密封，是一种自平衡式机械密封，密封液采用 IP54 电机防护等级，外冷却方式，可接入有压力的冷却水循环系统中，密封液为洁净的自来水或无腐蚀性的工艺水，流量 50～80kg/h，压力 0.2～0.4MPa（极限可达 0.6MPa）。动静环使用无压烧结碳化硅，可用于输送含大量颗粒的腐蚀性介质。密封腔体中自带螺纹泵送环，根据需要配套标准的密封液辅助系统，使循环冷却水和密封液完全隔离，达到零泄漏的目的。

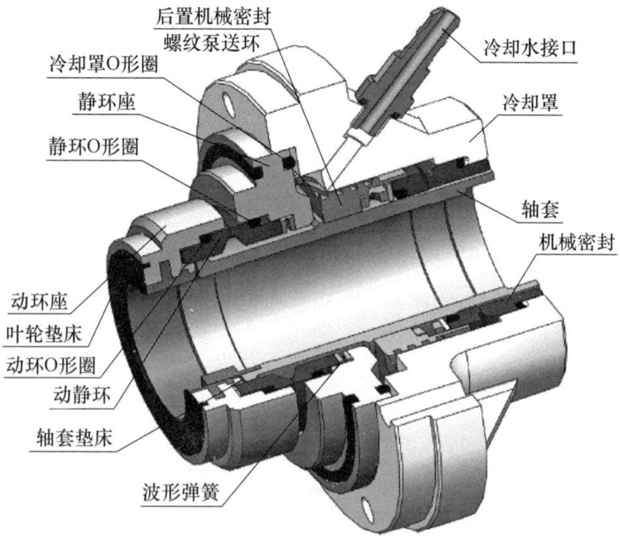

图 3-160　C3C 型双端面机械密封

钢衬塑卧式泵主要采用钢衬超高分子量聚乙烯（UHMWPE）结构，其材料也有采用聚丙烯（PP）或 PO 等。泵的其他结构形式同工程塑料卧式泵。宜兴市宙斯泵业有限公司生产的 UHB 和 FXB 系列钢衬塑卧式泵采用一种不收缩、不开裂的“龟网甲”衬里技术，克服了衬里泵金属外壳与内衬塑料热胀冷缩变形不同步的问题，防止内衬开裂、变形或脱落。其叶轮为半开式，密封可采用机械密封、动力密封和填料密封等多种密封型式。FXB 系列泵适用温度－20～90℃、含固量 20%以内的料浆或清液，流量 10～3600m^3/h，扬程 60m 以内。UHB 系列泵使用温度－20～80℃，液体含固量 30%以内，流量 5～2000m^3/h，扬程 50m 以内。

3. 浓硫酸泵

（1）工况条件　浓硫酸（浓酸）泵一般用在干燥吸收工序。对于硫磺制酸装置，干燥塔内干燥的是空气，而对于其他原料制酸装置，干燥塔内干燥的是被水饱和的含 SO_2 的气体。对于硫磺制酸装置，由于不存在因二氧化硫溶解在干燥塔循环酸中并在吸收塔中解吸的情况，因此，一般使用 98%～98.5%硫酸作为干燥酸。对于采用其他原料制酸装置，则只能采用 93%～96%硫酸作为干燥酸。除了干燥酸质量分数有些差别外，对于干燥吸收工序浓硫酸泵的其他操作环境没有太大的区别。浓硫酸通过循环泵在干燥塔与循环槽和吸收塔与循环槽间实现循环操作。浓硫酸相对杂质含量较低，但酸浓度、酸温度较高。浓硫酸是一种强氧化性和强腐蚀性酸，在循环酸泵操作条件下的酸温一般在 60℃以上，最高可超过 110℃。

（2）选型要求　由于浓酸属于强氧化腐蚀性介质，对设备的密封安全性要求较高，采用卧式泵时，轴封的结构和材料问题难以解决，维护也比较困难。目前多选用立式液下离心泵。其特点是泵的主体处于液相中，无泄漏、不占地、安装维修简便，轴封的结构、选材都比较容易解决。浓硫酸泵对材料的耐腐蚀性能要求极高，并要求能承受高温和高流速，同时必须控制严格的尺寸公差，以达到优良的流体力学性能和效率。因此制作泵的材料必须具有很强的耐腐蚀和耐磨蚀性。关键部件的材料可选用耐强酸腐蚀的含铬铸铁、合金、特殊不锈钢等。干吸工序的酸温度较高，因此，选泵时还需要注意温差产生的热膨胀对泵结构的影响。泵主轴、轴套、密封环等应有消除热应力设计。

干吸工序的循环酸都为93%以上的强氧化性浓酸，铁与浓酸在表面生成一层硫酸铁的保护层，且不易溶解，所以一般的钢铁就可以耐浓酸。但这种保护层的可靠性受硫酸中的氯化物浓度和酸流速及温度的影响很大。据有关资料介绍，温度升高10℃，腐蚀速率约增加为原来的1～3倍。所以，一般浓酸泵的过流部件都选用耐氯离子腐蚀的材料，详见表3-68。

表3-68 浓酸泵常用材料浓酸腐蚀等级

材料	浓硫酸浓度/%	温度/℃					
		25	50	80	100	120	140
碳钢	>93	√	○	×	×	×	×
高硅铸铁	>93	☆	☆	√	√	√	√
高铬镍奥氏体不锈钢	>93	√	○	○	×	×	×
JSB合金	>93	☆	☆	☆	☆	☆	○
Lewmet合金	>93	☆	☆	☆	☆	☆	☆

注：表中腐蚀等级符号含义如下。

☆——优良，腐蚀速率<0.05mm/a；√——良好，腐蚀速率0.05～0.5mm/a；○——可用，腐蚀速率>0.5～1.5mm/a；×——不可用，腐蚀速率>1.5mm/a。

(3) 结构特点及产品介绍　浓硫酸液下泵一般采用双支承结构，即液上部分采用两列角接触球轴承，液下部分设有一对滑动轴承（即轴套、衬套），轴承受径向载荷。液下滑动轴承采用具有优良抗热膨胀特性的高镍合金材料，通过泵输送的浓硫酸的润滑，具有良好的润滑性。该泵主要由吸入管、泵盖、泵体、叶轮、叶轮螺母、泵轴、轴套、衬套、接管、出液管、底座、密封部件、轴承座、电机座、联轴器、轴承等零部件和标准件组成。高温浓硫酸液下泵结构简图见图3-161。

泵可充分利用自身吸上高度，增加吸入管可增加泵机组的插入液面深度。但启动前，液面必须高于叶轮中心线以上，运行过程中酸罐中液面必须高于吸入管吸入面300mm以上。

国内一些厂商的高温浓硫酸液下泵采用新型合金球墨铸铁，由于在其中加入合金成分，提高了耐腐蚀性，改善了金相结构，具有良好的力学性能、耐冲刷磨蚀及耐腐蚀性能，在高温浓硫酸环境中的腐蚀速率在0.1～0.3mm/a，用于制造泵轴、叶轮、螺母、中间接管、泵体、泵盖、弯管、出液管、吸入管等；采用以奥氏体为基体的含钼和硅的合金，经特殊热处理后使其洛氏硬度达50HRC以上，等同于美国路易斯泵的Lewmet-55合金，具有较好的抗热膨胀特性、较强的耐磨蚀和耐冲刷性能，在低于140℃的浓硫酸环境中静态腐蚀速率小于0.025mm/a，用于制造泵的叶轮、轴套、衬套、密封环等。

浓酸泵可采用昆明嘉和科技股份有限公司的JHB系列耐腐蚀液下泵和大连旅顺长城不锈钢有限公司LSB系列耐腐蚀液下泵。耐腐蚀浓酸液下泵流量$Q=10\sim3200m^3/h$，扬程$H=15\sim100m$，适用温度$t<120℃$。

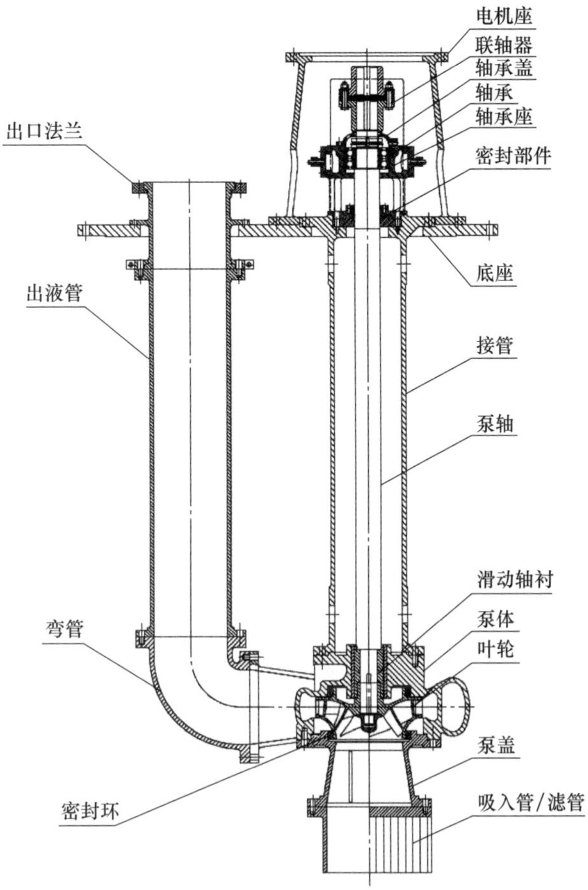

图 3-161 高温浓硫酸液下泵结构简图

第七节 钛白粉装置用泵

钛白粉是二氧化钛（分子式为 TiO_2）俗称，由于具有稳定的物理、化学性质，优良的光学、电化学性质以及特有的不透明性、优异的遮盖、消色特性和耐光、耐候等特性，被广泛地应用于涂料、塑料、造纸、印刷油墨、化纤、橡胶、电焊条、陶瓷、化妆品及食品添加和医药等工业，在国民经济的发展中有着极其广阔的应用领域和发展前景。

世界上钛白粉的商业生产已有 100 多年的历史，我国钛白粉工业的研究和建厂起始于 20 世纪 50 年代，但钛白粉工业实质性的发展起始于 1998 年。到 2014 年，我国钛白粉行业总产能超过美国，成为全球钛白粉第一生产大国。全球及我国钛白粉产能一直在逐年增加，2024 年我国钛白粉产能约为 550 万吨，全球钛白粉产能 980 万吨，我国占比 56%。

一、工艺流程

钛白粉的生产工艺主要有硫酸法和氯化法，硫酸法和氯化法生产典型工艺流程见图 3-162。按晶型的不同，钛白粉分锐钛型和金红石型。硫酸法工艺两种都可以生产；氯化法工艺仅能生产金红石型。

1. 硫酸法钛白粉生产工艺

多以钛精矿或高钛渣为原料，与浓硫酸反应并经过二十多道工序后制得。硫酸在其中是

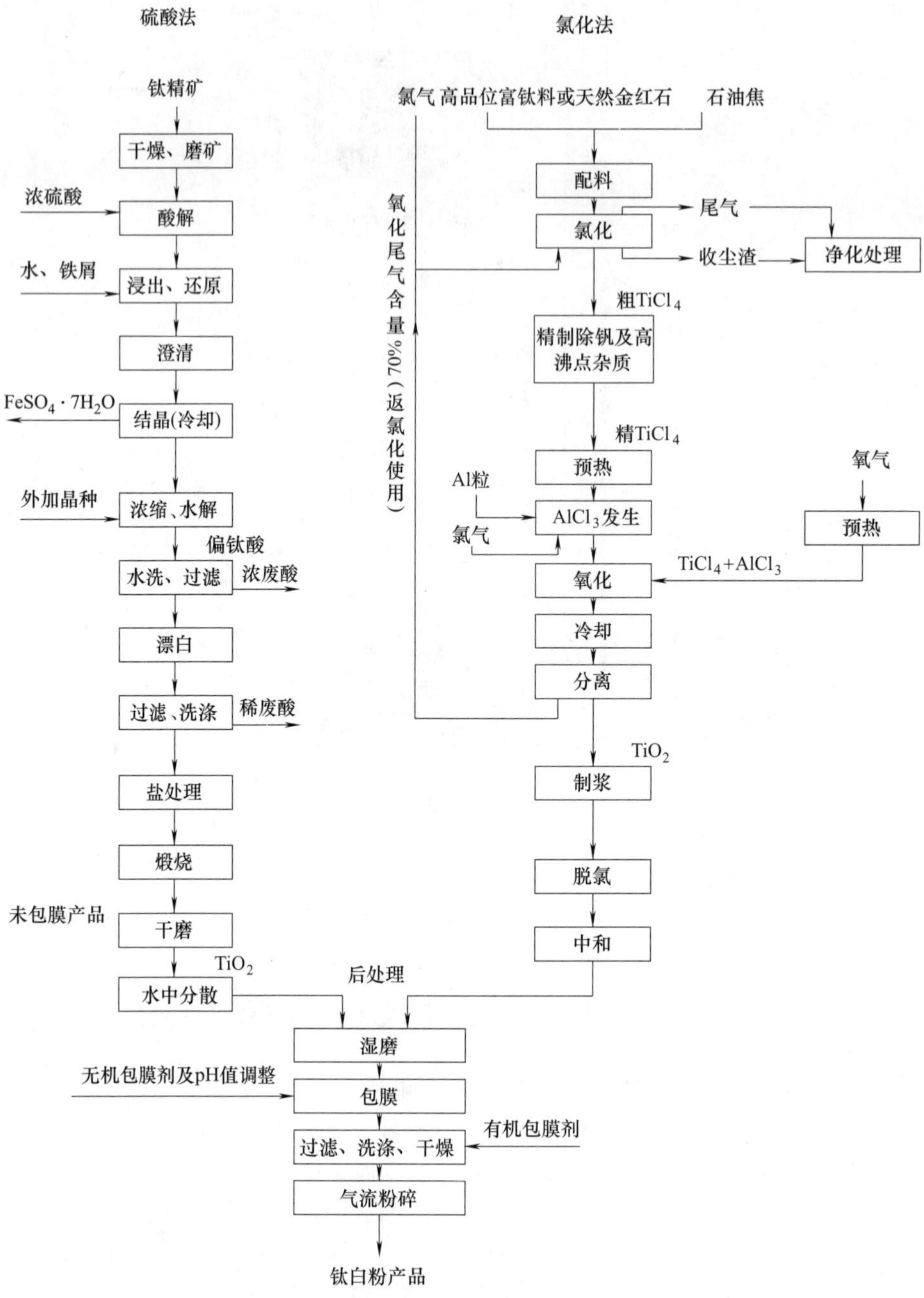

图 3-162　硫酸法和氯化法生产典型工艺流程

一个载体，通过它与富钛原料反应制取可溶性钛化合物后并最终获取二氧化钛产品。

以钛精矿为原料生产金红石型和高档锐钛型钛白粉为例，工艺主要流程如下：

(1) 将进一步干燥和磨碎的钛精矿与浓硫酸反应，加水将反应物浸出并加铁屑还原，后制得可溶性钛化合物（称为钛液）；

(2) 钛液经过澄清去除杂质后被送去结晶，分离出 $FeSO_4 \cdot 7H_2O$ 以去除铁；

(3) 分离后的钛液再经浓缩、水解后生成不溶于水的水合 TiO_2 的沉淀物（称为偏钛酸）；偏钛酸经过一次水洗和过滤，以及漂白后的水洗和过滤，去除偏钛酸中的硫酸、铁离子和其他金属离子；

（4）合格的偏钛酸进入盐处理工序，加入不同的抑制剂或促进剂以控制煅烧时晶粒的生长和晶型转化；

（5）偏钛酸以固含量35%～50%的浆料形式进入煅烧窑煅烧，去除水分和残留的SO_3并获得希望晶型的钛白粉。煅烧后得到的二氧化钛颗粒料经过粉碎等即得到钛白粉的初级产品。

2. **氯化法钛白粉生产工艺**

按粗$TiCl_4$制备技术的不同分沸腾氯化技术和融盐氯化技术。熔盐氯化工艺产能低，能耗大，操作环境差，国外大型氯化法钛白粉装置均采用沸腾氯化工艺。采用沸腾氯化法生产钛白粉的典型工艺主要流程如下：

（1）配料　人造金红石、高钛渣或天然金红石与破碎、干燥后的石油焦按一定配料比被送入混合料仓，供氯化炉使用。

（2）氯化　将来自混合料仓的混合料连续加入氯化炉，与氧化工段返回的氯气和补充的新鲜氯气在高温下通过加碳氯化反应，生成含$TiCl_4$的混合气体。通过向混合气体中喷入精制返回钒渣泥浆和粗四氯化钛料浆，使热气流急剧冷却。经过进一步的淋洗和冷凝，得到粗$TiCl_4$。

（3）精制　粗四氯化钛经精馏塔塔釜（蒸馏釜）除去四氯化硅等低沸点杂质，得到半精制四氯化钛。再经过除钒塔塔釜（蒸馏釜）除去溶于$TiCl_4$中的$VOCl_3$和VCl_4，得到精$TiCl_4$。

（4）氧化　从精制工段来的精$TiCl_4$被泵连续送入预热器，预热后的$TiCl_4$气体进入$AlCl_3$发生器。$AlCl_3$发生器中，不断加入的铝粉与氯气反应生成了$AlCl_3$并利用反应热进一步预热了$TiCl_4$，$TiCl_4$和$AlCl_3$混合物进入氧化反应器。

（5）反应　经预热器预热的热氧进入氧化反应器与热$TiCl_4$和$AlCl_3$混合，反应生成TiO_2和氯气。经过冷却和分离，含氯尾气返回氯化工段，收集得到的TiO_2进入打浆槽，经过制浆、脱氯、中和后送至后处理工段。

不论是硫酸法或氯化法生产工艺获得的钛白粉的初级产品，要想具备更加优良的使用性能，都需要通过后处理工艺，进一步改善其特性，如应用于各种制品时的耐候特性和抗老化性、用于涂料时的遮盖和着色特性和用于造纸时的不透明性等等。

后处理的工艺流程可简述为：将钛白粉初级产品分散制浆、湿磨和分级处理，把得到的粒度细而均匀的浆料送入表面处理罐进行包膜处理。包膜是后处理的核心技术，往包膜罐先添加无机包膜剂，随后添加有机包膜剂，以获得不同特性需求的钛白粉。包膜后的钛白浆料经过过滤、洗涤、干燥、粉碎和包装后就成为了最终产品。

二、装置用泵概要

1. **硫酸法钛白粉装置**

硫酸法钛白粉的生产过程中，硫酸作为一个主要原料和载体，存在于从酸解到水洗、漂白、盐处理等几乎整个工艺流程的介质中，甚至在三废（废气、废水、废渣）中也含有大量的稀硫酸。浓硫酸作为主要原料参与酸解反应后，从产出物钛液开始，介质中均有浓度不等的稀硫酸，直至水洗工序才逐渐从物料中被洗出，由此也就产生了大量的稀废酸；另外介质中或多或少含有一些固体颗粒：既有含固量较少的清钛液、浓钛液，也有含固量较多的钛液料浆、偏钛酸料浆，所含的颗粒既有较硬的$FeSO_4 \cdot 7H_2O$晶体、钛铁矿等，又有较软的水合二氧化钛。这就要求输送用泵既要耐腐，又要耐磨。

早期的硫酸法钛白粉装置多采用玻璃钢、陶瓷、橡胶材质的泵。20世纪90年代初期，国内几套大型硫酸法钛白粉装置使用的泵以耐蚀金属泵为主。有随引进技术进口的，也有国产的，但在使用过程中均不理想，维修频率高，维修成本大，整泵使用寿命短。当国内工程塑料泵在其他行业使用成功后，部分钛白生产厂开始了将工程塑料泵应用在钛白行业的实践。结果应当说是相当成功的，不仅初始投资远低于金属泵，而且寿命远远超过金属泵。从此开始，工程塑料泵在钛白行业逐渐替代了金属泵和其他材质的泵，新上项目几乎均用工程塑料泵。国内主要制造商有宜兴市灵谷塑料设备有限公司、宜兴市宙斯泵业有限公司等，国外有德国 Wernert、ITT（Friatec）等。

国内硫酸法以钛精矿为原料的 10 万 t/a 金红石型钛白粉装置工程塑料泵使用情况见表 3-69。

表 3-69 硫酸法 10 万 t/a 金红石型钛白粉装置主要用泵一览表

主项或工序	介质	流量 /(m^3/h)	扬程 /m	温度 /℃	泵型	电机功率 /kW	主要材质
酸解—沉降	浓钛液(含钛铁矿颗粒)、清钛液	≤400	≤60	≤80	非金属离心泵	≤132	UHMWPE
结晶—水解	钛液(含 $FeSO_4 \cdot 7H_2O$ 晶体)、偏钛酸料浆	≤400	≤60	≤95	非金属离心泵	≤132	改性 UHMWPE/氟塑料/PVDF
水洗—盐处理	偏钛酸料浆、各种浓度稀废酸、化学盐处理剂	≤310	≤60	≤60	非金属离心泵	≤110	UHMWPE
煅烧	偏钛酸料浆、酸性水	≤200	≤60	≤60	非金属离心泵	≤90	UHMWPE
后处理	钛白粉料浆，酸、碱及盐类溶液	≤120	≤70	≤60	非金属离心泵	≤75	UHMWPE

2. 氯化法钛白粉装置

与硫酸法生产工艺相比，氯化法具有产品质量高、工艺流程短、效率高、设备数量少、装置占地面积小、系统可以实现自动控制密闭连续化操作、氯气可以闭路循环利用、“三废”排放量少等优点。但由于氯化法钛白技术难度大，特别是关键设备结构复杂且要求使用耐高温、耐腐蚀、抗氧化的材料，设计制造难度高且耗资巨大，因此已研究成功的各生产商对我国一直实行严格的技术封锁和垄断。目前规模化的氯化法生产装置几乎集中在欧美发达国家。

经过几十年的努力，我国从开始建设中试装置和千吨级的工业性试验装置，到目前多个万吨级装置规模能力的沸腾氯化装置建成，我国的氯化法钛白粉生产技术已经取得进步和突破。

氯化法生产工艺中泵的数量要远少于硫酸法。但由于流程中的主要泵送介质粗 $TiCl_4$ 泥浆、精 $TiCl_4$ 溶液中均含有剧毒介质氯气，以及 $TiCl_4$ 接触空气会气化等特性，从氯化到氧化流程中泵型多为立式液下泵和卧式无密封屏蔽泵或磁力泵等。

氯化法 10 万 t/a 金红石钛白粉装置主要用泵一览表（供参考）见表 3-70。

表 3-70 氯化法 10 万 t/a 金红石钛白粉装置主要用泵一览表（供参考）

主项或工序	介质	流量 /(m^3/h)	扬程 /m	操作温度 /℃	泵型	电机功率 /kW	过流部件材料
氯化	粗 $TiCl_4$、氯化渣浆等	≤500	≤100	≤150	罐外磁力泵、立式液下泵、屏蔽泵	≤150	特殊耐蚀合金
精制	精 $TiCl_4$	≤300	≤100	≤100	立式液下泵、屏蔽泵	≤100	特殊耐蚀合金

续表

主项或工序	介质	流量/(m^3/h)	扬程/m	操作温度/℃	泵型	电机功率/kW	过流部件材料
渣处理	氯化渣浆、废水等	≤100	≤60	≤80	工程塑料泵、渣浆泵、金属离心泵等	≤50	工程塑料
氧化	水、TiO_2 浆料等	≤800	≤100	≤80	渣浆泵、工程塑料泵、金属离心泵等	≤90	耐磨合金、不锈钢、工程塑料
后处理	白粉浆料,酸、碱及盐类溶液	≤200	≤70	≤100	渣浆泵、工程塑料泵、金属离心泵等	≤110	耐磨合金、不锈钢、工程塑料

三、装置主要用泵

1. 硫酸法钛白粉装置

硫酸法钛白粉装置用泵主要是卧式离心泵。由于输送的介质具有腐蚀性强、含有固体颗粒、易结晶等特性，解决好泵的耐腐蚀性、耐磨蚀性以及密封性能是泵选型和设计的关键。近几年来，工程塑料泵在硫酸法制钛白粉行业得到了广泛的应用。

工程塑料泵的结构设计主要有三种方案：(1) 铸铁壳体和内衬独立加工，内衬和壳体靠止口定位，主要为国外品牌生产；(2) 铸铁壳体内衬超高分子量聚乙烯（UHMWPE)；(3) 整体为超高分子量聚乙烯材料的离心泵。

三种结构设计的叶轮均为 UHMWPE 材质，内嵌不锈钢骨架，主轴和叶轮内嵌的不锈钢骨架实现刚性连接，通过螺纹或键传动。

UHMWPE 集中了其他工程塑料的优点，其中优异的抗冲击性、耐腐蚀性、耐磨耗性、低温性能、自润滑性和不黏性等尤为突出。平均分子量为 150 万～300 万的 UHMWPE 可以做成衬塑泵的衬里；当平均分子量到 450 万左右时，其耐磨性有质的变化，但成型难度加大，一般采用整体压制加工出的泵过流部件，以获得优异的耐磨性能。超高分子量聚乙烯的耐磨性见表 3-71。

表 3-71 泵用塑料材质和金属材质的磨损率

泵用材料	304 不锈钢	氟塑料(F4)	超高分子量聚乙烯(UHMWPE)
磨损率/%	3.16	2.56	0.35

注：该数据由上海化工研究院提供，它是采用分子量为 450 万左右的 UHMWPE，把试样制成 60mm×40mm×3mm 在砂浆中（砂：水＝1：1，砂粒度 20～55 目）以 1400r/min 的转速旋转 20h 后测出的。

UHMWPE 的耐腐蚀性能优良，仅次于氟塑料，超过现有的金属材料。除氧化性酸（如 70%以上浓硫酸、浓硝酸）和部分有机溶剂外，能耐强酸、弱酸、强碱、弱碱（腐蚀数据可参考腐蚀数据与选材手册）。

泵的典型结构如图 3-163 和图 3-164 所示。

依据输送介质的不同，选择合适的密封型式显得十分重要。针对输送含有硬质颗粒及易结晶的介质特点，宜兴市灵谷塑料设备有限公司研发了硫酸法制钛白粉专用的 C3、C3C 型机械密封，见图 3-159 和图 3-160。

该密封通过以下措施提高密封的使用寿命。

(1) 采用带背叶片的叶轮，泵运转时可以阻止介质中的颗粒进入密封腔。

(2) 采用静环的弹簧补偿及动环的浮动式结构来消除动静环的端面跳动，从而确保动静环不管是在泵运转状态下还是静止状态下始终保持紧密接触，而不致有颗粒、介质进入密封端面。

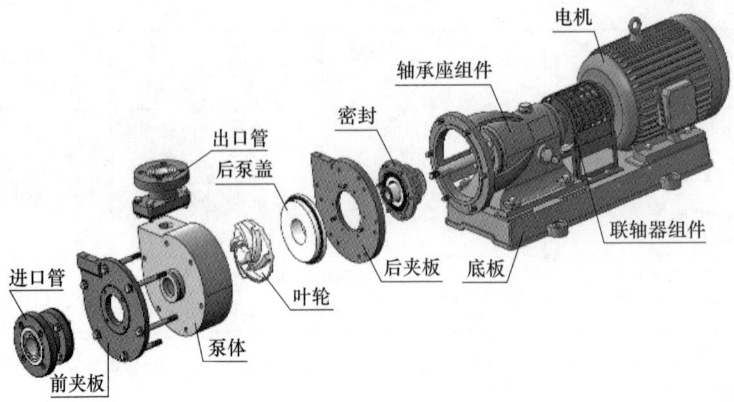

图 3-163 传统托架式结构

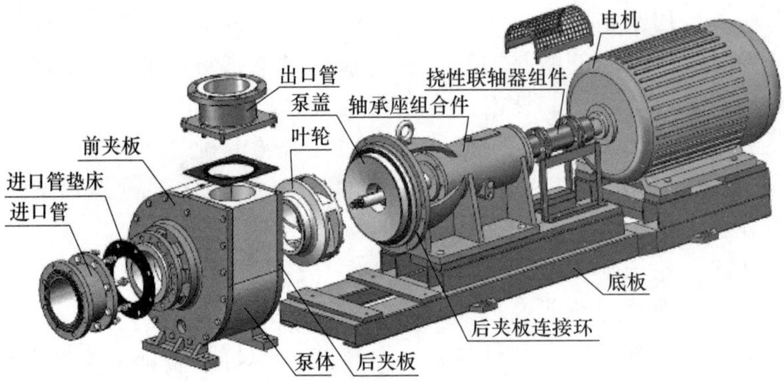

图 3-164 膜片联轴器后拆式结构

(3) 采用内装、内流式结构，可以把非金属耐腐蚀材料应用到泵腔内过流部件的设计中，并利用叶轮背叶片的旋转使泵密封腔部位低于大气压力，防止泵腔内介质进入密封端面，向外泄漏，避免了介质对轴套、弹簧、静环销等金属件的腐蚀，延长了密封使用寿命。

(4) 动/静环采用 SSiC/SSiC 硬对硬的材料配置，保证耐腐蚀性能的同时提高耐磨性。SSiC 是一种无压烧结碳化硅陶瓷，碳化硅质量分数>98%，耐腐蚀性能较反应烧结碳化硅（SiC）更加优异，几乎能耐所有化学介质的腐蚀，制品致密性和硬度更好，解决了在高浓度强酸、强碱、氟离子含量偏高的情况下反应烧结碳化硅（SiC）不耐用的问题。

(5) C3、C3C 型机械密封采用平衡型结构，使动静环端面比压不至于随介质压力的波动而变化，在确保不泄漏的同时，减少磨损，确保使用寿命。

上述特殊设计的机械密封已在输送酸解后钛液浆较为恶劣的工况下得到了满意的应用。

对于经过精滤后的清钛液等介质，由于含固量较少且所含颗粒较软，一般采用 K 或 K1 型动力密封。该密封主要由副叶轮（或副叶片）及停车密封（特种橡胶油封）组成，见图 3-165。

工程塑料泵的选型还应针对不同的介质和操作工况，合理地选材和改变配置。如水解工段偏钛酸输送泵，输送水解反应生成的偏钛酸浆料，介质温度较高，一般在 80～100℃，由于工程塑料泵对温度较为敏感，可使用耐温达到 103℃的 UHMWPE 改性材料，耐温的同时耐磨性能也可以增加为原来的 20%以上，原使用的耐高温 PVDF 材料由于生产成本较高和耐磨性能较差已经逐渐被改性 UHMWPE 代替。

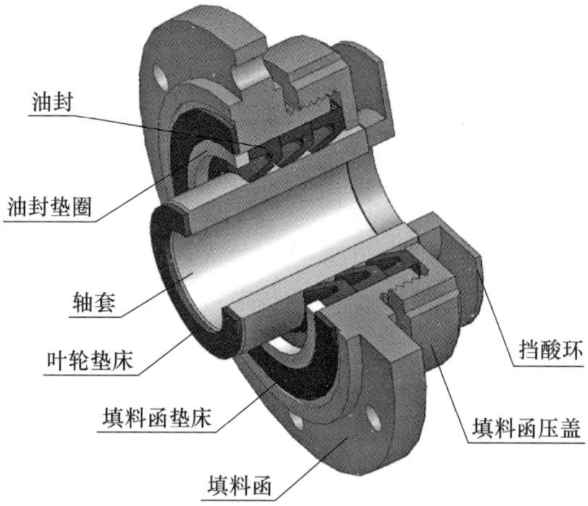

图 3-165 K 型动力密封结构图（K1 型需加冷却水）

水洗供料泵输送介质进入压滤机，其介质特点是含固量高，工艺特点是扬程高，压滤机布料时初期流量大，后期流量接近零，泵最好采用变频调节，避免后期流量太小，影响滤布的设计使用寿命。随着新材料技术的不断发展，针对以上水洗工段腐蚀性介质高含固量压滤工况，碳化硅复合材料离心泵也有不错的应用，主要过流部件泵体、叶轮和护板使用寿命达两年以上。

2. 氯化法钛白粉装置

氯化法钛白粉装置相对硫酸法钛白粉装置用泵的数量较少，但输送的介质有腐蚀性强、含有固体颗粒、易汽化、毒性强等特性，解决泵的耐磨蚀性、耐腐蚀性，轴封的可靠性，同时提高易损件的寿命是氯化法钛白粉装置用泵选型和设计的关键。

输送有毒介质精 $TiCl_4$ 通常采用屏蔽泵来保证不泄漏，当操作条件为易汽蚀工况时，可采用屏蔽式筒袋泵来降低泵的 $NPSH_3$。

粗钛泥浆输送泵、返泥浆输送泵、淋洗循环泵等液下泵输送的介质均含有固体颗粒和四氯化钛，介质磨蚀性强，泵体过流部件应采用耐蚀合金来增强耐磨性，轴封早期采用填料密封＋氮气密封型式，目前则多采用干气密封来增加轴封的寿命和可靠性。

输送酸、碱及盐类溶液介质时，多选用工程塑料泵，过流部件选用氟塑料或内衬氟塑料来提高泵的耐腐蚀性，轴封采用工程塑料泵专用的机械密封。当输送介质含固有磨蚀性时，可采用渣浆泵来提高泵的运行寿命。

粗四氯化钛料浆泵是氯化法制钛白粉的关键设备之一，用来将粗四氯化钛储罐里的料浆输送到过热器中用蒸汽加热，多采用液下泵型式。由于粗四氯化钛料浆毒性高、相对密度大、易挥发、磨蚀性强，轴封的可靠性和使用寿命是该泵的设计难点。

早期四氯化钛料浆泵采用罐内安装的液下泵，轴封多采用双机封或填料函＋氮气密封型式，长时间运行时，轴和介质直接接触，轴封易磨损泄漏，维修需要预先做酸雾防护处理，再把泵从罐内吊出检修，一个罐只能安装一台泵，备泵切换复杂。

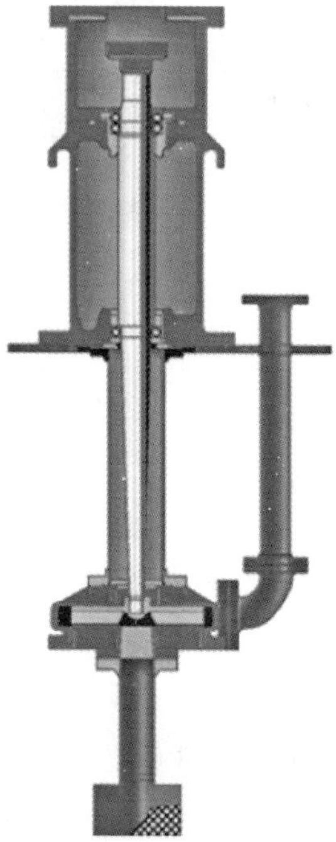

图 3-166 有轴封立式四氯化钛液下泵外形图

图 3-166 为早期美国劳伦斯公司生产的有轴封立式四氯化钛液下泵，该泵型具有如下特点：

(1) 泵轴采用双支点支承刚性轴设计结构，减少填料函处泵轴的跳动量；

(2) 轴封采用填料密封，增加了填料函注气保压措施，避免罐内气体外漏；

(3) 设置紧急密封系统。其结构是一个内凹的环状空心气囊，需要时，可以注入氮气，起密封作用。其主要用于：

① 当需要停泵维护和更换填料时，允许不放出罐中物料，可实现在线维护；

② 当填料函注气保护故障时，可进行紧急密封，起到保护作用；

③ 当长期停机时，进行紧急密封，可以节约密封气。

随着技术研发和改进，四氯化钛料浆泵出现了罐内磁力泵型式，后又升级为罐外磁力泵型式，目前国内外大型氯化法钛白粉装置的粗四氯化钛料浆泵多选用德国博格斯（Bungartz）特种泵公司的罐外磁力泵。罐外磁力泵的外形和结构图如图 3-167。

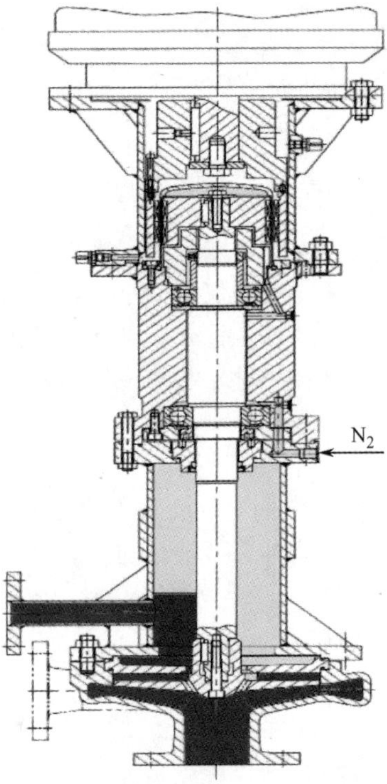

图 3-167 罐外磁力泵结构图

罐外磁力泵的设计特点如下：

(1) 轴封采用动力密封＋氮气唇形密封＋磁力密封型式。动力密封用于液体和固体的分离；在磁力耦合器和轴承之间通入惰性气体作为密封气体，唇形密封确保即使在密封气体失效的情况下，也不会有介质进入轴承；隔离套不与介质接触。多重密封保证了轴封的可靠性，零泄漏设计，更安全环保。

(2) 泵头采用双叶轮＋平衡管设计，泵运行时四氯化钛料浆汽化后产生的气体组分，被收集到叶轮上部的气体腔室，靠压差通过平衡管回到四氯化钛储罐的气相区。$NPSH_a \leqslant 0.1m$，不易汽蚀，允许长时间空泵运行。

(3) 允许输送物料里面含固量 30%，含气量 30%。

(4) 泵为罐外独立安装，短轴设计，不受储罐工艺条件的影响，一泵可服务多罐，主泵备泵切换灵活。

(5) 泵轴与输送介质不接触，易损件运行寿命长，泵可连续运行 3 年免维护，运行成本低。

(6) 泵的温度、振动可实时监测，能随时监控泵的运行状态。

(7) 关闭泵进出口管路阀门即可对泵进行检修，维护方便简单。

第八节 多晶硅装置用泵

一、多晶硅材料简介及其工艺流程

1. 多晶硅材料

多晶硅材料作为制造集成电路硅衬底、太阳能电池等产品的主要原料，是发展信息产业和新能源产业的重要基石。

多晶硅是单晶硅的主要原料，其深加工产品被广泛应用于半导体工业，是当代人工智能、自动控制、信息处理、光电转换等半导体器件和集成电路的基础材料。全球 95%以上的集成电路芯片及各类半导体器件均为硅材料制造。

伴随世界发展中国家的工业化进程的加快，能源消耗持续呈现增长趋势。作为可再生能源的太阳能，具有取之不尽、用之不竭、清洁等特点，大面积使用光伏发电电能，能够有效地减少二氧化碳排放，降低温室气体效应，改善气候环境。同时光伏产业能够和氢能源、新能源汽车等产业相耦合，成为未来国家碳达峰、碳中和的重要途径。

随着平价上网，高效太阳能电池的推广和发展以及单晶拉棒技术的变革，连续加料和多次拉棒，对多晶硅品质提出了更高的要求。太阳能级标准的多晶硅品质已无法满足高效太阳能电池原料要求，高纯多晶硅逐渐成为高效太阳能电池的主流。

2. **多晶硅生产工艺简介**

多晶硅生产有多种工艺方法，如硅烷流化床法、物理冶金法、改良西门子法等。

硅烷流化床法以四氯化硅、氢气、氯化氢和工业硅为原料在流化床（沸腾床）内高温高压下生成三氯氢硅，将三氯氢硅进一步歧化加氢反应生成二氯二氢硅，继而生成硅烷气。制得的硅烷气通入加有小颗粒硅粉的流化床反应炉内进行连续热分解反应，生成粒状多晶硅产品。

物理冶金法生产多晶硅的主要工艺是：选择纯度较好的工业硅（即冶金硅）进行水平区熔单向凝固成硅锭，去除硅锭中金属杂质聚集的部分和外表部分后，进行粗粉碎与清洗，在等离子体熔解炉中去除硼杂质，再进行第二次水平区熔单向凝固成硅锭，去除第二次区熔硅锭中金属杂质聚集的部分和外表部分，经粗粉碎与清洗后，在电子束熔解炉中去除磷和碳杂质，直接生成太阳能级多晶硅。

目前，国内外普遍采用最多的是技术成熟、投资风险最小、产品质量稳定并且易于扩建的改良西门子法。所谓西门子法即：使经过精馏提纯的三氯氢硅在纯氢气环境下，在加热的硅芯表面沉积生成棒状多晶硅。经过半个多世纪的改进，逐步增加了四氯化硅的综合利用（冷氢化为其中之一）和还原尾气的“干法回收”等系统，工艺技术已趋于完善，即目前广泛采用的改良西门子法。

改良西门子法生产工艺的主流技术包括：

氯气同氢气合成 HCl，同硅粉在合成装置中生成三氯氢硅，同时利用冷氢化装置，让硅粉与还原尾气回收的四氯化硅、氯化氢以及氢气反应生成三氯氢硅，通过冷凝分离得到氢气和由反应生成的三氯氢硅、未反应的四氯化硅等组成的混合液，混合液通过精馏分离出高纯度的三氯氢硅，再将汽化的三氯氢硅与氢气按一定比例混合引入多晶硅还原炉，在高温硅芯表面，三氯氢硅被氢气还原成元素硅，并沉积在硅芯表面，逐渐生成所需规格的多晶硅棒。

多晶硅生产工艺路线见图 3-168。

二、装置用泵概要

多晶硅装置用泵主要可以分为两类。

一类是易燃、易爆，有腐蚀性、毒性的化工物料。多晶硅装置中主要的工艺介质为氯硅烷，属于易燃易爆介质，还容易气化并且和空气里的水发生水解反应，而其水解产物会有 HCl 产生。因此，由于介质本身的特性，输送氯硅烷的泵多选择无密封泵（国内多以屏蔽泵为主）。屏蔽泵的选型原则及注意事项可参见第二篇第一章第五节。

另一类是冷却水、软水、普通碱液等，采用金属轴封离心泵。此部分泵早期多采用卧式悬臂离心泵或立式筒袋泵，近年来随着装置规模的不断扩大，还原装置的水泵流量逐渐增大，部分项目中已开始使用 BB2 泵型。

此外，还有少量的渣浆泵、衬塑磁力泵等。根据业主的操作习惯、投资、原料及公用工程等条件的不同，选型会稍有调整。目前主流规模多晶硅装置的用泵信息可参见表 3-72。

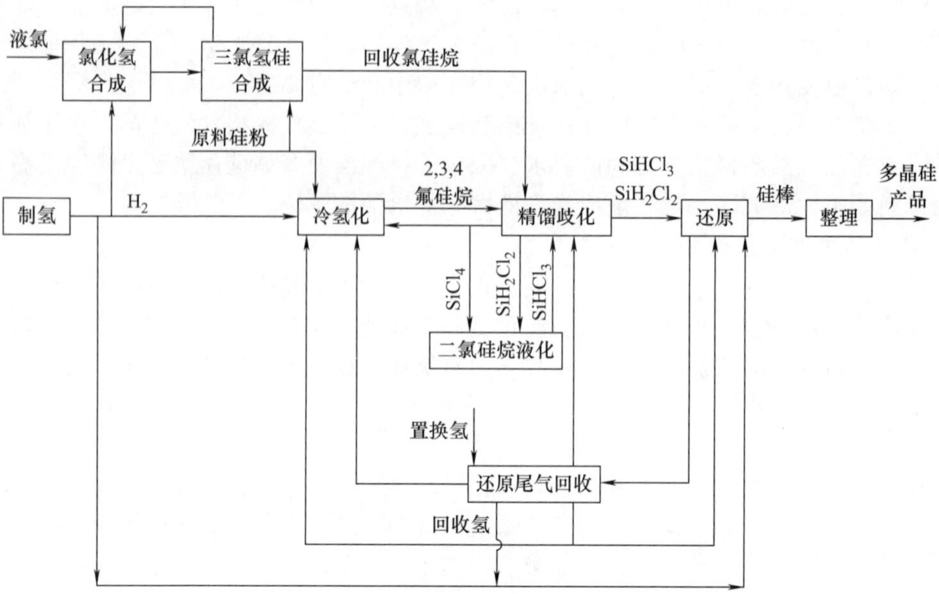

图 3-168 多晶硅生产工艺路线图

表 3-72 多晶硅装置主要用泵

泵型式	输送介质	流量范围/(m^3/h)	扬程/m	材料	台数
屏蔽泵	氯硅烷、高沸物等	2～400	30～300	不锈钢	275
离心泵	水、碱液、含渣废水等	20～1400	35～180	CS,不锈钢	80
衬塑磁力泵	盐水、稀酸	<100	<80	CS+PTFE	10

三、文丘里循环泵

1. 工况特点

在流化床反应器中，四氯化硅与硅粉、氢气进行气、固相反应。反应合成气经文丘里洗涤器洗涤后，含大量固体颗粒的液相进入洗涤塔的底部，含少量固体颗粒的气相进入洗涤塔上部被回流液进一步洗涤，粉尘随液体流入塔釜，塔釜液由文丘里循环泵送入文丘里洗涤器。

该泵操作温度在 180～200℃，入口压力则根据工艺路线调整在 2～4MPa（G）之间。由于装置控制条件不同，部分装置该泵的硅粉含量会突然升高，甚至曾经出现过硅粉将泵口堵塞的情况。在多晶硅装置中，由于该泵具有操作压力高、温度高、输送介质固体含量高的特点，一直是多晶硅装置中难度较大的泵之一。

2. 选型要求

文丘里循环泵的输送介质仍然主要是氯硅烷，因此，对于密封的要求仍然严格。

由于介质中含有固体颗粒，且硅粉硬度高，对于过流部件的磨损严重，因此对于该泵的选材应重点关注。

3. 选型及结构特点

多晶硅装置的文丘里循环泵由于泵送介质特点，目前仍然多采用屏蔽泵。常规屏蔽泵的输送介质一部分被导入到电机内部，首先润滑前轴承，然后流过定子和转子屏蔽套，到后轴承，电机的冷却和轴承的润滑都是通过泵送介质来实现的。但正因为这种结构，普通屏蔽泵对于颗粒较为敏感。

针对这些该泵输送介质的特点，早期的多晶硅装置中，采用的泵是带有外置计量泵循环系统的泥浆型屏蔽泵，计量泵持续地输送清洁母液给屏蔽套腔体，保证注入压力高于泵出口压力，从而避免了固体颗粒进入屏蔽套和滑动轴承处；同时泵带有外界冷却器，与计量泵一起构成高压外循环系统。其结构形式如图 3-169 所示。

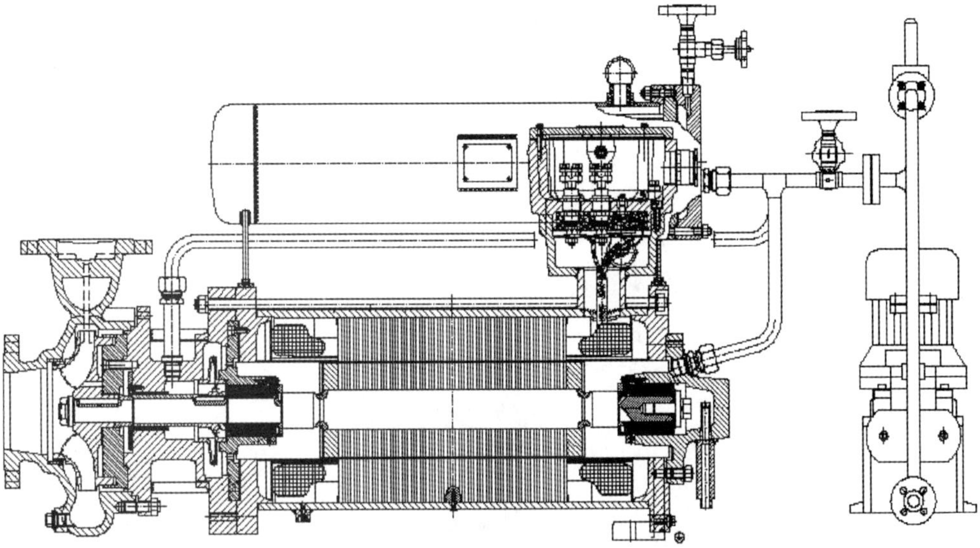

图 3-169 文丘里循环泵

近年来，较多装置已经取消了外置的计量泵，而是采用外引高压清洁氯硅烷，使其直接冲入电机和轴承的方法，减少了系统的故障点，但仍然保留外循环冷却器，让电机腔内的部分介质内部循环，减少外部清洁母液的冲洗量。其结构形式如图 3-170 所示。

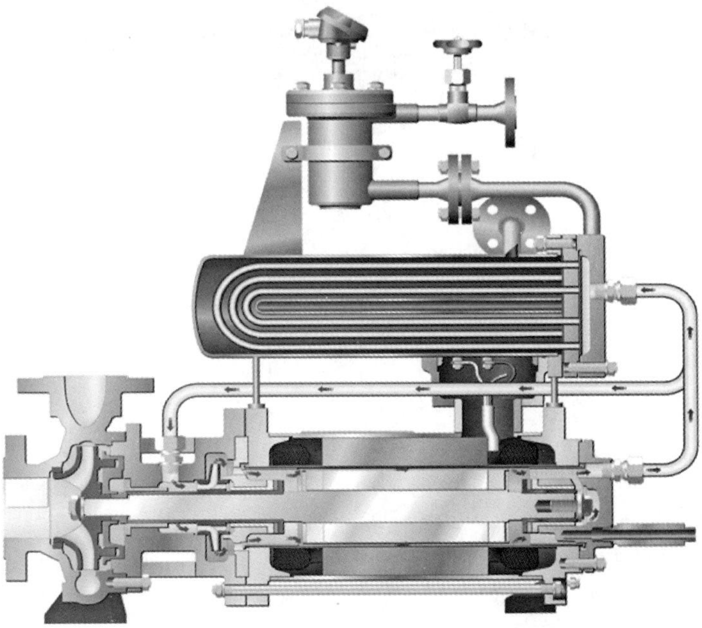

图 3-170 取消外置计量泵的文丘里循环泵

由于介质中含有硅粉和金属化合物，对于过流部件的磨蚀也是十分严重的。部分装置由于固体含量超高，叶轮的使用寿命不足两个月。针对这种情况，该泵选型时应主要从三个方面着手改善其工作性能：

第一是介质流速。由于介质含有颗粒，因此泵送介质对于叶轮、泵壳等过流部件的冲刷是造成其磨蚀的主要因素，尤其在叶轮出口处最为明显，而磨蚀的速度和流速关系密切，因此，在满足工艺条件的情况下，应适当地控制介质的流速，该泵当前多数要求选择 4 极电机。

第二是过流部件的硬度和耐腐蚀特性。由于介质含有颗粒，要想耐颗粒的磨蚀，应尽可能提高过流部件的硬度，但同时，介质中的氯硅烷本身有一定的腐蚀性，因此，对该泵的选材，应在腐蚀和磨蚀的两种因素下尽可能平衡。在 304、316L、1Cr13、Cr30、双相钢等多种材料中进行对比并结合实际运行情况，双相钢 2205 的表现相对较好。

第三是需要关注该泵的汽蚀情况。虽然该泵入口压力较高，但由于操作温度高，介质又是容易汽化的氯硅烷，因此其饱和蒸气压并不低，应在设备布置中给该泵留出合理的汽蚀余量，以避免在苛刻工况下还有汽蚀的发生。

近几年来，也有用户开始尝试使用磁力泵，磁力泵针对该泵多采用开式叶轮，前后带有衬板，叶轮和前后衬板也采用双相钢结构。其结构形式如图 3-171 所示。

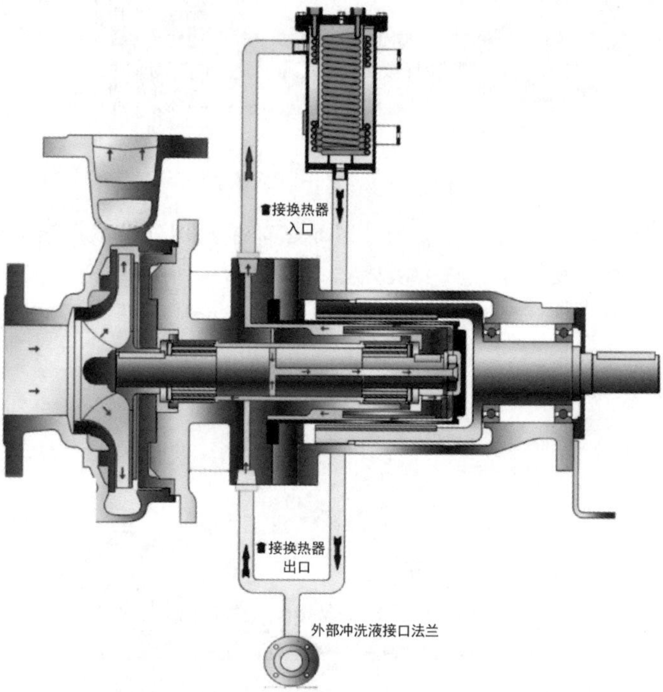

图 3-171 磁力泵

·第六章·
医药工业用泵

一、概述

医药行业是一个多学科先进技术和手段高度融合的高科技产业群体，涉及国民健康、社会稳定和经济发展。

随着人均收入水平的提高以及人口老龄化程度不断加剧，我国药品消费支出持续增长，规模不断扩大，已成为全球最大的新兴医药市场。

在制药、制剂生产中有大量的原料、半成品是液体，且液体多种多样，如水、有机溶液及各种酸碱溶液等。为了保证制药、制剂生产过程连续地进行，就要用泵将这些液体物料从一处沿管道输送到另一处。例如化学制药过程中的进料、出料要用泵输送，制剂厂的针剂生产过程中的装药也要用泵输送。在生产中常要用到各种水泵、酸碱泵等，泵作为一种通用设备，在医药工业中起着重要作用。

二、医药管理法规及设备验证

1.《药品生产质量管理规范》

药品生产企业必须对所生产的药品质量负责，以保证药品安全有效。《药品生产质量管理规范》(good manufacturing practice for drug，以下简称 GMP）在我国是规范药品生产和管理的重要技术法规和基准。当前，国际现行的 GMP 标准有三种：美国标准、欧盟标准和 WHO（国际）标准，其中美国 GMP 标准是迄今为止世界上较为完善、内容详细、标准最高的。

美国 FDA 于 1963 年首先颁布了世界上第一部 GMP，但只作为 FDA 内部参考用。1969 年，WHO 建议各成员国的药品生产采用药品 GMP 制度，并规定出口药品必须按照 GMP 要求进行。并于 1975 年正式颁布实施 GMP。20 世纪 80 年代，由于我国对药品质量更加重视和国内外交流的增加，GMP 概念开始引入我国。历经 5 年修订、两次公开征求意见的《药品生产质量管理规范（2010 年修订）》（以下简称新版 GMP）于 2011 年 3 月 1 日起施行。

2. GMP 对设备的要求

药品生产中的质量问题，大多出自人为差错及生产中药品受到的污染和交叉污染。在学习了解 GMP 时，应该理解 GMP 的基本要素是：(1）将人为差错控制到最低限度；(2）有效地防止药品受到污染和质量下降；(3）建立健全的生产质量保证体系。

GMP 对设备的要求如下：

(1）设备的设计、选型、安装、改造和维护必须符合预定用途，应当尽可能降低生产污染、交叉污染、混淆和差错的风险，便于操作、清洁、维护，以及必要时进行的消毒或灭菌。

(2）应当建立设备的使用、清洁、维护和维修的操作规程，并保存相应的操作记录。

(3) 应当建立并保存设备采购、安装、确认的文件和记录。

(4) 生产设备不得对药品质量产生任何不利影响。与药品直接接触的生产设备表面应当平整、光洁、易清洗或消毒、耐腐蚀，不得与药品发生化学反应、吸附药品或向药品中释放物质。

(5) 应当配备有适当量程和精度的衡器、量具、仪器和仪表。

(6) 应当选择适当的清洗、清洁设备，并防止这类设备成为污染源。

(7) 设备所用的润滑剂、冷却剂等不得对药品或容器造成污染，应当尽可能使用食用级或级别相当的润滑剂。

(8) 生产用模具的采购、验收、保管、维护、发放及报废应当制定相应操作规程，设专人专柜保管，并有相应记录。

(9) 设备的维护和维修不得影响产品质量。

(10) 应当制定设备的预防性维护计划和操作规程，设备的维护和维修应当有相应的记录。

(11) 经改造或重大维修的设备应当进行再确认，符合要求后方可用于生产。

(12) 主要生产和检验设备都应当有明确的操作规程。

(13) 生产设备应当在确认的参数范围内使用。

(14) 应当按照详细规定的操作规程清洁生产设备。

(15) 已清洁的生产设备应当在清洁、干燥的条件下存放。

(16) 用于药品生产或检验的设备和仪器，应当有使用日志，记录内容包括使用、清洁、维护和维修情况以及日期、时间、所生产及检验的药品名称、规格和批号等。

(17) 生产设备应当有明显的状态标识，标明设备编号和内容物（如名称、规格、批号）；没有内容物的应当标明清洁状态。

(18) 不合格的设备如有可能应当搬出生产和质量控制区，未搬出前应当有醒目的状态标识。

(19) 主要固定管道应当标明内容物名称和流向。

(20) 应当按照操作规程和校准计划定期对生产和检验用衡器、量具、仪表、记录和控制设备以及仪器进行校准和检查，并保存相关记录。校准的量程范围应当涵盖实际生产和检验的使用范围。

(21) 应当确保生产和检验使用的关键衡器、量具、仪表、记录和控制设备以及仪器经过校准，所得出的数据准确、可靠。

(22) 应当使用计量标准器具进行校准，且所用计量标准器具应当符合国家有关规定。校准记录应当标明所用计量标准器具的名称、编号、校准有效期和计量合格证明编号，确保记录的可追溯性。

(23) 衡器、量具、仪表、用于记录和控制设备以及仪器应当有明显的标识，标明其校准的有效期。

(24) 不得使用未经校准、超过校准有效期、失准的衡器、量具、仪表，以及用于记录和控制的设备、仪器。

(25) 在生产、包装、仓储过程中使用自动或电子设备的，应当按照操作规程定期进行校准和检查，确保其操作功能正常。校准和检查应当有相应的记录。

3. 设备验证

GMP 始终把药品生产验证（包括工艺性验证、质量分析验证、洁净度验证等）作为重要工作内容，且无论从什么方面验证，设备都无一例外地成为验证过程中主要受检的硬件，因为制药机械的性能等对改变和优化药品生产的工艺流程和药品质量有直接的作用，这是GMP验证程序的标准做法。

对于设备的验证，有两种方法，一种是药品生产GMP中对设备的验证；一种是产品开发验证，在此只讨论后一种。药机企业在新产品或新功能开发调研、拟定设计产品功能方案时，设备GMP属性的建立和认定，实际上就已经开始了，以后则是对制造结构、工艺性能达到设计规定的确认。实施设备GMP最关键的是在开发前就建立GMP的设计思想。

以上表述了GMP与标准及标准化之间的相互关系，说明通过产品标准的制定、修订、吸收、运用GMP的理念及要求是提高药机整体GMP设计水平的途径，认为制药机械产品在实施GMP中标准化的作用是不可忽视的。

三、医药工程简介

1. 概述

从药物使用和制备技术发展上看，制药技术应包括化学合成制药、生化制药和中药制药三个方面。化学合成药物生产的特点有：品种多，更新快，生产工艺复杂；所用原辅材料繁多，而产量一般不太大；产品质量要求严格；基本采用间歇生产方式；其原辅材料和中间体不少是易燃、易爆、有毒性的；“三废”（废渣、废气、废水）多，且成分复杂，严重危害环境。生物制药是指利用生物体或生物过程生产药物的技术。中药制药是药材经炮制加工成饮片，再依处方制成制剂而生产药物的技术。本章内容主要针对化学合成制药。

2. 车间洁净区域的划分

按照洁净等级的不同，车间可分为一般生产区、控制区和洁净区。其中一般生产区对洁净等级不做要求，如原料药生产、化验室、药品的外包装工段等；控制区的洁净等级为10万级或低于1万级，如非无菌原料药的“精烘包”工序、片剂或胶囊生产的全过程等；洁净区的洁净等级为1万级或局部100级，如无菌原药料的“精烘包”工序、分针剂的分装等。

因此根据制药生产车间的洁净区域划分，原料药生产车间用泵可选择普通化工泵，但与物料直接或者间接接触的泵应符合医药工业对泵的要求；而具有洁净度要求的车间应选择符合GMP要求的泵或具有卫生要求的卫生泵。

3. 典型医药工艺及用泵

（1）原料药车间典型工艺及用泵　根据《中国药典》的收录，中国药业的原料药和中间体的品种有上千种，制药生产的特点是多品种、多批次，为适应多品种、多产量生产，采用模块化生产方式，包括将不同规模的反应单元和干燥单元组合到一套生产装置中，通过合理的控制和设备的选用来适应制药生产的特点。下面以某合成药生产装置为例，具体介绍医药用泵的选用，此装置可用于生产六种原料药和中间体，年产量可达到5630kg。其典型的生产过程包括：合成、减压蒸馏、过滤、真空干燥、包装等。

从图3-172可以看出，原料药的“精烘包”工序是要在洁净区环境下操作的，因此需要用满足GMP要求的设备。其余合成等工序可按一般化工工艺处理，具体用泵见表3-73。

从表3-73可知，原料药制备所用泵的特点是：泵的操作能力较小，过流部件采用适用于输送介质的材料。作为原料之一的纯化水，其原水泵和过滤水泵的材料均应采用304或316奥氏体不锈钢，而制备出来的符合要求的纯化水的输送则需要采用316L不锈钢。除公用工程外，对于原料药制备过程中使用的泵同样应符合GMP的要求。

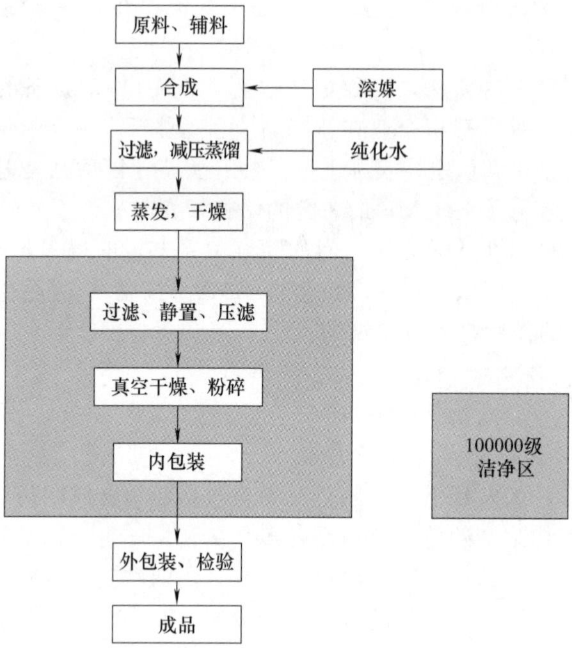

图 3-172　某合成原料药车间工艺流程框图

表 3-73　某合成原料药车间主要用泵

单元	泵类型	型号	流量 /(m^3/h)	扬程 /m	温度 /℃	电机功率 /kW	过流件材料	密封型式	数量
反应	原料输送隔膜泵	QBY-25	2.4	50	AMT	0.5	SUS 321	无密封	38
	液环真空泵	2BV2～5	80～230	(－0.098MPa)	AMT	2.2～5.5	碳钢	机械密封	10
	废水输送液下泵	65FY-25	12.5	50	AMT	7.5	SUS	无密封	1
	纯化水输送泵	CRN 4-40	4	30	AMT	0.75	SUS 304	机械密封	1
"精烘包"	药液输送隔膜泵	QBY-25	2.4	50	AMT	0.5	SUS 321	无密封	5
	液环真空泵	2BV5	165	(－0.098MPa)	AMT	4	SUS 304	机械密封	4
	注射用水输送泵	CHI 2-60	2	50	AMT	1	SUS 316L	机械密封	1
公用工程	热水泵	IH 100-80-250	50	20	AMT	5.5	CS	机械密封	2
纯化水	原水离心泵	CR8-40	6	30	AMT	1.5	SUS 304	机械密封	1
	过滤水泵	CR16-120	14	150	AMT	11	SUS 304	机械密封	1
	纯化水输送泵	CHI 2-20	12	50	AMT	4	SUS 316L	机械密封	2

注：AMT 指环境温度。

（2）制剂车间典型工艺及用泵　制剂分为片剂、丸剂、胶囊剂、注射剂等。为了说明制剂用泵的特点，这里特举例某中药制剂的用泵。此车间可用于生产片剂、胶囊、颗粒剂、软胶囊、滴丸、外用膏剂、冻干剂、贴剂 8 种剂型。本节列出中药制滴丸剂和冻干剂的工艺流程简图，以便说明泵的选用原则，见图 3-173、图 3-174。

此车间设备均选用国内技术先进、符合 GMP 要求的制药机械或设备，均为就地安装的定型设备。工艺设备均为单机设备，除固体制剂生产区的烘箱、总混合机、沸腾干燥器、一步制粒机、铝塑包装线，冻干生产区的冻干机、洗瓶机等为外形较大设备外，其余设备均可通过走道进入各自位置。此外还规定接触工艺管道、纯化水管道及注射用水管道为内外抛光低碳不锈钢薄壁管，且要求采用氩弧焊接工艺。洁净区内的设备及明敷管道需配置不锈钢外套。

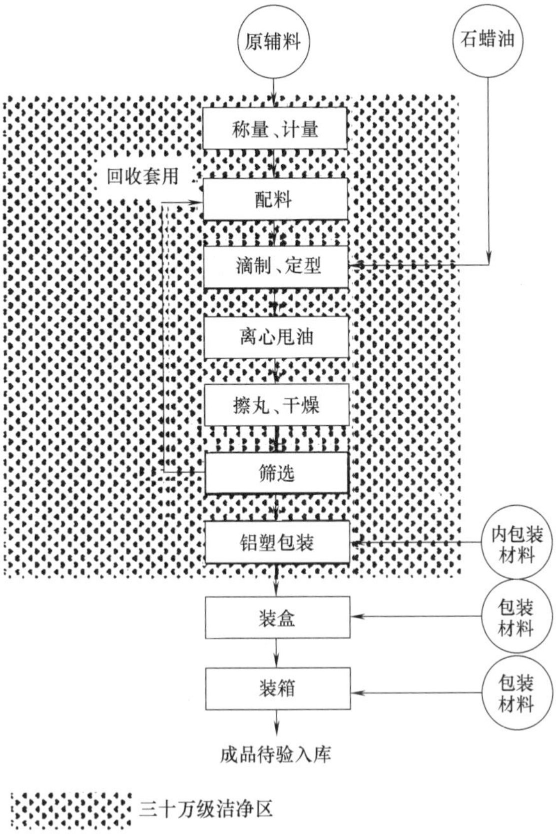

图 3-173 中药制滴丸剂工艺流程框图

从图 3-173、图 3-174 可以看出，中药制滴丸剂和中药制冻干剂的关键工序是要在洁净区环境下操作的，因此需要用符合 GMP 要求的设备，对于洁净要求较高的冻干剂还需要卫生级的设备。因为药品制剂都直接作用于人体，所以制剂所选的泵除了在结构上要符合 GMP 的要求外，其材料通常选用对物料影响较小的 304 或 316L 不锈钢，见表 3-74。

表 3-74 中药制剂用泵

单元	泵类型	型号	流量/(m^3/h)	扬程/m	温度/℃	电机功率/kW	过流件材料	密封型式	数量
冻干剂	输液离心泵	BAW 1-8	1	8	AMT	0.37	SUS 316L	机械密封	2
	输液离心泵	BAW 3-15	3	15	AMT	0.75	SUS 316L	机械密封	2
外用软膏及贴剂	输送泵	蠕动泵型号	(0.1～1000mL/次)	0.1	AMT	0.1	SUS 316L	无密封	1
软胶囊及滴丸剂	油品输送隔膜泵	DBY-25	2.5	30	AMT	1.5	SUS 316	无密封	1
	药液输送齿轮泵	KCB18.3	(18.3L/min)		AMT	1.5	SUS 316	填料密封	1
纯水制备	原水泵	CR8-40	11	30	AMT	1.5	SUS 304	机械密封	1
	过滤水加压泵	CR16-120	14	150	AMT	11	SUS 304	机械密封	1
	淡水加压泵	CR8-180	10	150	AMT	7.5	SUS 304	机械密封	1
	纯水输送泵	CHI4-40	4	30	AMT	1	SUS 316L	机械密封	1
	注射用水输送泵	CHI2-40	2	40	AMT	1	SUS 316L	机械密封	1
	回收纯水输送泵	CHI2-20	2	25	AMT	0.5	SUS 316L	机械密封	1

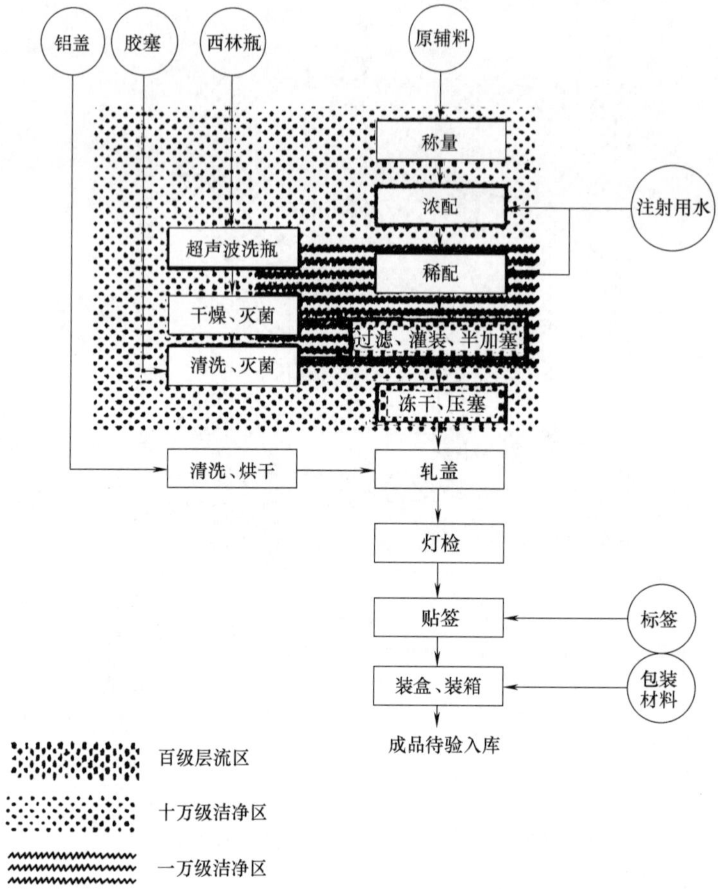

图 3-174 中药制冻干剂工艺流程框图

由表 3-74 可知，药液输送齿轮泵主要用于输送药液，其操作条件要求较低，电机功率较小，其主要特点为其结构和材料要符合 GMP 要求，对于药品质量要求较高的产品或纯水、注射用水制备应选用卫生级泵（卫生泵）。

四、医药工业对泵的要求

根据 GMP，食品、医药工业对泵的要求主要有以下几点：

1. 功能要求

食品、医药工业对泵的要求要满足洁净、清洗、不污染的要求。以下只讨论与 GMP 有关的主要功能。

（1）净化功能　洁净是 GMP 的要点之一，对泵来讲包含两层意思，即：泵自身不对环境形成污染以及不对药物产生污染。要达到这一标准，在药品加工中，凡对药物（药品）暴露的，室区一般洁净度达不到或有人机污染可能的，原则上均须设计有净化功能。就净化问题，美国 FDA 在 CGMP 中建议：为防止意外污染，应尽可能在设备上实现在密闭系统中进行。洁净区内的泵，一般不宜设置地脚螺栓。无菌室内的泵还应满足就地消毒灭菌（sanitizing in place，SIP）的需要。

（2）清洗功能　清洗功能主要是要求泵的结构设计具有易清洗的特点，比如内外壁光滑、无死角等。GMP 提倡设备具有就地清洗（clean in place，CIP）功能。就地清洗是一种包括设备、管道、操作规程、清洁剂配方、自动控制和监控要求的一整套技术系统，能在不拆卸、不挪动设备、管线的情况下，根据流体力学的分析，利用受控的清洗液的循环流动，洗净污沟。就地清洗要求设备具有清洁要求，除保证内部光洁度外，必须排除滞留区域，所有管线都向低点倾斜以保证每个阶段的 CIP 溶液完成排放，减少内部构件及接头，重视排下水，合理布置泵、阀及仪表。

（3）安全保护功能　药物有热敏、吸湿、挥发、反应等不同性质，因此产生了诸如防尘、防水、防过热、防爆、防渗入、防静电、防过载等保护功能。泵轴密封结构应保证药物不存在泄漏。

2. 结构设计要求

根据 GMP 要求，泵的结构要求主要有以下几个方面：

（1）与药物和清洗有关的结构：制药用泵几乎都与药物（药品）有直接、间接的接触，粉体、液体、膏体等性状多样，在药物制备中结构应有利于物料的流动、位移、反应、交换及清洗等。泵应尽量消除凹凸、槽、台、棱角等不利物料清除、清洗的结构，因此要求这些部位的结构应尽可能采用大的圆角、斜面、锥角等以免挂带和阻滞物料，以使泵具有良好的自卸性和易清洗性。现在卫生泵的结构采用特殊工艺冲压泵壳、圆角、易清洗的圆螺纹、卡箍式快开管件连接等。

（2）与药物接触部分的构件：均应具有不附着物料的低表面粗糙度值，采用抛光处理。对不易抛光的构件，外部轮廓结构应力求简洁，尽量为连续回转体。

（3）润滑结构要求：GMP 规定无论何种润滑剂、清洗剂都不得与药物相接触，不得有掉入、渗入药物的可能，这就给泵的润滑与密封设计提出了苛刻的要求。一般采用隔离润滑油的方式和采用特殊结构的机械密封等满足此方面的要求。

（4）制药过程中存在着不同程度的散尘、散热、散水、散气等，而对药品生产构成威胁。要消除它，主要应从设备本身加以解决。对于不同的环境应采用不同的防尘结构，如对散尘的应有捕尘机构；散水、散气的应有排风通风装置；散热的应有保温结构。当泵具有预防尘、水、汽、油、噪声、振动等结构，无论是单台运转还是移动、组合、联动都能符合 GMP 规定的使用要求。

3. 材料选用

GMP 规定制造设备的材料不得对药品性质、纯度、质量产生影响，其所用材料需具有安全性、辨别性及使用强度。因而选用的材料应考虑在药物等介质的腐蚀性等环境条件下不发生反应，不释放微粒，具有不易附着或吸湿等特性。

（1）金属材料　凡与腐蚀性介质接触的以及潮湿环境下工作的均应选用低含碳量的不锈钢材料、钛及钛复合材料或铁基涂覆耐腐蚀、耐热、耐磨等涂层的材料制造。非上述使用的部位可设计选择其他金属材料，原则上用这些材料的零件均应做表面处理，其次须注意的是同一部位（部件）所用材料的一致性，不应出现不锈钢件配用普通螺栓的情况。

（2）非金属材料　主要用于如保温、密封等橡胶制品，选用这类材料的原则是无毒性、不污染，即不应是松散状、掉渣、掉毛的，特殊用途的还应结合材料的耐热、耐油、不吸附、不吸湿等性质考虑选用，密封填料和过滤材料尤应注意卫生性能的要求。

4. 自控要求

泵上的仪表、计量装置要计数准确，调节控制要稳定可靠。需要重点控制计数的部位出现不合格或性能故障时，应有调整和显示功能。

5. 外观设计及要求

制药设备使用中牵涉换品种、换批，且很频繁，为避免物料的交叉污染、成分改变和发生反应，消除泵内部、外部的粉尘，清洗黏附物等成为操作中必不可少且要求极为严格的操作与检查程序。GMP 要求设备外形整洁也是为实现彻底清洁。

（1）强调对凹凸形体的简化，这是对设备整体以及必须暴露的局部来讲的，也包括某些直观可见的零件。GMP 要求减少设计中的凹凸、坑、台，使之变得平整简洁，减少死角，以便最大限度地减少藏尘积污，更最主要的是易于清洗。

（2）对于药品生产操作无直接关系的结构尽可能设计成内置、内藏式。只要有可能内置的决不外置，这样设备外形就会简洁和结构紧凑，如泵外部、台面设计安排操作的部分、传动部分等均可内置，又如电机、联轴器适用防护罩，外观只有进口和出口。在采用这种结构时，还应考虑是否易于检修、润滑和更换备件。

（3）包覆式结构是药机中最多见的，也是最简便的手段，即将复杂的机体、本体、管线、装置用板材包覆起来，以达到简洁的目的。在进行包覆处理时还应考虑防水密封、散热通风、便于拆卸以便检修等因素，对经常开启和需经常清洗的应设计成易拆快装的包层结构。

6. 接口设计及要求

按照 GMP 要求，泵与其他管线或设备的接口应考虑以下因素：

（1）泵进出口接管　对于与药物接触或纯水生产用的泵用接管应采用卫生级管道，国内标准按照 QB/T 2467—2017 执行。

（2）泵接管与主管线的连接　根据 GMP 要求，应便于安装拆卸及清洗，管道连接应采用圆螺纹、卡箍等方式。

五、卫生泵

1. 简介

卫生泵用于输送制药或食品工业的原料浆料和胶体，适用于有一定的洁净度操作及环境要求的场合。强制性卫生标准是基于不同的产品、根据管理机构不同的职能以及对当地或现场验证程序的要求制定的，但更多的是推荐性标准。美国食品药品管理局（FDA）结合其制定的标准管理食品、医药及化妆品工业。在我国，《药品生产质量管理规范》（GMP）和其他 FDA 标准一起被用来规范和管理食品、医药及化妆品工业的生产。

3-A 卫生标准对乳制品工业设备的卫生结构及安装进行了规定。实际该标准也已经广泛应用于除乳制品行业外其他具有卫生要求的工业。

我国目前的卫生泵标准有 QB/T 1826—2010《离心式卫生泵》。制药用泵还应符合我国 GMP 关于设备章节的描述。对于泵等制药用设备的卫生可参照 GB 12073—1989《乳品设备安全卫生》卫生标准的要求，对于具有卫生要求的不锈钢管道的卫生要求可参照 QB/T 2467—2017《食品工业用不锈钢管》标准的要求。

2. 卫生泵的分类

卫生泵按结构形式分为叶片式泵和容积式泵。常用卫生泵的类型、特点、应用及主要生产厂家见表 3-75。

表 3-75 常用卫生泵的类型、特点、应用及主要生产厂家

分类	结构特点、使用范围及主要生产厂家	图例
一、卫生级叶片式泵		
离心泵	卫生级离心泵的结构特点： (1)泵壳为了满足 GMP 要求的易于清洗和拆卸的要求，一般采用径向剖分嵌入式，采用易清洗的圆螺纹、卡箍式快开管件连接等。 (2)壳体采用特殊的工艺冲压而成，无死角、裂缝等缺陷，表面光滑；转角采用较大直径的圆弧过渡以便于清洗；泵壳与叶轮之间留有较大间隙以保证流体正常流动和清洗。 (3)叶轮一般为开式或半开式叶轮，特殊结构的卫生离心泵采用圆盘式叶轮。叶轮应无死角、裂缝等缺陷，易于清洗，与泵壳应保持一定间距。 (4)卫生级离心泵彻底的无死角、无残液精密设计，保障了接液面的精细抛光和彻底纯净的处理，满足食品及制药行业对洁净度的严格要求。 卫生级离心泵的主要应用场合： 通常用于各类有卫生要求的液体物料输送的场合，如制药、乳品、啤酒、食品、食品添加剂、化妆品、生物制剂等，适合于中低黏度液体、含悬浮物或有腐蚀性的液体的输送。 卫生级离心泵的主要生产厂家有阿法拉伐、GEA、尼可尼、扶冉等	 卫生级离心泵爆炸图 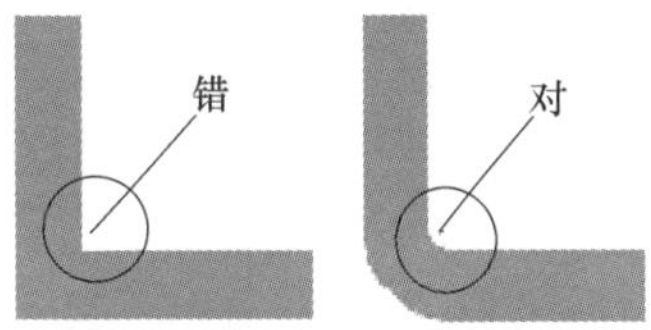  卫生级离心泵泵壳结构示意图 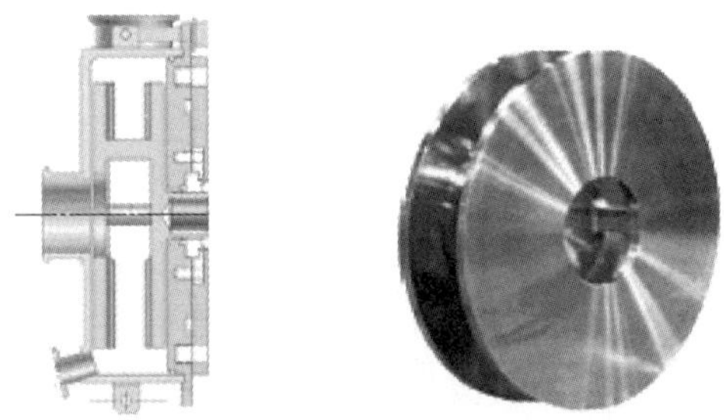 卫生级离心泵叶轮示意图
旋涡泵	卫生级旋涡泵的主要特点： (1)结构简单、零部件少，装拆方便； (2)可实现 SIP/CIP(原地蒸汽清洗/原地清洗)快速洗净，具有瞬间置换功能，能大大提高安全管理和品质。 卫生级旋涡泵的主要应用场合： (1)小流量药液、工艺水、添加剂等的稳定输送； (2)能代替搅拌设备用来作为多种液体的均匀混合搅拌； (3)适合于高温、低沸点、易汽化、低 NPSH 介质的输送。 卫生级旋涡泵的主要生产厂家有尼可尼等	 卫生级旋涡泵

续表

<table>
<tr><th>分类</th><th>结构特点、使用范围及主要生产厂家</th><th>图例</th></tr>
<tr><td>旋流泵</td><td>旋流泵是一种因其内部流体存在旋转的旋涡运行而得名的设备。旋流泵多用于抽送复杂介质或含杂质流体，旋流泵也称为无堵塞泵。
卫生级旋流泵是专为易损物料不损伤、不破碎而设计的特殊结构的泵，其具有以下主要特点：
(1)泵内无死角，无金属之间的摩擦碰撞，金属表面经高度精密的抛光研磨，确保产品零污染地安全输送，有助于严格的 GMP 管理；
(2)可实现 SIP/CIP 快速洗净，具有瞬间置换功能，大大提高生产效率；
(3)对于高含固量液体、高黏度浆料液、伴有气体混入液均可无脉动、不断流、无损伤地安全平稳输送；
(4)低噪声，低能耗，寿命长，零部件少，装卸方便。
卫生级旋流泵主要应用场合：
(1)结晶药品，高黏度浆料药液，伴有气体、气泡等药液的输送；
(2)不容破碎的水果、番茄、咖喱、粥等加工食品的罐装；
(3)调味料、果酱、色拉酱、酸奶乳制品等高黏稠液体加压输送；
(4)小鱼、小虾等活鲜水产品的移送；
(5)原料药、原料食品等含有大颗粒物料的输送，可降低泵的磨损。
卫生级旋流泵的主要生产厂家有尼可尼等</td><td>
卫生级旋流泵</td></tr>
<tr><td colspan="3">二、卫生级容积式泵</td></tr>
<tr><td>转子凸轮泵</td><td>转子凸轮泵是一种容积式泵，它由两个共轭凸轮通过外部的同步齿轮传动做反向同步旋转，反转的转子在运动时形成部分真空，大气压力或其他外部压力迫使液体进入泵腔。当转子旋转时，将形成一个膨胀的空腔，使其充满液体。当叶片脱离时，每次停顿都会形成一个空腔。当转子叶片啮合时，空腔缩小，液体将排出。
卫生级转子凸轮泵具有以下主要特点：
(1)剪切力小，运行中对产品无损伤；
(2)内部转子不接触；
(3)宽流道设计，确保可以输送大的软性颗粒；
(4)齿轮箱的设计应确保润滑油和物料之间没有交叉污染；
(5)应易于清洗、维护和维修。
卫生级转子凸轮泵的主要应用场合：
(1)日用化学品类：香波、皂液、牙膏、甘油；
(2)精细化学品类：染料、颜料、添加剂、黏合剂；
(3)化纤类：聚酯纤维、人造纤维、聚丙烯纤维；
(4)造纸类：淀粉糊、纸浆、消泡剂；
(5)涂料类：油漆、油墨、树脂；
(6)食品类：巧克力、糖浆、奶油、蛋黄酱、果酱；
(7)化妆品类：面霜和乳液、发胶、精油；
(8)制药类：药丸、糖浆、萃取物、乳液、药物浆料。
卫生级转子凸轮泵的主要生产厂家有阿法拉伐、斯必克流体、扶冉等</td><td>
卫生级转子凸轮泵</td></tr>
</table>

续表

<table>
<tr><th>分类</th><th>结构特点、使用范围及主要生产厂家</th><th>图例</th></tr>
<tr><td>旋转
活塞泵</td><td>旋转活塞泵是一种容积式泵，适用于在中等至高排放压力下，输送低黏度的介质。
旋转活塞泵的工作原理：转子转翼（活塞）绕泵壳中的圆环通道旋转。随着转子的取消啮合运动，将在吸入口处持续形成部分真空，将流体吸入泵。转子转翼沿圆环传输流体并将其移动，随着转子的重新啮合，在排放口处生成压力将流体排出。
卫生级旋转活塞泵的主要特点：
(1)采用双翼转子，可将跳动降低到最小程度；
(2)转子运动的深通道可提供大量的空隙，以最大程度地减少物料的剪切和物料颗粒破坏；
(3)转子采用非磨损合金制成，允许旋转表面和固定表面间只留下极小的间隙，这样可确保高效率和测量的精确度，即使通过的流体极稀；
(4)每个非磨损合金转子毂都绕泵头中的凹处旋转，即使在高排放压力下，也可最大程度地减少偏差；
(5)为实现拆卸清洗的便捷，泵壳单独固定在变速箱处，以避免拆卸盖子时对密封件造成损伤，同时还允许在冲洗流体腔时转动转子；
(6)轴承支架采用不锈钢材质(而非碳钢)，可在严格的清洗条件下使用更长的时间；
(7)润滑油嘴为穿过式而非压入式，以避免加润滑油时造成意外移动。
卫生级旋转活塞泵的主要应用场合：
主要用于乳制品、饮料、啤酒、化工、制药、家庭和个人护理等行业。其高效的设计特别适合低黏度、中高排放压力的介质。
卫生级旋转活塞泵的主要生产厂家有阿法拉伐等</td><td>
卫生级旋转活塞泵
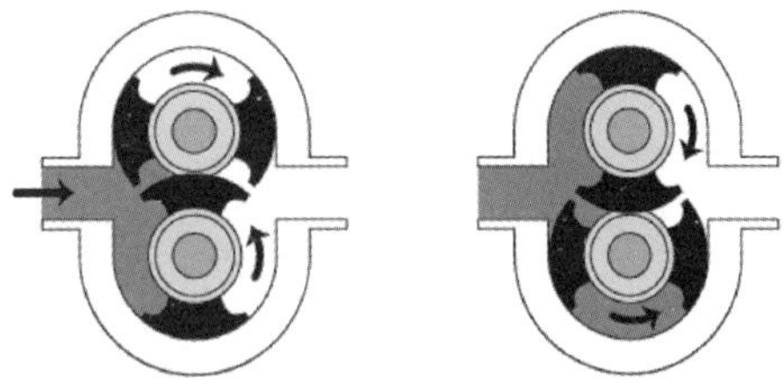
吸入
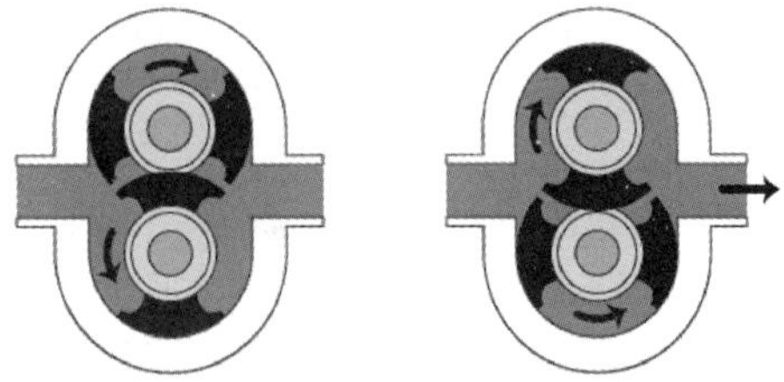
排出</td></tr>
<tr><td>软管泵</td><td>软管泵，也称蠕动泵，为一种容积式泵，主要由泵壳、转子、软管及传动装置四部分组成。
卫生级软管泵的主要特点：
(1)具有双向同等流量输送能力；
(2)无液体空运转情况下不会对泵的任何部件造成损害；
(3)能产生达98%的真空度；
(4)没有阀、机械密封和填料密封装置，也就没有这些产生泄漏和需要维护的因素；
(5)能轻松地输送固液或气液混合相流体，允许流体内所含固体直径达到管状元件内径的40%；
(6)可输送各种具有研磨、腐蚀、氧敏感特性的物料及各种食品等；
(7)仅软管为需要替换的部件，更换操作极为简单；除软管外，所输送产品不与任何部件接触。
卫生级转子软管泵的主要应用场合：
(1)它是现代工业发展的产物，广泛应用于制药、食品、化工等行业；
(2)适合输送一些带有敏感性的、黏稠的、强腐蚀性的、具有磨削作用的、纯度要求高的，以及含有一定颗粒状物料的介质；
(3)医药装置的包衣机经常以蠕动泵作为输送装置。
卫生级软管泵的主要生产厂家有弗尔德、固瑞克等</td><td>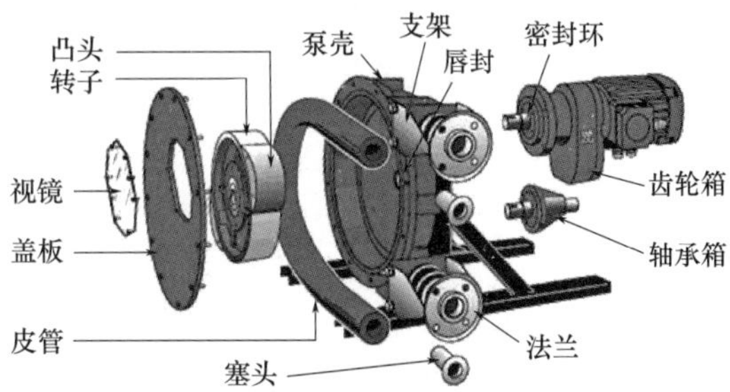

卫生级软管泵爆炸图</td></tr>
</table>

续表

分类	结构特点、使用范围及主要生产厂家	图例
计量泵	计量泵是一种可以通过调节有效行程长度或改变冲程次数来精确控制排量的往复泵，常用于精确地向有压(或无压)的系统或流程中连续投加定量的液体，也可用于小流量、高压力液体的输送。 卫生级计量泵的主要特点： (1)满足计量精度的要求； (2)具有最小的工作区和易清洁的抛光表面(机械抛光或电抛光)；表面应易于清洁，残留的产品、生物残留物和细菌能够被彻底清除，泵无须拆解系统就可进行CIP/SIP； (3)选用无死角阀门，适用于CIP； (4)所有直接接触泵送介质的零件都应符合FDA标准，不能含动物脂肪，并按有关标准进行存档，可追溯； (5)隔膜要求极为稳定耐用，并且要有良好的保护(对隔膜状态进行监控)，确保隔膜不会在运行期间破裂并污染泵送介质； (6)用于无尘室环境时，采用水冷式特殊驱动单元，以防污染和产生灰尘。 卫生级计量泵的主要应用场合： 主要用于食品和制药行业卫生型应用的场合，其既满足计量精度的要求，又要同时与卫生行业中的特殊要求相结合。 卫生级计量泵的主要生产厂家有里瓦等	 卫生级计量泵 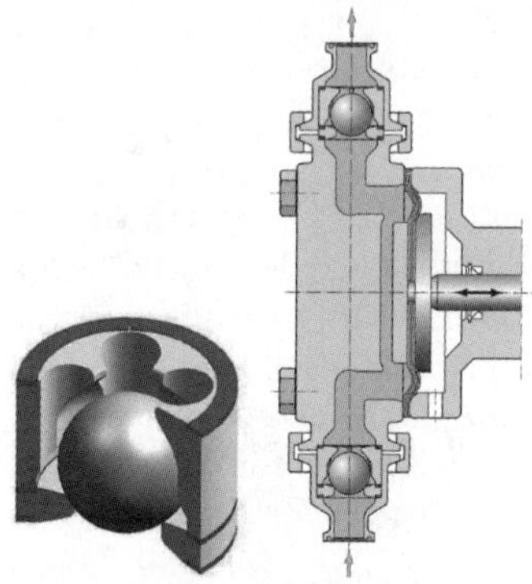 无死角阀 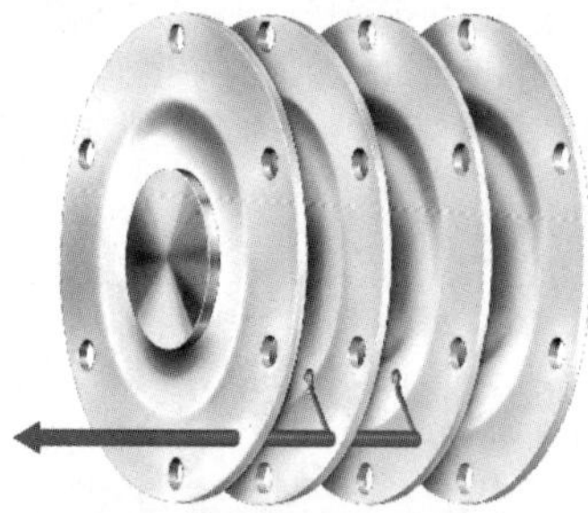 4层PTFE隔膜(带不锈钢支架)
气动隔膜泵	气动隔膜泵是采用压缩空气为动力源的一种往复泵，该泵无旋转部件，没有轴封，隔膜将抽送的介质与泵的运动部件、工作介质完全隔开，所输送的介质不会向外泄漏。 卫生级气动隔膜泵的主要特点： (1)结构设计应无死角，同时考虑到卫生要求，零部件需要经常清洗，所以与介质接触的零部件的连接均应采用快速卡接方式，可用手直接拆卸，避免因使用工具造成零件损伤或者带入细菌等； (2)球室宜设计成无球座结构，减少了零件及密封件的使用，更加安全可靠； (3)所有铸件应抛光处理，满足食品级的要求。所有金属部件均应采用食品级不锈钢。 卫生级气动隔膜泵的主要应用场合： 主要应用于食品、制药等需要充分考虑到产品使用的特殊性的清洁卫生场合。 卫生级气动隔膜泵的主要生产厂家有固瑞克、微马、Wilden、英格索兰、江浪科技等	 卫生级气动隔膜泵

续表

<table>
<tr><th>分类</th><th>结构特点、使用范围及主要生产厂家</th><th>图例</th></tr>
<tr><td>液环真空泵</td><td>液环真空泵主要用于粗真空的形成过程。由于其具有接近等温压缩、对粉尘不敏感、吸入气体可以夹带液体或大量水蒸气等优点，在电力、石油化工、制药、造纸等领域得到广泛的应用。
卫生级液环真空泵的主要特点：
(1)经高精密铸造的壳体，高精密地抛光，以实现卫生级真空应用场合；
(2)内壁光滑，排液顺畅，能有效控制逆流，以确保泵内封液不污染介质；
(3)采用耐腐蚀材质的组合，辅以可靠的密封材料，纯净而又能耐溶剂或药品的腐蚀；
(4)可另配不锈钢护罩，方便整机冲洗；
(5)加装大气喷射器后，可满足高真空需求。
卫生级液环真空泵的主要应用场合：
(1)浓缩、干燥、蒸馏、蒸发、冷却、反应、灭菌等；
(2)食品、维生素等的低温蒸煮；
(3)蔬菜、水果的干果加工；
(4)真空液体、粉体等的移送、填充；
(5)纯水、超纯水、注射水的脱气；
(6)大多数卫生型应用中，都可以使用液环真空泵来专门负责 CIP 和储罐清空任务。
卫生级液环真空泵的主要生产厂家有阿法拉伐、尼可尼等</td><td>
卫生级液环真空泵</td></tr>
</table>

3. **卫生泵的机械密封**

大多数卫生级离心泵、液环真空泵和转子凸轮泵都会使用机械密封。

卫生泵的机械密封通常可采用外装式结构，能保证密封的所有转动部件都不与泵送介质接触，便于清洗。

卫生泵的机械密封也可采用内装式结构，对于这种结构，要求在旋转部件的周围留有足够大的间隙，来实现尽可能有效的清洗。

机械密封摩擦副的材质通常选用 SiC 对 SiC；辅助密封圈的选择首先应考虑所输送介质的化学侵蚀、温度、机械磨损等，同时应满足 GMP 的要求，常规可选用 FDA 级的氟橡胶（FKM）、丁腈橡胶（NBR）、三元乙丙橡胶（EPDM）等。

4. **卫生泵的材质要求**

对清洁卫生要求极其严格的食品、制药和生物技术行业来说，钢制产品过流部件的表面光洁度是一个非常重要的因素。卫生泵的壳体、叶轮等材料一般选用 316L，与物料接触的材料表面粗糙度应≤1.6μm，甚至≤0.8μm。

对于卫生级离心泵要尽量少用弹性体等非金属材料（图 3-175），因为其容易疲劳，磨损产生杂物，因此应尽量少用，并且其保证尽量不与物料接触。密封用弹性非金属材料应尽量采用固定式，防止其与物料接触产生的膨胀、卷曲、变形等。

5. **卫生泵的底座**

卫生泵的底座（图 3-176）可以固定，也可采用可移动式（便携式，采用支脚加橡胶垫）。可移动式可满足工艺的多样性要求，并且易于布置排放，可满足不同的操作线路的要

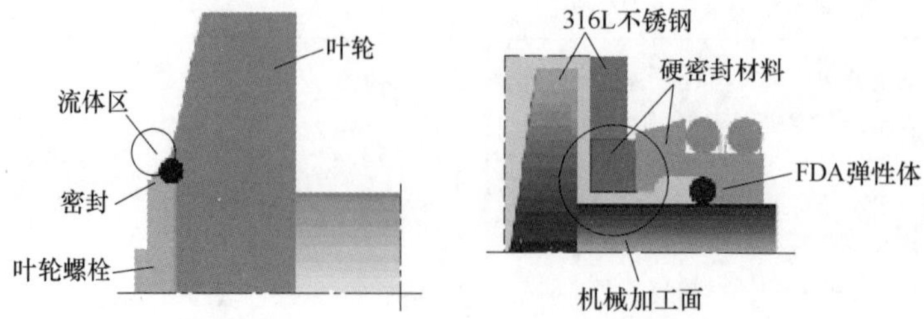

图 3-175 卫生级离心泵材料示意图

求，前提是这些工艺不同时运行。可移动式泵的另一大优点是便于维护和清洗。但无论卫生泵底座是固定式还是可移动式，都要保证其坚固耐用（便于多次清洗）和满足卫生要求。卫生泵设计要求泵底座要易清洗，不存在可积聚尘埃碎片的棱角、裂缝、缺口等结构。

(a) 固定式　(b) 可移动式

图 3-176 卫生泵底座示意图

6. **卫生泵的保护**

卫生泵的安全保护是极其重要的，因为泵的事故将导致停车和费用的增加。卫生泵的保护通常包括超压保护、过载保护、干运转保护、轴承磨损监测、功率监测以及污染物的防护等。

干运转保护是要保证输送物料的存在。超压保护可设置弹簧安全泄压阀，也可在泵下游管道（或电机上）设置压力传感器和控制器用于防止超压和干运转。电流传感器可用于监测如轴承、密封以及驱动部件（联轴器）等部件的事故状态；振动传感器可用于监测泵的机械故障。

卫生泵的防尘设施对于具有卫生要求的操作场合尤其重要。防护方法主要有：在泵前设置过滤器、金属探测器或管道磁体用于吸尘。过滤器和管道磁体可并联布置，一是为了操作的方便，二是可满足定期清洗和在线检修。

有些泵在设计的时候已考虑了防尘的需要，其可防止多种粉尘杂质，则此类泵不需要采用特殊防护措施，如隔膜泵。

对于电机一般采用封闭式结构，采用统一的一个外壳罩在整个电机及联轴器上，联轴器护罩也采用全封闭式结构，留有窗格散热。

7. **卫生泵的接口**

卫生泵壳接管与主管道的连接通常采用易清洗的圆螺纹、卡箍式快开管件连接，以满足高效 CIP 清洗的要求，如图 3-177 所示。

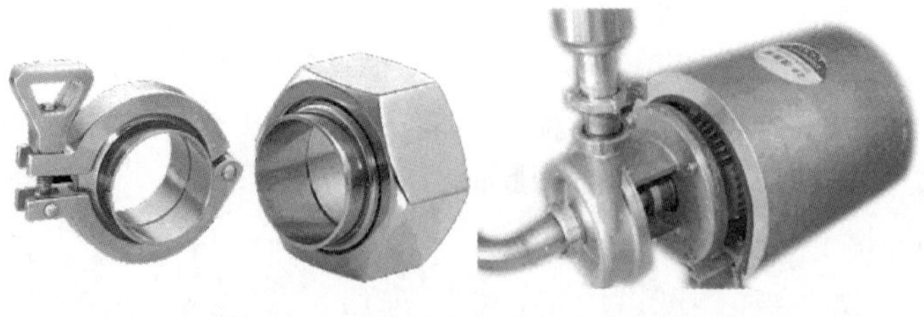

图 3-177 卫生泵连接方式示意图

卫生级离心泵的排净口一般布置在泵壳最下端或者可通过旋转泵壳使排净口朝下，以保证排放时不残留任何工艺液体和清洗剂，如图 3-178 所示。

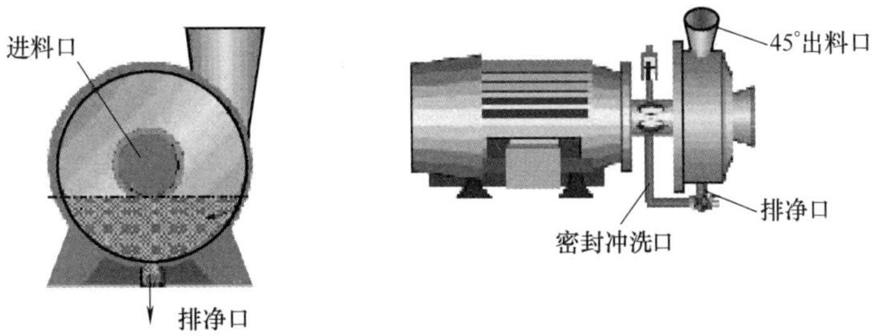

图 3-178 卫生级离心泵接口示意图

转子凸轮泵在处理黏稠的产品或容易产生搭桥现象从而会使吸入口缩小的大固体颗粒时，应选择矩形吸入口。

对于制药工业或食品工业，要求泵具有良好的清洗性能，因此可针对出料口、排净口以及密封冲洗口采用 45°结构，管口内壁应打磨以便物料流动。

六、总结

根据泵的输送介质，将公用工程使用的普通水泵、热水泵、凝水泵、废水处理系统的泵和原料药制备用泵与输送药液、中间体、纯水、酸、碱等工艺介质的泵区分开来。前者可按一般化工装置用泵处理，但对轴封要求高，以满足医药装置对环境的高要求。输送药液、中间体、纯水、酸、碱等工艺介质的泵应选择符合 GMP 要求的化工流程泵或卫生泵。按制药过程分，原料药制备过程中除结晶（“精烘包”）阶段的泵可按一般化工流程泵的选用原则选取，此时的泵应根据工艺要求满足 GMP 的要求；原料药结晶（“精烘包”）制成品阶段和制剂过程需要选用符合 GMP 要求的泵或卫生级泵。按车间布置分，具有洁净度要求的厂区需要选用符合 GMP 要求的泵或卫生泵，其他区域按照一般化工流程泵或公用工程用泵选取。

·第七章·
公用工程用泵

一、工艺流程和装置用泵概要

公用工程系统为工艺装置提供各类公用工程，包括循环冷却水（循环水）、消防水、热水和脱盐水等。此外，雨水监控及处理、污水收集及处理、脱盐水及冷凝水处理，也是公用工程的组成部分。

典型的公用工程系统包括以下主要子系统：

（1）循环水系统；

（2）消防水系统；

（3）热水站；

（4）脱盐水及冷凝水处理。

（5）雨水监控及事故池；

（6）污水收集及处理系统；

（7）取水设施及净水场；

（8）其他。

公用工程系统部分关键泵参数如表 3-76 所列。

表 3-76　公用工程部分关键泵参数表

输送介质	额定流量/(m^3/h)	额定扬程/m	效率/%	泵转速/(r/min)	$NPSH_a$/m	密封型式	材质		驱动机类型	驱动机功率/kW	台数
							泵体	叶轮			
循环水	12000～14500	66	90	735	9.4	单端面机械密封	球墨铸铁	锡青铜	非防爆电机、蒸汽透平	2500～3000	16
	2200	66	84	1450	9.4	单端面机械密封	球墨铸铁	不锈钢	非防爆电机	710～800	4
消防水	600～1135	122	79～81	1485	4.97	填料密封	铸铁	锡青铜	非防爆电机	315～560	4
	>1135～1200	122	85	1450	4.97	填料密封	铸铁	锡青铜	柴油机	615	4
	60	78.6	64	2960	7.14	单端面机械密封	铸铁	锡青铜	非防爆电机	30	4

注：资料取自某百万 t/a 乙烯及配套装置公用工程系统。

二、循环水泵

1. 工况特点

循环水场中，循环水泵从水池汲取循环水，加压后，通过管网，向各装置需冷却的设备和部位输送。换热后的循环水，通过回水管网返回水池，形成一个完整的循环水系统。

循环水泵工况特点如下：

（1）单台循环水泵流量大；

（2）泵转速低，几何尺寸较大；

（3）多台同型号水泵并联运行；

（4）水质因素如污垢系数、颗粒含量、氯离子含量等影响过流部件的选材；

（5）通常为单层布置，必要时需要设置在水池中；

（6）多采用电动机驱动，也可采用汽轮机驱动；

（7）可靠性要求高，配置必要状态监测系统；

（8）备用率为 20%～30%，但至少备用一台，备用泵为电动机驱动。

2. 泵型的选择

循环水泵额定流量范围 3500～20000m^3/h，额定扬程范围 40～60m，选用两端支承单级双吸水平中开泵（BB1 型泵）。为适应水池的布置，确保泵的抗汽蚀性能，泵转速一般在 590～1000r/min 之间。要求泵的性能曲线平稳不能有驼峰，关闭点扬程一般不超过额定点扬程的 1.1 倍。在优先工作区，装置汽蚀余量（$NPSH_a$）与泵的必需汽蚀余量（$NPSH_r$）之间的差值不应小于 1m。

3. 结构特点

典型的循环水泵的结构示意如图 3-179 所示。

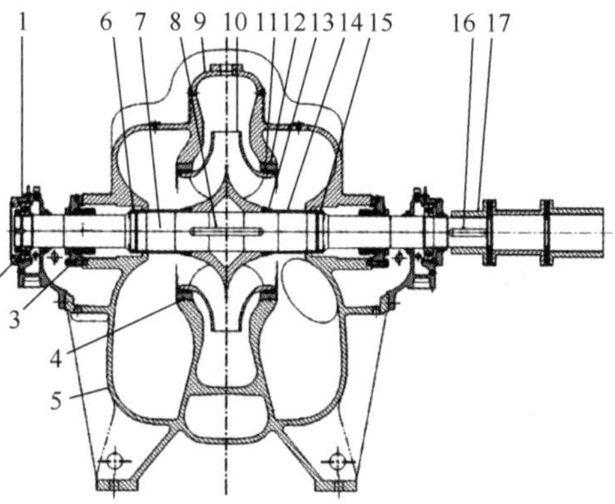

图 3-179　循环水泵剖面结构图

1—轴承体；2—轴承；3—轴封；4—销；5—下壳体；6—轴套螺母；7—轴；8,16—键；9—上壳体；10—叶轮；11—叶轮耐磨环；12—壳体耐磨环；13—叶轮挡圈；14—轴套；15—轴套螺母；17—膜片联轴器

（1）泵壳体　泵壳体水平中开式双蜗壳设计。上、下壳体通过螺柱和螺母固定在一起，吸入口法兰和排出口法兰位于下壳体，上壳体设排气口、注水口和密封腔接口，下壳体设排水口；泵壳体由整体铸造的支脚支承，轴承箱直接安装在泵的两端；泵壳体通常采用球墨铸铁或铸钢材质。

（2）叶轮　叶轮为闭式双吸叶轮，如图 3-180 所示。对叶轮进行动平衡测试。根据循环水中氯离子含量的不同，可选用碳钢、不锈钢、青铜、双相不锈钢等材质。

（3）耐磨环　泵体和叶轮上均设耐磨环，维持适当的运行间隙，减少吸入室和排水室间的泄漏。

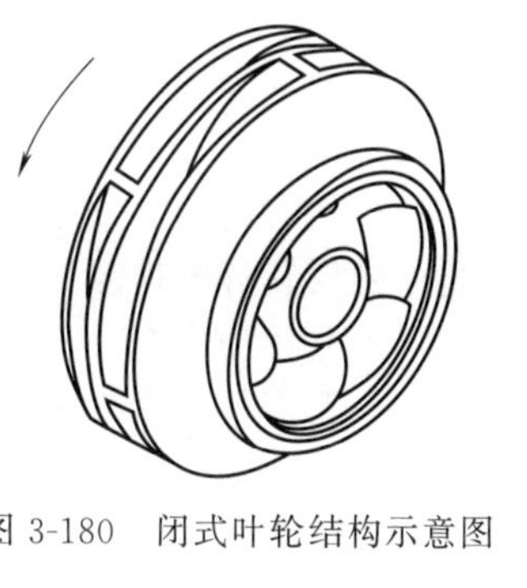

图 3-180　闭式叶轮结构示意图

(4) 轴套 轴套通过键连接在泵轴上，用轴套螺母固定，轴套螺母安装时沿旋转方向拧紧。

(5) 轴承 通常采用滚柱轴承，用油环式润滑油润滑，配恒定油位油杯。大型循环水泵通常在轴承上设置振动监测仪表，用来监测轴承的振动情况。

(6) 轴封 采用集装式单端面平衡性机械密封，Plan 11 冲洗方案。

4. 驱动机的选取及其他配置

循环水泵通常所需驱动机功率较大，在 500～3000kW 之间，采用中高压电动机，电动机铭牌功率覆盖泵的性能曲线末端，并保有适当的裕量。

采用蒸汽汽轮机驱动的通常为单层布置，避免提高泵轴中心线的水平高度，保证装置的汽蚀余量。室外布置的汽轮机宜安装顶棚，以保护随机仪表、现场操作盘等现场设施。

三、雨水提升泵和污水提升泵

1. 工况特点

雨水监控及事故池和污水收集及处理池的水池深通常为 4.5～5.5m，用于汇集雨水和收集各装置排出的污水。水池设置多台提升泵。提升泵额定流量 50～300m^3/h，额定扬程 45～65m。提升泵根据水池液位进行启停。

2. 泵型选择

提升泵通常可以采用几种类型：

(1) 潜水泵；

(2) 长轴液下泵；

(3) 自吸泵；

(4) 凸轮转子泵。

3. 潜水泵

以 QW 型潜水排污泵为例，QW 型潜水排污泵的结构剖面如图 3-181，QW 型潜水排污泵为立式、单级、单吸离心式水泵，具有结构紧凑、体积小、噪声低、运转平稳等特点。是一种污水处理用泵，具有效率高、节省能源、无堵塞、防缠绕等特点，主要输送带固体颗粒及各种长纤维的 pH 值为 4～10 的混浊性污水、淤泥、雨水等，输送介质温度不超过 60℃。其安装形式可分为固定式和移动式两种，维修方便。

电机和泵共轴，两者通过油隔离室和机械密封隔开电机完全密封，防护等级为 IP68。泵的入口可按需求配置长方孔形过滤网或搅拌桨叶。

(1) 移动式安装 采用泵底座支承，出口弯管直接与软管连接，安装方便。提取泵时，只需提起预先放置好的连泵链锁即可。移动式安装通常仅限于电机功率 11kW 以下的潜水排污泵。

(2) 固定式安装 采用泵与耦合装置相连。耦合装置由底座、固定于底座的转接管道、垂直固定于底座上的双导轨、连接转接管道与潜水泵

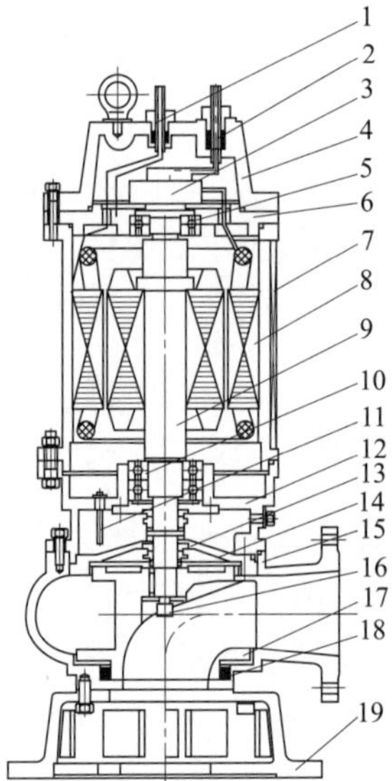

图 3-181 QW 型潜水排污泵剖面结构图

1—信号线；2—电机接线；3—接线盒；4—电机盖；5,10—轴承；6—上轴座；7—电机壳；8—定子；9—轴（转子）；11—油水探头；12—油隔离室；13—机械密封；14—后盖板；15—泵体；16—叶轮螺栓；17—叶轮；18—密封环；19—底座

的自动耦合器等部分组成。耦合底座固定在水池底部。在建造水池时，预先安装好地脚螺栓，使用时将耦合底座固定。在潜水泵的底端面固定设置两侧带有凹槽的定位架板，底座延伸至潜水泵下方，垂直固定于底座上的双导轨设置为分别嵌装入定位架板两侧凹槽内并与凹槽滑动配合的支柱导轨，两支柱导轨上端固定设置安装起重吊具的承重横梁支架。在承重横梁上可附加起重吊具，如电动葫芦，可方便地进行潜水排污泵的上提及下送。泵在导轨上下移动，放下泵时，耦合装置自动地与耦合底座耦合；提取泵时，泵与耦合底座会自动脱落。图 3-182 为潜水泵固定式安装的示意图。

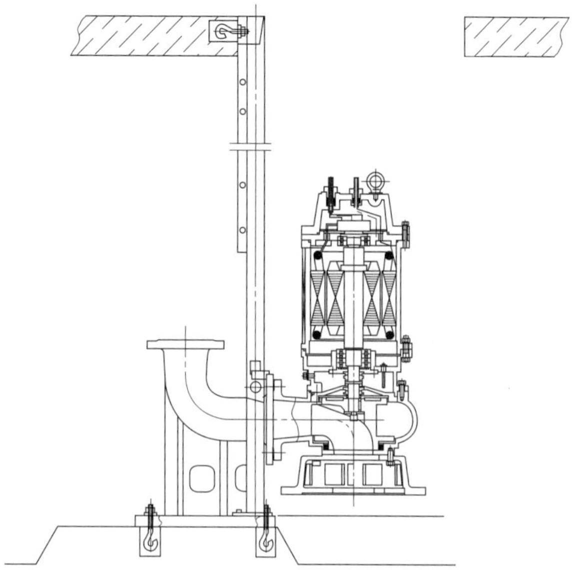

图 3-182 QW 型潜水排污泵固定式安装示意图

4. 长轴液下泵

长轴液下泵安装在收集池盖板上，泵体部分浸没在液位之下，用于输送中性或有轻微腐蚀性的液体，也可输送清洁或内含较小颗粒的液体。长轴液下泵剖面结构见图 3-183。其结构特点如下：

（1）叶轮结构　采用开式叶轮结构，当输送含有纤维类的污水时，为解决物料堵塞，可设置额外的切割装置。旋转刀与叶轮同步转动，固定刀可防止进入叶轮前的物料转动，两种切割刀相互作用，对进入叶轮的纤维有强烈撕裂作用。

（2）填料密封　为防止支承管内的冲洗液压力过高，造成从底板溅入大气，埋在底板处的轴处应设置填料密封。

（3）接轴方式　长轴可分成二节或多节加工，采用一根轴一端车螺纹杆，另外一根轴一端车内螺纹，两轴通过螺纹连接，外面通过接轴套筒及连接固定其位置。长轴靠连接键传递扭矩，螺纹杆传递轴向力。这种接轴方式增强了泵轴的同轴度，同时也降低了长轴的加工难度。

（4）支承方式　采用多点支承方式，液面上采用角接触球轴承，液面下每根短轴都有滑动轴承支承，滑动轴承固定在中间轴承支架，中间轴承支架与支承管连接。

（5）平衡腔结构　泵盖和中间支承架构成平衡腔，腔体底部设与大气相通的平衡管，起到卸压的作用，降低整机的轴向力。同时使颗粒介质从该平衡管流走，减少颗粒介质向上泄漏进入滑动轴承的可能。在下滑动轴承的下面设有填料密封，进一步降低颗粒介质向上泄漏的可能。

(6) 冲洗方式 引入清洁的液体冲洗滑动轴承，保证泵的安全运转。对于不同介质，可以选择不同的冲洗方式。

自冲洗：当泵送介质为清洁介质时，采用自冲洗方式，从泵出口法兰引一管路，将泵送介质引入各个滑动轴承，润滑轴承，带走摩擦副产生的热量。

外冲洗：当泵送介质为内含较小颗粒介质时，从外界接一管路，引入清洁的冲洗液冲洗各个轴承，润滑轴承，带走摩擦副产生的热量，同时避免固体颗粒进入摩擦副中。外冲洗方式较为常见。

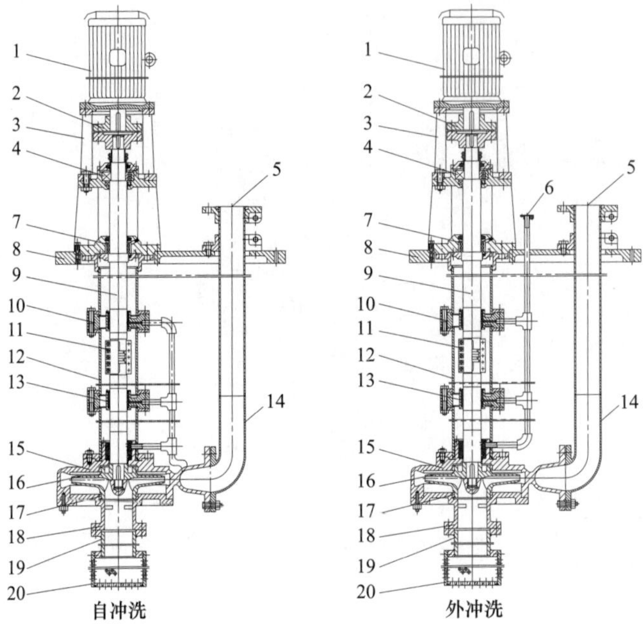

图 3-183 长轴液下泵剖面结构图

1—电机；2—联轴器；3—电机座；4—轴承；5—出口半法兰；6—外冲洗管口；7—填料密封；8—底板；9—轴；10—中间轴承支架；11—接轴套筒；12—支承管；13—滑动轴承；14—出液管；15—泵体；16—叶轮；17—密封环；18—泵盖；19—吸管；20—入口滤网

5. 自吸泵

自吸泵安装简便，布置基础简单，检修维护便利，设备结构易于维护，故障率低，自吸泵的工作原理和结构特点详见第二篇第一章第六节。较多采用的立式结构自吸泵的典型安装布置如图 3-184 所示。

6. 凸轮转子自吸泵

凸轮转子自吸泵容积效率高、脉动小、压力平稳、总效率高。自吸能力强，对介质黏度变化适应性强，允许通过一定含量的固体颗粒。转子泵的工作原理和适用范围见第二篇第二章第三节。

通过进、出口管道的配置，使泵腔内存留一定量的介质，确保凸轮转子泵实现自吸。常用的结构为鹅颈管或 90°弯管，示意图如图 3-185、图 3-186。

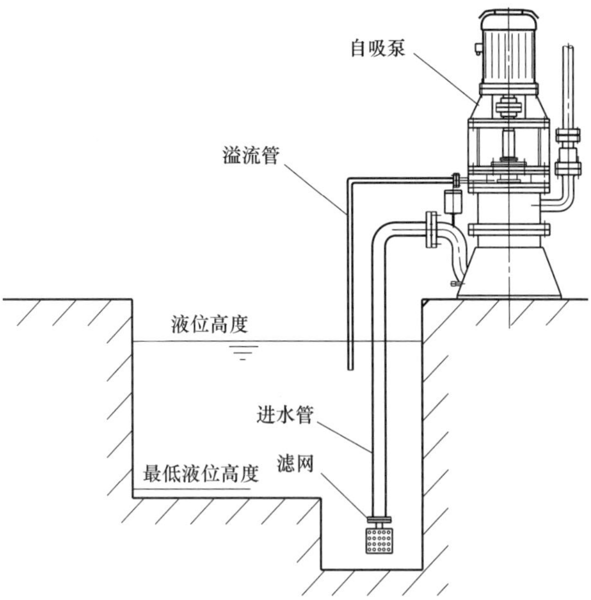

图 3-184 立式自吸泵典型安装布置图

图 3-185 凸轮转子自吸泵鹅颈管——顶部被流体较好封闭

图 3-186 凸轮转子自吸泵 90°弯管——顶部被流体完全封闭

7. 泵型比较

潜水泵、长轴液下泵、自吸泵、凸轮转子自吸泵特性比较见表 3-77。

表 3-77 潜水泵、长轴液下泵、自吸泵、凸轮转子自吸泵特性比较

比较项目	潜水泵	长轴液下泵	自吸泵	凸轮转子自吸泵
成本	包含耦合装置成本较高	采购费用最高	较低	处于中间价位
安装	精度要求不高，耦合装置需特殊安装	安装精度要求高，底座需牢靠固定	安装精度要求一般，底座可不用固定，有立式、卧式、外混和内混多种结构及安装形式	
泵效率	40%～70%	30%～70%	20%～50%	65%～67%
防护等级	IP68 电机/电缆密封要求高	IP54 或 IP55 常规防爆或非防爆	IP54 或 IP55 常规防爆或非防爆	IP54 或 IP55 常规防爆或非防爆

续表

比较项目	潜水泵	长轴液下泵	自吸泵	凸轮转子自吸泵
检修/维护	需特殊耦合装置，维护成本高，尤其是当电机密封失效时，需更换电机	维护成本较高，检修不便	维护成本较低，检修方便	机械密封为易损件；同步齿轮润滑油润滑，存在漏油的风险
安装材料	需要安装耦合装置的钢结构支架	基本不需要	可能需要配置入口储液罐、入口电磁阀、入口逆止阀、排气管线等辅助管道	进出口需要配鹅颈管或 90°弯管；出口配安全阀
适用范围	主要输送带固体颗粒及各种长纤维的 pH 值为 4～10 的混浊性污水、淤泥、雨水等，输送介质温度不超过 60℃	用于输送中性或有腐蚀性的液体，清洁或内含固体颗粒的液体，操作温度－20～＋125℃，颗粒直径不能过大	适用于多种介质工况，对于酸性/碱性较强的情况，可采用非金属材质的结构，颗粒含量可以较高，粒径在 2mm 以上可使用，颗粒可以不溶于液体	适用于各种高低黏度工况，适合池底清淤。耐磨转子适合较大直径的颗粒

综上所述，自吸泵适用于各种工况，是一种较常用的选择；凸轮转子自吸泵效率高，适合于需要定期清淤，并要求耐磨的工况，是一种值得推广的泵型；长轴液下泵可根据工况要求选用；潜水泵应选用适用于连续操作且能长期固定安装在污水中的产品。

四、消防泵

消防泵（消防泵组）与消防水管网一起形成消防水系统。管网上安装压力探测控制器和传感器，通过中央控制系统控制触发。当管网压力下降至设定值时，稳压消防泵自动启动，维持管网中的压力；当出现紧急情况需大量消耗消防水时，自动启动供水消防泵，保证消防水量。消防泵及消防泵组分类见表 3-78、表 3-79。

表 3-78 消防泵分类

按是否有动力源	(1)无动力源消防泵 (2)消防泵组
按使用场合	(1)车用消防泵 (2)船用消防泵 (3)工程用消防泵 (4)其他用消防泵
按出口压力等级	(1)低压消防泵，泵出口额定压力不大于 1.6MPa(G) (2)中压消防泵，泵出口额定压力在 1.8～3.0MPa(G)之间 (3)中低压消防泵 (4)高压消防泵，泵出口额定压力不大于 4.0MPa(G) (5)高低压消防泵
按用途	(1)供水消防泵 (2)稳压消防泵 (3)供泡沫液消防泵
按结构特性	(1)普通消防泵 (2)深井消防泵 (3)潜水消防泵

表 3-79　消防泵组分类

按动力源形式	(1)柴油机消防泵组 (2)电动机消防泵组 (3)燃气轮机消防泵组 (4)汽油机消防泵组
按用途	(1)供水消防泵组 (2)稳压消防泵组 (3)手抬机动消防泵组
按泵组的辅助特征	(1)普通消防泵组 (2)深井消防泵组 (3)潜水消防泵组

典型的消防水站通常包括：

(1) 两台或三台供水消防泵组成的消防泵组；

(2) 至少一台由柴油机或汽油机驱动的备用泵；

(3) 两台稳压消防泵组，一用一备；

(4) 一台供泡沫液消防泵。

1. 工况特点和泵型的选择

消防泵的设计按照 GB 6245—2006《消防泵》和 GB 50974—2014《消防给水及消火栓系统技术规范》等标准。消防泵属于消防给水设备产品认证中消防产品自愿性认证的一部分，应提供“消防产品认证证书”。

消防泵应有较广的允许工作范围，满足以下工况要求（如图 3-187）。

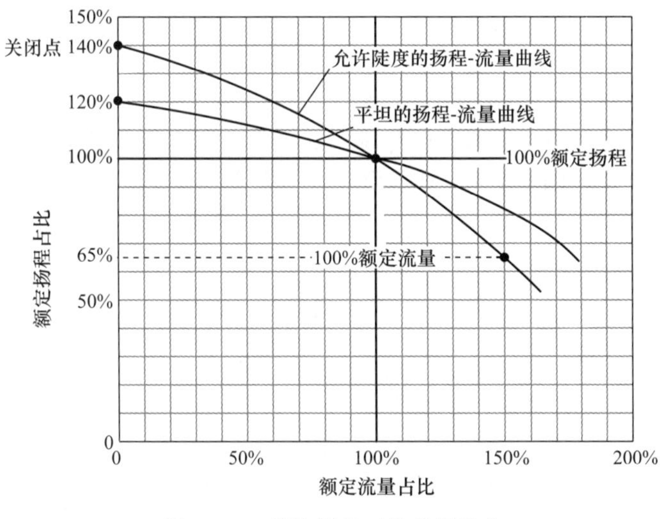

图 3-187　消防泵的工作范围要求

流量扬程性能曲线应为无驼峰、无拐点的光滑曲线，零流量时（即关闭点上）压力不应大于设计工作压力的 140%，且宜大于设计工作压力的 120%。

当出口流量为设计流量的 150%时，其出口压力不应低于设计工作压力的 65%。

单台消防泵的最小额定流量不应小于 10L/s，最大额定流量不宜大于 320L/s。

消防泵电机功率应满足泵在全流量下的所需功率。

消防泵在 150%额定流量时的装置汽蚀余量 $NPSH_a$ 与必需汽蚀余量 $NPSH_r$ 之间的差值

不应小于 1m，即 $NPSH_a - NPSH_r \geq 1m$，避免出现汽蚀问题。

当消防泵的进口为正压时应选择水平布置的消防泵，例如 OH1 卧式悬臂离心泵，BB1 两端支承水平中开泵；当消防泵的进口为吸上时，则选择垂直涡轮泵更为合适，例如潜水泵、液下泵。本节着重介绍工程用供水普通消防泵组，且以 BB1 两端支承水平中开离心消防泵为例。

每台消防泵设有独立的吸水管从消防水池的吸水井吸水，每台消防泵出口设旁通测试管道接回消防水池。为防止消防水管网超压，消防泵出水主管上设置泄压阀。图 3-188 为典型的消防泵和进出口管道配置和布置形式。

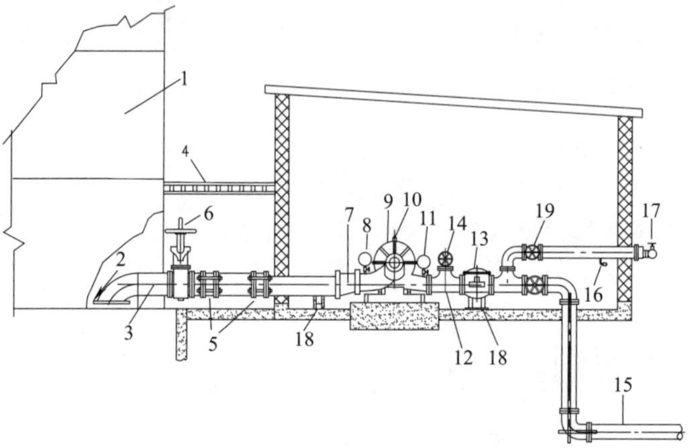

图 3-188 消防泵和进出口管道配置和布置形式

1—地上吸入罐；2—进口弯头和涡流板；3—进口管道；4—防冻管；5—弹性联轴器；6—闸阀；7—偏心异径接管；8—进口仪表；9—卧式中间剖分消防泵；10—自动放气阀；11—出口仪表；12—变径出口弯头；13—出口单向阀；14—安全阀（如果需要）；15—消防系统供水管；16—排凝阀；17—软管阀组；18—管道支架；19—指示式闸阀或蝶阀

2. 结构特点

以 BB1 两端支承水平中开离心消防泵为例，其泵的剖面图如图 3-189。

（1）泵壳体　为水平轴向剖分，进出口接管铸在下壳体上，泵体为双蜗壳结构，双吸进口，球墨铸铁材质。

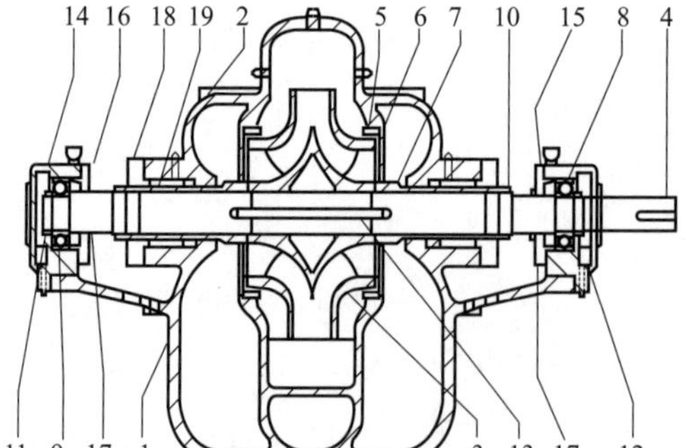

图 3-189 水平中开离心消防泵结构示意图

1—下壳体；2—上壳体；3—叶轮；4—轴；5—壳体耐磨环；6—叶轮耐磨环；7—轴套；8—内端轴承；9—外端轴承；10—轴套螺母；11—锁紧螺母；12—内端轴承室；13—键；14—外端轴承室；15 —内端轴承盖；16—外端轴承盖；17—挡板；18—填料密封；19—填料密封压盖

（2）叶轮　单级闭式叶轮，根据氯离子含量的不同，可以有多种选择，例如可以选用碳钢、不锈钢、青铜、双相不锈钢等。

（3）轴承　径向轴承为球轴承，采用润滑脂润滑。

（4）填料密封　消防泵一般采用填料密封。采用填料密封的好处在于可以及时进行维护和更换，特别是在紧急情况下，填料密封的现场维护性远优于机械密封。

（5）联轴器　应采用弹性联轴器。

3. 柴油机驱动简介

除电动机作为驱动机之外，为保证消防系统的可靠性，消防水系统中还需配置至少一台套柴油机驱动的消防泵组。典型的柴油机驱动消防泵及泵房结构如图 3-190。

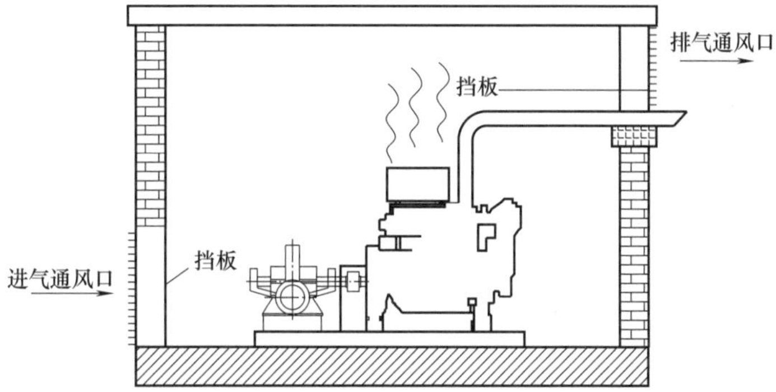

图 3-190　柴油机驱动消防泵及泵房结构示意图

柴油机运行时会产生大量的热量，泵房需要保持良好的通风，应采取强制通风措施，同时将柴油机的废气排出口引到泵房外面的安全区域；当柴油机消防泵露天放置时，应配顶棚。

柴油驱动泵除了电池启动外，应该还有一个依靠压缩空气（空气钢瓶）来启动的备用启动方式，通常这个压缩机位于有一个手工充气装置的压力舱。柴油机应有良好的常温启动性能，应保证 5 秒内顺利启动。引上水后 20 秒内，应能使消防泵达到额定工况。

4. 其他

消防泵配套控制柜

应设置在消防泵房或专用消防水控制室内，应满足 GB 50974—2014《消防给水及消火栓系统技术规范》要求。常规的配置包括（但不限于）：

（1）电力驱动消防泵　启动，停机，主要/备用模式，供水正常，泵运转中，泵启动失败，转速，报警信号面板。

（2）柴油驱动消防泵　启动，停机，主要/备用模式，供水正常，泵运转中，泵启动失败，转速，温度，A 或 B 蓄电池（配有安培每小时指示器），报警信号面板。

（3）报警信号面板　安装在消防泵房内，用来显示消防泵状态，和对所有常规故障及泵启动失灵报警。

自动巡检电力驱动消防泵自动巡检时，巡检功能应符合 GB 50974—2014《消防给水及消火栓系统技术规范》规定：

（1）巡检周期不宜大于 7 天，且应能按需要任意设定；

（2）以低频交流电源逐台驱动消防泵，使每台消防泵低速转动的时间不应少于 2 分钟；

（3）对消防泵控制柜一次回路中的主要低压器件宜有巡检功能，并应检查器件的动作状态；

(4) 当有启泵信号时，应立即退出巡检，进入工作状态；

(5) 发现故障时，应有声光报警功能，并应有记录和储存功能；

(6) 自动巡检时，应设置电源自动切换功能的检查。

五、隔膜计量泵（加药泵）

隔膜计量泵（加药泵）主要用于水系统预膜、补膜、调节酸碱度、消毒杀菌、防絮凝等工况，投加介质包括稀盐酸、浓硫酸、碱液、絮凝剂、次氯酸消毒剂等。

公用工程所需的隔膜计量泵（加药泵）参数范围如下。

流量范围：2～5500L/h。

最高排出压力：1MPa。

调节比 10∶1，稳态精度±2%。

吸上高度：3m。

最大入口压力：0.2MPa。

允许物料的最高温度：45℃。

允许物料最高黏度：1200cP。

隔膜计量泵的结构、工作原理见第二篇第二章第四节。机械隔膜计量泵（加药泵）配套附件包括背压阀、安全阀、缓冲罐、标定柱、Y 形过滤器、电导率控制仪、pH 控制仪等。

(1) 背压阀　安装背压阀可以避免计量泵进出口之间压差过小导致的虹吸现象，从而保证计量泵的计量精度。通常出厂设定压力为 0.2MPa。

(2) 安全阀　安全阀可以避免系统超压导致的设备损坏或管路损坏。一旦管路阀门关闭或堵塞，就可能出现系统超压。在超过安全阀设定压力时，安全阀自动开启，释放系统压力。推荐在成套系统中安装安全阀。

(3) 缓冲罐　缓冲罐是与往复泵配套的系统附件，可以削减脉动流量对管路系统的冲击，以及流量的脉动变化对化学反应的影响。在计量泵出口管路中安装缓冲罐，可以控制脉动变化在±5%甚至更小的范围内。

(4) 标定柱　用于在现场对计量泵进行流量标定，从而得到与实际系统和实际介质相对应的流量/冲程关系。标定柱的选用容积不得小于计量泵的 30s 额定流量。

(5) Y 形过滤器　安装于计量泵进口管路。用于对过流物料进行过滤，阻止外部杂质和颗粒物进入计量泵，保证计量泵的工作精度和正常工作。

(6) 电导率控制仪　可以与计量泵配套组成闭环控制系统，通过控制溶液电导率，降低溶液中金属离子的含量，提高水质。广泛应用于循环水处理系统。

(7) pH 控制仪　可以与计量泵配套组成闭环控制系统，通过调节溶液酸碱度，满足 pH 值的控制要求。广泛用于市政水处理、废水处理等系统。

参考文献

[1] 全国化工设备设计技术中心站机泵技术委员会．工业泵选用手册［M］．2 版．北京：化学工业出版社，2011.

[2] 张来勇，孙长庚，王勇，等．大型乙烯成套技术［M］．北京：石油工业出版社，2022.

[3] 关醒凡．现代泵理论与设计［M］．北京：宇航出版社，2011.

[4] 杨晓娟．优化氯气液化生产工艺的研究［J］．中国石油和化工标准与质量，2011，31（11）：32，34.

[5] 卢栋林，杨秀玲．离心式压缩机与液环式氯压机运行对比［J］．科技传播，2013，5（22）：

179，181.

［6］ 李文英，刘雪梅，王厚六．氯碱系统中氯气压缩机的选型［J］．氯碱工业，2004（7）：39-41.

［7］ 高玉兵．液氯输送方法选择［J］．氯碱工业，2009，45（4）：20-21.

［8］ 魏力．液氯泵在液氯输送包装中的应用［J］．中国氯碱，2014（8）：32-34.

［9］ 杨志猛．双壳体磁力驱动液氯泵运行总结［J］．氯碱工业，2019，55（9）：32-33，35.

［10］ 韩钦生，孙芳．乙炔法 PVC 与乙烯法 PVC 对比［J］．聚氯乙烯，2009，37（9）：5-7，12.

［11］ 权辉，傅百恒，李仁年，等．旋流泵的研究现状及发展趋势［J］．流体机械，2016，44（9）：36-40.

［12］ 周梅．基于高压水射流技术的聚合釜清釜装置设计与实验研究［D］．北京石油化工学院，2019.

［13］ 李金英，张国玉，赵保强．高压清洗装置在聚氯乙烯生产中的应用［J］．中国氯碱，2016（8）：19-20，37.

［14］ 竹内隆，叶君伟，陈明禹．PVC 反应釜的高压水清洗［J］．聚氯乙烯，2009，37（6）：41-44.

［15］ 刘庭成，艾耀文，范晓红，等．高压水射流技术在清洗聚合釜中的应用［J］．聚氯乙烯，2008，36（3）：9-13.

［16］ 张德龙，杨秀玲，袁世财，等．国产聚乙烯醇类分散剂在悬浮法 PVC 生产中的应用［J］．聚氯乙烯，2022，50（1）：14-22.

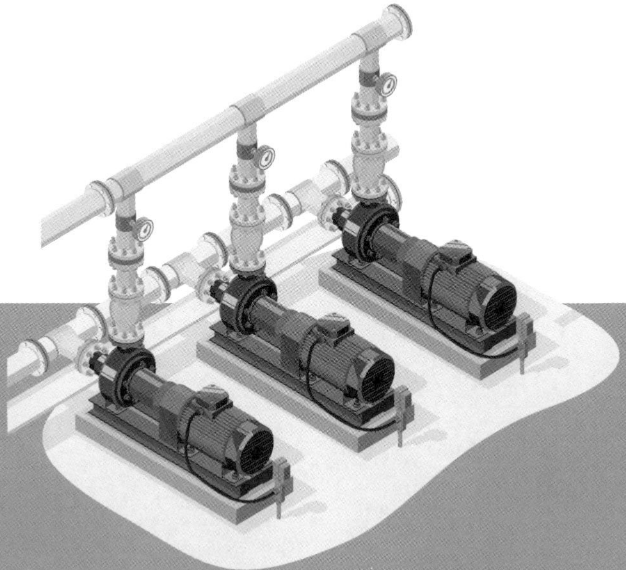

第四篇

泵的检验、试验安装和试运行

·第一章·
泵的检验与试验

第一节　离心泵的检验与试验

离心泵的检验与试验作为泵产品性能保证的必要过程，目前已被买方越来越重视。随着装置业主对离心泵完整性管理要求的提升，泵的检验与试验要求在工程设计中必将进一步细化和明确。

一、离心泵检验与试验总则

（1）在商务合同正式签订之前，买方和卖方应共同商定并明确：

① 检验和试验的项目，以及见证或观察的要求；

② 必要时，买方可提出检验和试验的方法，如无损检验方法等；

③ 必要时，买方可提出获得卖方的检验和试验的程序，用于审查；

④ 检验和试验的记录或报告。

上述项目和要求，可体现在技术协议、数据表、或检验和试验计划（ITP）文件中。

（2）承压零件在完成规定的检验和试验项目之前不得涂漆，或有其他任何涂层。

（3）静水压试验中不应带机械密封及其压盖，性能试验中应带有合同指定的机械密封。

（4）泵水力性能试验和机械运转试验基本原则：

① 应安装合同指定的机械密封组件，且试验成功后不应拆下，应与泵一起运输。

② 可以采用工厂试验电机。

③ 试验方法与要求按 GB/T 3216—2016 1 级、2 级的规定执行。

④ 齿轮装置应在供应商车间进行机械运转试验。试验期间，应检测在规定的最高连续转速下齿轮装置的振动、轴承温度、噪声等性能；在试验前应严格按合同要求进行总装检查，且至少要包含齿轮接触情况、啮合间隙等数据，并在机械运转试验前提交买方审查。

⑤ 强制润滑系统在系统清理干净后，应按合同要求的运行时间（合同无约定的应不小于 1h）进行机械运行试验。

二、离心泵的检验

1. 基本的检验项目

（1）承压壳体、导叶、叶轮、轴、密封环等材料的化学成分、力学性能（除轴、壳体、叶轮外，其余零件需在合同中指定），以及热处理状态。

（2）叶轮/转子动平衡试验及试验报告。

（3）总装间隙（应至少提供装置业主维修用总装间隙要求值和出厂时的实测值）。

（4）密封环、节流衬套、喉部衬套等零件摩擦面的硬度检验，需在合同中指定。

（5）耐腐蚀材料的晶间腐蚀检验要求，需在合同中指定。

（6）承压壳体、导叶、叶轮、轴等的无损检测要求，应在合同中明确；若无明确，可按表 4-1 至表 4-3 要求执行。

（7）发运前检查，至少应包括：旋转方向、铭牌及内容、清洁度、辅助管线的装配、附件、备品备件、涂漆、随机文件等的检查。

2. 关键零件与泵机组内辅助流程用管路的材料检验

（1）检验要求　尽管离心泵的设计满足规定压力和温度的要求，并且承压壳体按照要求进行静水压试验，但这并不能保证材料在应用中具有完全满足标准要求的质量。材料加工过程的重要变化可以影响铸件质量。材料标准（如 GB、JB 或 ASME 等标准）对材料本身提出了最低要求，但是铸件可能受铸造过程中缩孔面积、气体孔隙度、热裂、砂夹杂物、焊接修补不当等因素的影响。此外，一些容易产生晶界撕裂或裂纹的材料，在温度、压力、振动和管道变形等引起的在役应力作用下，可能加剧晶界撕裂或裂纹扩展。

因此，关键零件与泵机组内辅助流程用管路，对于不同的检验级别和要求提出了不同的检验方法，详见表 4-1。

表 4-1　关键零件与泵机组内辅助流程用管路的检测方法

<table>
<tr><th colspan="2" rowspan="3">零件类型</th><th colspan="3">不同的检验级别和要求对应的检测方法①</th></tr>
<tr><th>Ⅰ级</th><th>Ⅱ级</th><th>Ⅲ级</th></tr>
<tr><th>最小</th><th>承压＞80% MAWP
＋温度＞200℃</th><th>相对密度＜0.5，
温度＞200℃＋相对密度＜0.7，
温度＞260℃＋危险场合(买方指定的)</th></tr>
<tr><td rowspan="7">壳体②</td><td>铸件③或锻件</td><td>VI</td><td>VI＋PT(关键区)，MT</td><td>VI＋PT(关键区)，MT＋UT(关键区)，RT</td></tr>
<tr><td>去除表面缺陷</td><td colspan="3">VI</td></tr>
<tr><td>铸件焊补</td><td colspan="3">PT，MT＋RT(必要时)</td></tr>
<tr><td>管口对焊</td><td colspan="2">VI＋PT(100%)，MT</td><td>VI＋PT(100%)，MT＋RT(100%)</td></tr>
<tr><td>组合(锻件＋铸件)焊缝＋热影响区</td><td colspan="3">VI＋PT(100%)，MT</td></tr>
<tr><td>焊管对接焊缝</td><td colspan="3">VI＋(100%)RT</td></tr>
<tr><td>辅助接口焊缝</td><td>VI</td><td>VI＋PT，MT</td><td>VI＋PT(100%)，MT</td></tr>
<tr><td colspan="2">内壳体、叶轮</td><td>VI</td><td colspan="2">VI＋PT(如有要求，关键区按卖方指定)，MT</td></tr>
<tr><td colspan="2">轴④</td><td colspan="2">VI</td><td>VI＋UT(100%)(如有要求)</td></tr>
<tr><td>壳体②</td><td>连接用螺柱、螺母</td><td colspan="3">VI(压力≥9.0MPa)＋UT(100%)</td></tr>
<tr><td colspan="2">大型零件吊耳处焊缝</td><td colspan="3">VI＋PT(100%)，MT</td></tr>
<tr><td rowspan="2">辅助流程管路</td><td>承插焊</td><td>VI</td><td colspan="2">VI＋PT(100%)，MT</td></tr>
<tr><td>对接焊</td><td>VI＋RT(5%)</td><td>VI＋PT(100%)，MT＋RT(5%)</td><td>VI＋PT(100%)，MT＋RT(10%)</td></tr>
</table>

① 检测方法：VI 为目视检查；RT 为射线检测；MT 为磁粉检测；PT 为渗透检测；UT 为超声检测。

② 壳体包括泵壳、泵盖、附于泵壳其上部分（如吸入和排出接管）。壳体关键区域：进口、出口管口部位，泵壳壁厚变化区域。

③ 如果铸件的结构不能做射线检测（RT），可用超声检测（UT）来代替射线检测。

④ 当轴直径≥80mm 时，应采用超声检测。

（2）检验标准、检测方法及验收准则　材料的无损检验标准、检验方法和验收准则，按表 4-2（国内标准）和表 4-3（国外标准）。

表 4-2 无损检验标准、检测方法及验收准则（国内）

<table>
<tr><th colspan="2" rowspan="2">检测方法</th><th colspan="4">检验标准及验收准则①</th></tr>
<tr><th colspan="2">用于焊接件</th><th>用于轧制/锻制件</th><th>用于铸件</th></tr>
<tr><td rowspan="3">射线检测（RT）</td><td>标准</td><td>GB/T 3323.1—2019</td><td>NB/T 47013.2—2015</td><td>—</td><td>GB/T 5677—2018</td></tr>
<tr><td>检测技术等级</td><td>A 级</td><td>AB 级</td><td>—</td><td>B 级</td></tr>
<tr><td>验收级别</td><td>按 GB/T 37910.1 规定的 B 级；</td><td>Ⅱ级</td><td>—</td><td>ASME BPVC. 第Ⅷ卷第 1 册，附录 7</td></tr>
<tr><td rowspan="3">超声检测（UT）</td><td>标准</td><td>GB/T 11345—2023</td><td>NB/T 47013.3—2015</td><td>GB/T 4162—2022</td><td>GB/T 7233.1—2023</td></tr>
<tr><td>检测技术等级</td><td>B 级</td><td>—</td><td>—</td><td>—</td></tr>
<tr><td>验收级别</td><td>B 级</td><td>Ⅰ级</td><td>A 级</td><td>Ⅰ级</td></tr>
<tr><td rowspan="2">磁粉检测（MT）</td><td>标准及检测方法</td><td>GB/T 26951—2011</td><td>NB/T 47013.4—2015</td><td>JB/T 6912—2019</td><td>GB/T 9444—2019</td></tr>
<tr><td>验收准则</td><td>按 GB/T 26952—2011 规定的 1 级</td><td>Ⅰ级</td><td>Ⅰ级</td><td>SM01、LM01</td></tr>
<tr><td rowspan="2">渗透检测（PT）</td><td>标准及检测方法</td><td>GB/T 18851.1—2012</td><td>NB/T 47013.5—2015</td><td>JB/T 12582—2015</td><td>GB/T 9443—2019</td></tr>
<tr><td>验收准则</td><td>按 GB/T 26953—2011 规定的 1 级</td><td>Ⅰ级</td><td>Ⅰ级</td><td>SP01、LP01</td></tr>
<tr><td>目视检查（VT）</td><td>标准及检测方法</td><td colspan="2">依照材料规范和制造商的文件规程</td><td>—</td><td>MSS SP—55</td></tr>
</table>

① 泵制造企业可以根据企业自身质量体系中无损检测程序及作业指导书要求，选择采用 GB/T、JB/T 或 NB/T 标准进行材料、工件的无损检测，其验收等级应不低于表中对应验收等级要求。

表 4-3 无损检验标准、检测方法及验收准则（国外）

<table>
<tr><th rowspan="2">检测方法</th><th rowspan="2">方法</th><th colspan="2">检验标准及验收准则①</th></tr>
<tr><th>用于焊合件</th><th>用于铸件</th></tr>
<tr><td>射线检测（RT）</td><td>ASME BPVC. 第Ⅴ卷第 2 章和第 22 章</td><td>ASME BPVC. 第Ⅷ卷 第 1 册，UW-51（100％射线）和 UW-52（局部射线）</td><td>ASME BPVC. 第Ⅷ卷第 1 册，附录 7</td></tr>
<tr><td>超声检测（UT）</td><td>ASME BPVC. 第Ⅴ卷第 5 章和第 23 章</td><td>ASME BPVC. 第Ⅷ卷第 1 册，附录 12</td><td>ASME BPVC. 第Ⅷ卷第 1 册，附录 7</td></tr>
<tr><td>渗透检测（PT）</td><td>ASME BPVC. 第Ⅴ卷第 6 章和第 24 章</td><td>ASME BPVC. 第Ⅷ卷第 1 册，附录 8</td><td>ASME BPVC. 第Ⅷ卷第 1 册，附录 7</td></tr>
<tr><td>磁粉检测（MT）</td><td>ASME BPVC. 第Ⅴ卷第 7 章和第 25 章</td><td>ASME BPVC. 第Ⅷ卷第 1 册，附录 6</td><td>ASME BPVC. 第Ⅷ卷第 1 册，附录 7</td></tr>
<tr><td>目视检测（VT）（所有表面）</td><td>ASME BPVC. 第Ⅴ卷第 9 章</td><td>依照材料规范和制造商的文件规程</td><td>MSS SP—55</td></tr>
</table>

① 泵制造企业可以根据企业自身质量体系中无损检测程序及作业指导书要求，选择采用 ASNT 标准、欧盟标准或其他标准进行材料、工件的无损检测，其验收等级应不低于表中对应验收等级要求。

（3）检验的时机及其他要求

① VT、MT、PT 应以精加工后的检验结果为验收依据。另外在加工工序中 VT、MT、PT 也可以在粗加工以及最终热处理后进行；在粗加工条件下留出的加工余量不得超过 1mm，或最小允许壁厚的 5％，两者取较小值。

② RT、UT应在最终热处理后进行，有延迟裂纹倾向的材料（如Cr-Mo合金钢）应在最终热处理24h后进行；超声检测时被检测表面粗糙度应不低于$Ra6.3\mu m$，且应在能影响UT的机械加工作业前进行。

如果有规定，应当通过试验来证明零件的硬度、焊缝的硬度以及热效应区的硬度在允许的范围内。其试验的方法、范围、文件和试验的见证应当由买方和卖方共同商定。

③ 如果有规定，合金和不锈钢类材料的承压零件应进行材料可靠性检测（PMI）。

3. 离心泵的静水压试验

（1）承压壳体的静水压试验，其目的是确保泵的承压部件和接合面设计的结构，在环境条件和最大工作条件下都没有泄漏。

（2）所有承压部件应作为装配好的部件进行静水压试验。

参与静水压试验的部件不包含机械密封、密封压盖和可移出的密封腔，它们应按机械密封的规定单独进行试验。与泵一体的密封腔不视为可移出。

与承压壳体焊接的管路应和壳体一同进行静水压试验。

（3）静水压试验压力应至少为1.5倍最大允许工作压力（MAWP）。

如果承压壳体的材料，在运转温度下的强度低于试验温度下的强度，静水压试验压力应在1.5倍最大允许工作压力（MAWP）上乘上系数（=试验温度下材料应力/运转温度下材料应力），或将最大允许工作压力（MAWP）值换算到试验温度下的值（可通过压力-温度曲线查得），再乘上1.5，作为静水压试验的压力值。

双层壳体泵、卧式多级泵、齿轮整体增速方式驱动泵以及其他经买方同意特殊设计的泵壳，可以分段地进行试验；通过内部隔板的渗漏是允许的，这种隔板是试验需要的分段壳体，用来使试验泵保持压力；如果批准在不同压力下试验分段壳体，每段应单独在适用的压力下进行试验，或可以用合适的压力对这些分段进行组合试验。

焊接的主要辅助流程管路（如密封冲洗管路，壳体的排残、排气管路等），应以承压泵壳的试验压力进行试验；焊接的非流程管路和通道或组件（如蒸汽、循环水、润滑油管路，及轴承水冷套、密封腔水冷套、油冷却器、密封冷却器等），应以1.5倍最大工作压力或1050kPa（10.5bar）压力进行试验，两者中取较大者。

（4）静水压试验应采用液体进行。

① 液体的温度应高于被试材料的无塑性转变温度，比如碳钢的试验液体温度应≥15℃；

② 如果存在下列情况中的一种或多种情况时，液体中应当包括一种润湿剂以减小表面张力：

a. 抽送的液体在抽送温度下相对密度小于0.7；

b. 抽送温度高于260℃；

c. 泵壳是从新模型或修改的模型中铸出的；

d. 已知此种材料的铸造流动性不良。

③ 用于试验奥氏体不锈钢材料的液体的氯化物质量分数不应超过100ppm。为了防止氯化物因蒸发干燥而沉淀，在试验结束时应把残余液体从被试零件中排除掉。为防止应力腐蚀裂纹，应当限制氯化物的含量。

（5）静水压试验前预留加工余量的说明：对于奥氏体或双相不锈钢材料，或淬火引起较大残余应力的材料，或屈服强度较低的材料，在做静水压试验前，需留有一定的加工余量，不应当超过1mm或者5%的最小允许壁厚，二者中取较小者。

（6）静水压试验时间：至少应保压30min，如泵壳或泵壳密封面既无泄漏也无渗漏现象，则认为水静压试验合格。大型和重型承内压部件可以要求更长的试验时间，这需要买卖双方共同商定。

4. 叶轮/转子动平衡试验

(1) 叶轮动平衡试验　叶轮应在精加工结束，并完成密封环（如有）的装配后才能进入动平衡试验，动平衡精度等级应不低于G2.5级，采用去重方式。去重区域应尽量靠近叶轮外圆部位，去重深度不得超过叶轮盖板厚度的20%，形状宜为扇形，并与叶轮盖板上相邻部位圆滑过渡。

(2) 转子动平衡试验　买方有要求时多级泵转子或两端支承结构泵转子均应进行转子动平衡试验。转子动平衡精度等级应不低于G1.0级；转子动平衡时应以转子几何中心为原点，先对称安装2个叶轮进行动平衡，合格后再装1个叶轮或采用同样方式继续装2个叶轮，合格后再继续装转子上旋转零件，直到所有零件（含半联轴器）全部装好后进行最终动平衡，且不能在半联轴器上去重。去重方式和叶轮动平衡相同。当买方要求进行转子高速动平衡试验时，转子应先进行低速动平衡试验，再转入具有和泵机组相同支承刚度的高速动平衡试验机进行试验。高速动平衡试验时以振动速度值进行验收。

5. 离心泵的性能试验

(1) 性能试验总则

① 除非另有规定，每台泵都要用低于55℃的清水做性能试验；大于55℃的条件，需经买方批准。

② 泵在做性能试验时，应采用合同规定的密封和轴承；试验结束后，不应拆下，需与泵一起运输；如果为了防止损坏合同密封，或合同密封与试验液体不匹配，经买方批准，可使用替代密封；允许使用试验电机。

③ 泵在进行性能试验期间的任何阶段，应消除所有接合面、接口等的泄漏；密封泄漏量应符合有关规定；用水进行试验时，适用于水的湿式密封应没有可见的泄漏；出现任何不允许的泄漏，都需要拆卸和维修密封。

④ 所有润滑油压力、黏度和温度应在运行值范围之内，这些运行值在提供给买方的操作指南中，针对指定试验机组有推荐。

⑤ 纯油雾轴承，在进行性能试验之前，应采用一种合适的烃类油来进行预润滑。

⑥ 应检查试验过程中使用的所有报警、保护和控制装置，并应根据要求做好调整。

⑦ 除非另有规定，每台泵都应按GB/T 3216（等同采用ISO 9906）进行性能试验。

(2) 水力性能试验

① 试验点　正常情况下，建议包括图4-1所示流量点（可以有±3%的流量偏差）。不一定全部记录所有点，但在泵允许工作区内，应遵循相邻两个流量点的间距不能大于额定流量35%的原则，以便充分说明曲线形状。

a. 关死点（此点不测振动；为避免产生较大温升，高能泵需回避此点）。

高能泵功率密度为

$$PD=\frac{P_{\text{rated}}}{D_{\text{imp}}^{2}D_{\text{nozzle}}}\geqslant 13(\text{MW/m}^3) \quad (4\text{-}1)$$

式中　P_{rated}——每级的额定水功率，MW；

D_{imp}——额定叶轮直径，m；

D_{nozzle}——排出口公称直径，对于双吸、单级泵是进口法兰直径，m。

b. 最小连续稳定流量点（允许工作区起点）。

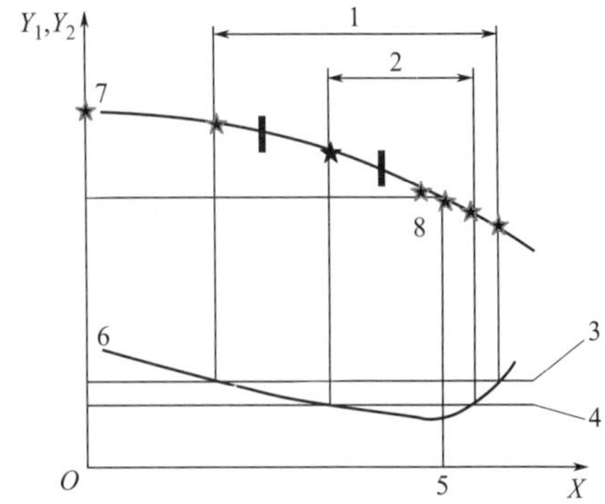

图4-1　性能试验点图示

X—流量；Y_1—扬程；Y_2—振动；1—流量的允许工作区；2—流量的优先工作区；3—流量限值内最大允许振动限值；4—基本振动限值；5—最佳效率点，流量；6—表明最大允许振动的典型的振动-流量（Y_2-X）曲线；7—扬程-流量（Y_1-X）曲线；8—最佳效率点，扬程和流量

c. 最小连续稳定流量与最佳工作区最小流量之间的接近两者中间的流量点。如 BEP 点（最佳效率点）小于 $11m^3/h$，则无须选择该点。

d. 最佳工作区最小流量点。

e. 最佳工作区最小流量与额定流量之间的接近两者中间的流量点。如 BEP 点小于 $11m^3/h$，则无须选择该点。

f. 95%～99%额定流量之间的流量点。

g. 100%～105%额定流量之间的流量点。

h. 最佳工作区最大流量点。

i. 允许工作区终点（如果与最佳工作区终点不同）。

② 试验结果允差　除非有规定，试验后的性能允差见表 4-4（离心泵为例）。

表 4-4　离心泵性能允差

<table>
<tr><th colspan="2">性能</th><th>额定点允差①/%</th><th>关死点允差/%</th></tr>
<tr><td colspan="2">额定流量</td><td>±3</td><td>—</td></tr>
<tr><td rowspan="3">额定扬程
/m</td><td>0～75</td><td rowspan="3">±3①</td><td>±10②</td></tr>
<tr><td>>75～300</td><td>±8②</td></tr>
<tr><td>>300</td><td>±5②</td></tr>
<tr><td colspan="2">额定功率</td><td>+4①③</td><td>—</td></tr>
<tr><td colspan="2">效率</td><td>−3①④</td><td>—</td></tr>
<tr><td colspan="2">额定汽蚀余量</td><td>0</td><td>—</td></tr>
</table>

① 本表额定点允差采用了 GB/T 3216—2016（ISO 9906）1B 级，另增加了关死点的允差，对效率允差进行了说明，流量允差不同。

② 如果规定了上升的扬程曲线，只有当试验曲线仍然呈上升特性时，才允许使用此表中规定的负允差。

③ 用试验数据将流量、转速、密度和黏度修正到额定条件，由于各种原因，功率不得超过额定值的 104%（累积允差是不允许的）。

④ 试验规范规定的试验效率不确定度是 2.5%；因此，API 610 标准中泵效率不在泵的额定性能允差规定之中；在订货时应共同商定一个效率值和相对允差；表中允差采用了 GB/T 3216（等同 ISO 9906）1B 级。

对于大功率泵（>1MW），本表以外的性能允差可能是合适的。如果有规定，泵在额定流量点的效率应限定在买方给出允差之内，并且应包含在泵额定性能范围内。如果对额定效率规定了允差，应在靠近实际额定流量点处取附加试验点；额定效率和允差应符合所采用的试验规范。特别需要注意的是，要根据试验规范确定效率不确定度。

③ 试验转速　除非另有商定，试验转速变化应在泵试验数据表中所列额定转速的 3%以内，试验结果应修正到额定转速。试验转速等同于规定转速，或电机与泵一体的泵机组的试验，不需要进行转速换算。

④ 试验装置　如果有规定，性能试验应在试验装置上进行，试验时的 $NPSH_a$ 值应不大于买方规定的 $NPSH_a$ 的 110%。

注：这样试验的目的是评估泵入口在规定的 $NPSH_a$ 条件下泵的性能。

⑤ 汽蚀试验（可选）

a. 除非另有规定，$NPSH_a$ 与 $NPSH_r$ 差值小于 1.0m 或技术协议/数据表有要求时，应进行汽蚀余量试验。

b. 汽蚀余量试验应测定试验点下 5 个点（2、5、6、7、8 点）的 $NPSH_3$ 值（$NPSH_3$ 基于第一级扬程下降 3%时的汽蚀余量）；如果可能，两级或多级泵的第一级扬程应在第一级排出部分用单独的接口来测量，或者应只试验第一级；经买方批准，第一级扬程可用总扬程除以级数来确定。

c. 除非另有规定，必需汽蚀余量试验应是在每一个试验点上进行，每个试验点都保持恒定的流量，通过逐渐降低 $NPSH_a$，记录扬程和 $NPSH_a$ 测量数据，直到扬程下降超过了第一级扬程值的 3%；扬程下降超过第一级扬程值 20%时不应继续试验。

d. 汽蚀余量试验的每个试验点，第一级扬程值应是在开始试验的 $NPSH_a$ 条件下测量的；开始试验的 $NPSH_a$ 至少等于报价单曲线上对应流量点的 $NPSH_3$ 值的两倍或更大值（开始试验的 $NPSH_a$ 值等于对应流量点泵性能试验提供的 $NPSH_a$ 值）。

e. 汽蚀余量试验的每个试验点，通过将泵 $NPSH_a$ 减少至少 1m，测定的第二扬程值与第一扬程值的差值，应不大于试验所用测量装置测得的扬程允许合成不确定度（±1.5%）。如果两者差值大于压差允许不确定度（±1.5%），试验开始的 $NPSH_a$ 就应提高，再重复试验进行两者的比较，直至两扬程差值达到允差。

f. 一组 H-$NPSH_a$ 数据就是必需汽蚀余量试验的每一个试验点结果，多组 H-$NPSH_a$ 数据应单独记录并分别绘制 H-$NPSH_a$ 曲线。在这些曲线上应分别标示出每个试验点 $NPSH_3$ 值。另外，应采用 $NPSH_3$-Q 曲线来记录必需汽蚀余量试验结果。

g. 额定点 $NPSH_3$ 值不允许有正偏差；为修正 $NPSH_3$ 性能所进行的拆卸，需要重新进行性能试验和必需汽蚀余量试验。

（3）机械性能试验

① 振动试验

a. 在性能试验过程中，除了关死点之外的至少 5 个试验点（额定流量点和允许工作区和优先工作区的最大流量和最小流量）上进行振动测量。

b. 振动测量应在泵的轴承箱或相应部位测量（具体位置见 GB/T 29531）。

c. 轴承箱的总振动测量应该用均方根（RMS）速度，测量单位为 mm/s；轴振动测量的单位应是峰对峰值位移，单位是 μm。

d. 对于配置趋近式振动传感器的泵，应在流体动压轴承泵轴的 X 和 Y 两个方向安装探头。

e. 如有规定，可进行 5Hz 至 1000Hz 范围的全振动测量和快速傅里叶变换（FFT）测量。FFT 频谱应包括从 5Hz 到 $2Z$（这里 Z 为叶轮叶片数；在装有不同叶轮的多级泵中，Z 是任何一级叶轮的最大叶片数）倍运行转速的频率范围。频谱图应包括在泵的试验结果中。

注：1.0、2.0 和 Z 倍运行转速的离散频率的振动与泵各种不同的现象有关，因此在频谱中具有特殊意义。

f. 振动值不应超过表 4-5 及图 4-2 所列振动限定值。

表 4-5　振动限定值（API 610 标准）

<table>
<tr><td colspan="3">悬臂泵和两端支承泵的振动极限</td></tr>
<tr><td rowspan="5">项目</td><td colspan="2">测量振动的部位</td></tr>
<tr><td>轴承箱</td><td>泵轴</td></tr>
<tr><td colspan="2">泵轴承型式</td></tr>
<tr><td>全部</td><td>流体动压支承轴承</td></tr>
<tr><td colspan="2">在泵优选工作区内任意流量点的振动</td></tr>
<tr><td>优先工作区内</td><td>转速 <3600r/min 和单级轴功率 <300kW，
$v_u<3.0$mm/s RMS；
转速 $\geqslant 3600$r/min 和单级轴功率 >300kW，按图 4-2</td><td>$A_u<(5.2\times10^6/n)^{0.5}$μm 峰对峰值；
$A_u<50$μm 峰对峰值</td></tr>
<tr><td>互不相关的频率</td><td>$v_f<0.67\ v_u$</td><td>$f<n$；$A_f<0.33A_u$</td></tr>
<tr><td>优先工作区外，
允许工作区内</td><td>+30%</td><td>+30%</td></tr>
</table>

注：单级轴功率是指液体的相对密度为 1.0 时，额定叶轮在最佳效率点的计算功率，其中：

v_u—未滤波速度；v_f—滤波速度；A_u—未滤波的位移振幅；A_f—滤波的位移振幅；f—频率；n—转速，单位 r/min，从基本极限值中算出的真功速度和振幅应四舍五入到两位有效数字。

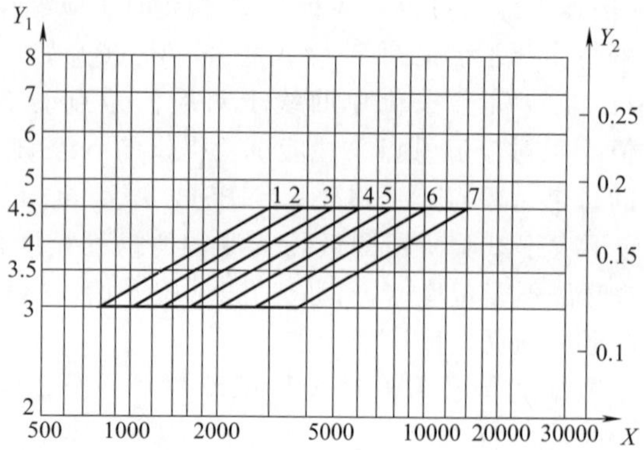

说明：

X——转速，单位为转每分钟（r/min）；

Y_1——振动速度，单位为毫米每秒（mm/s）；

Y_2——振动速度，单位in/s，RMS表示（lin=2.54cm）；

1——P≥3000kW/级；

2——P=2000kW/级；

3——P=1500kW/级；

4——P=1000kW/级；

5——P=700kW/级；

6——P=500kW/级；

7——P≤300kW/级

图 4-2 转速≥3600r/min 和单级轴功率＞300kW 时的振动限定值

② 轴承温升试验

a. 对于油环和溅油润滑系统，在试验的开始和结束时，应记录油温度。对于纯油雾润滑系统，应记录试验开始和结束时的轴承箱温度（在试验报告中应注明试验的持续时间）。

b. 对于强制润滑系统，应记录试验开始和结束时的轴承金属温度（在试验报告中应注明试验的持续时间）。

c. 泵应在如下规定的轴承温度限定值内运行。

油浴润滑：轴承金属温度≤93℃，同时润滑油温升≤39℃；

强制润滑：轴承温升≤28℃；

纯油雾润滑：轴承箱表面≤71℃。

③ 机械运转试验 如果有规定，泵应在试验台上运转，在额定流量下测量和记录轴承油温；试验应连续运转直至达到油温稳定，即：10min 内油温上升相对环境温度不超过 1℃。

如果有规定，泵应在额定流量下进行 1～4h 的机械运转试验。

④ 声压级试验（可选） 应按买卖双方之间的协议进行声压级试验；如果没有另行规定，噪声按 85dB（A）验收；GB/T 29529 标准可作为协商的指导依据。

⑤ 机组试验（可选） 如果有规定，泵和驱动机组，与机组配套的所有辅助设备应当一起进行试验；如果有规定，应当做扭振测量来验证卖方的分析；应当做配套机组试验以代替各部件的单独试验，或代替除买方规定的独立部件外的单独试验。

机组各部件可接受的振动验收极限应按照各自的验收标准和规范的规定，往复式发动机除外（这种情况下，限值应由买方、泵供方和发动机的供方共同商定）。

⑥ 辅助设备试验（可选） 如果规定做共振试验，在泵未接管路的情况下，应当利用冲击或其他适当的方法来激振轴承箱，用快速傅里叶变换（FFT）频谱测量确定固有频率模态，并应符合下列规定：

a. 应记录和储存数据。

b. 在固有频率模态和下列激振频率之间应存在一个间隔裕量：

转速（r/min）的倍数：1.0、2.0、3.0；

叶片通过频率的倍数：1.0、2.0。

c. 试验的验收标准应由买方和卖方共同商定。在轴承箱共振条件不能改变情况下，轴承箱（组）和其附件的动力学特征的接受性，应通过轴承箱定期性能试验的振动测量来证明。如果轴承箱振动水平超出了振动规定的最大允许值，应通过减少叶片通过的激振水平来改进。

d. 在调速驱动应用中，买方应规定适用的连续工作转速范围。

注：上述原则适用于定速泵工作。关于调速驱动应用，由于潜在的较大工作转速范围，通常不可能满足所有适用频率的间隔裕量要求。这种情况的接受性可以通过在变速性能试验中的振动测量来证明（如适用）。如果无法证明接受性，买方和卖方应协商进一步测量，旨在降低叶片通过激振水平。在调速驱动领域，可以通过编程避免在一个特定的较小的工作转速范围内连续运行。应当指出的是，由于减小了泵的能量级，在较低运行转速下共振条件没有像较高速度下共振条件那样重要。

⑦ 备件试验（可选） 如果有规定，转子、联轴器、齿轮箱、隔板、轴承和机械密封等备件应进行试验。卖方应确保这些备件可以与原配设备同时进行试验，并提供所有必需的备件。买方和卖方应共同商定试验程序。

（4）试验后续工作

① 为了车削叶轮来满足扬程允差，需要在性能试验后拆卸泵；如果叶轮直径车削量不超过原来直径的5%，则不需要重新试验；工厂试验时的叶轮直径和最终的叶轮直径都应记录在工厂验证的试验曲线上，并给出叶轮直径切割后的运转特性曲线。

② 如果有规定，在多级泵试验之后，解体进行任何的扬程调整（包括小于5%叶轮直径的变化）都应重新试验。

③ 如果由于其他修正项目（如水力性能、NPSH或机械运转）需要拆卸泵，最初的试验不能作为验收依据；在完成这些维修项目之后，应进行最终的性能试验。

④ 如果在性能试验之后需要拆下机械密封，或要用工作密封面更换试验密封面，则最终的密封组件应按下列程序规定进行气密性试验：

a. 对每个密封段单独用清洁的空气加压到172 kPa；

b. 把试验装置与压力源隔离开，并且保持压力至少5min，或者每30L试验容积保持压力5min，两者中取较大值；

c. 试验过程中允许的最大压力降应是14kPa。

⑤ 除非另有规定，最终性能试验后不应拆卸泵。在试验后的4h内，泵包括密封腔应尽量排净，灌满置换水的抑制剂并重新排放干净。对有些泵型，如BB3和BB5，如果采用这个方法水不能被置换，需要对泵做更多的必要的拆卸，以确保在使用抑制剂之前将所有水从内部流道、平衡管中排尽，以防止腐蚀和冻裂的可能。

注：在最终性能试验后，进行泵的拆卸对机组的机械完整性有影响，这点在试验中得到了证明。拆卸后流体动压轴承的检查可以轻松完成，并且影响也是最小的。滚动轴承的检查仅限于打开轴承端外侧的压盖（如果有的话）。对OH和VS型泵拆除轴承内侧压盖意味着完全拆卸。对于所有泵型，泵内部检查需要拆卸泵体的连接件，对于BB型和VS型泵要拆卸机械密封，对于BB2和BB5型泵要拆卸驱动端轴承。

三、检验和试验记录或报告、检验和试验计划（ITP）

1. 检验和试验记录或报告

卖方应提交给买方每台泵的检测和试验记录，可以包括以下内容：

（1）材料的质量证明文件或试验合格证书。包括化学成分、热处理曲线及报告、材料机械性能。其中应包括泵壳、叶轮、导叶、轴、最高排出压力大于9MPa（G）的泵壳紧固件。

（2）无损检测（如有）报告。

表 4-6 典型的检验与试验计划（ITP）模板

序号	检验与试验项目	验收规范		质量证明文件	控制点				结论	签字及日期				备注
		验收依据	验收标准		制造商	买方	业主	第三方		制造商	买方	业主	第三方	
1	材料检验													
1.1	化学成分（泵体、泵盖、叶轮、密封环、导叶、轴）			化学分析报告	R	R	R	R						
1.2	热处理（泵体、泵盖、叶轮、导叶、密封环、轴）			热处理报告及曲线	R	R	R	R						
1.3	机械性能（泵体、泵盖、叶轮、导叶、轴）			机械性能报告	R	R	R	R						
1.4	零件、焊缝以及热效应区的硬度报告			零件、焊缝以及热效应区的硬度报告	R	R	R	R						
1.5	合金钢及以上材质的PMI（泵体、泵盖、叶轮、密封环、导叶、轴）			PMI 报告	R	R	R	R						
1.6	无损检验 示例 1：无损检验——PT（泵体、泵盖、叶轮）； 示例 2：无损检验——UT（轴、锻造壳体）			无损检验报告，液体渗透检验报告，超声检测报告	R	R	R	R						
1.7	铸造泵壳焊补（如有）			焊补修复程序、焊接图、焊接报告、焊后热处理及无损检验报告	R	R	R	R						
2	外购件检验													
2.1	外采购件的检验（电机、密封、轴承、联轴器、仪表等）			合格证明书及检验报告等	R	R	R	R						
2.2	电机及电子元件防爆防护等级			—	C	—	—	—						
3	试验与泵装配													
3.1	平衡试验			平衡试验报告	W/H	W/H	W/H	W/H						

续表

序号	检验与试验项目	验收规范		质量证明文件	控制点				结论	签字及日期				备注
		验收依据	验收标准		制造商	买方	业主	第三方		制造商	买方	业主	第三方	
3.2	水压试验			水静压试验报告	W/H	W/H	W/H	W/H						
3.3	泵装配质量			装配间隙记录或报告	W	R	R	R						
3.4	性能试验：水力性能试验(除水力性能外，应注明密封泄漏、轴承润滑油泄漏情况)			泵性能试验数据表，试验曲线，试验性能数据与保证点比较的一览表	W/H	W/H	W/H	W/H						
3.5	性能试验：机械性能之振动试验			泵振动试验报告	W/H	W/H	W/H	W/H						
3.6	性能试验：机械性能之轴承温度及温升试验			泵运转试验报告	W/H	W/H	W/H	W/H						
3.7	性能试验：机械性能之噪声试验			泵噪声试验报告	W/H	W/H	W/H	W/H						
3.8	汽蚀试验(可选试验)			泵汽蚀试验报告	W/H	W/H	W/H	W/H						
3.9	机组试验(可选试验)			机组试验报告	R	R	R	R						
3.10	辅助设备试验(可选试验)			辅助设备试验报告	R	R	R	R						
3.11	备件试验(可选试验)			备件试验报告	R	R	R	R						
4	泵机组安装尺寸检验													
4.1	泵与驱动机对中精度检验			装配精度记录	R	—	—	—						
4.2	管口规格、额定值及表面粗糙度			检查记录表	R	—	—	—						
4.3	外形尺寸和接口位置			检查记录表	R	—	—	—						
4.4	地脚螺栓布置及规格			检查记录表	R	—	—	—						
4.5	管路焊接与安装			—	C	—	—	—						
4.6	设备铭牌数据			—	C	—	—	—						
4.7	转向箭头(方向正确、清晰可见)			—	C	—	—	—						

续表

序号	检验与试验项目	验收规范		质量证明文件	控制点				结论	签字及日期				备注
		验收依据	验收标准		制造商	买方	业主	第三方		制造商	买方	业主	第三方	
5	发货前检验													
5.1	防腐与喷漆检验			防腐与喷漆检验记录	R	R	R	R						
5.2	清洁度检查			—	C	—	—	—						
5.3	受约束的转子(如果有要求)			检查记录表	R	R	R	R						
5.4	包装检验(发运准备检验)			—	C	—	—	—						
5.5	备件清单的检验			—	C	—	—	—						
5.6	存储防护说明			—	C	—	—	—						
5.7	最终交工资料		—	完工报告	R	R	R	R						

注：1. 本表仅为推荐设置，依据项目重要程度可予以适当调整。质量控制点定义如下：

W——现场见证点（将检查和试验的时间节点通知买方，只有买方或买方代表出席才能进行的检查或试验）；

H——停工待检点（将检查和试验的时间节点通知买方，即使买方或买方代表不出席现场，也按照进度如期进行的检查或试验）；

R——书面见证点（审查卖方检验/试验报告）；

C——检查检测点（无记录）。

2. 各种试验报告可依据复杂程度予以适当合并。

（3）装配精度记录。

（4）外观检验和尺寸检测报告（包括管口规格、地脚螺栓布置与规格等）。

（5）动平衡试验报告。

（6）静水压试验报告。

（7）主机试验报告，包括水力性能、振动、轴承温度、噪声等。

（8）可选试验项目（如买卖双方约定执行的项目），具体包括机械运转试验、汽蚀试验、机组试验、辅助设备试验、备件试验。

（9）其他检验和试验报告（如果规定），如喷漆、清洁度等。

（10）批准的补焊记录及补焊图（如有重要零件的补焊）。

2. 检验和试验计划（ITP）

如有规定，卖方应制定检验和试验计划（ITP），并提交买方予以审查。

典型的检验与试验计划（ITP）模板见表 4-6。

第二节 往复泵的检验与试验

一、往复泵检验与试验总则

（1）在商务合同正式签订之前，买方和卖方应共同商定并明确：

① 检验和试验的项目，以及见证或观察的要求；

② 必要时，买方可提出检验和试验的方法，如无损检验方法等；

③ 必要时，买方可提出检验和试验的验收要求，如泵振动烈度值等；

④ 必要时，买方可提出获得卖方的检验和试验的程序，用于审查；

⑤ 检验和试验的记录或报告。

上述项目和要求，可体现在技术协议、数据表、或检验和试验计划（ITP）文件中。

（2）承压零件在完成规定的检验和试验项目之前不得涂漆，或有其他任何涂层。

（3）静水压试验中不应带填料密封及其压盖，性能试验中应带有合同指定的轴端密封。

（4）泵性能试验和运转试验基本原则：

① 应安装合同指定的轴端密封组件，且试验成功后不应拆下，应与泵一起运输；

② 可以采用工厂试验电机；

③ 试验方法与要求按 GB/T 7784—2018 的 1 级、2 级的规定执行；

④ 强制润滑系统（如有）在系统清理干净后，应按合同要求的运行时间（合同无约定的应不小于 1h）进行机械运行试验。

二、往复泵的检验

1. 基本的检验项目

（1）承压壳体、柱塞（活塞杆）/活塞、曲轴、连杆及连杆螺栓、十字头销、进出口阀用阀球和阀座、缓冲罐、安全阀等材料的化学成分、机械性能，以及热处理状态。

（2）进出口阀密封试验及试验报告。

（3）总装间隙（应至少提供装置业主维修用总装间隙要求值和出厂时的实测值）。

（4）进出口阀用阀球、阀座，柱塞（活塞杆）、十字头销等零件摩擦部位的硬度检验，需在合同中指定。

（5）耐腐蚀材料的晶间腐蚀检验要求，需在合同中指定。

（6）承压壳体、柱塞（活塞杆）/活塞、曲轴、连杆及连杆螺栓等的无损检测要求，应在合同中明确；若无明确，可按表 4-7、表 4-2、表 4-3 要求执行。

（7）发运前检查，至少应包括：曲轴旋转方向、铭牌及内容、清洁度、辅助管线的装配、附件、备品备件、涂漆、随机文件等。

2. 关键零件与泵机组内辅助流程用管路的材料检验

（1）无损检测要求 尽管往复泵的设计满足规定压力和温度的要求，并且承压壳体按照要求进行静水压试验，但这并不能保证材料在应用中具有合适的质量。材料加工过程的重要变化可以影响铸件质量。材料标准（如 GB、JB 或 ASME 等标准）对材料本身提出了最低要求，但是铸件可能受铸造过程中缩孔面积、气体孔隙度、热裂、砂夹杂物、焊接修补不当等因素的影响；锻件可能受制于锻造用原材料，锻造过程中可能出现折叠、裂纹等缺陷。此外，一些容易产生延迟裂纹倾向材料，或产生晶界撕裂或裂纹的材料，在温度、压力、振动和管道变形等引起的在役应力作用下，可能加剧晶界撕裂或裂纹扩展。

因此，对于关键零件与泵机组内辅助流程用管路，提出了基本的无损检测要求，详见表 4-7。

表 4-7 关键零件与泵机组内辅助流程用管路的无损检测要求

零件名称	检测方法		
缸体和缸盖(锻件) 缸体和缸盖(铸件)	— —	MT 或 PT MT 或 PT	UT —
承压泵壳的对接焊缝	RT	MT 或 PT	—
承压泵壳的角接焊缝	—	MT 或 PT	UT
活塞杆或柱塞	—	MT 或 PT	UT
十字头销	—	MT 或 PT	UT
连杆及连杆螺栓	—	MT 或 PT	UT
缓冲罐对接焊缝	RT	MT 或 PT	—
缓冲罐角接焊缝	—	MT 或 PT	UT
辅助管路对接焊缝	RT	MT 或 PT	—
辅助管路角接焊缝	—	MT 或 PT	UT

注：1. RT——射线检测；MT——磁粉检测；PT——渗透检测；UT——超声检测。

2. 泵制造企业可以根据企业自身质量体系中无损检测程序及作业指导书要求，选择采用 GB/T、JB/T、NB/T、ASNT 标准、欧盟标准或其他标准进行材料/工件的无损检测。

3. 具体检测要求按合同要求执行。

（2）检验标准、检测方法及验收准则 材料的无损检验标准、检验方法和验收标准，可以按表 4-2（国内标准）和表 4-3（国外标准）实施。

（3）检验的时机及其他要求

① VT、MT、PT 应以精加工后的检验结果为验收依据。另外在加工工序中 VT、MT、PT 也可以在粗加工以及最终热处理后进行；在粗加工条件下留出的加工余量不得超过 1mm，或最小允许壁厚的 5%，两者取较小值。

② RT、UT 应在最终热处理后进行，有延迟裂纹倾向的材料（如 Cr-Mo 合金钢）应在最终热处理 24h 后进行；超声检测时被检测表面粗糙度应不低于 $Ra\,6.3\mu m$，且应在能影响 UT 的机械加工作业前进行。

如果有规定，应当通过试验来证明零件的硬度、焊缝的硬度以及热效应区的硬度在允许的范围内。其试验的方法、范围、文件和试验的见证应当由买方和卖方共同商定。

③ 如果有规定，合金和不锈钢类材料的承压零件应进行材料可靠性检测（PMI）。

3. **往复泵的静水压试验**

往复泵承压壳体的静水压试验可以参照离心泵的静水压试验要求实施。

4. **动力端壳体渗漏试验**

动力端壳体（曲轴箱）油池部位需要进行渗漏试验，可以采用涂抹法或浸泡法，也可以采用盛水试验，但保持时间不应低于 4h。

5. **往复泵的性能试验**

（1）性能试验总则

① 除非另有规定，每台泵都要用低于 50℃的清水或乳化液做性能试验；在不宜用水或乳化液作试验介质，且对试验介质有明确要求时，也可以按设计要求采用相应的介质或矿物油，或实际泵输送介质作为试验介质。

② 应使用合同轴承和轴端密封。

③ 同一台泵的同一个试验项目试验介质温差应不超过 2℃。

④ 油系统应进行清洁度检查。

⑤ 机械运转试验应稳定运行 4h。

⑥ 除水力性能试验外，泵试验转速允许偏差为额定转速的±5%。

（2）水力性能试验

①性能试验——直接作用泵

a. 除非另有规定，应按水力学会标准进行性能试验。泵应在制造厂工厂内运行足够长的时间以得到完整的试验数据，包括转速、排出压力、入口压力和流量等。

b. 泵应在 5 种转速（25%、50%、75%、100%、125%的额定转速）下运行。

c. 泵应在试验装置允许的情况下尽量按接近额定压力的条件运行。

d. 在工厂试验期间，在规定的工作范围内，泵应运行平稳。但是 NPSH 试验时泵运行在汽蚀条件的情况除外。

e. 在额定转速下，泵的效率应等于或大于报价时预期的效率。

②性能试验——动力泵

a. 除非另有规定，应按水力学会标准进行性能试验。泵应在制造厂工厂内运行足够长的时间以得到完整的试验数据，包括转速、排出压力、入口压力和流量等。

b. 上述规定仅适用于泵本身，还应取得功率值和效率值作为与泵相关的参考数据。而记录的数据和最终的报告还应包括整个装置的信息，包括驱动机和其他辅助设备。

c. 若试验装置不具备额定工况试验的条件，试验可以在减速或减压条件下进行。当有规定时，在额定排出压力下减速运行、在额定转速下减压运行两种试验都需要做。

d. 如果为了修正泵的缺陷而需要拆卸，则因修正而影响的泵的特性应通过重新试验来证实。

③ 试验允许偏差　当在试验台架上运行时，泵应在额定条件或试验当量的允许偏差之内（见表 4-8）。

表 4-8　往复泵性能试验允差

特性参数	允许偏差/%	
	动力泵	直接作用泵
额定流量	+3，−0	+3，−0
额定功率(在额定压力和流量下)	≤4	—
$NPSH_a/NPSH_r$	+0	+0

④ NPSH 试验　当有规定时，泵应做 NPSH 试验，在额定转速和 $NPSH_a$ 与报价单上的 $NPSH_r$ 相同时，泵发生汽蚀时测量的流量相对不发生汽蚀时测量的流量的偏差应小于 3%。

注：不可以使泵在汽蚀状态下运行。

⑤ 安全泄压装置（安全阀、溢流阀、调节阀等）试验　应按 GB/T 7784 要求进行安全泄压装置试验。

（3）机械性能试验

① 振动试验　往复泵振动试验应按 GB/T 13364 标准要求执行，除合同有规定外，其验收应按振动烈度≤7.1 级要求。

② 轴承温升试验　往复泵轴承温升试验可按离心泵轴承温升试验要求执行。

③ 声压级试验（可选）　应按买卖双方之间的协议进行声压级试验；如果没有另行规定，噪声按 85dB（A）验收；具体测量方法则可以参照 GB/T 7784 附录 D，或者按 GB/T 9069 要求。

④ 机组试验（可选）　如果有规定，泵、齿轮和驱动机，以及机组配套的所有辅助设备应当一起进行试验。

⑤ 调节特性试验（可选）　如果有规定，调速器响应和紧急超速跳闸系统应进行动作试验。

（4）试验后续工作　为满足标准或合同要求的性能指标，需要对泵密封性或结构进行修改，并应在这些修改完成后重新进行相应的试验，以验证性能的符合性。

三、检验和试验记录或报告、检验和试验计划（ITP）

1. 检验和试验记录或报告

卖方应提交给买方每台泵的检测和试验记录，至少应包括以下内容：

（1）材料的质量证明文件或试验合格证书。包括化学成分、热处理曲线及报告、材料机械性能。其中应包括液力端壳体、曲轴、连杆及连杆螺栓、十字头销、活塞杆/柱塞、泵壳体、进出口阀、缓冲罐、泵壳用紧固件等。

（2）无损检测（如有）报告。

（3）装配精度记录。

（4）外观检验和尺寸检测报告（包括管口规格、地脚螺栓布置与规格等）。

（5）静水压试验报告。

（6）主机性能试验报告，包括水力性能、振动、轴承温度、噪声等。

（7）可选试验项目（如买卖双方约定执行的项目），具体包括机组试验、调节特性试验等。

（8）其他检验和试验报告（如果规定），如喷漆、清洁度等。

（9）批准的补焊记录及补焊图（如有重要零件的补焊）。

2. 检验和试验计划（ITP）

如有规定，卖方应制定检验和试验计划（ITP），并提交买方予以审查。

典型的检验与试验计划（ITP）模板格式可以参照表 4-6，内容可根据具体往复泵合同要求进行编制。

第三节　转子泵的检验与试验

本节所描述的转子泵的检验与试验主要涉及齿轮泵、螺杆泵、凸轮泵、旋转活塞泵等结构形式。

一、转子泵检验与试验总则

（1）在商务合同正式签订之前，买方和卖方应共同商定并明确：

① 检验和试验的项目，以及见证或观察的要求；

② 必要时，买方可提出检验和试验的方法，如无损检验方法等；

③ 必要时，买方可提出检验和试验的验收要求，如泵振动烈度值等；

④ 必要时，买方可提出获得卖方的检验和试验的程序，用于审查；

⑤ 检验和试验的记录或报告。

上述项目和要求，可体现在技术协议、数据表、或检验和试验计划（ITP）文件中。

（2）承压零件在完成规定的检验和试验项目之前不得涂漆，或有其他任何涂层。

（3）静水压试验中不应带轴端密封及其压盖，性能试验中应带有合同指定的轴端密封。

（4）泵性能试验和运转试验基本原则：

① 应安装合同指定的轴端密封组件，且试验成功后不应拆下，应与泵一起运输；

② 可以采用工厂试验电机；

③ 试验方法与要求：试验验收等级应按 GB/T 3216—2016 规定的至少为 2B 级；应优先按 SH/T 3151—2013 标准（API Std 676）执行，也可以按如下标准执行：螺杆泵（单、双、三螺杆泵）应按 JB/T 8091—2014 标准规定执行；齿轮泵参照 JB/T 6434—2024 标准规定执行；凸轮转子泵、旋转活塞泵可按 GB/T 7784—2018 标准，或参照 JB/T 8099—2013 标准规定执行。

二、转子泵的检验

1. 基本的检验项目

（1）承压壳体、泵体衬套、转子/主轴、齿轮/螺杆套/凸轮/活塞、同步齿轮等材料的化学成分、机械性能，以及热处理状态。

（2）同步齿轮啮合试验及试验报告。

（3）总装间隙（应至少提供装置业主维修用总装间隙要求值和出厂时的实测值）。

（4）同步齿轮齿面硬度、单螺杆泵用螺杆套、泵体衬套等零件摩擦部位的硬度检验，需在合同中指定。

（5）耐腐蚀材料的晶间腐蚀检验要求，需在合同中指定。

（6）承压壳体、转子/主轴、齿轮/螺杆套/凸轮/活塞、同步齿轮等的无损检测要求，应在合同中明确；若无明确，可按表 4-8、表 4-2、表 4-3 要求执行。

（7）发运前检查，至少应包括：转子旋转方向、铭牌及内容、清洁度、辅助管线的装配、附件、备品备件、涂漆、随机文件等。

2. 关键零件与泵机组内辅助流程用管路的材料检验

（1）无损检测要求　尽管转子泵的设计满足规定压力和温度的要求，并且承压壳体按照要求进行静水压试验，但这并不能保证材料在应用中具有合适的质量。材料加工过程的重要变化可以影响铸件质量。材料标准（如 GB、JB 或 ASME 等标准）对材料本身提出了最低要求，但是铸件可能受铸造过程中缩孔面积、气体孔隙度、热裂、砂夹杂物、焊接修补不当等因素的影响；锻件可能受锻造用原材料，锻造过程中可能出现折叠、裂纹等缺陷。此外，一些容易产生延迟裂纹倾向材料，或产生晶界撕裂或裂纹的材料，在温度、压力、振动和管道变形等引起的在役应力作用下，可能加剧晶界撕裂或裂纹扩展。

因此，对于关键零件与泵机组内辅助流程用管路，提出了基本的无损检测要求，详见表4-9。

表 4-9　关键零件与泵机组内辅助流程用管路的无损检测要求

零件名称	检测方法		
承压壳体	—	MT 或 PT	—
承压壳体的对接焊缝	RT	MT 或 PT	—
承压壳体的角接焊缝	—	MT 或 PT	UT
主轴或转子	—	MT 或 PT	UT
同步齿轮	—	MT 或 PT	UT
齿轮/螺杆套/凸轮/活塞	—	MT 或 PT	UT
辅助管路对接焊缝	RT	MT 或 PT	—
辅助管路角接焊缝	—	MT 或 PT	UT

注：1. RT——射线检测；MT——磁粉检测；PT——渗透检测；UT——超声检测。

2. 泵制造企业可以根据企业自身质量体系中无损检测程序及作业指导书要求，选择采用 GB/T、JB/T、NB/T、ASNT 标准、欧盟标准或其他标准进行材料/工件的无损检测。

3. 具体检测要求按合同要求执行。

（2）检验标准、检测方法及验收准则　材料的无损检验标准、检验方法和验收标准，可以按表 4-2（国内标准）和表 4-3（国外标准）实施。

（3）检验的时机及其他要求　转子泵材料无损检验时机按离心泵对应要求实施。

3. 转子泵的静水压试验

转子泵承压壳体的静水压试验可以参照离心泵的静水压试验要求实施。

4. 转子泵转子动平衡试验

齿轮泵、双螺杆泵、凸轮泵、旋转活塞泵转子应进行动平衡试验，转子动平衡精度等级应不低于 G2.5 级；转子上所有零部件应全部装配好才能进行动平衡试验，采用去重方式，在转子泵旋转零部件两侧端部去重，但不能在半联轴器上去重。

5. 转子泵的性能试验

（1）性能试验总则

① 转子泵性能试验条件应按照本章第三节“一、转子泵检验与试验总则”下的要求执行。

② 应使用合同轴承和轴端密封。

③ 机械运转试验应稳定运行 4h。

④ 除水力性能试验外，泵试验转速允许偏差为额定转速的±5%。

（2）水力性能试验

① 性能试验

a. 除非另有规定，应优先按 SH/T 3151—2013 标准（API Std 676）执行，也可按上文所述选择相应标准，进行性能试验。泵应在制造厂工厂内运行足够长的时间以得到完整的试验数据，包括转速、排出压力、入口压力和流量等。

b. 如果为了修正泵的缺陷而需要拆卸，则因修正而影响的泵的特性应通过重新试验来证实。

② 试验允许偏差　见表 4-10。

表 4-10　转子泵的性能允差

性能		允差/%
额定流量	100%转速	+3.0,−0
	90%转速	+3.0,−0
	60%转速	+5.0,−0
	30%转速	+10.0,−0
轴功率(额定流量和压力下)		+4
$NPSH_r$(额定流量下)		+0

③ NPSH 试验　当 $NPSH_a$-$NPSH_r$≤0.5m 时或合同有规定时，转子泵应做 NPSH 试验，试验方法和验收要求可按照对应的性能试验标准中相应条款的要求或合同要求执行。

④ 安全泄压装置（安全阀、溢流阀、调节阀等）试验　转子泵自带安全泄压装置，应按对应标准要求进行转子泵自带安全泄压装置试验，非泵本身自带而需配套采购的具有 TS 标识的安全阀不应参与试验。

（3）机械性能试验

① 振动试验　转子泵振动试验应按表 4-11 要求执行。

表 4-11　转子泵轴承箱处测得的振动速度限值

工况		振动速度 V_u/(mm/s)
输送纯液体介质，在操作范围内任何转速下，稳定状态		<3.8
多相流泵	输送纯液体介质或任何比例的气液混合介质	<7.1
	输送纯液体介质或任何比例的气液混合介质，在操作范围内任何转速下，稳定状态	<5.5

② 轴承温升试验　转子泵轴承温升试验可按离心泵轴承温升试验要求执行。

③ 声压级试验（可选）　应按买卖双方之间的协议进行声压级试验；如果没有另行规定，噪声按 85dB（A）验收；具体测量方法则可以参照 GB/T 29529 标准要求执行。

④ 机组试验（可选）　如果有规定，泵、齿轮和驱动机，以及机组配套的所有辅助设备应当一起进行试验。

⑤ 高排出压力试验（可选）　如果有规定，转子泵将在限压阀设定的压力和泵最大转速以及买卖双方确定的输送流体黏度下运行，在这些运行条件下确定转子泵是否存在卡涩现象。任何单一的数据都应全部收集。

（4）试验后续工作　为满足标准或合同要求的性能指标，需要对泵密封性或结构进行修改，并应在这些修改完成后重新进行相应的试验，以验证性能的符合性。

三、检验和试验记录或报告、检验和试验计划（ITP）

1. 检验和试验记录或报告

卖方应提交给买方每台泵的检测和试验记录，至少应包括以下内容：

（1）材料的质量证明文件或试验合格证书。包括化学成分、热处理曲线及报告、材料力学性能。其中应包括承压壳体、泵体衬套、转子/主轴、齿轮/螺杆套/凸轮/活塞、同步齿轮等。

（2）无损检测（如有）报告。

（3）装配精度记录。

（4）外观检验和安装尺寸检测报告（包括管口规格、地脚螺栓布置与规格等）。

（5）静水压试验报告。

（6）主机性能试验报告，包括水力性能、振动、轴承温度、噪声等。

（7）可选试验项目（如买卖双方约定执行的项目），具体包括机组试验、高排出压力试验等。

（8）其他检验和试验报告（如果规定），如喷漆、清洁度等。

（9）批准的补焊记录及补焊图（如有重要零件的补焊）。

2. 检验和试验计划（ITP）

如有规定，卖方应制定检验和试验计划（ITP），并提交买方予以审查。

典型的检验与试验计划（ITP）模板格式可以参照表 4-6，内容可根据具体转子泵合同要求进行编制。

· 第二章 ·

泵的安装、验收和试运行

第一节 泵组的安装

一、安装前的准备

1. 开箱检验及管理

（1）泵组开箱检验应有采购单位、建设单位/监理单位参加，按照装箱清单进行下列项目检查，检验后应保存有各方签字的检验记录。

① 核对箱号、箱数并检查包装状况；

② 核对机器的名称、型号、规格、数量；

③ 对交货设备进行外观质量检查；

④ 检查随机产品技术文件、备品备件及专用工具等是否齐全。

（2）泵组和各零部件若暂不安装，应采取适当的防护措施，妥善保管；防止损坏、锈蚀、老化、变形、错乱或丢失等现象。若存放时间超过 6 个月，则泵的各零部件应涂以防锈油进行保存，正式安装时再将防锈油清洗掉，换上润滑油。同时检查供货商的储存保管要求，执行两者中较严格一些的要求。

（3）对与泵组配套的电气、仪表等精密仪器件，可由相关专业人员检查验收。并按要求进行储存、保管。

2. 安装前的技术准备

（1）泵组正式安装前，应具备下列技术文件：

① 设计文件，包括泵组安装平面布置图、泵组基础图及相关专业的施工图等；

② 产品技术文件，包括泵组出厂合格证书、质量证明文件和质量检查记录、泵组试验报告、泵组总装配图、主要零部件图、易损件图及安装使用说明书等；

③ 应执行的相关技术标准、规范。

（2）安装前应编制安装技术文件。

3. 安装现场条件、基础验收与处理

（1）泵组安装前，现场应具备下列条件

① 土建工程已基本结束：基础具备安装条件，与泵组相关的地下工程已完成，场地平整，道路畅通；

② 吊装设备具备使用条件；

③ 零部件、工具等的储存设施、安全防护设施等可以使用。

（2）基础移交时，土建单位应提供基础质量合格证明文件及测量记录。基础上应明显标出标高基准线、中心线、参照物坐标点和标高基准点。重要泵组的基础应有沉降观测点。

（3）对基础进行外观检查，混凝土基础不得有裂纹、蜂窝、空洞、漏筋等缺陷。

(4) 按照基础设计文件和泵组产品技术文件，对泵基础尺寸及位置进行复测检查，基础的允许偏差应符合标准规定要求。

(5) 基础应做如下处理：

① 基础表面应铲出麻面，麻点深度宜不小于10mm，密度以每平方分米内有3～5个点为宜，表面不应有油污或疏松层；

② 放置垫铁或支持调整螺钉用的支承板处（至周边约50mm）的基础表面应铲平；

③ 地脚螺栓孔内的碎石、泥土等杂物和积水必须清除干净。

(6) 预埋地脚螺栓的螺纹和螺母表面的灌浆料应清理干净，并对螺纹进行妥善保护。

4. 泵组安装前的检查

(1) 核对即将安装的泵的规格型号是否符合泵位所需，以免返工；

(2) 检查泵在运输、储存期间有无损伤，零部件是否缺损；检查有无异物进入泵中，卸下盲法兰并清洁管路；

(3) 在按泵使用说明书进行了处理后，用手转动泵轴，转动几次检查转子的运转情况。如果盘车不灵活或有异常声音，应解体检查。解体应符合随机技术文件的规定，必要时联系供货商。

(4) 整体出厂的泵在防锈保证期内，内部零件不宜拆卸。当超过防锈保证期或有明显缺陷需要解体检查时，除进行各零部件的外观检查外，应重点检查以下部位：

① 密封环（口环）间隙，对于开式叶轮，还需要检查叶轮的前后间隙。

② 叶轮或诱导轮（如有）、密封环、轴套等主要部位的外圆径向跳动值。

③ 轴承及轴承室；对于带有强制润滑系统的离心泵，还应检查润滑系统管线的单向阀、过滤器、冷却器等是否安装正确。

④ 轴封检查：检查机械密封型式和型号是否符合合同要求，机封的冲洗、过滤和冷却管线安装是否正确；如果是填料密封，填料应单独包装，在现场进行装填。对于非集装式机械密封，应保证机械密封的压缩量及调整垫的安装，对于集装式机械密封，应保证抱轴器脱开。

⑤ 检查循环冷却水管路是否堵塞，应清洗洁净，保持畅通。

二、泵组安装要求

1. 泵组安装找正技术要求

(1) 泵组安装施工，应按GB 50231、GB 50275或SH/T 3538、SH/T 3541等相关标准要求执行。当产品技术文件另有要求时，应按产品技术文件的要求安装和验收。

(2) 泵组就位找正找平应符合下列要求：

① 纵向和横向中心线允许偏差为±5mm，与其他设备相连接时允许偏差为±2mm；

② 标高允许偏差为±5mm，与其他设备相连接时其标高允许偏差为±2mm；

③ 水平度允许偏差：纵向为0.05mm/m，横向为0.10mm/m。

(3) 安装基准测量点应在下列部位中选择：

① 整体安装的泵，应以进口法兰面或其他水平加工基准面为基准；

② 解体安装的泵，以泵体加工面为基准；

③ 立式泵，以联轴器或电机座为基准；

④ 往复泵，以机身滑道、轴承座、轴外露部分或其他加工面为基准。

(4) 泵组初找正合格后，宜在24h内进行地脚螺栓孔的灌浆；灌浆时，地脚螺栓垂直度应不大于0.15/1000；灌浆料应比泵组基础混凝土标号高一等级，且应连续进行。

(5) 地脚螺栓预留孔内的灌浆混凝土强度达到设计强度的75%以上时，方可进行地脚螺栓的紧固。

(6) 泵组找平找正合格后，紧固地脚螺栓，拧紧力矩和螺栓轴向拉应力应符合标准或规定要求。

(7) 泵组可采用有垫铁或无垫铁安装。用垫铁找平找正时，应符合以下要求：

① 垫铁应靠近地脚螺栓的两侧，如果地脚螺栓间的中心距超过1m时，应在地脚螺栓间增设垫铁。垫铁总高度一般控制在20～50mm；

② 用小锤敲击检查垫铁组的松紧程度，应无松动现象；

③ 用0.05mm的塞尺检查垫铁间、垫铁与底座间的间隙，同一间隙面从两侧塞入的长度之和应不超过垫铁长（宽）度的1/3；

④ 合格后及时进行垫铁组层间的定位焊。

(8) 轴对中应在地脚螺栓紧固后进行。虽然在出厂前泵厂已完成了其组装及校准。但由于运输及安装过程的影响，联轴器应重新校正。通常用千分表检测联轴器的端面跳动及径向跳动量。对中偏差应符合：

① 凸缘联轴器装配时，两半联轴器端面应紧密接触，两轴的对中偏差径向位移应小于0.03mm，轴向倾斜应小于0.05/1000，或按泵产品技术文件的要求；

② 弹性套柱销联轴器装配时，两轴的对中偏差及联轴器的端面间隙应符合泵产品技术文件或相关标准中的规定；

③ 叠片挠性联轴器装配时，对中偏差应符合泵产品技术文件或相关标准中的规定。

(9) 驱动机与泵采用带传动时，两轴的平行度、两轮的偏移应符合泵产品技术文件或相关标准中的规定。

(10) 弹性支座的泵组安装应符合泵产品技术文件规定。

(11) 对于高温泵或原动机为汽轮机泵组，应考虑工作时的热膨胀因素。在冷态安装时，应将高温运行设备一侧的标高按泵产品技术文件要求予以调整或进行热态找正，即泵在操作温度下运行一段时间后，如果发现机组振动过大，可在停泵后切断电源，脱开联轴器螺栓重新进行对中找正。对低温泵或其他工作时的温度与安装时的温度差异较大的泵，如果运行一段时间后发现机组振动变大，也应对找正值做适当调整。

2. 二次灌浆

(1) 二次灌浆应在泵组的最终找正找平后24h内进行。否则，在灌浆前应重新对泵的找正找平数据进行复核。

(2) 二次灌浆前应将基础表面清理干净，用水浸润后方可进行。

(3) 二次灌浆可采用碎石混凝土或专用灌浆料，二次灌浆混凝土标号应比基础混凝土标号高一等级。

(4) 二次灌浆前应敷设模板，外模板至设备底座面外缘的距离不宜小于60mm，模板拆除后应进行抹面处理。

(5) 二次灌浆应连续进行，一次完成，不得分次浇灌。

(6) 对于空心的设备底座，应注意通过底座上的开孔，将砂浆填满。

(7) 二次灌浆抹面层外表面应平整，上表面略有向外的坡度，高度略低于设备底座外缘上表面。

3. 泵组与管道的连接

(1) 管道安装前应逐件清除管道内部的砂土、铁屑、熔渣及其他杂物，设计文件有特殊要求的管道应按设计文件要求进行处理。

（2）管道上的开孔应在管道安装前完成，当在已安装的管道上开孔时，管内因切割而产生的异物应设法清除干净，防止进入泵内。

（3）与泵组连接的管道，应从泵组侧开始安装，并应先安装管支架，管道和阀门等的重量和附加力矩不得作用在泵组上。如果输送的是与环境温度差异大的介质，管道应设置伸缩节。

（4）与泵组连接的管道及支架、吊架安装完成后，应卸下接管上的法兰螺栓，在自由状态下所有螺栓应能在螺栓孔中顺利通过；法兰密封面间的平行度允许偏差、同轴度允许偏差按设计文件或产品技术文件规定；配对法兰面在自由状态下的间距，以能顺利插入垫片且距离最小为宜。

（5）管道与泵组连接后，应复检泵的原找正精度，当发现管道连接引起偏差时，应调整管道及其支架等。

三、泵组的解体检查与组装

1. 一般规定

（1）拆检前的准备工作如下：

① 查阅泵组产品技术文件，了解泵组的结构、工作原理及旋转方向；

② 泵组与系统隔离；

③ 电机处于断电状态；

④ 排空泵中存有介质、轴承箱的润滑油及密封液、循环水；

⑤ 拆除泵体本体、仪表、辅助设备及管道。

（2）整体供货的泵组在防锈保证期内可不拆洗，超过防锈保证期或安装后有明显缺陷时，需进行拆解检查和清洗。

（3）拆解时，应及时对拆下的零部件进行标识、保管。拆卸的零部件经清洗、检查合格后，才允许进行装配；组装时必须达到泵产品技术文件的要求。

（4）零部件的加工面如有锈蚀，应进行除锈。

（5）组合式底座的各个接合面应平整、清洁及无翘曲、铁锈、毛刺等，组合后，各接合面用 0.05mm 的塞尺检查，应不能塞入。

（6）安装后不易拆卸、检查、修理的油箱或水箱，装配前应做渗漏检查。

（7）凡要求在禁油条件下工作的零部件、管道，必须进行脱脂。

（8）泵组上较精密的螺纹连接或高于 200℃条件下工作的连接件及配合件等，装配时应在其配合表面涂防咬合剂。

（9）管道泵和共轴式泵不宜拆卸。

（10）对解体出厂的泵的主要零部件和附属设备、中分面和套装零部件的端面不得有擦伤和划痕；轴的表面不得有裂纹、压伤及其他缺陷；其泵壳垂直中分面不宜拆卸和清洗。

2. 离心泵

（1）离心泵解体与组装步骤如下：

① 拆卸联轴器防护罩；

② 在联轴器上做好标记，拆卸联轴器中间短节；

③ 松开密封压盖螺栓，拆卸泵体连接螺栓，吊出泵体及端盖；

④ 拆卸各级密封，吊出泵转子；

⑤ 检查和清洗各零件，测量各级配合间隙；

⑥ 组装应按解体的相反步骤进行。

（2）离心泵的解体检查和组装应符合下列要求：

① 各部件无锈蚀、污物，无腐蚀；

② 轴、叶轮、密封环、平键、轴套无裂纹及严重磨损；

③ 叶轮流道、盖板应完整、光滑，口环处完好，各泵壳结合面应平整、光滑；

④ 检查确定转子各部件与主轴配合均无松动现象；

⑤ 测量转子叶轮、轴套、密封环、平衡盘、轴颈等主要部位的径向和端面跳动值，测量泵体内各部位配合间隙，应符合设备技术文件的规定，并作记录；

⑥ 测量滑动轴承的径向间隙，滑动轴承轴瓦背面与轴瓦座应紧密贴合，其间隙一般应在0.02～0.04mm范围内，轴瓦与轴颈的顶间隙和侧间隙均应符合设备技术文件的规定，并作记录；

⑦ 检查滚动轴承滚珠、滚架无裂纹、麻点，应转动灵活、不松动；滚动轴承与轴和轴承座的配合公差、滚动轴承与端盖间的轴向间隙以及介质温度引起的轴向膨胀间隙、向心推力轴承的径向游隙及其预紧力，均应按设备技术文件的要求进行检查和调整；若无规定，应参照相关标准；

⑧ 机械密封摩擦副表面应无划痕、点蚀、泡疤、剥落等现象。

（3）机械密封、浮动环密封、迷宫式密封、干气密封等其他型式的轴密封件的各部间隙和接触要求均应符合设备技术文件的规定，当无规定时，应符合现行国家标准《机械设备安装工程施工及验收通用规范》的规定。

（4）组装填料密封时，其径向间隙应符合产品技术文件的要求或相关标准规定，填料压紧后，填料环进液口与液封管对准或填料环稍偏外侧。

（5）轴密封件组装后，盘动转子转动应灵活，转子的轴向跳动量应符合设备技术文件的规定。

（6）有衬里的泵，衬里层应完好；陶瓷、玻璃、硅铁等脆性材料的泵，宜使用专用扭矩扳手拧紧螺栓，拧紧力应按产品技术文件的要求进行。

（7）对屏蔽泵、磁力泵等无密封泵，只有接受过相关培训的人员或制造厂专业技术人员才允许进行现场拆检。

3. 往复泵

（1）泵的清洗和检查应符合下列要求：

① 泵组需拆卸和清洗时，应拆卸后盖、进液阀、排液阀、填料等，并应将设备表面和拆卸下的零部件清洗洁净。

② 解体出厂的往复泵应检查零部件的同组标记，不得互换。出厂已装配完善的组合件不得拆卸；各装配部位传动副的间隙和接触情况应符合设备技术文件的规定。

③ 清洗主机零部件和设备表面及接合面以后，应将清洗剂和水分除净，并应涂上一薄层润滑油；进液阀、排液阀、填料和其他密封面不得用蒸汽清洗。

（2）解体出厂的往复泵组装时应符合产品技术文件或GB 50275、SH/T 3541等标准相关要求。

（3）柱塞泵的拆解一般分别按照液力端、动力端，参照如下步骤进行，若产品技术文件有详细规定则应按产品技术文件。

液力端拆解步骤：

① 移动柱塞至死点，拆卸十字头连杆螺母；

② 拆卸与传动箱连接的螺栓，将液缸部件从传动箱上拆下；

③ 将柱塞从十字头连杆上拆出，拆卸填料压盖，取下密封填料和柱塞衬套；

④ 拆卸吸管、排管法兰，依次取下衬套、限位器、弹簧和阀；

⑤ 按解体检查的相反步骤进行回装。

动力端拆解步骤：

① 放掉传动箱内的润滑油，拆卸箱体盖板；

② 拆卸连杆螺栓，将连杆拆出；

③ 拆卸十字头销及十字头；

④ 拆卸曲轴；

⑤ 按解体检查的相反步骤进行回装。

柱塞泵的解体检查和组装应符合下列要求：

① 对传动箱进行无渗漏试验，试验时间应不少于 8h，无泄漏现象；

② 对于采用水冷却的泵缸，其水套应进行强度和严密性试验；

③ 检查各部件无锈蚀、污物；

④ 检查曲轴、十字头、连杆无裂纹及严重磨损；

⑤ 测量曲轴的轴向跳动量，应符合产品技术文件的要求，并做记录；

⑥ 进行填料环着色检查，其平面及径向密封面应均匀接触，接触面积相对填料密封面的面积应不小于 70%；

⑦ 测量填料函盖与柱塞之间的间隙；径向间隙应均匀，其允许偏差为 0.10mm；

⑧ 检查各部件配合均无松动现象；

⑨ 测量滑动轴承的径向间隙，应符合产品技术文件的要求；检查滑动轴承紧力，其值应在 0.02～0.04mm 范围内，并做记录。

4. 计量泵

(1) 计量泵解体检查与组装步骤与往复泵相似。

(2) 柱塞式计量泵解体检查应符合下列要求：

① 带有行程调节传动机构的柱塞式计量泵，应先进行调节试验，确认调节动作灵敏可靠；

② 泵的卸荷装置安装时，应按产品技术文件的规定进行清洗、调压试验；

③ 泵体（包括夹套）应有液压试验记录；

④ 泵的液体流道应仔细清洗干净；

⑤ 泵所带有的行程计数器和转速变送器等自动控制元器件，应进行安装调校。

(3) 隔膜式计量泵解体检查应符合下列要求：

① 泵体应有液压试验记录，安装前应按设计文件规定进行隔膜的密封检查；

② 泵体的过滤器应仔细清洗干净；

③ 排气阀的排气通道应进行清洗，自动排气阀或溢流阀应进行动作试验；

④ 安装时应对隔膜破裂信号装置进行调整试验，观察隔膜破裂的视孔应清洁；

⑤ 液压隔膜泵应按产品技术文件的规定加注液压油，液压腔内不含气体。

5. 螺杆泵

(1) 螺杆泵解体与组装的一般步骤如下：

① 拆卸联轴器防护罩的固定螺栓，取下联轴器防护罩；

② 在联轴器上做好标记，拆卸联轴器螺栓；

③ 松开密封压盖螺栓，取出机械密封；

④ 松开轴承压盖，拆卸轴承；

⑤ 松开泵体连接螺栓，拆卸主动螺杆、从动螺杆；

⑥ 检查和清洗各零件，测量各级配合间隙；

⑦ 组装按解体的相反步骤进行。

（2）螺杆泵解体检查应符合下列要求：

① 测量螺杆齿形部分的外圆及其与对应缸体的内圆之间的间隙，其径向间隙应大于螺杆轴承处轴颈与轴瓦之间的间隙，并做记录；

② 测量滑动轴承的间隙，其值应符合 SH/T 3538 的规定；

③ 应清洗液体流道；

④ 用着色法检查螺杆齿形部位的接触面、同步齿轮（限位齿轮）的接触面、螺杆轴端面与止推垫的接触面等的接触情况，应符合要求，并做记录；

⑤ 测量螺杆啮合时齿顶与齿根间隙、法向界面侧间隙，应符合要求，并记录；

⑥ 测量泵的轴向跳动量，应符合产品技术文件的规定，应符合要求，并记录。

6. 齿轮泵

（1）齿轮泵的解体与组装的一般步骤如下：

① 拆卸联轴器防护罩的固定螺栓，取下防护罩；

② 拆下联轴器；

③ 在泵盖和泵壳上进行标记，确保能够重新正确安装，拆下泵盖；

④ 拆除惰轮和轴套组件；

⑤ 固定转子齿，确保转子轴不会转动，将锁紧螺母和锁紧垫圈从轴上拆除；松开轴承座表面的定位螺钉，将轴承从支架上拆除；

⑥ 拆下填料压盖螺栓和填料压盖，然后将填料拆下（如是机械密封，取出机械密封）；

⑦ 拆下转子和轴；

⑧ 彻底清洁并检查所有部件，测量各级配合间隙；

⑨ 组装按解体的相反步骤进行。

（2）齿轮泵的解体检查应符合下列要求：

① 用着色法检查齿轮泵齿轮啮合面的接触情况，其接触面积在齿长方向上不少于 70%，在齿高方向上不少于 50%；

② 轴瓦和轴颈的径向间隙应符合产品技术文件规定；

③ 齿顶和泵体内壁的径向间隙应符合产品技术文件规定，并应大于轴颈与轴瓦的径向间隙；

④ 检查、调整泵盖与齿轮两端面的轴向间隙，应符合要求；

⑤ 齿轮的啮合间隙应符合产品技术文件规定；

⑥ 采用滚动轴承的泵，应检查滚动轴承的轴向间隙、径向游隙和轴向碰撞间隙符合要求。

第二节　泵组的试运行

1. 一般规定

（1）泵组的单机试运行，应具备下列条件：

① 泵组及附属设备、管道等安装工作应全部完毕，施工记录及资料应齐全；

② 与试运转有关的工艺管道及设备减压、吹扫、清洗完成；

③ 与试运转有关的水、气、汽等公用工程及电气、仪表控制系统施工结束，各指示仪表应灵敏、准确；

④ 冷却、冲洗、润滑、液封等系统应具备使用条件；

⑤ 保温、保冷及防腐等工作基本结束（有碍试运行检查的部位除外）；

⑥ 各润滑部位应加入符合产品技术文件规定的润滑剂；

⑦ 泵入口应加临时过滤网，临时过滤网有效面积应不小于泵入口截面积的两倍；

⑧ 两轴的对中偏差应符合产品技术文件规定；

⑨ 参加试运转的人应熟知试运转工艺，掌握操作规程。

（2）手动盘车应灵活，无异常现象。

（3）脱开泵组联轴器，先进行驱动机的试运转。

（4）驱动机试运转合格后，应复查泵组的轴对中，安装联轴器。

（5）泵组的试运转应在其各附属系统单独试运转正常后进行。

（6）泵组宜采用清水作为试运转的介质，同时考虑泵送介质与清水密度不一致引起的轴功率提升，不应超过电机额定功率；当工艺条件不允许采用清水作试运转介质，现场无法实现闭合回路时，单机试运转宜与联动试车同时进行。

2. 驱动机及附属系统的单机试运转

（1）电机的单机试运转：

① 瞬间点动电机，检查电机的转向是否正确；

② 启动电机，连续运转 2h，检查轴承温升，温度应符合产品技术文件的规定。

（2）汽轮机的试运转：

① 打开主汽阀，进行手动跳闸试验，确认主汽阀应处于关闭状态；

② 系统暖管至主汽阀前，当排凝阀无凝液排放后，逐步关闭排凝阀；

③ 打开调速启动手柄，冲动汽轮机转子，并确认转子的转向，进行低速暖机；

④ 在低速暖机下进行手动跳闸试验，主汽阀应迅速关闭；

⑤ 调节调速器，将转速升至额定跳闸转速，进行三次主汽阀跳闸试验，主汽阀应迅速关闭，记录跳闸转速和复位转速，三次超速跳闸动作速度差应符合产品技术文件的要求；

⑥ 升速，将转速逐渐升至额定转速，运行 1h；

⑦ 汽轮机的振动、机体温度、轴承温度符合机器技术文件规定；

⑧ 汽轮机停车后，应按产品技术文件要求进行盘车。

（3）附属系统试验包括泵组的仪表控制及监视系统、电气及操作控制系统的调整试验，以及水、气、汽油等系统的检查等，应按照产品技术文件的规定进行。

3. 离心泵

（1）泵组试运转应按下列要求进行：

① 离心泵在打开吸入管路阀门、关闭排出管路阀门后方允许启动（对于高能泵则需要出口管路的阀门微开，以避免泵内介质汽化对泵造成损坏），待泵出口压力稳定后，缓慢打开出口阀门，调节到泵所需要的流量和出口压力。注意，在泵出口阀门关闭条件下，泵连续运转时间不宜超过 3min，且不得在性能曲线驼峰处运转。如果是大型高压泵以及客户现场配有最小流量管线的泵，必须保持最小流量回路畅通。

② 对高温泵（或低温泵），在常温状态启动泵时，应按技术文件的规定进行预热（或预冷），达到要求后方可启泵。

③ 泵的平衡盘循环水管路应畅通；吸入管路应充满输送液体，并排尽空气，不得在无液体情况下启动；如果进口管路有临时过滤器，应检查无堵塞物，并保证畅通，试运转过程中应注意过滤器的压差，不允许超过规定值。

④ 泵启动后应快速通过喘振区。

⑤ 对于工作介质相对密度小于 1 的离心泵，在用水进行试运转时，应控制电动机的运行，电流不得超过额定值，泵流量不得小于最小连续流量。

(2) 泵试运转时应符合下列要求：

① 各固定连接部位不应有松动；

② 转子及各运动部件运转应正常，不得有异常声响和摩擦现象；噪声数值应符合产品技术文件的规定；

③ 泵组振动数值应符合产品技术文件的规定；

④ 附属系统的运转应正常，管道连接应牢固无渗漏；

⑤ 滑动轴承的温度不应超过 70℃，滚动轴承的温度不应超过 80℃；特殊轴承的温度应符合产品技术文件的规定；

⑥ 各润滑点的润滑油温度、密封液和循环水的温度均要符合产品技术文件的规定，润滑油不得有渗漏和雾状喷油现象；

⑦ 机械密封泄漏量应符合产品技术文件的规定，不得有线状滴漏现象；

⑧ 泵的安全保护和电控装置及各部分仪表均应灵敏、正确、可靠；

⑨ 泵在额定工况点连续试运转时间不应小于 2h，高速泵及特殊要求的泵试运转应符合产品技术文件规定。

(3) 泵试运转停止后，应符合下列要求：

① 离心泵应关闭泵的入口阀门，待泵冷却后应再依次关闭附属系统的阀门；

② 高温泵停车应按产品技术文件规定执行，停车后应每隔 20～30min 盘车半圈，直到泵体温度降至 50℃为止；

③ 低温泵停车时，当无特殊要求时，泵内应经常充满液体；吸入阀和排除阀应保持常开状态；采用双端面机械密封的低温泵，液位控制器和泵密封腔内的密封液应保持泵的灌泵压力；

④ 输送易结晶、凝固、沉淀等介质的泵，停泵后，应防止堵塞，及时用清水或其他介质冲洗泵和管道，特别是须将密封腔冲洗干净；当泵腔排空或置换时，也必须将密封腔冲洗干净，并用不结晶、不凝固、不沉淀的介质置换；

⑤ 应放净泵内积存的液体，防止锈蚀和冻裂；

⑥ 对于无保温措施、冬季较寒冷地区，长期停止运转的泵应排净冷却系统中的液体。

4. 往复泵

(1) 泵组试运转应按下列要求进行：

① 空负荷（进、出口阀门全开）试运转应不少于 15min；

② 在工作压力的 25%、50%、75%的条件下分段运转，各段运转时间均应不少于 30min，前一压力级试运转未合格前，不应进行后一压力级试运转；对可连续调节流量的计量泵，应分别在额定流量的 25%、50%、75%、100%条件下试运转；

③ 在工作压力下应连续试运转 2h；

④ 输送高温液体的泵应按技术文件的规定进行预热；

⑤ 高压泵应先启动润滑油泵和高压注油器电机，正常后方可启动主机。

(2) 泵组试运转应符合下列要求：

① 泵组试运转参数应符合设计文件要求；

② 滑动轴承及往复运动部件的温升不得超过 35℃，最高温度不得超过 70℃；滑动轴承的温升不得超过 40℃，最高温度不得超过 80℃；

③ 对填料函、电动机的温升，以及泵的振动值等，应不超过产品技术文件的规定；

④ 各润滑点润滑油温度、密封液、循环水的温度不得超过产品技术文件的规定；

⑤ 溢流阀、补油阀、放气阀等工作应灵敏、可靠；

⑥ 安全阀应在逐渐关闭排出管路阀门、提高排出压力情况下，试验阀的起跳压力；其试验不应少于 3 次，动作应正确、无误；

⑦ 吸液和排液压力正常，泵的出口压力应无异常脉动；

⑧ 泵组运行应平稳，运转中应无异常声响和振动；

⑨ 软填料密封允许有 5～20 滴/min 的均匀成滴泄漏；

⑩ 停车应将泵的负荷卸载后进行。

5. 计量泵

计量泵试运转前应符合下列要求：

① 驱动机的转向应与泵的转向相同；

② 各连接螺栓不得有松动现象；

③ 在向调节机座内、安全补油阀组内、泵缸腔内或液压隔膜腔内加入润滑油，均应符合技术文件的规定，液压隔膜式计量泵的液压腔内不得存有气体；

④ 移动柱塞式计量泵的柱塞往复数次，不得有卡住现象；隔膜式计量泵的隔膜应密封良好；

⑤ 柱塞式计量泵的行程调节机构动作应灵敏、可靠，卸荷装置应按技术文件的规定进行调压试验；

⑥ 行程计数器和转速变送器等自动控制元件的动作应调整正确，调整量表刻度、调节手轮刻度与柱塞行程长度时应进行零刻度位置和 100％满量程刻度位置校对，以确保准确测量；

⑦ 计量泵试运转时应注意的事项和应符合的要求与往复泵类似，可参照往复泵相关要求。

6. 螺杆泵

启动前，应向泵内灌注输送液体，并应在进口阀门和出口阀门全开的情况下启动。

泵试运转时应符合下列要求：

① 泵在规定转速下，应逐次升压到规定压力进行试运转，规定压力点的试运转时间不应少于 30min；

② 运转中应无异常声响和振动，各结合面应无泄漏；

③ 轴承温升不应高于 35℃或不应比油温高 20℃；

④ 填料密封和机械密封的泄漏量应符合产品技术文件规定；

⑤ 安全阀工作应灵敏、可靠；

⑥ 停泵后应清洗泵和管道，防止堵塞。

7. 齿轮泵

齿轮泵的试运转要求和螺杆泵类似。

第三节　故障分析与处理

工业泵运行中故障分为腐蚀和磨损、机械故障、性能故障和轴封故障四类，这四类故障往往相互影响，难以分开。如叶轮的腐蚀和磨损会引起性能故障和机械故障，轴封的损坏也会引起性能故障和机械故障。

（1）腐蚀和磨损　腐蚀的主要原因是选材不当，发生腐蚀故障时应从介质和材料两方面入手解决。

磨损常发生在输送浆液时，主要原因是介质中含有固体颗粒。对输送浆液的泵，除泵的过流部件应采用耐蚀耐磨材料外，轴封应选用合适的型式。对机械密封、填料密封等接触式密封应采用清洁液体冲洗以免杂质侵入，并在泵内采取冲洗设施以免流道堵塞。此外，对于易损件在磨损量一定时应予更换。

(2) 机械故障 振动和噪声是主要的机械故障。振动的主要原因是轴承损坏、出现汽蚀或装配不良，如泵轴与原动机轴不同心、基础刚度不够或基础下沉、配管“憋劲”等。

(3) 性能故障 性能故障主要指流量、扬程不足，泵汽蚀和驱动机超载等意外事故。

(4) 轴封故障 轴封故障主要指密封处出现泄漏。填料密封泄漏的主要原因是填料选用不当、轴套磨损。机械密封泄漏的主要原因是端面损坏或辅助密封圈被划伤、折皱或损坏。

1. 离心泵常见故障及处理方法（见表 4-12）

表 4-12 离心泵常见故障及处理方法

序号	故障现象	原因	处理方法
1	轴承发热	(1)润滑油过多 (2)润滑油过少 (3)润滑油变质 (4)机组不同心 (5)振动 (6)强制润滑系统失效 (7)循环水系统失效导致油温升高	(1)减润滑油 (2)加润滑油 (3)排去并清洗油池再加新润滑油 (4)检查并调整泵和原动机的对中 (5)检查转子的平衡度或在较小流量处运转 (6)检查润滑油路是否堵塞或者泄漏 (7)检查循环水路是否堵塞或者泄漏
2	泵不输出液体	(1)吸入管路或泵内留有空气 (2)进口或出口侧管道阀门关闭或未移去盲板 (3)使用扬程高于泵的最大扬程 (4)泵吸入管漏气 (5)错误的叶轮旋转方向 (6)吸上高度太高(泵入口压力过低) (7)吸入管路过小或杂物堵塞 (8)转速不符 (9)流量过大超过切断流量	(1)注满液体，排出空气 (2)开启阀门或移去盲板 (3)更换扬程高的泵 (4)杜绝进口侧的泄漏 (5)纠正电机转向 (6)降低泵安装高度，增加进口处压力 (7)加大吸入管径，消除堵塞物 (8)使电机转速符合要求 (9)降低泵运转流量
3	流量、扬程不足	(1)叶轮损坏 (2)密封环磨损过多 (3)转速不足 (4)进口或出口阀未充分打开 (5)在吸入管路中漏入空气 (6)吸入端的过滤器堵塞 (7)介质密度与泵要求不符 (8)装置扬程与泵扬程不符 (9)泵旋转方向错误 (10)流量计或压力表故障	(1)更换新叶轮 (2)更换密封环 (3)按要求增加转速 (4)充分开启阀门 (5)把泄漏处堵死 (6)清理过滤器 (7)重新核算或更换合适功率的电动机 (8)改变叶轮直径或更换(检查电机额定功率是否满足) (9)检查、调整泵旋转方向 (10)检查仪表是否损坏
4	密封泄漏严重	(1)密封元件材料选用不当 (2)摩擦副严重磨损 (3)动静环吻合不匀 (4)摩擦副过大，静环破裂 (5)O形圈损坏 (6)轴振动大	(1)重新选择更换合适的密封件 (2)更换磨损部件，并调整弹簧压力 (3)重新调整密封组合件 (4)更换静环，按要求装密封组合件 (5)更换O形圈 (6)检查设备振动，排除轴跳动引起的密封失效

续表

序号	故障现象	原因	处理方法
5	泵发生振动及有噪声	(1)泵轴与电机轴中心线不对中 (2)轴弯曲 (3)泵或电机滚动轴承磨损 (4)泵产生汽蚀 (5)转动部分与固定部分有磨损 (6)转动部分失去平衡 (7)管路或泵内有杂物堵塞 (8)进口阀开口过小 (9)底座刚性不够或地脚螺栓松动 (10)进出口管路振动引起设备的振动	(1)校正对中 (2)更换新轴 (3)更换轴承 (4)增加吸入端的压力或降低泵的安装高度 (5)检修泵或改善使用情况 (6)检查原因，设法消除 (7)检查排污 (8)打开进口阀，调节出口阀 (9)加固底座或紧固地脚螺栓 (10)检查管路系统及基础振动并消除
6	电机过载	(1)泵和原动机不对中 (2)介质相对密度变大 (3)转动部分发生摩擦 (4)装置阻力变低，偏向大流量 (5)电机本身出现故障	(1)调整泵与原动机的对中性 (2)改变操作工况或更换合适功率的电动机 (3)修复摩擦部位 (4)关小排出阀以获得标牌上指定的流量 (5)检查电机轴承温度、振动、噪声等参数，排除电机故障

2. 计量泵常见故障及处理方法（见表 4-13）

表 4-13　计量泵常见故障及处理方法

序号	故障现象	原因	处理方法
1	不能排液或排液不足	(1)吸入管路堵塞或吸入管路阀门未打开 (2)吸入管路漏气 (3)吸入管太长，急转弯多 (4)吸入阀或排出阀阀门损坏或落入外来杂物，使阀门密封不严 (5)隔膜腔内残存气体 (6)补油阀组或隔膜腔等处漏气、漏油 (7)安全阀、补偿阀动作不正常 (8)补油系统的油有杂质，补油阀组密封面被杂质附着，密封不严 (9)柱塞密封处泄漏严重 (10)电机转速不足或不稳定 (11)吸入液面太低 (12)过滤器堵塞 (13)物料黏度高 (14)校准系统有误 (15)电机不转	(1)检查吸入管、过滤器，打开阀门 (2)将漏气部位封严 (3)加粗吸入管，减少急转弯 (4)检查阀的密封性，必要时更换阀、阀座 (5)重新灌油，排除气体 (6)找出泄漏部位并封严 (7)重新调节阀门 (8)更换干净的油 (9)更换柱塞密封 (10)稳定电机转速 (11)调整吸入液面高度 (12)疏通过滤器 (13)使液体升温，降低物料黏度，增大管径，减小管长 (14)重新校准 (15)检查电源供电情况，检查熔断器及接点是否良好
2	泵的压力达不到性能参数	(1)吸入阀、排出阀损坏 (2)柱塞密封处泄漏严重 (3)隔膜处或排出管接头密封不严	(1)更换新阀 (2)更换柱塞密封 (3)找出漏气部位并封严
3	计量精度降低	(1)与序号 1 中(4)～(11)条相同 (2)柱塞零点漂移	(1)与序号 1 中(4)～(11)条相同 (2)重新调整柱塞零点
4	零件过热	(1)传动机构油箱的油量过多或不足，油有杂质 (2)各运动副润滑情况不好 (3)填料压得过紧	(1)更换新油，使油量合适 (2)检查清洗各油孔 (3)调整填料压盖
5	泵内有冲击响声	(1)各运动副摩擦严重 (2)阀升程太高	(1)调节或更换零件 (2)调节升程高度，避免阀的滞后

注：电动往复泵的主要故障及排除办法基本与计量泵相同。

3. 蒸汽往复泵常见故障及处理方法（见表 4-14）

表 4-14　蒸汽往复泵常见故障及处理方法

序号	故障现象	原因	处理方法
1	泵无法启动	(1)进汽阀阀芯折断，使阀门打不开 (2)汽缸内有积水 (3)摇臂销脱落或圆锥销切断 (4)汽缸、油缸活塞环损坏 (5)汽缸磨损间隙过大 (6)汽门阀板、阀座接触不良 (7)蒸汽压力不足 (8)活塞杆处于中间位置，致使汽门关闭 (9)排除阀阀板装反，使出口关死	(1)更换阀门或阀芯 (2)打开放水阀，排除缸内积水 (3)装好摇臂销和更换圆锥销 (4)更换汽缸、油缸活塞环 (5)更换汽缸或活塞环 (6)刮研阀板及阀座 (7)调节蒸汽压力 (8)调整活塞杆位置 (9)重新将排出阀安装正确
2	泵抽空	(1)进口温度太高产生汽化，或液面过低吸入气体 (2)进口阀未开或开得小 (3)活塞螺母松动 (4)由于进口阀垫片吹坏使进出口被连通 (5)油缸套磨损，活塞环失灵	(1)降低进口温度，保证一定液面或调节往复次数 (2)打开进口阀至一定开度或调节往复次数 (3)上紧活塞螺母 (4)更换进口阀垫片 (5)更换缸套或活塞环
3	泵运行产生响声或振动	(1)活塞冲程过大或汽化抽空 (2)活塞螺母或活塞杆螺母松动 (3)缸套松动 (4)阀敲碎后，碎片落入缸内 (5)地脚螺栓松动 (6)十字头中心架连接处松动	(1)调节活塞冲程和往复次数 (2)上紧活塞螺母和活塞杆、螺母 (3)上紧缸套螺栓 (4)扫除缸内碎片，更换阀 (5)固定地脚螺栓 (6)修理或更换十字头
4	压盖漏油、漏气	(1)活塞杆磨损或表面不光滑 (2)填料损坏 (3)填料压盖未上紧或填料不足	(1)更换活塞环 (2)更换填料 (3)加填料或上紧压盖
5	汽缸活塞杆过热	(1)注油器单向阀失灵 (2)润滑不足 (3)填料过紧	(1)更换单向阀 (2)加足润滑油 (3)松填料压盖
6	压力不稳	(1)阀关不严或弹簧弹力不均匀 (2)活塞环在槽内不灵活	(1)研磨阀或更换弹簧 (2)调整活塞环与槽的配合
7	流量不足	(1)阀密封不严 (2)活塞环与缸套间隙过大 (3)冲程次数太少 (4)冲程太短	(1)研磨或更换阀门，调节弹簧 (2)更换活塞环或缸套 (3)调节冲程数 (4)调节冲程

4. 螺杆泵常见故障及处理方法（见表 4-15）

表 4-15　螺杆泵常见故障及处理方法

序号	故障现象	原因	处理方法
1	泵不吸料	(1)吸入管路堵塞或漏气 (2)吸入高度超过允许吸入真空高度 (3)电动机反转 (4)介质黏度过大	(1)检修吸入管路 (2)降低吸入高度 (3)改变电动机转向 (4)将介质加温
2	压力表指针波动大	(1)吸入管路漏气 (2)安全阀没有调好或工作压力过大，使安全阀时开时闭	(1)检修吸入管路 (2)调整安全阀或降低工作压力

续表

序号	故障现象	原因	处理方法
3	流量下降	(1)吸入管路堵塞或漏气 (2)螺杆与泵套磨损 (3)安全阀弹簧太松或阀瓣与阀座接触不严 (4)电动机转速不够	(1)检修吸入管路 (2)磨损严重时更换零件 (3)调整弹簧,研磨阀瓣与阀座 (4)修理或更换电动机
4	轴功率急剧增大	(1)排出管路堵塞 (2)螺杆与泵套严重摩擦 (3)介质黏度太大	(1)停泵,清洗管路 (2)检修或更换有关零件 (3)将介质升温
5	泵振动大	(1)泵与电动机不同心 (2)螺杆与泵套不同心或间隙大 (3)泵内有气 (4)安装高度过大,泵内产生汽蚀	(1)调整泵与电动机同心度 (2)检修调整螺杆与泵套 (3)检修吸入管路,排除漏气部位 (4)降低安装高度或降低转速
6	泵发热	(1)泵内严重摩擦 (2)机械密封回油孔堵塞 (3)油温过高	(1)检查调整螺杆和泵套 (2)疏通回油孔 (3)适当降低油温
7	机械密封大量漏油	(1)装配位置不对 (2)密封压盖未压平 (3)动环或静环密封面碰伤 (4)动环或静环密封圈损坏	(1)重新按要求安装 (2)调整密封压盖 (3)研磨密封面或更换新件 (4)更换密封圈

5. 齿轮泵常见故障及处理方法（见表 4-16）

表 4-16　齿轮泵常见故障及处理方法

序号	故障现象	原因	处理方法
1	泵不排液	(1)吸入管路漏气 (2)供料罐液位低 (3)底阀被卡住 (4)自吸高度太高 (5)电机反转 (6)电机未达到额定速度 (7)入口和出口阀未打开 (8)过滤器发生堵塞 (9)卸压阀设定太低,卸压阀打开 (10)泵发生磨损 (11)端面间隙太小 (12)泵头位置不正确	(1)将漏气部位封严 (2)提高供料罐液位 (3)疏通底阀 (4)提高供料罐液位 (5)改变电机转向 (6)提高电机速度 (7)打开入口和出口阀 (8)疏通过滤器 (9)调高卸压阀设定压力,确保正常工况下卸压阀不会打开 (10)更换磨损部件 (11)减小端面间隙 (12)调整泵头位置至正确位置
2	泵启动,随后不排液	(1)供料罐没有液体 (2)液体在入口管路中汽化 (3)吸入管路漏气 (4)泵发生磨损	(1)供料罐中加料 (2)提升供料罐液位,增大入口管径或减小长度 (3)将漏气部位封严 (4)更换磨损部件
3	泵有噪声	(1)供料不足(高密度液体无法以足够的速度进入泵) (2)泵发生汽蚀(液体在入口管路中汽化) (3)未对中 (4)轴或转子齿发生弯曲 (5)卸压阀振颤 (6)底座或管道引起共振 (7)可能有异物试图通过吸入端口进入泵	(1)增大入口管道尺寸或减小长度 (2)增大入口管道尺寸或减小长度;提升供料罐液位 (3)重新对中 (4)进行矫直或更换 (5)增大压力设定值 (6)固定底座或管道 (7)检查吸入管路,或在入口管路中增加过滤器

续表

序号	故障现象	原因	处理方法
4	泵未达到额定流量	(1)供料不足或发生汽蚀现象 (2)过滤器部分阻塞 (3)吸入管路漏气 (4)电机未达到额定速度 (5)卸压阀设定过低或被打开 (6)泵发生磨损 (7)端面间隙太大 (8)泵头位置不正确	(1)增大入口管道尺寸或减小长度 (2)疏通过滤器 (3)将漏气部位封严 (4)提高电机速度 (5)调高卸压阀设定压力,确保正常工况下卸压阀不会打开 (6)更换磨损部件 (7)降低端面间隙 (8)调整泵头位置至正确位置
5	泵消耗功率过大	(1)转速太高 (2)液体黏度过大 (3)出口压力高于计算值,检查压力表 (4)填料函压盖过紧 (5)泵未对中 (6)额外间隙不够	(1)检查电机速度、减速器速比以及带轮尺寸是否正确 (2)加热液体,增大管道尺寸,降低转速,或采用更大功率电机 (3)增大出口管道尺寸或减小长度,降低转速,或采用更大功率电机 (4)稍松填料函压盖 (5)重新对中 (6)检查零件是否存在阻力或接触的迹象,如需要则增大间隙
6	泵快速磨损	(1)磨蚀由硬质大颗粒造成 (2)腐蚀由铁锈、锈斑或金属侵蚀造成 (3)设计参数超出工作范围 (4)附加间隙不足,泵可能卡住 (5)润滑不足,轴承发出噪声 (6)未对中 (7)干运转	(1)拆下泵对系统进行冲洗,在入口管路安装过滤器 (2)检查泵的结构及材料是否抵抗液体腐蚀 (3)查看特定型号泵的设计参数工作范围 (4)增大端面间隙 (5)确保所有润滑油嘴在启动前润滑,考虑使用辅助的润滑设备 (6)对驱动设备和管道进行检查,尽量在接近工作条件下检查是否对中 (7)确保启动时系统中存在液体,在供给罐空运行时提供警报或关闭
7	入口端真空表读数过大	(1)入口管路被堵塞,底阀被卡住,闸阀关闭,过滤器堵塞 (2)液体黏度太大 (3)自吸高度太高 (4)管径太小	(1)疏通底阀,打开闸阀,疏通过滤器,检查排除导致堵塞的原因 (2)加热液体,增大管道尺寸 (3)提高供料罐液位 (4)增大管径
8	入口端真空表读数过小	(1)入口管路漏气 (2)管道端部不在液体中 (3)泵已磨损 (4)泵处于干运转状态	(1)将漏气部位封严 (2)将管道端部置于液体中 (3)更换磨损部件 (4)需灌泵
9	出口端压力表读数过大	(1)液体黏度高,出口管径小或管路长 (2)闸阀部分闭合 (3)过滤器阻塞 (4)垂直压头未考虑高密度液体 (5)管道内部有部分阻塞 (6)管道中液体未达到适当温度 (7)管道中液体发生化学反应并固化 (8)卸压阀设定压力太高	(1)加热液体,增大出口管径,减小管长 (2)打开闸阀 (3)疏通过滤器 (4)实际要求的出口压力大,根据实际压力确定原泵是否合适 (5)清理阻塞部分 (6)加热液体 (7)清理管道,防止液体发生化学反应 (8)调低卸压阀设定压力

续表

序号	故障现象	原因	处理方法
10	出口端压力表读数过小	(1)卸压阀设定压力太低 (2)卸压阀阀芯未正确就位 (3)额外间隙过大 (4)泵发生磨损	(1)提高卸压阀设定压力 (2)将卸压阀阀芯归位 (3)减小额外间隙 (4)更换磨损部件
11	入口端真空表或出口端压力表读数有波动、跳动或不规则读数	(1)发生汽蚀 (2)进入泵的液体迟滞流动,可能存在漏气 (3)发生汽蚀、未对中或零件损坏造成振动	(1)提升供料罐液位,增大入口管径或减小长度 (2)提升供料罐液位,将漏气部位封严 (3)重新对中

参考文献

[1] 全国化工设备设计技术中心站机泵技术委员会．工业泵选用手册［M］．2版．北京：化学工业出版社，2011.

[2] 中国石化上海工程有限公司．化工工艺设计手册［M］．5版．北京：化学工业出版社，2018.

[3] SH/T 3139—2019. 石油化工重载荷离心泵工程技术规范．

[4] SH/T 3140—2011. 石油化工中、轻载荷离心泵工程技术规范．

[5] SH/T 3141—2013. 石油化工用往复泵工程技术规范．

[6] SH/T 3142—2016. 石油化工计量泵工程技术规范．

[7] SH/T 3148—2016. 石油化工无密封离心泵工程技术规范．

[8] SH/T 3151—2013. 石油化工转子泵工程技术规范．

[9] SH/T 3149—2016. 石油化工一般用途汽轮机工程技术规范．

[10] SH/T 3162—2011. 石油化工液环真空泵和压缩机工程技术规范．

[11] SH/T 3171—2011. 石油化工挠性联轴器工程技术规范．

[12] SH/T 3180—2016. 石油化工机泵配套用油系统及其辅助设备工程技术规范．

[13] SH/T 3191—2017. 石油化工气动隔膜泵工程技术规范．

[14] SH/T 3538—2017. 石油化工机器设备安装工程施工及验收通用规范．

[15] SH/T 3541—2024. 石油化工泵组施工及验收规范．

[16] GB 50231—2009. 机械设备安装工程施工及验收通用规范．

[17] GB 50275—2010. 风机、压缩机、泵安装工程施工及验收规范．

[18] GB/T 3215—2019. 石油、石化和天然气工业用离心泵．

[19] GB/T 3216—2016. 回转动力泵 水力性能验收试验 1级、2级和3级．

[20] GB/T 7784—2018. 机动往复泵试验方法．

[21] JB/T 6434—2024. 输油齿轮泵．

[22] JB/T 8091—2014. 螺杆泵试验方法．

[23] JB/T 8099—2013. 转子式稠油泵．

[24] API Std 610—2021. Centrifugal Pumps for Petroleum，Petrochemical and Natural Gas Industries.

附　录

附录一　单位换算

1-1　长度单位换算

米(m)	厘米(cm)	英尺(ft)	英寸(in)	备　注
1	100	3.280840	39.37008	1ft=12in=30.48cm
10^{-2}	1	3.280840×10^{-2}	0.3937008	1m=100cm=39.37008in
0.304800	30.48000	1	12	1in=25.4mm=2.54cm
2.540000×10^{-2}	2.540000	8.333333×10^{-2}	1	

1-2　面积单位换算

米^2(m^2)	厘米^2(cm^2)	毫米^2(mm^2)	英尺^2(ft^2)	英寸^2(in^2)	备　注
1	10^4	10^6	10.76391	1550.003	$1m^2=10^4cm^2=10^6mm^2$
10^{-4}	1	100	1.076391×10^{-3}	0.1550003	$=1550.003in^2$
10^{-6}	10^{-2}	1	1.076391×10^{-5}	1.550003×10^{-3}	$1ft^2=144in^2$
9.290304×10^{-2}	929.0304	929.0304×10^2	1	144	$=929.0304cm^2$
6.451600×10^{-4}	6.451600	645.1600	6.944444×10^{-3}	1	$1in^2=6.4516cm^2$

1-3　容积单位换算

米^3(m^3)	升(L)	厘米^3(cm^3)	英尺^3(ft^3)	加仑(英)(gal)	加仑(美)(gal)	备　注
1	10^3	10^6	35.31467	219.9692	264.1720	$1m^3=10^3L=10^6cm^3$
10^{-3}	1	10^3	3.531467×10^{-2}	0.2199692	0.2641720	=219.9692gal(英)
10^{-6}	10^{-3}	1	3.531467×10^{-5}	2.199692×10^{-4}	2.64720×10^{-4}	=264.1720gal(美)
2.831685×10^{-2}	28.31685	28.31685×10^3	1	6.228836	7.480520	$=35.31467ft^3$
4.546087×10^{-3}	4.546087	4.546087×10^3	0.1605436	1	1.200949	$1ft^3$=7.480520gal(美)
3.785412×10^{-3}	3.785412	3.785412×10^3	0.1336806	0.8326742	1	$=2.831685\times10^{-2}m^3$

1-4　流量单位换算

米^3/秒 (m^3/s)	米^3/时 (m^3/h)	英尺^3/分 (ft^3/min)	英尺^3/时 (ft^3/h)	加仑/分(英) (gal/min)	加仑/分(美) (gal/min)	(公制)升/秒 (L/s)
1	3600	2.118880×10^3	1.271328×10^5	1.319815×10^4	1.585032×10^4	1000
2.777778×10^{-4}	1	0.5885778	35.31467	3.666154	4.402868	0.2777778
4.719474×10^{-4}	1.699011	1	60	6.228835	7.480520	0.4719474
7.865792×10^{-6}	2.831685×10^{-2}	1.666667×10^{-2}	1	0.1038140	0.1246753	7.865791×10^{-3}
7.576817×10^{-5}	0.2727654	0.1605437	9.632619	1	1.200950	7.576817×10^{-2}
6.309020×10^{-5}	0.2271247	0.1336806	8.020833	0.8326742	1	6.309020×10^{-2}
10^{-3}	3.600000	2.118880	127.1328	13.19815	15.85032	1

1-5 质量或力单位换算及计算（$F=mg$）

牛顿 (N)	达因 (dyn)	千克力 (kgf)	吨 (t)	磅 (lb)	英吨 (long ton)	美吨 (short ton)
1	10^5	0.1019716	1019716×10^{-5}	0.2248066	100.3616×10^{-6}	112.4050×10^{-6}
10^{-5}	1	1.019716×10^{-6}	1.019716×10^{-9}	2.248066×10^{-6}	1.003616×10^{-9}	1.124050×10^{-9}
9.80665	9.80665×10^5	1	10^{-3}	2.2046	984.211×10^{-6}	1.10232×10^{-3}
9.80665×10^3	980.665×10^6	10^3	1	2.2046×10^3	0.984211	1.10232
4.44822	444.822×10^3	0.453600	0.453600×10^{-3}	1	446.438×10^{-6}	500.011×10^{-6}
9.96397×10^3	996.397×10^6	1.01604×10^3	1.01604	2.23997×10^3	1	1.12000
8.89640×10^3	889.640×10^6	907.180	0.907180	2000	0.892857	1

1-6 压力单位换算

帕斯卡(Pa)或牛顿/米² (N/m^2)	千克力/厘米² (kgf/cm^2)	吨/米² (t/m^2)	标准大气压 (atm)	磅/英寸² (lb/in^2)	巴 (bar)	汞柱(0℃)		水柱(15℃)	
						毫米(mm)	英寸(in)	米(m)	英尺(ft)
1	10.1972×10^{-6}	101.972×10^{-6}	9.86923×10^{-6}	145.038×10^{-6}	10×10^{-6}	7.50062×10^{-3}	295.300×10^{-6}	102.074×10^{-6}	334.887×10^{-6}
98.0665×10^3	1	10	0.967841	14.2233	0.980665	735.560	28.9592	10.0090	32.8380
9.80665×10^3	0.1	1	9.67841	1.42233	9.80665×10^{-2}	73.5560	2.89592	1.00090	3.28380
101.325×10^3	1.03323	10.3323	1	14.6959	1.01325	760.000	29.9213	10.3322	33.8983
6.89476×10^3	7.03070×10^{-2}	0.703070	6.80460×10^{-2}	1	6.89476×10^{-2}	51.7155	2.03604	0.703780	2.30899
10^5	1.01972	10.1972	0.986923	14.5038	1	750.062	29.5300	10.2074	33.4887
133.322	1.35951×10^{-3}	1.35951×10^{-2}	1.31579×10^{-3}	1.93368×10^{-2}	1.33322×10^{-3}	1	3.93700×10^{-2}	1.36087×10^{-2}	4.46480×10^{-2}
3.38639×10^3	3.45315×10^{-2}	0.345315	3.34211×10^{-2}	0.491154	3.38639×10^{-2}	25.4000	1	0.345661	1.13406
9.79685×10^3	9.99000×10^{-2}	0.999000	9.66874×10^{-2}	1.42090	9.79685×10^{-2}	73.4824	2.89301	1	3.28084
2.98608×10^3	3.04496×10^{-2}	0.304496	2.94703×10^{-2}	0.433090	2.98608×10^{-2}	22.3974	0.881789	0.304800	1

1-7 温度单位换算

(1)t℉$=32+1.8t$℃ (2)$t\text{K}=273.15+t℃=\frac{5}{9}(459.67+t℉)=\frac{5}{9}t°\text{R}$	℃——摄氏温标 ℉——华氏温标 K——开尔文温标 °R——列氏温标

1-8 比转速 n 的换算

$\frac{3.65n\sqrt{Q}}{H^{0.75}}$		$\frac{n\sqrt{Q}}{H^{0.75}}$	
中国 (m^3/s,m,r/min)	日本 (m^3/min,m,r/min)	英国 (gal/min,ft,r/min)	美国 (gal/min,ft,r/min)
1	2.12218	12.9115	14.1494
0.471213	1	6.08404	6.66737
0.077451	0.164364	1	1.09588
0.070675	0.149984	0.912510	1

1-9 不同计算公式和单位下的吸入比转速限值及其换算

项目	中国	欧洲		美国
比转速	$C=\frac{5.62n\sqrt{Q}}{NPSH_3^{0.75}}$	$S=\frac{n\sqrt{Q}}{NPSH_3^{0.75}}$		
泵的转速 n	$r\cdot min^{-1}$	$r\cdot min^{-1}$	$r\cdot min^{-1}$	$r\cdot min^{-1}$
流量 Q	$m^3\cdot s^{-1}$	$m^3\cdot s^{-1}$	$m^3\cdot s^{-1}$	US gallons $\cdot min^{-1}$
$NPSH_3$	m	m	m	ft
换算	10.67	60	1	1.162
限值（近似值）	1 200	213 或 215	12 780 或 13 000	11 000

注：1. Q 为最大叶轮直径、最佳效率点（BEP）下的流量。对于单吸叶轮，Q 为总流量；对于双吸叶轮，Q 为总流量的 1/2。

2. $NPSH_3$ 为最佳效率点（BEP）下的泵的必需汽蚀余量。

1-10 功单位换算

焦耳(J)或牛顿·米(N·m)	尔格(erg)	千克力·米(kgf·m)	磅·英尺(ft·lb)	千瓦·时(kW·h)	马力(米制)·时(hp·h)	英热单位(Btu)
1	10^7	0.101972	0.737562	2.77778×10^{-7}	3.77673×10^{-7}	947.817×10^{-6}
10^{-7}	1	10.1972×10^{-9}	73.7562×10^{-9}	27.7778×10^{-15}	37.7673×10^{-15}	94.7817×10^{-12}
9.80665	98.0665×10^6	1	7.23301	2.72407×10^{-6}	3.70370×10^{-6}	9.29491×10^{-3}
1.35582	13.5582×10^6	0.138255	1	376.616×10^{-9}	512.055×10^{-9}	1.28507×10^{-3}
3.60000×10^6	36.0000×10^{12}	367.098×10^3	2.65522×10^6	1	1.35962	3.41214×10^3
2.64780×10^6	26.4780×10^{12}	270.000×10^3	1.95291×10^6	0.735499	1	2.50963×10^3
1.05506×10^3	10.5506×10^9	107.586	778.169	293.071×10^{-6}	398.466×10^{-6}	

1-11 功率单位换算

千瓦 kW	千克力·米/秒(kgf·m/s)	磅·英尺/秒(lb·ft/s)	马力(米制)(hp)	千卡/时($kcal_{IT}$/h)①	英热单位/时(Btu/h)
1	101.972	737.562	1.35962	860.000	3.41214×10^{-3}
9.80665×10^{-3}	1	7.23301	1.33333×10^{-2}	8.43372	33.4617×10^{-6}
1.35581×10^{-3}	0.138255	1	1.843398×10^{-3}	1.16600	4.62624×10^{-6}
0.735499	75.0000	542.477	1	632.630	2.50963×10^{-3}
1.16279×10^{-3}	0.118572	0.857630	1.58095×10^{-3}	1	3.96760×10^{-6}
293.071	29.8849×10^3	216.158×10^3	398.465	252.041×10^3	1

① $1kW\cdot h=860kcal_{IT}$；$1W=1J/s$。

附录二　常见液体的密度

名称	温度/℃	密度/(kg/dm³)	名称	温度/℃	密度/(kg/dm³)	名称	温度/℃	密度/(kg/dm³)
汽油 航空油	15	0.72	机油 轻质油	15	0.88～0.90	硅油	20	0.94
汽油 轻油	15	0.68～0.72	机油 中质油	15	0.91～0.935	柏油	25	1.22～1.24
汽油 普通油	15	0.72～0.74	海水	15	1.02～1.03	焦油 褐煤	20	0.88～0.92
汽油 重油	15	0.75	牛奶	15	1.02～1.05	焦油 沥青煤	20	0.9～1.1
汽油 高级汽油	15	0.75～0.78	矿物润滑油	20	0.88～0.96	葡萄酒	15	0.99～1.0
啤酒	15	1.02～1.04	萘	19	0.76	糖溶液 含糖10%	20	1.04
发动机燃料油	15	0.82～0.84		20	0.90～1.02	糖溶液 含糖20%	20	1.08
柴油	15	0.85～0.89	石油	15	0.79～0.82	糖溶液 含糖40%	20	1.18
齿轮油	15	0.92	菜油	15	0.90～0.97	糖溶液 含糖60%	20	1.28
燃料油 特轻油	15	0.83～0.85	原油 (范围)	20	0.7～1.04	糖浆 成品浆	80	1.3～1.4
燃料油 轻油	15	0.86～0.91	原油 阿拉伯	—	0.85	糖浆 浓浆	80	1.3
燃料油 中量油	15	0.92～0.99	原油 伊朗	—	0.835	糖浆 薄浆	20	1.08
燃料油 重油	15	0.95～1.0	原油 科威特	—	0.87	糖浆 粗浆	20	1.05
燃料油 渣油	20	0.89～0.98	原油 利比亚	—	0.83	糖浆 浊浆	80	1.1～1.2
液压油	20	0.875	原油 罗马尼亚	—	0.854			
煤油	15	0.78～0.82	原油 特立尼达	—	0.885			
			原油 委内瑞拉	—	0.935			

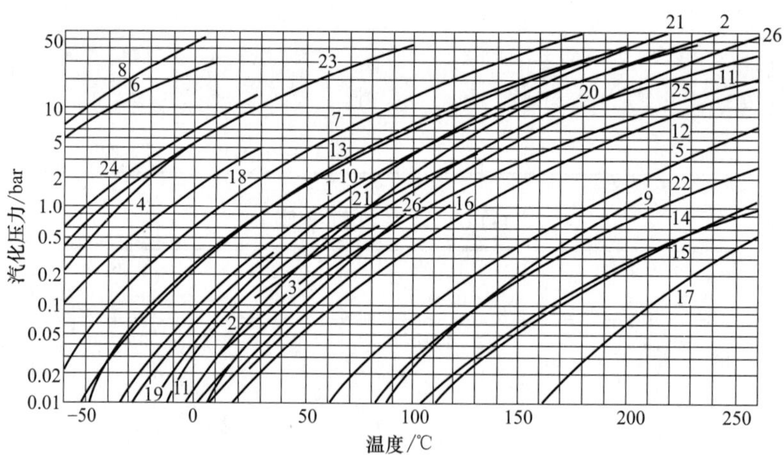

液体的汽化压力（1bar＝10^5 Pa）

1—丙酮；2—乙醇；3—甲酸；4—氨水；5—苯胺；6—乙烷；7—氯乙烯；8—乙烯；9—乙二醇；10—汽油；11—苯；12—氯苯；13—二乙醚；14—二苯基；15—Dowtherm A 导热剂；16—乙酸；17—甘油；18—异丁烷；19—己烷；20—煤油；21—甲醇；22—萘；23—丙烷；24—丙烯；25—甲苯；26—水

附录三 国内部分城市海拔高度和大气压力

地名	海拔高度/m	大气压力/mH_2O	地名	海拔高度/m	大气压力/mH_2O
黑龙江省			广西壮族自治区		
齐齐哈尔	147	10.15	桂林	167	10.11
安达	151	10.16	南宁	123	10.21
哈尔滨	146	10.17	辽宁省		
鸡西	233	10.07	阜新	188	10.19
牡丹江	240	10.06	抚顺	82	10.25
海伦	240	10.04	沈阳	42	10.31
绥芬河	512	9.71	锦州	66	10.30
鹤岗	228	10.04	鞍山	22	10.32
吉林省			营口	4	10.36
长春	237	10.07	丹东	15	10.34
吉林	184	10.13	大连	62	10.27
四平	164	10.15	内蒙古自治区		
通化	403	9.8	赤峰	571	9.67
浙江省			呼和浩特	1063	9.19
杭州	7	10.35	锡林郭勒盟	990	9.18
温州	6	10.34	新疆维吾尔自治区		
宁波	4	10.35	乌鲁木齐	654	9.33
金华	64	10.27	哈密	738	9.43
福建省			和田	1382	8.76
福州	88	10.24	伊犁	670	9.59
厦门	23	10.31	吐鲁番	35	10.34
河南省			克拉玛依	433	9.87
安阳	76	10.27	甘肃省		
开封	70	10.27	酒泉	1477	8.65
洛阳	138	10.19	张掖	1469	8.64
郑州	109	10.25	兰州	1517	8.68
许昌	72	10.26	天水	1192	9.05
湖北省			宁夏回族自治区		
武汉	23	10.32	中卫	1185	9.00
宜昌	70	10.24	银川	1112	9.08
湖南省			青海省		
长沙	81	10.28	西宁	2261	7.91
衡阳	103	10.25	陕西省		
湘潭	86		西安	397	9.87
江西省			宝鸡	616	9.58
南昌	49	10.30	延安	958	9.25
景德镇	46	10.30	河北省		
九江	32	10.32	承德	375	9.91

续表

地　　名	海拔高度/m	大气压力/mH_2O	地　　名	海拔高度/m	大气压力/mH_2O
张家口	712	9.53	大理	1991	8.14
保定	17	10.33	贵州省		
石家庄	82	10.27	贵阳	1071	9.11
山西省			遵义	844	9.35
大同	1068	9.12	江苏省		
太原	784	9.44	徐州	34	10.32
阳泉	691	9.53	南京	9	10.31
广东省			南通	6	10.35
广州	6	10.32	常州	9	10.35
汕头	4	10.32	安徽省		
湛江	26	10.29	合肥	24	10.32
海南省			芜湖	15	10.33
海口	18	10.28	安庆	41	10.31
四川省			蚌埠	21	10.32
成都	506	9.74	山东省		
甘孜	3326	6.86	济南	55	10.32
内江	352	9.93	青岛	17	10.30
宜宾	341	9.97	西藏自治区		
泸州	335	9.98	拉萨	3958	6.62
重庆市	261	10.00	北京市	52	10.30
云南省			天津市	3	10.35
昆明	1891	9.11	上海市	5	10.35
蒙自	1301	8.85			

注：大气压力为对应常温清水的米水柱。$1mH_2O=10kPa$。

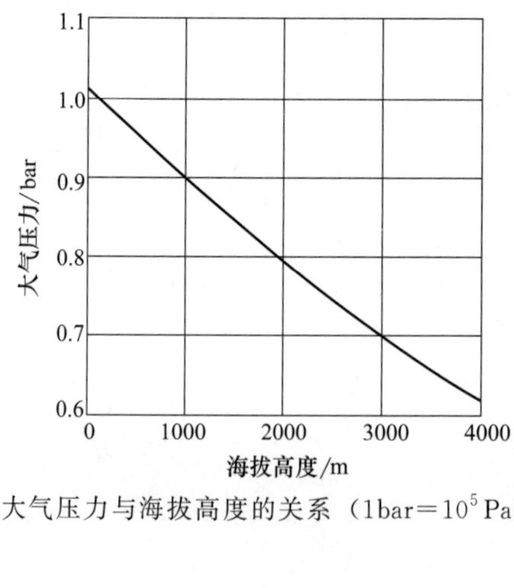

大气压力与海拔高度的关系（$1bar=10^5Pa$）

附录四　法兰标准和公称压力等级对照

4-1　钢制管法兰标准和公称压力等级对照

项目		公称压力等级							标准
美洲体系	中国	PN	20	50	110	150	260	420	GB/T 9124.1,GB/T 9124.2, HG/T 20592～20635,SH/T 3406
	美国	Class	150	300	600	900	1500	2500	ASME B 16.5(DN15～DN600), ASME B16.47(DN650～DN1500)A、B 系列
欧洲体系	中国	PN	6,10,16,25,40,63,100,160,250						GB/T 9124.1,GB/T 9124.2,HG/T 20592
	欧洲								EN 1092-1

注：1. PN（工程压力）后的数值单位为巴（bar）。

2. ASME B16.47（DN650～DN1500）A、B 系列，对应的中国标准为 HG/T 20592～20635（DN650～DN1500）A、B 系列。

4-2　灰铸铁管法兰标准和公称压力等级对照

项目		公称压力等级				标准
美洲体系	中国	PN	20	50	—	GB/T 17241
	美国	Class	125	250	800	ASME B16.1
欧洲体系	中国	PN	2.5,6,10,16,25,40			GB/T 17241
	欧洲					EN 1092-2

注：表中 PN（工程压力）后的数值单位为巴（bar）。

4-3　球墨铸铁管法兰标准和公称压力等级对照

项目		公称压力等级			标准
美洲体系	中国	PN	20	50	GB/T 17241
	美国	Class	150	300	ASME B16.42
欧洲体系	中国	PN	6,10,16,25,40		GB/T 17241
	欧洲				EN 1092-2

注：表中 PN（工程压力）后的数值单位为巴（bar）。

附录五　泵常用材料牌号对照

材料	类型	ASTM 牌号		德国	中国牌号	
		标准号	牌号		标准号	牌号
灰铸铁	铸件	A278	Class 30	0.6025	GB/T 9439	HT 250
		A48	Class 25/30	0.6030	GB/T 9439	HT 300
球墨铸铁	铸件	A536	60-45-12	0.7050	GB/T 1348	QT 450-10
碳钢	铸件	A216	WCB	1.0619	GB/T 16253	ZG 240-450AG
	锻件	A266	Class 2	1.0426	NB/T 47008	16Mn
	棒料	A696	B	1.0481	GB/T 699	25,30
		A576	1045	1.0503	GB/T 699	45

续表

材料	类型	ASTM牌号		德国	中国牌号	
		标准号	牌号		标准号	牌号
12%Cr钢	铸件	A217	CA15	1.4107	GB/T 2100	ZG15Cr12
		A487	CA6NM	1.4317	GB/T 2100	ZG06Cr12Ni4
	锻件	A182	F6A Class 1	1.4006	GB/T 1220	12Cr13
		A182	F6NM	1.4313	按ASTM牌号	
	棒料	A479 A276	Type 410 Type 410	1.4006 1.4006	GB/T 1220	12Cr13
304不锈钢	铸件	A351	CF8	1.4301	GB/T 2100	ZG07Cr19Ni9
	锻件	A182	F304	1.4301	NB/T 47010	06Cr19Ni10
	棒料	A276	304	1.4301	GB/T 1220	06Cr19Ni10
304L不锈钢	铸件	A351	CF3	1.4309	GB/T 2100	ZF03Cr18Ni10
		A743	CF3	1.4309	GB/T 2100	ZG03Cr18Ni10
	锻件	A182	F304L	1.4306	NB/T 47010	022Cr19Ni10
	棒料	A479	304L	1.4306	GB/T 1220	022Cr19Ni10
	板	A240	F304L	1.4306	GB/T 4237	022Cr19Ni10
316不锈钢	铸件	A743	CF8M	1.4401	GB/T 2100	ZG07Cr19Ni11Mo2
	锻件	A182	F316	1.4401	NB/T 47010	06Cr17Ni12Mo2
	棒料	A276	316	1.4401	GB/T 1220	06Cr17Ni12Mo2
316L不锈钢	铸件	A351	CF3M	1.4409	GB/T 2100	ZG03Cr19Ni11Mo2
		A743	CF3M	1.4408	GB/T 2100	ZG03Cr19Ni11Mo2
	锻件	A182	F316L	1.4404 1.4571	NB/T 47010	00Cr17Ni14Mo2
	棒料	A479	316L	1.4404 1.4571	GB/T 1220	022Cr17Ni12Mo2
	板	A240	F316L	1.4404 1.4571	GB/T 4237	022Cr17Ni12Mo2
AISI 4140钢	棒料	A434	Class BB/BC	1.7225	GB/T 3077	42CrMo
双相钢	铸件	A890	3	1.4468	GB/T 2100	ZG03Cr26Ni5Mo3N
		A351	CD4MCu	1.4517	GB/T 2100	ZG03Cr26Ni5Cu3Mo3
	锻件	A182	F51	1.4462	NB/T 47010	00Cr22Ni5Mo3N
	棒料	A276	S31803	1.4462	GB/T 1220	022Cr22Ni5Mo3N
	板	A240	S31803	1.4462	GB/T 4237	022Cr22Ni5Mo3N
哈氏合金B	铸件	A494	N-12MV N-12M	2.4810	按ASTM牌号	
		A743	N-12M		按ASTM牌号	
	板	B333	N10665	—	GB/T 15007	NS322

续表

材料	类型	ASTM牌号		德国	中国牌号	
		标准号	牌号		标准号	牌号
哈氏合金C (C-276)	铸件	A494	N-12MW CW-7M	2.4686	按ASTM牌号	
		A743	CW-7M	2.4610	按ASTM牌号	
	板	B564	N10276	—	GB/T 15007	NS334
青铜	铸件	B584	—	—	GB/T 1176	ZCuPb10Sn10
	棒料	B139	—	—	YS/T 649	QSn7-0.2
钛	铸件	B367	C-3	3.7031	GB/T 6614	ZTA2
	锻件	B381		3.7035	GB/T 16598	TA1
	板	B265			GB/T 3621	TA1

资料来源：余存烨《化工用钛材的中美标准对比及评述》(化工设备与管道，2002年第5期)。

附录六　配管材料对照

组成件	中国牌号		美国牌号		日本JIS牌号	
	标准	牌号	标准	牌号	标准	牌号
法兰用紧固件	GB/T 3077 GB/T 699	35CrMo 45	ASTM A193 ASTM A194	B7 2H	G 4107 G 4051	SNB7 S45C
管件、阀和法兰用碳钢锻件	NB/T 47008	16Mn	ASTM A105 ASTM A181		G 4051	S25C
管件、管接头用可锻铸铁(镀锌)	GB/T 9440	KTH 300-06	ASTM A338 ASTM A197	Class 150 可锻铸铁 (镀锌)①	—	
管件、管接头用不锈钢锻件	NB/T 47010	022Cr17Ni12Mo2	ASTM A182	F316L	G 3214	SUS F 316L
垫片		06Cr17Ni12Mo2/ 石墨缠绕垫		316不锈钢 缠绕垫		SUS 316缠绕垫
碳钢管(Pipe)	GB/T 8163 GB/T 9711.1	20 L 245	ASTM A106 ASTM A524 API 5L	B A、B	G 3456	STPT 370 STPT 410
镀锌碳钢管(Pipe)	GB/T 3091	Q235A(ERW，镀锌)	ASTM A53	B(E)(镀锌)①	—	
不锈钢管(Pipe)	GB/T 14976	022Cr17Ni12Mo2	ASTM A312	TP 316L	G 3459	SUS 16LTP
不锈钢管(Tube)	GB 13296	0Cr17Ni12Mo2	ASTM A269	TP 316	G 3463	SUS 316TB

① 镀锌执行ASME A153标准。

附录七 国内部分泵产品一览表

7-1 重载荷化工流程离心泵

型号	流量/(m^3/h)	扬程/m	温度/℃	轴功率/kW	适用介质	生产厂	备注
HSB/HDB 卧式多级筒形泵(BB5)	50～750	120～3500	－80～450	≤5300	输送汽柴油、蜡油、冷热高分油、液氨等	嘉利特荏原泵业有限公司	双壳体,内壳体为轴向剖分结构;可作液力透平
DCS/DCD/DCN 卧式多级筒形泵(BB5)	15～750	120～3300	－80～450	≤4100	输送汽柴油、贫胺液、锅炉水、切焦水等介质		双壳体,内壳体为径向剖分结构;可作液力透平
DF/DFB 卧式单壳体多级离心泵(BB4)	20～700	200～2500	－20～250	≤2300	主要输送锅炉水、除氧水		DFB 为叶轮背对背布置
SP/SPD 卧式多级中开泵(BB3)	50～1500	130～1500	－75～230	≤2100	输送甲醇、贫甲醇、锅炉水等介质		
R2/R2D 卧式两级离心泵(BB2)	20～1600	100～550	－100～450	≤1460	输送渣油、汽柴油、烃类等流程介质		
KS 卧式单级离心泵(BB2)	100～4800	20～380	－100～450	≤2900	输送急冷水、急冷油、汽柴油、烃类等介质		双吸叶轮
CP 卧式单级双吸中开泵(BB1)	100～4800	20～380	－20～200	≤1150	输送原油、水等介质		
ZPY 双壳体油浆泵(OH2)	3～1900	15～250	－20～450	≤650	输送催化裂化、裂解装置高温含颗粒油浆		
UCW/WEZ/WEN 单级悬臂流程泵(OH2)	3～2600	10～300	－80～450	≤730	输送炼油、化工较清洁的油、水、烃类等介质		
VPCS/VPCH 立式多级筒袋泵(VS6)	8～2000	20～1600	－100～350	≤460	输送低温易汽化介质,如乙烷、丙烯等		
LG/WG 高速泵(OH6)	1～80	40～1400	－130～260	≤280	输送有腐蚀性、含一定颗粒的介质。可用于石化、发电等行业		

续表

型号	流量/(m^3/h)	扬程/m	温度/℃	轴功率/kW	适用介质	生产厂	备注
KHP 卧式中开多级泵	35～960	200～1800	−70～200	<2660	原油、成品油、化工原料(贫甲醇等)、甲铵溶液、煤化工灰水、冷凝液	广东肯富来泵业股份有限公司	符合 API 610(BB3)
KPP 化工流程泵	3～2600	8～270	−70～450	<1187	适用于输送低温、高温、高压、易燃、易爆、有毒、易结晶、具有一定腐蚀性液体		符合 API 610(OH2)
HF 沸腾泵	≤3500	≤300	≤500		沸腾床加氢、悬浮床加氢、航煤加氢、重油催化、煤直接液化等装置	合肥华升泵阀股份有限公司	重载、叶片式泵
HTY 淤浆泵、浆液循环泵	≤3100	≤250	−80～450		应用于乙烯、PP、PE(聚乙烯)、PDH(丙烷脱氢)、PTA、己内酰胺等工业装置,输送低温类、烯烃类、易燃易爆、腐蚀性、浆料类介质		重载、叶片式泵
HQY 潜油泵	≤5000	≤500	−50～60		适用于大流量、高扬程、潜入深的输油工况		重载、叶片式泵
HTD 液力透平及机组	≤1000	≤3300	≤500		用于石油化工、煤化工、冶金等行业有高压冗余能量回收场合,如渣油加氢、柴油加氢、蜡油加氢、甲醇、合成氨、循环水厂、输油管线等装置能量回收。投资回收期一般9到18个月		重载、叶片式透平
NPY 催化油浆泵(BB2 系列双壳体结构)	≤2000	≤260	≤450		DCC 循环油浆泵、FCC 循环油浆泵、MTO 急冷水泵/水洗水泵		重载、叶片式泵

续表

型号	流量/(m³/h)	扬程/m	温度/℃	轴功率/kW	适用介质	生产厂	备注
HDD、HDS BB2系列重载流程泵	≤7500	≤500	≤450		二甲苯塔底泵(PX)、吸附塔循环泵(PX)、常压塔底泵、减压塔底泵、分流塔底泵、辐射进料泵、原油输送泵等	合肥华升泵阀股份有限公司	重载、叶片式泵
HTDL VS6系列筒袋泵	≤800	≤1200	−200～200		应用于乙烯、PP、PE、PDH等工业装置，输送低温类、烯烃类、易燃易爆类介质		重载、叶片式泵
HSK BB3系列多级离心泵	45～1600	≤3200	≤200		主要用于输送石油开采、石油化工、煤化工、管路输送、海水淡化电厂等，也可用于煤化工中的灰水泵、贫甲醇输送泵、化工行业的高压输送泵、合成氨装置的贫液泵和富液泵等		重载、叶片式泵
HDK BB5系列多级离心泵	≤1000	≤3500	≤500		主要用于输送石油、成品油、液化石油气、轻烃、锅炉给水等各种清洁或含有微量颗粒、易燃易爆、有毒的介质。典型工况用于各炼厂重油加氢装置中加氢进料泵、钢厂除焦除磷装置中高压除焦泵及电厂用高压锅炉给水泵		重载、叶片式泵，内壳体水平中开多级离心泵
HDG BB5系列多级离心泵	≥1000	≥3200	≥500		主要用于输送石油、成品油、液化石油气、轻烃、锅炉给水等各种清洁或含有微量颗粒、易燃易爆、有毒的介质。典型工况用于各炼厂重油加氢装置中加氢进料泵、钢厂除焦除磷装置中高压除焦泵及电厂用高压锅炉给水泵		重载、叶片式泵，内壳体节段式多级离心泵

续表

型号	流量/(m^3/h)	扬程/m	温度/℃	轴功率/kW	适用介质	生产厂	备注
HTE/HNE OH2系列化工流程泵	≥2600	≥250	-80~450℃		炼油厂、石油化学工业、煤加工工业和低温工程；化学工业、造纸业、制糖业和普通流程工业；供水厂、海水淡化厂、发电厂；供暖和空气调节系统、环境保护工程、船舶及海上工业等	合肥华升泵阀股份有限公司	重载、叶片式泵
HP_02 HP_03 (OH2 型)	2~3500	10~300	-80~450	1600	输送含微量颗粒的低温、高温、高压、易爆易燃、有毒或腐蚀性的液体	大连海特泵业有限公司	重载
HP_14 (OH3 型)	2~2500	10~200	-45~300	1000	输送含微量颗粒的低温、高温、高压、易爆易燃、有毒或腐蚀性的液体		重载
HP_40 HP_41 (BB2 型)	≥2000	20~550	-45~450	1800	输送含微量颗粒的低温、高温、高压、易爆易燃、有毒或腐蚀性的液体		重载
HM_01 (BB3 型)	≥2000	≥1500	-28~200	2000	输送含少量颗粒的高压、易爆易燃、有毒或腐蚀性的液体		重载
HM_02 HM_03 (BB4 型)	≥800	≥1600	-60~300	2800	输送不含颗粒的中性或腐蚀性的低温、高温、高压液体		重载
HM_02-BB HM_03-BB (BB4 型)	≥1000	≥1600	-60~300	2800	输送含颗粒的中性或腐蚀性的低温、高温、高压液体		重载

续表

型号	流量/(m^3/h)	扬程/m	温度/℃	轴功率/kW	适用介质	生产厂	备注
HM_04(BB5型)	≥1000	≥2000	−80～450	3600	输送低温、高温、高压的中性或腐蚀性的液体	大连海特泵业有限公司	重载
HP_64(稀油润滑VS4)	2～1000	4～150	−45～260	300	输送清洁或含微量颗粒的低温、高温、易爆易燃、有毒或腐蚀性的液体		重载
HP_71(VS6型)	≥800	≥1000	−180～180	1000	输送含微量颗粒的低汽蚀余量、低温、高温、高压、易爆易燃、有毒或腐蚀性的液体		重载
HP_14(OH3型)	2～3000	10～200	−45～300	1600	输送含微量颗粒的低温、高温、高压、易爆易燃、有毒或腐蚀性的液体		重载
PC重载化工流程离心泵OH2型	2.5～2600	4～300	−80～450	0.55～2000	大多数流程液体	大耐泵业有限公司	承压约13.5 MPa
ASD水平中开双吸泵BB1型	100～13000	13～215	−20～100	5.5～2800	清洁或含有微量颗粒的液体		承压约4.0MPa
ASD H输油管线泵BB1型	700～15000	50～490	−20～205	110～12000	原油及其精制品		承压约11.0MPa
ASD R重载化工流程离心泵BB2型	20～13000	20～480	−80～450	7.5～4000	清洁或含有微量颗粒的液体		承压约15.0MPa
ASD M水平中开多级泵BB3型	6～3000	≤2500	−80～200	3～8000	清洁或含有微量颗粒的液体		承压约42.0MPa
DS卧式多级泵BB4型	2～1000	≤2500	−10～210	3～2000	清洁非磨蚀性液体		承压约32.0MPa
HB卧式多级筒形泵BB5型	2.5～2600	≤2500	−80～450	3～6000	清洁非磨蚀性液体		承压约42.0MPa
VB立式多级筒袋泵VS6型	2～2500	≤1000	−132～180	3～2000	清洁非磨蚀性液体		承压约15.0MPa

续表

型号	流量/(m^3/h)	扬程/m	温度/℃	轴功率/kW	适用介质	生产厂	备注
LH GG/2 液下泵 VS4 型	2.5～2600	4～300	－20～450	1.5～2000	大多数流程液体，高温或低温	大耐泵业有限公司	承压约 4.0MPa
VP 立式管线泵 OH3 型	2.5～2600	4～300	－80～250	0.55～2000	清洁或含有微量颗粒的液体		承压约 4.0MPa
PC L 重载小流量化工流程泵 OH2 型	0.2～6.3	4～200	－80～450	0.55～30	清洁、无颗粒、无纤维的液体		承压约 4.0MPa
TSY 中开单级离心泵	50～15000	10～320	－45～205	—	输送清洁或带有微量颗粒的中型或有腐蚀性液体	湖南天一奥星泵业有限公司	BB1
KDY 中开多级离心泵	10～2500	150～1800	－45～205	—	输送清洁或带有微量颗粒的中型或有腐蚀性液体		BB3
TDC 双壳体内芯包水平剖分多级离心泵	10～1000	150～3200	－80～450	—	输送清洁或带有微量颗粒的高温高压、易爆易燃或有毒液体		BB5
TSJH 石油化工流程泵	50～5000	100～480	－80～450	—	输送清洁或带有微量颗粒的高温高压、易爆易燃或有毒液体		BB2
TCE 石油化工流程泵	2～2600	10～250	－80～450	—	输送清洁或带有微量颗粒的高温、易爆易燃或有毒液体		OH2
HHS	0.5～2600	≤350	－160～450	≤2500	清洁或含有微量固体颗粒的低温、高温、易燃易爆、强腐蚀性介质	阳光泵业（天津）有限公司	重载荷化工流程离心泵，API 610OH2 型
HHV	5～2600	≤350	－160～450	≤2500	清洁或含有微量固体颗粒的低温、高温、易燃易爆、强腐蚀性介质		重载荷化工流程离心泵，API 610 OH3 型
DVDS DVDD	≤12000	≤500	≤210	≤15000	清洁或含有微量固体颗粒的低温、强腐蚀性介质		重载荷化工流程离心泵，API 610 BB1-B 轴向剖分单/两级中心支承
HDL	≤6100	≤450	－160～450	≤6000	清洁或含有微量固体颗粒的低温、高温、易燃易爆、强腐蚀性介质		重载荷化工流程离心泵，API 610 BB2 径向剖分单级双吸两端支承

续表

型号	流量 /(m^3/h)	扬程 /m	温度 /℃	轴功率 /kW	适用介质	生产厂	备注
KSMK KSMD	≤4000	≤750	−160～450	≤7000	清洁或含有微量固体颗粒的低温、高温、易燃易爆、强腐蚀性介质	阳光泵业（天津）有限公司	重载荷化工流程离心泵，API 610 BB2 径向剖分两级首级单/双吸
SMXS SMXD SMXL	≤3000	≤2800	−160～200	≤8000	清洁或含有微量固体颗粒的低温、强腐蚀性介质		重载荷化工流程离心泵，API 610 BB3 轴向剖分首级单双吸多级
MRSC MRSD	≤1160	≤2800	≤210	≤6000	清洁或含有微量固体颗粒的低温、强腐蚀性介质		重载荷化工流程离心泵，API 610 BB4 径向剖分底脚/中心支承多级
HMBS HMBD	≤1000	≤2500	≤450	≤6000	清洁或含有微量固体颗粒的低温、高温、易燃易爆、强腐蚀性介质		重载荷化工流程离心泵，API 610 BB5 双壳体 BB4 芯包多级
HVBS HVBD	≤1000	≤7000	≤450	≤12000	清洁或含有微量固体颗粒的低温、高温、易燃易爆、强腐蚀性介质		重载荷化工流程离心泵，API 610 BB5 双壳体 BB3 芯包多级
VMX VSB	≤900	≤900	≤210	≤1800	清洁或含有微量固体颗粒的低温、强腐蚀性介质		重载荷化工流程离心泵，API 610 VS1
VW4	≤1200	≤270	−50～204	≤1200	清洁或含有微量固体颗粒的低温、强腐蚀性介质		重载荷化工流程离心泵，API 610 VS4
VCD	≤900	≤900	−80～250	≤1000	清洁或含有微量固体颗粒的低温、中温、易汽化介质		重载荷化工流程离心泵，API 610 VS6 内芯包导叶式结构
VCB	≤30000	≤700	−170～204	≤16000	清洁或含有微量固体颗粒的低温、中温、易汽化介质		重载荷化工流程离心泵，API 610 VS6 内芯包导流壳式结构
HHM	≤800	≤200	−160～250	≤250	清洁或含有微量固体颗粒的低温、高温、易燃易爆、有毒危险介质		重载荷化工流程离心泵，API 685 磁力泵
HHC	≤600	≤200	−160～250	≤260	清洁或含有微量固体颗粒的低温、高温、易燃易爆、有毒危险介质		重载荷化工流程离心泵，API 685 屏蔽泵

续表

型号	流量/(m^3/h)	扬程/m	温度/℃	轴功率/kW	适用介质	生产厂	备注
SGM 系列流程泵	0.6～700	12～420	－50～400	132	输送微量固体颗粒的高温、高压、易燃易爆或有毒液体	上海日机装屏蔽泵有限公司	固体质量分数不大于30%，颗粒直径小于2mm。环境温度－20℃或－50～60℃，防爆类型及范围Ex db或dbeb ⅡB或ⅡC T1—5Gb
MDC 磁力传动石化流程泵	3～3000	600	－45～300	400	输送易燃易爆、有毒、有腐蚀性、易挥发的贵重液体	杭州大路实业有限公司	
HZA/E 石化流程泵	3～3000	250	－45～300	1200	输送石油化工产品，包括酸、碱、盐溶液以及化学溶剂		
HTD(B)双壳体多级离心泵	12～600	400～4200	－45～300	3000	输送石化、钢铁厂中需要高压泵送的液体，如加氢进料、高压给水、除磷、切焦、贫胺液、液氨、甲铵液等		
XZE 化工流程泵	3～2600	16～300	－80～450	700	输送清洁或含有颗粒的液体、低温或高温的液体、中性或有腐蚀性的液体	泰州康乔机电设备有限公司	工作压力可达5.0MPa
OHA/JHE 流程泵	10～2600	10～290	－45～425	≤1000	输送各种清洁或含有少量颗粒、低温或高温、中性或有腐蚀性的液体	昆明嘉和科技股份有限公司	重载
JHCD	≤2270	≤400	－45～425	≤1600	输送各种清洁的或带有微量固体颗粒的、中性或有强腐蚀性的介质，包括酸性液体、丙烷、轻烃、高温腐蚀性介质等		重载

续表

型号	流量/(m^3/h)	扬程/m	温度/℃	轴功率/kW	适用介质	生产厂	备注
JHBD	≤2000	≤740	−45～425	≤2000	输送低温轻烃类介质、腐蚀性介质、焦化装置、真空装置以及其他高温介质	昆明嘉和科技股份有限公司	重载
JHDK	≤2200	≤2200	−80～200	≤5000	工业锅炉给水、核电系统辅助供水、反渗透给水、海上原油输送、成品油管道输送、超临界液化石油气、乙烯和二氧化碳压缩液化		重载
JHD	≤800	≤1600	−29～180	≤2000	输送各种低温或高温、低压或高压等各种清洁、中性或腐蚀性介质		重载
JHDT	≤900	≤2600	−45～425	≤3000	输送石油、成品油、液化石油气、轻烃、煤化工中的贫甲醇、合成氨装置的贫液、富液、锅炉给水等各种清洁的或含有微量颗粒、易燃易爆、有毒的介质		重载
JHDL	≤800	≤800	−180～180	≤1000	输送易汽化介质，低汽蚀余量值、低温介质，如乙烯、液氨、液化气、冷凝液、氢烃、油品等，也可输送空分装置中的液氧、液氮、液氩等低温液体		重载

7-2 中、轻载荷化工流程离心泵

型号	流量/(m^3/h)	扬程/m	温度/℃	轴功率/kW	适用介质	生产厂	备注
GSO/WAC 单级化工流程泵	7～1600	10～150	−30～150	≤165	输送石油化工、煤化工清洁或含颗粒温度、压力不高的介质	嘉利特荏原泵业有限公司	符合 ISO 5199/ISO 2858 标准
SC 中轻载化工流程离心泵(OH1 型)	7～2000	3～140	−20～160	0.55～500	清洁或含有微量颗粒的液体	大耐泵业有限公司	承压约 2.5MPa
PC X 旋流泵	2.5～800	8～130	−20～160	0.55～355	含大颗粒、长纤维的液体，如胶粒水等		承压约 2.5MPa
PC Z 自吸泵	≤1000	≤300	≤150	≤800	清洁或含有微量颗粒的液体		承压约 2.5MPa
YW 长轴液下泵(VS2 型)	100～13000	2～215	−20～100	4～2800	海水、厂区污水等		承压约 2.5MPa
LH 液下泵(VS4 型)	2.5～2600	4～160	−20～120	1.5～1000	大多数流程液体		承压约 2.5MPa
XZA、化工流程泵	3～2600	16～300	−80～300	700	输送清洁或含有颗粒的液体、低温或高温的液体、中性或有腐蚀性的液体	泰州康乔机电设备有限公司	工作压力可达 2.5MPa
HP_07(OH1 型)	2～2000	10～160	−45～200	50	输送含少量颗粒的低温、高温、高压、易爆易燃、有毒或腐蚀性的液体	大连海特泵业有限公司	中载
HP_10 HP_11(OH1/2 型)	0.3～8	10～200	−45～300	30	输送含少量颗粒的低温、高温、高压、易爆易燃、有毒或腐蚀性的液体		中轻载
HP_13(OH1 型)	5～650	10～160	−45～200	200	输送含有 50% 颗粒或长纤维的各种介质		中轻载
HP_51(VS4 型)	2～1000	4～150	−20～120	300	输送清洁或含少量颗粒、易挥发、有毒或腐蚀性的液体及工业污水		中轻载
HP_58(VS1 型)	2～1600	4～200	−80～180	600	输送清洁或含少量颗粒的低汽蚀余量、低温、高温、易爆易燃、有毒或腐蚀性的液体		中轻载
HP_59(VS1 型)	5～500	4～160	≤560	600	高温熔盐输送		中轻载

续表

型号	流量/(m^3/h)	扬程/m	温度/℃	轴功率/kW	适用介质	生产厂	备注
HHF	0.2～2600	≤260	≤220	≤1800	清洁或含有微量固体颗粒、腐蚀性液体等介质	阳光泵业(天津)有限公司	中轻载荷化工流程离心泵,API 610 OH1型
DMS	≤20000	≤100	≤180	≤8000	清洁或含有微量固体颗粒的低温、强腐蚀性介质等		中轻载荷化工流程离心泵,API 610 BB1-A,轴向剖分单级底脚支承
JHB	≤3200	≤50	≤120	≤400	输送质量分数≥92%的浓硫酸	昆明嘉和科技股份有限公司	中、轻载
JHL/JHXL	≤200	≤120	≤180	≤110	输送熔融液态硫磺		中、轻载

7-3 混流泵和轴流泵

7-3-1 混流泵

型号	流量/(m^3/h)	扬程/m	温度/℃	轴功率/kW	适用介质	生产厂	备注
MF卧式化工混流泵	100～7000	2～26	−20～160	1.5～315	清洁或含有微量颗粒的液体	大耐泵业有限公司	承压约2.0MPa
MF V立式混流泵	100～7000	2～26	−20～80	1.5～315	清洁或含有微量颗粒的液体		承压约2.0MPa
HP_15(流程泵)	≤7000	≤25	−28～160	600	输送含有少量固体颗粒的各种介质	大连海特泵业有限公司	混流泵
HP_20(流程泵)	≤12000	≤13.5	−28～160	600	输送含有少量固体颗粒的各种介质		轴流泵
HP_21(流程泵)	≤12000	≤13.5	−80～200	600	输送含有少量固体颗粒的各种介质		悬挂,轴流泵
JW	≤8000	5～20	≤120	≤800	输送质量浓度不大于60%的各种酸性、中性、碱性的腐蚀性、磨蚀性浆液介质	昆明嘉和科技股份有限公司	混流泵

7-3-2 轴流泵

型号	流量 /(m³/h)	扬程 /m	温度 /℃	轴功率 /kW	适用介质	生产厂	备注
HZL 环管轴流泵	≤18000	≤70	≤200		聚丙烯(PP)、聚乙烯(PE)、高密度聚乙烯(HDPE)、超高新材料聚乙烯、LAO(线性α烯烃)等生产装置	合肥华升泵阀股份有限公司	轴流泵
HZW 卧式化工轴流泵	200～18000	2～7	0～450	3～315	各类清洁或含固体颗粒的酸碱盐溶液	大耐泵业有限公司	承压约 2.0MPa
HZ 悬挂式化工轴流泵	200～18000	2～7	0～450	3～315	各类清洁或含固体颗粒的酸碱盐溶液		承压约 2.0MPa
JHZ/JLHZ	550～17000	2～8	≤120	≤800	输送质量浓度不大于 60%各种酸性、中性、碱性的腐蚀性、磨蚀性浆液介质	昆明嘉和科技股份有限公司	轴流泵

7-4 容积泵

7-4-1 齿轮泵

型号	流量 /(m³/h)	扬程 /m	温度 /℃	轴功率 /kW	适用介质	生产厂	备注
HRT 熔体泵	1～15	0～2500	0～300		用于石油化工、煤化工输送高温、高压、高黏度的胶液等化工介质，常用于聚合物弹性体装置、POE(聚烯烃弹性体)装置、PGA(聚乙醇酸)装置等	合肥华升泵阀股份有限公司	齿轮泵、容积泵

7-4-2 螺杆泵

型号	流量 /(m³/h)	扬程 /m	温度 /℃	轴功率 /kW	适用介质	生产厂	备注
L2	1～900	160	350	200	低研磨和腐蚀性小、低/高黏度及低/高润滑性的介质输送	Leistritz	螺杆泵

续表

型号	流量/(m^3/h)	扬程/m	温度/℃	轴功率/kW	适用介质	生产厂	备注
L3	1～700	2800	280	200	无研磨性带润滑性的介质输送	Leistritz	螺杆泵
L4	1～5000	1500	350	1500	各种压力下输送有研磨性/无研磨性、有腐蚀性/无腐蚀性、有润滑性/无润滑性等各种黏度的介质输送		螺杆泵
HDN 单螺杆泵	≤200	≤4.8	≤150	≤110	可输送含有纤维物和固体颗粒、黏稠或含有气体、中性或腐蚀性的液体介质。 HDN 为单头标准型； HDL 为单头大导程型； HDT 为椭圆标准型； HDP 为椭圆大导程型	黄山工业泵制造有限公司	
HDL 单螺杆泵	≤300	≤0.6	≤150	≤75			
HDT 单螺杆泵	≤200	≤3.6	≤150	≤110			
HDP 单螺杆泵	≤300	≤0.6	≤150	≤75			
HW/HWG、HM/HMG 双螺杆泵	3～1500	≤2.5	－50～400	≤1600	输送有/无润滑性、有/无腐蚀性各类高低黏流体，允许少量固体颗粒： HW/HWG 为中低压大流量双吸型； HM/HMG 为整体式螺杆重载型高压双吸型		
	3～800	≤8.0	－20～300	≤1200			
HWD 双螺杆泵	0.5～120	≤1.6	－50～350	≤100	HWD 为低压小流量单吸型		
2G/2GRN 双螺杆泵	0.3～300	≤2.0	0～250	≤250	2G/2GRN 为中低压单吸型		
HSGW 双螺杆泵	0.3～60	≤1.0	≤350	≤50	用于高温高真空釜用循环泵、产品采出泵。特别适用于作为卸车泵使用		
HQW 双螺杆泵	3～40	≤4.0	≤120	≤90	低黏度、小流量、高扬程工况专用双螺杆泵。可输送轻柴油、航空煤油、清水、海水等		
HSN/SN 三螺杆泵	0.3～318（5～5300 L/min）	≤4.0	≤150	≤500	选用正确材质，可输送腐蚀性介质，及不含固体颗粒无腐蚀性的油类和具有润滑性的液体		
HSM/SM 三螺杆泵	（≤2200 L/min）	≤10	≤150	≤420	输送油类和具有润滑性的液体		

续表

型号	流量/(m^3/h)	扬程/m	温度/℃	轴功率/kW	适用介质	生产厂	备注
HSA三螺杆泵	0.3～96(5～1600 L/min)	≤2.5	≤100	≤100	可输送不含固体颗粒、无腐蚀性的润滑油、液压油等润滑性液体	黄山工业泵制造有限公司	
HTS三螺杆泵	0.48～60(8～1000 L/min)	≤15	≤120	≤90	可输送含少量固体颗粒的无腐蚀性介质，如轻燃油、乳化液等		
HSS双吸三螺杆泵	50～630	≤1.6	≤100	≤520	用于大流量工况下润滑性介质的输送		

7-4-3 往复泵

型号	流量/(m^3/h)	扬程/m	温度/℃	轴功率/kW	适用介质	生产厂	备注
3TC柱塞式往复泵	≤100	≤50MPa	−180～+180℃		应用于石油化工行业，BDO装置，中小流量、高压力介质输送场合	合肥华升泵阀股份有限公司	
HCGY超高压泵	0.1～0.5	15000～42000	−50～50		应用于石油化工领域，引发剂、过氧化物溶剂，主要应用于EVA(乙烯-乙酸乙烯酯共聚物)、LDPE(低密度聚乙烯)等装置		
3TCM隔膜式往复泵	1～50	500～5000	−50～140		应用于石油化工领域输送不可泄漏的高危液体，常用于加氢裂化、合成氨装置		

7-4-4 计量泵

型号	流量/(m^3/h)	扬程/m	温度/℃	轴功率/kW	适用介质	生产厂	备注
HJ计量泵	0.002～30	0～5000	−50～250		应用于输送药剂的石油化工、煤化工、环保、发电、食品等行业	合肥华升泵阀股份有限公司	

7-5 水环真空泵

型号	抽气量/(m^3/min)	最大真空度/mmHg	轴功率/kW	适用介质	生产厂	备注
2BE1液环真空泵	0.5～550	25～760mmHg(33～1013mbar)	1～700	不溶或微溶于工作液的气体	广东肯富来泵业股份有限公司	

续表

型号	抽气量/(m^3/min)	最大真空度/mmHg	轴功率/kW	适用介质	生产厂	备注
CBF液环真空泵	65～1600	120～760mmHg(160～1013mbar)	20～2150	不溶或微溶于工作液的气体	广东肯富来泵业股份有限公司	
CBE2双级液环真空泵	5～120	19～760mmHg(25～1013mbar)	4～200	不溶或微溶于工作液的气体		
CDF液环真空泵	0.2～10	25～760mmHg(33～1013mbar)	0.5～18	不溶或微溶于工作液的气体		
2BEP	53～1500	120	61～1850	不含固体颗粒、不溶于或微溶于工作液的气体	湖北同方高科泵业有限公司	
2BE1	1.6～445	25	3.5～578	不含固体颗粒、不溶于或微溶于工作液的气体		
2BK	1.7～75	25	45～355	不含固体颗粒、不溶于或微溶于工作液的气体		0.5MPa(最大排气压力)
TFTC	9.2～107	20	11.9～132	不含固体颗粒、不溶于或微溶于工作液的气体		
TFAT	5.3～80	20	20～148	不含固体颗粒、不溶于或微溶于工作液的气体		

附录八　国内部分泵制造厂主要产品种类范围

序号	单位名称	主要产品种类范围	机泵网网内职务
1	苏州苏尔寿泵业有限公司	重载荷离心泵	常务理事
2	大连海密梯克泵业有限公司	屏蔽泵、磁力泵	常务理事
3	杭州汽轮机股份有限公司	工业用汽轮机	常务理事
4	合肥新沪屏蔽泵有限公司	屏蔽泵	常务理事
5	中密控股股份有限公司	机械密封	常务理事
6	嘉利特荏原泵业有限公司	重载荷、中轻载荷离心泵	常务理事
7	丹东克隆集团有限责任公司	机械密封、联轴器、磁力泵	常务理事
8	卧龙电气南阳防爆集团股份有限公司	电机	常务理事
9	约翰克兰科技(天津)有限公司	机械密封	理事单位
10	米顿罗工业设备(上海)有限公司	计量泵	理事单位
11	北京航天石化技术装备工程有限公司	高速泵	理事单位

续表

序号	单位名称	主要产品种类范围	机泵网网内职务
12	福斯(上海)流体设备有限公司	重载荷离心泵、机械密封	理事单位
13	无锡创明传动工程有限公司	联轴器	理事单位
14	杭州大路实业有限公司	离心泵、磁力泵	理事单位
15	湖南天一奥星泵业有限公司	重载荷、中轻载荷离心泵	理事单位
16	广东肯富来泵业股份有限公司	重载荷、中轻载荷离心泵,液环真空泵	理事单位
17	上海日机装屏蔽泵有限公司	屏蔽泵	理事单位
18	佶缔纳士机械有限公司	液环真空泵	理事单位
19	合肥华升泵阀股份有限公司	重载荷、中轻载荷离心泵、轴流泵、齿轮泵、往复泵、计量泵	理事单位
20	大耐泵业有限公司	重载荷、中轻载荷离心泵,混流泵,轴流泵	理事单位
21	德帕姆(杭州)泵业科技有限公司	齿轮泵、螺杆泵、凸轮泵、往复泵、计量泵、气动隔膜泵	理事单位
22	重庆水泵厂有限责任公司	离心泵、往复泵、计量泵	理事单位
23	耐驰(兰州)泵业有限公司	螺杆泵	理事单位
24	伊格尔博格曼科技(上海)有限公司	机械密封	理事单位
25	杭州中能汽轮动力有限公司	汽轮机	理事单位
26	西安泵阀总厂有限公司	锆材、钛材等特质材料离心泵	理事单位
27	大连帝国屏蔽电泵有限公司	屏蔽泵	理事单位
28	艺达思贸易(上海)有限公司	齿轮泵、磁力泵、计量泵、气动隔膜泵	理事单位
29	浙江佳力科技股份有限公司	重载荷、中轻载荷离心泵、滑片泵	理事单位
30	西安永华集团有限公司	机械密封	理事单位
31	大连深蓝泵业有限公司	重载荷、中轻载荷离心泵	理事单位
32	江苏海狮泵业制造有限公司	重载荷、中轻载荷离心泵	理事单位
33	昆明嘉和科技股份有限公司	重载荷离心泵、混流泵、轴流泵	理事单位
34	湖北同方高科泵业有限公司	液环真空泵	理事单位
35	成都一通密封股份有限公司	机械密封	理事单位
36	佳木斯电机股份有限公司	电机	理事单位
37	江苏双达泵阀集团有限公司	重载荷、中轻载荷离心泵	理事单位
38	南阳防爆(苏州)特种装备有限公司	电机	理事单位
39	上海凯士比泵有限公司	重载荷、中轻载荷离心泵	会员单位
40	盛德因工业设备(上海)有限公司	高速泵	会员单位
41	埃梯梯(上海)流体技术有限公司	重载荷、中轻载荷离心泵	会员单位
42	天津泵业机械集团有限公司	螺杆泵	会员单位
43	大连里瓦泵业有限公司	离心泵、屏蔽泵、计量泵、隔膜泵	会员单位
44	辽宁格瑞特泵业有限公司	重载荷、中轻载荷离心泵	会员单位
45	上海凯泉泵业(集团)有限公司	离心泵、轴流泵	会员单位
46	宁波得利时泵业有限公司	转子泵、乳化泵	会员单位
47	常州市华立液压润滑设备有限公司	润滑油系统	会员单位
48	烟台市阳光泵业有限公司	重载荷、中轻载荷离心泵,混流泵,轴流泵	会员单位
49	沈阳格瑞德泵业有限公司	重载荷、中轻载荷离心泵	会员单位

续表

序号	单位名称	主要产品种类范围	机泵网网内职务
50	台州环天机械有限公司	机械密封	会员单位
51	浙江利欧股份有限公司	重载荷、中轻载荷离心泵	会员单位
52	莱斯特瑞兹机械(太仓)有限公司	螺杆泵	会员单位
53	江苏芬奇工业设备制造有限公司	重载荷、中轻载荷离心泵	会员单位
54	江苏锡安达防爆股份有限公司	电机	会员单位
55	泰州康乔机电设备有限公司	重载荷、中轻载荷离心泵	会员单位
56	大连海特泵业有限公司	重载荷、中轻载荷离心泵,混流泵,轴流泵	会员单位
57	浙江天德泵业有限公司	润滑油	会员单位
58	东营海森密封技术有限责任公司	机械密封	会员单位
59	赛莱默(中国)有限公司	智慧泵	会员单位
60	江苏江海润液设备有限公司	润滑油系统	会员单位
61	台州东新密封有限公司	机械密封	会员单位
62	湖南耐普泵业股份有限公司	重载荷、中轻载荷离心泵	会员单位
63	江苏武新泵业有限公司	重载荷、中轻载荷离心泵	会员单位
64	上海江浪流体机械制造有限公司	隔膜泵	会员单位
65	大连利欧华能泵业有限公司	重载荷、中轻载荷离心泵	会员单位
66	大连科环泵业有限公司	磁力泵	会员单位
67	四川省自贡工业泵有限责任公司	重载荷、中轻载荷离心泵	会员单位
68	浙江天旭机电设备有限公司	润滑油站、密封辅助系统	会员单位
69	大连科恩特泵业有限公司	重载荷、中轻载荷离心泵	会员单位
70	江苏飞跃机泵集团有限公司	重载荷、中轻载荷离心泵	会员单位
71	江苏科奥流体科技有限公司	机械密封	会员单位
72	兰州兰泵有限公司	重载荷、中轻载荷离心泵	会员单位
73	南方中金环境股份有限公司	计量泵、加药装置、气动泵、离心泵	会员单位
74	南京真空泵厂有限公司	液环真空系统、干式真空系统	会员单位
75	无锡博伊特科技股份有限公司	密封辅助系统、润滑/冷却系统	会员单位
76	淄博真空设备厂有限公司	液环真空泵、往复真空泵、旋片真空泵、螺杆干式真空泵、罗茨真空泵	会员单位
77	湖南山水节能科技股份有限公司	重载荷、中轻载荷离心泵	会员单位
78	烟台龙岗泵业股份有限公司	重载荷、中轻载荷离心泵	会员单位
79	淄博博山天体真空设备有限公司	液环真空泵	会员单位
80	宁波天工机械密封有限公司	机械密封	会员单位
81	中国电建集团上海能源装备有限公司	重载荷、中轻载荷离心泵	会员单位
82	山东双轮股份有限公司	重载荷、中轻载荷离心泵	会员单位
83	沈阳工业泵制造有限公司	重载荷、中轻载荷离心泵	会员单位
84	四川实华密封有限公司	机械密封	会员单位
85	沈阳申克动力机械有限公司	联轴器	会员单位
86	黄山工业泵制造有限公司	螺杆泵	会员单位
87	上海福思特流体机械有限公司	往复泵、隔膜泵	会员单位

高速泵

流量：1~360m³/h；扬程：80~3600m；电机功率：5.5~2000kW；适用温度：−130~+340℃

高速压缩机

流量：50~15000m³/h；压比：1~2.5；电机功率：7.5~600kW；适用温度：−130~+340℃

试验台

- 国家特种泵阀工程技术研究中心
- 航天液体火箭发动机关键技术转化，立式/卧式型谱齐全
- 专业的技术团队，强大的研发能力
- 完善的质控体系，先进的制造能力
- 精密的测试装备，雄厚的测试能力
- 高效、优质、快捷、专业的服务，可为进口设备提供咨询、维护、测试等技术支持
- 中石化、中石油、中海油、国家能源集团等大型央企战略供应商，产品出口土耳其、俄罗斯、阿曼、韩国等国家

北京航天石化技术装备工程有限公司
BAPTEEC LTD

地址：北京经济技术开发区泰河三街2号
邮编：100176
电话：010-87093666　010-87094357
传真：010-87094369
邮箱：pump@calt11.cn

LEDERLE Hermetic
Sealless Technology Unlimited

Axial thrust balancing 轴向力自动平衡

The development of hermetically sealed pumps was dependent on the solution of a central problem, namely the elimination of axial forces of the rotor equipment. The various liquid properties exclude the possibility of using mechanical axial bearings. The only universal solution to this problem lay in hydraulic balancing of the rotor. The functional principle of the hydraulic balancing device of series CN / CNF / CNK is based on the combination of a constant throttle (labyrinth gap) at the outer diameter of the impeller and a variable throttle near the impeller hub. If the rotor will be axially displaced from its balanced position, the pressure within the pressure balance chamber changes due to the valve effect of the variable throttle and thus counteracts the rotor displacement. Therefore, the axial position of the shaft is automatically controlled during operation in order that a balanced condition is reached and thus no axial forces act on the axial bearing collar.

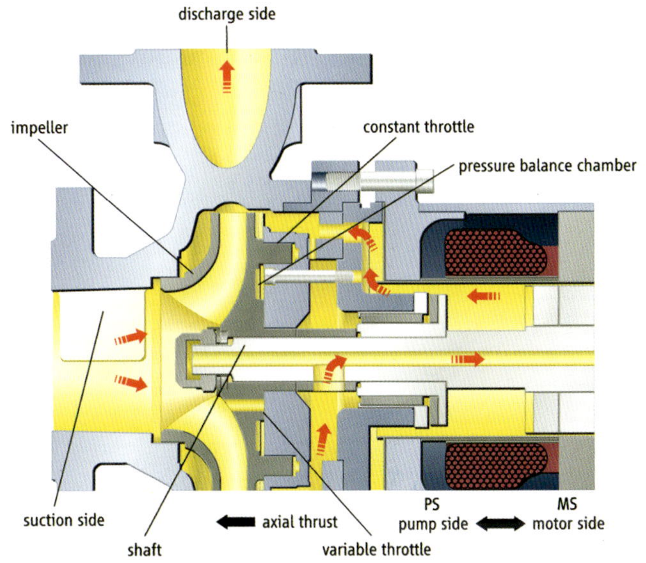

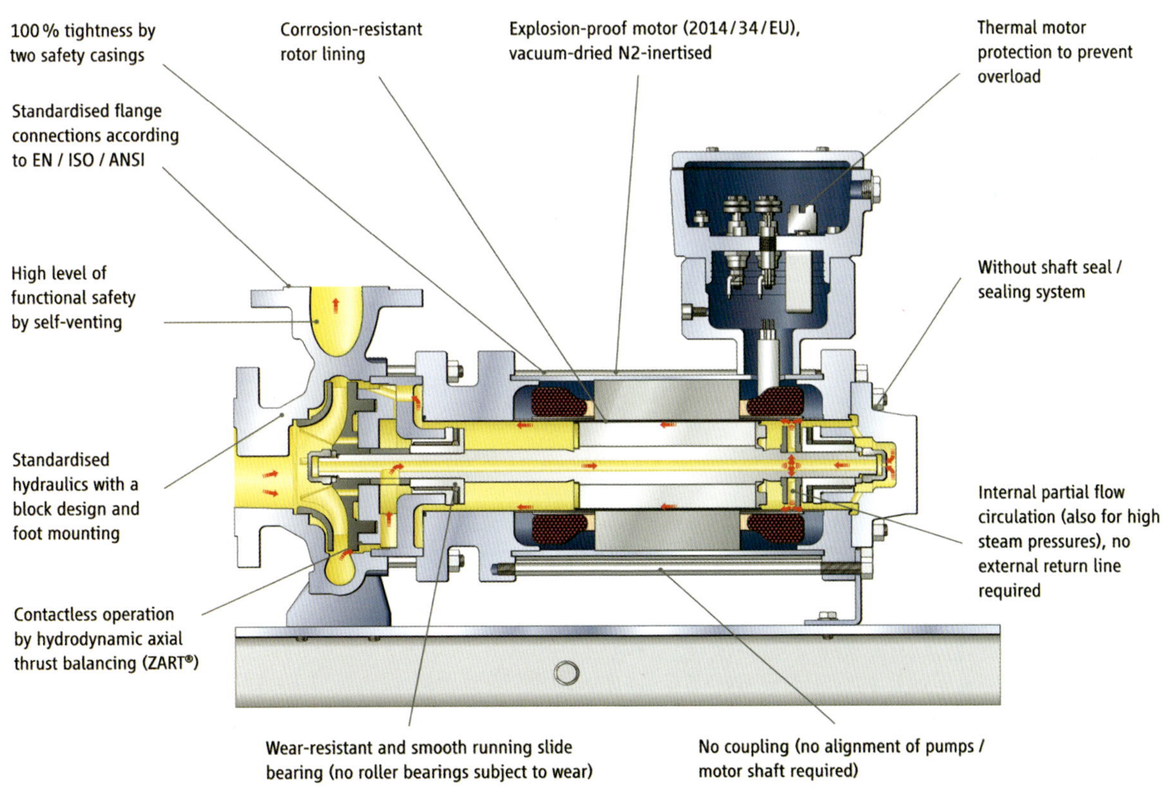

创明 TRUMY
POWER TRANSMISSION PRODUCTS
用户认可 行业见证
Customer Recognized Industry Witness
无锡创明在制造规模和技术实力方面长期位于亚洲的前列——是全球HP/HS传动领域叠片式&膜盘式传动产品具备竞争力的供应商之一。
当——面临挑战时 值得您信任
WHEN YOU MEET THE NEW CHALLENGE
WE CAN SUPPORT YOU
全球设备制造商各类特殊的工程经验
丰富的应用见证中国的工业化之路
—现已经投入运行的产品包括：
最高转速 60,000 RPM（测台）
最大功率 81,000 KW（电驱）
最大功率 135,000 KW（燃驱）
最大扭矩 10,500,000 N.m（膜盘）
电商平台
公司介绍
无锡创明传动工程有限公司
WUXI TRUMY TRANSMISSION ENGINEERING CO., LTD.
地址 (A d d): 无锡新吴区华友二路8号
电话 (T e l): +86-400-897-8838
传真 (F a x): +86-510-85706330
邮箱 (E m a i l): sales@trumy.net
trumy@trumy.com
网址 (Website): www.trumy.com